电子信息科学与工程类专业规划教材

电子系统设计

（第2版）

李金平　沈明山　姜余祥　编著

電子工業出版社
Publishing House of Electronics Industry
北京·BEIJING

内 容 简 介

本书是依据高等工科院校电子技术实践教学大纲的基本要求，并结合作者多年的科研与教学的经验编写的。全书以电子系统设计为目标，系统讲解了元器件选择、传感器应用、信号调理电路、A/D 和 D/A 转换、可编程器件开发应用、单片机系统、驱动电路及 PCB 等设计原理与设计方法，并提供了大量、翔实的设计实例。

本书适应应用型人才的培养需求，具有先进性、实用性、系统性和灵活性。

本书可作为电气与电子信息类专业“电子系统设计”课程教材，还可作为全国大学生电子设计竞赛的培训教材，也可作为电子系统设计技术人员的参考书。

图书在版编目（CIP）数据

电子系统设计/李金平，沈明山，姜余祥编著. —2 版. —北京：电子工业出版社，2012.9
电子信息科学与工程类专业规划教材
ISBN 978-7-121-18005-7

Ⅰ. ①电… Ⅱ. ①李… ②沈… ③姜… Ⅲ. ①电子系统－系统设计－高等学校－教材 Ⅳ. ①TN02

中国版本图书馆 CIP 数据核字（2012）第 194283 号

责任编辑：凌　毅
印　　刷：
装　　订：涿州市京南印刷厂
出版发行：电子工业出版社
北京市海淀区万寿路 173 信箱　邮编：100036
开　　本：787×1 092　1/16　印张：32　字数：903 千字
印　　次：2012 年 9 月第 1 次印刷
印　　数：3 000 册　　定价：59.80 元

凡所购买电子工业出版社图书有缺损问题，请向购买书店调换。若书店售缺，请与本社发行部联系。联系及邮购电话：（010）88254888。

质量投诉请发邮件至 zlts@phei.com.cn，盗版侵权举报请发邮件至 dbqq@phei.com.cn。

服务热线：（010）88258888。

第 2 版前言

本书是在 2007 年编写的《电子系统设计》基础上修订再版的。在第 1 版出版后的几年里，电子系统设计及应用技术有了很大进步，教学实践改革有了新的进展，采用第 1 版作为教材的学校不断增加，这些都要求本书修订后再版。

在修订过程中，遵循“保持特色、与时俱进、精选内容、突出应用、便于教学”的原则，依据现代电子信息领域对电气与电子信息类专业本科人才核心能力的要求，以培养电气与电子信息类专业本科人才的电子系统设计、应用能力为目标，力求跟踪电子信息技术动态，突出先进的现代电子系统设计技术，搭建电子技术应用型人才的、具有开放性的知识结构和具有创新意识的能力结构，进一步充实了更翔实的电子系统设计实例，使读者更便于全面地了解电子系统，特别是智能化电子系统的技术构成与特点，掌握先进的现代电子系统的设计技术及其设计方法。

为了保证第 1 版教材的定位、实用性、系统性和灵活性特点，本书保持了原有的体系框架。与第 1 版相比，本书主要在以下几个方面作了改动。

（1）基于第 1 版教材几年来的应用实践，对原有各章节内容进行了优化，适当删减了作者认为略显冗繁的内容，如 Multisim 的安装、非典型 A/D 芯片（MAX1160/1161）的应用、Protel99 SE 安装过程、MAX+PLUS II EDA 等内容。

（2）为了适应电子技术的发展，在保证第 1 版教材系统性、实用性、开放性特点的基础上，开发平台、主流器件内容适应电子技术的发展进行了更新修改。例如，第 5 章中以更先进、实用的 EDA 软件 Quartus II 代替了原来的 MAX+PLUS II EDA 软件，并更新充实了应用实例；另外，第 8 章中引入了近两届全国大学生电子设计竞赛题目内容，使教材更具有先进性和实用性。

（3）对第 1 版教材薄弱部分进行了完善和补充。如第 5 章中增加了 SOPC 的范例，第 6 章中增加了 12864 液晶模块部分，第 7 章增加了 Keil 与 Proteus 联调等内容，使本书内容更加实用、好用。

本书由李金平教授主编，沈明山、姜余祥副教授参编。第 1、2、4、8 章由李金平编写，第 3、5 章由沈明山编写，第 6、7 章由姜余祥编写。全书由李金平负责文字润饰和统稿，沈明山、姜余祥负责本书的校阅工作。

为使读者易于掌握相关知识，常用器件的主要参数请登录华信教育资源网 www.hxedu.com.cn，注册后免费下载。

本书编写过程中，得到了北京联合大学信息学院有关专家、教授的支持与帮助，在此表示深深的谢意！也感谢电子工业出版社凌毅编辑及其他工作人员对本书编写、出版的帮助与支持，更感谢所有关心和采用本教材的教师与读者的支持与厚爱。

由于作者水平有限，不足之处在所难免，恳请读者批评指正。

编著者

2012 年 5 月

目　录

第1章 电子系统设计基础知识

随着科学技术的发展和电子技术应用范围的日益广泛，电子系统正朝着集成度高、功能强大、智能化程度高的方向发展。要完成电子系统设计，应该抓好以下几个环节：系统任务分析、系统方案选择、电子电路设计、组装调试和资料提交。本章将首先介绍电子系统设计的相关基础知识，为设计电子系统提供一个总体的思路。

1.1 电子系统的设计方法

设计一个电子系统时，首先必须明确系统的设计任务和要求，并据此进行系统方案的比较、选择，然后对方案中的各部分进行单元电路的设计、参数计算和元器件的选择，再利用 EDA 技术对设计的单元电路进行仿真，最后将各单元电路进行链接，画出一个符合设计要求的完整的系统电路图。

1.1.1 明确系统的设计任务和要求

设计者要对系统的设计任务及工作环境进行深入具体的分析，充分了解系统的性能、指标、内容及要求，以便明确系统应完成的任务及设计过程中必须注意的一些问题。

1.1.2 方案的比较与选择

在充分了解系统工作环境和任务的基础上，实现任务分解，即把系统要完成的任务分配给若干单元电路，并画出能表示各单元功能的系统原理框图。应该指出，即使是实现同一任务，其实现方案也并不是唯一的，设计者可设计多种方案以供比较。

方案选择的重要任务是基于掌握的知识、资料和经验，针对系统提出的任务、要求和条件完成系统的功能设计。在这个过程中，设计者要解放思想，敢于探索，勇于创新，争取方案设计合理、可靠，功能齐全，技术先进，性价比高。在对系统方案不断进行可行性和优缺点分析的基础上，最终确立系统方案，设计出完整的系统框图。

1.1.3 单元电路的设计、参数计算和元器件选择

根据系统指标和功能框图，明确各单元电路的任务，进行单元电路的设计、参数计算和元器件选择。

1．单元电路的设计

单元电路是电子系统的一部分，因此，单元电路的设计水平将直接影响电子系统的设计水平。

设计单元电路前，必须明确本单元电路的任务，详细拟订出单元电路的性能指标，与前后级的关系，分析电路的形式。具体设计时，可参考成熟的先进电路，也可在其基础上进行改进或创新，但前提是必须保证单元电路性能、指标的要求。在这个过程中，仅仅单元电路本身设计合理是远远不够的，还必须考虑相邻单元电路之间的配合，注意各部分的输入信号、输出信号和控制信号的关系。

2．参数计算

为了保证单元电路达到功能指标的要求，需要用电子技术知识对参数进行计算，如放大电路的增益；振荡器中电阻、电容、振荡频率等参数。设计者只有很好地理解电路的工作原理，正确地利用计算公式，计算的参数才能满足设计要求。需要指出的是，参数计算时，同一个电路可能有多组数据，要注意选择一组既能满足电路的设计要求、在实际中又真正可行的参数。

计算电路参数时应注意以下几个问题：

① 元器件的工作电流、电压、频率和功耗等参数应能满足电路指标的要求。

② 元器件的极限参数必须留有足够的裕量，一般应大于额定值的 1.5 倍。

③ 电阻器、电容器的参数应选择计算值附近的标称值。

3．元器件选择

(1) 电阻、电容的选择：在设计中，电阻、电容的选择往往不被重视，实际上，电阻和电容的种类很多，正确地选择电阻和电容是非常重要的。不同的电路对电阻、电容性能的要求也不相同，有些电路对电容的漏电要求很高，有些电路对电容的容量或耐压要求很高，如滤波电路中常用大容量 (100～3000μF) 铝电解电容，为了滤掉高频，通常还需要并联小容量 (0.01～0.1μF) 瓷片电容，而精密仪器中通常采用漏电很小的钽电解电容。设计时，要根据电路要求选择性能和参数合适的电阻、电容元件，并注意精度、功耗、容量、频率和耐压范围是否满足要求。

(2) 半导体分立元件的选择：半导体分立元件包括二极管、晶体三极管、场效应管、光电二极管、光电三极管、晶闸管等。可根据其用途分别进行选择。

选择的器件种类不同，注意事项也不同。例如，选择三极管时，首先注意是 PNP 型管还是 NPN 型管，是低频管还是高频管，是大功率管还是小功率管，并注意管子的参数 P_{CM}，$U_{(BR)CEO}$，$U_{(BR)EBO}$，β，f_T 和 f_β是否满足电路设计指标要求，高频工作时要求 $f_T=(5\sim10)f$，其中 f 为工作频率。

(3) 集成电路的选择：由于集成电路可以实现很多单元电路甚至整个系统功能，所以选用集成电路不仅使系统的体积大大缩小，而且性能可靠，便于调试和安装，所以，设计系统时集成电路应成为首选器件。

集成电路分为模拟集成电路和数字集成电路。器件的型号、功能、电特性可从有关手册查得。

选择集成电路不仅要在功能和特性上实现设计方案，而且要满足功耗、电压、速度、价格等多方面的要求。

1.1.4 电路的仿真

利用 EDA 软件对所设计的电子系统进行仿真分析，不但能克服实验室在元器件品种、规格和数量上不足的限制，还能避免原材料的消耗和使用中仪器损坏等不利因素，因此，电路仿真已成为现代电子系统设计的必要方法和手段。

前面谈到了电子系统的方案选择、电路设计，以及参数计算和元器件选择，但方案选择是否合理，电路设计是否正确，元器件选择是否经济，这些问题还有待于研究。运用 EDA 软件对设计的单元电路进行实物模拟和调试，以分析检查所设计的电路是否达到设计要求的技术指标，如果检查结果不理想，可通过改变电路中元器件的参数，使整个单元电路的性能达到最佳。最后将仿真通过的单元电路进行连接后，再一次对系统进行仿真，直至得到一个最佳方案。

1.1.5 电路图的绘制及印制电路板的设计

电子系统的电原理图和印制电路板 (PCB) 图是设计者提供的重要文档。设计文档要求电路布局合理、排列均匀、图面清晰。这依赖于计算机绘图软件。

1．电路图的绘制

目前应用比较广泛的绘图软件包是 Protel。该软件具有很强的在线库编辑以及完善的库管理功能，提供近两万个元件库及建库功能，具备强大的设计检验功能，能自动地指出各种物理/逻辑冲突，还支持 OrCAD 绘图文件。有关 Protel 软件包的使用可参阅第 7 章。这里只介绍一下绘制电路图时应注意的几个问题。

(1) 布局合理、排列均匀、图面清晰、有利于对图的理解和阅读：为了强调并便于看清各单元电路的功能关系，每个功能单元电路的元件应集中布置在一起，并尽可能按工作顺序排列。若电路系统比较复杂，需绘几张图时，要把主电路画在同一张图纸上，而把一些比较独立或次要的部分画在另外的图纸上，并在图的断口端做上标记，说明各图纸在电路连线之间的关系。

(2) 注意信号的流向。一般从输入端或信号源画起，按信号流向从左至右或从上至下依次画出各单元电路，而反馈通路的信号流向则与此相反。

(3) 图形符号要标准，图中应加适当的标注。电路图中的中大规模集成电路器件一般用方框表示，在方框中要标出它的型号，在方框边线外侧标出引脚号和引脚的功能名称。其余元器件符号要标准化，并注明该器件的序号和数值等。

(4) 连线应尽可能为直线，相互连通的交叉线，应在交叉处用圆点表示。根据需要，可在连线上加信号名或有说明意义的标号，有的连线可用符号表示，如器件的电源一般标电源电压的数值，地线用符号“⊥”表示。

(5) 必须运用设计检验 ERC (电气规则检查) 对设计的原理图进行检查，以防止各种物理/逻辑冲突。

2．PCB 的设计

借助基于 Windows 平台的 Protel 绘图软件，不仅可以使底图更整洁、标准，而且很好地解决了手工布线印制导线不能过细和较窄间隙不易布线等问题，同时也彻底解决了双面板和多层板布线的问题。实现了 PCB 板面和布线的优化，并通过在线式 DRC (设计规则检查) 自动指出违反设计规则的错误。

1.2 电子系统的组装与调试

一个性能优良、可靠性高的电子系统，除了先进合理的设计之外，高质量的组装与调试也是非常关键的环节，这里简要地介绍电子系统的组装与调试方法。

1.2.1 电子系统的组装

1．电路板焊接技术

焊接质量取决于焊接工具、焊料、焊剂和焊接技术 4 个条件。

(1) **焊接工具**：电烙铁是焊接的主要工具，直接影响焊接质量。要根据不同的焊接对象选用不同功率的电烙铁。功率过小，焊锡丝不能充分融化，焊接不牢。功率过大，有可能焊脱电路板铜箔，损坏电路板。焊接普通电阻、电容和集成电路一般可选用 18～25W 的电烙铁，元器件引脚较粗或焊接面积较大时可选用 45W 或更大的电烙铁。焊接 CMOS 电路一般选用 20W 内热式电烙铁，而且外壳要良好接地。若用外热式电烙铁，最好采用烙铁断电，用余热焊接。

(2) **焊料**：常用的焊料是焊锡丝。市场上出售的焊锡丝有两种：一种是无松香的焊锡丝，焊接时需加助焊剂；另一种是松香焊锡丝，这种焊锡丝无须另加助焊剂即可使用，焊锡丝的粗细要选择合适，焊电路板一般选取直径为 0.2～1.2mm 的焊锡丝。

(3) **助焊剂**：目前市场上出售的电子元器件，引脚大都经过镀银处理，加上电路板焊盘涂有助焊剂，这种情况下可不用助焊剂，但有的元器件引脚未经过镀银处理，长久放置引脚被氧化，焊接时必须使用助焊剂。通常使用的助焊剂有松香、松香酒精溶液及焊锡膏，后者比前者焊接效果好，但腐蚀性较大，时间久了甚至会造成断路。

(4) **焊接技术**：首先要求焊接牢固、无虚焊，其次是焊点的大小、形状和表面粗糙度等。焊接前，要确认是否需要焊件的表面净化，并作出相应的处理，如用酒精擦洗或刀片刮等。焊接过程如下：把烙铁头放在焊接处，待焊件温度达到焊锡融化温度时，使焊锡丝接触焊件，当适量的焊锡丝熔化后，立即移开焊锡丝，再移开烙铁，整个过程不宜过长 (一般 2～3s)，以免焊脱电路板铜箔。

2. 电路系统组装技术

① 元器件安装要遵从“先低后高”原则，即先焊接低的元器件，再焊接高的元器件。

② 元器件安装要遵从“先内后外”原则，即先焊接里面的元器件，再焊接外面的元器件。

③ 元器件焊接前要做“完好性”和“正确性”检查，确保焊接前的元器件品质和参数是合格的，特别是当使用旧元器件时，这一点尤为重要。

④ 组装电子系统要求高度认真和细心，任何马虎都会给后续的调试工作留下后患，严重的甚至会危及系统的指标。

1.2.2 电子系统的调试

通常调试方法有以下两种。

一种方法是采用边安装边调试的方法。也就是把电子系统按原理框图上的功能分块进行安装调试，在完成功能模块调试的基础上逐步扩大安装和调试范围，最后完成整个系统的调试。对于新设计的电路，一般使用这种方法，以便及时发现问题和解决问题。

另一种方法是整个电路安装完毕，实行一次性调试。这种方法适合于定型产品或需要配合才能运行的产品。如果电子系统中包括模拟电路、数字电路和单片机系统，一般不允许直接连接。不但它们的输出电压和波形不同，而且对输入信号的要求也各不相同。如果盲目连接在一起，可能会使电路出现不应有的故障，甚至造成元器件大量损坏。因此一般情况下，把这三部分分开，按设计指标对各部分分别调试，再经过信号电平转换电路实现系统统调。调试过程中，应注意做好调试记录，准确记录电路各部分的测试数据和波形，以便于分析和运行时参考。

调试步骤如下所述。

1. 通电前检查

电路安装完毕，不要急于插芯片，首先直观检查电路各部分接线是否正确，检查电源、地线、信号线、元器件引脚之间有无短路，器件有无接错，用万用表欧姆挡测量电源到地之间的电阻 (一般应大于数百欧)，确认电源到地无短路后，再插入芯片，务必注意芯片插接方向。

2. 通电检查

确认电源电压是否符合要求，然后关断电源，将电源接入电子系统后再打开电源开关，观察各部分器件有无异常现象，包括有无冒烟、异味等，如果出现异常现象，要立即关断电源，待排除故障后方可重新加电。

3. 分模块调试

调试功能模块时应明确本模块的调试要求，按调试要求测试性能指标和观察波形。

模块调试包括静态调试和动态调试。静态调试一般是指没有输入信号条件下测试电路各点的电位，譬如模拟电路的静态工作点，数字电路各输入端、输出端的高、低电平值及逻辑关系等。通过静态测试可及时发现已损坏或处于临界状态的元器件。动态调试时，既可以利用前级的输出信号作为本模块的输入信号，也可以利用自身的信号检查功能模块的各项技术指标是否满足设计要求，包括信号幅值、波形、相位关系、频率、频响特性及增益等。对于信号产生电路，一般只看动态指标。把静态、动态测试结果与设计指标相比较，经深入分析后对电路参数提出合理的修正。

4. 系统联调

系统联调时应观察各功能模块连接后各级之间的信号关系，系统联调只需观察动态结果，检查系统的性能参数，分析测量的数据和波形是否符合设计要求，对发现的故障和问题及时采取相应的处理措施。

排除故障的方法有很多，常用的排除电路故障的方法有以下几种：

(1) 信号跟踪法：寻找电路故障时，可按信号的流向逐级进行。在电路的输入端加入适当的信号，用电压表或示波器等仪器逐级检查信号在电路中的传输情况，根据电路的工作原理分析电路功能是否正常，如发现问题，要及时处理。

(2) 对分法：为了加快查找故障的速度，减少调试时间，常采用对分法。这种方法是把有故障的电路系统对分成两部分，先找出故障出在哪个部分，然后再对有故障的部分对分检测，如此重复下去，直到找出故障点为止。

(3) 电容器旁路法：当遇到电路发生自激或寄生干扰等故障时，检测时可用一只容量较大的电容器并联到故障电路的输入端或输出端，观察对故障现象的影响，据此分析故障点。在放大电路中，旁路电容失效或开路，将使负反馈增强，增益降低，此时用适当的电容并联在旁路电容两端，如果输出幅度恢复正常，即可断定是该旁路电容的问题。这种方法常用来检查电源滤波和去耦电路的故障。

(4) 开环测试法：对于一些有反馈的环形电路，如振荡器、稳压器等电路，它们各级的工作情况相互牵连，这时可采用开环测试法，将反馈环断开，然后逐级进行检查，可更快地查出故障点。对不需要的自激振荡现象，也可以采用这种方法。

(5) 对比法：将有问题的电路状态、参数与相同的正常电路进行逐项对比。这种方法可以较快地从异常参数中分析出故障。

(6) 替代法：把已调试好的单元电路代替有故障或有疑问的相同单元电路，这样可以很快地判断出故障部位。再用相同规格的优质元件逐一替代故障部位的元件，就可很快地判断出故障点。这种方法可以加快故障的查找速度，提高调试效率。

(7) 静态、动态测试法：要查找故障点，最常用的方法就是用静态、动态测试法。静态测试法是在电路不加信号的情况下，用万用表测试电阻值、电容是否漏电、电路是否有断路或短路现象、晶体管或集成电路各脚电压是否正常等，通常通过静态测试，可发现元器件的故障。当静态测试不能奏效时，可采用动态测试法。动态测试是在电路输入端加上适当信号再测试元器件的情况，通过观察电路的工作状态，分析、判断故障原因。

5．注意事项

① 调试前要正确地选择仪表，熟悉所选仪表的使用方法，并仔细检查仪表的状态。以避免由于仪表选用不当或出现故障而作出错误的判断。

② 测量仪表的地线应与被测电路的地线连在一起，只有使仪表和电路之间建立一个公共的参考点，测量结果才可能是正确的。

③ 调试过程中，发现器件或接线有问题需要更换或修改时，务必先关闭电源，待更换或修改完毕并确认无误后，方可重新加电。

④ 调试过程中，在认真观察和测量的同时，要做好调试记录，包括记录观察的现象、测量的数据及实测结果与设计不符的现象等。设计者可依据记录的数据把实际观察的现象和理论预计结果加以定量比较，从中发现设计和安装上的问题，以进一步完善设计方案。

电子系统的调试是一项关键性的工作，调试人员要做好这项工作，一是熟悉使用仪器；二是要采用正确的系统测试方法；三是要有严谨的科学作风，再有一点也是最重要的一点，就是不断地总结调试经验，提高调试水平。

1.3 电子系统的抗干扰技术

电子系统的抗干扰技术是电磁环境兼容性 (Electro Magnetic Compatibility，EMC) 的一个重要组成部分。对于 EMC，国外的文献曾给了通俗的说明："这种技术的目的在于，使一个电气装置或系统既不受周围电磁环境的影响，又不给环境以这种影响。它不会因电磁环境导致性能变差或产生误动作，而完全可以按原设计的能力可靠工作”。可见，EMC 技术对电气装置和系统，特别是对电子系统的可靠性至关重要。因此，研究电子系统的抗干扰技术，是电子系统设计的重要内容之一。

在分析干扰时，要弄清形成干扰的三要素，即干扰源、被干扰的接收电路及耦合通道。电子系统常见的干扰有电源干扰、电磁场干扰和通道干扰等。

电磁兼容的解决措施一般使用在耦合通道的末端或中间，用来消除或者减弱干扰源的辐射或系统对噪声的灵敏度。究竟将抑制干扰的措施加在干扰源、受干扰电路还是耦合通道上，主要取决于工程技术上的限制和成本。

1.3.1 在干扰源处采取措施

考虑到一个单独的干扰源可能会影响多台邻近的许多设备，所以，一般情况下，都把抑制干扰设备加到干扰源或靠近干扰源的位置，这种方法对于固定的或可控的噪声源来说，是很有效的。在可能的情况下，这应该是电子系统设计人员的首选方法。

按上述原则，首要条件是找到干扰源，其次分析有否抑制噪声的可能性和采取相应的措施。

寻找干扰源有一个原则，就是电流和电压发生突变的地方就是电子系统的干扰源。一般说来，电流变化大或大电流工作场合，是产生电感性耦合噪声的主要根源；电压变化大或大电压工作场合，是产生电容性耦合噪声的主要根源。公共阻抗耦合的噪声也是由于变化剧烈的电流在公共阻抗上所产生的压降造成的。

下面通过一个典型实例来说明干扰源和抗干扰措施。

应用大规模数字集成电路时，其开关工作电流的变化是很大的，很容易形成噪声电流。例如，MK4096 型动态 RAM 工作时有 80mA 左右的冲击电流，若 16 片电路一起工作时，冲击电流可达 1.28A。而这个冲击电流的变化时间仅仅 15ns。按 $\frac{di}{dt}$ 计，其突变是很陡峭的。像这种电流变化，稳压电源是很难稳定调节的。对于集成电路开关工作时产生的噪声电流，可以在集成电路附近加接旁路电容将其抑制。根据经验，通常每 5 块集成电路旁接一个 0.05μF 左右的陶瓷电容；每一块大规模集成电路也最好接一个 0.01μF 的陶瓷电容。另外，在印制电路板 (PCB) 的电源输入处也并接一个 100μF 的电解电容和一个 0.05μF 左右的陶瓷电容。

实际中，有时开发的电子系统必须工作在噪声环境中，而这些噪声源 (如无线电台、静电放电、闪电等) 又是不可控的，在这种情况下，就要将抑制干扰的措施用在接收端或耦合通道上。

1.3.2 在耦合通道上采取措施

噪声传播通道大致有：导线传导的耦合噪声，经公共阻抗的耦合噪声和电磁场的耦合噪声。其中，电磁场的耦合噪声按距离辐射源远近又分为：近场感应噪声和远场辐射噪声。在近场感应噪声中又进而分为电容性耦合噪声和电感性耦合噪声。电容性耦合噪声主要是由电力线通过相互间电容耦合的；电感性耦合噪声主要是由磁力线通过相互间电感耦合的；而远场辐射噪声则是以电磁波方式耦合的。

为了将噪声抑制在耦合通道中，设计者应根据耦合特点，采用相应的手段切断噪声耦合通道或削弱噪声影响，以达到抑制噪声的目的。

1．抑制导线传导耦合噪声的措施

抑制由导线传导的噪声，最常用的方法是串接滤波器。设计者可根据实际需求选取并设计滤波器。一般说来，噪声频率远高于有用信号频率时，常采用图 1.3.1(a)所示的 LC 低通滤波器，它结构简单，滤波效果也较好。除此之外，利用图 1.3.1(b)所示的 RC 积分电路，也可有效地滤除传导噪声。当利用这种积分电路滤除高频噪声时，要使RC时间常数大于噪声周期，小于信号周期。在直流电源线上经常使用RC积分电路，滤除各级电路之间由电源线造成的耦合噪声。

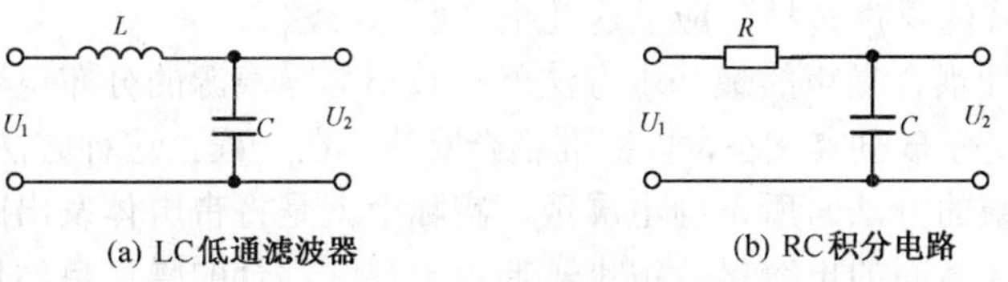

图 1.3.1 抑制传导噪声的滤波电路

2. 抑制公共阻抗耦合噪声的措施

公共阻抗耦合是指干扰源和被干扰电路之间存在着一个公共阻抗（通常是电源总线、公共接地等），噪声电流通过这种公共阻抗产生噪声电压，传导给被干扰电路。下面通过实例说明公共阻抗耦合造成的影响。图 1.3.2 是接地线形成公共阻抗的典型例子。图中三个回路以串联方式接地，阻抗 Z_1 成为回路 1，回路 2 和回路 3 的公共阻抗，阻抗 Z_2 成为回路 2 和回路 3 的公共阻抗。这样任何一个回路的地线上有电流都会影响其他电路。也就是说，每个回路的接地点 A，B，C 都不是真正的零电位，而是随各回路的电流变化而变化。显然，电流变化越大，在公共阻抗上产生的噪声电压也越大。

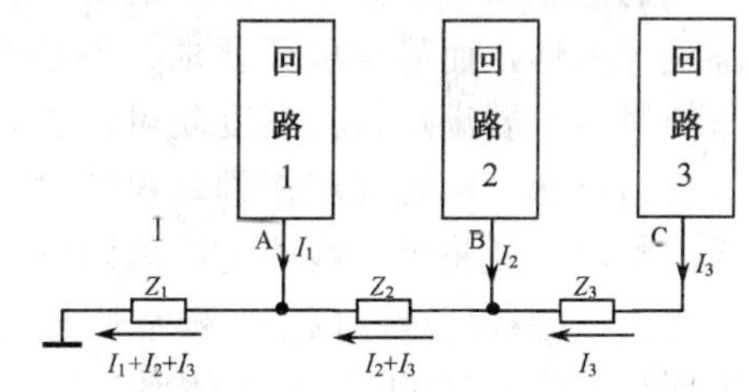

图 1.3.2 串联方式接地形成公共阻抗耦合

消除公共阻抗耦合的方法主要有两种：一种方法是采取一点接地，另一种方法是尽可能降低公共阻抗。

一点接地法就是把各回路的接地线集中于一点接地。例如，对图 1.3.2 相应可采取图 1.3.3 所示接法。由于这种接法不存在公共阻抗，所以回路 2 和回路 3 的电流变化不会影响回路 1。在小信号模拟电路、数字电路和大功率驱动电路混合的场合，应像图 1.3.4 所示，将大信号功率电路地线、模拟电路地线、数字电路地线分开。机内布线完全是三个系统，只有在电源供电处才一点汇接。这样既保证系统有统一的地电位，又避免地线形成公共阻抗。

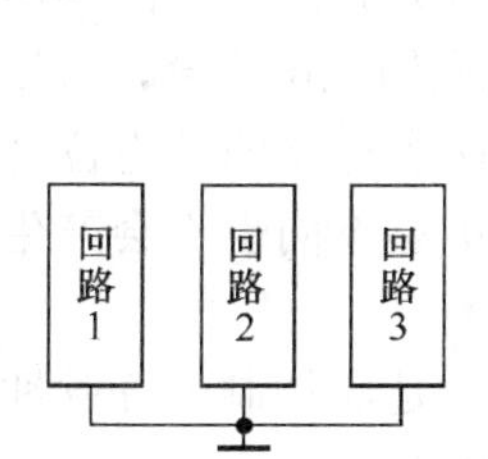

图 1.3.3 几个回路一点接地

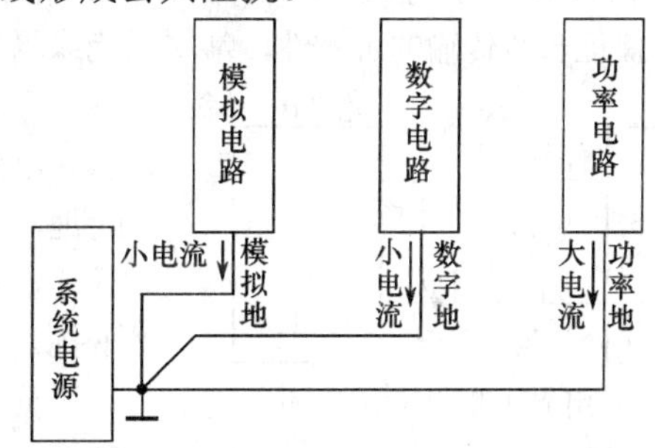

图 1.3.4 模拟地线、数字地线、功率电路地线分开接地

上述公共阻抗，除了电阻以外，还包括容抗和感抗。对于常用的电线、印制板上的印制线，从噪声或从高频的角度看，与其说是电阻，倒不如认为是电感。因为高频时导线的等效电路是由电阻和电感串联而成的，频率越高，感抗成分占整个阻抗的比例越大。因此，在布线和设计印制电路板时要尽量降低作为公共阻抗的导线和印制线所含的电感量。例如，对于地线，有条件的可采用电感量很小的导线；印制电路板的地线要尽可能做短做粗，必要时可用大面积的铜箔作为地线来降低其阻抗等。

3. 抑制电容性耦合噪声的措施

电容性耦合噪声也称为静电耦合噪声或静电感应噪声。它是由于电力线的作用，从一个方向向另一个方向传送静电变化而形成的。理论分析指出，电容性耦合噪声的大小与噪声频率成正比，与受感应体的对地电阻成正比，与两导体间的分布电容量成正比，还与噪声源的噪声电压成正比。所以，要抑制这种方式的噪声传播，应从这几个方面想办法。

显然，抑制电容性耦合噪声的最基本方法就是减小与噪声源的分布电容。最直接做法就是拉大两根导线的距离，使分布电容减小，以减弱耦合噪声。在工程上这种方法往往受到条件的限制，所以通常采用静电屏蔽的方法。所谓静电屏蔽，实际上就是将带电体发出的电力线尽可能多地屏蔽掉。电力线一少，导体间的电容量就很小，通过电容性耦合的噪声自然也就很小。应该说，静电屏蔽是切断电容性耦合的一种十分有效的方法。静电屏蔽有多种形式，可以用屏蔽罩，也可以用屏蔽板，还可以用屏蔽线等。

4．抑制电感性耦合噪声的措施

电感性耦合噪声也称为电磁耦合噪声或电磁感应噪声。它是两根导线通过磁力线耦合形成的。减少电感性耦合噪声的有效方法是采用电磁屏蔽。电磁屏蔽主要是利用在低电阻的金属屏蔽材料内流过的电流来防止频率较高的磁通干扰。它与静电屏蔽的区别在于，电磁屏蔽必须没有缝隙地包围受屏蔽体，而静电屏蔽要求并不那么严格；电磁屏蔽所用的金属材料只要求导电性能好，至于材料厚度只要满足机械强度就可以了。

应该指出，电磁屏蔽在频率很低时并不十分有效，这时要用高磁导率材料 (如坡莫合金等) 进行磁屏蔽，以便将磁力线限定在磁阻很小的磁屏蔽导体内部，防止扩散到外部。

另外，导线屏蔽，也是一种常见的电磁屏蔽。运用时，要十分注意屏蔽体的接地方法。当频率低于屏蔽体截止频率时，屏蔽体要采用一端接地的方法，这种接法避免了因两端接地产生的电位差所造成的流经屏蔽体电流，这种电流将严重影响屏蔽效果；而在高频 (高于1MHz) 时，屏蔽体要采用两端接地的方法，因这时趋肤效应使噪声电流在屏蔽体的外表流动，信号电流在屏蔽体的内层流动，能减少噪声对信号的耦合。屏蔽体要良好接地。只有这样，才能取得最佳的屏蔽效果。

1.3.3 在传输通道上采取措施

在电子信号的长线传输过程中，由于发送端和接收端之间存在接地的电位差，所以会产生共模噪声干扰。为了保证长线传输的可靠性，常采用绝缘隔离的传输方式，如光电耦合隔离等措施。

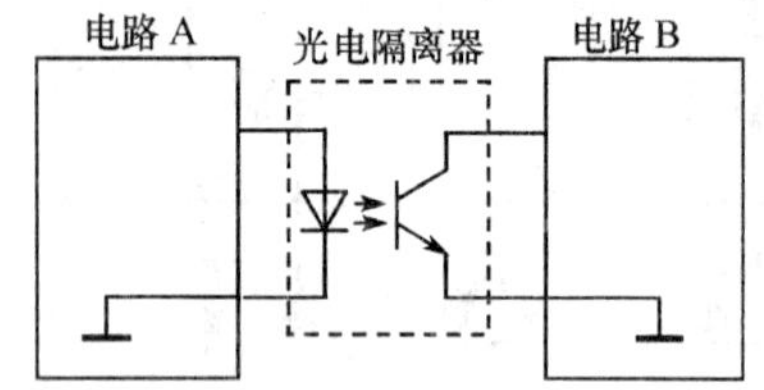

图 1.3.5 采用光电耦合隔离传输方式

采用光电耦合隔离传输方式的原理图如图 1.3.5 所示。电路 A 和电路 B 之间采用光电耦合，可以有效地切断地环路电流的干扰，使两个电路的地电位完全隔离，这样，即使两个电路的地电位不同也不会产生共模噪声干扰。

光电耦合器的主要优点是能抑制尖峰脉冲及各种噪声干扰，有很强的抗干扰能力。

思考题与习题

1.1 完成电子系统设计，应该抓哪几个主要环节？

1.2 常用的排除电路故障的方法有哪几种？

1.3 电子系统调试时应注意哪些事项？

1.4 采用抑制干扰措施时，考虑的主要因素是什么？

第 2 章 常用电子元器件

电子元器件是构成电子电路的基础，如计算机、通信设备、家用电器、电子测量仪器，以及其他智能电子系统等，无一不是由电子元器件组成的。因此，熟悉各类元器件的性能、特点及用途，对设计、调试和维修电子电路是非常重要的。本章将对常用的电子元器件的类别、性能及选用原则进行介绍，以便使读者在设计电子系统时能够正确选用。

2.1 电 阻 器

2.1.1 电阻器的作用

在电路中，电阻器主要用来控制电压、电流，即起降压、分压、限流、分流、隔离、匹配和信号幅度调节等作用。

2.1.2 电阻器的分类

电阻器的种类很多，通常可分为固定电阻器、可变电阻器和排电阻器等。

按电阻器用途可分为：普通电阻器、高压电阻器、高频无感电阻器、敏感电阻器、熔断电阻器和精密电阻器等。

按电阻器材料可分为：线绕电阻器和非线绕电阻器。其中，线绕电阻器又分为普通型、被釉型和陶瓷绝缘功率型；非线绕电阻器又分为合成式和薄膜式。

2.1.3 电阻器的主要技术指标

1．标称阻值

标称阻值通常是指电阻器上标注的电阻值。其基本单位是欧姆 (简称欧)，用Ω表示。实际中，还常用千欧 (kΩ) 和兆欧 (MΩ) 来表示。

标称阻值是电阻器的主要参数之一，不同类型的电阻器，阻值范围不同，不同精度的电阻器其阻值系列是不同的，根据部标，常用的标称电阻值 (E24，E12 和 E6 系列也适用于电位器和电容器) 系列列于表 2.1.1 中。此外，精度为±1%的 E96 系列电阻也进入常用范围。

表 2.1.1 标称值系列

标称值系列	精　度	电阻器、电位器和电容器标称值①
E24	±5%	1.0　1.1　1.2　1.3　1.5　1.6　1.8　2.0 2.2　2.4　2.7　3.0　3.3　3.6　3.9　4.3 4.7　5.1　5.6　6.2　6.8　7.5　8.2　9.1
E12	±10%	1.0　1.2　1.5　1.8　2.2　2.7 3.3　3.9　4.7　5.6　6.8　8.2
E6	±20%	1.0　1.5　2.2　3.3　4.7　6.8

注：①标称数值等于表中数值×10^n，n 为整数。例如，1.2 这个标称值就有 1.2Ω，12Ω，120Ω，1.2kΩ……

在设计电路时，计算出的阻值要尽量选择标称值系列，这样在市场才能选购到所需要的电阻器。如果标称值系列中找不到实际需要的数值 (电路要求比较严格时会有这种情况)，可在相邻的两个标称值之间进行挑选，需要量少时，如果允许，可采用串并联的方法加以解决。

2. 精度

由于工艺条件等诸多方面的限制，电阻器的实际阻值与标称阻值不可能绝对相等，两者之间存在一定的偏差。把两者的相对误差 (即两者的偏差除以标称值所得的百分数) 称为电阻精度。常用电阻器的精度等级如表 2.1.2 所示。

表 2. 1.2 常用电阻器的精度等级

允许误差	±0.5%	±1%	±2%	±5%	±10%	±20%
级 别	005	01	02	I	II	III
类 型	精密型			普通型		

电阻器的精度越高，其稳定性也越好，但相应的价格也越高。所以，在电子系统设计中，要根据电路的不同要求选用不同精度的电阻器，以期获得最佳的性价比。

3. 额定功率

额定功率是指电阻器在交流或直流电路中，在特定条件下 (在一定大气压和产品标准所规定的温度下) 长期工作时所能承受的最大功率。其基本单位是瓦特 (W)。不同类型的电阻器有不同系列的额定功率，具体如表 2.1.3 所示。

表 2.1.3 电阻器的功率等级

名 称	额定功率/W					
实心电阻器	0.25	0.5	1	2	5	
线绕电阻器	0.5 25	1 35	2 50	6 75	10 100	15 150
薄膜电阻器	0.025 2	0.05 5	0.125 10	0.25 25	0.5 50	1 100

其中，以 0.125W (即 1/8W)，0.25W (即 1/4W)，0.5W (即 1/2W) 电阻器较为常用。

为了防止电阻器烧毁，选用电阻器时，应使其功率高于电路实际需求的 1.5～2 倍以上。

4. 温度系数

电阻器的温度系数是指电阻值随温度的变化率，单位是Ω/℃。金属膜、合成膜电阻器具有较小的正温度系数 (即随温度升高，阻值增大)，碳素膜电阻器具有较大的负温度系数 (即随温度升高，阻值减小)。

5. 非线性

当流过电阻器的电流与加在电阻器两端的电压不成比例变化时，称为非线性电阻器。一般说来，金属型电阻器的线性度很好，非金属型电阻器的线性度较差。

6. 噪声

噪声包括热噪声和电流噪声两种。为了降低热噪声，可降低电阻器的工作温度；电流噪声与电阻器内的微观结构有关，合金型没有电流噪声，薄膜型电流噪声较小，合成型电流噪声较大。

7. 极限电压

电阻器能承受而不会损坏的最高电压称为电阻器的极限电压。当加在电阻器两端的电压超过极限电压时，会发生烧毁现象，使电阻器损坏。一般常用电阻器的功率与极限电压如下：0.25W，250V；0.5W，500V；1～2W，750V。更高电压时，应选用高压型电阻器。

2.1.4 电阻器的合理选用与质量判别

1. 电阻器的合理选用

电阻器的种类很多，性能差异也很大，其应用范围有很大区别。因此全面了解各类电阻器的性能和应用范围，是合理选用电阻器的前提。各类电阻器的性能比较和应用范围如表 2.1.4 和表 2.1.5 所示。

表 2.1.4　各类电阻器的性能比较

性能＼品种	合成碳膜	合成碳实心	碳膜	金属氧化膜	金属膜	金属玻璃釉	块金属膜	电阻合金线
阻值范围	中～很高	中～高	中～高	低～中	低～高	中～很高	低～中	低～高
温度系数	尚可	尚可	中	良	优	良～优	极优	优～极优
非线性、噪声	尚可	尚可	良	良～优	优	中	极优	极优
高频、快速响应	良	尚可	优	优	极优	良	极优	差～尚可
功率比	低	中	中	中～高	中～高	高	中	中～高
脉冲负荷	良	优	良	优	中	良	良	良～优
储存稳定性	中	中	良	良	良～优	良～优	优	优
工作稳定性	中	良	良	良	优	良～优	极优	极优
耐潮性	中	中	良	良	良～优	良～优	良～优	良～优
可靠性		优	中	良～优	良～优	良～优	良～优	

表 2.1.5　各类电阻器的应用范围

应用范围＼品种	合成碳膜	合成碳实心	碳膜	金属氧化膜	金属膜	金属玻璃釉	块金属膜	电阻合金线
通用		√	√	√				√
高可靠		√		√	√	√	√	
半精密			√	√	√	√		
精密					√	√	√	√
高精密							√	√
中功率				√		√		√
大功率				√				√
高频、快速响应			√	√	√		√	
高频大功率			√	√				
高压、高阻	√					√		
小片式					√	√		
电阻网络	√				√	√	√	

选用电阻器一般从性能、可靠性、价格和是否容易买到考虑，首先，应根据电路的不同用途和要求，选择不同种类、不同性能的电阻器。例如，高频电路应选用分布电感和分布电容小的非线绕电阻器，如碳膜电阻器、金属膜电阻器和金属氧化膜电阻器等。其次，应正确选择标称值和精度。所选电阻器的阻值要接近应用电路中计算值的一个标称值，应优先选用标准系列的电阻器；精度的选择只要满足要求即可。一般电路使用的电阻器精度为±5%～±10%。精密仪器及特殊电路中使用的电阻器，可选用精密电阻器。

所选电阻器的额定功率，要符合应用电路对电阻器功率容量的要求，一般不应随意加大或减小电阻器的功率。若电路要求是功率型电阻器，则其额定功率可高于实际应用电路要求功率的 1～2 倍。

2．电阻器的质量判别

电阻器的质量判别通常采用以下方法：

(1) 看电阻器的引线有无折断或外壳烧焦现象。

(2) 用万用表的欧姆挡测量阻值，测量时，应选择合适的量程 (例如，测量 50Ω以下的电阻器用 R×1 挡；测 50Ω～1kΩ的电阻器用 R×10 挡或 R×100 挡；测 1～200kΩ的电阻器用 R×1k 挡；测大于 200kΩ的电阻器用 R×10k 挡)。合格的电阻器应稳定在允许的误差范围内，否则不能选用。

2.2 电 位 器

2.2.1 电位器的作用

电位器的主要作用是调节电压和电流。

2.2.2 电位器的分类

电位器的种类很多，用途各不相同，分类方法也不相同。

按电阻体的材料划分，可分为线绕电位器和非线绕电位器两大类。线绕电位器又可分为通用线绕电位器、大功率线绕电位器和预调式线绕电位器。非线绕电位器又可分为实心电位器和薄膜式电位器两种类型。其中，实心电位器进而分为有机合成实心电位器、无机合成实心电位器和导电塑料电位器；薄膜式电位器进而分为碳膜电位器和金属膜电位器等。

按调节方式划分，可分为旋转式电位器、推拉式电位器和直滑式电位器等。

按结构特点划分，可分为单圈电位器、多圈电位器、单联电位器、双联电位器、带开关电位器、锁紧型电位器、非锁紧型电位器和贴片式电位器等。

按电阻值的变化规律划分，可分为直线式电位器、指数式电位器和对数式电位器。

按用途划分，可分为普通电位器、磁敏电位器、光敏电位器、电子电位器和步进电位器等。

按驱动方式划分，可分为手动调节电位器和电动调节电位器。

2.2.3 电位器的主要技术指标

电位器的主要参数有标称值、额定功率、阻值变化规律、分辨率和动噪声等。

1. 标称值

电位器的标称值是指电位器上标注的电阻值，它等于电阻体两个固定端之间的电阻。其标称系列与电阻器的系列相同。精度等级有±20%，±10%，±5%，±2%，±1%等，精密电位器的精度可达±0.1%。

2. 额定功率

电位器的额定功率是指两个固定端之间允许耗散的最大功率，滑动端与固定端之间所承受的功率要小于额定功率。线绕电位器额定功率系列为：0.5，0.75，1，1.6，3，5，10，16，25，40，63，100 (W)，非线绕电位器额定功率系列为：0.025，0.05，0.1，0.25，0.5，1，2，3 (W) 等。

3. 阻值变化规律

电位器的阻值变化规律是指其电阻值随滑动接触点旋转角度或滑动行程之间的变化关系。常用的电位器有直线式 (X型)、对数式 (D型) 和指数式 (Z型)。

直线式 (X 型) 电位器，其电阻值的变化与电位器的旋转角度成直线关系，多用于分压和偏流调整等电路。

对数式 (D 型) 电位器，其电阻体上导电物质分布不均匀，电位器开始旋转时，阻值变化很大；当电位器转动角度增大时，阻值变化较小，它适用于音量控制电路。

指数式 (Z型) 电位器，其阻值变化与对数式电位器相反，电位器开始旋转时，阻值变化较小；当电位器转动角度增大时，阻值变化较大，它适用于音调控制电路。

4．分辨率

分辨率是指电位器的阻值连续变化时，其阻值变化量与输出电压的比值，它反映了电位器可实现的最精细的调节能力。

5．动噪声

动噪声是指电位器动触点在电阻体上滑动时产生的电噪声。

2.2.4 几种常用的电位器

1．线绕电位器 (型号 WX)

这类电位器常用做精密电位器和大功率电位器。国内精密线绕电位器的精度可达 0.1%，大功率线绕电位器的功率可达 100W。

2．合成碳膜电位器 (型号 WH)

这类电位器的优点是分辨率高、变化连续、范围宽 (100Ω～5MΩ)，功率一般有 0.125W，0.5W，1W，2W 等。缺点是精度较差 (一般为±20%)，耐湿、耐温性差，使用寿命较短。但由于其成本低，因而广泛应用于家用电器 (如收音机、电视机等) 中。阻值变化规律分线性和非线性两种，这类电位器分带锁紧和不带锁紧两种。

3．有机实心电位器 (型号 WS)

这类电位器的优点是结构简单、体积小、寿命长及可靠性高，因此多用于对可靠性要求较高的电子系统中。缺点是噪声大，气动力矩大。这类电位器有带锁紧和不带锁紧两种。

4．多圈电位器

这是一种精密电位器，阻值调整精度高，最多可达 40 圈。当阻值需要在大范围内进行微量调整时，可选用这种电位器。

除上述各种接触式电位器以外，还有非接触式电位器，如磁敏、光敏电位器等。此类电位器具有阻值稳定，无动噪声等突出优点。

2.2.5 电位器的合理选用与质量判别

1．电位器的合理选用

电位器的规格、品种很多，各有特点。全面了解各类电位器的性能，对合理选用电位器非常重要。各类电位器的性能比较如表 2.2.1 所示。

表 2.2.1 各类电位器的性能比较

品种 性能	线绕	块金属膜	合成实心	合成碳膜	金属膜	金属 玻璃釉	导电塑料
阻值范围	4.7Ω～ 56kΩ	2Ω～ 5kΩ	100Ω～ 4.7MΩ	470Ω～ 4.7MΩ	100Ω～ 100kΩ	100Ω～ 100MΩ	50Ω～ 100MΩ
线性精度	>±0.1%			>±0.2%		<±10%	>±0.05%
额定功率	0.5～100	0.5	0.25～2	0.25～2		0.25～2	0.5～2
分辨率	中～良	极优	良	优	优	优	极优
动噪声	—	—	中	低～中	中	中	低
零位电阻	低	低	中	中	中	中	中
耐潮性	良	良	差	差	优	优	差
耐磨寿命	良	良	优	良	良	优	优
负荷寿命	优良	优良	良	良	优	优良	良

(1) **根据使用要求选用电位器**：选用电位器时，应根据应用电路的具体要求选择电位器的材料、结构、类型、规格和调节方式。例如，普通电子系统选用碳膜或合成实心电位器；精密仪器等电路中应选用高精度的线绕电位器、导电塑料电位器、精密合成碳膜电位器、精密多圈电位器或金属玻璃釉电位器；大功率、高温电路应选用功率型线绕电位器或金属玻璃釉电位器；高频、高稳定电路应选用薄膜电位器；音量调节兼电源开关可选用小型带旋转式开关的碳膜电位器；立体声音频放大器的音量控制可选用双联同轴电位器；音响系统的音调控制可选用直滑式电位器；电源电路的基准电压调节可选用微调线性电位器；通信设备和计算机中使用的电位器可选用贴片式多圈电位器或单圈电位器。

(2) **合理选择电位器的电参数**：选定电位器的类型和规格后，还要根据电路要求合理选择电位器的电参数，包括标称阻值、额定功率、精度、分辨率和动噪声等。

(3) **根据阻值变化规律选用电位器**：各种电源电路中的电源调节、放大电路的工作点调节、副亮度调节及行、场扫描信号调节电位器，均应选用直线式电位器。音响设备中的音调控制用电位器应选用指数式 (也称反转对数式) 电位器；音量控制用电位器应选用对数式电位器。

2．电位器的质量判别

(1) **判别标称阻值及变阻值**：选用万用表欧姆挡的适当量程，先测量电位器两个固定端的电阻值，核对其是否与标称值相符。若测得阻值为无穷大或较标称阻值大，则说明电位器已开路或变质损坏。然后再检测滑动端与任一固定端之间的阻值变化情况，慢慢移动滑动端，使其从一个极端位置到另一个极端位置，正常的电位器，万用表读得的电阻值应从标称阻值 (或 0Ω) 连续平稳地变化到 0Ω (或标称阻值)。如果测量过程中读数有跳动现象，则说明该电位器接触不良。

(2) **判别电位器开关**：对带开关的电位器，除判别标称阻值及变阻值外，还必须检测开关是否正常。

用万用表 R×1 挡，两表笔分别接到电位器开关的两个外接焊片上，若开关打开，万用表读数应为 0Ω；若开关断开，万用表读数应为无穷大。否则说明该电位器的开关已损坏。

2.3 电容器

电容器是组成电子电路的主要元件之一，它是一种储能元件，具有充、放电及通交流、隔直流的特性。其基本单位是 F (法拉)，辅助单位有μF (微法，10^{-6}F)，nF (纳法，10^{-9}F) 和 pF (皮法，10^{-12}F)，常用的单位为μF 和 pF。

2.3.1 电容器的作用

电容器广泛应用于各种高、低频电路和电源电路中，起耦合、旁路、滤波、退耦、谐振、倍压、定时等作用。

2.3.2 电容器的分类

电容器的种类很多，分类方法也有多种。按结构及电容量是否可调划分，可分为固定电容器和可变电容器 (包括微调电容器)；按介质材料划分，可分为有机介质电容器 (包括漆膜电容器、混合介质电容器、纸介电容器、有机薄膜介质电容器、纸膜复合介质电容器等)、无机介质电容器 (包括陶瓷电容器、云母电容器、玻璃膜电容器、玻璃釉电容器等)、电解电容器 (包括铝电解电容器、钽电解电容器、铌电解电容器、钛电解电容器及合金电解电容器等) 和气体介质电容器 (包括空气电容器、真空电容器和充气电容器等)；按有无极性划分，可分为有极性电容器和无极性电容器；

按封装外形划分，可分为圆柱形、圆片形、管形、叠片形、长方形、珠状、方块状和异形等；按引出线划分，可分为轴向引线、径向引线、同向引线和贴片 (无引线) 等。

2.3.3 电容器的主要技术参数

电容器的主要技术参数有标称容量、精度、额定工作电压、绝缘电阻、温度系数、频率特性等。

1．标称容量及精度

标称容量是指电容器表面所标注的电容量，其数值也采用 E24，E12，E6 标准系列。E24～E6 标准系列固定电容器标称容量及精度如表 2.3.1 所示。

表 2.3.1 E24～E6 标准系列固定电容器标称容量及精度

系列	精度	标称容量值												
E24	±5%	1.0	1.1 1.2	1.3 1.5	1.6 1.8	2.0 2.2	2.4 2.7	3.0 3.3	3.6 3.9	4.3 4.7	5.1 5.6	6.2 6.8	7.5 8.2	9.1
E12	±10%	1.0	1.2	1.5	1.8	2.2	2.7	3.3	3.9	4.7	5.6	6.8	8.2	
E6	±20%	1.0		1.5		2.2		3.3		4.7		6.8		

2．额定工作电压

额定工作电压也称耐压值，是指电容器在规定的温度范围内，能连续正常工作时所能承受的最高电压有效值。

常用固定式电容器的额定电压系列值 (单位：V) 有：1.6，4，6.3，10，16，25，32*，40，50*，63，100，125*，160，250，100，400，450*，500，630，1000。

实际应用时，电容器的工作电压应低于额定电压值，否则会被击穿损坏。

3．绝缘电阻及漏电流

电容器的绝缘电阻是指电容器两极之间的电阻，也称漏电阻。由于电容器中的介质不是理想的绝缘体，所以它在一定的温度、电压条件下，会产生漏电流。显然，漏电流越小，绝缘电阻越大，电容器的质量越好。若漏电流过大，电容器就会发热损坏，严重时会造成外壳爆裂。电容器的绝缘电阻和漏电流是重要的性能参数，电子设备的故障有不少都是因为某个电容器的漏电流过大，击穿而造成的。

4．损耗因数 (tanδ)

损耗因数也称电容器的损耗角正切值，用来表示电容器能量损耗的大小。该值越小，电容器质量就越好。

5．温度系数

温度系数是指在一定温度范围内，温度每变化1℃时，电容器容量的相对变化值。温度系数越小，电容器性能就越好。

6．频率特性

频率特性是指电容器电参数随电路工作频率变化的特性。不同介质的电容器，其最高工作频率也不同。例如，电解电容只能在低频下工作，而高频瓷介电容和云母电容则可在高频下工作。

---

* 仅限于电解电容器。

2.3.4 几种常用的电容器

1．有机薄膜介质电容器

有机薄膜介质电容器也称塑料薄膜电容器，按其所使用的介质材料可分为聚苯乙烯电容器、涤纶电容器、聚丙烯电容器、漆膜电容器、聚四氟乙烯电容器等多种。各种有机薄膜介质电容器的性能比较如表 2.3.2 所示。

表 2.3.2 各种有机薄膜介质电容器的性能比较

种　类	型号	容量范围	额定电压	损耗因数/%	工作温度/℃	工作系数/(10^{-6}/℃)	应　用
涤纶	CL	510pF～5μF	35～1kV	0.3～0.7	−55～+125	+200～+600	低频直流
聚碳酸脂	CS	510pF～5μF	50～250V	0.08～0.15	−55～+125	±200	低压交直流
金属化聚碳酸脂	CSJ	0.01～10μF	50～500V	0.1～0.2	−55～+125	±200	低压交直流
聚丙烯	CBB*	1nF～1μF	50～1kV	0.01～0.1	−55～+85	−100～−300	高压电路
聚苯乙烯	CB	10pF～1μF	50～1kV	0.01～0.05	−10～+80	−100～−200	高频、高精度
聚四氟乙烯	CF	510pF～0.1μF	250～1kV	0.002～0.005	−55～+200	−100～−200	高温环境

注：*为非部标。

2．无机介质电容器

(1) 瓷介电容器 (型号 CC)：瓷介电容器分为低压小功率 (低于 1kV) 和高压大功率 (高于 1kV) 两种，低压小功率电容器常见的有瓷片、瓷管和瓷介独石等类型。这种电容器体积小、重量轻、价格低廉，在普通电子产品中应用广泛。其容量范围较窄，一般在几皮法 (pF) 到 0.1μF 之间。

(2) 云母电容器 (型号 CY)：云母电容器具有损耗小、绝缘电阻大、可靠性高、性能稳定、容量精度高等优点，被广泛应用于高频和要求稳定度高的电路中。云母电容器容量范围一般在 4.7～51000pF，最高精度可达±0.01%，直流耐压通常为 50V～7kV 之间，最高可达 40kV。温度系数小，一般不大于 10^{-6}/℃，长期存放后容量变化小于 0.01%。可在高温下工作，其最高环境温度可达 460℃。

(3) 玻璃釉电容器：玻璃釉电容器具有体积小、损耗小、稳定性好、漏电流小、电感量低、温度特性好等优点，其性能可以与云母电容相媲美。它主要应用于高频电路。

3．电解电容器

(1) 铝电解电容器 (型号 CD)：铝电解电容器分为有极性和无极性两种，它广泛应用于家用电器和各种电子产品中。额定电压一般在 6.3～500V 之间，容量在 1～10000μF 之间。

(2) 钽电解电容器 (型号 CA)：钽电解电容器也分为有极性和无极性两种。它具有损耗小、频率特性好、耐高温、漏电流小等优点，其缺点是生产成本高，耐压低。钽电解电容器广泛应用于通信、航天、军工及家用电器上各种中、低频电路和时间常数设置电路中。

4．可变电容器

(1) 可变电容器：可变电容器是一种电容量可以在一定范围内调节的电容器，按介质材料分为空气介质电容器和固体介质电容器两种。空气介质电容器一般用在收音机、电子仪器、高频信号发生器、通信设备及有关电子设备中；固体介质电容器以云母或塑料为介质，具有体积小、重量轻等优点，常应用在无线电接收系统和有关电子仪器中。

(2) 半可变电容器：半可变电容器也称微调电容器，它分为云母微调电容器、瓷介微调电容器、薄膜微调电容器和拉线微调电容器等。它主要在各种调谐和振荡电路中作为补偿电容器或校正电容器。

2.3.5 电容器的合理选用与质量判别

1. 电容器的合理选用

电容器种类繁多，性能各异，选用时应考虑如下因素：

(1) 选择合适的介质：电容器的介质不同，性能差异较大，用途也不完全相同。设计时，应根据电容器在电路中的作用及实际电路的要求合理选用。

(2) 额定电压：不同类型的电容器有其不同的电压系列，所选的电容器必须在其系列之内。此外，所选的电容器的额定电压一般高于电容器实际承受电压的 1～2 倍，但选用电解电容器例外，特别是液体电解质电容器，限于自身结构特点，一般应使电路中实际承受电压为被选电容器额定电压的 50%～70%，这样才能充分发挥电解电容器的作用，不论选用何种电容器，都不得使电容器耐压低于电路中的实际电压，否则电容器将会被击穿。

(3) 标称容量及精度等级：在确定容量时，要根据设计电路计算的容量值，选定一个靠近的系列容量值。在确定精度时，要考虑电路对精度的要求，不要盲目地追求电容器的精度等级，因为电容器精度越高价格越昂贵。

(4) 对损耗因数 $\tan\delta$ 的选择：$\tan\delta$ 对电路性能 (特别是高频电路) 影响很大，直接影响整机的技术指标，因此在高频电路或对信号相位要求严格的电路中，应考虑 $\tan\delta$ 值的大小。

(5) 体积：在产品设计中，特别是在印制电路中，在满足电路要求的前提下，应尽量选择体积小的电容器。

(6) 成本：在满足技术指标条件下，尽量使用价格低廉的电容器，以降低系统成本。

表 2.3.3 列出了根据用途选择合适介质电容器的参考表。

表 2.3.3 根据用途选择合适介质电容器参考表

用　途	介　质	电　容　量	工作电压/V	损耗因数 ($\tan\delta$)
高频旁路	陶瓷 (I 型)	8.2～1000pF	500	15×10^{-4}
	云母	51～4700pF	500	10×10^{-4}
	玻璃釉	100～3300pF	500	12×10^{-4}
	涤纶	100～3300pF	400	0.015
	玻璃釉	10～3300pF	100	15×10^{-4}
低频旁路	纸介	0.001～0.5F	500	
	陶瓷 (II 型)	0.001～0.047F	<500	0.04
	铝电解	10～1000μF	25～450	0.2
	涤纶	0.001～0.047μF	400	0.015
电源输入抗高频干扰	纸介	0.001～0.22μF	<1000	0.015
	陶瓷 (II 型)	0.001～0.047μF	<500	0.04
	云母	0.001～0.047μF	<500	0.001
	涤纶	0.001～0.1μF	<1000	<0.015
调谐	陶瓷 (I 型)	1～1000pF	500	15×10^{-4}
	云母	51～1000pF	500	13×10^{-4}
	玻璃膜	51～1000pF	500	12×10^{-4}
	聚苯乙烯	51～1000pF	<1600	0.001
滤波	纸介	0.01～10μF	1000	0.015
	铝电解	10～3300μF	25～450	<0.2
	复合纸介	0.01～10μF	2000	0.015
	液体钽	220～3300μF	16～125	0.2～0.5

（续表）

用　途	介　质	电 容 量	工作电压/V	损耗因数 ($\tan\delta$)
滤波器	陶瓷	100～4700pF	500	15×10^{-4}
	聚苯乙烯	100～4700pF	500	15×10^{-4}
	云母	51～4700pF	500	15×10^{-4}
储能	纸介	10～50μF	1～30kV	0.015
	复合纸介	10～50μF	1～30kV	0.015
	铝电解	100～3300μF	1～5kV	0.15
高频耦合	云母	470～6800pF	500	0.001
	聚苯乙烯	470～6800pF	400	0.001
	陶瓷 (I 型)	10～6800pF	500	15×10^{-4}
低频耦合	纸介	0.001～0.1μF	<630	0.015
	铝电解	1～47μF	450	0.15
	陶瓷 (II 型)	0.001～0.047μF	<500	0.04
	涤纶	0.001～0.1μF	<400	<0.015
	固体钽电解	0.33～470μF	<62	<0.15
计算机电源	铝电解	1000～100 000μF	25～100	>0.3
高频电压	陶瓷 (I 型)	470～6800pF	<12kV	10×10^{-4}
	聚苯乙烯	180～4000pF	<30kV	10×10^{-4}
	云母	330～2000pF	<10kV	10×10^{-4}
晶体管电路小型电容器	金属化纸介	0.001～10μF	<160	<0.01
	陶瓷 (I 型)	1～500pF	<160	15×10^{-4}
晶体管电路小型电容器	陶瓷 (II 型)	680pF～0.047μF	63	<0.04
	云母	4.7～1000pF	100	<0.001
	铝电解	1～3300μF	6.3～50	<0.2
	钽电解	1～3300μF	6.3～63	<0.15
	聚苯乙烯	0.0047～0.47μF	<50～100	<0.001
	玻璃釉	10～3300pF	<63	15×10^{-4}
	金属化涤纶	0.1～1μF	63	15×10^{-4}
	聚丙烯	0.01～0.47μF	63～160	1×10^{-3}

2. 电容器的质量判别

准确检测电容器的性能，需要专用的检测仪表，通常可用模拟万用表的电阻挡，检测电容器的性能。

(1) 用万用表的电阻挡检测电容器的性能，要选择合适的挡位：检测大容量的电容器，应选用小电流挡；检测小容量的电容器，应选用大电流挡。一般 50μF 以上的电容器宜选用 R×100 或更小的电阻挡；1～50μF 之间的电容器宜选用 R×1k 挡；1μF 以下的电容器宜选用 R×10k 挡。

(2) 检测电容器漏电电阻的方法：用万用表的表笔与电容器的两根引线接触，随着充电过程的结束，指针应回到接近无穷大处，此时的电阻值即为电容器的漏电电阻值。一般电容器的漏电电阻为几百欧姆至几千欧姆。测量时，若表针指到或接近欧姆零点，表明电容器内部短路；若指针不动，始终指在无穷大处，则说明电容器内部开路或失效。对于容量在 0.1μF 以下的电容器，由于漏电电阻接近无穷大，难以分辨，因此，在这种情况下，不能用上述方法检测电容器内部是否开路。

2.4　电感器和变压器

电感器和变压器都是用绝缘导线 (如漆包线、纱包线等) 绕制而成的电磁感应元件，也是电子电路中常用的元器件之一。

2.4.1　电感器

电感器又称电感线圈，是一种储能元件。它具有通直流、阻交流的特性。

1. 电感器的作用

电感器的主要作用是对交流信号进行隔离、滤波或与电容器、电阻器一起构成谐振电路。还可用做频率补偿。

2. 电感器的分类

电感器的种类很多。按结构划分，可分为空心电感器、磁心电感器和铁心电感器；按工作参数划分，可分为固定电感器、可变电感器、微调电感器；按功能划分，可分为振荡电感器、耦合电感器、扼流电感器、校正电感器 (如电视机行线性校正线圈) 和偏转电感器 (如电视机行、场偏转线圈) 等。一般低频电感器大多采用铁心 (铁氧体心) 或磁心，而中、高频电感器则采用空心或高频磁心。

3. 电感器的主要参数

电感器的主要参数有电感量、品质因数、额定电流和分布电容等。

(1) 电感量：电感量也称自感系数。其单位为 H (亨)，常用辅助单位有 mH (毫亨)，μH (微亨)，它们之间的关系为 $1H = 10^3 mH=10^6μH$。

同电阻器、电容器一样，电感器的标称电感量也有允许偏差，高精度电感的允许偏差在±0.2%～±0.5%，常用于振荡、滤波等电路中；而一般精度的电感允许偏差在±5%～±15%之间，常用于耦合、高频扼流等电路中。

(2) 品质因数：品质因数也称 Q 值，是衡量电感器质量的重要参数。电感器的 Q 值越高，损耗越小，效率越高，选择性越好。

(3) 额定电流：额定电流是指电感器正常工作时所允许通过的最大电流值。对于高频扼流圈、大功率谐振线圈，这一参数尤为重要。

(4) 分布电容：分布电容是指线圈匝与匝之间、线圈与磁心之间存在的电容。为了保证线圈有效电感量的稳定，在使用电感线圈时，应使其工作频率尽量远低于线圈的固有频率 f_0($f_0 = 1/2\pi\sqrt{LC_0}$)，也就是说，只有尽量减小分布电容，才能增大 Q 值。

4. 几种常用的电感器

(1) 小型固定电感器：小型固定电感器 (色码电感)，主要用于滤波、振荡、陷波及延迟电路中。它有立式和卧式两种外形结构。国产立式小型固定电感器有 LG 和 LG2 系列，电感量一般在 0.1～22 000μH，额定工作电流为 0.05～1.6A，误差范围为±5%～+10%。国产卧式小型固定电感器有 LG1，LGA 和 LGX 系列，LG1 型电感量一般在 0.1～22000μH，额定工作电流为 0.05～1.6A，误差范围为±5%～±10%；LGA 为超小型结构，外形与 1/2W 色环电阻器相似，其电感量在 0.22～100μH 之间，额定工作电流为 0.09～0.4A；LGX 也为超小型结构，电感量范围在 0.1～10000μH 之间，额定工作电流分为 50mA、150mA、300mA、1.6A 四种规格。

(2) 罐形磁心线圈：采用罐形磁心制作的电感器，具有较高的磁导率和电感量，通常用于 LC 滤波器和谐振电路中。

(3) 平面电感器：平面电感器是在陶瓷或玻璃基片上沉积金属导线而成的。它的稳定性、精度和可靠性都比较好。通常应用于频率范围在几十兆赫兹到几百兆赫兹的电路中。

(4) 可调电感器：常用的可调电感器有半导体收音机用振荡线圈、电视机用行振荡线圈、行线性线圈、中频陷波线圈、音响用频率补偿线圈和阻波线圈等。

5．电感器的合理选用与质量判别

(1) 电感器的合理选用：选用电感器时，主要考虑其性能参数 (如电感量、额定电流、品质因数等) 及外形尺寸是否满足要求。例如，若小型固定电感器和色码电感器的电感量、额定电流相同，外形尺寸相近，则两者可以互相代用。

(2) 电感器的质量判别：判别电感量通常要靠电感电容表或具有电感测量功能的专用万用表来测量；判别电感器是否有开路或短路现象可用万用表的 R×1 挡测量其电阻值，若电感器的电阻值为 0，则说明电感器短路；若电感器的电阻值为无穷大，则说明电感器开路。

2.4.2 变压器

变压器是利用电感器的电磁感应原理制成的元件。它利用初级和次级绕组之间的匝比不同来改变电流比和电压比，实现电能或信号的传输与分配。

1．变压器的作用

变压器在电路中的作用主要有交流电压变换 (升压或降压)、信号耦合、阻抗变换、隔离等。

2．变压器的分类

变压器的种类很多，按用途划分，可分为电源变压器、隔离变压器、耦合变压器、自耦变压器、输入／输出变压器、脉冲变压器等；按工作频率划分，可分为低频变压器、中频变压器和高频变压器等。

3．变压器的主要参数

(1) 变压比 (或变阻比)：变压器的变压比 (或变阻比) 是指初级电压 (或阻抗) 与次级电压 (或阻抗) 的比值。通常变压比直接标出电压变换值，如 220V/16V；电阻比则以阻抗比值表示，如 3∶1 表示初级与次级阻抗比值为 3∶1。

(2) 额定功率：额定功率是指变压器在指定频率和电压下能连续工作而不超过规定温度的输出功率，用伏安表示，单位为 W (瓦) 或 kW (千瓦)。

(3) 效率：效率是指在额定负载条件下，变压器输出功率与输入功率的比值，它反映了变压器自身的损耗。变压器自身的损耗越小，效率越高。变压器的效率一般在 60%～100%之间。

(4) 绝缘电阻和抗电强度：绝缘电阻是指变压器线圈之间、线圈与铁心之间及引线之间的电阻；抗电强度是指在规定时间内变压器可承受的电压，它是变压器特别是电源变压器安全工作的重要参数。

4．几种常用的变压器

(1) 电源变压器：电源变压器的主要作用是提升交流电压 (升压) 或降低交流电压 (降压)，稳压电源和各种家电产品中使用的变压器均属于降压电源变压器。电源变压器有“E”形、“C”形和环形三种类型。“E”形电源变压器的铁心是用硅钢片交叠而成的，其优点是成本低廉，缺点是磁路中的气隙较大、效率较低、工作时噪声较大。“C”形电源变压器的铁心是由两块形状相同的“C”形铁心 (由冷轧硅钢带制成) 对插而成的，它磁路中气隙较“E”形电源变压器小，各项性能也比“E”形电源变压器好。环形电源变压器的铁心是由冷轧硅钢带卷绕制成的，磁路中无气隙，漏磁小、效率高、工作时噪声较小。

(2) 低频变压器：低频变压器既可用来传送信号电压和信号功率，也可实现电路之间的阻抗匹配，对直流电具有隔离作用。它分为级间耦合变压器、输入变压器和输出变压器。

(3) 高频变压器：常用的高频变压器有天线阻抗变换器和半导体收音机中的天线线圈等。

(4) 中频变压器：中频变压器简称“中周”，主要在接收机中作为选频元件，在电路中起信号耦合和选频作用。调节其磁心，改变线圈的电感量，可改变中频信号的灵敏度选择性和通频带。

(5) 脉冲变压器：脉冲变压器用于各种脉冲电路中，其工作电压、电流均为脉冲波。常用的脉冲变压器有电视机的行输出变压器、行推动变压器、开关变压器、电子点火的脉冲变压器、臭氧发生器的脉冲变压器等。

(6) 隔离变压器：隔离变压器的主要作用是隔离电源、切断干扰源的耦合通路和传输通道，其变比等于 1。按用途，它分为电源隔离变压器和干扰隔离变压器。

(7) 恒压变压器：恒压变压器是根据铁磁谐振原理制成的一种交流电压变压器，它具有稳压、抗干扰和自动短路保护等功能。当输入电压在−20%～+10%范围内变化时，其输出电压的变化不超过±1%。即使恒压变压器输出端出现短路故障，在 30min 内也不会出现损坏。恒压变压器在使用时，只要接上整流桥堆和滤波电容，即可构成直流稳压电源，可省去其余的稳压电路。

5．变压器的合理选用与质量判别

(1) 变压器的合理选择：要根据电路系统的实际需求选择不同类型的变压器。用途不同，关注的性能参数也有所区别。选择电源变器时，要与负载电路相匹配，电源变压器的标称额定功率要大于负载电路的最大功率，其绝缘电阻和抗电强度亦应满足要求，并留有一定裕量，输出电压应与负载电路供电部分的交流输入电压相同。一般电源电路，可选择“E”形铁心电源变压器，若是高保真音频功率放大器的电源电路，则应选用“C”形电源变压器或环形电源变压器。

选择中频变压器时，要选择固有谐振频率与电路中频工作频率相同的中频变压器。

(2) 变压器的质量判别：电源变压器的质量判别主要检查绕组的通断、输出电压及绝缘性能。检查绕组的通断，可用万用表的R×1挡分别测量初级、次级绕组的电阻值。通常降压变压器初级绕组的阻值应为几十欧姆至几百欧姆，次级绕组的阻值为几欧姆至几十欧姆，若测得某绕组的阻值为 0，则说明该绕组已短路；若测得某绕组的阻值为无穷大，则说明该绕组已开路。

检查输出电压可将变压器的初级接 220V 交流电压，用万用表的交流电压挡测量次级交流输出电压是否与标称值相符 (允许误差范围≤+5%)。

电源变压器的绝缘性能可用万用表的 R×10k 挡或用兆欧表来测量。若两绕组之间或铁心与绕组之间的电阻值为无穷大，则变压器是正常的，若阻值小于 10MΩ，则说明该变压器的绝缘性能不良。

以上判别方法也适用于行推动变压器和开关变压器。

2.5 继 电 器

2.5.1 继电器的作用

继电器是一种控制器件，它实际上是一种可用低电压、小电流对高电压、大电流进行控制的电动开关，在电路中可用来实现自动操作、自动调节、自动安全保护等。

2.5.2 继电器的分类

继电器的种类很多，常用的继电器主要有电磁式继电器、干簧式继电器、步进式继电器和固定式继电器等。

本节只介绍应用最为广泛的电磁式继电器。

2.5.3 电磁式继电器的主要参数

1．线圈电源与线圈功率

线圈电源是指继电器线圈使用的工作电源是直流电还是交流电；线圈功率是指继电器线圈所消耗的额定电功率。

2．额定工作电压和额定工作电流

额定工作电压是指继电器正常工作时线圈所需要的电压值。直流电磁式继电器的额定工作电压有 3V，5V，6V，9V，12V，15V，18V，24V，48V 等。额定电流是指继电器正常工作时线圈所需要的电流值。当线圈两端电压与额定工作电压相符时，能可靠地将簧片吸起，实现通、断转换。

3．吸合电压与吸合电流

吸合电压是指继电器能产生吸合动作的最小电压；吸合电流是指继电器能产生吸合动作的最小电流。

4．释放电压与释放电流

释放电压是指继电器能产生释放动作的最大电压；释放电流是指继电器能产生释放动作的最大电流。

5．线圈电阻

线圈电阻是指继电器线圈的直流电阻。当继电器的额定工作电压已知后，可由线圈电阻求出线圈的工作电流。

6．触点负荷

触点负荷是指继电器触点能安全承受的最大电流和最高电压。当超过此电流值和电压值时，就会影响继电器正常工作，甚至会损坏继电器触点。

电磁式继电器除上述电参数外，还有动作 (转换) 时间、接触电阻等。需要时，可查阅产品手册。

2.5.4 电磁式继电器的合理选用与质量判别

1．电磁式继电器的合理选用

(1) 继电器线圈电源电压的选择：选择电磁式继电器时应首先选择继电器线圈电源电压是直流还是交流。继电器的额定工作电压一般应小于或等于其控制电路的工作电压。

(2) 线圈额定工作电流的选择：线圈额定工作电流 (一般为吸合电流的两倍) 应选择在驱动电路的输出电流范围内。

(3) 触点类型和触点负荷的选择：同一型号的电磁继电器有单组触点、双组触点、多组触点及常开触点、常闭触点等多种形式，应根据实际需要，选择适合电路的触点类型。

所选继电器的触点负荷应高于其触点所控制电路的最高电压和最大电流，以免烧毁触点。

(4) 选择合适的体积：继电器的体积大小通常与继电器的触点负荷大小有关。应根据应用电路的要求，选择合适体积的继电器。

2．电磁式继电器的质量判别

(1) 检测继电器触点的接触电阻：用万用表的 R×1 挡，测量继电器常闭触点的电阻值，正常值应为 0。再使继电器吸起，用万用表的 R×1 挡，测量继电器常开触点的电阻值，正常值也应为 0。若不为 0 或为无穷大，说明触点接触不良或接触不上。

(2) 检测继电器线圈电阻：正常的继电器线圈电阻值一般在25Ω～2kΩ之间。若线圈电阻值较正常值低很多，说明线圈内部有短路故障；若线圈电阻值为无穷大，说明继电器线圈已开路。表 2.5.1 列出了常用的 JZC-21F 超小型直流继电器 (0.3W) 的主要参数，供选用和检测时参考。

表 2.5.1　JZC-21F 超小型直流继电器的主要参数

规格代号	额定电压(DC)/V	线圈电阻/Ω(±10%)	吸合电压/V	释放电压/V	触 点 负 荷
003	3	25	2.25	0.36	直流 28V (3A) 或交流 120V (3A)， 220V (1.5A)
005	5	70	2.75	0.6	
006	6	100	4.5	0.72	
009	9	225	6.75	1.08	
012	12	400	9	1.44	
024	24	1600	18	2.88	
048	48	6400	36	5.76	

由表 2.5.1 可以看出，额定电压越高，线圈电阻值越大。

(3) 估测吸合电压和释放电压：被测继电器电磁线圈的两端接 0～35V (2A) 可调式直流稳压电源，然后将电压由低逐步上调，当听到继电器触点吸合动作声时，此时电压值即为吸合电压值。额定工作电压一般为吸合电压的 1.3～1.5 倍。

继电器吸合后，再把电压缓慢下调，直到继电器触点释放，此时的电压值即为释放电压值。它一般为吸合电压的 10%～50%。

(4) 估测吸合电流和释放电流：测试电路如图 2.5.1 所示。

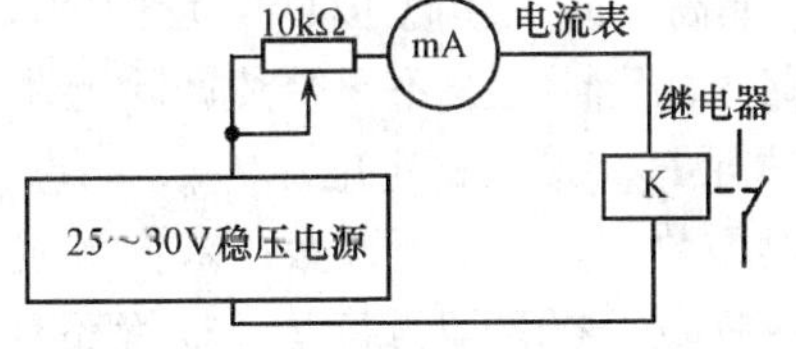

图 2.5.1　电磁式继电器测试电路

接通电源后，由大到小调节电位器值，直至继电器吸合，此时电流表读数即为继电器吸合电流。额定工作电流一般为吸合电流的两倍。然后再缓慢增大电位器阻值，当继电器触点由吸合状态突然释放时，电流表读数即为继电器的释放电流。

2.6　半导体器件

随着电子技术的飞速发展，集成电路的应用日趋广泛，在很多场合已取代了分立器件，但在某些领域 (如大功率)，分立器件仍在发展，电子系统中仍不可避免地应用到分立器件。本节就分立器件的选择及应用中有关问题进行介绍。

2.6.1　晶体二极管

1．晶体二极管的分类

晶体二极管有多种类型，按材料划分，可分为锗 (Ge) 二极管、硅 (Si) 二极管、砷化镓 (GaAs) 二极管、磷化镓 (GaP) 二极管等；按结构划分，可分为点接触型二极管、面接触型二极管；按用途和功能划分，可分为普通型二极管、精密二极管、整流二极管、检波二极管、开关二极管、阻尼二极管、稳压二极管、发光二极管、激光二极管、变容二极管、隧道二极管、双向触发二极管、双向击穿二极管、恒流二极管等；按工作频率划分，可分为高频二极管和低频二极管；按电流容量划分，可分为大功率二极管 (电流在 5A 以上)、中功率二极管 (电流在 1～5A 之间)、小功率二极管 (电流在 1A 以下)。

2．常见二极管的电路符号

常见二极管的电路符号如图 2.6.1 所示。

	半导体二极管		稳压二极管
	发光二极管		双向击穿二极管
	变容二极管		双向二极管、交流开关二极管
θ	温度效应二极管		体效应二极管
	隧道二极管		磁敏二极管

图 2.6.1　二极管的电路符号

3．晶体二极管的主要电参数

二极管的用途、功能不同，其电参数也不同。普通二极管的主要电参数有额定正向工作电流 I_F、最高反向工作电压 U_R、反向饱和电流 I_S、正向电压降 U_D、最高工作频率 f_M 等。这些在电子电路中均已学过，不再赘述。除上述电参数以外，稳压二极管还有稳定电压 U_Z、稳定电流 I_Z、额定功耗 P_Z、最大稳定电流 I_{ZM}、动态电阻 R_Z 等参数；变容二极管还有势垒电容 C_T、效率 Q、电容温度系数 C_{TC} 等主要参数；双向触发二极管和开关二极管还有转折电压 U_S、维持电流 I_H 等参数；快速恢复二极管和肖特基二极管还有反向恢复时间 T_{rr} 等参数；发光二极管和激光二极管还有发光强度 I_V、发光波长 λ_P、光功率 P 等参数。这里只就这些参数进行介绍。

(1) 稳定电压 U_Z：是指稳压二极管反向击穿时的稳压值。

(2) 稳定电流 I_Z：也称稳压工作电流，是指稳压二极管正常稳压工作时的反向电流。它一般为最大稳定电流 I_{ZM} (即最大反向电流) 的 1/2 左右。

(3) 额定功耗 P_Z：是指稳压二极管正常稳压工作时的耗散功率。

(4) 动态电阻 R_Z：是指稳压二极管两端电压变化随电流变化的比值。显然，R_Z 越小，稳压效果越好。

(5) 势垒电容 C_T：是指变容二极管的 PN 结电容，其容量随反向偏压的变化而改变。

(6) 效率 Q：是指在规定的频率和偏压下，变容二极管的存储能量与消耗能量之比。

(7) 电容温度系数 C_{TC}：是指在规定的频率、偏压和温度范围内，变容二极管结电容随温度的相对变化率。

(8) 转折电压 U_S：是指双向二极管由截止变为导通所需的正向电压。

(9) 维持电流 I_H：是指双向触发二极管或开关二极管维持导通状态所需的最小工作电流。

(10) 反向恢复时间 T_{rr}：是指快速恢复二极管 (或肖特基二极管) 处于正、负电压变换的瞬间，电流不随电压极性改变而迅速改变所产生的延迟现象或其工作电流通过零点由正向转变为反向、再从反向转变为规定低值的时间间隔。

(11) 发光强度 I_V：是发光二极管的光学指标，它表示发光强度的大小，其单位是 mcd。

(12) 发光波长 λ_P：也称峰值波长，是指发光二极管或激光二极管在一定工作条件下，其发射光的峰值所对应的波长。

(13) 光功率 P：是指激光二极管输出的激光功率，它与半导体材料的结构有关。

4．常用的晶体二极管

在一般电子电路中，常用的二极管有整流二极管、检波二极管、稳压二极管、变容二极管和发光二极管等。

(1) 整流二极管：整流二极管的作用是利用其单向导电性，将交流电变成直流电。整流二极管不仅有硅管和锗管之分，还有低频和高频、大功率和中 (或小) 功率之别。由于硅管具有良好的温度特性和耐压特性，所以选用时多选用硅管。整流二极管的特点是：工作频率较低，允许通过的正向电流较大，反向击穿电压较高，允许的工作温度也较高。

整流二极管的应用电路如图 2.6.2 所示。图中的电容 C 起滤波作用，目的是滤除整流输出中的交流成分，该电容的容量越大，滤波效果越好，其值一般在几百微法至几千微法。

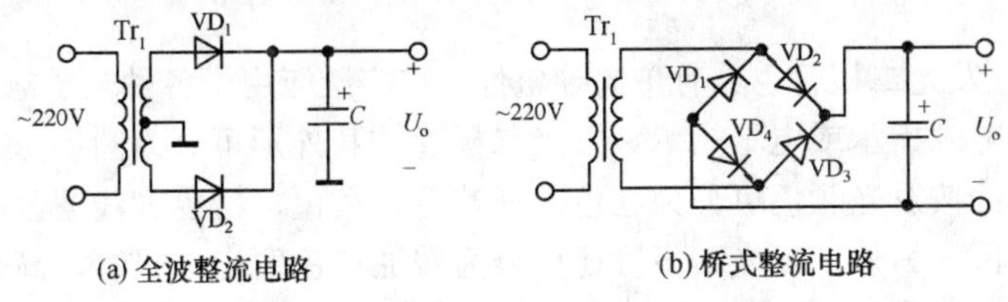

图 2.6.2　整流二极管的应用电路

(2) 检波二极管：检波二极管的作用是利用其单向导电性将调制在高频或中频无线电信号中的低频信号或音频信号取 (解调) 出来。它被广泛应用于收音机、电视机、收录机及通信设备的小信号电路中，它的工作频率较高、处理信号较弱，因此多采用点接触型锗管。

检波二极管的典型应用电路如图 2.6.3 所示。

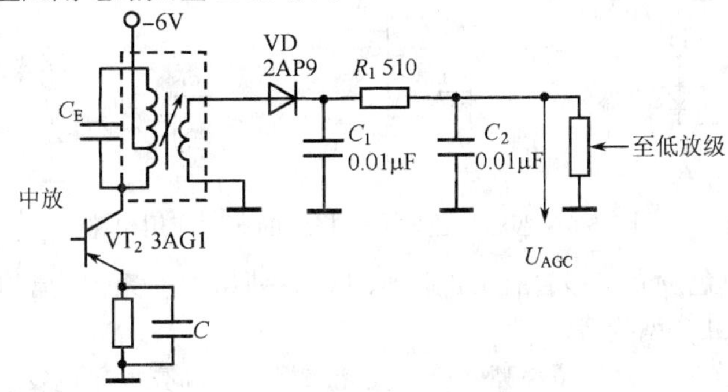

图 2.6.3　检波二极管的典型应用电路

(3) 稳压二极管：稳压二极管又称齐纳二极管，它在电路中起稳压作用。只要适当控制反向电流，稳压管就不会损坏。稳压管的封装形式有金属外壳、玻璃外壳和塑料外壳三种，其中以金属外壳封装最为常见；按其电流大小可分为大功率稳压二极管 (2A 以上) 和小功率稳压二极管 (1.5A 以下)；按其内部结构可分为单稳压二极管和双稳压二极管 (三电极稳压二极管)，双稳压二极管的外形与三极管的外形相同，电路符号如图 2.6.4 所示。

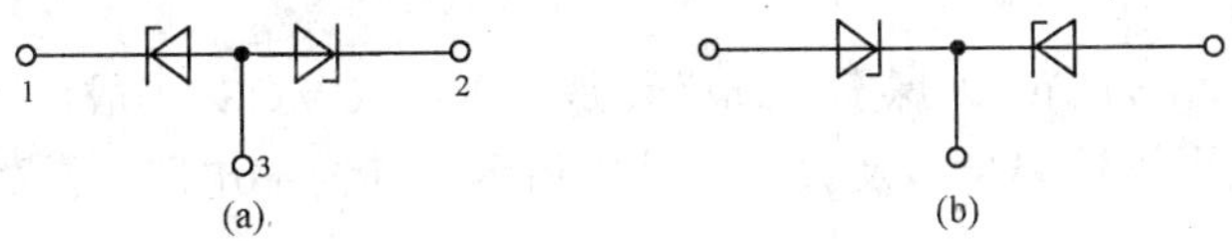

图 2.6.4　三电极稳压二极管的电路符号

稳压二极管的典型应用电路如图 2.6.5 所示。

(4) 变容二极管：变容二极管是利用 PN 结势垒电容随反向偏压变化特性制成的半导体器件，它在电视机、录像机和收录机中多用于高频调谐和自动频率微调电路中做可变电容器使用，如在调谐器 UHF 和 VHF 频段中做调谐用。变容二极管按封装形式可分为金属外壳、玻璃外壳、塑料外壳等多种，通常功率较大的变容二极管采用金属外壳封装，而功率较小的变容二极管多采用玻璃外壳封装、塑料外壳封装或无引线表面封装。

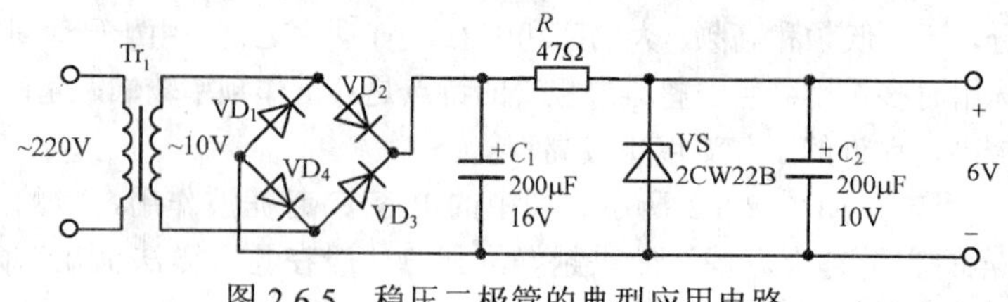

图 2.6.5　稳压二极管的典型应用电路

(5) 发光二极管：发光二极管也具有单向导电性。它广泛应用于各种电子电路、家用电器和仪器仪表等设备中，用做电源指示或电平指示。发光二极管按其外形可分为圆形、方形、矩形、三角形和组合型等多种形状；按发光颜色可分为红色、琥珀色、黄色、橙色、浅蓝色、绿色、黑色、白色和透明无色等多种颜色。另外，发光二极管还可分为普通单色发光二极管、高亮度发光二极管、超高亮度发光二极管、变色发光二极管、闪烁发光二极管、电压控制发光二极管和红外发光二极管等。

① 普通单色发光二极管：普通单色发光二极管具有体积小、工作电压低、工作电流小、发光均匀稳定、响应速度快、寿命长等优点。可用各种直流、交流、脉冲等电源驱动发光。它属于电流控制型半导体器件，使用时需要串接合适的限流电阻。普通单色发光二极管的典型应用电路如图 2.6.6 所示。

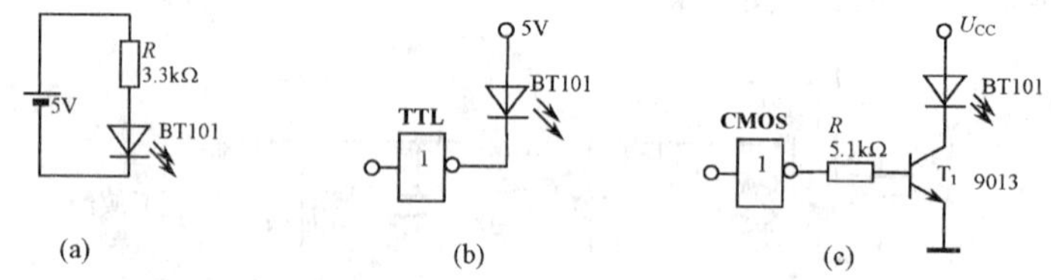

图 2.6.6　普通单色发光二极管的典型应用电路

常用的国产普通单色发光二极管有 BT 系列、FG 系列和 2EF 系列。常用的进口普通单色发光二极管有 SLR 系列和 SLC 系列等。

② 高亮度单色发光二极管和超高亮度单色发光二极管：高亮度单色发光二极管和超高亮度单色发光二极管使用的半导体材料与普通发光二极管不同，所以发光强度也不同。通常，高亮度单色发光二极管使用砷铝化镓 (GaAlAs) 等材料，超高亮度单色发光二极管使用磷铟砷化镓 (GaAsInP) 等材料，而普通单色发光二极管使用磷化镓 (GaP) 或磷砷化镓 (GaAsP) 等材料。

③ 变色发光二极管：变色发光二极管是能够变换发光颜色的发光二极管。按发光颜色的种类，它分为双色发光二极管、三色发光二极管和多色 (有红、蓝、绿、白四种颜色) 发光二极管。

常用的双色发光二极管有 BT 系列和 2EF 系列，常用的三色发光二极管有 2EF302，2EF312，2EF322 等型号。

④ 闪烁发光二极管 (BTS)：闪烁发光二极管是一种由 CMOS 集成电路和发光二极管组成的特殊发光器件，一般应用于报警指示及欠压、过压指示。其内部电路框图如图 2.6.7 所示。

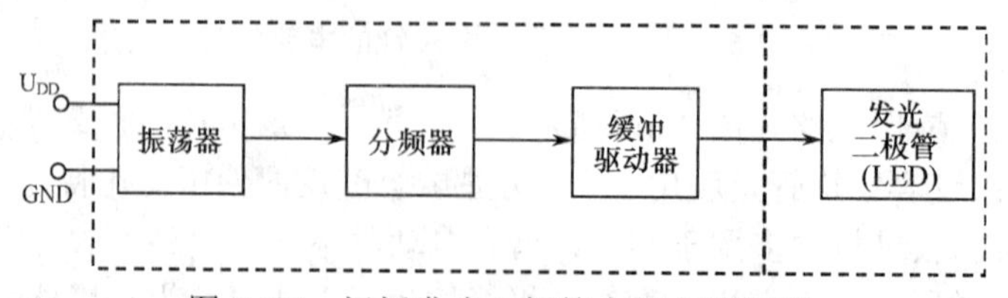

图 2.6.7　闪烁发光二极管内部电路框图

闪烁发光二极管在使用时，无须外接其他元件，只要在其引脚间加上适当的直流工作电压 (5V)，即可闪烁发光。

5. 二极管组件

为了减小电子系统的体积和便于安装，通常把两个或两个以上二极管组合连接并封装在一起，称为二极管组件。常用的二极管组件有整流桥堆、高压硅堆及二极管排等。

(1) 整流桥堆：整流桥堆一般用在全波整流电路中，它又分为全桥和半桥。

① 全桥：全桥是由 4 只整流二极管按桥式全波整流电路形式连接并封装为一体构成的，其内部电路及其电路符号分别如图 2.6.8 (a) 、(b) 所示。

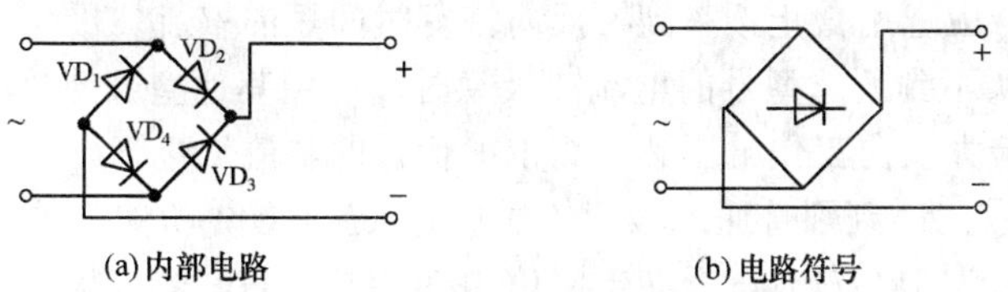

(a) 内部电路　　(b) 电路符号

图 2.6.8　全桥的内部电路及电路符号

全桥的正向电流有 0.1A，1A，1.5A，2A，2.5A，3A，5A，10A，20A 等很多规格，耐压值 (最高反向电压) 有 25V，50V，100V，200V，300V，400V，500V，600V，800V，1000V 等多种规格。常用的国产全桥有 QL 系列，进口全桥有 RB 系列和 RS 系列。全桥的正向电流和最高反向电压值可用下述方法识别：

直接看数值标注，如 QL2A/200，表示正向电流为 2A，最高反向电压值为 200V；但有的全桥只直接标明正向电流值，而最高反向电压值用英文字母 A～M 表示，其 A～M 分别代表 25～1000V，其对应关系如表 2.6.1 所示。例如，QL1AE，表示正向电流为 1A，最高反向电压值为 300V。也有的全桥只直接标明最高反向电压值，而正向电流值用数字表示，其对应关系如表 2.6.2 所示。对于进口的全桥，有些也可直接从型号读出，例如，RB156，表示正向电流为 1.5A，最高反向电压值为 600V。

表 2.6.1　字母与最高反向电压值的对应关系

字母	A	B	C	D	E	F	G	H	J	K	L	M
电压/V	25	50	100	200	300	400	500	600	700	800	900	1000

表 2.6.2　数字与正向电流值的对应关系

数字	1	2	3	4	5	6	7	8	9	10
电流/A	0.05	0.1	0.2	0.3	0.5	1	2	3	5	10

② 半桥：半桥是由两只整流二极管封装为一体构成的，有三端和四端之分，其内部电路分别如图 2.6.9(a)、(b)所示。由图显而易见，用一只半桥可以组成全波整流电路，用两只半桥可以组成桥式全波整流电路。常用的半桥有 1/2QL 系列。

(2) 高压硅堆：高压硅堆是由多只硅整流管串联组成的耐高压整流器件，其最高工作反压在几千伏至几万伏之间。主要用于电子仪器、电视或雷达中。高压硅堆的外形如图 2.6.10 所示。常用的高压硅堆有 2DGL，2CGL 等系列。

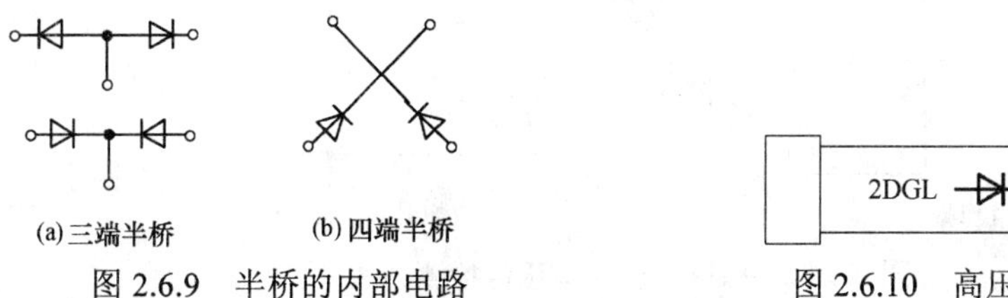

(a) 三端半桥　　(b) 四端半桥

图 2.6.9　半桥的内部电路

图 2.6.10　高压硅堆的外形

6. 二极管的合理选用与质量判别

(1) 整流二极管的合理选用与质量判别

① 整流二极管的合理选用：选用整流二极管时，主要应考虑其最大整流电流、最大反向工作电压、截止频率及反向恢复时间等参数。普通串联稳压电源电路中使用的整流二极管，对截止频率及反向恢复时间的要求不高，只要选择最大整流电流和最大反向工作电压两项参数满足电路要求的整流二极管即可。例如，可选择 1N 系列和 2CZ 系列等。开关稳压电源电路或脉冲整流电路中使用的整流二极管，应选用截止频率高、反向恢复时间短的整流二极管。例如，可选择 RU 系列和 EU 系列等。当买不到所选型号的整流二极管时，可用其他型号的整流二极管代替，但前提是：最大整流电流和最大反向工作电压必须高于被代替的整流二极管。

② 二极管的质量判别：判别普通二极管的质量时，通常首先检测其单向导电性能。一般说来，锗二极管的正向电阻值为 1kΩ左右，反向电阻值为 300kΩ左右。硅二极管的正向电阻值为 5kΩ左右，反向电阻值为无穷大。正向电阻越小越好，反向电阻越大越好。正、反向电阻值相差越悬殊，说明二极管的单向导电性能越好。若测得二极管的正、反向电阻值均接近于 0 或阻值很小，则说明二极管内部已击穿短路或漏电损坏；若测得二极管的正、反向电阻值均为无穷大，则说明二极管内部已开路损坏。对整流二极管，除了确定其单向导电性能完好以外，还需检测二极管的反向击穿电压。检测二极管的反向击穿电压可以用晶体管直流参数测试表来测量。具体方法是：将测试表的“NPN/PNP”选择键置为 NPN 状态，再将被测二极管的正极插入测试表的“C”插孔，负极插入测试表的“E”插孔，然后按下“V (BR) ”键，测试表即可指示出二极管的反向击穿电压值。

(2) 检波二极管的合理选用与质量判别

① 检波二极管的合理选用：检波二极管一般选用点接触型锗二极管，如 2AP 系列等。选用时要根据电路的具体要求选择工作频率高、反向电流小、正向电流足够大的检波二极管。

② 检波二极管的质量判别：检波二极管的质量判别，主要是检测其单向导电性能。将万用表置于 R×100 或 R×1k 挡，测量检波二极管的正、反向电阻值，若正向电阻很小 (小于几百欧)，反向电阻很大 (大于数百千欧)，则说明检波二极管的质量完好。

(3) 稳压二极管的合理选用与质量判别

① 稳压二极管的合理选用：选用稳压二极管时，应满足应用电路中主要参数的要求。稳压二极管的稳压值应与实际应用电路中的基准电压值相同，而稳压二极管的最大稳定电流应高于应用电路的最大负载电流 50%左右。当买不到所选型号的稳压二极管时，可用其他型号的稳压二极管代替，但前提是：稳压值必须相同，其耗散功率必须高于被代替的稳压二极管的耗散功率。例如，0.5W，6.2V 的稳压二极管可以用 1W，6.2V 的稳压二极管来代替。

② 稳压二极管的质量判别：稳压二极管内部也是一个 PN 结，因而也具有单向导电性，检查稳压二极管单性导电性能的方法与前述检查普通二极管单性导电性能的方法相同，这里不再赘述。这里只讲检测稳压二极管稳压值的方法。常用的检测稳压二极管稳压值的方法有两种，测试电路分别如图 2.6.11(a)、(b)所示。

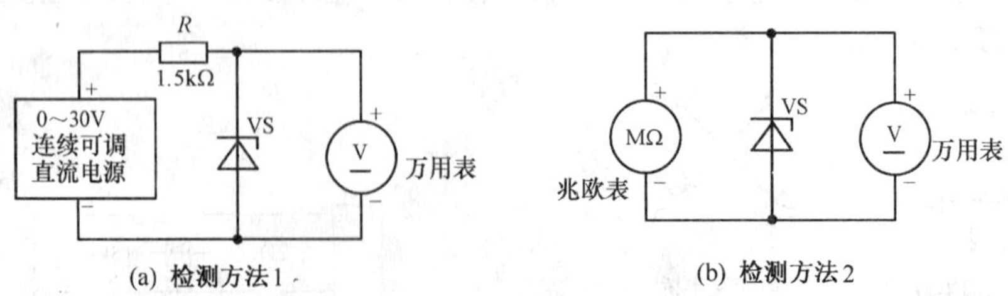

图 2.6.11 稳压二极管稳压值检测方法

方法 1 是用 0～30V 连续可调的稳压电源作为测试电源，当被测稳压二极管的稳压值低于 13V 时，可将稳压电源的输出电压调至 15V。方法 2 是用低于 1000V 的兆欧表作为测试电源。按图 2.6.11(b) 连好电路后，匀速摇动兆欧表手柄，用万用表监测被测稳压二极管两端的电压值，待其指示电压指示稳定时，该电压值即为稳压二极管的稳压值。如测得的稳压二极管的稳压值忽高忽低，则说明该稳压二极管的稳压性能较差。

(4) 变容二极管的合理选用与质量判别

① 变容二极管的合理选用：选用变容二极管时，要着重考虑它的工作频率、最大正向电流、最高反向工作电压和零偏压结电容等参数是否符合应用电路的要求，应尽量选用结电容变化大、Q 值高、反向电流小、最高反向工作电压大的变容二极管。

② 变容二极管的质量判别：用指针式万用表的 R×1k 挡测量变容二极管的正、反向电阻值。若变容二极管正、反向电阻值均为无穷大，则说明该变容二极管正常；若变容二极管正、反向电阻值均有一定值或均为 0，则说明该变容二极管漏电或击穿损坏。

(5) 发光二极管的合理选用与质量判别

① 发光二极管的合理选用：选用发光二极管时，要考虑到应用电子系统中的尺寸、亮度、颜色等实际要求。选择尺寸规格、亮度和颜色要充分考虑工作环境、人眼视觉和人们约定俗成的习惯性。例如，当系统要求有正常指示和报警指示时，报警指示应选用红色，正常指示应选用绿色，而不应反其道而行之。

② 发光二极管的质量判别：用万用表的 R×10k 挡，测量发光二极管的正、反向电阻值。正常时，正向电阻值为 10～20kΩ，反向电阻值为 250kΩ～∞ (无穷大)。较高灵敏度的发光二极管，在测量正向电阻时，管子会发出微光。也可如图 2.6.12 所示，用 3V 直流电源，在电源的正极串接一只 33Ω电阻后接发光二极管的正极，将电源的负极接发光二极管的负极，正常的发光二极管应发光。

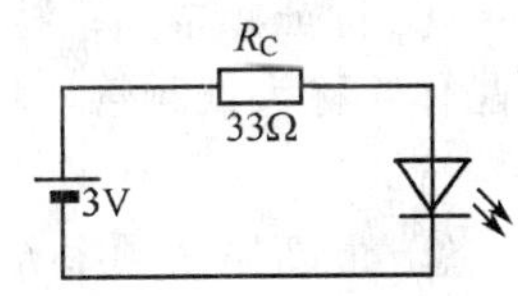

图 2.6.12　用电源检测发光二极管

2.6.2　晶体三极管

1．晶体三极管的分类

晶体三极管的种类很多，按半导体材料和极性分类，可分为硅 NPN 型管、硅 PNP 型管、锗 NPN 型管、锗 PNP 型管；按耗散功率分类，可分为小功率管、中功率管和大功率管；按工作频率分类，可分为低频管、高频管和超高频管；按功能和用途分类，可分为放大管、开关管、低噪声管、高反压管、微波管等。

2．晶体三极管的主要电参数

晶体三极管的参数很多，一般分为直流参数、交流参数和极限参数三类。其中，主要参数有：电流放大系数、集电极最大电流、最大反向击穿电压、集电极最大耗散功率、反向饱和电流和频率特性等。

(1) 电流放大系数：电流放大系数是表征晶体管放大能力的重要参数。根据晶体管工作状态的不同，电流放大系数又分为直流电流放大系数和交流电流放大系数。

① 直流电流放大系数：直流电流放大系数也称为直流电流放大倍数，它是指在静态无变化信号输入时，晶体管集电极电流 I_C 与基极电流 I_B 的比值，通常用 $\overline{\beta}$ 或 h_{FE} 表示。

② 交流电流放大系数：交流电流放大系数也称为交流电流放大倍数，它是指在交流状态下，晶体管集电极电流的变化量 ΔI_C 与基极电流的变化量 ΔI_B 的比值，通常用 β 或 h_{fe} 表示。$\overline{\beta}$ 和 β 两者有密切关系，但两者的具体含义有着明显区别。在低频情况下，两者比较接近，甚至相等；而在高频情况下，两者并不相等，甚至有较大差异。所以，两者不可混淆。由于生产工艺等原因，β 的值

参差不一，以至于即使是同一型号的晶体管，β的值却不相同。因此，厂家必须对其检测分类，并在检测过的管子上进行β值标志。

(2) 集电极最大允许电流 I_{CM}： 集电极最大允许电流I_{CM}是指晶体管集电极所允许通过的最大电流。当晶体管的集电极电流I_C超过I_{CM}时，管子的β值等参数将发生明显变化，特性明显变差，轻者影响其正常工作，重者损坏管子。

(3) 最大反向击穿电压： 最大反向击穿电压是指晶体管工作时所允许施加的最高电压。它包括集电极–发射极反向击穿电压 $U_{(BR)CEO}$、集电极–基极反向击穿电压 $U_{(BR)CBO}$、发射极–基极反向击穿电压 $U_{(BR)EBO}$。一般手册上给出 $U_{(BR)CEO}$ 或 $U_{(BR)CBO}$。

(4) 集电极最大耗散功率 P_{CM}： 集电极最大耗散功率 P_{CM} 是指晶体管参数变化不超过规定允许值时的最大集电极耗散功率。使用三极管时，实际功耗不允许超过 P_{CM} 值，否则会造成管子因过热而烧毁。所以，为了保证三极管的安全运用，通常还应留有一定的裕量。

(5) 反向饱和电流： 晶体管的反向饱和电流包括集电极–基极之间的反向饱和电流 I_{CBO} 和集电极–发射极之间的反向击穿电流 I_{CEO}。反向饱和电流对温度较敏感，其值越小，晶体管的温度稳定性越好。

(6) 频率特性： 当晶体管应用于高频电路时，必须考虑频率特性参数。晶体管的频率特性参数主要包括特征频率 f_T 和最高振荡频率 f_M 等。

① 特征频率 f_T：特征频率 f_T 是指晶体管的β值下降为 1 时所对应的频率。通常将 $f_T \leqslant 3$MHz 的晶体管称为低频管，将 3MHz$\leqslant f_T \leqslant$30MHz 的晶体管称为中频管，将 $f_T \geqslant$30MHz 的晶体管称为高频管。

② 最高振荡频率 f_M：最高振荡频率 f_M 是指晶体管的功率增益下降为 1 时所对应的频率。

3. 常用的晶体三极管

晶体管的种类很多，下面仅就电子系统设计中较为常用的晶体管进行介绍。

(1) 低、中频晶体管

① 低、中频小功率晶体管。低、中频小功率晶体管主要用于工作频率较低，功率在 1W 以下的低频放大和功率放大等电路中。

② 低、中频大功率晶体管。低、中频大功率晶体管一般用在电视机、音响等家用电器中作为电源调整管、开关管、行输出管、场输出管、功率输出管或用在汽车电子点火电路、不间断电源 (UPS) 等系统中。

(2) 高频晶体管： 高频晶体管分为高频小功率晶体管和高频大功率晶体管。

① 高频小功率晶体管：高频小功率晶体管一般用于工作频率较高、功率不大于 1W 的放大、振荡、混频控制等电路中。

② 高频中、大功率晶体管：高频中、大功率晶体管一般用于视频放大电路、前置放大电路、互补驱动电路，以及行推动等电路中。

(3) 开关晶体管： 开关晶体管分为小功率开关晶体管和高反压大功率开关晶体管。

① 小功率开关晶体管：小功率开关晶体管一般用于高频放大电路、脉冲电路、开关电路，以及同步分离电路等。

② 高反压大功率开关晶体管：高反压大功率开关晶体管均为硅 NPN 型管，其最高反压 $U_{(BR)CEO}$ 高于 800V，主要用于彩色电视机、显示器中作为开关电源管、行输出管或用于汽车电子点火器、电子镇流器、逆变器和不间断电源 (UPS) 等产品中。

(4) 互补对管： 互补对管一般用于功率放大器的互补推挽输出电路中，它一般采用异极性对管，即两只晶体管中一只为 NPN 型管，另一只为 PNP 型管。且要求两只互补晶体管对称，即不但材料相同，而且性能参数要尽可能一致。在使用前应进行严格挑选“配对”。

(5) 达林顿管：达林顿管也称复合管，它具有较大的电流放大系数和较高的输入电阻，按功率分为普通达林顿管和大功率达林顿管。

① 普通达林顿管：普通达林顿管是由两只或多只晶体管复合连接而成的，内部不带保护电路，耗散功率小于 2W。它主要应用于高增益放大电路或继电器驱动电路等。

② 大功率达林顿管：大功率达林顿管在普通达林顿管的基础上增加了由泄放电阻和续流二极管组成的保护电路，其稳定性较高，驱动电流更大。

4．晶体三极管的合理选用与质量判别

(1) 一般晶体管和开关三极管的合理选用与质量判别：晶体管的品种繁多，选用时，应根据所设计应用电子电路的具体要求来选择。

① 一般高频晶体管的选用：一般小信号处理 (如选频放大、图像中放、伴音中放、缓冲放大等) 电路中使用的高频晶体管可选用特征频率范围在 30～300MHz 的高频小功率晶体管，可根据电路要求选择晶体管的材料与管型，并充分考虑被选管的集电极最大耗散功率 P_{CM}、集电极最大允许电流 I_{CM}、电流放大系数及外形尺寸等是否符合实际应用电路的要求。

② 开关三极管的选用：小电流开关电路和驱动电路中使用的开关晶体管，其最高反向电压低于 100V，最大耗散功率低于 1W，最大集电极电流小于 1A，因此可选用 3CK3，3DK4，3DK9，2SC3153 等型号的小功率开关晶体管。大电流开关电路和驱动电路中使用的开关晶体管，其最高反向电压大于或等于 100V，最大耗散功率高于 30W，最大集电极电流大于或等于 5A，因此可选用 3DK200，DK55，DK56 等型号的大功率开关晶体管。开关电源等电路中使用的开关晶体管，其耗散功率大于或等于 50W，最大集电极电流大于或等于 3A，最高反向电压高于 800V。因此可选用 2SD820，2SD850，2SD1403，2SD1431 等型号的高反压大功率开关晶体管。

③ 晶体管的质量判别：拿到一个晶体三极管，应首先判断电极，具体做法是，先假定晶体管的任意引脚为基极，与万用表的红表笔或黑表笔接触，再用另一只表笔分别接触另外两个引脚，若测出两个较小的电阻值，则固定不变的表笔所接引脚即是基极。找到基极后，再比较基极与另外两个引脚之间正向电阻的大小，正向电阻值较大的电极为集电极，正向电阻值较小的电极为发射极。

通过测量晶体管 PN 结的正、反向电阻值，还可判断出管子的材料和好坏。一般锗管 PN 结的正向电阻为 200～500Ω，反向电阻值应大于 100kΩ；硅管 PN 结的正向电阻为 3～15kΩ，反向电阻值应大于 500kΩ。如果测得晶体管某个 PN 结的正、反向电阻值均为 0 或均为无穷大，则可判断该管已击穿或开路损坏。识别引脚的目的不只是为了安装正确，更重要的是便于对管子性能进行检测。对管子性能的检测主要包括：晶体管反向击穿电流、放大能力和反向击穿电压的检测。晶体管的反向击穿电流可通过测量管子发射极与集电极之间的电阻值来估测。测量时，将万用表置于 R×1k 挡，NPN 型管的集电极接黑表笔，发射极接红表笔；PNP 型管的集电极接红表笔，发射极接黑表笔。正常时，小、中功率锗管的电阻值一般大于 10kΩ (用 R×100 挡测，电阻值大于 2kΩ)，大功率锗管的电阻值一般大于 1.5kΩ (用 R×10 挡测) 以上。硅管的电阻值应大于 100kΩ (用 R×10k 挡测)，实测值一般大于 500kΩ。若测得 C，E 极之间的阻值偏小，则说明晶体管漏电流较大；若测得 C，E 极之间的阻值接近于 0，则说明 C，E 极之间已击穿损坏；若测得 C，E 极之间的阻值随管壳温度的增高而变小，则说明该管的热稳定性较差。

晶体管的放大能力可以用万用表 h_{FE} 挡测得。测量时应首先将万用表置于 ADJ 挡调零后，再拨至 h_{FE} 挡，将被测管的 C，B，E 引脚 (或引线) 分别插入相应的测试孔，万用表即会直接指示出该管的放大倍数。

反向击穿电压可使用晶体管直流参数测试表的 V (BR) 功能来检测。测量时，将各电极插入相应测试孔，按下相应的 V (BR) 键，即可从表中读出反向击穿电压值。

(2) 达林顿管的合理选用与质量判别

① 达林顿管的合理选用：达林顿管广泛应用于音频功率输出、开关控制、电源调整、继电器驱动和高增益放大等电路中。

继电器驱动和高增益放大电路中使用的达林顿管，可以选用不带保护电路的小、中功率普通达林顿管；而音频功率输出、电源调整等电路中使用的达林顿管，可选用大功率、大电流型普通达林顿管或带保护电路的大功率达林顿晶体管。

② 达林顿管的质量判别：判别达林顿管的质量好坏，可使用万用表的 R×1k 挡或 R×10k 挡测量各电极之间的正、反向电阻值。对普通型达林顿管来说，正常时 C，B 极之间的正向电阻值与普通硅晶体管集电结的正向电阻值相近，为 3～30kΩ，反向电阻值为无穷大；而 E，B 极之间的正向电阻值是 C，B 极之间正向电阻值的 2～3 倍，反向电阻值为无穷大；C，E 极之间的正、反向电阻值均应接近无穷大。若测得 C，E 极之间的正、反向电阻值或 C，B，E，B 极之间的正、反向电阻值均接近于 0，则说明该管已击穿损坏；若测得 C，B 极或 E，B 极之间的正、反向电阻值为无穷大，则说明该管已开路损坏。对大功率达林顿管来说，由于它是在普通型达林顿管的基础上增加了由续流二极管和泄放电阻组成的保护电路后形成的，所以测量时，必须考虑这些元器件对测量数据的影响。正常时 C，B 极之间的正向电阻值应该较小，为 1～10kΩ，反向电阻值为无穷大。若测得 C，B 极之间的正、反向电阻值均很小或均为无穷大，则说明该管已击穿短路或开路损坏。用 R×100 挡，测量达林顿管 E，B 极之间的正、反向电阻值，正常时均为几百欧姆至几千欧姆 (具体数值与 B，E 之间两只电阻器的阻值有关)，若测得阻值为 0 或为无穷大，则说明该管损坏。用万用表的 R×1k 挡或 R×10k 挡，测量达林顿管 E，C 极之间的正、反向电阻值，正常时，正向电阻应为 5～15kΩ，反向电阻值应为无穷大，否则，说明该管 E，C 极击穿或开路损坏。

2.6.3 场效应管(FET)

场效应管是一种电压控制电流型半导体器件，它具有输入阻抗高 (大于$10^8\Omega$)、温度稳定性好、抗辐射能力强、功耗低和便于集成等一系列优点。

1．场效应管的分类

场效应管按结构可分为结型场效应管和绝缘栅型场效应管（也称 MOS 管）。它们按结构及工作方式可分为 N 沟道耗尽型结型场效应管、P 沟道耗尽型结型场效应管、N 沟道耗尽型绝缘栅型场效应管、P 沟道耗尽型绝缘栅型场效应管、N 沟道增强型绝缘栅型场效应管和 P 沟道增强型绝缘栅型场效应管。

场效应管除了按上述方式分类外，还可分为高压型场效应管、开关场效应管、功率 MOS 场效应管、高频场效应管及低噪声场效应管等类型。

场效应管的分类如图 2.6.13 所示。

2．场效应管的主要参数

(1) 阈值电压：是指当 u_{DS} 恒定时，使漏极电流 $i_D\approx 0$ 的 u_{GS} 电压。增强型场效应管的阈值电压用 $U_{GS,th}$ 表示，又称为开启电压；耗尽型场效应管的阈值电压用 $U_{GS,off}$ 表示，又称为夹断电压。

(2) 饱和漏电流 I_{DSS}：是指耗尽型场效应管在恒流区 ($|u_{DS}|\geqslant|u_{GS}-U_{GS,off}|$) $u_{GS}=0$ 时的 i_D 值。通常规定 $u_{GS}=0$，$u_{DS}=10V$ 时测出的漏极电流为 I_{DSS}。

(3) 直流输入电阻 R_{GS}：是指漏源极短路时栅极直流电压 U_{GS} 与栅极直流电流的比值。结型场效应管的直流输入电阻在 10^8～$10^{12}\Omega$之间，MOS 场效应管的直流输入电阻在 10^{10}～$10^{15}\Omega$之间。

(4) 跨导 g_m：反映了栅极电压对漏极电流的控制能力，是表征场效应管放大能力的重要参数。

(5) 动态漏极电阻 r_{ds}：是指在恒流区，当 u_{GS}，u_{BS} 为常数时，u_{DS} 微变量与 i_D 微变量之比，它的大小反映了漏源电压 u_{DS} 对漏极电流 i_D 的控制能力。r_{ds} 一般为数千欧姆到数百千欧姆。

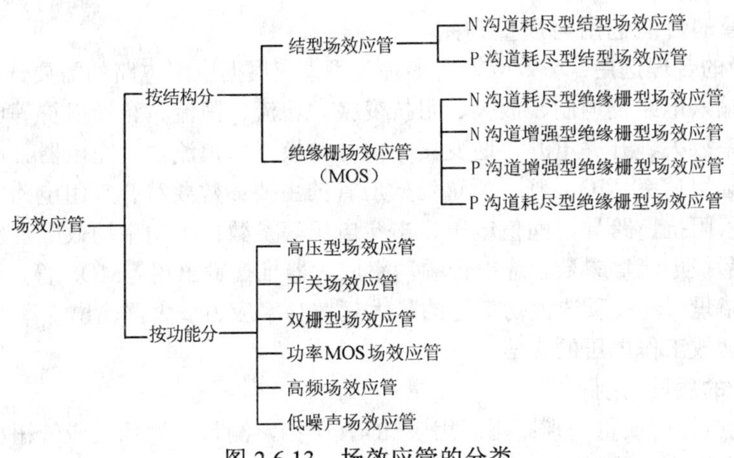

图 2.6.13　场效应管的分类

(6) 极间电容：场效应管 D，G，S，B 各极之间都存在极间电容，它们是 C_{gd}、C_{gs}、C_{ds}、C_{gb}、C_{bs}、C_{db}，这些电容的存在，将影响场效应管的高频性能，其值越小越好。

(7) 击穿电压

① 栅源击穿电压 $U_{(BR)GS}$：栅极与沟道之间的 PN 结反向击穿时的栅源电压。

② 漏源击穿电压 $U_{(BR)DS}$：使沟道发生雪崩击穿引起 i_D 急剧上升时的 u_{DS} 值。由于加到栅漏之间 PN 结的反向电压为 $u_{GS}-u_{DS}$，所以 u_{GS} 越负，$U_{(BR)DS}$ 越小。

(8) 最大漏极耗散功率 P_{DM}：场效应管漏极耗散功率 $P_D=i_Du_{DS}$，这一耗散功率将使管子温度升高。为了限制管子的温度，应限制管子耗散功率不大于 P_{DM}。显然，P_{DM} 的大小与环境温度有关。

3. 常用的场效应管

常用场效应管有结型、绝缘栅型和功率 MOS 场效应管等类型。常用的国产结型场效应管有 3DJ1～3DJ4，3DJ6～3DJ9 等型号，进口结型场效应管有 2SJ 系列和 2SK 系列。

绝缘栅型场效应管分为耗尽型和增强型。常用增强型的 MOS 管有 3C01、3C03、3C06 等型号，耗尽型 MOS 管有 3D01～3D04 等型号。功率 MOS 场效应管有 VMOS 场效应管和 L-MOS 场效应管等类型。

(1) VMOS 场效应管：VMOS 场效应管具有输入阻抗高、驱动电流小、开关速度快、高频特性好、热稳定性好、耐压高、工作电流大、输出功率大等诸多优点，它被广泛应用于音频功率放大器、逆变器及开关电源等电子产品中。VMOS 场效应管又分为 VVMOS 管、VDMOS 管和感温型 VMOS 管等多种。其中感温型 VMOS 管属于一种智能型功率器件，其栅、源极之间接有温度传感器，漏、源极之间接有高速续流二极管。当管子出现过压、过流、过热等异常现象，使漏极散热片的温度超过 150℃时，其内部温度传感器将动作，使管子处于关断保护状态。

VMOS 管构成的触摸开关典型应用电路如图 2.6.14 所示。

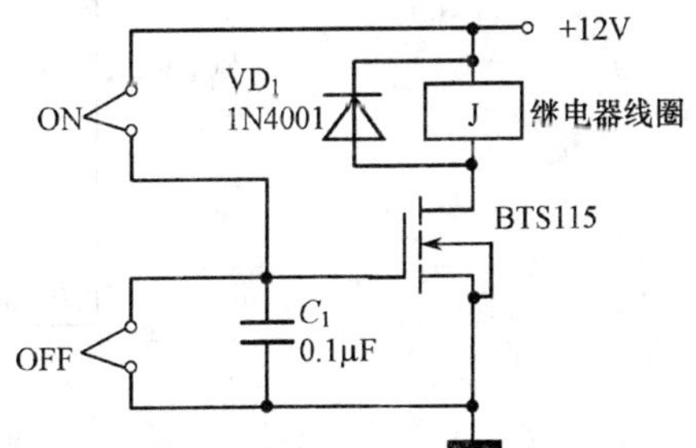

图 2.6.14　触摸开关的典型应用电路

(2) L-MOS 场效应管：L-MOS 场效应管是专门用于音频功放的大功率增强型横向 MOS 管，其优点是输出功率大、热稳定性好、失真小；缺点是价格较高，跨导值低。常用的 N 沟道型 L-MOS 场效应管有 2SK1058 等型号，与其配对的 P 沟道型 L-MOS 场效应管有 2SJ162 等型号。

4．场效应管的合理选用与质量判别

(1) 场效应管的合理选用：场效应管有多种类型，应根据应用电路的需要选择合适的管型。音频放大器的差分输入电路及调制、放大、阻抗变换、稳流、限流、自动保护等电路可选用结型场效应管；音频功率放大、开关电源、逆变器、电源转换器、镇流器、充电器、电机驱动、继电器驱动等电路，可选用功率 MOS 管。所选场效应管的主要参数要符合应用电路的要求。小功率场效应管应注意输入阻抗、跨导、阈值电压、击穿电压等参数；大功率场效应管应注意击穿电压、最大耗散功率和漏极电流等参数。选用音频功率放大器推挽输出用 VMOS 管，要求配对选用，并且要留有一定的裕量。一般所选大功率管的最大耗散功率应为放大器输出功率的 0.5～1 倍，源漏击穿电压应大于功放工作电压的 2 倍。

(2) 场效应管的质量判别

① 结型场效应管的质量判别：用万用表 R×100 挡，测量结型场效应管栅极与其他两个电极之间的正、反向电阻值。若测得正、反向电阻值均为 0 或均为无穷大，则说明该管已击穿或已开路损坏。

要检测结型场效应管的放大能力，可用万用表 R×100 挡，红表笔接源极 S，黑表笔接漏极 D，测出漏源极之间的电阻值 R_{DS} 后，再用手捏住栅极 G，万用表会向左或向右摆动 (多数结型场效应管的 R_{DS} 会增大，表针向左摆动；少数结型场效应管的 R_{DS} 会减小，表针向右摆动)。只要表针有较大的摆动，就说明该管有较大的放大能力。

② VMOS 大功率场效应管的质量判别：用万用表 R×1k 挡或 R×10k 挡，测量 VMOS 场效应管任意两个电极之间的正、反向电阻值。正常时，除漏极与源极之间的正向电阻值较小外，其余各引脚之间的正、反向电阻值均应为无穷大。若测得某两极之间的电阻值为 0，则说明该管已击穿损坏。

2.6.4 晶闸管

晶闸管俗称可控硅，是一种“以小控大”的功率开关型半导体器件。它具有硅整流器件的特性，能在高电压、大电流条件下工作，其工作过程可以控制，被广泛应用于调光、调速、调压、温控、湿控、逆变及变频等电子电路中。

1．晶闸管的分类

晶闸管的种类很多，通常按电流容量、通断及控制方式及关断速度等分类。晶闸管的分类如图 2.6.15 所示。

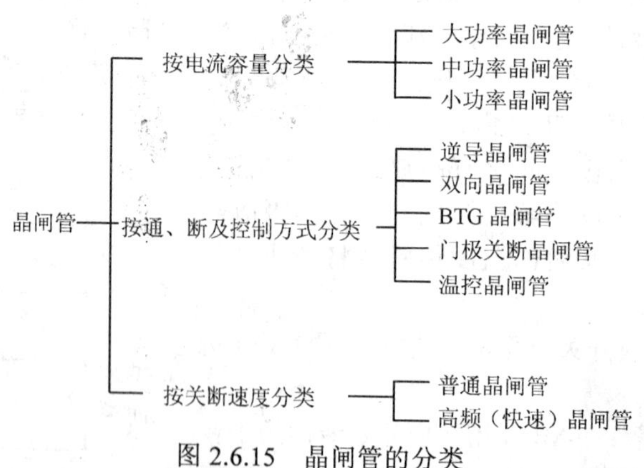

图 2.6.15　晶闸管的分类

2．晶闸管的主要参数

(1) 正向转折电压 U_{BO}：是指在额定结温为 100℃，门极 (G) 开路条件下，在阳极 (A) 与阴极 (K) 间加正弦半波正向电压，使其由关断状态转变为导通状态时所对应的峰值电压。

(2) 正向阻断电压 U_{DRM}：是指晶闸管在正向阻断时，允许加在阳–阴极间最大的峰值电压。此电压约为正向转折电压 U_{BO} 减去 100V 后的电压值。

(3) 反向击穿电压 U_{BR}：是指在额定结温下，在阳–阴极间加正弦半波反向电压，当其反向漏电流急剧增加时所对应的峰值电压。

(4) 反向峰值电压 U_{RRM}：是指门极 (G) 开路时，允许加在阳–阴极间的最大的反向峰值电压。此电压约为反向击穿电压 U_{BR} 减去 100V 后的电压值。

(5) 额定正向平均电流 I_F：是指在规定环境温度及标准散热条件下，晶闸管允许通过工频正弦半波电流的平均值。

(6) 正向平均电压降 U_F：是指在规定环境温度及标准散热条件下，当通过额定电流时晶闸管阳–阴极间电压降的平均值，一般为 0.4～1.2V。

(7) 门极触发电压 U_G：是指在规定环境温度和阳–阴极间为一定值的正向电压条件下，使晶闸管从阻断状态转变为导通状态所需的最小门极直流电压，一般为 1.5V。

(8) 门极触发电流 I_G：是指在规定环境温度和阳–阴极间为一定值电压条件下，使晶闸管从阻断状态转变为导通状态所需的最小门极直流电流。

(9) 维持电流 I_H：是指维持晶闸管导通的最小电流。当正向电流小于 I_H 时，导通的晶闸管会自动关断。

(10) 门极反向电压 U_V：是指晶闸管门极上所加的额定电压，一般规定不得超过 10 V，以免损坏控制极。

3．晶闸管的结构及性能特点

(1) 普通晶闸管：普通晶闸管是一种 PNPN 四层三端半导体器件，3 个引出端分别为阳极 A，阴极 K 和门极 G。其结构如图 2.6.16(a)所示。

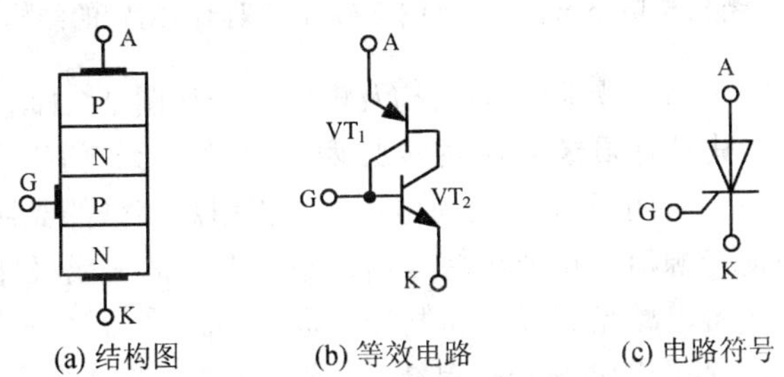

图 2.6.16　普通晶闸管的结构、等效电路与电路符号

普通晶闸管的阳–阴极之间具有单向导电性，其内部可以等效为由一只 PNP 型管和一只 NPN 型管组成的组合管。其等效电路及其电路符号分别如图 2.6.16(b)、(c)所示。当晶闸管加反向电压 (A 极接低电位，K 极接高电位) 时，不管 G 极电压是什么极性，晶闸管均处于阻断状态。只有当晶闸管加正向电压，且在 G 极加上适当的正向触发电压时，晶闸管才能由阻断状态转变为导通状态。在导通状态下，阳–阴极之间的压降约为 1V。普通晶闸管触发导通后，其门极 G 即使失去电压，只要阳–阴极之间仍保持正向电压，晶闸管就将维持低阻导通状态。只有切断电源使正向电流低于维持电流或加反压时，普通晶闸管才由导通状态转变为阻断状态。它一旦阻断，必须在加正向电压条件下，G 极重新正向触发后才能导通。普通晶闸管的导通和阻断状态相当于开关的闭合和断开状态，用它可制成无触点开关，去控制直流电源电路。

(2) 门极关断晶闸管 (GTO)：门极关断晶闸管 (以 P 型门极为例) 也是由 PNPN 四层半导体材料构成的三端半导体器件，其结构及电路符号如图 2.6.17 所示。

门极晶闸管与普通晶闸管既有相同之处又有不同之处。相同之处在于，当阳–阴极之间加正向电压且门极加适当正向触发电压时，晶闸管将变为导通状态；不同之处在于，门极晶闸管处于导通状态时，改变 G 极的电压极性，即在 G 极加上适当的负电压，就能使导通的晶闸管关断。

(3) 双向晶闸管 (TRIAC)：双向晶闸管的结构、等效电路及电路符号如图 2.6.18 所示。图中，T_1 称为第一电极，T_2 称为第二电极，G 称为门极，T_1，T_2 也称为主电极。

双向晶闸管可以双向导通，即门极加上正或负的触发电压，均能触发双向晶闸管正、反两个方向导通。因此，对双向晶闸管来说，无所谓阴极和阳极，它的任何一个主电极，对反向并联的其中一个晶闸管是阳极，对另一个晶闸管就是阴极，反过来也是一样。双向晶闸管的主电极 T_1 与主电极 T_2 间，无论所加电压极性是正向还是反向，只要门极 G 和主电极 T_1 (或 T_2) 间加有正负极性不同的触发电压，满足其必需的触发电流，晶闸管即可触发导通呈低阻状态，此时主电极 T_1，T_2 间的压降约为 1V 左右。双向晶闸管一旦导通，即使失去触发电压，也能继续维持导通状态。当主电极 T_1，T_2 电流小于维持电流或 T_1，T_2 间电压改变极性，且无触发电压时，双向晶闸管阻断，只有重新施加触发电压，才能再次导通。

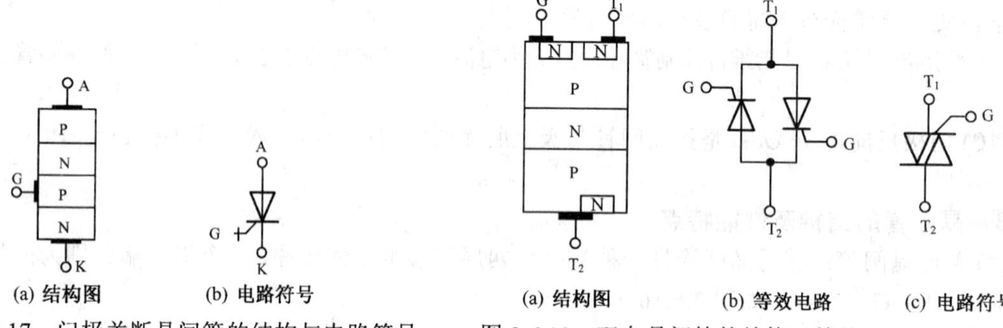

图 2.6.17 门极关断晶闸管的结构与电路符号　　图 2.6.18 双向晶闸管的结构、等效电路与电路符号

(4) 光控晶闸管（LAT）：光控晶闸管的结构及电路符号如图 2.6.19 所示。由于光控晶闸管的控制信号来自光的照射，故其只有阳极 A 和阴极 K 两个引出电极，门极为受光窗口或光纤、光缆等。当给阳极 A 加正向电压，给阴极 K 加负向电压时，再用足够强的光照射其受光窗口，晶闸管即可导通。一旦导通，即使光源消失也能维持导通，除非电压消失或极性改变，它才能关断。光控二极管的触发光源有激光器、激光二极管和发光二极管等。

(5) BTG 晶闸管：BTG 晶闸管也称程控单结晶体管 (PUT)，其结构、等效电路及其电路符号如图 2.6.20 所示。BTG 晶闸管的参数是可调的，改变其偏置电阻值，可改变 BTG 晶闸管的门极电压和工作电流。它具有触发灵敏度高、脉冲上升时间短、漏电流小、输出功率大等优点，被广泛应用于锯齿波发生电路、过电压保护器、延时器，以及大功率晶体管的触发电路中。它既可作为小功率晶闸管使用，也可作为单结晶体管使用。

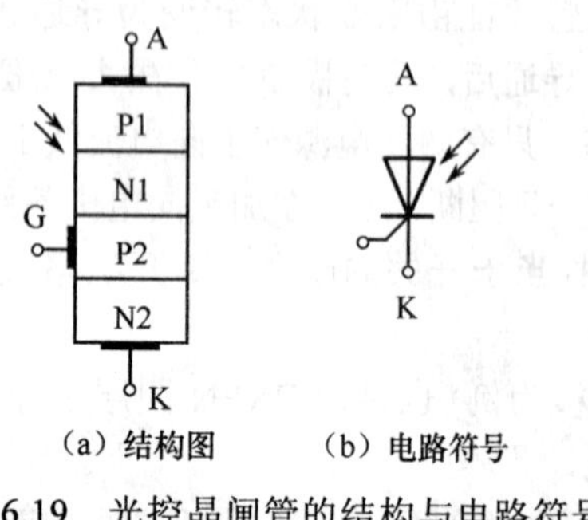

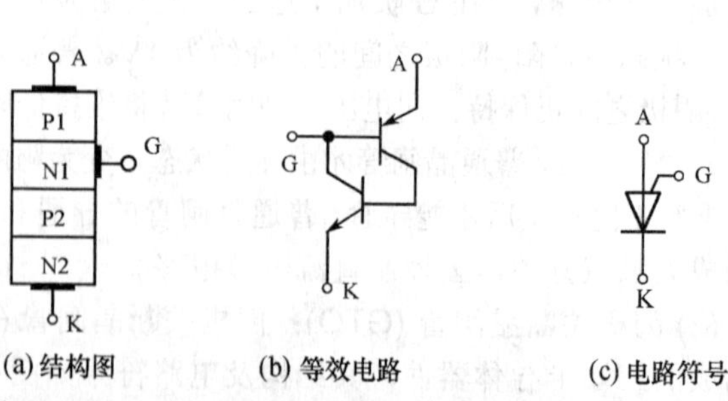

图 2.6.19 光控晶闸管的结构与电路符号　　图 2.6.20 BTG 晶闸管的结构、等效电路与电路符号

(6) 温控晶闸管：温控晶闸管的结构与普通晶闸管的结构相似，只是在制作时，在其中间的PN结中注入了对温度极为敏感的成分(如氩离子)。所以改变环境温度，即可改变其特性曲线。它的电路符号与普通晶闸管电路符号相同。在温控晶闸管的A，K极间加正向偏压，在G，A之间接入分流电阻，就可以使它在一定范围内(通常为−40 ℃～+130 ℃)起开关作用。温控晶闸管由断态到通态的转折电压随温度改变，温度越高，转折电压值越低。

晶闸管的典型应用电路如图2.6.21所示。

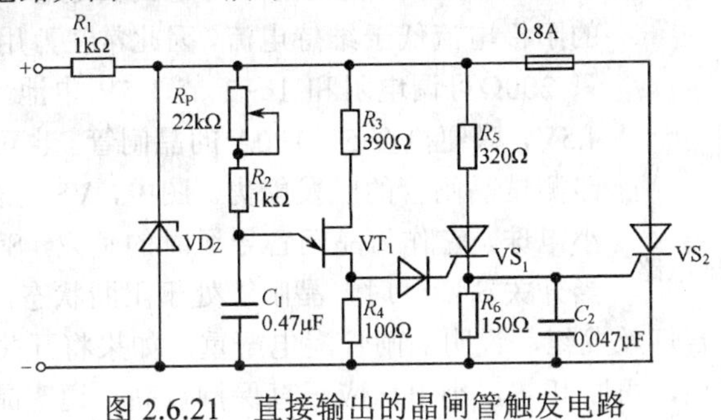

图2.6.21　直接输出的晶闸管触发电路

4．常见晶闸管的合理选用与质量判别

(1) 晶闸管的合理选用

① 合理选择类型：晶闸管类型主要根据电路具体要求合理选用。若用于交直流电压控制、可控整流、交流调压、逆变电源、开关电源保护电路等，可选用普通晶闸管；若用于交流开关、交流电机线性调速、灯具线性调光、固态接触器等电路中，应选用双向晶闸管；若用于交流电机变频调速、斩波器、逆变电源及各种电子开关电路等，可选用门极关断晶闸管；若用于锯齿波发生器、长时间延时器、过电压保护及大功率晶体管触发电路等，可选用BTG晶闸管；若用于光电耦合器、光探测器、光报警器、光电逻辑电路及自动生产线的运行监控电路等，可选用光控晶闸管；若用于温度探测器、温度报警器及自动生产线的运行监控电路等，可选用温控晶闸管。

② 合理选择参数：参数的选择也要根据电路具体要求而定。选择晶闸管时应留有一定的功率裕量，其额定峰值电压和额定电流均应高于受控电路的最大工作电压和最大工作电流的1.5～2倍。晶闸管的正向压降、门极触发电流及触发电压等参数应符合应用电路的各项要求，过高或过低都会影响晶闸管的正常工作。

(2) 晶闸管的质量判别

① 普通晶闸管的质量判别：常见的几种普通晶闸管引脚排列图如图2.6.22所示。用万用表R×1k挡测量普通晶闸管A，K极之间的正、反向电阻，在正常时均应为无穷大；若测得电阻为零或阻值很小，则说明晶闸管内部击穿短路或漏电。

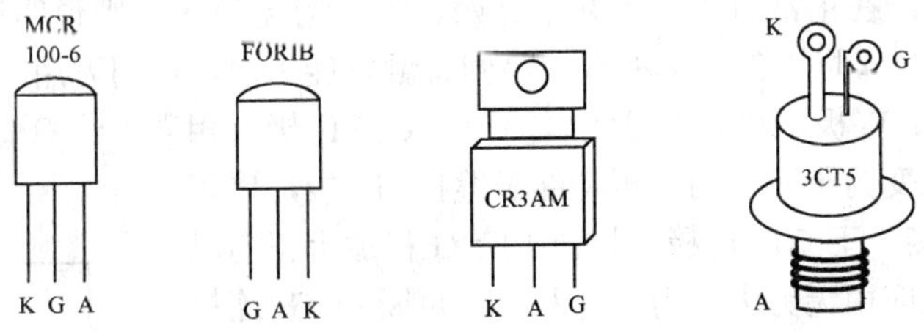

图2.6.22　几种普通晶闸管的引脚排列

测量G，K之间的正、反向电阻，在正常时类似于二极管的正、反向电阻值，即正向电阻值较小(< 2kΩ)，反向电阻值较大(>80kΩ)。若正、反向电阻值均很大或均很小，则说明G，K之间开路或短路；若正、反向电阻值相等或接近，则说明晶闸管已失效。测量A，G之间的正、反向电

阻，在正常时正、反向电阻值均应为几百千欧姆或无穷大，若正、反向电阻值不同甚至差别很大，则说明 A，G 之间反向串联的两个 PN 结中的一个已击穿短路。测量小功率单向晶闸管触发能力时，用万用表 R×1 挡，红表笔接 K 极，黑表笔接 A 极，然后用导线短接一下 G，A 极，相当于给 G 极加上正向触发电压，此时应见到表针明显偏向小阻值方向，阻值为几十至几百欧姆。再断开 G，A 极连接 (连接 A，K 的表笔不动，只将 G 极的触发电压断掉)，若表针示值仍保持不变，则表明晶闸管的触发特性正常。测量大功率晶闸管触发能力时，考虑到其通态压降较大，且 R×1 挡提供的阳极电流低于维持电流，因此常在万用表 R×1 挡的外部串联一只 200Ω可调电阻和 1～2 节 1.5V 电池，将电源电压提升到 3～4.5V，以便检查 5～100A 的晶闸管。也可以采用图 2.6.23 所示电路测试晶闸管的触发能力。图中，VS 为待测晶闸管，HL 为 6.3V 小电珠，它作为晶闸管导通时的负载，S 为开关，*R* 为限流电阻。当开关 S 断开时，晶闸管处于阻断状态，小电珠应不亮。若小电珠亮，说明晶闸管击穿。若灯丝发红，说明晶闸管漏电严重。如果将开关 S 迅速闭合，晶闸管被触发导通，此时小电珠点亮，再断开 S，小电珠应一直保持点亮，说明晶闸管触发能力良好。若小电珠亮度偏低，表明晶闸管性能不好，导通压降大 (正常时导通压降约为 1V)。若开关 S 闭合时，小电珠亮，S 断开时，小电珠灭，则说明晶闸管已损坏。

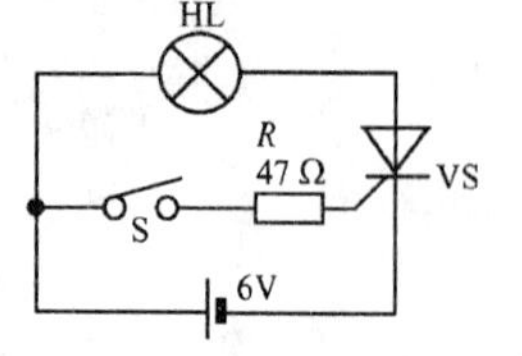

图 2.6.23　普通晶闸管的测试电路

② 门极关断晶闸管的质量判别：门极关断晶闸管触发能力判别方法与普通晶闸管基本相同。即用万用表 R×1 挡，红表笔接 K 极，黑表笔接 A 极，测得电阻值为无穷大。再将 G，A 短路，相当于给 G 极加上正向触发电压，晶闸管被触发导通，其 A，K 极间电阻值由无穷大变为低阻状态。断开 G 极后，晶闸管仍维持低阻导通状态，说明其触发能力正常。再在 G，A 之间加上反向触发信号，若 A，K 极间电阻值由低阻变为无穷大，则说明晶闸管的关断能力正常。

③ 双向晶闸管的质量判别：常见的几种双向晶闸管引脚排列图如图 2.6.24 所示。

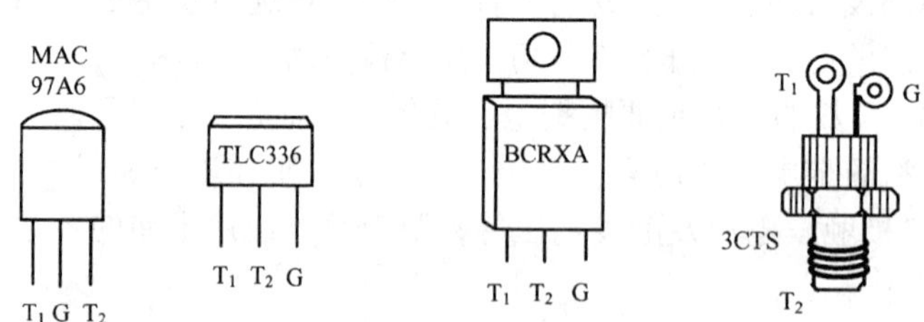

图 2.6.24　几种双向晶闸管的引脚排列

用万用表 R×1 或 R×10 挡测量双向晶闸管 T_1 与 T_2 极之间、T_2 与 G 极之间的正、反向电阻，在正常时均应为无穷大；若测得电阻值均很小，则说明晶闸管电极间已击穿或漏电短路。测量 T_1 与 G 极之间的正、反向电阻，在正常时均应为几十欧姆，若均为无穷大，则说明该晶闸管已开路损坏。

在测量工作电流为 8A 以下的小功率双向晶闸管触发能力时，可用万用表 R×1 挡直接测量。黑表笔接 T_2 极，红表笔接 T_1 极，然后用导线短接一下 G，T_2 极，相当于给 G 极加上正向触发电压，此时电阻值应由无穷大变为十几欧姆。再将红表笔接 T_2 极，黑表笔接 T_1 极，用导线短接一下 G，T_1 极，相当于给 G 极加上正向触发电压，此时电阻值也应由无穷大变为十几欧姆。再断开 G (连接 T_1，T_2 的表笔不动，只将 G 极的触发电压断掉)，若表针示值仍保持低阻不变，则表明晶闸管的触发特性正常。在测量工作电流为 8A 以上的中、大功率双向晶闸管触发能力时，可在万用表的某一表笔上串联 1～3 节 1.5V 电池，再用 R×1 挡按上述方法测量。

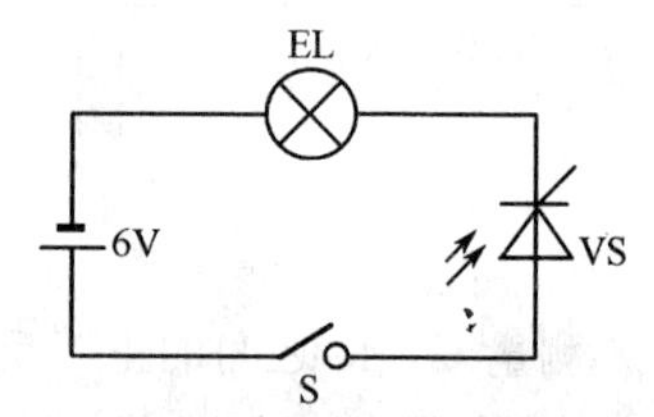

图 2.6.25　光控晶闸管测试电路

④ 光控晶闸管的质量判别：可用图 2.6.25 所示电路对光控晶闸管的质量进行判别。接通开关 S，用手电筒照射光控晶闸管 VS 的受光窗口，为其加上触发光源（大功率光控晶闸管自带光源，只给其光缆中的发光二极管或半导体激光器加工作电压即可）后，指示灯 EL 应点亮，撤离光源后指示灯 EL 应维持发光。若接通开关 S，尚未加光源（或工作电压），指示灯 EL 即点亮，则说明该晶闸管已击穿短路；若接通开关 S，加上光源（或工作电压），指示灯 EL 仍不亮，在电极连接正确的情况下，则说明该晶闸管内部损坏；若加上光源（或工作电压）后，指示灯 EL 点亮，撤离光源后指示灯 EL 熄灭，则说明该晶闸管触发性能不良。

⑤ BTG 晶闸管的质量判别：用万用表 R×1k 挡，黑表笔接 A 极，红表笔接 K 极，测量 BTG 晶闸管各极之间的正、反向电阻值，在正常时 A，K 极之间的正、反向电阻值均应为无穷大；A，G 极之间的正向电阻值 (黑表笔接 A 极) 为几百欧姆至几千欧姆，反向电阻值为无穷大。若测得某两极之间的正、反向电阻值均很小，则说明晶闸管已损坏。

在测量 BTG 晶闸管触发能力时，可用万用表 R×1 挡直接测量。黑表笔接 A 极，红表笔接 K 极，然后用手指触摸 G 极，给 G 极加一个人体感应信号，若此时电阻值应由无穷大变为低阻 (数欧姆)。则表明该晶闸管的触发能力良好。

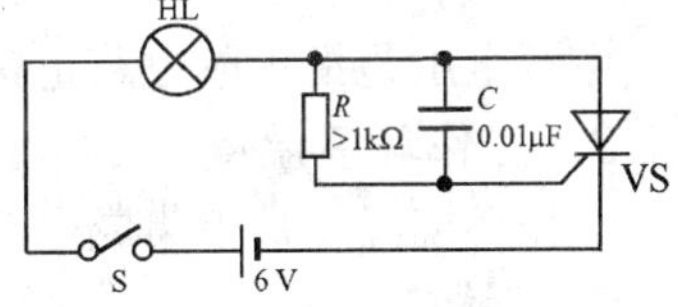

图 2.6.26　温控晶闸管测试电路

⑥ 温控晶闸管的质量判别。可用图 2.6.26 所示电路对温控晶闸管的质量进行判别。电路中 R 为分流电阻，用来设定晶闸管 VS 的开关温度，其阻值越小，开关温度设置值越高。C 为抗干扰电容，目的是为了防止晶闸管 VS 误触发。HL 为 6.3V 的小电珠，S 为电源开关。接通电源开关 S 后，VS 不导通，HL 不亮。用电吹风“热风挡”给晶闸管 VS 加温至设置温度值时，小电珠点亮，说明 VS 已被触发导通。再用电吹风“冷风挡”给晶闸管 VS 降温至一定温度值时，小电珠熄灭，说明该晶闸管性能良好。若接通电源开关 S 后小电珠即亮或给晶闸管加温后小电珠不亮或给晶闸管降温后小电珠不灭，都说明该晶闸管击穿损坏或性能不良。

2.7　常用集成电路器件

集成电路是采用半导体制作工艺，将各元器件组合成具有一定功能的完整电子电路。它在电子电路中用“IC”表示。

2.7.1　集成电路的分类

集成电路的种类很多，分类方法也很多。

1. 按功能、结构分类

集成电路按其功能、结构的不同，可分为模拟集成电路和数字集成电路两大类。模拟集成电路用来产生、传输和处理各种模拟信号 (即幅度随时间连续变化的信号)；而数字集成电路用来产生、传输和处理各种数字信号 (即在时间上和幅度上离散取值的信号)。

2. 按集成度分类

集成电路按集成度不同，可分为小规模、中规模、大规模和超大规模集成电路四类。对模拟集成电路来说，一般将单片集成元器件小于 50 个的集成电路称为小规模集成电路；单片集成元器件在 50～100 个的集成电路称为中规模集成电路；单片集成元器件在 100 个以上的集成电路称为大规模集成电路。对数字集成电路来说，一般将单片集成等效门小于 10 个或单片集成元器件在 10～100 个的集成电路称为小规模集成电路；单片集成等效门在 10～100 个或单片集成元器件在 100～1000 个的集成电路称为中规模集成电路；单片集成等效门在 100～1000 个或单片集成元器

件在 10^3～10^5 个的集成电路称为大规模集成电路；单片集成等效门大于 10^4 个或单片集成元器件大于 10^5 个的集成电路称为超大规模集成电路。

3．按导电类型分类

集成电路按导电类型不同，可分为双极型集成电路和单极型集成电路。双极型集成电路频率特性好，但功耗较大，制作工艺较复杂，代表集成电路有 TTL，ECL，HTL，LSTTL，STTL 等类型；单极型集成电路功耗较低，制作工艺简单，易于集成，但速度稍低，代表集成电路有 CMOS，NMOS 和 PMOS 等类型。

4．按制作工艺分类

集成电路按制作工艺不同，可分为半导体集成电路和膜集成电路。膜集成电路又分为薄膜集成电路和厚膜集成电路。

2.7.2　集成电路的主要参数

集成电路的主要参数有电源电压、工作环境温度和耗散功率等。

1．电源电压

电源电压是指集成电路正常工作时所需的工作电压。

2．工作环境温度

工作环境温度是指集成电路能正常工作的环境温度极限值或温度范围。

3．耗散功率

耗散功率是指集成电路在标称电源电压及允许的工作环境温度范围内正常工作时所输出的最大功率。

不同类型的集成电路，其技术参数也不相同，不可能一一介绍，但均可大致分为静态参数、动态参数和极限参数。一些常用集成电路 (如数字集成电路、运算放大器等) 的技术参数在电子技术课程中已经讲述，这里不再赘述。

2.7. 3　常用集成电路简介

1．常用数字集成电路产品简介

数字集成电路的产品主要有 TTL 系列和 CMOS 系列。

(1) TTL 系列：TTL 系列是由双极型晶体管构成、能实现各种逻辑功能的一种数字集成电路。按照工作速度和功耗可分为标准、高速、超高速 (或肖特基)、低功耗超高速 (或称低功耗肖特基)、低功耗 5 个系列，如表 2.7.1 所示。

表 2.7.1　TTL 集成电路的主要产品系列

系　列	名　称	国 际 型 号	国 产 型 号
TTL	基本型中速 TTL	54/74①	CT1000
HTTL	高速 TTL	54/74H	CT2000
STTL	超高速 TTL	54/74S	CT3000
LSTTL	低功耗超高速 TTL	54/74LS②	CT4000
ALSTTL	先进低功耗 TTL	54/74ALS	

注：①“54”和“74”表示温度范围，“54”为：－55～+125℃，“74”为：0～+70℃；② LS 指低功耗、超高速系列。

(2) CMOS 系列：CMOS 系列是目前数字集成电路的主流产品，比较典型的应用有 CC4000 系列和 HCMOS 系列。

① CC4000 系列：CC4000 系列 CMOS 数字集成电路的工作电压为 3～18V，能和 TTL 电路公用电源，也便于连接。电路的外部引线和对应序号与国外产品一致。它是当前发展最快、应用最普遍的 CMOS 器件。

② 高速 CMOS 电路 (HCMOS) 系列：CMOS 电路因寄生电容的影响，限制了工作速度。HCMOS 电路采用特殊加工工艺，使栅源电容和栅漏电容极小，大大提高了工作速度，其工作速度可以和 TTL 低功耗超高速门电路 (LSTTL) 相媲美。电路的外部引线排列和逻辑功能均与对应的 LSTTL 相同，因此一个 LSTTL 系统可以全部用 HCMOS 电路替代，如果部分电路用 HCMOS 电路替代，必须注意电平匹配问题。

2．常用模拟集成电路产品简介

模拟集成电路种类很多，包括集成运算放大器，集成宽带放大器和射频/中频放大器，集成功率放大器，集成电压比较器，集成稳压器，集成模拟乘法器，集成锁相环及波形发生器，V/F，F/V 变换器，A/D，D/A 转换器等。这里就常用的模拟集成电路产品进行简要介绍。

(1) 集成运算放大器：在众多的模拟集成电路中，集成运算放大器的应用是最广的。根据性能不同，人们把集成运算放大器分为通用型和专用型。其中专用型又分为低功耗型、低漂移高精度型、高输入阻抗型、低噪声型、高速型、宽带型、高压型、电流型、跨导型、程控型等。

① 通用型集成运算放大器：通用型集成运算放大器的直流特性较好，通用性较强，应用灵活，价格便宜，基本能兼顾到各方面的要求。根据增益高低可分为低增益 (开环电压增益在 60～80dB) 的通用Ⅰ型，主要产品有 F001，4E314，X50，BG301，μA702 等；中增益 (开环电压增益在 80～100dB) 的通用Ⅱ型，主要产品有 F709，F004，F005，BG305，8FC3，FC52 等；高增益 (开环电压增益大于 100dB) 的通用Ⅲ型，主要产品有 F741，F007，μA741 等。

② 低功耗集成运算放大器：低功耗集成运算放大器是在输出电平保持为零或某个规定的电平下功耗很小的集成运算放大器。其特点是：一般采用外接大电阻值作为偏置电阻和用有源电阻代替高阻值电阻，以保证有小的静态偏置电流和小的功耗。主要产品有 F523，μPC253，F010～F013，XFC75，X54，8FC7，7XC4，5G26，F3078/CA308 等。

③ 低漂移高精度集成运算放大器：低漂移高精度集成运算放大器是指失调电压温漂低、噪声小、增益和共模抑制比高的运算放大器。这类运放一般用在毫伏级或更低量级的微弱信号检测、计算及自控仪表中，主要品种有 F725，F3193，XFC78，F030～F034，8FC5，FC72 等。近年来，国内发展起来的斩波自稳零高精度运放，其失调电压及温漂都很小，如 F7600，5G7650 的输入失调电压为 5μV，输入失调电压温漂小于 0.1μV/℃。目前产品有μA725，AD504，SN2088，等，都属于高精度运放，它们的失调电压温漂在 0.2～0.6μV/℃之间，增益大于 120dB，共模抑制比大于 110dB。

④ 高输入阻抗集成运算放大器：高输入阻抗集成运算放大器的输入阻抗一般不低于 10MΩ，国外高输入阻抗运放的输入阻抗均在 1000GΩ以上，如μA740 和μPC152 等。国内产品 5G28 的输入阻抗大于 10GΩ，F3130 的输入阻抗大于 1000GΩ。

⑤ 低噪声集成运算放大器：通常把在 0.1～10Hz 的频带范围内，输入噪声电压的峰-峰值小于 2μV 的运放称为低噪声运算放大器。例如，F5037 的噪声电平小于 0.25μV，XFC88 的噪声电平小于 0.3μV，其他电气性能指标与高精度运放相似。这类运放作为前置放大器，用于放大微弱信号。

⑥ 高速、宽带集成运算放大器：通常把单位增益带宽大于 10MHz，转换速率大于 30V/μs 的运算放大器称为高速集成运算放大器。国内产品有 F715，F722，4E321，F318 等，其中 F715 的转换速率达到 100V/μs，国外的μA207 运放，其转换速率达到 500V/μs，个别产品转换速率高达 1000V/μs。高速集成运算放大器主要用于快速 A/D 和 D/A 转换器、高速采样保持电路、精密比较器、锁相环路系统和视频放大电路中。宽带运放一般增益带宽为几十兆赫兹，如 F507 的单位增益带宽为 35MHz，其低频特性与通用型集成运放相当，而高频特性比高速运放还要好。宽带运放不仅能做直流放大器，低、中频放大器，而且能做高频放大器。

⑦ 高压集成运算放大器：高压集成运算放大器的工作电压高于±30V。国内产品有 F1536，BG315，F143 等。其中 F1536 的最大电源电压为±40V，输出电压峰–峰值在电源电压为±36V 时不小于±30V。国外产品有 D41，可在±150V 的电源电压下工作，最大输出电压达±125V。

⑧ 电流型集成运算放大器：电流型集成运算放大器是比较两个输入端输入电流的电流比较型运算放大器。主要产品有 F3401，MC3401，LM3900 等。

⑨ 跨导型集成运算放大器：它是利用输入电压来控制输出电流的运算放大器，其跨导可以通过外加偏置加以调整，输出电流可在很宽范围内变化。主要产品有 F3080 和 F3094 等。

⑩ 程控型集成运算放大器：程控型集成运算放大器能用外部电路控制其工作状态。此类运放当偏置电流改变时，其参数也将跟着变化，使用灵活，特别适用于测量电路。

(2) 集成宽带放大器和射频/中频放大器：集成宽带放大器和射频/中频放大器的共同特征是工作频率范围很宽，可高达几十兆赫兹乃至几百兆赫兹；而增益均比集成运算放大器低得多，一般增益在 20～40dB。两者的差别有两点：一是在接纯阻性负载时，前者的 3dB 带宽 (BW) 很宽，而后者带宽不够宽，比前者的工作频率范围小得多；二是许多集成宽带放大器设有频率补偿端，需外接补偿元件来保证带宽，而射频/中频放大器一般无须外接补偿元件。这两类集成放大器中，有一些器件具有自动增益控制 (AGC) 功能。从器件的 AGC 端施加电压 (或电流)，可控制其增益，增益控制范围可高达 60dB。由于有 AGC 端，这些器件既可用做具有 AGC 功能的调谐放大器和宽带放大器，也可用做混频器、电控衰减器等。

(3) 集成功率放大器：集成功率放大器与分立元件低频功率放大器相比，具有体积小、重量轻、成本低，外接元件少，调试方便、温度稳定性好、功耗低、电源利用率高、失真小、保护措施强、可靠性高等一系列优点。

(4) 集成电压比较器：电压比较器是连接模拟电路和数字电路的一种桥梁。在数字仪表、模数转换、整形、电平检测，以及许多电子设备中均得到广泛应用。

(5) 集成稳压器：集成稳压器也称集成电压调节器，它的功能是将非稳定直流电压变换成稳定的直流电压。集成稳压器按出线端子和使用情况大致可分为三端固定式稳压器、三端可调式稳压器和开关型稳压器三种。三端固定式集成稳压器是将取样电阻、补偿电容、保护电路、大功率调整管等集成在同一芯片上，使整个集成电路块只有输入、输出和公共三个引出端，使用非常方便。其代表产品有 78XX 和 79XX 系列。三端可调式集成稳压器只需外接两只电阻即可获得各种输出电压。代表产品有 17/37 系列。 开关型集成稳压器是近些年发展起来的一种稳压器，其效率高达 70%以上，它的工作原理与上述两种稳压器不同，是由直流变交流 (高频) 再变直流的变换器，通常有脉宽调制和脉冲调制两种，输出电压是可调的。代表产品有 AN5900 和 TL497 等。

(6) 集成模拟乘法器：模拟乘法器的功能是实现两个信号的相乘运算，而众所周知，时域中两信号相乘相当于频域中频谱的搬移，因此，在通信、电视、仪器仪表等领域中，它常被用来作为调制 (幅值调制、平衡调制、单边带调制……)，解调 (同步检波、鉴相、鉴频)，混频，倍频等。相乘也可以理解为一种信号的加权运算，所以，它还可以用于自适应滤波、压控滤波、自动增益控制、自动电平控制。在模拟运算方面，乘法器不仅能完成乘、除、平方、开方等，而且还能完成正弦、余弦、幂级数和多项式等函数的产生和运算。

单片模拟乘法器电路基本分为两类：一类是对数反对数电路 (如 TD4206)，另一类是变跨导电路。在变跨导电路中，基本有两种形式的乘法器：一种是“双差分”电路，特点是电路简单，工作频率较高，但“X”路信号动态范围窄，需要外加偏置电压，其代表产品有 MC1596；另一类是在双差分的基础上加了“反对数处理”单元，从而使“X”路信号动态范围大大展宽 (±10 V)，无须外加偏压，但电路复杂，工作频率较低，其代表产品有 MC1595。

(7) 集成锁相环及波形发生器：锁相环在通信、导航、仪器仪表中作为调制、解调、滤波、分频、倍频、频率合成、跟踪及高稳定振荡源等，应用极为广泛。单片集成锁相环有模拟式和数字式两种。模拟式锁相环的代表产品有“56”系列，数字式锁相环以CC4046最具代表性。

集成波形发生器在电子系统、仪器仪表中也有着极其广泛的应用，其代表产品有5G8038。

(8) V/F，F/V 变换器：集成电压-频率变换器 (V/F) 和频率-电压变换器 (F/V)，广泛应用于自动控制、通信设备和数字仪表中。它的功能类似于 A/D，D/A 转换器，也属于模数转换电路。由于它不需要同步时钟，因此成本比 A/D，D/A 转换器低得多，与计算机连接时也非常简单。另外，它非常适合于远距离传输。

V/F 和 F/V 变换器有单片集成 (双极工艺) 式和模块 (混合工艺) 式两种。一般说来，单片集成变换器是可逆的，即兼有 V/F 和 F/V 功能。而模块式变换器是不可逆的，即 V/F 和 F/V 独立于两个不同的模块。单片集成式变换器与模块式变换器相比，具有体积小、价格低、用途广等优点，缺点是精度比模块式变换器要差一些，外接元件也多。

单片式集成 V/F 变换器大致分为两类：一类是超宽扫描多谐振荡器式，其代表产品为 AD537；另一类是电荷平衡振荡器式，其代表产品为 VFC32 等。单片式集成 F/V 变换器基本上也分为两类：一类是脉冲积分式，另一类是锁相环式。

(9) A/D，D/A 转换器：A/D，D/A 转换器是连接计算机和一次仪表或终端执行机构的重要桥梁，是应用最多的接口电路。

目前，A/D 转换器种类较多，大量投放市场的单片集成或模块 A/D 按其变换原理分类，主要有逐次比较式、双积分式、量化反馈式和并行式 A/D 转换器。

A/D，D/A 转换器的主要性能指标是：分辨率、精度和速度。近年来，A/D 转换器的速度高达 1000MHz，分辨率已高达 24 位；D/A 转换器的速度也高达 500MHz，分辨率达 18 位。

2.7.4 集成电路的选用原则及注意事项

1. 数字集成电路的选用原则及注意事项

选择数字集成电路时，要全面了解数字集成电路的性能和特点，充分发挥该集成电路的效能。具体考虑如下：

(1) 根据电路工作的电压环境选择电路类型：如果给定工作条件是 TTL 电平，应选用 TTL 系列芯片；如果给定工作条件是 CMOS 电平，则应选用 CMOS 系列芯片。通常情况下，CMOS 系列芯片可以工作在 TTL 电路环境，但 TTL 系列芯片却不可工作在 CMOS 电路环境。另外，CMOS 系列的抗干扰性能比 TTL 系列好。

(2) 根据电路的功耗要求选择电路类型：通常，CMOS 系列芯片的功耗比 TTL 系列芯片的功耗低得多，因此，当要求系统有很低功耗的场合，应选用 CMOS 系列芯片。

(3) 根据系统的工作速度选择不同的系列：在工作速度要求很高的场合，可选择 ECL 系列；在工作速度要求较高的场合，可选择 TTL 类型中的 74LS 系列或高速 CMOS 系列 (即 74HC/HCT 系列或 74AC/ACT 系列)。

(4) 根据电路用途和功能选择相应系列中相应类别的芯片：其芯片的选择要充分考虑到：扇入系数、功能单元的个数、扇出系数等，力求使电路达到最简。

(5) 一般集成电路规定温度范围是−25 ℃～75 ℃，这在常规下一般是满足应用要求的：但如果应用环境有苛刻的要求，如航天设备，极地测控设备等，设计者就必须高度重视该芯片工作温度和抗干扰性能指标。

在使用集成门电路时，要根据门的类型及逻辑功能，正确地处理多余的输入端。对于 TTL (或 CMOS) 与非门 (或者与门) 的多余输入端应接电源+U_{CC} 或经1kΩ电阻与电源+U_{CC} 相接。对于 TTL (或 CMOS) 或非门 (或者或门) 的多余输入端应直接接地。

2．模拟集成电路的选用原则及注意事项

(1) 集成运算放大器的选用原则及注意事项：选择集成运算放大器的一般原则是，在满足电气性能的前提下，选择价格低廉的器件，即注重性价比。具体考虑如下：

① 在没有特殊要求情况下，应选择通用型运算放大器。因为这类器件直流性能好、种类齐全、选择余地大，价格比较低廉。在通用系列运放中，有单运放、双运放和四运放，但价格却差不多，因此，如果电路中需要两个及以上运放时，要考虑选择双运放或四运放，以便简化电路，缩小体积，降低成本。

② 若系统对能源有严格限制时，应选择低功耗型运放。例如，卫星、遥感、遥测及某些生物功能器械等应用场合。

③ 若系统要求精密、漂移小、噪声低，应选用高精度、低漂移、低噪声集成运算放大器。例如：微弱信号检测、高精度模拟计算、自动控制仪表，以及高精度稳压源等应用场合，宜选用此类放大器。

④ 若系统的工作频率很高，要选择高速及宽带集成运算放大器。例如，高速采样保持电路、A/D 和 D/A 转换电路、视频放大器、锁相环电路，以及较高频率的波形发生器等。

⑤ 若系统要求集成运放具有很高的输入电阻，可选用高输入阻抗集成运算放大器。例如，采样保持电路、峰值检波器、优质积分器、对数器、生物医电信号的放大，以及提取测量放大器等。

⑥ 若系统工作电压很高而要求运算放大器的输出电压也很高，可选择高压运算放大器。

⑦ 其他运算放大器，如跨导型运放、程控型运放、电流型运放等，可根据实际需要选用。在增益控制、宽范围压控振荡、调制解调、模拟相乘器，伺服放大、驱动，DC-DC 变换器等电路中均可选用此类放大器。

近年来，MOS 集成运算放大器得到了很大的发展，它不但集成度高、设计合理，还同时兼有高精度、高速、高输入阻抗、低功耗等优点，成为电子系统设计者优先选择的一类运算放大器。

(2) 集成宽带放大器和射频/中频放大器的选用原则及注意事项：选择此类集成放大器时，首先考虑工作频率范围及 3dB 带宽是否满足要求，其次考虑增益、噪声系数、输出阻抗等其他因素。在应用这类放大器时，要注意以下几点：

① 有些放大器内部已将输入级的偏置电路连接好；而有的放大器内部虽然有偏置电路，但未与输入级相连，需使用者自行连接。这两种放大器的输入端不能像运放那样直接接地，信号需经隔直电容 (或变压器) 耦合到输入端。

② 有的器件需外接频率补偿器件，以保证其宽带特性。

③ 要注意装配工艺和布线，连线尽可能短，接触良好，以避免因装配不当造成的分布参数使频带变窄。

(3) 集成功率放大器的选用原则及注意事项：在选择集成功率放大器时，同样要考虑性价比。首先要考虑系统对功放输出功率的要求，并注意留有适当的裕量。其次，还要考虑系统是需要单通道功放，还是双通道功放。在立体声收录机中，肯定要选择双通道功放。即使在单通道系统中，也可以选用双通道电路做 BTL 推挽功放使用，以获得更大的功率。在高温工作条件下的系统，要选用有过热闭锁设施的集成功放。在高级收录机或家庭组合音响设备中，要选用非线性失真小、噪声低、频带宽等性能优良的低频集成功率放大器。

最后应该指出的是，器件手册中提供的输出功率，绝大多数是在规定散热条件下的值，因此，使用时，只有加上规定条件的散热片，才能保证管子的安全。

(4) 集成电压比较器选用原则及注意事项：在选择集成电压比较器时，要根据系统的实际要求，选择性价比高的电压比较器。具体考虑如下：

① 当没有精度、速度等特殊要求时，可选择价格最低廉的或手头既有的电压比较器，也可采

用运算放大器代替；

② 若要求精度高，则应选择增益大、失调小、共模抑制比高的电压比较器；

③ 若要求速度快，则应选择高速电压比较器；

④ 若所设计的系统只有一种电源，则要选择单电源比较器；

⑤ 若所设计的系统需要多个电压比较器，则可选用多元比较器（双比较器或四比较器等)。

(5) 集成稳压器的选用原则及注意事项：选择集成稳压器时，要考虑设计需要及性价比。首先要考虑效率η方面的要求，当η要求较高时，应选用开关稳压电源（或脉宽调制器配以大功率晶体管)；其次要考虑输出电压的大小和极性，输出电流的大小，输出电压是否可调及电压调整率等指标，一般情况下，因三端稳压器优点明显，使用操作都比较方便，选用时应优先考虑。为了保证集成稳压器安全、可靠地工作，应用集成稳压器时应特别注意以下几点：

① 在接入电路之前，一定要弄清各引脚的作用，避免接错；

② 严禁超载使用；

③ 对要求加散热装置的，必须加装符合要求尺寸的散热装置；

④ 为了确保输出电压的稳定性，应保证输入、输出电压差介于最小值和最大值之间；

⑤ 安装焊接要牢固可靠，以避免有大的接触电阻而造成电压降和过热；

⑥ 需要扩大输出电流时，可将三端稳压器并联使用。

(6) 集成模拟乘法器的选用原则及注意事项：集成模拟乘法器的参数有精度，工作频率，Y，X 馈通，载波抑制比，动态范围等。设计者应根据应用场合的不同，合理选择集成模拟乘法器。

① 若乘法器用于模拟运算，应选择运算精度高，动态范围大的集成模拟乘法器，如高档的 BG314，TD4026，MC1595 等。

② 若仅用于调制解调，则可选用双差分集成模拟乘法器，如 MC1596 等。在电视、通信及立体声音响电路中都采用双差分集成模拟乘法器。

③ 若要求乘法器的工作频率很高（≥30MHz)，则应选择载波抑制比高、馈通小、载波漏泄小的集成模拟乘法器。

(7) 集成锁相环及波形发生器的选用原则及注意事项：选用集成锁相环时，应首先考虑工作频率这个非常重要的参数是否满足系统要求。例如，SL565 的工作频率小于 500kHz，CC4066 的最高工作频率在 1MHz 左右，它们可用于工作频率要求不太高的场合；而 L562 的工作频率为 30MHz，L564 的工作频率为 50MHz，当工作频率要求较高时，可选用此类芯片。然后再根据系统的实际要求，考虑 VCO 电源电压频率稳定度、VCO 温度频率稳定度和最大锁定范围等参数，以及外围电路是否简单等因素。

选用集成波形发生器时，应根据设计要求注重以下几点：①考虑系统对信号波形的要求，如果要求多功能信号，应考虑选择多功能波形发生器，如 5G8038；②要考虑器件的工作频率范围是否满足系统要求；③考虑器件的频率稳定度是否满足要求；④考虑器件的最大输出电压幅度和负载特性是否满足要求，如果不满足要求，是否便于扩展；⑤考虑外围电路是否简单。应用波形发生器时，应特别注意决定振荡频率的外围元件参数值的设计。

(8) V/F，F/V 变换器的选用原则及注意事项：选用 V/F，F/V 变换器的重要原则是性价比。具体考虑如下：

① 在系统要求精度不太高的场合，应优先选择单片式 V/F，F/V 变换器；

② 在系统要求精度很高时，应选择模块式 V/F，F/V 变换器；

③ 易于功能扩展。

(9) A/D，D/A 转换器的选用原则及注意事项：选用 A/D 和 D/A 转换器应考虑以下几个问题。

① 根据电路要求的精度要求，选择A/D，D/A转换器的转换精度和分辨率。低分辨率3～8位。中分辨率9～12位，A/D还包括BCD三位半。高分辨率13位以上，A/D还包括BCD四位半。选择A/D芯片时，应留有相当的裕量。例如，系统要求有10位的精度，选择时应选用12位的A/D。

② 根据信号对象的变化率及转换精度要求，确定A/D，D/A转换器的转换速度，以保证系统的实时性要求。实际中，按器件给出的速度指标全速运用是不可取的。因为全速运用下的器件指标会有所降低，同时还有可能带来功耗过大问题。

③ 根据环境条件选择A/D和D/A转换器的环境参数，如工作温度、功耗、可靠性等级等性能。

④ 根据应用条件和用途选择电源种类(单电源、双电源、高电压、低电压)和转换路数。

⑤ 根据转换速度、精度、用途等选择A/D转换方式：低速有双重积分方式，常用于仪器仪表；中速有逐次比较方式等，常用于一般自动控制；高速有并行方式、串行方式等。

⑥ 根据接口特征，考虑如何选择转换器的输入、输出状态，例如，A/D转换器是并行输出还是串行输出；是二进制码还是BCD码输出；是用外部时钟、内部时钟还是不用时钟；有无转换结束状态；与TTL，CMOS电路是否兼容等。

2.8 传 感 器

传感器是能把被测非电量，包括物理量、化学量、生物量等转换为与之有对应关系的电量输出的装置。传感器的输出信号可以有电压、电流、频率、脉冲等不同的形式，以满足信息的传输、处理、记录、显示和控制等要求。

传感器是测量系统和控制系统的重要环节，它主要用于信息的收集、信息的数据交换及控制信息的采集。

传感器的种类很多，按传感器输入信息(或被测参数)分类，可分为压力传感器、温度传感器、湿度传感器、流速传感器、位移传感器、加速度传感器、黏度传感器和浓度传感器等。

本节简要介绍几种常用的传感器的工作原理、主要参数及选用原则。

2.8.1 温敏传感器

温敏传感器分为接触式和非接触式两大类。接触式温敏传感器是利用传感器与被测物体直接接触来测量其温度；非接触式温敏传感器以非接触方式通过测量被测物体辐射的热量实现测温，由于这种传感器中常需要能够聚集辐射热能的光学系统及其辅助设备，所以价格相对比较昂贵。

下面介绍几种最常用的温敏传感器。

1. 热敏电阻

热敏电阻是利用半导体电阻随温度变化的特性而制成的测温元件。热敏电阻的符号如图2.8.1所示。

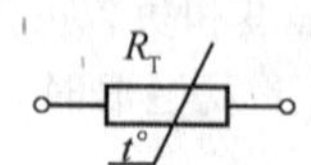

图2.8.1 热敏电阻的符号

热敏电阻按温度系数分为负温度系数热敏电阻(NTC)、正温度系数热敏电阻(PTC)和临界温度系数热敏电阻(CTR)三种；按工作方式分为直热式热敏电阻、旁热式热敏电阻和延迟电路式热敏电阻三种；按工作温区分为常温区(–60℃～+300℃)热敏电阻、低温区(小于–193℃)热敏电阻和高温区(大于300℃)热敏电阻。

(1) 负温度系数热敏电阻：负温度系数热敏电阻的特点是：在工作温度范围内电阻值随温度的升高而降低，其电阻温度系数为$\alpha_1 \approx -(1\sim6)\%/℃$。利用负温度系数热敏电阻可构成温度传感器、温度补偿器等。国产负温度系数热敏电阻型号有MF系列，其中M表示敏感元件，F代表负温度系数。国外产品有SB-1，D22A等型号。

(2) 正温度系数热敏电阻：正温度系数热敏电阻的特点是：在达到某一特定的温度(称为居里点温度)前，电阻值随温度变化非常缓慢，当超过这个温度时，电阻值随温度的升高而急剧增大。正温度系数热敏电阻有以下优点：具有恒温、调温和自动控温的特殊功能；只发热，不发红，无明火不易燃烧；对电源无特殊要求，电源可以是直流也可以是交流，电压从3～440V均可使用；热交换率高，节约能源；响应时间快；使用寿命长。正温度系数热敏电阻应用非常广泛，它不仅用于测温、温控和保护电路中，还大量用于彩色电视机等家用电器中。国产正温度系数热敏电阻型号有MZ系列，其中M表示敏感元件，Z代表正温度系数。

(3) 热敏电阻的主要技术参数：热敏电阻的品种很多，其特性参数有一定差异，但归纳起来有以下主要技术参数。

① 标称电阻值 R_{25}：值是指热敏电阻上标出的25℃时的电阻值。

② 额定功率 P_E：是指在规定技术条件下，热敏电阻长期连续负荷所允许的耗散功率。

③ 耗散常数 H：是指热敏电阻温度变化1℃所耗散的功率，即 $H = \Delta P / \Delta t$。在工作温度范围内，当环境温度变化时 H 略有变化。H 的大小与热敏电阻的结构、形状及所处的介质种类、状态等有关。

④ 测量功率 P_c：是指在规定环境温度下，热敏电阻受测量电源的加热而引起的电阻值变化不超过0.1%时所消耗的功率，即 $P_c \leqslant (H/1000)$。

⑤ 时间常数 τ：是指热敏电阻在无功功率状态下，当环境温度突变时，电阻体变化由起始到最终温度之差的63.2%所需的时间。

⑥ 加热器电阻 R_r：是指旁热式热敏电阻的加热器在规定的环境温度下的电阻值。

⑦ 最大加热电流 I_{max}：是指旁热式热敏电阻的加热器上允许通过的最大电流。

⑧ 最大加热电流下体电阻：是指旁热式热敏电阻在加热器上通过最大加热电流时，电阻体达到热平衡状态下的电阻值。

⑨ 热电阻值 R_H：是指旁热式热敏电阻在加热器上通过给定工作电流时，电阻体达到热平衡状态下的电阻值。

⑩ 绝缘电阻 R_j：是指热敏电阻的电阻体与加热器或电阻体与密封外壳之间的绝缘电阻值。

⑪ 最大允许电压波动：是指稳压热敏电阻在规定温度和工作电流范围内允许电压波动的最大值。

⑫ 稳压范围：是指稳压热敏电阻能起稳压作用的工作电压范围。

⑬ 最大允许瞬时过负荷电流：是指热敏电阻在规定温度和保持原特性不变的条件下，瞬时所能承受的最大电流值。

(4) 热敏电阻的应用电路：热敏电阻的基本连接方式如图2.8.2所示。

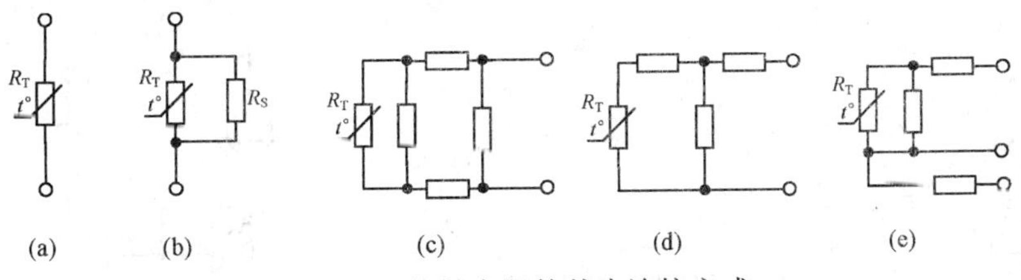

图2.8.2　热敏电阻的基本连接方式

图2.8.2(a)表示单体热敏电阻在电路中连接方式。图2.8.2 (b)是一个热敏电阻 R_T 与一个电阻 R_S 相并联的方式，这可简单地构成线性电路，在50℃以下的范围内，其非线性可抑制在±1%以内，R_S 的阻值为 R_T 阻值的0.35倍。图2.8.2 (c)、(d)为合成电阻方式，温度系数小，适合于宽范围的温度测量，测量精度也较高。图2.8.2 (e)为比率式，电路构成简单，具有较好的线性。

采用热敏电阻的汽车空调用温控器电路如图2.8.3所示。图中，R_1、R_T、R_2、R_3 及温度设定电

位器 R_P 构成温度检测电桥。当被控温度高于 R_P 设定的温度时，R_T 阻值较小，A 点电位低于 B 点电位，A_2 输出为高电平，此时 A_1 的反相输入端电位低于同相输入端，输出也为高电平，晶体管 VT 饱和导通，继电器 J 吸合，常开触点 J_1 闭合，使汽车离合器得电工作，从而使压缩机工作制冷。随着被控温度逐渐降低，R_T 阻值增大，A 点电位逐渐升高，当被控温度降到或低于 R_P 设定的温度时，A 点电位高于 B 点电位，A_2 输出为低电平，则 A_1 输出也为低电平，VT 截止，继电器 J 释放，J_1 断开，造成离合器失电，从而使压缩机停止工作。以上过程周而复始，可确保汽车内温度控制在 R_P 设定的温度附近。

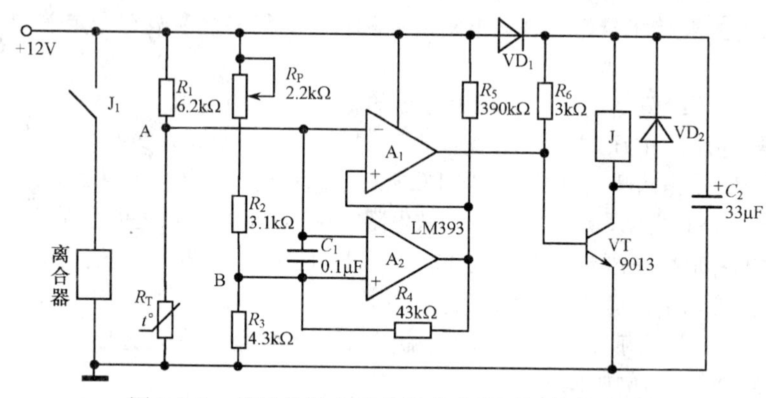

图 2.8.3　采用热敏电阻的汽车空调用温控器电路

2．半导体器件型温度传感器

(1) PN 结温敏传感器： PN 结的正向压降随温度变化而变化，当以恒流供电时，在一定温度范围内，PN 结正向压降随温度增加近似线性递减。温度每升高 1℃，结压降约减小 2mV。利用这种特性制成的硅 PN 结温敏传感器，国内产品有 2CWM，JCWM，BLTC，ICTS 等系列。它们具有灵敏度高、体积小、重量轻、响应快、造价低等特点。此外，为了扩展使用温区的上限，国内还研制并生产了工作温度突破 150℃上限的 GaAs，SiC PN 结温敏传感器，如 HWC，BWG，BHTS 等系列产品。典型的 PN 结温度传感器应用电路如图 2.8.4 所示。

(2) 集成温敏传感器： 将感温电路、信号放大电路、电源电路、补偿电路等集成到一块芯片上，可构成单片集成温敏传感器。集成温敏传感器的基本感温电路如图 2.8.5 所示。它们是一对匹配的晶体管，分别工作在不同的电流密度之下。当 I_1，I_2 为恒流时，两晶体管的 U_{be} 之差 ΔU_{be} 与温度 T 成线性变化。采用这种基本感温电路，可设计出各种不同的电路形式和不同输出类型的集成温度传感器。

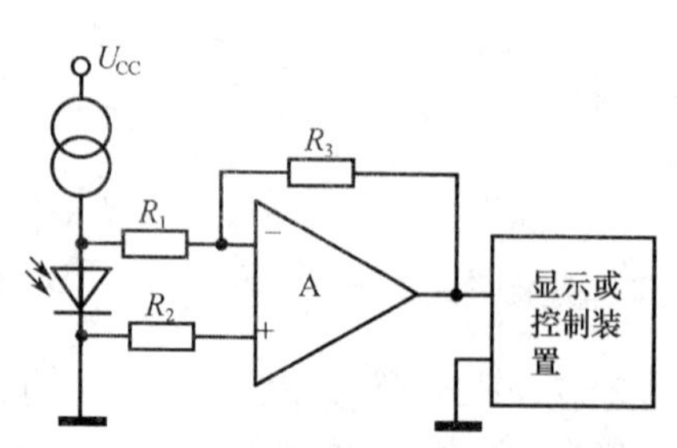

图 2.8.4　PN 结温敏传感器应用电路

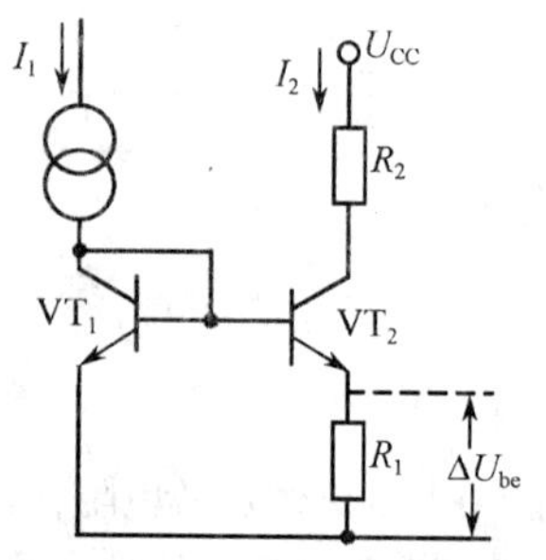

图 2.8.5　集成温敏传感器电路

集成温敏传感器按输出信号形式分为电流型、电压型和频率型。它的突出优点是在其适用温区范围内具有灵敏度高、线性好、功能全和使用简单方便。

3．新型数字温敏传感器

新型数字温敏传感器是将原来由外围电路的采样、放大、控制逻辑、ADC 电路，甚至包括多路开关，ROM，寄存器等与集成温敏传感器直接做在一起，实现温敏传感器的数字化。它既解决了传统温敏传感器的非线性问题，又解决了一般温敏传感器不能与计算机接口的问题。因此它被广泛应用于数字化温度测量、温度自动控制等领域。

2.8.2 光电传感器

光电传感器是能把光信号转换为电信号的传感器件，它广泛应用于自控、宇航、广播电视等各个领域。常用的有光敏电阻、光电二极管、光电三极管、光耦合器等。

1．光敏电阻

光敏电阻是利用半导体的光电效应制成的，当它受到光照时，半导体内载流子的数目增加，使电导率增加。光敏电阻的电路符号如图 2.8.6 所示。

(1) 光敏电阻的基本特性： 光敏电阻的基本特性是内阻随入射光通量增加而减小。光敏电阻的主要优点是灵敏度高，体积小，重量轻，电性能稳定，制造工艺简单，价格低廉。其缺点是响应速度较慢，这从某种程度上影响了它在高频下的使用。

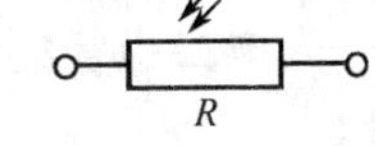

图 2.8.6 光敏电阻的电路符号

(2) 光敏电阻的主要参数

① 亮阻：亮阻是指光照强度为 100lx (勒克斯) 时所加电压与此时流过电流的比值。

② 暗阻：暗阻是指为光照强度为 0lx (无光照) 时所加电压与此时流过电流的比值。

③ 伏安特性曲线：伏安特性曲线是描述光敏电阻外加电压和流过的光电流的关系，其光电流随外加电压增大而线性增大。

④ 温度系数：它表示温度每变化 1℃时，电阻值的相对变化。

⑤ 额定功率：它是指光敏电阻用于某种线路时所允许加上的功率。

光敏电阻的典型应用电路如图 2.8.7 所示，图 2.8.7 为亮光报警电路。当有光照射光敏电阻时，VT_1 基极电位 UB_1 提高，则 VT_1 导通，VT_2、VT_3 也导通，蜂鸣器 B 报警。此电路可用于各种防盗装置。

2．光电二极管

光电二极管是一种能将光能转变为电能的敏感型二极管，它广泛应用于各种控制电路中。它的电路符号如图 2.8.8 所示。

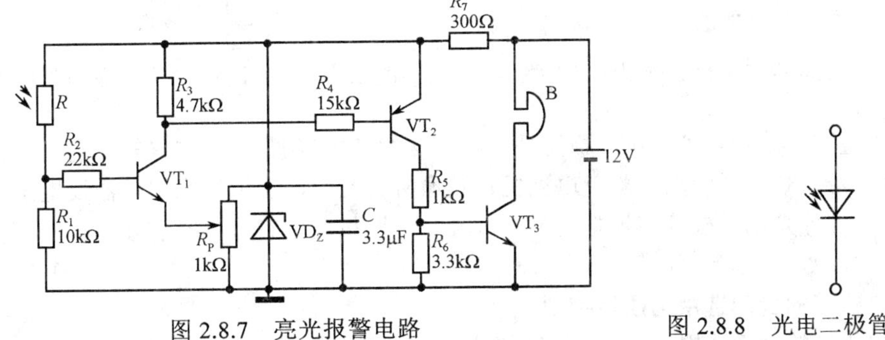

图 2.8.7 亮光报警电路

图 2.8.8 光电二极管的电路符号

(1) 光电二极管的基本特性： 光电二极管在光敏面无照射条件下，其伏安特性与普通二极管相同，反向漏电流很小。但当有光线照射在光敏面上，同时有外加电场作用时，由光生载流子运动形成的电流比反向漏电流大得多。通常把无照射时的反向漏电流称为暗电流；把光照时 PN 结增加的反向电流称为“光电流”，它与光照度成正比。光电二极管对光线的反应灵敏度是有选择性的，它有特定的光谱范围。在此范围内，某一波长的光波有最佳响应，称该波长为峰值波长。峰值波长与光电二极管的材料、工艺有关。

(2) 光电二极管的主要参数

① 最高工作电压：是指光电二极管在无光照条件件下，反向漏电流不超过一定值(0.1μA)时反向最高电压，此值越高，性能越稳定。

② 暗电流：是指光电二极管在无光照和最高工作电压条件下的反向漏电流，该值越小，检测弱光的能力越强。

③ 光电流：是指光电二极管在最高工作电压条件下，受一定光照射(1000lx)所产生的电流。一般说来，此值越大越好。

④ 光电灵敏度：定义为每微瓦入射光能量条件下产生光电流的大小，它表示器件对光的敏感程度。

⑤ 响应时间：是指光电二极管将光信号转换为电信号所需要的时间，显然响应时间越小越好。

(3) 光电二极管的分类与应用：光电二极管分为普通光电二极管、红外光电二极管和视觉光电二极管。

① 普通光电二极管：普通光电二极管分为硅PN结型(PD)、PIN结型、锗雪崩型和肖特基结型光电二极管等，其中以PN结型光电二极管和PIN结型光电二极管最为常用。普通光电二极管对人眼可见光(包括激光)和近红外光敏感，PN结型光电二极管主要用于各种光电转换的自控仪器、近红外光自动探测及激光接收等，而PIN结型光电二极管则主要用于光纤通信中的光信号接收。常用的普通光电二极管有2CU系列、2DU系列和PIN系列。普通光电二极管的典型应用电路如图2.8.9所示。

② 视觉光电二极管：视觉光电二极管是一种新型的光电二极管，它具有人眼视觉光谱响应曲线特性，对人眼可见光敏感，对红外光无反应，广泛应用于彩色复印机、彩色扩印机、照相机、DNA生物工程检测等电子设备的光电检测电路中。常用的视觉光电二极管有2EU11和2EU12等型号，典型应用电路如图2.8.10所示。

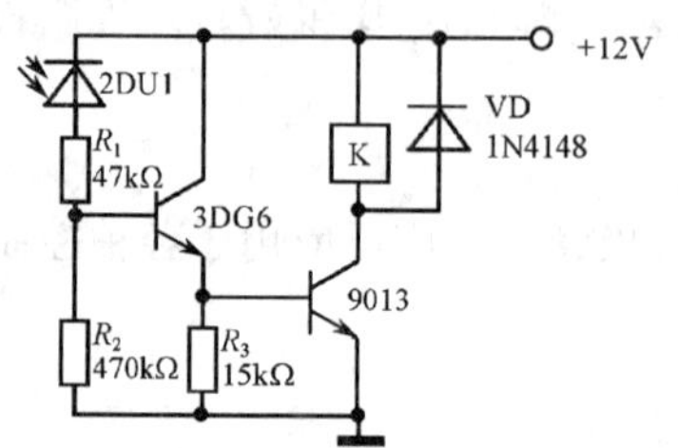

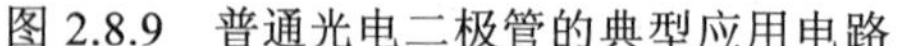

图2.8.9　普通光电二极管的典型应用电路

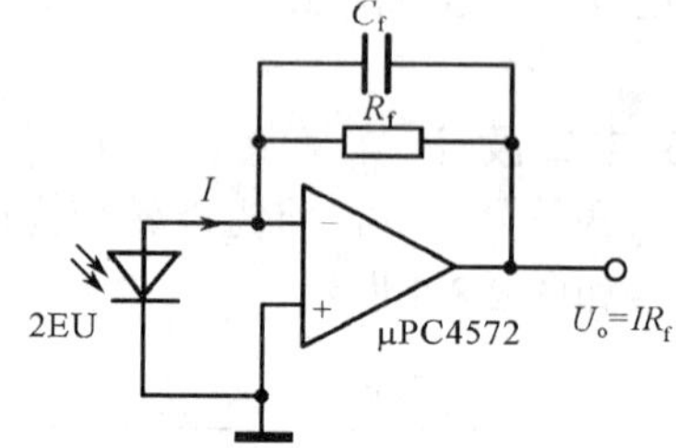

图2.8.10　视觉光电二极管的典型应用电路

③ 红外光电二极管：红外光电二极管是一种特殊的PIN结型光电二极管，它可以把红外光信号转变为电信号，被广泛应用于彩色电视机、录像机、音响、空调等家用电器及电子产品的遥控接收系统中。红外光电二极管和视觉光电二极管的特性相反，它只接收红外光信号，而对可见光无反应。

(4) 光电二极管的合理选用与质量判别

① 光电二极管的合理选用：光电二极管的选用主要要考虑运用环境和响应速度的要求，如果要求检测红外光，应选用红外光电二极管；如果要求检测可见光，应选用视觉光电二极管；如果检测较宽范围波长的光，则可考虑普通光电二极管；如果要求响应速度快，则应考虑选择PIN结型光电二极管。

② 光电二极管的质量判别：作为简单的检测方法，首先根据外壳上的标记判定极性，外壳表面有色点的引脚或靠近管键的引脚为正极，另一脚为负极。若无标记可用一块黑布遮住接受光线的窗口，将万用表置 R×1k 挡测出正、负极，同时测出其正向电阻应在 10～200kΩ之间，反向电阻应为无穷大 (∞)。然后去掉遮光黑布，光电二极管接受光线的窗口对着光源，此时正、反向电阻值均应变小，变化值越大，说明灵敏度越高。

3．光电三极管

光电三极管被广泛应用于各种光控电路中。在无光照射时，光电三极管呈截止状态，无电信号输出；当有光照射其基极时，光电三极管呈导通状态，从发射极或集电极输出放大后的电信号。光电三极管的电路符号如图 2.8.11 所示。

(1) 光电三极管的基本特性：光电三极管可以认为是光电二极管与晶体管一体化的结构，其特性是光电二极管的输出特性再加上晶体管特性。光电二极管的光电流与入射光有良好的线性关系，而光电三极管的输出电流与其电流放大系数有关，因此，光电三极管的输出特性由其电流放大系数所支配。一般说来，光电三极管中的锗管灵敏度比硅管高，但锗管的暗电流较大。

(2) 光电三极管的主要参数

① 最大反向击穿电压：是指光电三极管 C-E 间所能承受的反向电压极限值。

② 最高工作电压：是指在基区无任何光照情况下，使集电极电流为 0.5μA 时光电三极管 C-E 极间所加的电压值。

③ 暗电流：是指在光电三极管 C-E 极间加最高工作电压，而基区又无任何光照条件下，所测得的集电极电流。

④ 光电流：是指在光电三极管 C-E 极间加最高工作电压，基区获得 1000lx 光强光照条件下，所测得的集电极电流。

⑤ 最大耗散功率：是指光电三极管 C-E 极间电压与集电极电流乘积的最大允许值。

⑥ 入射光峰值波长：是指对光电三极管最敏感的光源波长。

常用的国产光电三极管以硅 NPN 型为主，有 3DU11～3DU13，3DU21～3DU23 等型号。

(3) 光电三极管的典型应用：光电三极管的典型应用电路如图 2.8.12 所示。

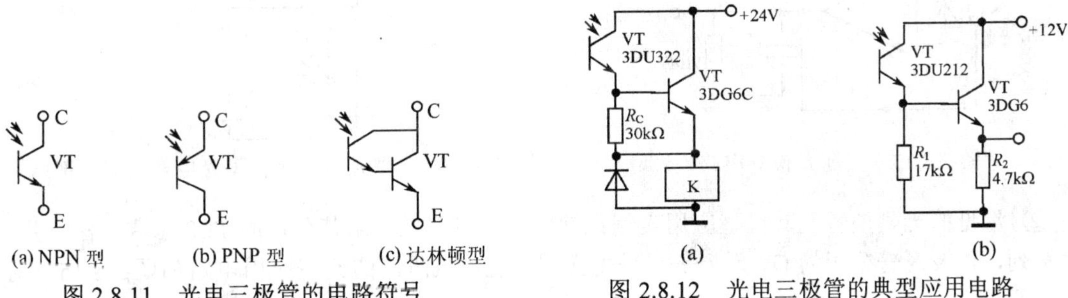

图 2.8.11 光电三极管的电路符号

图 2.8.12 光电三极管的典型应用电路

(4) 光电三极管的合理选用与质量判别

① 光电三极管的合理选用：光电三极管和其他三极管一样，不允许其电参数超过极限值，否则会缩短光电三极管的使用寿命甚至烧毁三极管。另外，所选光电三极管的光谱响应范围必须与入射光的光谱特性相互匹配，以获得最佳的响应特性。

② 光电三极管的质量判别：光电三极管只有集电极 C 和发射极 E 两个引脚，基极 B 为受光窗口。通常较长的引脚为 E 极，较短的引脚为 C 极。达林顿型光电三极管封装缺圆的一侧为 C 极。

检测时，先测量光电三极管的暗电阻：将光电三极管的受光窗口用黑纸遮住，再将万用表置于 R×1k 挡，红表笔和黑表笔分别接光电三极管的 C，E 引脚。正常时，正、反向电阻值均应为无穷大，若测出一定阻值或阻值为 0，则说明该光电三极管已漏电或已击穿短路。测量光电三极管的亮电阻：在暗电阻测量状态下，若将遮挡受光窗口的黑纸移开，将受光窗口靠近光源，正常时应有 15～30kΩ的电阻值。若光电三极管受光后，其 C-E 间电阻仍为无穷大或阻值较大，则说明光电三极管开路损坏或灵敏度降低。

4．集成光电传感器与光电耦合器

(1) 集成光电传感器：集成光电传感器是光电二极管与运放一体化结构的器件，它具有输出电压大，响应特性好等特点，因此，它是一种较为理想的光电传感器。

实际中，可根据需要选用不同的集成光电传感器。例如，光通信与传输视频信号时，一般对应的是 10MHz 左右的高速光，如果采用一般的光电二极管，可能会超过元件的截止频率，其响应特性极差。这时，可采用光通信用的集成光电传感器 ICS2858。采用 ICS2858 的高速光检测电路如图 2.8.13 所示。电路中，光电传感器 ICS2858 的输入部分采用结电容很小的 PIN 型光电二极管。若加 4.3V 的反偏置电压，其响应特性得到显著改善，其截止频率 (–3dB) 标准值可达 15MHz。

(2) 光电耦合器：光电耦合器简称光耦，它是以光为媒介传输电信号的器件。它具有抗干扰能力强、使用寿命长、传输效率高等特点，被广泛应用于电气隔离、电平转换、仪器仪表、微机接口电路中。

① 光电耦合器的结构及基本特性：光电耦合器是由一只发光二极管和一只受光控的光电晶体管 (常见为光电三极管) 组成。典型光电三极管型光电耦合器的内部结构如图 2.8.14 所示。由图可知，光电三极管的导通与截止是由发光二极管所加正向电压控制的。当发光二极管加正向电压时，发光二极管有电流通过而发光，使光电三极管内阻减小而导通；反之，当发光二极管加零偏压或很小的正向电压时，发光二极管无电流或通过电流很小，发光强度减弱，使光电三极管内阻增大而截止。

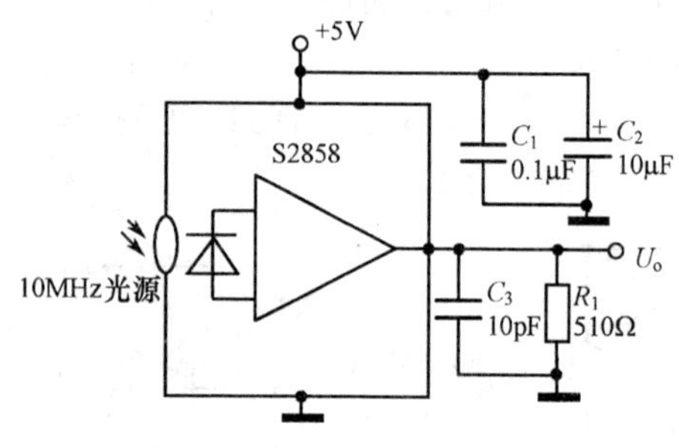

图 2.8.13　高速光检测电路

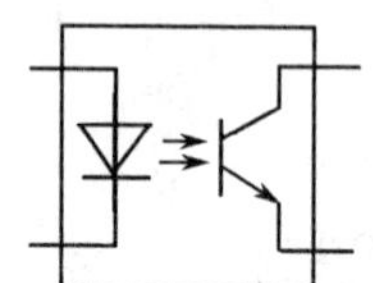

图 2.8.14　典型光电三极管型光电耦合器内部结构

② 常见的光耦型号及其典型应用实例：常用的光耦型号有东芝公司的 TLP 系列、松下公司的 ON 系列，以及夏普公司的 GP 系列等。采用光耦实现电气隔离的典型应用电路如图 2.8.15 所示。

2.8.3　气敏传感器

气敏传感器是一种对气体敏感的半导体器件，它能将被测气体种类及其与浓度有关的信息转换成电信号。它被广泛应用于自动检测、自动控制和自动报警系统。气敏传感器的符号如图 2.8.16 所示。

1．气敏传感器的类型及其特征

气敏传感器按原理分为半导体方式、化学反应式、光干涉式及热传导式等多种类型，而不同类型具有不同的特征。

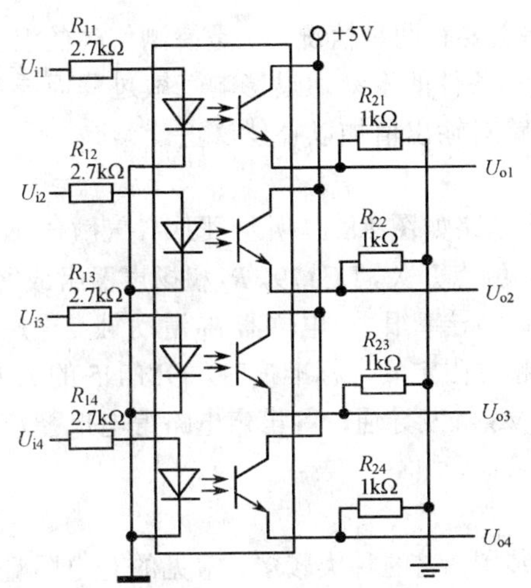

图 2.8.15　光电三极管型光耦隔离典型应用电路

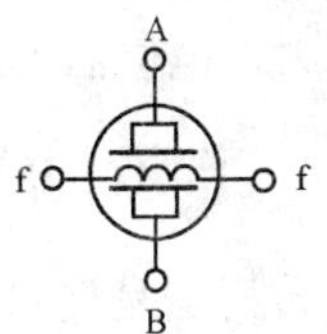

图 2.8.16　气敏传感器电路符号

气敏传感器的主要类型及其特征如表 2.8.1 所示。

表 2.8.1　气敏传感器的主要类型及其特征

类　型	原　理	检测对象	特　点
半导体方式	气体接触到加热的金属氧化物 (SnO_2，Fe_2O_3，ZnO_2 等)，电阻值增大或减小	还原性气体、城市排放气体、丙烷气等	灵敏度高、构造与电路简单，但输出与气体浓度不成比例
接触燃烧方式	可燃性气体接触到氧气就会燃烧，使作为气敏材料的铂丝温度升高，电阻值相应增大	燃烧气体	输出与气体浓度成比例，但灵敏度低
化学反应式	化学溶剂与气体的反应产生的电流、颜色、颠倒率的增加等	CO，H_2，CH_4，C_2H_5OH，SO_2 等	气体选择性好，但不能重复使用
光干涉式	利用与空气的折射率不同而产生的干涉带	与空气折射率不同的气体、CO_2 等	寿命长，但选择性差
热传导式	根据热传导率差而放热的发热元件的温度降低进行检测	与空气热传导率不同的气体 H_2 等	构造简单，但灵敏度低，选择性差
红外线吸收、散射方式	由于红外线照射气体分子谐振而吸收或散射量来检测	CO，CO_2，NO_x	能定性测量，但体积大，价格高

2．气敏传感器的主要特性

(1) 初期稳定特性：电阻式气敏器件在工作中有一定的温度要求，这主要靠加热来满足，不同元件在加热过程中，经过一段过渡性变化后才达到稳定基阻值。元件本身只有达到初始稳定状态后才能用于气体检测。

(2) 响应复归特性：达到初始稳定状态的气敏元件在一定浓度的待测气体中阻值变化的快慢，称为该元件的响应速度特性。元件脱离待测气体到洁净气体中，其阻值恢复到基阻值的快慢，称为响应复归特性。

(3) 灵敏度：表征气敏元件输出电阻值与待测气体浓度之间的关系曲线称为气敏元件浓度特性曲线，特性曲线上某一点斜率的大小代表其灵敏度。

(4) 选择性：反映气敏元件对待测和共存气体相对灵敏度的大小。

(5) 时效性和互换性：反映元件气敏特性稳定程度的时间就是时效性；同一型号元件之间气敏特性的一致性，反映了它的互换性。

(6) 环境依赖性：环境条件对元件特性的影响主要有两种情况，一是待测气体的温度或湿度引起气体浓度改变而产生的；二是环境温度或湿度等条件的变动通过影响气敏过程而导致元件特性漂移产生的。因此，元件在使用中一般要通过电路对输出值加以补偿修正。

3. 气敏传感器的应用实例

采用QM-N5气敏传感器的矿井瓦斯超限报警电路如图2.8.17所示。图中，气敏传感器QM-N5，R_1和R_P构成瓦斯气体检测电路，晶闸管VS用做无触点开关，LC179，R_2和扬声器组成警笛声电路。当瓦斯低于限定安全标准值时，QM-N5的A-B极间电导率很小，电位器R_P滑动触点电压小于0.7V，VS不被触发，警笛声电路无电源不报警；当瓦斯超过限定安全标准值时，QM-N5的A-B极间电导率迅速增大，电位器R_P滑动触点电压大于0.7V，VS触发导通，警笛声电路得电报警。

2.8.4 湿敏传感器

湿敏传感器是能将环境湿度转换为电信号的装置，它的种类较多，常见的有电阻湿敏传感器、电容湿敏传感器、二极管湿敏传感器、晶振湿敏传感器及表面波(SAW)湿敏传感器等。湿敏传感器的符号用相应元件符号旁加“•”表示，例如，电阻湿敏传感器和电容湿敏传感器的电路符号分别如图2.8.18(a)、(b)所示。

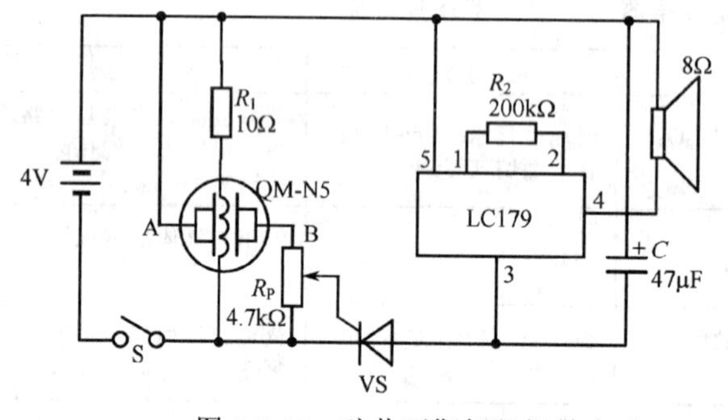

图2.8.17 矿井瓦斯超限报警电路

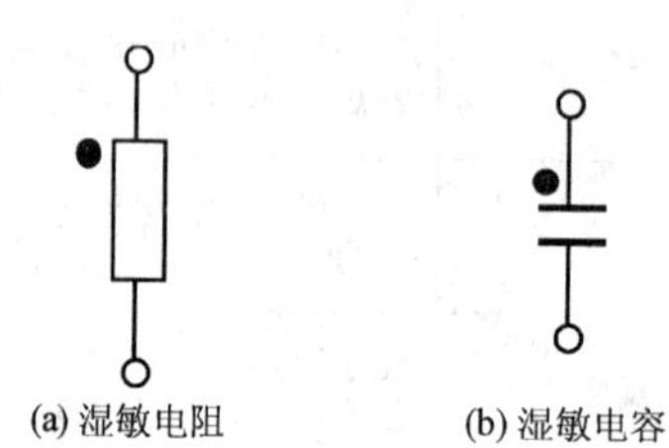

图2.8.18 湿敏传感器电路符号

1. 湿敏传感器的主要参数

(1) 相对湿度：是指在某一温度下，空气中所含水蒸气的实际密度与同一温度下饱和密度之比，如70%RH表示空气相对湿度为70%。

(2) 测湿范围：是指湿敏传感器允许的湿度测量范围，使用时一般不允许超出此范围。

(3) 响应时间：是指在20℃条件下，将待测元件从30% RH环境移至90% RH环境中，其阻值改变全程的63%时所需要的时间。单位为秒，此时间越短越好。

(4) 湿度系数：是指当环境湿度恒定时，温度每变化1℃所引起湿敏传感器指示湿度的变化值，单位为%RH/℃。

(5) 灵敏度：灵敏度就是分辨率，指湿敏传感器检测湿度最小变化的能力。

2. 湿敏传感器应用电路设计要点

湿敏传感器应用电路设计时要考虑提供传感器的电压波形，传感器输出信号处理、温度补偿及线性化等问题。

(1) 提供湿敏传感器的电压波形：通常湿敏传感器使用时提供交流信号，由于交流信号直接影响传感器的特性、寿命和可靠性，因此，振荡电压波形选择以0V为中心对称、没有叠加直流偏置的正弦信号是最理想的。至于交流信号的频率，以厂家提供的参数或接近参数值为宜。另外，使用方波也能使湿敏传感器正常工作，此时，应注意使用以0V为中心对称、没有叠加直流偏置电压、占空比为50%的对称波形。加到湿敏传感器上的交流供电电压应以厂家数据表的要求确定。

通常最大供电电压普遍要求确保有效值为 1～2V，若供电电压过低，则湿敏传感器成为高阻抗，低湿度端将受到噪声的影响；若供电电压过高，将影响可靠性。

(2) 对湿敏传感器阻抗特性的处理方法：阻抗变化型湿敏传感器的湿度–阻抗特性呈指数规律变化，由湿敏传感器输出的电压 (电流) 也按指数规律变化。在 30%RH～90%RH 范围内，阻抗变化 1 万～10 万倍。可采用一种对数压缩电路来解决这一问题，即利用硅二极管正向电压和正向电流呈指数规律变化构成运算放大电路。另外，在低湿度时，湿敏传感器的阻抗达几十兆欧姆，因此，在信号处理时应采用场效应管输入型运放。为了确保低湿度时测量的准确性，应在传感器信号输入端周围制作电路保护环，使其从印制电路板上悬空，以消除来自其他电路的漏电流。

(3) 温度补偿：对湿敏传感器进行温度补偿的常用方法有以下两种：

① 采用对数压缩电路进行温度补偿：在这种电路中，硅二极管的正向电压具有–2mV/℃的温度系数，可利用这一特点来补偿湿敏传感器对温度的依存性。借助对数电路，可同时进行对数压缩和温度补偿。

② 采用具有负温度系数的热敏电阻进行温度补偿：采用这种方法时，要求湿敏传感器的温度特性必须接近热敏电阻的 B 常数 ($B=400$)，因此，当湿敏传感器的温度特性较大时，这种方法不太适用。

(4) 线性化电路：在大多数情况下，湿敏传感器输出电压与湿度变化不成严格线性关系，因此要准确显示湿度值，必须加入线性化电路。线性化的方法很多，但常用的是折线近似方法。在精度要求不太高或限定湿度测量范围的情况下，也可不用线性化电路而采用电平移动的方法获得湿度信号。

3. 湿敏传感器的应用实例

采用电容式湿敏传感器 IH-3605 构成的湿度测量仪电路如图 2.8.19 所示。

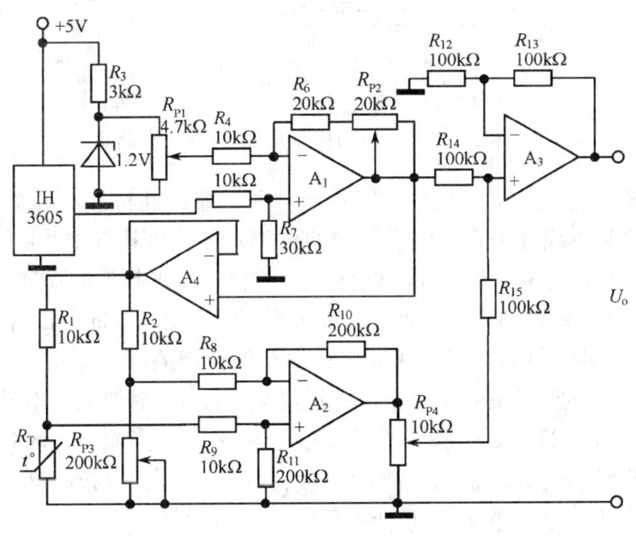

图 2.8.19　湿度测量仪电路

IH-3605 是典型的集成化电容式湿敏传感器，敏感元件和调整电路集成在一块陶瓷基片上，在相对湿度 0%RH～100%RH 变化时，相应输出 0.8～4V 直流电压 (典型值)；它具有较高的精度、线性度、重复性和长期稳定性；工作电流很小 (5V 工作电压时仅耗电 200μA) 适合于便携式湿度仪。它的主要性能参数如下：在 $U_{+}=5$V，$T_a=25$℃时，精度：±2% (0%RH～100%RH，非凝结)；互换性：±5% (0%RH～60%RH)，±8% (90%RH) 典型值；线性度：±0.5% RH (典型值)；迟滞：±1.2%RH (全量程)；响应时间：慢流动空气中为 30s；工作电压范围：4～9V，标定时的工作电压为 5V；工作电流：5V 工作电压时为 200μA，9V 时为 2mA；输出电压：5V 工作电压时为 0.8～4V (典型值)，在其他工作电压时，输出电压与工作电流成比例；工作温度范围：-40℃～+85℃。

电路在 0%RH～100%RH 时，相应输出电压 0～10V。IH-3605 的输出信号经运放 A_1 处理，使 0%RH 时输出电压为 0V (由 R_{P1} 输出的电压与 0% RH 时输出的电压相等)；在 25℃时，100%RH 的输出电压为 10V。铂电阻 R_T 为温度传感器，经运放 A_2 放大，输出与温度成比例的信号。R_T、R_{P3}、R_1 及 R_2 组成测量电桥，其工作电压由 A_1 (经 A_4) 提供，以满足补偿特性。A_3 为加法器，将湿度放大后的信号与取自 R_{P4} 的温度补偿信号相加，其输出电压为经过温度补偿的输出电压。

2.8.5 磁敏传感器

磁敏传感器是把磁学物理量转换成电信号的传感器，它广泛应用于自动控制、信息传递、自动检测、生物医学等各领域。磁敏传感器的种类很多，这里主要介绍实际中最为常用的霍尔元件和霍尔集成传感器。

1. 霍尔元件

霍尔元件是基于霍尔效应即电流磁效应制成的一种磁敏传感器，其内部电路及电路符号分别如图 2.8.20(a)、(b)所示。

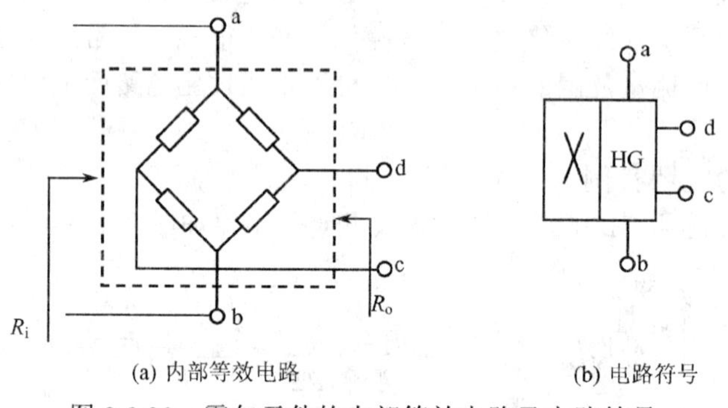

(a) 内部等效电路　　(b) 电路符号

图 2.8.20　霍尔元件的内部等效电路及电路符号

(1) 霍尔元件的基本特性：霍尔元件的特性有两种，即线性特性和开关特性。所谓线性特性，是指其输出电压与磁通量成线性关系。磁通计中的传感器多采用具有这种特性的霍尔元件；开关特性，是指在低磁场时，磁通饱和，此特性随磁体本身的材料及形状不同而异，直流无刷电动机的控制传感器一般采用具有这种特性的霍尔元件。霍尔元件的材料常用 GaAs (砷化镓) 和 InSb (锑化铟)，使用这两种材料的霍尔元件都具有良好的线性。霍尔元件使用的材料不同，其特点也不一样。

GaAs 材料的霍尔元件的特点是：霍尔电压的温度系数较小，线性好；不足之处在于灵敏度较低。

InSb 材料的霍尔元件的特点是：稳定性好，受漂移电压的影响小，噪声小。它的不足之处在于：霍尔电压受温度的影响较大，输出电压的温度特性较差，要改善温度特性，可采用恒压工作方式。另外它的频率特性较差，带宽为几千赫至几十千赫。

(2) 霍尔元件的基本应用

① 霍尔元件的偏置电路：霍尔元件的几种偏置电路如图 2.8.21 所示。

其中，图 2.8.21(a)电路适用于 R_i 较高或 InSb 材料的霍尔元件；图 2.8.21(b)电路适用于 R_i 较小的霍尔元件，在满足 R□ R_i 时，磁阻效应影响小，恒流驱动，$U_H=\frac{1}{2}R_iI_H$ 较小；图 2.8.21(c)电路适用于 R_i 较小的霍尔元件，在满足 R□ R_i 时，磁阻效应影响小，恒流驱动，$U_H=(\frac{1}{2}R_i+R)I_H$ 较大，但用于 InSb 材料霍尔元件时，温度特性变差。

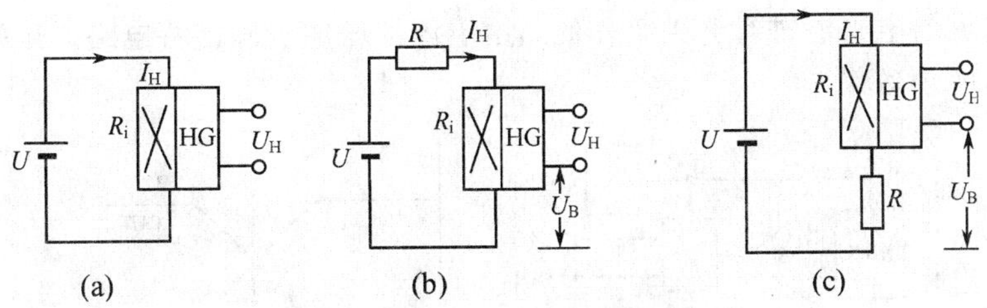

图 2.8.21　霍尔元件的几种偏置电路

② 霍尔元件的驱动方式：霍尔元件有恒压驱动和恒流驱动两种方式，如图 2.8.22 所示。这两种方式各有优缺点，至于采用哪种方式，要根据使用目的和电路设计要求而定。

图 2.8.22(a)为恒压驱动方式，当 U 加 1 V 的恒压时，元件内阻随外部各种条件变化变成了霍尔电流的变化，使输出电压 U_H 温度变化较大，但对于 InSb 材料的霍尔元件，输出电压的温度变化与内阻的温度变化有互补效果，因此输出电压的温度系数小，即温度特性变好。

图 2.8.22 (b)为恒流驱动方式，当 R_1+R_2□ R_i，U 足够大时，不管 R_i 如何变化，霍尔电流 I_H 保持恒定，即构成了恒流电路。此外，R_1+R_2 □ R_i，还有抑制磁阻效应的作用，因此，可获得不失真的霍尔电压。恒流驱动方法的特点是，即使内阻随外部各种条件变化，但霍尔电流保持恒定值，因此输出电压的温度系数变小。然而，元件间电压的变化，使不平衡电压的温度变化大，输出电压 U_H 温度变化大，即温度特性变坏。因此，一般说来，对于 InSb 材料的霍尔元件，应采用恒压驱动方式；而当温度特性要求较高时，需采用 GaAs 材料的霍尔元件，并采用恒流驱动方式。

③ 霍尔元件应用实例：采用霍尔元件的转速检测电路如图 2.8.23 所示。图中的磁转子旋转时，使霍尔元件 HG 的磁极产生变化，每转一圈，产生一定数目的脉冲，从而可检测出转子的转速。

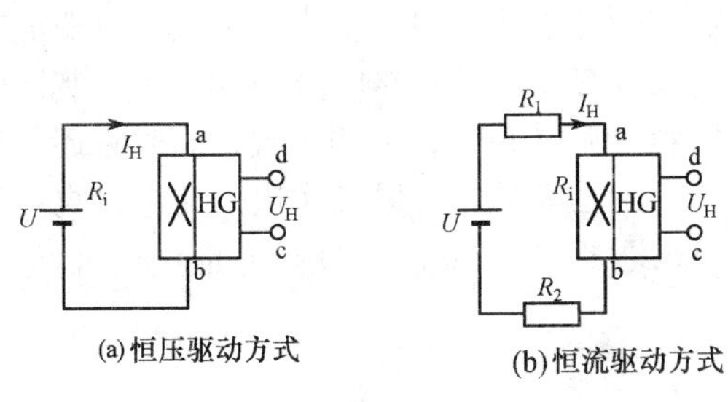

图 2.8.22　霍尔元件的驱动方式

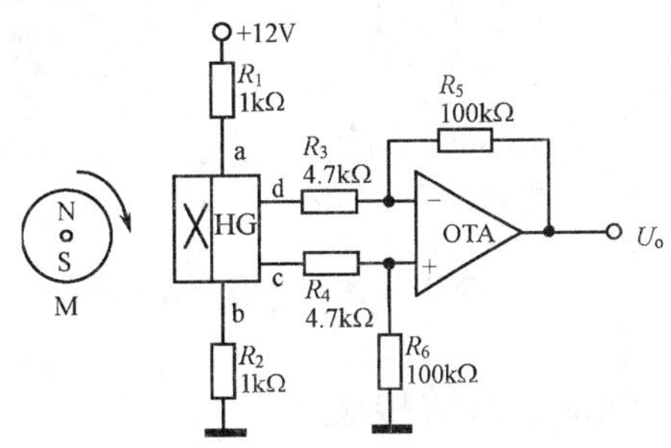

图 2.8.23　采用霍尔元件的转速检测电路

2. 霍尔集成传感器

① 霍尔集成传感器的结构与特性：霍尔集成传感器是霍尔元件与运算放大器、施密特触发器等集成在一块芯片上的传感器模块。这种集成传感器分为线性输出型和开关输出型两种，前者限于特殊用途，一般说到霍尔集成传感器大都指后者。开关输出型霍尔集成传感器与微型计算机等数字电路兼容，应用非常广泛。线性输出型霍尔集成传感器的内部框图和输出特性分别如图 2.8.24 (a)、(b)所示。

在图 2.8.24(a)中，D 为差动输出电路，R 为稳定电源。由图 2.8.24 (b) 可以看出，在一定范围内，输出特性为线性，线性中的平衡点相当于 N 和 S 磁极的平衡点。

开关型霍尔集成传感器的内部框图和输出特性分别如图 2.8.25(a)、(b)所示。

在图 2.8.25 (a) 中，C 为施密特电路，R 为稳定电源。由图 2.8.25 (b) 可以看出，开关型霍尔集成传感器的输出特性是一种开关特性。与线性输出型霍尔集成传感器不同的是它只有一个输出端，是以一定磁场电平值进行开关工作的，由于内部增加了施密特电路，开关特性具有时滞，因而有较好的抗噪声效果。

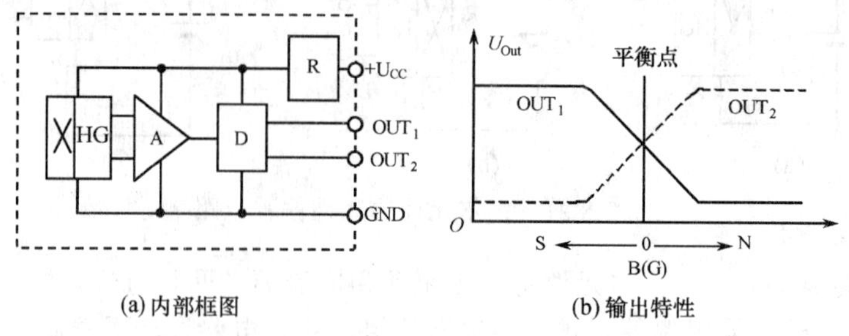

(a) 内部框图　　(b) 输出特性

图 2.8.24　线性输出型霍尔集成传感器的内部框图和输出特性

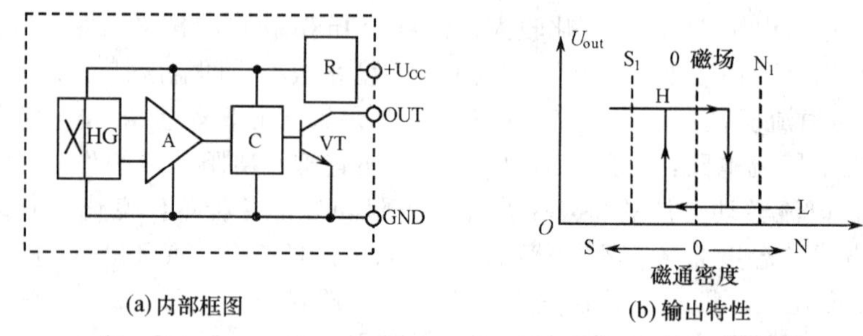

(a) 内部框图　　(b) 输出特性

图 2.8.25　开关型霍尔集成传感器的内部框图和输出特性

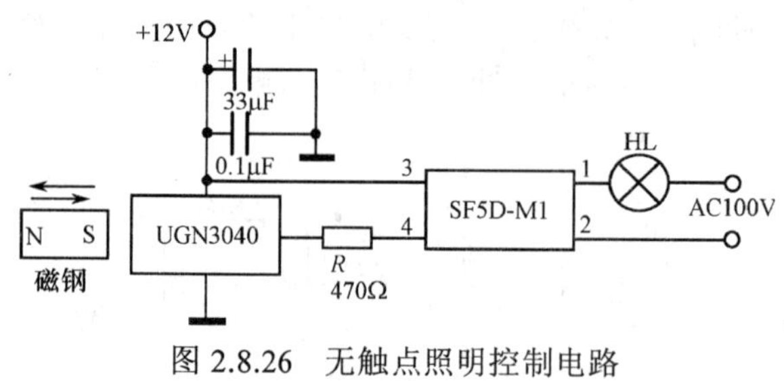

图 2.8.26　无触点照明控制电路

② 霍尔集成传感器应用实例：采用霍尔集成传感器的无触点照明控制电路如图 2.8.26 所示。当磁钢接近霍尔集成传感器时，无触点控制灯点亮。电路中霍尔集成传感器的输出端接有光电固态继电器 SF5D-M1，其通断控制交流 100V 的照明装置，同时它还起到高低压之间的电气隔离作用。此电路也可以用来通断控制 100V 的交流感应电动机。

2.8.6　力敏传感器

力敏传感器是一种能把被测力学量 (如荷重、压力、加速度、扭矩等) 转换成电量的传感器。力敏传感器有很多类型，按传感器的结构特点可分为应变式传感器、电容式传感器、压电式传感器，以及压阻式传感器等。本节只介绍最为常用的半导体应变式传感器和压力传感器原理及应用。

1．半导体应变式传感器

(1) 应变式传感器的特点：应变式传感器具有精度高的特点。

(2) 应变式传感器的主要技术参数

① 输出灵敏度：是指在单位桥压下，额定负载时输出的毫伏数。

② 非线性：是指递增负荷情况下，传感器实际输出线与端点直线的最大偏差与满量程输出值的百分比。

③ 滞后：是指从零负荷开始，对传感器施加负荷递增至额定负荷，再从额定负荷减到零负荷时，在同一负荷点输出差值的最大值与额定输出的百分比。

④ 不重复性：是指传感器在同一工作条件下，对传感器施加三次同一负荷时，其输出的极差。在数值上用对应点输出的最大差值与额定输出的平均值的百分比来表示。

⑤ 温度零点漂移：是指在工作温度范围内，环境每变化1℃，传感器零点输出的变化与额定输出的百分比。

除上述参数外，还有额定载荷、零点不平衡输出、零点时间漂移、灵敏度温度系数、过载能力、绝缘电阻、输入/输出电阻等。

2．压力传感器

在工业生产中，压力的测量及控制是极为广泛的。利用压力测量还可以间接测量很多其他物理参数。例如，飞机的飞行高度、飞行速度、海洋水深、气体管道的流量、人体血压及呼吸压等。

目前，使用较多的压力传感器是硅压阻式压力传感器。其传感器原理如图2.8.27所示。

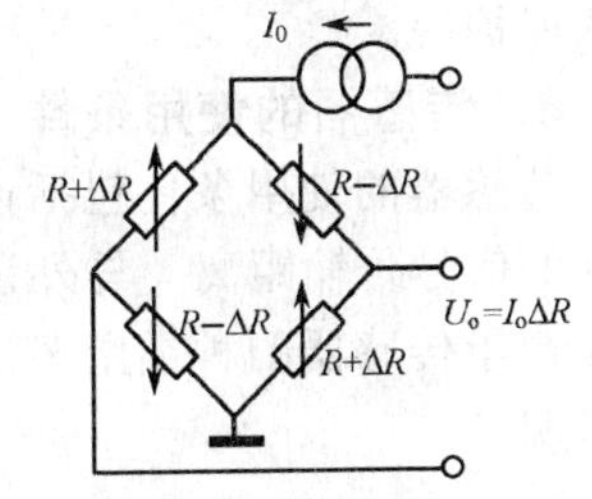

图2.8.27 硅压阻式传感器原理

压阻式压力传感器：灵敏度高；精度高；体积小、重量轻；工作可靠性高；高度集成化，可将温度补偿电路、传感器和放大电路做在同一芯片上，输出为0.5～4.5V，可直接与单片机接口；测量压力范围宽，从测10Pa微小压力到测100MPa的高压；在较大的温度范围内得到较好的温度补偿；可测几十千赫兹的脉冲压力；过压可达2～3倍。

3．压力传感器的典型应用

图2.8.28是压力测量电路，压力传感器的标称电阻为120Ω。电路中的放大器采用仪用放大器AD521，增益为100，它由R_S/R_G决定；A/D转换器采用ICL7107，用数字显示测量的压力。

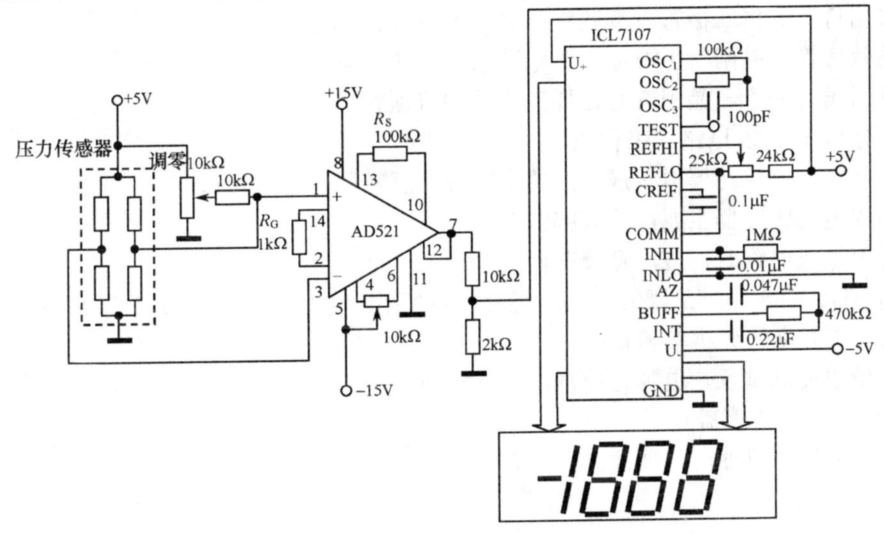

图2.8.28 压力测量电路

2.8.7 传感器的选用

传感器的种类很多，虽然对某种被测量有时采用不同原理的传感器均能实现，但从性价比考虑，肯定有一种是最为适宜的，因此，电子系统设计者应根据实际需要，选择最适宜的传感器。选用传感器时，应重点考虑以下几个问题。

1．测量条件

测量条件是选择传感器时要考虑的问题之一，测量条件包括测量目的、测量量的选定、测量范围、输入信号的带宽、要求的精度、测量所需的时间、过输入发生的频繁程度等。如果误选了传感器，轻者会使系统的可靠性大大降低，接口电路复杂，造价提高，严重者无法达到测量目的。

2．传感器的性能

传感器的性能是选择传感器时必须要考虑的又一个问题，传感器的性能主要包括：精度、稳定性、响应速度、模拟信号和数字信号、输出量及其电平、被测对象特性的影响、校准周期、过输入保护等。

3．传感器的使用条件

传感器的使用条件包括设置的场所、环境(如湿度、温度、震动等)、测量的时间、与显示器之间的信号传输距离、与外设的连接方式及供电电源容量等。

由于传感器的种类繁多，应用场合也各式各样，因此，用户在使用传感器之前应注意研读使用说明书。

思考题与习题

2.1　熟悉电子元器件有哪些实际意义？

2.2　电阻器、电位器、电容器、电感器在使用时，应注意哪些指标参数？为什么？

2.3　电阻、电容、电感三大电子器件在电子系统中的主要功能是什么？

2.4　在电子系统中常用的晶体二极管有哪几种？它们分别在电路中起什么作用？

2.5　晶体三极管型号的命名有哪几种基本方法？如何识读国产和进口晶体三极管的型号？

2.6　常用特殊晶体三极管有哪几种？它们各有什么特点？

2.7　场效应管、晶闸管主要应用于电子系统的哪些场合？

2.8　使用场效应管、晶闸管时，要注意哪些事项？

2.9　试分析图 2.25 电路的工作原理。

2.10 数字集成电路与模拟集成电路的主要功能及应用区别是什么？

2.11 集成电压比较器主要用途有哪些？

2.12 使用集成电路时，应注意哪些问题？

2.13 用 ADC0808 测量某罐的温度，其温度波动范围为 30℃～50℃，线性温度变送器输出 0～5V，试求测量该温度的分辨率和精度。

2.14 酒精浓度测试仪，电视遥控器，宾馆自动门、自动消防报警器，各是应用的什么原理？它们分别使用哪一类传感器？

2.15 选择应用传感器时，要注意什么？

第 3 章 电子电路的仿真

电子电路的计算机仿真已成为电子电路设计和教学的必要手段。限于篇幅，本章只就目前被广泛使用的电子电路计算机辅助设计软件 Multisim 进行介绍。

3.1 Multisim 概述

1988 年加拿大 Interactive Image Technologies 公司推出专门用于电子电路仿真分析的 Electronics Workbench (EWB，电子电路工作实验台)，它可以方便地进行模拟电路、数字电路和模数混合电路的仿真分析。该软件先后推出的且当前仍使用的版本有 EWB5，Multisim (EWB V6.01 版及 V6.11)，Multisim 2001 (相当于 EWB V6.5 版)，Multisim 7 (相当于 EWB V7.0 版)，Multisim8 (相当于 EWB V8.0 版)，Multisim 9 (相当于 EWB V9.0 版)等。

Multisim 具有以下特点和功能：

① 界面直观、操作方便。

② 元器件丰富。

③ 分析功能多。提供了电路的瞬态和暂态分析、时域和频域分析、线性和非线性分析、噪声和失真分析等常规电路分析方法及多种高级分析方法。

④ 仿真项目多。在电路仿真时，可以为元器件设置人为故障，如开路、短路和不同程度的漏电等实际中可能遇见的故障。仿真分析结果以图形或数据形式显示。

⑤ 电路库资源共享。对仿真通过的较典型或常用电路可以建成模块，模块相当于设计者自己构造的以文件形式保存的专用集成电路，可供其他设计者或以后设计中反复调用。

⑥ 参数模型先进。场效应管器件采用宽长比等先进参数模型，有利于设计者进入到微电子设计制作领域时作为集成电路的内部设计和流片，创作有知识产权的微电子器件。

Electronics Workbench 电子工作台主要包括 Multisim 和 Ultiboard 两个基本工具模块。其中 Multisim 所提供的元器件与常用电子电路分析软件 PSpice 的元器件库完全兼容。在该软件中生成的电路文件，可以直接输出到常用的电路设计制板软件 Protel 等中，提高了设计者的工作效率。

3.2 Multisim 的操作使用方法

3.2.1 设计主界面的进入及主界面的介绍

1. Multisim 第一种主界面 (单元功能电路设计时用的设计主界面)

选择开始/程序/Multisim 命令或单击 Windows 窗口中的 Multisim 启动图标，就可以打开 Multisim 设计主窗口，在主窗口中选择菜单 File/New 命令，进入单元功能电路设计主界面，出现空白设计页面及 Circuit1 页标签，如果再调出已有的设计文件，就又添加新的设计标签，如 2n7000_VA2.MS 设计标签，如图 3.2.1 所示。

Multisim 单元功能电路设计主窗口与一般的 Windows 应用程序窗口类似，而且用户可以自己调整主窗口的布局风格。对图 3.2.1 所示布局风格的设计主窗口各部分介绍如下：

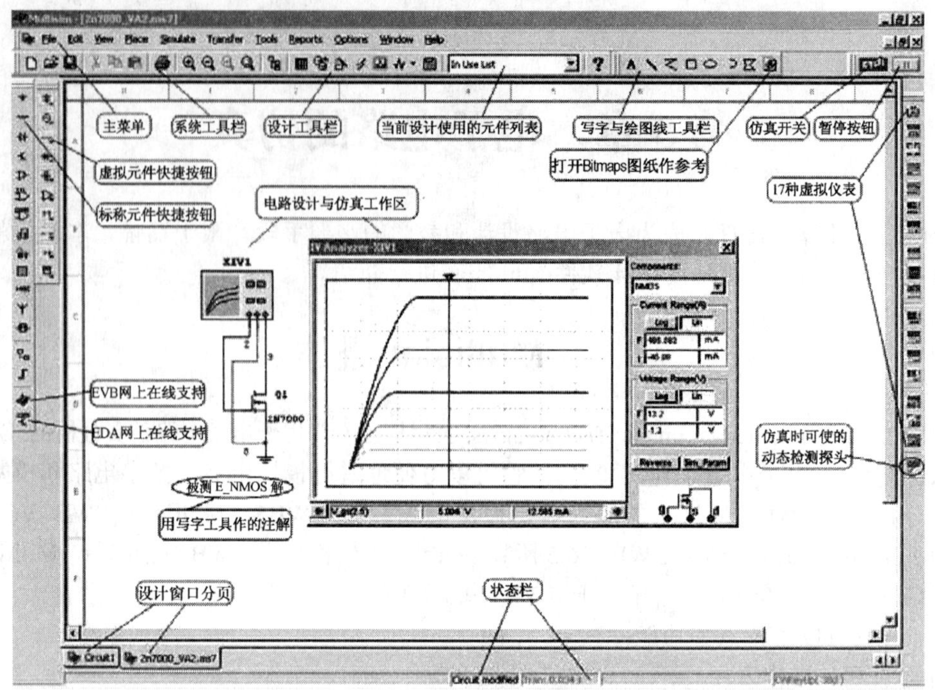

图 3.2.1　第一种主界面：单元功能电路设计时用的设计主界面

① 上面第一栏是软件名称及当前的设计文件名：Multisim -[2n7000_VA2.MS7]。

② 上面第二栏是 11 个主菜单按钮，菜单中包含了软件所有的操作命令和设计工具。

③ 第三栏是系统工具栏、设计工具栏、当前设计使用的元件列表、写字与绘图工具栏、仿真开关与暂停按钮等，都是一些常用命令、常用工具的快捷按钮，它们都可以在主菜单里面找到，注意：用户可以根据自己的喜好或需要来增加或减少工具快捷按钮的数目和内容。

④ 左边的列是标称元件快捷按钮、虚拟元件快捷按钮，用于选择和调用元件。

⑤ 右边的列是 17 种虚拟仪表快捷按钮及动态检测探头快捷按钮，用于调用仪器仪表、分析和测试电路。

⑥ 中间为设计主窗口，相当于设计图纸或虚拟实验平台，可在上面进行元件检测 (图示即为用伏安分析仪测试 NMOS 管的输出特性)，也可用于电路设计、电路仿真、指标测试等。

⑦ 下方是设计窗口分页标签，依次打开几个电路文件 (或设计页面)就会有几个标签，但只有一个处于显示状态，用鼠标单击其中的某个标签可以激活它并带到前台。

⑧ 最下方是状态栏，显示前台正被测试的电路的一些信息，如仿真的时间进度等。

本章主要是在图 3.2.1 的窗口中完成电路的设计与仿真分析。

2．Multisim 第二种主界面 (“项目组”设计时的主界面)

Multisim 中的“项目组”设计，是指包括印制电路板设计前端管理在内的设计。通过“项目组”设计，可以实现 Multisim 到 Ultiboard 或其他的印制电路板设计平台的无缝连接，以便进一步把项目的印制电路板设计出来，完成整个项目的硬件设计制作。打开 Multisim 主窗口，选择菜单 File/New Project 命令，输入完 New Project 对话框后，就可以进入“项目组”设计主界面，如图 3.2.2 所示，它有 3 个窗口：左边是项目组的层次化管理窗口；右边是带分页标签的设计电路窗口；下边是带分页标签的表格窗口。“项目组”设计主界面中，常把元件快捷按钮移到上面。由于本书篇幅所限，不对“项目组”设计主界面及其应用进行过多介绍，感兴趣的读者可以查阅软件的 Help 文件。

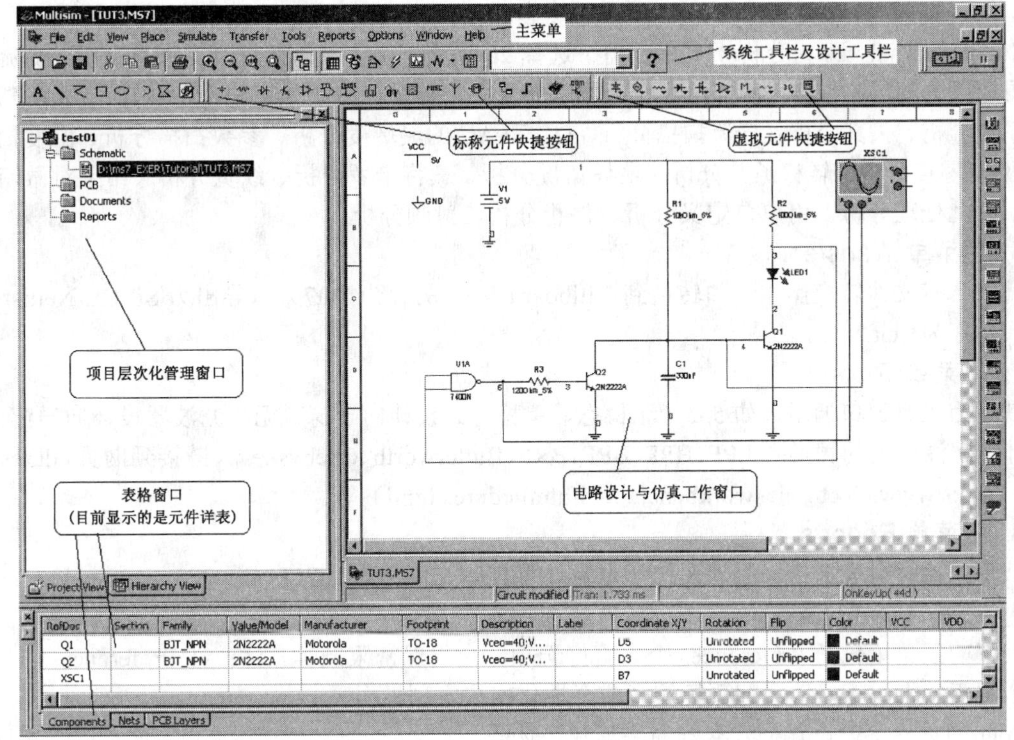

图 3.2.2　第二种主界面：“项目组”设计时的主界面①

3.2.2　Multisim 主菜单简介

本节简介 Multisim 中的菜单项，凡 Windows 中常见的功能菜单不进行介绍，以节约篇幅。

1. 主菜单 File

其下含有文件管理、项目管理子菜单。

2. 主菜单 Edit

其下含有编辑工作的子菜单。

3. 主菜单 View

其下含有工具栏的显示/消隐等子菜单。

4. 主菜单 Place

其下含有元件放置、图形绘制的子菜单。

5. 主菜单 Simulate

Simulate 的一级子菜单含有运行仿真/暂停仿真的操作。

Simulate\Instruments 为仪表选择二级子菜单，用于选择 18 种虚拟仪表的使用，包括：万用表、函数发生器、功率计(瓦特表)、双踪示波器、四踪示波器、波特图仪、频率计、字产生器（数字逻辑电路仿真用）、逻辑分析仪（数字逻辑电路仿真用）、逻辑转换器（数字逻辑电路仿真用）、I-V 图示仪（测二极管、三极管 I-V 特性）、失真分析仪、频谱分析仪、网络分析仪、Agilent 函数发生器、Agilent 万用表、Agilent 示波器、仿真时动态电平测试笔。（注：调用虚拟仪表有两种方法：①选择菜单 Simulate/Instruments

① 在本书中，由仿真软件生成的电路图的电路符号与参量均以仿真软件给出为准——编者注。

命令，由仪表选择二级子菜单调出；②单击主窗口右侧仪表工具栏中的仪表工具按钮调出。）

Simulate\Analyses 为分析子菜单，用于选择 20 项分析操作，包括直流工作点分析、交流分析（可得幅频、相频响应）、瞬态分析（可得波形图）、傅里叶分析（可得离散频谱）、噪声分析、噪声系数分析、失真分析、直流扫描分析、DC 和 AC 的灵敏度分析、参数扫描分析、温度扫描分析、极点-零点分析、转移函数分析、最坏情况分析、蒙特卡罗分析、线宽分析（结果对做印制版有用）、批处理分析、用户自定义分析、停止分析、射频分析。

6. 主菜单 Transfer

其下含有文件转换操作，如转换到 Ultiboard V7（另存为*.nt7）、导出为 SPICE Netlist 网表文件（另存为*.cir）等。

7. 主菜单 Tools

其下为工具窗口调用，如 555（无稳态、单稳态）设计向导窗、无源滤波器设计向导窗（注：可设计无源滤波器的种类有 LPF、HPF、BPF、BRF、Butterworth、Chebyshev）、链接到网页 edures.html（注：http://www.electronicsworkbench.com/html/edures.html）等。

8. 主菜单 Reports

其下包括材料表报告、原理图统计报告（可打印、可存为*.TXT）。

9. 主菜单 Options

其下的子菜单包括 Preferences 个人喜好选项、全局保密限制等。注：在 Preferences 窗口下，有 8 个重要的个人喜好选项翻页标签（或个性化用户定制界面）。

Font 翻页标签：设置个人喜好的字形和字体等。

Workspace 翻页标签：设置图纸栅格边界标题显示否、图纸大小、尺寸单位、图纸方向、设计图显示的百分比等。

Circuit 翻页标签：是否显示图中节点号、图纸背景色等设置。

Miscellaneous 翻页标签：设计文件自动备份（Auto-backup）时间间隔的设定、设计文件存盘的默认路径设置、数字电路仿真设置等。

Wiring 翻页标签：电路连线宽度、连线自动方式设定等，线宽共 1～15 级，设定好连线宽度后，总线自动会更宽一些。

Rule Check 翻页标签：Rule Check 的颜色矩阵设定，取默认设定。

Component Bin 翻页标签：设定放置元件的模式，单次或连续放置；设定元件符号的外形标准，可取 ANSI 美国标准或 DIN 欧洲标准，两个标准的电阻、电源符号有所不同，如图 3.2.3 所示（此外，TTL 器件的符号也不同，读者可以自行调出 74290 予以验证，此处略）。

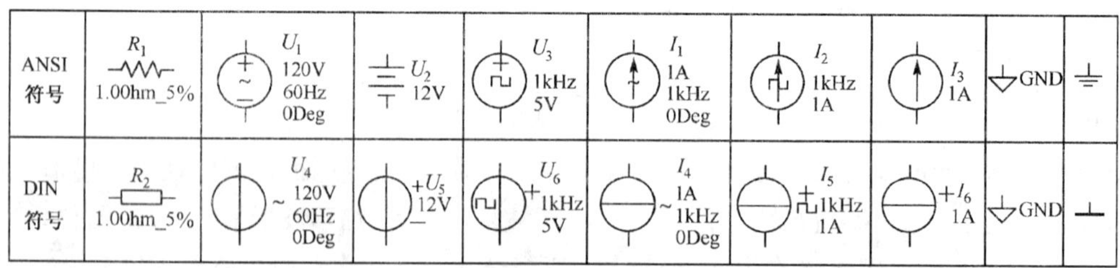

图 3.2.3 ANSI 标准下和 DIN 标准下的部分同功能元件符号互相对照

PCB 翻页标签：地线设置、输出端设置、印制电路板铜层数设定，设定可取 1～64 层印制板层数。

10. 主菜单 Windows

其下的子菜单有窗口排列，如多个设计文件窗按照阶梯状重叠排列、按照上下横排瓦状排列等。

11. 主菜单 Help

帮助及软件版本信息。

3.2.3　Multisim 元件数据库介绍

Multisim 中的元件数据库分为元件主数据库、共享设计专用元件数据库、用户自定义元件数据库 3 部分。

1．主数据库

主库 (Library)Multisim Master 的下面分成 13 个组 (Group)，每组中又包含若干个元件族 (Family)，同一类型的元件 (Component)被放在同一个族中。此外，标称元件的工具按钮为灰色，标称元件参数属性不能改动，虚拟元件的图标或工具按钮为绿色 (V7 版)或蓝色 (V9 版)，虚拟元件参数属性可以随意改动。Multisim Master 主数据库 13 个组快捷按钮的工具栏如图 3.2.4 所示。

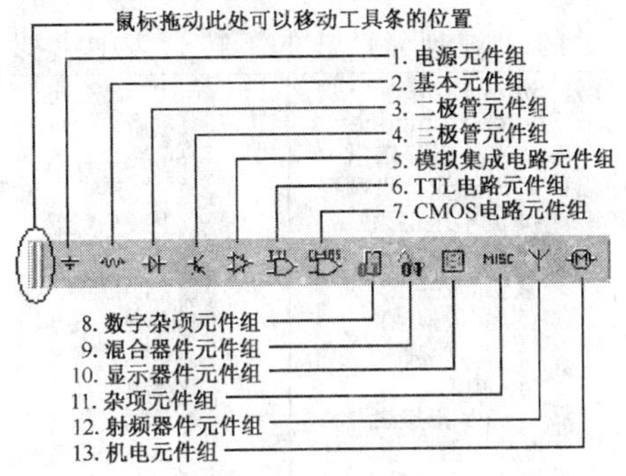

图 3.2.4　元件主数据库 Multisim Master 13 个组快捷按钮的工具栏

下面把主库的 13 个组及各组下面的族做一简介，由于族中的元件品种太多，故不在此介绍族的元件品种，如下表所示。

(1) 电源组 功率电源 信号电压源 信号电流源 控制函数器件 受控电压源 受控电流源 (2) 基本组 基本虚拟元件 定额虚拟元件 三维虚拟元件 电阻 电阻排 电位器 电容器 电解电容 可变电容器 电感器 可变电感器 开关 带抽头线性变压器 不带抽头非线性变压器 阻抗匹配器 继电器 连接器 DIP 插座 (3) 二极管组 二极管虚拟元件 二极管 齐纳二极管 发光二极管 二极管整流桥 晶闸管整流器	双向二极管开关 三端双向晶闸管开关 变容二极管 (4) 三极管组 晶体三极管虚拟元件 双极型 NPN 管 双极型 PNP 管 达林顿 NPN 管 达林顿 PNP 管 双极型晶体管阵列 IGBT 绝缘栅双极型三极管 N 沟道耗尽型 MOS 管 N 沟道增强型 MOS 管 P 沟道增强型 MOS 管 N 沟道耗尽型结型场效应管 P 沟道耗尽型结型场效应管 N 沟道功率 MOS 管 P 沟道功率 MOS 管 UJT 管 NMOSFET 温度模型 (5) 模拟器件组 模拟器件虚拟元件 运算放大器 诺顿运算放大器 比较器 宽带放大器	特殊功能器件 (6) TTL 集成数字器件组 7400 系列 74LS00 系列 (7) CMOS 集成数字器件组 CMOS4000 系列_5V 74HC 系列_2V CMOS 4000 系列_10V 74HC 系列_4V CMOS4000 系列_15V 74HC 系列_6V (8) 数字杂项组 TTL 系列 VHDL 系列 VERILOG_HDL 系列 (9) 混合器件组 混合虚拟元件族 定时器 模数转换器_数模转换族 模拟开关 (10) 显示器件组 电压表 电流表 虚拟探针 蜂鸣器 灯 虚拟灯 十六进制显示器 条柱显示器 (11) 杂项组 多功能虚拟元件 传感器、转换器	晶体 真空电子管 熔丝 电位器 反极性降压型转换器 升压型转换器 反极性转换器 有损耗传输线 无损耗传输线型 1 无损耗传输线型 2 建立网络模型用的样板 多功能元件 (12) 射频器件组 射频电容器 射频电感器 射频双极型 NPN 管 射频双极型 PNP 管 射频 N 沟道耗尽型 MOS 管 隧道二极管 带状线 (13) 机电元件组 检测开关 瞬时开关 辅助开关 定时触点 线圈_继电器 线型变压器 保护装置 输出装置

Multisim 软件窗口中对 Multisim Master 主库中的 9 个虚拟元件族外加 1 个虚拟电源族，共 10 个虚拟元件族，给出了 10 个下拉式按钮的工具栏，如图 3.2.5 所示。在调试电路时，使用阻值可随意改变的虚拟电阻比用固定阻值的标称电阻会更方便。

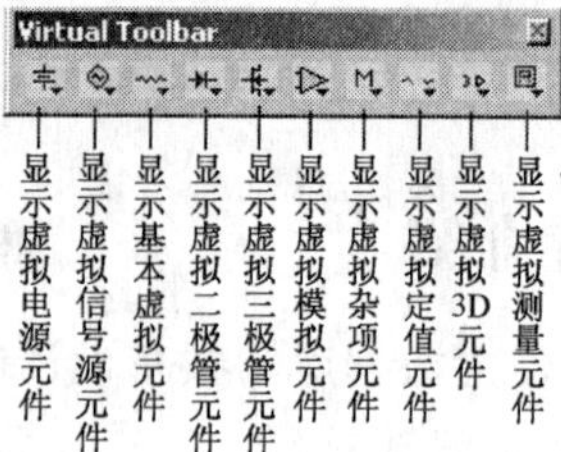

图 3.2.5　虚拟元件族工具栏的 10 个下拉式按钮

10 个虚拟元件族的下拉列表中虚拟元件情况如下所示。

(1) (Show Power Source Components Bar)单击后显示出 10 种电源元件供选择

- 交流电压电源
- 直流电压电源
- 接地 (数字地)
- 接地 (模拟地)
- 三相△形接法交流电源
- 三相 Y 形接法交流电源
- TTL 电源 (默认+5 V)
- CMOS 正电源 (默认+5 V)
- CMOS 负电源 (默认–5 V)
- CMOS 电源地 (与数字地 基本相同)[注：通常 CMOS 双向模拟开关 (即双向传输门)要用到 VDD，VEE，VSS 三个电源

(2) (Show Signal Source Components Bar)单击后显示出 15 种信号源元件供选择

- 交流电流源
- 交流电压源
- 调幅电压源
- 时钟脉冲电流源
- 时钟脉冲电压源
- 直流电流源
- 指数电流电流源
- 指数电压电流源
- 调频电流源
- 调频电压源
- 分段线性电流源
- 分段线性电压源
- 脉冲电流源
- 脉冲电压源
- 白噪声电压源

(3) (Show Basic Components Bar)单击后显示出 18 种基本元器件供选择

- 可变电感线圈
- 1 常开 1 常闭型继电器
- 1 常闭型继电器
- 理想电感器
- 虚拟线性电位器
- 电阻器
- 可变电容器
- 1 常开型继电器
- 上拉电阻器
- 电容器
- 无心线圈
- 磁心线圈
- 非线性变压器
- 虚拟变压器
- 音频变压器
- TS_MISC 变压器
- TS_POWER 功率变压器
- 电压控制电阻器

(4) (Show Diodes Components Bar)单击后显示出两种二极管元件供选择

- 虚拟二极管
- 齐纳二极管

(5) (Show Transistors Components Bar)单击后显示出 12 种晶体管元器件供选择

- 虚拟 BJT_PNP 管
- 虚拟 BJT_NPN_4 端子管
- 虚拟 BJT_NPN 管
- 虚拟 BJT_PNP_4 端子管
- 虚拟 N 沟道结型 GaAsFET N
- 虚拟 P 沟道结型 GaAsFET P
- 虚拟增强型 N 沟道 MOSFET
- 虚拟增强型 P 沟道 MOSFET
- 虚拟耗尽型 N 沟道 MOSFET_4 端子管
- 虚拟耗尽型 P 沟道 MOSFET_4 端子管
- 虚拟增强型 N 沟道 MOSFET_4 端子管
- 虚拟增强型 P 沟道 MOSFET_4 端子管

(6) (Show Analog Components Bar)单击后显示出 3 种模拟元器件供选择

- 虚拟比较器
- 虚拟 5 端运算放大器
- 虚拟 3 端运算放大器

(7) (Show Miscell- aneous Components Bar)单击后显示出 12 种杂列元器件供选择

- 模拟开关
- 晶体
- 电流定值熔丝
- 灯
- 直流马达
- 单路光耦器件
- 4 位二进数输入十六进制显示七段译码显示器
- 共阳七段数码管
- 共阴七段数码管
- 理想 555 定时器
- 锁相环器件
- 单稳态虚拟器件

(8) (Show Rated VirtualComponents Bar)单击后显示出 10 种虚拟定值元件供选择

- 虚拟定值 NPN 型 BJT 管
- 虚拟定值 PNP 型 BJT 管
- 虚拟定值电容器
- 虚拟定值二极管
- 虚拟定值电感器
- 虚拟定值电动机
- 虚拟定值常闭触点继电器
- 虚拟定值常开触点继电器
- 虚拟定值常闭、常开触点继电器
- 虚拟定值电阻器

(注：“虚拟定值元器件”只在教育版 Multisim 中存在，当仿真时电流等参数超过预置的容限定值元器件就会被“烧断”，即计算机屏幕显示的该器件的图形符号断开)

(9) (Show 3DComponents Bar)单击后显示出 20 种 3D 立体形状元器件供选择

- TO-92 塑封 NPN 型 BJT 管
- 金属帽封装中功率 PNP 型 BJT 管
- 铝电解电容器 100 μF
- 独石电容器 10pF
- 瓷片电容器 100pF
- DIP16 封装 74160 十进制计数器
- 黑色塑封整流二极管
- 1μH 磁心电感器
- 1μH 线绕式电感器
- 圆顶树脂红色发光二极管
- 圆顶树脂黄色发光二极管
- 圆顶树脂绿色发光二极管
- MP-45F 封装 3 端子 MOS-FET 管
- 直流电动机
- 8-SOP 封装 741 型运算放大器
- 蓝色塑封顶端单圈调节电位器
- DIP14 封装 7408 四 2 输入与门
- 四色环电阻器 1.0K
- 16-SOP 封装 74165 移位寄存器
- 2-SOP 封装小型拨动开关

(10) (Show Measurement Components Bar)单击后显示出 13 种测量元器件供选择

- 表笔左正右负电流表
- 表笔右正左负电流表
- 表笔上正下负电流表
- 表笔下正上负电流表
- 直流电平探测针 (发白光)
- 直流电平探测针 (发蓝光)
- 直流电平探测针 (发绿光)
- 直流电平探测针 (发红光)
- 直流电平探测针 (发黄光)
- 表笔左正右负电压表
- 表笔右正左负电压表
- 表笔上正下负电压表
- 表笔下正上负电压表

2. 共享设计专用元件数据库（Corporate Library 库）

Corporate Library 共享库中的元件要由设计组自行创建后才能共享使用；当软件载入后，Corporate Library 库中就有了 14 个组名 (Group)，除了与主数据库同名的 13 个组，还有一个控制元件组 (Controls)，但要注意的是，软件载入后，Corporate Library 库 14 个组的内部全是空的，只有把自创共享元件加入后，才可以逐步丰富 Corporate Library 库中的元件。

3. 用户自定义元件数据库（User 库）

软件载入后，User 库中有 14 个组 (Group)，组名同 Corporate Library 库中的 14 个组的名字相同，但要注意的是，软件载入后，User 库 14 个组的内部也全是空的，只有把用户自定义元件加入后，才可以逐步丰富 User 库中的元件。

4. 选择标称电阻元件操作举例

(1) 放置元件模式及元件外形标准的设置。选择菜单 Options/Preferences 命令，选中 Component Bin 翻页标签，在对话框 Place component mode (放置元件模式)，选中第一种 Place single component (单个元件)，在对话框 Symbol standard 选中第一种 ANSI (美国标准)，单击“OK”按钮，退出设置。

(2) 单击工具按钮，就会弹出“主数据库、基本组”的元件选择窗口，如图3.2.6 所示。在左下窗口单击“标称电阻族”图符，在中下窗口通过下拉条单击选择“10.0 Ohm_1%”电阻 (注：这里“10.0”是 3 位有效数，“Ohm”是电阻单位“欧姆”；后来改进版 Multisim9 中，单位改用Ω)，此时在右窗口中可查看其元件符号、元件模型参数、封装形式、制造厂家等信息，单击“OK”按钮后，元件窗口消失，“10.0 Ohm_1%”电阻器粘贴在鼠标箭头上随鼠标而移动，到合适位置单击可以放置该元件；否则，右击则取消此次元件放置。

其他元件的安放可照此法进行。

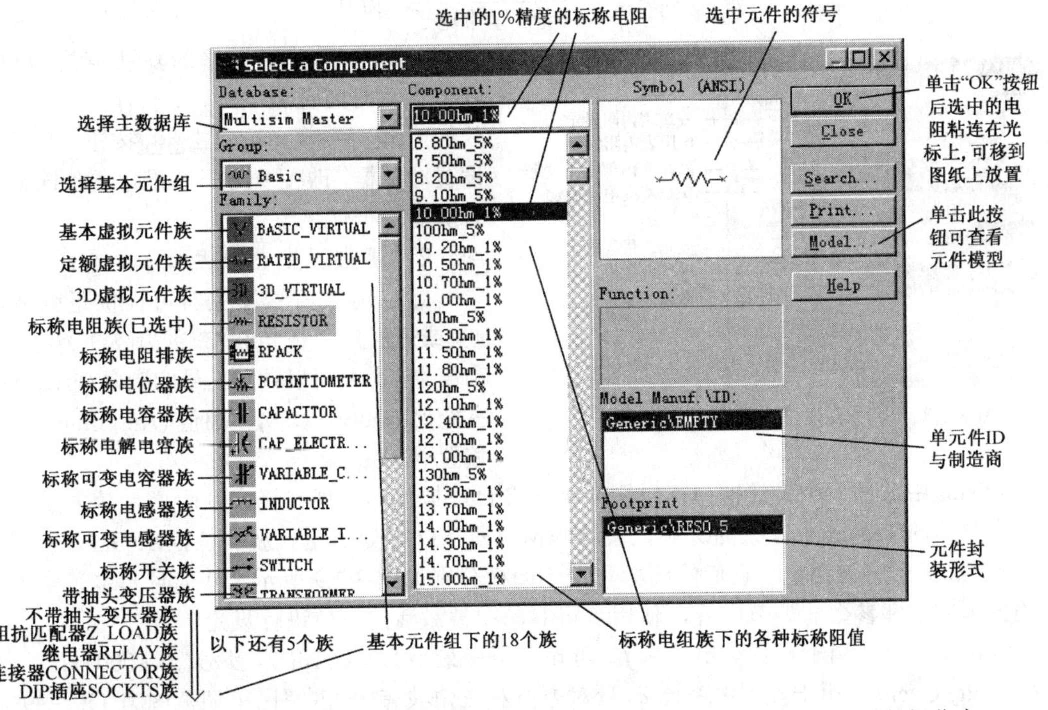

图 3.2.6　选择元件窗口 Select a Component 处于主库\基本元件组\标称电阻族时的操作窗口

3.2.4 Multisim 的虚拟仪器仪表简介

1．数字万用表 Multimeter

数字万用表小图标如图 3.2.7(a)所示，双击小图标打开其显示控制面板如图 3.2.7(b)所示，测试按钮有电流(A)、电压(V)、电阻(Ω)、分贝(dB)以及交流 (～)、直流 (—)等挡位，其中Set..按钮用于设置仪表内部参数，单击Set..按钮，出现如图 3.2.8 所示的万用表内部参数的设置窗口，图中所示参数为其默认值，但用户可对电流表的内阻、电压表的内阻、欧姆表的内部工作电流、分贝基准电平值、各挡位的最大量程等分别作出所需的个性化设置，最后启动仿真开关进行测试，读取测试结果。

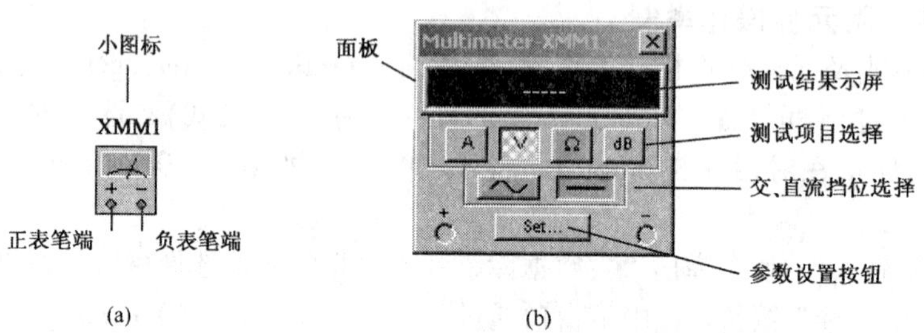

图 3.2.7　数字万用表的图标和显示控制面板

万用表在直流工作模式下，可测量直流信号的电流、电压或电压的分贝值，此外，在电阻挡时万用表自动工作于直流工作模式；在交流工作模式下，可测量交流信号的电压或电流的有效值及交流电压的分贝值。电路中两点之间直流或交流电压的分贝值，计算公式为

$$G = 20 \cdot \lg \left| \frac{U_{+} - U_{-}}{0\text{分贝基准电平}} \right| (\text{dB})$$

式中，0 分贝基准电平的默认值为 774.597 mV (直流时为直流电压，交流时为正弦电压有效值)。根据需要，可单击Set..按钮，打开参数设置对话框，改变 0 分贝基准电平值的默认值为所需的个性化值。

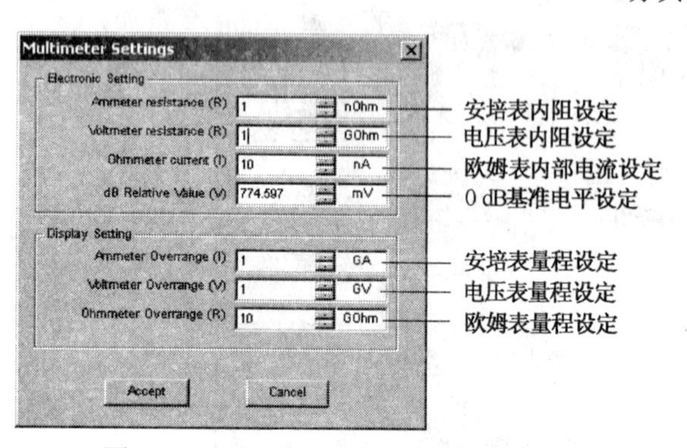

图 3.2.8　万用表内部参数的设置窗口

2．函数发生器 Function Generator

虚拟函数信号发生器可提供正弦波、方波 (或矩形波)、三角波 (或锯齿波)3 类电压型输出信号，并且可以调节信号的频率 (Frequency)、占空比 (Duty cycle)、幅值 (Amplitude)和直流偏置 (Offset)。

Multisim 中在同一个设计窗口可以同时调出多台虚拟仪器，现在调出 3 台函数信号发生器，单击每台仪器的 Waveforms 栏的选项，使得虚拟仪器 XFG1 处于正弦波挡位，XFG2 处于三角波挡位，XFG3 处于方波挡位。它们的图标和控制面板分别如图 3.2.9 所示，其信息基本包含了此款仪器的使用方法和参数的调节内容，使用者可对图中被激活的窗口进行设定。

(1) Frequency 栏用于设置输出频率 f，可设置范围最小为 0.001pHz，最大为 1000THz。

(2) Duty Cycle 栏用于设置占空比 q，只对方波和三角波有效，占空比可调范围为 1%～99% (只能取百分整数)。

(3) Amplitude 栏用于输出幅值的设置。首先定义信号幅值 U_{P} 为输出信号从直流电平 (偏置值)到其输出峰值的变化电压幅值。单击幅值调节按钮或在幅值框中设置所需输出幅值 U_p 的数值；击开电压单位调节下拉框可在 8 种电压单位中选择，它们是 Pv、nV、μV、mV、kV、MV、GV、TV、U_p 设置范围最小为 0.001pV，最大为 1000TV，可选取中间的任意数值。

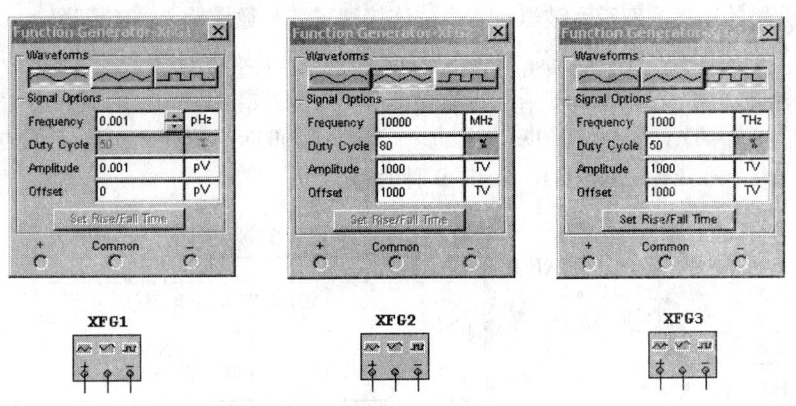

图 3.2.9　函数发生器的图标和显示控制面板

如果信号是在“+”端和 COM 之间输出，或“−”端和 COM 之间输出，此时 COM 端应该接地，则输出信号的峰−峰值等于 U_p 的 2 倍，可记为：

$$U_{p\text{-}p\,(+,\ \mathrm{COM})} = |\,U_{p\text{-}p\,(-,\ \mathrm{COM})}| = 2U_p$$

如果信号是在“+”和“−”之间输出，这种方式属于差动输出或叫浮地输出，此时函数信号发生器的 COM 端应该接到被调试电路的双电源供电系统的地端 GND，而函数信号发生器的“+”和“−”端接到被调试的差动放大电路的两个差动输入端 (浮地)，此时的输出差动信号的峰−峰值为 U_p 幅度的 4 倍，可记为：

$$U_{p\text{-}p}\,(+\text{到}-) = 4U_p$$

注意：差动输出时，函数信号发生器的 COM 端实际为信号源的内部直流电源系统的地端，故 COM 端决不可悬空。

(4) Offset 栏用于设置直流偏置值，即在输出信号上叠加上一个直流电平。直流偏置电平的调节范围为 0～+1000TV，或 0～−1000TV，并可选取中间的任意数值。打开电压单位调节下拉框可在 8 种单位中选择，它们是 pV，nV，μV，mV，kV，MV，GV，TV。

(5) 方波的上升时间和下降时间的设置。在方波挡，单击 Set Rise/Fall Time 按钮，弹出上升时间和下降时间设置框，上升时间和下降时间可设范围为 1ns～500ms。

3．瓦特表 Wattmeter

瓦特表又叫功率计，用于测量元件上消耗的交直流功率。瓦特表的图标、面板及使用范例如图 3.2.10 所示。图 3.2.10 中测试电阻 R_1 的功率，将瓦特表小图标的电压检测端子并联在电阻 R_1 的两端，将瓦特表的电流检测端子串联到 R_1 所在的支路中，启动仿真开关后，双击瓦特表小图标，在出现的面板中读数，可知 R_1 的功率为 25.000W，功率因数为 1.000。

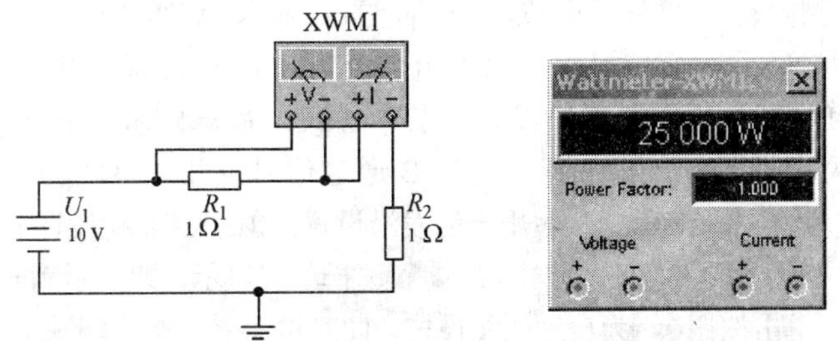

图 3.2.10　瓦特表的图标、面板及使用范例

4．示波器 Oscilloscope Four Channel Oscilloscope

(1) 虚拟双踪示波器原理及用法。Multisim 中的双踪示波器类似于实验室中的双通道数字存储示波器，其图标和控制显示面板如图 3.2.11 所示，结合图 3.2.11 介绍使用方法如下。

① 双踪示波器的连接：双踪示波器有 4 个外连接端子：A 通道输入、B 通道输入、G 信号地和 T 外触发输入。如果在电路图中有一个或一个以上的接地点，则示波器的信号地可悬空。

② Timebase 栏用于设置扫描时基，也就是水平轴的刻度，其中：Scale 栏用于设置 X 轴扫描速率，调节范围为 1ps/Div～1000Ts/Div，即每格 1ps～1000Ts，按照 1，2，5 的方式变化，单位有 ps，ns，μs，ms，s，ks，Ms，Gs，Ts 共 9 种时基。

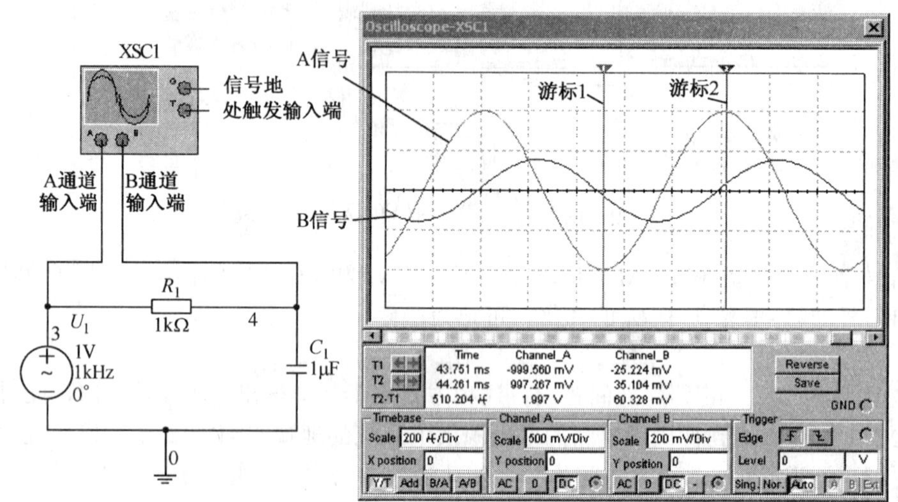

图 3.2.11 双踪示波器的图标、面板及使用范例

X position 栏用于设置 X 轴位移，即信号在 X 轴的起点位置。

单击 Y/T 按钮，为“Y/T”模式，这时横轴 X 为线性扫描时间 T，纵轴为输入信号 A 或 B 的幅度 Y，此时为双踪显示形式，图 3.2.11 就是这种情况。

单击 Add 按钮，为相加模式，这时横轴 X 为线性扫描时间 T，纵轴为两路输入信号幅度之和。

单击 B/A 按钮，为“B/A”模式，横轴 X 仍然为扫描时间且按照 A 信号的变化规律在广义地“非线性地扫描”，纵轴 Y 则为 B 通道信号电压值。

单击 A/B 按钮，为“A/B”模式，横轴 X 仍然为扫描时间且按照 B 信号的变化规律在广义地“非线性地扫描”，纵轴 Y 则为 A 通道信号电压值。

测试 Lissajous (李沙育曲线)或 hysteresis (滞回曲线)，就要用 B/A 或 A/B 模式。

③ Channel A 栏用于 A 通道 Y 方向参数设置。其中 Scale 用于设置 Y 轴灵敏度值，调节范围为 1 pV/Div～1000 TV/Div，即每格 1pV～1000TV，按照 1，2，5 分挡，单位有 pV/Div，nV/Div，μV/Div，mV/Div，kV/Div，MV/Div，GV/Div，TV/Div。Y position 用于设置 Y 轴偏移量，即信号起点在 Y 轴的位置。单击按钮 AC 测量交流成分，即以电容耦合方式输入 A 通道信号。单击按钮 0 设定输入端接地。单击按钮 DC 测量交直流信号，即以直流耦合方式输入 A 通道信号。

④ Channel B 用于 B 通道 Y 方向参数设置。其中 Scale，Y position，按钮 AC，0，DC 的设置方法同 Channel A 的相关项设置；单击按钮 - 可使 B 通道信号反相 180° 显示。

⑤ Trigger 用于设置触发方式，其中 Edge 用于触发沿设置，单击按钮 F 设置上升沿触发，单击按钮 Ł 设置下降沿触发。Level 栏设置触发电平。单击按钮 Sing. 选择单屏显示，即显示满一屏停止仿真。单击按钮 Nor. 选择一般触发模式。单击按钮 Auto 为自动触发模式，此时按钮 A，B，Ext 失效。单击按钮 A 设定 A 通

道信号为触发源。单击按钮 B 设定 B 通道信号为触发源。单击按钮 Ext 则选择外触发。

⑥ 测量游标 T1，T2 的调节及数据显示窗的读数。可拖动测量游标 T1，T2 到波形要精确显示的交点位置，准确读出波形参数值，其中：

T1 ←→ 行：可用左右箭头调节 T1 位置，测出 T1 时间值、信号幅值 VA1 和 VB1。

T2 ←→ 行：可用左右箭头调节 T2 位置，测出 T2 时间值、信号幅值 VA2 和 VB2。

T2-T1 行：显示两个游标间的时间差值 T2−T1，幅值差 VA2−VA1 和幅值差 VB2−VB1。

⑦ 单击 Reverse 按钮可以切换屏幕的背景颜色为黑色或白色。

⑧ 单击 Save 按钮，可将示波器波形数据按照*.SCP 的格式，保存到设计者的电路设计文件夹中。若再选择菜单 View/Grapher 命令，弹出 Analysis Graphs 图形窗，可以按文件路径再单击打开刚才保存的*.SCP 文件，这时可在 Analysis Graphs 图形窗口中显示出波形并做“后处理”(参见下面 Bode 图仪的后处理例子)，也可以在 Microsoft Excel 平台中调出*.SCP 文件，查看数字形式的波形数据 (含有很冗长的数据量)，并可在 Microsoft Excel 平台中进行数据处理，如绘制 *XY* 散点图等。

(2) 虚拟四踪示波器简介。虚拟四踪示波器的小图标如图 3.2.12 (a)所示，面板如图 3.2.12 (b) 所示。与虚拟双踪示波器相比，虚拟四踪示波器多了一个四通道调节转盘，通过它可以分别对每一踪的波形设置 *Y* 方向的偏移量，以便把 4 个波形上下拉开距离，便于观察。其他用法同双踪示波器一样。图 3.2.12 (a)中的电路是 TTL 与非门构成的积分型单稳态电路，A 波每来一个上升沿，D 波做一次低电平的定时，定时宽度 $t_w≈1.1×R_1×C_1$。

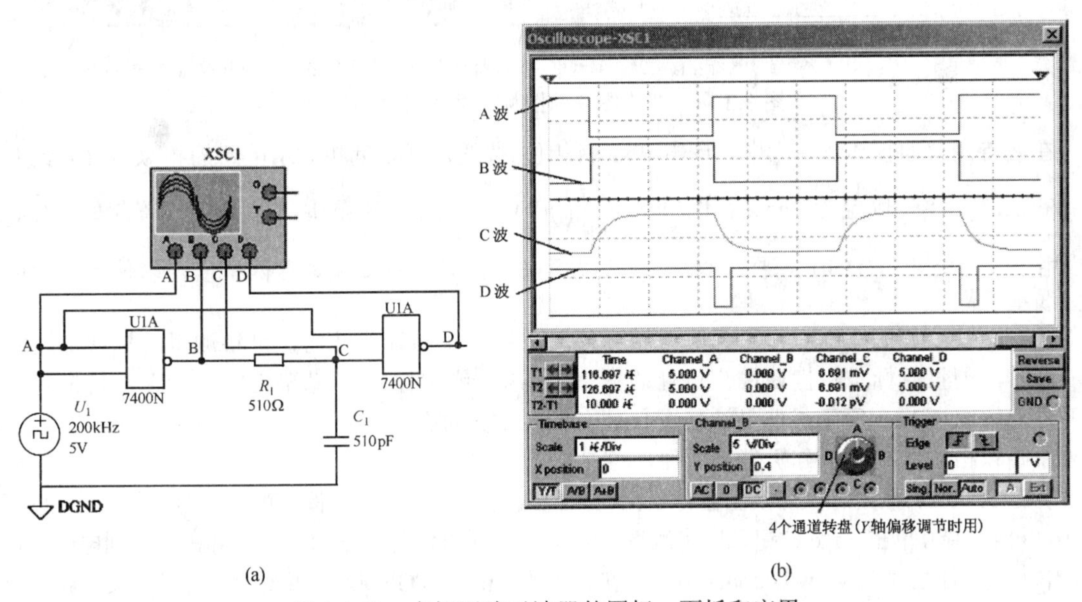

(a) (b)

图 3.2.12 虚拟四踪示波器的图标，面板和应用

5. 波特图仪 Bode Plotter

波特图仪类似于实验室中使用的扫频仪 (频率特性测试仪)，用于测量和显示被测电路的幅频特性和相频特性。其小图标和控制显示面板如图 3.2.13 所示，小图标的 IN+接待测电路的输入端，OUT+接待测电路的输出端，IN−和 OUT−都接地。应特别注意，测试时必须在输入回路加入正弦交流电压信号 (幅值及频率可取信号源的默认值)，如果被测电路的输入端悬空、或者输入端加入直流电压源或时钟脉冲信号源等非正弦信号源时，波特图仪都将无法测得结果。测量结果的曲线在左面窗口显示，如图 3.2.13 所示。

波特图仪显示曲线的横轴 (Horizontal)为频率值 (单位：Hz)，横坐标可按对数坐标 (Log)或线性坐

标 (Lin)来分度。频率测量范围设定如下：横轴 I 栏设置起始频率值和频率单位 (μHz～THz 共 7 个单位挡位可选)，F 栏设置终止频率值和频率单位，两者之差 (F−I)为测试频率范围，应保证 (F−I)大于 0，要反复调整 I 栏和 F 栏的值，以使得测出的幅频曲线精度高。

在波特图仪面板 Mode 栏中，单击 Magnitude (幅度)按钮，可测量和显示电路的幅频特性，此时纵轴 (Vertical)单位的设定有两种：①若单击 Log 按钮，则纵轴的标尺为 $20\log|A(f)|$ (dB)[其中的 $A(f)=V_o(f)/V_i(f)$正弦有效值之比]；再设定测试范围：I 栏设置起始值 (dB)，F 栏设置终止值 (dB)，要保证 (F−I)大于 0。②若单击 Lin 按钮，则纵轴为线性标尺 $A(f)=V_o(f)/V_i(f)$ (无量纲)；再设定测试范围：I 栏设置起始值，F 栏设置终止值，同样要保证 (F−I)大于 0。两种情况都要反复调整 I 栏和 F 栏的值，以使得测出的幅频曲线精度高。

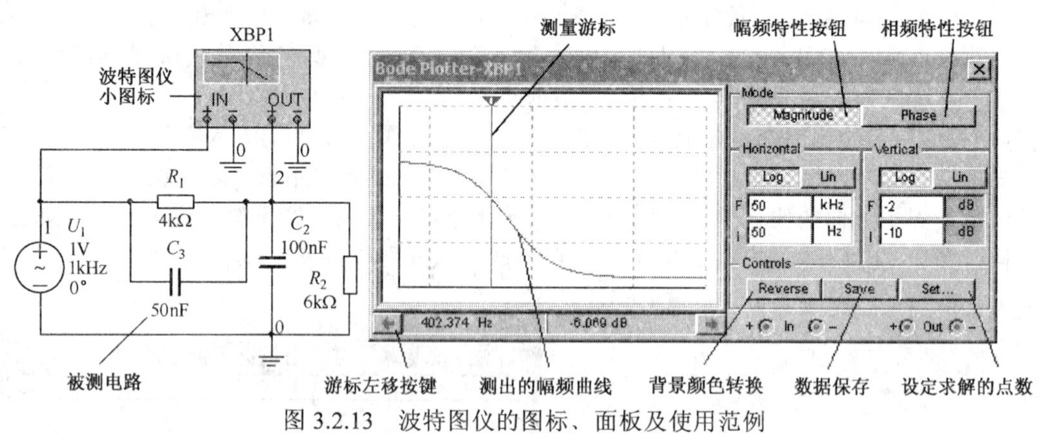

图 3.2.13 波特图仪的图标、面板及使用范例

在波特图仪面板 Mode 栏中，单击 Phase (相位)按钮，可测量和显示电路的相频特性，此时纵轴 (Vertical)的单位固定为 Phase ($\dot{A}(\mathrm{j}f)=\dfrac{\dot{U}_o(\mathrm{j}f)}{\dot{U}_i(\mathrm{j}f)}$)(°)；再设定测试范围：I 栏用于设置起始值(Deg)，F 栏用于设置终止值(Deg)，要注意保证(F−I)大于 0。而且要反复调整这两个值，以使得测出的相频曲线精度高。

波特图仪底部的左、右箭头为测量游标移动按钮。单击箭头按钮，可将测量游标移到适当位置。这时，测量游标与特性曲线交点处的频率及增益 (或相位差)的精确值将显示在波特图仪的左窗下方，如图 3.2.13 所示。但是波特图仪的左窗每次只能显示出一条特性曲线，不能同时显示出幅频曲线和相频曲线，给分析带来不便，这是它的不足之处。

单击 Reverse 按钮可以切换左窗背景色为黑色或白色，单击 Set 按钮可以设定求解的点数 (可在 1～1000 内选择)，单击 Save 按钮可以将测得的幅频和相频的数据以*.BOD 文件格式保存到电路设计文件夹中。再选择主菜单 View/Grapher 命令，在弹出的 Analysis Graphs 图形窗中，可以按文件路径再单击打开刚才保存的*.BOD 文件，这时可在 Analysis Graphs 图形窗口中同时显示出幅频和相频两条曲线，如图 3.2.14 所示，但刚调出的相频曲线可能由于仿真时忘了调节纵轴 I 栏及 F 栏的值而处于默认的垂直测量范围 (−720°～+720°)，使得相频曲线几乎压扁为一条水平线，无法观测相移值，此时，可通过鼠标右键单击相位轴，在出现的对话框中，缩减相位测量范围，如改为图示的 (−20°～+3°)的合适范围，单击“OK”按钮，则立即可以拉开相频曲线的垂直幅度，使得图 3.2.14 中相位值的读数精度大大提高。在 Analysis Graphs 图形窗口中对每个特性曲线还可用鼠标分别单击出两条垂直游标及其对应的精确数据窗 (但没有在此给出数据窗图形来)，通过移动两条游标及对应的数据窗中显示的数据，可以测得频率特性曲线的重要参数，例如转折频率值、拐点频率值、每倍 (或每十倍)频程的幅度的下降 (或上升)的 dB 值，以及“相角位移/每十倍频程”等重要参数，且 Analysis Graphs 图形窗口中还有打印功能，可以打印出清晰的频率特性曲线。这个“后处理”工作弥补了单纯使用波特图仪的不足。

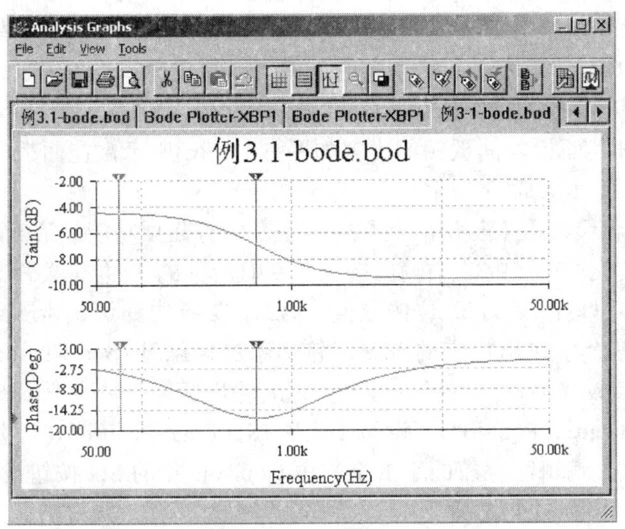

图 3.2.14 在 Analysis Graphs 窗口中调出由波特图仪的测量结果生成的文件*.BOD

6. 频率计 Frequency Counter

虚拟频率计用于测量被测电压信号的频率、周期、脉冲的持续时间、上升时间/下降时间，其小图标、面板和应用实例如图 3.2.15(a)、(b)所示，虚拟频率计只有一个输入端子，用于接入被测频率信号。注意：被测信号要接地。

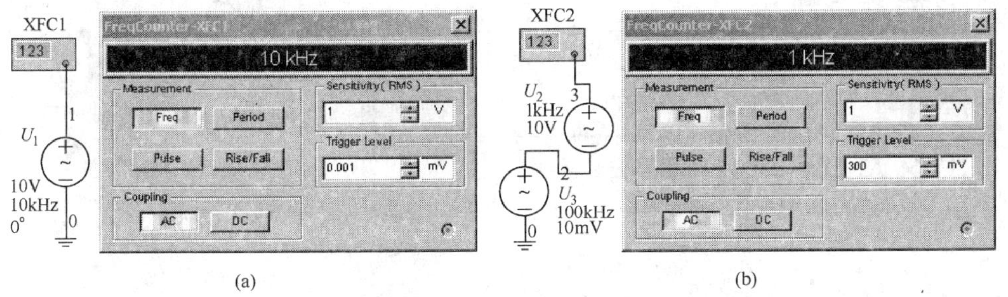

图 3.2.15 频率计的图标、面板和应用实例

频率计面板分为 5 部分，分述如下：

① 测量结果显示区，这个窗口处于最上部，显示测试结果的数值和单位。

② 测试项目设置栏 (Measurement)：单击 Freq 按钮可测试频率，单击 Period 按钮可测试周期，单击 Pulse 按钮可测试脉冲的高、低电平的持续时间，单击 Rise/Fall 按钮可测试信号的上升时间/下降时间。频率计只对选定的项目进行测试，但在测试中可以随时切换测试项目并得到相应的结果。

③ 探头耦合方式设置栏 (Coupling)：单击 AC 按钮为交流耦合，单击 DC 按钮为直流耦合。

④ 敏感电平设置栏 (Sensitivity (RMS))：设定测试时的最低敏感电平的幅度有效值，幅度低于此设定值的输入信号不被测试，用这个方法可以排除弱的干扰信号的影响，如图 3.2.15(b)所示。

⑤ 触发电平设置栏 (Trigger Level)：设定触发电平值，低于设定值的信号 (例如弱噪声信号) 不被触发测量和显示。

使用口诀：②栏③栏要先选，启动仿真荧屏观，④栏⑤栏仔细设，欲测结果现眼前。

7. 字信号发生器 Word Generator

字信号发生器也称为数字逻辑信号源，用于测试数字逻辑电路，其小图标如图 3.2.16(b)所示，它有：同步逻辑信号输出端 32 个 (编号 0，1，…，31)，每个都可以作为信号源接入被测数字电路的输入端；一个“数据已准备好”提示输出端 R (Ready)，R 实际是一个与输出逻辑字信号同步的时钟输出脉冲。当 R=1 时，表示其输出端的数据可以被采用；当 R = 0 时，输出端的数据不可以使用；一个外触发信号输入端 T (Trigger)。

双击小图标可打开其面板。面板图的内容如图 3.2.16(a)所示，在面板中可对字信号发生器的字信号和工作方式进行设置，简介如下：

① 字信号状态编辑缓冲区 (简称编辑区)——这个区有几项功能。第一，字信号的编辑。每个字信号的字长为 32 位，小图标的 32 个输出端子分别对应字的 32 位。要修改某字的内容，只要在编辑区单击这个字，即可修改字的 32 位的取值。第二，设定电路调试步骤或调试技巧。在编辑区单击某个字，可以对这个字作出特定的设置，包括添加标志符 (Set Cursor)，设定为中断点 (Set Break –Point，在中断点设置后，当运行到该中断点时输出暂停，单击 Pause 按钮 (II)可以恢复输出，设为初始位 (Set Initial Position)、设为终止位 (Set Final Position，可藉以调试某一选定的程序段)、取消 (Cancel)等。编辑区存放的字的个数由 Controls 栏的 Set 按钮设定 (参见图 3.2.17)，在图 3.2.16 的范例中，字信号的个数等于 4。

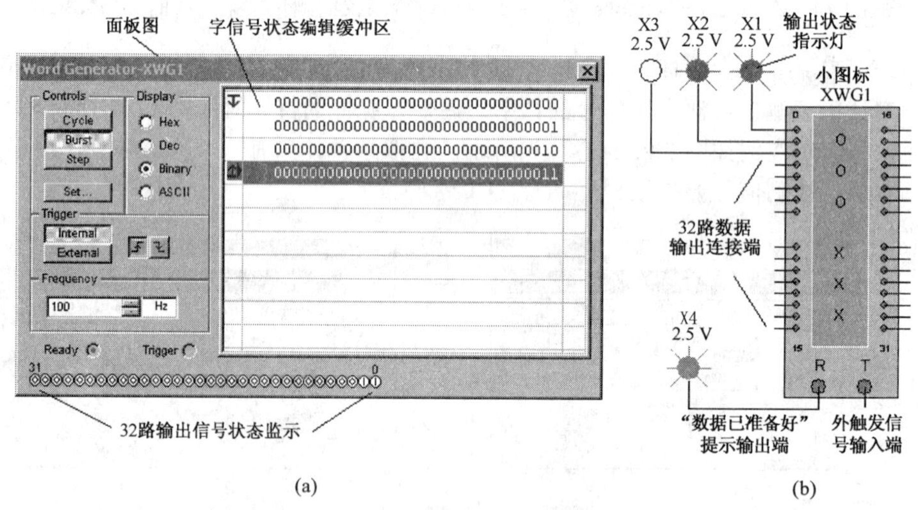

图 3.2.16　字信号发生器图标、面板及使用范例

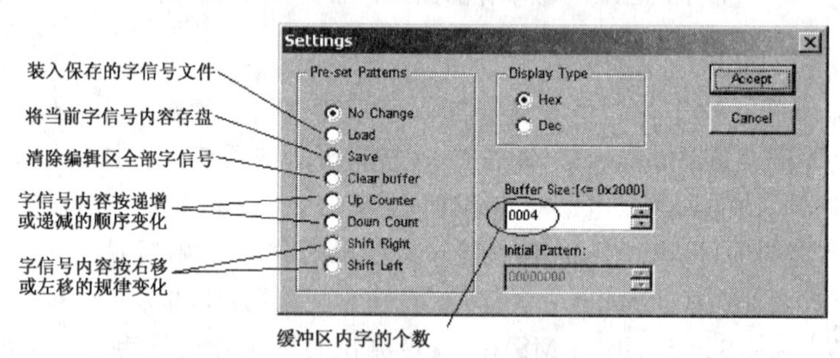

图 3.2.17　字信号发生器设置窗口

② 显示方式设置栏 (Display)——设定字信号显示方式。有 Hex (十六进制数)、Dec (十进制数)、Binary (二进制数)、ASCII 四种方式。图 3.2.16 中的范例采用的是二进制数 (Binary)。

③ 设定触发方式栏 (Trigger)——通常选择内 (Internal)触发，并需要选择上升沿触发 ，或选择下降沿触发 。若选择了外触发 (External)，则小图标的输入端子 T 必须外接触发脉冲信号，否则不运行。

④ 字输出频率设定栏 (Frequency)——设置字信号的输出频率。范围取 1Hz～1000MHz。

⑤ 控制栏 (Controls)——控制栏有多个用途。第一，设置字信号的输出方式，又有 3 个选项。Cycle：字信号序列自动循环输出方式；Burst：字信号由首字到末字按顺序输出一遍，然后停止在末字状态，用于电路一个工作周期的测试，图 3.2.16 中的范例采用的就是 Burst 方式；Step：单步输出方式，每单击一次，输出一个字，用于单步调试被测电路。第二，做 Settings 的高级设置。单击 Set 按钮，打开 Settings 窗口，如图 3.2.17 所示。在 Settings 窗口的 Pre-set Patterns 栏，有 8 个“点选”项目：(a)默认为无变化 (No Change)；(b)若选择载入 (Load)再单击 Accept 按钮，则会弹出文件打开窗口，可调入已有的格式为*.dp 的字信号文件到编辑区；(c)若选择保存 (Save)再单击 Accept 按钮，则可将当前编辑区中已经编好的字文件按*.dp 的格式取文件名之后保存到设计文件夹中，以供今后调用；(d)若选择清除缓冲区 (Clear buffer)再单击 Accept 按钮，则将编辑区所有字全部清为零；(e)若选择递增编码 (Up Counter)再单击 Accept 按钮，则将编辑区所有字从 0 开始，按照逐一递增的方式排序编码；(f)若选择递减编码 (Down Counter)再单击 Accept 按钮，则将编辑区所有字从最大值开始，按照逐一递减的方式自动编码，并且最后的一个字固定等于 1；(g)若选择右移编码 (Shift Right)再单击 Accept 按钮，则将编辑区所有字按照右移单个 1 的顺序脉冲方式编码，即 32 位二进制码若用十六进制码表示的代码依次为 80000000H，40000000H，20000000H，…，00000001H；(h)若选择左移编码 (Shift Left)则按照左移单个 1 的顺序脉冲方式编码，即 32 位二进制用十六进制数表示的代码依次为 00000001H，00000002H，00000004H，00000008H，…，80000000H；这些选项都是字信号的编辑技巧，可减少字的录入时间。在 Settings 窗口的 Buffer Size 栏可对编辑区的总字数进行限定,可选范围为 1～2000 个字。在 Settings 窗口的 Display Type 栏可决定 Buffer Size 栏中显示的数为 Hex (十六进制数)或 Dec (十进制数)。

当字信号发生器被激活后，字信号按照预设置的方式逐行顺序输出。同时在控制面板的底部，32 个小圆圈实时地显示相对应的 32 路逻辑字信号的输出，因此，本质上，可把字信号发生器理解为一个有内部时钟驱动的数据 ROM。

8．逻辑分析仪 Logic Analyzer

逻辑分析仪用于数字逻辑电路的分析。Multisim 中的 16 通道虚拟逻辑分析仪的小图标和应用实例接线图如图 3.2.18 所示，图中用逻辑分析仪对 10 级顺序脉冲发生器 CD4017 的输出信号进行时序分析，分析结果如图 3.2.19 打开的面板图所示，面板左侧 16 个小圆圈对应 16 路数字信号的输入，仿真时中间的波形显示区动态地显示输入的 16 路逻辑信号的波形，在显示区下方还有内部时钟 Clock_int 的波形 (或者采用外部时钟时则下方会显示出时钟限定 Clock_Qua 及触发限定 Trigg_Qua 的波形)，逻辑分析仪就是在内部 (或者外部)时钟的控制下，对输入的多路信号进行定时采样分析和存储显示的。单击面板中的 Stop 按钮，可停止仿真并静止地显示已有的波形；单击 Reset 按钮，逻辑分析仪复位，所有显示波形被清除。在面板的 Clocks /Div 框，可设置波形的时间轴刻度，获得放大或缩小波形的效果。拖曳显示区的读数标尺，可在面板下方数据窗查看读数标尺所处位置的时间 T1、T2 和以 4 位十六进制数方式显示的输入信号逻辑值读数，4 位读数的排序对应输入端信号为从 16 到 1，注意面板的 16 路输入信号端口的位权按从下到上的几何位置排列，依次为最高位 16 到最低位 1，对分析仪的空闲输入端子例如图 3.2.19 中输入端 11，显示区内部左侧标注其为 Temp 11，空闲输入端子在相应数位上的取值默认为 0，因其空闲，故没有其波形显示；凡已使用的输入端，显示区内部左侧标注出其在电路中的节点标号 (node name)，如 2，3，…，12。

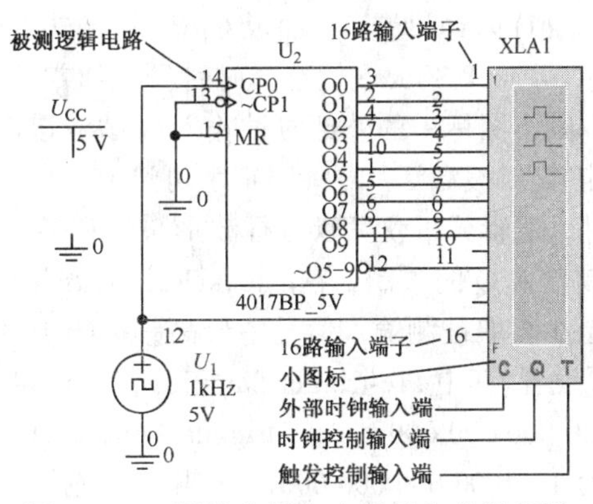

图 3.2.18 逻辑分析仪小图标和应用范例

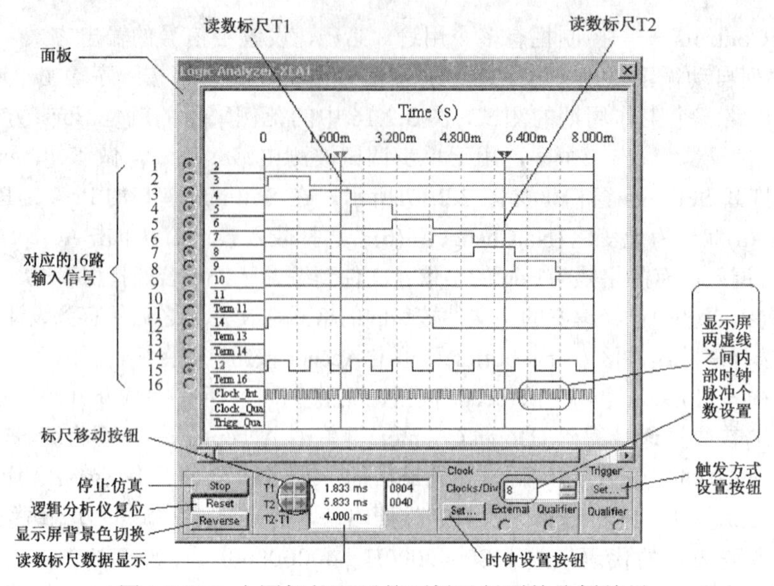

图 3.2.19　小图标打开后的面板及得到的分析结果

逻辑分析仪的小图标用于接线。逻辑分析仪接线端包含有 16 路信号输入端从 16 到 1，外部时钟输入端 C，时钟控制输入端 Q 和触发控制输入端 T。应用时把需要观察的信号连到分析仪的 16 路输入中，分析仪的 C，Q，T 端一般可不用，除非使用外部时钟。

在打开的面板中 (参见图 3.2.19) 可对逻辑分析仪进行设置。

(1) 时钟设置：在面板 Clock 区单击 Set 按钮会弹出时钟设置对话框 Clock setup，如图 3.2.20 所示，Clock Source 栏选择时钟源，通常选择内部 (Internal)时钟源，如果选择外部 (External)时钟源，则小图标中的外部时钟输入端 C 应该接外部时钟输入信号，且对话框的 Clock Qualifier (时钟限定)窗口被激活，时钟限定字可选 (0，1，X)；若选择为 0 (或 1)，表示时钟控制输入端 Q 为 0 (或 1)时，逻辑分析仪可以进行波形采集和显示；若选择为 X 时，表示逻辑分析仪的采集和显示不受控制输入 Q 的限制。在 Clock Rate 栏设置时钟脉冲的频率，可取范围为 1 Hz～100MHz，该频率值至少要取被测输入信号中最高频率的 10 倍，以保证时序测量的精度。在 Sampling Setting 栏有 3 项设置，其中 Pre-trigger Samples 窗口设定触发前数据采集的点数 (默认值为 100，可选范围为 1～1 000 000 000 000)；Post-trigger Samples 窗口设定触发后数据采集的点数 (默认值为 1000，可选范围为 1～1000 000 000 000)，逻辑分析仪按照设置的点数采样显示触发前波形和触发后波形，并标出触发的起始点；Threshold Volt (V)窗口设置触发门限电平值 (默认值为 2.5V，可选范围为 0V～1000TV)。时钟设置对话框 Clock setup 全部设置好后，单击 Accept 按钮退出此对话框。

(2) 触发方式设置：逻辑分析仪能在指定的时钟触发沿到来时，按指定的触发字或触发字的组合进行触发，故要求对触发方式进行设置。在面板 Trigger 区单击 Set 按钮，弹出触发方式设置对话框 Trigger Settings，如图 3.2.21 所示，在对话框的 Trigger Clock Edge 栏选择触发沿，可选上升沿触发 (Positive)、下降沿触发 (Negative)和升降沿触发 (Both)。在对话框的 Trigger Patterns 栏选择触发字或触发字的组合，3 个触发字为 PatternA，PatternB 和 PatternC，字长均 16 位，按照输入端从 1～16 排序。3 个触发字默认值均全部为 X (X 表示该位为任意，即 0 和 1 均可)，表示只要有逻辑输入信号，逻辑分析仪就被触发，并开始波形的采集和显示，3 个触发字通常就选默认值为 X。若有复杂的数字逻辑系统要调试，可在 A，B，C 对话框中输入特需的 3 个触发字，并在 Trigger combinations 中选择 3 个触发字的组合 (默认为 A，其他可选有 B，C，A OR B，A OR C，B OR C，A OR B OR C，A AND B，A AND C，B AND C，共 10 种组合)，则逻辑分析仪会在满足触发字组合条件时才被触发。此外，Trigger Qualifier 选择触发限定字 (0，1，X)，通常选择 X，则触发限定控制端 T 不起作用，触发完全由触发字决定；若设置为 0 (或 1)，则图标中的端子 T 应接信号，且仅当信号 T 与 Trigger Qualifier 中指定电平匹配时才触发，否则即使满足了触发字组合条件，逻辑分析仪也不能引起触发。触发方式设置好后，单击 Accept 按钮退出此对话框。启动仿真开关就可测试了。

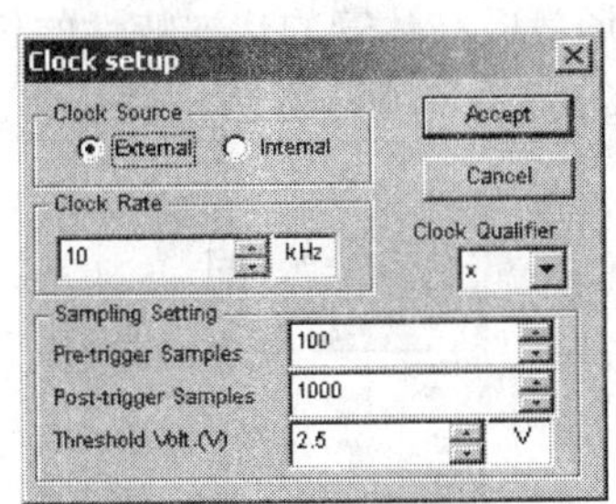

图 3.2.20　逻辑分析仪时钟设置

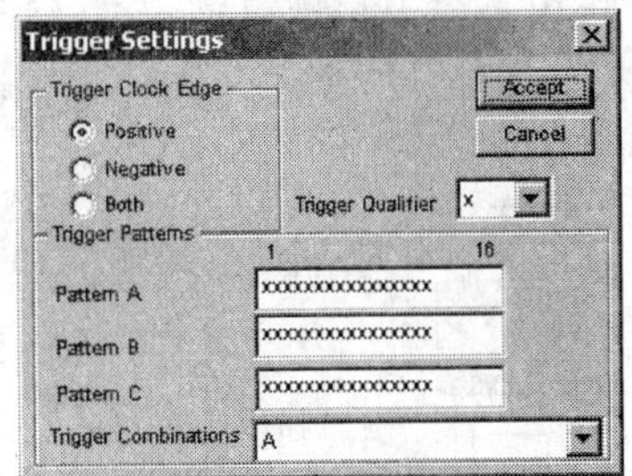

图 3.2.21　触发方式设置

9. 逻辑转换器 Logic Converter

逻辑转换器是 Multisim 中特有的虚拟仪器，在实际工作中并不存在与之对应的仪器。逻辑转换器可以完成真值表、逻辑表达式和逻辑电路三者之间的相互转换，它主要用于组合逻辑电路的设计和分析。逻辑转换器小图标和面板如图 3.2.22 所示，在面板图中，Conversions 区有 6 个功能按钮，用来完成相应的逻辑转换功能，转换方法介绍如下。

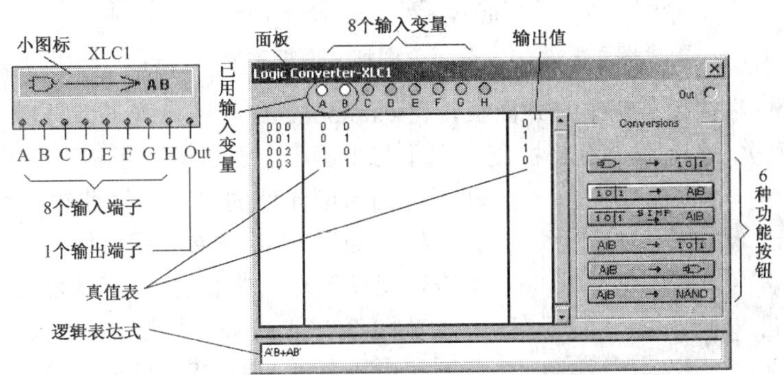

图 3.2.22　逻辑转换仪图标和面板

(1) 逻辑电路转换为真值表：首先画出逻辑电路图，然后将其电路的输入端连接到逻辑转换器小图标的输入端，将逻辑电路的输出端连接到小图标的输出端。单击 → 1 0 1 按钮，此时软件的仿真开关自动同步打开，经过一段运算时间，在真值表区即出现该逻辑电路的真值表形式。但电路图中若含有触发器等时序部件，则得不到有效的真值表。

(2) 真值表转换为逻辑表达式和最简逻辑表达式：根据输入信号的数目，单击逻辑转换器面板顶部的 A～H 小圆圈，选定输入信号。输入完毕后，在真值表区会自动出现输入信号的所有取值组合，而对应的输出值则全部为问号。根据逻辑功能需要，用鼠标多次单击法，单击输出栏某行的问号，随每一次单击会依次循环出现 0，1，X 的值，最后停留在该行所需的输出值，这样逐行修改好真值表的全部输出逻辑值。填完真值表，然后单击 1 0 1 → AIB 按钮，在控制面板的底部逻辑表达式栏中会出现相应于上述真值表的逻辑函数表达式。如果要求最简逻辑函数表达式，可单击 1 0 1 SIMP AIB 按钮即可。注意，逻辑转换器生成的逻辑函数表达式中的逻辑非是用符号“'”表示。例如，A'B+AB' 表示逻辑表达式 $\overline{A}B+A\overline{B}$。

(3) 逻辑表达式转换为真值表和逻辑电路：可以直接在逻辑表达式栏中输入“与-或”或“或-与”形式的逻辑表达式，然后单击 A|B → 10|1 按钮，可得到相应的真值表；单击 A|B → 逻辑门 按钮，可得到相应的逻辑电路图；单击 A|B → NAND 按钮，可得到由与非门构成的逻辑电路图。

10. IV 分析仪 IV Analyzer

IV 分析仪是用于测量和显示二极管、双极型晶体管和场效应晶体管的伏安特性的仪器，其小图标和面板如图 3.2.23 所示，图中为测试 N 沟道增强型 MOS 管 2N7000 实例，说明如下。

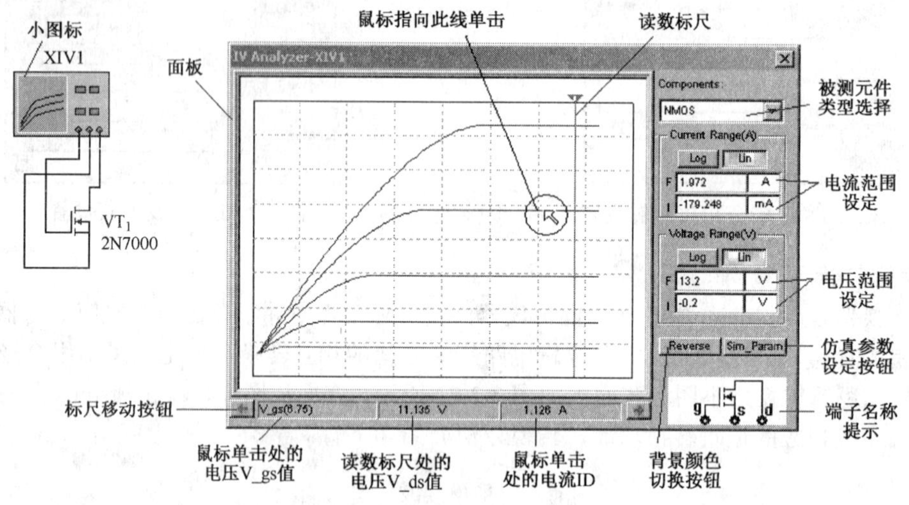

图 3.2.23 IV 分析仪图标、面板和使用范例

调出 IV 分析仪小图标，双击打开面板，在 Components 栏选择管子型号后，就会在右下窗口出现管子引脚排列次序图，照此图将被测管端子与小图标中的对应端子相连，然后打开仿真开关，即可得到对应元件的伏安特性曲线，移动标尺可在下方查得标尺处的 V_ds 读数，用鼠标单击某条伏安曲线，在下方可出现该点处曲线的 V_gs 值和电流 ID 的值。

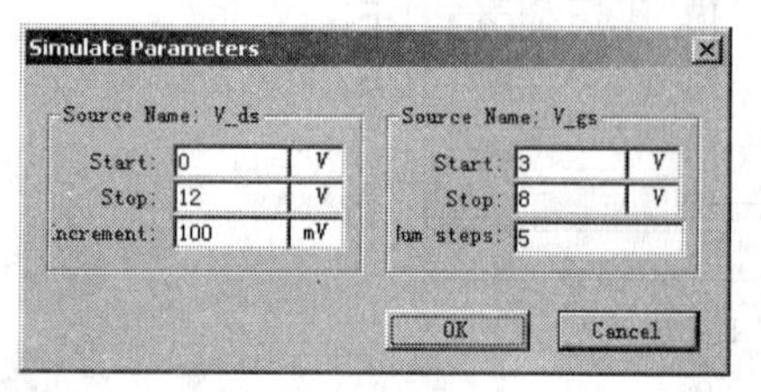

图 3.2.24 IV 分析仪仿真参数设定窗口

从图 3.2.23 可知，可以自己设定测试时的扫描电流范围和电压范围，单击 Sim_Param 按钮，会弹出 Simulate Parameters 对话框，设置扫描源 V_ds 的范围和步长增量，V_gs 的范围和扫描曲线数目，其参数设定窗口如图 3.2.24 所示。

11. 失真分析仪 Distortion Analyzer

失真分析仪可在用户指定的基准频率下，测试输入到仪器的被测信号的总谐波失真 (THD) 及信噪比 (SINAD)，其小图标、面板和使用范例如图 3.2.25 所示。图中，失真分析仪的基准频率设定为 1kHz，对函数发生器的 1kHz 频率的输出信号进行失真分析。在函数发生器正弦波输出挡，测出 THD (正弦)= 0.000%；在函数发生器三角波输出挡，测出 THD (三角波)= 12.044%；在函数发生器方波输出挡，测出 THD (方波)= 42.835% (谐波分析阶数取默认值 10)。

失真分析仪图标只有一个端子 (In)，被测信号接入此端。其面板上方为显示区。中间 Fundamental Freq 窗口用于设置基准频率 (可选范围 1Hz～4GHz)，Resolution Freq 窗口用于设置分辨频率 (可选 100，125，200，250，500Hz 五挡)。下方 Controls 栏有 3 个按钮：单击 THD 按钮测试输入信号的总谐波失真 (单位：%)；单击 SINAD 按钮测试输入信号的信噪比 (单位：dB)；单击 Set 按钮会弹出设定窗口 Settings，如图 3.2.26 所示。

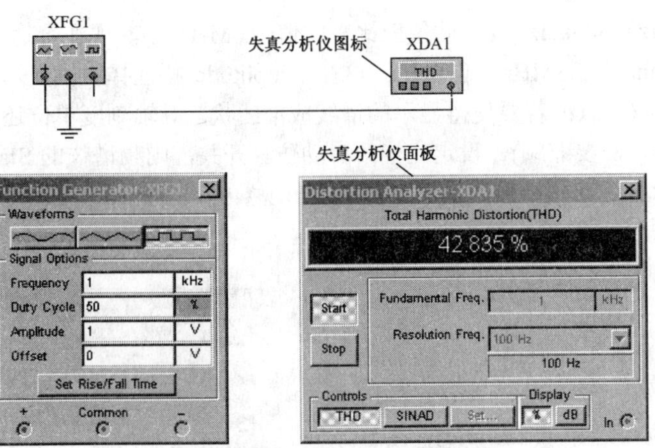

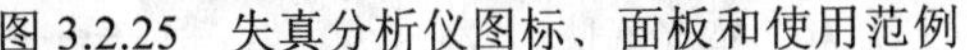

图 3.2.25 失真分析仪图标、面板和使用范例

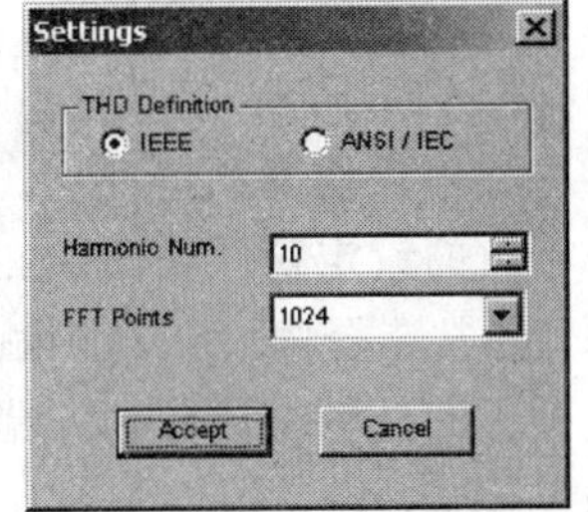

图 3.2.26 失真分析仪的设定窗口

在 Settings 窗口中，THD Definition 栏选择总谐波失真的定义，可选 IEEE 或 ANSI/IEC 两者之一；Harmonic Num 窗口设定谐波阶数 (默认 10，可选范围 2～100，此值越大，测得的 THD 会越大，精度越高)；FFT Points 窗口设定 FFT 运算的计算点数 (默认 1024，可选 1024 到 32768 共 6 种值，此值越大，精度越高)。设定好后，单击 Accept 按钮回到面板，单击仿真开关，开始仿真，此时，失真分析仪的 Start 按钮会自动按下，经过一段时间的计算后即可显示稳定的数据，此时单击 Stop 按钮就可读取测试结果。

12．频谱分析仪 Spectrum Analyzer

频谱分析仪用于分析被测信号的频谱，其小图标、面板及使用范例如图 3.2.27 所示，下面通过范例来说明它的使用方法。

已知 $u_1(t)=U_1\sin(2\pi f_1 t)$ (V)，$u_2(t)=U_2\sin(2\pi f_2 t)$ (V)，参数具体值如图 3.2.27 所示。

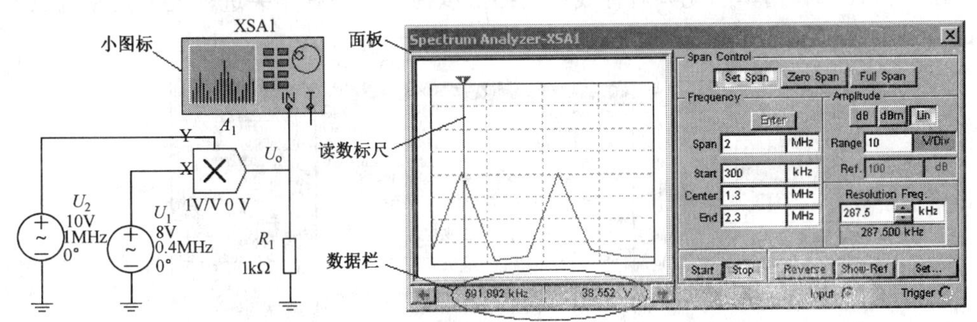

图 3.2.27 频谱分析仪图标、面板和使用范例

求：这两个正弦电压信号相乘后的输出信号的频谱。

解：① 理论分析：根据图 3.2.27 的电路，有：

$$u_o(t)=u_1(t)\cdot u_2(t)=U_1\sin(2\pi f_1 t)\cdot U_2\sin(2\pi f_2 t)$$

$$u_o(t)=-\frac{U_1\cdot U_2}{2}[\ \cos(2\pi(f_1+f_2)t)-\cos(2\pi(f_1-f_2)t)\ ]\ (\text{V})$$

② 估算：由电路 $U_1=8\text{ V}$，$f_1=0.4\text{MHz}$；$U_2=10\text{ V}$，$f_2=1\text{MHz}$；可以算出输出信号中的和频为 $f_2+f_1=1.4\text{MHz}$，差频为 $f_2-f_1=0.6\text{MHz}$，输出幅度为 $(U_1\cdot U_2)/2=40\text{ V}$。

③ 设置频谱分析仪参数：确认仿真开关未启动，在面板的 Span Control 栏单击 Set Span 按钮，于是激活了 Frequency 栏，在此栏中设置扫频范围 Span=2MHz，此值应适当大于和频值 1.4MHz，再设置中心频率 Center =1.3MHz，此值应适当小于和频值，然后按下 Enter 键，则自动生成了开始频率

Start = Center−Span/2 = 1.3−2/2 = 0.3MHz = 300kHz (校验此值应比差频值 0.6MHz 小，现在合适)，并自动生成了终了频率 End =Center + Span/2 = 2.3MHz，也合适。再在 Amplitude 栏选择纵轴显示方式为线性 (Lin)，纵轴刻度单位为 10 V/Div (注意：若要使得显示的谱线成窄线状，纵轴刻度单位还可取大一些，但是这会使得谱线的幅度下降，故要兼顾)，设定完毕，启动仿真开关，则频谱仪的 Start 按钮自动同步按下，开始分析，可用鼠标移动读数标尺，在下方窗口会出现数据，等待一些计算时间，数据会不断刷新，等数据稳定后，单击 Stop 按钮，测试完成。

在停止仿真的情况下，单击面板的 Set 按钮，可打开频谱分析仪的设定窗口如图 3.2.28 所示，在 Trigger Source 栏选触发源，通常选择内 (Internal)触发，若选择外 (External)触发则需在小图标的外触发信号输入端 T 加入信号；在 Trigger Mode 栏选触发模式，通常选连续 (Continous)，也可选单次 (Single)；在触发门限 Threshold Volt (V)窗口设定门限电平，默认为 2.5V (可选范围为 0pV～1000TV)，在 FFT Points 选择仿真时运算的点数，默认为 1024 点 (可选 1024～32768，共 6 种值)，选完后，单击 Accept 按钮回到面板窗口。

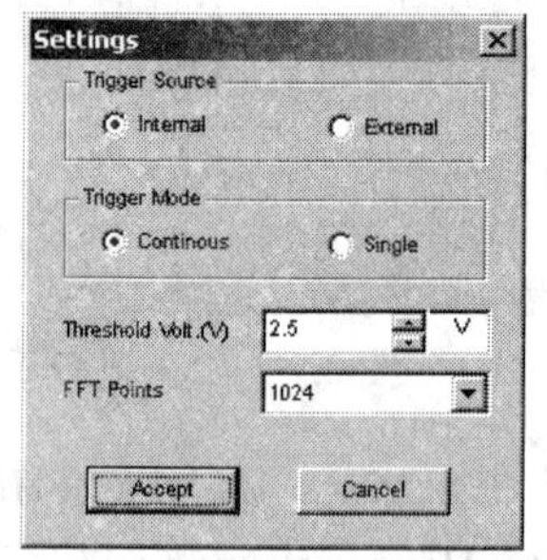

图 3.2.28　频谱分析仪的设定窗口

若要对非线性高频电路的输出信号进行频谱分析，显然要比本例复杂，但方法大同小异，可用试探法，试探扫频区间和纵轴刻度，反复调节反复仿真，直到合适为止。

13．网络分析仪 Network Analyzer

网络分析仪用于分析二端口网络的参数，其重要的应用是在微波领域，它可以测量电子电路及元件特性，例如衰减器、放大器、混频器、功率分配器等。通过测量电路网络，了解所设计的电路或元件是否符合规格，例如滤波器是否可以滤掉不需要的谐波，放大器是否能把需要的信号放大，天线的阻抗是否匹配。其小图标、面板及使用范例如图 3.2.29 所示，本范例主要为简介它的使用方法，因此选择简单的无源对称线性网络，以便于对仿真结果进行人工验算对照，测试这款仪表的可信度。

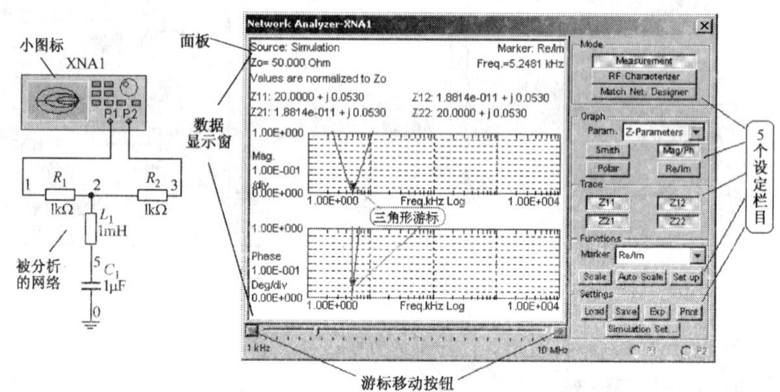

图 3.2.29　网络分析仪小图标、面板及使用范例

如图 3.2.29 所示，被分析二端口网络的输入和输出必须都开路，分析仪图标的 P1 接二端口网络输入端，P2 接输出端，打开仿真开关和面板，就可测试分析，面板左边为数据显示窗，左下有三角形游标的移动按钮；右方有 5 个设定栏目，可单击有关栏目选择测试内容、频率范围、结果的显示方式、坐标 (纵轴、横轴)单位以及背景、字体等个性化设置，之后便可在左窗口得到不同表达方式的测试曲线和参数值。图 3.2.29 的被测网络是典型的无源带阻滤波器，其陷波中心点频率为 $f_0=\dfrac{1}{2\pi\sqrt{L_1C_1}}=\dfrac{1}{6.28\sqrt{10^{-3}\times10^{-6}}}=5.04\text{kHz}$，调节三角形游标到其阻抗曲线的谷点附近，窗口

右上方显示频率值为 5.2481kHz (由于仿真设定的点数有限，三角游标没能调在真正的谷点，故显示数据同 5.04kHz 有误差)。

在此频率点，若特性阻抗设定为 50，它的 Z 参数按照 50Ω归一化显示为：

特性阻抗 $Z_0=50$，$Z_{11}=Z_{22}=20.0000+j0.0530$，$Z_{12}=Z_{21}=1.8814\times10^{-11}+j0.0530$

在此频率点，若特性阻抗设定为 1，则它的 Z 参数显示为：

特性阻抗 $Z_0=1$，$Z_{11}=Z_{22}=1000.0000+j2.65$，$Z_{12}=Z_{21}=9.407\times10^{-10}+j2.65$

对比之下可以发现：第二组 Z 参数值是第一组 Z 参数值乘以 50，第二组 Z 参数值为实际的阻抗值，因此，在低频情况，可以选择特性阻抗 1Ω的归一化显示，得到实际的阻抗值。此外，所测结果合乎线性对称二端口网络的 Z 参数特点，即独立的 Z 参数只有两个。

下面对网络分析仪的使用进行简介。

(1) 在 Mode 栏单击 Measurement 按钮，进入网络分析模式，此模式测量项目及结果显示的形式比较多，如表 3.2.1 所示。

表 3.2.1 Mode→Measurement 网络分析模式一览

Graph 参数及显示方式设置					曲线 Trace	Functions Marker 及 Scale 设置			
可测参数 Param	Smith 圆图	Mag/Ph 波特图	Polar 极坐标	Re/Im 实/虚部		Re/Im	Mag/Ph (Deg)	dB ag/Ph (Deg)	Scale
S 参数	√	√	√	√	S11,S22	√	√	√	Linear
H 参数	无	√	√	√	H11,H12 H21,H22	√	√	√	Linear
Y 参数	无	√	√	√	Y11,Y12 Y21,Y22	√	√	√	Linear
Z 参数	√	√	√	√	Z11,Z12 Z21,Z22	√	√	√	Linear Log dB
Stability factor	无	无	无	无	|delta|, K	无	只有 Mag	无	Linear Log dB

注：

① 在 Functions 栏，单击 Scale 按钮，会弹出 Set Scale Values 对话窗口，可设置纵轴及横轴单位。单击 Auto Scale 按钮，可自动调节出最佳的仿真曲线。单击 Set up 按钮弹出 Preferences 对话框，可做显示区的曲线颜色，坐标线颜色，背景及文字颜色，字体等个性化设置。Functions 栏的 Marker 窗：选择数据显示单位：Re/Im 数据为实部/虚部模式；Mag/Ph (Deg)为幅值/相角模式；dB Mag/Ph (Deg)为分贝幅值/相角模式。

② 在 Settings 栏，单击 Load 按钮，可调入已有的*.sp 格式的网络仪分析文件到当前的前台显示；单击 Save 按钮，可把当前分析结果输出并保存为*.sp 格式的文件；单击 Exp 按钮，可将当前分析结果输出并保存为*.txt 文件；单击 Print 按钮，可打印当前分析结果。单击 Simulation Set... 按钮，会弹出 Measurement Setup 窗，设置开始频率，终止频率，扫描方式 (Linear,Decade)，仿真点数，特性阻抗等参数。

③ Graph 的 Param 窗选择分析的参数，有 S 参数、H 参数、Y 参数、Z 参数和稳定因素 Stability factor 5 种。S 参数 (Scattering Parameters) 又叫散射参数，用于射频网络的分析。射频元件 (RF 库中有)如微波带状线 (Microstrip Line)，射频螺旋电感 (RF Spiral Inductor)，交叉指型电容器 (Interdigital Capacitor)等；读者可以用 RF 库中的射频元件构造射频网络，再用网络分析仪做 S 参数测试。

Graph 有 4 个显示模式选择按钮：Smith 史密斯圆图模式，用于阻抗匹配的设计，可查阅有关资料；Mag/Ph 波特图模式，用于分析频率响应；Polar 极坐标模式；Re/Im 实部/虚部模式。

④ 打 √ 的栏说明它具有此种分析或显示模式。

(2) 在 Mode 栏单击 RF Characterizer 按钮，进入射频特性分析模式，可测量射频网络的功率增益 (Power Gains)、增益 (Gains)或阻抗 (Impedance)；此时的 Trace 栏有 3 项：PG，APG，TPG。Functions 栏的 Marker 窗可选纵轴单位为 dB Mag 或 Mag；在 Settings 栏会出现 RF Param Set 按钮，单击之可设源阻抗 (默认为 50Ω)、负载阻抗 (默认为 50Ω)、反射阻抗等。其他按钮的用法同上面(1) 的注中所述。

(3) 在 Mode 栏单击 Match Net. Designer 按钮，进入匹配网设计模式，并弹出 Match Net Designer 窗口，有 3 项设定页面：①稳定圆页面 (Stability circles),设稳定参数 (delta，K 值)和频率；②阻抗匹配页面 (Impedance Matching)可选择匹配网络元件及网络电路结构，并可选择自动生成匹配网络参数；③单向增益圆页面 (Unilateral Gain Circles)，设定输入和输出增益。

14．Agilent 仪器

Multisim 虚拟仪器中的 Agilent 仪器仿照了 Agilent 真实仪表的外观和功能。Agilent 仪器包括：函数发生器 Agilent Function Generator、万用表 Agilent Multimeter 和示波器 Agilent Oscilloscope。它们功能丰富，用法更接近实际 Agilent 仪表，有利于做仪器使用的模拟练习，此处不再赘述。

15．动态电平测量探头 Dynamic measurement probe

动态电平测量探头用于仿真时测量电路节点的动态电平值。当仿真开关启动之后，动态电平测量探头快捷按钮就被激活，单击该按钮，鼠标上就粘有它的测量箭头和显示窗，将箭头移到测量节点处单击，显示窗中动态显示该节点电平的实时数据，如图 3.2.30 所示。

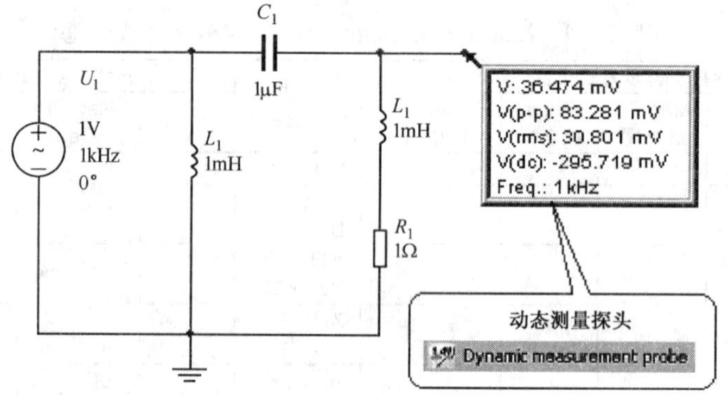

图 3.2.30　动态电平测量探头

在较高版本 Multisim 中，还增加了泰克公司的示波器 (Tektronics Oscilloscope)，NI 公司的 Labview instrument 仪表 (包括 4 种仪表：Microphone、Speaker、Signal Analyzer、Signal Generator)，它们也仿照真实仪表的外观和功能，有利于做仪器使用的模拟练习，此处不再赘述。

3.2.5　在 Multisim 中建立并仿真电路

本节通过实例介绍如何建立电路并且仿真分析电路。通过本例，可以认识和测试该软件，使它今后更好地为设计者服务。

【例 3.1】 建立一个正弦交流电压下的电阻分压电路，如图 3.2.31 所示，并对它进行仿真分析。

解：

1．建立电路

(1) 开启一个电路文件空白设计窗口：运行 Multisim，它会自动打开一个空白的电路文件。也可以单击界面中的按钮，新建一个空白的电路文件设计窗口。

(2) 往电路窗口中放置元件

① 放置电源元件：单击电源工具按钮，弹出主元件库电源组工具栏，如图 3.2.32 所示。选中 AC_POWER，单击 OK 按钮，鼠标上就粘连了一个交流电源符号，把符号移到设计图纸的合适的地方单击，交流电源符号被放置在设计图纸上。

改变电源值：双击交流电源符号，弹出 POWER_SOURCES 对话框，如图 3.2.33 所示，把电源的参数改为 100V (有效值)、50Hz、0Deg。单击“确定”按钮，退出对话框。

再在主元器件库电源组工具栏，选择一个接地符号 GROUND，并放置于电源的右下方。

② 放置电阻元件：单击按钮，出现基本虚拟器件库，再单击库中的虚拟电阻按钮，虚拟电阻元件随鼠标箭头出现在窗口中，移动鼠标，把它放置到设计窗口中合适位置，其参考 ID 号为“R1”，默认方向为水平，默认阻值为 1kΩ。

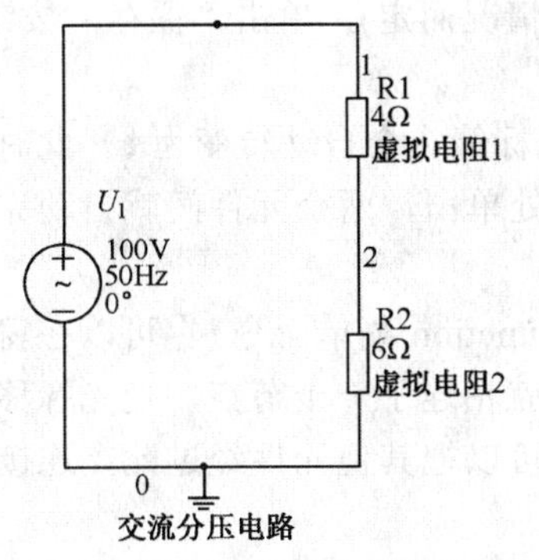

图 3.2.31　正弦交流电压下的电阻分压电路

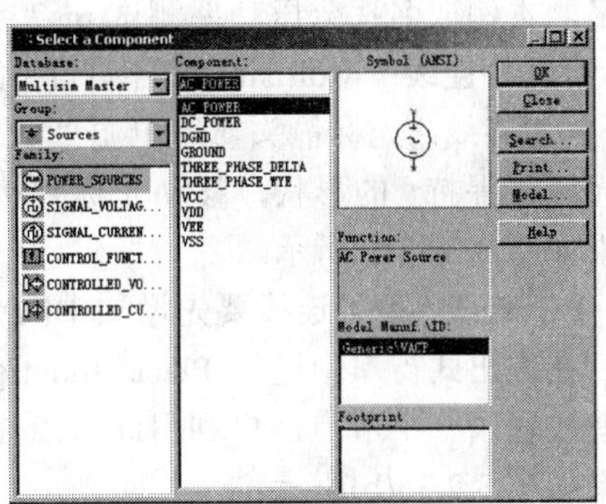

图 3.2.32　调出交流电源符号

为了连线方便，需要旋转电阻“R1”。右击电阻“R1”，出现弹出式菜单，如图 3.2.34 所示。选择菜单中的 90 Clockwise (顺时针旋转 90°)或 90 CounterCW (逆时针旋转 90°)命令，则电阻旋转 90°。

调节电阻“R1”的参数单位文字位置及 ID 号“R1”的位置。要移动元件“R1”的参考 ID 标号在图纸中的位置，只需单击该“R1”标号，则选中的“R1”标号的四个角出现黑色小方块，此时可用鼠标拖动它移位；或者选中“R1”标号后利用键盘上的箭头键，每按一次，“R1”标号移动一个格点；也可以用这种方法移动选中的元件或选中的整个电路图形的位置。

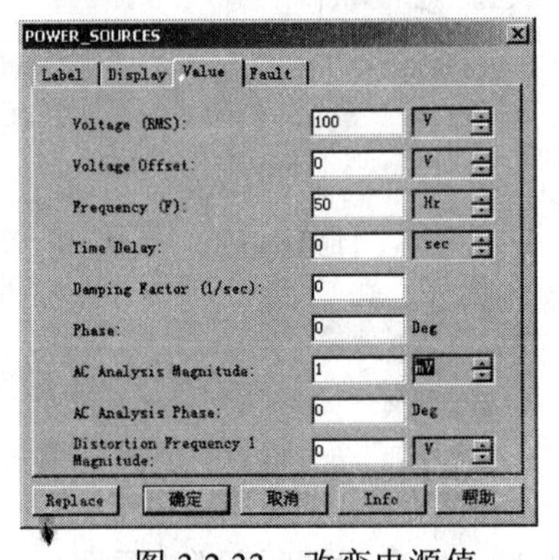

图 3.2.33　改变电源值

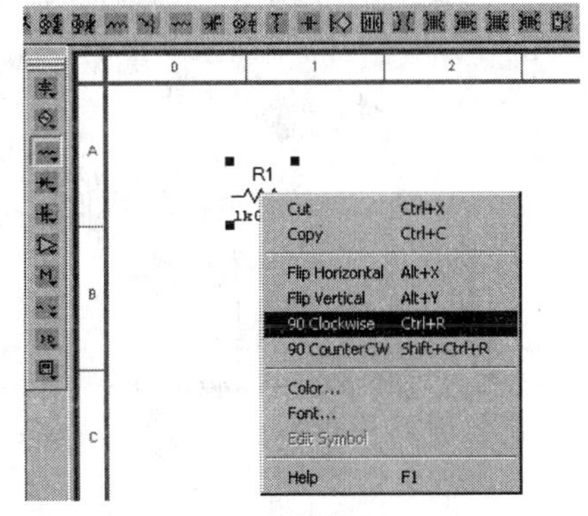

图 3.2.34　旋转电阻“R1”

修改虚拟电阻“R1”的阻值为 4Ω。双击电阻“R1”，在弹出的 BASIC_VIRTUAL 窗口中，单击打开 Value 翻页标签，把电阻阻值改为 4Ω。

按照以上步骤再添加一个 6Ω的电阻，第二个电阻的默认参考 ID 是“R2”。

请注意上边设计工具栏中部的“In Use List”列表。它列出了目前为止放置的所有的元件种类，单击 In Use List 列表中的元件可以重复调用同品种的新元件。

③ 改变单个元件或节点的标号 (ID 号或 Label 号)和颜色。改变元件“R1”的 Label 号的方法为：双击“R1”元件出现元件特性对话框 BASIC_VIRTUAL 窗口。单击打开 Label 翻页标签，在 Label 栏的录入框中输入或调整 Label 标号 (由字母与数字组成，不得含有特殊字符和空格)，本例“R1”元件 Label 栏输入“虚拟电阻 1”5 个字。另外把“R2”元件 Label 栏输入“虚拟电阻 2”5 个字。单击 Cancel 按钮或“取消”按钮，取消改变。单击“OK”按钮或“确定”按钮，存储其改变。

改变电阻元件颜色的方法：右击元件“R1”出现弹出式菜单，选择 Color 命令，从出现的对话框中选择合适的颜色。本例将“R1”，“R2”设置成红色(注：改变任一个元件的颜色与改变当前电路或用户喜好的颜色设置不同)。

(3) 存储文件：这是第一次存储文件，故选择File/Save As菜单命令，给出存盘路径和文件名(可取中文名，本例取名：分压功率测试.ms7或*.ms10，视版本情况而定)，单击“保存”按钮。

(4) 给元件连线：Multisim有自动与手工两种连线方法。

① 自动连线：光标箭头靠近电源“V_1”下边的引脚，光标箭头会自动转变为✦，此时单击后松开，光标将保持✦的形状，移动光标到接地符上边的引脚处单击，两个元件间就自动完成了连线，结果如图3.2.35(a)所示。

② 手工连线：手工连线要先增加中间节点，选择Place/Junction菜单命令(也可以在窗口空白处右击，在弹出式窗口中选择Place Junction命令)，光标上就粘连了一个节点，把光标移到某点单击，就放置了一个节点，再利用此节点作为连线出发点，可以把其他元件经过此点连接起来，连线结果如图3.2.35(b)所示。

连线技巧：连线时显示栅格可以帮助确定连线的位置，右击电路窗口，从弹出式菜单中选择Show Grid命令以显示栅格。定位连线路径：连线过程中利用光标在图纸中的某一点单击可以定位连线于该点，达到自行控制连线轨迹。

对已连线段的调整：单击要调整的连线将其选中，光标变为↔或↕，然后按住鼠标左键，将线段移动到合适的位置即可。拖动点是选中的连线上的黑色小方块，可以拖动它调整连线的位置；在连线上增加(或删除)拖动点的方法如下：单击连线后，按住Ctrl键，然后单击连线上要增加拖动点的位置即可增加拖动点；按住Ctrl键，然后单击拖动点又可以删除它。

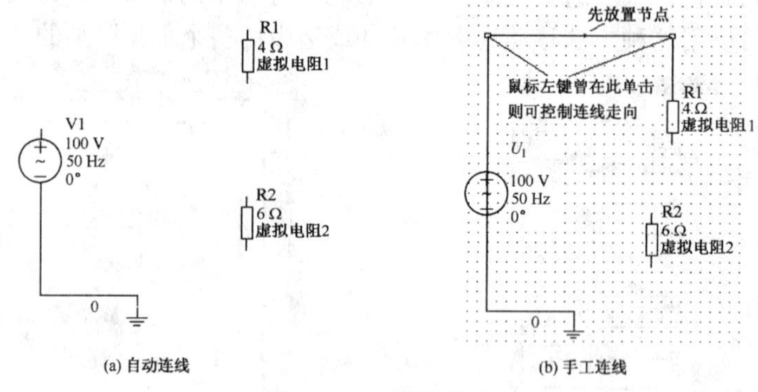

图3.2.35 连线操作

改变单条连线的颜色：右击此连线，选择弹出式菜单中的Color命令,设置所喜欢的颜色。

连线的删除：右击连线，从弹出式菜单中选择Delete选项，或选中连线后按Delete键。

继续把图3.2.35(b)的“R1”到“R2”及“R2”到接地符号的连线连好。选择File Save命令存储文件。

(5) 为电路添加标题栏和文本：为设计的电路增加标题栏和注释文本，可以方便日后对文档的使用和管理。

① 增加标题栏：选择Place/Title Block命令，弹出“打开”文件对话窗口，找到软件所在路径下的标题块文件夹：…\Multisim7\Titleblocks，其中有若干个*.tb7标题栏文件，如图3.2.36所示，选中一个默认的*.tb7(变蓝色)，单击“打开”按钮，标题栏粘连在光标上，移动光标到电路窗口的右下角，单击可安放标题栏，再右击标题栏，选择弹出式菜单中的“Modify Title Block Data…”命令，可以修改标题栏的文字，如图3.2.37所示，修改完毕后，单击“OK”按钮即可。其他高版本软件之操作类同。

② 增加文本：选择 Place/Text 命令，或在窗口空白处右击，在弹出式菜单中选择 Place Text 命令。光标放到要录入文本的电路窗口处单击，出现闪动的纵线光标，输入文本 (中、英文均可)。现在输入“交流分压电路”6 个汉字。单击文本框外以确定输入完毕。单击文本 (四角出现黑方格，表示选中文本)并用鼠标拖动文本到最合适的位置。

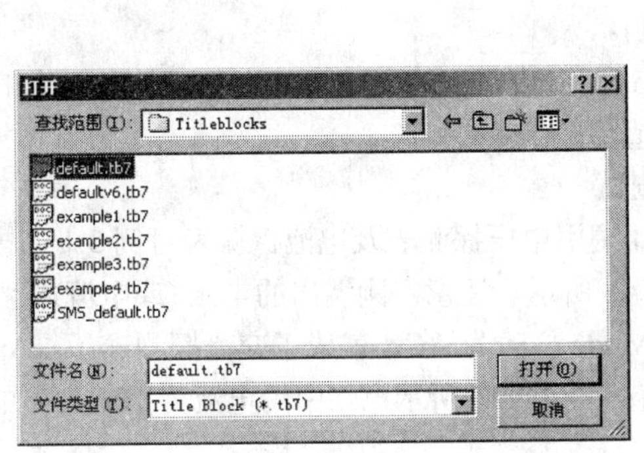

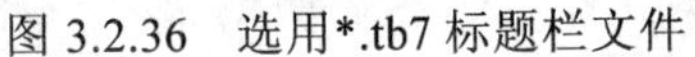

图 3.2.36　选用*.tb7 标题栏文件

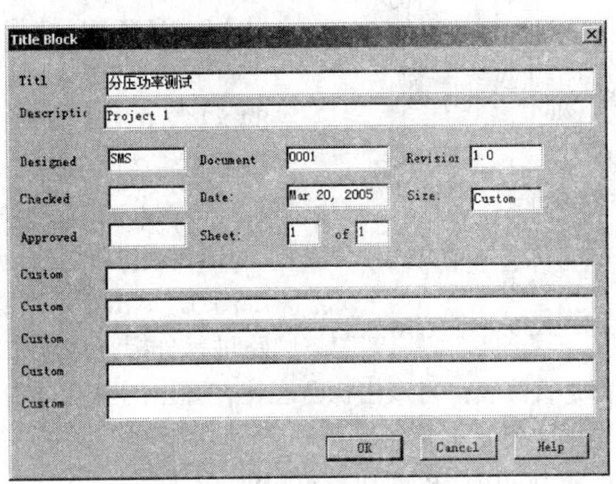

图 3.2.37　修改标题栏文字

③ 删除文本：右击文本框，从弹出菜单中选择 Delete 命令，或者选中文本后按 Delete 键。

④ 改变文本的颜色：右击文本框，在弹出菜单中选择“Pen Color…”命令，可设置合适的颜色。

⑤ 编辑文本：双击文本框，可以编辑修改选中的文本，单击文本框以外任一处结束编辑。

⑥ 移动文本框：单击并拖动文本框到新位置即可。

此时的电路如图 3.2.38 所示。

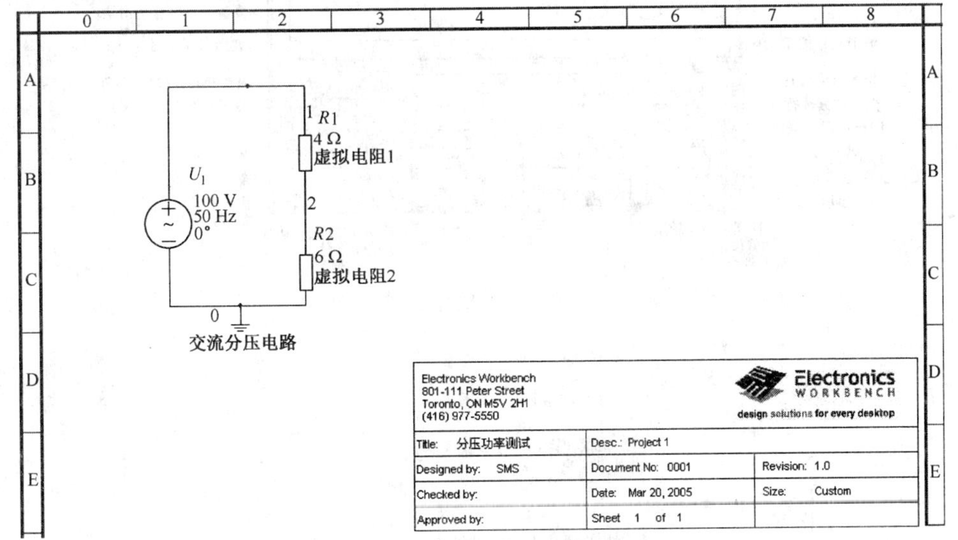

图 3.2.38　完成后的电路图

(6) **打印电路**：选择 File/Print 命令即可打印电路。再单击“保存”按钮，保存全部设计内容。

2．用多种方法仿真电路

(1) **用示波器仿真**：单击按钮，光标显示表明已经准备好放置仪表；移动光标至例 3.1 电路的上侧后单击，示波器图标 XSC1 出现在电路窗口中；仪器连接的结果如图 3.2.39 所示。

单击 (即 Run/Stop Simulate 按钮)，或单击仿真开关按钮，示波器开始工作，双击示波器小图标，打开示波器面板，经过合理设置，使波形显示效果较好，再单击 (暂停)按钮，分

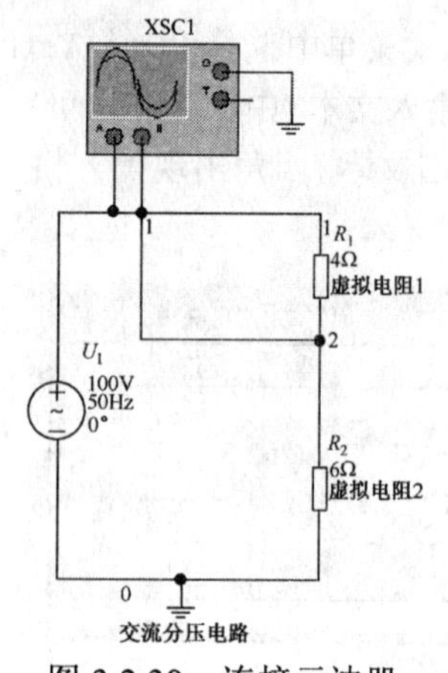

图 3.2.39　连接示波器

别移动标尺 T1 和 T2，可同时测得通道 ChA 和 ChB 的波形峰-峰值以及波形的半周期，波形数据及示波器界面设置情况如图 3.2.40 所示。

在示波器中间窗口得到测试结果如下：

标尺 T1 测得：334.900ms，−141.404V (CHA 波形负峰值)，−84.842V (CHB 波形负峰值)。

标尺 T2 测得：345.067ms，141.373V (CHA 波形正峰值)，84.824V (CHB 波形正峰值)。

T2—T1 的值：10.077ms (半个周期)，282.777 (CHA 波形峰-峰值)，169.666V (CHB 波形峰-峰值)。

(2) 用其他仪表进行测试

① 单击指示器按钮，调用电压探测表及电流探测表对例 3.1 的电路进行分析测试，如图 3.2.41 所示。注意：刚调出的电压 (或电流)探测表都是直流表，可双击探测表，在弹出的对话框中将其 Mode 栏改为 AC，就成了交流探测表了。AC 表显示结果为交流有效值，DC 表显示结果为交流平均值。图 3.2.41 所示电路中的电流为 10A，R_2 的电压降为 60V，R_2 的功率 600W。

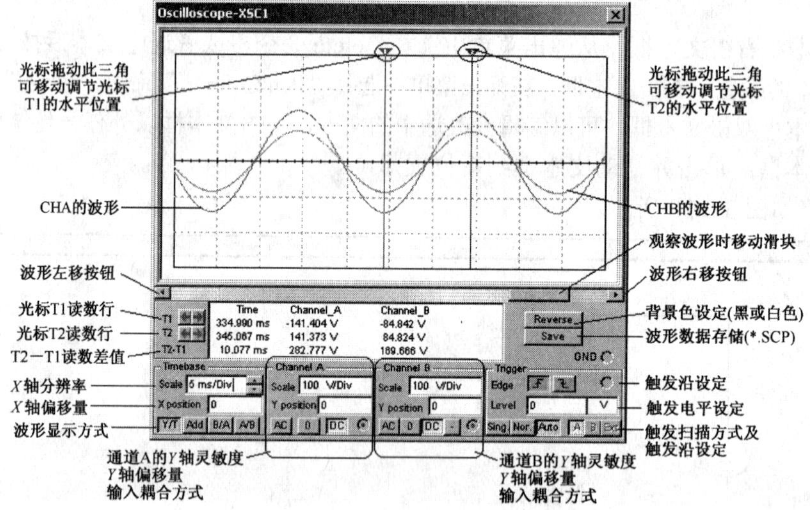

图 3.2.40　打开的示波器界面

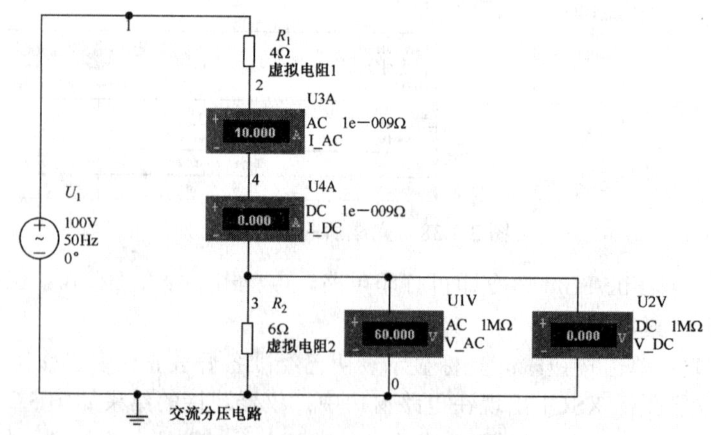

图 3.2.41　电压探测表及电流探测表的使用

② 用功率计测试电阻 R_2 的平均功率。调出一台功率计按图 3.2.42 连接，即电压表并在 R_2 的两端，电流表串在 R_2 支路中。启动仿真按钮，双击功率计小图标，在出现的面板中显示测试结果，如图 3.2.42 所示，可知平均功率测量结果是准确的。

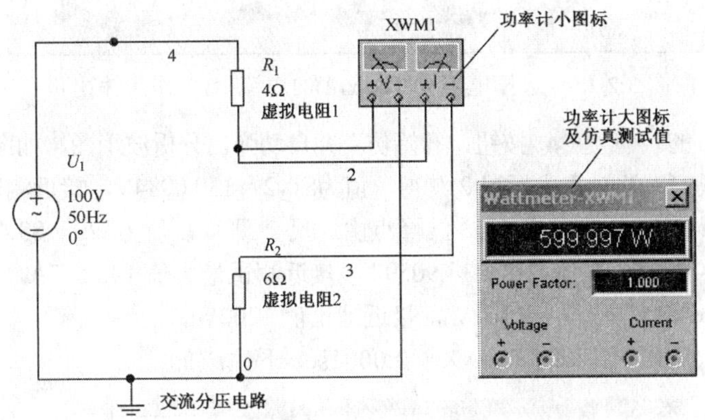

图 3.2.42　功率计的使用

(3) 用瞬态分析及后处理计算和分析电路：用瞬态分析 (Transient Analysis)可以分析例 3.1 电路的瞬态工作波形，即时域变化规律；且在做完一项分析的前提下还可以再做“后处理” (Postprocessor)，进行一些感兴趣的计算，下面用瞬态分析法对例 3.1 的电路分析输入、输出波形，求解 R_2 的瞬时功率波形。

① 选择菜单 Simulate/Analyses/Transient Analyses…命令，在弹出的 Transient Analysis 对话框中选择 Analysis Parameters 分析参数设置页，设置开始时间：0sec，终了时间：0.08sec，如图 3.2.43 所示。

单击图 3.2.43 的 Output variables 标签，单击 More >> 按钮，出现图 3.2.44，选中左窗口中输出变量节点$1，$2，单击 Add 按钮把它们从左窗口加到右窗口，如图 3.2.44 所示，因为这两个节点的波形是将要输出被观察的。

单击图 3.2.44 的 Add device/model parameter 按钮，弹出如图 3.2.45 所示器件模型参数对话框，选中右二栏的电阻 R_2 (即 xr2)，选中右三栏的电流“i”作为输出量 (后处理时要用)，单击“OK”按钮退出，回到图 3.2.44。

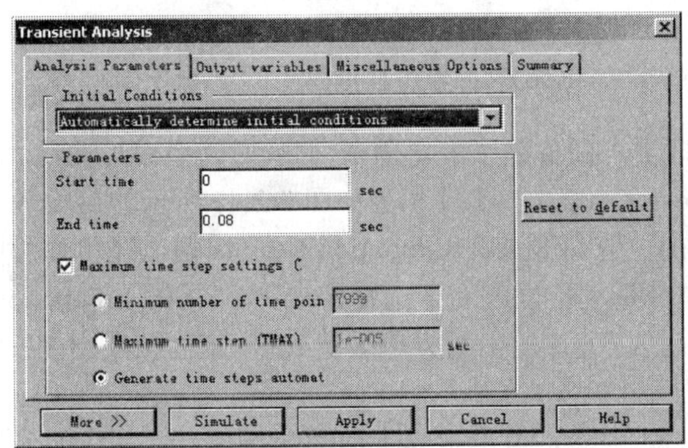

图 3.2.43　设置瞬态分析的开始、终了时间

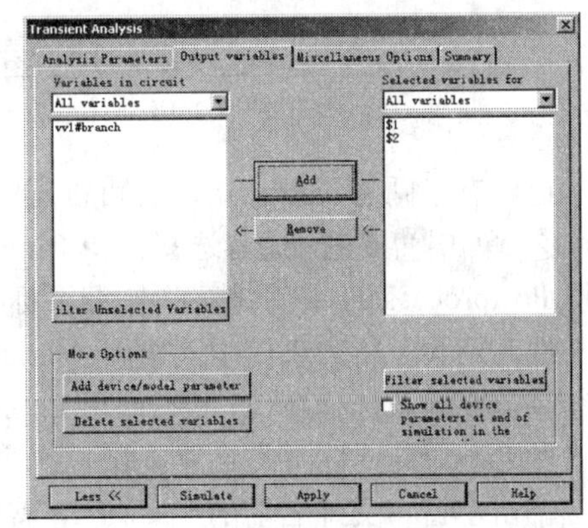

图 3.2.44　节点$1，$2 加到右窗口

单击图 3.2.44 的 Filter selected variables 按钮，在出现的 Filter nodes 对话框中，在 Display internal node，Display Submodules，Display Open pins 三个选项前面打勾后，单击“OK”按钮退出 Filter nodes 对话框，此时，图 3.2.44 的左窗中出现@r:xr2[i]，这就是 R_2 (即 xr2)的电流，把@r:xr2[i]选中加到图 3.2.44 的右窗中 (图略)。

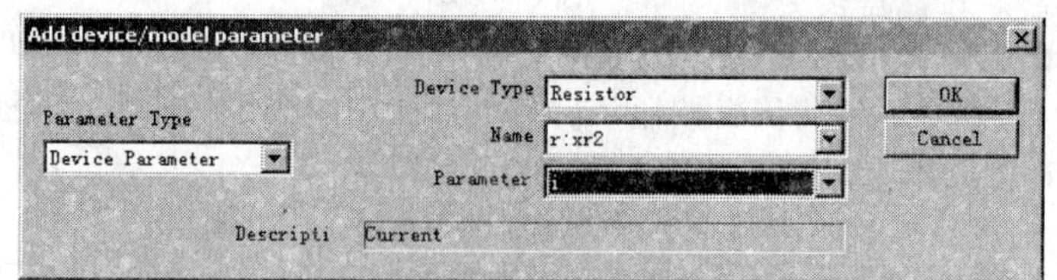

图 3.2.45　选择电阻 R_2 (即 xr2)的电流“i”作为输出量

单击图 3.2.44 下方的 Simulate 按钮，开始仿真并自动弹出分析波形图，如图 3.2.46 所示。经过手工调节标尺，可知：节点$1 波峰点由标尺 2 测得，值为$1y2 = 139.0984V，接近测试最大值 140.5670V，也接近理论最大值 141.42V，合理；节点$2 波峰点由标尺 2 测得，值为$2y2=83.4569V，接近测试最大值 84.3402V，合理；R_2 的峰值电流“i”=13.9059A，接近测试最大值 14.0567A，合理；计算 R_2 的峰值功率“P (R2)”=83.4569V*13.9059A=1161W，接近理论值 1200W。

注：图 3.2.46 是在设置仪表的 TMAX = 0.0001sec 下生成的。

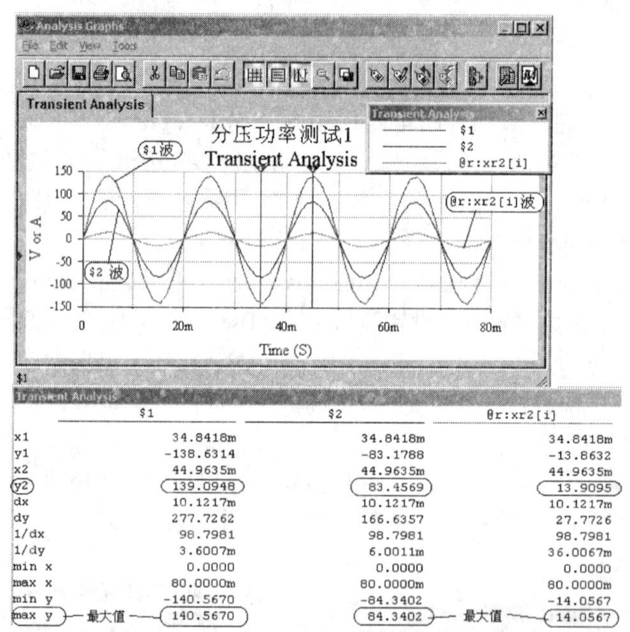

	$1	$2	@r:xr2[i]
x1	34.8418m	34.8418m	34.8418m
y1	-138.6314	-83.1788	-13.8632
x2	44.9635m	44.9635m	44.9635m
y2	139.0948	83.4569	13.9095
dx	10.1217m	10.1217m	10.1217m
dy	277.7262	166.6357	27.7726
1/dx	98.7981	98.7981	98.7981
1/dy	3.6007m	6.0011m	36.0067m
min x	0.0000	0.0000	0.0000
max x	80.0000m	80.0000m	80.0000m
min y	-140.5670	-84.3402	-14.0567
max y	140.5670	84.3402	14.0567

图 3.2.46　瞬态分析 (Transient Analysis)后的输出波形图

已经有了瞬态分析结果，就可以进行后处理了，任务是求解电阻 R_2 的瞬时功率波形曲线。

② 单击按钮，或者选择菜单 Simulate\Postprocessor，就打开了如图 3.2.47 所示的后处理设置框 Postprocessor，打开 Expression 翻页标签，它的左窗口 Select Simulation Results 是已经仿真的电路文件名及其分析列表，中间窗口 Variables 是变量对话框及变量选择窗口，右边窗口 Functions 是运算符或函数选择窗口，下边窗口 Expressions 是后处理的函数方程表达式区。下面按照图 3.2.47 所示做 Expression 翻页的设置，操作次序如下。

单击左窗口文件名前的“+”，它就打开变为“–”，再单击其下面的分析项目，相应的分析变量名出现在中间 Variables 窗口中，在 Variables 下拉列表中，可以用下拉菜单选择显示出来的变量，包括 All (所有变量)，Top level (仅显示顶层变量)，Subcircuit (仅显示子电路的变量)，Open pins (仅显示各引脚参数变量)，Device parameters (仅显示器件参数变量)。

在中间的 Variables 窗口中，单击选中在函数方程中要用的变量 (即 R_2 的电流@r:xr2[i])，再单击 Copy Variable to Equation 按钮，该变量就出现在 Expressions 窗口中，排在计算公式的开头部位。

再在右边 Functions 窗口中单击乘法运算符“*”，单击 Copy Functions to Equation 按钮，该乘法运算符“*”就出现在下边 Expressions 窗口中，排在@r:xr2[i]的后面。

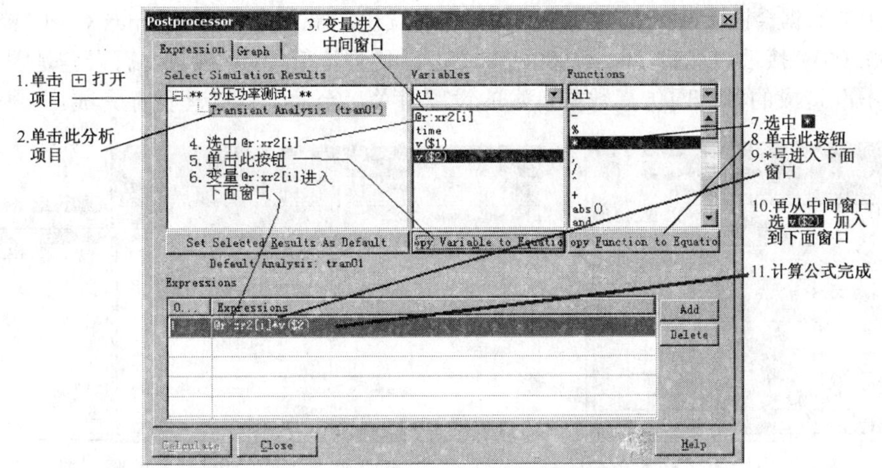

图 3.2.47　在 Postprocessor 窗口 Expression 翻页标签设置电阻 R_2 的瞬时功率计算公式

再在中间 Variables 窗口，选中节点 2 的电压变量名“v ($2)”，单击 Copy Variable to Equation 按钮，该变量就出现在 Expressions 窗口中，这样就完成了电阻 R_2 的瞬时功率计算公式，即@r:xr2[i]*v ($2)。若要删除此公式，选中它，单击右方的 Delete 按钮；若要输入第二个公式，单击右方的 Add 按钮，就开辟第二个录入行，可以输入第二个公式。

但现在图 3.2.47 左下方的 Calculate 计算按钮还是“虚”的，无法对刚录入的公式进行计算，必须再单击图 3.2.47 的 Graph 翻页标签，打开 Postprocessor 窗口如图 3.2.48 所示，做进一步设置：单击右上部 Add 按钮，在中间输入电路名称“交流分压电路例 3.1”，再单击右中部 Add 按钮，在中间输入图形名称“例 3.1—Post_Process_Diagram_1”，然后单击左下窗口中的计算公式 (选中，使变蓝色)，再单击下中部的按钮 >>，把文件调入右下窗口 (图 3.2.48 正好完成到这一步)，此时才可以看到左下部的“计算”按钮被激活，现在单击 Calculate 按钮，软件进行计算，弹出分析图形窗口如图 3.2.49 所示，图中它的纵坐标单位不是功率，而是电压，如不经过纠正而存档，会在今后误导使用者。下面进行纵坐标单位的修正操作。

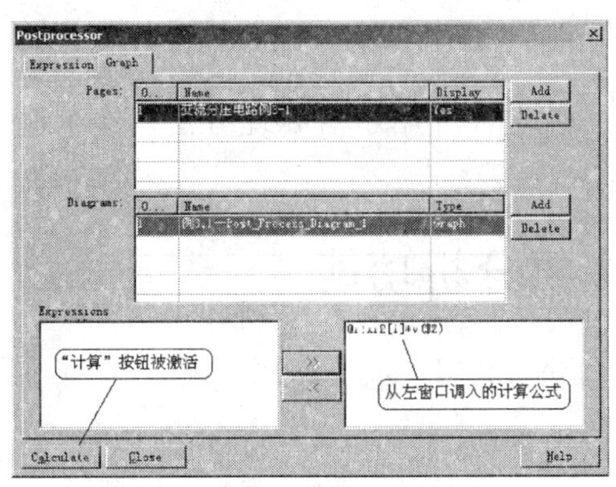

图 3.2.48　对 Postprocessor 窗口的 Graph 翻页标签做图形的相关设置

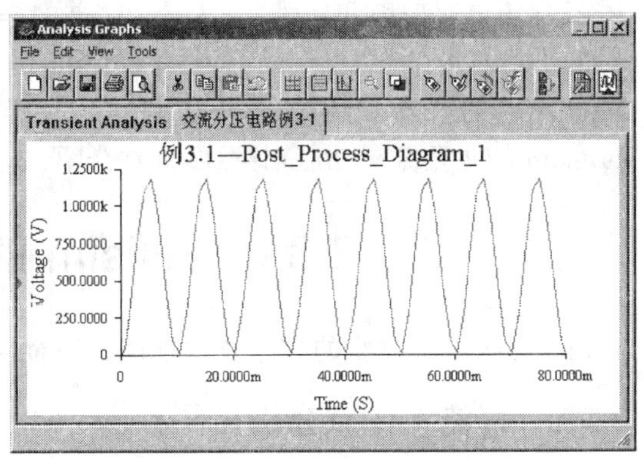

图 3.2.49　初次出现的图形纵坐标有严重的错误，等待用户修正

单击图 3.2.49“Analysis Graphs”窗口的按钮，或单击菜单 Edit/Properties，弹出 Graph Properties 窗口，如图 3.2.50 所示。在 Left Axis (左坐标)分页中，把 Label 对话框中的文字改为 pr2 (W)，其含义是电阻 R_2 的瞬时功率 (单位：W)，再单击“确定”按钮。

于是弹出新的图形窗口，如图 3.2.51 所示，其纵坐标已被改正。

用鼠标仔细移动图 3.2.51 中 Analysis Graphs 窗口的测量游标，调到波峰点，在移动游标时，右边数据窗口中的数据会同步改变，调好后从数据窗可读出：最大瞬时功率“max y = 1.1855k (W)”，这同理论值 1200W 接近；周期“dx = 9.8969ms”，这同理论值 10ms 接近，有误差是因为手动调节标尺的位置不准造成的，且同仿真数据点数的设置有关。至此，后处理任务完成。

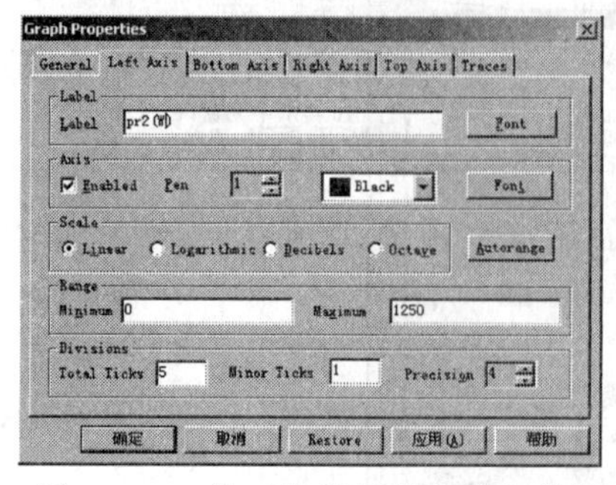

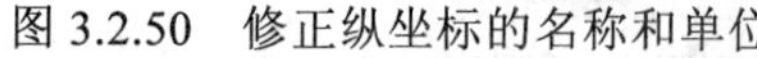

图 3.2.50　修正纵坐标的名称和单位

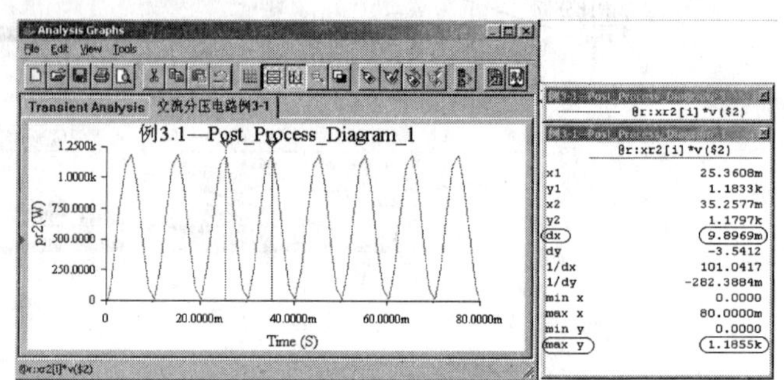

图 3.2.51　纵坐标正确的电阻 R_2 的瞬时功率曲线图和数据弹出窗口

注：由图 3.2.31 中例 3.1 被测电路的结构及参数可知有下述理论计算公式，可用于对后处理仿真所得图形数据的误差进行分析：

输入电压　$u_1(t)=\sqrt{2}\cdot 100\cdot\sin(2\pi\cdot 50\cdot t)\ \text{V}$　(3.2.1)

R_2 上电压　$u_2(t)=\sqrt{2}\cdot 60\cdot\sin(2\pi\cdot 50\cdot t)\ \text{V}$　(3.2.2)

R_2 中电流　$i_2(t)=\sqrt{2}\cdot 10\cdot\sin(2\pi\cdot 50\cdot t)\ \text{A}$　(3.2.3)

正弦电压或正弦电流频率　$f = 50\text{Hz}$　(3.2.4)

正弦电压或正弦电流周期　$T = 0.02\text{s} = 20\text{ms}$　(3.2.5)

R_2 瞬时功率　$p_2(t)=v_2(t)\cdot i_2(t)=1200\cdot\sin^2(2\pi\cdot 50\cdot t)\ \text{W}$　(3.2.6a)

或　$p_2(t)=v_2(t)\cdot i_2(t)=600\cdot(1-\cos(2\pi\cdot 100\cdot t))\ \text{W}$　(3.2.6b)

R_2 瞬时功率最大值　$p_2(t)_{\max}=1200\text{W}$　(3.2.7)

R_2 瞬时功率波形频率　$f_{\text{p}}=100\text{Hz}$　(3.2.8)

R_2 瞬时功率波形周期　$T_{\text{p}}=0.01\text{s}=10\text{ms}$　(3.2.9)

R_2 的平均功率　$P_2=600\text{W}$　(3.2.10)

Multisim 的操作使用方法介绍到此，注意，本例已经介绍了后处理方法，在下面 3.4 节 (Multisim 的主要分析功能)中不再重复介绍。

3.3　Multisim 的主要分析功能

Multisim 提供了丰富的电路分析功能，下面将分别进行介绍。

3.3.1　直流工作点分析

1．概述

直流工作点分析就是对放大器直流通路进行分析以求取静态工作点。利用 Multisim 的直流工作点分析 (DC Operating Point Analysis)命令，就可以完成直流工作点的仿真和分析。

2．应用举例

【例 3.2】 分压式工作点稳定共发射极放大电路如图 3.3.1 所示，试仿真分析其直流工作点。

解：首先用显示内部节点的画图法设计出电路如图 3.3.1 所示。查得 BJT 晶体管 12N2222A 的 BF (即 HFE)=220，VJE (约为 VBEQ)=0.75V (查阅此参数为人工校验用，如果需要的话)。

再选择菜单 Simulate/Analysis/DC Operating Point 命令，出现 DC Operating Point Analysis 设置对话框，选择 Output variables 选项卡并单击 More 按钮后如图 3.3.2 所示，先将左面 Variables in circuit 窗口中已有的全部变量 (\$1～\$5，vv1#branch)全部选中，单击 Add 按钮，选中的变量移到右面 Selected variables for 窗口中；再在打开的 More Options 栏，单击 Add device/model parameter 按钮，逐一调出 VT_1 的各引脚电流“ib，ic，ie”工作点处的跨导“gm” (调出方法同例 3.1 图 3.2.43 至图 3.2.45 类似)，最后如图 3.3.2 所示。另外两个选项卡可不予理会。

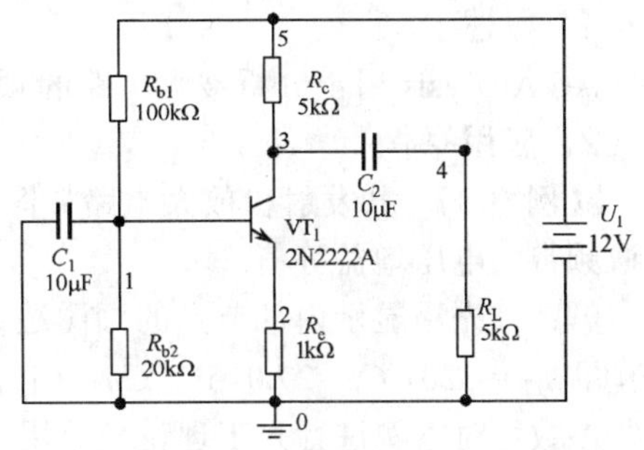

图 3.3.1　分压式工作点稳定共发射极放大电路直流工作点分析

然后单击图 3.3.2 中窗口下方的 Simulate 按钮，仿真开始进行，很快获得分析结果，自动弹出 Analysis Graphs 窗口，如图 3.3.3 所示。

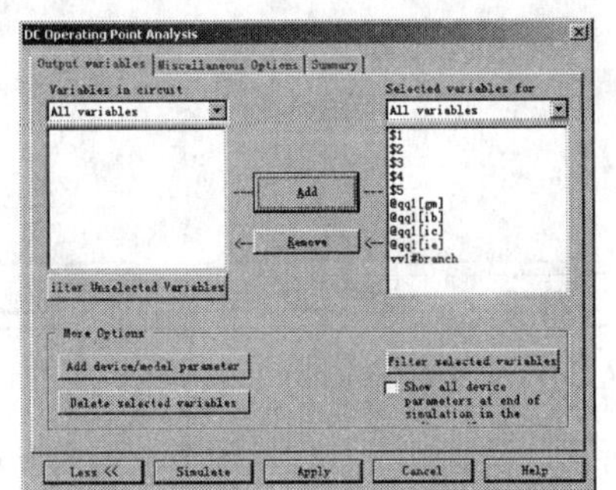

图 3.3.2　设置直流工作点分析卡的输出量

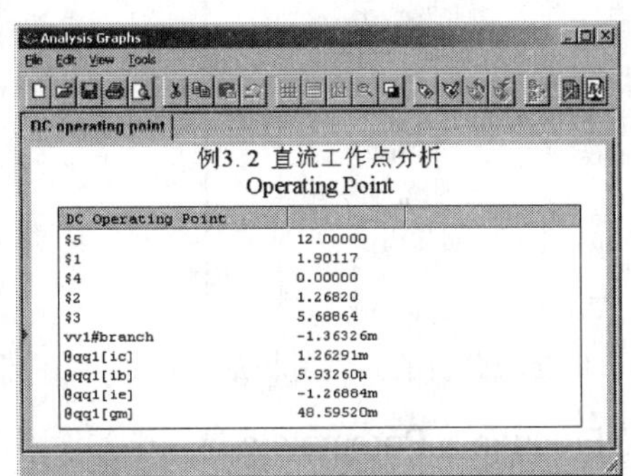

例3.2 直流工作点分析

Operating Point

DC Operating Point	
\$5	12.00000
\$1	1.90117
\$4	0.00000
\$2	1.26820
\$3	5.68864
vv1#branch	-1.36326m
@qq1[ic]	1.26291m
@qq1[ib]	5.93260μ
@qq1[ie]	-1.26884m
@qq1[gm]	48.59520m

图 3.3.3　直流工作点的分析结果

由图 3.3.3 的 Analysis Graphs 窗口参数结合图 3.3.1 中的电路节点号码，可知直流工作点为：UB=U1=1.90117V，UE=U2=1.26820V，UBEQ=UB-UE=0.63297V，UC=U3=5.68864V，UCE=UC-UE= 4.42044V，UBC=UB-UC = −3.78747V，IC= @ qq1[ic]=1.26291mA，IB= @qq1[ib] =5.93260μA，IE = − @ qq1[ie] =1.26884mA，工作点处的跨导 gm = 48.59520 mS (毫西门子)。

3. 应注意的几个问题

仿真软件规定直流电源“V1”的电流 vv1#branch 的正方向为从电源正端流入到其负端流出，而实际流向相反，故 vv1#branch 显示值等于负值 (vv1#branch= −1.36326mA)。软件规定 VT_1 的静态发射极电流@qq1[ie]的正方向为流入发射极，而实际发射极工作电流 IE 是从发射极流出来的，故显示窗中其值为负 (@qq1[ie]=−1.26884mA)。软件给出的结果取 6～7 位有效数，这是理想化了的，实验中若测直流工作点数据取 3 位有效数即可。输出量设置时单击 Add device/model parameter 按钮，还可调出 VT_1 的@ qq1[Vbe] (BE 结直流工作电压降)，@ qq1[Vbc] (BC 结直流偏置电压)；这两项也是重要的同直流工作点有关的量，本例再次添加这两项再仿真后这些量的值为：@ qq1[Ube]=632.69100mV，@ qq1[Ubc]= −3.78732V，数据有误差是因为器件模型及计算的点数有限造成的。应注意 BJT 管放大电路的动态分析传统上用流控模型，低频下用交流电流放大倍数 hEF (≈HFE)来求解，但近年来，有用压控模型的跨导“gm”来求解，这样 BJT 管和场效应管放大电路的动态分析可统一到全用跨导模型计算；仿真软件在 BJT 电路直流工作点分析的同时自动生成工作点处的跨导参数“gm”显然已考虑了这一统一的趋势。

3.3.2 交流分析

1．概述

AC Analysis 用于分析被测电路的频率特性。

2．应用举例

【例 3.3】 共发射极放大电路如图 3.3.4 所示，试用交流分析求出电路的频率特性曲线，读取通频带、电压增益等值。

解：首先用显示内部节点的画图法设计出电路如图 3.3.4 所示。查得 BJT 晶体管 2N2222A 的 BF (即 h_{FE})=220，C_{JE}=27.01pF，C_{JC}=9.12pF，工作点处的跨导 g_m = 48.59520mS(参见例 3.2 的结果，这些参数可对本例进行人工理论校验用，如果需要的话)。

再选择菜单 Simulate/Analysis/AC Analysis 命令，出现 AC Analysis 对话框，如图 3.3.5 所示，该设置窗口共有 4 个选项卡，通常只需设置 Frequency Parameter 和 Output variables 两个选项卡。

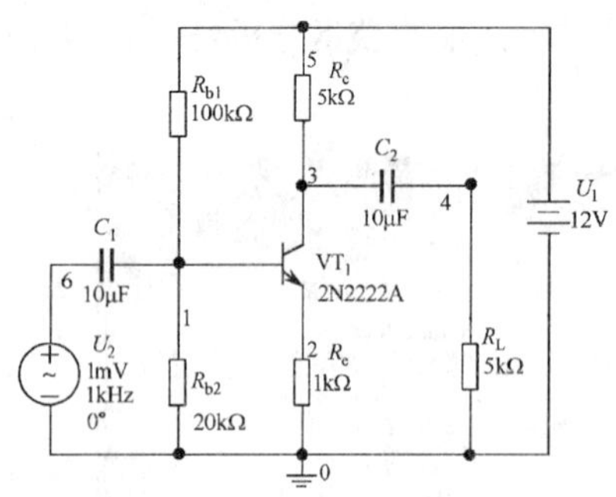

图 3.3.4 做交流分析的共发射极放大电路

图 3.3.5 AC Analysis 窗 Frequency Parameter 页的设置

(1) Frequency Parameters 选项卡的设置：如图 3.3.5 所示，设置项目有扫描频率、扫描方式等。其中：

① Start frequency 为频率特性分析起始扫描频率。

② End frequency (FSTOP)为频率特性分析终点扫描频率。

③ Sweep type 为扫描形式，可设置 Decade (十倍频程)，Octave (八倍频程)或 Linear (线性)。

④ Number of points per decade 为曲线每倍频程仿真扫描时的计算点数。

⑤ Vertical scale 为纵轴显示单位设置，可设置 Linear (线性)，Logarithmic (对数)，Decibel (分贝)，Octave (八进制数)。

本例选择扫描频率范围 1Hz～5GHz，扫描形式为 Decade (十倍频程)，每十倍频程显示 100 点、纵轴显示单位 Decibel (分贝)。一般以上参数可能要经过几番设置，几番仿真，才能得到较理想的仿真显示曲线。

(2) Output variables 选项卡的设置：该页的设置方法同图 3.3.2 的输出量设置法，本例选择输出节点 4 的电压。

然后单击图 3.3.5 下方的 Simulate 按钮，仿真获得分析结果，如图 3.3.6 所示，先进行个性化设置：单击改变背景为白色、单击改变标题栏 (Title)，本例对标题栏添加了“交流分析”几个字；单击某个纵轴可以激活该曲线，此时左边有一个红色三角标志说明此曲线已激活，再单击按钮可以调出它的读数游标和数据窗，用鼠标移动游标可以测量频率特性参数；先后把两个曲线的游标和数据窗分别调出来，曲线窗口上面曲线为幅频特性，其纵轴表示电路输出幅值同输入幅值之比，单位为分贝(dB)；下面曲线为相频特性，其纵轴表示输出与输入间的相位差，单位为度(deg)；两个曲线横轴都为频率，刻度为对数坐标。上面的数据窗为幅频特性数据，下面的数据窗为相频特性数据，将标尺 1 移到幅频曲线中间平坦部分，上面的数据窗的“y1”和“x1”标示值为标尺 1 读数，读数“y1=5.7372dB ”就是电压增益；将标尺 2 右移，使得上数据窗中的“dy=y2–y1=–3dB”，则标尺 2 读数的“x2=34.7833MHz”就是上限截止频率“fH”。同法可以求得下限截止频率“fL”。激活相位曲线可以分析相位关系和下数据窗相频特性数据。由于电路图节点 4 为输出，节点 6 为输入，则由下式：

$$20\log\frac{U_4}{U_6}=20\log\frac{U_o}{U_i}=20\log A_U=5.7372(\text{dB})=\text{上数据窗y1值}$$

则可求出放大器电压放大倍数 $A_U=10^{\frac{5.7372}{20}}=1.94$，这是由于图 3.3.4 电路的发射极电阻 R_e 的电流串联负反馈作用，使得放大倍数较低，但是其上限截止频率就较高了。

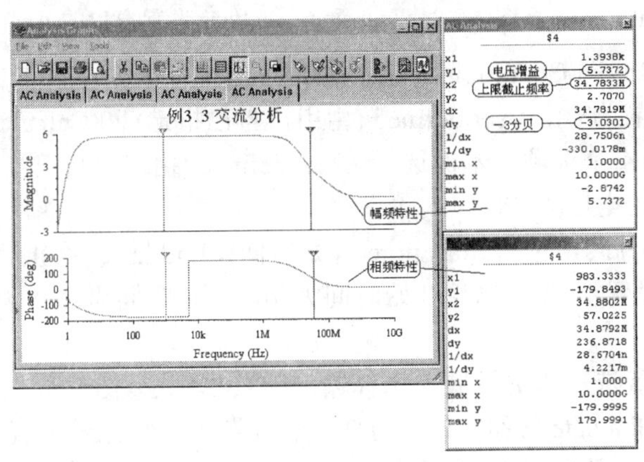

图 3.3.6　AC Analysis 分析结果的图形显示窗

3．应注意的几个问题

被分析电路中的管子要用具体的管子如 2N2222A，而不能用虚拟理想管 (BJT_NPN_ VIRTUAL)。

AC 分析前，软件先做 DC 工作点的分析，获得所有非线性元件的线性化小信号模型，且自动按照小信号条件做 AC 分析；注意前台电路的独立输入源应保证为正弦电压源，且不论输入端所加是 1mV，1kHz 小信号正弦电压还是 1TV，1THz 极大信号正弦电压，在仿真后所得频率特性曲线完全相同。

若 Vertical Scale 纵轴显示单位设置为 Linear (线性)，则在仿真后所得幅频曲线纵轴为放大倍数，无量纲，且用标尺 1 测幅频特性平坦区所得“y1”值就是中频放大倍数值“Aum”，则求上限截止频率时，要将放大倍数“Aum”的值乘以 0.707，得到上限截止频率处的放大倍数“Auh=0.707Aum”，再将标尺 2 右移使得“y2=0.707Aum”的值，则此时的“x2”的值为上限截止频率值“fH”。

3.3.3　瞬态分析

1．概述

瞬态分析 (Transient Analysis) 是指在给定激励信号及电路初始条件下，对电路中选定节点的时域响应特性分析。在进行瞬态分析之前，电路的初始状态可由设计者指定，若不加指定，软件会自动先对被测节点进行直流工作点分析，其分析结果作为瞬态分析的初始条件。

2．应用举例

【例 3.4】 分析图 3.3.7 所示一阶 RC 电路中输出节点 2 的波形。

解：用显示内部节点的画图法设计出电路如图 3.3.7 所示。要得到波形，可通过示波器观察或通过瞬态分析，本例用瞬态分析法。

选择菜单 Simulate/Analysis/Transient Analysis…命令，出现 Transient Analysis 设置对话框，如图 3.3.8

所示，该设置窗口共有 4 个选项卡，通常只需设置 Analysis Parameter 和 Output variables 两个选项卡。

(1) Analysis Parameters 选项卡的设置：如图 3.3.8 所示，分述如下。

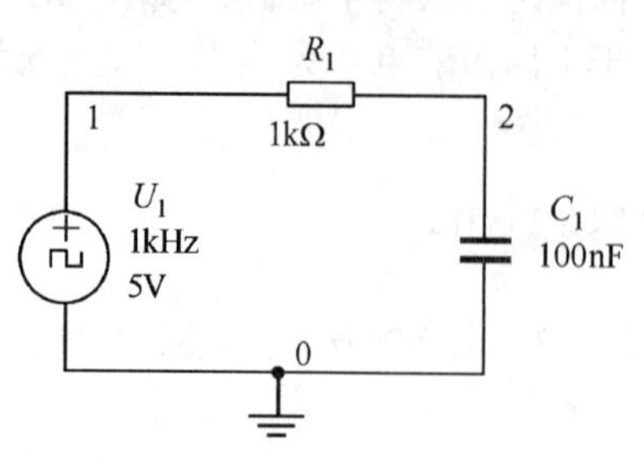

图 3.3.7　一阶 RC 电路

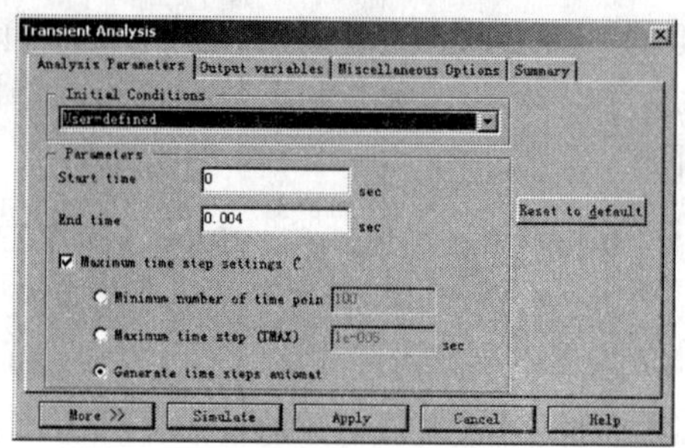

图 3.3.8　Transient Analysis 设置窗口的 Analysis Parameters 选项卡设置

① 初始条件设置 (Initial Conditions)：包括 Automatically determine initial conditions (由系统自动确定)，Set to zero (设置为 0)，User defined (由用户自己指定) 和 Calculate Dcoperation points (通过计算直流工作点得到) 4 个选项。本例选择 User defined (由用户自己指定)，并双击电容，在其属性窗口设置电容的初始电压为 5V。

② 参数设置(Parameters)：包括 Start time(开始时间)，End time (终止时间)，Maximum time step settings (最大时间步长设置)。本例选择开始时间为 0，终止时间为 0.004s，最大时间步长设置取默认值。

(2) Output variables 选项卡的设置：选择输出节点 2，设置方法同图 3.3.2。

设置完毕后，单击 Simulate 按钮，开始仿真并给出节点 2 的电压随时间变化的曲线，如图 3.3.9 所示，个性化设置及游标和数据窗的用法同例 3.3。

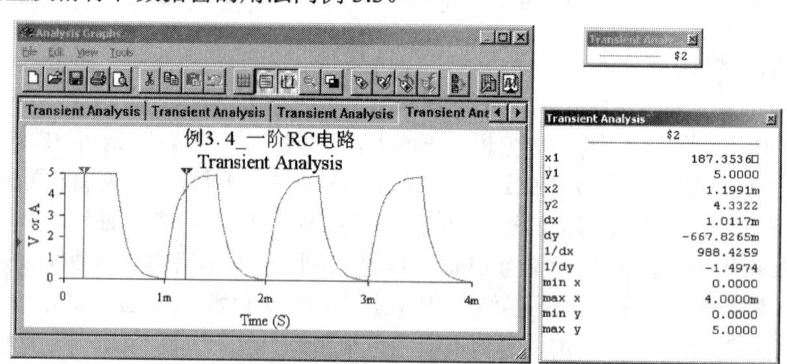

图 3.3.9　一阶 RC 电路的 Transient Analysis 分析结果

3. 应注意的几个问题

在 Analysis Parameters 选项卡的 Start time (开始时间)，End time (终止时间) 设置，必须考虑前台电路输入信号的情况，本例输入信号频率为 1kHz，周期为 0.001s，这样本例选择开始时间为 0，终止时间为 0.004s，可以观察 4 个输出波形，电容的初始值也可清晰地观测到；如果终止时间设置得太长，将无法看清细节，需要重新设置；也可在已经打开的 Analysis Graphs 窗口中，右键单击时间轴，在弹出的 Graph Properties 窗口修改 Range 的 Minimum (最小值) 及 Maximum (最大值)，使得观察范围缩小，单击“确定”按钮，则显示的图形立即可清晰。

3.3.4　傅里叶分析概述

1. 概述

傅里叶分析 (Fourier Analysis) 方法用于分析一个时域信号的直流分量、基频分量和各高次谐波分量，仿真分析时根据设定的最高谐波数先进行瞬态分析，最后结果给出频谱图。此外，还给出了总的谐波失真系数 THD，分析的谐波数由用户设定。

在进行傅里叶分析时，一般将电路中的交流信号源的频率设为基频。若在电路中有两个或两个以上交流信号源，可以将基频设定在这些频率的最小公因数上。例如，有两个交流信号源 10.5kHz 和 7kHz，则基频应取为 0.5kHz。

2．应用举例

【例 3.5】 已知阻容耦合共发射极放大电路如图3.3.10 所示，试利用傅里叶分析方法分析输出电压谐波失真系数 D。

解：首先用显示内部节点的画图法设计出电路如图 3.3.10 所示。再选择菜单 Simulate/Analysis/Fourier Analysis…命令，出现 Fourier Analysis 设置对话框，如图 3.3.11 所示，该设置窗口共有 4 个选项卡，通常只需设置 Analysis Parameters 和 Output variables 两个选项卡。

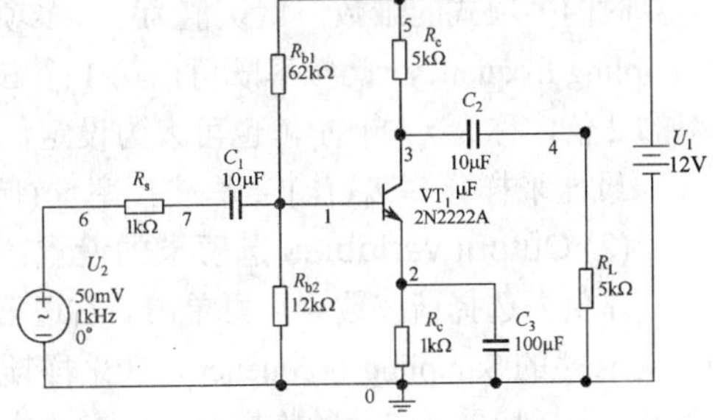

图 3.3.10 阻容耦合共发射极放大电路

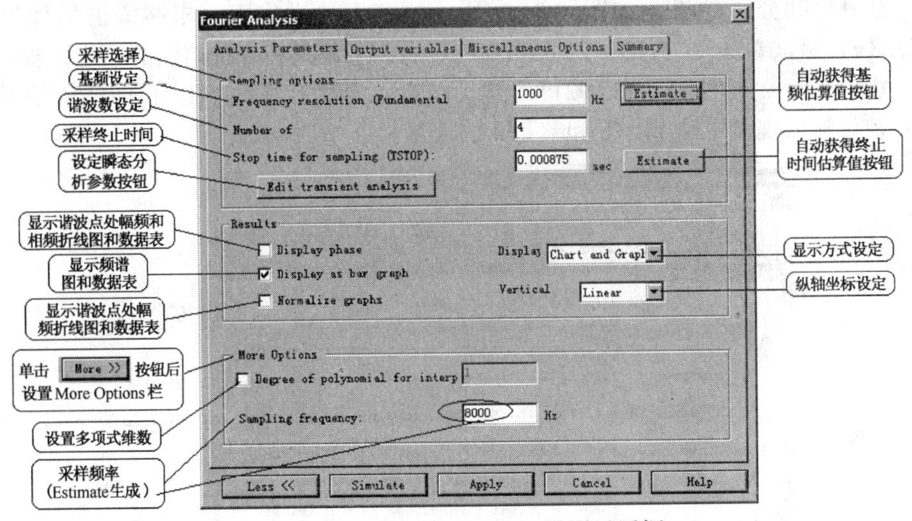

图 3.3.11 Fourier Analysis 设置对话框

(1) Analysis Parameters 选项卡的设置：如图 3.3.11 所示，分述如下。

① 采样选择设置栏 (Sampling options) 包括 Frequency resolution (Fundamental) (基频设定)，可由用户自己设定为 AC 源频率或多个 AC 源的最小公因数上，也可单击其右边的 Estimate 按钮由软件自动确定，由软件自动确定时其实就是前台电路的 AC 输入信号频率。Number of harmonics (谐波数设定)，由用户设定，通常取 3～5 即可。Stop time for sampling (TSTOP) (采样终止时间设定) 可单击其右边的 Estimate 按钮，软件会自动根据最高谐波频率决定采样终止时间，如果自己设定，推荐在每一采样终止时间内保证最高谐波信号出现 10 个周期的波，该软件的所谓采样终止时间其实为瞬态分析用。

② 结果显示设置栏 (Results) 包括左面 3 个多选框和右面两个下拉窗。单选 Display phase 选项卡，结果有数据窗及谐波点的幅频曲线、相频曲线的折线图。选择 Display as bar graph 选项卡，结果有数据窗及频谱图。选择 Normalize graphs 选项卡，结果有数据窗及谐波点的幅频曲线折线图。

同时选择任意两个或三个选项卡，显示结果是它们的某种默认组合。Display 下拉窗，选择结果显示方式，通过下拉可选 Chart and Graph (同时显示数据和图形)，Graph (只显示图形)，Chart (只显示数据)；推荐采用 Chart and Graph。Vertical 下拉窗，选择纵轴显示方式，通过下拉可选 Linear (线性)，Logarithmic (对数)，Decibel (分贝)，Octave (八倍频)。推荐采用 Linear (线性) 或 Decibel (分贝)。

单击 More 按钮后出现 More Options 栏，可选中 Degree of polynomial for interpolation，输入插值运算时的多项式的维数，默认值为 1；多项式的维数越高，仿真运算的精度越高。还可设定采样频率 Sampling frequency，此频率既可由第 1 个 Estimate 按钮自动按照奈奎斯特采样定律生成为最高谐波频率的 2 倍，称为 f_s (自动)，也可人为设定，为提高精度，推荐的关系式为

最佳采样频率 f_s (佳) = 基波频率 × (谐波数目+1) ×每个周期内至少 10 个取样点

(2) Output variables 选项卡的设置：选择输出节点，本例选择节点 4，设置方法同图 3.3.2。

本例先选择谐波数=4，再单击其右边第 1 个 Estimate 按钮自动得基频=1000Hz，同时下方 More Options 栏的 Sampling Frequency，即采样频率自动得出 8000Hz (此值为最高谐波频率 4000Hz 的两倍，合乎奈奎斯特采样定律的临界要求)，单击右边第 2 个 Estimate 按钮自动得采样终止时间=0.000875s；选择结果方式为 Display as bar graph 频谱图，选择显示为 Chart and Graph，选择纵坐标为线性。

设置完毕后，单击 Simulate 按钮，开始仿真。仿真结束，自动打开 Analysis Graphs 窗口，给出节点 4 的傅里叶分析结果，如图 3.3.12 所示，在上述设定下，电路输出信号的直流分量 DC=–0.36788V，谐波总失真 THD = 20.6921%，还显示了基频和各次谐波的幅值、相位值及归一化的幅值、相位值。由于 THD = 20.6921%，输出节点 4 的波形显然产生削波失真，有兴趣的读者不妨利用双踪示波器观测电路节点 6 和节点 4 的波形。

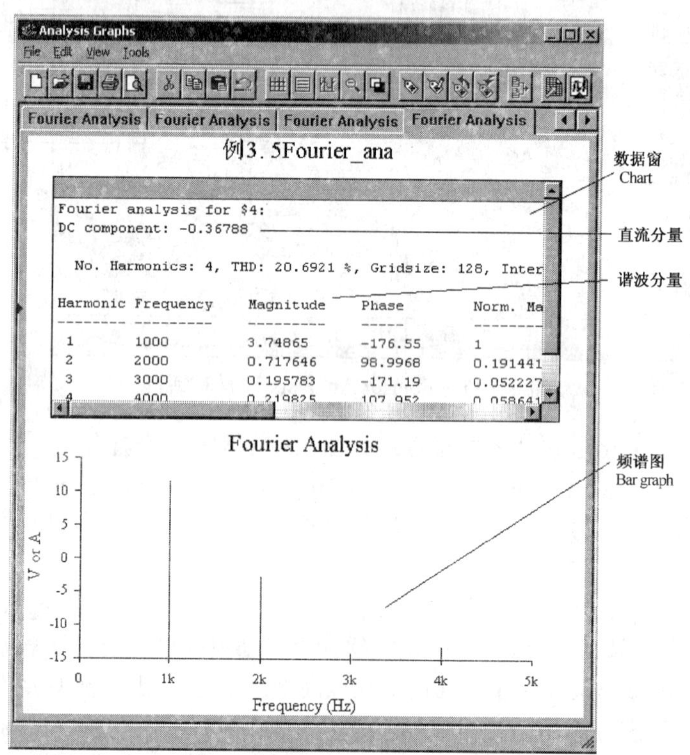

图 3.3.12　傅里叶分析结果

3. 应注意的几个问题

(1) 在其他选择方式不变的情况下，只改变采样终止时间，仿真结果会有变化，它和采样精度有关。

(2) 谐波总失真 THD 和电路的输入信号大小及放大倍数有关。输入信号越大，电路放大倍数

越大，放大后的输出幅值会变大从而发生大的削波失真，从而 THD 变大。

(3) 采样终止时间 Stop time for sampling (TSTOP) 和采样频率 f_s 不是一个概念，但它们都同仿真精度有关，且同设定的谐波数有关，如表 3.3.1 所示。

表 3.3.1 基波 1kHz 下的自动采样终止时间和最佳采样频率一览表

设定谐波数目	2	3	4	5	6	7	8	9
最高谐波频率/kHz	2	3	4	5	6	7	8	9
最高谐波信号周期/μs	500	333	250	200	167	143	125	111
自动获得的 TSTOP/μs	750	833	875	900	917	928	938	944
在 TSTOP 时间内分析最高谐波的波形个数	1.5	2.5	3.5	4.5	5.5	6.5	7.5	8.5
采样频率 f_s (自动) /kHz	4	6	8	10	12	14	16	18
采样频率 f_s (佳) /kHz	30	40	50	60	70	80	90	100

分析：谐波数＝4 的列，最高谐波频率＝4000Hz，最高谐波周期＝250μs，自动获得的 TSTOP=875μs，在 TSTOP 时间内分析最高谐波的波形个数=3.5 个，采样频率 f_s (自动) =8kHz，f_s (佳) =50kHz。

谐波数＝9 的列，最高谐波频率＝9000Hz，最高谐波周期＝111μs，自动获得的 TSTOP＝944μs，在 TSTOP 时间内分析最高谐波的波形个数＝8.5 个，采样频率 f_s(自动)＝18kHz，f_s(佳)＝100kHz。

这里 9 次谐波的幅值很小，在做离散 FFT 运算时，为保证精度，必须连续多做几个波的 FFT 运算，软件默认做了 8.5 个波的运算，再除 8.5 平均，得 1 个 9 次谐波波的幅值；工作过程是：在 944μs 时间内，软件按照 f_s (自动)＝18kHz (或按照 f_s (佳) =100kHz) 的采样频率对 9000Hz 谐波的波形采样。

而 4 次谐波的幅值要大一些，故只需做 3.5 个 4000Hz 谐波的 FFT 运算，再除 3.5 平均。

3.3.5 失真分析

1. 概述

失真分析 (Distortion Analysis) 用于分析小信号模拟电路中的谐波失真和内部互调失真。所谓谐波失真分析是指当电路中只有一个交流信号源时利用失真分析可确定指定的电路节点处二次和三次谐波造成的谐波失真。所谓互调失真分析是指当电路中有两个交流信号源，设其频率分别为“F1”和“F2”(假设“F1＞F2”)，则利用失真分析可确定指定电路节点处的内部互调失真“F1＋F2”，“F1－F2”和“2F1－F2”，即两个频率之差值、两个频率之和值以及二倍频与另一个频率的差值。

2. 应用举例

【例 3.6】 分析图 3.3.13 共发射极电路在两个输入源下的节点 4 的内部互调失真。

解：首先用显示内部节点的画图法设计出电路如图 3.3.13 所示。再选择菜单 Simulate/Analysis / Distortion Analysis...命令，出现 Distortion Analysis 设置对话框，如图 3.3.14 所示，该设置窗口共有 4 个选项卡，通常只需设置 Analysis Parameters 和 Output variables 两个选项卡。Analysis Parameters 页的设置窗如图 3.3.14 所示，其中前 5 行的设置与 AC Analysis 分析菜单的 Frequency Parameter 页的设置方法相同 (参见图 3.3.5)，这里不再介绍。若选中第 6 行 F2/F1 ratio 项，软件做包含多个输入频率源的电路内部互调失真分析，即若有两个频率源，那么当“F1”进行扫描时，“F2”将被设置为该比率乘以开始频率，该值必须在 0～1 之间，本例选中它。

反之，若只有一个输入频率源，则不选该项，则软件做二次和三次谐波造成的谐波失真。在 Output variables 选项卡设置输出变量名，本例选输出节点 4。设置完毕后，单击 Simulate 按钮，分析开始，然后自动弹出结果显示窗 Analysis Graphs，结果自动分在 3 页，分别单击可以一一调出，对刚刚切换调出的图，双击曲线，可以激活曲线所在窗的快捷按钮，再做调其读数标尺等操作，调出的图 3.3.15(a)为“f1+f2”的互调失真曲线，图 3.3.15(b)为“f1－f2”的互调失真曲线，

图 3.3.15(c)为“2f1－f2”的互调失真曲线，这些互调失真曲线上面为幅频特性，下面为相频特性，曲线读数的方法前面已有介绍。

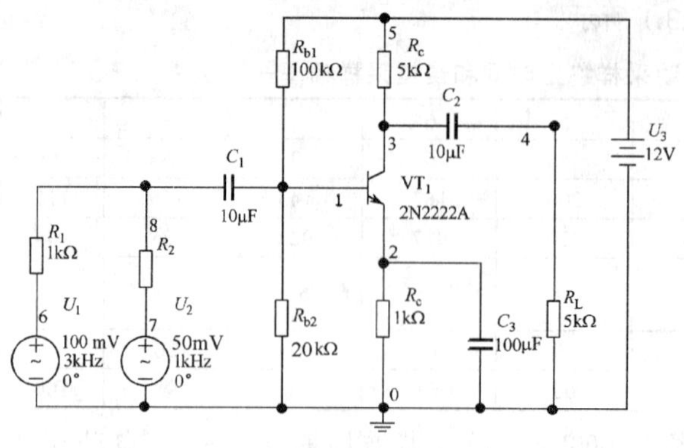

图 3.3.13　共发射极电路的失真分析

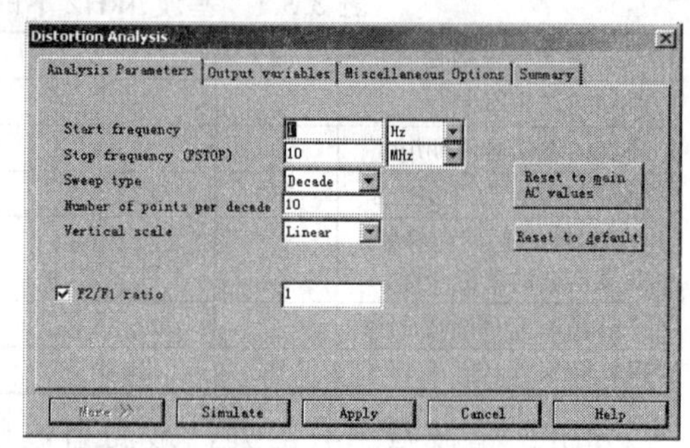

图 3.3.14　Distortion Analysis 设置对话框 Analysis Parameters 选项卡的设置

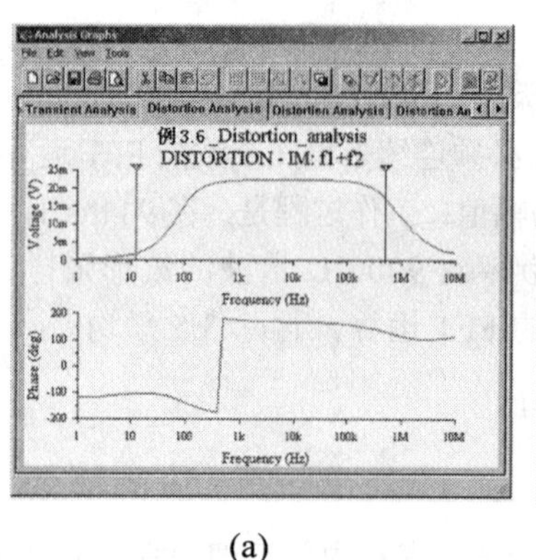

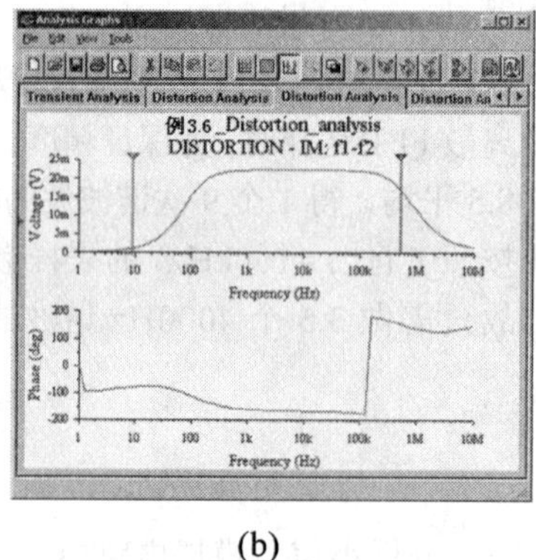

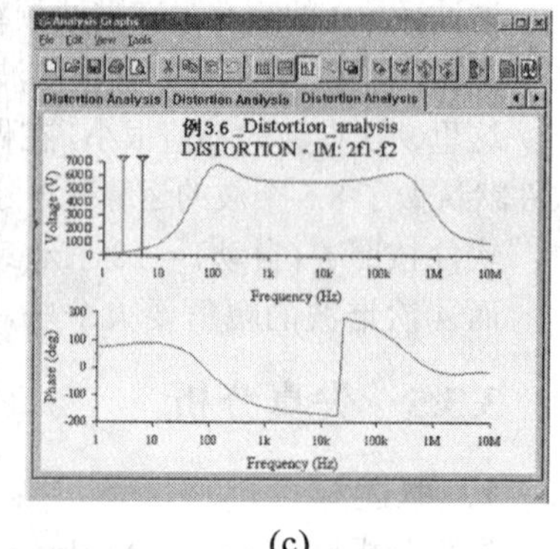

(a)　(b)　(c)

图 3.3.15　Distortion Analysis 的结果显示 (f2/f1 ratio = 1)

只有一个交流输入信号源时利用失真分析确定指定电路节点处的二次和三次谐波造成的谐波失真的仿真请读者自行尝试，不再列举。

3．应注意的几个问题

失真分析必须注意被分析的电路的结构、输入信号情况及软件分析设置情况，本例是对图 3.3.13 的电路及其输入信号，并取 f2/f1 ratio = 1 条件下做的分析。否则，读取图 3.3.15 的结果就没有意义了。本例电路为基本放大电路，没有交流负反馈，故互调失真较大；若把图 3.3.13 电路的发射极旁路电容 C_3 去掉，其余不变，就加入了负反馈，则在同样输入信号下的互调失真就会很小，读者不妨一试。

3.3.6　直流扫描分析

1．概述

直流扫描分析 (DC Sweep Analysis) 是计算电路在不同直流源下的直流工作点。在分析前，应先检查电路，确定扫描的直流源和要分析的节点 (或输出量)。

2．应用举例

【例 3.7】 请用直流扫描分析法，显示 BJT 晶体管 2N2222A 的共射输出特性曲线，并按照 BJT 晶体管共射电流放大系数 h_{FE} 的理论定义，从所得的输出特性曲线求取 $U_{CE} = 10V$ 左右，$I_B = 5μA$ 时的共射直流电流放大系数 h_{FE} 的值。

解：构造一个分析用电路如图 3.3.16 所示，BJT 晶体管 2N2222A 为流控管，故输入回路加直流电流源 I_1，输出回路加电压源 U_1，才符合晶体管共射电流放大系数 h_{FE} 的测试理论定义。检查电路，为显示 BJT 管共射输出特性曲线，确定第一个扫描源为直流电压源 U_1，它就是输出特性曲线横轴物理量 U_{CE} (V)，第二个扫描源为直流电流源 I_1，它就是输出特性曲线的参变量 I_B (A)，要分析的输出量为管子 VT_1 的电流 I_C，不妨称其为广义的输出节点，它就是输出特性曲线纵轴物理量 I_C (A)。

选择菜单 Simulate/Analysis/DC Sweep...命令，出现 DC Sweep Analysis 设置对话框，如图 3.3.17 所示，该设置窗口共有 4 个选项卡，通常只需设置 Analysis Parameters 和 Output variables 两个选项卡。Analysis Parameters 选项卡的设置窗口如图 3.3.17 所示，设置方法如下。

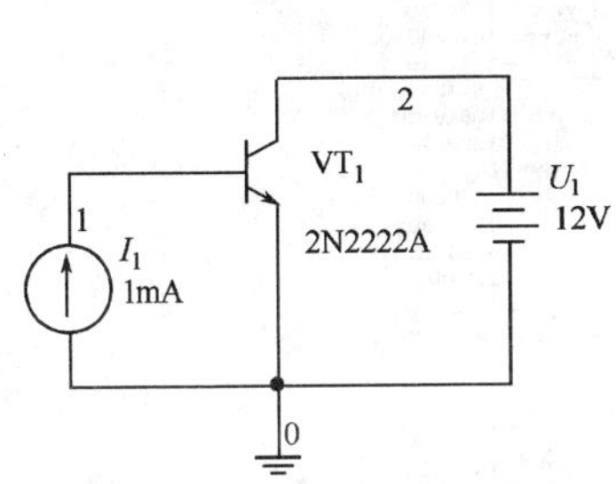

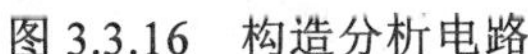
图 3.3.16　构造分析电路

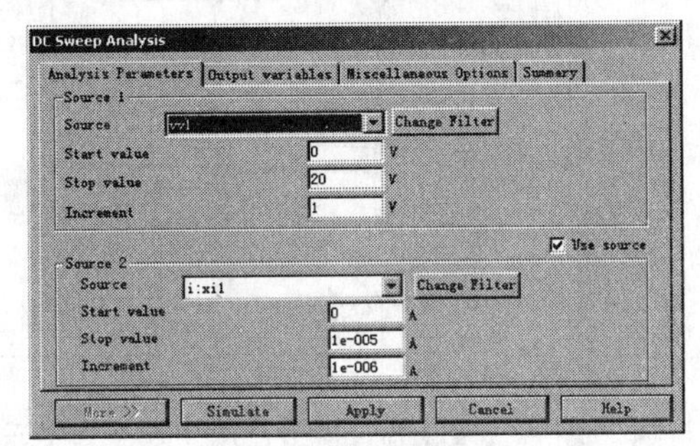

图 3.3.17　DC Sweep Analysis 设置对话框的 Analysis Parameters 选项卡

在 Source 1 (扫描源 1) 的栏中，选择 Source 为“VV1”（即电压源 U_1)，Start value 为 0V，Stop value 为 20V，扫描步进值 Increment 为 1V。再选中 Use sourse (打勾)，则 Source 2 栏被激活，但其 Source 框中开始只有“VV1”，单击其右的 Change Filter 按钮，弹出 Filter nodes 窗，将中间 Display submodules 选中，单击“OK”按钮退出，再看 Source 框中就出现电流“i:xi1”（即电流源 I_1)，选其 Start value 为 0 A，Stop value 为“1e-005A”（即 10μA)，扫描步进值 Increment 为“1e-006A”（即 1μA)。至此，Analysis Parameters 选项卡设置完毕。

在 Output variables 选项卡选择输出量，现在要选管子 VT_1 的电流“@qq1[ic]”（即 I_C) 作为输出量，方法参见例 3.2 的图 3.3.2。输出量“@qq1[ic]”选中后，全部设置完成。

单击 Simulate 按钮，仿真并自动弹出结果，但需要在 Multisim 的 Analysis Graphs 图形窗中，按照例 3.1 后处理时介绍的方法修改本例的纵轴及横轴的名称和单位使之合乎逻辑，修改后的图如图 3.3.18 所示，单击按钮激活游标及数据窗，用鼠标移动标尺使标尺 2 移到“x2=10.0249V”，再将鼠标箭头指到中间一条输出曲线上，左下出现数据“i:xi1=5e-006；@qq1[ic]”，即 I_B=5μA 处，而该输出曲线与标尺 2 的交点处的电流 I_C 要水平地在纵轴上去量，显然无法量准，此时可借助数据窗了，光标拉动数据窗下边的滑块，拉到右边出现“i:xi1=5e-006；@qq1[ic]”，即 I_B=5μA，查得此点“y2=1.1191mA”（即此点 I_C)。计算得到

$$H_{FE}=I_C/I_B=1.1191\text{mA}/5\mu\text{A}=223.82$$

使用直流扫描分析法仿真分析求取 H_{FE} 的任务到此完成。

3. 应注意的几个问题

使用直流扫描分析法时，应注意的问题有：第一，要选对主扫描量 Source 1 (即输出曲线的横轴物理量)，副扫描量 Source 2 (即参变量)，输出量 Output variables (即输出曲线的纵轴物理量)；第二，必须注意仿真结果曲线的横轴和纵轴的物理量，仿真结束后刚出现的曲线图形窗中坐标轴的物理量往往不对，这时需要立即修改坐标轴的物理量，使之合乎实际分析问题相应物理量的名称和单位。

3.3.7 DC 和 AC 灵敏度分析

1. 概述

灵敏度 (Sensitivity) 是指电路中任一节点的电压或支路电流对电路中的元件参数的敏感程度。

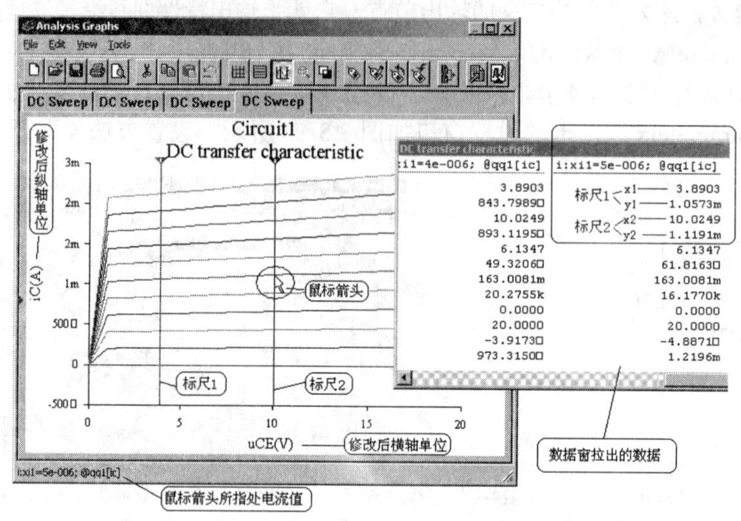

图 3.3.18 仿真后输出的晶体管共射输出特性曲线

定义函数 $T(x)$ 对参数 x 的绝对灵敏度 (Absolute) $\mathrm{AB_}S_X^T$ 为

$$\mathrm{AB_}S_X^T = \frac{\partial T}{\partial X}$$

定义函数 $T(x)$ 对参数 x 的相对灵敏度 (Relative) $\mathrm{Rel_}S_X^T$ 为 X 的相对变化量引起 T 的相对变化量的比，即

$$\mathrm{Rel_}S_X^T = \frac{\dfrac{\mathrm{d}T}{T}}{\dfrac{\mathrm{d}X}{X}} = \frac{\mathrm{d}T \cdot X}{\mathrm{d}X \cdot T} = \frac{\mathrm{d}T}{\mathrm{d}X} \cdot \frac{X}{T}$$

直流 (或交流) 灵敏度分析采用参数扰动法，计算参数变化对于指定节点的电压 (或指定支路的电流) 的影响，并列表 (或绘曲线) 显示分析结果。

2. 应用举例

【例 3.8】 简单分压电路如图 3.3.19 所示，试做直流灵敏度分析：计算节点 2 的电压受电路中元件或电源变化的影响程度。

解：(1) 理论分析：节点 2 的电压 U_2 为电阻 R_1，R_2 及电压源 U_1 的函数，表达式为

$$U_2 = \frac{R_2}{R_1 + R_2} U_1$$

则 R_2 对节点电压 U_2 的绝对灵敏度 (Absolute) 为 $\mathrm{AB_}S_{R_2}^{U_2}$ =0.003V/ Ω，也就是说，R_2 每增加 1Ω，U_2 的电压会增加 0.003V。

R_2 对 U_2 相对灵敏度 (Relative) 为其绝对灵敏度再乘以(R_2/U_2 初值) = 0.5 = 500m。

R_1 对节点电压 U_2 的绝对灵敏度 (Absolute) 为

$$\mathrm{AB_}S_{R_1}^{U_2} = -\ 0.003\mathrm{V}/\Omega$$

也就是说，R_1 每增加 1Ω，U_2 的电压会降低 0.003V。

R_1 对 U_2 相对灵敏度 (Relative) 为其绝对灵敏度再乘 (R_1/U_2 初值) = –0.5= –500m。

电源 U_1 对 U_2 的灵敏度贡献恒定等于 500.00000m = 0.5

(2) 仿真分析：在 Multisim 中，选择菜单 Simulate→Analysis→Sensitivity 命令，弹出 Sensitivity Analysis 对话框，如图 3.3.20 所示，该设置窗口共有 4 个选项卡，通常只需设置 Analysis Parameters 和 Output variables 这两个选项卡。Analysis Parameters 选项卡的设置窗口如图 3.3.20 所示，设置方法如下。

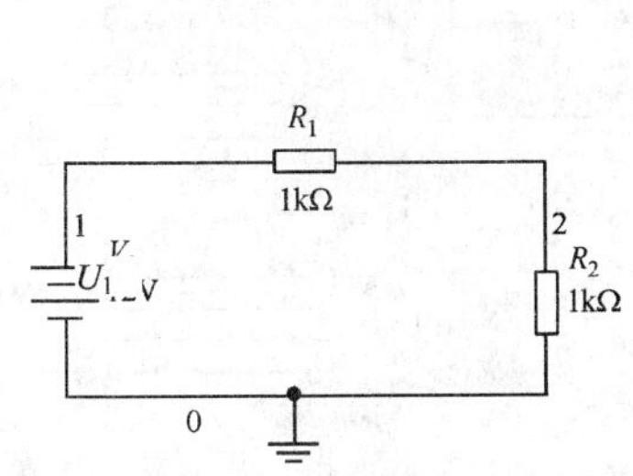

图 3.3.19　对电路做灵敏度分析

图 3.3.20　Sensitivity 分析设置

Output nodes/currents 用来设置输出电压/电流，本例选择输出节点 2 对参考节点 0 的电压；若选择输出电流则还需选择一个输出源，需通过单击其右边的按钮 Change Filter 打开 Filter Node 对话框，用打勾的方式选择显示内部节点 (Display internal node)、外部引脚 (Display open pins) 及子电路 (Display submodules) 中的输出变量作为输出源。

Output scaling 用来选择灵敏度的定义为绝对灵敏度 (Absolute) 还是相对灵敏度 (Relative)，本例选择绝对灵敏度 (Absolute)。

Analysis Type 用来选择分析类型是直流灵敏度 (DC Sensitivity) 还是交流灵敏度 (AC Sensitivity)，本例选择直流灵敏度；若选择交流灵敏度，则再单击激活的 Edit Analysis 按钮弹出 Frequency Parameters 选项卡，设置 AC 频率分析的扫描方式、扫描点数和纵轴类型。

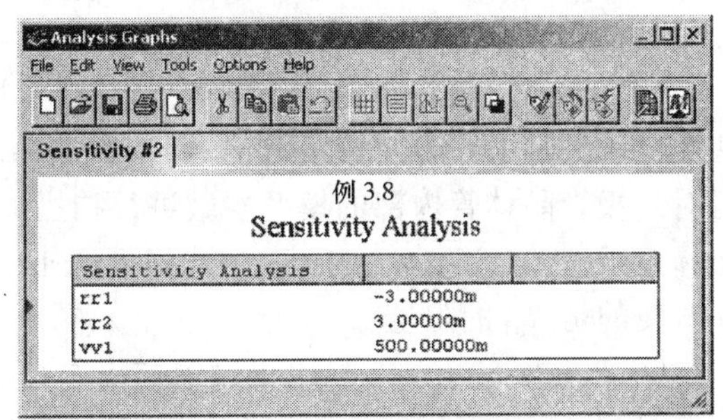

图 3.3.21　Sensitivity 分析结果

再在 Output variables 选项卡选择输出量，本例选“rr1”，“rr2”，“vv1”。

设置完毕，单击 Simulate 按钮，仿真并得到结果如图 3.3.21 所示，3 个数据同理论分析一致，直流灵敏度仿真完全正常。

3．应注意的几个问题

直流灵敏度每次分析计算输出节点电压/或电流对所有元件的灵敏度，可以帮助用户找到电路中对直流偏置点影响最大的元件；直流灵敏度分析结果保存在一个表格中。

交流灵敏度每次分析计算输出节点电压/或电流对选中的一个且仅一个器件的灵敏度，计算对该器件所有参数变化的灵敏度。交流灵敏度分析结果为绘出相应的频率特性曲线。

3.3.8　参数扫描分析

1．概述

参数扫描分析 (Parameter Sweep Analysis) 是把电路中某个元件的参数设定在一定范围内变化时分析其对电路的影响，相当于该元件每次取不同的值进行多次仿真。参数扫描可同直流工作点分析、交流分析和瞬态分析配合使用，利用它可以快速分析电路性能或对电路的性能指标进行优化。

2. 应用举例

【例 3.9】 对图 3.3.22 电路中上偏流电阻 R_{b1} 作参数扫描分析，观察其阻值在变化时对 VT_1 管基极电流和集电极电流的影响。

解：用显示内部节点的画图法设计出电路如图 3.3.22 所示。再选择菜单 Simulate/Analysis/Parameter Sweep...命令，出现 Parameter Sweep 设置对话框，如图 3.3.23 所示，该设置窗口共有 4 个选项卡，通常只需设置 Analysis Parameters 和 Output variables 这两个选项卡。

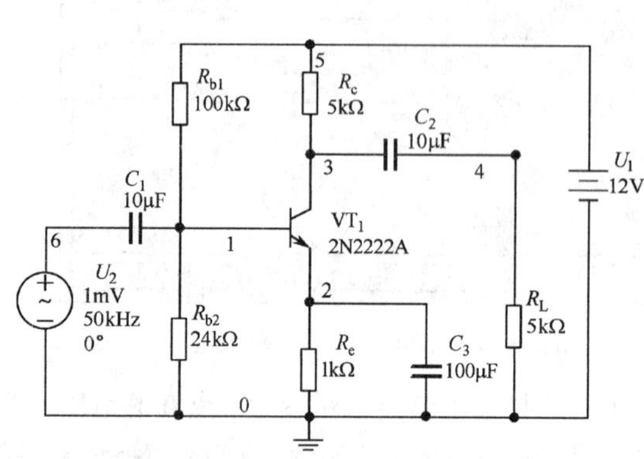

图 3.3.22 用参数扫描分析的共发射极电路

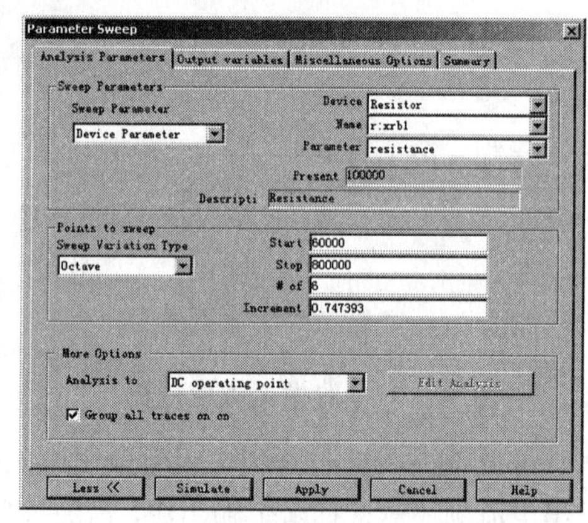

图 3.3.23 参数扫描分析的设置窗口

(1) Analysis Parameters 选项卡的设置：Analysis Parameters 选项卡分为 3 个栏目，分别用于设置扫描参数及扫描方式。

① Sweep Parameters 栏用于设置扫描参数：先在 Sweep Parameter 下拉窗选择扫描参数，有两类，一类是 Device Parameter，可对电路中的元件参数进行扫描；另一类是 Model Parameter，可对二极管晶体管内部的模型参数进行扫描。本例选择 Device Parameter 项。再在 Device 下拉窗选择电阻 (Resistor)，在 Name 中选择 “r:xrb1” (即电阻 R_{b1})，在 Parameter 中选择 resistance (表示要改变的是 R_{b1} 的阻值)。

② Points to sweep 栏用于设置扫描方式：先在 Sweep Variation Type 下拉窗选择扫描方式，可选 Decade (十倍刻度扫描)，Linear (线性刻度扫描)，Octave (八倍刻度扫描) 和 List (取列表值扫描) 4 种。选前 3 种都会出现右边 4 个设定窗，其中 Start 为开始扫描的值，Stop 为结束扫描的值，#of 为扫描的点数 (对于 Decade 和 Octave 两种扫描类型，是指每倍程刻度内的扫描点数)，Increment 为扫描的增量 (选中扫描点数后此值会自动生成)。本例选择 Octave，电阻从 60000Ω到 800000Ω扫描 6 点。

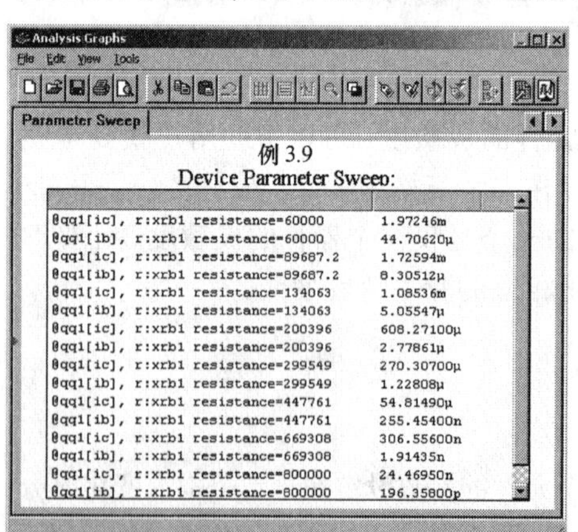

例 3.9
Device Parameter Sweep:

@qq1[ic], r:xrb1 resistance=60000	1.97246m
@qq1[ib], r:xrb1 resistance=60000	44.70620μ
@qq1[ic], r:xrb1 resistance=89687.2	1.72594m
@qq1[ib], r:xrb1 resistance=89687.2	8.30512μ
@qq1[ic], r:xrb1 resistance=134063	1.08536m
@qq1[ib], r:xrb1 resistance=134063	5.05547μ
@qq1[ic], r:xrb1 resistance=200396	608.27100μ
@qq1[ib], r:xrb1 resistance=200396	2.77861μ
@qq1[ic], r:xrb1 resistance=299549	270.30700μ
@qq1[ib], r:xrb1 resistance=299549	1.22808μ
@qq1[ic], r:xrb1 resistance=447761	54.81490μ
@qq1[ib], r:xrb1 resistance=447761	255.45400n
@qq1[ic], r:xrb1 resistance=669308	306.55600n
@qq1[ib], r:xrb1 resistance=669308	1.91435n
@qq1[ic], r:xrb1 resistance=800000	24.46950n
@qq1[ib], r:xrb1 resistance=800000	196.35800p

图 3.3.24 电阻 R_{b1} 参数扫描分析结果

③ More Options 栏用于选择参数变化时要进行的分析任务：在 Analysis to 下拉窗中可选直流工作点分析、瞬态分析和交流分析 3 种分析命令。本例要分析静态工作点电流的变化，故选 DC operating point。若选后两种分析，则还需单击该区右边的 Edit Analysis 按钮，对所选分析做相关的设置。

(2) Output variables 选项卡的设置：Output variables 选项卡用于选择输出变量。本例选择的是管子 VT_1 的工作电流 “@qq1[ib]” 和 “@qq1[ic]”，其选择方法参见例 3.2。

以上两选项卡设置完毕，单击 Simulate 按钮，开始仿真并获得结果，如图 3.3.24 所示。从图可知，在 R_{b1} 取不同值时，I_C 和 I_B 不同，对应的电流放大系数 h_{FE} 也不同，工作区也就不同，如表 3.3.2 所示 (仿真所得参数修约为 5 位或 4 位有效数)。

表 3.3.2 电阻 R_{b1} 参数扫描结果汇总分析表

R_{b1} (kΩ)	60.000	89.687	134.06	200.40	299.55	447.76	669.31	800.00
I_C (A)	1.97246m	1.7259m	1.0854m	608.271μ	270.31μ	54.815μ	306.56n	24.470n
I_B (A)	44.706μ	8.3051μ	5.0555μ	2.7786μ	1.2281μ	255.45n	1.9144n	196.36p
h_{EF}	44	208	215	219	220	215	160	125
U_{BE} (mV)	646.1	641.5	628.5	612.8	591.3	549.6	415.0	349.5
U_{BC} (V)	527.2m	−994.6m	−4.854	−7.735	−9.786	−11.12	−11.58	−11.65
工作区	饱和	放大	放大	放大	放大	近截止	截止	截止

注：双击电路图的 VT_1 管图标，调出 BJT_NPN 参数窗，单击 Edit Model 按钮，可查看 2N2222A 的 h_{EF}=220 及其他参数。
表中 U_{BE} 和 U_{BC} 为本例另一次追加输出量后的参数扫描，为节约篇幅，未摘图于此。

3. 应注意的几个问题

参数扫描后再自拟表 3.3.2 这样的表，对于提高仿真参数的利用率，弄懂电路原理，提高分析设计能力是很有好处的。

3.3.9 温度扫描分析

1. 概述

温度扫描用于分析不同温度下器件和电路的性能表现，具有实用意义。可以通过“温度扫描分析”(Temperature Sweep Analysis)对话框，选择被分析元件温度的起始值、终至值和每次 R 变化量。在进行其他分析时，电路的仿真环境温度默认设定在 27℃。

2. 应用举例

【例 3.10】 分析图 3.3.22 电路，当温度由−30℃变化到+100℃时，管子的工作点 I_C，I_B，U_{BE}，U_{BC} 的变化并进行总结。电路参数照图不变。

解：选择菜单 Simulate/Analysis/Temperature Sweep…命令，出现 Temperature Sweep Analysis 设置对话框，如图 3.3.25 所示，该设置窗口共有 4 个选项卡，通常只需设置 Analysis Parameters 和 Output variables 这两个选项卡。这两个选项卡的设置完全可仿照参数扫描的设置，不再赘述。设置后，单击 Simulate 按钮，开始仿真，并自动打开 Analysis Graphs 窗口，如图 3.2.26 所示。

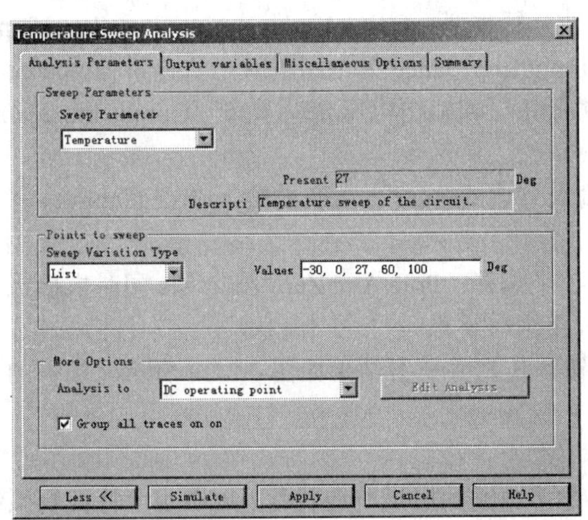

图 3.3.25 Temperature Sweep Analysis 设置对话框

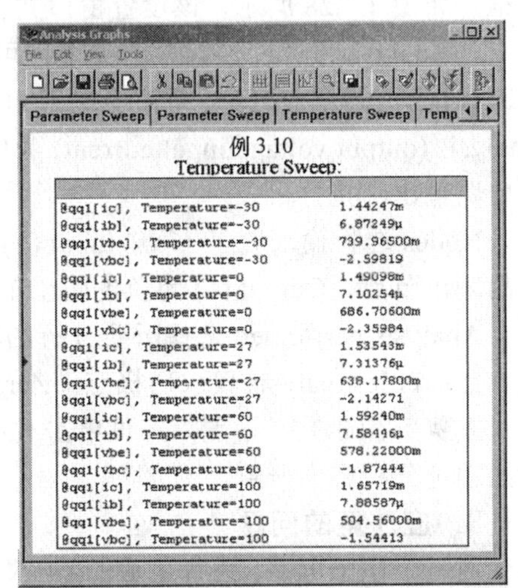

图 3.3.26 Temperature Sweep 的分析结果

分析图 3.2.26 可知，当温度上升，I_C 上升，I_B 上升，U_{BE} 下降，U_{CE} 下降，管子的工作点移向饱和区。本例电路虽是分压式工作点温度电路，但是仍有温漂。

3．应注意的几个问题

要克服温漂，可以采用差动放大电路。

3.3.10　零－极点分析

1．概述

零–极点分析 (Pole Zero Analysis) 方法可用于交流小信号电路传递函数中零点和极点的分析。它是一种对电路稳定性分析相当有用的工具。

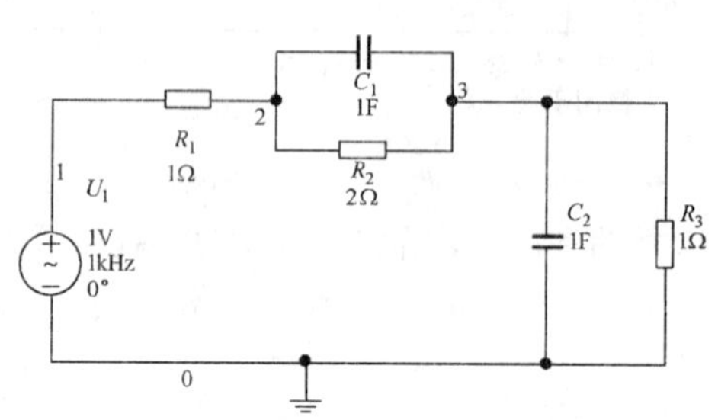

图 3.3.27　对 RC 电路做零–极点分析

零–极点分析步骤，通常软件自动先进行直流工作点分析，对非线性器件求得线性化的小信号模型，在此基础上，再分析传输函数的零点和极点。

2．应用举例

【例 3.11】 分析图 3.3.27 电路的零–极点。

解：(1) 理论分析：由图 3.3.27 的 RC 电路，有：

$$H(\mathrm{j}\omega)=\frac{U_3(\mathrm{j}\omega)}{U_1(\mathrm{j}\omega)}=\frac{\frac{1}{\mathrm{j}\omega C_2}//R_3}{R_1+(\frac{1}{\mathrm{j}\omega C_1}//R_2)+(\frac{1}{\mathrm{j}\omega C_2}//R_3)}$$

代入元件参数后，有：

$$H(\mathrm{j}\omega)=\frac{\mathrm{j}\omega+0.5}{(\mathrm{j}\omega)^2+3.5\mathrm{j}\omega+2}$$

令 $\mathrm{j}\omega=s$，则有：

$$H(s)=\frac{U_3(s)}{U_1(s)}=\frac{s+0.5}{s^2+3.5s+2}=\frac{s-(-0.5)}{[s-(-0.71922)][s-(-2.7808)]}$$

故电路有极点：pole(1) =–2.7808，pole(2) =–0.71922；零点：zero(1) =–0.5。

(2) 仿真分析：选择菜单 Simulate/Analysis/Pole-Zero…命令，出现 Pole-Zero Analysis 设置对话框，如图 3.3.28 所示，该设置窗口共有 3 个选项卡，通常只需设置 Analysis Parameters 选项卡。其中，Analysis Type 设置分析类型，可选择 4 种分析类型：Gain Analysis (output voltage/input voltage) 为电路增益分析，即输出电压/输入电压；Input Impedance 为电路输入阻抗分析；Impedance Analysis (output voltage/input current) 为电路互阻抗分析，即输出电压/输入电流；Output Impedance 为电路输出阻抗分析。

Nodes 选择输入/输出节点，Input (+) 为正的输入节点，Input (–) 为负的输入节点；Output (+) 为正的输出节点，Output (–) 为负的输出节点。

Analysis performed 选择所要分析的项目，有 3 个选择：Pole And Zero Analysis 同时求出极点和零点；Pole Analysis 仅求出极点；Zero Analysis 仅求出零点。

本例照图 3.3.28 设置后，再单击 Simulate 按钮，仿真并获得结果如图 3.3.29 所示。求得的数据同理论分析完全一致。

3．应注意的问题

对一个电子电路，系统函数的零–极点分布决定了电路的时域响应特性、频率响应特性和系统稳定性，零–极点分布同稳定性关系图如图 3.3.30 所示，以利于判断电路同分析结果间的关系。

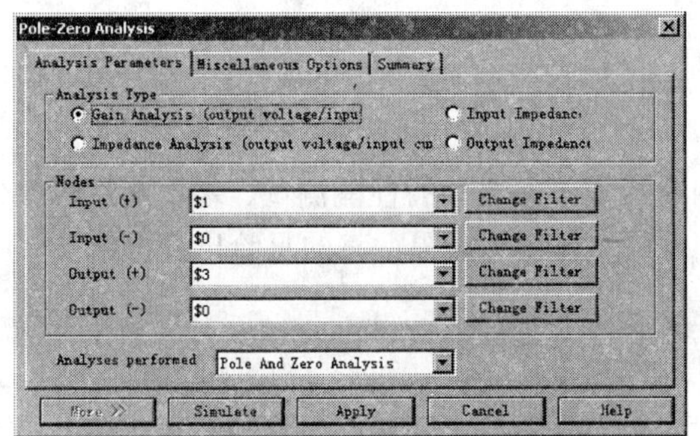

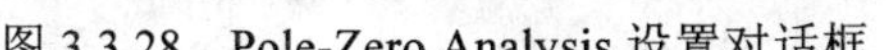

图 3.3.28　Pole-Zero Analysis 设置对话框

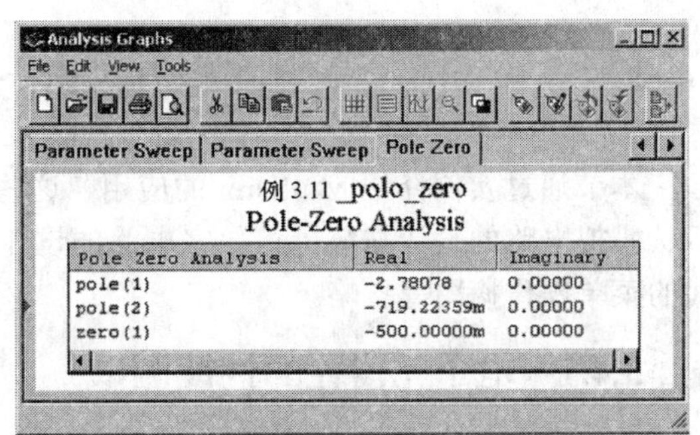

图 3.3.29　零–极点分析的结果显示

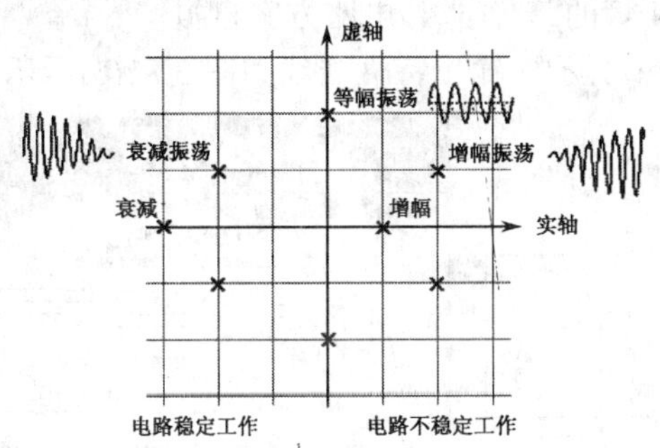

图 3.3.30　零–极点分布同电路的稳定性关系图

3.3.11　其他分析

除了以上介绍的 10 种分析方法外，Multisim 还提供了许多其他的分析命令，限于篇幅，只在此做一简介，感兴趣的读者可参阅其他文献。

噪声分析 (Noise Analysis) 是计算电路中每个电阻和半导体器件对指定输出节点的噪声贡献。输出节点的总噪声是由各个分噪声的均方根和再除以输入源和输出源之间的增益得出等价输入噪声。所谓的等价输入噪声是指在无噪声输入源上注入噪声，产生与噪声电路相匹配的输出噪声。总的噪声电压是以地为参考点的。

噪声系数分析 (Noise Figure Analysis) 分析电路的噪声系数 NF。

传递函数分析 (Transfer Function Analysis) 分析一个信号源与两个输出节点的电压或一个信号源与一个电流输出变量之间的直流小信号传递函数，并给出输入和输出阻抗。在分析之前，软件自动先对模拟电路或非线性器件进行直流工作点分析，并求得工作点处的线性化模型，然后再进行小信号直流传递函数分析。输出变量可以是电路中的任意节点电压，但输入必须是独立电压源或电流源。分析结果将给出一个图表，显示输出信号与输入信号的比值 (即直流小信号传递函数)、输入源两端的直流输入电阻和输出电压两节点之间的直流输出电阻。分析时对电路中的电容和理想电流源视为开路。

最坏情况分析 (Worst Case Analysis) 是一种统计分析。它分析元件参数在给定的容差情况下，对电路性能的最坏影响。

蒙特卡罗分析 (Monte Carlo Analysis) 是一种统计分析。元件参数按给定的误差分布类型，在给定的数值变化范围内随机变化时对电路进行直流工作点、交流和瞬态分析，根据多次分析结果估算出电路性能的统计分布规律，如电路性能的中心值、方差、预测批量生产时的合格率和生产成本。

批处理分析 (Batched Analysis) 将不同的分析放在一起依次执行。

用户自定义分析 (User Defined Analysis) 可由用户自己输入要执行的 Spice 命令。

3.4 Multisim 的应用实例

本节通过实例介绍 Multisim 的应用，这些应用包括电子元器件的性能测试、基本电路原理分析、模拟电路的设计与分析、数字电路的设计与分析等。为节约篇幅，有的只给出分析结果，中间的菜单操作摘图等省略。

3.4.1 电子元器件的性能测试

1．BJT 晶体三极管 2N2222A 的 g_m 的测试

【例 3.12】 试测试 NPN 管的跨导 g_m。电路方案自拟。

解：测试电路如图 3.4.1(a)所示，输出特性曲线如图 3.82(b)所示。

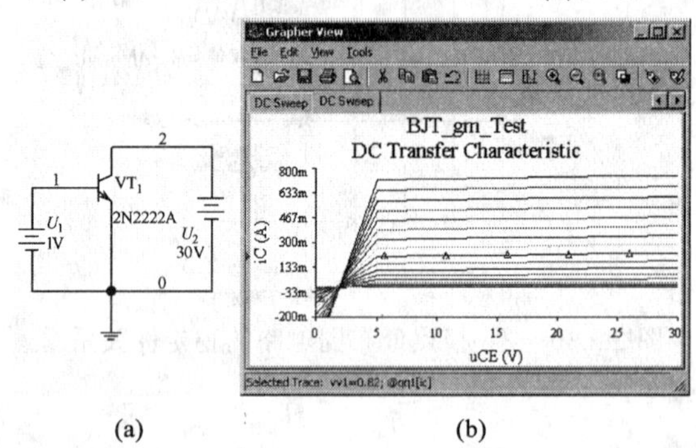

(a) (b)

图 3.4.1 “BJT_gm”和输出特性曲线的测试

BJT 晶体三极管的跨导 g_m 的定义为

$$g_{\rm m}=\left.\frac{{\rm d}i_{\rm C}}{{\rm d}u_{\rm BE}}\right|_{U_{\rm CE}=\text{常量}} \quad (\text{单位:西门子S})$$

分析方法：采用直流扫描 (DC Sweep)，通过输出特性曲线来求跨导，精度会高一点，选择

第一扫描源：“VV2”(即横轴 u_{CE})，起始 0，结束 30，步进 5 (单位：V)。

第二扫描源：“VV1”(即参变量 u_{BE})，起始 0，结束 1，步进 0.02 (单位：V)。

输出量：@qq1[iC] (单位：A) (即纵轴 iC)。

注意：仿真所得曲线只是大致的，数据窗的精度要高 (按：数据窗未在此摘出图)，通过移动标尺 2，在数据窗得到相邻的两条输出曲线数据 (VV1 = 0.66V，X2 = 10.3288V，Y2=3.6898mA) (VV1 = 0.64 V，X2 = 10.3288V，Y2 = 1.7407mA)，计算得

$$g_{\rm m}=\left.\frac{(3.6898-1.7407){\rm mA}}{(0.66-0.64){\rm V}}\right|_{U_{\rm CE}=10.3288{\rm V}}=97.455{\rm ms}$$

BJT 放大器的增益计算有统一到 g_m 的趋势，故在此按照 g_m 的定义测试了 BJT 管的 g_m。

2．双向模拟开关的测试

【例 3.13】 测试双向模拟开关 4066 的功能。

解：CMOS 双向模拟开关 4066 用双电源供电，它既可以传输数字信号，也可以传输模拟信号。如图 3.4.2 所示，图 3.4.2(a)为它的应用电路，一片 4066 内部有 4 路双向模拟开关，每路有独立的使能端，当使能端 = 1 时，开关导通，当使能端 = 0 时，开关截止；图中其第一路处于使能状态，双踪示波器显示了这一路的输入为正弦波，其输出也是正弦波的状态。注意，实际应用中，不用的模拟开关的使能输入端不能悬空，而要接地 (或接电源 VV4 端)。

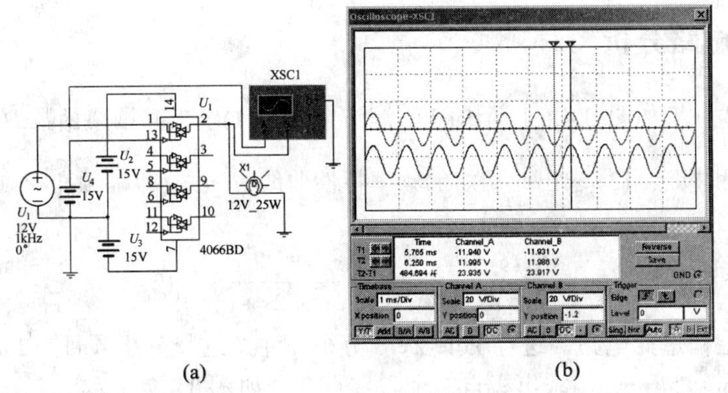

图 3.4.2　双向模拟开关的测试

3. A/D 及 D/A 转换器的联合测试

【例 3.14】 试联合测试 A/D 及 D/A 转换器的功能。

解：如图 3.4.3 所示，模数转换器 ADC 的参考电压 VREFP 为 10V，函数发生器输出正弦波送到 ADC 的 VIN 端，ADC 的 SOC 接 1kHz，5V 方波，SOC = 1 时启动 A/D 转换；转换结束 EOC 输出高电平；输出使能端 OE 是一个输入端，通过开关 S1 及 S2 可以选择不同的使能方式，当 OE = 5V (或 10V) 时，8 位输出端 D[7..0]为转换后数据，当 OE – 0V 时，输出为全 0，即 D[7..0] = 00000000。

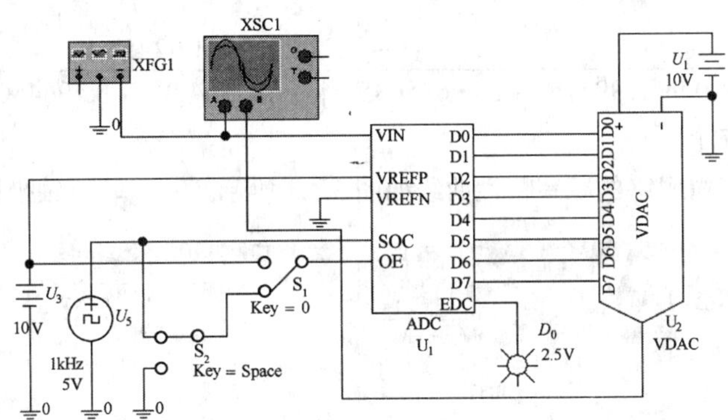

图 3.4.3　A/D 及 D/A 转换器的联合测试电路方案

再把模数转换器 ADC 的输出连到数模转换器 VDAC 的输入，由 VDAC 再把 8 位数字信号转换为等值的模拟电压。

画好电路后，启动仿真开关，双击示波器图标，打开示波器，观察波形，分析如下。

图 3.4.4 所示为图 3.4.3 电路的 SOC = OE=1kHz 方波时的输入正弦和 DAC 后的柱状输出波，柱状输出波的包络为正弦波。

图 3.4.5 所示为 SOC = 1kHz 方波，OE=10V 时的输入正弦波和 DAC 后的输出波。

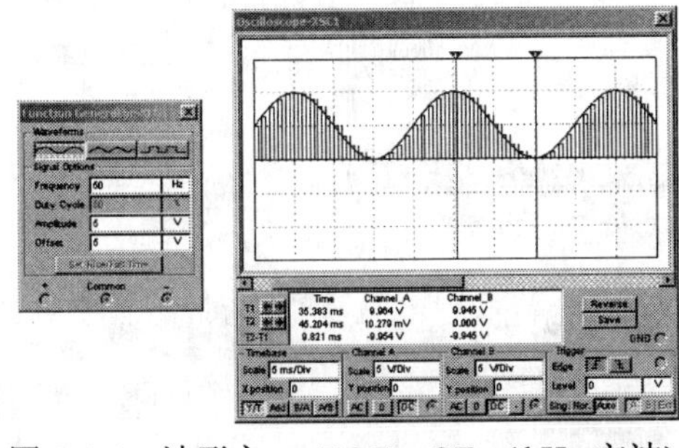

图 3.4.4　波形之一 (SOC = OE =1kHz 方波)

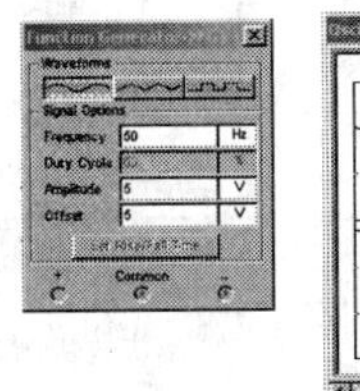

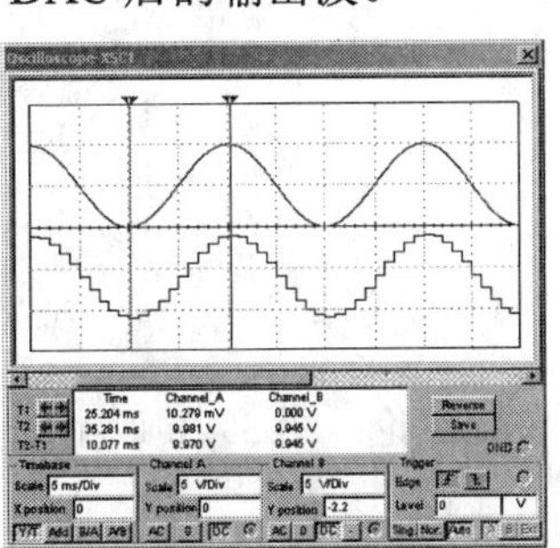

图 3.4.5　波形之二 (SOC = 1kHz 方波，OE = 10V)

3.4.2 滤波电路分析

【例 3.15】 试分析如图 3.4.6 所示的 LC 滤波电路，(1)求出其网络函数 $H(s)=\dfrac{U_2(s)}{I_1(s)}$，以及此网络函数的零点和极点；(2) 求出此网络的频率特性曲线 $\dot{H}(\mathrm{j}\omega)$ (即幅频和相频特性曲线)；(3) 说明它的滤波特性。

解：(1) 理论分析可得 $H(s)=\dfrac{U_2(s)}{I_1(s)}=\dfrac{0.27s^2+1}{1.0071s^3+2s^2+2s+1}$

在 Multisim7 上构造此电路，进行 Pole-Zero 分析，注意选择分析项目为 Impedance Analysis (Output Voltage/Input Current)，求出极点 3 个和零点 2 个如图 3.4.7 所示。

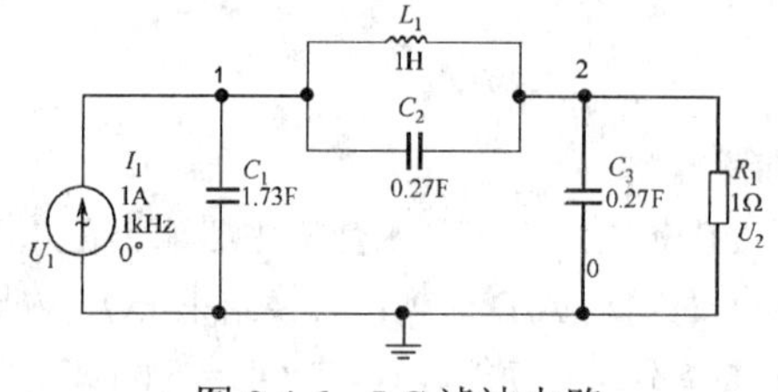

图 3.4.6 LC 滤波电路

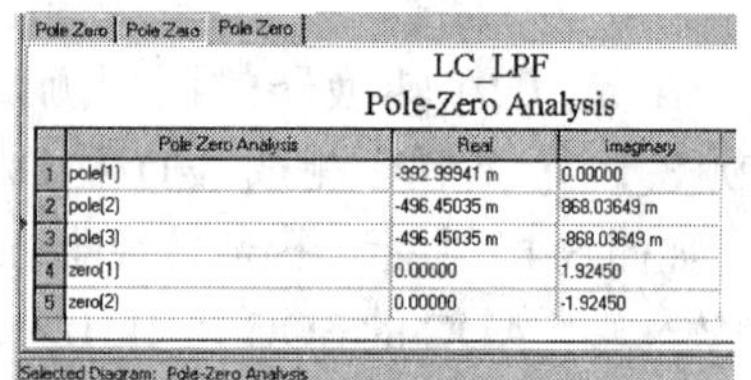
Pole Zero | Pole Zero | Pole Zero

LC_LPF
Pole-Zero Analysis

	Pole Zero Analysis	Real	Imaginary
1	pole(1)	-992.99941 m	0.00000
2	pole(2)	-496.45035 m	868.03649 m
3	pole(3)	-496.45035 m	-868.03649 m
4	zero(1)	0.00000	1.92450
5	zero(2)	0.00000	-1.92450

Selected Diagram: Pole-Zero Analysis

图 3.4.7 LC 滤波电路的极点和零点分析结果

则网络函数为

$$H(s)=\frac{U_2(s)}{I_1(s)}=\frac{(s-\mathrm{j}1.9245)(s+\mathrm{j}1.9245)}{(s+0.99299941)(s+0.49645035-\mathrm{j}0.86803649)(s+0.49645035+\mathrm{j}0.86803649)}$$

经验算同理论分析相符。

(2) 用 AC 分析，可得网络的频率特性曲线如图 3.4.8 所示，其中，纵轴坐标单位为分贝。

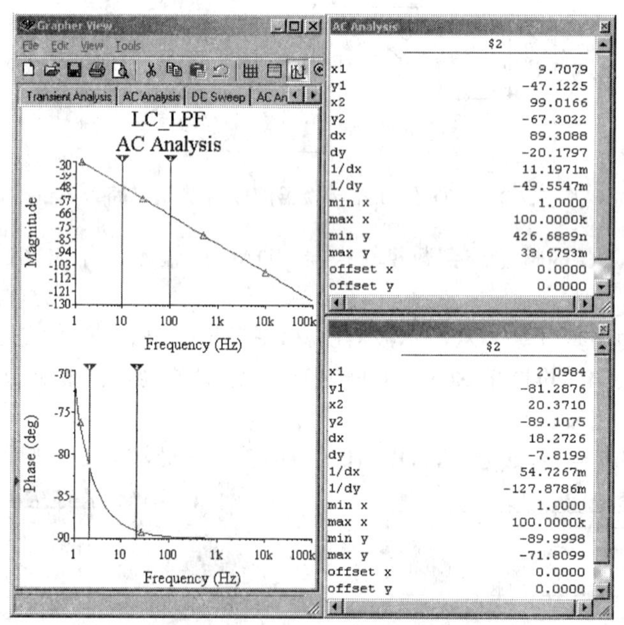

图 3.4.8 LC 滤波电路的频率特性分析结果

(3) 结论：图 3.4.6 所示的 LC 滤波电路的滤波特性为低通滤波器。

3.4.3 模拟电路的设计与分析

1. 运算放大器应用电路设计与分析

【例 3.16】 分析如图 3.4.9 所示方波三角波发生器电路。

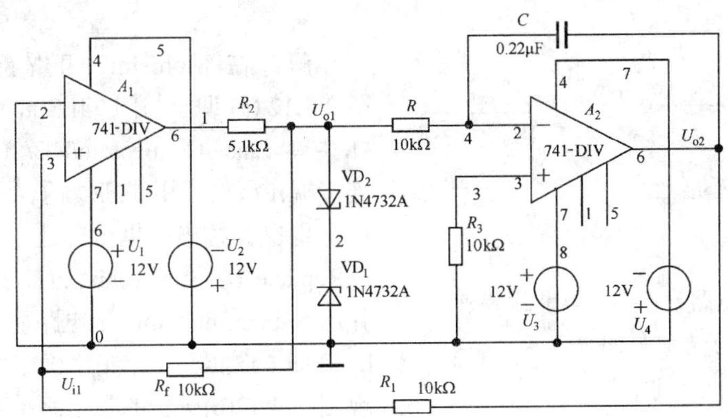

图 3.4.9 方波三角波发生器电路

解：如图 3.4.9 所示方波三角波发生器电路，定性分析出 U_{o1}，U_{o2} 波形关系，试推导出 U_{o2} 波形的周期公式：

$$T = 4\frac{R_1}{R_f}RC$$

再进行仿真分析，测试三角波的周期和方波的上升时间、下降时间。若要减小方波的上升时间，下降时间，请分析都有哪些具体措施，具体仿真分析留给读者自行完成。

2. 低音鼓振荡电路的仿真

【例 3.17】 请分析如图 3.4.10 所示双 T 桥低音鼓振荡电路的原理。

解：提示，当 U_i 输入一个窄负脉冲如图 3.4.11 上方所示，则输出 U_o 便产生低音鼓乐音，其包络呈指数状衰减，U_o 波形如图 3.4.11 下方所示。此电路广泛用于电子琴或电子乐器的模拟声发生电路中。请自己判断选择电路中各关键节点并仿真分析它们的波形，再写出其工作原理报告。

注意，如果在 Multisim 中仿真此电路的波形，极有可能遇到仿真运算速度慢到令人无法忍受，还以为此电路有问题，因为这个电路确实有些复杂，这时可以选择菜单 Simulate/Interactive Simulation Settings…命令，弹出 Interactive Simulation Settings 对话框，再单击 More 按钮，在 More Options 的 Initial time Step 窗口，将默认值“1e-006sec”改为自选值方式，即：打勾选择 Set initial time 并把值改为 0.01s，便可大大加快波形仿真速度。

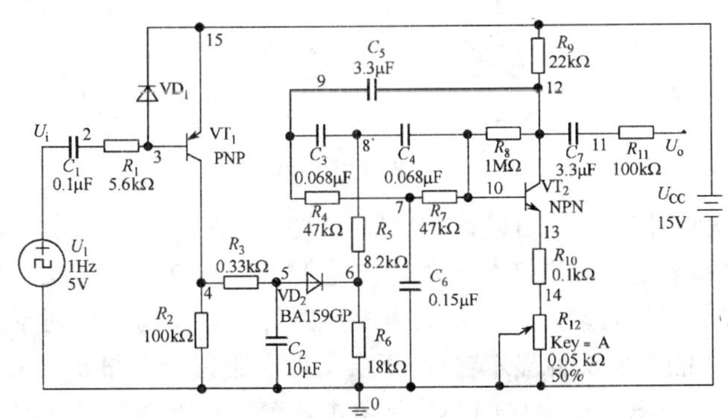

图 3.4.10 低音鼓振荡电路

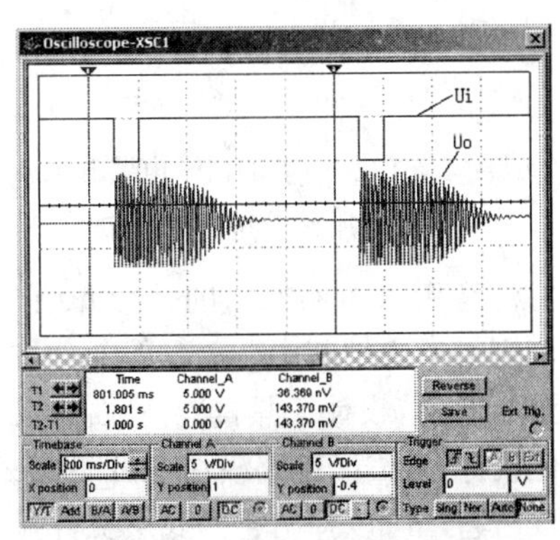

图 3.4.11 低音鼓振荡电路的波形

3.4.4 数字电路的设计与分析

1. 半加器及全加器的设计与分析

【例 3.18】请用门电路设计半加器并封装成子电路，再把子电路组合成一位全加器并进行功能仿真。

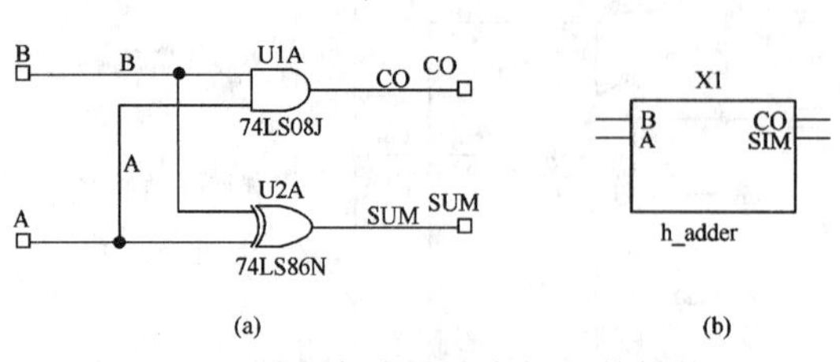

图 3.4.12 用门电路设计半加器并封装成半加器子电路 h_adder

解：在 Multisim9 开辟新电路录入窗口，照图 3.4.12 (a) 调出与门 74LS08 及异或门 74LS86，选择菜单 Place/Connectors/HB/SC Connector (子电路连接端)命令，调出方形端子 4 个，照图 3.4.12(a)连线，用鼠标拉出方框全部选中它们，再选择 Place →Replace by Subcircuit… (被子电路替代)命令，会弹出 Subcircuit Name 子电路命名对话框，录入名字 h_adder (半加器)，单击“确定”按钮后退出，会出现图 3.4.12(b)所示的子电路图形粘在鼠标上，移动鼠标到合适的地方，单击安放 h_adder，再复制一个 h_adder，加入或门、指示灯、开关、电源和地等元件，按照图 3.4.13 连线。

连线完毕，启动仿真按钮，用开关键 A，B，C 切换输入信号，观察输出信号，功能正常，取文件名 F_adder.ms9 存盘，至此一位全加器设计完成。

提高性要求：将 F_adder.ms9 全加器设计文件另存为 F_adder_SUBMOD.ms9，这样 F_adder. ms9 文件能被保存下来；而在新文件 F_adder_SUBMOD.ms9 设计窗口，去掉指示灯等外围元件，再添加方形端子 5 个，变成如图 3.4.14(a)所示，将它再封装成一位全加器 Full_Adder，如图 3.4.14(b)所示。

在此同一个设计窗口中调用 4 个 Full_ Adder，构成串行进位 4 位加法器，并进行功能仿真，如图 3.4.15 所示。这里输入十六进制数 3H 加 FH，结果为 12H= 18D，即十进制为 3 + 15 = 18，结果正确。

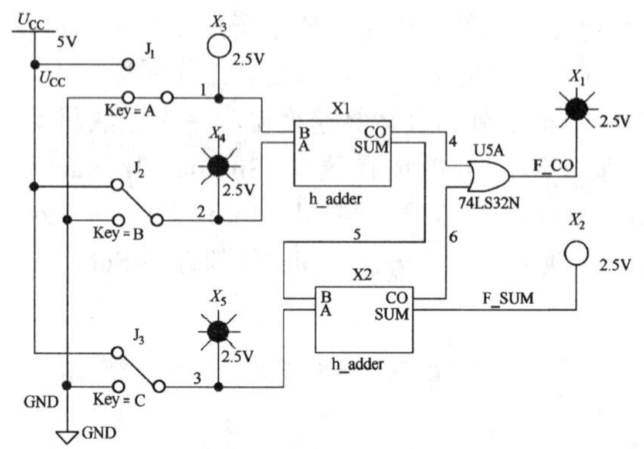

图 3.4.13 用半加器子电路 h_adder 设计全加器并进行功能仿真

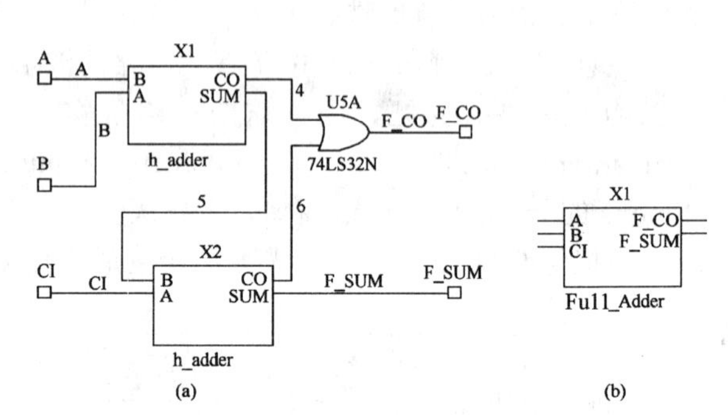

图 3.4.14 继续封装为一位全加器子电路 Full_Adder

注意引入本例的目的是为介绍一种层次设计方法，当设计的电路很大时，在一屏中显示有困难，则可考虑把其中有关联的部分按照子电路来绘制，图 3.4.15 的左方是 Multisim 9 的设计文件层次显示窗口 (设计工具盒)，里面的文件层次是软件自动生成的；右方是电路设计调试窗口，对于层次化设计，双击子电路模块 Full_Adder，打开它的下层文件显示窗口，下层文件中还有子电路 h_adder，再双击它，可以弹出它的底层文件显示窗口；退出底层窗口的办法是单击该窗口右上角的设计窗口退出按钮☒，逐级退出，最后又可回到调试窗口。因此，层次设计方法是一种实用的设计方法。

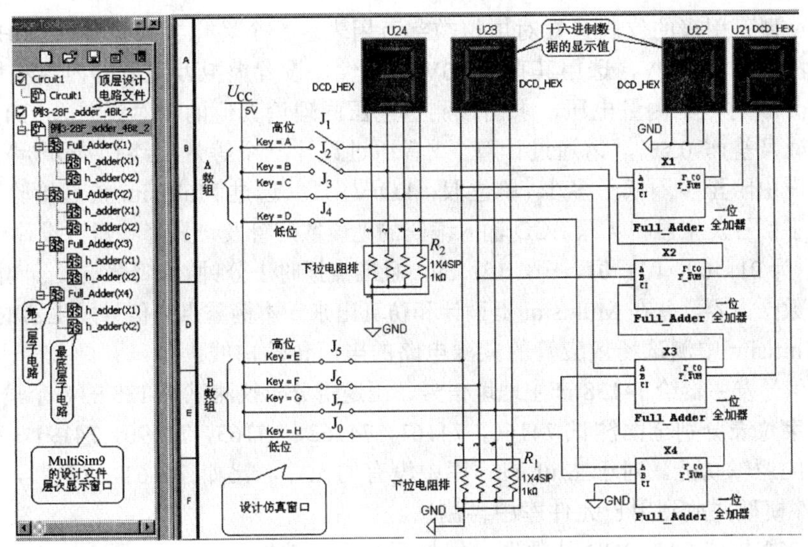

图 3.4.15　串行进位四位加法器

2．数字电子钟的设计

【例 3.19】 将两个六十进制数计数器，一个二十四进制数计数器和适当的门电路设计出能调时调分的数字电子钟，显示采用 00 小时 00 分 00 秒～23 小时 59 分 59 秒的计时模式。

解：一种可用的方案如图 3.4.16 所示，其特点有：

(1) 6 个 74160 计数器的时钟全用 1Hz 秒脉冲信号同步控制。

(2) 秒计数器的模值为 60，其个位的使能端始终处于使能状态。

(3) 分计数器的模值为 60，其个位使能端由秒计数器的进位信号或者调分信号来使能。

(4) 时计数器的模值为 24，其个位使能端由分计数器的进位信号或者调时信号来使能。

(5) 调分用开关 J_2 (热键为 M)，当 M 键按下，分个位的使能端就为 1，使得分计数器按照秒脉冲的频率计数，达到快速调分的效果。当然，也可采用其他的调分方案。

(6) 调时用开关 J_1 (热键为 H)，调节原理同调分。

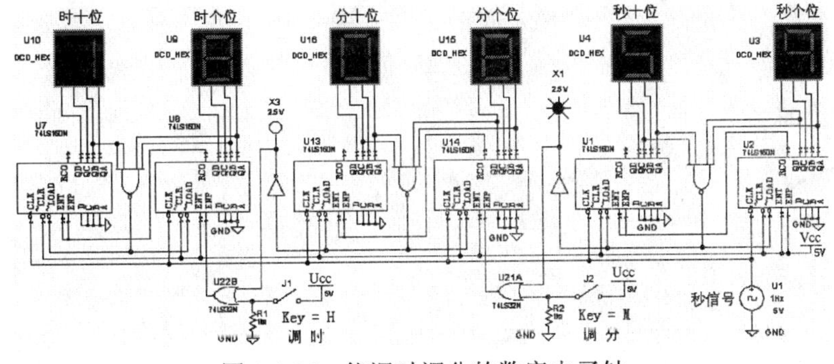

图 3.4.16　能调时调分的数字电子钟

本例为说明原理，给出了内电路；也可用子电路法来设计，但是那样内部电路就看不到了。

思考题与习题

3.1　设计一个仿真 500HA 型万用表测试分压电路的测试精度分析型实验。已知分压电路的 U_I=10VDC 是直流电压源，两只电阻 R_1 (40kΩ)，R_2 (60kΩ) 对 V_I 分压。实验方案的设计要求为：

(1) 按照 500HA 型万用表的仪表参数对虚拟数字万用表进行个性化参数设置，500HA 型万用表直流电压挡的表内阻为 20kΩ/V，选用其直流 10V 挡个性化设置虚拟万用表的内阻和量程；(2) 进行仿真测试，读取 R_2 对地的测量电压，求出该测量电压同理论真值的相对误差γ；(3) 如果要求测量值同真值的相对误差$\gamma \leqslant 0.5\%$，请通过计算 (或者通过设计一个等效电路扫描分析) 求取虚拟仪表直流 10V 挡的表内阻至少不低于多少 (单位取：kΩ/V)？并通过 Multisim 仿真检验计算结果。

3.2 利用字信号发生器和 4 只 BCD 输入编码的七段数码管及一只蜂鸣器，设计一个时钟系统，时钟数码管显示为 01：00，01：01，…，12：59，且准点报时 1 分钟 (蜂鸣器响)。计算其字信号数据 ROM 的长度和数据内容，并在 Multisim 上设计和仿真出来。本例重点为信号发生器的应用。

3.3 在 Multisim 中测试场效应管的共源电路的电压传输曲线。

3.4 用字信号发生器给 74138 产生地址信号，用逻辑分析仪测试 74138 的 8 个输出端信号。

3.5 用数字仪表分别全面测试 74160，74161，74162，74163，74190，74191，74192，74193，74196，74197 的逻辑功能。对于 Multisim 库中没有的元件，比如 74161，74193，74196，74197 等，请自建元件模型并放到用户元件库中再测试。

3.6 将 74290 构成 8421BCD 计数器，用指示灯观察效果。

3.7 将 74163，74290 分别构成 5421BCD 计数器，用指示灯观察效果。

3.8 查阅一种电子音乐电路并用软件进行功能分析。

3.9 用 Multisim 软件的 Tools→Circuit Wizards→555 Timer Wizards…菜单功能设计 $f = 100\text{kHz}$ 的多谐振荡器和 TW = 0.5s 的单稳。

第 4 章　电子系统中的常用单元电路设计

智能电子系统通常是指由若干个相互连接、相互作用的基本单元电路与计算机组成的具有特定功能的电路整体。例如，一个智能控制系统，通常包括前向通道、后向通道和智能处理器系统三部分，它的总体框图如下图所示。

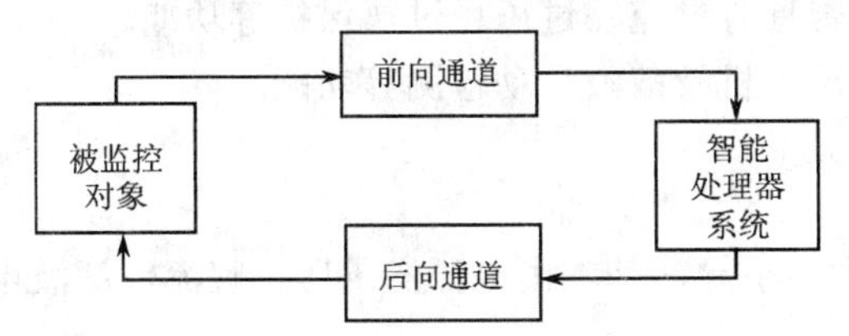

图中，前向通道是智能处理器系统与采集对象相连接的部分，因此又称为输入通道。由于所采集的对象不同，有开关量、模拟量、频率量等，而这些都是安装在采集现场的传感、变换装置产生的，许多参量信号不能满足智能处理器系统 (如计算机等) 的输入要求，因此它通常需要进行信号的变换与调理，如隔离、程控放大、I/F 变换、V/F 变换、A/D 变换、整形、滤波等电路。设计这些电路时有一个共同特点，就是一般没有功率的要求，而抗干扰问题往往成为关注的焦点；后向通道是智能控制系统的伺服驱动控制通道，由于要驱动的对象不同，因此输出的控制量也不同，如有电流输出、电压输出、开关量输出及数字量输出等。所以，也需要进行信号的变换与调理，如 D/A 变换、驱动、功率放大、隔离等电路。设计这些电路时有一个共同特点，就是一般都有功率的要求，为了防止伺服控制系统大功率负荷的逆向影响，保障监控系统的可靠性，隔离问题往往会成为设计者关注的主要问题；智能处理器系统可以是计算机、单片机、嵌入式和 DSP 系统等，它是整个控制系统的核心，因此处理速度、处理精度及其可靠性是设计者主要关注的问题。

本章将就电子系统中不可缺少的电源系统，前向通道和后向通道中常用单元电路有关设计问题加以讨论，智能处理器系统的有关设计将在后续各章中予以介绍。

4.1　稳压电源电路的设计

直流稳压是电子系统或电子设备正常工作所必需的。事实证明，设计再完美的电子系统，如果没有一个好的电源支持，都不可能达到预期的功能和目的。所以，直流稳压电源的设计，在整个电子系统设计中是至关重要的。

4.1.1　稳压电源的主要技术指标及组成

1．稳压电源的主要技术指标

稳压电源分为线性稳压电源和开关稳压电源两大类。线性稳压电源的主要优点是纹波小、电路简单，主要缺点是变换效率低，一般只有 35%～60%；开关稳压电源的主要优点是变换效率高，可达 70%～95%，主要缺点是纹波大。稳压电源的主要技术指标包括额定指标、质量指标、自动化程度及经济指标等。

(1) 额定指标：用以说明电源所能提供出的功率、电压、电流范围及额定工作条件 (包括环境温度、湿度、电压等) 。

(2) 质量指标

① 稳定度

● 电压稳定度 S_U：又称电压调整率，它定义为在负载电阻 R_L 不变的情况下，输入电压的相对变化引起输出电压的相对变化。电压稳定度 S_U 越小越好。

● 负载稳定度 S_I：又称负载调整率，它定义为在规定负载电流变化值条件下，输出电压相对变化值的百分率。负载稳定度 S_I 越小越好。

● 电源内阻 R_o：它定义为在输入电压不变的情况下，输出电压的变化量与负载电流变化量之比。电源内阻 R_o 越小越好。

● 纹波电压：是指叠加在输出电压 U_o 上的交流分量，通常用峰-峰值或有效值表示。显然，纹波电压越小越好。

② 动态性能：用来说明当输入电压和负载电流突然变化时，输出电压是否能迅速恢复到正常值。

③ 保护功能：主要指对输出端的保护，包括是否具有过流、过压、过热保护等功能。

(3) 自动化程度：主要指是否具有自动开机、自动关机及故障自动检测等功能。

(4) 经济指标：主要有效率、功率因数等。

2．稳压电源的组成

稳压电源的类型、规格繁多，但就其组成来说大同小异，基本由电源变压器、整流、滤波电路和稳压电路等部分构成。其组成框图如图 4.1.1 所示。

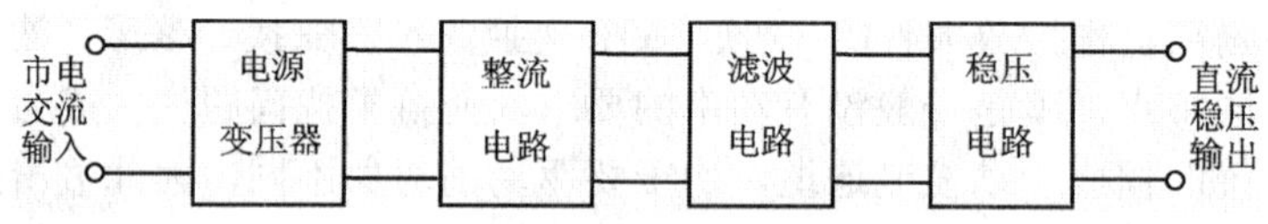

图 4.1.1　稳压电源组成框图

图中，电源变压器的功能是把市电电压变换成所需的交流电压；整流电路的功能是把交变电压变换成单向脉动的直流电压，但这种脉动电压含有很大的纹波成分，一般不能使用；滤波电路的任务是把整流后的单向脉动电压中的纹波成分尽可能滤除，使其变成平滑的直流电；稳压电路分为线性直流稳压电路和开关直流稳压电路，其任务是保证输出稳定的直流电压。本节将分别介绍直流稳压电源各单元电路的设计。

4.1.2　整流、滤波电路及其设计

整流是把交流电变换成直流电的过程，完成这种功能的电路称为整流电路，就其电路结构分，可分为单相与多相整流电路，可控与不可控整流电路，半波、全波与桥式整流电路等。这里只讲述电子系统设计中最为常用的单相不可控桥式整流、滤波电路原理及其设计。

1．桥式整流电路的工作原理

桥式整流电路如图 4.1.2(a)所示。在 u_2 正半周时，VD_2，VD_4 导通，而 VD_1，VD_3 截止，其等效电路如图 4.1.2(b)所示；在 u_2 负半周时，VD_1，VD_3 导通，而 VD_2，VD_4 截止，其等效电路如图 4.1.2(c)所示，所以在一周期内，负载中总有电流流过，在负载电阻上产生脉动电压，其波形如图 4.1.2(d) 所示。图中，变压器次级电压为 $u_2 = \sqrt{2}U_2 \sin \omega t$，所以输出直流电压 U_{DC} 为整流电路输入电压在一周期内的平均值，即

$$U_{DC} = \frac{1}{\pi}\int_0^{\pi} \sqrt{2}U_2 \sin \omega t \mathrm{d}\omega t = 0.9U_2$$

上式表明，在桥式整流电路中，负载上得到的直流电压为变压器次级电压有效值的 90%。当然，考虑到变压器等效内阻和二极管正向电阻的影响，实际得到的直流电压会略低一些。由图可见，在桥式整流电路中，二极管截止时承受的反压为 $\sqrt{2}U_2$。

2．滤波电路

常用的滤波电路有电容滤波、电感滤波及复式滤波，其中以电容滤波在小功率电源中最为常用。

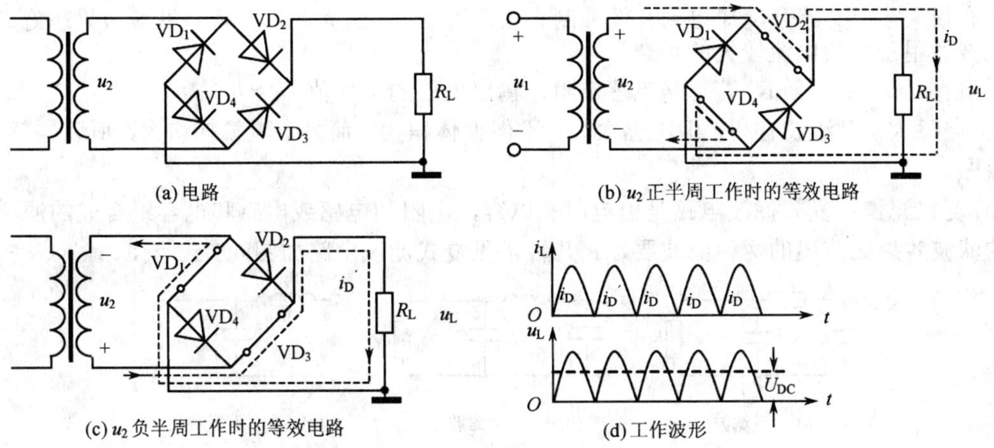

图 4.1.2　桥式整流电路

(1) 电容滤波电路：桥式整流电容滤波电路如图 4.1.3(a)所示。利用电容的储能特性，使波形平滑，提高直流分量，减小输出纹波，其输出波形如图 4.1.3(b)所示。

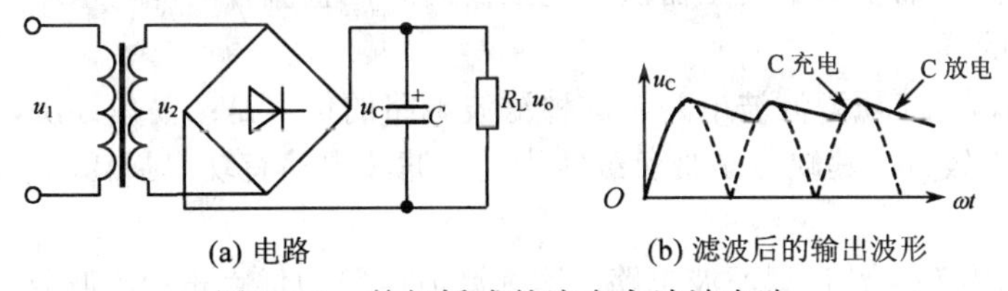

(a) 电路　　(b) 滤波后的输出波形

图 4.1.3　单相桥式整流电容滤波电路

电容滤波有以下特点：

① 加入滤波电容后，输出电压的直流成分提高，脉动成分减小。

② 电容滤波放电时间常数 ($\tau = R_L C$) 越大，放电过程越慢，输出直流电压越高，纹波越小，效果越好。为了获得较好的滤波效果，一般选择电容值满足 $R_L C \geqslant (3\sim5)T/2$，此时，输出电压的平均值 $U_o=1.2U_2$。

③ 电容滤波电路的输出电压随输出电流的增大而减小，所以电容滤波适合于负载电流变化不大的场合。

④ 电容滤波电路中整流管的导通角<180°，且电容放电时间常数越大，导通角越小，二极管在暂短的导电时间内，有很大的浪涌电流流过，对整流管的寿命不利。所以选择整流管时，应考虑其所能承受的最大冲击电流，一般要求其大于平均电流的 2～3 倍。

(2) 电感滤波电路：桥式整流电感滤波电路如图 4.1.4(a)所示。利用电感中的电流不能突变的特性，使输出电流波形平滑，从而使输出电压波形也平滑，提高直流分量，减小输出纹波，其输出波形如图 4.1.4(b)所示。

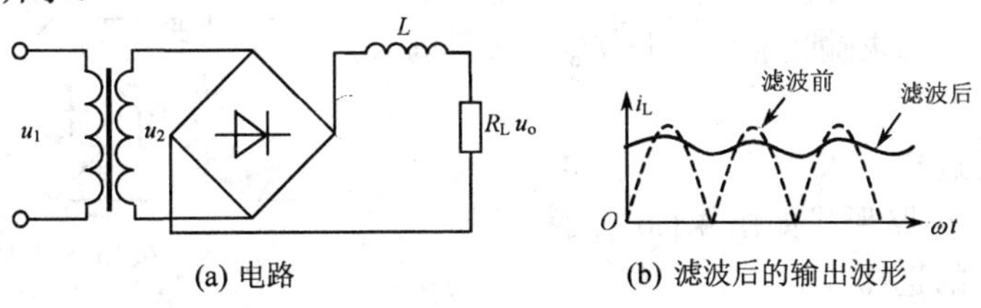

(a) 电路　　(b) 滤波后的输出波形

图 4.1.4　单相桥式整流电感滤波电路

电感滤波有以下特点：

① 滤波电感的直流电阻很小，而交流阻抗 ($X_L = \omega L$) 很大，从而使脉动电压中的直流分量

基本没有损失，但交流分量却得到有效抑制。频率越高，L 越大，R_L 越小，滤波效果越好。因此，电感滤波适用于负载电流较大的场合。

② 由图 4.1.4(b)可知，若忽略电感电阻，输出电压的平均值 $U_o \approx 0.9U_2$。

③ 电感大，对滤波有利，但电感太大，不但使体积大，而且直流损耗增大，所以电感值选取时要兼顾。

(3) 复式滤波：复式滤波电路是由电阻和电容，电阻和电感或电感和电容组合成的滤波电路，它们的滤波效果比前述的两种滤波要好。几种常见复式滤波电路如图 4.1.5 所示。

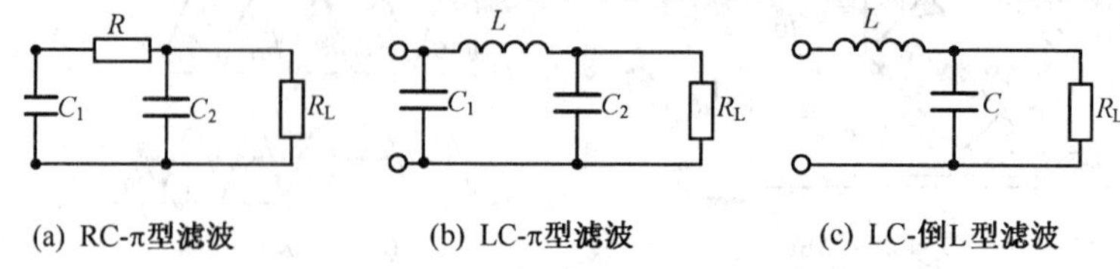

(a) RC-π型滤波　(b) LC-π型滤波　(c) LC-倒L型滤波

图 4.1.5　常见复式滤波电路

图 4.1.5(a)所示为 RC-π型滤波电路，这种滤波电路的优点是输出电压的脉动系数较小，缺点是在 R 上有压降，因而需要提高变压器次级电压；同时，整流管的冲击电流仍然较大。这种电路只适合小电流负载的场合。

图 4.1.5(b)所示为 LC-π型滤波电路。这种滤波电路的优点是：简单经济，能起到限制浪涌电流的作用，滤波效果较好。其缺点是带负载能力差，滤波电路有功率损耗。它适合于负载电流小，纹波系数小的场合。

图 4.1.5(c)所示为 LC-倒 L 型滤波电路。这种滤波电路的优点是：滤波效果好，几乎没有直流损耗。其缺点是低频时电感体积大，成本高。它适合于负载电流大，纹波系数小的场合，特别是高频工作时，扼流圈的体积很小，具有较高的使用价值。

常用的几种滤波电路性能比较如表 4.1.1 所示。

表 4.1.1　常用的几种滤波电路性能比较

电 路 名 称	滤波效果	输出电压	输出电流	外特性	特点及应用
电容滤波	较差	$\approx 1.2U_2$	较小	差	结构简单，广泛应用于各种小功率电子电路中
电感滤波	较差	$\approx 0.9U_2$	大	好	体积大，成本高，常用于大电流的脉冲电路中
RC-π型滤波	较好	$\approx 1.2U_2$	小	差	体积小，常用于小电流电路或高、低频退耦电路中
LC-π型滤波	好	$\approx 1.2U_2$	较小	差	虽有好的滤波效果，但电感器件体积大
LC-倒 L 型滤波	较好	$\approx 0.9U_2$	大	较好	常用做高频电路的退耦电路中

3. 整流滤波电路的设计

下面以实例来说明桥式整流滤波电路的设计方法。

【例 4.1】 设计桥式整流滤波电路。已知输入交流电压为 220V/50Hz，要求输出直流电压 U_o=45V，负载电流 I_o=200mA。

(1) 电路形式的选择

根据设计要求，电路形式如图 4.1.6 所示。

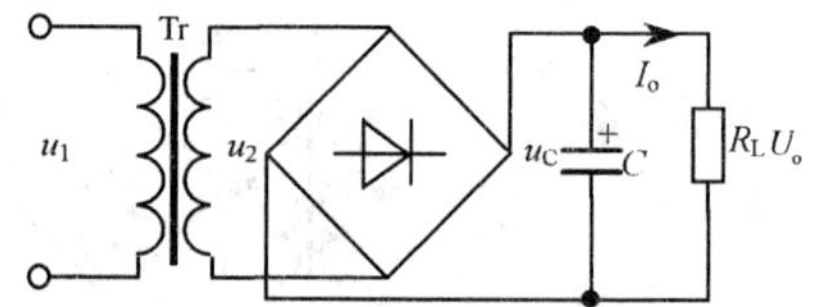

图 4.1.6　单相桥式整流电容滤波电路

(2) 整流二极管的选择

① 流过每个二极管的直流电流为

$$I_D = \frac{1}{2}I_o = \frac{1}{2} \times 200\text{mA} = 100\text{mA}$$

② 有载时的直流输出电压 $U_o \approx 1.2U_2$，所以，变压器次级线圈电压的有效值为

$$U_2 \approx \frac{U_o}{1.2} = \frac{45\text{V}}{1.2} = 38\text{V}$$

③ 每个整流二极管承受的最大反压　　$U_R = \sqrt{2}U_2 = \sqrt{2} \times 38\text{V} = 53\text{V}$

由上述计算可知，应选择最大整流电流 I_F>100mA，最大反向电压 U_R>53V 的整流二极管。查手册得知，1N4002/A (I_F=1A，U_R=100V) 满足设计要求。

(3) 滤波电容的确定

周期
$$T = \frac{1}{f} = \frac{1}{50\text{ Hz}} = 0.02\text{s}$$

负载电阻
$$R_L = \frac{U_o}{I_o} = \frac{45\text{V}}{200\text{mA}} = 220\Omega$$

所以，由 $R_L C \geqslant (3\sim5)\dfrac{T}{2}$，可得滤波电容

$$C \geqslant 4 \times \frac{T}{2R_L} = 4 \times \frac{0.02}{2 \times 220} = 180\mu\text{F}$$

因此，可选用标称值 $C = 200\mu\text{F}/50\text{V}$。

(4) 对电源变压器的要求

考虑到变压器次级电流 I_2 除了供给负载电流 I_o 以外，还要向电容 C 充电，因此应满足 $I_2 > I_o$，工程上一般取 $I_2 \approx (1.2\sim3)I_o$，这里取 $I_2 = 2I_o = 2 \times 200\text{mA} = 0.4\text{A}$。于是可求得变压器的次级功率为

$$P_2 = U_2 \cdot I_2 = 38 \times 0.4 = 15.2\text{W}$$

因此，可选择功率为 18W，输出电压为 38V 的变压器。

4.1.3　直流稳压电路及其设计

交流电源经整流、滤波后，虽然已经变成较为平滑的直流电，但这样的直流电不够稳定，当电网电压波动或负载变化时，整流滤波后输出的直流电压也随着变化，因此，它只能用于对电压稳定度要求不高的一般电子设备。对于要求电压稳定度较高的电子设备 (如精密电子测量仪器、航天电子系统等)，要求有非常稳定的直流电源供电，所以在整流滤波电路之后，还需要接入稳压电路，以满足系统对电源稳定度的要求。

稳压电路按调整器件的工作状态分为线性直流稳压电路和开关直流稳压电路，随着电子技术的发展，这两种稳压电路都有集成化的产品，称为集成稳压器。与分立器件构成的稳压电路相比，它们不但稳压效果好，可靠性高，而且设计简单、构成方便，因此，下面主要讲述集成稳压电路及其设计方法。

1. 三端线性集成稳压电路

(1) 三端固定输出集成稳压器：三端固定输出集成稳压器是一种串联调整式稳压器，它内部有过热、过流保护电路，对外只有输入、输出和公共 (接地) 3 个引出端。因此，它不但性能优良、可靠性高，而且体积小、使用方便。它的典型产品有 78XX 正电压输出系列和 79XX 负电压输出系列，每类稳压器电路输出电压又有 5V，6V，9V，10V，12V，15V，18V，24V 等多种，输出电流一般为 100mA (78LXX/79LXX)，500mA (78MXX/79MXX)，1.5A (78XX/79XX) 等，最大输入电压为 40V。其封装形式和引脚功能如图 4.1.7 所示。

(2) 三端可调输出集成稳压器：三端可调输出集成稳压器的特点是：输出电压可调，稳压精度高，输出纹波小。其一般输出电压为 1.25～37V 或–37～–1.25V 连续可调，它的典型产品有可调

正电压输出稳压器 117/217/317 系列和可调负电压输出稳压器 137/237/337 系列等，每类的输出电流又分为 0.1A，0.5A，1A，1.5A，10A 等多种。例如，LM317L 输出电压为 1.25～37V，输出电流为 0.1A；LM337M 输出电压−37～−1.25V，输出电流 0.5A；LM317 输出电压 1.25～37V，输出电流为 1.5A；LM196 输出电压 1.25～37V，输出电流为 10A 等。典型三端可调输出集成稳压器的封装形式和引脚功能如图 4.1.8 所示。

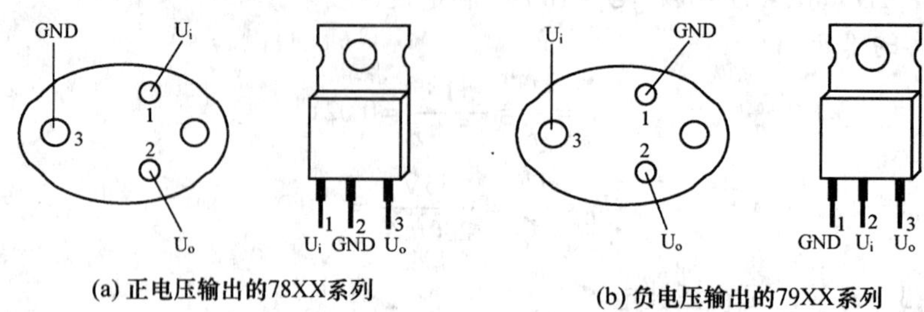

(a) 正电压输出的78XX系列　　(b) 负电压输出的79XX系列

图 4.1.7　三端固定输出集成稳压器的封装形式和引脚功能

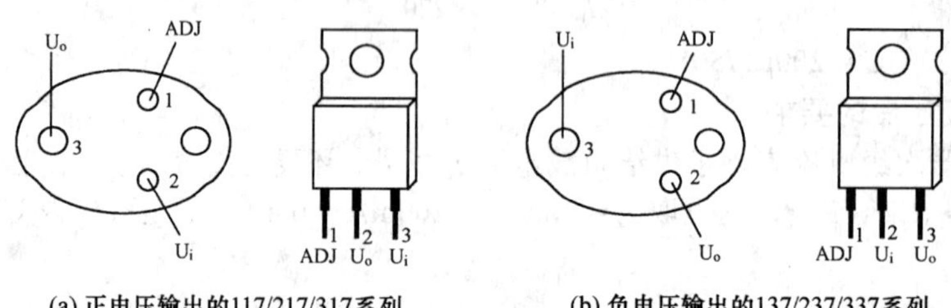

(a) 正电压输出的117/217/317系列　　(b) 负电压输出的137/237/337系列

图 4.1.8　三端可调输出集成稳压器的封装形式和引脚功能

(3) 集成稳压电路的主要技术参数

① 最大输入电压 U_{IM}，是指稳压电路输入端允许加的最大电压。应注意整流滤波后的最大直流电压不能超过此值。

② 最小输入/输出压差 $(U_I-U_o)_{min}$，是指能保证集成稳压器正常工作所要求的输入电压 U_I 与输出电压 U_o 的最小差值。此参数与输出电压之和决定稳压器所需的最低输入电压。如果输入电压过低，将使输入/输出压差小于$(U_I-U_o)_{min}$，则会导致稳压器输出纹波变大，稳压性能变差。显然，最小输入/输出压差越小，稳压器的效率越高。

③ 输出电压范围，是指稳压器参数符合指标要求时的输出电压范围。对三端固定输出集成稳压器，其电压偏差范围一般为±15%；对三端可调输出集成稳压器，应适当选择取样电阻分压网络，以建立所需的输出电压。

④ 最大输出电流 I_{OM}，是指稳压器能够输出的最大电流值，在使用中不允许超过此值。

(4) 三端线性集成稳压器的典型应用

① 三端固定输出集成稳压器 78XX 系列、79XX 系列的典型应用。78XX 系列的典型应用电路如图 4.1.9 所示。图中，在输入端接电容 C_i，是为了改善纹波特性，通常取值为 0.33μF；在输出端接电容 C_o，是为了改善负载的瞬态响应，一般取值为 0.1μF。

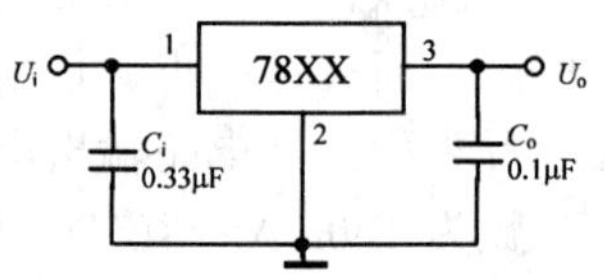

图 4.1.9　78XX 的典型应用电路

输入电压 U_I 应选择：

$$U_{IM} > U_i > U_o + 2V$$

式中，U_{IM} 为产品允许的最大输入电压，U_o 为输出电压，2V 为最小输入/输出压差。

79XX 系列的典型应用电路与图 4.1.9 所示电路完全类似，故从略。

② 三端可调输出集成稳压器 117/217/317 系列、137/237/337 系列的典型应用。典型三端可调集成稳压器 117/217/317 系列、137/237/337 系列的应用电路分别如图 4.1.10(a)、(b) 所示。图中，R_1 和 R_P 组成可调输出的电阻网络。为了能使电路中偏置电流和调整管的漏电流被吸收，一般设定 R_1 为 120～240Ω。通过 R_1 泄放的电流为 5～10mA。输入接入电容 C_i，是为了抑制纹波电压；在输出端接电容 C_o，是为了消振，缓冲冲击性负载，保证电路工作稳定，一般取值为 1μF。

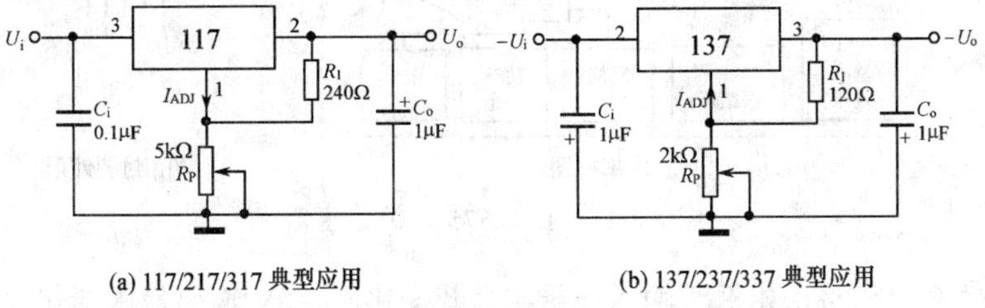

(a) 117/217/317 典型应用　　(b) 137/237/337 典型应用

图 4.1.10　典型三端可调集成稳压器的应用电路

对 117/217/317 系列，输出电压为

$$U_o = 1.25\,\text{V}(1+\frac{R_P}{R_1}) + I_{ADJ}R_P \tag{4.1.1}$$

对 137/237/337 系列，输出电压为

$$-U_o = -1.25\,\text{V}(1+\frac{R_P}{R_1}) - I_{ADJ}R_P \tag{4.1.2}$$

通常调整电流 I_{ADJ} 为 50μA。

2．开关集成稳压电路

开关集成稳压电路 (包括 DC/DC 变换器) 大体分为 4 类，即降压式、升压式、电压反转式和高频变压器式。

(1) 降压式开关集成稳压电路：输出电压低于输入的直流电压，称为降压式电路。降压式电路又分为固定输出式和可调输出式电路。常用降压式开关集成稳压电路的基本参数及 DC/DC 变换器的基本参数如表 4.1.2 所示。

表 4.1.2　常用降压式开关集成稳压电路的基本参数

参数 型号	输出电流 I_o/mA	输出电压 U_o/V	输入电压范围 U_i/V	最大静态电流 (典型值)
LT1073/1173	50～300	5、12 可调	到 30	130/150μA (95/100μA)
MAX763A	250	3.3	4～11	3 (1.7)
LM2574 (HV)	500	3.3，5，12，15 可调	到 40 (60)	10(5)
MAX738A	750	5	6～16	3 (1.7)
LM2575-5.0	1(A)	5	7～40	12(5)
MAX727/728 (H)	2(A)	5/3.3	到 40 (60)	20 (8.5)
LM2576 (HV)	3(A)	3.3，5，12，15 可调	到 40 (60)	10(5)
MAX787/788 (H)	5(A)	5/3.3	10～40 (60)	12 (8.5)
LT1074 (HV)	5(A)	2.5～50 可调	8～60	20 (8.5)
MAX797	10(A)	3.3、5 可调	4～30	(750 μA)

为了使读者在系统设计中充分发挥稳压器的性能，并能够正确应用，下面就典型产品进行介绍，并给出应用实例。

① LM2575-5.0 及其应用实例。LM2575-5.0 属降压型开关集成稳压器，其内部框图及其外形图分别如图 4.1.11(a)、(b)所示。

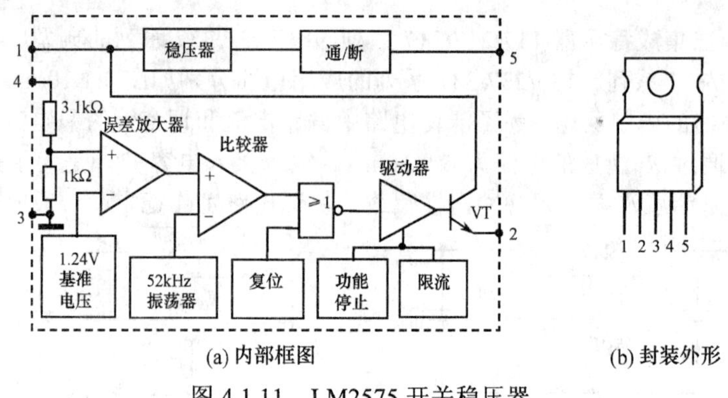

(a) 内部框图　　(b) 封装外形

图 4.1.11　LM2575 开关稳压器

LM2575 的效率为 82%，相对于输入电压与负载变化时，5V 输出最大变化为±3%。片内有过热保护与限流保护电路。1 脚为输入端，2 脚为输出端，3 脚为接地端，4 脚为反馈端，5 脚为通/断控制端。LM2575 的基本应用电路如图 4.1.12 所示。

选定线圈电感 L 时，可首先由图 4.1.13 求得最大输入电压和最大负载电流所示范围相对应的线圈代码，然后再根据表 4.1.3 求得线圈的电感值。

表 4.1.3　线圈电感值

线圈代码	L47	L68	L100	L150	L220	L330	L470	L680
电感值/μH	47	68	100	150	220	330	470	680
线圈代码	H150	H220	H330	H470	H680	H1000	H1500	H2200
电感值/μH	150	220	330	470	680	1000	1500	2200

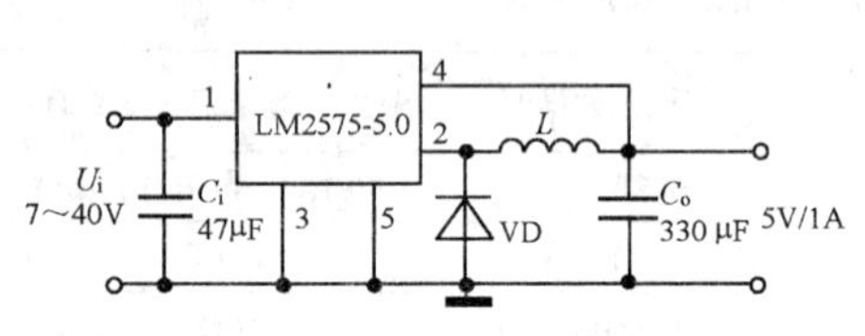

图 4.1.12　LM2575-5.0 的基本应用电路

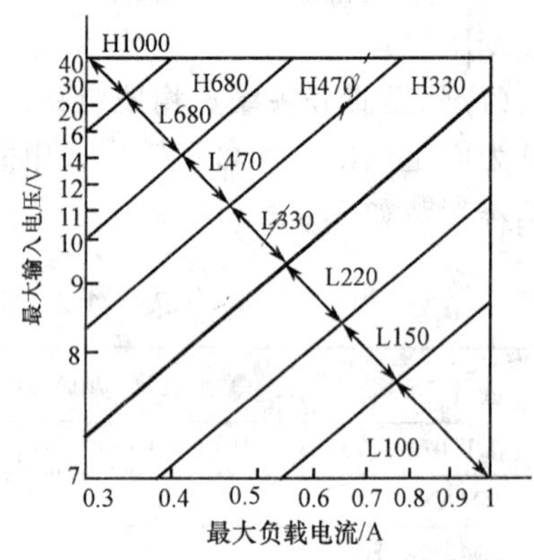

图 4.1.13　线圈代码

本例中，由于输入电压为 7～40V，最大负载电流为 1A，所以由图 4.1.13 可查得线圈代码为 H330，再根据表 4.1.3，可求得线圈电感值为 L=330μH。输出电容 C_o 的值，由输出纹波电压决定，推荐值为 220～1000μF。电容的额定电压至少取输出电压的 1.25 倍。本例中，C_o 选用 330μF/16V 的电容。输入电容 C_i 用于维持稳压器的稳定性，至少选用 22μF 以上的电解电容。本例中，C_i 选用 47μF/50V 的电容。二极管 VD 选用时，当开关断开时，VD 对负载继续提供电流，额定电流至少为最大负载电流的 1.2 倍以上，额定反向电压必须为最大输入电压的 1.25 倍以上，宜选用开关速度快、正向电压低的肖特基二极管。

② LT1074 及其应用实例。LT1074 的内部框图及其外形图分别如图 4.1.14(a)、(b)所示。

由图 4.1.14(a)可以看出，它内有误差放大器、振荡器、PWM 比较器、限流电路和开关晶体管等。它只需外接少量的电感、二极管、电容、电阻等，就可以很方便地构成实用的稳压电路。标准 LT1074 的 U_i 为 8～40V，输出电压 U_o 可在 2.5～30V 范围内调整；高耐压的 LT1074HV，其 U_i 为 8～60V，输出电压 U_o 可在 2.5～50V 范围内调整。

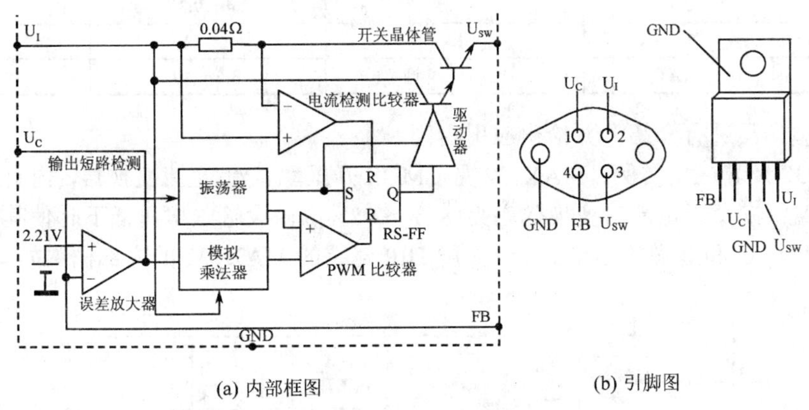

(a) 内部框图　　(b) 引脚图

图 4.1.14　LT1074 内部框图及其外形图

它用 PWM 方式控制开关的占空比，开关管由内部 100kHz 振荡器以一定周期进行通/断，误差放大器监视稳压器输出电压 U_o，当 U_o 超过电压设定值时，晶体管截止，由此，占空比在 0%～90%范围内进行控制。PWM 控制不受输入变动的影响，误差放大器输出与 U_I 模拟相乘进行补偿。限流电路监视晶体管各个周期的集电极电流，检测到过电流之后周期就使晶体管截止。LT1074 开始限流的典型值为 6.5A，检测到过电流到晶体管截止的延时时间典型值为 600ns，连续过负载时各个周期最低有 600ns 的导通时间，对于 100kHz 的振荡频率，相当于占空比为 6%，这不能起到输出短路时的保护作用，为此片内具有监视输出电压的下降，使振荡频率由 100kHz 降低到 20kHz 左右的功能，这样，使输出短路时占空比降至 1.2%，起到输出短路时的保护作用。LT1074 的典型应用电路如图 4.1.15 所示。

输出电压由电阻 R_1 和 R_2 设定，如果输出电压 U_o 通过电阻 R_1 和 R_2 分压加到 FB 引脚作为负反馈电压 U_{FB}，则

$$U_{FB}=\frac{R_2}{R_1+R_2}U_o$$

控制占空比时要经常保证 U_{FB} 与内部基准电压 2.21V 一致，即输出电压 U_o 为

$$U_o=(1+\frac{R_1}{R_2})\times 2.21\text{V}$$

U_C 引脚接的电阻 R_C 和电容 C_C 用于误差放大器的频率补偿。

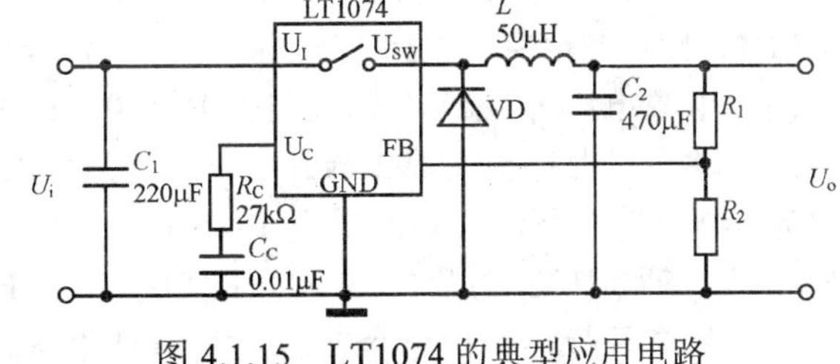

图 4.1.15　LT1074 的典型应用电路

(2) 升压式开关集成稳压电路：输出电压高于输入的直流电压，称为升压式电路。常用升压式开关集成稳压电路的基本参数及 DC/DC 变换器的基本参数如表 4.1.4 所示。

表 4.1.4　常用升压式开关集成稳压电路的基本参数

型号 \ 参数	输出电流 I_o/mA	输出电压 U_o/V	输入电压范围 U_I/V	最大静态电流 (典型值)
MAX751	150	5	1.2～5.25	2mA
MAX756	300	3.3，5	1.1～5.5	60μA
MAX757	300	可调	1.1～5.5	60μA

续表

型号 \ 参数	输出电流 I_o/mA	输出电压 U_o/V	输入电压范围 U_I/V	最大静态电流 (典型值)
MAX732	200	12	4～9.3	(1.7)
MAX733	125	15	4～11	(1.7)
LM2577-ADJ	3(A)	12，15 可调	3.5～40	—

下面就典型产品进行介绍，并给出应用实例。

① MAX732 及其应用实例：MAX732 是 CMOS 升压型直流/直流变换器，内有过电流保护电路和软启动电路；满负载电流时变换效率为 85%～92%；内设输入电压低下时使其停止工作的电路；采用 16 脚的 SO 和 8 脚的 DIP 封装。8 脚 DIP 封装的 MAX732 的内部框图如图 4.1.16 所示。

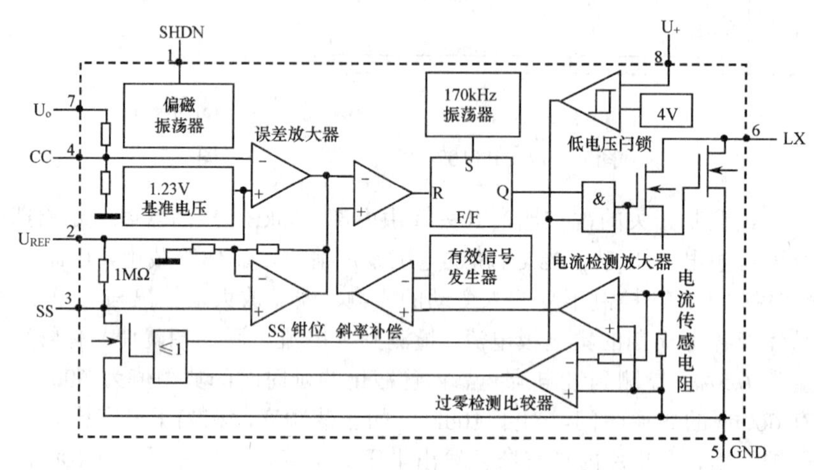

图 4.1.16 MAX732 的内部等效电路框图

图 4.1.16 中，1 脚 (SHDN) 为关闭端，电源电压为−5V 以上时此端为高电平，0.25V 以下时为低电平，此时消耗电流为 6μA，为其正常工作电流的 1/10。这样可由外部信号控制此端，降低功耗。2 脚 (U_{REF}) 为基准电源端接片内 1.23V 的基准电源，在噪声较大的环境中工作时，此端应接 0.01μF 的电容。3 脚 (SS) 为设定软启动时间端，此端接入 0.1～1μF 的电容，调节软启动时间。电源电压为 4.5V，输出电流为 100mA，外接输出电容为 300μF，当 SS 端接 0.1μF 的电容时，软启动时间约为 92ms；当不用软启动功能时，限制过电流情况下，也需接入 0.01μF 的电容。4 脚 (CC) 是保证外部反馈系统的电容接续端子，4 脚与 7 脚之间接入电容。5 脚 (GND) 为接地端子。6 脚 (LX) 为片内 N 沟道的功率 MOSFET 的漏极，它与电源间接入电容，并通过整流用肖特基二极管经输出电容接地。7 脚 (U_o) 为输出电压的传感输入端，把输出电压和肖特基二极管阴极接点处电压馈送到内部电路。8 脚 (U_+) 为供电电源正端，电源引脚与地之间要接入滤波用的 0.1μF 的电容和大容量的电解电容。MAX732 的基本应用电路如图 4.1.17 所示。

② LM2577-ADJ 及其应用实例：LM2577-ADJ 是升压集成稳压器，输出最大电压为 60V；输入电压范围为 3.5～40V。它内有耐压为 65V，额定电流为 3A 的 NPN 型开关晶体管；52kHz 固定频率的振荡器；具有软启动功能；内有过流保护、低电压锁定和过热保护电路。有 5 脚的 TO220，TO263 封装，16 脚的 DIP，24 脚的 SOP 封装等。

LM2577-ADJ 的内部等效电路框图和 TO220 封装引脚配置分别如图 4.1.18(a)、(b)所示。LM2577-ADJ 的基本工作原理是，52kHz 振荡器的输出通过逻辑电路等，控制开关管 VT 通/断工作，外接电感线圈中蓄积电流能量。VT 导通时，电感线圈中蓄积以 U_I/L 速率增加的电流能量；VT 截止时，蓄积的能量以 $(U_o-U_I)/L$ 速率经二极管 VD，输出电容 C_o 放电。

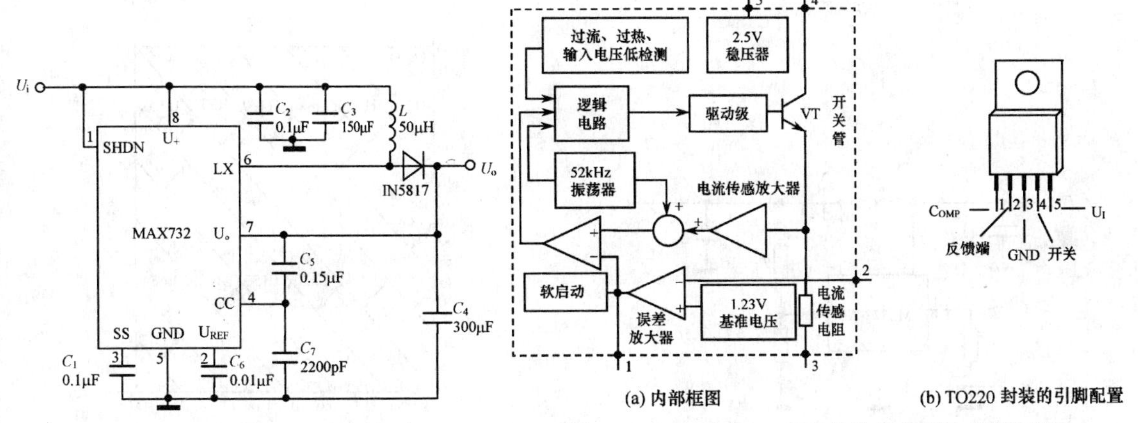

图 4.1.17　MAX732 应用电路　　　　图 4.1.18　LM2577-ADJ 的内部框图与引脚配置

输出电压由电感线圈中蓄积的能量确定，能量的多少通过调整电感线圈的峰值电流进行控制。外接分压电阻 R_1，R_2 将部分输出电压馈送给误差放大器，误差放大器把此电压与内部 1.23V 基准电压之差进行放大，其输出与开关导通时流经电感线圈的电流值，即电流传感电阻与电流传感放大器检测的值通过比较器进行比较。比较器的输出控制开关管 VT，若电感线圈的电流值超过误差放大器的输出，VT 截止，从而控制电感线圈的峰值电流。1 脚外接 R_C 和 C_C 用于调整电流控制反馈环响应的相位补偿量。过流、过热和输入电压低下等异常情况时，由其相应的检测电路禁止控制 VT 的逻辑电路输出。

LM2577-ADJ 的基本应用电路如图 4.1.19 所示。设计时，U_o 和 I_{omax} 必须满足下述条件：$U_o \leq 60V$，$U_o \leq 10U_i$；$I_{omax} \leq 2.1A \times U_i/U_o$。

下面以下列技术指标为例进行设计。输入电压 $U_i = 5V$，输出稳定电压 $U_o = 12V$，最大输出负载电流 $I_{omax}=1A$。

● 电感 L 的选用。选用电感必须首先计算开关的占空比 D，电感中蓄积的能量 E•T 和满载时电感线圈的平均电流 $I_{IND,DC}$。3 个参数分别由式 (4.1.3)、式 (4.1.4) 和式 (4.1.5) 决定。

$$D = \frac{U_o + U_D - U_i}{U_o + U_D - 0.6} \tag{4.1.3}$$

$$E \cdot T = \frac{D(U_i - 0.6) \times 10^6}{f} \tag{4.1.4}$$

$$I_{IND,DC} = \frac{1.05 I_{omax}}{1 - D} \tag{4.1.5}$$

式 (4.1.3) 中，U_D 为二极管的正向导通压降，一般硅二极管 $U_D=0.5V$，快速恢复二极管 $U_D=0.8V$。

由式 (4.1.3) 、式 (4.1.4) 和式 (4.1.5) 可以算得

$$D = \frac{U_o + U_D - U_i}{U_o + U_D - 0.6} = \frac{12 + 0.5 - 5}{12 + 0.5 - 0.6} = 0.63$$

$$E \cdot T = \frac{D(U_i - 0.6) \times 10^6}{f} = \frac{0.63 \times (5 - 0.6) \times 10^6}{52000} = 53.3V \cdot \mu s$$

$$I_{IND,DC} = \frac{1.05 I_{omax}}{1 - D} = \frac{1.05 \times 1}{1 - 0.63} = 2.84\ A$$

再根据计算值选用电感量。

根据 E•T 和 $I_{IND,DC}$ 的计算值在图 4.1.20 上求得的交点即为电感代码，本例求得电感代码为 L68。

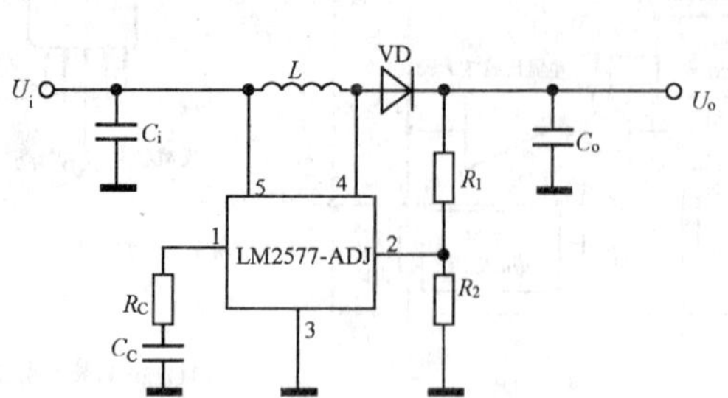

图 4.1.19　LM2577-ADJ 的基本应用电路

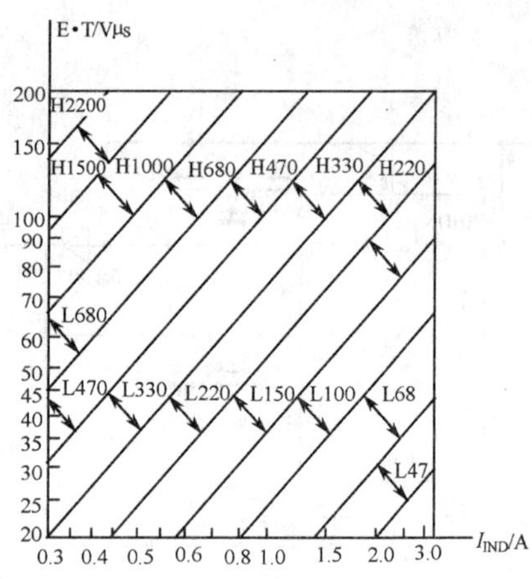

图 4.1.20　电感代码识别图

若 $D<0.65$，可由表 4.1.3 查得 L68 对应的电感值为 68μH。

若 $D\geqslant 0.65$，为了保证开关稳压器输出电压稳定性，应计算所需的最小电感量为

$$L_{\min}=\frac{6.4(U_i-0.6)(2D-1)}{1-D} \tag{4.1.6}$$

先由图 4.1.20 求出比 $L_{\min}$ 小的值，再由表 4.1.3 查得对应电感量。

● 补偿网络 R_C，C_C 和输出电容 C_o 的选用。先求出 R_C 的最大值 $R_{C\max}$ 为

$$R_{C\max}=\frac{750\times I_{o\max}\times U_o^2}{U_{i\min}^2}=\frac{750\times 1\times 12^2}{5^2}=4.32\,\text{k}\Omega$$

选取 $R_C\leqslant R_{C\max}$，本例选 R_C=3kΩ。

再求 C_o 的最小值 $C_{o\min}$ 为

$$C_{o\min}=\frac{U_{i\min}\times R_C\times[U_{i\min}+(3.74\times10^5\times L)]}{487800\times U_o^3}$$

$$=\frac{5\times3\times10^3\times[5+(3.74\times10^5\times68\times10^{-6})]}{487800\times12^3}=4615\,\mu\text{F}$$

选取 $C_o>C_{o\min}$，本例选 C_o=4700μF。

最后求 C_C 为

$$C_C=\frac{58.5\times U_o^2C_o}{R_C^2U_i}=\frac{58.5\times12^2\times4700\times10^{-6}}{(3\times10^3)^2\times5}=0.88\mu\text{F}$$

设计电路中，C_C 采用 1μF 的电容。应该指出，补偿电容 C_C 也是软启动电路的一部分，电源接通时，C_C 控制晶体管开关的占空比，使电源软启动工作。为使软启动电路正常工作，C_C 必须大于 0.22μF。

● 分压电阻 R_1，R_2 的选用。R_1，R_2 是设置输出电压的电阻，U_o 与 R_1，R_2 满足如下关系

$$U_o=1.23\text{V}\times(1+\frac{R_1}{R_2}) \tag{4.1.7}$$

式中，1.23V 为片内基准电压。

由式 (4.1.7)，有

$$R_1=(\frac{U_o}{1.23}-1)R_2=(\frac{12}{1.23}-1)R_2=8.75R_2$$

LM2577 的反馈输入 (2 脚) 的输入阻抗低于 9.7kΩ，因此 R_2 选用 1～2kΩ的电阻，本设计电路中选取 R_2=2kΩ，则 R_1=8.75×2=17.5kΩ。

● 输入电容 C_i 的选用。由于 LM2577 工作在开关状态，其电源电流波形为脉冲状，为使电路稳定工作，输入电容应采用频率特性好的小电容。本例选取 C_i=0.1μF。

● 二极管 VD 的选取。对开关二极管 VD 的要求是：反向电压必须大于输出电压；平均额定电流要大于最大输出负载电流。本设计电路中选用 S3S3M 肖特基二极管，其耐压为 30V，额定电流为 3A。

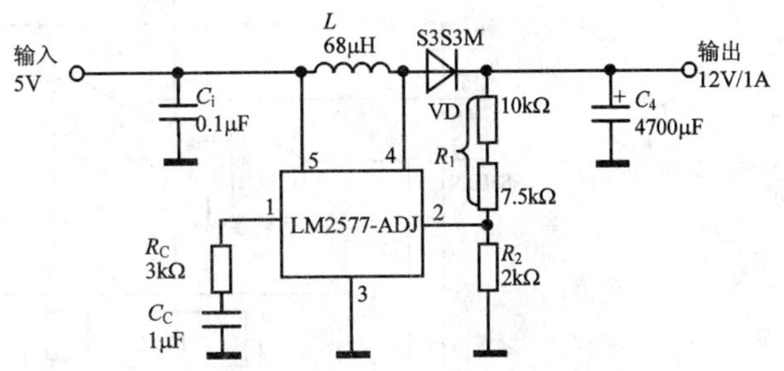

图 4.1.21　用 LM2577-ADJ 设计的实际电路

所以，本例的实际设计电路如图 4.1.21 所示。

(3) 电压反转式开关集成稳压电路：在电子系统中，有时需要正负电源或几种不同的电源供电，对电池供电的便携式电子系统来说，增加电池数量，必然增大该电子系统的体积和质量。采用电压反转式电路，能将正电压转换为负电压输出，根据需要还可产生倍压。这种电路在便携式电子系统中最为常用。

电压反转式开关集成稳压电路，也称电荷泵电路，如 MAX660，MAX680，MAX764，MAX741 等。常用电压反转式开关集成稳压电路的基本技术参数如表 4.1.5 所示。

表 4.1.5　电压反转式开关集成稳压电路的基本技术参数

型号 \ 参数	输出电流 I_o/mA	输出电压 U_o/V	输入电压范围 U_I/V	输出电阻/Ω
MAX660	100	$-U_I 2U_I$	1.5～5.5	6.5
MAX680/681	10	$\pm 2U_I$	2～6	300
MAX764	250	−5 可调	3～16	PWM 控制稳压输出
MAX765	250	−12 可调	3～8	
MAX766	250	−15 可调	3～5	
MAX741N	1000	−5	4～15	

下面以 MAX764 为例介绍其基本工作原理及其基本应用。MAX764 的内部等效电路框图如图 4.1.22 所示。图中，1 脚 (U_o) 为固定输出方式时的电压输出端，输出电容与肖特基二极管阴极连接点处的电压反馈到内部电路；2 脚 (FB) 在固定输出时接 4 脚的基准电压，在可调输出时接到电阻分压点；3 脚 (SHDN) 在 1.6V 以上时为高电平，1.4V 以下时为低电平，高电平时消耗电流从 90μA 降到 1μA；4 (REF) 脚接到内部 1.5V 基准电源，在噪声较大环境下工作时，此脚要接 0.1μF 的电容；5 脚 (GND) 为接地端；6 脚和 7 脚均为电源供电端，这两个引脚在外部连接，电源引脚和接地引脚之间通常接入 0.1μF 的旁路电容；8 脚 (LX) 接片内 P 沟道 MOSFET 的源极，它与地之间接电感线圈，经由整流肖特基二极管到地接入输出电容。

MAX764 的基本应用电路如图 4.1.23 所示。电路输入电压为 3～16 V，输出电压为−5 V/250mA。外接 47μH 的电感，330μF 的输出滤波电容。基本工作原理如下：内部 MOSFET 导通时，L 中流过电流，蓄积能量；内部 MOSFET 截止时，吸收能量，L 中的能量经肖特基二极管 VD 整流，对 C_3 充电而蓄积能量，供给负载。内部电路采用 PFM 调制方式，内部电压比较器检测到偏离输出电压规定值时，使内部 MOSFET 导通。MOSFET 以导通时间 16μs，截止时间 2.3μs 重复工作，到下次偏离输出电压规定值时再导通，不偏离规定值时截止。输出电压 U_o 由外部设定，R_1=150kΩ，R_2 由 $R_2 = R_1\,(U_o/U_{REF})$ 确定。选用外接元件时，要注意电感线圈的最大额定电流和肖特基二极管的最大额定电流。MAX764 的最大负载电流为 250mA，这时线圈和二极管的最大负载电流需要 750mA。电感线

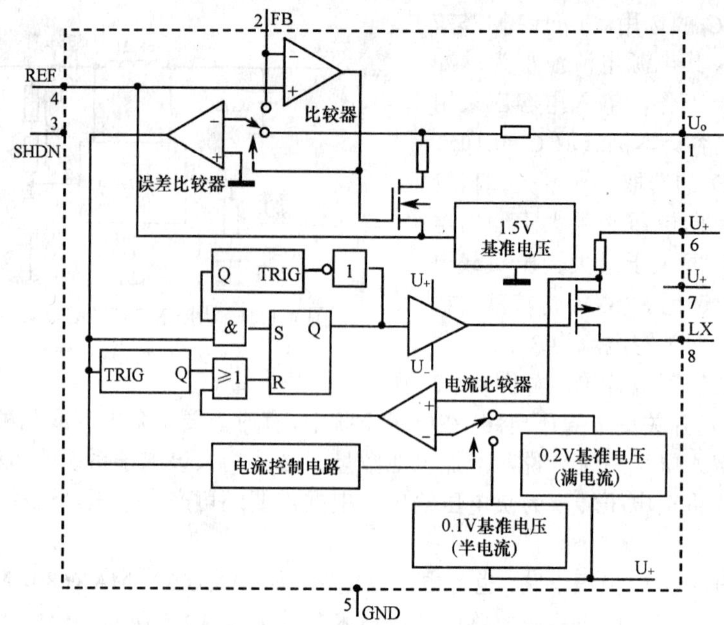

图 4.1.22 MAX764 的内部等效电路框图

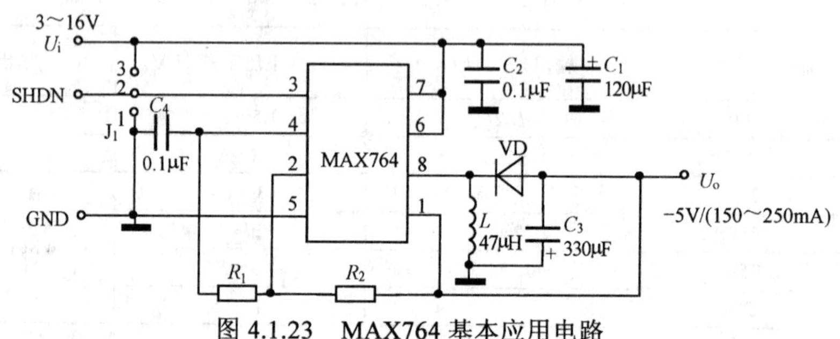

图 4.1.23 MAX764 基本应用电路

圈的电感值要求不太严格，选用范围为 22～68μH，但线圈直流电阻要低于 100mΩ。输出电压中高频纹波电压的振幅由线圈电流的变化和输出电容的等效直流电阻的乘积决定，在 200mA 电流变化、输出电压纹波峰-峰值为 50mV 的情况下，必须选用等效电阻在 0.25Ω以下的有机半导体电容或钽电容。

4.2 信号发生电路的设计

信号发生电路广泛应用于各种电子系统中，因此，信号发生电路设计是电子系统设计的重要组成部分。信号发生电路也称为振荡电路，其特点是：它无须外加信号的控制，本身能将直流电能转换为指定频率和波形的电信号。

振荡电路的类型很多，按工作原理可分为，反馈型振荡器和负阻型振荡器等；按选频回路采用的器件可分为 RC 振荡器、LC 振荡器和晶体振荡器等；按发生波形可分为正弦波发生器和非正弦波发生器 (也称为张弛振荡器)，前者产生连续的正弦波，后者产生非正弦的方波、脉冲波、三角波、锯齿波等。本节将重点介绍常用信号发生电路的设计方法。

4.2.1 信号发生电路的主要性能要求

1. 振荡频率和频率稳定度

振荡频率是指振荡器振荡输出信号的频率。频率稳定度是指振荡电路的实际工作频率偏离标称频率的程度，它是振荡电路一个重要的技术指标。因为它通常是作为某种信号源使用的，所以振荡频率不稳将会导致系统的性能恶化。例如，通信系统中所用的振荡器，若频率不稳，将有可能使所接收的信号部分甚至完全收不到，还有可能干扰其他正常工作的信道。再如，数字系统中用到的定时器都是以振荡器为时钟源的，频率不稳会造成定时不稳。因此必须采取必要的措施，以保证使用要求。

频率稳定度通常定义为在一定时间间隔内，振荡频率的相对变化，用$\Delta f/f_o|_{时间间隔}$表示。这个数值越小，频率稳定度越高。例如，电视台的频率稳定度要求是5×10^{-7}/日，短波、超短波发射机的频率稳定度要求是10^{-4}～10^{-7}/日，所以前者的频率稳定度要求比后者的频率稳定度要求高。

2. 振荡幅度和幅度稳定度

由于振荡电路主要工作在非线性状态，精确分析起来比较困难，因此对振荡幅度，一般都不做定量的计算，只在实际电路中测定调整。但电路中必须采取措施，保证振幅的稳定性。

3. 波形纯正度

希望振荡电路振荡输出纯正的波形，无谐波失真和其他寄生干扰。

当然，振荡电路的用途不同，工作频率和工作状态不同，对振荡电路的性能要求也不尽相同。例如，除上述主要性能要求外，还有温度特性、电源电压特性等。

设计时，设计者要根据振荡电路的用途和性能指标要求，合理选择设计电路方案。

4.2.2 信号发生电路的一般设计方法

设计振荡电路的主要任务有三项：正确地选择有源器件；合理地选择振荡电路形式；正确地计算元件参数值。

1. 选择有源器件

从原理上讲，凡是具有放大能力的晶体管和集成器件都可用来组成振荡器。而且现在有很多按振荡器工作特点设计的集成电路可供选用，如集成多功能振荡器 5G8038 能产生低频范围的正弦波、方波和三角波，集成时基/双时基电路 555/556 能灵活地构成数百千赫兹以内的张弛振荡器，等等。用它们组成振荡器，不但电路简单、性能优良，而且调试也方便。所以在相应的频率范围内，应优先选用此类器件。

选用有源器件时，应首先考虑器件的工作频率范围。为了满足振荡器的起振条件，集成器件的单位增益带宽 (BW_G) 至少要比振荡频率 (f_g) 大 1～2 倍，分立器件的最高截止频率至少要比振荡频率大 3 倍。为了保证振荡器有足够高的频率稳定度，当采用集成器件时，一般应取 3dB 带宽 $BW\geqslant f_g$ 或 $BW_G\geqslant(3\sim10)f_g$；当采用三极管时，一般应取特征频率$f_T>(2\sim10)f_g$。因此，$f_g$在几百千赫兹以下时，可选用集成运放、比较器和集成功放等；f_g 在数兆赫兹以下时，可选用集成宽带放大器、射频/中频放大器和双差分放大器或高频晶体管等。其次，应考虑器件的最大输出电压幅度和负载特性是否满足要求。再次，当所设计振荡器要求低噪声时，应考虑选用低噪声有源器件。

2. 确定振荡器电路形式

选择振荡器电路形式时，应首先考虑振荡器的工作频段和频率稳定度的要求。从工作频段考虑，一般来说，低频段应选用 RC 振荡器，高频段应选用 LC 振荡器或晶体振荡器；从频率稳定度要求来考虑，RC 振荡器频率稳定度较低，在10^{-2}～10^{-3}/日；LC 振荡器 (科皮兹、哈特莱振荡器) 的频率稳定度在10^{-3}～10^{-4}/日；改进型 LC 振荡器 (克拉泼、西勒振荡器) 的频率稳定度在10^{-4}～10^{-5}/日；晶体振荡器的频率稳定度较高，在10^{-6}/日以上。其次，要从产生的波形及其精度两方面考虑，当组成正弦波振荡器时，推荐选用“桥式振荡器”，因为它不仅容易组成外稳幅电路从而保证有优良的输出波形，而且当器件增益较高时，它有较高的相位梯度，对频率稳定有益。再次，需要考虑负载与振荡器的隔离问题，除某些集成振荡器 (如 E1648，555 等) 内部有性能优良的隔离电路外，设计者还要设计缓冲级。最后，还要考虑电路调试或调整 (f_g，U_o) 是否方便。

3．确定元件的数值

首先，要正确设计器件的偏置电路。设计者必须注意，各类集成器件的输入偏置电路是有所不同的，具体情况要参见器件手册。当选用的是双电源器件而振荡器电路采用单电源时，输入端还需设置一定的偏置电压。对分立元件的晶体管振荡器，一般按三极管的静态电流 $I_{CQ} \approx 1 \sim 4\text{mA}$ 来设计偏置电路，使静态工作点远离管子的截止区。

设计决定振荡频率的元件参数是非常关键的。需要注意的是，振荡电路的类型不同，计算公式也各不相同，设计者可参见本章电路实例中所列出的计算公式。

设计正弦波振荡器还要考虑反馈系数 B 的大小。对集成器件组成的振荡器，环路增益即反馈系数 B 与基本放大器增益 A 的乘积应略大于 1；对桥式振荡器，则应使正、负两个反馈支路构成的总反馈系数与增益的乘积略大于 1；对分立元件的三点式振荡器，B 一般取 1/2～1/8。

4.2.3　正弦波振荡电路的设计

1．桥式 RC 正弦波振荡电路设计

(1) 桥式 RC 正弦波振荡电路的基本电路设计：桥式 RC 正弦波振荡电路适用于产生数赫兹到数百千赫兹的正弦波，其基本构成如图 4.2.1 所示。图中，RC 串、并联电路构成正反馈的选频网络；R_3 为具有负温度系数的热敏电阻，起稳幅作用；R_3，R_4 构成负反馈支路，其作用是改善振荡波形和进一步稳幅。

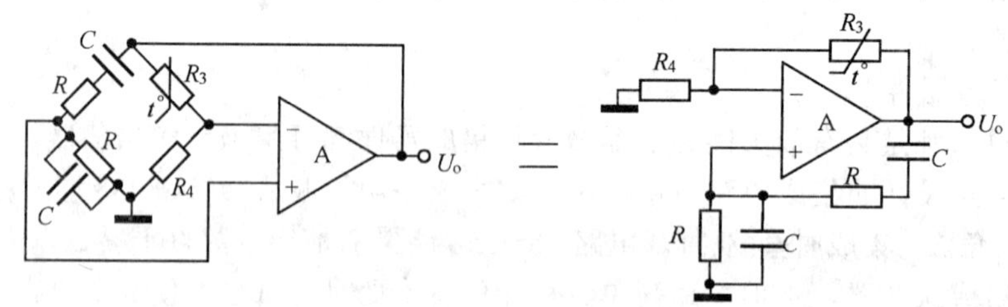

图 4.2.1　文式电桥 RC 正弦振荡电路的基本构成

图示文式电桥 RC 正弦波振荡电路的振幅条件为

$$1+\frac{R_3}{R_4}=3$$

振荡频率为

$$f_g=\frac{1}{2\pi RC}$$

其起振条件为

$$A_u=1+\frac{R_3}{R_4}\geqslant 3$$

(2) AGC 型文式电桥振荡电路设计：AGC 型文式电桥振荡电路通常在数十赫兹到 100kHz 频率范围内使用，其实用电路如图 4.2.2 所示。

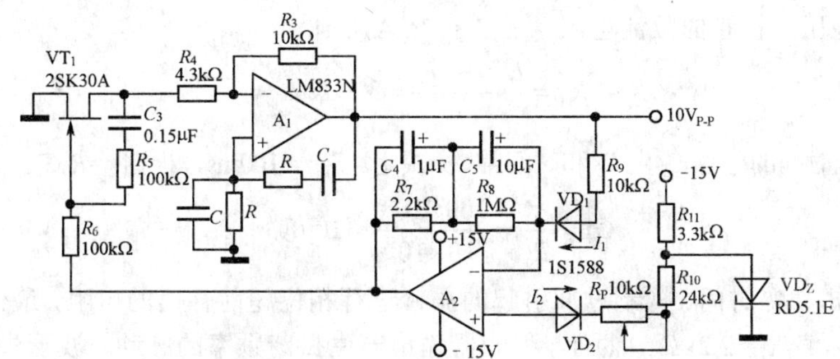

图 4.2.2　实用 AGC 型文式电桥振荡电路

电路由主振电路和稳幅电路构成，电路中，运放 A_1 工作时增益 $A\approx 3$，但采用 FET (代替以前的热敏电阻) 作为可调电阻进行自动增益控制 (AGC) 。图 4.2.2 中的参数是按 $f_g = 100\text{Hz}\sim 100\text{kHz}$ 设计的，下面讲述具体的设计过程。

① 主振部分的设计：考虑到振荡频率上限为100kHz，以及振荡波形要求失真率较低等实际要求，振荡电路选用通用运算放大器 LM833N (功率带宽最大值为 120kHz) 。它的谐波失真比一般通用运算放大器小。

电路的振荡频率由下式决定，即

$$f_g = \frac{1}{2\pi RC}$$

为了减小运放负载、减小杂散电容的影响，RC 串并联回路阻抗应设计在 5～500kΩ范围内。

运放 A_1 工作时增益 $A\approx 3$，但起振时需要 $A>3$，因此，若取 $R_3=10\text{k}\Omega$，则有

$$R_4 + r_{ds} \leqslant \frac{R_3}{A-1} = 5\text{k}\Omega$$

实验表明，在加有局部反馈时，2SK30A 的 r_{ds} 在 500Ω～2kΩ范围内波形无失真或失真极小，因此，设计使 FET 工作在 $r_{ds}\approx 1\text{k}\Omega$，故可取 R_4=4.3kΩ (标称值) 。R_5，R_6 是用于减小失真的反馈电阻，最好是 $R_5=R_6$，其阻值要远大于 r_{ds}，本例选用 $R_5=R_6=100\text{k}\Omega$。

频率为最低振荡频率的 1/10 时，隔直电容 C_3 为

$$C_3 \geqslant \frac{1}{2\pi\times 0.1 f_{min} R_5} = \frac{1}{2\pi\times 0.1\times 10\times 100\times 10^3} = 0.15\mu\text{F}$$

实际上，电阻 R_5 和电容 C_3 的值要求并不太严格。

② 稳幅部分的设计：基准电压的稳定性决定着图 4.2.2 电路的振幅稳定度，因此，构成稳定性高的基准电压时，最好使用温度系数小的 4.7～5.1V 的稳压管，电路中的稳压管选用 RD5.1E。

若输出电压的峰–峰值为 10V (±5V) ，则流经 AGC 整流电路的平均电流 I_1 为

$$I_1 = \frac{1}{\pi}(\frac{+U_{op} - U_{D1}}{R_9}) = \frac{1}{\pi}\times(\frac{5-0.5}{10^4}) = 143.3\mu\text{A}$$

同样，I_2 为

$$I_2 = \frac{U_Z - U_{D2}}{R_{10} + R_p}$$

式中，R_P 为可调电阻的中心值。

因为工作时 $I_1 = I_2$，由此，可得 $R_{10}+R_P$ 的阻值，即

$$R_{10}+R_P = \frac{U_Z - U_{D2}}{+U_{op} - U_{D1}}\pi R_9 = 3.14\times 10(\text{k}\Omega) = 31.4\text{k}\Omega$$

选定固定电阻 $R_{10}=24\text{k}\Omega$，可变电阻 R_P=10kΩ。

电阻 R_{11} 是稳压二极管的限流电阻，若 $I_Z = 3\text{mA}$，则

$$R_{11} = \frac{U_{CC} - U_Z}{I_Z} = 3.3\text{k}\Omega$$

决定积分响应时间的电容 C_5 由 R_9 和时间常数 τ 决定。若 τ=100ms，根据 $\tau=R_9C_5$，可求出 C_5，即

$$C_5 = \frac{\tau}{R_9} = \frac{100\times10^{-3}}{10\times10^{3}} = 10\mu\text{F}$$

R_7 是用于缩短稳幅时间、抑制过冲引起的振铃进行相位超前补偿的电阻，最佳值为 R_9 的 20%左右，本例取标称值 R_7= 2.2kΩ。然而，积分器输出产生振荡频率的脉动，波形失真变大，为此与 R_7 并联一个比 C_5 容量小的电容 C_4。

R_8 是用于限制积分器最大直流增益的电阻，根据 $R_8 = AR_9$，若 $A = 100$，则可求得 R_8=1MΩ。

2．高频 LC 正弦波振荡电路设计

前述的 RC 振荡器多用于低频振荡波形的产生，而在高频振荡中，更多采用 LC 振荡器。

当需要数十兆赫兹至 300MHz (VHF 频段) 的频率时，通常都使用频率稳定度较高的西勒振荡电路，西勒振荡电路如图 4.2.3 所示。

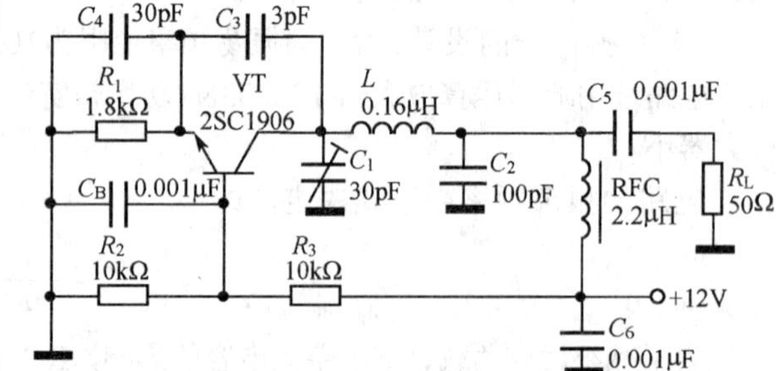

图 4.2.3　VHF 频段的西勒振荡电路

图 4.2.3 振荡电路的振荡频率近似由输出调谐电路 (π 型输出电路) 的谐振频率决定，即

$$f_g \approx \frac{1}{2\pi\sqrt{L\dfrac{C_1C_2}{C_1+C_2}}}$$

实际中，由于晶体管的集电结电容和电路杂散电容与 LC 调谐回路并联，会使 f_g 略低于计算频率，因此需要通过实验进行调整。

电路中，C_3 为反馈电容；为了满足 VHF 频段振荡要求，电路选用 f_T= 600MHz 的 2SC1906 晶体管。

图 4.2.3 中的参数是按 f_g=100MHz 设计的，下面讲述具体的设计过程。

(1) 100MHz 调谐电路的设计： 振荡频率为 100MHz 左右时，调谐线圈要使用 2～3 匝的空心线圈，可通过微调线圈的间隔来调整电感量。例如，谐振频率 100MHz，LC 电抗 (X_L，X_C) 为 100Ω 时，电容 C 的值为

$$C = \frac{1}{2\pi f_g X_C} = \frac{1}{2\pi\times100\times10^6\times100} = 15.9\text{pF}$$

同样地，电感 L 的值为

$$L = \frac{X_L}{2\pi f_g} = \frac{100}{2\pi\times100\times10^6} = 0.159\mu\text{H}$$

通常，高频扼流圈 (RFC) 的阻抗为负载电阻的 10 倍以上，即 X_{LC}=1kΩ，于是可求出

$$L_C = \frac{X_{L_C}}{2\pi f_g} = \frac{10^3}{2\pi\times100\times10^6} = 1.59\mu\text{H}$$

实际电路中，从 E6 系列中选取标称值 L_C=2.2μH。

电容 C_1，C_2 与振荡频率有关，但由于负载电阻 R_L 阻值较低，因此，要取 $C_2 \gg C_1$。例如取 C_2 = 100pF，主要由 C_1 进行频率调整，使用 30pF 的微调电容即可。与振荡幅度有关的电容 C_3，其电抗约为 500Ω，所以可算得 $C_3 \approx 3.18\text{pF}$，电路中选取 $C_3 = 3\text{pF}$；为了便于起振，一般取 C_4= $(5\sim10)C_3$，这里取 $C_4 = 10C_3 = 10\times3 = 30\text{pF}$。

(2) 直流偏置电路的设计：在设计直流偏置电路时，应首先确定集电极电压和电流。这里取 $U_{CC}=12V$，$I_{CQ}=3mA$。若晶体管的电流放大系数$\beta=60$倍，则$I_{BQ}=I_{CQ}/\beta=50\mu A$，一般取流过电阻$R_2$，$R_3$的电流值$I_1 \geqslant 10I_{BQ}$，这里取$I_1=0.6_{mA}$，于是可求得$R_2+R_3 \approx U_{CC}/I_1=12/0.6\times10^{-3}=20k\Omega$，基极电阻$R_2$，$R_3$可取相同阻值，这里取$R_2=R_3=10k\Omega$。由此可得基极对地电压$U_B=U_{CC}/2=6V$。所以发射极电阻$R_1$上加的电压约为$U_E=U_B-U_{BE}=6-0.5=5.5V$，由此可求得

$$R_1=\frac{U_E}{I_{CQ}}=\frac{5.5}{3\times10^{-3}}=1.83k\Omega$$

电路中，选取标称值$R_1=1.8k\Omega$。

基极及电源旁路电容的电抗X_C为数欧姆以下，若使用较大容量的电容，则电容本身的引线电感形成的导纳升高。假定$X_C \leqslant 3\Omega$，则

$$C_B=C_6 \geqslant \frac{1}{2\pi f_g X_C}=\frac{1}{2\pi\times100\times10^6\times3}=530pF$$

由此可知，这些电容应在500pF以上，这里选用0.001μF的陶瓷电容。

3．晶体正弦波振荡电路的设计

要得到10^{-5}以上的频率稳定度，通常采用以晶体为核心元件构成的晶体正弦波振荡电路。

(1) 并联型晶体振荡电路的设计：并联型晶体振荡电路如图4.2.4所示。图中，晶体在振荡频率处呈感性阻抗，即等效为电感；可调电容C_4用于频率微调；R_1和R_2为VT_1的偏置电阻，一般VT_1的基极电压大约设定在$U_{CC}/2$，因此可选定$R_1=R_2$；VT_2构成恒流源偏置。

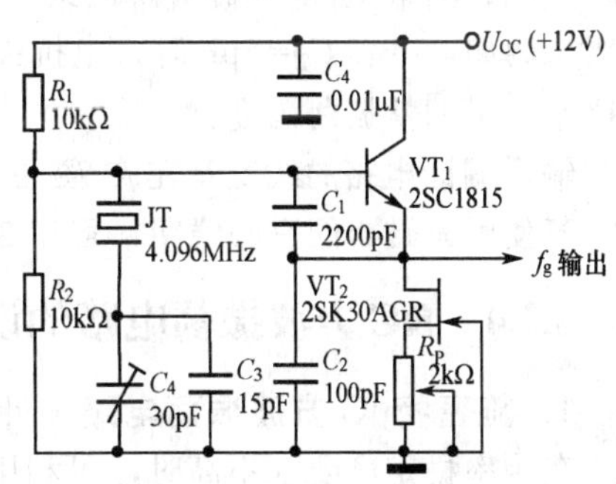

图 4.2.4　并联型晶体振荡电路

振荡频率为4.096MHz时，电容C_1值一般按电抗20Ω左右设定，由此电容C_1值为

$$C_1=\frac{1}{2\pi\times4.096\times10^6\times20}\approx2000pF$$

一般来说，电容C_1取值大一些有利于改善波形，实验发现$C_1=2200pF$时波形最佳。电容C_2的电抗值大约为500Ω，可根据C_1值做相应的修改。

振荡频率微调通过微调电容C_4进行，选用30pF左右的电容，因此选用15pF的固定电容与30pF半可变电容并联。

考虑到振荡管VT_1的工作频率约为4MHz，因此可选用小功率管2SC1815 ($f_T=80MHz$)。VT_2选用2SK30AGR，由可调电阻R_P调节偏置电流的大小。

(2) 泛音晶体振荡电路的设计：晶体以基波方式进行振荡的上限频率约为20MHz，当需要更高振荡频率时，常采用泛音晶体振荡电路，它可直接以基波的3倍、5倍或7倍的频率进行振荡。下面通过实例介绍泛音晶体振荡电路的设计。

图 4.2.5　100MHz 泛音晶体振荡电路

VHF (30～300MHz) 频段经常使用的泛音晶体振荡电路如图4.2.5所示。图中，C_1，C_2为反馈电容，改变C_1，C_2的比率就可改变振荡幅度。C_3为用于调节谐振频率的半固定可调电容，改变电感L时，C_3必须固定。下面以100MHz泛音晶体振荡电路为例进行设计。

① 晶体管的选择：对这种高频谐波振荡电路，要选择在振荡频率下具有足够电流增益的晶体管。例如，对于f_g=100MHz的振荡电路，若选用特征频率f_T= 100MHz的晶体

管，电路是不能正常工作的，而必须选择$f_T=(5\sim10)f_g$，即选择$f_T=500\sim1000$MHz的晶体管，本例中，晶体管选择了$f_T=600$MHz的2SC1906。

② 偏置电路的设计：图中采用的直流偏置电路是最一般的工作方式，只是在基极–地之间接有温度补偿二极管。在$f_g=100$MHz时，晶体管集电极电流要设置得大一些，比如设定为5～10mA。本例中，集电极电流设定为7mA。

③ 谐振电路中L,C的计算：100MHz振荡电路中输出谐振回路的阻抗设定较低，为50～100Ω。若电抗为75Ω，则可求出L和C，即

$$L=\frac{X_L}{2\pi f_g}=\frac{75}{2\pi\times100\times10^6}=0.12\mu\text{H}$$

$$C=\frac{1}{2\pi f_g X_C}=\frac{1}{2\pi\times100\times10^6\times75}=21.2\text{pF}$$

实际中，受管子结电容及杂散电容 C_s 的影响，由谐振电容 C 计算的振荡频率会略低于100MHz，因此与线圈L_1并联的C_3可根据下式进行计算，即

$$C_3\approx C-(C_1//C_2+C_o+C_s)$$

然而，C_1和C_2的准确值难以求出，大体上是$C_1\geqslant C_2$，因此C_1为数十皮法，C_2为数皮法的数量级。例如，电容$C_2=5$pF时，电抗$X_{C_2}=318\Omega$，电容C_1=20pF时，电抗X_{C_1}=80Ω。调整C_1和C_2的比率，可调整振荡幅度。

输出调谐电路的线圈是在$\phi8$磁心骨架上绕3匝导线，其电感量约为0.12μH，次级绕1匝导线。若使用无磁心的空心线圈，可用30pF左右的微调电容代替电容C_3。

4.2.4 RC方波振荡电路的设计

1. 施密特IC方波振荡电路设计

在频率稳定度要求不高时，可利用具有施密特触发功能的CMOS集成反相器构成振荡电路，它的最大优点是简单。它可用做超低频率到数兆赫频率的时钟信号与定时信号。

(1) 最简单的振荡电路及其工作原理：最简单的振荡电路如图4.2.6(a)所示。由图可以看出，如果在74HC14的电源端上加电压，则电容C上的电压从0V开始按指数形式上升，只要输入电压低于阈值电压U_{th1}，输出就为高电平U_{OH}；当电容C上的电压值达到阈值电压U_{th1}，就判定输入为高电平，于是输出变为低电平U_{OL}，此时电容C中充电电荷通过电阻放电，当电容C上的电压值降至阈值电压U_{th2}时，就判定输入为低电平，输出变为高电平。因此，振荡周期等于充放电需要的时间之和，如图4.2.6(b)所示。

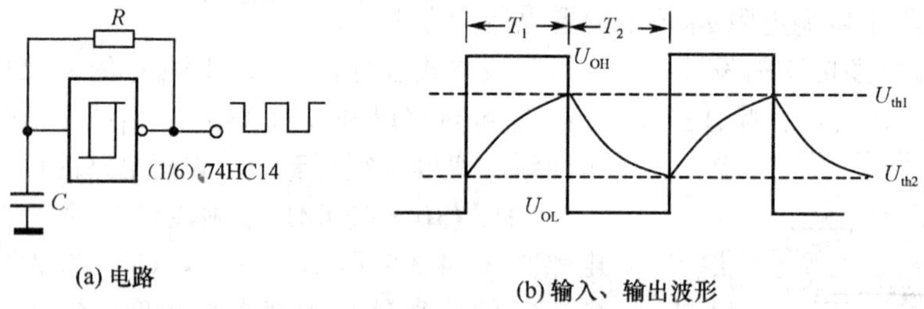

(a) 电路　　(b) 输入、输出波形

图4.2.6　最简单的方波振荡电路

(2) 振荡频率的计算：图4.2.6中，RC电路充电需要的时间T_1为

$$T_1=RC\ln\left(\frac{U_{OH}-U_{th2}}{U_{OH}-U_{th1}}\right)$$

RC电路放电需要的时间T_2为

$$T_2 = RC\ln\left(\frac{U_{OL} - U_{th1}}{U_{OL} - U_{th2}}\right)$$

若 $U_{OH}-U_{th1}=U_{th2}-U_{OL}$，则有

$$T = T_1 + T_2 = 2RC\ln\left(\frac{U_{OH} - U_{th2}}{U_{OH} - U_{th1}}\right)$$

实际设计时，可用以下简易计算式

$$T \approx 2RC\ln\left(\frac{U_{DD} - U_{th2}}{U_{DD} - U_{th1}}\right)$$

(3) 电路常数的限制：尽管 C，R 值的选取有一定的自由度，但参数的设定必须考虑其他相关参数的影响。例如，在高频振荡条件下，C，R 的值很小，实际中使用的逻辑 IC 的输入电容 (数皮法) 将与 C 并联，另外，还有杂散电容 (数皮法) 的影响，所以，考虑到上述因素，C 选用 100pF 的电容比较可靠。而电阻 R 的阻值受逻辑 IC 输出电流特性的限制，其值不能太小，流经的电流是输出电压与电阻之比，因此要选用数千欧以上的电阻。在超低频 (低于数十赫) 振荡条件下，C 要尽量选用容量大的电容，为避免电容本身绝缘电阻带来的影响，建议使用钽电容。

2．CMOS 反相器构成的方波振荡电路设计

(1) 振荡电路：用三个 CMOS 反相器串联构成的方波振荡器如图 4.2.7 所示。图中，R，C 为决定振荡频率的定时元件；R_1 为保护电阻，用于抑制电容较大时的放电电流；74HC04 (或 4069) 不用的输入引脚要接地。

(2) 振荡频率的计算：图 4.2.7 电路的振荡频率为

$$f_g = \frac{1}{2.196RC} \approx \frac{1}{2.2RC}$$

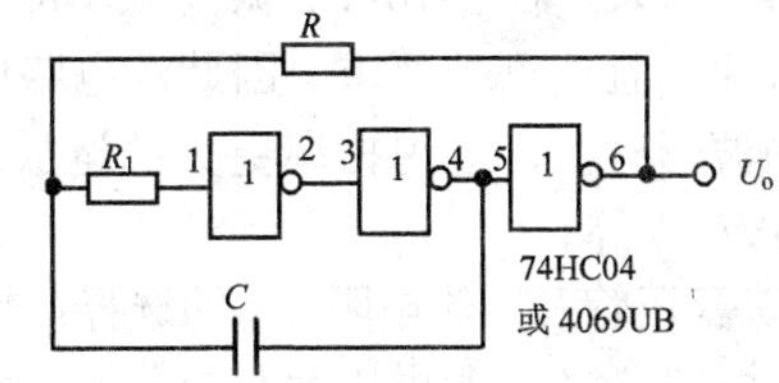

图 4.2.7　CMOS 反相器构成的方波振荡器

(3) 元件的选择

① IC 的选择：构成振荡电路时，要根据最高振荡频率选用 4000B 系列或 74HC 系列集成电路。

② 限流电阻 R_1 的选择：根据经验，当 C 较小 (0.1μF 以下) 时，可不接 R_1。集成电路输入端的最大电流限制为 $I_{imax} \leqslant 20mA$，因此电阻 R_1 的阻值应为

$$R_1 \geqslant \frac{(U_{DD} - U_D)}{I_{i\,min}} = \frac{(5-0.6)}{20\times10^{-3}} = 220\Omega$$

实际中，为了有效抑制最大放电电流，R_1 一般选用数千欧量级的电阻。

③ R，C 的选择：由于使用 CMOS 集成电路，R 值一般在数千欧至数兆欧范围内选择，例如，若要求振荡频率为 1kHz，不妨选择 $R = 100\ k\Omega$，则 C 为

$$C = \frac{1}{2.2f_gR} = \frac{1}{2.2\times10^3\times100\times10^3} = 4545\text{pF}$$

实际中，可选择标称值 $C = 4700$pF。

为了补偿总偏差，R 可用一个 100kΩ的可调电阻。

3．运算放大器器构成的方波振荡电路设计

前述逻辑 IC 方波振荡电路的特点是电路简单。但这些电路往往因为电源电压的变化，导致 IC 本身阈值电压发生变化，从而影响振荡频率，因此，它们不宜用在电源电压不稳的场合。采用运放构成的振荡电路能较好地解决上述问题。

(1) 振荡电路及工作原理：由运放构成的方波振荡电路如图 4.2.8(a)所示。图中，运放用做比较器，当输出电压达到饱和状态，即 $U_o=U_{OH}$，电容 C 正向充电，当充至 $U_-=U_C$ 达到同相输入端

电压 $U_+=U_{th1}=U_{OH}[R_1/(R_1+R_2)]$时，输出电压 U_o 由 U_{OH} 变为 U_{OL}。于是电容 C 放电，当放至 $U_-=U_C$ 达到同相输入端电压 $U_+=U_{th2}=U_{OL}[R_1/(R_1+R_2)]$时，输出电压 U_o 由 U_{OL} 变为 U_{OH}，如此周期性重复。其波形如图 4.2.8 (b)所示。

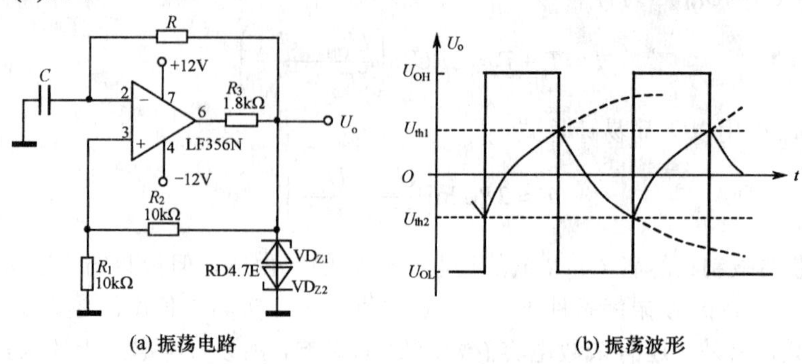

(a) 振荡电路　　(b) 振荡波形

图 4.2.8　运放构成的方波振荡电路

(2) 振荡频率的计算：振荡频率由下式决定

$$f_g=\frac{1}{2RC\ln(1+2R_1/R_2)}$$

(3) 元件的选择

① 运算放大器的选择：为了获得所期望的振荡波形，应尽量选择转换速率 (即摆率) 大的运算放大器。例如，对于 10kHz 振荡频率即 100μs 波形，要求在 1μs 内有 10V 的振幅变化，即 10V/μs 的转换速率就能满足要求。因此，电路中选用了通用运放 LM356N (转换速率为 12V/μs) 。当要求更好的波形时，可选用摆率更大的运放，如 LM318N (转换速率为 70V/μs) ，LM6361N (转换速率为 300V/μs) 等。

② 稳压管及限流电阻 R_3 的选择：输出振幅由稳压管的稳压值决定，若电源电压$\pm U_{CC}=\pm12V$，输出电压U'_o 等于电源电压减 (1～2) V。要使 $U_o=\pm 5V$ 左右，应选择稳压值为 $(5V-U_D)$ 的两个稳压管反向串联，一般硅稳压管的正向压降 $U_D\approx 0.6V$，所以电路中选用 4.7V 稳压管 RD47E。

稳压管工作电流 I_Z 一般在数毫安数量级，它由 R_3 决定。设运放输出电压为 U'_{omax}，则限流电阻 R_3 为

$$R_3=\frac{U'_{omax}-(U_Z+U_D)}{I_Z}$$

若 U'_{omax}=10V，I_Z=3mA，则 $R_3=(10-5)/3\times10^{-3}=1.67k\Omega$，图中选取标称值 $R_3=1.8k\Omega$。

③ 反馈电阻 R_1，R_2 的选择：为了减小 R_1，R_2 反馈支路电流对 I_Z 的影响，应使流经反馈电阻 R_1，R_2 电流与 I_Z 相比足够小，即 R_1，R_2 值应取的大一些，但为了避免运放输入电容和杂散电容带来的影响，它们也不能过大，一般取值在十千欧至几百千欧范围。电路中选取 $R_1=R_2=10k\Omega$，此时流经 R_1，R_2 的电流为 250μA，远小于 I_Z。

④ RC 时间常数的设定：RC 时间常数的设定与所用元件有关，一般电阻 R 取值在 10kΩ～10MΩ范围，为了保证稳定性，电容应使用钽电容，最大容量限定为 47～100μF。

这种电路振荡频率受运算放大器转换速率的限制，一般适用于 1Hz～100kHz 的振荡。

4．555 定时器构成的方波振荡电路设计

555 定时器是一种时基电路，广泛应用于仪器仪表、自动化装置及各种电器中做定时及时间延迟等控制，是脉冲波形产生与变换的重要器件。555 定时器分为双极型和 CMOS 两种，它们的结构和工作原理基本相似。常用的双极型 555 定时器型号有 NE555，5G555，LM555 等，它的最大优点是有较强的驱动能力；而 CMOS555 定时器则具有功耗低、最小工作电压小、输入电流小等一系列优点。这里介绍用 CMOS555 定时器 (CC7555) 构成的方波振荡电路。

(1) **CC7555 的工作原理**：定时器 CC7555 原理框图如图 4.2.9(a)所示，图 4.2.9(b)为封装引脚图。表 4.2.1 为引脚功能说明。由图 4.2.9(a)可以看出，电路由 4 部分构成，分述如下：

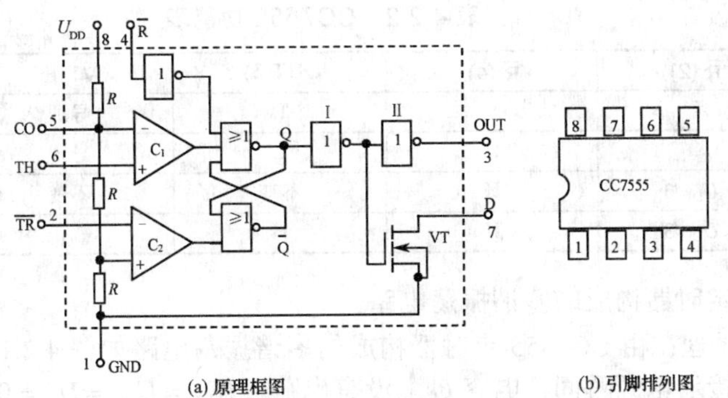

(a) 原理框图　　(b) 引脚排列图

图 4.2.9　CC7555 集成定时器

① 基准电压：它由三个等值电阻 R 组成，串接在 U_{DD} 与地之间，给比较器 C_1 和 C_2 提供基准电压。C_1 的基准电压为 $2U_{DD}/3$，C_2 的基准电压为 $U_{DD}/3$。如果在控制电压端 CO 处加控制电压 U_{CO}，则 C_1 和 C_2 的基准电压分别变为 U_{CO} 和 $U_{CO}/2$。当 CO 端不使用时，一般通过 0.01μF 电容接地，以防干扰串入。

表 4.2.1　CC7555 引脚

符　号	功　能	符　号	功　能
$\overline{TR}$	低电平触发端	OUT	输出端
TH	高电平触发端	D	放电端
$\overline{R}$	复位端	CO	控制电压端

② 比较器：C_1 和 C_2 是两个比较器，比较器 C_1 的同相输入端 TH 为阈值端，比较器 C_2 的反相输入端 $\overline{TR}$ 为触发端。

当阈值电压 $U_{TH} < 2U_{DD}/3$ 时，比较器 C_1 输出低电平；$U_{TH} > 2U_{DD}/3$ 时，比较器 C_1 输出高电平。当触发端电压 $U_{\overline{TR}} < U_{DD}/3$ 时，比较器 C_2 输出高电平，反之，比较器 C_2 输出低电平。比较器的输入电阻很高，几乎不向外电路索取电流。

③ 基本 RS 触发器：基本 RS 触发器由两个或非门交叉耦合组成，它的状态 Q 取决于比较器的输出。$\overline{R}$ 为外部复位端，无论触发器是什么状态，通过复位端 $\overline{R}$ 加低电平信号，可强制复位，使 Q 为“0”。当不使用 $\overline{R}$ 端时，应将其接到电源 U_{DD}。

④ 驱动器和放电开关：驱动器即反相器Ⅱ，它由低阻的 CMOS 反相器组成，用来提高定时器的负载能力并隔离外加负载对定时器的影响。放电开关即漏极开路的 NMOS 管 VT，它的导通与截止受反相器Ⅰ控制。连接在 D 端的电容可以通过导通的 VT 管放电，所以称为放电开关。

工作原理如下：

当 $\overline{R}$ 为低电平时，反相器Ⅰ输出高电平，所以 Q 为低电平，反相器Ⅱ输出低电平，VT 导通。如果 D 端通过电阻接到某一正电源，则 D 端为低电平。电路输出低电平称为复位或置“0”。

当 $\overline{R}$ 为高电平时，电路有 3 种工作状态：

① $U_{TH} > 2U_{DD}/3$，C_1 输出高电平，Q 为低电平，OUT 为低电平，VT 管导通。电路的输出状态与 $\overline{Q}$ 无关，所以 $\overline{TR}$ 为随意态 X。

② $U_{TH} < 2U_{DD}/3$，C_1 输出低电平；$U_{\overline{TR}} > U_{DD}/3$，$C_2$ 输出低电平，基本 R-S 触发器保持原状态不变，OUT 及 VT 管都将保持原状态不变。

③ $U_{TH} < 2U_{DD}/3$，C_1 输出低电平；$U_{\overline{TR}} < U_{DD}/3$，$C_2$ 输出高电平，Q 为高电平，VT 管截止，OUT 为高电平。OUT 为高电平称为电路置位或置“1”。

电路功能表如表 4.2.2 所示。表中 X 表示任意电平值，H，L 分别表示高、低电平，D 端的状态是假定它通过电阻接到正电源的情况下得出的。

表 4.2.2 CC7555 功能表

TH(6)	$\overline{TR}$ (2)	$\overline{R}$ (4)	OUT(3)	VT 管	D(7)
X	X	L	L	导通	L
$>2U_{DD}/3$	X	H	L	导通	L
$<2U_{DD}/3$	$>U_{DD}/3$	H	不变	不变	不变
$<2U_{DD}/3$	$<U_{DD}/3$	H	H	截止	H

(2) 由 CC7555 定时器构成的多谐振荡电路

① 电路与工作原理：由 CC7555 定时器构成的多谐振荡电路如图 4.2.10(a)所示。其中 R_1，R_2，C 为定时元件。接通电源瞬间，电容 C 上没有电荷，$U_{\overline{TR}}=U_{TH}=U_C=0V$，由功能表 4.2.2 可知，输出电压 $U_o=U_{oH}$，VT 管截止。电源 U_{DD} 经 R_1，R_2 对 C 充电，$\tau_{充}=(R_1+R_2)C$，电容 C 上电压 $U_C=U_{\overline{TR}}=U_{TH}$ 逐渐升高，当 U_C 达到 $2U_{DD}/3$ 时，U_o 由 U_{oH} 跳变为 U_{oL}，同时 VT 管导通。使电容 C 通过 R_2 及 VT 管放电，$\tau_{放}\approx R_2C$，$U_C=U_{\overline{TR}}=U_{TH}$ 从 $2U_{DD}/3$ 逐渐下降，当 U_C 降至 $U_{DD}/3$ 时，U_o 由 U_{oL} 跳变为 U_{oH}，VT 管由导通变为截止。此后 C 又充电，电路重复上述过程，进入下一周期。如此周而复始，产生多谐振荡，其工作波形如图 4.2.10(b)所示。

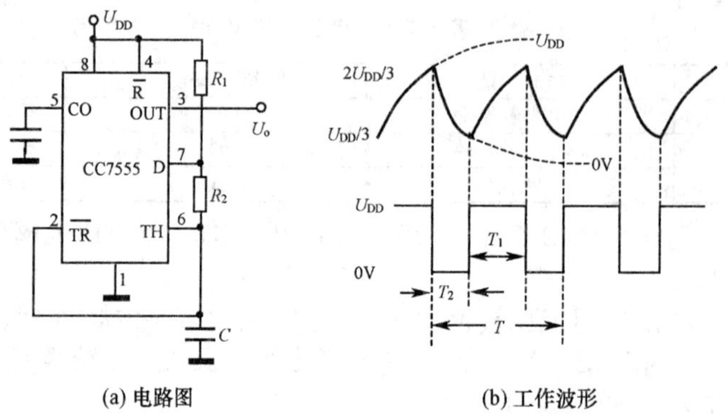

(a) 电路图　　(b) 工作波形

图 4.2.10 由 CC7555 定时器构成的多谐振荡电路

② 电路参数：电容 C 的充电时间为

$$T_1=(R_1+R_2)C\ln 2\approx 0.7(R_1+R_2)C$$

电容 C 的放电时间为

$$T_2=R_2C\ln 2\approx 0.7R_2C$$

多谐振荡电路的振荡周期为

$$T=T_1+T_2\approx 0.7\times(R_1+2R_2)C$$

振荡频率为

$$f=\frac{1}{T}\approx\frac{1.44}{(R_1+2R_2)C}$$

波形占空比为

$$D=\frac{T_1}{T}=\frac{R_1+R_2}{R_1+2R_2}$$

脉冲幅度为

$$U_m\approx U_{DD}$$

由于 VT 管有 10Ω 左右的导通电阻，所以当振荡频率较高时，R_2 阻值较小，VT 管导通电阻的影响不能忽略。在这种情况下，T_2 及 T 与实际值有明显偏差，应结合实际调整参数。

(3) 方波振荡电路设计：上述多谐振荡电路由于电容 C 的充、放电时间常数不同，它的占空比不等于 50%。要得到对称的多谐振荡波形，即方波，可按图 4.2.11(a)连接。在这种电路中，振荡输出 U_o 取自放电端 D。

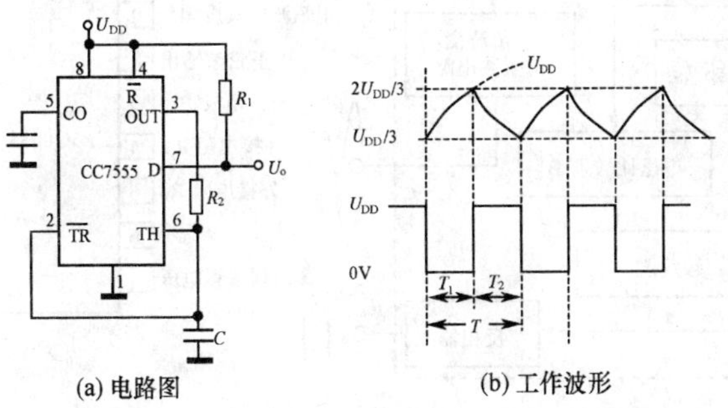

(a) 电路图　　(b) 工作波形

图 4.2.11　由 CC7555 定时器构成的方波振荡电路

① 电路的振荡频率：电路的振荡频率为

$$f_g \approx \frac{1}{1.4RC}$$

② 外围元件的选择：555 方波振荡电路的振荡频率范围很宽，查表可知 555 的上限频率为 500kHz，但实践表明，频率超过 100kHz，振荡波形变差，所以，一般把上限频率设定为 100kHz。外接 R，C 可在满足此上限频率范围内任意设定。

电容 C 可以从较容易买到的 E6 系列中选取，然后由 f_g 表达式求出电阻 R。例如，f_g=100kHz，若取 C = 1000pF，则 $R\approx 1/(1.4f_gC) = 1/(1.4\times 100\times 10^3\times 10^{-9}) = 7.14\text{k}\Omega$。

为了尽可能地减小温度漂移，要尽量选取温度系数小的电容 (苯乙烯类电容温度系数约为 -150×10^{-6}/°C)，一般用途选用聚酯薄膜电容即可。电阻选用金属膜电阻。

4.2.5　函数发生器的设计

1．实用函数发生器的电路结构

市售的函数发生器的电路结构有图 4.2.12(a)所示的积分方式和图 4.2.12(b)所示充放电电路加上高速缓冲器的方式，两者的原理完全相同。

积分方式不利于高速工作 (难以构成高速积分电路)，要使函数发生器的工作频率达到 2MHz，需采用恒流源对定时电容的充放电方式。

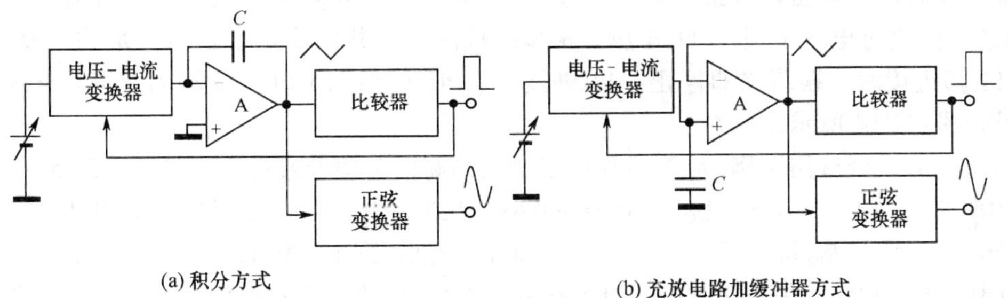

(a) 积分方式　　(b) 充放电路加缓冲器方式

图 4.2.12　函数发生器的电路结构

2．由 5G8038 构成函数发生器

5G8038 是一种能产生方波、三角波、锯齿波和正弦波的大规模集成电路，它具有电源电压范围宽、稳定度高、精度高等特点。

(1) 5G8038 的原理框图及工作原理：5G8038 的原理框图及其引脚图如图 4.2.13 所示。

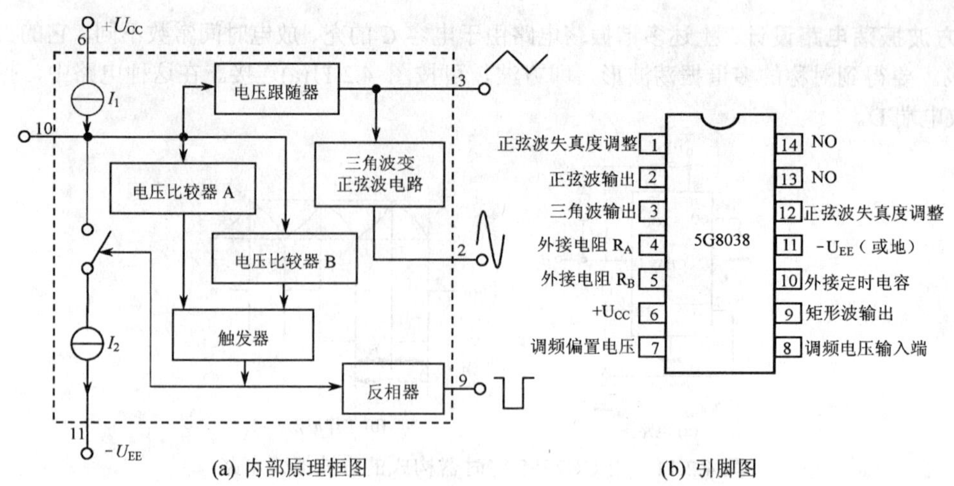

(a) 内部原理框图　　　　(b) 引脚图

图 4.2.13　5G8038 原理框图及引脚图

图 4.2.13(a)中，电压比较器 A 和电压比较器 B 的比较基准电平分别为 $2\times(U_{CC}+U_{EE})/3$ 和 $(U_{CC}-U_{EE})/3$。电流源 I_1，I_2 的大小可通过外接电阻调节，但必须保证 $I_2 > I_1$。外接电容 C 交替地从一个电流源充电后向另一个电流源放电，在电容 C 两端产生三角波。三角波一方面加到两个比较器的输入端与基准电平进行比较，从而产生触发信号，并通过触发器控制两个电流源相互转换；另一方面通过电压跟随器加到三角波变正弦波电路，因而可获得三角波输出和正弦波输出。同时，还通过比较器和触发器，并经过反相器，获得方波信号输出。

由于三角波和方波是经过电压跟随器和反相器输出的，因而具有一定的负载能力，而正弦波输出未经缓冲，带载能力很差，所以实际使用时，需在正弦波输出端加一级独立的同相放大器，进行缓冲、放大。

图 4.2.13(b)中，1 脚和 12 脚为正弦波失真度调整端，改变外加电压值，可改善正弦波失真；2 脚、3 脚和 9 脚分别为正弦波、三角波和矩形波输出端，其中因 9 脚为集电极开路形式，使用时需外接电源和上拉电阻；4 脚和 5 脚外接电阻 R_A 和 R_B，可调整三角波的上升时间和下降时间，通常上升时间 $t_1 = 5R_AC/3$，下降时间 $t_2 = 5R_AR_BC/3\ (2R_A-R_B)$，所以振荡频率 $f = 1/\ (t_1+t_2)$；8 脚为频率调节电压输入端，外加电压要加在 6 脚和 8 脚之间，它与振荡频率成正比，其值小于 $(U_{CC} + U_{EE})/3$；7 脚为频率调节电压输出端，它从 6 脚和 7 脚之间输出，一般为$(U_{CC} + U_{EE})/5$，它可作为 8 脚的输入电压，因此 7 脚和 8 脚可直接相连；10 脚为外接定时电容端，接在 10 脚和 11 脚之间的定时电容 C 上，同 4 脚、5 脚所接的电阻共同决定了输出波形的重复频率，当 10 脚与 11 脚短接时，振荡立即停止；11 脚接$-U_{EE}$或接地；13 脚、14 脚为空脚。5G8038 的基本接线图如图 4.2.14 所示。

(2) 5G8038 设计应用举例：频率可调的多功能简易函数信号发生电路如图 4.2.15 所示。图中，R_{P1}用做频率调节，调节 R_{P1}，使 $(U_{CC}-U_8)$ 能在 0.68～7.5V 变化，当 R_{P2}调到中点，可计算出输出信号频率为 8264 Hz。调节 R_{P2}可以调节占空比。R_{P3}和 R_{P4}分别接到 1 脚和 12 脚，用以调节正弦变换电路的上下两半部的对称性，使正弦波的失真度达到 0.5%。电路的调频电压 U_8 取自对电源的分压，$(U_{CC}-U_8)$ 与电源电压成正比，所以此电路的输出信号频率与电源电压无关。

3. 由 MAX038 构成函数发生器

MAX038 是一种单片高精密函数波形发生器，能产生 0.1Hz～20MHz 精确正弦波、方波和三角波，最高频率可达 40MHz，具有频率范围宽、使用方便灵活等特点。

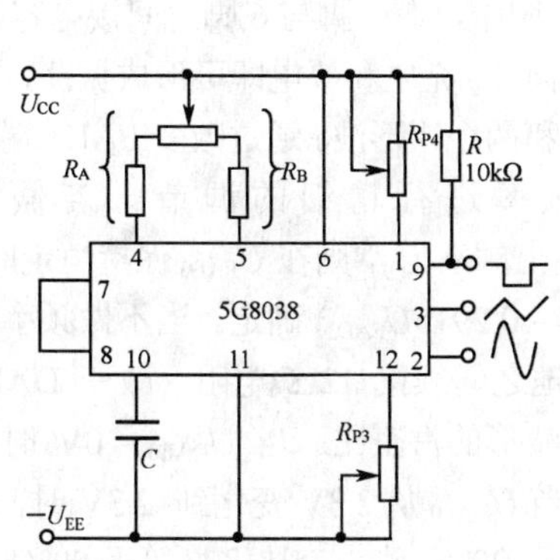

图 4.2.14 5G8038 基本接线图

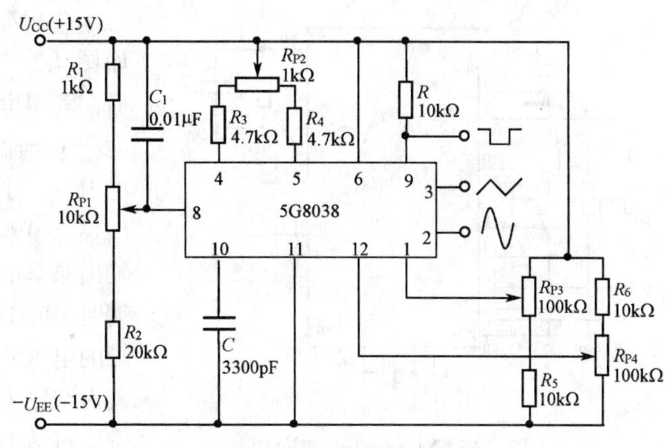

图 4.2.15 简易函数信号发生器

(1) MAX038 的原理框图及引脚功能：MAX038 的原理框图及其引脚图如图 4.2.16 所示。MAX038 各引脚的功能如表 4.2.3 所示。

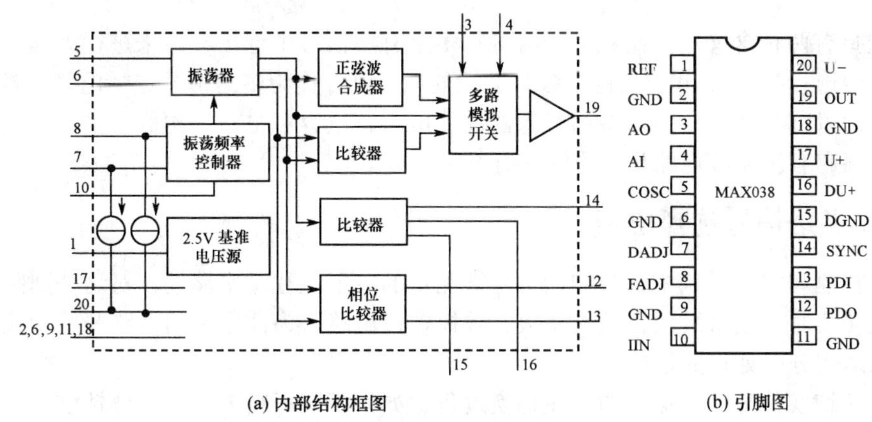

(a) 内部结构框图　　(b) 引脚图

图 4.2.16 MAX038 的内部结构框图及引脚图

图 4.2.16(b)中，3 脚 (AO) 和 4 脚 (AI) 为波形设定端，运用时可根据具体要求的波形进行设定。具体设定方法为：AO=X，AI=1 时，输出正弦波；AO = AI = 0 时输出矩形波；AO = 1，AI = 0 时，输出三角波。

表 4.2.3 MAX038 各引脚的功能

引　脚	符　号	功　能	引　脚	符　号	功　能
1	REF	参考电源	13	PDI	相位比较器的输入端
2，6，9，11，18	GND	模拟地	14	SYNC	同步输出端
3 4	AO AI	波形设定端	15	DGND	数字地
5	COSC	外接振荡电容端	16	DU+	数字电路的+5V 电源端
7	DADJ	占空比调节端	17	U+	正电源端
8	FADJ	频率调节端	19	OUT	波形输出端
10	IIN	振荡频率控制器的电流输入端	20	U−	负电源端
12	PDO	相位比较器的输出端			

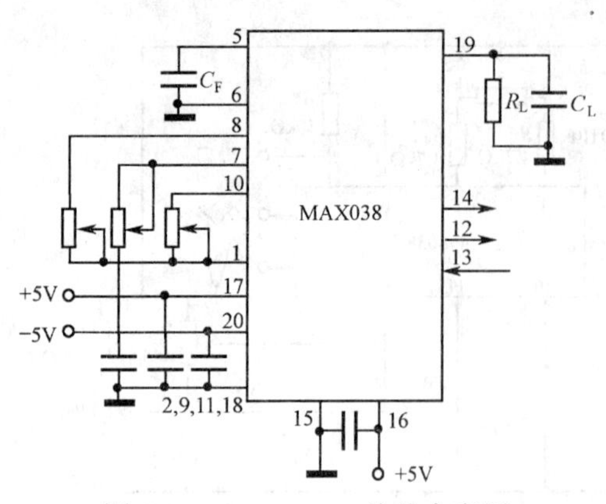

图 4.2.17　MAX038 的基本应用

(2) MAX038 的基本应用：MAX038 的基本应用如图 4.2.17 所示。图中，在 5 脚与 6 脚之间接电容 C_F 后，利用恒定电流向 C_F 充电和放电即可形成振荡，从而产生一个三角波和两个矩形波。通过改变 FADJ 端的电压可对输出频率进行精细的调节。若假设 $U_{FADJ}=0V$，标称输出频率为 f，则在 U_{FADJ} 保持恒定时，输出频率由 $f_g=f(1-0.2915U_{FADJ})$ 确定。当不做频率微调时，FADJ 端与地之间须接 12kΩ电阻。改变 DADJ 端的电压，可控制波形的占空比。当 $U_{DADJ}=0V$ 时，其占空比为 50%。当 U_{DADJ} 从 2.3V 变化到−2.3V 时，占空比将从 10%变化到 90%。当占空比严格等于 50%时，可消除波形失真。

4.3　信号选择电路的设计

信号选择有两种含义：一是在某一时刻从多个有用信号中选出一路来进行处理；二是从众多频率的信号中选择某一 (或某段) 特定频率进行处理。前者称为多路信号选择电路，多用多路选择开关构成；后者称为滤波电路，多用有源器件、电阻、电容和电感等构成。本节将就常用的多路信号选择电路和有源滤波电路设计方法进行介绍。

4.3.1　多路信号选择电路

在数字控制和测量系统中，被控制量与被测量的对象往往是多路的，对这些回路的参数进行模数、数模转换时，常常采用公共的模数、数模转换电路。为此常利用多路开关轮流切换电路间的通路，以达到分时处理的目的。

使用开关切换信号的关键问题是在切换过程中如何不降低精度或少降低精度。如果开关是理想的，它不会带来任何附加误差，实用中，电磁继电器是一种比较理想的开关，但它存在转换速度慢、寿命短、功耗大、体积大等缺点，从而限制了它的使用范围。而电子开关具有体积小、质量轻、功耗小、工作速度高、寿命长等优点，因此得到了广泛的应用。

目前，各种型号的多路开关，在功能上基本相同，只是在切换通道数目、导通及断开电阻、漏电流及输入电压参数等方面有所差异。常用的模拟开关型号有：3 组 2 路双向模拟开关 CC/CD4053B，双 4 选 1 模拟开关 CC/CD4052B，8 选 1 模拟开关 CC/CD4051B，16 选 1 模拟开关 CC/CD4067B 等。这些模拟开关使用起来都比较简单，这里通过典型的 4051 的应用实例来讲述它在多路信号选择电路中的使用方法，其他型号模拟开关的应用，读者可以举一反三。

1．4051 的内部结构及其引脚图

4051 的内部结构及其引脚图如图 4.3.1 所示。

由图 4.3.1(a)可知，它由逻辑电平转换电路、地址译码电路和开关通道三部分构成。地址控制信号 A_2～A_0 可由计算机或微处理器提供，一般都设计成 TTL 电平，或能与 TTL 逻辑兼容。INH 为使能端，当 INH 为高电平时，8 个通道全部不通。其译码电路的真值表如表 4.3.1 所示。

2．4051 模拟开关应用举例

在多路巡回采集系统中往往要用到大量的模拟输入通道，这时可用多片 8 选 1 模拟开关组成多路开关群，例如，可用两片 4051 和一个反相器扩展成 16 选 1 的模拟开关电路。具体电路如图 4.3.2 所示。

表 4.3.1 译码电路的真值表

地址输入				通道
INH	A_2	A_1	A_0	S_i
1	×	×	×	—
0	0	0	0	S_0
0	0	0	1	S_1
0	0	1	0	S_2
0	0	1	1	S_3
0	1	0	0	S_4
0	1	0	1	S_5
0	1	1	0	S_6
0	1	1	1	S_7

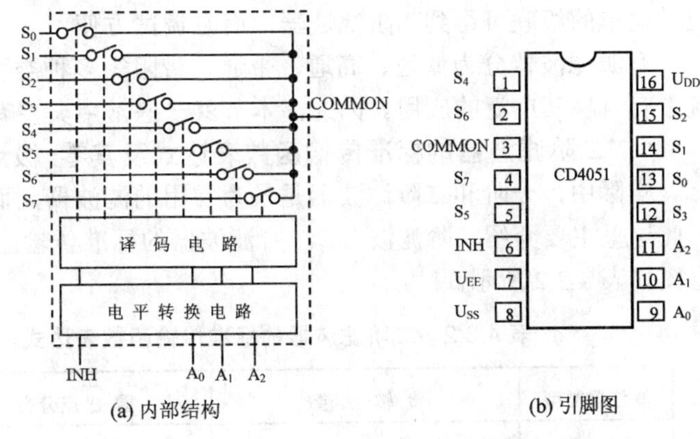

图 4.3.1 4051 模拟开关的内部结构及引脚图

在要求扩展更多通道时，地址控制线仍可并联复用，但每片 4051 的使能端控制要通过译码器输出提供。

在许多场合下，信号往往是双端输入的，这时要求模拟多路开关具有“双刀”功能，即同时接通两个相关通道。例如用两个 4051 模拟开关可构成的 8 路双端输入的开关电路，具体电路如图 4.3.3 所示。

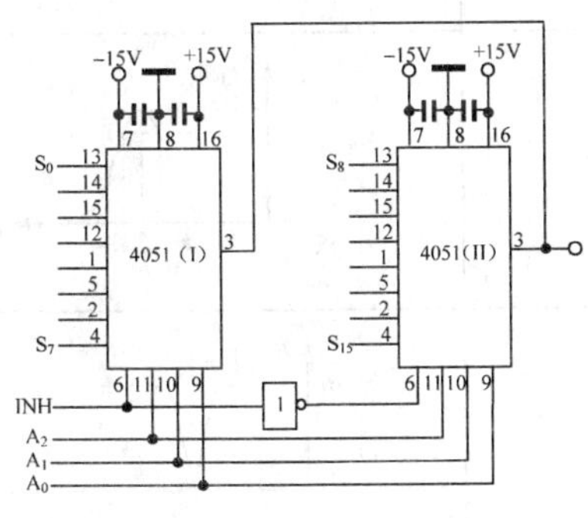

图 4.3.2 16 选 1 通道扩展电路

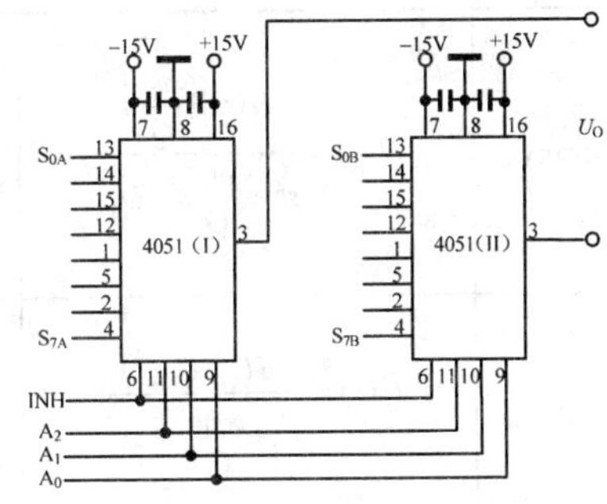

图 4.3.3 双端输入模拟开关电路

3．模拟开关应用中应注意的几个问题

应用 4051 模拟开关时应注意以下几个问题：

① 信号的工作频率应小于模拟开关的工作频率。

② 模拟开关导通电阻与地址控制信号的电平有关，适当提高地址控制信号的电平对减小导通电阻、提高传输精度是有利的，但如果过分提高地址控制信号的电平，将会使通道之间的串扰增大。

③ 当传输的信号较小时，为了降低功耗，可适当降低电源电压，但必须保证电源电压比信号电压振幅大于 1V 以上。

④ 为了防止电源干扰，应在芯片电源和地之间加去耦电容，电容值一般为 0.01～0.1μF。

4.3.2 有源滤波电路的设计

对于特定的频率具有选择性的网络统称为滤波器。一个理想滤波器应该是在要求的频带内具有均匀、稳定的增益，而在通带以外，则有无穷大的衰减。当然，这种理想滤波器在实际中是不可实现的，人们只能设法使滤波特性趋于理想。

用运算放大器作为有源器件构成的有源滤波器有许多优点。其滤波器的频率范围在 10^{-3}～10^{6}Hz；频率稳定度可做到 10^{-3}～10^{-5}/℃；频率精度不难做到±(3～5)%，而且具有良好的隔离能力，通过简单的级联可得到高阶滤波器，而且调试方便。

有源滤波器分为低通、高通、带通、带阻等多种类型，它们在仪器仪表、检测系统及通信系统中有着极其广泛的应用。因此，本节就一些常用典型有源滤波器的设计方法加以介绍。

1．二阶滤波器的标准传输函数表达式及其零-极点分布

实际中，一阶和二阶滤波器是最为常用的滤波器，而高阶滤波器可由一阶和二阶组合而成，因此这里主要介绍二阶滤波器。二阶滤波器的标准传输函数表达式，零-极点分布及其幅频特性示意图如表 4.3.2 所示。

表 4.3.2　二阶滤波器的标准传输函数表达式，零-极点分布及其幅频特性示意图

滤波器类型	传输函数	零-极点分布	幅频特性
低通 (LPF)	$H(s)=\dfrac{H(0)\omega_0^{\ 2}}{s^2+\dfrac{\omega_0}{Q}s+\omega_0^{\ 2}}$	$j\omega_0$, O, σ	$\lvert H(j\omega)\rvert$, $H(0)$, 过渡带, 通带, 阻带, O, ω
高通 (HPF)	$H(s)=\dfrac{H(\infty)s^2}{s^2+\dfrac{\omega_0}{Q}s+\omega_0^{\ 2}}$	$j\omega_0$, O, σ	$\lvert H(j\omega)\rvert$, $H(\infty)$, O, ω
带通 (BPF)	$H(s)=\dfrac{H(\omega_0)\dfrac{\omega_0}{Q}s}{s^2+\dfrac{\omega_0}{Q}s+\omega_0^{\ 2}}$	$j\omega_0$, O, σ	$\lvert H(j\omega)\rvert$, $H(\omega_0)$, $H(\omega_0)/\sqrt{2}$, O, ω_0, BW, ω
带阻 (BRF)	$H(s)=\dfrac{H(s^2+\omega_0^{\ 2})}{s^2+\dfrac{\omega_0}{Q}s+\omega_0^{\ 2}}$	$j\omega_0$, O, σ	$\lvert H(j\omega)\rvert$, H, O, ω_0, ω

表中传输函数采用复频域表达式。表中“×”代表极点，所谓极点就是传输函数分母 s 多项式的根；“O”代表零点，所谓零点就是传输函数分子 s 多项式的根。二阶滤波器有两个极点 (一对共轭复根) 。低通滤波器分子为常数，没有零点。高通滤波器有两个位于原点的零点。带通滤波器有一个位于原点的零点。带阻滤波器有两个位于虚轴上的零点。可见，如果极点相同，则零点的位置决定了滤波器的通带及阻带的分类。

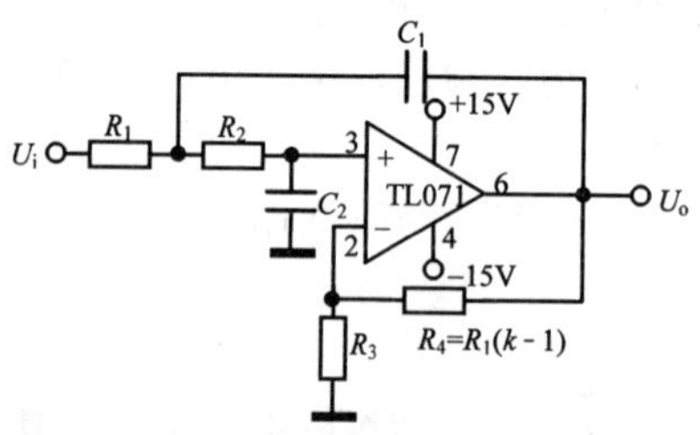

图 4.3.4　有限增益二阶低通滤波器

2．低通有源滤波器的设计

(1) 典型有限增益低通滤波器的设计：运放作为有限增益可控源的二阶低通滤波器电路如图 4.3.4 所示。由图 4.3.4，可求得其传输函数为

$$H(s)=\frac{U_o(s)}{U_i(s)}=\frac{k/R_1R_2C_1C_2}{s^2+\left[\dfrac{1}{R_1C_1}+\dfrac{1}{R_2C_1}+\dfrac{1-k}{R_2C_2}\right]s+\dfrac{1}{R_1R_2C_1C_2}} \tag{4.3.1}$$

式中，$k=\dfrac{R_3+R_4}{R_3}$。

将上式与二阶低通传输函数的标准式 $\dfrac{H(0)\omega_o^{\ 2}}{s^2+\dfrac{\omega_o}{Q}s+\omega_o^{\ 2}}$ 相比较，可得网络参数如下。

通带增益

$$H(0)=k \tag{4.3.2}$$

截止频率

$$\omega_o=\sqrt{\frac{1}{R_1R_2C_1C_2}} \tag{4.3.3}$$

阻尼系数

$$\alpha=\left(\frac{R_2C_2}{R_1C_1}\right)^{\frac{1}{2}}+\left(\frac{R_1C_2}{R_2C_1}\right)^{\frac{1}{2}}+\left(\frac{R_1C_1}{R_2C_2}\right)^{\frac{1}{2}}-k\left(\frac{R_1C_1}{R_2C_2}\right)^{\frac{1}{2}} \tag{4.3.4}$$

品质因数

$$Q=\frac{1}{\alpha} \tag{4.3.5}$$

这种电路最大的优点是调整方便，这是因为它可以使网络参数相互间不受影响地在宽范围内调整。例如，可以使 R_1，R_2 或 C_1，C_2 改变同样的百分比来调整 ω_o 而不影响 Q 值。同时，可根据所需的 k 选取 R_1/R_2，C_1/C_2 以调节 Q 值，从而得到我们需要的贝塞尔滤波器、巴特沃思滤波器和切比雪夫滤波器。

① 设计方法。已知条件：Q，$\omega_o=2\pi f_o$。

R，C 元件的选择：选取 $C_2=1, C_1=\sqrt{3}Q, R_2/R_1=Q/\sqrt{3}$，由 Q 和 ω_o 的表达式可以求得

$$R_2=\frac{1}{\sqrt{3}\omega_o}\qquad R_1=\frac{1}{Q\omega_o}\qquad k=\frac{4}{3}$$

② 设计举例：设计一个二阶低通滤波器，要求 f_o=2kHz，Q=10。

可选取 C_2=1，$C_1=10\sqrt{3}\approx17$，于是可求得

$$R_2=\frac{1}{\sqrt{3}\times2\pi f_o}=\frac{1}{\sqrt{3}\times2\pi\times2000}\approx46\times10^{-6}$$

$$R_1=\frac{1}{Q\times2\pi f_o}=\frac{1}{10\times2\pi\times2000}=7.96\times10^{-6}$$

同时，用 R_3=3，R_4=1 来实现 $k=\dfrac{R_3+R_4}{R_3}=\dfrac{4}{3}$。

对以上元件进行阻抗定标，定标因子选为 10^9，则对 R_1，R_2 分别乘以 10^9，C_1，C_2 分别除以 10^9，从而得元件值为

$$C_2=0.001\mu\text{F}\qquad C_1=0.017\mu\text{F}\qquad R_2=46\text{k}\Omega\qquad R_1=7.96\text{k}\Omega$$

R_3，R_4 分别乘以因子 10^3，从而得元件值为

$$R_3=3\text{k}\Omega\qquad R_4=1\text{k}\Omega$$

这类滤波器的另一种设计方法是，选取 $C_1=C_2=1$，由 Q 及 ω_o 表达式可以求得

$$R_1=R_2=\frac{1}{\omega_o} \tag{4.3.6}$$

$$k=3-\frac{1}{Q} \tag{4.3.7}$$

这种方法的优点是元件的离散性小，但 k 值只能小于 3，否则，由式 (4.3.7) 可以求得 Q 值趋于无穷大，极点将会移至 s 平面虚轴或右半平面，从而导致电路不稳定。

(2) 多重反馈有源低通滤波器：多重反馈有源低通滤波器电路如图 4.3.5 所示。

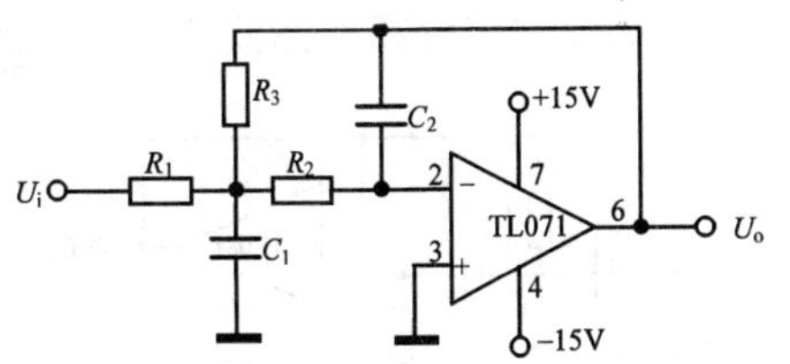

图 4.3.5　多重反馈二阶低通滤波器

由图 4.3.5 可求得其传输函数为

$$H(s)=\frac{U_o(s)}{U_i(s)}=\frac{-1/R_1R_2C_1C_2}{s^2+\left[\frac{1}{R_1}+\frac{1}{R_2}+\frac{1}{R_3}\right]s+\frac{1}{R_2R_3C_1C_2}}$$

将上式与二阶低通传输函数的标准式相比较，可得网络参数如下。

通带增益 $$H(0)=-\frac{R_3}{R_1} \tag{4.3.8}$$

截止频率 $$\omega_o=\sqrt{\frac{1}{R_2R_3C_1C_2}} \tag{4.3.9}$$

阻尼系数 $$\alpha=\frac{1}{Q}=\left(\frac{C_2}{C_1}\right)^{\frac{1}{2}}\left[\left(\frac{R_2}{R_3}\right)^{\frac{1}{2}}+\left(\frac{R_3}{R_2}\right)^{\frac{1}{2}}+\left(\frac{R_2R_3}{R_1}\right)^{\frac{1}{2}}\right] \tag{4.3.10}$$

① 设计方法。已知条件：Q，α，ω_o。

电容的选择：选取 C_1 为合适的值，$C_2 = mC_1$ (m 为常数) 。

电阻的计算：

$$R_3=\frac{\alpha}{2\omega_oC_1}\left[1\pm\sqrt{1-\frac{4(H(0)+1)}{m\alpha^2}}\right] \tag{4. 3.11}$$

$$R_1=\frac{R_3}{H(0)} \tag{4. 3.12}$$

$$R_2=\frac{1}{\omega_o{}^2C_1{}^2R_3m} \tag{4. 3.13}$$

为了使 R_3 为实数，必须使

$$m\geqslant\frac{4[H(0)+1]}{\alpha^2} \tag{4. 3.14}$$

对于 $Q=10$ 的电路，为了得到最佳结果，$H(0)$ 应小于 10，而在 $Q\leqslant1$ 的电路中，$H(0)$ 可高达 100，在工作频率上要求运放开环增益至少大于 80dB。

② 设计举例：设计一个二阶低通滤波器，要求通带增益 $H(0)=1$，截止频率 $f_o=1\text{kHz}$，品质因数 $Q=10$。

可先选取 $C_1=0.001\mu\text{F}$。

根据设计要求，已知 $H(0)=1$，$\alpha=\frac{1}{Q}=\frac{1}{10}=0.1$，将其代入式 (4.3.14)，可求得 $m>800$，这里选取 $m=1000$。于是可求得 $C_2=mC_1=1\mu\text{F}$。

由式 (4.3.10)至式 (4.3.12)可求得

$R_3=7.958\text{k}\Omega$　　$R_1=7.958\text{k}\Omega$　　$R_2=3.183\text{k}\Omega$

运算放大器可选用 TL071。

3. 高通有源滤波器的设计

单端反馈二阶高通滤波器电路如图 4.3.6 所示。

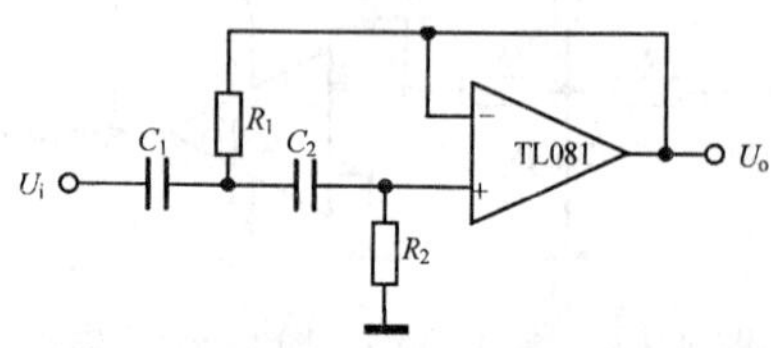

图 4.3.6　单端反馈二阶高通滤波器

由图 4.3.6 可得其传输函数为

$$H(s)=\frac{U_o(s)}{U_i(s)}=\frac{ks^2}{s^2+\left[\frac{1}{R_2C_1}+\frac{1}{R_2C_2}+\frac{(1-k)}{R_1C_1}\right]s+\frac{1}{R_1R_2C_1C_2}}$$

若选取 $C_1=C_2=C$，$R_1=R_2=R$，则

$$H(s)=\frac{ks^2}{s^2+\frac{3-k}{RC}s+\frac{1}{R^2C^2}}$$

相应的网络参数为

$$H(\infty)=k \tag{4.3.15}$$

$$\omega_o=\frac{1}{RC} \tag{4.3.16}$$

$$\alpha=\frac{1}{Q}=3-k \tag{4.3.17}$$

① 设计方法。已知条件 $H(\infty)$，Q，ω_o。

选择电容 $C_1=C_2=C$ (取合适的数值)。

计算电阻

$$R_1=\frac{\frac{1}{Q}+\sqrt{\frac{1}{Q^2}+8(H(\infty)-1)}}{4\omega_o C} \tag{4.3.18}$$

$$R_2=\frac{4}{\omega_o C}\frac{1}{\sqrt{\frac{1}{Q^2}+8(H(\infty)-1)}} \tag{4.3.19}$$

② 设计举例：设计一个二阶高通滤波器，要求通带增益 $H(\infty)=1$，截止频率 $f_o=1\text{kHz}$，品质因数 $Q=0.71$。

选取 $C_1=C_2=C=1000\text{pF}$，由式 (4.3.18)、式 (4.3.19)可求得 $R_1=112\text{k}\Omega$，$R_2=216\text{k}\Omega$，选取标称值 $R_1=110\text{k}\Omega$，$R_2=220\text{k}\Omega$即可。

4．带通有源滤波器的设计

多重反馈有源带通滤波器电路如图 4.3.7 所示。

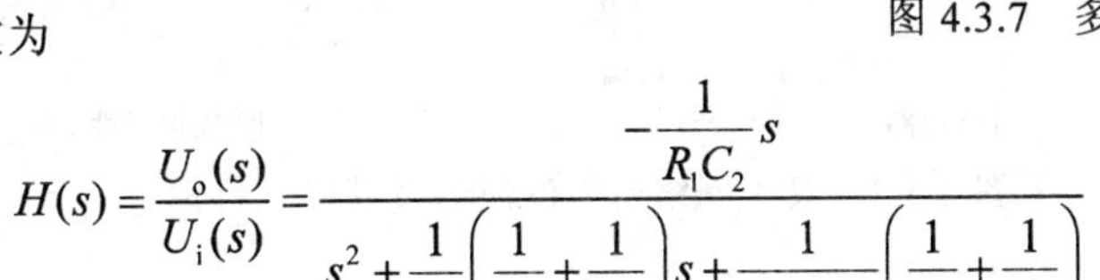

图 4.3.7　多重反馈带通滤波器

电路的传输函数为

$$H(s)=\frac{U_o(s)}{U_i(s)}=\frac{-\frac{1}{R_1C_2}s}{s^2+\frac{1}{R_3}\left(\frac{1}{C_1}+\frac{1}{C_2}\right)s+\frac{1}{R_3C_1C_2}\left(\frac{1}{R_1}+\frac{1}{R_2}\right)}$$

将上式与二阶带通传输函数的标准式相比较，可得网络参数如下

$$H(\omega_o)=\frac{1}{\frac{R_1}{R_3}\left(1+\frac{C_2}{C_1}\right)} \tag{4.3.20}$$

$$\omega_o=\left(\frac{1}{R_3R_1C_1C_2}+\frac{1}{R_3R_2C_1C_2}\right)^{\frac{1}{2}} \tag{4.3.21}$$

$$\frac{1}{Q}=\sqrt{\frac{1}{R_3\left(\frac{1}{R_1}+\frac{1}{R_2}\right)}}\left(\sqrt{\frac{C_1}{C_2}}+\sqrt{\frac{C_2}{C_1}}\right) \tag{4.3.22}$$

实际设计中，常选取 $C_1=C_2=C$，$R_1>>R_2$，因此

$$H(\omega_o)\approx\frac{R_3}{2R_1} \tag{4.3.23}$$

$$\omega_o\approx\frac{1}{C}\sqrt{\frac{1}{R_3R_2}} \tag{4.3.24}$$

$$\frac{1}{Q} \approx 2\sqrt{\frac{R_2}{R_3}} \tag{4.3.25}$$

设计方法：

已知条件 $H(\omega_o)$，Q，ω_o，选择电容 $C_1=C_2=C$（取合适的数值）。

计算电阻：

$$R_1 = \frac{Q}{H(\omega_o)\omega_o C} \tag{4.3.26}$$

$$R_2 = \frac{Q}{[2Q^2 - H(\omega_o)]\omega_o C} \tag{4.3.27}$$

$$R_3 = \frac{2Q}{\omega_o C} = 2H(\omega_o)R_1 \tag{4.3.28}$$

5. 有源带阻滤波器的设计

带阻滤波器也称为限波器，用来滤除某一不需要的频率信号。例如，在微弱信号放大器中滤除 50 Hz 工频干扰；在失真度测量仪中滤除基波，等等。

组成带阻滤波器通常有以下几种方案。

(1) 用低通和高通滤波器并联组成带阻滤波器：由无源双 T 网络和运算放大器构成的有源带阻滤波器电路如图 4.3.8 (a)所示。无源双 T 网络是典型的由低通 (R-2C-R) 和高通 (C-R/2-C) 组合构成的带阻滤波器，但其 Q 值很低，加反馈后，可使 Q 值有很大提高，如图 4.3.8(b)所示。

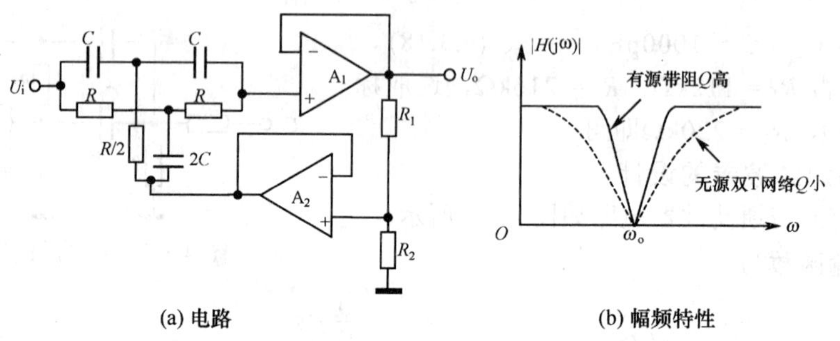

(a) 电路　　　　(b) 幅频特性

图 4.3.8　双 T 网络带阻滤波器及其幅频特性

此电路的传输函数为

$$H(s) = \frac{U_o(s)}{U_i(s)} = \frac{s^2 + \left(\frac{1}{RC}\right)^2}{s^2 + 4\left(\frac{R_1}{R_1 + R_2}\right)\frac{1}{RC}s + \left(\frac{1}{RC}\right)^2}$$

将上式与二阶带阻滤波器传输函数的标准式相比较，可得网络参数如下

$$H = 1 \tag{4.3.29}$$

$$\omega_o = \frac{1}{RC} \tag{4.3.30}$$

$$\frac{1}{Q} = 4 \times \left(\frac{R_1}{R_1 + R_2}\right) \tag{4.3.31}$$

图 4.3.9　用带通滤波器和相加器组成带阻滤波器

显然，调节 R_1 与 R_2 的比例，可控制 Q 值。

(2) 用带通滤波器和相加器组成带阻滤波器：用带通滤波器和相加器组成带阻滤波器的电路框图如图 4.3.9 所示。

例如，采用图 4.3.7 所示的带通滤波器和相加器组合成带阻滤波器。因为：

$$H(s)=1+\frac{H(\omega_o)\frac{\omega_o}{Q}s}{s^2+\frac{\omega_o}{Q}s+\omega_o^{\ 2}}$$

只要令上式中的 $H(\omega_o)=-1$ (即令图 4.3.7 中的 $R_3=2R_1$)，则有

$$H(s)=1-\frac{\frac{\omega_o}{Q}s}{s^2+\frac{\omega_o}{Q}s+\omega_o^{\ 2}}=\frac{s^2+\omega_o^{\ 2}}{s^2+\frac{\omega_o}{Q}s+\omega_o^{\ 2}}$$

显然，上式正是带阻滤波器的传输函数。图 4.3.10 给出的是一个非常实用的用于滤除 50Hz 工频干扰的 50Hz 陷波器。其中，A_1 组成带通滤波器，A_2 组成相加器。

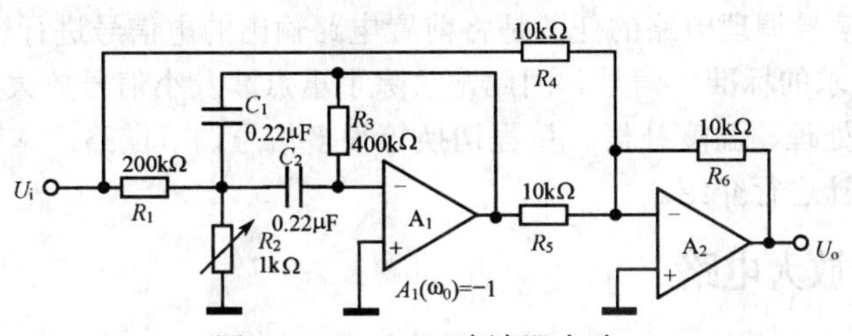

图 4.3.10 50Hz 陷波器电路

6. 二阶多态 RC 有源滤波器设计

这类滤波器可以用状态方程描述，故又称为状态变量滤波器。它是在二阶函数表达式中引入中间变量 X，然后由积分器和加减器可表示 X，表达式中 $X/s_i\ (i=0,1,2,\cdots)$ 表示输出、输入内部状态的变数称为状态变量。由状态变量法构成的滤波器，改变输出位置可分别实现低通、高通和带通。

若在状态变量法滤波器中增加前馈支路，便可构成具有低通、高通、带通、带阻和全通功能的二阶多态滤波器。

图 4.3.11 所示电路为将状态变量法滤波器变形并增加前馈支路后构成的二阶多态滤波器。它不仅可以实现通常所需的几种滤波功能，还可以根据不同的要求方便地调整频率、带宽和增益。

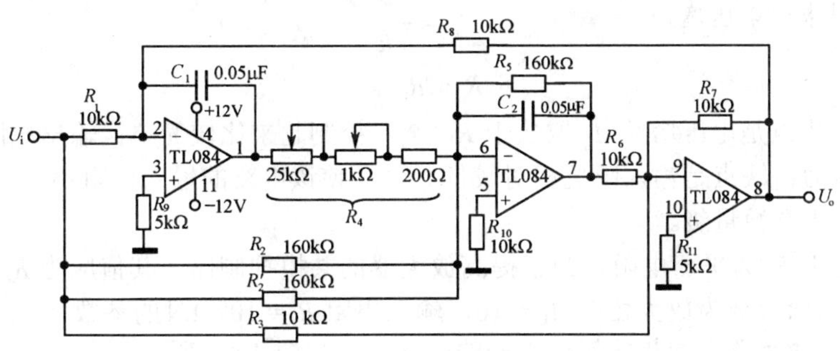

图 4.3.11 二阶多态滤波器电路

低通、高通、带通、带阻或全通滤波器的各自构成方法如下：

全通——R_1，R_2，R'_2 和 R_3 全部接入电路；

带阻——R'_2 断开；

低通——R_2，R'_2 和 R_3 同时断开；

高通——R_1 和 R'_2 同时断开；

带通——R_1，R'_2 和 R_3 同时断开。

其基本关系式为：

中心频率 $$f_o = \frac{1}{2\pi C\sqrt{R_4 R_6}} \tag{4.3.32}$$

品质因数 $$Q = \frac{R_5}{\sqrt{R_4 R_6}} \tag{4.3.33}$$

由以上两式可以看出，改变 R_5 可改变 Q 值，但不影响中心频率 f_o，在 $R_5 = 160\text{k}\Omega$时 $Q = 10$；改变 R_7 和 R_8，且保持二者相等时，可改变通带增益 H_o，若 $R_7 = R_8 = 10\text{k}\Omega$，则 $H_o = 1$；C_1 和 C_2 同时改变可改变中心频率 f_o，R_4 用于对 Q 和 f_o 进行微调。

4.4 信号调理单元电路的设计

在前向通道中，信号调理电路的任务是将前置电路输出的电信号进行转换，使之满足计算机、单片机或 A/D 输入要求的标准电信号。因此，它除了重点涉及小信号放大、变频、整形等调理电路外，还涉及线性化处理、温度补偿、量程切换等很多信号调节电路。本节将只就一些常用的信号调理单元电路的设计进行介绍。

4.4.1 小信号放大电路

为了满足小信号的各种状况下的放大调节，可选用运算放大器及各种形式的测量放大器、可编程增益放大器等构成信号放大电路。

1. 由运算放大器构成的信号放大电路设计

设计放大电路时，应根据放大器的性能要求，恰当地选择集成运算放大器的型号及电路形式。例如，当放大器应用于测量电子系统时，应选择低漂移、高精度、高共模抑制比的集成运算放大器，有关集成运算放大器的选用原则已在第 2 章中给出，这里不再赘述。在电路形式上，应采用差动输入式。

常用的放大电路基本形式有以下几种。

(1) 反相比例放大器：反相比例放大器的电路形式如图 4.3.1 所示。

由电路可以求出电压增益 $$A_U = -\frac{R_f}{R_1} \tag{4.4.1}$$

输入电阻 $$R_i \approx R_1 \tag{4.4.2}$$

这种电路的优点是电压增益 A_U 取决于 R_f / R_1，控制起来比较简单；输出电阻趋近于 0，具有较强的带负载能力；缺点是输入阻抗相对较低。为了使该电路的输入电阻不至于过低，R_1 应选择几十千欧至几百千欧数量级。

电路中的电阻 R_p 为平衡电阻，为了提高放大器的共模抑制比，其值应为 $R_f // R_1$。

图 4.4.1 中所给参数为放大器的 $A_U = 10$，输入电阻 $R_i = 10\text{k}\Omega$时的参数。

(2) 同相比例放大器：同相比例放大器的电路形式如图 4.4.2 所示。

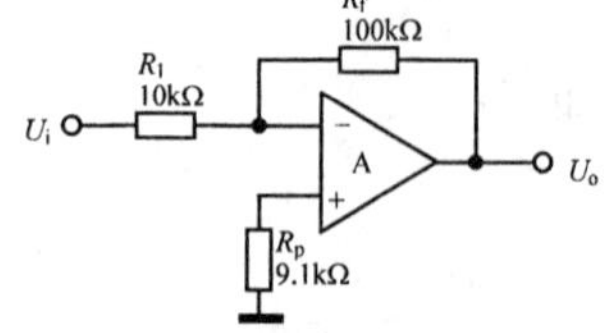

图 4.4.1　反相比例放大器电路

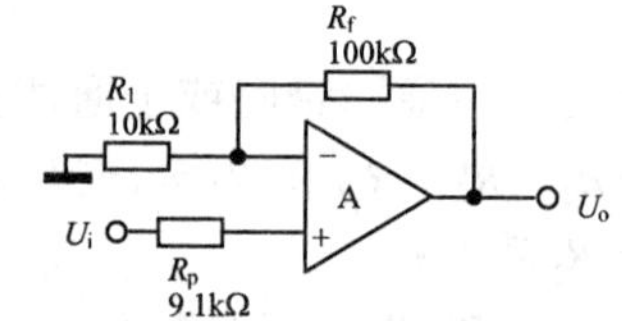

图 4.4.2　同相比例放大器电路

由电路可以求出电压增益：$$A_U = 1 + \frac{R_f}{R_1} \tag{4.4.3}$$

这种电路的优点是电压增益 A_U 也基本取决于 R_f/R_1，输出电阻趋近于 0，具有较强的带负载能力；输入电阻近似等于集成运算放大器的输入电阻，一般都在几十兆欧至几百兆欧。电路中的电阻 R_p 为平衡电阻，其值应为 $R_f//R_1$。

这种电路的输出电压与输入电压是同相的。它在系统中常作为缓冲放大器。在许多场合，缓冲放大器并不是用来提供增益，而主要用于阻抗变换或电流放大，在这种情况下，可采用如图 4.4.3 所示电压跟随器。在理想情况下，有 $A_U = 1$，$U_o = U_i$，$R_i \approx \infty$，$R_o = 0$。

(3) 差动输入放大电路：差动输入放大器电路如图 4.4.4 所示。

为了尽可能提高电路的共模抑制比，这种电路在参数选择时通常选择 $R_1 = R_3$，$R_2 = R_4$。在这种条件下，电路的电压增益为

$$A_U = \frac{U_o}{U_2 - U_1} = \frac{R_2}{R_1} \tag{4.4.4}$$

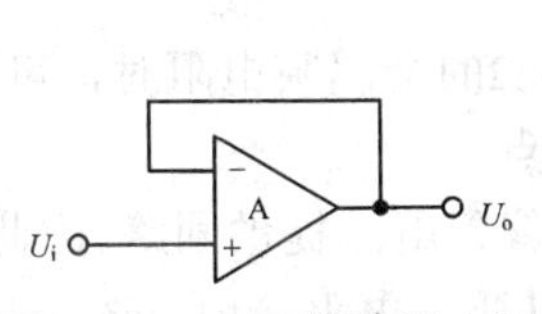

图 4.4.3　电压跟随器电路

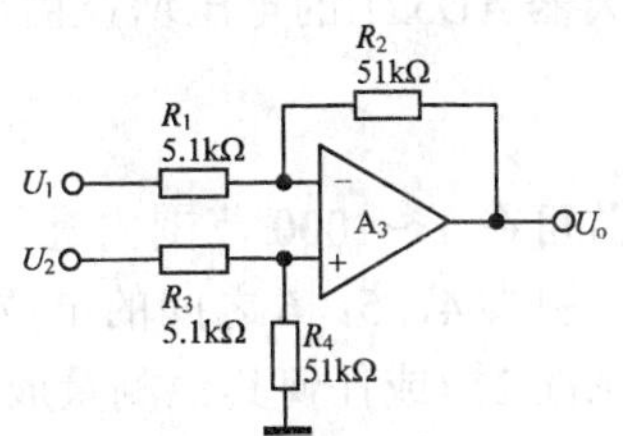

图 4.4.4　差动输入放大器电路

这种电路具有便于调整增益，输入阻抗高，共模抑制比高等优点，在电子系统中应用非常广泛，特别适合于平衡电压信号的放大。为了提高其差模输入电阻，$R_1=R_3$ 的阻值一般选择在数千欧至数十千欧范围。例如，图 4.4.4 中选择了 $R_1 = R_3 = 5.1\text{k}\Omega$。

(4) 测量放大电路：测量放大器电路如图 4.4.5 所示。

由电路可知，第一级电压增益为

$$A_{U1} = \frac{U_{o1}}{U_i} = \frac{U_{o1}}{U_1 - U_2} = 1 + \frac{2R_2}{R_1}$$

第二级电压增益为

$$A_{U2} = \frac{U_o}{U_{o1}} = -\frac{R_4}{R_3}$$

电路的总电压增益为

$$A_U = \frac{U_o}{U_i} = A_{U1}A_{U2} = -\left(1 + \frac{2R_2}{R_1}\right)\frac{R_4}{R_3} \tag{4.4.5}$$

可见，调整 R_1 的值，即可调整总的电压增益，因此，当 R_1 为可变电阻时，电路就构成了可变增益放大器。

图中所给参数是实际电信号放大器电路的参数，运算放大器采用了超低漂移、高输入阻抗的 OP07P，电路总电压增益为 40dB。

2．用集成测量放大器构成的信号放大电路设计

集成测量放大器具有性能优异、体积小等优点，因此，它是智能检测系统前向通道中小信号放大的首选器件。目前市场上有很多单片集成测量放大器可供选择，这里只介绍几种常用的单片集成测量放大器及其应用方法。

(1) 集成测量放大器 AD521/AD522：AD521/AD522 为标准的 14 脚 DIP 封装，各引脚的功能及其基本连接方法分别如图 4.4.6(a)、(b)所示。

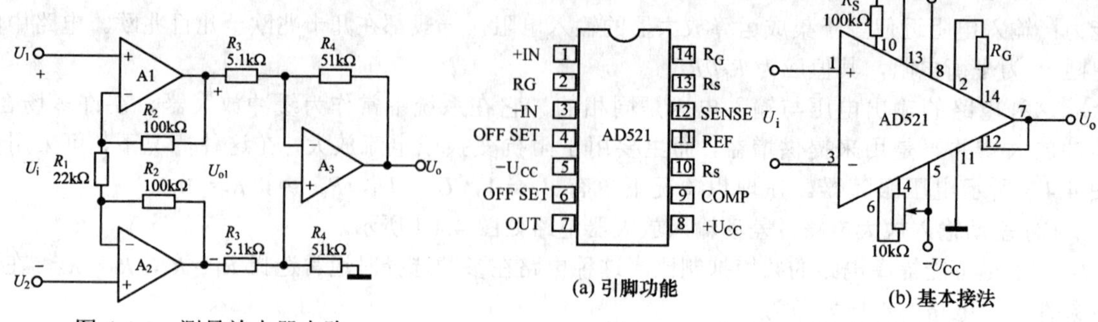

图 4.4.5　测量放大器电路

(a) 引脚功能　(b) 基本接法

图 4.4.6　AD521 引脚图及基本接法

测量放大器 AD521 的电压增益由用户外接精密电阻决定。其电压增益为

$$A_U = \frac{U_o}{U_i} = \frac{R_S}{R_G} \tag{4.4.6}$$

电压增益可在 1～1000 范围内进行调整，当选用 $R_S = 100\text{k}\Omega$的金属膜电阻时，可获得较稳定的电压增益。引脚 4，5，6 之间的电位器用来调节放大器的零点。

在使用 AD521 (或任何其他测量放大器) 时，要特别注意为偏置电流提供回路。因此，输入端 (1 脚或 3 脚) 必须与电源的地线构成回路，可以直接接地，也可以通过电阻接地。图 4.4.7 给出了它在前向通道中与传感器不同耦合方式下的接地方法。

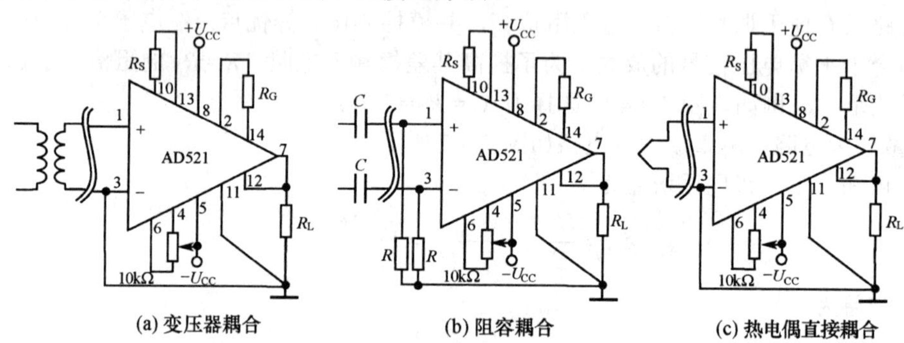

(a) 变压器耦合　(b) 阻容耦合　(c) 热电偶直接耦合

图 4.4.7　AD521 输入信号的耦合方式

AD522 是 AD 公司推出的单片集成精密测量放大器，当电压增益 $A = 100$ 时，非线性仅为 0.005%，其共模抑制比 K_{CMR}>120dB。

AD522 也是标准的 14 脚 DIP 封装，各引脚的功能如图 4.4.8(a)所示。图中，4 脚、6 脚为调零端，2 脚和 14 脚之间连接调整电压增益的电阻。它与 AD521 的区别在于它引出了电源地 (9 脚) 和数据控制端 (13 脚)，用于连接输入数据 (信号) 引线的屏蔽网，以减少外电场对输入信号的干扰。

在前向通道中，AD522 的典型应用如图 4.4.8(b)所示。图(b)中，信号地必须与电源地相连，以便为放大器的偏置电流构成通路。同样，参考端 11 脚 (REF) 接地，使负载电流流回电源地，输出电压 U_o 由下式决定

$$U_o = \left(1 + \frac{200\,\text{k}\Omega}{R_G}\right)\left[(U_1 - U_2) - \left(\frac{U_1 + U_2}{2}\right) \times \frac{1}{K_{CMR}}\right] \tag{4.4.7}$$

当共模抑制比 K_{CMR} □ 1 时，则有

$$U_o \approx \left(1 + \frac{200\,\text{k}\Omega}{R_G}\right)(U_1 - U_2) \tag{4.4.8}$$

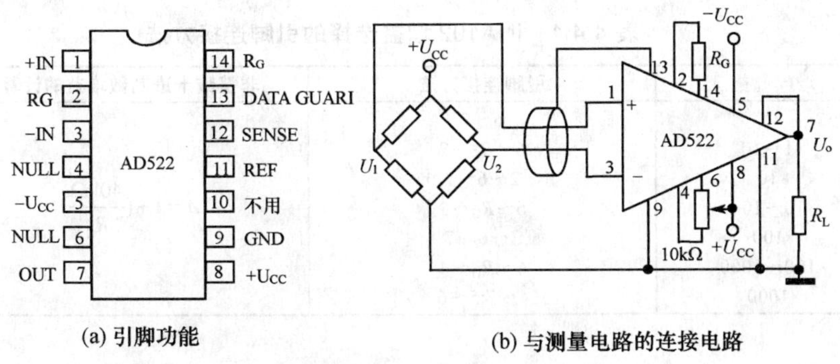

图 4.4.8　AD522 引脚图及应用电路

(2) 集成测量放大器 INA102：INA102 是 B-B 公司推出的低功率高精度测量放大器，其片内电阻具有良好的温度特性，先进的激光微调技术保证了它的高增益精度和高共模抑制比，因此，它特别适合于要求静态功耗低的前置放大应用场合。

INA102 的主要性能指标如下：

- 静态电流小，最大为 750μA
- 内部增益：×1，×10，×100，×1000
- 增益漂移小，最大为 5×10^{-6}/℃
- 共模抑制比高，$(K_{CMR})_{min}=90$dB
- 偏移电压漂移小，最大为 2μV/℃
- 偏移电压低，最大为 100μV
- 非线性为 0.01%
- 输入阻抗为 $10^{10}\Omega$

INA102 的内部简化电路如图 4.4.9(a)所示，INA102 的基本电路接法如图 4.4.9(b)所示。

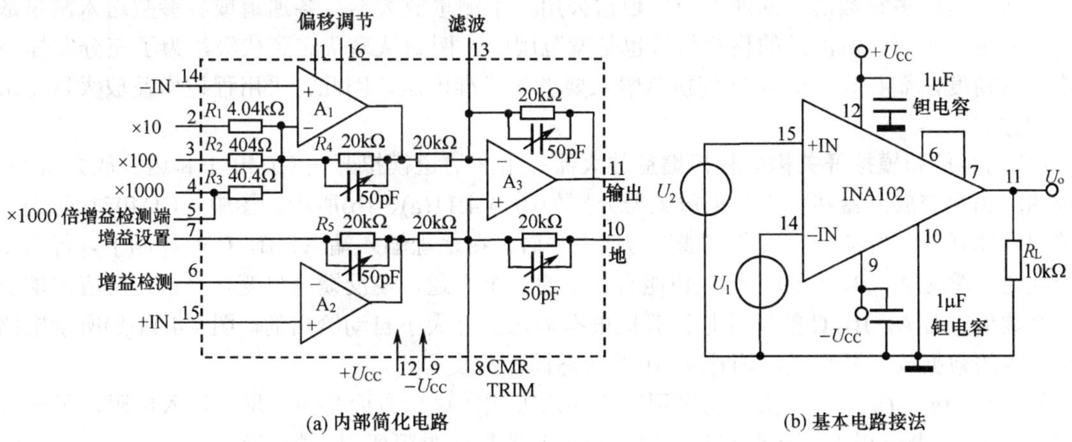

图 4.4.9　INA102 的内部电路及其基本应用电路

INA102 的使用方法如下：

① 增益控制：增益可通过控制引脚 2～7 来选择。当要求非整数十进数增益时，可外接电阻来选择，此时的增益 $A=1+(40\text{k}\Omega/R_G)$。增益选择的连接方法如表 4.4.1 所示。

② 偏移调节：为了提高精度，有时需要将输入偏移电压或输出偏移电压或两种电压调零。所用调零电位器的质量直接影响调节效果，因此，应选用温度特性好、机械阻尼稳定的电位器。偏移电压调零只会影响偏移电压的输入级分量，零状态会随增益而变。另外，输入偏移电压每微调 100μV，输入漂移就改变 0.3μV/℃，因此在使用控制方式取消其他偏移电压时应特别注意。

表 4.4.1 INA102 增益选择的引脚连接方法

增　益	引脚连接方法	非整数十进制数增益的计算
×1	6～7	
×1～10	6～R_G～2	
×10	2～6～7	
×10～100	6～R_G～3	$A=1+(\frac{40\text{k}\Omega}{R_G})$
×100	3～6～7	
×100～1000	6～R_G～4	
×1000	4～7;5～6	

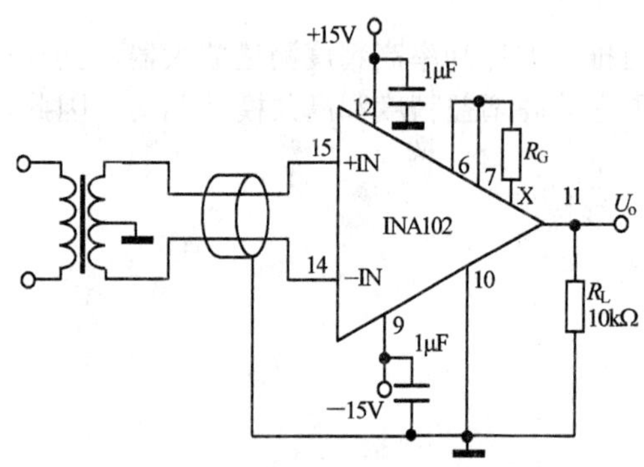

图 4.4.10 INA102 构成的变压器耦合模拟信号放大器

③ 动态范围：在用±15V 电源的情况下，放大的差动信号及其相应的共模电压应保证 A_1，A_2 的输出不超过±12V，否则会使非线性失真加大。

④ 其他：为了降低信号带宽外部的噪声，可在 11 脚和 13 脚之间外接一个电容进行滤波。但这样做的负面效应是交流共模抑制比降低。设计者可根据实际情况决定是否采用这种做法。

用 INA102 构成的变压器耦合模拟信号放大器如图 4.4.10 所示。图中，$U_o=AU_i=\left[1+40\text{k}\Omega/(R_G+R_y)\right]U_i$，$R_G=\left[40\text{k}\Omega-R_y(A-1)\right]/(A-1)$，X 表示 2 脚、3 脚或 4 脚，$R_y$= 4.04kΩ，404Ω 或 40.4Ω，分别对应于增益 10，100 或 1000。

3. 程控增益放大器的设计与应用

在多通道或多参数的前向通道中，通常公用一个测量放大器，各通道或各参数送入测量放大器的信号电平不同，所涉及的模拟信号也是宽范围的，例如从毫伏级到伏级，为了充分发挥 A/D 变换器的精度，都要放大至 A/D 变换器输入要求的标准电压。因此，采用程控增益放大器是最为有效的方法。

(1) 用运放和模拟开关构成程控增益放大器：用 8 通道模拟开关 CD4051 和运算放大器 OP07 构成的同相程控放大器和程控数据放大器分别如图 4.4.11(a)、(b)所示。图中，CD4051 相当于一个单刀八掷开关，当禁止输入端 (6 脚) 为低电平时，在地址输入端 A，B，C 的控制下，每次接通一个通道。对应 A，B，C 的一个取值组合，接通一个通道，使反馈电阻变化一次，对应的增益改变一个数值，而 A，B，C 的地址是计算机根据输入信号大小自动给出的。图 4.4.11(b)所示电路为差分输入的数据放大器形式，两片 4051 的状态同步改变。

图 4.4.11(a)、(b)两种放大器均采用同相输入方式，这一方面是为了增大输入电阻，另一方面使流过 4051 的电流极小，从而有利于减小模拟开关导通电阻所引入的误差。

(2) 集成程控增益放大器：市场上出售的集成程控增益放大器有很多型号，如美国 B-B 公司生产的 PGA102 三级可编程增益控制运算放大器，PGA100 8 级二进制数可编程增益控制运算放大器及美国 AD 公司生产的 AD612/AD614 数控增益测量放大器等。

① PGA100 多路数字程控增益放大器：PGA100 把多路转换输入与数字程控增益控制功能集成一块芯片中，特别适合于多路采集系统信号的放大。

PGA100 的主要性能指标如下：

- 增益精度高，小于±0.002%

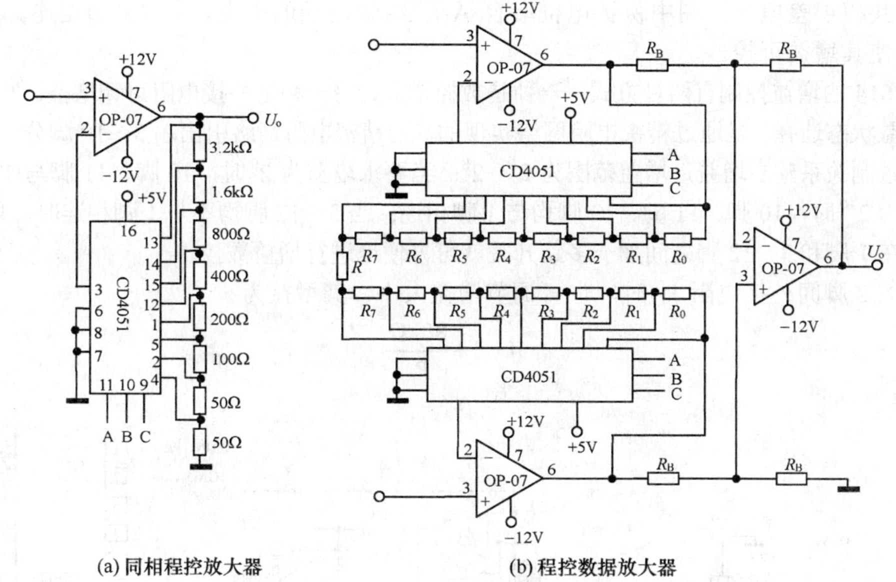

(a) 同相程控放大器　　(b) 程控数据放大器

图 4.4.11　由运算放大器和模拟开关构成程控增益放大器

- 非线性小，小于±0.005%
- 稳定时间短，稳定至终值 0.01%为 5μs
- 有 8 个模拟输入通道，输入阻抗为 $10^{11}\Omega$
- 有 8 个二进制增益：×1，×2，×4，×8，×16，×32，×64，×128

PGA100 的引脚图如图 4.4.12 所示。

A_0～A_5 用来选择增益和模拟输入通道，具体选择如下：

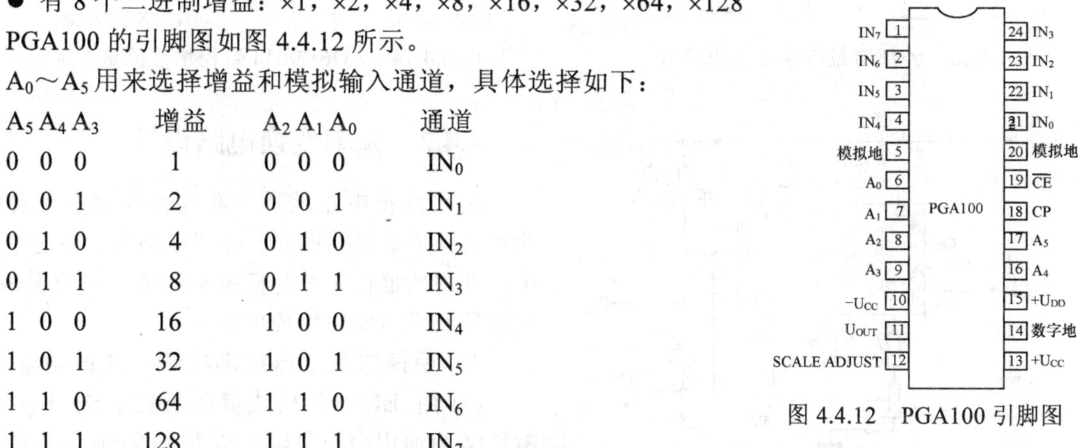

A_5 A_4 A_3	增益	A_2 A_1 A_0	通道
0 0 0	1	0 0 0	IN_0
0 0 1	2	0 0 1	IN_1
0 1 0	4	0 1 0	IN_2
0 1 1	8	0 1 1	IN_3
1 0 0	16	1 0 0	IN_4
1 0 1	32	1 0 1	IN_5
1 1 0	64	1 1 0	IN_6
1 1 1	128	1 1 1	IN_7

图 4.4.12　PGA100 引脚图

通道选择的数字输入在时钟的上升沿锁存，所用的片内锁存器相当于 74LS378。

为了充分发挥 PGA100 的性能，模拟和数字电源输出端应加 1μF 钽电容和 1000pF 的陶瓷电容去耦。在调节增益时，增益范围可换算成 1～128 以外的增益，这样的外部增益及偏移电压调节可通过外接电位器完成，如图 4.4.13 所示。$R_{P2}=100k\Omega$ 电位器用于增益调节，$R_{P1}=50k\Omega$ 电位器用于偏移电压调节。

② AD612/614 数控增益测量放大器：AD612/614 数控增益测量放大器内部为典型的三运放结构加增益调节精密电阻网络结构，其结构图如图 4.4.14(a)所示。各引脚功能如图 4.4.14(b)所示。

在图 4.4.14(a)中，15 脚可用来构成输入保护电路。由于测量放大器的两个输入不可能得到完全一样的共模电压而使测量放大器的输出有共模误差电压，这种情况随共模电压频率增高而加剧。如果采用保护技术，使传输线的屏蔽层不接地，而改为跟踪共模电压相对应的电位，这样就可消除共模误差电压。图中保护电位取自 A_1，A_2 输出端的中点，与 15 脚相连。片内的精密电阻网络使其增益可控。

AD612/614 的增益控制有两种方式：一种是数控增益，另一种是外接电阻可调增益。数控增益为二进制数增益状态选择，是通过精密电阻网络实现的。当精密电阻网络引出端 3～10 脚分别与 1 脚相连时，按二进制关系建立增益，增益范围为 2^1～2^8；当要求增益为 2^9 时，10 脚、11 脚与 1 脚相连；当要求增益为 2^{10} 时，10 脚、11 脚、12 脚均与 1 脚相连；当 3～12 脚均不与 1 脚相连时，增益为 1。因此，只要在 1 脚和 3～12 脚之间加一多路开关就可方便地进行增益数控。

当 1 脚、2 脚间外接电阻 R_G 时，也可调节增益大小，其增益为

$$A = 1 + \frac{80\text{k}\Omega}{R_G} \tag{4.4.9}$$

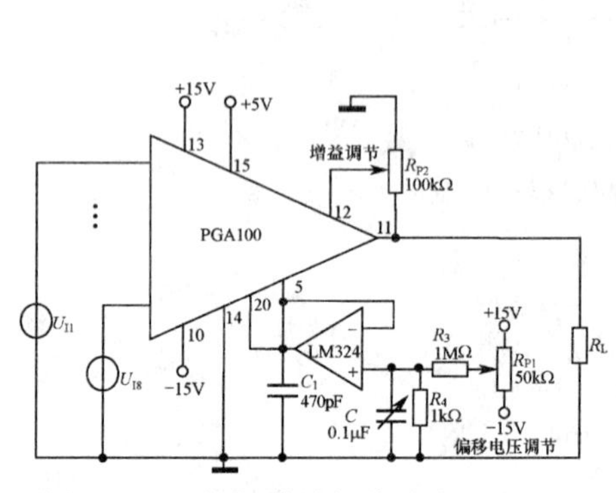

图 4.4.13　外部增益与偏移电压调节

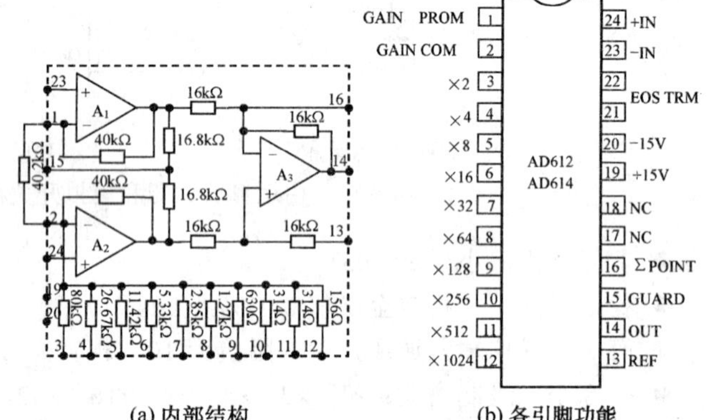

图 4.4.14　AD612/614 数控增益测量放大器

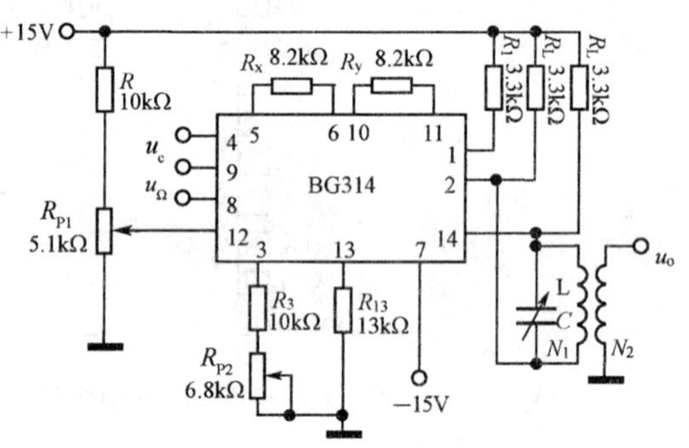

图 4.4.15　用 GB314 构成振幅调制器

4.4.2　频率变换电路设计

频率变换电路是通信和仪器仪表中重要的电路单元，主要包括调制、解调电路等。在这些电路中，使用的器件主要是模拟乘法器、压控振荡器、锁相环及通信专用集成电路。

1. 用模拟乘法器或锁相环构成调制电路

(1) 用 BG314 构成普通振幅调制器 (AM)： BG314 为通用型四象限模拟乘法器，其输入范围可达±10V，具有很大的线性动态范围。用 BG314 构成的普通振幅调制器电路如图 4.4.15 所示。

电路的工作频率为 2.5MHz，所以采用 LC 谐振回路作为负载。当频率较低时，可以直接用电阻负载。

设调制信号为 $u_\Omega = U_{\Omega m}\cos\Omega t$，载波 $u_c = U_{cm}\cos\omega_c t$，调节回路电容 C，使之对 f_c 谐振，且谐振电阻为 R_E，则调制器的输出电压为

$$\begin{aligned} u_o &= \frac{nR_E}{I_{ox}R_xR_y}U_{cm}(U_B + U_{\Omega m}\cos\Omega t)\cos\omega_c t \\ &= \frac{nU_BR_E}{I_{ox}R_xR_y}U_{cm}(1 + m\cos\Omega t)\cos\omega_c t = U(1 + m\cos\Omega t)\cos\omega_c t \end{aligned}$$

式中，U_B 为乘法器 X 输入的直流偏压，I_{ox} 为乘法器恒流源电流。$n = N_2/N_1$ 为耦合系数，N_1，N_2 分别为初、次级线圈匝数。$m = U_\Omega/U_B$ 为调幅度，为了避免失真，U_B 必须大于或等于 U_Ω。U 为输出已调电压的载波振幅。电位器 R_{P1} 用于调节 U_B，从而改变调制度。一般 $U_B \leqslant 5$ V。

电路外围元件的选择原则如下：

① 偏置电阻 R_3，R_{13} 的选择：偏置电流为

$$I_3(I_{oy}) = \frac{-U_{CC} - 0.7}{R_3 + 1\text{k}\Omega} = 1\text{mA} \tag{4.4.10}$$

$$I_{13}(I_{ox}) = \frac{-U_{CC} - 0.7}{R_{13} + 1\text{k}\Omega} = 1\text{mA} \tag{4.4.11}$$

根据 I_{ox} (I_{oy}) 可选择偏置电阻 R_3，R_{13}。

② 反馈电阻 R_x，R_y 的选择：调制输入信号幅值 $U_{\Omega m}$ 为

$$U_{\Omega m} \approx I_{ox} R_x$$

那么

$$R_{xmin} = \frac{U_{\Omega m}}{I_{ox}} \tag{4.4.12}$$

R_x 选得过小，输入动态范围小，容易出现调制包络失真；R_x 选得过大，将使电路增益太小，所以 R_x 取值要适中。R_y 选择原则基本相同，但严格程度可以差些，因为载波失真影响不大。

③ 负载电阻 R_L 的选择：负载电阻 R_L 的值取大一些，会提高电路的增益，有利于提高输出信号的幅度，但 R_L 的值过大，容易出现限幅现象，而且频响变差，所以要适当选择 R_L 的值。

通常根据工作要求的不同，其外接元件参数可按表 4.4.2 给出值进行选择。

表 4.4.2　BG314 外接元件参数

输入电压 $U_{x\,max}$ $U_{y\,max}$ / V	$+U_{CC}$ / V	$-U_{CC}$/ V	R_x，R_y/kΩ	R_L/kΩ	R_{13}/kΩ	R_1/kΩ	R_3/kΩ
−5	+15	−15	8.2	3.3	13	3.3	13.8～
−10	+32	−15	15	11	13	9.1	13.8～

(2) 用 BG314 构成双边带调制器：用 BG314 构成的双边带调制器电路如图 4.4.16 所示。它与普通调幅电路的不同点是分别接入了输入、输出调零电路。其中 2 脚、14 脚接入 LC 振荡回路用做载频高于 1MHz 时的选频输出，当频率较低时 (如低于 1MHz 或几百千赫兹)，可改用运放差动输入。至于运放的型号应根据工作频率进行选择。电路中运放输入、输出关系为 $U_o = (U_{o2} - U_{o1})$。

在电路正常工作之前首先要调零，具体步骤如下：①将 4 脚、9 脚、8 脚、12 脚短路接地，调节 R_{P3} (辅助 R_{P2})，使输出直流电压 $U_o = 0$；②4 脚接地，在 9 脚输入一正弦信号，调节 R_{Py} 使交流输出为零或最小；③9 脚接地，在 4 脚输入一正弦信号，将 R_{Px} 调小使交流输出为零或最小。然后将 U_x，U_y 信号同时加入，便可正常工作。

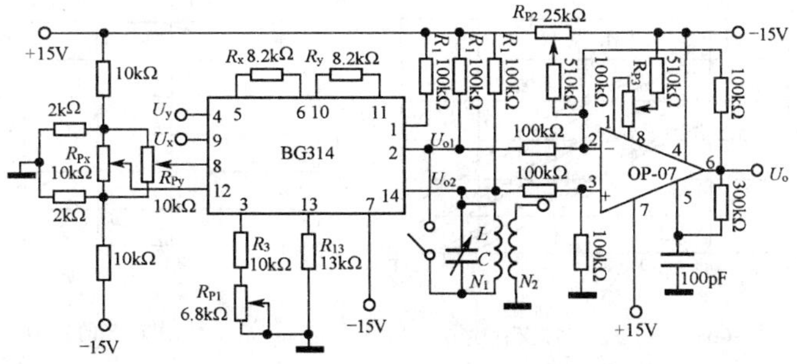

图 4.4.16　用 BG314 构成双边带调制器

(3) 用 MC1596 构成倍频器：MC1596 是摩托罗拉公司生产的通用型四象限模拟乘法器。利用它构成倍频器非常简单，如果令输入 X 和输入 Y 为同频信号，则输出为

$$u_o = ku_x u_y = k\cos^2 \omega_o t = \frac{k}{2} + \frac{k}{2}\cos 2\omega_o t$$

将其中的直流成分隔掉，或对称输出将直流成分抵消，就可得到输入的倍频。

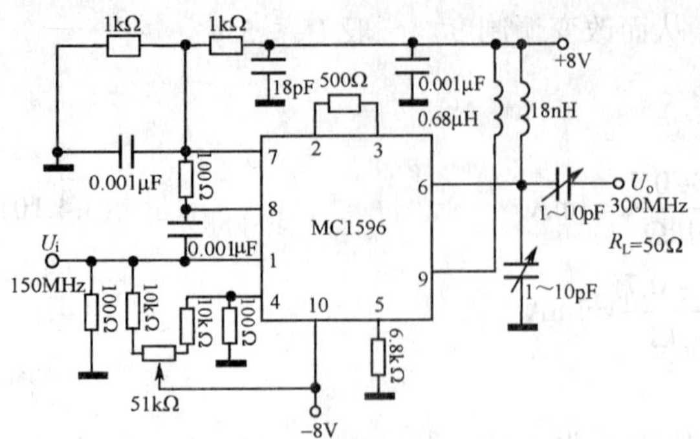

图 4.4.17　由 MC1596 构成的倍频器电路

用 MC1596 构成的倍频器电路如图 4.4.17 所示。图中参数是将频率为 150MHz 的输入信号 2 倍频，变成频率为 300MHz 输出信号。调节输出 LC 选频回路的参数，可得到需要的倍频值。

(4) 用 CD4046 锁相环构成倍频器：CD4046 是一种数字集成锁相环，利用它可方便地实现倍频功能。CD4046 的组成框图和引脚图分别如图 4.4.18(a)、(b)所示。

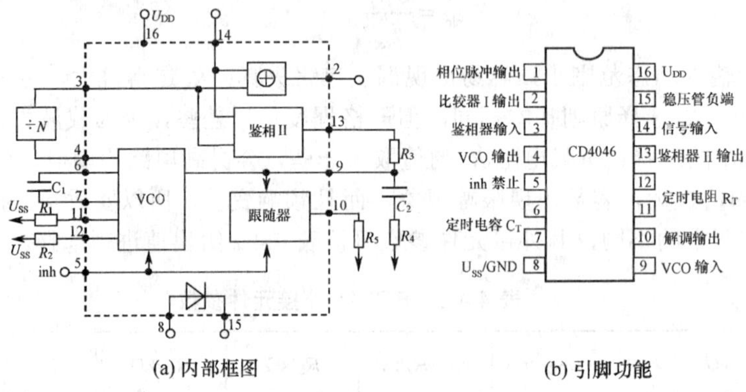

图 4.4.18　CD4046 锁相环

输入信号加至鉴相器的一个输入端 (14 脚)，VCO 输出 (4 脚) 经 N 分频后的信号频率为 f_o/N，它加至鉴相器的另一个输入端 (3 脚)。VCO 振荡频率设计 (即 R_1，R_2，C_1 等元件值的选择) 应使分频 f_o/N 与输入信号频率 f_i 之差落在锁相环的捕捉范围内，否则会失锁。

例如，要求用 CD4046 设计一个输入信号频率 $f_i = 100\text{Hz}$，输出信号频率 $f_o = 100f_i = 10\text{kHz}$ 的倍频器，则元件选择如下：

R_3，R_4，C_2 为环路滤波器，一般选 $R_3 \approx 470\text{k}\Omega$，$R_4$=47kΩ，$C_2 \approx 0.1\mu\text{F}$。电源电压选择 U_{DD}=+5V。若设定锁定范围为 2kHz，即 f_o = 10kHz，$f_{omax} = f_o$ (1+10%) =11kHz，$f_{omin} = f_o$ (1−10%) = 9kHz。根据 f_{omax} 和 f_{omin} 可通过图 4.4.19 所给曲线查得 VCO 定时元件 R_1，R_2，C_1 等的值。

由图 4.4.19 可以查得，当 f_{omin}=9kHz 时，R_2=10kΩ，C_1=2200pF。而且 f_{omax}/f_{omin}=11/9=1.22 时，R_2/R_1=0.24，所以 $R_1 \approx 43\text{k}\Omega$。100 分频器采用两片十进制数计数器 T210 串接，所以，设计电路如图 4.4.20 所示。

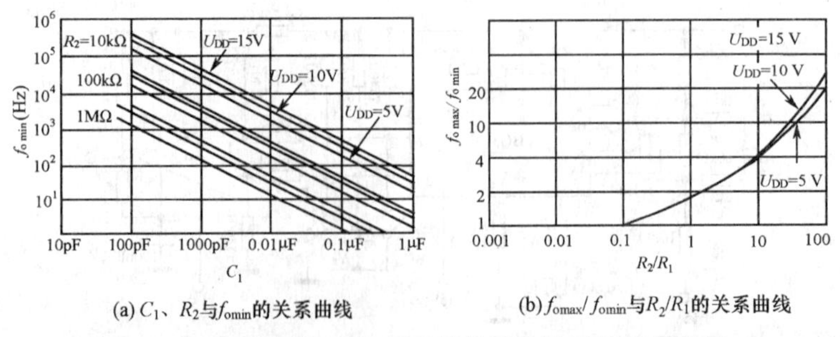

图 4.4.19　CD4046VCO 在不同外部参数下的特性曲线

2．用模拟乘法器或锁相环构成解调电路

(1) 用 MC1596 构成同步检波器：设输入的调幅信号 $u_i = U_i(1+m\cos\Omega t)\cos\omega_c t$，本地振荡信号 $u_1 = U_1\cos\omega_c t$，若乘法器的乘积系数为 k，则乘法器的输出为

$$u_2 = ku_iu_1 = \frac{1}{2}kU_1U_i(1+\cos 2\omega_c t) + \frac{1}{2}kU_1U_i m\cos\Omega t[1+\cos 2\omega_c t]$$

经低通滤波，滤去高频分量可得

$$u_3 = \frac{1}{2}kU_1U_i + \frac{1}{2}kU_1U_i m\cos\Omega t$$

经隔直电容隔掉直流分量，可得解调后的低频分量

$$u_o = \frac{1}{2}kU_1U_i m\cos\Omega t$$

可见，在本振信号的频率和相位与原端载波信号严格同步的理想情况下，乘积检波器可实现无失真检波。

用 MC1596 构成的同步检波器电路如图 4.4.21 所示。

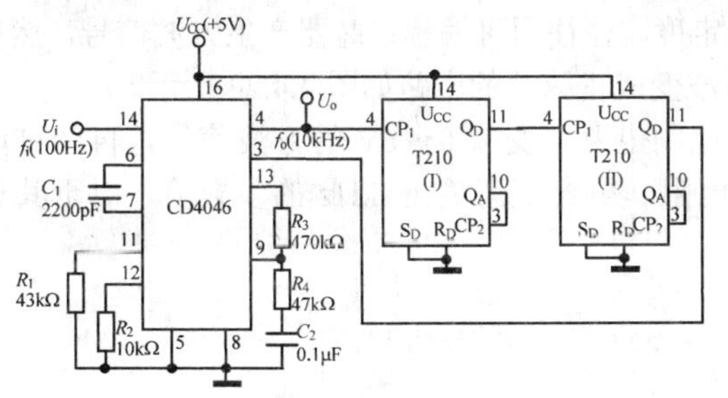

图 4.4.20　由 CD4046 锁相环构成的 100 倍频电路

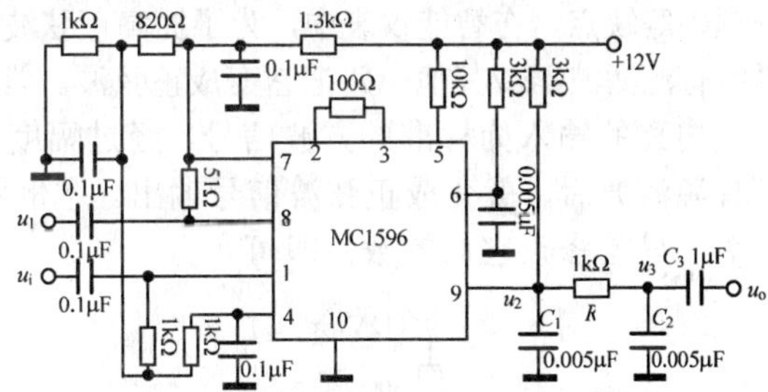

图 4.4.21　MC1596 构成同步检波器电路

(2) 用锁相环构成 FM 解调器：利用常用锁相环构成 FM 解调器的基本电路如图 4.4.22 所示。图中 C_3 为片内 VCO 的外接定时电容，其大小视 FM 信号的载波频率而定，以保证 VCO 的振荡频率落在锁相环的捕捉带之内。C_1 为耦合电容，其大小必须选择的使载波信号的相移和阻抗尽可能小；R_3，C_2 组成环路滤波器，由于要求环路工作在“调制跟踪”状态，因此必须适当设计 LPF 的带宽，以保证解调后的信号分量顺利通过。

4.4.3　信号整形电路设计

在电子技术领域中，信号波形大体分为正弦波和非正弦波两大类。为了使信号波形满足某些特定需要，除了对信号的大小进行调理外，有时还需要对信号的形状进行调理，完成信号形状调理的电路称为信号整形电路。信号整形既包括将正弦波整形为方波，或将方波整形为正弦波；也包括将方波整形为各种脉冲波。下面介绍一些常用的信号整形电路设计方法。

1．正弦波整形为方波的电路设计

将正弦波整形为方波的电路如图 4.4.23(a)所示。它由运放构成的过零比较器构成，当输入信号 u_i 为正弦波时，u_i 每过零一次，比较器的输出 u_o 将产生一次电压跳变，如图 4.4.23(b)所示，其正负向的幅值由稳压管的稳压值决定。

为了保证输出波形的质量，应选择与输入频率相适应的、摆率尽可能大的运算放大器，本例中，选择 LF356N；为了减轻整形电路对前级的负载，R_1 的取值要尽可能大一些，并选取 $R_1 = R_2$；稳压管型号可根据输出方波的幅度选取，本例中，为了使输出方波与 TTL 电平兼容，选取稳压值为 4.7V 左右的 RLZ4.7A。

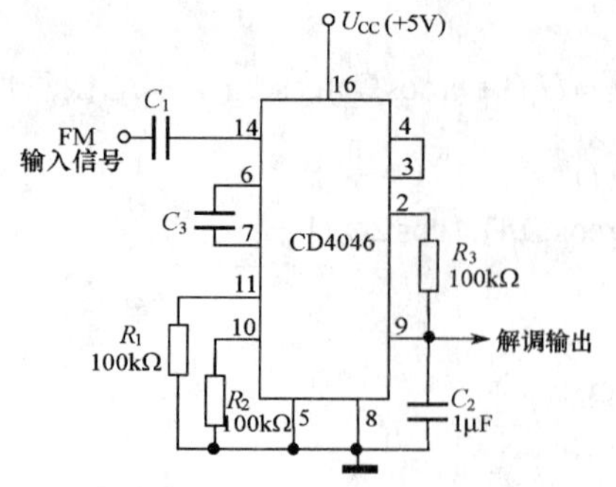

图 4.4.22　由 CD4046 锁相环构成的解调电路

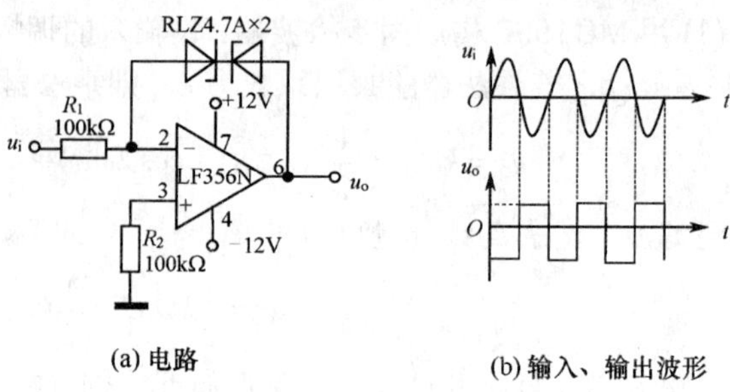

图 4.4.23　正弦波整形为方波的电路及其波形

2．方波整形为正弦波的电路设计

有些仪器需要产生标准的正弦波信号，用做测量基准信号或输出信号。在传统仪器中，这些信号是由振荡器产生的，对于低频信号一般都用文氏振荡器产生，但它存在电压、频率稳定度差，不易改变频率等缺点。在智能仪表中，为了提高正弦波的稳定度，往往用可编程定时器产生方波信号，然后再用有源滤波器或其他电路把它变成正弦波。常用方波变成正弦波的电路如图 4.4.24 所示。

电路的输入为标准的方波信号，经过幅度转换控制电路，变成 0～6V 的方波信号，再经过两级有源滤波后，就变成正弦波信号输出。本例图中电阻、电容值为输出1kHz 的参数值，对于其他频率，只需修改它们的数值即可。

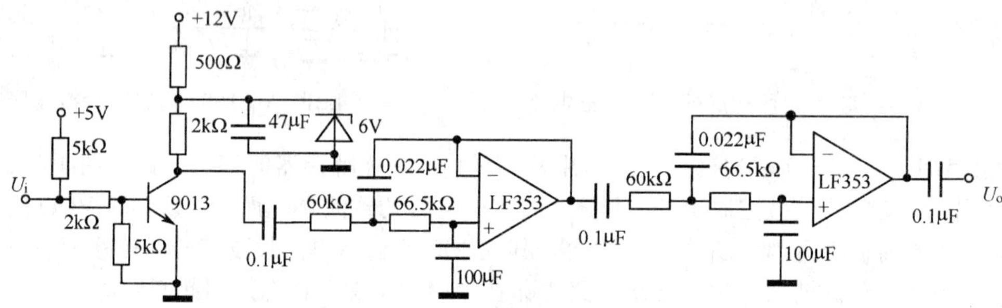

图 4.4.24　方波整形为正弦波的电路

3．单稳触发器构成的波形整形电路设计

将信号整形为满足一定幅度和脉宽的脉冲信号，设计者常采用单稳触发器电路实现。

(1) 单稳触发器电路：用 555 定时器构成的单稳触发器电路如图 4.4.25(a)所示，其工作波形如图 4.4.25(b)所示。

(2) 单稳触发器的主要参数

① 输出脉冲宽度 t_W：即为暂稳态持续时间，也就是电容 C 充电的时间。它可按下式估算

$$t_W=RC\ln3\approx1.1RC \tag{4.4.13}$$

可见，脉冲宽度与 R，C 大小有关，而与输入信号脉宽及电源电压无关，调节 R，C 可改变输出脉冲宽度。

② 恢复时间 t_{re}：设导通电阻为 R_{on}（一般为 10Ω左右），则 $\tau_{放}=R_{on}C$，放电经过 (3～5) $\tau_{放}$基本结束。所以恢复时间为

$$t_{re}=(3\sim5)R_{on}C \tag{4.4.14}$$

③ 分辨时间 t_d：指保证单稳正常工作时允许触发脉冲最小的时间间隔。$t_d=t_W+t_{re}$。它由电路参数决定，所以又称单稳的固有周期。很明显，要保证单稳电路正常工作，触发信号周期 T 必须大于单稳的固有周期。

④ 输出脉冲幅度 U_m：U_m 取决于输出信号高低电平之差，本电路 $U_m = U_{DD}$。

图 4.4.26 所示电路为具有微分触发电路的单稳态触发器。R_r 及 C_r 是微分电路，它的作用是将触发脉冲变窄后作用于 $\overline{TR}$ 端。

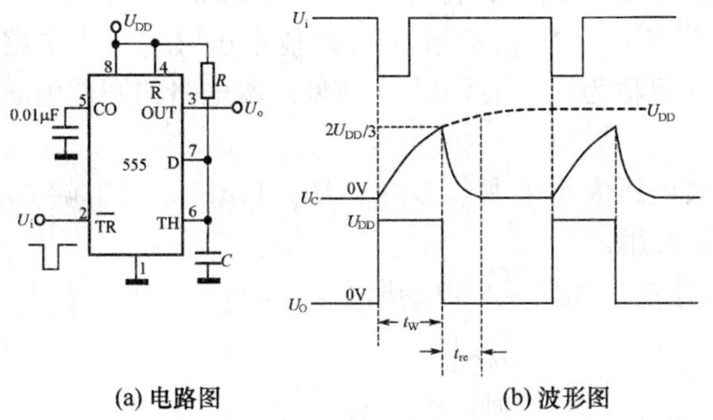

图 4.4.25　555 定时器构成的单稳态触发器

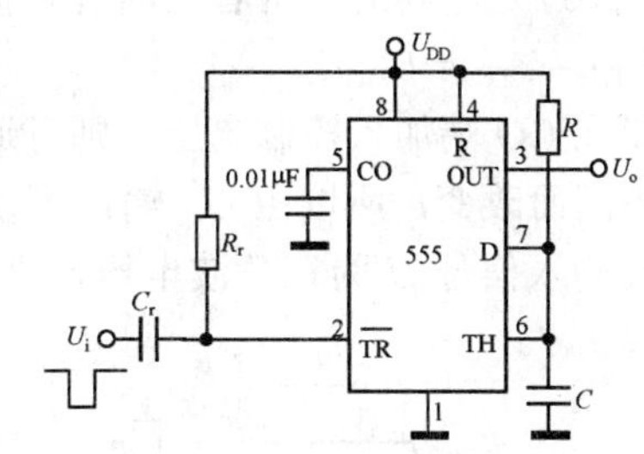

图 4.4.26　具有微分触发电路的单稳态触发器

(3) 单稳触发器在波形变换、整形方面的基本应用

① 用于定时：由于单稳触发器能输出宽度为 t_W 的矩形脉冲，所以利用该矩形脉冲可以定时开闭门电路或控制一些电路的动作，实现定时操作。

如图 4.4.27(a)所示，利用单稳触发器输出的正脉冲控制与门 G。在该矩形脉冲作用期间，让高频信号 U_2 通过 G 传送到输出端，而在其余时间，G 被单稳触发器输出的低电平关闭，高频信号 U_2 无法通过 G 传送到输出端。电路的工作波形如图 4.4.27(b)所示。

② 用于波形延时：如图 4.4.28 所示，单稳触发器输出电压 U_{o1} 的下降沿比输入触发脉冲的下降沿延迟了 t_W 时间，这种作用可用于信号传输的时间配合。可以想象，如果用两级单稳触发器级相连，并设第一级单稳触发器的输出脉宽为 t_{W1}，第二级单稳触发器的输出脉宽等于输入触发脉宽，则电路的输出与输入脉冲形状相同，只是延迟了 t_{W1} 一段时间。

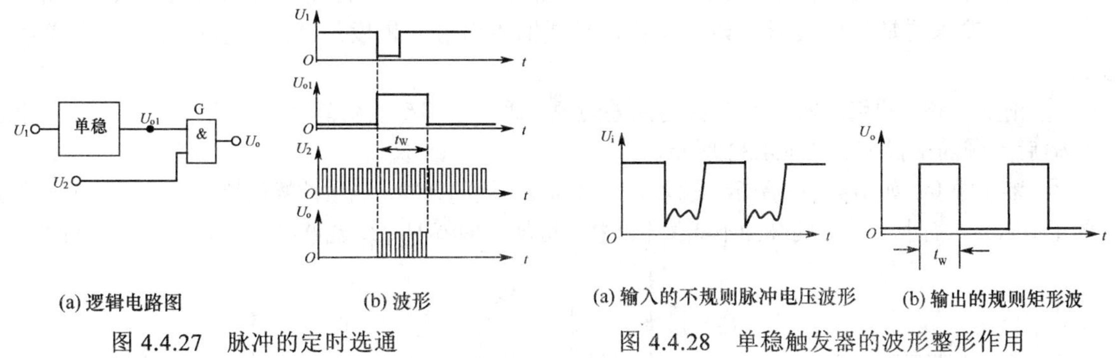

图 4.4.27　脉冲的定时选通

图 4.4.28　单稳触发器的波形整形作用

③ 用于波形整形：如果将图 4.4.28(a)所示的不规则脉冲电压作为单稳触发器的触发脉冲，则它的输出就成为具有确定宽度 (t_W) 和幅度、边沿陡峭的同频率矩形波，如图 4.4.28(b)所示。这种作用便是波形的整形。

4．施密特触发器构成的波形整形电路设计

将信号整形为满足一定幅度和脉宽的脉冲信号，除了采用前述的单稳触发器电路实现以外，还可采用施密特触发器电路实现。

施密特触发器的传输特性如图 4.4.29 所示。

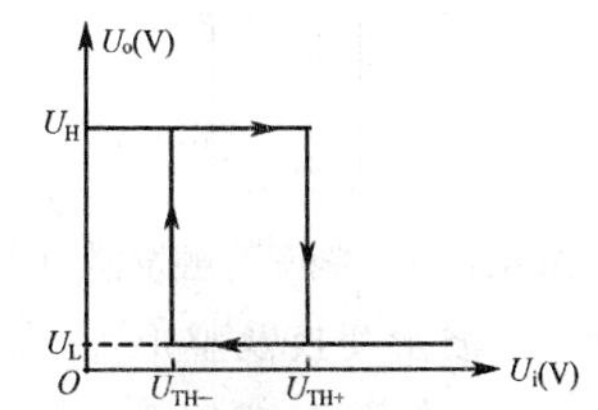

图 4.4.29　施密特电路的传输特性

施密特触发器有多种中规模集成器件，也可以用“与非”

门或 555 定时器构成，这里只介绍用 555 定时器构成的施密特触发器和集成施密特触发器。

(1) 555 定时器构成的施密特触发器：将 555 定时器的两个触发端 TH 和 $\overline{\text{TR}}$ 连在一起作为输入端，D 端通过电阻 R 接电源 U_D，即构成施密特触发器，输出信号取自放电管漏极 D (7 脚) 或定时器输出端 OUT (3 脚) 。其电路如图 4.4.30(a)所示。电路逻辑符号如图 4.4.30(b)所示。

施密特触发器的正向阈值电压 U_{TH+} (本电路 $U_{TH+}=2U_{DD}/3$) 和负向阈值电压 U_{TH-} (本电路 $U_{TH-}=U_{DD}/3$) 是不同的，两者之间有差值，这种现象称为回差 (或滞回) 现象。本电路的回差电压 $\Delta U_{TH}=U_{TH+}-U_{TH-}=U_{DD}/3$。

如果在 CO 端加入控制电压，则可通过调节其电压大小来调节 U_{TH+}，U_{TH-}和ΔU_{TH}。U_{o1} 随 U_D 的大小不同而改变，所以由 U_{o1} 输出可以做电平转换用。

若设输入信号 U_i 为三角波电压，则电路的工作波形如图 4.4.30(c)所示。

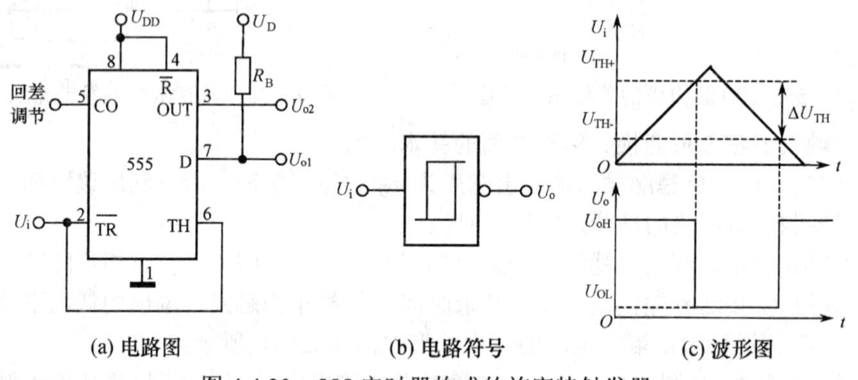

(a) 电路图　　(b) 电路符号　　(c) 波形图

图 4.4.30　555 定时器构成的施密特触发器

(2) 施密特触发器在波形变换、整形等方面的基本应用：施密特触发器的用途非常广泛，可用做波形变换、整形、消除干扰、幅度鉴别等，这里只举几例。

① 波形变换及整形：如图 4.4.31 所示，利用施密特触发器可将输入的三角波变换成矩形波。同样，如果输入的是其他波形，如正弦波，只要输入信号的幅度足够大，就能够将其变成矩形波。

② 消除干扰：利用施密特触发器的回差现象，适当地调整正负阈值电压可以消除矩形脉冲经过传输后受到的干扰，如图 4.4.32 所示。

③ 鉴别幅度：如图 4.4.33 所示，输入为一串幅度不同的脉冲，当脉冲幅值超过 U_{TH+}时输出一个负向的矩形脉冲，而小于 U_{TH+}的脉冲不能使电路状态翻转。调节 U_{TH+}就能够鉴别出幅度不同的脉冲。

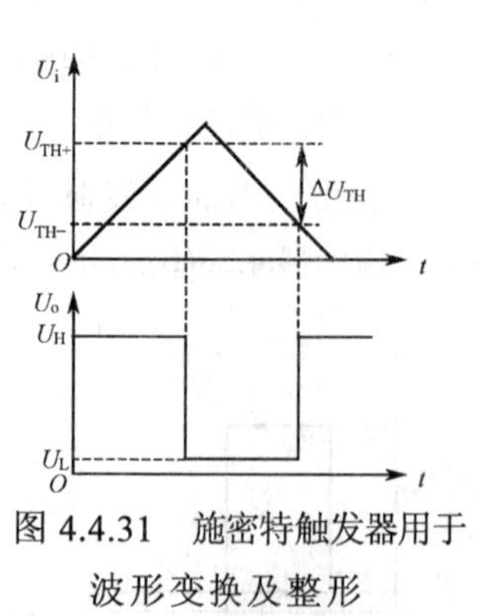

图 4.4.31　施密特触发器用于波形变换及整形

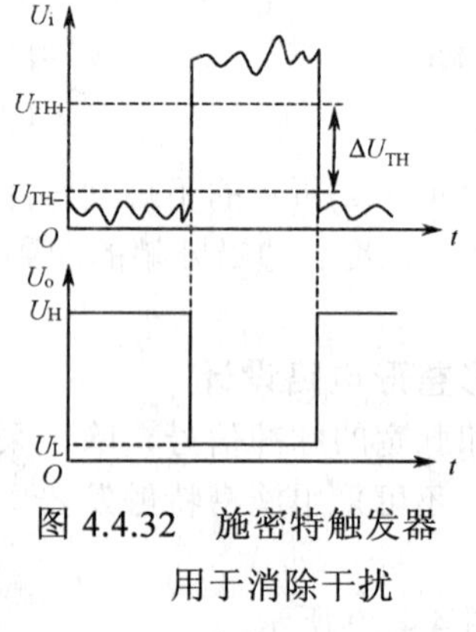

图 4.4.32　施密特触发器用于消除干扰

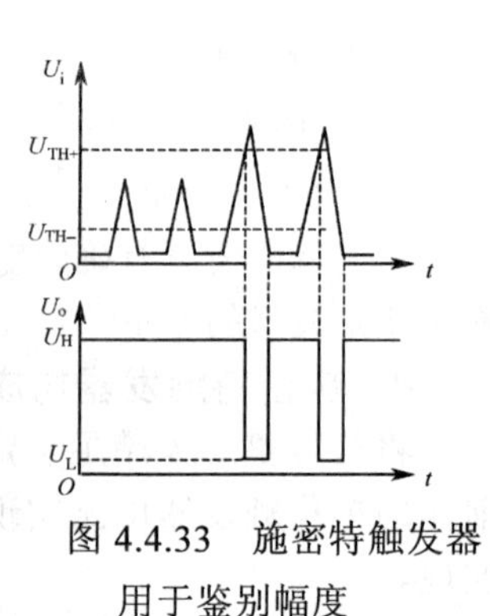

图 4.4.33　施密特触发器用于鉴别幅度

4.5 A/D、D/A 接口电路的设计

在智能电子系统中，微处理器 (或计算机) 一般只能对数字量进行逻辑判断和计算，而系统前置设备的输出则往往是模拟量，因此，欲把原始数据和测试结果送给微处理器进行处理，就必须在前置设备与微处理器 (或计算机) 之间插入模数转换 (A/D) 装置。另一方面，欲把微处理器输出的数字信号作用于执行机构或控制对象，就必须先将数字量转化成模拟量，即在微处理器 (或计算机) 和终端执行机构之间插入数模转换 (D/A) 装置。对于模拟信号的数字处理过程如图 4.5.1 所示。

图 4.5.1　模拟信号的数字处理过程

目前，市场上出售的数模转换器 (DAC) 和模数转换器 (ADC) 集成芯片的品种、型号有很多，对于系统设计者来说，一般并不需要了解芯片内部详细结构及具体电路，只需要了解其功能及外特性，能够合理地选用就可以了。因此，本节将着重从应用的角度，讲述数模转换器 (DAC) 和模数转换器 (ADC) 性能指标及选择要点，介绍几种典型芯片的应用实例。

4.5.1　A/D 接口电路设计

1．ADC 的性能指标

(1) 分辨率：ADC 的分辨率习惯上以输出二进制位数或 BCD 码位数表示。例如，AD574A 的分辨率为 12 位，即该 ADC 的输出数据可以用 2^{12} 个二进制数进行量化，用百分数表示其分辨率时，分辨率为 $(1/2^{12})\times100\% = 0.0244\%$。

BCD 码输出的 ADC 分辨率一般用位数表示，如 5G14433 双积分式 ADC 分辨率为 31/2。满度字位为 1999，用百分数表示其分辨率时，分辨率为 $(1/1999)\times100\% = 0.05\%$。显然，位数越多，ADC 分辨率就越高。

(2) 量化误差：量化误差是由 ADC 的有限分辨率而引起的误差。它在理论上为一个单位分辨率，即 $\pm\frac{1}{2}$LSB。显然，ADC 的分辨率越高，其量化误差越小。

(3) 转换精度：ADC 的转化精度表示 ADC 实际输出数字量与理想输出数字量的差值。可用绝对误差或相对误差的形式给出。例如 ADC0801 的不可调整总误差为 $\leqslant\pm\frac{1}{4}$LSB，如以相对误差表示则为 0.1%。

(4) 转换时间与转换速率：ADC 从收到转换控制信号起，到输出端得到稳定的数字量为止，即完成一次转换所需要的时间称为 ADC 转换时间。转换时间的倒数称为转换速率。目前，ADC (如 MAX104)的转换速度达到吉赫兹以上，其转换时间小于1ns。一般来说，位数越多，转换时间越长。也就是说精度和速度是相互矛盾的。

(5) 失调温度系数和增益温度系数：这两项指标都是表示受环境温度影响的程度。一般用每摄氏度温度变化所产生的相对误差作为指标，以 1×10^{-6}/℃为单位表示。

2．ADC 的选择要点

选择ADC时，最重要的是要明确使用目的，在满足性能要求的前提下，尽量选取价格便宜的ADC，即选取性价比高的 ADC。根据上述 ADC 的各项性能指标，可列出 ADC 选择表(见表 4.5.1)。

表 4.5.1 ADC 选择表

设计的性能	ADC 的选择项目
分辨率	* 低分辨率 (3～8 位) ——并行方式，串并行方式，电压转移函数方式，逐次比较方式 * 中分辨率 (9～12 位，BCD 码 3 或 $3\frac{1}{2}$ 位) ——逐次比较方式，跟踪比较方式，双重积分式，电荷平衡方式 * 高分辨率 (13 位以上，BCD 码 $4\frac{1}{2}$ 位) ——逐次比较方式，跟踪比较方式，双重积分式及其变形，电荷平衡方式
转换时间	① 方式选择 * 低速——跟踪比较方式，双重积分式及其变形，电荷平衡方式，其他 * 中速——逐次比较方式，跟踪比较方式，其他 * 高速——并行方式，串并行方式，电压转移函数方式 ② 时钟 * 是否用时钟？是内部时钟还是外部时钟 * 可能使用的频率范围
精度	* 精度数值是否明确规定？是否可自由调整 * 增益和失调的温度系数是否明确规定？它是否包含标准电压的漂移值 * 电源变动引起的误差数值是否明确规定
电源	* 需几种电源？各电源所消耗的电流有多大 * 电源电压的允许范围是否明确规定？可否用通用电源
输入电压范围 输入电阻	* 输入电压极性是单极性还是双极性？单极性是正极性还是负极性 * 输入电压范围是否明确规定 * 是否有输入保护功能 * 输入电阻数值是否明确规定 * 内部是否有缓冲放大器？其输入电阻、偏置电流和建立时间等数值是否明确规定 * 输入是多路还是单路
工作环境	* 工作温度和保存温度的数值是否明确规定？它是否足以适应所要求的周围温度范围和保存温度范围
数字输出特性	① 码制： * 注意单极性和双极性在使用上的差异，以及双极性符号表示法 * 是二进制码输出还是 BCD 码输出 * 是串行输出还是并行输出 ② 状态信号 * 是否有输出转换结束 (EOC)和数据有效 (数据确立)等状态信号 ③ 接口 * 和 TTL，CMOS 及 ECL 电路的兼容性如何？扇出系数是多少 * 是正逻辑输出还是负逻辑输出 * 是否有能与微型机 (或单片机)直接连接的三态控制器
其他	* 其标准电压是内部供给还是外部供给？若内部供给，是否可按标准比例向外部输出 * 是否有货源，容易买到吗？价格是否便宜

3. 常用 ADC 芯片及其典型应用

(1) ADC0808/0809 及其典型应用：ADC0808/ 0809 为 8 位、8 通道逐次逼近转换器。它们可与微处理机兼容。8 路单边模拟电压由 IN_0～IN_7 输入，ALE 将三位地址线 ADDA，ADDB 和 ADDC 进行锁存，然后由译码电路选通 8 路中的一路进行转换。其中 0808 较 0809 误差小。

① 主要参数及引脚功能：ADC0809/0809 的主要参数如表 4.5.2 所示。

表 4.5.2 ADC0809 的主要参数

电源电压/V	分辨率/bit	输入电压范围/V	转换时间/μs	功耗/mW	误差/LSB	工作温度/℃
+5	8	0～+5	100	15	±1/2 (0808)1 (0809)	−40～+85

ADC0808/ 0809 为 28 脚双列直插式 (DIP)封装，引脚图如图 4.5.2 所示。

各引脚的功能如下：

IN_0～IN_7 为 8 路模拟量输入；

D_7～D_0 为 8 位数字量输出；

START 为转换启动信号输入，启动脉冲上升沿将所有内部寄存器清零，下降沿开始转换；

EOC 为转换结束信号输出，高电平有效；

OE 为输出允许控制，高电平有效；

CLK 为时钟信号输入端；

U_{CC} 为电源电压 (+5V) ；

GND 为地；

REF (+)为参考电压正端；

REF (–)为参考电压负端；

ADDA～ADDC 为输入地址选择，000～111 对应被选 IN_0～IN_7 通道；

ALE 为地址锁存允许输入，正跳变时，锁存输入地址信号，选通相应的模拟信号通路，以便进行 A/D 转换。

② 典型应用：典型应用如图 4.5.2 所示。

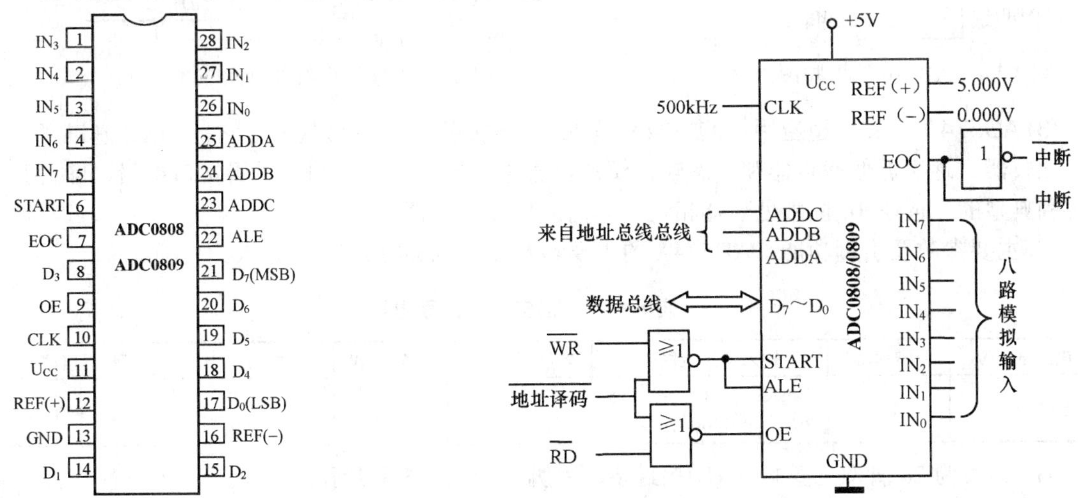

图 4.5.2　ADC0809 的引脚图

图 4.5.3　ADC0808/0809 的典型应用

(2) AD570 及其典型应用：AD570 把 DAC 基准源、时钟、比较器、逐次近似寄存器和三态输出缓冲器集中在一起，无须外部元件完成 8 位逐次逼近 A/D 转换。它具有较高的转换精度。

① 主要参数及引脚功能。AD570 的主要参数如表 4.5.3 所示。

表 4.5.3　AD570 的主要参数

电源电压/V	分辨率/bit	输入电压范围/V	转换时间/μs	功耗/mW	模拟输入电阻/kΩ	工作温度/℃
+5，–15	8	0～10 (单极性) –5～+5 (双极性)	25	<800	5	0～+70

AD570 为 18 脚双列直插式 (DIP)封装，引脚图如图 4.5.4 所示。

各引脚的功能如下：

IN 为模拟量输入；

D_7～D_0 为 8 位数字量输出；

B&$\overline{C}$ 为休止/转换控制端；

U_{EE}为电源电压 (−15V) ；

AGND 为模拟地；

DGND 为数字地；

U_{CC}为电源电压 (+5V) ；

BOC 为双极性偏移控制端；

$\overline{DR}$为数据准备控制端。

② 典型应用：典型应用如图 4.5.5 所示。

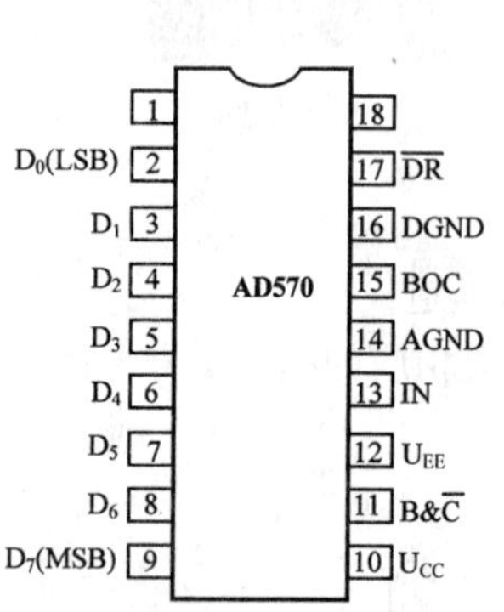

图 4.5.4　AD570 的引脚图

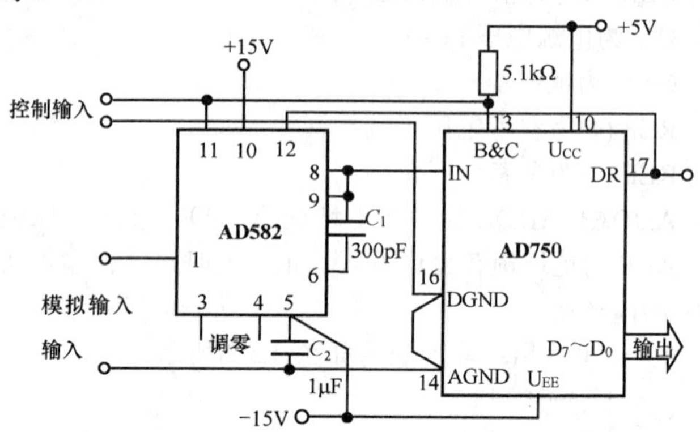

图 4.5.5　采样保持与 AD570 的连接

(3) AD574A 及其典型应用：AD574A 是 12 位逐次逼近 A/D 转换器。它把 DAC 基准源、时钟、比较器、逐次近似寄存器和三态输出缓冲器集中在一起，无须附加逻辑接口电路，即可直接与各种典型的 8 位或 16 位微处理器相连。因而应用非常广泛。

① 主要参数及引脚功能：AD574A 的主要参数如表 4.5.4 所示。

表 4.5.4　AD570 的主要参数

电源电压/V	分辨率/bit	输入电压范围/V	转换时间/μs	功耗/mW	转换精度/%	工作温度/℃
±12 或±15	12	$10U_{IN}$：0～10；−5～+5 $20U_{IN}$：0～20；−10～+20	25	<725	0.05	0～+70

AD574A 为 28 脚双列直插式 (DIP)封装，引脚图如图 4.5.6 所示。

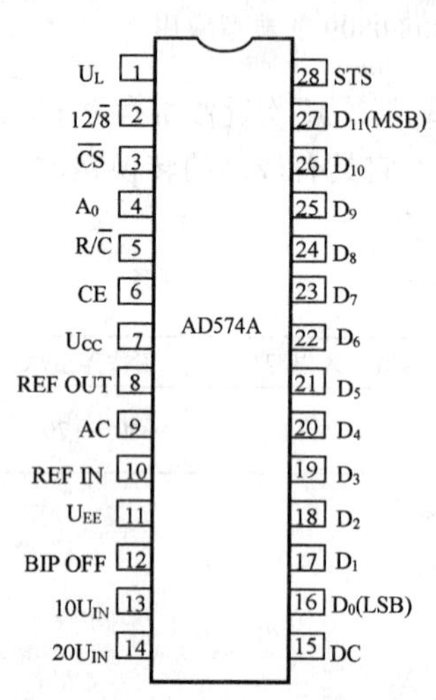

图 4.5.6　AD574A 的引脚图

各引脚的功能如下：

D_{11}～D_0为 12 位数字量输出；

DC 为数据公共端；

AC 为模拟公共端，它是 AD574A 的内部地参考点，它必须直接与系统的模拟参考点相连；

U_{CC}为电源电压 (+12V 或+15V) ；

U_{EE}为电源电压 (−12V 或−15V) ；

U_L为逻辑电源 (+5V) ；

$10U_{IN}$为模拟输入端，输入电压范围为 10V，在单极性工作方式时为 0～10V，双极性工作方式时为±5V；

$20U_{IN}$为模拟输入端，输入电压范围为 20V，在单极性工作方式时为 0～20V，双极性工作方式时为±10V；

REF OUT 为基准电压输出；

REF IN 为基准电压输入；

BIP OFF 为双极性偏值，在使用中用于偏值的调整；

CE 为片启动信号；

$\overline{CS}$ 为片选信号；

$R/\overline{C}$ 为读出和转换控制信号；

$12/\overline{8}$ 为数据读出格式选择信号引脚，当此脚为高电平时，双字节输出，即 12 条数据线同时有效输出，当此脚为低电平时，单字节输出，即只有高 8 位或低 4 位有输出

A_0 为字节选择控制线，在转换期间：若 $A_0=0$，AD574A 进行全 12 位转换，转换时间为 25μs；若 $A_0=1$，AD574A 进行 8 位转换，转换时间为 16μs。在读出期间：若 $A_0=0$，AD574A 的高 8 位有效；若 $A_0=1$，AD574A 的低 4 位有效，中间 4 位为 0，高 4 位为三态，因此当采用两次读出 12 位数据时，应遵循左对齐原则。

AD574A 的控制信号真值表如表 4.5.5 所示。

表 4.5.5　AD574A 的控制信号真值表

CE	$\overline{CS}$	$R/\overline{C}$	$12/\overline{8}$	A_0	操　作
0	×	×	×	×	不操作
×	1	×	×	×	不操作
1	0	0	×	0	启动 12 位转换
1	0	0	×	1	启动 8 位转换
1	0	1	接+5V	×	允许 12 位并行输出
1	0	1	接地	0	允许高 8 位输出
1	0	1	接地	1	允许低 4 位+4 位尾 0 输出

STS 输出状态信号引脚，转换开始时，STS 达到高电平，转换过程中保持高电平。转换完成时返回到低电平。STS 可以作为状态信息被 CPU 查询，也可以用它的下降沿向 CPU 发中断申请，通知 A/D 转换已完成，CPU 可以读取转换结果。

② AD574A 的单极性转换方式：AD574A 的单极性转换方式的硬件连接如图 4.5.7 所示。图中，从 12 脚连出的电路用于偏值调整。它可给出±15V 的调整范围，调整 R_{P1} 即可对不同偏值进行校正。AD574A 规定有 $\frac{1}{2}$LSB 的偏值，经过适当调整校正，可使第一个转换 (000000000000 到 000000000001)在 $\frac{1}{2}$LSB 输入电平上发生。若偏值误差指标已满足系统要求，则无须进行偏值调整，此时 12 脚可直接与 9 脚相连。图中，R_{P2} 用于满刻度调整，经过适当调整使最高一个变换从 111111111110 到 111111111111。如果满刻度调整不需要，只需在 8 脚和 10 脚之间直接连接一个 50Ω±1% 的金属膜电阻即可。

③ AD574A 的双极性转换方式：AD574A 的双极性转换方式的硬件连接如图 4.5.8 所示。

像单极性方式一样，若偏值和增益指标已满足系统要求，图中所示可调电阻可用 50Ω±1%的固定电阻代替。

④ 典型应用如图 4.5.9 所示。

由于 AD574A 芯片内部有时钟，所以无须外加时钟信号。电路采用单极性输入方式，可对 0～10V 或 0～20V 模拟信号进行转换。转换结果的高 8 位从 D_{11}～D_4 输出，低 4 位从 D_3～D_0 输出，并直接与单片机的数据总线相连。为了实现启动 A/D 转换和转换结果的读出，AD574A 的片选信号由地址总线的 A_1 提供，在读/写时，A_1 设置为低电平；AD574A 的 CE 信号由 $\overline{WR}$ 和地址总线的 A_7 经一级或非门提供，$R/\overline{C}$ 则是由 $\overline{RD}$ 和 A_7 经一级或非门提供，可见在读/写时，A_7 应为低电平。输出状态信号 STS 接 $P_{3.2}$ 端供单片机查询，以判断 A/D 转换是否结束。$12/\overline{8}$ 端接+5V，AD574A 的 A_0 由地址总线的 A_0 控制，以实现 A/D 全 12 位转换，并将 12 位数据分两次送入数据总线。

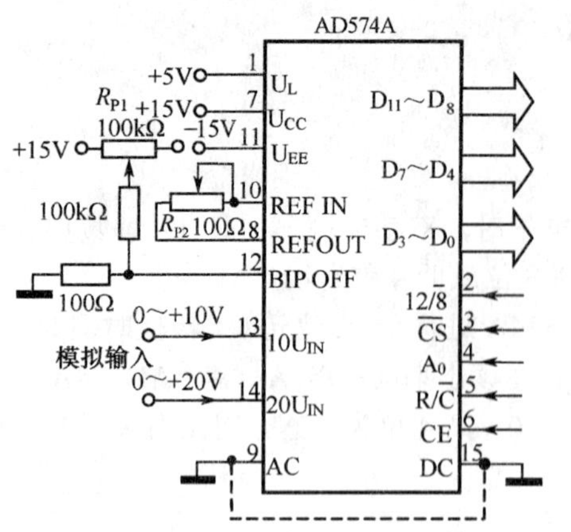

图 4.5.7 AD574A 单极性输入连接

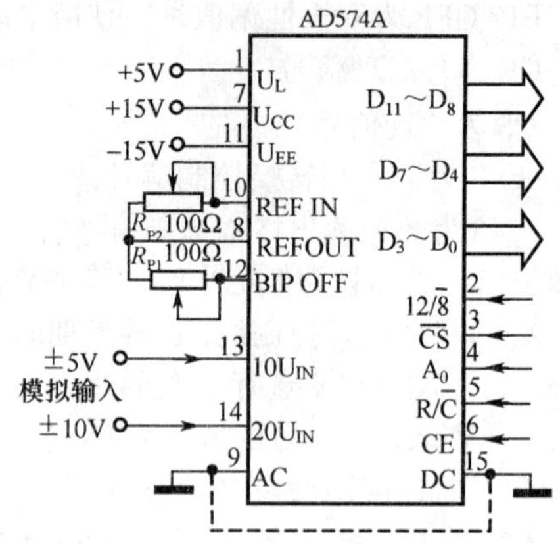

图 4.5.8 AD574A 双极性输入连接

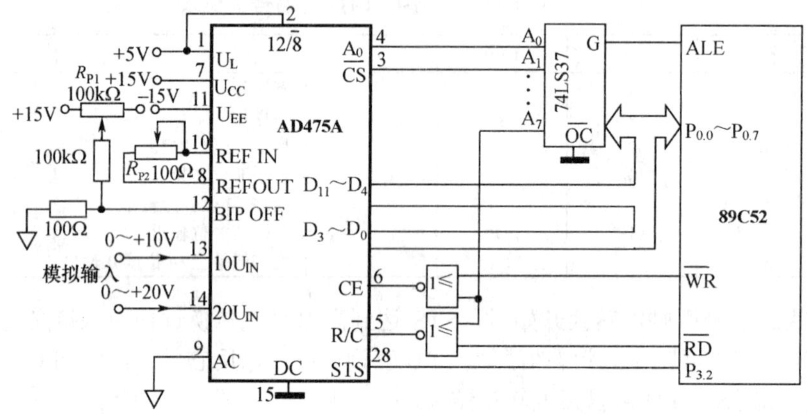

图 4.5.9 AD574A 与 89C52 的接口

(4) AD7896 及其典型应用：AD7896 是 AD 公司推出的单片高速 12 位 A/D 转换器。它具有单电源工作、电源电压范围宽、12 位分辨率、低功耗、串行接口、接口简单等优点。它特别适合空间要求严格、电池工作、便携式、低功耗、高速采样等方面的应用。

① 主要参数及引脚功能：AD7896 的主要参数如表 4.5.6 所示。

表 4.5.6 AD7896 的主要参数

电源电压/V	分辨率/bit	输入电压范围/V	转换时间/μs	功耗/mW	误差/LSB	工作温度/℃
2.7~5.5	12	0~U_{REF}	8	10.8	1/2~1	−40~+85

AD7896 采用 8 脚 DIP 和 SOIC 封装，其引脚图如图 4.5.10 所示。

各引脚功能如下：

U_{IN} 为模拟电压输入；

U_{DD} 为电源电压；

AGND 为模拟地；

SCLK 为串行时钟输入；

SDATA 为串行数据输出；

DGND 为数字地；

$\overline{\text{CONVST}}$ 为转换器起始信号，边沿触发逻辑输入；

BUSY 为忙输出，转换过程中为高电平，转换结束变为低电平。

② 操作方式：AD7896 提供两种工作方式：高速采样方式和自动功耗降低方式。

● 方式 1——高速采样方式。高速采样方式充分发挥了 AD7896 的高性能，方式 1 下的时序图如图 4.5.11 所示。转换 ($\overline{\mathrm{CONVST}}$)端输入脉冲下降沿使跟踪/保持放大器进入保持模式，同时启动转换，忙 (BUSY)端输出高电平以预示转换开始。再经过 8μs 后，模数转换结束，BUSY 端变为低电平，转换结果保存在输出寄存器中。AD7896 以串行方式输出转换结果，串行时钟端 (SCLK)输入 16 个脉冲将输出全部转换数据。当工作电源电压为 5V 时，串行时钟的最高频率为 10MHz，转换结果输出时间为 1.6μs。输出数据 400ns 后，才能产生 $\overline{\mathrm{CONVST}}$ 下降沿继续下一次模拟转换。所以在这种方式下的整个转换周期只有 10μs，能用于高速采样系统。

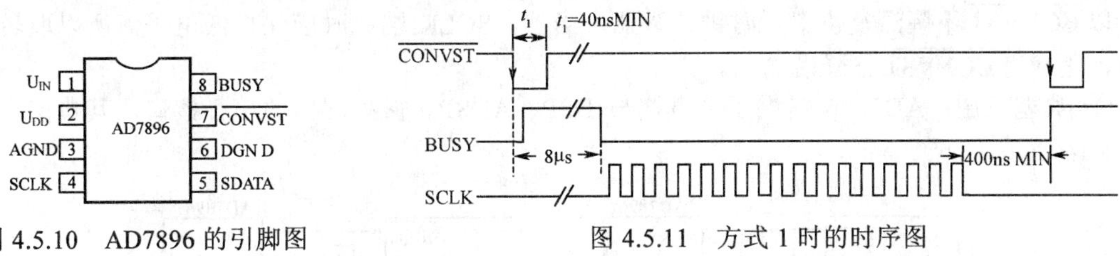

图 4.5.10 AD7896 的引脚图

图 4.5.11 方式 1 时的时序图

● 方式 2——转换后自动睡眠方式。方式 2 下的时序图如图 4.5.12 所示。模数转换结束后，AD7896 根据 $\overline{\mathrm{CONVST}}$ 端电平的高低决定处于何种方式。如 $\overline{\mathrm{CONVST}}$ 端为低电平，AD7896 进入自动睡眠方式；反之，则进入高速采样方式。在自动睡眠方式下，$\overline{\mathrm{CONVST}}$ 上升沿"唤醒"A/D 转换器，跟踪/保持放大器跟踪输入模拟电压；6μs 后，跟踪/保持放大器转入保持模式，为转换操作做好准备。经过 8μs 后，模数转换结束并输出，BUSY 端为低电平，转换过程中，$\overline{\mathrm{CONVST}}$ 保持低电平。所以 AD7896 在方式 2 下总的转换时间为 14μs；$\overline{\mathrm{CONVST}}$ 信号的脉冲宽度至少为 6μs，如果其脉冲宽度大于 6μs，总的转换时间相应也大于 14μs；因为 $\overline{\mathrm{CONVST}}$ 信号的下降沿才触发跟踪/保持放大器转入保持状态，但转换时间保持 8μs 不变。AD7896 支持在睡眠方式下输出转换数据，操作过程与方式 1 相同。从功耗角度讲，方式 2 比方式 1 功耗小得多，适合于低速应用范围。

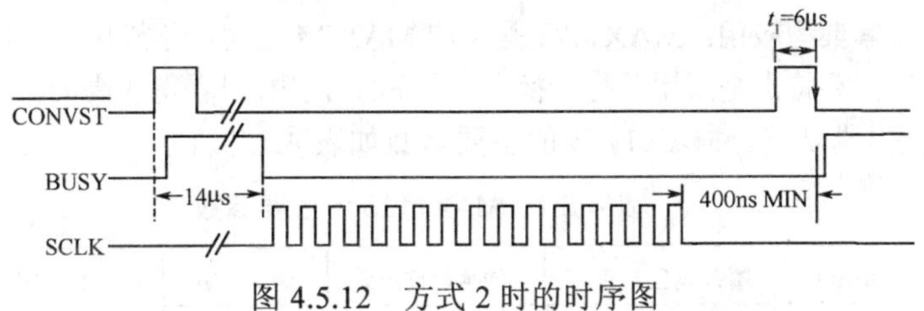

图 4.5.12 方式 2 时的时序图

③ 串行接口：AD7896 采用三线接口方式向外输出转换结果：串行时钟输入 (SCLK)、串行数据输出 (SDATA)和转换状态输出 (BUSY)。它可以与多种微控制器、DSP、移位寄存器等直接相连。AD7896 的数据输出操作时序图如图 4.5.13 所示。时钟源有串行时钟 (SCLK)端提供，在 SCLK 的下降沿后输出串行数据，上升沿数据输出有效，下一个 SCLK 的下降沿此位数据变为无效。这种从上升沿到下降沿之间数据输出有效的操作方式具有很大的灵活性。

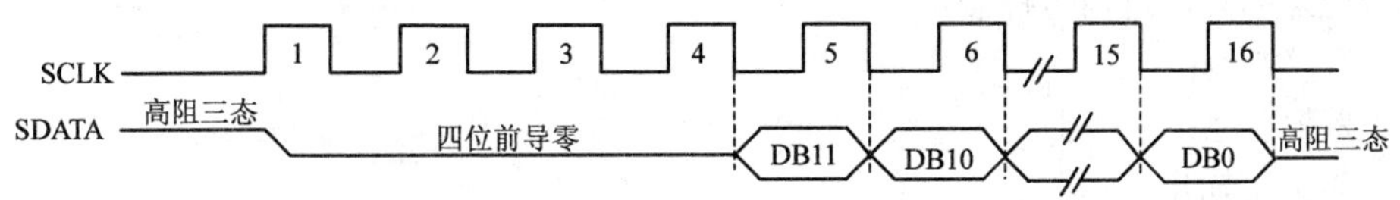

图 4.5.13 数据输出时序图

由图 4.5.13 可知，输出 12 位转换数据需要 16 个串行时钟脉冲。起始 4 个脉冲输出前导零，以后读出来的依次是最高位 (DB11)，次高位 (DB10)，……，最后的第 16 个时钟脉冲输出转换数

据的最低位 (DB0)。16 个时钟脉冲后，SDATA 输出高阻。此后 SCLK 应保持低电平，直到下一次读周期开始。SCLK 端在 16 个时钟输入后不应有额外时钟输入，否则 AD7896 将输出复位后输出寄存器的内容，SDATA 不再是高阻。即使在串行输入时钟结束后，SDATA 端仍不能恢复高阻，但不会影响下一次转换操作，因为 $\overline{\text{CONVST}}$ 下降沿将复位输出结果寄存器，准备下一次转换操作。但要正确复位输出寄存器，在 $\overline{\text{CONVST}}$ 下降沿产生过程中，SCLK 端必须保持低电平。输出转换结果数据并不要求串行时钟一定是连续的，整个 16 位数据 (包括 4 位前导零)可分成字节方式输出，但要求 2 字节之间 SCLK 端应保持低电平。

AD7896 是通过对时钟沿的计数决定将输出寄存器中哪一位数据放在 SDATA 端上。为同步起见，以 $\overline{\text{CONVST}}$ 下降沿复位串行时钟计数器，当然，SCLK 端此时应保持低电平。所以取转换数据时，不应有 $\overline{\text{CONVST}}$ 下降沿输入。

④ 典型应用：AD7896 提供了可直接与 DSP、ADSP、微处理器的串行接口。其典型应用如图 4.5.14 所示。

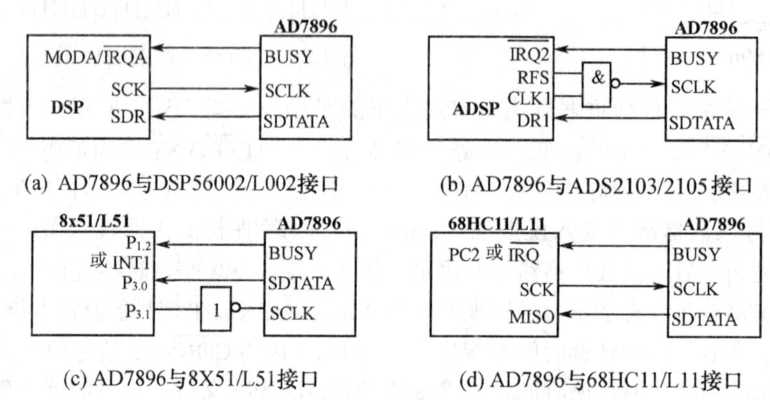

(a) AD7896与DSP56002/L002接口　(b) AD7896与ADS2103/2105接口

(c) AD7896与8X51/L51接口　(d) AD7896与68HC11/L11接口

图 4.5.14　AD7896 的典型应用电路

(5) MAX1125 及其典型应用：MAX1125 是美国 MAXIM 公司近年推出的高速 A/D 转换器芯片，它具有 8 位分辨率。其主要特点是采用并行转换方式和 ECL 逻辑，以获得极高的转换速率 (达 300MHz)。

① 主要参数及引脚功能。MAX1125 的主要参数如表 4.5.7 所示。

表 4.5.7　MAX1125 的主要参数

电源电压/V	分辨率/bit	输入电压范围/V	转换时间/ns	功耗/W	误差/LSB	工作温度/℃
–7V，+0.5	8	U_{EE}～+0.5	3.3	2.2	1	0～+150

MAX1125 有 PLCC 和 DIP 两种封装形式，引脚图分别如图 4.5.15(a)、(b)所示。

PLCC 封装各引脚功能如下：

U_{EE} 为负模拟电源 (通常为–2.5V)；

NC 为空引脚 (无引线，无内部连接)；

LINV 为 D_0～D_6 输出翻转控制；

AGND 为模拟地；

DGND 为数字地；

D_0～D_7 为数字输出量；

MINV 为 D_7 输出翻转控制；

D_8 为过量程输出。

CLK 为 ECL 时钟输入；

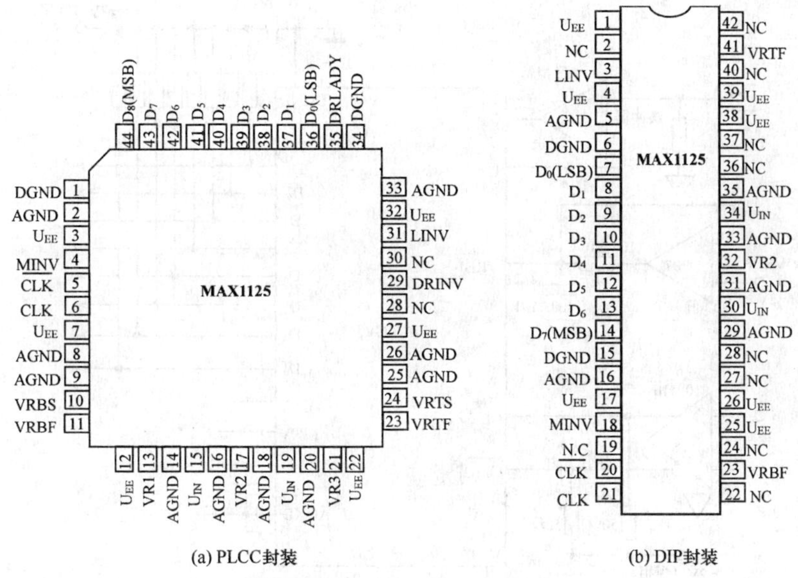

(a) PLCC封装　　(b) DIP封装

图 4.5.15　MAX1125 的引脚图

$\overline{\text{CLK}}$ 为反相 ECL 时钟输入；

VRBS 为最低基准电源输入；

VRBF 为最高基准电源输入；

U_{IN} 为模拟信号输入，可以接入输入信号端或者最低基准输入脚；

VR1 为基准电压端子典型值–1.5V；

VR2 为基准电压端子典型值–1V；

VR3 为基准电压端子典型值–0.5V；

VRTF 为基准电压端最大值 (过载)；

VRTS 为基准电压端最小值 (灵敏度)；

DRINV 为数据准备好的反；

DRLADY 为数据准备好输出。

② 典型应用：MAX1125 的典型接口电路如图 4.5.16 所示。

仅对 44 脚封装适用的 MAX1125 的典型接口电路如图 4.5.17 所示。电路中，通过采用积分非线性校正，输入引线感性失真校正和电源/地线噪声修正等方法取得最佳效果。它采用一个外加基准电源的梯形电阻网络、一个缓冲器及电源去耦电路。

每个引脚与外部元件的连接说明如下：

● U_{EE}，AGND 与 DGND。U_{EE} 是电源引脚，以 AGND 为地，至少应使 0.1μF 的陶瓷电容尽可能地靠近器件引脚处接地旁路。要抑制低频干扰，还应采用 1μF 的钽电容器。DGND 作为 ECL 输出的地，是输出电压的参考点，应采用图 4.5.16 那样的旁路措施。

● 两个模拟输入 U_{IN} 引脚在片内是连在一起的，因此它们中的哪一个作为上模拟输入或下模拟输入都没关系。而对信号源来说关键是它是否有足够的驱动能力。MAX1125 有它的优势：它在每个比较器前面都加有前置放大器，这使得器件很容易被驱动；因为电容值为常量，只会产生很小的转换失真；另外还可以加入外部输入缓冲器。

● 时钟输入 CLK 和 $\overline{\text{CLK}}$。时钟脉冲是通过差分的 ECL 来驱动的。因为 $\overline{\text{CLK}}$ 内部有一负偏压 (–1.3V)，时钟脉冲也可以单端驱动 (参见图 4.5.18)，$\overline{\text{CLK}}$ 可开路。但建议在 $\overline{\text{CLK}}$ 到模拟地之间加一个 0.01μF 的电容，否则，有可能增加噪声或起伏，使系统性能降低。

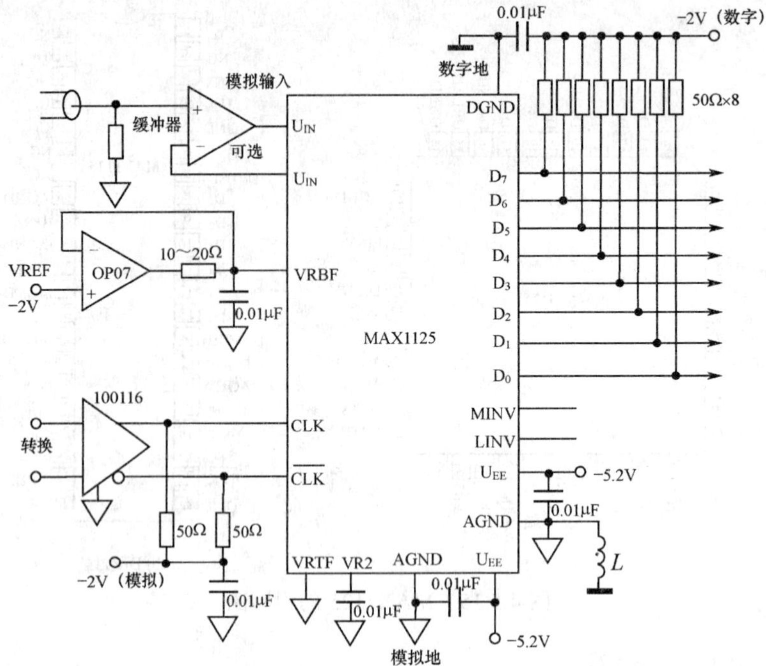

图 4.5.16　MAX1125 典型接口电路

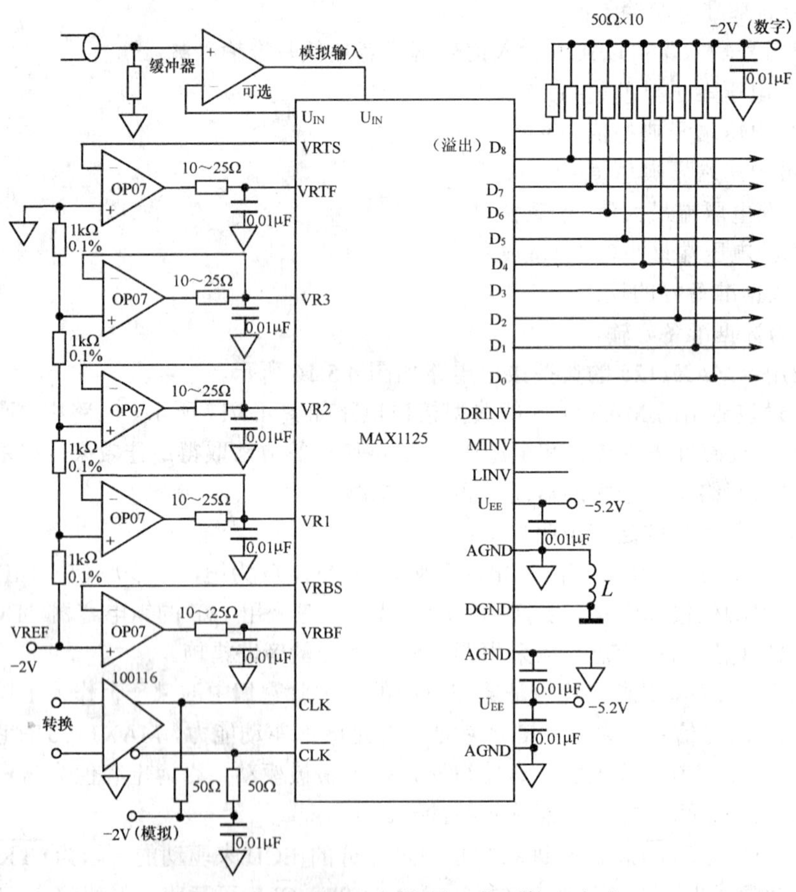

图 4.5.17　MAX1125 的另一典型接口电路

● 输出逻辑控制 MINV 和 LINV。与 ECL 兼容的数字控制可以改变输出代码，如从直接二进制码变到二进制补码 (参见表 4.5.8)。当 MINV 或 LINV 断开时，它们处在逻辑 0 状态，通过一个二极管或一个 3.9kΩ 电阻与 AGND 连接，就得到逻辑 1 状态。

表 4.5.8 MAX1125 的输出编码

MINV	0	0	1	1
LINV	0	1	0	1
0V ⋮ U_{IN} ⋮ –2V	1111 1111 1111 1110 ⋮ 1000 0000 0111 1111 ⋮ 0000 0001 0000 0000	1000 0000 1000 0001 ⋮ 1111 1111 0000 0000 ⋮ 0111 1110 0111 1111	0111 1111 0111 1110 ⋮ 0000 0000 1111 1111 ⋮ 1000 0001 1000 0000	0000 0000 0000 0001 ⋮ 0111 1111 1000 0000 ⋮ 1111 1110 1111 1111

● 数字输出 D_0～D_7。当负载为 50Ω 时，输出幅度可达–2VECL 电平。当负载为 150Ω～1kΩ 时，输出幅度可达–5.2V。

● 基准输入 VRBF，VR2，VRTF。芯片上有两个基准输入和一个外加基准电压抽头，分别是–2V (VRBF)，中心抽头 (VR2) 和 AGND (VRTF)。这些引脚连接如图 4.5.17 所示。若进一步抑制噪声，应将 VR2 旁路到 AGND (接一个 0.1μF 电容)。

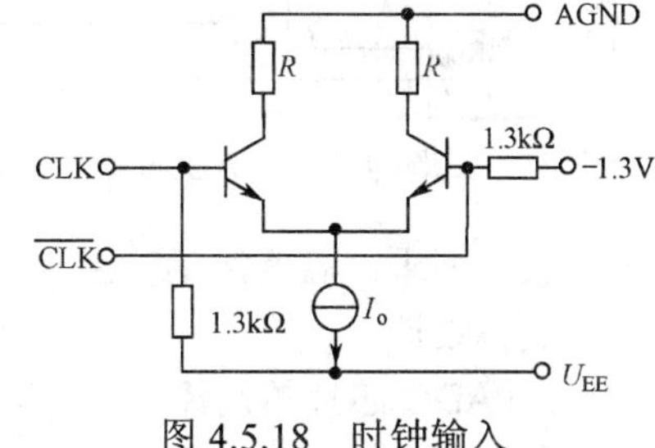

图 4.5.18 时钟输入

● PLCC 封装 (44 脚)基准输入 VRBF，VRBS，VR1，VR2，VR3，VRTF，VRTS。片上有 5 个外加基准电压端子，从–2V (VRBF)到 AGND (VRTF)。它们可以用于控制在整个温度范围内的积分线性。抽头端子可以由运放驱动 (参见图 4.5.17)。若要进一步抑制噪声，应加 0.01μF 电容旁路到 AGND。VRB 和 VRT 用于调节最高和最低基准电压值。

● 无连接端子 NC。所有 NC 引脚在左边的连到 DGND 上，在右边的连到 AGND 上。

● 数据准备好和数据准备反相信号 DREADY，DRINV (仅 44 脚封装形式有)。数据准备好引脚是一个标志位。当数据有效或准备好被接收时，它输出一个高电平或低电平。从考虑 MAX1125 译码器与锁存器的定时关系来看，这个信号非常必要。特别在与高速存储器接口时，这一功能是非常有用的。用数据准备好输出来锁存输出数据可保证最小的数据建立时间和保持时间。DRINV 是数据准备好信号的反相。

● 过量程输入 D_8 (仅 44 脚封装形式有)。当 MAX1125 处于过量程范围时，D_8 为高电平，而且所有数据输出为高，这可以使 MAX1125 组成更高分辨率的系统。

4. ADC 接口电路设计举例

【例 4.2】 设计任务：设计一个能实现 8 路巡回数据采集的 ADC 接口电路。

设计要求：各路输入信号为 0～5V 直流电压信号，将各路模拟信号分别转换成二进制数字信号后直接送至单片机处理；最大转换误差小于 0.25%。

具体设计：

(1) ADC 芯片的选择

① 由设计要求的最大转换误差小于 0.25%可知，ADC 芯片的分辨率至少为 8 位。

② 由输入信号为 8 路电压信号这一条件可知，应尽量选择多通道 (通道至少等于 8)ADC 芯片。

③ 由输入信号为 0～5V 的正极性直流电压信号可知，选择输入电压范围为 0～5V 的单电

源 (正极性)ADC 芯片即可。

综合上述分析并考虑到货源、价格等因素，选择 ADC0809 芯片。

(2) ADC0809 与 89S52 接口电路设计

ADC0809 与 89S52 接口电路如图 4.5.19 所示。

【例 4.3】 任务：设计一个数字温度计 ADC 接口电路。数字温度计的示意图如图 4.5.20 所示。

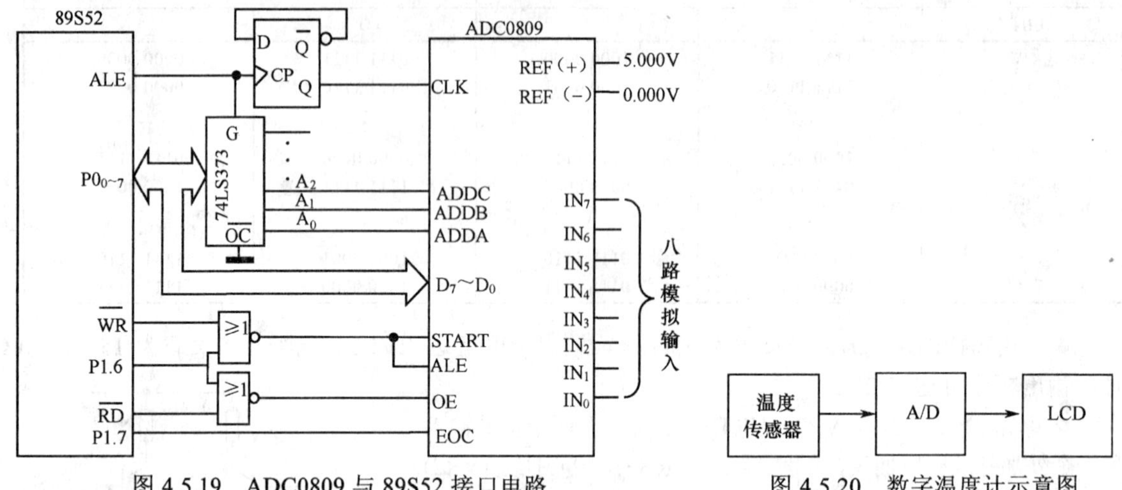

图 4.5.19 ADC0809 与 89S52 接口电路　　图 4.5.20 数字温度计示意图

设计要求：温度测量范围 0～100℃；将测量结果直接数字显示，便携、稳定，精度 0.1%。

具体设计：

(1) ADC 芯片的选择

① 为了满足便携、稳定和直接显示的要求，可选择内部含有译码驱动电路、可直接驱动 LCD 的 ADC。

② 由要求的 0.1%精度可知，选择分辨率为 $3\frac{1}{2}$的 ADC。

综合上述分析并考虑到货源、价格等因素，选择液晶显示的 ICL7106 芯片。ICL7106 是美国 Intersil 公司的产品，$3\frac{1}{2}$位精度，具有自校零，自动极性，单参考电压，静态七段码输出，可直接驱动 LCD 显示器。ICL7106 的主要参数如表 4.5.9 所示。

表 4.5.9 ICL7106 的主要参数

电源电压/V	线性误差	共模抑制比/μV/V	噪声/μV	输入漏电流/pA	模拟公共电压/V	模拟公共温漂/1×10⁻⁶/℃	公共极驱动电压/V
+7～+15	±0.2	50	15	1	2.8	80	+5

ICL7106 的为 40 脚双列直插式 (DIP)封装，引脚图如图 4.5.21 所示。

(2) ICL7106 接口电路设计：ICL7106 接口电路如图 4.5.22 所示。

图中外接元件的选择方法如下：

① 积分电阻 R_{INT} 的选择

$$R_{INT} = \frac{U_{FS}}{I_{INT}} \tag{4.5.1}$$

式中，I_{INT} 为积分电流，U_{FS} 为满度电压(200mV 或 2V)。若取 U_{FS}=200mV，依据 ICL7106 的积分电流 I_{IN7}=4μA，可由式(4.5.1)算得 R_{INT}=50kΩ。本例选择标称值 R_{INT} = 47kΩ。

图 4.5.21 ICL7106 的引脚图

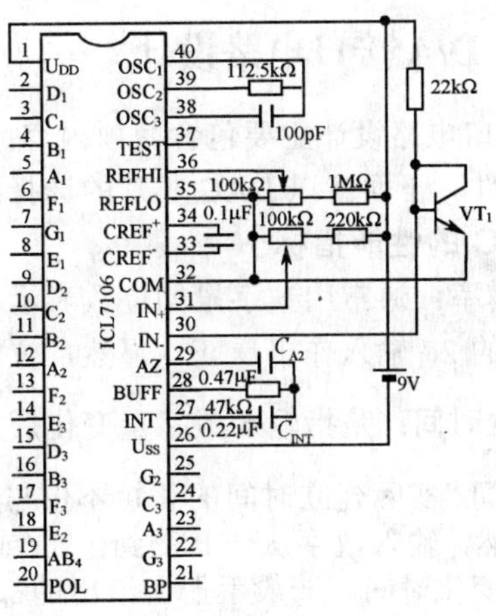

图 4.5.22 ICL7106 接口电路

② 积分电容 C_{INT} 的选择

$$C_{INT}=\frac{4000\times I_{INT}}{f_{OSC}\times U_{INTS}} \tag{4.5.2}$$

式中，U_{INTS} 为积分器输出幅度(单电源工作时 U_{INTS}=2V，双电源工作时 U_{INTS}=3.5V)，f_{OSC} 为与转换速率有关的振荡频率。ICL7106 的振荡频率与采样速率的关系如表 4.5.10 所示。

表 4.5.10 ICL7106 的振荡频率与采样速率的关系

f_{OSC}/kHz	采样速率/次/秒	f_{OSC}/kHz	采样速率/次/秒
200	12.5	40	2.5
100	6.25	33.33	2.08
66.66	4.16	25	1.56
50	3.12	20	1.25

本例采样速率取 2.5，则由表 4.5.10 可查得 f_{OSC} 为 40kHz，在单电源工作下，积分器输出幅度摆幅 U_{INTS}=2V，所以，由式 (4.5.2) 可算得 $C_{INT}\approx$0.2μF，选择标称值 C_{INT}=0.22μF。

③ 参考电压 U_{REF} 的选择

$$U_{REF}=\frac{1}{2}U_{FS} \tag{4.5.3}$$

当满度电压 U_{FS} = 2V 时，U_{REF} =1V；当满度电压 U_{FS} = 200mV 时，U_{REF} = 100mV。

④ 自稳零电容 C_{AZ} 的选择：C_{AZ} 的值应根据系统允许引入的噪声为依据进行选择。当分辨率较高、要求引入的噪声较小时，应选择较大的 C_{AZ}。因此，当满度电压 U_{FS} = 200mV 时 (分辨率为 1 字/100μV)，C_{AZ} 一般选取 $C_{AZ} = 2C_{INT} \approx$ 0.4 7μF；当满度电压 U_{FS}=2 V 时 (分辨率为 1 字/1mV)，C_{AZ} 一般选取 0.047μF。

⑤ 基准电容 C_{REF} 的选择：为了保证 A/D 转换器的翻转误差限制在一个字以内，一般选 C_{REF} 为 0.1～0.47μF。

⑥ 振荡电阻、振荡电容 C_{OSC} 的选择：C_{OSC} 一般取定值 100pF，R_{OSC} 由下式决定

$$f_{OSC}\approx\frac{0.45}{R_{OSC}\cdot C_{OSC}} \tag{4.5.4}$$

由式 (4.5.4) 可算得 R_{OSC} = 112.5kΩ。

4.5.2 D/A 接口电路设计

D/A 接口电路设计主要包含两项内容：一是正确地选择 DAC 集成芯片；二是合理的配置外围电路及器件。下面就以 DAC 芯片的选择原则和外围电路及器件的配置原则进行介绍。

1．DAC 的性能指标

(1) 分辨率：通常用数字量的位数表示，如 8 位、10 位等。对于一个分辨率为 n 位的 DAC，它能对刻度的 2^{-n} 输入作出反应。显然，位数越多，分辨率就越高。

(2) 建立时间：是指输入数字量变化后，输出模拟量稳定到相应数值范围内 (稳定值$\pm\frac{1}{2}$LSB) 所经历的时间。实际建立时间的长短不仅与 DAC 本身的转换速率有关，而且与数字量变化的大小也有关。显然，输入数字从全 0 变到全 1 (或从全 1 变到全 0)时建立时间最长，把此时的建立时间称为满量程变化时间。一般手册上给出的都是满量程变化建立时间。

(3) 绝对精度：是指整个工作区间内，DAC 实际输出与理论值之间的最大偏差。它主要是由于 DAC 的增益误差 (或称为满量程误差)、零点误差 (或称失调误差)、非线性误差及微分非线性误差引起的。一般应低于$\frac{1}{2}$LSB。

(4) 相对精度：相对精度与绝对精度相似，所不同的是把最大偏差表示为满量程模拟电压的百分数，或者用二进制分数表示相应的数字量。它通常不包括能被用户消除的量程误差。

(5) 非线性误差：定义为实际转换特性曲线与理想特性曲线之间的最大偏差，并以该偏差相对于满量程的百分数度量。在 D/A 转换电路设计中，一般要求非线性误差不大于$\frac{1}{2}$LSB。

(6) 微分非线性误差：是指任意两个相邻数码所对应的模拟量间隔 (称为步长)与标准值之间的偏差。若步长为 1LSB 的增量，则该 DAC 的微分非线性误差为零。若步长为 1LSB$\pm\varepsilon$的增量，则$\pm\varepsilon$为 DAC 的微分非线性误差。通常要求 DAC 的微分非线性误差小于$\pm\frac{1}{2}$LSB。如果微分非线性误差超过了 1LSB，将引起非单值性的 D/A 转换。

(7) 尖峰：是指输入数码发生变化时产生的瞬时误差。它的持续时间虽然很短，但数值却可能很大。在有些应用场合下，必须采取措施加以避免。

(8) 温度系数：是指在规定范围内，温度每变化 1℃，引起增益、线性度、零点及偏移 (对双极性 DAC)等参数的变化量。它们分别是增益温度系数、线性度温度系数、零点温度系数、偏移温度系数。温度系数直接影响到转换精度。

(9) 转换速率：就是其能够重复进行数据转换的速度，即每秒钟转换的次数。而完成一次转换所需的时间 (包括建立时间)，则是转换速率的倒数。

上述指标在器件手册上都会给出。

2．DAC 的选择要点

与选择 ADC 一样，选择 DAC 时也要明确使用目的，尽量选取性价比高的 DAC。

根据 DAC 的各项性能指标，可列出 DAC 选择表如表 4.5.11 所示。

3．常用 DAC 芯片及其典型应用

(1) DAC0832 及其典型应用。DAC0832 为 8 位分辨率可乘 DAC 芯片，它与微处理机完全兼容。它具有接口简单、转换控制容易等优点。

① 主要参数及引脚功能：DAC0832 的主要参数如表 4.5.12 所示。

表 4.5.11　DAC 选择表

设计的性能	DAC 的选择项目
分辨率	*低分辨率 (3～8 位)——脉冲幅调制方式、调频方式、双电阻方式、梯形电阻方式、双稳流方式 *中分辨率 (9～12 位)——脉冲幅调制方式、梯形电阻方式、双稳流方式 *高分辨率 (13 位以上)——双稳流方式
建立时间	① 方式选择 *长——脉冲幅调制方式、调频方式 *中——双电阻方式、梯形电阻方式 *短——梯形电阻方式、双稳流方式 ② 条件 *电流输出值或电压输出值
输出	① 输出方式 *电流输出型或电压输出型，或两者均可 ② 输出缓冲放大器 *内部是否有缓冲放大器？若外加，是否推荐使用的型号
	*输入电阻 (阻抗)、偏量电流、温度漂移和建立时间等数值是否明确规定 ③ 输出极性 *单极性或双极性，或是两者均可 *若为单极性，是正极性还是负极性 ④ 尖峰电压 *产生多大的尖峰电压 *是否附加去尖峰电压的电路 ⑤ 输出范围 *输出电压 (或电流)的最大值或最小值是否明确规定 *电流输出型的依存电压 (可摆动的电压)是多少
精度	① 增益误差 *数值是否明确规定 ② 偏移误差
	*是否可附加调整功能，通过调整能否消除初始误差 ③绝对精度 数值是否明确规定？若数值明确，它是否可自由调整 ④ 非线性误差 *数值是否明确规定 ⑤ 标准电压 *内部供给还是外部供给？内部供给的标准电压稳定度是否满足要求 *可否多路工作 ⑥ 温度漂移 *增益、偏移和非线性漂移的温度系数是否明确规定？它是否包含标准电压的漂移值 ⑦ 电源变动引起的误差 *数值是否明确规定
电源	*需几种电源？各电源所消耗的电流有多大 *电源电压的允许范围是否明确规定？可否用通用电源
工作环境	*工作温度和保存温度的数值是否明确规定？它是否足以适应所要求的周围温度范围和保存温度范围
数字输入特性	① 码制： *注意单极性和双极性在使用上的差异，以及双极性符号表示法 ② 接口 *和 TTL，CMOS 电路的兼容性如何 *是正逻辑输出还是负逻辑输出 *带不带输入寄存器？在分辨率高于 8 位的 DAC 中，带输入寄存器的 DAC 是否由双寄存器构成
其他	*是否有货源，容易买到吗？价格是否便宜

表 4.5.12　DAC0832 的主要参数

电源电压/V	分辨率/bit	建立时间/μs	线性度	功耗/mW	工作温度/℃
+5～+15	8	1	＜0.2	200	−25～+85

DAC0832 为 20 脚双列直插式 (DIP)封装，引脚图如图 4.5.23 所示。

各引脚的功能如下：

D_0～D_7 为 8 位数据输入端；

ILE 为数据允许锁存信号；

$\overline{CS}$ 为输入寄存器选择信号；

$\overline{XFER}$ 为数据传送信号；

U_{REF} 为基准电源电压；

R_{FB} 为反馈信号输入端；

I_{o1} 为电流输出端 1，其值随 DAC 内容线性变化；

I_{o2} 为电流输出端 2，$I_{o1}+I_{o2}=$ 常数；

U_{CC} 为电源电压；

AGND 为模拟地；

DGND 为数字地；

$\overline{WR_1}$ 为输入寄存器写选通信号；

$\overline{WR_2}$ 为 DAC 寄存器写选通信号。

② 典型接法：DAC0832 的典型接法如图 4.5.24 所示。

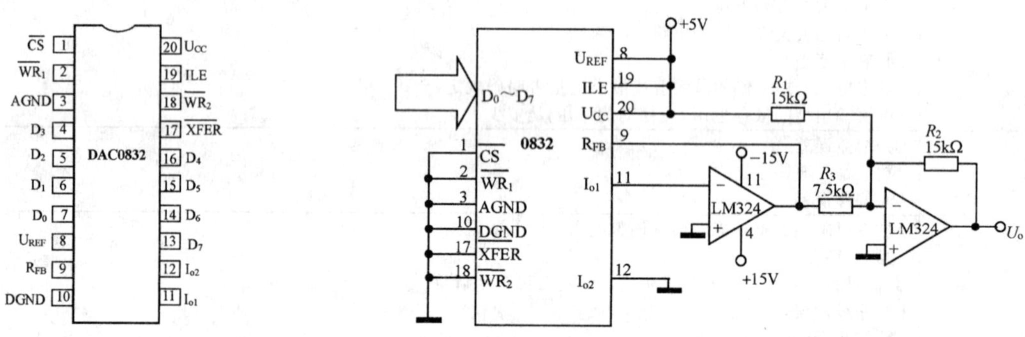

图 4.5.23　DAC0832 的引脚图

图 4.5.24　DAC0832 典型接法图

③ 0832 的典型应用：DAC0832 与 89S52 接口电路如图 4.5.25 所示。电路中，DAC0832 基准电源电压 $U_{REF}=+5V$，所以，U_{o1} 输出为 0～−5V 的单极性模拟电压，U_o 输出为±5V 的双极性模拟电压。

(2) AD9764 及其典型应用：AD9764 是美国 AD 公司生产的高性能 D/A 转换芯片。其分辨率为 14 位，转换速率为 125MHz。其单电源工作以及低功耗特性，使其更适合于移动与低功耗应用。

① 主要参数及引脚功能：AD9764 的主要参数如表 4.5.13 所示。

AD9764 为 28 脚 SO 封装，引脚图如图 4.5.26 所示。

表 4.5.13　AD9764 的主要参数

电源电压/V	分辨率/bit	建立时间/ns	转换速率/MHz	功耗/mW	工作温度/℃
+5V 或+3V	14	3.5	125	190 (+5V)，45 (+3V)	−40～+85

各引脚的功能如下：

D_0～D_{13} 为有效数据位。

SLEEP 为掉电控制输入，高电平有效。包括激活下拉电路；不使用时不必连接。

REFLO 为当使用内部 1.2V 基准时，它接参考地。接到 AU_{DD} 上截止内部参考。

REFIO 为基准输入/输出。当能够将基准截止 (即接到 AU_{DD} 上)时，它作为基准输入当内部基准被激活时，需要 0.1μF 电容接到 ACOM 上。

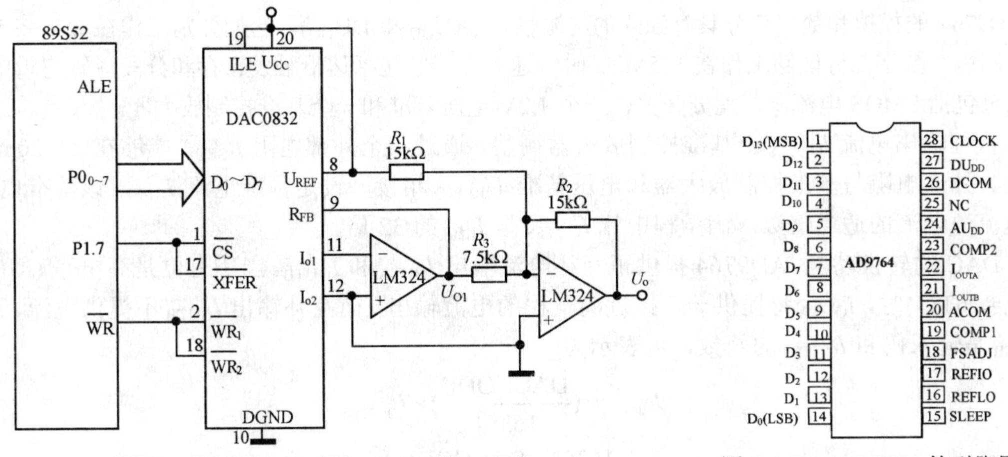

图 4.5.25　DAC0832 与 89S52 接口电路　　　　图 4.5.26　AD9764 的引脚图

FSADJ 为满量程电流输出调整。

COMP1 为带宽/噪声下降节点。为得到最优性能，需要 0.1μF 电容接到 AU_{DD} 引脚。

ACOM 为模拟公共地。

I_{OUTB} 为互补 DAC 电流输出。当所有数据位是 0 时，为满量程电流。

I_{OUTA} 为 DAC 电流输出。当所有数据位是 1 时，为满量程电流。

COMP2 为开关驱动电路内部偏置节点。应接 0.1μF 电容至 ACOM 上。

AU_{DD} 为模拟电源电压 (2.7～5.5V)。

NC 为空脚，无内部连接。

DCOM 为数字公共地。

DU_{DD} 为数字电源电压 (2.7～5.5V)。

CLOCK 为时钟输入。在时钟的正边沿，数据被锁存。

② AD9764 的工作原理：AD9764 的内部功能框图如图 4.5.27 所示。由图可知，AD9764 包括一个大的 PMOS 电流源阵列，该阵列具有提供 20mA 总电流的能力。这个阵列被分成 31 个相等的电流，它们形成了 5 个最高有效位 (MSB)。接着的 4 个位即中间位包括 15 个相等的电流源，它们的值是一个 MSB 电流源的 1/16。其余的 LSB 是中间位电流源的二进制权的一部分。以电流源来实现中间和最低位，不用 R-2R 阶梯电阻，对多通道或小信号而言，优化了它的动态性能，并且有助于保持 DAC 的高输出阻抗 (>100kΩ)。

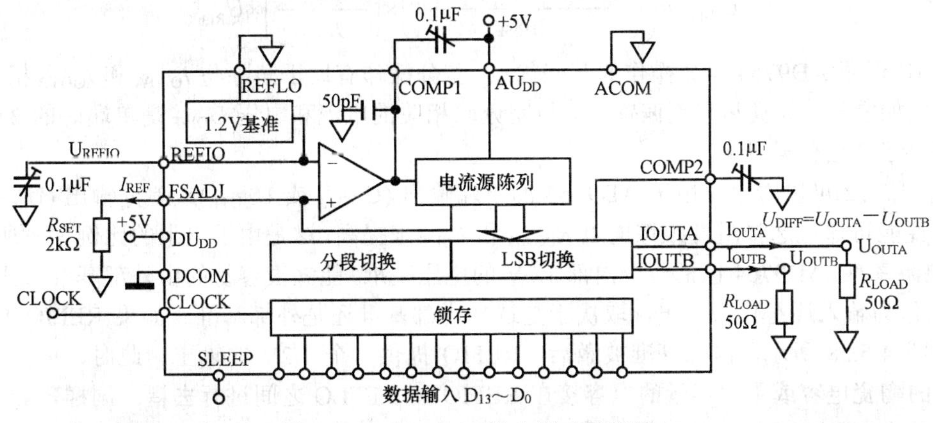

图 4.5.27　AD9764 的内部功能框图

AD9764 的模拟和数字部分具有独立的电源输入 (AU_{DD} 和 DU_{DD})，它们分别工作在 2.7～5.5V 的电压范围内。数字部分能够工作在 125MHz 时钟速率上，它包括边沿触发锁存和分段译码逻辑电路。模拟部分包括 PMOS 电流源、差分开关、一个 1.2V 电压基准和一个基准控制放大器。

满量程输出电流 I_{OUTFS} 由基准控制放大器调整，通过一个外部电阻 R_{SET}，能够在 2～20mA 之间变化。外部电阻与基准控制放大器和电压基准 U_{REFIO} 相接，设定基准电流 I_{REF}，该基准电流是分段电流源电流的适当倍数。满量程电流 I_{OUTFS} 是 I_{REF} 的 32 倍。

● DAC 的转换功能。AD9764 提供了互补电流输出 I_{OUTA} 和 I_{OUTB}。当所有位是高电平 (即 DAC CODE = 16383)时，I_{OUTA} 将提供一个接近满量程的电流输出；而互补输出 I_{OUTB} 不提供电流。I_{OUTA} 和 I_{OUTB} 是输入码和 I_{OUTFS} 的函数，可表示为

$$I_{OUTA}=(\frac{DACCODE}{16384})\times I_{OUTFS} \tag{4.5.5}$$

$$I_{OUTB}=(\frac{16383-DACCODE}{16384})\times I_{OUTFS} \tag{4.5.6}$$

式中，DACCODE=0～16383 (十进制数表示)。

前已述及，I_{OUTFS} 是基准电流 I_{REF} 的函数，而基准电流 I_{REF} 是由基准电压 U_{REFIO} 和外部电阻 R_{SET} 设定的。可表示为

$$I_{OUTFS}=32I_{REF} \tag{4.5.7}$$

式中

$$I_{REF}=\frac{U_{REFIO}}{R_{SET}} \tag{4.5.8}$$

通常这两个电流输出直接或通过变压器来驱动一个电阻负载。直接驱动时，I_{OUTA} 和 I_{OUTB} 应直接连接到匹配阻性负载 R_{LOAD} 上，该负载接到模拟公共地 ACOM 上。注意，R_{LOAD} 可能表示从 I_{OUTA} 和 I_{OUTB} 看进去的等效负载电阻，这如同接 50Ω 或 75Ω 电缆的情况。I_{OUTA} 和 I_{OUTB} 节点上的单端电压输出可简化为

$$U_{OUTA}=I_{OUTA}\times R_{LOAD} \tag{4.5.9}$$

$$U_{OUTB}=I_{OUTB}\times R_{LOAD} \tag{4.5.10}$$

注意：U_{OUTA} 和 U_{OUTB} 的满量程值不应超过额定的输出值，以保证失真和线性度性能指标。

出现在 I_{OUTA} 和 I_{OUTB} 的差分电压为

$$U_{DIFF}=(I_{OUTA}-I_{OUTB})\times R_{LOAD} \tag{4.5.11}$$

把 I_{OUTA}，I_{OUTB} 和 I_{REF} 代入式 (4.5.11)，U_{DIFF} 可表示为

$$U_{DIFF}=\left(\frac{2DACCODE-13683}{13684}\right)\times\left(\frac{32R_{LOAD}}{R_{SET}}\right)\times U_{REFIO} \tag{4.5.12}$$

式 (4.5.11)体现了 AD9764 差分操作的某些优点：差分操作有助于消除与 I_{OUTA} 和 I_{OUTB} 相关的共模误差源，比如噪声、失真和直流偏置等；与差分码相关的电流和电压 U_{DIFF} 是单端时的 2 倍，这样为负载提供了 2 倍信号功率。

由式 (4.5.12)可以看出，用于 AD9764 的单端输出 (U_{OUTA} 或 U_{OUTB})或差分输出 (U_{DIFF})的增益温度漂移性能可通过选择温度跟踪电阻 R_{LOAD} 和 R_{SET} 来提高，这是由于电阻的比例关系所决定的。

● 电源基准。AD9764 包括一个内部 1.2V 的电压基准，能够很容易的由外部基准截止和取代。REFIO 是作为输入还是作为输出，取决于是选择内部基准还是外部基准。如果 REFIO 与 ACOM 相连，如图 4.5.28 所示，内部基准被激活，REFIO 提供一个 1.2V 的输出。此时，内部基准必须用 0.1μF 的陶瓷电容或更大容量的电容接在 REFIO 和 REFLO 之间进行去耦。同样，如果需要任何附加负载，ERFIO 应以外部放大器来缓冲，该放大器有一个小于 100nA 的输入偏流。

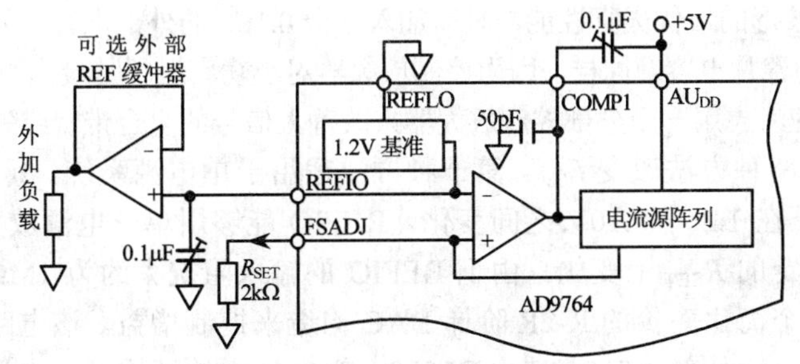

图 4.5.28　内部基准源电路构成

通过把 REFLO 接到 AU_{DD} 上可以用来截止内部基准。在这种情况下，可在 REFIO 上加一个外部基准，如图 4.5.29 所示。外部基准可能提供一个稳定的基准电压以提高精度和漂移性能，或是提供一个增益控制的可变基准电压。注意，0.1μF 补偿电容并不是必需的，因为内部基准被截止，REFIO 的高输入阻抗 (1GΩ)能够使外部基准的任何负载最小化。

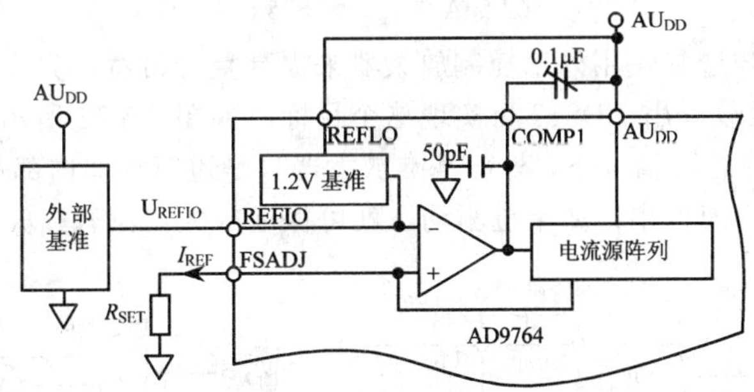

图 4.5.29　外部基准电路

● 基准控制放大器。AD9764 内含一个内部基准放大器，它用于调整 DAC 的满量程输出电流 I_{OUTFS}。如图 4.5.30 所示，控制放大器构成一个 V-I 转换器，它的电流输出 I_{REF} 由式 (4.5.8)确定，即由 U_{REFIO} 和外部电阻 R_{SET} 的比值来确定。I_{REF} 以一定的比例因子复制到分段电流源，以此来确定 I_{OUTFS}，如式 (4.5.7)所描述的那样。

通过设定 I_{REF} 为 62.5μA 和 625μA，控制放大器允许 I_{OUTFS} 在 2～20mA 范围内有一个宽 (10∶1)的调整度。I_{OUTFS} 的宽调整度提供的第一个优点与功耗有直接关系，功耗与 I_{OUTFS} 成正比，第二个优点与 20dB 调整相关，这对于系统的增益控制是非常有用的。

基准控制放大器的小信号带宽约为 1.4MHz，在 COMP1 和 AU_{DD} 之间连接一个外部电容可减小带宽。控制放大器的输出通过一个 50pF 电容在内部进行补偿，该电容限制了控制放大器的小信号带宽，并减少了它的输出阻抗。任何附加的外部电容都会进一步限制带宽，而且它作为一个滤波器也减少了来自基准放大器的噪声分布。

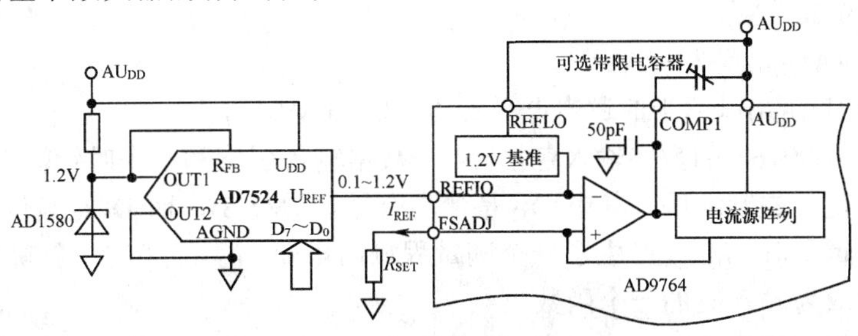

图 4.5.30　单电源增益控制电路

要得到任何重构波形的最优失真性能，只需加入一个 0.1μF 的外部电容就能实现。如果 I_{REF} 固定，最好使用一个 0.1μF 的瓷片电容。同样，因为控制放大器对小功率运行是最优的，所以对需要大信号幅度的复合应用而言，应考虑用一个外部控制放大器来改善大信号的复合带宽或失真性能。

固定 R_{SET} 后，有两种方法改变 I_{REF}。第一种方法适用于单电源系统。其中内部基准被截止了，而 REFIO 的共模电压在 1.25～0.10V 之间变化，REFIO 能够用单一电源放大器或 DAC 来驱动，这样 I_{REF} 就允许在固定的 R_{SET} 上变化。由于 REFIO 的输入阻抗大约为 1MΩ，因此可以在电压模式拓扑结构中使用一个简化廉价的 R-2R 阶梯 DAC 构造来控制增益。该电路如图 4.5.31 所示，其中采用了 AD7524 和一个外部 1.2V 参考 AD1580。第二种方法利用了双电源系统。其中，REFIO 的共模电压被固定了，外部电压 U_{GC} 通过放大器加在 R_{SET} 上使 I_{REF} 变化。该方法的例子如图 4.5.31 所示，其中内部基准用来设定控制放大器的共模电压为 1.2V。外部电压 U_{GC} 以 ACOM 为参考，并应该小于 1.2V。R_{SET} 的值应使得 I_{REF} 值在 62.5～625μA 之间。R_{SET} 的值由下式确定

$$\left.\begin{aligned} I_{REF} &= \frac{1.2-U_{GC}}{R_{SET}} \\ 62.5\mu A \leqslant I_{REF} &\leqslant 625\mu A \end{aligned}\right\} \tag{4.5.13}$$

在某些应用中，用户选择使用外部控制放大器来提高复合带宽、失真性能或建立时间。外部放大器能驱动 50pF 的负载，用 AD817 可实现这个目标。如图 4.5.32 所示，外部基准放大器与弱内部基准放大器并联。在这种情况下，外部基准放大器只是过驱动弱内部基准控制放大器。同样，由于内部控制放大器有电流输出，如果过驱动，就可保证放大器没有损失。

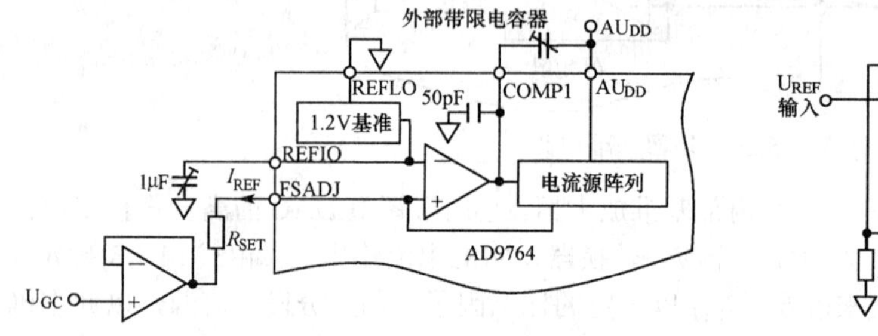

图 4.5.31　双电源增益控制电路

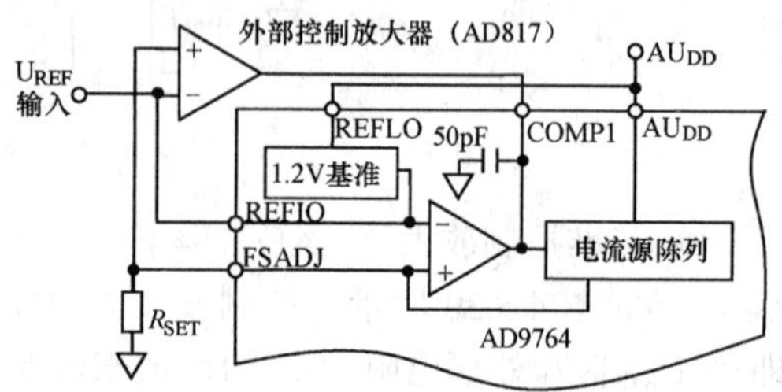

图 4.5.32　外部基准控制放大器

● 模拟输出。AD9764 产生两个互补电流输出 I_{OUTA} 和 I_{OUTB}，可以作为单端或差分结构。I_{OUTA} 和 I_{OUTB} 能通过负载电阻 R_{LOAD} 转换成互补单端电压输出 U_{OUTA} 和 U_{OUTB}，存在于 U_{OUTA} 和 U_{OUTB} 之间的差分电压 U_{DIFF} 也能通过变压器或差分放大器转换成单端电压。分析指出，AD9764 在下列条件下可实现最优失真和噪声性能：

i．差分操作；

ii．在 I_{OUTA} 和 I_{OUTB} 上的正电压幅度限制到+0.5V 上；

iii．I_{OUTFS} 置为 20mA；

iv．模拟电源 (AU_{DD})置为+5 V；

v．数字电源 (DU_{DD})以适当的逻辑电平置为 3.0～3.3V。

● 数字输入。AD9764 的数字输入包括 14 个数据输入引脚和一个时钟输入引脚。14 位并行数据输入遵循标准正二进制编码，其中 D_{13} 是最高有效位 (MSB)，而 D_0 是最低有效位 (LSB)。当所有数据位都是逻辑 1 时，I_{OUTA} 产生了一个满量程输出电流。I_{OUTB} 产生一个满量程电流的互补输出，而这两个输出成为输入码的一个函数。

数字输入与逻辑门限为 $V_{THRESHOLD}$ 的 CMOS 兼容，该门限大约置为数字正电源 (DU_{DD})的一半或者用下式进行计算

$$V_{\text{THRESHOLD}} = \frac{DU_{\text{DD}}}{2} \times (\pm 20\%) \tag{4.5.14}$$

AD9764 的内部数字电路能够工作在 2.7～5.5V 的数字电源范围内。因此，当 DU_{DD} 成为调节 TTL 驱动器的最高电平电压 $V_{OH(MAX)}$ 因素时，数字输入同样能够调节 TTL 电平。一般一个 3～3.3V 的 DU_{DD} 能够保证正确的与大多数 TTL 逻辑系列兼容。除了休眠模式输入端有一个激活下拉电路以外，它的数字输入是相似的。这样即使输入没连上，也能确保 AD9764 正常工作。

因为 AD9764 具有 125MHz 的更新能力，在实现最优性能时，时钟和数据输入信号的质量就显得非常重要。AD9764 工作在较低的逻辑幅度和相应的数字电源 (DU_{DD})时，将有较低的数据馈通干扰和片内数字噪声。数据接口电路的驱动器应满足 AD9764 的最小建立和保持时间，同样要求它的最小/最大输入逻辑电平门限。

数字信号路径应尽可能短，以避免传播延时失配。在 AD9764 数字输入和驱动输出之间插入一个低值电阻网络 (20～100Ω)，有助于减少在数字输入上的任何超调和瞬变，这些超调和瞬变是数据馈通所引起的。对长线传输和高数据率，应该考虑传送带技术加上适当的端电阻来保持“干净”的数字输入。

外部时钟驱动电路应给 AD9764 提供一个满足最小/最大逻辑电平的低起伏时钟输入，同时提供快速边沿。快速时钟边沿将有助于减小任何起伏，这些起伏在重构波形上体现为相位噪声。这样，时钟输入应由适于该应用的最快速逻辑系列来驱动。

注意：时钟输入可以通过一个正弦波来驱动。但该正弦波应以数字门限 ($DU_{DD}/2$)为中心，并满足最小/最大逻辑门限。通常，这将会使相位噪声性能稍有下降，在更高采样速率和输出频率上这种情况值得重视。同样，在高采样率上，应考虑数字逻辑门限的 20%的容差，因为这将影响有效时钟占空比，从而减少所需的数据建立和保持时间。

● 休眠模式操作。AD9764 具有掉电功能。在额定电源范围 2.7～5.5V 和额定温度范围内，该功能截止输出电流并使电源电流小于 8.5mA。该模式通过加一个逻辑电平“1”到 SLEEP 引脚上来激活它。该数字输入同样包括一个激活下拉电路，它确保 AD9764 在输入没连接时能够工作。

AD9764 的掉电和启动特性取决于连接到 COMP1 的保持电容的值。通常，对于 0.1μF 电容值，AD9764 的掉电只要 5μs，重新启动大约要 3.25ms。注意，使用外部控制放大器时，不应使用休眠模式。

● 功耗。AD9764 的功耗 P_D 取决于几个因素，包括电源电压 AU_{DD} 和 DU_{DD}，满量程输出电流 I_{OUTFS}，更新频率 f_{CLOCK} 和重构的数字输入波形。功耗与模拟电流 I_{AUDD} 及数字电源电流 I_{DUDD} 成正比。I_{AUDD} 与 I_{OUTFS} 成正比，而 I_{AUDD} 对 f_{CLOCK} 不敏感。

③ AD9764 的典型应用：这里举例说明 AD9764 的某些典型输出结构。除非特别提及，假定 I_{OUTFS} 置为额定的 20mA。对需要最优动态性能的应用来说，建议用差分输出结构。差分输出结构可能包括一个 RF 变压器或差分运放。变压器提供了最优的高频性能，并能应用在任何交流耦合的场合。差分运放适用于需要交流耦合、一个双极输出、信号增益或电平移位的应用场合。

单端输出适用于要求单极性电压输出的场合。如果 I_{OUTA} 或 I_{OUTB} 连接到以 ACOM 为参考的负载电阻 R_{LOAD} 上，就会得到一个正单极性输出电压。它更适合于需要直流耦合和以地为参考的输出电压的单电源系统。同样，一个放大器可由一个 I-V 转换器来构成，这样就把 I_{OUTA} 或 I_{OUTB} 转换成一个负单极性电压。这种结构提供了最佳直流线性度，因为 I_{OUTA} 或 I_{OUTB} 保持在一个虚地上。其中，I_{OUTA} 提供的性能要比 I_{OUTB} 稍好一些。

● 利用变压器的差分耦合。RF 变压器可用来进行差分到单端信号的转换，如图 4.5.33 所示。

差分耦合变压器输出的信号有最优失真性能，其谱含量位于变压器通带内。如小型电路 TI-1T 之类的 RF 变压器提供了电隔离，并具有传送两倍功率到负载的能力。具有不同阻抗比的变压器同样可以用于阻抗匹配目的。这里，变压器只提供交流耦合。

变压器的初级绕组中间抽头必须接到 ACOM 上，以便为 I_{OUTA} 和 I_{OUTB} 提供必要的直流通路。产生的互补电压 (U_{OUTA} 和 U_{OUTB})对称地在 ACOM 附近摆动，并保持在 AD9764 的额定输出范围内。差分电阻 R_{DIFF} 可插入到这样的应用中。在这些应用中，变压器的输出通过一个无源重构滤波器或电缆接到负载 R_{LOAD} 上。R_{DIFF} 是由变压器的阻抗比所确定的，并提供一个低 VSWR 的源终端。注意，大约有一半的信号功率通过 R_{DIFF} 被消耗掉了。

● 利用运放作为差动输出。同样，运放也能用来进行差分到单端转换，如图 4.5.34 所示。

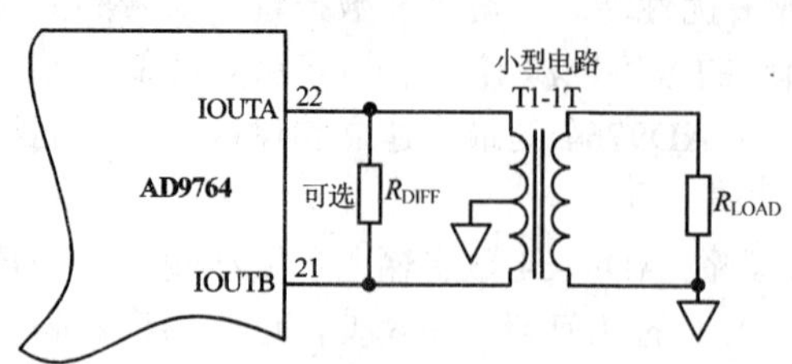

图 4.5.33　采用变压器的差动输出

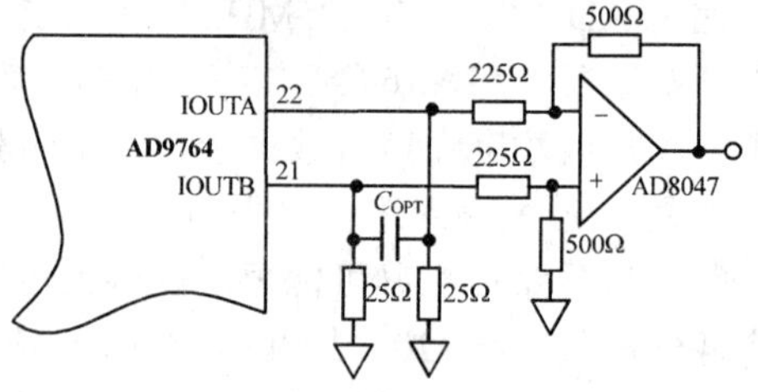

图 4.5.34　采用运放作为直流差分耦合

图 4.5.34 中，AD9764 使用两个 25Ω 的负载电阻由 I_{OUTA} 和 I_{OUTB} 提供的差分电压通过差分运放转换成单端信号。可选电容接在 I_{OUTA} 和 I_{OUTB} 之间，形成低通滤波器的一个实极点，它通过从过载运放的输入阻止 DAC 的高速率输出，该电容还可以改善运放的失真性能。

通常，该结构的共模抑制由电阻匹配来确定。在该电路中，使用了 AD8407 差分运放来提供某些附加信号增益。因为它的输出大约为±1.0V，所以运放必须工作在双电源上。该放大器不但要具有保护 AD9764 差分性能的能力，而且还要满足其他系统级目标 (如成本、功率等)，所以应选择高速放大器。在优化该电路时应考虑所用运放的差分增益，该增益规定了电阻值和满量程输出摆幅。

图 4.5.35 所示差分电路提供了单一电源系统所需的电平移位。在这种情况下，对 AD9764 和运放来说 AU_{DD} 是正的模拟电源，AU_{DD} 同样可以用来把 AD9764 的差分输出变到电源中值 ($AU_{DD}/2$)。AD8041 是适用于这种应用的运放。

AD9764 的输出还可直接接 50Ω 负载电阻形成单端无缓冲电压输出模式，也可通过运放作为单端有缓冲的电压输出模式。单端有缓冲的电压输出电路如图 4.5.36 所示。

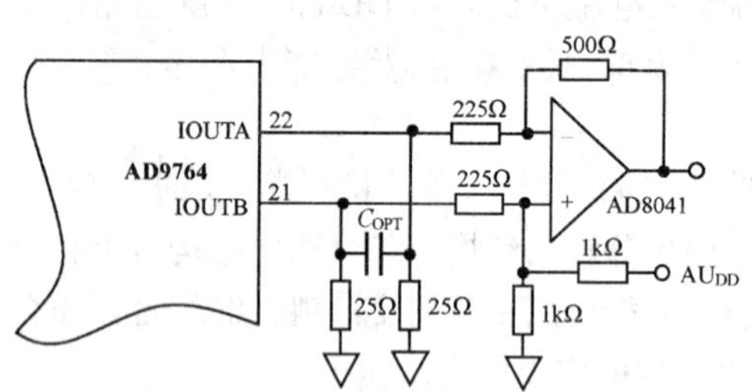

图 4.5.35　单电源差分耦合电路

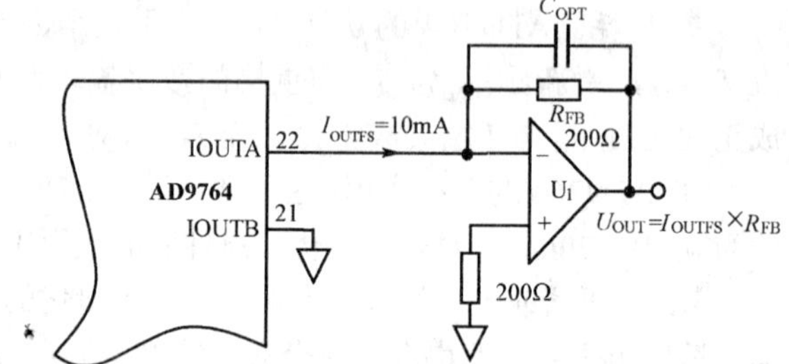

图 4.5.36　单极性带缓冲器的电压输出

AD9764 直接驱动电缆的示意图如图 4.5.37 所示。在 AD9764 的输出端接 50Ω 电缆，分别用 50Ω 电阻进行电路匹配。

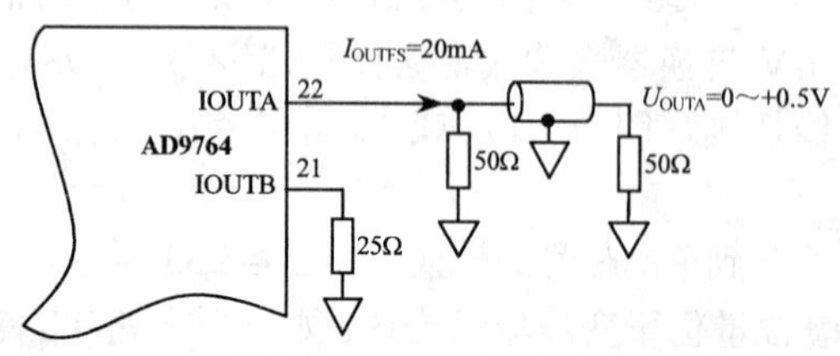

图 4.5.37　0～0.5V 非缓冲电压输出

(3) 100MHz D/A 转换器 AD9708，AD9760，AD9762：上述 AD9764 是美国 AD 公司 T_XDAC 系列成员之一，除 AD9764 之外，T_XDAC 系列芯片还包括下列品种：

● AD9708，8 位 100MHz D/A 转换器；

- AD9760，10 位 100MHz D/A 转换器；
- AD9762，12 位 100MHz D/A 转换器。

这三种器件的内部功能模块结构与 AD9764 相同，引脚也都相互兼容。所不同的只是它们精度不一样。因此，使用中除了考虑精度条件外，它们都可以互换。

AD9708，AD9760 和 AD9762 的引脚分布图分别如图 4.5.38(a)、(b)、(c)所示。

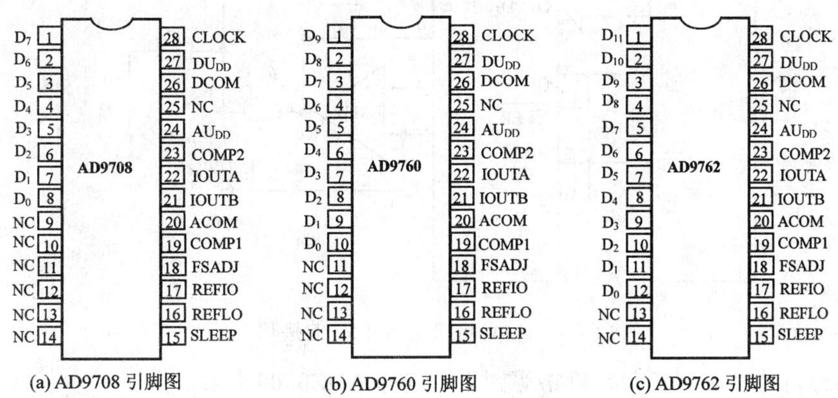

(a) AD9708 引脚图　(b) AD9760 引脚图　(c) AD9762 引脚图

图 4.5.38　T_XDAC 系列芯片的引脚分布图

4. DAC 接口电路设计举例

【例 4.4】 设计任务：设计一个单片机程控正弦波电压输出电路。

设计要求：单路双极性正弦波电压输出；8 位分辨率；既有单片机型号为 89S52。

具体设计：

(1) DAC 芯片的选择

① 由于设计要求分辨率为 8 位，所以所选 DAC 芯片的分辨率至少为 8 位。

② 由所给单片机型号 89S52 这一条件可知，可选择 5V 单极性电源的 DAC 芯片。

综合上述分析并考虑到货源、价格等因素，选择 DAC0832 芯片。

(2) DAC0832 与 89S52 接口电路设计：DAC0832 与 89S52 接口电路如图 4.5.39 所示。电路中，DAC0832 基准电源电压 U_{REF}=+5V，所以，U_{o1} 输出为 0～−5V 的单极性模拟电压，U_o 输出为 ±5 V 的双极性模拟电压。

它实现正弦波电压输出的工作原理非常简单，就是将一个周期内电压变化的幅值 (−5～+5V) 按 DAC0832 的分辨率分为 256 个数值列成表格，然后依次将这些数字量送入 DAC0832 进行 D/A 转换输出。只要单片机循环不断地给 0832 送数，在双极性电压端 (图 4.5.39 的 U_o 端)就能获得连续的正弦波输出。

【例 4.5】 设计任务：设计一个自动室温调节系统。

设计要求：能对 8 个室温进行监控；室温要求控制在 25℃以下，最高温度不超过 27℃，控制精度 8 位；用单片机实现。

具体设计：

(1) 单片机的选择：考虑到系统对调控速度无特别要求，而控制精度要求不高 (8 位)，所以选用价格低廉的 AT89S52 单片机即可满足要求。

(2) ADC 芯片的选择

① 考虑到对 8 个室温进行监控的要求，应尽量选择多通道 (通道≥8)ADC 芯片。

② 基于室温要求控制在 25℃以下的要求，选择输入电压范围为 0～5V 的单电源 (正极性)ADC 芯片即可。

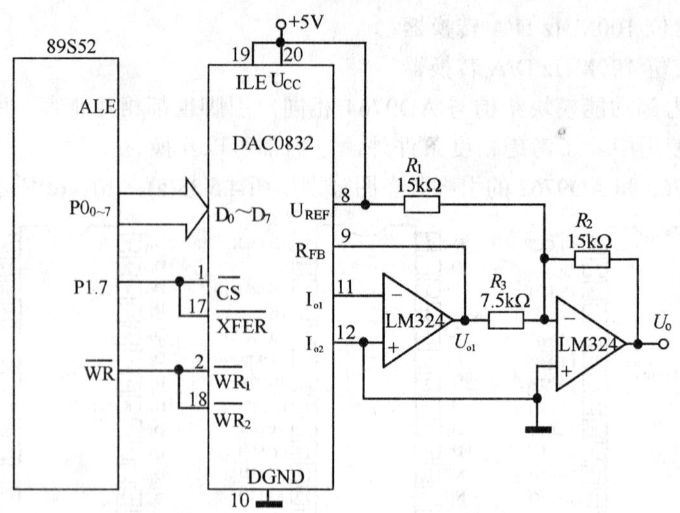

图 4.5.39　DAC0832 与 89S52 的接口电路

综合上述分析并考虑到货源、价格等因素，选择 ADC0809 芯片。

(3) DAC 芯片的选择

① 由于控制精度用 8 位即可满足要求，所以选用分辨率为 8 位 DAC 芯片即可。

② 由于选用 89S52 单片机，所以为了简化系统，可选择 5V 单极性电源的 DAC 芯片。

综合上述分析并考虑到货源、价格等因素，选择 DAC0832 芯片。

(4) 室温调节系统设计：室温调节系统示意图如图 4.5.40 所示。系统分成 3 个部分：室内部分，信号传送部分和数据采集及控制部分。

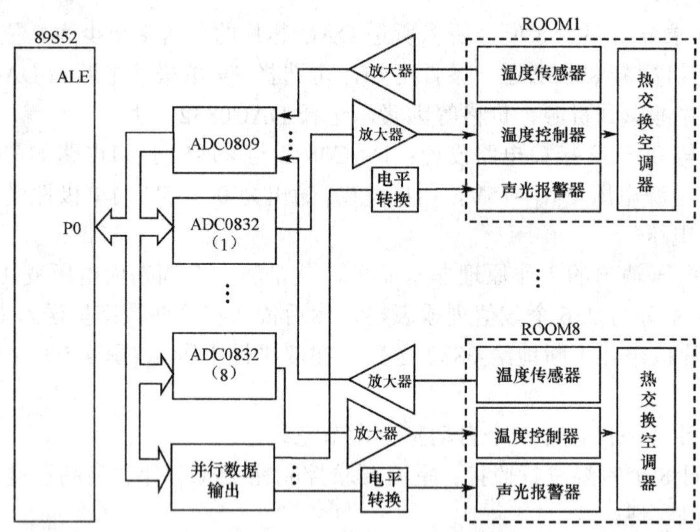

图 4.5.40　室温调节系统示意图

室内部分包括温度传感器，温度控制器和声光报警。温度传感器实际是一个热电偶，它把室内温度变成电信号；热交换空调器是靠制冷剂的流动使室内的空气温度下降；温度控制器则是控制电动机调节制冷剂的流速；声光报警器是用于当室温超过 27℃时发出告警指示。

信号传送部分包括信号线、放大器和电平变换器。放大器用来把温度传感器输出的微弱信号放大到 A/D 转换器输入电压范围，把 D/A 输出的控制电压放大到足以驱动电动机；电平转换器将并行接口输出的 TTL 电平转换为能驱动报警灯、报警铃等。

信号采集及控制部分则是以 89S52 单片机为核心，加 A/D，D/A 转换器，输入/输出接口构成的数据采集，数据处理及控制系统。由于温度的变化相对于单片机的工作速度来说是很慢的，因此单片机通过 0809 以扫描查询方式，相隔固定时间间隔分别采集各房间的温度数据，并与 25℃相比较，若低于 25℃，则查询下一房间；若高于 25℃，则根据差值计算温度控制器的调整量，并向 D/A 转换器输出对应数据，D/A 输出的模拟电压经放大驱动温度控制电动机，加快制冷剂的流动，从而降低室温；如果超过 27℃，则单片机除了进行调整以外，还向并行接口输出报警数据，经电平转换器点亮报警灯，且报警响铃，值班人员得到报警信号后，进行故障处理。室温调节系统中，单片机与 ADC0832 接口电路如图 4.5.41 所示。

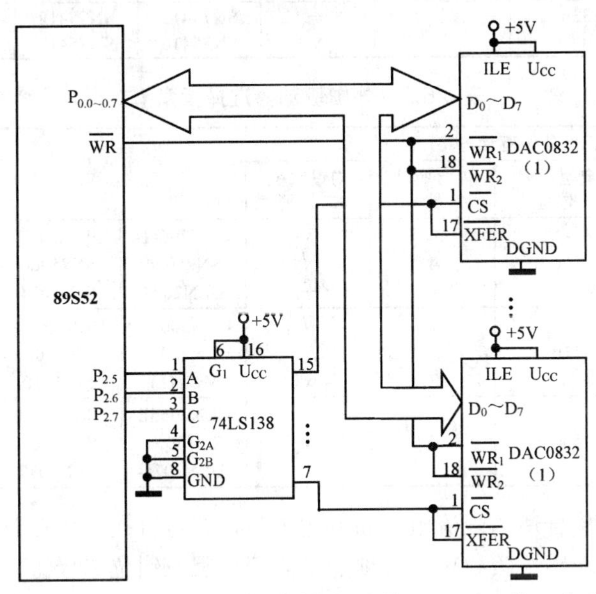

图 4.5.41　室温调节系统中的单片机与 AD0832 接口电路

4.6　驱动电路的设计

在电子系统中，有时需要控制各种各样的高压、大电流负载，这些大功率负载如电动机、继电器、灯泡等，显然要控制这类负载，必须通过各种驱动电路来驱动。驱动电路是主电路与被控制电路之间的接口，良好的驱动电路设计对装置的运行效率、可靠性与高性能具有重要的意义。本节将就一些常用的驱动电路及其应用设计方法进行介绍。

4.6.1　常用驱动器的选择及其典型应用

1. 常用驱动电路的选择

电子系统中常用的驱动器如表 4.6.1 和表 4.6.2 所示。

表 4.6.1　外围驱动器选择指南 (一)

具有逻辑门的外围驱动电路					逻辑电路功能			
开关电压	最大输出电流	典型延迟时间	内含驱动器	内设钳位二极管	与	与非	或	或非
15V	300mA	15ns	2	—	SN75430 SN75431	SN75432	SN75433	SN75434
20V	300mA	21ns	2	—	SN75450B SN75451B	SN75452B	SN75453B	SN75454B

续表

具有逻辑门的外围驱动电路					逻辑电路功能			
开关电压	最大输出电流	典型延迟时间	内含驱动器	内设钳位二极管	与	与非	或	或非
30V	300mA	33ns	2	—	SN75460 SN75461	SN75462	SN75463	SN75464
35V	500mA	33ns	2	—	SN75401	SN75402	SN75403	SN75404
	700mA	300ns	4	√		SN75437		
50V	350mA	300ns	2	√	SN75446	SN75447	SN75448	SN75449
55V	300mA	33ns 100ns	2	— √	SN75471 SN75476	SN75472 SN75477	SN75473 SN75478	SN75474 SN75479
	500mA	33ns 100ns	2	— √	SN75411 SN75416	SN75412 SN75417	SN75413 SN75418	SN75414 SN75419

表 4.6.2 外围驱动器选择指南 (二)

无逻辑门的外围驱动电路					典型驱动器			
开关电压	最大输出电流	典型延迟时间	内含驱动器	内设钳位二极管				
50V	1.5A	500ns	4	√ √ —	ULN2064B SN75064 ULN2074	ULN2066B SN75066 SN75074	ULN2068B SN75068 ULN2841	 ULN2845
80V	500mA	1μs	7 8 7	√ √ √	ULN2001A ULN2801A MC1411	ULN2002A ULN2802A MC1412	ULN2003A ULN2803A MC1413	ULN2004A ULN2804A MC1416
	1.5A	500ns	4	√ √ —	ULN2065B SN75065 ULN2075	ULN2067B SN75067 ULN2077	ULN2069B SN75069	

这些驱动器只要加接合适的限流电阻和偏置电阻，即可直接由 TTL，MOS 以及 CMOS 电路来驱动。当它们用于驱动感性负载时，必须加接限流电阻或钳位二极管。此外，有些驱动器内部具有逻辑门电路，可完成与、与非、或、或非逻辑功能。

2．常用驱动器的典型应用举例

【例 4.6】 设计任务：设计一个慢开启的白炽灯驱动电路。

设计要求：延时开启时间约 0.5s；能直接驱动工作电压小于 30V，额定电流小于 500mA 的任何灯泡。

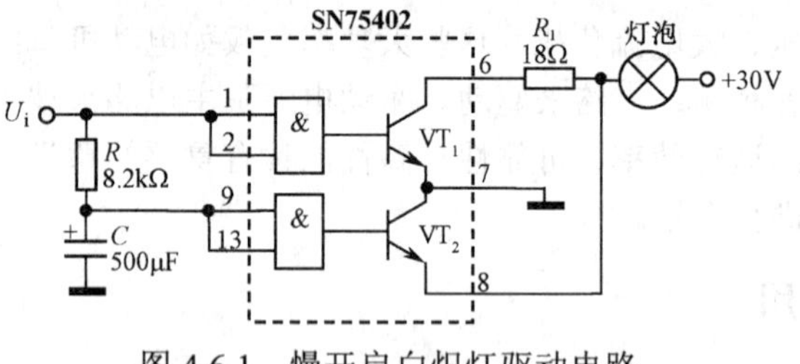

图 4.6.1 慢开启白炽灯驱动电路

具体设计：

(1) 驱动器的选择： 根据设计要求，由表 4.6.1 可知，驱动器可选择 SN75402 作为驱动器。

(2) 驱动电路设计： 慢开启的白炽灯驱动电路如图 4.6.1 所示。

白炽灯的延迟时间取决于时间常数 RC。应注意的是，在设计此电路的印制电路板时，驱动器要加散热板，以便散热。

【例 4.7】 设计任务：设计一个大电流负载驱动电路。

设计要求：能直接驱动四路开关电压小于 48V，额定电流达 1.5A 的任何负载。

具体设计：

(1) 驱动器的选择： 根据设计要求，由表 4.6.1 可知，驱动器可选择 ULN2068B 作为驱动器。ULN2068B 为 DIP16 脚封装，其引脚分布如图 4.6.2 (a)所示。它具有 4 个大电流达林顿开关，其内部部分结构如图 4.6.2 (b)所示。ULN2068B 能提供高达 1.5A 的驱动电流。

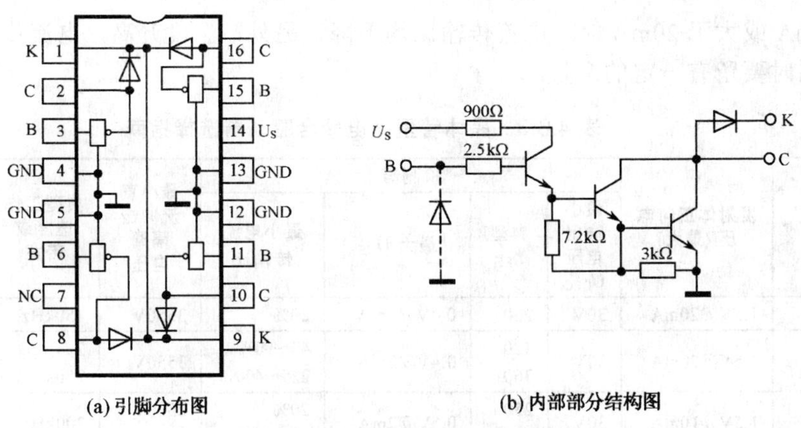

(a) 引脚分布图　　　　　　　　　　　(b) 内部部分结构图

图 4.6.2　ULN2068B 的引脚分布及内部结构

(2) 驱动电路设计：由 ULN2068B 构成的大电流驱动电路如图 4.6.3 所示。

【例 4.8】 设计任务：设计一个继电器驱动电路。

设计要求：能可靠驱动 024JZC-21F 型直流电磁继电器。

具体设计：

(1) 驱动器的选择：由 024 JZC-21F 型直流电磁继电器的参数 (额定电压 24V，线圈电阻 1600Ω，吸合电压 18V)可知，其所需的吸合电流为 18V/1600Ω = 15mA。考虑到驱动器的最大负载电流一定要大于继电器线圈的吸合电流，所以由表 4.6.1 可知，选用 SN75452B 可满足设计要求。

(2) 驱动电路设计：继电器驱动电路如图 4.6.4 所示。二极管 1N4001 的作用是保护 75452。当继电器吸合时，二极管截止，不影响电路工作。继电器释放时，由于继电器线圈存在电感，这时 75452 输出高电平，所以会在线圈两端产生较高的感应电压，此感应电压的极性是上负下正。如果此感应电压与 24V 电压之和大于 75452 承受的最高耐压，将导致 75452 损坏。加入二极管后，继电器线圈产生的感应电流由二极管流过，因此不能产生很高的感应电压，75452 得到保护。

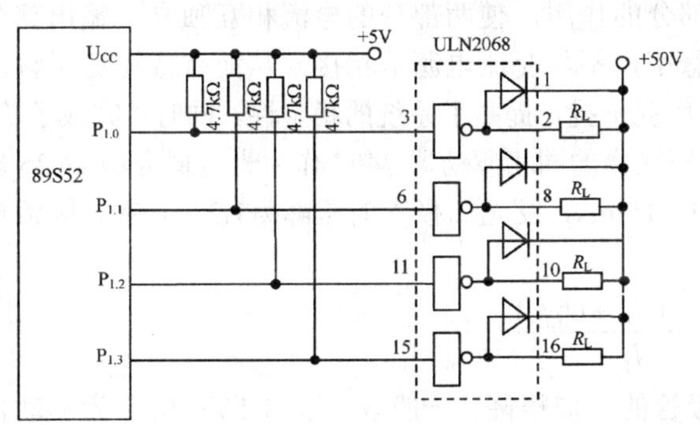

图 4.6.3　由 ULN2068B 构成的大电流驱动电路

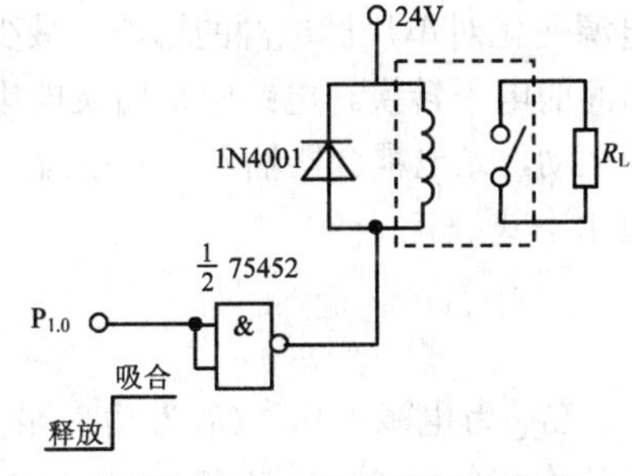

图 4.6.4　继电器驱动电路

4.6.2　常用光电耦合器的选择及其驱动电路

电子系统中常用的光电耦合器有晶体管输出型和晶闸管输出型。

1. 常用晶体管输出型光电耦合器的选择及其驱动电路

(1) 常用晶体管型光电耦合器的选择：常用晶体管型光电耦合驱动器如表 4.6.3 所示。由表可知，不同结构的光电耦合器电流传输比相差很大。如输出端是单个晶体管的光电耦合器 4N25 的电流传输比大于等于 20%，输出使用达林顿管的光电耦合器 4N32 的电流传输比大于等于 500%。电流传输比受发光二极管的工作电流大小影响，电流为 10～20mA 时，电流传输比最大，电流小于 10mA 或大于 20mA 时，电流传输比均下降。另外，温度升高，电流传输比也会下降。因此，在使用时要留有一定的余量。

表 4.6.3 晶体管型光电耦合驱动器选择指南

类型	器件型号	发射体正向电压（最大）	检测器				最小直流冲击隔离电压	典型工作速度或带宽	应用
			最小输出电压 U_{CEO}	典型 h_{FE}	最大 U_{CE}	最小电流传输比			
晶体管型	MCT2	1.5V@20mA	30V	250	0.4V@2mA	20%	3550V	150kHz	交流线/数字逻辑之间的隔离。用于线性接收、继电器监控开关网络、传感系统、开关电源，通信系统等领域
	MCT271 MCT274	1.5V@20mA	30V	420 360	0.4V@2mA	45～90% 225～400%	3550V	7μs 25μs	
	4N25 4N27	1.5V@10mA	30V	250 325	0.5V@2mA	20% 10%	2500V 1500V	300kHz	
	TIL111 TIL112 TIL116 TIL117	1.4V@16mA 1.5V@10mA 1.5V@60mA 1.4V@16mA	30V 20V 30V 30V	300 200 300 550	0.4V@2mA 0.5V@2mA 0.4V@2.2mA 0.4V@0.5mA	8% 2% 20% 10%	1500V 1500V 2500V 2500V	5μs 2μs 5μs 5μs	
高压晶体管型	MCT275 MOC8206	1.5V@20mA 1.5V@10mA	80V 400V	170 —	0.4V@2mA 0.4V@0.5mA	70%～210% 5%	3550V —	4.5/3.5μs 5μs	
达林顿管型	4N29 4N32	1.5V@10mA	30V	15000	1V@2mA	100% 500%	2500V	2/25μs 2/60μs	大电流、低容抗、快速关断等器件的控制。用于通信、遥控、逻辑隔离、报警监控电路等
	TIL113 TIL119 TIL156	1.5V@10mA 1.5V@10mA 1.5V@10mA	30V 30V 30V	15 000 — 15 000	1V@125mA 1V@10mA 1V@125mA	300% 300% 300%	1500V 1500V 3535V	300μs 300μs	

(2) 晶体管输出型光电耦合器驱动电路

① 4N25 光电耦合器驱动电路：使用 4N25 的光电耦合器驱动电路如图 4.6.5 所示。图中，4N25 起到耦合脉冲信号和隔离单片机系统与输出部分的作用，使两部分的电流相互独立。输出部分的地线接机壳或大地，而单片机系统的电源地悬空，不与交流电源地相接。从而有效避免了输出部分电源变化对单片机电源的影响，减少了系统所受干扰，提高了系统的稳定性。同时，完成了输入、输出间的电平转换。电路中采用集电极开路高压输出的同相驱动器 7407 作为光电耦合器 4N25 输入端的驱动，光电耦合器输入端的电流一般为 10～15mA，发光二极管的压降为1.2～1.5V。限流电阻的值由下式决定

$$R = \frac{U_{CC} - (U_D + U_{CES})}{I_F}$$

式中，U_{CC} 为电源电压；U_D 为输入端发光二极管的正向压降，一般取 $U_D \approx 1.5V$；U_{CES} 为驱动器输出管的饱和压降（一般取 $U_{CES} \approx 0.5V$）；I_F 为发光二极管的工作电流。

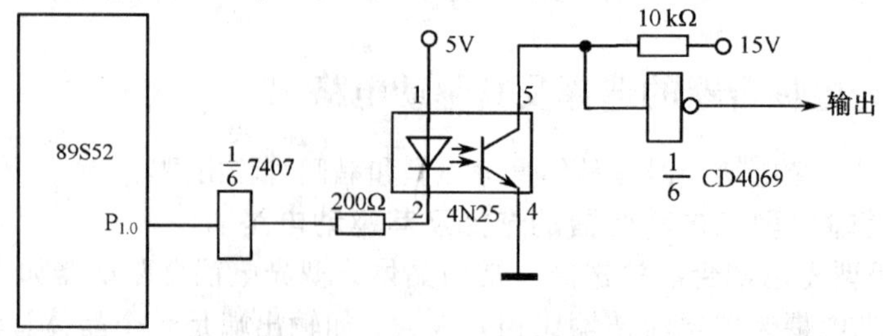

图 4.6.5 光电耦合器 4N25 驱动电路

如果电路要求 I_F 为 15mA，则限流电阻值为

$$R=\frac{U_{CC}-(U_D+U_{CES})}{I_F}=\frac{5-(1.5+0.5)}{0.015}=200\Omega$$

② 用于远距离信号隔离传输的光电耦合器驱动电路：光电耦合器常用于较远距离信号隔离传输。一方面它可以起到隔离两个系统地线的作用，使两个系统的电源相互独立，消除地电位不同产生的影响。另一方面，它的发光二极管是电流驱动器件，可以形成电流环路的传送形式。由于电流环电路是低阻抗电路，它对噪声的敏感度低，因此提高了通信系统的抗干扰能力。它常用于有噪声干扰的环境下传输信号。采用光电耦合器组成的电流环发送和接收电路如图 4.6.6 所示。

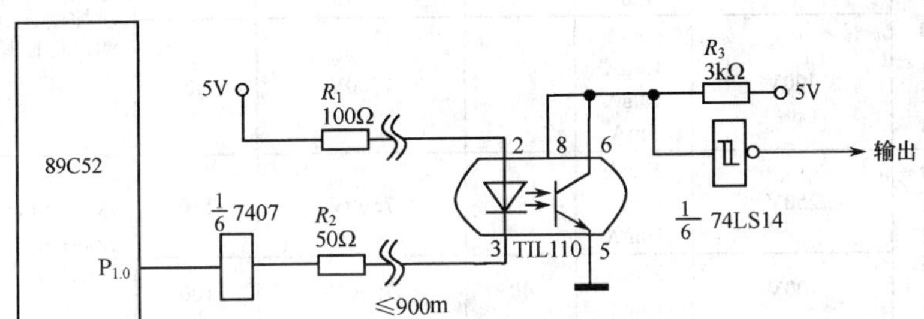

图 4.6.6　光电耦合器组成的电流环电路

图 4.6.6 电路可用来传输数据，其最大传输速率为 50kb/s，最大传输距离为 900 m。环线电阻对传输距离的影响很大，此电路中环路连线电阻不能大于 30Ω，当连线电阻较大时，限流电阻 R_1 的值要相应减小。电路中光电耦合器放在接收端，输入端由同相驱动器 7407 驱动，限流电阻分为 R_1，R_2 两个，R_2 电阻的作用除了限流以外，最主要的作用还是起阻尼作用，防止传送的信号发生畸变和产生突变的尖峰。电流环的电流为

$$I_F=\frac{U_{CC}-(U_D+U_{CES})}{R_1+R_2}=\frac{5-(1.5+0.5)}{100+50}=0.02\text{ A}=20\text{mA}$$

光电耦合器的输出端接一个带施密特整形的反相器 74LS14，其作用是提高抗干扰能力。

③ 直流电磁式继电器驱动电路：直流电磁式继电器驱动电路如图 4.6.7 所示。

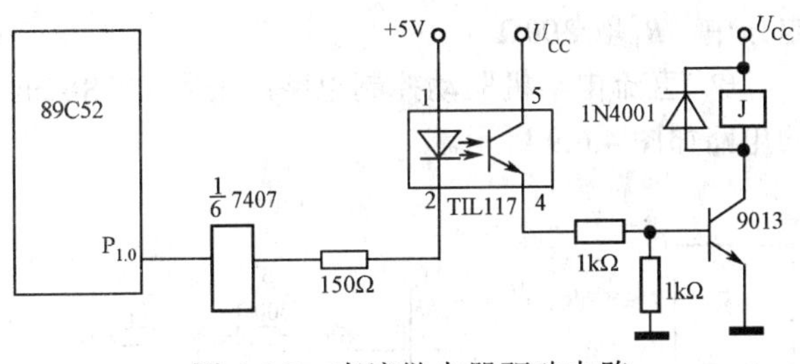

图 4.6.7　直流继电器驱动电路

继电器 J 由晶体管 9013 驱动，9013 可提供 300mA 的驱动电流，适用于继电器线圈工作电流小于 300mA 的使用场合。U_{CC} 的电压范围为 6～30V。光电耦合器采用 TIL117。晶体管 9013 的电流放大倍数大于 50。当继电器线圈工作电流为 300mA 时，光电耦合器需要输出大于 6.8mA 的电流，其中晶体管 9013 基极对地的电阻分流约为 0.8mA。输入光电耦合器的电流必须大于 13.6mA，才能保证向继电器提供 300mA 的电流。光电耦合器的输入电流由 7407 提供，电流约为 20mA。

2. 常用晶闸管输出型光电耦合器的选择及其驱动电路

(1) 常用晶闸管型光电耦合器的选择：常用晶闸管输出型光电耦合驱动器如表 4.6.4 所示。

(2) 晶闸管输出型光电耦合器驱动电路

① 双向晶闸管驱动隔离电路：采用 MOC3030 的光电耦合器驱动电路如图 4.6.8 所示。图中，MOC3030 是具有双向晶闸管输出的光电隔离器。在其内部不仅有发光二极管，还有过零检测电路

表 4.6.4　晶闸管型光电耦合驱动器选择指南

类型	器件型号	峰值阻断电压（最小）	最大触发电流	过零禁止电压	最小冲击隔离电压	dV/dt (V/μs)	应　用
单向晶闸管型	4N39	200V	30mA	–	7500V	500	低功率 IC 到 AC 线的隔离，完成继电器功能，隔离 DC 电路、工业控制逻辑等
	MOC3002 MOC3003 MOC3007	250V 250V 200V	30mA 20mA 40mA	–	7500V	500	
	MCS6200	400V	20mA	–	3550V	–	
双向晶闸管型	MOC3006 MOC3010 MOC3011 MOC3012	250V	30mA 15mA 10mA 5mA	–	7500V	12	触发双向可控硅。用于电动机控制、AC 电源控制、电源及性控制等
	MOC3020 MOC3021 MOC3022 MOC3023	400V	30mA 15mA 10mA 5mA	–	7500V	12	
过零晶闸管驱动型	MOC3030 MOC3031 MOC3032	250V	30mA 15mA 10mA	25V	7500V	100	将逻辑电路直接与双向可控硅接口。用于工业控制、电动机控制、AC 电源控制
	MOC3040 MOC3041	400V	30mA 15mA	40	7500V	100	

和一个小功率双向晶闸管。当 75452 输出低电平时，MOC3030 中的发光二极管发光，由于过零电路的同步作用，内部的双向晶闸管在过零后立即导通。从而使外部的功率双向晶闸管导通，在负载 R_L 中有电流流过。当 75452 输出高电平时，MOC3030 中的发光二极管不发光，内部的双向晶闸管不导通，所以外部的功率双向晶闸管关断，在负载 R_L 中没有电流流过。

电阻 R_1 的作用是限制流过 MOC3030 输出端的电流不超过 1A。R_1 的值由下式决定

$$R_1 = \frac{U_P}{I_P}$$

式中，U_P 为工作电压峰值，I_P 为 MOC3030 输出端的最大允许电流。当工作电压为 220V 时，有

$$R_1 = \frac{U_P}{I_P} = \frac{220\sqrt{2}}{1} = 311\Omega$$

电路中，R_1 取 300Ω。

② 直流电动机驱动控制电路：采用 MCS6200 光电耦合器对大功率直流电动机进行双向控制的电路如图 4.6.9 所示。

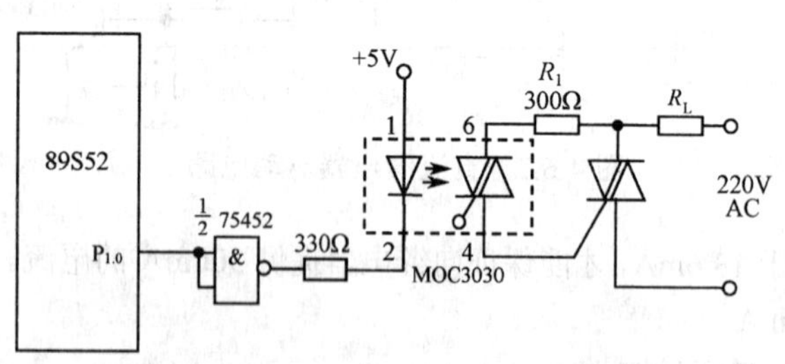

图 4.6.8　MOC3030 光电耦合器驱动电路

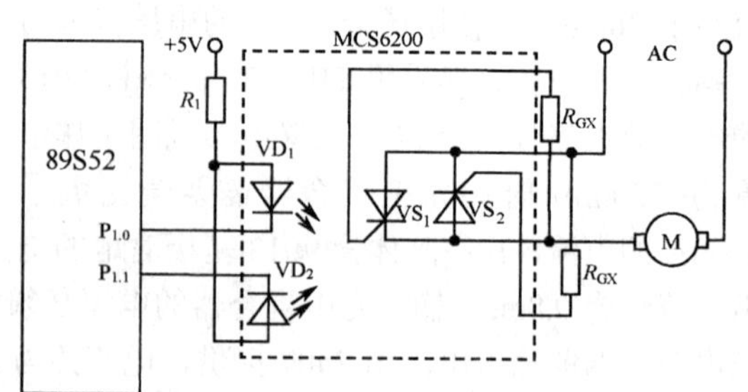

图 4.6.9　直流电动机双向驱动控制电路

MCS6200 内部有两个单向晶闸管，分别由两个发光二极管控制。当 VD_1 导通时，晶闸管 VS_1 接通电源，电动机电枢两端电压为左正右负，电动机正转；当 VD_2 导通时，晶闸管 VS_2 接通电源，电动机电枢两端电压为左负右正，电动机反转。

4.7 控制单元电路的设计

控制电路是电子系统中自动控制部分的主要单元。根据控制信息传输方式的不同，控制电路可分为在线控制和遥控两类。本节将只就声控电路、光控电路和遥控电路的设计进行介绍。

4.7.1 声控电路及其设计

1．声控电路的组成

一个完整的声控电路通常由声电转换器、信号放大、开关控制电路、执行电路和电源 5 部分构成，其电路框图如图 4.7.1 所示。

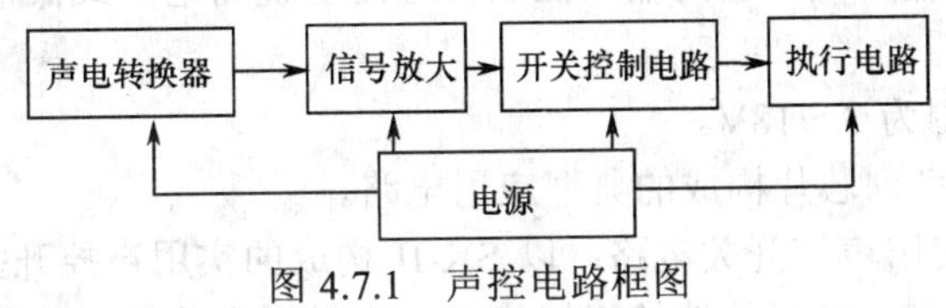

图 4.7.1　声控电路框图

(1) 声电转换器：声电转换器是声控电路的重要器件，它的功能是把声音信号转换为电信号。常用的声电转换器件有：压电陶瓷片声电转换器、驻极体电容传声器和永磁扬声器等。

压电陶瓷片声电转换器是利用某些材料的压电效应制成的声电转换器件。在声压信号的作用下，它的两电极上会产生音频电信号。

驻极体电容传声器是一种常见的有源声电转换器，它具有体积小、灵敏度高、使用方便等特点。使用驻极体电容传声器必须外加工作电压及串联偏置电阻，外加工作电压一般为 3～9V。

永磁扬声器的主要用途是用做电声转换，但有时也可用做声电转换。由于扬声器的阻抗较低，用扬声器做声电转换时，必须配接一个输入变压器进行阻抗变换。

(2) 信号放大电路：信号放大电路的作用是把声电转换器输出的微弱信号进行放大，以驱动开关控制电路。

(3) 开关控制电路：开关控制电路的作用是：当接收到控制信号后能使电路开启或关闭，在控制信号消失后能保持这种开或关的控制状态不变，即所谓记忆功能。具有这种功能的电路就是双稳态触发器。

(4) 执行电路：执行电路一般有两种：一种是由开关控制电路驱动继电器的触点去接通或断开电源电路；另一种是由开关控制电路触发晶闸管的导通或截止。

2．声控专用集成电路及其应用

声控专用集成电路是把信号放大、双稳态触发器和执行驱动等单元集成在一个芯片中得到的。它具有外围元件少、功耗小、工作可靠、使用方便等优点。目前，使用较多的声控集成电路有 SK 系列和 SL 系列。下面分别进行介绍。

(1) SK 系列集成声控电路及其应用：这里以 SK-II 型集成声控电路为例进行介绍。SK-II 型集成声控电路的内部原理框图如图 4.7.2 所示。它有三级电压放大器，一个选频单元，一级整形电路和一级触发电路，有两个驱动电路，可以分别输出拉电流和灌电流。

其典型应用如图 4.7.3 所示。三级电压放大器间可用电容耦合方式接成三级电容耦合放大器，也可以根据电路要求只用一级或两级。

电路中电阻 R_1～R_3 类似于运算放大器的反馈电阻 R_f，可用于调节每级的电压增益，其值越大，电压增益越高。C_4 为选频网络的谐振电容。

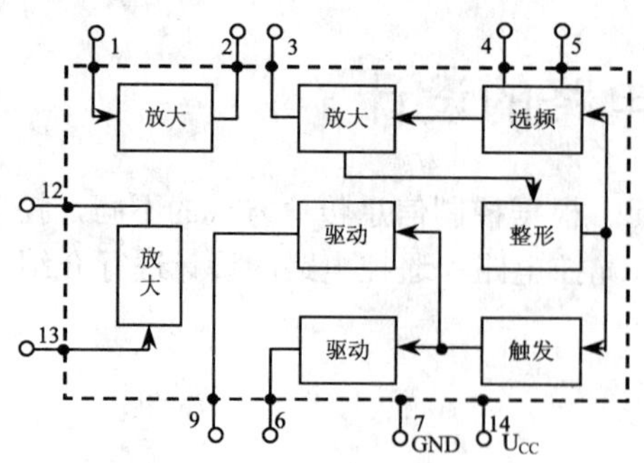

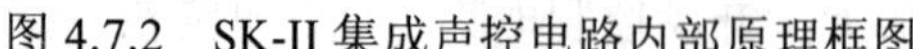
图 4.7.2　SK-II 集成声控电路内部原理框图

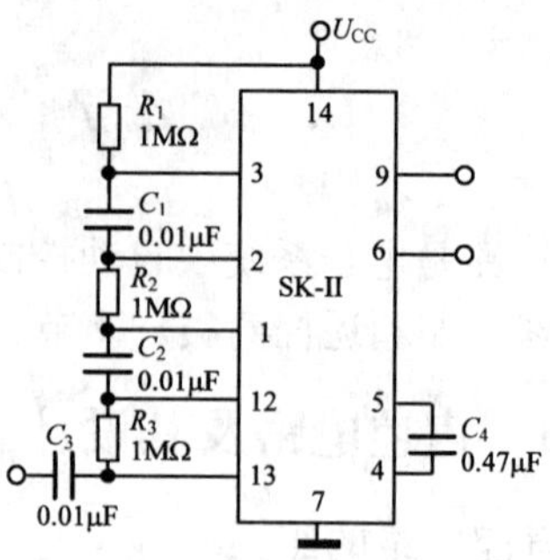

图 4.7.3　SK-II 的典型应用

9 脚和 6 脚为电路的输出端，它随输入控制信号而呈现高电平或低电平。它们可以混合使用也可以单独使用。

SK-II 的使用电压范围为 3～18V。

下面介绍几种以 SK-系列芯片构成的典型应用电路。

① 以 SK-II 构成的实用声控开关电路：以 SK-II 构成的实用声控开关电路如图 4.7.4 所示。它具有结构简单、可靠性高、抗干扰性能好等优点，它只对突发性信号 (如拍掌)有反应，而对大声说话和音乐则无反应。

电路中，晶体管 VT 用来驱动继电器，为了提高开关速度，选用中功率开关管 3DK4，并采用较小的基极电阻，使其工作在开关状态；继电器可选用小型高灵敏度继电器，型号可用 JRC5M 等；LED 用来显示继电器的吸合状态，发光时为吸合，不发光时为释放；R_4 为发光二极管的限流电阻，使流过发光二极管的电流不超过 30mA；市电 220V 经整流、滤波、稳压后向电路提供 6V 的直流电压。应该指出，直流电压的高低对电路灵敏度及负载能力有一定的影响。该集成电路工作电压为 3～18V，因此在可能条件下应尽量选用较高电压。

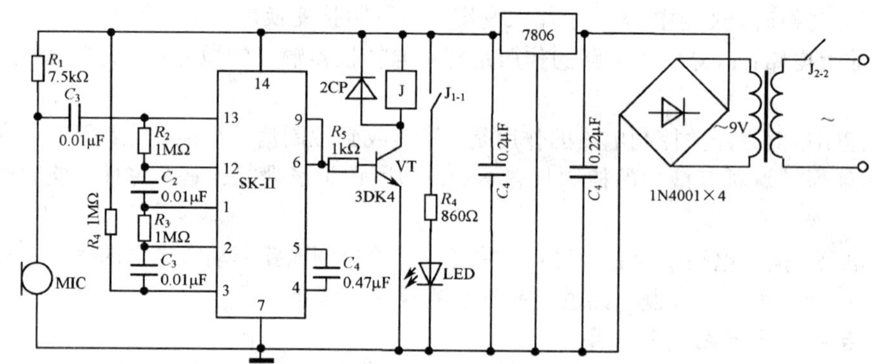

图 4.7.4　以 SK-II 构成的实用声控开关电路

② 以 SK-II 构成的实用声控备用灯电路：在发生突然停电，而看不到备用灯开关时，这种声控备用灯就显得特别方便。以 SK-II 构成的实用声控备用灯电路如图 4.7.5 所示。

本电路只用了两级放大器。声电转换用驻极体电容传声器，用 R_{P1} 调节其偏置电压略高于电源电压的一半。

为了防止白天因干扰产生误动，电路设计了光敏控制电路，它由光敏电阻完成。由图可见，选用了 MG-45-34 光敏电阻作为 VT_1 的下偏置电阻。夜间 MG-45-34 的暗阻≥10MΩ，对 VT_1 的导通不受影响，而在白天 MG-45-34 的亮阻≤10kΩ，这样当白天有干扰信号使 SK-Ⅱ输出高电位时，该高电位会被光敏电阻的低阻值分压而达不到 VT_1 的导通电压，从而防止了误触发。

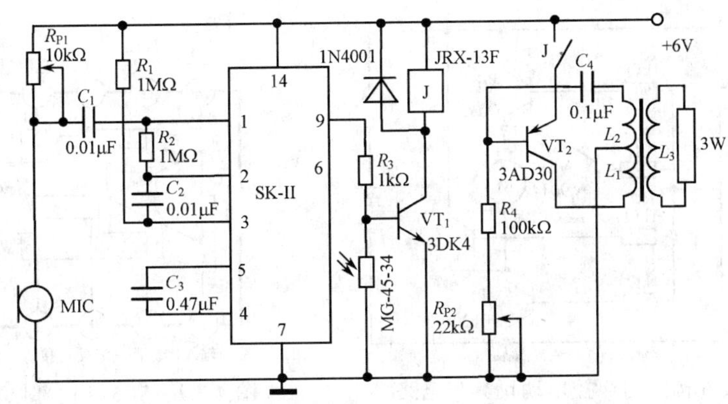

图 4.7.5　以 SK-II 构成的实用声控备用灯电路

电路采用 6V 的蓄电池或干电池，经振荡升压后变为高压交流电点亮 3W 的日光灯。其基本原理是：声控开关将电源接通后，电源经 R_4，R_{P2} 向 VT_2 提供偏置电流，经晶体管放大后由集电极输出。此输出电压通过变压器的初级线圈 L_1，L_2 及电容 C_4 反馈至 VT_2 的基极进一步放大，再一次从集电极输出。这种反馈作用不断进行，由于线圈 L_1，L_2 的电感作用和电容 C_4 的耦合作用，形成振荡，这个振荡电压经变压器升压后即可点亮日光灯。

③ 以 SK-6 构成的声控电动玩具车电路：SK-6 声控专用集成电路是 CMOS 器件，其内部设有放大器、比较器、频率检测和 T 触发器等电路。用它作为声控开关电路，其外围元件少、耗电省、使用方便。

SK-6 声控专用集成电路为 DIP8 脚封装，其引脚功能为：1 脚为信号触发端；2 脚和 3 脚为外接振荡电阻 R 端，调节外接振荡电阻 R 的值，可调整振荡频率，一般要求振荡频率的取值应接近外接声信号的频率，以保证电路具有最高的灵敏度，R 阻值一般在 1～30MΩ 之间；4 脚和 5 脚为禁止端和控制端；6 脚为电源正极端 U_{DD}；7 脚为电源负极端 U_{SS}；8 脚为输出端。

以 SK-6 构成的声控电动玩具车电路如图 4.7.6 所示。

当无声响时，驻极体电容传声器无电信号输出，此时由于无触发信号，SK-6 的 8 脚输出低电平，VT_1，VT_2 导通，电动机得电正转，使电动玩具车前进。如果要使电动玩具车后退，只要拍一掌，驻极体电容传声器在感受到声响时便会输出一个负脉冲，该脉冲经 C_1 耦合至 SK-6 的 1 脚，使 SK-6 的 8 脚输出高电平，VT_3，VT_4 导通，电动机得电反转，使电动玩具车后退。如果再次拍掌发出声信号，则电动机又开始正转，玩具车前进。

(2) SL 系列集成声控电路及其应用：SL 系列集成声控电路包括 SL517，SL518 和 SL519。它是一类软封装型电路，具有使用电压低 (2～7.5V)、灵敏度高 (≤15mV)、驱动电流大 (100mA± 20mA)、静态功耗小、调试组装简单、性能稳定可靠等优点。

SL517 是 SL 系列电路的基础电路，其内部原理框图及引脚定义如图 4.7.7 所示。它包括放大器、双稳态电路、缓冲器及驱动电路等部分。

SL517 的典型应用电路如图 4.7.8 所示。电路中，通过驻极体电容传声器将声音转换成电信号，经过耦合电容 C_2 输入放大器，再经放大器放大后通过 C_4，C_5 触发双稳态电路翻转，使驱动电路成开关状态，以控制继电器或小电动机动作。图 4.7.8(a)所示电路用于声控玩具控制并驱动小电动机，常用电源电压为 3V。图 4.7.8(b)所示电路用于控制驱动 6V 继电器。

SL518，SL519 与 SL517 的原理与结构基本类似，只是在 SL517 的基础上省略了不必要的 Q 和 $\overline{Q}$ 端引出脚，输出端也做了改进。具体来说，SL517 可作为集电极输出或发射集输出，而 SL518 只作为发射极输出，SL519 只作为集电极输出。与 SL517 相比，它们的外围元件更少。

SL518 和 SL519 的内部原理框图及引脚定义分别如图 4.7.9(a)、(b)所示。它们的典型应用电路如图 4.7.10 所示。

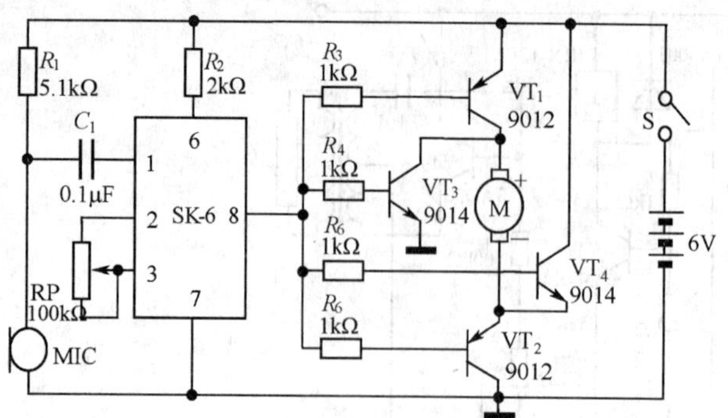

图 4.7.6 以 SK-6 构成的声控电动玩具车电路

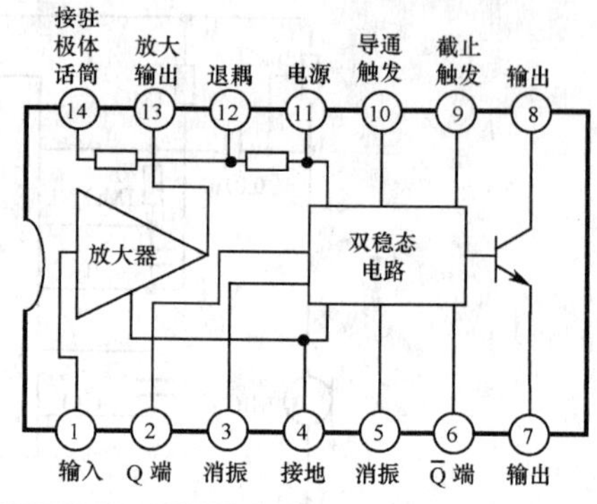

图 4.7.7 SL517 内部原理框图及引脚定义

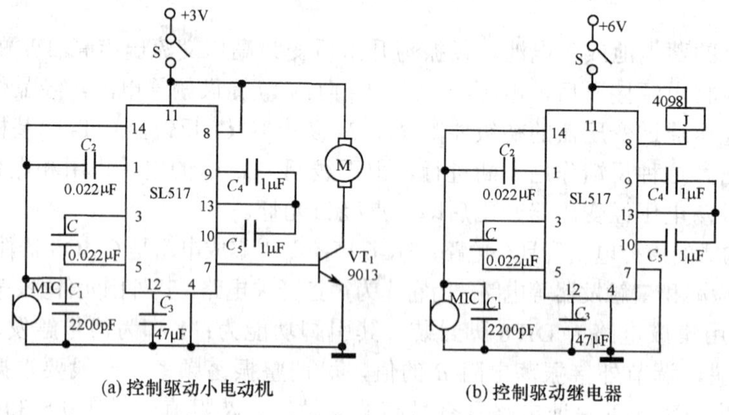

(a) 控制驱动小电动机

(b) 控制驱动继电器

图 4.7.8 SL517 的典型应用电路

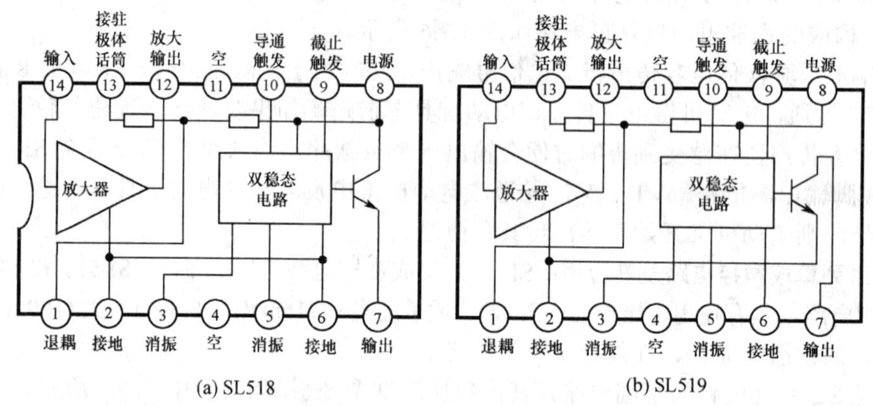

(a) SL518

(b) SL519

图 4.7.9 SL518，SL519 的内部原理框图及引脚定义

由于 SL518 为发射极输出，所以需要加驱动级。当控制驱动继电器时，在 VT_1 的基极串接电阻 R，调整电阻 R 的值可调节集电极电流。电容 C_1 的作用是为了消除误动作，最好直接焊到话筒上，一般其容量可取 1000pF～0.022μF。控制距离可达 2m。

4.7.2 光控电路及其设计

光控电路的组成和声控电路在结构上几乎是一样的，不同的只是声电转换器换成了光电转换器，而光电转换器在第 2 章中已做过较详细的介绍，因此，这里只举几个光控电路的构成实例，读者可以借此举一反三。

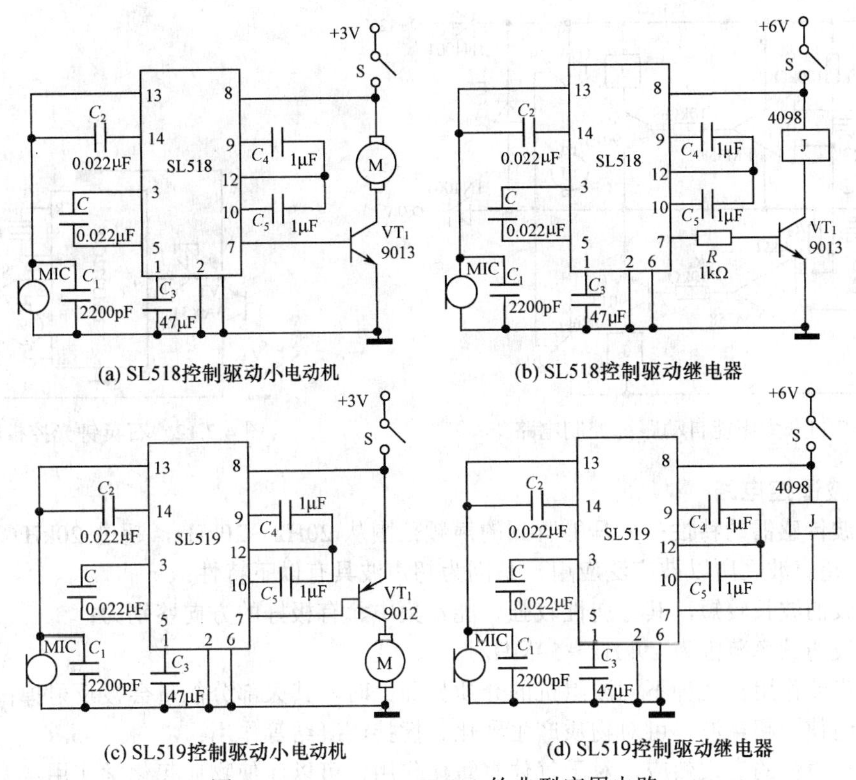

图 4.7.10　SL518，SL519 的典型应用电路

1．太阳能自动跟踪控制器

太阳能自动跟踪控制电路如图 4.7.11 所示。它采用四只光敏电阻组成光敏传感电路，分别装在控制器外壳的两侧，它们能根据环境光线的强弱控制太阳能接收器自动跟踪太阳转动。图中，双运算放大器 LM358 和 R_1，R_2 构成两个比较器，光敏电阻 R_{L1}，R_{L2} 与 R_{P1} 及光敏电阻 R_{L3}，R_{L4} 与 R_{P2} 分别组成两个光敏传感电路。当 R_{L1}～ R_{L4} 同时受到环境自然温度的光线作用时，R_{P1} 和 R_{P2} 中心点的电压不变。当只有装在同一侧的 R_{L1} 和 R_{L3} 受阳光照射时，R_{L1} 阻值减小，IC_{1a} 同相输入端电位升高，输出端输出高电平，使 VT_1 导通，继电器 J_1 吸合，其触点 J_{1-1} 的③端和①端闭合。同时，R_{L3} 阻值减小，IC_{1b} 同相输入端电位下降，输出端输出低电平，使 VT_2 截止，继电器 J_2 处于释放状态，其触点 J_{2-1} 的③端和②端闭合。控制电动机 M 正向转动；同理，当只有装在同一侧的 R_{L2} 和 R_{L4} 受阳光照射时，继电器 J_2 吸合，继电器 J_1 处于释放状态，控制电动机 M 反向转动。当太阳能自动跟踪控制器面对太阳时，其外壳两侧的光照相同，继电器 J_1，J_2 同时吸合，电动机 M 则停止转动。

2．光控石英钟报时电路

光控石英钟报时电路如图 4.7.12 所示。其电路功能是石英钟只在白天报时，而在晚上则取消报时。电路中采用光敏三极管 VT_1 作为光敏传感器，报时电路为 LM3272CD 专用集成电路。白天有光照射 VT_1 时，产生的光电流使 VT_2 导通，VT_3 获得电源电压。当与同步电动机 M 相连的开关 S_2 在每小时正点接通时，可报时奏曲。当晚上无光照时，光敏三极管 VT_1 无光电流产生，VT_2 截止，使 VT_3 断电而无法报时。

4.7.3　遥控电路及其设计

遥控电路与一般声控、光控电路的不同之处在于遥控电路除了需要接受控制电路以外，还需要专用的发射电路。因此遥控电路功能总是由发射电路和相应的接收控制电路共同完成的。根据控制机理，遥控电路分为超声波遥控、红外遥控、无线电遥控等。下面分别加以介绍。

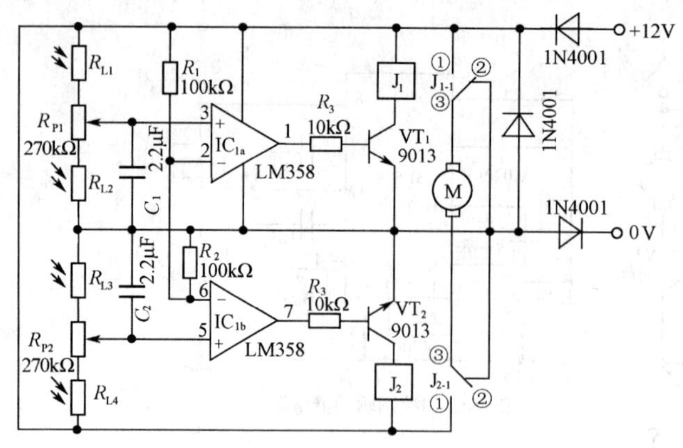

图 4.7.11　太阳能自动跟踪控制电路

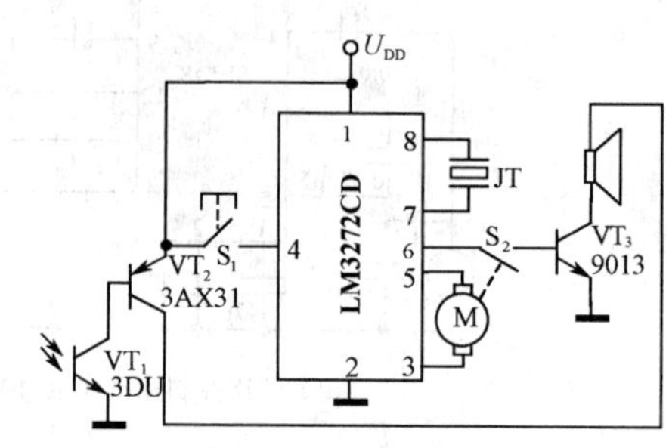

图 4.7.12　石英钟光控报时电路

1．超声波遥控电路

(1) 超声波传感器的特性：人耳能听到的声频范围从 20Hz～20kHz，超过 20kHz 即称为超音频或超声波。超声波之所以被广泛应用，是因为超声波具有以下特性：

① 超声波的波长较短，其方向性较强、能量集中、有极好的方向鉴别力；

② 超声波的频率范围为 29kHz～50MHz；

③ 当超声波作用在两种不同波阻抗的介质界面上时，其大部分能量会被反射掉；

④ 合理地使用超声波，可对物质产生乳化、搅拌、凝结等作用；

⑤ 由于超声波的空穴效应，对于气体有氧化作用，可以促使物质起化学作用；

⑥ 传播媒质会吸收超声波的能量，使物质发热。

超声波传感器是近年来出现的超声控制器件。它分为发射器和接收器。发射器将电磁振荡转换为超声波向空间发射。接收器将接到的超声波进行声电转换，变为电脉冲信号。

超声波传感器的种类较多，但使用最多的是压电陶瓷超声波传感器。常用的超声波传感器有 T40-XX 和 R40-XX 系列、UCM-40-T 和 UCM-40-R 等。其中 T 代表发射传感器，R 代表接收传感器，它们都是成对使用的。上述超声传感器的性能参数分别如表 4.7.1 和表 4.7.2 所示。

表 4.7.1　T40-XX 和 R40-XX 系列超声传感器的性能参数

型　号		T/R40-12	T/R40-16	T/R40-18A	T/R40-24A	单　位
中心频率		40±1				kHz
发射声压最小电平 (40kHz)		112	115	115	115	dB
接收最小灵敏度 (40kHz)		−67	−64	−64	−64	dB
最小带宽	发射头	5/100	6/103	6/100	6/103	kHz/dB
	接收头	5/−75	6/−71	6/−71	6/−71	kHz/dB
电　容		2500±25%	2400±25%	2400±25%	2400±25%	pF

表 4.7.2　UCM 型超声传感器的性能参数

型　号	用途	中心频率	灵敏度 (40kHz)	带宽 (36～40kHz)	电容量/nF	绝缘电阻 /MΩ	最大输出电压/V
UCM-40-R	接收	40kHz	−65dBV/μb	−73dBV/μb	1700	>100	
UCM-40-T	发射	40kHz	110dBV/μb	96dBV/μb	1700	>100	20V

(2) 超声波遥控开关电路实例：超声波遥控开关电路由发射器和接收器两部分构成。超声波发射器电路如图 4.7.13 所示。

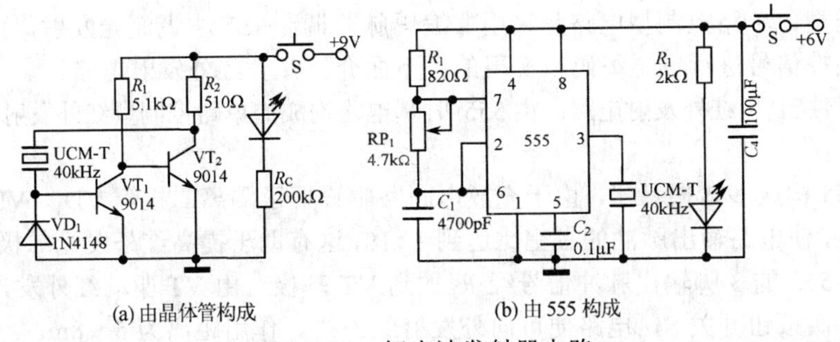

图 4.7.13　超声波发射器电路

发射器电路[参见图 4.7.13(a)]是由两个晶体管直接耦合构成的反馈式振荡器。按下开关 S 后，通过 R_1 向 VT_2 提供偏置电流，经 VT_2 放大后经 UCM-T 耦合至 VT_1 的基极，经 VT_1 放大后直接耦合至 VT_2 基极进一步放大，经过反复放大、反馈，使电路满足了振荡条件，电路一直维持振荡。电路中 UCM-T 的作用，一是作为具有正反馈的选频网络，其谐振频率为 40kHz，它决定了电路的谐振频率；二是作为换能器件把电磁振荡转换为机械振荡的超声波向外发射。电路向外发射 40kHz 的超声波。

发射器电路[参见图 4.7.13(b)]是 555 时基电路及其他元件构成的振荡器，可产生 40kHz 的电信号，该信号由 555 的 3 脚输出给 UCM-T，由它转换成超声波向外发射。按下开关 S 时，电路开始工作，可向外发射一串 40kHz 的超声波。

超声波接收器电路如图 4.7.14 所示。UCM-R 将接收到的超声波转变成电脉冲信号，然后直接输入由反相器 CD4069 组成的三级放大器进行电压放大。图 4.7.14 中反馈电阻 R_1 为非门提供了 $\frac{1}{2}U_{CC}$ 的偏置电压，以使反相器作为线性放大器用。三级放大器使总电压增益达 10^3 以上。这种放大器具有很高的输入阻抗，可与 UCM-R 直接配合使用。放大后的信号经 C_1 耦合至 SL517，做进一步放大、整形并触发双稳态电路，驱动继电器动作。

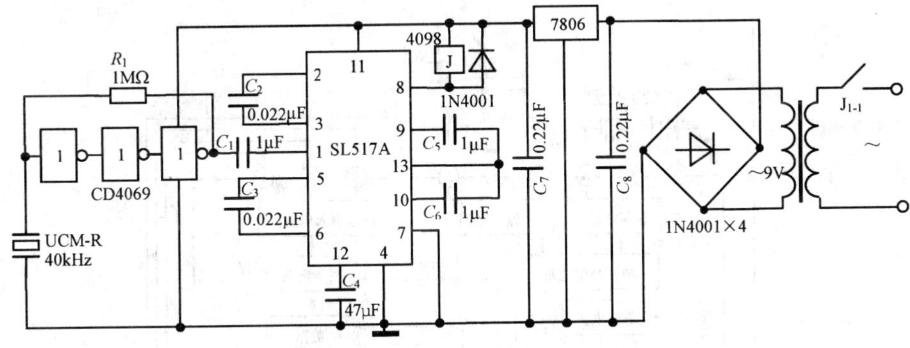

图 4.7.14　超声波接收器电路

这个电路具有抗干扰能力强、工作可靠等优点，遥控距离不大于 8m，可作为家用电器的遥控开关使用。

2．红外遥控电路

红外遥控技术在彩色电视机、录像机及空调机等各种家用电器中应用广泛。红外遥控的距离一般为 6～8m，使用非常方便。随着红外遥控技术的发展，近年来又出现了很多灵敏度高、抗干扰性好的红外发射、接收电路专用配套器件，这不仅使电路系统变得更简单，而且也大大提高了其工作的可靠性。

(1) 红外线发射电路：红外线发射电路根据红外发光管发射红外线的方式分为单路控制型和多

路控制型两种类型。单路控制型电路是采用非编码脉冲调制来产生调制光发射，而多路控制型则是采用对红外遥控信号进行频道编码来实现的。下面介绍几种红外发射电路。

① 555 单路控制型红外发射电路：由 555 时基电路构成的单路控制型红外发射电路如图 4.7.15 所示。

电路中，555 构成多谐振荡器，由于充放电回路中设置了隔离二极管 VD_1，VD_2，所以充放电回路可独立调整，使电路输出脉冲的占空比达到 1∶10，这有助于提高红外发光二极管的峰值电流，增大发射效率。555 的 3 脚输出脉冲信号经 R_3 加到 VT 基极，由 VT 驱动红外发光二极管 VD_3 工作。只要按动一次按钮开关 S，电路便可向外发射红外线。作用距离为 5～8m。

② M50560 红外发射电路：由 M50560 芯片构成的单路控制型红外发射电路如图 4.7.16 所示。M50560 的 4 脚、5 脚所接 C_3，C_4 及石英晶振 JT 与内部电路组成时钟振荡器，可产生 456kHz 的脉冲信号，经 12 分频后成为 38kHz，占空比为 1∶3 的红外载波信号。M50560 的 19 脚为调制信号的输出端，经 VT 驱动红外发射二极管工作。如果按下按钮 S，可向外发射调制的红外光。

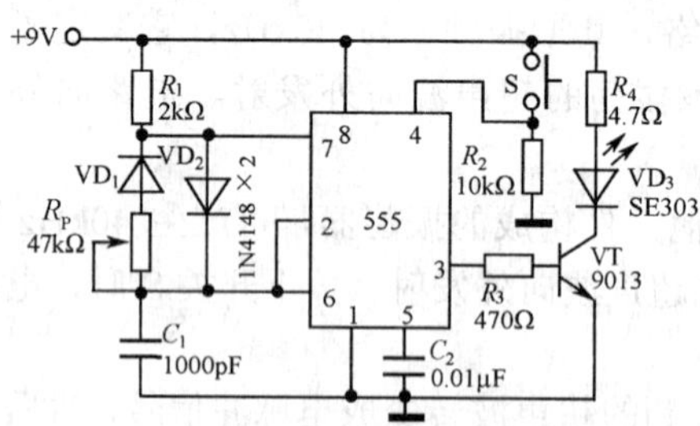

图 4.7.15　555 单路控制型红外发射电路

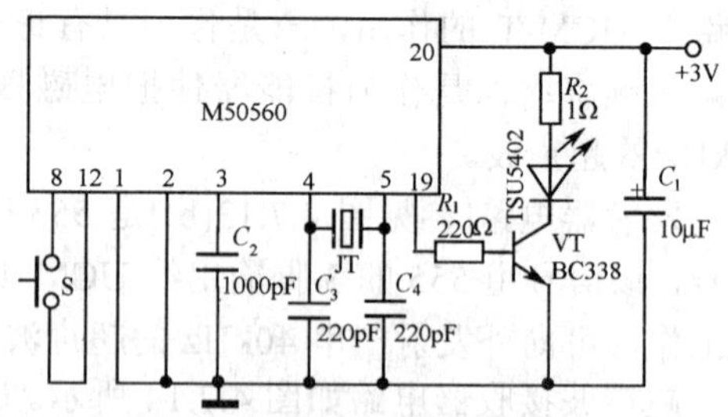

图 4.7.16　M50560 单路控制型红外发射电路

③ 编码式红外发射电路：编码式红外发射电路应用非常广泛，人们日常接触到的彩色电视机红外遥控器就是典型的编码式红外发射电路。这里，就以它为例来说明编码式红外发射电路的工作原理。红外遥控发射器电路如图 4.7.17 所示。

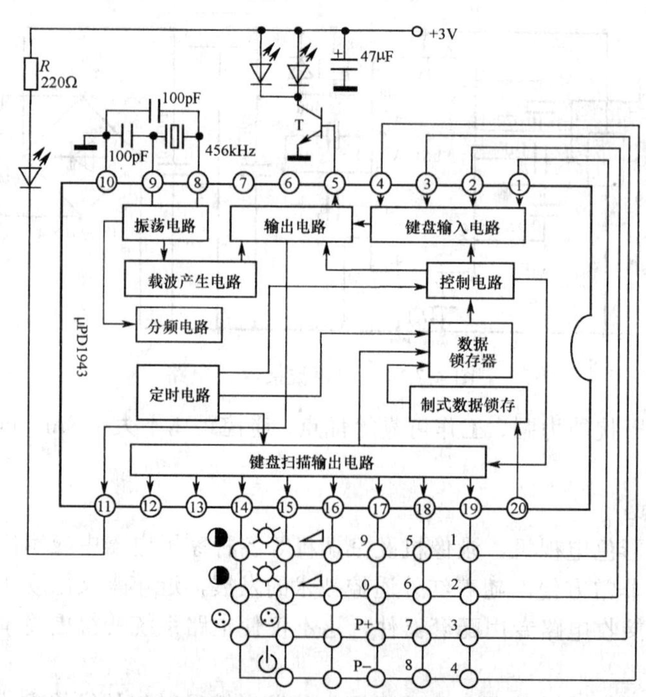

图 4.7.17　彩色电视机红外遥控发射电路

红外遥控发射器电路由专用红外遥控发射集成电路 μPD1943 及外接电路元件、放大驱动及红外发射管、键盘矩阵三部分组成。当按下键盘中的某一个键后，键盘扫描电路经识别确认后便输出相应的编码信号。该信号送到键盘输入电路，经处理并对 38kHz 的载频进行调制后，由输出电路输出。

遥控编码信号的形式及载频频率各厂家虽不尽相同，但基本结构形式是相同的。即采用二进制编码，用脉冲的不同宽度分别代表“0”和“1”，每组编码由 8 位组成，其中包括导引码、设备码和指令码。导引码预示遥控发射的开始；设备码是防止所控电视机被其他发射码干扰；指令码代表遥控功能。

(2) 红外线接收电路：红外线接收电路形式很多，这里只介绍几种实用的红外线接收电路。

① 红外遥控开关电路：以 SK-Ⅱ构成的实用红外遥控开关电路如图 4.7.18 所示。电路中，光敏三极管 3DU 作为光电转换器。当有红外光控信号时，VT_1 导通，由 C_1 输入 SK-Ⅱ，经内部电路放大、选频、整形、延时后送入触发器使其翻转，由 9 脚输出低电平，该低电平使 VT_2 导通，继电器吸合，J_{1-1} 接通电源。当第二次收到光控信号后，SK-Ⅱ的 9 脚输出高电平，该高电平使 VT_2 截止，继电器释放，J_{1-1} 断开电源。

② 红外光控自动开关接收电路：红外光控自动开关接收电路如图 4.7.19 所示。

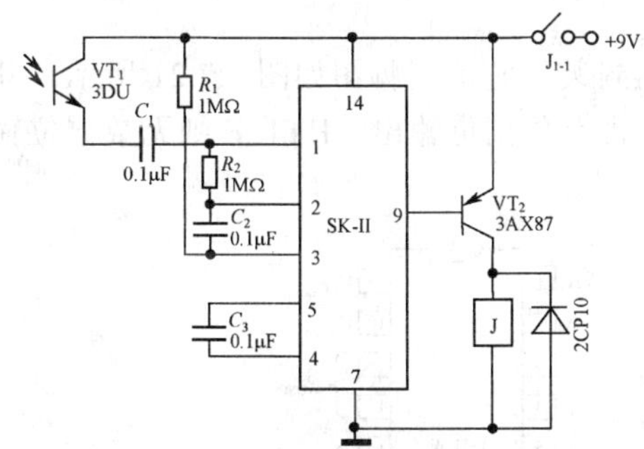

图 4.7.18　以 SK-Ⅱ构成的实用红外线遥控开关电路

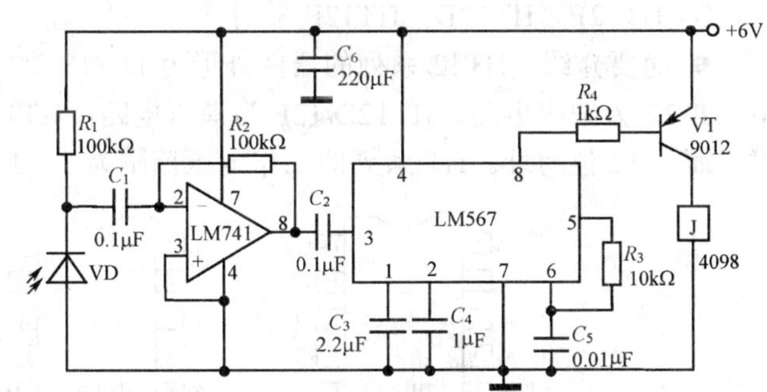

图 4.7.19　红外光控自动开关接收电路

电路主要由红外接收管 VD，集成运算放大器 LM741 和集成锁相环 LM567 组成。由红外接收管 VD 接收红外控制信号，并转变为电脉冲信号，该信号由 C_1 耦合至 LM741 进行电压放大，放大后的信号送入锁相环进行选频。R_3，C_5 为决定 LM567 谐振频率的元件。C_3，C_4 为滤波电容。当 LM567 的 3 脚输入信号频率与其本身振荡频率相同时，8 脚输出低电平，使 VT 导通，继电器 J 吸合，其触点可作为开关去控制被控负载。平时没有红外信号发射时，LM567 的 8 脚输出高电平，VT 截止，继电器处于释放状态。

③ 彩色电视机红外遥控接收电路。彩色电视机红外遥控接收电路如图 4.7.20 所示。

电路由 TLP107 型红外接收二极管 VD，红外接收专用集成电路 CX20206 及外围元件组成。当无红外光照射时，VD 反偏没有电流；当有红外光照射时，VD 产生光电流输入给 CX20206 的 1 脚，在放大器的输入阻抗上形成代表光信号的电压。在 CX20206 的内部设有前置放大、限幅放大、滤波、检波及整形电路等，在前置放大器的输入端还设有亮度控制 ABLC，可防止输入信号过大而使放大器超载。

从红外遥控电路发射出来的遥控信号是调制后的 38kHz 的脉冲信号，该信号由 VD 检出，经放大、限幅、再滤去杂散的调幅干扰后，将较强的信号送往中心频率为 38kHz 的带通滤波器。在带通滤波器的外电路接有 R_2，调节该电阻的阻值可使滤波器的中心频率在 30～60kHz 范围内变化。滤波器输出的信号经检波后得到指令脉冲码，再经积分、整形，最后由 CX20206 的 7 脚输出指令码脉冲。指令码脉冲经微处理器处理后会发出相应的执行命令。

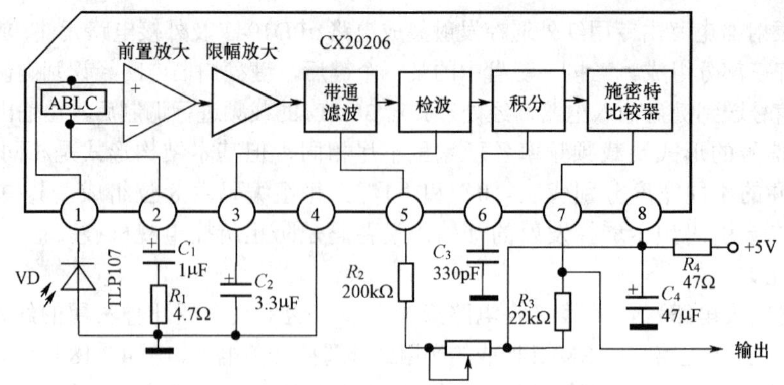

图 4.7.20　彩色电视机红外遥控接收电路

(3) 集成编译码器构成的编译码式多通道红外遥控电路及其应用：集成编译码器构成的编译码式多通道红外遥控电路具有外围元件少、可靠性高、编码数量大等突出优点。在通信、保安、防盗、家电遥控等方面有着极为广泛的应用。下面介绍几种新型实用集成编译码器及其应用方法。

① HT12E，HT12D，HT12F 系列

● 简要介绍。HT12 系列的器件外形为 DIP18 脚塑料封装，它的引脚图如图 4.7.21 所示。其中 HT12E 为编码电路，HT12D/12F 为译码电路，HT12D 带有数据位输出，HT12F 则无数据位输出，而是 12 位地址。HT 系列的工作电压范围为 2～15V。

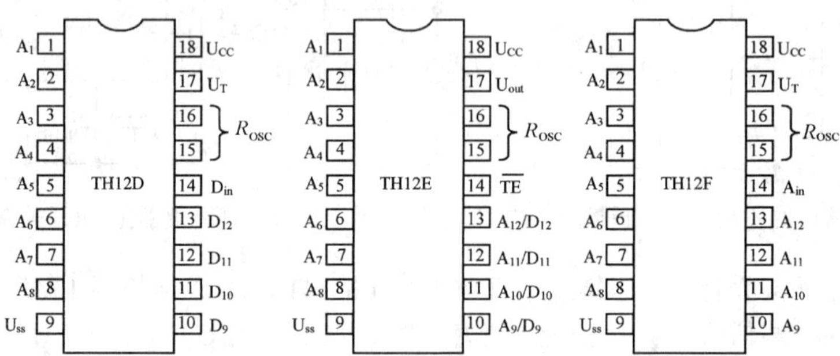

图 4.7.21　HT12 系列的引脚图

15 脚和 16 脚之间的电阻 R_{OSC} 决定电路振荡频率，R_{OSC} 与电路振荡频率 f_{OSC} 之间的关系如表 4.7.3 所示。当编码器采用较低的工作频率时，应在 HT12D 的 16 脚与正电源之间并联一个补偿电容 C，其数值如表 4.7.4 所示。

表 4.7.3　R_{OSC}，f_{OSC}，C 之间的关系

	HT12E					HT12D/12F			
R_{OSC}	4.7MΩ	4.7MΩ	4.7MΩ	1.5MΩ	1MΩ	51kΩ	33kΩ	1MΩ	1.2MΩ
f_{OSC}	330Hz	260Hz	90Hz	3kHz	4.3kHz	200kHz	290kHz	16.5kHz	13.5kHz
C	0.005μF	0.01μF	0.05μF						

● 典型应用。采用 HT12 系列构成的利用电源线传送多路控制信号进行远程控制的系统如图 4.7.22 所示。

它由发送器[参见图 4.7.22(a)]和接收译码器[参见图 4.7.22(b)]两部分组成。F_1，F_2 组成 200kHz 载频振荡器，由 HT12E 输出的串行编码脉冲控制着 VT_1 工作，VT_1 的输出对载频进行调制后，经两级反相器放大后由中频变压器 Tr_1 耦合至电源线输出。

由电源线传送来的已调信号经中频变压器 Tr_2 耦合至接收放大级，放大后的信号先通过 R_2，

C_4 构成的 200kHz 滤波器滤除高频载频，再经过两级低频放大并反相后输入译码器 HT12F。C_6 为高频补偿电容。当输入信号与译码器的 DIP 开关设置状态相同时，HT12F 的 17 脚输出高电平脉冲 (当 $\overline{TE}$ 跳变回高电平后，该脉冲宽度保持 2s)驱动后级执行元件，实现了有选择性的控制。图 4.7.22 仅画出一路示意，在实用中可根据需要设置多路。

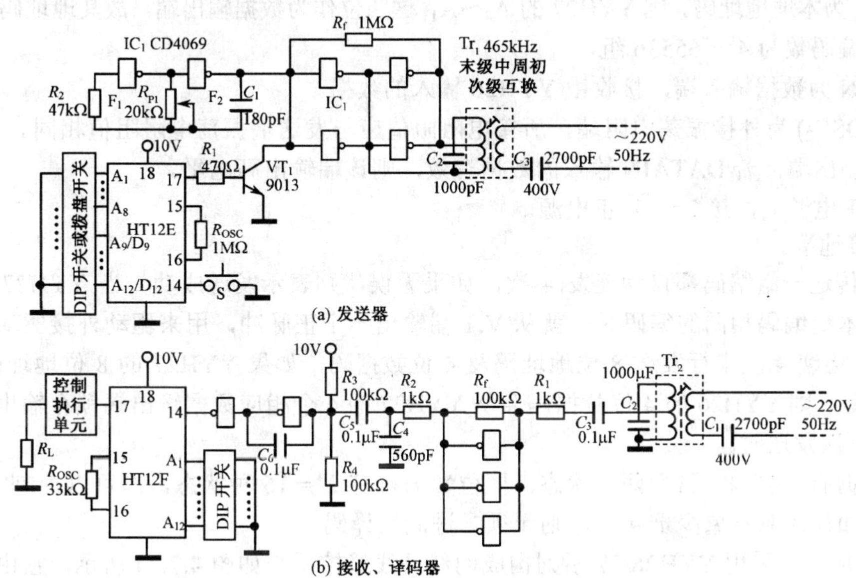

图 4.7.22　利用电源线传送多路控制信号进行远程控制的系统

② YYH26/27/28 系列

●简要介绍。YYH 系列的器件外形为 DIP18 脚塑料封装，它的引脚图如图 4.7.23 所示。其中 YYH26 为编码器，YYH27/28 为译码器，它们采用四态编码方式，编码数可达 400 万组。

编码器 YYH26 各引脚的功能如下：

A_0～A_{11} 为编码端，除 A_0 端为三态编码外，其余 A_1～A_{11} 均可作为四态编码用。编码数与 U_{SS} 的接法有关。接地端 U_{SS} 悬空时为二态编码，可编 2^{12}= 4096 组码；接地端 U_{SS} 接 U_{DD} 时为三态编码，可编 3^{12}= 531441 组码；接地端接 1 脚 (4TH)时为四态编码，可编 4^{11}= 4194304 组码。当 A_8～A_{11} 引脚与 YYH27 配对使用时，作为控制输出用。

$\overline{TE}$ 为编码输出控制端，当接低电平时，YYH26 就通过 17 脚串行输出其编码串。

OSC_1（OSC_2）为外接振荡电阻端，阻值一般约 82kΩ，振荡频率为 200kHz。

DATAOUT 为编码数据输出端。

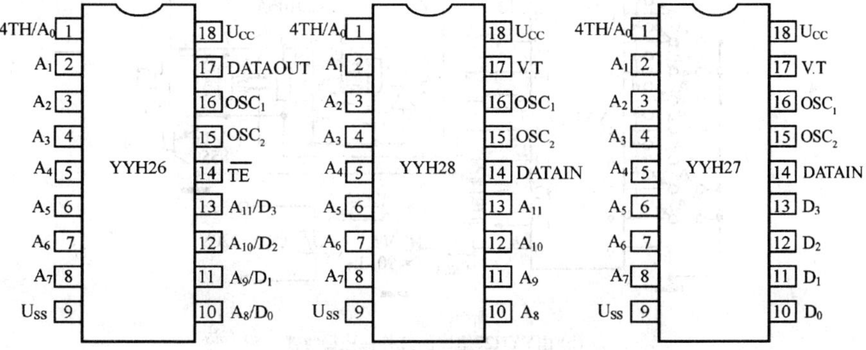

图 4.7.23　YYH 系列的引脚图

U_{DD}为正电源端，接2～6V正电源。

U_{SS}为接地端。

解码器YYH27/28的解码原理为，把从14脚输入的串行码与本电路设定的编码相比较，如果一致，则为解码成功，输出端就有输出。它各引脚的功能如下：

A_0～A_{11}为本地地址码。因YYH27的A_8～A_{11}这四位作为数据输出端，故其地址码只有A_0～A_7这八位，可编码数为$4^8=65536$组。

DATAIN为数据输入端，接收由YYH26输入的数据。

OSC_1 (OSC_2)为外接振荡电阻端，所接电阻阻值应与发送端振荡电阻阻值相同。

V.T为输出端，若DATAIN输入的数据有效，则该端输出高电平。

U_{DD}为正电源端，接2～6V正电源。

U_{SS}为接地端。

对于每传送一组编码都自动连发4次，如果无误，则表示发送成功。当YYH27 (或28)连续四次收到与本地编码相同的编码时，就从V.T端输出一个正脉冲，用来驱动外接驱动电路。

YYH26连续4次串行发送8位地址码及4位数据码，如果YYH27的8位地址码与YYH26发出的码一致，则YYH26的4位数据码会从YYH27的4个相应数据输出端锁存输出并一直保存到YYH26下次发送时。

每位数据有“0”和“1”两个状态，四位数据可有$2^4=16$种状态，即可以控制16种不同用途的对象。如果控制对象少于4个，则无须二进制数译码。

● 典型应用。采用YYH26/27系列构成的红外线遥控系统如图4.7.24所示。它由红外发射电路[参见图4.7.24(a)]和红外接收控制电路[参见图4.7.24(b)]组成。

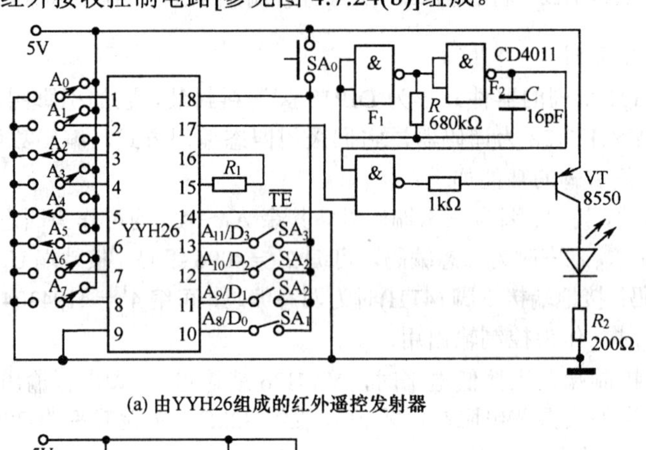

(a) 由YYH26组成的红外遥控发射器

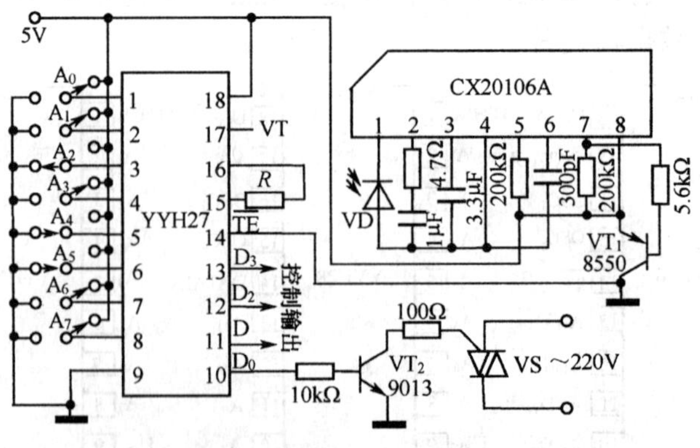

(b) 由YYH27组成的红外遥控接收器

图4.7.24　采用YYH26/27系列构成的红外线遥控系统

在红外遥控发射电路中，F_1，F_2，R 和 C 组成频率为 40kHz 的振荡器，用以产生载波信号。YYH26 的 A_0～A_7 为地址编码端，图中地址编码为 11010011。数据端为 SA_1 (D_0)闭合，D_0 为高电平。由于编码输出控制端 (14 脚)常接地，所以只需将电源开关 SA_0 闭合，YYH26 就会将 A_0～A_7 及 D_0～D_3 的编码状态由 17 脚输出，对由 F_1，F_2 等组成的振荡器产生的 40kHz 的载频进行调制，其已调红外信号经 8550 放大由红外发射管发送出去。

在红外遥控接收控制电路中，红外接收管 VD 接收到的信号经 CX20106 解调放大后，输入译码电路 YYH27 的 14 脚。如果接收到的地址码 (A_0～A_7)与 YYH27 本身的地址编码相同，并经过连续四次比较无误，即表示解码成功，由 17 脚输出一个正脉冲 V.T，同时把接收到的 D_0～D_3 锁存在 10～13 脚中，用来控制外部电路。本例中发射机仅 SA_1 闭合，所以接收机中仅 D_0 输出控制信号。

③ MC145026/27/28/30 系列

● 简要介绍。它们的引脚图如图 4.7.25 所示。其中 MC145026 是编码器，MC145027/28 是译码器，它们的工作电压为 4.5～18V。

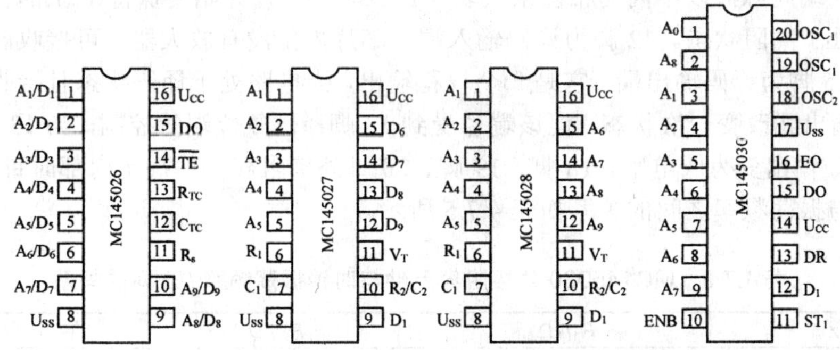

图 4.7.25　MC145026/27/28/30 系列的引脚图

MC145026 的 A_1/D_1～A_9/D_9 为地址/数据输入端，由外部编码开关设定，可接高电平“1”，低电平“0”，或者“开路”三种状态。因此编码数为 3^9=19683。数据从 15 脚 (DO)串行输出，每位数据用两个数字脉冲来表示：两个连续的宽脉冲表示“1”；两个连续的窄脉冲表示“0”；一宽一窄表示开路。11 脚、12 脚、13 脚外接阻容元件，决定其内部时钟振荡频率。14 脚 $\overline{TE}$ 为发送控制端，当该端接低电平时，开始发送数据；该端开路时，IC 内部有上拉电阻使其保持高电平，禁止编码，时钟振荡器停振，IC 功耗降至最低，静态电流仅零点几微安，故无须设专用电源开关。

MC145028 是译码器。当地址位 A_1～A_9 由外部开关设定的状态和编码器相同，而且 9 脚收到编码器发送的数据时，11 脚 V_T 由低电平变为高电平，指示发送有效。6 脚、7 脚外接阻容元件，决定内部时钟振荡频率。

MC145027 也是译码器，与 MC145028 不同的是它只有 A_1～A_5 五位地址，当其余编码器中的 A_1/D_1～A_5/D_5 设置状态相同时，V_T 端即变成高电平，指示发送有效，而把编码器中的 A_6/D_6～A_9/D_9 作为数据从 D_6～D_9 端输出。需要说明的是，MC145026 和 MC145027 配对使用时，MC145026 的地址位 A_1/D_1～A_5/D_5 可以编为三个状态，而数据位只能编成“0”，“1”两种状态，若数据位开路，在 MC145027 中自动译成“1”。

编码器中时钟振荡频率 f 的范围从 1Hz～1MHz。当 $1\text{kHz} < f < 400\text{kHz}$ 时，可按式 $f \approx 1/(2.3R_{TC}C_{TC})$估算。此处选择：$R_s = 2R_{TC}$；$R_s \geqslant 20\text{k}\Omega$；$R_{TC} \geqslant 10\text{k}\Omega$；$400\text{pF} < C_{TC} < 15\mu\text{F}$。编码器中的 R_s，R_{TC}，C_{TC} 选定以后，可按公式 $R_1C_1 = 3.95R_{TC}C_{TC}$，$R_2C_2 = 77R_{TC}C_{TC}$ 选择译码器中的阻容元件。表 4.7.4 列出了一组选定数值，供参考。阻容元件的取值要求并不十分严格，只需取邻近的标称值即可。

表 4.7.4　MC145026/27/28 系列外接阻容元件与时钟振荡频率 *f* 之间的关系

f/kHz	R_{TC}/kΩ	C_{TC}/pF	Rs/kΩ	R_1/kΩ	C_1/F	R_2/kΩ	C_2/F
362	10	100	20	10	470p	100	910p
181	10	220	20	10	910p	100	1800p
88.7	10	470	20	10	2000p	100	3900p
42.6	10	1000	20	10	3900p	100	7500p
21.5	10	2000	20	10	8200p	100	0.015μ
8.53	10	5100	20	10	0.02μ	200	0.02μ
1.71	50	5100	100	50	0.02μ	200	0.1μ

MC145030 是编译码器。工作电压为 2～6V。它本身具有编码和译码双重功能，由 10 脚编码控制端控制，只要在此脚上有一脉冲上升沿出现，它就马上开始编码时序。A_0～A_8 是地址位输入，只有“1”和“0”两种状态，所以最多可编 $2^9=512$ 种码。编码脉冲从 16 脚串行输出，该脚是一个三态输出端，编码脉冲以不同的相位来代表“1”和“0”，并始终保持 1∶1 的占空比。译码或空闲时，此脚处于高阻状态。12 脚为译码输入端，芯片内部没有放大器，可接收脉冲信号的最小值为 200mV。15 脚为译码输出端，它是一个双稳输出，当电路处于译码状态且接收到正确的编码数据时，此脚输出就改变一次状态。但该端也受到 13 脚译码复位端的控制，当 13 脚加高电平时，15 脚双稳复位，输出变为低电平。18 脚、19 脚、20 脚外接阻容元件决定内部时钟振荡频率 *f*，其阻容元件取值与振荡频率之间的关系如表 4.7.5 所示。

表 4.7.5　MC145030 外接阻容元件与时钟振荡频率 *f* 之间的关系

f/kHz	R_1/kΩ	R_2/kΩ	*C*/pF
452	30	5.6	100
220	47	10	100
70	47	10	510
4.1	330	47	2200

● 典型应用。由 MC145026 和 MC145027/28 组成的多路遥控系统的典型设计如图 4.7.26 所示。编码部分用 MC145026 和一组编码开关相配合，最多可发送 19683 种码形。*N* 个接收电路分机组成形式相似而编码不同的控制执行电路，按照设计要求控制相应的目标。当某一分机收到与本分机编码相同的编码信号后，该分机的译码器 MC145027 的 11 脚输出高电平。数据端输出控制信号。由于数据输出端有四路 (D_6～D_9)，可直接控制四种动作，若每路增设译码电路，则最多可控制 $2^4=16$ 种不同的动作。

图 4.7.26 中省略了发射和接收电路的调制和解调部分，在实际应用中可用红外线，也可用超声波、无线电遥控等各种载体进行控制。同时根据需要组成多路接收分机。但只需一个频道。

④ TM701/02/03 系列

● 简要介绍。TM 系列是专为家用电器遥控设计的 CMOS 集成编译码器。其中 TM701 为射频编码和遥控发送器，TM702 为接收和译码器，TM703 为红外线编码和遥控发送器。它们的引脚图如图 4.7.27 所示。

各引脚功能如下：

PII，UP，DOWN，RIGHT，LEFT，START，SELECT，A，B 均为功能键输入端，内部上拉高电平。各项后缀“0”，则为低电平有效。

TEST 为测试端。

O/P 为编码声频信号输出端。

I/P 为编码声频信号输入端。

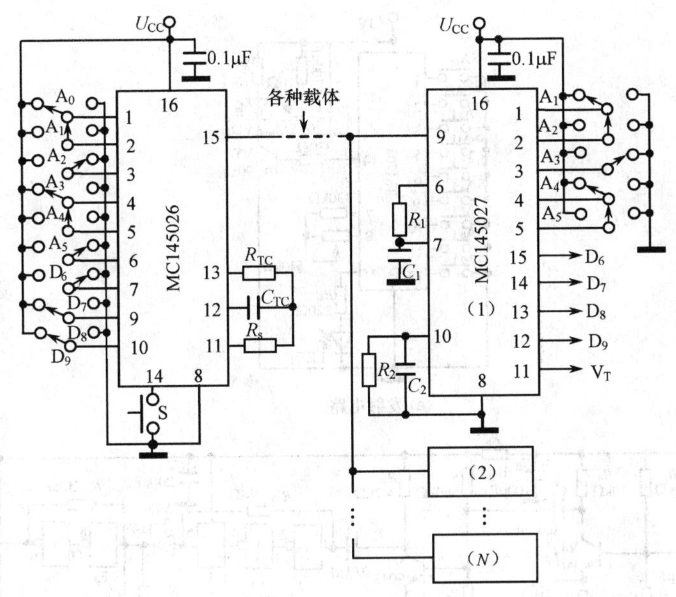

图 4.7.26 由 MC145026 和 MC145027/28 组成的多路遥控系统的典型设计

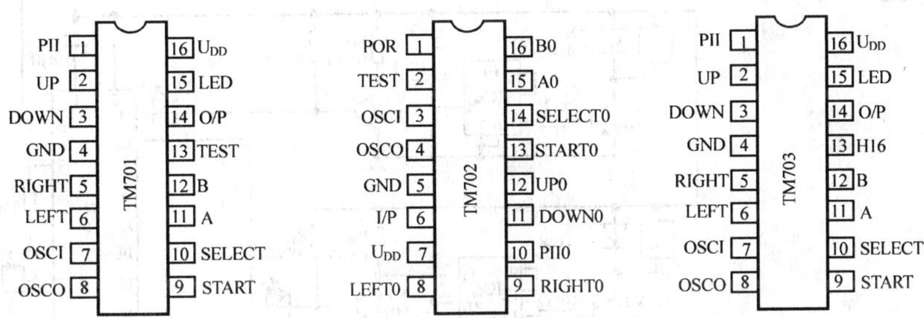

图 4.7.27 TM701/702/703 系列的引脚图

LED 为芯片启动显示输出端，当有键按下时，该端输出高电平。

U_{DD} 为电源正极输入端。

GND 电源负极输入端 (接地端)。

OSCI 为振荡器输入端。

OSCO 为振荡器输出端。

H16 为 16Hz 信号输出端，当此电路启动后输出。

● 典型应用。由 TM703 和 TM702 组成的红外遥控系统原理图如图 4.7.28 所示。

在发射电路中，由 TM703 和 SA_1～SA_9 组成红外发射编码电路，当按下 SA_1～SA_9 时，分别对应组成 9 种不同时序的编码控制信号，经晶体管 VT 放大后，由红外发射管 VD_1，VD_2 向外发射。LED_1 为工作指示灯。

在接收电路中，由红外接收管 PH302 将红外信号接收并转换为电脉冲信号后，由前置放大级 VT_1，VT_2 和 F_1～F_3 构成的反相放大器进行放大，经检波二极管 VD_2 解调，再经 F_4，F_5 组成的整形级整形后输入译码器 TM702 的 6 脚，经译码后由输出端输出控制信号。该控制信号经 VT_3，VT_4 等缓冲放大后分别触发双稳态触发器 IC_{3a}，IC_{3b}，由双稳态触发器通过 VT_5，VT_6 控制相应的继电器 J_1，J_2。本电路只画出两路控制电路，其余控制电路可据实际需要增加。

⑤ 几种新型实用集成编、译码器的性能比较：为了便于读者应用，这里对上述集成编、译码器的性能做一比较，如表 4.7.6 所示。

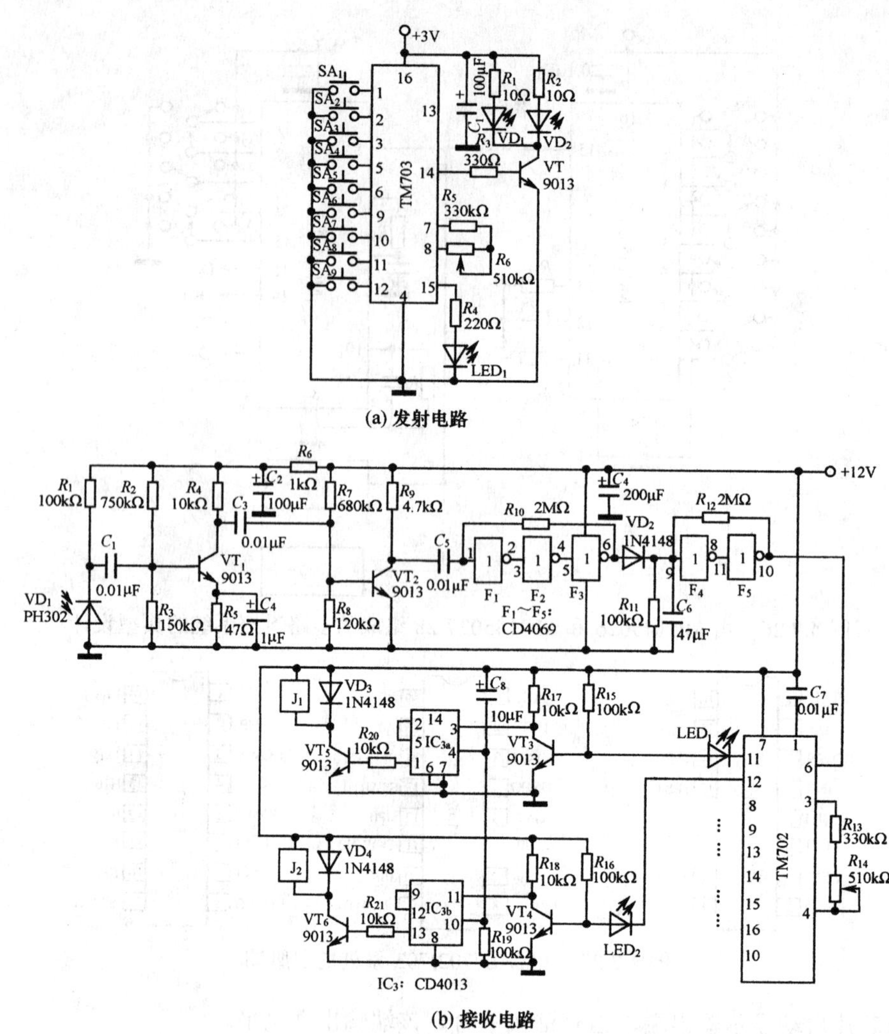

(a) 发射电路

(b) 接收电路

图 4.7.28　由 TM703 和 TM702 组成的红外遥控系统原理图

表 4.7.6　几种新型集成编、译码电路的性能比较

序　号	名　　称	功　　能	编解码数	电压范围	有无数据	配 对 使 用
1	HT12E	编码	4096	2.4～12V		HT12F/D
2	HT12F	译码	4096	2.4～12V	无	HT12E
3	HT12D	译码	512	2.4～12V	有 4 位	HT12E
4	YYH26	编码	400 万	2～6V		YYH27/28
5	YYH27	译码	16000	2～6V	有 4 位	YYH26
6	YYH28	译码	400 万	2～6V	无	YYH26
7	MC145026	编码	19683	4.5～18V	有 9 位	MC145027/28
8	MC145027	译码	243	4.5～18V	有 4 位	MC145026
9	MC145028	译码	19683	4.5～18V	无	MC145026
10	MC145030	编译码	512	2～6V	无	MC145030
11	TM701	编码	9	2.5～5V		TM702
12	TM702	译码	9	2.5～5V		TM701/3
13	TM703	编码	9	2.5～5V		TM702

3. 无线电遥控电路

无线电遥控技术与其他遥控技术相比，最大的特点就是遥控距离远。因此，无线电遥控技术在工业、农业及军事等诸多领域得到了广泛的应用。

(1) 无线电遥控的基本原理：无线电遥控系统的原理框图如图 4.7.29 所示。

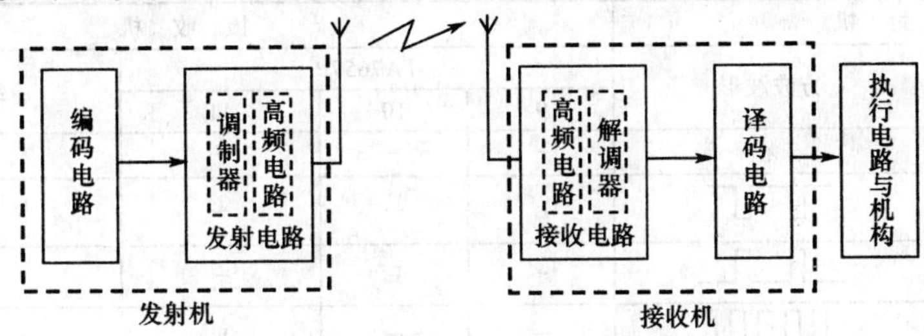

图 4.7.29　无线电遥控系统的原理框图

由图 4.7.29 可见，无线电遥控系统由发射机、接收机和执行机构三部分组成。发射机主要包括译码电路和发射电路。其中，编码电路的主要作用是产生需要的控制指令，这些控制指令是具有明显特征的、可区分的电信号。控制指令可以用不同频率区分；也可以用正弦信号的幅度及相位特征区分，或用脉冲信号的宽度及相位特征区分；还可用编码信号来区分。

由编码电路产生的控制指令信号都是频率较低的电信号，其传输距离较近，要实现远距离遥控，必须将控制指令信号送入发射电路进行调制，即将控制指令信号加载到高频载波上。再经天线发射出去。

接收机由接收电路和译码电路组成。接收电路中包括高频电路及解调器。高频电路把接收天线收到的微弱信号进行选频、放大后，送到解调器。解调器的作用是从已调波中检出控制命令信号。检出的各种控制命令信号是杂乱混在一起的，还必须经译码电路译码后，才能去控制执行电路。

执行电路通常是放大器，其主要作用是把控制指令信号放大到一定功率，以驱动执行机构工作。常见的执行机构有继电器、电磁阀、电动机等。

和红外遥控系统一样，无线电遥控系统根据控制通道的不同，也可分为单通道及多通道遥控系统。单通道无线电遥控系统通常在控制开关按下时产生一个控制指令信号，且只能控制一个执行机构工作。多通道无线电遥控系统可在同一时间内产生多个控制指令信号，使多个执行机构同时动作。

(2) 几种典型无线电遥控专用集成电路

① TA7333P/TA7657P 无线电遥控专用集成电路：由 TA7333P 构成的发射机电路如图 4.7.30 所示。

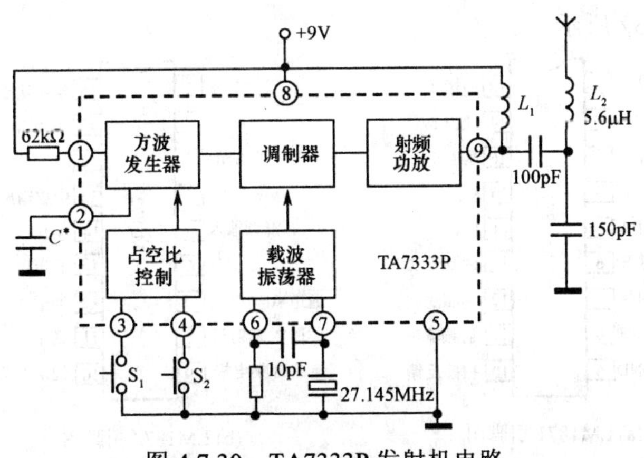

图 4.7.30　TA7333P 发射机电路

在 TA7333P 集成电路的内部有方波发生器、载波振荡器、调制器、射频功率放大器及占空比控制器等。方波信号的波形及占空比可由发射机外接开关 S_1 及 S_2 的闭合状态进行调节，方波信号有三种不同的形式，如表 4.7.7 所示。

表 4.7.7　发射机与接收机的信号

发射机			接收机			
S_1	S_2	方波波形	TA7657P			继电器动作
			9	10	11	
断	断	无	—	—	—	—
断	闭合		L	—	—	J_1 吸合
闭合	断		—	L	—	J_2 吸合
闭合	闭合		—	—	L	J_3 吸合

方波信号经过调制和功率放大后，由发射天线发射出去。

由无线电接收集成电路 TA7657P 构成的接收机电路如图 4.7.31 所示。从天线接收的已调信号，经 VT 等组成的超再生检波器检波，输出信号输入 TA7657P 的 2 脚，经内部电路放大、译码及驱动电路，由 9 脚、10 脚、11 输出控制信号，控制信号为低电平有效，从而可根据指令的不同，控制相应的继电器吸合。

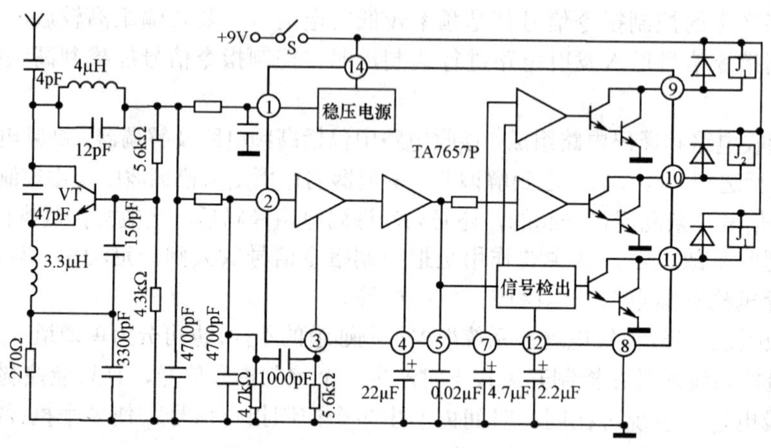

图 4.7.31　TA7657P 接收电路

本电路的遥控距离可达 40m。

② LM1871/LM1872 无线电遥控专用集成电路：LM1871/LM1872 无线电遥控专用集成电路的引脚及其定义如图 4.7.32 所示。

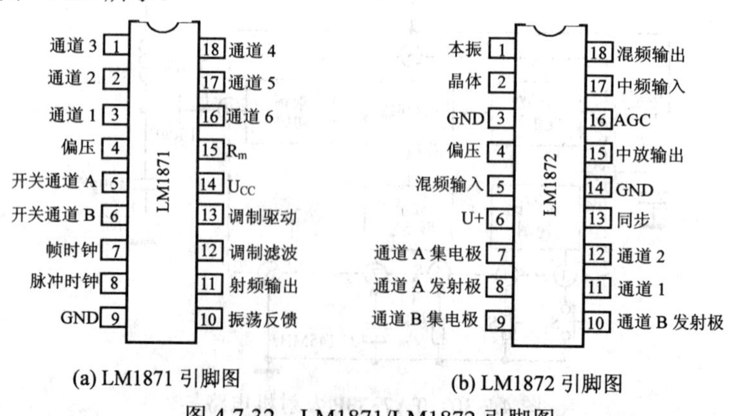

(a) LM1871 引脚图　　(b) LM1872 引脚图

图 4.7.32　LM1871/LM1872 引脚图

由 LM1871 构成的发射机如图 4.7.33 所示。LM1871 的内部电路十分复杂，概括来讲，可分为编码和高频发射两部分。接通电源，编码器即连续产生一系列编码脉冲，其波形如图 4.7.34(a)、(b)所示。其中包括同步脉冲和信号脉冲。前一个同步脉冲的下降沿到后一个同步脉冲的下降沿之间的时间间隔称为一“帧”，其帧周期 T_F 的长短由 LM1871 第 7 脚的外接电阻 R_4 和电容 C_7 决定。按图 4.7.33 所给参数，帧周期 T_F 约为 20ms。图 4.7.34(a)编码脉冲波形中的 1～6 个信号脉冲，依次对应着图 4.7.33 中 LM1871 的第 1～6 通道。每个脉冲的宽度由对应的各通道在 LM1871 上的引出脚与 8 脚之间的串联电阻及电容 C_8 决定，记为 $T_n\,(n=1,2,\cdots,6)$。图 4.7.33 中 LM1871 的 1，16，17，18 四个引出脚 (对应于第 3～6 通道)公用了固定电阻 R_2，所以信号中第 3～6 个脉冲的宽度相等，约为 0.5ms。LM1871 的 2 脚、3 脚 (对应于第 1～2 通道)各接了一个 500kΩ 的电位器与 R_1 串联，调节电位器就可以使第 1 和第 2 两个信号脉冲的宽度在 0.5～2ms 之间连续改变。这两个宽度可调的脉冲决定了接收机中 LM1872 的 11 脚、12 两脚的输出状态，用来传送两路比例控制信号。LM1871 的 15 脚外接电阻 R_3，决定了信号脉冲的间歇时间，记为 T_m，约为 0.2ms。LM1871 的 5 脚、6 脚各接一只开关 SA_1 和 SA_2，其作用是决定接收机上 LM1872 的 7 脚和 9 脚的输出状态，用来传送两路开关控制信号。这两个开关的状态，决定了脉冲信号中第 4～6 个信号脉冲是否加入和有几个脉冲加入脉冲序列，具体如表 4.7.8 所示。当 SA_1，SA_2 分别处于不同状态时，每帧编码脉冲中所包含的信号脉冲数在 3～6 个之间变化，如图 4.7.34(a)～(d)所示。图 4.7.33 中，L_2，C_9 组成选频回路，当该回路调谐至主振频率时，可有效地减少谐波成分。电感 L_3 用于抵消天线上分布电容的影响。

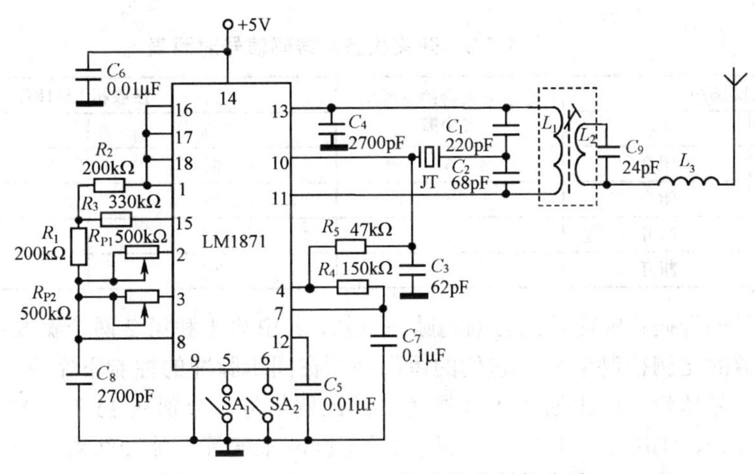

图 4.7.33　由 LM1871 构成的发射机电路

由 LM1872 构成的接收机电路如图 4.7.35 所示。接收机包括高频接收和译码输出两部分，其中绝大部分功能都是由集成电路 LM1872 来完成的。

高频接收部分由天线和 Tr3，C_3 组成调谐接收回路，接收到的高频信号经 Tr3 次级输入 LM1872 的第 5 脚；由 L_1，C_2，JT 等组成的石英晶体本机振荡器将本振信号输入混频器混频，产生的中频信号经 Tr1，Tr2 等组成的两级中放后输入译码器译码。

译码及输出部分：它的功能是将遥控信号中的各种指令信号译出，并控制相应的执行机构，其中包括每帧脉冲中包含的信号脉冲个数的变化 (开关控制信号)，信号脉冲宽度的变化 (比例控制信号)等。

开关通道信号的译码：它包括两路开关通道，由内部译码器输出控制内部晶体管，译出 A 通道开关信号和 B 通道开关信号，分别从 7 脚和 9 脚输出。它们分别和发射机的开关 SA_1，SA_2 的组合状态相对应，其对应关系如表 4.7.8 所示。

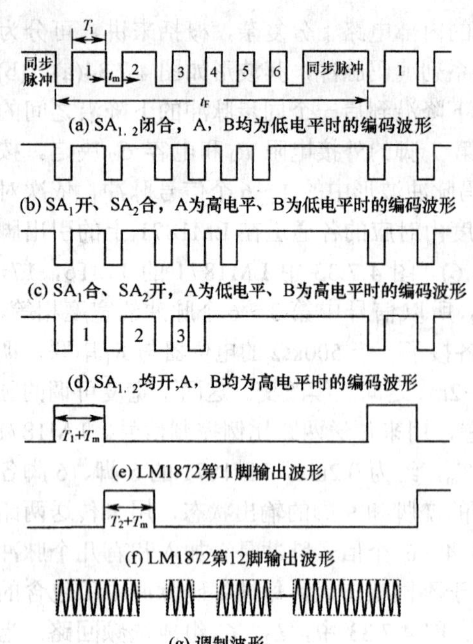

图 4.7.34　编码脉冲

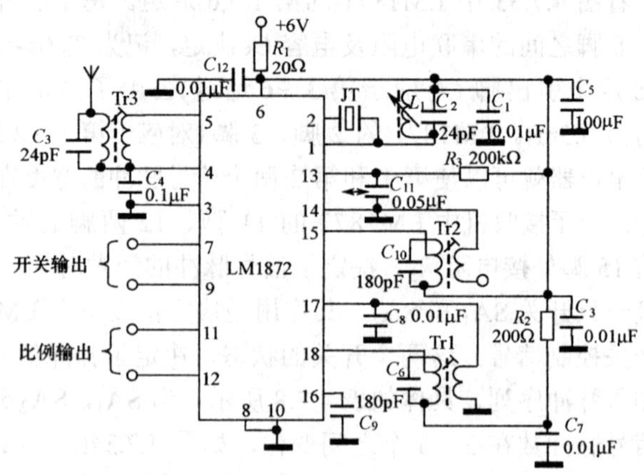

图 4.7.35　LM1872 构成的接收机电路

表 4.7.8　开关状态与编码信号对照表

发射机 LM1871		每帧中包含的脉冲信号个数	接收机 LM1872	
SA_1	SA_2		7 脚	9 脚
闭合	闭合	6	低	低
断开	闭合	5	高	低
闭合	断开	4	低	高
断开	断开	3	高	高

比例通道信号的译码：从发射机的编码脉冲可知，其中第 1 和第 2 两个宽度可调的信号脉冲，是接收机两个通道的比例控制信号。它们的译码必须在同步脉冲的控制下完成，经译码后输出的比例信号控制内部晶体管，译出通道 1 和通道 2 的比例信号，分别从 11 脚、12 脚输出。输出信号波形如图 4.7.34(e)、(f)所示。其中 11 脚输出的正脉冲宽度等于脉冲间歇 T_m 与第一个信号脉冲宽度 T_1 之和，由于 T_m 不变，所以图 4.7.34(e)的脉宽只随 T_1 变化。12 脚输出的正脉冲宽度等于脉冲间歇 T_m 与第二个信号脉冲宽度 T_2 之和。

应该指出，输出的比例信号图 4.7.34(e)、(f)虽然反映了控制指令的变化，但还不能直接用于执行电动机的控制，还需通过伺服电路实现比例控制功能。

思考题与习题

4.1　设计一个小功率线性直流稳压电源。已知条件：交流输入电压 220V/50Hz，电压波动范围±10%。

设计要求为：

(1) 双路输出。其中一路为固定电压输出 5V，1A；另一路为可调电压输出 5～12V，1A；

(2) 满载时波纹电压 $U_{p\text{-}p} \leqslant 5\text{mV}$；

(3) 电压调整率 $K_u \leqslant 3\%$；

(4) 电路经济合理。

4.2　设计一个 LC 调频振荡器。已知条件：$U_{CC}=9V$，变容二极管 2CC1，$L_1=10\mu H$。

设计要求为：

(1) 中心振荡频率 $f_o=6.5MHz$；

(2) 频率稳定度为 $\Delta f/f_o \leqslant 5\times10^{-4}/h$；

(3) 输出电压 $U_o \geqslant 1V$；

(4) 最大频偏 $\Delta f_m=75kHz$；

(5) 调制灵敏度 $S_f \geqslant 20kHz$。

4.3　用 555 定时器构成一个占空比为 40%，振荡频率为 5kHz 的方波信号发生器。

4.4　设计并实现一个能对 50Hz 衰减 20dB 的陷波滤波器。

4.5　设计并实现一个能抗 150kHz～30MHz 传导干扰低通滤波器。

4.6　设计一个测量放大器，要求放大器的电压增益 A_U=75～150 可调。

4.7　设计一个前置低频功率放大器。

设计要求为：在放大通道的正弦信号输入电压幅度为 5～70mV，等效负载电阻 $R_L=8\Omega$ 条件下，放大通道应满足：

① 额定输出功率：$P_{OR} \geqslant 10W$；

② 带宽 BW≥ (50～10 000)Hz；

③ 在 P_{OR} 下和 BW 内的非线性失真系数≤3%；

④ 在 P_{OR} 下的效率为 55%；

⑤ 在前置放大器输入端短接到地、$R_L=8\Omega$ 时，交流噪声功率≤10mW。

4.8　设计一个能测量电阻、电压、电流的三位半的数字万用表。

设计要求为：

(1) 欧姆挡位分×2kΩ，×20kΩ，×200kΩ，×2MΩ 四挡；

(2) 交流、直流电压挡位分 2V，20V，200V，500V 四挡；

(3) 交流、直流电流挡位分 2mA，20mA，200mA，2A 四挡。

4.9　试分别列举一种 LED 数码管和 LCD 液晶显示器的译码/驱动电路。

4.10　试用 LB1660N 及辅助器件设计一个能驱动 1～3W 的单相无刷电动机的驱动电路。

4.11　试设计一个能控制 8 路开关的红外遥控器。

第 5 章　系统可编程技术

5.1　可编程器件的基本原理

5.1.1　可编程逻辑器件概述

20 世纪 70 年代，世界各半导体厂家竞相开发了专用集成电路 (ASIC) 产品。ASIC 可分为全定制、半定制和 PLD 三大类。其中，半定制、全定制 ASIC 产品的开发需要半导体厂家参与，设计周期长，开发费用高。而可编程逻辑器件 (PLD) 的设计开发不需要半导体厂家的参与，适用于一般设计者使用，是集成电路中发展最快的器件之一。

PLD 器件可分为两类，一类是寄存器功能较强并包含有 RAM 的现场可编程门阵列 (FPGA)，FPGA 器件逻辑功能块较小，适合数据密集型数字系统的设计，但时延设计相对复杂。另一类是组合逻辑功能较强的复杂可编程逻辑器件 (CPLD)，CPLD 器件逻辑功能块较大，适合控制密集型数字系统的设计，时延控制方便。这两类 PLD 器件都有功能强大的开发系统支持。

5.1.2　可编程逻辑器件基本结构

PLD 器件基本模型如图 5.1.1 所示，它由输入电路、输出电路、内部的与逻辑及或逻辑单元构成。下面介绍 PLD 器件中的基本模块及其描述符号，要理解这些描述符号的意义。

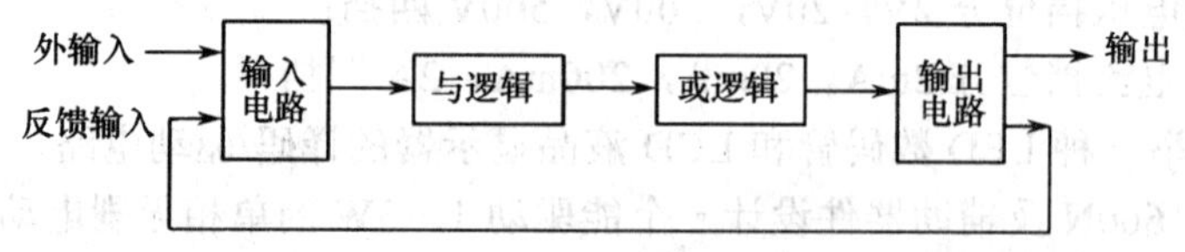

图 5.1.1　PLD 基本模型

1．输入电路模块

在 PLD 器件中输入电路模块描述符号如图 5.1.2 所示，左图为原理图，右图为简化表示；它把输入信号 in 变为内部的信号 in 及 $\overline{\text{in}}$ 并具有一定的负载内部电路的能力。

2．与逻辑模块

与逻辑模块实现乘积项输出。在电路描述中，用二极管实现的与门及 PLD 中的与门描述电路如图 5.1.3 所示，可通过对比掌握 PLD 中的与门符号的画法。

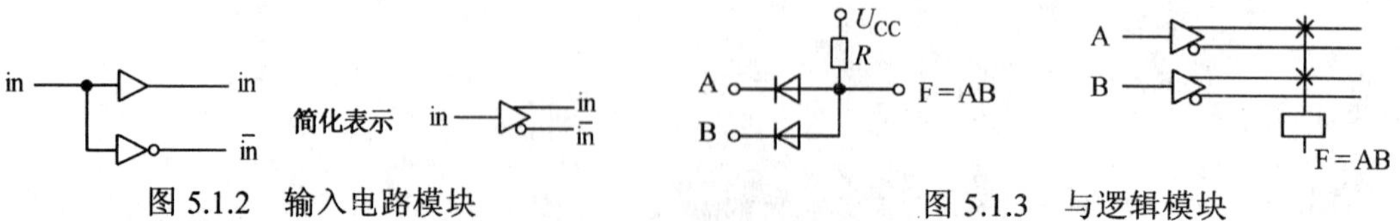

图 5.1.2　输入电路模块　　图 5.1.3　与逻辑模块

3．或逻辑模块

或逻辑模块实现或运算。在电路描述中，用二极管实现的或门及 PLD 中的或门描述电路如图 5.1.4 所示，请通过对比掌握 PLD 中的或门符号的画法。

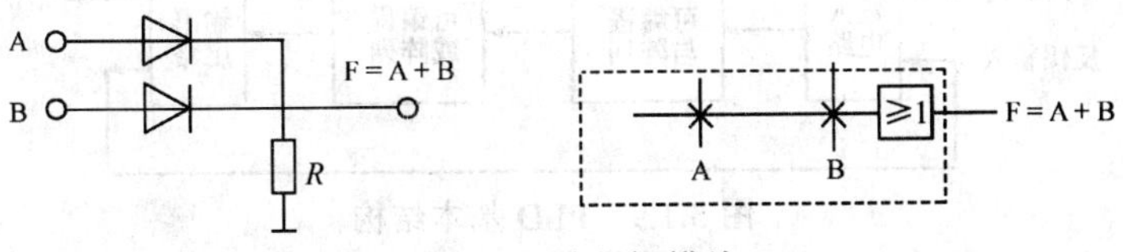

图 5.1.4 或逻辑模块

4. 输出反馈电路模块

输出反馈电路模块主要完成直接输出或寄存输出及输出信号的反馈。输出电路模块示意如图 5.1.5 所示。

在 PLD 器件中把电路图画成阵列的形式。例如，对一位半加器，其逻辑电路如图 5. 1.6 所示，可将图 5.1.6 改画成如图 5.1.7 的阵列形式。

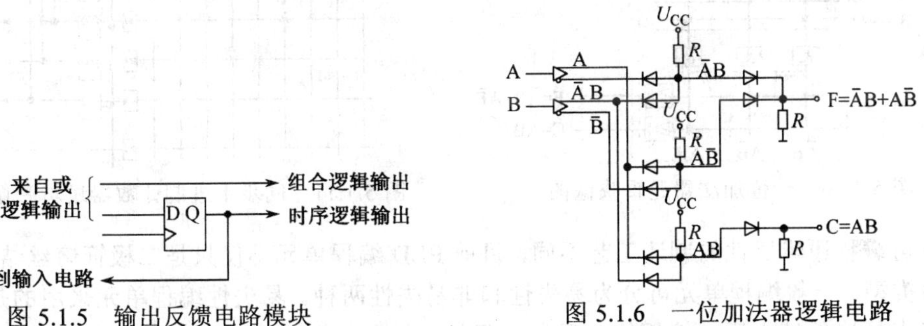

图 5.1.5 输出反馈电路模块

图 5.1.6 一位加法器逻辑电路

在图 5.1.7 中，“与逻辑”和“或逻辑”分别用阵列结构表示，并称其为可编程与阵列和可编程或阵列，阵列中交叉点处为“熔丝”结构，这些“熔丝”是可编程为连接或断开的，如图 5.1.8 所示。PLD 中的“熔丝”编程的过程由计算机在编程软件和编程器下完成。

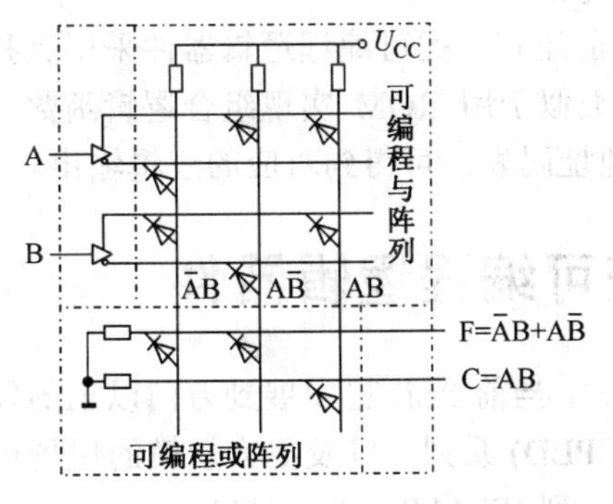

图 5.1.7 一位加法器逻辑电路阵列表示

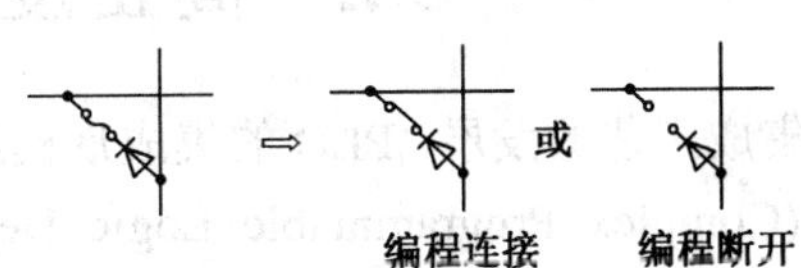

图 5.1.8 编程连接和断开示意图

一般可编程逻辑器件 (PLD) 的基本结构如图 5.1.9 所示。其中，外输入及反馈信号经输入电路产生全部输入变量的原变量和反变量，经可编程与阵列完成与运算，产生多个所需的乘积项；又经可编程或阵列完成或运算，所需的“与-或”逻辑表达式信号就由输出电路输出。

由于一般 PLD 具有规模较大的可编程与阵列和可编程或阵列，所以常用符号表示可编程交叉点的连接关系，称为编程单元。交叉点上的“×”符号表示此编程单元编程为连接，“•”

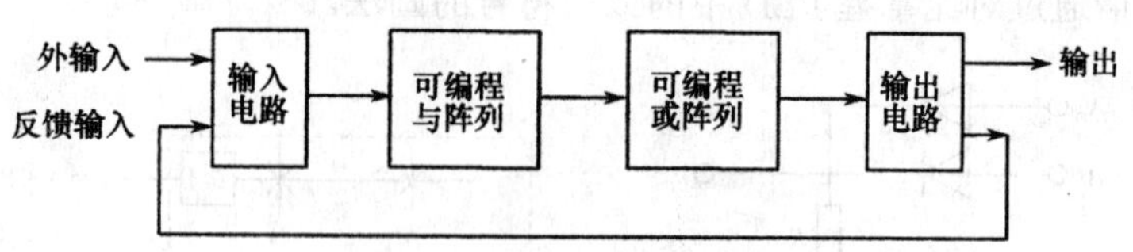

图 5.1.9　PLD 基本结构

符号表示此编程单元为固定连接 (不可编程)，无任何标记则表示此编程单元编程为不连接。因此，图 5.1.7 可简化表示为图 5.1.10。有时称这种图为逻辑映像图。同步十进制计数器逻辑映像图如图 5.1.11 所示。

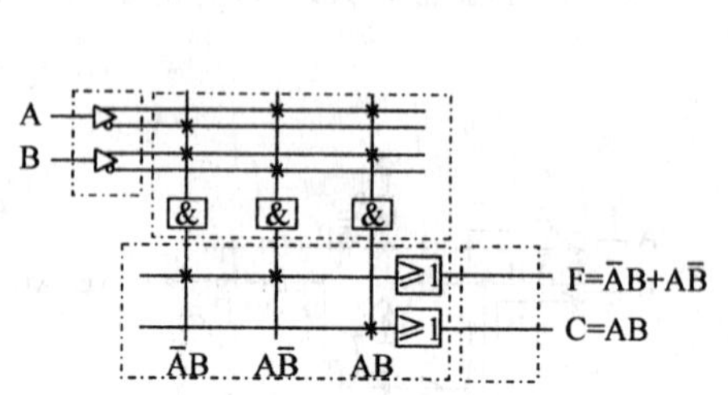

图 5.1.10　一位加法器逻辑映像图

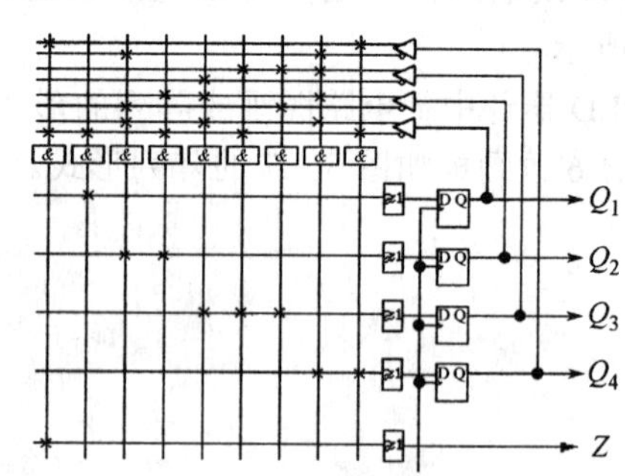

图 5.1.11　同步十进制计数器逻辑映像图

根据可编程逻辑器件的制造工艺不同，目前 PLD 编程单元不仅只是二极管熔丝结构一种，而是有多种类型。一般编程单元可分为易失性和非易失性两种。易失性编程单元采用的是 SRAM 结构，其特点是器件掉电后，编程信息丢失，现场可编程门阵列 (FPGA) 采用的就是这种类型。非易失性编程单元采用的是 EPROM，EEPROM 等结构，其特点是编程信息可长期保存，在器件掉电后，编程信息仍不会丢失。非易失性 PLD 又可分为一次性编程 PLD 和多次性编程 PLD。一次性编程采用熔丝型开关、反熔丝型开关为编程单元。多次性编程采用的是利用绝缘栅场效应管栅极层中存储电荷，并使开启电压发生变化的浮栅结构。

除上述如图 5.1.9 所示的 PLD 基本结构外，目前还有一类可编程逻辑器件采用查找表结构。查找表实际上是一个逻辑函数发生器，其工作原理类似于用 ROM 实现组合逻辑函数。查找表的输入等效于 ROM 的地址码，通过查找 ROM 中的地址码表，可得到对应的逻辑输出。

5.2　高密度系统可编程逻辑器件

随着集成工艺的发展，PLD 的集成规模越来越大，当前 PLD 已发展到万门以上的复杂可编程逻辑器件 (Complex Programmable Logic Device，CPLD) 系列，以及更大规模的现场可编程门阵列 (Field Programmable Gate Array，FPGA)。

CPLD 和 FPGA 大都采用各种分区的阵列结构，即将整个器件分成若干的区。有的区包含有若干的 I/O 端、输入端及规模较小的“与”、“或”阵列和宏单元，相当于一个小规模的 PLD；有的区则只是完成某些特定逻辑功能。各区之间可通过几种结构的可编程全局互连总线连接，如图 5.2.1 所示。编程时，同一模块的电路一般安排在同一区内，因此只有少部分输入和输出使用全局互连总线，从而大大降低了逻辑阵列规模，缩小了电路传输延迟时间。

□ 小规模PLD
■ 互连资源
(a)　(b)　(c)

图 5.2.1　CPLD 三种全局互连结构示意图

5.2.1 Altera公司CPLD器件

CPLD 器件的代表品种有 Altera 公司的 MAX7000 系列、Lattice 公司的 ispLSI1000 系列和 Xilinx 公司的 XC7300 系列等，这些器件都运用在系统编程 (ISP) 技术。

Altera 公司的 MAX7000 系列器件采用了 0.8μm CMOS EEPROM 工艺，其器件是多阵列矩阵 MAX (Multiple Array Matrix) 结构，如图 5.2.2 所示，它主要由逻辑阵列块 LAB (Logic Array Block)，I/O 控制块和可编程互连阵列 PIA (Programmable Interconnect Array)构成。

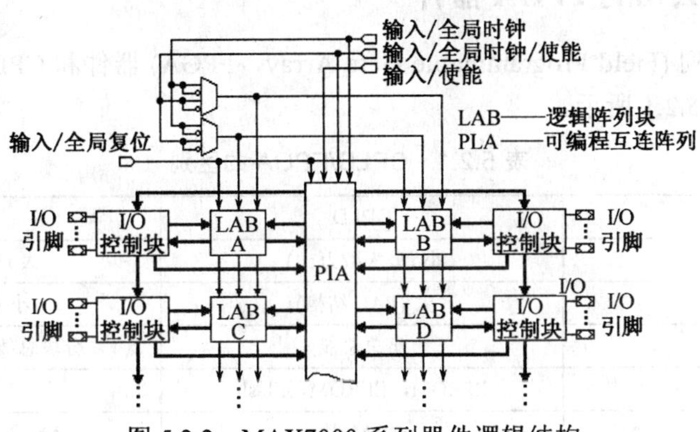

图 5.2.2　MAX7000 系列器件逻辑结构

MAX7000 系列器件包含有 32～256 个逻辑宏单元 (Macrocell)，每一个逻辑宏单元由可编程的“与”阵列和一个固定的“或”阵列，以及一个具有独立可编程时钟、时钟使能、清除和置位功能的可配置触发器组成。每 16 个宏单元组成一组，构成一个灵活的逻辑阵列模块 LAB。多个 LAB 通过可编程互连阵列 PIA 和全局总线相连。每个 LAB 还与相应的 I/O 控制模块相连，以提供直接的输入和输出通道。

所有 MAX7000 系列器件的专用输入、I/O 引脚和 LAB 均可与可编程互连阵列 PIA 相连。但只有每个 LAB 所需的输入/输出信号才通过 PIA 连线，因此，只有部分 LAB 输入和输出使用全局总线，从而降低了逻辑阵列规模。PIA 有固定的传输延迟时间，实现的时序与器件内部逻辑布线无关。

I/O 控制模块允许每个 I/O 引脚单独地配置成输入/输出、双向和三态方式，且逻辑电平为 TTL 电平；所有的 I/O 引脚都由全局输出使能信号控制。此外，MAX7000 系列器件提供双 I/O 反馈结构，即宏单元和 I/O 引脚的反馈是相互独立的。当 I/O 引脚被配置为输入引脚时，与其相连的宏单元可以用做“隐埋”宏单元。MAX7000 系列器件具有输出电压摆率控制、可编程保密位、可编程功率节省模式等，每个 I/O 引脚均具有 ISP 和集电极开路的特性。器件内部设有 JTAG (Joint Test Action Group，联合测试行动组) 边界扫描测试 (Boundary Scan Testing，BST) 电路，可通过 JTAG 接口实现在线编程 (ISP)。

Altera 公司的 CPLD 器件还有 MAX9000，MAX7000S，MAX7000A/B/C 等型号，可到 Altera 公司的网站查阅、免费下载所有这些器件的型号、参数、工作原理、结构改进等资料。

CPLD 器件在性能上主要有以下特点：

① 与 GAL 器件一样，CPLD 可进行多次编程、改写和擦除。

② CPLD 采用 CMOS EPROM，EEPROM，闪速存储器等编程技术，从而构成了高密度、高速度、高可靠性和低功耗的逻辑可编程器件。

③ CPLD 的 I/O 端数和内含触发器可多达数百个至数千个，其集成度远远高于 PAL 和 GAL 器件。

④ 有灵活多样的逻辑结构，可满足各种数字电路系统的设计，逻辑设计更为灵活方便。

⑤ 内部延时与器件结构和逻辑连接等无关，各模块之间提供了具有固定时延的快速互连通道，因此可预测延时，容易消除竞争冒险等现象，便于逻辑电路设计。

⑥ 对具有在系统编程 (ISP) 能力的 CPLD，设计者不需要专门的编程器，只需用单一电源和编程电缆，就可实时地对器件进行编程和校验。

⑦ 有多位加密位，且器件等效于数千个逻辑门以上，因此可完全杜绝编程数据的非法抄袭。

5.2.2 Altera 公司的 FPGA 器件

现场可编程门阵列 (Field Programmable Gate Array，FPGA) 器件和 CPLD 均属于高密度 PLD 器件，两者区别如表 5.2.1 所示。

表 5.2.1 CPLD/FPGA 的区别

项　目	CPLD	FPGA
集成规模	小 (最大数万门)	大 (最高达百万门)
单元粒度	大 (PAL 结构)	小 (PROM 结构)
互连方式	集总总线	分段总线、长线、专用互连
编程工艺	EPROM，EEROM，Flash	SRAM
编程类型	ROM 型	RAM 型，须与存储器连用
信息	固定	可实时重构
触发器数	少	多
单元功能	强	弱
速度	高	低
Pin-Pin 延迟	确定，可预测	不确定，不可预测
功耗	高	低
加密性能	可加密	不可加密
适用场合	逻辑型系统	数据型系统

CPLD 为连续式互连结构，器件引脚到内部逻辑单元，以及各逻辑单元之间，通过全局互连总线中的多路选择器或交叉矩阵选通构成信号通路，如图 5.2.3 (a) 所示。其主要特点是内部延时与器件结构和逻辑连接等无关，各模块之间提供了具有固定时延的快速互连通道，因此可预测时间延时，容易消除竞争冒险等现象，便于各种逻辑电路设计。

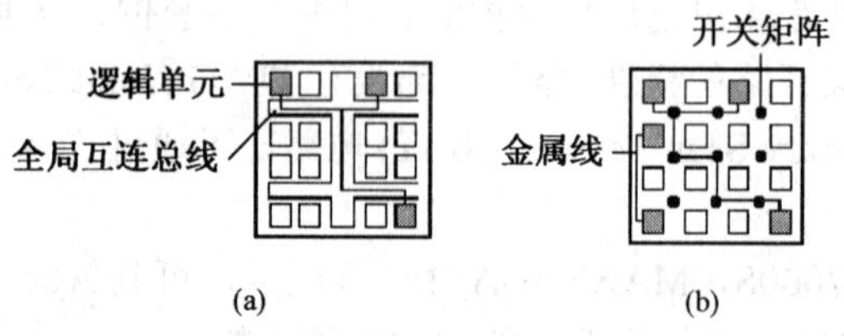

图 5.2.3 CPLD 和 FPGA 互连结构

FPGA 器件为分段式互连结构，它由几种长度不同的金属连线，经开关矩阵将各逻辑单元连接起来，如图 5.2.3 (b) 所示。其主要特点是集成密度大，结构灵活，对典型设计可获得较高的性能。但内部延时与器件结构和逻辑连接等有关，其速度可预测性差，在设计前难以预测逻辑设计的时序特性。

下面以 Altera 公司的 FLEX10K 系列 FPGA 器件为例说明 FPGA 的基本结构。Altera 公司的 FLEX10K 系列器件品种型号如表 5.2.2 所示。

FLEX10K 系列器件采用了 SRAM (静态 RAM) 工艺，故被称为 FPGA 器件，其结构为灵活逻辑单元阵列 FLEX (Flexible Logic Element Matrix)，如图 5.2.4 所示。它主要由嵌入阵列块 EAB (Embedded Array Block)、逻辑阵列块 LAB (Logic Array Block)、逻辑单元 LE (Logic Element)、I/O 单元 IOE (I/O Element) 和行列快速互连通道 (FastTrack) 构成。

表 5.2.2　FLEX10K 系列器件

Featres	EPF10K10 EPF10K10A	EFP10K20	EPF10K30 EPF10K30A	EFP10K40	EPF10K50 EPF10K50V	EPF10K70	EPF10K100 EPF10K100A	EPF10K 130V	EPF10K 250 A
Typical Gates	10 000	20 000	30 000	40 000	50 000	70 000	100 000	130 000	250 000
Logic Elements	576	1152	1728	2304	2880	3744	4992	6656	12 160
RAM Bits	6144	12 288	12 288	16 384	20 480	18 432	24 576	32 768	40 960
Registers	720	1344	1968	2576	3184	4096	5392	7120	12 624
Max.User I/O	134	189	246	189	310	358	358	470	470

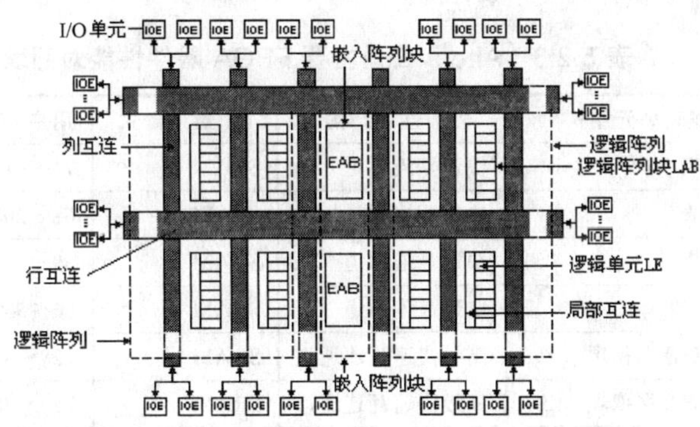

图 5.2.4　FLEX10K 系列器件的逻辑结构

逻辑单元 LE 是 FLEX10K 器件结构中的最小单元，每个 LE 包含一个 4 输入的查找表 (Look Up Table，LUT)、一个带有同步使能的可编程触发器、一个进位链和一个级联链。每个 LE 有两个输出分别可以驱动局部互连和快速通道的 FastTrack 互连。LE 中的 LUT 是一种函数发生器，它能实现 4 输入 1 输出的任意逻辑函数。LE 中的可编程触发器可设置成 D，T，JK 或 RS 触发器。该寄存器的时钟、清零和置位信号可由全局信号通过 I/O 引脚或任何内部逻辑驱动。对于组合逻辑的实现，可将该触发器旁路。

逻辑阵列块 LAB 由相邻的 LE 构成。每个 LAB 包含 8 个 LE、相连的进位链 (Carry-In) 和级联链 (Cascade-In)。每个 LAB 在器件中是独立的一个模块，LAB 中的 LE 具有共同的输入、互连与控制信号。同一模块的电路一般安排在同一 LAB 内，因此只有少部分输入和输出使用行列快速互连通道，从而降低了逻辑阵列规模。

嵌入阵列块 EAB 是由 RAM/ROM 和相关的输入、输出寄存器构成。它可提供 2048 位片内存储器。EAB 也可编程作为大型的复杂逻辑功能查找表，以实现乘法器、微控制器、状态机、数字信号处理等复杂的逻辑功能。

在 FLEX10K 器件系列中，LAB 和 EAB 排成行与列，构成二维逻辑阵列。位于行和列两端的 I/O 单元 (IOE) 提供 I/O 引脚。每个 IOE 有一个双向 I/O 缓冲器和一个既可做输入寄存器也可做输出寄存器的触发器。

FLEX10K 系列器件内部信号的互连是通过行列快速互连通道和 LAB 局部互连通道实现的。

FLEX10K 系列器件采用静态随机存取存储器 (SRAM) 存储编程信息。通常，编程信息存于外附加的 EPROM，EEPROM 或系统的软/硬盘上，系统工作之前，将存于器件外部的编程信息输入到器件内的 SRAM，器件才能开始工作。

FPGA 器件在性能上主要有以下特点：

① FPGA 器件采用 SRAM 编程技术，从而构成了高密度、高速度、高可靠性和低功耗的逻辑可编程器件。

② FPGA 器件提供了丰富的 I/O 端数和触发器，其集成度远远高于 PAL 和 GAL 器件。

③ FPGA 器件结构最为灵活，其内部结构均可编程，提供了强有力的组合逻辑函数发生器，可实现多个变量的任意逻辑。可满足各种数字电路系统的设计。

④ 某些 FPGA 器件还提供了片内高速 RAM，可用于 FIFO 等的设计。

⑤ 在使用 FPGA 器件时，需对其进行数据配置。配置完成后，FPGA 器件才可完成设计要求的逻辑功能。当断电时，FPGA 器件中的配置数据自动丢失。

⑥ 内部延时与器件结构和逻辑连接等有关，因此传输时延不可预测。

表 5.2.3 为 Altera 公司主要 FPGA 器件性能对照表，其中低成本、大批量设计应用可以采用 ACEX1K、Cyclone 等系列；高端设计应用可以采用 APEX20K、Stratix 等系列。

表 5.2.3　Altera 公司主要 FPGA 器件性能对照表

器件序列	逻辑单元结构	互连结构	配置方式	用户 I/O 引脚	典型可用门
FLEX6000	查找表	快速互连通道	SRAM	71～218	1.6 万～2.4 万
FLEX8000	查找表	快速互连通道	SRAM	68～208	2500～1.6 万
FLEX10K	查找表	快速互连通道	SRAM	59～470	1 万～25 万
ACEX 1K	查找表	快速互连通道	SRAM	66～333	1 万～10 万
APEX 20K	查找表&乘积项	高级快速互连通道	SRAM	128～808	3 万～150 万
APEX 20KC	查找表&乘积项	高级快速互连通道	SRAM	250～780	10 万～150 万
APEX II	查找表&乘积项	高级快速互连通道	SRAM	492～1140	60 万～400 万
Stratix	查找表&乘积项	高级快速互连通道	SRAM	426～1328	40 万～280 万
StratixII,III,IV,V	查找表&乘积项	高级快速互连通道	SRAM	Stratix 改进型	Stratix 改进型
Cyclone	查找表&乘积项	高级快速互连通道	SRAM	104～301	10 万～80 万
CycloneII,III,IV,V	查找表&乘积项	高级快速互连通道	SRAM	Cyclone 改进型	比 Cyclone 增大
Mercury	查找表&高速差分收发	高级快速互连通道	SRAM	303～486	12 万～35 万
Excalibur	查找表&RISC 处理器	高级快速互连通道	SRAM	178～521	10 万～100 万

5.2.3　CPLD 器件和 FPGA 器件的编程、适配与边界扫描测试技术

1．编程与适配

CPLD 器件为 EEPROM 或 FLASH 工艺，被编程后非易失。向 CPLD 器件内烧写电路结构信息称为编程 (Program)。

FPGA 器件内部为 SRAM 工艺，断电后编程信息立即丢失；每次上电后，还要重新载入编程信息，因此，对 FPGA 器件的编程一般称为配置 (或适配 Configure)。

器件编程或适配习惯上又叫做下载 (download)，这通过下载软件平台及下载电缆实现。一些下载软件平台对编程 (Program)、配置 (Configure) 有明确的界定，须人工选择不同后缀的下载文件并在下载软件平台上单击不同的操作按钮 (Program 按钮或 Configure 按钮) 来实现不同种类器件的编程下载或配置下载。也有的下载软件平台能够在用户设定好目标器件后自动选择相应的下载模式 (编程下载或配置下载) 而无须用户操心。

2．边界扫描测试规范及编程标准

随着微电子技术、微封装技术和印制板制造技术的发展，印制电路板面积变小，元件密度变大，复杂程度增高。若沿用传统的外探针测试法和“针床”，难于实现对芯片和电路板的全面测试。

20 世纪 80 年代，联合测试行动组 (Joint Test Action Group，JTAG) 开发了边界扫描测试 (Boundary Scan Testing，BST) 技术规范，版本为 IEEE1149.1—1990。该规范提供了测试电路板上 CPLD 及 FPGA 器件的软/硬件方法，规定要使用*.bsm 文件，该文件描写了被测试器件的边界扫描测试属性，该文件用边界扫描描述语言描写 (BSDL 语言，the Boundary-Scan Description Language，属于 VHDL 的一个子集)；硬件上规定要用 JTAG 下载电缆 (可边界扫描测试)，还要用专用的 JTAG 自动测试仪，因此，适用于大批量 ASIC 制造用。

基于 SRAM 的 FPGA 器件又被称为 ISC (In-System-Configurable，在系统可配置器件)，在用 IEEE1149.1—1990 规范测试和编程 ISC 器件时有一定的复杂性，后来对此做了改进，又提出了 IEEE-1532—2001-ISC 规范，即把原来只用做边界扫描测试的 JTAG 电缆同时又用做编程，这就简化了器件的引脚，也使编程方式达到标准化统一；尤其适合 FPGA 器件，当然也适合于 CPLD，此时用*isc.bsm 文件描写被编程测试的器件的边界扫描测试属性，此时也用 JTAG 下载电缆。

图 5.2.5 为边界扫描测试方法。该方法规定了一个串行扫描路径，它能捕获器件内核逻辑的内容，或者测试遵守 IEEE 1149.1—1990 JTAG 规范的器件之间的引脚连接情况。这种测试可在器件正常工作时捕获功能数据。器件的边界扫描单元能够迫使逻辑追踪引脚信号，或是从引脚或器件核心逻辑信号中捕获数据。强行加入的测试数据串行地移入边界扫描单元，捕获的数据串行移出并在器件外部同预期的结果进行比较。

JTAG 边界扫描测试需要 4 (或 5) 根信号线，即 TDI (测试数据输入)，TDO (测试数据输出)，TMS (测试模式选择) 和 TCK (测试时钟输入)，TRST (测试复位输入，可选)。这 5 个引脚的功能分别为：

TDI：测试指令和编程数据的串行输入引脚，数据在 TCK 的上升沿移入。

TDO：测试指令和编程数据的串行输出引脚，数据在 TCK 的下降沿移出。如果数据没有被移出时，该引脚处于高阻态。

TMS：测试模式选择引脚，它决定 TAP 控制器的转换，该引脚的信号值必须在 TCK 上升沿之前建立。在用户态时，TMS 应为高电平。

TCK：测试时钟输入引脚，将时钟输入到 BST 电路。

TRST：测试复位输入，该引脚为低电平时异步复位边界扫描电路，在 IEEE1149.1 规范中，该引脚可选。

JTAG BST 需要下列寄存器：

指令寄存器：用来决定是否进行测试或访问数据寄存器操作。

旁路寄存器：它是 1 位寄存器，用来提供 TDI 和 TDO 的最小串行通道。

边界扫描寄存器：由器件引脚上的所有边界扫描单元构成。

还有其他一些寄存器：器件 ID 寄存器、ISP/ICR 寄存器等。

JTAG BST 电路的功能模式如图 5.2.6 所示。

IEEE Std.1149.1 JATG 边界扫描测试由测试存取端口 TAP (Test Access Port) 控制器管理。TMS，TCLK 和 TRST 引脚作为 TAP 控制器的输入，TDI 和 TDO 为数据寄存器提供串行通道。TDI 也为指令寄存器提供数据，系统为数据寄存器组产生控制逻辑。“TAP 及边界扫描结构信息”由器件的*.bsm 文件提供。

边界扫描描述语言 (Boundary Scan Description Language，BSDL) 是 VHDL 的一个子集。用 BSDL 描述具有 JTAG (IEEE 1149.1) BST 特性的器件的测试属性。自动测试设备用 BSDL 文件来生成测试文件、测试分析、失效分析及在系统编程等。可以从 CPLD/FPGA 器件制造商的 Web 站点免费下载内建有 JTAG (IEEE 1149.1) BST 特性的 CPLD/FPGA 器件的 BSDL 文件，每种器件有一个它所特有的 BSDL 文件，文件取名为*.bsm。

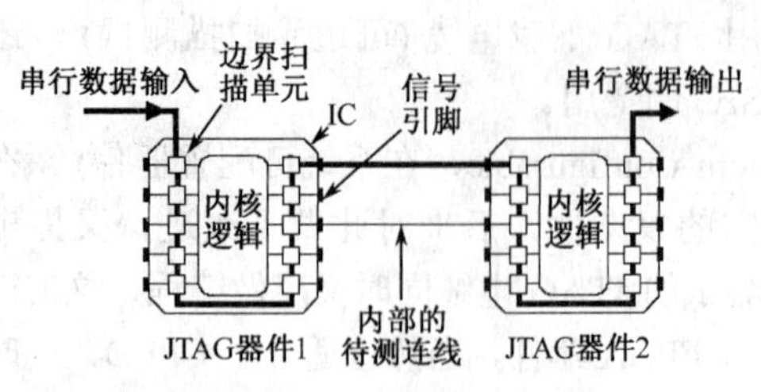

图 5.2.5 边界扫描测试方法

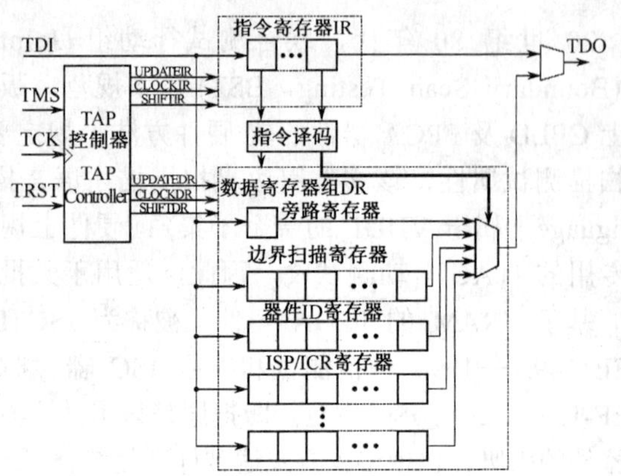

图 5.2.6 JTAG BST 电路的功能模式图

.bsm 或 isc.bsm 文本的行数同器件的规模有关，器件规模越大，要描述的 TAP 管理内容及边界扫描属性就越多，文本就越大；此文本只能由器件制造厂提供，它和器件的内部结构属性及扫描属性有关，用户很难自己来开发。

3．Altera 公司的下载电缆及工作模式

Altera 公司为其不同的器件提供了不同的编程与配置方式，例如，BitBlaster 串行下载、ByteBlaster 并行下载、ByteBlasterMV 并口混合电压下载，每种又有多种方式、且能兼容 JTAG 标准。Altera 网站有相关的技术资料可免费下载供用户查阅。Altera 公司给出的编程与配置方式很多，下面重点介绍几种。

(1) BitBlaster 串行口下载：在此方式，BitBlaster 串行下载电缆的一端与计算机的标准 25 芯 RS-232 串口相连，另一端与下载板的 10 芯插座相连。支持 Altera 的 MAX 系列 ISP 器件的在线编程、也支持 FLE X 系列 ISC 器件的在线配置。支持被动串行同步 (PS) 及 JTAG 两种数据下载模式。可对单个器件或在同一数据链中的多个器件进行编程或配置。数据传输速率为 9600～230 400 bps。

图 5.2.7 是 BitBlaster 串行下载 10 芯插头的标准定义下的外观图及尺寸。

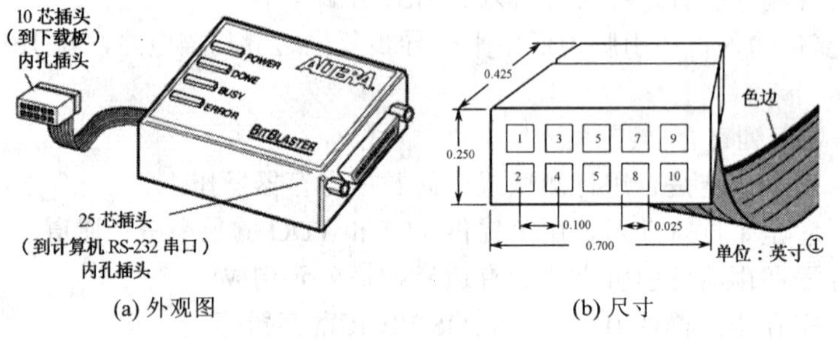

(a) 外观图　　(b) 尺寸

图 5.2.7 BitBlaster 串行下载 10 芯插头

电缆端口规范的引脚定义如表 5.2.4 和表 5.2.5 所示 (资料取自 Altera 网站)。其中，25 芯部分只指定了使用 25 芯的某些引脚的规范，但引脚号的具体定义 Altera 公司没有规定，可由用户根据信号属性合理决定。

(2) ByteBlaster 并行口下载：Altera 公司的器件在实际应用中大多采用 ByteBlaster 并行口下载方式。ByteBlaster 并行口下载电缆的一端与计算机的标准 25 芯并口 (LPT 口) 相连，另一端与下载板的 10 芯插座相连。10 芯插座的信号定义与表 5.2.5 一致，而与计算机相连的 25 芯并口插头的信号定义如表 5.2.6 所示 (只列出 JTAG 及 PS 模式)。

① 1 英寸 = 2.54 cm —— 编者注。

表 5.2.4　BitBlaster 串行下载电缆 25 芯 RS-232 串口引脚定义

25 芯 引 脚	信 号 名	说　　明
2	TX	发送数据 Transmit data
3	RX	接收数据 Receive data
4	RTS	请求发送 Request to send
5	CTS	允许发送 (或清除发送 Clear to send)
6	DSR	数据装置准备好 Data set ready
7	GND	信号地 Signal dround
20	DTR	数据终端准备好 Data terminal ready

表 5.2.5　BitBlaster 串行下载电缆 10 芯接口引脚定义

10 芯 引 脚	JTAG 模式		PS 模式	
	信 号 名	说　　明	信 号 名	说　　明
1	TCK	时钟信号	DCLK	时钟信号
2	GND	地	GND	地
3	TDO	数据 (来自器件)	CONF_DONE	配置数据 (来自器件)
4	UCC	电源	U_{CC}	电源
5	TMS	JTAG 状态机控制	nCONFIG	配置控制
6	NC	空	NC	空
7	NC	空	nSTATUS	配置状态
8	NC	空	NC	空
9	TDI	数据 (到器件)	DATA0	数据 (到器件)
10	GND	地	GND	地

表 5.2.6　ByteBlaster 并行下载电缆用到的 25 芯并口引脚定义

25 芯并口号	JTAG 模式信号名		PS 模式信号名	
2	TCK	时钟信号	DCLK	时钟信号
3	TMS	JTAG 状态机控制	NCONFIG	配置控制
8	TDI	数据 (到器件)	DATA0	数据 (到器件)
11	TDO	数据 (来自器件)	CONF_DONE	配置数据 (来自器件)
13	NC	空	nSTATUS	配置状态
15	GND	地	GND	地
18～25	GND	地	GND	地

Altera 公司的基于 SRAM LUT 结构的 FPGA 器件，在用 ByteBlaster 并行下载时，通过 FPGA 器件上的模式选择引脚 MSEL1，MSEL0 的电平 (高电平 1，低电平 0)，有 6 种配置模式，如表 5.2.7 所示。

表 5.2.7　ByteBlaster 并行下载模式 (SRAM LUT 结构的 FPGA 器件)

序　　号	模　　式	MSEL1	MSEL0
1	外加配置器件模式，如用 EPC2 型 EEPROM 作为非易失的配置	0	0
2	PS (Passive Serial) 被动串行模式 (只从 DATA0 串行送数据)	0	0
3	PPS (Passive Parallel Synchronous)　被动并行同步模式 (从 DATA0～DATA7 并行送数据)	1	0
4	PPA (Passive Parallel Asynchronous)　被动并行异步式	1	1
5	PSA (Passive Serial Asynchronous)　被动串行异步模式	1	0
6	JTAG 模式	0	0

在调试时，通常使用 PS 或 JTAG 模式，此时应选择*.sof 文件，通过 ByteBlaster 并行口下载电缆对 Altera 器件做 ICR (在电路配置)；在调试通过后，应选择*.pof 文件，再使用外加配置器件模式，也通过 ByteBlaster 并行口下载电缆对非易失的 EPC2 器件做 ISP 编程，应用时再由 EPC2 适配给 FPGA 器件。

ByteBlaster 并行口下载电缆的 25 芯插头腔内部有一转换电路，上面有 74LS244 (8 同相总线缓冲器，三态；或用 74HC244)。原理图如图 5.2.8 所示，图 5.2.8 左方 25 芯插头的 15 脚是接地的，这一点和后面要介绍的 ByteBlasterMV 并行下载电缆不同。

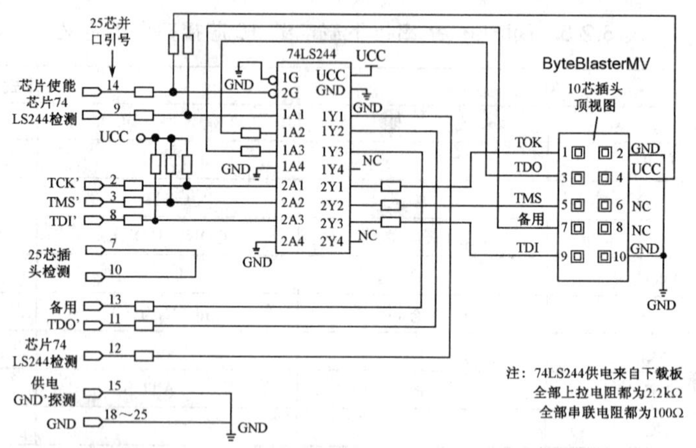

图 5.2.8　ByteBlaster 并行口下载电缆原理图

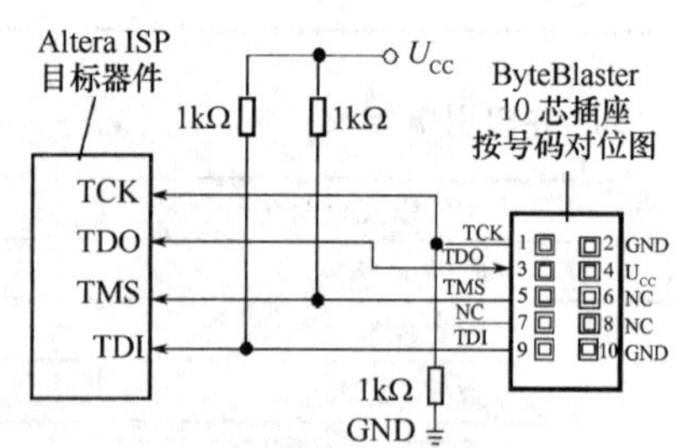

图 5.2.9　用 ByteBlaster 并行口下载时的下载应用板 (JTAG 模式)

需要提醒的是，不同品牌的 EDA 实验仪的电缆切勿混用，以免带来损失。

用 ByteBlaster 并行口下载电缆按 JTAG 模式编程 Altera 的 ISP 器件，如图 5.2.9 所示。这个图只显示了下载板上的情况，图 5.2.9 中的右方是 10 芯插座，它与目标器件一同焊在下载板印制电路板上，信号按 JTAG 的名称定义。而从图 5.2.9 的 10 芯插座到计算机并口的连接要用到图 5.2.8 的电缆。

(3) ByteBlasterMV 并口混合电压下载：对于大规模可编程器件，为降低芯片功耗，采用多工作电压 (MV) 工作模式，即 I/O 口的工作电压为 3.3V，而内核的工作电压为 2.5 V 或 1.8 V，这种器件的下载必须使用 ByteBlasterMV 并口混合电压下载方式；但实际上，ByteBlasterMV 电缆也支持上面所说的其他 FPGA 器件及 CPLD 器件的下载。

ByteBlasterMV 并行下载电缆的 25 芯端口引脚定义如表 5.2.8 所示，其 15 引脚要接 U_{CC}，这一点同 ByteBlaster 并行下载电缆不同，而其他部分两者相同。

表 5.2.8　ByteBlasterMV 并行下载电缆用到的 25 芯并口引脚定义

25 芯并口号	JTAG 模式信号名		PS 模式信号名	
2	TCK	时钟信号	DCLK	时钟信号
3	TMS	JTAG 状态机控制	NCONFIG	配置控制
8	TDI	数据 (到器件)	DATA0	数据 (到器件)
11	TDO	数据 (来自器件)	CONF_DONE	配置数据 (来自器件)
13	NC	空	nSTATUS	配置状态
15	U_{CC}	下载板电源	U_{CC}	下载板电源
18～25	GND	地	GND	地

ByteBlasterMV 并行口下载电缆的原理图如图 5.2.10 所示，25 芯接口小盒中的 74LS244 (或 74HC244) 的供电由 10 芯插头从目标板上的 UCC (为 3.3V 或 5V) 取得。目标板上器件的内核工作电压"UCCINT"接到 2.5V 电压上，器件的 I/O 接口工作电压接到 2.5V 或 3.3V 电源上。

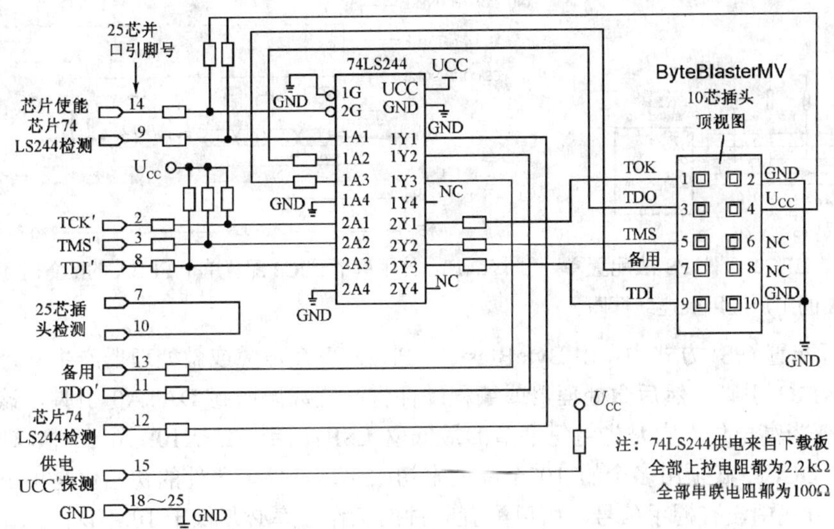

图 5.2.10　ByteBlasterMV 并行口下载电缆原理图

(4) Altera 公司 FPGA 器件利用 EPC 型专用配置器件配置：Altera 公司的 FPGA 器件有两类配置下载方式：被动配置方式和主动配置方式。在实验系统中，是由计算机或微处理器控制配置过程，这时下载板上的 FPGA 器件处于被动配置方式。而在实用系统中，多数情况下是由 FPGA 器件主动引导配置操作过程，它将主动从外围专用存储芯片中获得配置数据，而此专用存储芯片中的配置信息是用普通编程器将设计所得的*.pof 格式的文件烧录进去的。

EPC 型存储器是 Altera 公司生产的用于其 FPGA 器件配置的专用配置器件，它们的特点是：配置时电流很小，且 FPGA 器件正常工作时，EPC 器件为零静态电流；适用于 3.3/5V 多种接口电压工作，提供 DIP，PLCC，TQFP 封装形式；MAX+plus Ⅱ和 Quartus 等开发软件均提供对 EPC 器件的支持；支持用 MPU，MCU 或 CPLD 模仿下载配置时序为 FPGA 配置；EPC 器件中的 EPC2 系列采用 Flash 存储工艺，可被多次编程，可用 JTAG 接口、3.3/5V 在系统编程，具有内置的 JTAG-BST 电路，可通过 BitBlaster 或 ByteBlasterMV 下载电缆，使用串行矢量格式文件 (*.svf)，Jam (*.jam)，pof (*.pof) 或 Jam Byte-Code (*.jbc) 等文件格式对其进行配置，常用的是 pof 文件。EPC 器件中的 EPC1 型是一次可编程 (OTP) 器件。

常用的 EPC 器件的型号如表 5.2.9 所示。

表 5.2.9　Altera 公司 FPGA 常用配置器件

器　件	功　能	封　装
EPC2	1 695 680×1 位，3.3/5V 供电，可多次编程	20 脚 PLCC，32 脚 TQFP
EPC1	1 046 496×1 位，3.3/5V 供电，一次可编程	8 脚 PDIP，20 脚 PLCC
EPC1441	440 800×1 位，3.3/5V 供电，一次可编程	8 脚 PDIP，20 脚 PLCC
EPC1213	212 942×1 位，5V 供电，一次可编程	8 脚 PDIP，20 脚 PLCC，32 脚 TQFP
EPC1064	65 536×1 位，5V 供电，一次可编程	8 脚 PDIP，20 脚 PLCC，32 脚 TQFP
EPC1064V	65 536×1 位，5V 供电，一次可编程	8 脚 PDIP，20 脚 PLCC、32 脚 TQFP

图 5.2.11 所示是用单个 EPC2 器件配置单个 FPGA 的用户应用板连线框图，图示的接法是 PS

配置法，即被动串行模式。配置的时序如图 5.2.12 所示，由图可知需要经历配置状态 (I/O 为高阻)、初始状态 (I/O 为高阻)、用户状态 (I/O 为用户态)，此后就可正常工作。

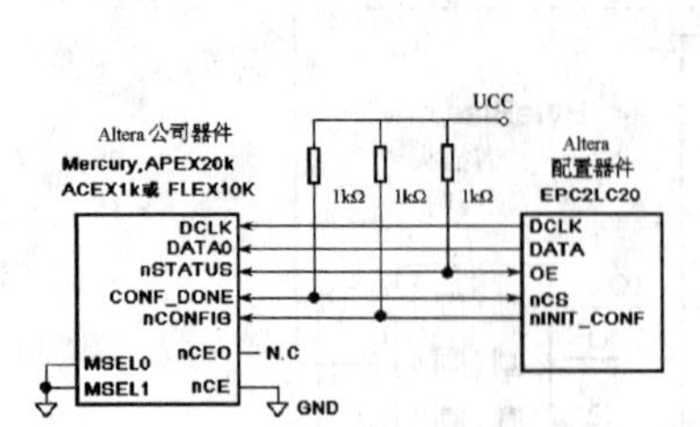

图 5.2.11 用单个 EPC2 器件 PS 法配置单个 FPGA 的用户应用板连线框图

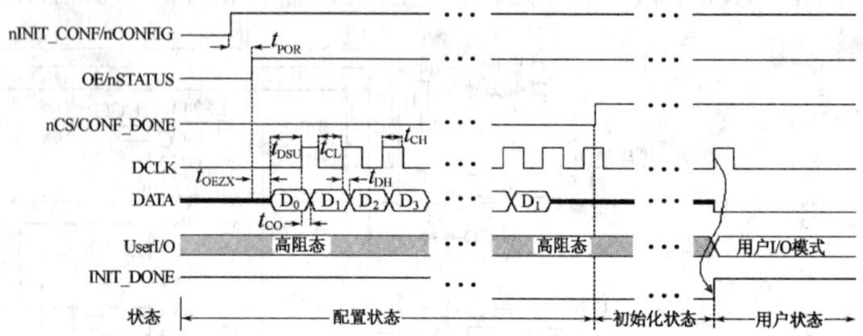

图 5.2.12 使用单个 EPC2 配置单个 FPGA 的配置时序 (PS 配置法)

在被动串行配置 (PS) 方式中，由 ByteBlaster，FLEX 下载电缆或微处理器产生一个由低到高的跳变送到 nCONFIG 引脚，然后微处理器或编程硬件将配置数据送到 DATA0 引脚，该数据锁存至 CONF_DONE 变为高电位，它是先将每字节的最低位 LSB 送到 FLEX10K10 器件。CONF_DONE 变为高电位后，DCLK 必须用多余的 10 个周期来初始化该器件，器件的初始化是由下载电缆自动执行的。在 PS 方式中没有握手信号，所以配置时钟的工作频率必须低于 10MHz。

在多器件 PS 方式下，第一片 FLEX10K10 的 nCEO 引脚级联到下一片 FLEX10K10 的 nCE 引脚。在一个时钟周期内，第二个 FLEX10K10 器件开始配置，因此，对于微处理器或控制器来说，要转移的数据是透明的。Altera 公司提供了用多个 EPC 器件配置单个 (或多个) FPGA 器件的规范，限于本书篇幅，不再用图解说，详细的原理可查 Altera 公司 Web 资料 cfg_cf51005.pdf。

(5) 使用单片机配置 FPGA：在 FPGA 的实际应用中，设计的保密性和设计的可升级十分重要，用单片机来配置 FPGA 可以较好地实现这两点。

用单片机配置 FPGA 时有多种电路的接法，分别可以实现 PPS 模式、PS 模式、PSA 模式、PPA 模式及 JTAG 模式等。

① PPS 被动并行同步模式：在图 5.2.13 中，FPGA 的 MSEL1=1，MSEL0=0，属于 PPS 被动并行同步模式；其配置时序如图 5.2.14 所示，该配置时序由单片机产生。在单片机控制下，把配置数据从存储器的数据线 DATA[7..0]并行输出，送到 FPGA 的数据口 DATA[7..0]中，单片机可用常用的类型，如 MCS51 系列、MCS96 系列、AVR 系列等；存储器可用 EEPROM 或 Flash ROM，配置的数据就存放在存储器内。

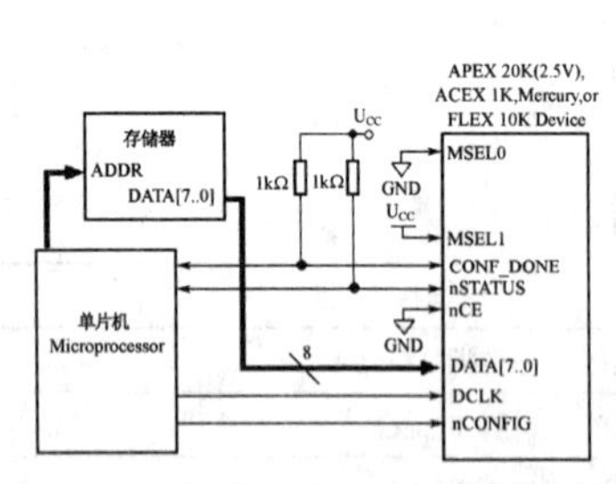

图 5.2.13 单片机用 PPS 模式配置 FPGA 的用户应用板原理

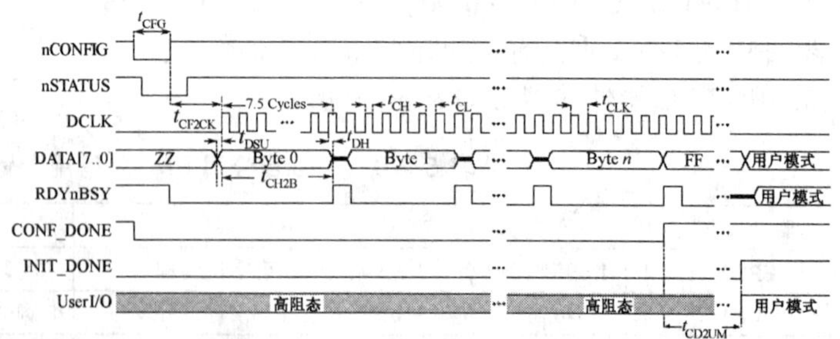

图 5.2.14 单片机用 PPS 模式配置用户应用板的 FPGA 的工作时序

② 用单片机以 PS 模式配置 FPGA：图 5.2.15 所示是此法的应用板实例，图 5.2.15 的右上方为 RS-232 插座，通过 RS-232 电缆，同计算机的 RS-232 串行口相连，用户在 MAX+plusⅡ 10.0 上做设计，可以选择配置调试或编程下载，分别说明如下：

若将 J8 的 5 个跳线块插在 J8A 挡 (见图 5.2.15)，可进行：

① 在线配置调试：将设计编译的项目文件 (假定是 gate_xor2) 通过 CIC-310 型 CPLD/FPGA 智能型可编程数字开发系统的专用下载软件平台 DNLD102.EXE 的管理 (其用法参见 CIC-310 智能型可编程数字开发系统的指导书)，即把 gate_xor2 调入下载软件平台中间窗口，在中间窗口的下方单击 Config 快捷按钮，就可以经：计算机→RS-232 电缆→图 5.2.15 的 AT89C2051 (起节点处理机作用) →以 PS 模式配置图 5.2.15 的 EPF10K10FPGA 芯片 (实际上是把下载文件 gate_xor2.sof 适配给了 EPF10K10)，配置之后可以观察电路功能；经过多次在线配置调试，设计没有问题后，就可以进行下一步在线编程下载了。

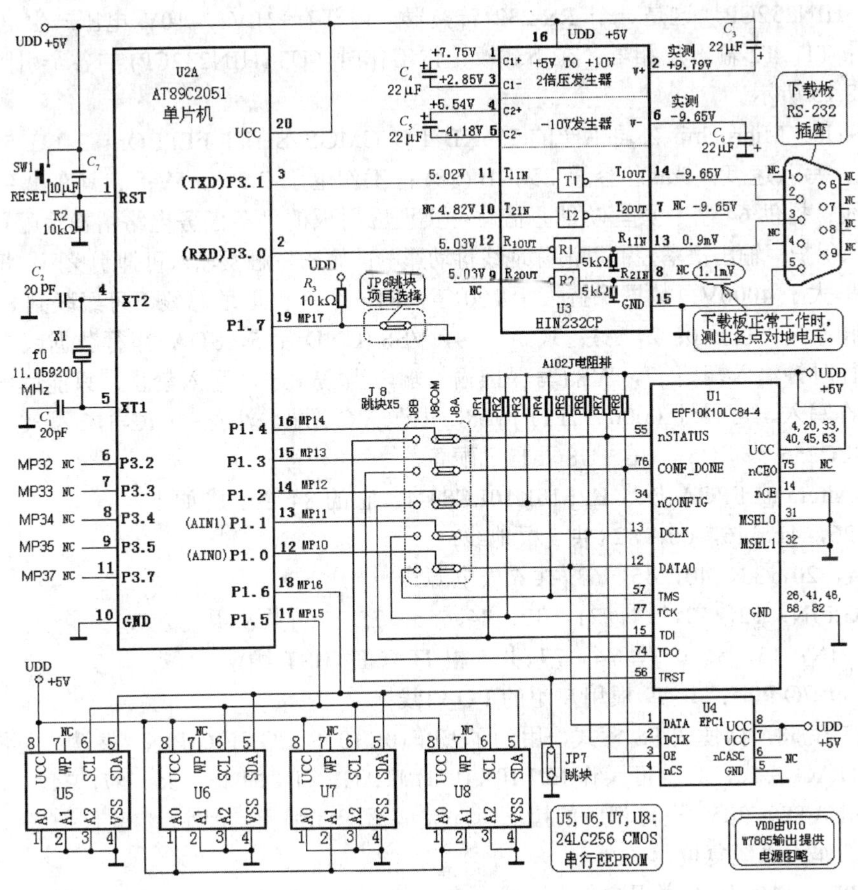

图 5.2.15　某单片机以 PS 模式配置 FPGA 的用户应用板原理图

② 在线编程下载到 24LC256，将设计编译的项目文件 gate_xor2 调入下载软件平台 DNLD 的左边 SEEPROM 窗口 (实际上是把下载文件 gate_xor2.pof 调入左窗口)，单击左窗口下方的 Config 快捷按钮，就可以经：计算机→RS-232 电缆→图 5.2.15 的 AT89C2051 (起节点处理机作用) →编程图 5.2.15 的 U5 (串行 SEEPROM24LC256)，下载后，插拔一次跳线块 JP6，单片机 AT89C2051 就会从 24LC256 中取出信息并按 PS 模式把 gate_xor2 适配给 EPF10K10LC84-4 FPGA 芯片，单片机应准确地按照 PS 的时序操作适配过程，适配完毕，就有功能显示出来。

③ 也可以在线编程下载到 U4 (EPC1)，EPC1 是 Altera 的一次性非易失编程元件，将信息编程在 EPC1 中之后，断开单片机的 P1.1 的线 (将跳块插到 B 挡)；则每次开机，EPF10K10 会以主动模式发出 DCLK 脉冲加入到 EPC1 的 DCLK，从 EPC1 中调出信息得到适配，适配完毕，就有功能显示出来。

若将 J8 的 5 个跳线块插在 J8B 挡，则可以经：计算机→RS-232 电缆→图 5.26 的 AT89C2051 (起节点处理机作用) →以 JTAG 方式的时序配置图 5.2.15 的 EPF10K10FPGA 芯片。

图 5.2.15 中使用了以下的器件：

● U2A：Atmel 的 8 位单片机 AT89C2051，与 MCS-51 兼容；它内部有 2KB Flash 存储器，可 1000 次擦写；2.7～6V 的工作电压；工作频率：0Hz～24MHz；两级编程存储器；128×8bit 内部 RAM；15 个可编程 I/O 口线：P3.0～P3.5，P3.7，P1.0～P1.7；两个 16 位定时/计数器；6 个中断源；可编程串行 UART 通道；直接 LED 驱动输出；在片模拟比较器；低功耗功率切断模式管理；可见，是一个功能较强的微处理器。

● U3：HIN232CP，这是一个 RS-232 转换器，内部有+10V，−10V 电压产生电路；R1，R2 输入反相器；T1，T2 输出反相器；在下载板正常工作时，U3 (HIN232CP) 的各个引脚对地的稳态电压如图 5.2.15 所示。

● U5～U8：Microchip 公司生产的 256KB I^2C CMOS Serial EEPROM 24LC256：工作频率 f_{max}=400kHz；写入速度：5ms；容量 256KB (×8)；工作电压 2.5～5.5V；它具有 2 线串行接口，兼容 I^2C 总线；提供 64 字节页写功能，借此可实现应用板的“多任务电路结构重配置”功能；全阵列硬件写入保护；输出摆率控制以消除地线抖动影响；施密特触发输入可抑制噪声；擦写 1000 000 次；静电防护大于 4000V；数据保持大于 200 年；同一个 3 位地址总线下可级联到 8 片、2MB 地址空间。引脚布局：1，A0；2，A1；3，A2；4，VSS (GND)；5，SDA (串行数据或指令输入端)；6，SCL (串行时钟输入端)；7，WP (写保护输入端，当 WP=1，写入禁止、只能读出；当 WP=0 或悬空，允许写入、可寻址 0000～7FFF)；8，电源 VCC 端。注意：CIC-310 型实验仪通常只配备了一块 24LC256，即 U5，U6～U8 要自己配备。

● U1：Altera 的 FPGA 芯片 EPF10K10LC84-4，它的 84 个引脚如下：

GND：26，41，46，68，82 (共 5 根地线)

UCC：4，20，33，40，45，63 (共 6 根电源线)

CONFIG.PIN：12，13，14，31，32，34，55，75，76 (共 9 根配置线)

JTAGE.PIN：15，56，57，74，77 (共 5 根 JTAGE _BST 线)

Total User I/O Pins：共 59 根用户用的 I/O 口线

图 5.2.15 在 J8A 挡使用 PS 模式，用到了 EPF10K10 的 CONFIG.PIN，接法参见图 5.2.15；在 J8B 挡使用 JTAG 模式，此时可操作 EPF10K10 的 JTAGE.PIN 即 15，56，57，74，77 引脚；都是由 8 位单片机 AT89C2051 模仿相应的控制时序完成适配或编程；此外，实验仪把 56 脚 (TRST) 还提供给用户，作为系统复位用。

注意：EPF10K10 共 59 根用户 I/O 口线中有一些是双功能的，例如，PPS 方式 (参见图 5.2.13) 8 个数据：DATA[7 DOWNTO 0]依次规定为引脚：5，6，7，8，9，10，11，12。但图 5.2.15 实验系统为 PS 模式，不是 PPS 模式，故只用 DATA0 (12 脚)，其余 DATA 线则都是 I/O 线了；即使在 PPS 方式，适配时用到 DATA[7 DOWNTO 0]，适配后这些引脚又可以作为用户的 I/O 线 (当然，需在设计时预先做引脚锁定于这些脚上)。

通过详细解剖一两个实验装置，可以较快地掌握 CPLD/FPGA 电路系统的应用方案设计，有利于设计出自己的用户系统来。

(6) MasterBlaster/USB 配置 (简介)

MasterBlaster/USB 配置电缆通过 PC 的 RS-232 串口或 USB 接口将编程数据配置到目标器件中，它提供 PS 和 JTAG 两种下载方式。MasterBlaster/USB 配置电缆的结构规范及使用方法可通过 Altera 网站查阅相关资料，不在此赘述。

5.3 可编程逻辑器件开发软件及应用

目前重点 PLD 厂商提供的用于开发自己研制的 PLD 器件的工具软件如表 5.3.1 所示。

表 5.3.1 PLD 厂商及其开发软件

PLD 厂 商	PLD 器 件	PLD 开发软件
Altera	CPLD:MAX 系列 FPGA:Stratix 系列、Cyclone 系列、ACEX 系列、FLEX 系列、APEX 系列、Excalibur 系列	MAX+PLUS II Quartus II
Xilinx	CPLD:Cool Runner 系列、XC9500 系列 FPGA:Virtex 系列、Spartan 系列、XC4000 系列	Foundation ISE EDK
Lattice	CPLD: ispLSI 系列、ispMACH4000 系列 FPGA:EC 系列、ECP 系列	ispSynario System ispEXPERT System ispDesign EXPERT ispLEVER

QuartusII 软件是由 Altera 公司为开发其可编程逻辑器件而推出的 SOPC-EDA 应用开发系统软件，它提供了数字系统 EDA 的综合开发环境，支持设计输入、编译、综合、布局、布线、时序分析、仿真、编程下载等设计过程。它可采用多种编辑输入法，包括图形编辑输入法、VHDL、Verilog HDL、AHDL 语言的文本输入法或者混合输入法、符号编辑输入法、内存编辑输入法等。它可将 HDL 设计转换为易于观察的寄存器传输级 RTL(Register Transport Level)电路图。它包含多种可编程配置的 LPM(Library of Parameterized Modules)功能模块，如 ROM、RAM、FIFO、移位寄存器、硬件乘法器、嵌入式逻辑分析仪、内部存储器、在系统编辑器等，可以用于构建复杂、高级的逻辑系统。它可将 Altera 公司早期的 EDA 软件 MAX+PLUS II 中做的设计工程转换到 QuartusII 环境下执行，使得设计者先前的设计成果得到继承利用。它可以利用第三方综合工具（如 LeonardoSpectrum、Synplify Pro、FPGA Compiler II），支持第三方仿真工具（如 ModelSim），与 MATLAB 和 DSP Builder 结合可以进行基于 FPGA 的 DSP 系统开发和 32 位 NiosII 软核的 SOPC 嵌入式系统设计。本章实例都是在 Quartus II 软件上完成的，其设计方法和流程对于其他 EDA 工具软件的使用具有参考价值。

5.3.1 QuartusII 软件的安装

1. 对 PC 的配置要求

为使 QuartusII 6.0 软件的性能达到最佳，Altera 公司建议计算机的配置为：

- CPU 在 Pentium II 400MHz 以上，系统内存在 512MB 以上；Microsoft Windows 兼容的 SVGA 显示器；CD-ROM 驱动器；大于 1GB 的硬盘空间。
- Microsoft Windows NT4.0(Service Pack4 以上)、Windows2000 或 Windows XP 操作系统；Microsoft IE 5.0 以上的浏览器；TCP/IP 网络协议。
- 有如下的端口之一：用于 ByteBlasterMV 或 ByteBlasterII 下载电缆的并行口（LPT 口）；用于 MasterBlaster 通信电缆的串行口（COM 口）；用于 USB-Blaster 下载电缆、MasterBlaster 通信电缆及 APU(Altera Programming Unit)的 USB 口（仅用于 Windows 2000 或 Windows XP）。

2．软件的安装

将 QuartusII 6.0 软件的光盘 disk1 放入计算机的光驱中，双击 F:\disk1\install.exe，出现安装界面，按照提示完成 QuartusII 6.0 软件 disk1 的安装，接着按照提示完成 disk2 中文件的安装。再在 disk2 中找到软件的补丁包 F:\disk2\ quartusii_60_sp1_pc.exe，双击该图标，并在安装向导的提示下完成补丁包的安装。

3．设置授权文件

首次运行 QuartusII 6.0 软件，会自动弹出授权文件设置窗口，如图 5.3.1 所示，其中有 3 个选项：执行 30 天不能编程的评估版模式、从 Altera 网站自动提取授权、指定一个有效授权文件的位置。

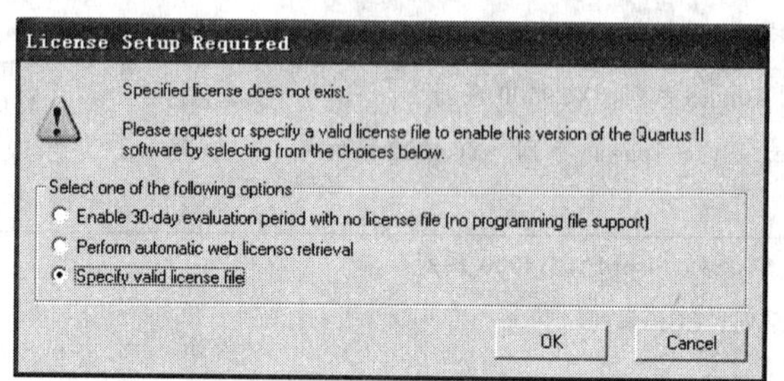

图 5.3.1　授权文件设置窗口 License Setup Required

选择图 5.3.1 中的第 3 项，单击“OK”按钮，弹出“Specify valid license file”窗口，如图 5.3.2 所示，从该窗口的“Local System info”栏中提取计算机的网卡物理地址、C 盘序列号，然后进入 http://www.altera.com.cn/support/licensing/lic-choose.html 网站，打开授权文件申请页面，按照要求输入本机的网卡物理地址及用户的邮箱地址等信息，12 小时内从用户的电子邮箱中获得 Altera 提供的授权文件 License.dat，将其复制到 D:\altera 文件夹中。作者所在院校由于购买了杭州康芯电子有限公司的 GW48 系列 SOPC/EDA 实验开发箱，故本次采用 Altera 公司授权杭州康芯电子有限公司提供的 License 文件，并改名为 q6.0&dsp&mega.dat。

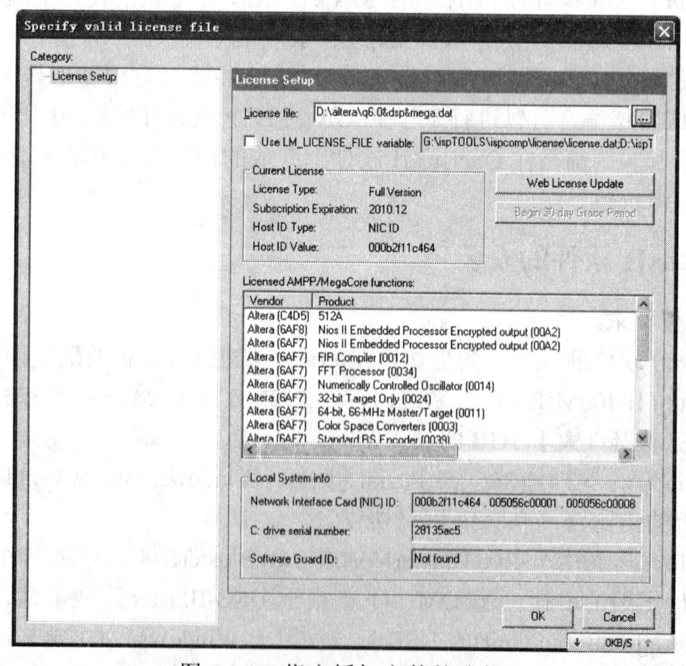

图 5.3.2　指定授权文件的路径

回到图 5.3.2 所示窗口，在“License file”栏内指定授权文件的路径如“D:\altera\ q6.0&dsp&mega.dat”，在“Licensed AMPP/MegaCore functions”栏内显示出 Altera 授予本 QuartusII 软件的权限，其中包括 NiosII 等功能。

单击图 5.3.2 中的“OK”按钮，确认上述指定。至此，所安装的 QuartusII 6.0 软件就可以正常使用了。以后再执行菜单命令 Tools/License Setup，查看 License 信息时，打开的窗口的名称将不再是“Specify valid license file”，而改为“Options”了。

4．安装 Altera 的硬件驱动程序

在 Windows XP 操作系统下安装 Altera 下载电缆的驱动程序的步骤如下。

(1) 执行“开始”→“控制面板”；

(2) 在控制面板窗口中选择“添加硬件”，出现“添加硬件向导”窗口，参照下面步骤依次设置。

(3) 选择“添加硬件向导”，单击“下一步”按钮，并把 AlteraByteBlaster 电缆连好于并口；

(4) 新窗口中选择“是，我已经连接了此硬件 (Y) ”，单击“下一步”按钮；

(5) 选择“添加新的硬件设备”，单击“下一步”按钮；

(6) 选择“安装我手动从列表选择的硬件 (高级) (M)”，单击“下一步”按钮；

(7) 选择“声音、视频和游戏控制器”，单击“下一步”按钮；

(8) 选择“从磁盘安装”，单击“下一步”按钮；

(9) 在“厂商文件复制来源”栏通过浏览按钮找到文件 win2000.inf 的路径，例如其路径为 D:\altera\quartus60\drivers\win2000\win2000.inf(本文件安装在 D 盘中)，单击“确定”按钮；

(10) 在随后出现的对话框中选择“Altera ByteBlaster”，单击“下一步”按钮；

(11) 在随后出现的对话框中提示“需要 Altera ByteBlaster driver 上的文件‘pgdhdlc.dll’”,再次选择路径 D:\altera\quartus60\drivers\win2000，选中其中的文件 pgdhdlc.dll，单击“打开”按钮，单击“确定”按钮；直到完成安装。

安装完毕，需要重新启动计算机才能使新设备生效。(注：如果以后启动计算机时，若看到让用户选择 F1、F2 按键以确定操作系统的进入或恢复方式的提示，则操作系统及下载电缆驱动程序可能有变动，往往也要再次进行上述下载电缆驱动程序的设置) 。

5.3.2 QuartusII 软件的主界面

启动 QuartusII 软件，出现主界面如图 5.3.3 所示。

在 QuartusII 的主界面，右击工具栏附近的空白处，弹出如图 5.3.4 所示的“打开窗口”快捷菜单，当对主界面因某种误操作导致缺少了某个窗口时，可用它打开该窗口并显示到主界面上来。单击图 5.3.4 中的“Customize”命令 (或执行 Tools/Customize 命令) ,弹出如图 5.3.5 所示的“Customize”定制对话框，它有 4 个分页：① General 总体页面，可选择主界面为 QuartusII 风格或者 MAX+PLUSII 风格；② Toolbars 工具栏页面，可将各类工具栏按钮调到主界面 (或隐藏之) ；③ Commands 命令页面，可了解识别各操作项目快捷按钮符号的图形形状并可以按住鼠标左键进行拖动把命令按钮添加到主界面上 (或拖回到命令库中) ；④Tcl 页面，可以书写 Tcl 命令及调用 Tcl 命令按钮。

5.3.3 文本输入设计法

QuartusII 下的设计包括项目创建、设计输入、全程综合或编辑、适配器件、仿真及下载等步骤，流程如图 5.3.6 所示。注意遵循设计流程的先后次序，如果没有进行过全程编译，就先进行仿真分析，软件就会报错。

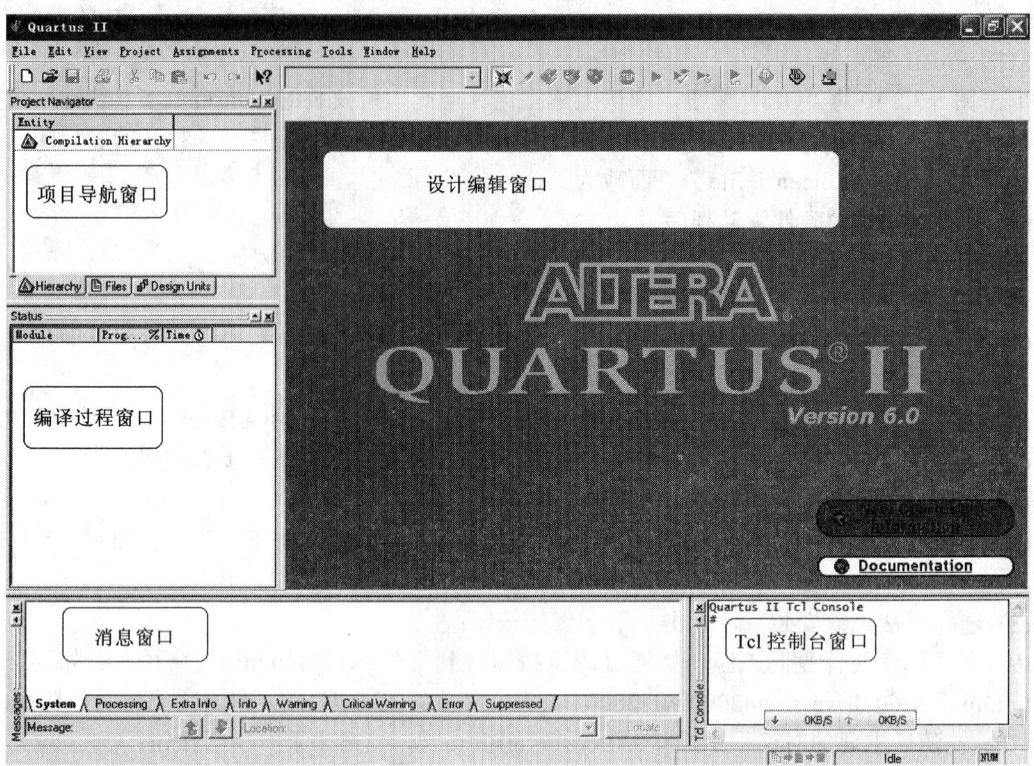

图 5.3.3　QuartusII 软件主界面

图 5.3.4　打开窗口快捷菜单

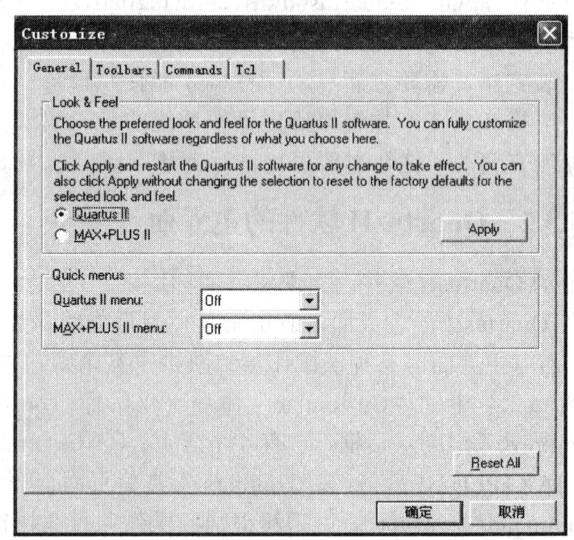

图 5.3.5　QuartusII 软件的 Customize 对话框

QuartusII 的设计输入方法有图形输入法、文本输入法等。不同输入法生成不同后缀的顶层文件；设计的不同处理阶段也生成许多不同后缀的文件，QuartusII 主界面中可打开的文件类型如图 5.3.7 所示，在下面的设计中我们会遇见这些文件类型。

下面通过设计范例，介绍文本输入设计法及 QuartusII 的初步应用。

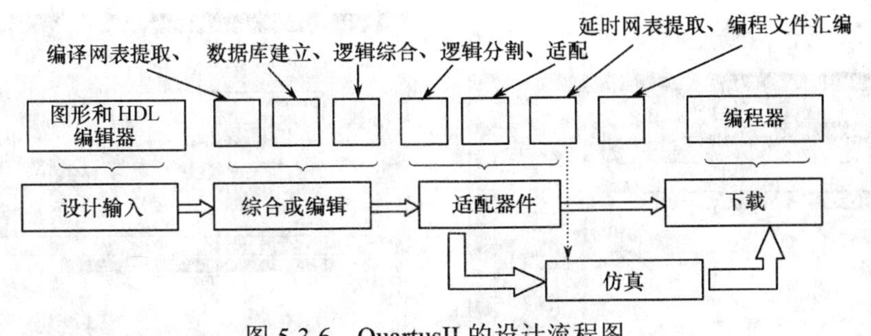

图 5.3.6　QuartusII 的设计流程图

```
All Files (*.*)
Device Design Files (*.tdf;*.vhd;*.vhdl;*.v;*.vlg;*.vh;*.verilog;*.vqm;*.edf;*.edif;*.edn;*.gdf;*.bdf;*.ptf;*.cmp)
Project Files (*.qpf;*.quartus)
Quartus II Archive Files (*.qar)
Other Source Files (*.inc;*.bsf;*.sym;*.vwf;*.cvwf;*.vec;*.scf;*.stp;*.lai;*.mif;*.hex;*.lmf)
Graphic Files (*.gdf;*.bdf;*.bsf;*.sym)
Waveform/Vector Files (*.vwf;*.cvwf;*.vec;*.tbl;*.scf;*.vcd)
SignalTap II Files (*.stp)
Logic Analyzer Interface Files (*.lai)
Test Bench Output Files (*.vht;*.vt)
Memory Files (*.mif;*.hex)
Programming Files (*.cdf;*.sof;*.pof;*.jam;*.jic;*.jcf;*.fcf)
Script Files (*.tcl;*.sdc)
HTML/Text-Format Report Files (*.rpt;*.csf.rpt;*.sim.rpt;*.pao;*.summary;*.htm;*.html;*.csf.htm;*.csf.html;*.sim.htm;*.sim.html)
Output Files (*.qmsg;*.vo;*.vho;*.tdo;*.sdo;*.tao;*.pin)
All Files (*.*)
```

图 5.3.7　QuartusII 主界面中可打开的文件类型

1．创建新工程项目

在 QuartusII 的主界面选择菜单 File/New Project Wizard…,出现新建项目向导描述 New Project Wizard：Introduction，如图 5.3.8 所示。

单击“Next”按钮，进入新建项目向导第 1 页[page 1 of 5]，如图 5.3.9 所示，本例设计一个模 10 计数器，自上而下依次输入项目文件夹路径 D:\ctn_Q6、项目名称 cnt10、顶层实体文件名 cnt10。顶层实体文件名可以与项目名不一致，系统默认一致的名称，本例采用默认一致的名称。

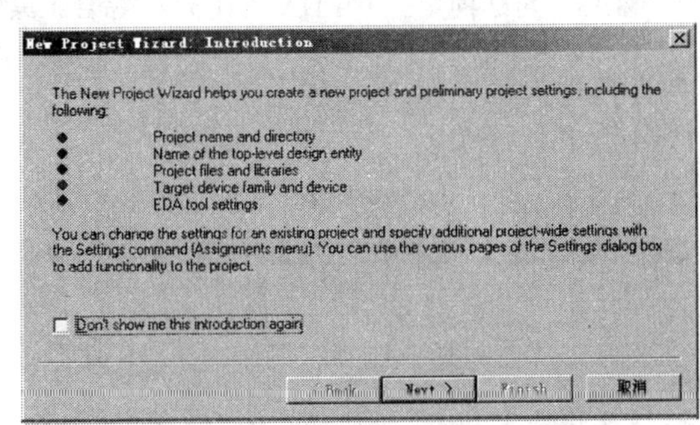

图 5.3.8　新建项目向导描述

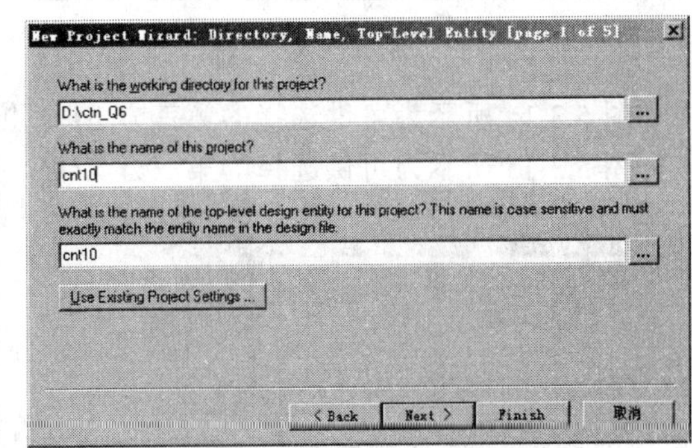

图 5.3.9　新建项目向导对话框的[page 1 of 5]

单击“Next”按钮，进入新建项目向导第 2 页[page 2 of 5]，如图 5.3.10 所示，单击“…”按钮可浏览文件选项，添加或删除与该项目有关的文件。本例设计文件尽管还没有输入，但是可以先指定文件名称及格式，故取名字为 cnt10.vhd。

单击“Next”按钮，进入新建项目向导第 3 页[page 3 of 5]，如图 5.3.11 所示，依次进行器件参数设置：器件系列选择“Cyclone”、目标器件选择“指定的器件”、封装选择“PQFP”、引脚数目选择“240”、速度级别选择“8”、选择器件名称为 EP1C6Q240C8，设置如图 5.3.11 所示。

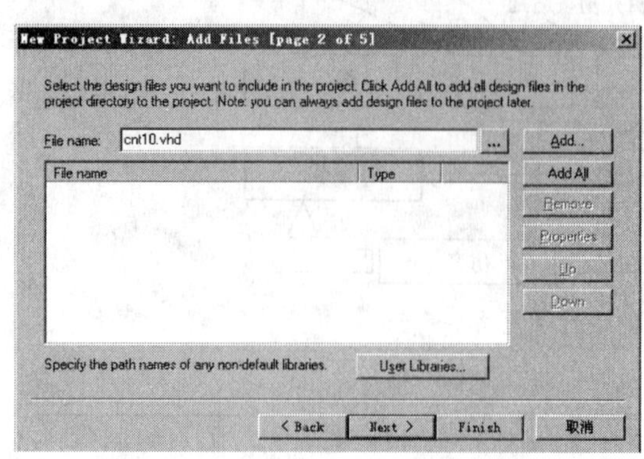

图 5.3.10 新建项目向导对话框的[page 2 of 5]

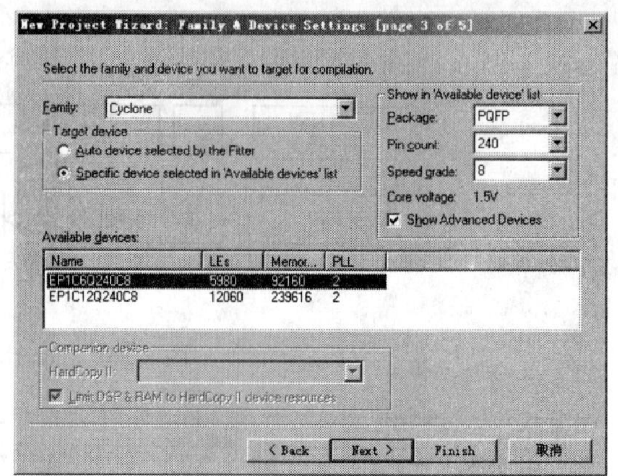

图 5.3.11 新建项目向导对话框的[page 3 of 5]

单击“Next”按钮，进入新建项目向导第 4 页[page 4 of 5]，如图 5.3.12 所示，设置是否添加第三方 EDA 工具，如果点选框被选中，表明用户要在本工程中使用某一第三方的 EDA 工具。

如图 5.3.13 所示为可供选择的第三方 EDA 输入/综合工具的种类。

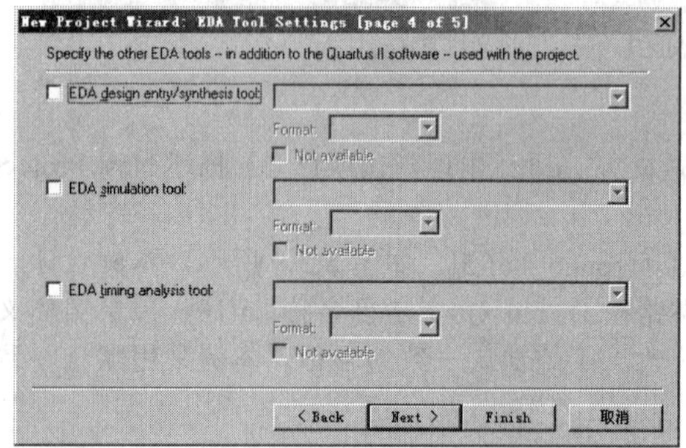

图 5.3.12 新建项目向导对话框的[page 4 of 5]

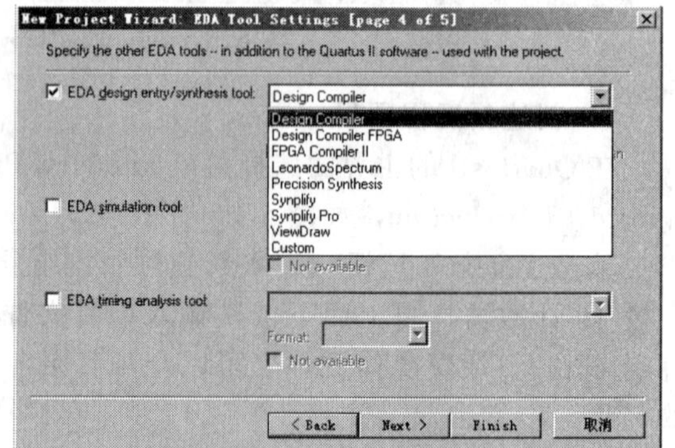

图 5.3.13 可选的第三方 EDA 设计输入/综合工具

如图 5.3.14 所示为可供选择的第三方 EDA 仿真工具种类。

如图 5.3.15 所示为可供选择的第三方 EDA 时序分析工具种类。

图 5.3.14 可选的第三方 EDA 仿真工具

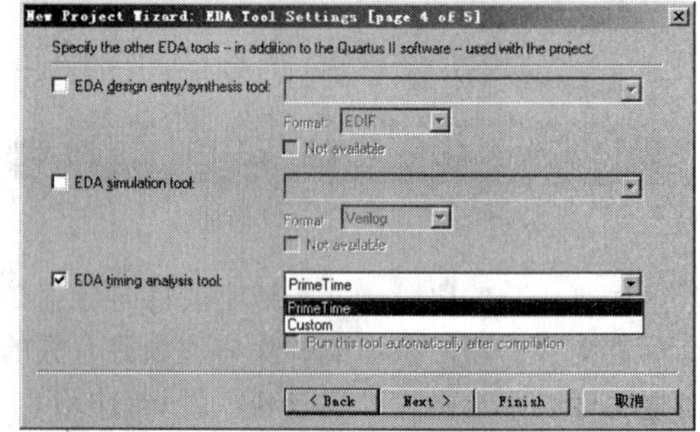

图 5.3.15 可选的第三方 EDA 时序分析工具

系统默认选择 QuartusII 自身的分析工具，对第三方 EDA 工具不熟悉的读者，建议采用系统默认选项，本例如图 5.3.12 所示采用系统默认选项，对点选框全部为空置不选。

单击“Next”按钮，进入新建项目向导第 5 页[page 5 of 5]，如图 5.3.16 所示，该页给出工程设置总览。单击“Finish”按钮结束工程设置，则在主界面右上方“Project Navigator”窗口中自动添入当前的工程项目 cnt10，如图 5.3.17 所示。

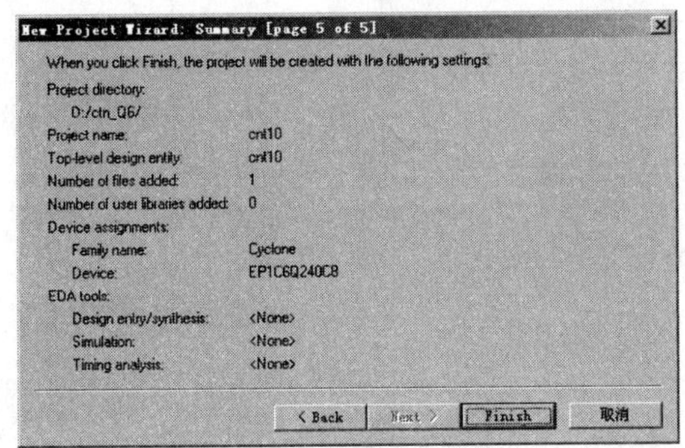

图 5.3.16　新建项目向导对话框的[page 5 of 5]

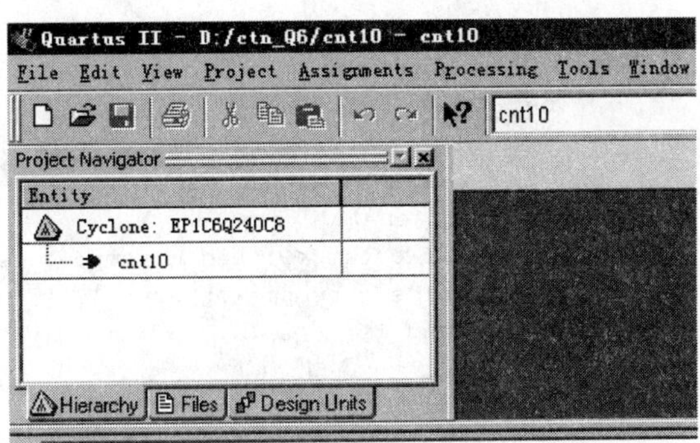

图 5.3.17　新建的项目浏览器

2．输入文本文件

执行菜单命令 File/New，弹出“New”窗口，在“Device Design Files”页中选择文件的语言类型“VHDL File”，如图 5.3.18(a)所示。单击“OK”按钮，弹出文本编辑器窗口，在该编辑窗口中输入如例 5.1 所示的 vhdl 设计文本。

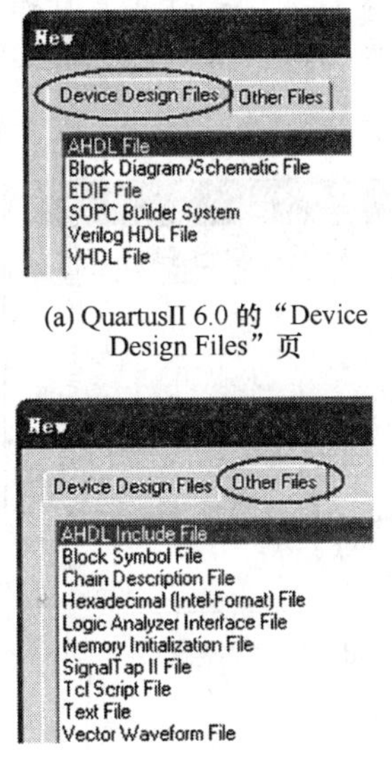

(a) QuartusII 6.0 的“Device Design Files”页

(b) QuartusII 6.0 的“Other Filets”页

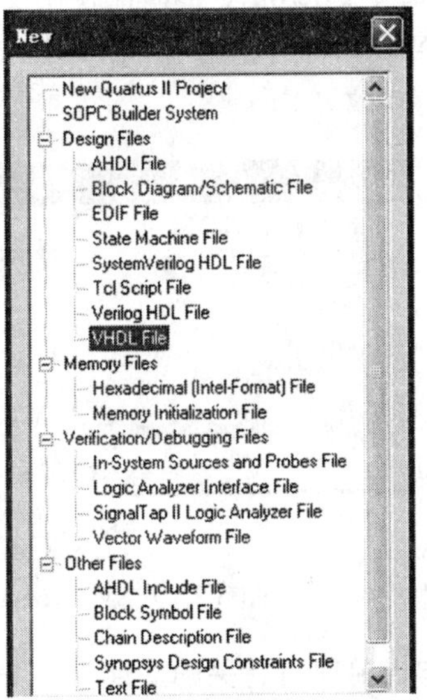

(c) QuartusII 8.1 及以上版本 New 窗口（不分页且支持更多的文本种类）

图 5.3.18　不同的 QuartusII 版本的 New 窗口的分页情况及其支持的 New 文本

【例 5.1】 十进制计数器的 VHDL 设计文本如下，其中“--”后面的为注释，不会被 QuartusII 编译。

```
Library ieee;
Use ieee.std_logic_1164.all;
use ieee.std_logic_unsigned.all;
entity cnt10 is                           --定义 VHDL 设计的实体名是 cnt10
port(clk:  in std_logic;                  --定义时钟信号 clk
     en:   in std_logic;                  --定义使能信号 en
     rest: in std_logic;                  --定义清零信号 rest
```

```
      qout:  buffer std_logic_vector(3 downto 0);  --定义输出信号数组 qout 为缓冲类型
      cout: out std_logic);                  --定义进位信号 cout
end cnt10;
architecture behav of cnt10 is             --定义结构体名称为 behav
begin
  process(clk,rest,en)                     --进程的敏感信号为 clk,rest,en
  variable q_temp:  std_logic_vector(3 downto 0); --定义中间变量寄存器 q_temp
  begin
    if clk'event and clk='1' then                    --若 clk 来上升沿则
     if rest='1' then q_temp:=(others=>'0');         --若 rest 为 1 则同步清零
      elsif en='1' then                              --否则，若使能端 en 为 1,则
         if q_temp<9 then q_temp:=q_temp+1;          --若 q_temp<9 则加 1
         else q_temp:=(others=>'0');                 --否则清零 (计数容量限定)
         end if;
      end if;
    end if;
    qout<=q_temp;                          --变量 q_temp 的值送输出数组 qout
  end process;
    cout<='1' when qout="1001"  else 0;    --用条件语句对进位位信号 cout 作译码
end behav;
```

QuartusII 6.0 提供了文本文件编辑模板，选择菜单命令 Edit/Insert Template，弹出 Insert Template 选择窗，选中左侧小窗口中的 VHDL，在右侧小窗口可以调用 VHDL 语句的通用模板，修改一下通用模板中的语句可以方便实例文本的编辑，达到避免语法错误，提高编辑效率。文本输入完毕，选择菜单命令 File/Save as，保存在设计文件夹中，注意文件名同实体名字 cnt10 应相同，文件类型后缀选择默认的*.vhd，如图 5.3.19 所示，请注意保存后 VHDL 文本中关键字会变为蓝色。

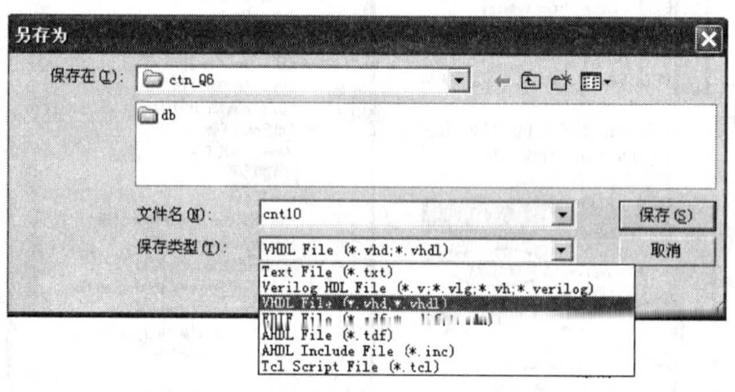

图 5.3.19　文件 cnt10.vhd 的存盘操作

3．添加或删除与当前项目有关的文件

如果想把存放在别处的文件加入到当前的设计项目文件夹中，选择菜单命令 Assignments/Settings…，在弹出的 Settings 对话框左侧的 Category 栏目下选择 Files，单击右边 File name 栏的“…”浏览按钮找到所要的文件，双击该文件，可以把它打开到本例文本编辑窗口中，通过“另存为”，存到本设计文件夹路径中，就可以为本设计所用。

4．指定目标器件

如果建立项目时未指定目标器件，可在 Settings 对话框左侧 Category 栏目下选择 Device 项目，补做目标器件的设置；有时建立项目时选择的器件不符合指标之需求，也需要在这里重新选择新器件。

5．全程编译

(1) 设置编辑器。选择菜单命令 Assignments/Settings…，在弹出的 Settings 对话框左侧的

Category 栏目下选择 Compilation Process Settings，可以设置与编译相关的内容，初学者可以不做此项设置，而采用系统默认的设置。

(2) 进行全程编译。单击按钮▶，系统开始“全程编译”(Full Compilation)，其内容有 4 项：分析和综合 (Analysis & Synthesis) 、适配 (Fitter) 、装配 (Assembler) 、时序分析 (Timing Analyzer) ，并生成相关结果文件。

若设计有错误，会在下方消息窗口“Processing”栏报告错误信息。本例 vhdl 文本的 27 行有错，双击错误条目，则软件自动在 VHDL 文件中以深色标记错误所在的位置。分析该语句，发现语句 cout<='1' when qout="1001" else 0; 其中末尾的 0 要加单引号:'0'。文本修改、保存，再次全程编译，直到编译成功。顶层项目 cnt10 编译成功后的消息如图 5.3.20 所示，有以下窗口：

项目进度窗口：显示编译过程中的进度及具体的操作项目。

消息窗口：显示所有信息、警告和错误。双击错误条目可以定位并高亮显示错误位置。

编译报告栏：显示编译报告，如器件资源统计、编译设置、底层显示、器件资源利用率、适配结果、时延分析结果等，选中某项可获得详细信息。

编译总结报告：给出项目名、文件名、选用器件名、占用器件资源、使用器件引脚数等。

分步编译：若执行菜单命令 Processing/Compiler Tool，在弹出的 Compiler Tool 窗口中可以对全程编译涉及的 4 项内容分别进行设计者个性化的环境设置及进行逐项分别编译，达到更高级的编译效果。 (但对初学者，可以采用系统默认的设置并作一步到位的全程编译。)

生成元件符号：执行菜单命令“File”→“Create / Update”→“Create Symbol Files for Current File”，则可以将 cnt10.vhd 文本生成一个元件符号，可供其他顶层设计调用 (参见原理图设计输入法) 。

图 5.3.20　顶层项目 cnt10 编译成功的消息

6. 引脚锁定

为使本设计下载后进行硬件测试，根据所用的 GW48-SOPC/EDA 实验开发系统电路模式 5 的硬件环境，进行引脚锁定，如表 5.3.2 所示。

表 5.3.2 [例 5.1] 在 GW48-SOPC/EDA 实验开发系统的引脚锁定表

[例 5.1]中的电路信号名称	GW48 仪结构图中模式 5 的信号代码	EP1C6Q240 引脚 PIN_ 锁定号码	使 用 说 明
clk	Clock0	28	使用 GW48 仪的 Clock0 时钟信号作为输入时钟 clk
cout	PIO8	1	输出信号 cout 点亮 GW48 仪的发光管 D1
en	PIO0	233	用 GW48 仪的按键 1 手动产生 en 使能输入信号
qout[0]	PIO16	13	输出数组信号 qout[3..0]经 GW48 仪的电路模式 5 中内含的 BCD_TO_7SEG 译码器的译码，在 GW48 仪的 7 段“数码管 1#”上显示十进制计数值
qout[1]	PIO17	14	
qout[2]	PIO18	15	
qout[3]	PIO19	16	
rest	PIO1	234	用 GW48 仪的按键 2 手动产生 rest 清零输入信号

有了表 5.3.2，就可以进行引脚锁定了。单击菜单命令 Assignments/Pins，弹出对话框 Pin Planner，如图 5.3.21 所示。由于设计项目已经进行过全程编译，因此在节点列表区自动列出所有信号的名称，在需要锁定的节点名处，双击引脚锁定区 Location，在列出的引脚号中进行选择，重复此过程，逐个进行引脚锁定，所有引脚锁定完毕，再次单击▶按钮进行全程编译，就可生成用于下载的 cnt10.sof 文件，该文件用于下载后的硬件功能测试，有了正式锁定引脚的网表文件，对于时序仿真有很大好处。

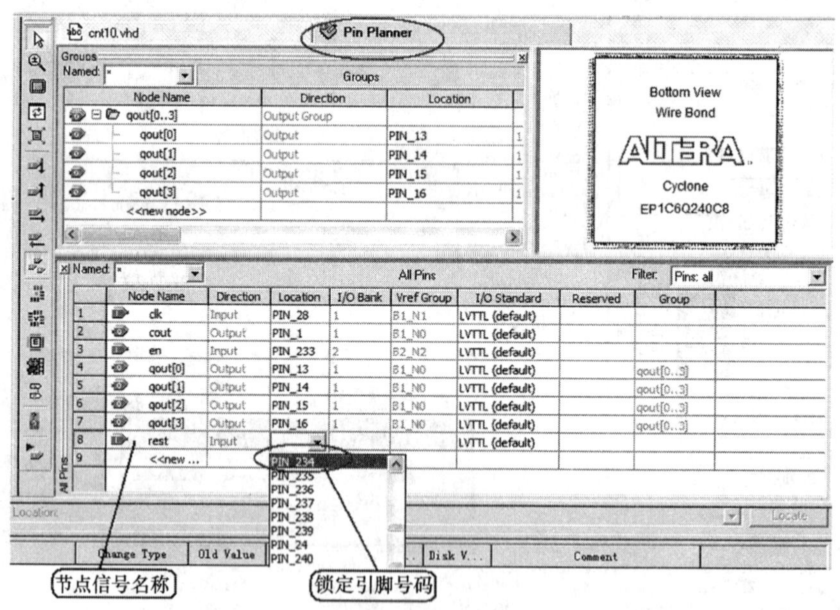

图 5.3.21 引脚锁定操作

7. 查看定时分析报告

编译正确后，单击菜单命令 Processing/Timing Analyzer Tool，弹出 Timing Analyzer Tool 窗口，查看定时分析信息，如设计电路项目的 clk 周期（可用它决定下一步仿真的 clk 周期）、最高时钟频率、建立时间 tsu、从时钟端到输出端时间 tco、保持时间 th 等；如果时间指标不满足要求，可以进行分步设置，再做分步编译，直到满足时间指标的要求。

8. 波形仿真分析

波形仿真是对设计之后经过编译的电路系统作功能仿真 (逻辑功能分析)，或时序仿真 (全面分析信号之间竞争冒险、时间参数等现象或指标)，从而评估是否达到预定设计要求。操作步骤如下。

① 新建仿真波形文件：执行菜单命令 File/New，在弹出的 New 窗口选择“Other Files”页中的“Vector Waveform File”，单击“OK”按钮，打开波形编辑器，显示一个空的波形文件，选择菜单 File/Save As 命令，将文件按照工程的路径、默认后缀，取名保存为“cnt10.vwf”。

② 设置仿真时间：执行菜单命令 Edit/End Time，根据当前工程的需要，在弹出的设置对话框“Time”栏中输入“10”，单位选择“us” (微秒)，单击“OK”按钮，确认设置。

③ 添加仿真信号：执行菜单命令 View/Utility Windows/Node Finder，弹出“Node Finder”节点探测对话窗口。在该窗口上方的“Filter”框中选择“Pin:all”，然后单击右方“List”按钮，则在下方“Nodes Found”栏目中出现当前工程的所有 I/O 引脚名称，如图 5.3.22 所示。

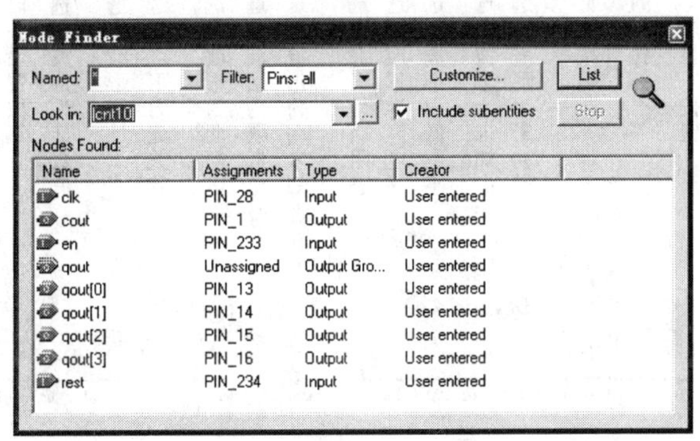

图 5.3.22 调出节点信号到“Node Finder”窗口的“Nodes Found”栏目中

若需要仿真工程的内部节点、寄存器等，可在“Filter”框中选择“Design Entry[all names]”。

若希望“Nodes Found”栏目是浮动的 (见图 5.3.22)，则右击该栏目的边沿，在弹出的菜单小窗口中消去“Enable Docking”选项。

接下来用鼠标左键依次按住端口信号将它们分别拖入波形编辑器左侧“Name”栏的空白处，就可关闭“Node Finder”。添加了节点信号的波形编辑器如图 5.3.23 所示。

若要调整信号的上下排列次序，例如想把 en 节点移到 rest 节点的上方，单击 en 名称，该行变蓝色，出现十字形光标符号，再次单击 en 并将它移向 rest 节点的上方，随着光标移动当其下部出现虚方框且 rest 的上方出现水平方向蓝色线条如图 5.3.23 所示时，松开鼠标即可。

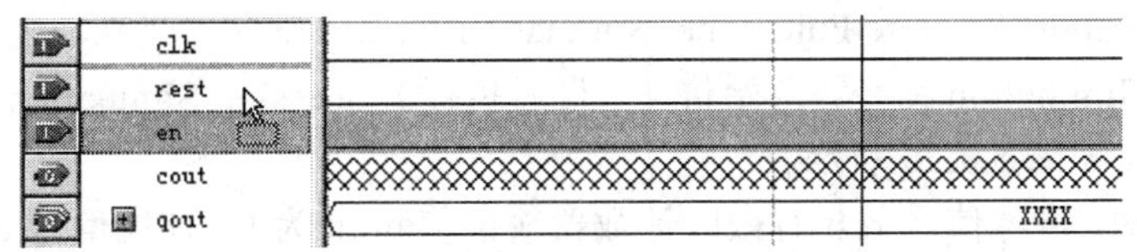

图 5.3.23 调整信号排列次序 (把 en 往上移)

④ 编辑输入波形：选择菜单命令 Edit/Grid Size…，根据需要修改网格大小，如 50ns。

编辑输入信号波形。波形赋值快捷键图标及功能如表 5.3.3 所示。第一，编辑 clk。单击按钮，光标成为箭头状，单击选中 clk 左侧的标志符，使其全时段呈蓝色，再单击时钟设置按钮，在弹出的 clock 对话框输入设置信息：周期 Period 为 100ns、相位移 Offset 取默认值 0.0ns、占空比 Duty cycle(%)为 50%。单击“OK”按钮确认。第二，编辑 en。单击选中 en 信号 (全时段呈蓝色)，再单击赋 1 按钮使得 en 全程变 1，即计数器使能；再用拖动鼠标左键的方法，在 en 起始段拉出一小段蓝色区域约 340ns，然后单击赋 0 按钮，使得起始小段 en 为 0 (即计数器不使能)。注意：若选择的编辑区域不希望对齐网格，可单击“Snap to Grid”按钮 (将它释放)。第三，编辑 rest。先设置其全程为 0，即计数器不清零；再在其起始段设置约 210ns 的区间为 1，即计数器清零。第四，编辑输出总线 qout 的数据格式。双击 qout 左侧的信号标记符，弹出“Node Properties”对话框，在其“Radix”栏中含有二进制 Binary、小数 Fractional、十六进制 Hexadecimal、八进制 Octal、有符号十进制 Signel Decimal、无符号十进制 Unsigned Decimal 等 6 种可选的数据格式。此处选择无符号十进制数，确认退出。编辑结果如图 5.3.24 所示，对波形文件 cnt10.vwf 再次存盘。

表 5.3.3　波形赋值快捷键图标及功能

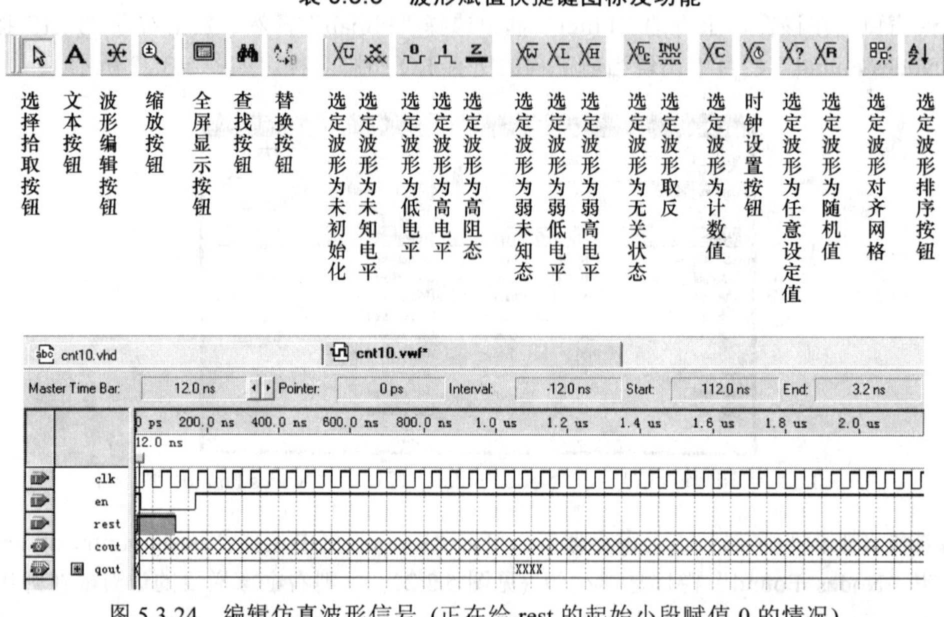

图 5.3.24　编辑仿真波形信号 (正在给 rest 的起始小段赋值 0 的情况)

⑤ 功能仿真。首先设置仿真器：执行菜单 Assignments/Settings…命令，弹出 Settings 对话框，在左侧 Category 窗选择“Simulator Settings”，在右侧的“Simulation mode”栏选择“Functional”(功能仿真)；在“Simulation input”栏选择仿真激励文件名“cnt10.vwf”；选中全程仿真“Run simulation until all vector stmuli are used”；确认仿真覆盖“Simulation coverage reporting”等，设置如图 5.3.25 所示。单击“OK”按钮退出设置窗口。

然后执行 Processing/Generate Functional Simulation Netlist 命令，建立功能仿真网表。再执行 Processing/ Start Simulation 命令，开始仿真。最后执行 Processing/Simulation Report 命令，打开仿真波形报告文件，如图 5.3.26 所示。

从图 5.3.26 可知，清零信号 rest 有效时计数器输出值 qout 为 0；使能信号 en 有效时输出 qout 以十进制递增的方式对时钟 clk 的上升沿做加法计数；每当计数值等于 9 时进位信号 cout 给出高电平 1，且下一个时钟上升沿到来时计数器归 0，单击输出数组 qout 左侧的展开按钮，可以展开数组 qout 分析它的 BCD 编码情况。

功能仿真只是说明电路的逻辑功能，不能反映电路的竞争冒险、时间指标等特殊情况。

⑥ 时序仿真。时序仿真可以反映电路硬件的真实时序表现，所以有时只需做时序仿真。

图 5.3.25　设置功能仿真参数

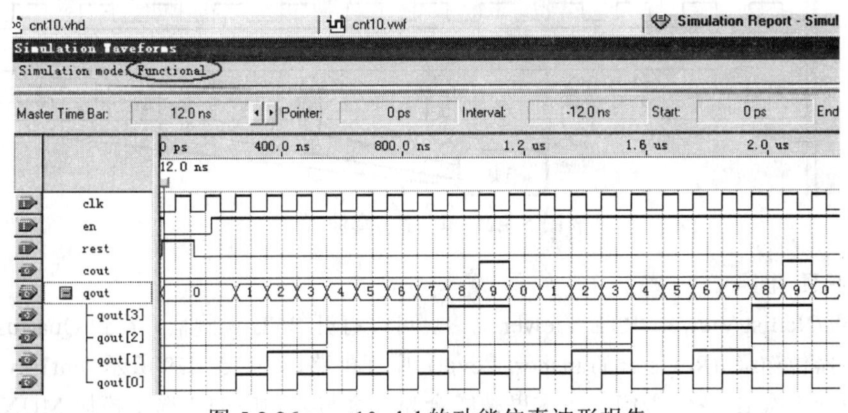

图 5.3.26　cnt10.vhd 的功能仿真波形报告

首先设置仿真器：执行菜单命令 Assignments/Settings…，弹出 Settings 对话框，按照图 5.3.27 所示进行设置：在右侧的“Simulation mode”栏选择时序仿真“Timing”；设置检测毛刺“Glitch detection”为 1ns；其他设置与功能仿真相同。单击“OK”按钮退出设置窗口。

图 5.3.27　设置时序仿真参数

然后单击全程编译按钮▶，系统开始全程编译(Full Compilation)，内容有：分析和综合(Analysis & Synthesis)、适配(Fitter)、装配(Assembler)、时序分析(Timing Analyzer)等工作，并生成相关网表文件，以便系统可以进行时序仿真。

最后单击按钮，启动时序仿真，直到出现“successful”提示，被告知时序仿真成功。时序仿真报告如图 5.3.28 所示。可见输出数组 qout 在状态转换时多处都出现了毛刺，毛刺对于一些工作速度较高的设计工程，可能产生不利的影响。一般在设计工程全程编译通过后，往往忽略功能仿真，而直接进行时序仿真，以获得电路的真实表现，并据此分析是否还需要继续改进设计。

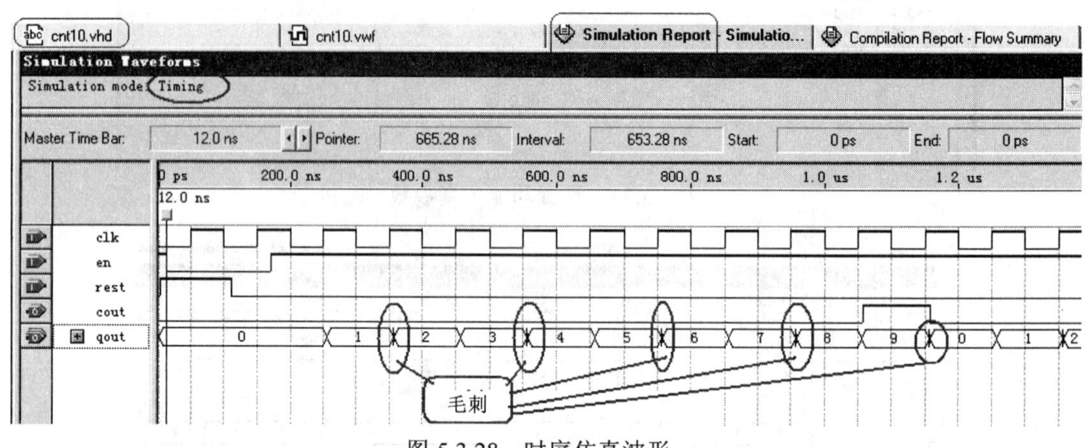

图 5.3.28　时序仿真波形

9. 生成 RTL 电路

执行 Tools/Netlist Viewers/RTL Viewer 命令，可以打开 RTL 观测器，看到 QuartusII 综合通过后生成的寄存器传输级(Register Transport Level)原理电路，如图 5.3.29 所示。cnt10.vhd 的 VHDL 文本描述中用到 3 次 IF 条件语句，在这里被综合为 3 个与之相应的 2 选 1 模块 MUX21。

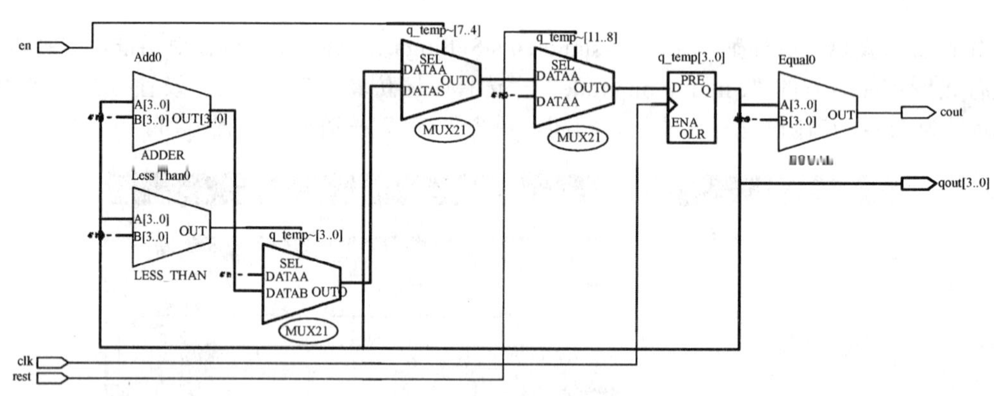

图 5.3.29　cnt10.vhd 的 RTL 电路

10. 编程下载

(1) 对 FPGA 器件 EP1C6Q240 JTAG 模式适配下载：将 GW48 SOPC/EDA 实验系统和计算机的并口通信线连接好，实验主系统上的 JP5 跳线接 ByBt Ⅱ，JP6 接 3.3V，即选择 ByteBlaster Ⅱ编程方式，用 10 线扁平电缆连接 ByteBlaster Ⅱ编程配置口与目标器件适配板上的 JTAG 端口，打开实验箱的电源。

执行菜单命令 Tools/Programmer 或者单击快捷按钮，打开编程窗口，在编程模式“Mode”

栏中通过下拉按钮选中“JTAG”模式，如图 5.3.30 所示。通过左侧的“删除”和“添加”按钮，确认本工程下载文件的路径和文件名为 cnt10.sof 后，打勾选中下载文件名右侧的第 1 个小方框 (Program/Configure)，如图 5.3.30 所示。

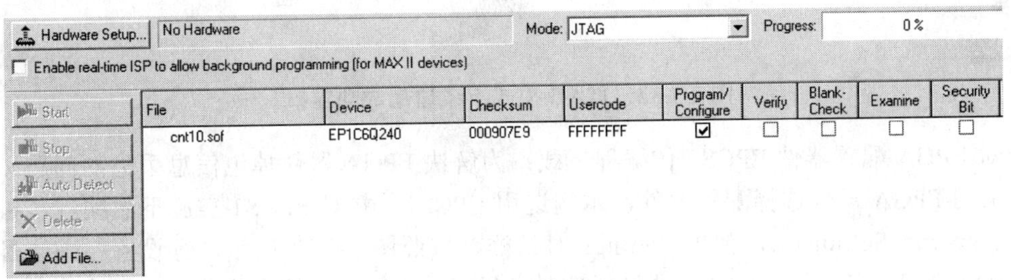

图 5.3.30　编程窗口中的设置

对于初次安装并使用的 QuartusII 软件，需要进行编程下载方式的选择。单击图 5.3.30 中的按钮 Hardware Setup...，在弹出的对话框中选择“Hardware Settings”页，单击其中的“Add Hardware...”按钮，打开添加硬件窗口“Add Hardware”，如图 5.3.31 所示。选择“Hardware type”中的“ByteBlasterMV or BytcBlasterII”后，单击“OK”按钮回到“Hardware Settings”页面，再双击硬件列表 (Available Hardware items:) 中的“ByteBlasterII”，使之将栏目 (Currently selected hardware:) 中原来的“No Hardware”自动改为“ByteBlasterII [LPT1]”，之后单击“Close”按钮，关闭硬件设置对话框回到编辑窗口，可以看到在 Hardware Setup... 按钮右侧已经指示出编程下载方式为“ByteBlasterII [LPT1]”，如图 5.3.32 所示。最后对上述下载方式的设置作存盘操作。

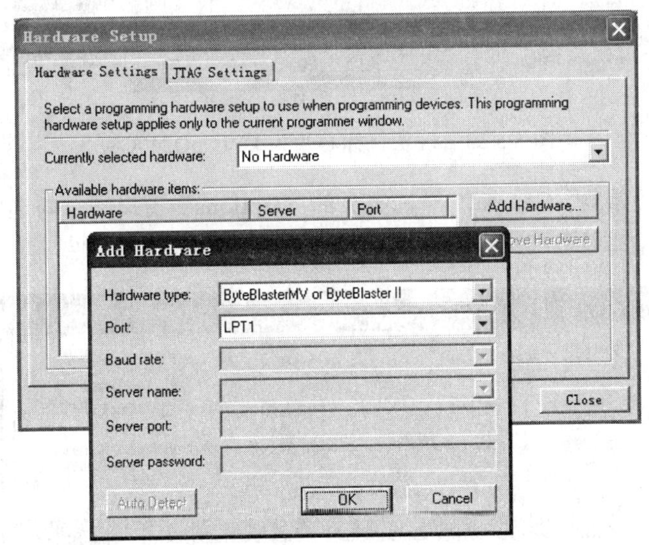

图 5.3.31　下载电缆设置

单击编程窗口中的下载按钮 Start，启动下载操作，当编程窗口的右侧进度栏“Progress:”显示“100%”时，表示文件 cnt10.sof 下载适配到器件 EP1C6Q240 成功，如图 5.3.32 所示 (注意，下载后实验箱不要断电！一断电，下载的东西全部会丢失)。此后进行硬件测试，GW48 实验仪选择电路模式 5，Clock0 的跳线块选择 1Hz，按键 1 (en 信号) 置高电平，控制 en 允许计数；按键 2 (rest 信号) 先置高电平使计数器清零，再置低电平使计数器进入计数状态，可看到“1#数码管”按照十进制显示计数值，每计到 9，进位端 cout 使发光二极管 VD1 点亮，功能正常。但如果将实验箱断一下电，再给电，发现没有了计数器的功能，要想有计数功能，必须再启动一次下载操作。

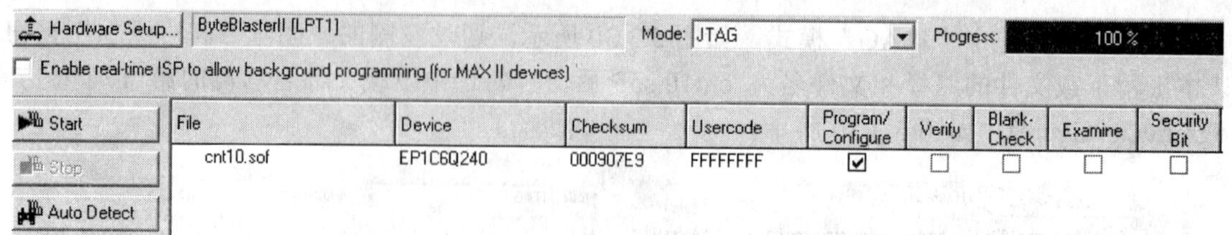

图 5.3.32　JTAG 模式下载适配成功窗口

(2) 对 FPGA 配置器件 EPCS1 作编程下载：为解决 FPGA 器件掉电信息丢失的问题，需要为 Cyclone 系列 FPGA 器件选择配置器件，本例选用 EPCS1，并对 EPCS1 实施下载编程。执行菜单命令 Assignments/Settings…，弹出 Settings 对话框，按照图 5.3.33 所示进行设置：确认目标芯片是 EP1C6Q240C8，实际此步已经在项目新建时做过了，这里只是检查确认一下；单击图 5.3.33 中“Device & Pin Options…”按钮，弹出相应对话框如图 5.3.34 所示。

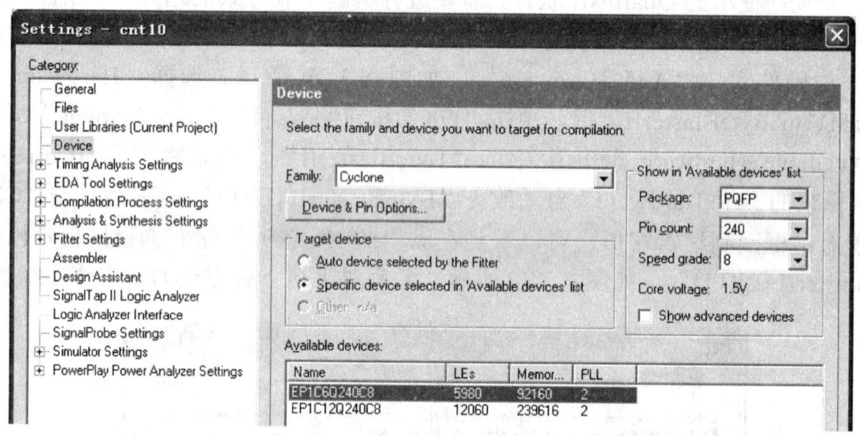

图 5.3.33　确认目标芯片为 EP1C6Q240C8

对图 5.3.34 中的“常规 (General)”标签页的“Options”窗口，打勾选中第 1 个小方格，使得对器件配置失败后，能够自动重新启动配置，并加入 JTAG 用户编码。

图 5.3.34　在 General 分页中的设置情况

打开图 5.3.34 中“配置 (Configuration)”标签页，进行如图 5.3.35 所示设置，即：打勾选中配置器件 EPCS1；采用“Activ Serial(can use Configuration Device)”配置模式下载；打勾选中

“Generate compressed bitstreams”以便能够生成.pof压缩文件。单击“确定”按钮，再单击“OK”按钮，依次退出两个设定对话框，并再次单击▶按钮做全程编译，以便生成用于配置器件的下载文件.pof。

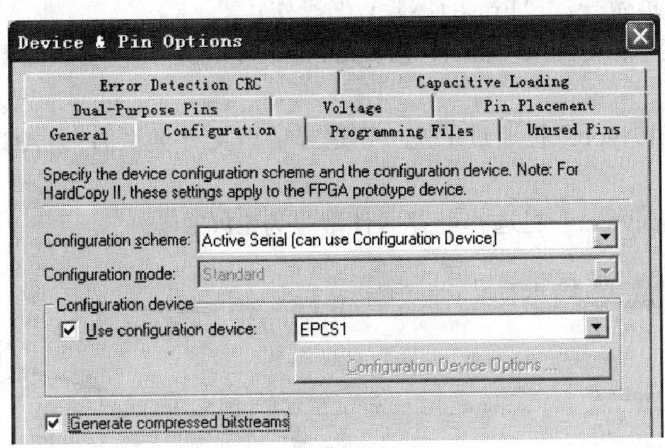

图 5.3.35　在 Configuration 分页中选择配置器件、编程方式及生成压缩文件

下面就要把 cnt10.pof 下载烧录进 EPCS1 配置器件中了，又有多种方式，这里介绍常用的两种烧录 EPCS1 的方法，即“AS 模式”及“JTAG 间接模式”。

① 用“AS 模式”对配置器件 EPCS1 作编程下载：将 GW48 实验系统和计算机的 25 芯并口通信电缆连接好，将实验箱上 JP5 跳线接 ByBtII，JP6 接 3.3V，即选择 ByteBlasterII 编程方式。用 10 芯扁平电缆将实验箱底座上的“ByteBlasterII 编程配置插座 JP4”同目标器件适配小板上的“AS PORT 插座”相连，打开电源；在 QuartusII 中单击快捷按钮，弹出编程窗口，在其中的“Mode”栏，通过下拉选择“Active Serial Programming”编程模式，选择本工程下载文件路径及文件名“cnt10.pof”，打勾选中 cnt10.pof 右侧的第 1 个小方框和 Page_0 右侧第 1、2、3 个小方框，即设置如图 5.3.36 所示；然后单击下载按钮 Start，启动下载操作，当编程窗口右侧“Progress”显示“100%”时，编程成功，如图 5.3.36 所示。注意：在 AS 模式下，下载后不用断电，立即有十进制计数功能显示出来。如果断电后，再通电，仍然有计数器的正常功能，因为烧录进 EPCS1 中的信息是断电后“非易失”的。

Hardware Setup... | ByteBlasterII [LPT1] | Mode: Active Serial Programming | Progress: 100 %

Enable real-time ISP to allow background programming (for MAX II devices)

Start | Stop | Auto Detect | Delete

File	Device	Checksum	Usercode	Program/Configure	Verify	Blank-Check	Examine	Security Bit	E
cnt10.pof	EPCS1	0164B1F7	00000000	☑	☐	☐	☐	☐	
Page_0				☑	☑	☑	☐	☐	

图 5.3.36　AS 模式编程成功

为了做下一种“JTAG 间接模式”配置 EPCS1 的实验，需要对以上编程后的 EPCS1 作一次擦除操作，方法是对图 5.3.36 中的 Page_0 右侧第 1、2、3 个小方框中的勾去掉，并在其右方找到“Erase (擦除)”，在 Erase 下方的小方框中打勾，然后单击下载按钮 Start，启动下载操作，下载完毕，检查确认计数器的功能已经完全消失，即 EPCS1 中的信息被擦除后成为一个空的“裸芯片”了，以便下面进行“用 JTAG 间接模式对配置器件 EPCS1 作编程下载”项目的实验。

② 用“JTAG 间接模式”对配置器件 EPCS1 作编程下载：此法更通用。方法：先将本例 cnt10.sof

文件转换成 cnt10.jic 压缩文件，再通过 JTAG 接口把 cnt10.jic 压缩文件烧写到 EPCS1 中，实现“非易失”配置。注意，刚下载之后实验箱不断电，计数器的功能不会显示出来的；只有实验箱断一次电，再通电，则烧录于 EPCS1 中的信息会控制 FPGA 芯片，产生计数器的功能。以后每次通电都有计数器功能 (除非再做一次“Erase (擦除) ”操作) 。

第一步：执行主菜单命令 File/Convert Programming Files，弹出窗口如图 5.3.37 所示，在其中作如下 7 项设置。

在“Programming file type:”栏通过下拉按钮选择输出文件类型为“JTAG Indirect Configuration File(.jic)”。

在“Configuration device:”栏选择配置器件型号为 EPCS1。

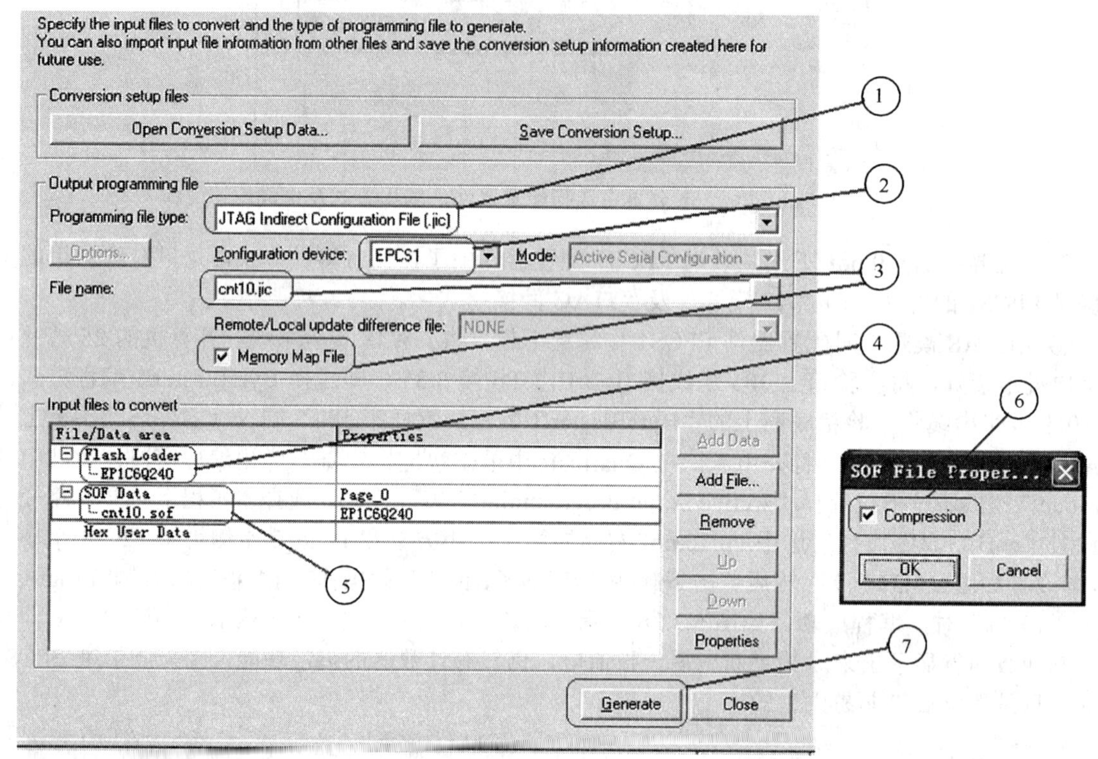

图 5.3.37　将 cnt10.sof 文件转换为 cnt10.jic 文件的 7 个设置步骤的图解

在“File name:”栏输入输出文件名“cnt10.jic”。打勾选中映射文件“Memory Map File”。

单击“Input files to convert”栏中的“Flash Loader”行 (变蓝) ，然后单击右侧被激活的“Add Device”按钮，会弹出“Select Devices”选择窗口，从中选择器件为“Cyclone”系列的“EP1C6Q240”作为目标器件，单击“OK”按钮确认返回，此后“Add Device”按钮变浅。

单击“Input files to convert”栏中的“SOF Data”行 (变蓝) ，然后单击右侧被激活的“Add File”按钮，打开项目工程文件夹下的文件“cnt10.sof”。

由于 EPCS1 的容量比较小，文件需要压缩后进行转换，故选中“Input files to convert”栏中“SOF Data”下的“cnt10.sof”文件 (此行变蓝) ，再单击右侧的“Properties”按钮，在弹出的“SOF File Proper...”窗口中打勾选中“Compression”选项，然后单击“OK”按钮返回。

单击图 5.3.37 最下方的“Generate”按钮，即可转换生成 cnt10.jic 文件。

第二步，烧录 JTAG 间接配置文件 cnt10.jic。

单击快捷按钮弹出编程窗口，在“Mode”栏选择“JTAG”编程模式，按照本工程下载文件路径添加下载的文件为“cnt10.jic”，打勾选中 cnt10. jic 文件名右侧的第 1 个小方框和 EPCS1 右侧第 1、2、3 个小方框，即设置如图 5.3.38 所示。

实验箱及适配小板上的跳线块设置同对 FPGA 目标器件 JTAG 方式下载编程时的设置相同，打开实验箱电源，并将实验箱调节在电路模式 5 上。

单击下载按钮 Start，启动下载操作，通过 JTAG 下载模式将间接配置文件“cnt10.jic”烧入 EPCS1 器件中。当编程窗口右侧“Progress”显示“100%”时，编程成功，如图 5.3.38 所示。但此时实验箱上在电路模式 5 下并没有立即将计数器的功能显示出来。

将实验箱的电源关断，再重新打开电源，则在电路模式 5 下，计数器的功能显示出来了。以后关电，再通电，功能依然有，即其功能“非易失”。

如果不想保留此项硬件功能，则对图 5.3.38 中，删除已选的上述 4 个勾，再在往右数的第 6 列“Erase”的下方，打上两个勾，然后再启动下载按钮，便可以擦除 EPCS1 中的“cnt10.jic”信息，使 EPCS1 恢复为空的“裸芯片”，这在学校训练学生的实验工作中是必要的步骤，以便其他学生使用实验箱完成类似的操作验证。

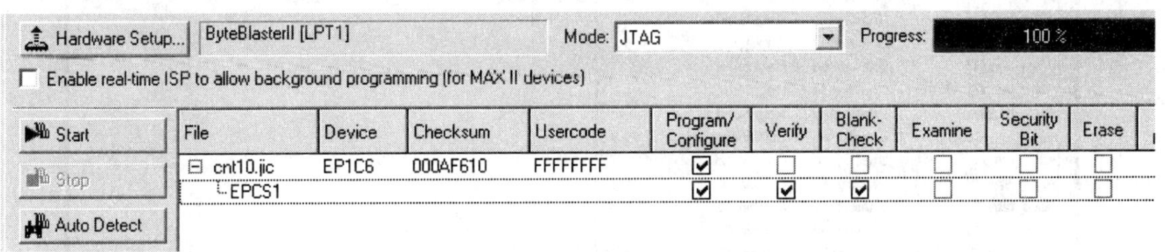

图 5.3.38　用 JTAG 间接模式下载 cnt10.jic 的设置窗口及下载成功的图示

11. 使用嵌入式逻辑分析仪

利用 QuartusII 中的嵌入式逻辑分析仪 SignalTapII 可以在实际设计或应用中，将硬件系统中测得的样本信号暂存于嵌入式 RAM（如 EP1C6Q240 芯片中的 M4K）中，然后通过器件的 JTAG 端口将采得的硬件系统工作信息传入计算机，进行显示和分析。

执行菜单 File/New 命令，在“Other Files”标签页面中选择“SignalTapII File”，单击“OK”按钮，弹出如图 5.3.39 所示的 SignalTapII 编辑器。

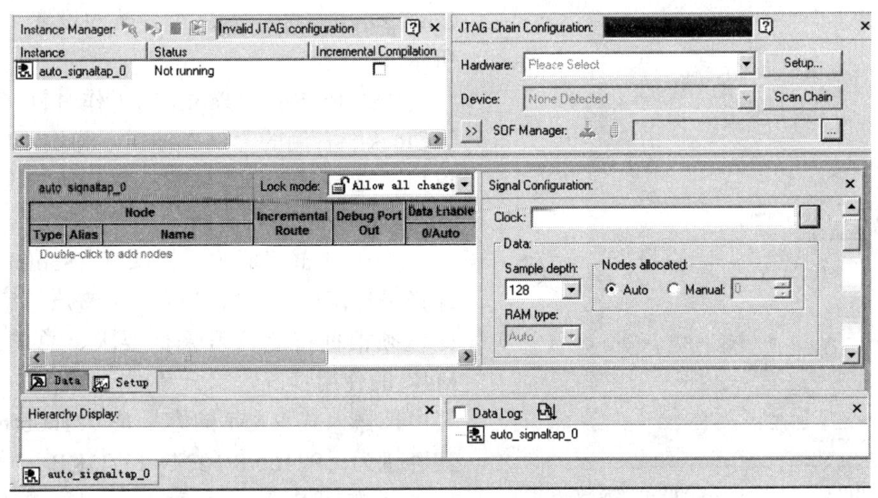

图 5.3.39　SignalTapII 编辑器

(1) 调入待测信号：在 SignalTapII 编辑器左上区的“Instance”栏内，单击“auto_signaltap_0”，并更改其为“cnt10”，此时其下面栏目亦更名为“cnt10”栏。双击“cnt10”栏中窗口的空白处，弹出节点探测窗口“Node Finder”，单击“List”按钮，在左栏“Nodes Found”中出现与此工程相关的所有节点信号（见图 5.3.40）。选择输出数组“qout”、内部寄存器总线信号“q_temp”、进位信号“cout”，利用移到按钮 ≥，将这三组信号移入右边“Selected Nodes:”窗口中，然后单击“OK”按钮确认，关闭“Node Finder”窗口。此时在 SignalTapII 编辑器的“cnt10”栏目窗口中会出现被调入的这三种信号。

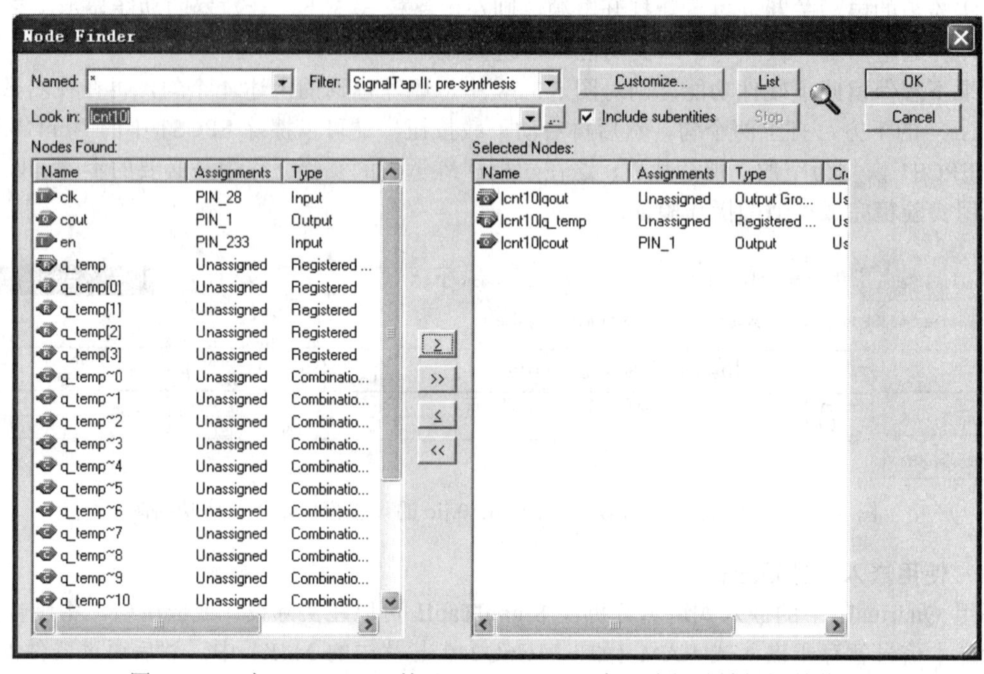

图 5.3.40 在 SignalTapII 的“Node Finder”窗口选择欲被探测的信号

(2) 设置 SignalTapII 的信号配置参数：在 SignalTapII 编辑器右部的信号配置（Signal Configuration:）栏，进行参数的设置，如图 5.3.41 所示。

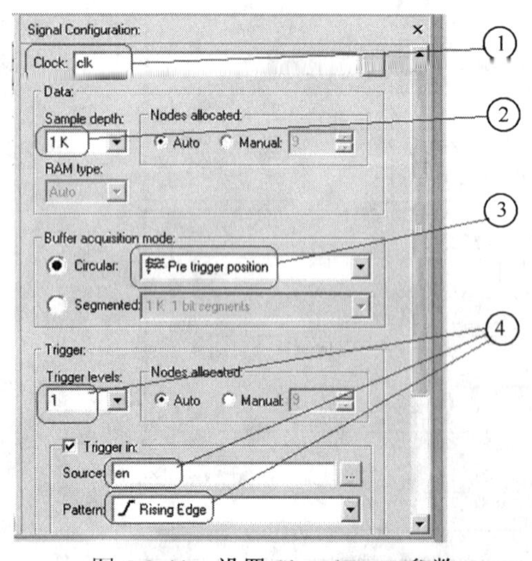

图 5.3.41 设置 SignalTapII 参数

①选择 SignalTapII 的工作时钟 Clock：单击“Clock”右侧的“...”按钮，弹出“Node Finder”窗口，选择“cnt10”的时钟信号“clk”作为信号探测器 SignalTapII 的采样时钟。

②在“Data”框的采样深度（Sample depth）栏，选择采样深度为“1K”(单位：Byte，字节)。注意：此值须根据待测信号采样要求、总的信号数量、M4K 的使用情况，综合考虑。器件 EP1C6Q240C8，其内部嵌入式 RAM 的容量是 92160b(bit，位)，则其容量为：92160/8/1024= 11.25KB。

③在“Buffer acquisition mode”框的运行（Circular）栏，选择前触发“Pre trigger position”。

④ 选择触发信号及触发方式。在“Trigger”框的触发电平 (Trigger levels) 栏，选择“1”。打勾选中“Trigger in”框，在其下方触发源“Source”栏，选择“en”(即用计数器 cnt10 的使能信号 en 作为 SignalTapII 的触发源)；在模式“Pattern”栏，选择上升沿触发方式“Rising Edge”。

(3) 保存文件：执行菜单命令 File/Save As，取名为“cnt10.stp”(后缀.stp 为默认，它是 SignalTapII 的工作状况设置文件)。单击“保存”按钮，将出现提示：

```
Do you want to enable SignalTap II File"cnt10.stp" for the current project?
```

应该单击“是”，表示同意再次编译时将此 SignalTapII 文件与 cnt10 工程捆绑在一起综合/适配，以便一同下载到 FPGA 中，完成实时测试任务。如果单击“否”，则需此后用手动设置。

手动设置捆绑综合/适配的方法：执行 Assignments/Settings 命令，选择“Category”项下的“SignalTapII Logic Analyzer”，弹出如图 5.3.42 所示的窗口。在“SignalTapII File name:”栏选中已存盘的文件名 cnt10.stp，并打勾选中“Enable SignalTap II Logic Analyzer”，单击“OK”按钮即可。

注意：当用“SignalTapII Logic Analyzer”完成测试任务后，在构成开发产品前，应将 SignalTapII 从 FPGA 芯片中去除，免得占用过多的硬件资源。这只需在图 5.3.42 中将“Enable SignalTapII Logic Analyzer”前打的勾去除，再全程编译、下载配置一次。

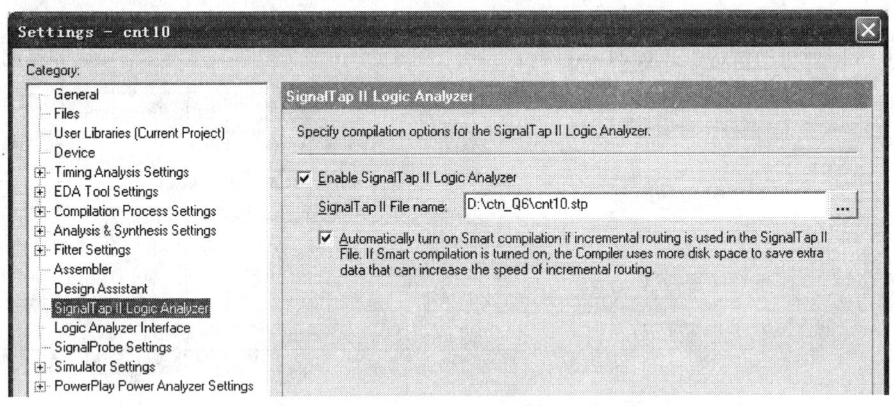

图 5.3.42 手动设置 SignalTapII “捆绑式综合/适配”

(4) 编译下载：单击快捷按钮 进行全程编译。打开 GW48 实验箱电源。执行菜单 Tools/SignalTapII Logic Analyzer 命令，则会弹出 SignalTapII 窗口，对它进行下载前的设置，如图 5.3.43 所示。单击右上角的“Setup”按钮，选择硬件通信模式为“ByteBlaster II[LPT1]”。再单击下方的“Device”栏的“Scan Chain”按钮，对 GW48 实验箱硬件进行扫描。若在栏内出现目标器件型号名“EP1C6”,表明 JTAG 通信正常，可以下载。再在“Scan Chain”按钮的下方单击浏览按钮“...”,找到并打开下载文件“cnt10.sof”。然后单击左侧的下载按钮，进行下载操作。下载成功后，将 GW48 实验箱的 Clock0 用跳线块选择为 65536Hz。

(5) 启动 SignalTapII 进行采样和分析：在图 5.3.44 所示 SignalTapII 界面中，单击“Autorun Analysis”按钮，则在 cnt10 的右侧就有绿色底的“Waiting for trigger” (等待触发) 字样显示。单击打开左下角的“Data”页窗口。然后按动 GW48 实验箱的按键 1 (使能信号 en) ，使之由低电平变为高电平 (使 en 产生一个上升沿) ，则为 SignalTapII 提供一个采样触发信号，此时就能在“Data”页窗口中看到来自 FPGA 目标器件的实时信号。继续按动按键 1，每生成一个 en 上升沿，则“Data”页波形窗口中的波形就刷新一次，每个采样触发信号来到后，重新采集的数据量是 1KB。

单击停止分析按钮 。

调整波形大小以利观察：将鼠标移到波形区，鼠标变为十字带放大镜形状，单击则放大波形，右击则缩小波形。

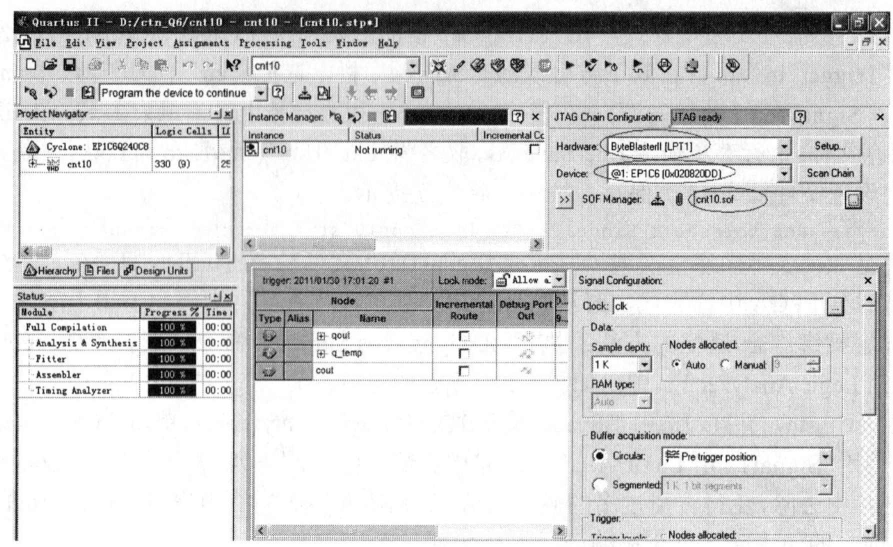

图 5.3.43 下载前的设置

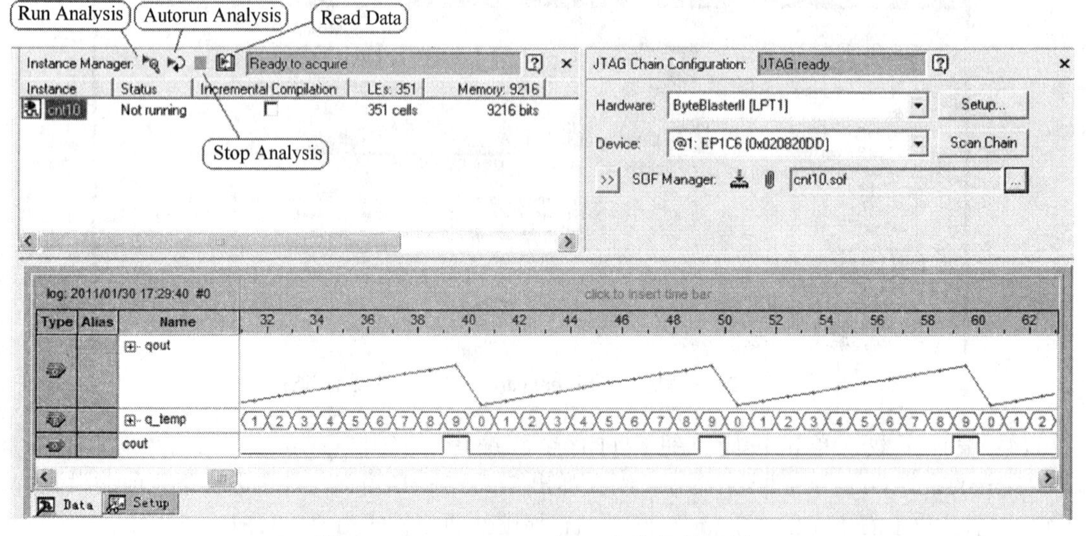

图 5.3.44 SignalTapII 窗口中的信号波形

总线显示方式的转换：①右击数组 qout 左侧的图标，在弹出的下拉菜单中选择 Bus Display Format/Unsigned Line Chart 命令，可将 qout 总线转换为无符号线性图表，此处其呈现锯齿波形状。②右击数组 q_temp 左侧的图标，在弹出的下拉菜单中选择 Bus Display Format/Unsigned Decimal 命令，可将 q_temp 总线显示模式转换为无符号十进制数。

单击数组前的按钮⊞，可将数组展开观察。

5.3.4 原理图输入设计法

QuartusII 提供了原理图编辑器，顶层设计可以采用原理图文件 (.bdf)。本节通过设计范例，学习 QuartusII 的原理图输入设计法。

1．创建新工程项目

在 QuartusII 的主界面选择菜单命令 File/New Project Wizard...，出现新建项目向导描述 New Project Wizard Introduction；单击“Next”按钮，进入向导[page 1 of 5]，依次输入项目文件夹路径

D:\blocks_q6、项目名称 blks、顶层实体文件名 blks；单击“Next”按钮，进入向导[page 2 of 5]；单击“Next”按钮，进入向导[page 3 of 5]选择器件名称为 EP1C6Q240C8，单击“Next”按钮，进入向导[page 4 of 5]，对点选框全部为空置不选；单击“Next”按钮，进入向导[page 5 of 5]，该页给出工程设置总览。单击“Finish”按钮结束工程设置。

2．输入原理图文件

执行菜单命令 File/New，弹出“New”窗口，在“Device Design Files”页中选择文件的类型为“Block Diagram/Schematic File”，如图 5.3.45 所示。单击“OK”按钮，弹出图形编辑器窗口，该窗口用于绘制图形设计文件，先取名在设计文件夹默认路径中“另存为”blks.bdf，则窗口如图 5.3.46 所示。注意：不能把用户的设计文件存放在硬盘的根目录 D:/下，否则下一步编译时会报告“找不到设计文件”了。

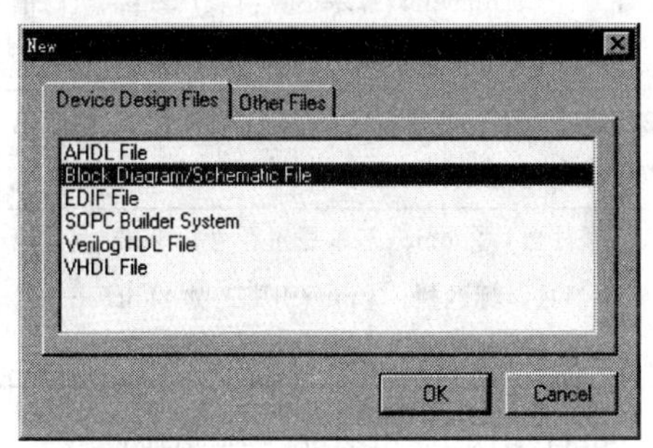

图 5.3.45　选择文件“Block Diagram/Schematic File”

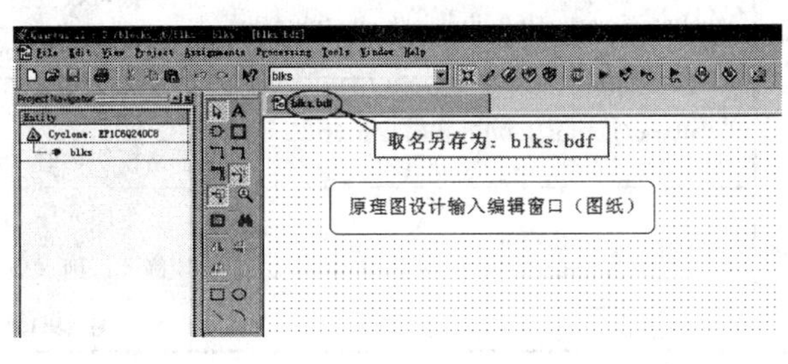

图 5.3.46　原理图设计输入编辑窗口 (图纸)

输入图形设计文件的操作包括：调用元件及端口、连接导线、信号命名等步骤。

(1) 调入图元符号。在编辑窗口空白处右击，选择下拉菜单 Insert/.Symbol…命令，如图 5.3.47 所示，则弹出器件选择窗口“Symbol”，如图 5.3.48(a)所示。

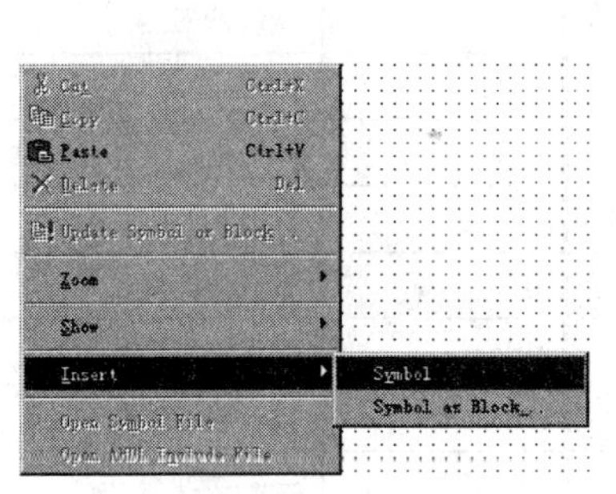

图 5.3.47　选择菜单 Insert/ Symbol…命令

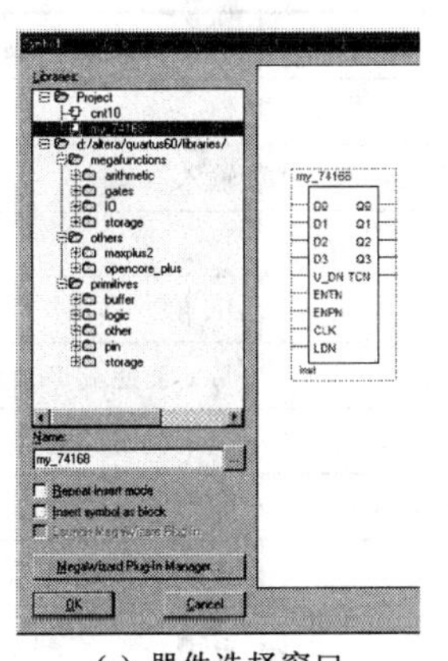

(a) 器件选择窗口

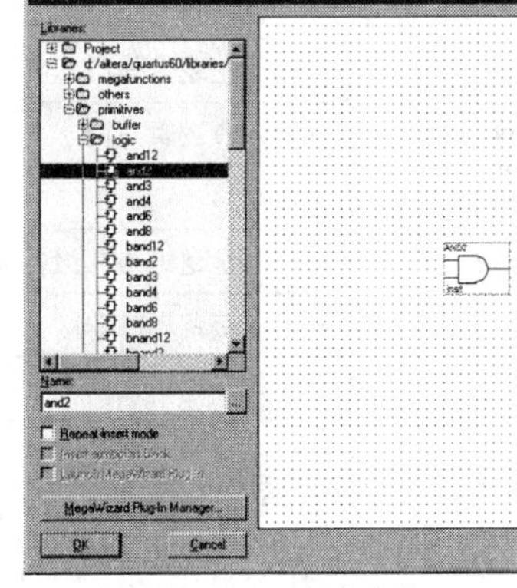

(b) 选择 primitives 库中的 and2

图 5.3.48　选择器件

在图 5.3.48 (a)元件库窗口中有元件子库的树形结构列表，库的分类如下：

① Project 库：它就是当前用户设计文件存放的文件夹，即用户的设计库也即用户自定义元件库，这里我们已经安放了计数器 cnt10(它是用 vhdl 文本生成的元件，需要事先复制 cnt10.vhd 及 cnt10.bsf 加入到本设计的工作库中)及 my74168 (它是先期在图形编辑窗口调出/others/maxplus2 元件库中的元件 74168，双击 74168 元件图形打开其底层电路图，将其底层电路图输入端 U/DN 修改为 U_DN 后再把底层电路图改名另存为 my74168 得到元件 my_74168.bsf，再生成它的 VHDL

文本 my_74168.vhd；然后把 my_74168.bsf 及 my_74168.vhd 加入到此工作库中；因为在以后将 blks.bdf 生成为 blks.vhd 时 74168 的 U/DN 为非法的 VHDL 信号名称，而 my74168 的 U_DN 为合法的 VHDL 信号名称）。

② D:/altera/QuartusII60/libraries 库（软件的元件库）：包括常用元器件、兆功能模块、宏功能模块、参数化模块等，其子库有 3 个： megafunctions、others、primitives。各个库的简要情况说明如表 5.3.4 所示。

表 5.3.4　QuartusII60 元件库一览表

库 的 路 径	库的名称及库的内容分类
D:/blocks_q6/Projec	用户自定义元件库，即设计工作库 Library work
D:/altera/QuartusII60/libraries/megafunctions	参数可设置兆功能元件库：①arithmetic (算术运算模块) ②gates (门单元模块) ③storage (存储器模块，如 lpm_fifo、lpm_rom 等)
D:/altera/QuartusII60/libraries/others	其他库：①maxplus2 兼容元件库，包括 74 系列宏功能模块、组合电路模块、时序电路模块等②opencore_plus
D:/altera/QuartusII60/libraries/primitives	基本图元库：①buffer (缓冲器) ②logic (基本逻辑符号) ③other (其他符号：地、Vcc、常数、参数、标题栏) ④pin (引脚：如 bidir、input、output) ⑤storage (触发器：如 dff,jkff,srff,tff 等)

图 5.3.48(a)中，右上方按钮[MegaWizard Plug-In Manager...]是“兆功能模块制作向导”，可用它并依靠软件的开放性兆功能元件内核（Open Core）画出用户自己所需特定容量的兆功能元件符号，并在原理图中可以调用，其方法可查阅帮助菜单。

primitives 库中的常用元件名列于表 5.3.5 中。

表 5.3.5　primitives 库中的常用元件名

符 号 名	器 件 名	符 号 名	器 件 名	符 号 名	器 件 名
andm (注)	m 输入正逻辑与门	gnd	地	param	参数设定器
bandm	m 输入负逻辑与门	input	输入端口	soft	软缓冲器
bidir	双向端口			srff	RS 触发器
bnandm	m 输入负逻辑与非门	jkff	JK 触发器	srffe	带 e 使能端 RS 触发器
bnorm	m 输入负逻辑或非门	jkffe	带 e 使能端 JK 触发器	tff	T 触发器
borm	m 输入负逻辑或门	latch	电平触发的 D 锁存器	tffe	带 e 使能端 T 触发器
carry	进位缓冲器	lcell	逻辑单元缓冲器	title	设计图标题栏
cascade	级联缓冲器	nandm	m 输入正逻辑与非门	Title2	设计图标题栏 2
constant	常数设定	norm	m 输入正逻辑或非门	tri	三态缓冲器
dff	D 触发器	not	非门	vcc	电源电压 VCC
dffe	带 e 使能端 D 触发器	opndrn	漏极开路输出缓冲器	wire	命名缓冲器
exp	逻辑扩展缓冲器	orm	m 输入正逻辑或门	xnor	同或门、异或非门
global	全局缓冲器	output	输出端口	xor	异或门

注：输入端数 m 的值可取 12、2、3、4、6、8 中的一个，下面的 m 值同此。

图 5.3.48(a)中，单击 primitives 库的 logic 库，出现图 5.3.48(b)，单击元件名“and2”(变蓝色)(或在图 5.3.48 (b) 的左面 Name 栏中直接输入元件名称 and2，建议采用此法)，单击“OK”按钮，一个与门符号 AND2 就出现了，单击将它安放在图纸上适当位置处；同法，调出 TRI,XOR,JKFF,

NOT，输入端口 INPUT 及输出端口 OUTPUT；再在 Project 库中调出 my74168 来。

单击选中符号并拖动鼠标，可复制并连续输入符号；删除符号时，选中符号，按 Delete 键即可。用鼠标拖动调出来的元件符号，调整到设计图纸的合适位置，便于画出美观的原理图。

(2) 电路连线。将鼠标移到要连线图元的端口上，则光标自动变为“+”状画线指针，按住鼠标左键拖动线头到另一图元的端口上，松开鼠标，即可连好一条线；若拖动线头到另一连线上时松开鼠标，则可画上一个节点，如图 5.3.49(b)所示。也可以不画全连接线，只对拉出的导线头作连线的命名，相同名字的线头代表电气上相连；给导线命名时，可单击要命名的导线，导线会变蓝，并有闪烁的黑线，此时，输入导线名字即可；如图 5.3.49(b)中导线 B、B 两处文字 B，表示它们同 B 相连。如果有总线 (即 BUS，线径较粗)，也可用输入导线名字法来连接之。右击该连接线，还可以通过下拉菜单修改连接线的方式：节点 node line、总线 bus line、管道 conduit line 方式，管道主要用于连接图表模块，代表进出模块的一个或多个 I/O 端口信号的总线组。若要删除一条连线，可单击该连线使之变为高亮 (变为蓝色)，然后按 Delete 键即可删除。

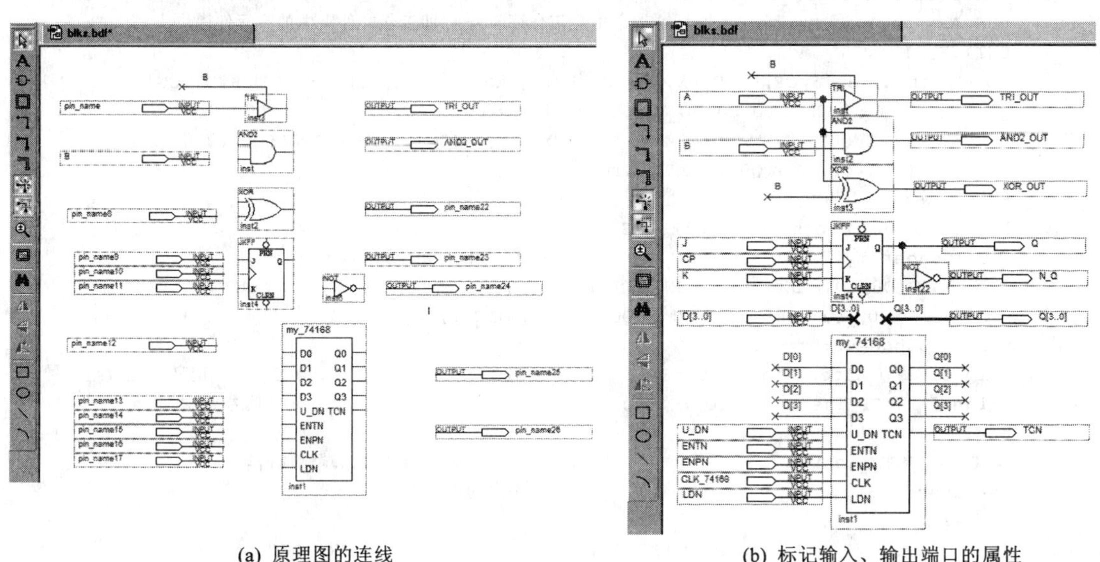

(a) 原理图的连线　　　　(b) 标记输入、输出端口的属性

图 5.3.49　原理图的连线及标记输入、输出端口的属性

(3) 引脚命名。在输入引脚的“PIN_NAME”处双击，使之变成深蓝色，输入信号名称 A，按回车键，自动指向下一个引脚的 PIN_NAME 处，继续对下一个引脚命名，电路原理图设计完毕如图 5.3.49(b)所示。

(4) 保存设计文档：执行菜单 File/Save 命令，再次保存原理图设计文件 blks.bdf。

3．原理图文件编辑及仿真

执行菜单 Project/Set as Top-Level Entity 命令，将当前编辑的文件设为顶层实体文件，就可以对其进行编译、仿真、引脚锁定和其他操作，编译和仿真操作与前一节介绍的过程完全一致。原理图设计文件 blks.bdf 的时序仿真工作波形如图 5.3.50 所示。

4．将图形设计文件转换成 VHDL 文件

在 blks.bdf 图形文件的编辑界面，选择菜单 File/Create/Update/Create HDL Design File for Current File 命令，在弹出的对话框中选择 VHDL 语言，单击“OK”按钮，即可由图形文件 blks.bdf 生成对应的 blks.vhd 文本文件并自动保存在当前设计文件夹中。打开文件 blks.vhd 其内容如下 (注：对 blks.vhd 文本的端口中信号书写有所调整以节约篇幅，但程序内容及描述次序不变)：

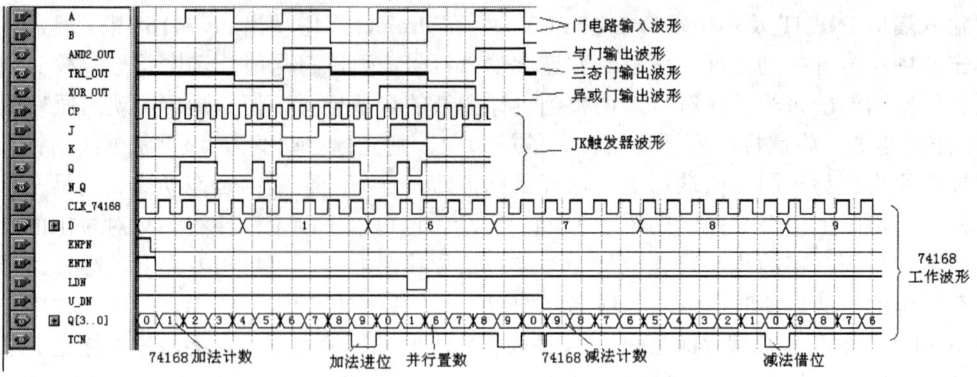

图 5.3.50 blks.bdf 的仿真波形图

```
LIBRARY ieee;
USE ieee.std_logic_1164.all;
LIBRARY work;                  --调用用户工作库 work,即工作文件夹中的库元件模块
ENTITY blks IS
    port(A, B, J,CP,K, U_DN, ENTN, ENPN, CLK_74168, LDN :  IN  STD_LOGIC;
         D :  IN  STD_LOGIC_VECTOR(3 downto 0);
        TRI_OUT, AND2_OUT, XOR_OUT, Q, N_Q, TCN :  OUT  STD_LOGIC;
        Q3, Q2, Q1, Q0 :  OUT  STD_LOGIC );
END blks;
ARCHITECTURE bdf_type OF blks IS
  component my_74168                    --my_74168 元件说明语句
     PORT(D0, D1, D2, D3, U_DN, ENTN, ENPN, CLK, LDN : IN STD_LOGIC;
          Q0, Q1, Q2, Q3, TCN : OUT STD_LOGIC );
  end component;
 signal  Q_Altera_SYNTHESIZED :  STD_LOGIC_VECTOR(3 downto 0); --定义 4 位数组信号
 Signal  JKFF_inst4  :  STD_LOGIC;                             --定义信号 JKFF_inst4
BEGIN
   Q <= JKFF_inst4;                         --JK 触发器 Q 输出端赋值语句
 process(A,B)                          --三态门的描述进程
   begin
        if (B = '1') then  TRI_OUT <= A;    else      TRI_OUT <= 'Z';
      end if;
 end process;
b2v_inst1 : my_74168                   --my_74168 元件例化语句
  PORT MAP( D0 => D(0), D1 => D(1),  D2 => D(2),  D3 => D(3),  U_DN => U_DN,
            ENTN => ENTN,  ENPN => ENPN,    CLK => CLK_74168,   LDN => LDN,
            Q0 => Q_Altera_SYNTHESIZED(0),  Q1 => Q_Altera_SYNTHESIZED(1),
            Q2 => Q_Altera_SYNTHESIZED(2),   Q3 => Q_Altera_SYNTHESIZED(3),
            TCN => TCN);
  AND2_OUT <= A AND B;           --与门输出端 AND2_OUT 赋值语句
  N_Q <= NOT(JKFF_inst4);        --JK 触发器输出端 N_Q 赋值语句
  XOR_OUT <= A XOR B;            --异或门输出端 XOR_OUT 赋值语句
  process(CP)                    --JK 触发器的时钟 CP 进程
   variable synthesized_var_for_JKFF_inst4 : STD_LOGIC;  --定义变量
    begin
    if (rising_edge(CP)) then              --若 CP 有上升沿
     synthesized_var_for_JKFF_inst4 := (NOT(synthesized_var_for_JKFF_inst4) AND J) OR
(synthesized_var_for_JKFF_inst4 AND (NOT(K)));  --此句相当于公式: Q^(n+1)=J·(Q^n)'+K'·Q^n
    end if;
     JKFF_inst4 <= synthesized_var_for_JKFF_inst4; --将变量的值赋给信号 JKFF_inst4
  end process;
Q3 <= Q_Altera_SYNTHESIZED(3); Q2 <= Q_Altera_SYNTHESIZED(2); -- my74168 输出的赋值
```

```
Q1 <= Q_Altera_SYNTHESIZED(1); Q0 <= Q_Altera_SYNTHESIZED(0);
END;
```

5.3.5 QuartusII 的层次化设计

复杂系统的描述常采用多层次结构。层次化设计先规划顶层设计，把顶层分解成几个底层模块，一个底层模块还可分解成若干个子模块，不断递推。子模块的设计方法可以是原理图法、文本法、也可以是几种方法混合设计。逐一完成各个底层设计，最后完成顶层设计。这一套流程称为“自顶向下地划分，自底向上地集成”。举例说明。

1. 设计要求

设计一个药片自动包装计数控制显示系统。药片通过透明的传送导管加到药瓶中，当药片挡住光电开关时，累计加上一个数，每计完 24 片药片，就完成 1 瓶药片的装瓶，机械手就自动将瓶盖拧上。

要求：①用两位 BCD 二-十进制数扫描显示两只 7 段数码管；②用实验箱按键开关模仿光电开关的信号发生功能，但要注意按键开关的消抖动问题；③用实验箱的 FPGA 下载板和实验箱外围硬件资源实现药片自动包装计数控制显示系统硬件功能。

2. 设计步骤

(1) 构思顶层设计方框图

构思的顶层方框图如图 5.3.51 所示，系统的构成包括：消抖动单脉冲电路模块、24 进制 BCD 计数器模块、数据选择器、BCD 到 7 段码译码显示器模块、扫描时钟控制模块 DIV2，这 5 个底层模块用一片 CPLD (或 FPGA) 集中实现，是设计的重点，利用 QuartusII 软件在计算机上完成设计并下载到 CPLD (或 FPGA) 器件中；外围电路器件由按键、限流电阻、两只数码管、数码管阴极地址译码器 (74138) 、同相驱动器 75451、连接用的飞线导线等组成。

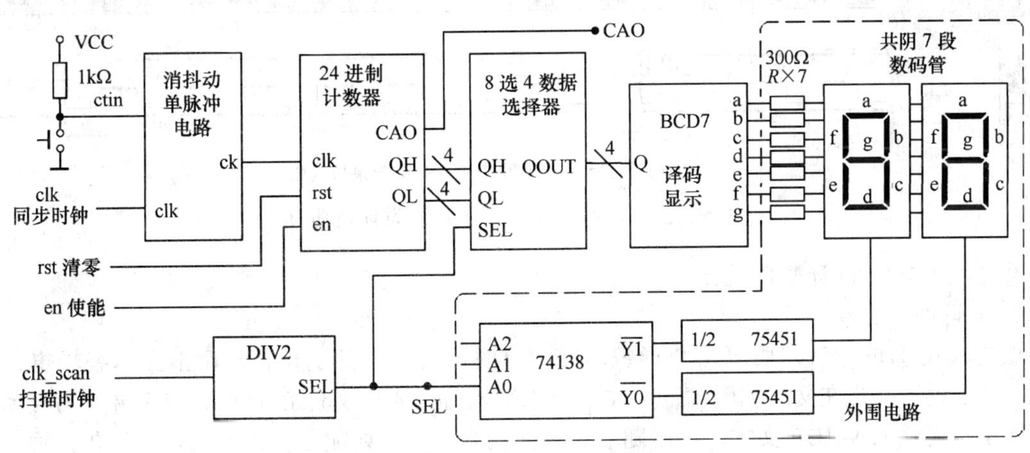

图 5.3.51 构思设计任务的顶层框图

首先要建工作库 (即设计文件夹及其保存路径) ，并确定设计的顶层文件及底层模块名和设计输入方法，介绍如下。

设计文件夹 cnt_24_bcd，路径 D:\ cnt_24_bcd\，存放所有设计文件用。

顶层设计文件名：cdu24_bcd7.bdf (原理图法)

底层设计文件名：① single_pulse.bdf (消抖动电路，原理图法)

② cnt_24.vhd(24 进制 BCD 计数器，文本法)

③ mux8_4.vhd(8 选 4 数据选择器，文本法)

④ bcd7.vhd (BCD-7 段译码器，文本法)

⑤ div2.vhd (扫描时钟控制器，文本法)

(2) 设计底层模块

① 消抖动电路的设计

● 设计原理图。 打开 Quartus II 软件，用原理图法设计消抖动电路，如图 5.3.52(a)所示。

● 文件保存。 保存图形设计文件 single_pulse.bdf 到设计文件夹路径 D:\ cnt_24_bcd\中。

● 把它设为当时的顶层 (菜单命令：Project/Set as Top-Level Entity)，并作全程编译。

● 波形仿真分析。分为 5 个主要步骤：新建波形文件 single_pulse.vwf、设置仿真器指定 single_pulse.vwf 文件、添加仿真信号、编辑输入波形、运行仿真器。具体操作可参见文本输入设计法中的波形仿真分析操作。仿真结果如图 5.3.52(b)所示。注意：输入信号 CTIN 接收的是实验箱中“压下为低 (电平) 、抬起为高 (电平) ”的按键信号 (有抖动毛刺) ，消抖动电路的输出信号 CK 是没有抖动毛刺的干净脉冲信号，它代表药品数的计数脉冲。

● 作一次包装此底层元件入工作库的打包操作(菜单命令 File/Create Default Symbol)，则生成模块符号文件 single_pulse.bsf，可供以后在顶层设计时调用。

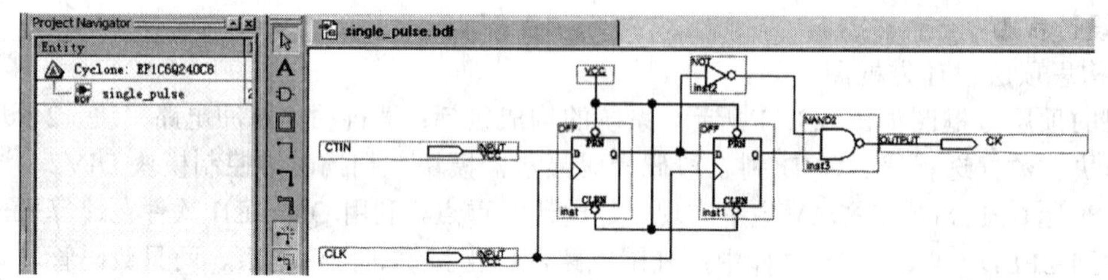

(a) 消抖动单脉冲电路原理图 (single_pulse.bdf)

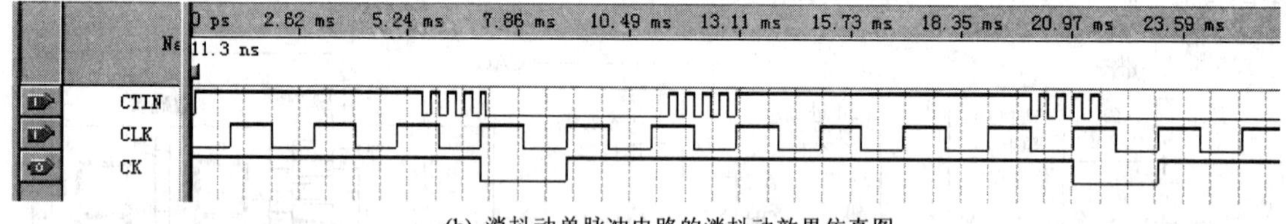

(b) 消抖动单脉冲电路的消抖动效果仿真图

图 5.3.52 消抖动单脉冲电路的设计及仿真

② 24 进制 BCD 计数器设计

● 编辑输入文本

做完模块①设计后，要退出图形编辑窗口 (图形文件全部退出) ，调出文本编辑窗口再做 cnt_24.vhd 设计，且在文本编辑窗一个文字也未输入时，先取文件名 cnt_24.vhd 并“另存为”到工作库中，再输入 VHDL 文本，此时随着文本的输入，关键词随之变为蓝色，可以防止输入的错误发生；还可选择菜单 Edit/Insert Template...命令，弹出“Insert Template”窗口，选择其中的 VHDL 关键词模板库协助输入设计。输入的文本如下：

```
LIBRARY ieee;
USE ieee.std_logic_1164.ALL;
USE ieee.std_logic_unsigned.ALL;
ENTITY cnt_24 IS
      PORT(clk,rst,en:  IN std_logic;
                cao: OUT std_logic;
    QH,QL: OUT std_logic_vector(3 DOWNTO 0));
END cnt_24;
ARCHITECTURE behave OF cnt_24 IS
```

```
SIGNAL h0,h1: std_logic_vector(3 DOWNTO 0);      --定义内部隐埋信号节点 h0,h1
BEGIN
PROCESS(rst,clk)
    BEGIN
    IF(rst='0')  THEN                                --若 rst=0,则
     h1<="0000"; h0<="0001";                         --异步复位到 1
       ELSIF (clk'event AND clk='1') THEN            --否则若 clk 的上升沿来到
      IF (en='1') THEN                               --若使能端 en=1,则
         IF(h1=2 AND h0=4) THEN h1<="0000";h0<="0001"; --若为 24D,则返回 01D
        ELSIF (h0=9) THEN h0<="0000"; h1<=h1+1; -- 否则若个位 h0=9D,则十位 h1+1"缝十进 1"
             ELSE h0<=h0+1;                           --否则个位加 1 (十位不变)
         END IF;                                      -- END IF(h1=2 AND h0=4)
      END IF;                                         -- END IF(en='1')
    END IF;                                           -- END IF(rst='0')
           QL<=h0;  QH<=h1;                           --隐埋信号节点的值送到输出端口
END PROCESS;
    cao<='1' WHEN (h1=2 AND h0=4 AND en='1') ELSE'0';      --当进位 cao=1 时拧药瓶盖子
END behave;
```

- 保存文件：再次保存 cnt_24.vhd 文件。
- 编译文件：全程编译 cnt_24.vhd 文本。
- 仿真分析：仿真结果如图 5.3.53 所示，为便于识读，计数循环体采用‖：1，2,…，24：‖的 24 进制，波形逻辑功能正确。
- 作一次打包操作(菜单命令 File/Create Default Symbol)，生成模块符号文件 cnt_24.bsf,供以后在顶层设计时调用。

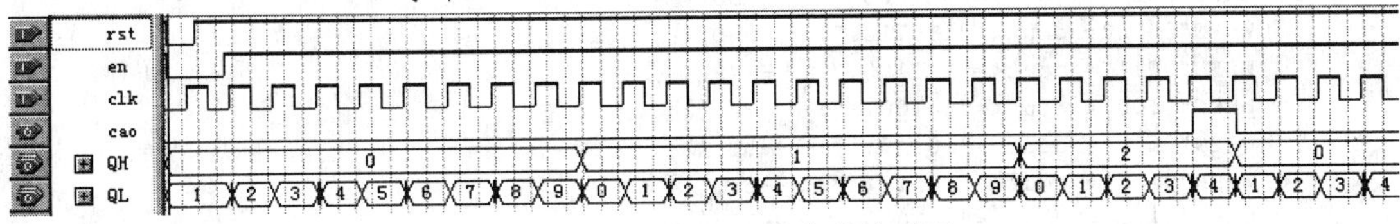

图 5.3.53　cnt_24.vhd 的仿真波形图

③ 8 选 4 数据选择器设计

类似以上文本 cnt_24.vhd 的设计步骤进行。mux8_4.vhd 文本输入如下，仿真波形如图 5.3.54 所示。

```
LIBRARY ieee;
USE ieee.std_logic_1164.ALL;
ENTITY mux8_4 IS
PORT(QH,QL    : IN STD_LOGIC_vector(3 DOWNTO 0);
     SEL      : IN STD_LOGIC;
     QOUT : OUT    STD_LOGIC_vector(3 DOWNTO 0));
END mux8_4;
ARCHITECTURE a OF mux8_4 IS
     SIGNAL   s    : STD_LOGIC;
BEGIN
      s<=SEL;
     PROCESS (QH,QL,s)
     BEGIN
          IF s = '0' THEN  QOUT <= QL;
                     ELSE  QOUT <= QH;
          END IF;
     END PROCESS;
END a;
```

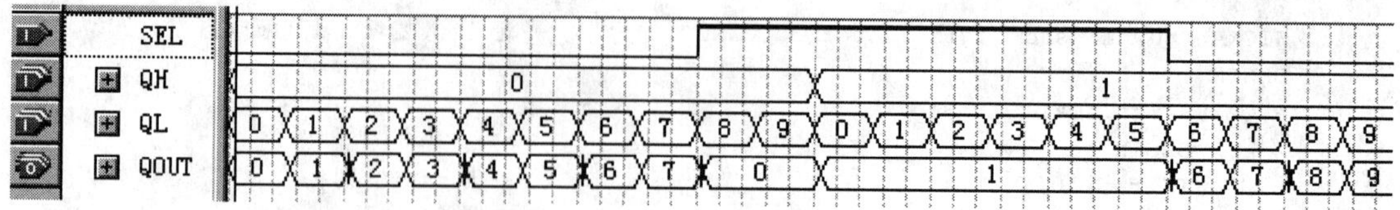

图 5.3.54　mux8_4.vhd 的仿真波形图

④ BCD-7 段译码器设计

类似以上文本设计步骤进行。BCD7.vhd 文本输入如下：

```
LIBRARY ieee;
USE ieee.std_logic_1164.ALL;
USE ieee.std_logic_unsigned.ALL;
ENTITY bcd7 IS PORT
     (Q:  IN std_logic_vector(3 DOWNTO 0);
   A,B,C,D,E,F,G :    OUT std_logic);
END bcd7 ;
ARCHITECTURE ARC_bcd7 OF bcd7 IS
 SIGNAL dout: std_logic_vector(6 DOWNTO 0);
 SIGNAL  din: std_logic_vector(3 DOWNTO 0);
 BEGIN
  din<=Q;
 PROCESS(din)
  BEGIN
   CASE din IS                        --abcdefg  (7 段数码管信号排序为 a→g)
   WHEN"0000"=>dout<="1111110";   --7E, 显示 0 (译码区描述开始)
   WHEN"0001"=>dout<="0110000";   --30,显示 1
   WHEN"0010"=>dout<="1101101";   --6D,显示 2
   WHEN"0011"=>dout<="1111001";   --79,显示 3
   WHEN"0100"=>dout<="0110011";  --33,显示 4
   WHEN"0101"=>dout<="1011011";  --5B,显示 5
   WHEN"0110"=>dout<="1011111";  --5F,显示 6
   WHEN"0111"=>dout<="1110000";  --70,显示 7
   WHEN"1000"=>dout<="1111111";  --7F,显示 8
   WHEN"1001"=>dout<="1111011";  --7B,显示 9
   WHEN"1010"=>dout<="1110111";  --77 (显示 A)
   WHEN"1011"=>dout<="0011111";  --1F (显示 b)
   WHEN"1100"=>dout<="1001110";  --4EH(显示 C)
   WHEN"1101"=>dout<="0111101";  --3DH(显示 d)
   WHEN"1110"=>dout<="1001111";  --4FH(显示 E)
   WHEN"1111"=>dout<="1000111";  --47H(显示 F)
   WHEN OTHERS=>dout<="1111110";  --7E, 显示 0 (译码区描述结束)
   END CASE;
 END PROCESS;
  A<=dout(6);   B<=dout(5);  C<=dout(4);   D<=dout(3);
  E<=dout(2);   F<=dout(1);   G<=dout(0);
END ARC_bcd7;
```

7 段数码管

BCD7.vhd 仿真波形如图 5.3.55 所示，调入波形信号后，可先将输出 ABCDEFG 全选中后命名成总线 segBUS，操作方法是：按住 Shift 键，再在图 5.3.55 波形 Name 栏中，逐一单击 A,B,C,D,E,F,G，则可同时选中它们 (或按住鼠标左键由 A 图标的左侧垂直往下滑动到 G 图标的左侧也可同时拖黑选中它们) 再右击，在弹出菜单中选“Group...”，取名 segBUS,再单击“OK”按钮，即可变为集群的波形信号 segBUS 了。然后再一次调入 7 段信号 ABCDEFG，故使得 7 个输出信号用了两种方式同时在一屏中显示，这是波形设置中的技巧，以利对 BCD7.vhd 文本中“译码区”描述内容的理解。

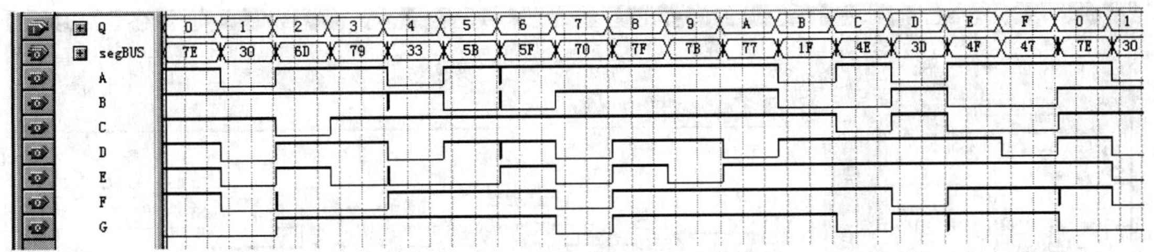

图 5.3.55　BCD7.vhd 的仿真波形图

⑤扫描时钟控制器设计

类似以上文本设计步骤进行。div2.vhd (扫描时钟控制器) 文本输入如下：

```
LIBRARY ieee;
USE ieee.std_logic_1164.ALL;
USE ieee.std_logic_ARITH.ALL;
USE ieee.std_logic_UNSIGNED.ALL;
ENTITY div2 IS
    PORT( clk_scan: IN     STD_LOGIC;
            sel   : OUT    STD_LOGIC );
END div2;
ARCHITECTURE a OF div2 IS
    SIGNAL   cnt  : STD_LOGIC;
  BEGIN
 PROCESS (clk_scan)
    BEGIN
            IF (clk_scan'EVENT AND clk_scan = '1') THEN
                    cnt <=NOT cnt;
            END IF;
    END PROCESS;
    sel <= cnt;
END a;
```

添加扫描时钟器模块，主要是为了使本设计方案可扩展和移栽到别的设计项目中去。如数字电子钟、8 位频率计等，都有扫描显示，都可以借用本例的构思方案。

(3) 设计顶层文件

在新文件的顶层窗口，用原理图法，调用已做好的 5 个用户自建的底层元件符号，画出顶层电路的设计图如图 5.3.56 图形编辑窗口中所示，并取名 cdu24_bcd7.bdf，保存到路径 D:\cnt_24_bcd\文件夹中，并设置为当前的顶层工程项目。

选择 FPGA 器件型号，结合所用的实验箱具体情况锁定各个信号的引脚，再编译，通过后，作仿真波形如图 5.3.57 所示：①图中 SEG7BUS 就是输出的 7 段信号 ABCDEFG，是将 A、B、C、D、E、F、G 全选中后命名成总线以利观察；②总线 QH、QL 随 CTIN 信号在计数；③输出 7 段信号 SEG7BUS 在变化，它是由于 SEL 的变化，使数据选择器 mux8_4 选择不同的 BCD 位数据，译码器又将选出的 BCD 数据译为 7 段码信号 SEG7BUS，当 SEL=0 时输出显示的是个位 QL 对应的 7 段码，当 SEL=1 时输出显示的是十位 QH 对应的 7 段码。只要 SEL 的扫描频率不低于 24Hz，利用人眼的视觉暂留原理，人眼就不会感到扫描显示时的闪烁。仔细分析顶层仿真波形并结合图 5.3.51 顶层框图中的外围电路原理，可知顶层系统的功能正常。然后进行下载，再做硬件功能的测试 (此处略) 。

(4) 设计文件的层次显示

Quartus II 项目导航窗口 Project Navigator 有 3 个分页。Hierarchy 分页：如图 5.3.58(a)所示，它显示出项目 cdu24_bcd7 中各模块之间的设计层次，第一层即顶层，第二层包含了 inst 的 5 个底

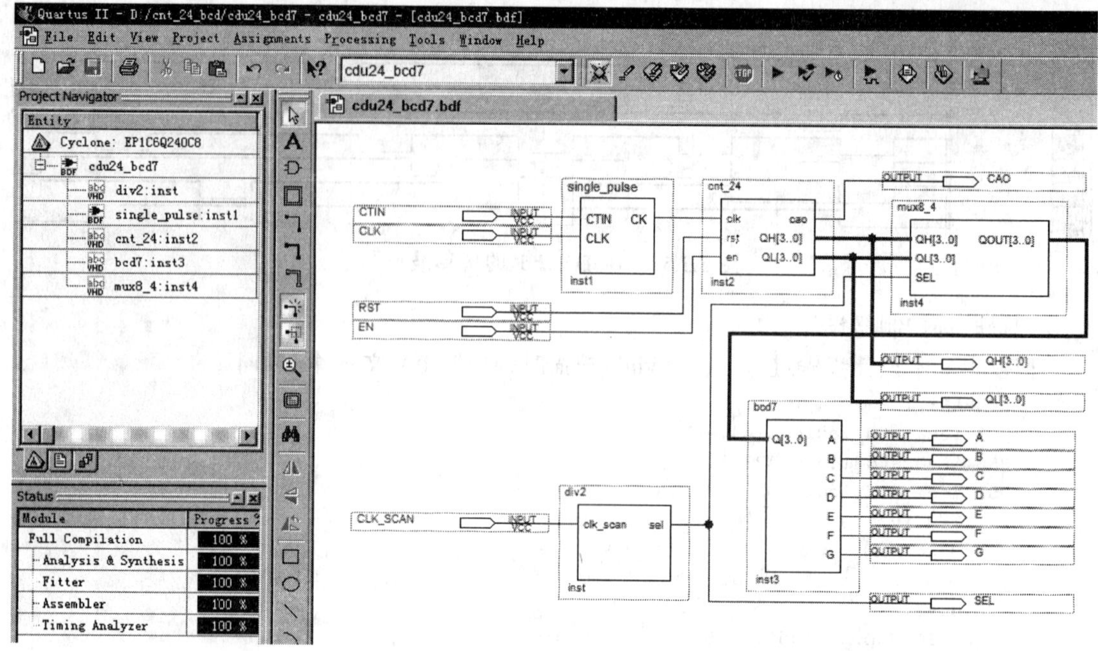

图 5.3.56　顶层文件原理图法设计及其全程编译通过的报告

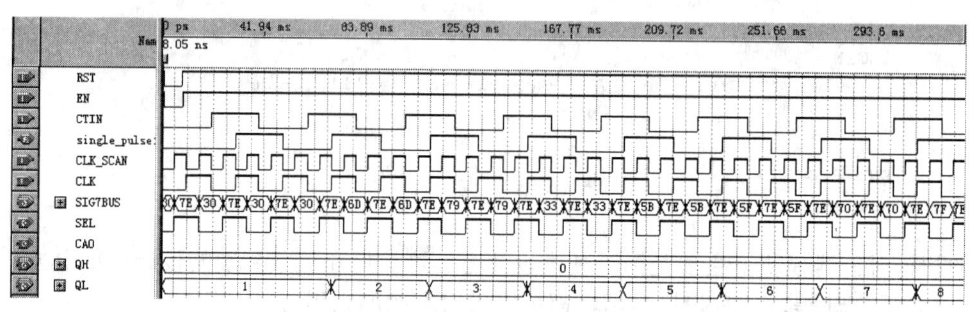

图 5.3.57　顶层仿真波形图

层文件及其插入的先后次序。层次树中的每个文件都可以通过双击文件名打开，并送到前台显示。选择菜单 Project/Set as Top-Level Entity 命令，可以将当前打开的底层文件设置为顶层设计文件，对其进行修改并重新编译。Files 分页：如图 5.3.58(b)所示，它显示了有关的设计文件及其后缀，也可通过双击文件名打开文件。Design Units 分页：如图 5.3.58(c)所示，它显示了下层设计文件实体、结构体及文件路径，也可通过双击文件名 (或带有路径的文件名) 打开文件。

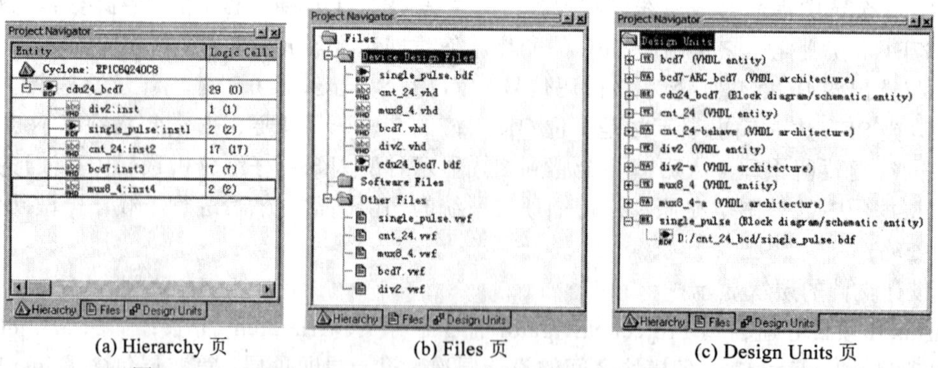

(a) Hierarchy 页　　(b) Files 页　　(c) Design Units 页

图 5.3.58　Project Navigator 顶层文件层次显示 (分为三个分页)

在层次显示各个分页中，双击层次树中的任何一个文件名都可将该文件打开带至前台，打开文件的同时，也就打开了相应的文件编辑器供浏览和编辑该文件。选择菜单命令 File/Close (或按 Ctrl+F4 键) 或在出现的相应文件编辑器中双击左上角的编辑器标识图标，可以关闭已打开的文件和相应的编辑器并退回到层次显示顶层设计窗口。

3．层次化设计小结

(1) 在同一设计项目中，顶层设计文件名及各底层符号所对应的底层设计文件名必须是各自唯一的，不同层次之间不允许有重名的文件 (这里，文件的前缀名相同而后缀不同，也称重名)，否则会发生电路链接嵌套错误，一旦发生嵌套错误，设计就无法继续进行，就应该进入设计文件夹中查出重名文件，并删除其中不合理的一个文件，以便继续进行设计工作。

(2) 设计时设计者应将当前设计层的项目文件定为当时处理的顶层设计文件。

(3) 设计项目顶层设计文件中调用的符号所对应的文件必须为底层设计文件，且保证该底层设计文件已经先期完工，如果底层文件又经过重新编译、修改、保存或打包，打包后要及时在上层文件中更新并保存。

(4) 顶层设计文件可通过创建默认符号 (打包) 的方法降为底层设计文件，供其他更高层的顶层文件调用。

(5) 在同一设计项目中，不允许出现顶层文件或符号文件自身递归调用，允许顶层及底层设计单向调用更低一层的设计符号，不允许出现顶层文件与符号文件之间及符号文件之间的直接相互调用或间接相互调用。

(6) 硬件描述语言的设计文件可通过调用包含文件的方法实现层次设计输入。此时，应通过建立默认符号的方法形成底层设计文件。

5.3.6 VHDL 设计

用于硬件电路描述的语言有多种。在我国常用的有 ABEL-HDL，AHDL,VHDL,Verilog-HDL 等;前两种通俗易懂，可以自学，后两种是发展趋势，已成为 IEEE 标准。本书介绍 VHDL。

VHDL(Very High Speed Integrated Circuit Hardware Description Language，超高速集成电路硬件描述语言)诞生于 1982 年。在美国国防部 (DOD) 和 IEEE (The Institute of Electrical and Electronics Engineers，电气与电子工程师学会) 共同努力下，在 1987 年推出了 VHDL 语言的 IEEE_l076—1987 标准 (简称 87 版) 。1993 年又升级为(IEEE _ll64-1993) (简称 93 版) 。1995 年，中国国家技术监督局组织编撰并出版《CAD 通用技术规范》，推荐 VHDL 语言作为我国电子设计自动化硬件描述语言的国家标准。1996 年，IEEE1076．3 成为 VHDL 综合标准。

在 QuartusII 软件中，VHDL 语言程序的基本结构如表 5.3.6 所示。

表 5.3.6 VHDL 语言程序的基本结构

<table>
<tr><td rowspan="4">VHDL 程序
.vhd 文件</td><td colspan="3">库 (LIBRARY)，用 USE 语句声明的在设计实体中将要用到的程序包、数据类型、元件等</td></tr>
<tr><td rowspan="3">设计实体</td><td colspan="2">实体 (ENTITY)：定义本设计的输入/输出端口，设计中用到的常数的数据类型</td></tr>
<tr><td rowspan="2">结构体 (ARCHITECTURE)：对本设计电路的具体行为描述</td><td>说明区：说明结构体将用到的信号、常数、元件、子程序等</td></tr>
<tr><td>功能描述区：用并行语句描述本设计的逻辑行为、数据流程、组织结构等</td></tr>
</table>

下面通过范例，介绍用 VHDL 语言设计常用数字逻辑部件的基本方法。

1．数据选择器

(1) 设计原理。数据选择器是组合逻辑部件。4 选 1 数据选择器的输出信号 Y 的逻辑表达式为

$$Y=(A_1A_0D_3+A_1\overline{A_0}D_2+\overline{A_1}A_0D_1+\overline{A_1}\,\overline{A_0}D_0)\overline{stn} \quad (5.3.1)$$

式中，D_i 是被处理的数据，A_1A_0 为被处理数据的地址 addres，$\overline{stn}$ 为输出使能端，低电平有效。可用 VHDL 的赋值语句描述式(5.3.1)，且可有多种描述方式。

VHDL 中的赋值语句分为并行赋值语句和顺序赋值语句两类，每一类又有多种语句，其中常用的赋值语句及其分类见表 5.3.7。下面通过范例介绍常用赋值语句的用法。

表 5.3.7 VHDL 赋值语句分类

并行语句	顺序语句（注）
简单信号赋值语句	简单信号赋值语句
条件信号赋值语句	变量赋值语句
选择信号赋值语句	IF 语句
	CASE 语句
	LOOP 语句

注：顺序语句只能出现在进程 (PROCESS) 、函数(FUNCTION)和过程(PROCEDURE)中。

(2) 设计范例。设计 16 选 4 数据选择器，其图元和工作波形如图 5.3.59 所示。其功能式与式(5.3.1)类似，此处用 2 位数的数组 addres[1..0]作为数据选通的地址信号。

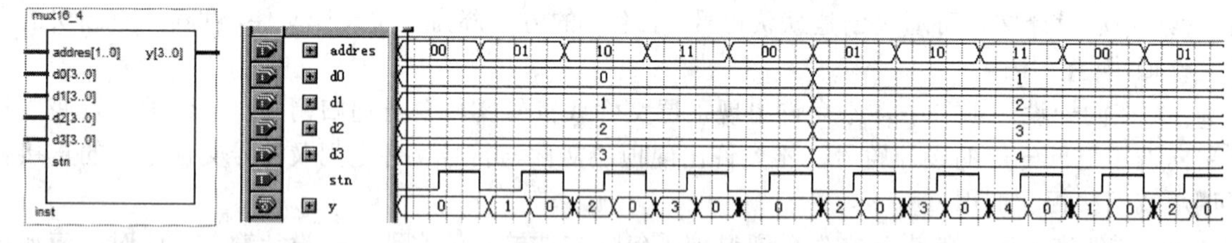

(a) QuartusII 中图元　　(b) QuartusII 中的仿真波形

图 5.3.59　16 选 4 数据选择器

【例 5.2】 采用条件信号赋值语句(并行语句)设计 16 选 4 数据选择器 mux16_4。

条件信号赋值语句格式如下：

```
[标号：] 赋值目标信号名 <= 表达式 1  WHEN  赋值条件表达式 1  ELSE
                          表达式 2  WHEN  赋值条件表达式 2  ELSE
                          ......
                          表达式 3;
```

程序 mux16_4_1.vhd 清单如下：

```
LIBRARY ieee;                                          --调用 ieee 标准库
USE IEEE.STD_LOGIC_1164.ALL;                           --调用 ieee 库中 STD_LOGIC_1164 程序包
ENTITY mux16_4_1 IS                                    --实体 mux16_4_1，第 1 种描述法
PORT(                                                  --定义端口
     addres : IN  STD_LOGIC_VECTOR(1 DOWNTO 0);        --定义地址 addres 属性
     d0,d1,d2,d3  : IN STD_LOGIC_VECTOR(3 DOWNTO 0);   --定义输入数据信号属性
          stn : IN    STD_LOGIC;                       --定义使能端口属性
        y   : OUT STD_LOGIC_VECTOR(3 DOWNTO 0));       --定义输出数据信号端口属性
END mux16_4_1;
ARCHITECTURE a1 OF mux16_4_1 IS                        --建立实体的结构体 a1
    SIGNAL ytemp : STD_LOGIC_VECTOR(3 DOWNTO 0);       --定义内部信号 ytemp
BEGIN
   ytemp<=d0 WHEN (addres="00") ELSE                   -- addres 控制的条件信号赋值语句
        d1 WHEN (addres="01") ELSE
        d2 WHEN (addres="10") ELSE
        d3  ;
     y<=ytemp WHEN (stn='0')ELSE "0000";               -- stn 控制的条件信号赋值语句
END a1;                                                --结构体 a1 描述结束
```

【例 5.3】 采用选择信号赋值语句(并行语句)设计 16 选 4 数据选择器。

```
[标号:] with 选择表达式 select
        信号名<=表达式 2 when   选择值 value1,
            表达式 3 when   选择值 value2,
            ……,
            表达式 n  WHEN OTHERS;
```

选择信号赋值语句格式如下：

结构体 a2 程序清单如下：

```
ARCHITECTURE a2 OF mux16_4_2 IS                          --建立实体的结构体 a2
   SIGNAL ytemp : STD_LOGIC_VECTOR(3 downto 0);          --定义内部信号 ytemp
BEGIN
  WITH  addres SELECT                                    --选择条件 addres 控制的选择信号赋值语句
  ytemp<=d0 WHEN "00",
       d1 WHEN "01",
       d2 WHEN "10",
       d3 WHEN "11",
       "0000"  WHEN OTHERS;  --必须加入此句，以便对 U、Z 等输入情况作出限定
  y<=ytemp WHEN (stn='0')ELSE "0000";                    --条件 stn 控制的条件信号赋值语句
END a2;                                                  --结构体 a2 描述结束
```

【例 5.4】 采用 IF THEN 分支语句(顺序语句)设计 16 选 4 数据选择器。

```
[if 标号: ]  if  条件  then  顺序语句;
             elsif  条件 then 顺序语句;
             ……;
             else 顺序语句;
             end if;
```

组合电路中，IF 语句格式如下：

if 语句可以嵌套使用。

结构体 a3 程序清单如下：

```
ARCHITECTURE  a3 OF mux16_4_3 IS                        --建立实体的结构体 a3
   SIGNAL ytemp : STD_LOGIC_VECTOR(3 downto 0);         --定义内部信号组 ytemp
 BEGIN
 PROCESS(addres,d0,d1,d2,d3)                            --引用进程语句，敏感信号为 addres,
                                                          d0,d1,d2,d3

  BEGIN
   IF    addres="00" THEN ytemp<=d0 ;                   --若 addres="00" 则 ytemp=d0
   ELSIF  addres="01" THEN ytemp<=d1 ;                  --若 addres="01" 则 ytemp=d1
   ELSIF  addres="10" THEN ytemp<=d2 ;                  --若 addres="10" 则 ytemp=d2
   ELSE    ytemp<=d3 ;                                  --否则 ytemp=d3
   END IF;
 END PROCESS;
  y<=ytemp WHEN (stn='0')ELSE "0000";                   --条件 stn 控制的条件信号赋值语句
 END a3;                                                --结构体 a3 描述结束
```

【例 5.5】 采用 CASE 语句(顺序语句)设计 16 选 4 数据选择器。

CASE 语句的语法格式如下：

```
[case 标号: ] case  表达式  is
          when  表达式值=>顺序语句;
          when  表达式值=>顺序语句;
          ……;
          when others =>顺序语句;
          end case [case 标号];
```

结构体 a4 程序清单如下：

```
ARCHITECTURE a4 OF mux16_4_4 IS                          --建立实体的结构体 a4
```

```
    SIGNAL ytemp : STD_LOGIC_VECTOR(3 downto 0);      --定义内部信号组 ytemp
 BEGIN
 PROCESS(addres,d0,d1,d2,d3)           --引用进程语句，敏感信号为 addres,d0,d1,d2,d3
  BEGIN
   CASE  addres IS                     --定义 addres 为事件表达式
   WHEN "00" => ytemp<=d0 ;            --当 addres=00 时  ytemp=d0
   WHEN "01" => ytemp<=d1 ;            --当 addres=01 时  ytemp=d1
   WHEN "10" => ytemp<=d2 ;            --当 addres=10 时  ytemp=d2
   WHEN "11" => ytemp<=d3 ;            --当 addres=11 时  ytemp=d3
   WHEN OTHERS =>NULL;                 --当其他情况时 NULL(空操作)
   END CASE;
END PROCESS;
  y<=ytemp WHEN (stn='0')ELSE "0000";     --条件 stn 控制的条件信号赋值语句
END a4;                                   --结构体 a4 描述结束
```

2．优先编码器

(1) 设计原理。优先编码器是组合逻辑部件。按照申请编码输入信号的优先级别，给出相应的编码输出。为实现优先编码器逻辑功能，应选择具有条件检测顺序的赋值语句或者采用能够反映优先约束条件的描述方法。

(2) 设计范例。4 线-2 线优先编码器的真值表如表 5.3.8 所示，它是一个具有约束条件的真值表。表中，stn 为编码使能端，stn =0 时使能；d3 为最高优先级，高电平有效，d0 的优先级最低。

表 5.3.8　4 线-2 线优先编码器的真值表

输　入					输出	
stn	d3	d2	d1	d0	Y1	Y0
1	×	×	×	×	1	1
0	1	×	×	×	1	1
0	0	1	×	×	1	0
0	0	0	1	×	0	1
0	0	0	0	1	0	0

根据表 5.3.8，可推出输出信号逻辑函数表达式为

$$Y1=d3+d2+stn$$

$$Y0=d3+\overline{d2}\cdot d1+stn$$

【例 5.6】 采用简单信号赋值语句设计 4 线-2 线优先编码器 encoder4_2_5.vhd。

简单信号赋值语句的格式如下：

```
赋值目标信号名 <= 表达式
```

运用简单信号赋值语句可描述具有约束条件的逻辑表达式，本例又称为数据流描述法。程序 encoder4_2_5.vhd 清单如下：

```
LIBRARY ieee;                                        --调用 ieee 标准库
USE IEEE.STD_LOGIC_1164.ALL;                         --调用 ieee 库中 STD_LOGIC_1164 程序包
ENTITY encoder4_2_5 IS                               --实体 encoder4_2_5
    PORT(                                            --定义端口
      d      : IN STD_LOGIC_VECTOR(3 downto 0);      --定义输入信号 d[3..0]
        stn    : IN  STD_LOGIC;                      --定义使能信号
        y    : OUT    STD_LOGIC_VECTOR(1 downto 0)); --定义输出信号 y[1..0]
END encoder4_2_5;
ARCHITECTURE a1 OF encoder4_2_5 IS                   --建立实体的结构体 a1
    SIGNAL  temp : STD_LOGIC_vector(1 downto 0);     --定义内部信号 temp[1..0]
 BEGIN
 temp(1)<=d(3)  OR d(2)  OR  stn;                    --具有约束条件的逻辑表达式
 temp(0)<=d(3)  OR  (NOT d(2)AND d(1))  OR stn ;     --具有约束条件的逻辑表达式
  y<=temp ;
END a1;                                              --仿真波形如图 5.3.60(b)所示，可见 d0 波
                                                       形成为"无关项"，可被"优化掉"
```

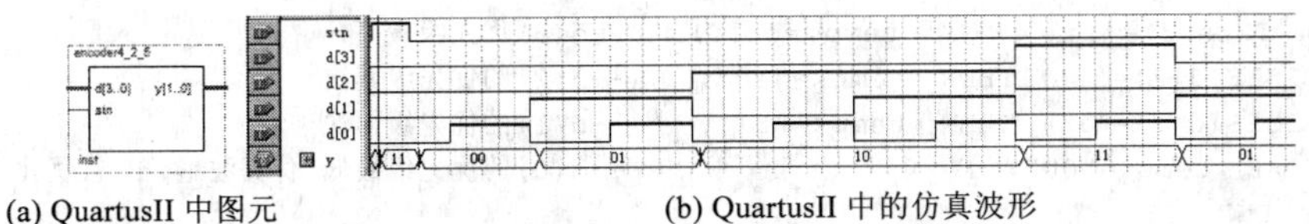

(a) QuartusII 中图元　　　　(b) QuartusII 中的仿真波形

图 5.3.60　4 线-2 线编码器 encoder4_2_5

【例 5.7】 采用条件信号赋值语句(并行语句)设计 4 线-2 线优先编码器 encoder4_2_1.vhd。

条件信号赋值语句在关键字 ELSE 作用下，形成条件检测顺序，即文本中最先出现的赋值条件优先级别最高。encoder4_2_1.vhd 的端口同上例，其结构体 a2 的程序清单如下：

```
ARCHITECTURE a2 OF encoder4_2_1 IS                --建立实体的结构体 a2
    SIGNAL temp : STD_LOGIC_vector(1 downto 0);   --定义内部信号 temp[1..0]
 BEGIN
   temp<="11" WHEN (d(3)='1') ELSE          --条件信号赋值语句,d(3)的优先级最高
         "10" WHEN (d(2)='1') ELSE          --d(2)的优先级其次
         "01" WHEN (d(1)='1') ELSE          --d(1)的优先级再次
         "00" ;                             --d(0)的优先级最低
  y<=temp WHEN (stn='0')ELSE "11";          --stn 控制的条件信号赋值语句
END a2;          --仿真波形也如图 5.3.60 (b) 所示，可见 d0 波形成为"无关项",可被"优化掉"
```

【例 5.8】 采用选择信号赋值语句(并行语句)设计 4 线-2 线优先编码器。

选择信号赋值语句可形成条件检测顺序，文本中最先出现的选择值对应的赋值运算优先级别最高。且利用选择值的遍历、穷举描述方法，可以使得 d0 不被“优化掉”，仿真波形如图 5.3.61 所示。

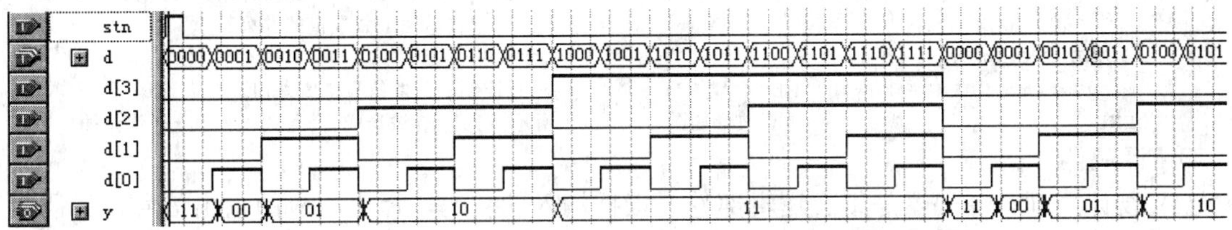

图 5.3.61　选择信号赋值语句下 4 线-2 线编码器的仿真波形

结构体 a3 的程序清单如下：

```
ARCHITECTURE a3 OF encoder4_2_2 IS          --建立实体的结构体 a3
    SIGNAL ytemp : STD_LOGIC_vector(1 downto 0);
 BEGIN
   WITH d  SELECT                            --d 为选择条件
 ytemp<="11" WHEN "1000"|"1001"|"1010"|"1011"|"1100"|"1101"|"1110"|"1111",-- d(3)优先级最高
 "10" WHEN "0100"|"0101"|"0110"|"0111",      -- d(2)的优先级其次,见下面的注
         "01" WHEN "0010"|"0011",            --d(1)的优先级再次
         "00" WHEN "0001",                   --d(0)的优先级最低
         "11" WHEN OTHERS;                   --此句 WHEN OTHERS 必须加入,因为 U,X,Z 的值要遍历
  y<=ytemp WHEN (stn='0')ELSE "11";          --stn 控制的条件信号赋值语句
END a3;                                      --仿真波形如图 5.3.61 所示,d0 不被"优化掉"
```

注：语句中“|”为选择值的并列符，达到遍历、穷举的描述效果。

【例 5.9】 采用 IF THEN 分支语句(顺序语句)设计 4 线-2 线优先编码器 encoder4_2_3.vhd。

IF THEN 分支语句具有自然形成条件检测优先级的特点，可以将优先约束条件体现出来。结构体 a4 的程序清单如下：

```
ARCHITECTURE a4 OF encoder4_2_3 IS          --建立实体的结构体 a4
    SIGNAL temp : STD_LOGIC_vector(1 downto 0);
 BEGIN
PROCESS(d)                                   --进程,敏感信号为 d
  BEGIN
```

```
        IF(d(3)='1') THEN   temp<="11";     --d(3)优先级最高
      ELSIF(d(2)='1') THEN  temp<="10";     --d(2)的优先级其次
      ELSIF(d(1)='1') THEN  temp<="01";     --d(1)的优先级再次
      ELSE  temp<="00";                     --d(0)的优先级最低,仿真波形,d0 被优化掉
        END IF;
    END PROCESS;
     y<=temp WHEN (stn='0')ELSE "11";      --stn 控制的条件信号赋值语句
  END a4;                   --仿真波形如图 5.3.60(b)所示,可见 d0 波形成为"无关项",可被"优化掉"
```

【例 5.10】 采用 CASE 语句(顺序语句) 设计 4 线-2 线优先编码器。

利用 CASE 语句的遍历、穷举、WHEN 有先后次序的描述特点，可以将约束条件体现出来，达到优先编码器的功能。

结构体 a5 的程序清单如下：

```
ARCHITECTURE a5 OF encoder4_2_4 IS                   --建立实体的结构体 a5
     SIGNAL  temp : STD_LOGIC_vector(1 downto 0);
 BEGIN
PROCESS(d)                                           --进程,敏感信号为 d
  BEGIN
     CASE   d   IS
     WHEN "1000"|"1001"|"1010"|"1011"|"1100"|"1101"|"1110"|"1111"=>  temp<="11";
     WHEN "0100"|"0101"|"0110"|"0111"=>  temp<="10";    --d(3)优先级最高, d(2)的优先级其次
     WHEN "0010"|"0011"=>  temp<="01";                  -- d(1)的优先级再次
     WHEN "0001"|"0000"=>  temp<="00";              --d(0)的优先级最低, 仿真波形, d0 被优化掉
     WHEN OTHERS=>  NULL;                   --此句 WHEN OTHERS 必须加入,因为 U,X,Z 的值要遍历
     END CASE;                              --语句中"|"为 CASE 取值的并列符
  END PROCESS;
   y<=temp WHEN (stn='0')ELSE "11";         --stn 控制的条件信号赋值语句
END a5;               --仿真波形如图 5.3.60b 所示,可见 d0 波形成为"无关项",可被"优化掉"
```

3. 译码器

(1) 设计原理。译码器是组合逻辑部件。根据输入的代码，译出相应的输出信号。译码是编码的逆过程，因此编码器的描述方法，都可用于译码器的描述中。

(2) 设计范例。3 线-8 线译码器的图元及工作波形如图 5.3.62 所示。

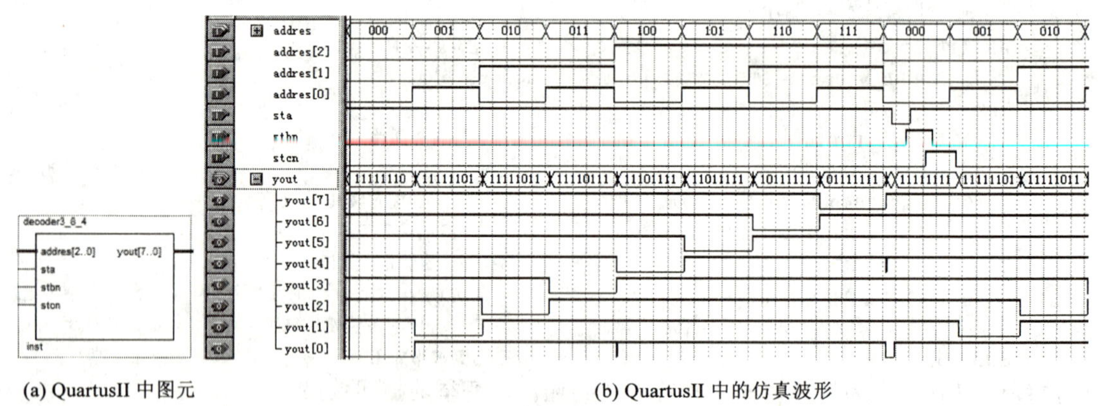

(a) QuartusII 中图元　　　　(b) QuartusII 中的仿真波形

图 5.3.62　3 线-8 线译码器

可采用条件信号赋值语句、选择信号赋值语句、IF THEN 分支语句、CASE 语句、简单信号赋值语句的数据流描述法等多种方法实现 3 线-8 线译码器的 VHDL 程序设计。为节约篇幅，仅介绍采用 CASE 语句的设计文本，如例 5.11 所示。

【例 5.11】 采用 CASE 语句(顺序语句)实现的 3 线-8 线译码器 decoder3_8_4.vhd。

```
LIBRARY ieee;
USE IEEE.STD_LOGIC_1164.ALL;
```

```
ENTITY decoder3_8_4 IS
    PORT(
      addres      : IN    STD_LOGIC_VECTOR(2 downto 0);
        sta,stbn,stcn: IN STD_LOGIC;
        yout : OUT     STD_LOGIC_VECTOR(7 downto 0));
END decoder3_8_4;
ARCHITECTURE a4 OF decoder3_8_4 IS        --建立实体的结构体 a4
    SIGNAL   ytemp : STD_LOGIC_vector(7 downto 0);
   SIGNAL st_temp : STD_LOGIC_vector(2 downto 0);
BEGIN
    st_temp<= sta&stbn&stcn;
  PROCESS(addres)
   BEGIN
   CASE addres IS
    WHEN "000"=>  ytemp<="11111110" ;
    WHEN "001"=>  ytemp<="11111101" ;
    WHEN "010"=>  ytemp<="11111011" ;
    WHEN "011"=>  ytemp<="11110111" ;
    WHEN "100"=>  ytemp<="11101111" ;
    WHEN "101"=>  ytemp<="11011111" ;
    WHEN "110"=>  ytemp<="10111111" ;
    WHEN "111"=>  ytemp<="01111111" ;
    WHEN OTHERS=> NULL ;   --加此句，以便对 U、Z 等情况作出限定,NULL 为空操作
    END CASE;
  END PROCESS;
   yout<=ytemp WHEN (st_temp="100")ELSE "11111111";
END a4;
```

4. 运算器电路

(1) 加法器之一

【例 5.12】 由 UNSIGNED 转换成 INTEGER 的加法器实例。

```
LIBRARY ieee; USE ieee.std_logic_1164.all;
USE ieee.std_logic_arith.all;
ENTITY adder IS
PORT(
op1,op2  :IN UNSIGNED(3 downto 0);   --无符号数
result:OUT INTEGER);                 --整数类型
END adder;
ARCHITECTURE maxpld OF adder IS
BEGIN
   result<=CONV_INTEGER(op1+op2);    --作完加运算后再作无符号数→整数类型转换，赋值给输出
END maxpld ;  --注意：在 MAX+PLAS II 中及在 QuartusII 中的仿真波形结果有所不同，如图 5.3.63 所示
```

(a) MAX+PLAS II 中的图元

(b) MAX+PLAS II 中的仿真波形

(c) QuartusII 中的图元

(d) QuartusII 中的仿真波形

图 5.3.63　加法器之一

(2) 加法器之二

利用 LOOP 语句 (顺序语句) 实现算法级的描述。

Loop 语句的格式如下：

```
[loop: 标号] [重复模式] loop
顺序语句;
end loop[loop:标号];
其中[重复模式]有两种: while 循环条件 loop   或: for 循环变量 in 离散范围  loop
```

【例 5.13】 采用算法级的描述法

设计带进位的两个 4 位二进制数加法器，并要考虑低位 cin 的进位。若采用通过真值表写出方程式的设计法工作量太大，行不通。故改用算法级的描述法，可模仿竖式加法的步骤，正确位权关系，采用循环语句解决相似的加法步骤的问题。

设*输入二进制数为 (a3,a2, a1,a0) 与 (b3,b2, b1,b0) 。

```
*相加。因为有 9 个输入，5 个输出，
*输出结果 (carry_out   c3    c2    c1    c0) 。
带进位的 4 位二进制数加法器原理 (竖式加法) ，ca 为中间进位值:
                 ca (2)  ca (1)  ca (0)  cin     低位进位
                 a3      a2      a1      a0      加数
            +)   b3      b2      b1      b0      加数
---------------------------------------------------------------------------------
        carry_out   c3     c2      c1      c0        输出结果
         注: ca (3) = carry_out
```

在 QuartusII 6.0 下，带进位的 4 位二进制数加法器的 VHDL 源文件如下：

```
LIBRARY ieee;
USE ieee.std_logic_1164.all;
ENTITY adder_4 IS
PORT( a,b          : IN STD_LOGIC_VECTOR(3  DOWNTO  0);
        cin     :  INSTD_LOGIC;
          c          : OUT      STD_LOGIC_VECTOR(3  DOWNTO  0);
      carry_out     : OUT      STD_LOGIC);
END adder_4;
ARCHITECTURE  BHV  OF adder_4  IS
  BEGIN
  PROCESS (a,b,cin)
   VARIABLE   ca: STD_LOGIC;
   VARIABLE   sum_temp: STD_LOGIC_VECTOR(3 DOWNTO 0);
   BEGIN
     ca:=cin;
FOR i IN 0 TO 3 LOOP
sum_temp(i):=a(i) xor b(i) xor ca;
ca:=(a(i) and b(i) ) or (a(i) and ca) or (ca and b(i));  --竖式中,以 i=0,对应有 ca(0)之中
间变量
  END LOOP;
        c<=sum_temp;  carry_out<=ca;       --相当于 ca(3)送到 carry_out 端
END PROCESS;
END  BHV;
```

本例的仿真波形如图 5.3.64 (b) 所示，设计是成功的，下载后的硬件功能也通过，且很容易把它扩为低位带进位的两个 8 位或更多位的二进制数加法器。

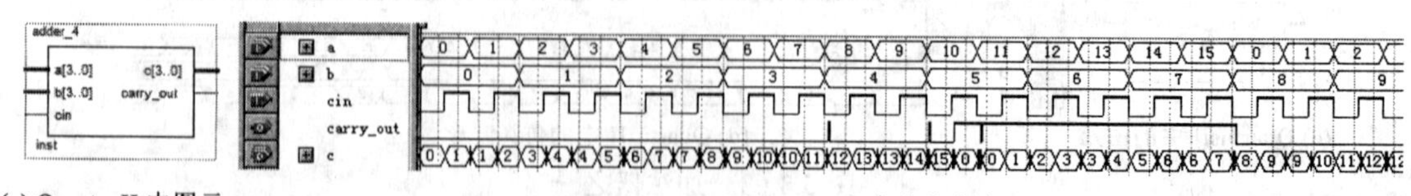

(a) QuartusII 中图元　　(b) QuartusII 中的仿真波形

图 5.3.64　加法器之二

(3) 8 位数的补码和反码发生器

【例 5.14】 设 8 位数的补码和反码发生器中：oe 为输出使能控制端，oe=1，输出有效，oe=0，输出的 8 位全是高阻态；输入信号 a：8 位二进制码，输出信号 b：a 的补码，输出信号 c：a 的反码。图元及工作波形如图 5.3.65(a)、(b)所示。

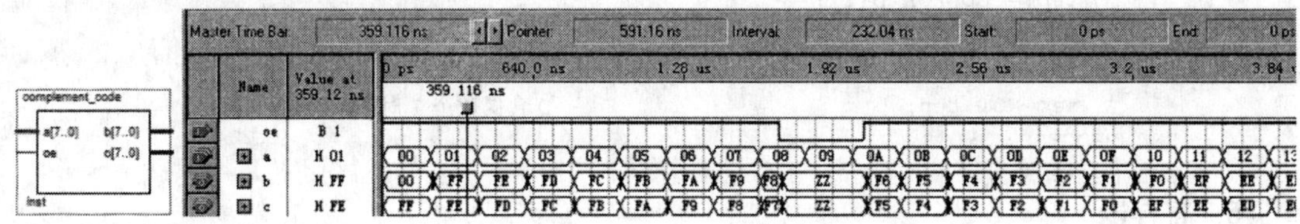

(a) QuartusII 中图元　　　　(b) QuartusII 中的仿真波形

图 5.3.65　8 位数的补码和反码发生器

程序清单如下：

```
LIBRARY ieee;
USE ieee.std_logic_1164.all;
USE ieee.std_logic_arith.all;
ENTITY complement_code IS                                  --定义实体名 complement_code
PORT( a  : IN STD_LOGIC_VECTOR(7  DOWNTO  0);              --a 为输入的 8 位二进制码
   oe:IN STD_LOGIC;
   b,c: OUT  STD_LOGIC_VECTOR(7  DOWNTO  0)                --b 为对应的补码、c 为对应的反码
    );
END complement_code;
ARCHITECTURE rtl OF complement_code IS
   SIGNAL temp:STD_LOGIC_VECTOR(7  DOWNTO  0);
   SIGNAL sum_temp:STD_LOGIC_VECTOR(7  DOWNTO  0);
BEGIN
       temp<=NOT a;                                   --内埋节点信号簇 temp 为 a 对应的反码
  PROCESS (temp)                                      --进程,实现对 temp 加 1 的运算
        VARIABLE    ca:STD_LOGIC;                              --定义进位 ca
      VARIABLE    sum:STD_LOGIC_VECTOR(7  DOWNTO  0);  --定义 temp 加 1 运算的部分和 sum
 BEGIN
    ca:='1';                                               --令变量 ca 为末位的 1
FOR i IN 0 TO 7 LOOP                                       -- 完成 temp+1 的运算,循环语句实现
     sum(i):='0' XOR temp(i) XOR ca;
    ca:=(ca AND temp(i));
END LOOP;
    sum_temp<=sum;
 END PROCESS ;
     b<=sum temp WHEN oe='1' else "ZZZZZZZZ" ;         条件 oe='1'输出补码 b,否则输出高阻态
     c<=temp    WHEN oe='1' else "ZZZZZZZZ" ;          --条件 oe='1'输出反码 c,否则输出高阻态
END rtl;
```

(4) 奇偶校验器

【例 5.15】 同中规模 TTL 集成数字逻辑器件 74HC280 功能等同的奇偶校验器的 VHDL 程序如下：

```
LIBRARY ieee;
USE ieee.std_logic_1164.ALL;
ENTITY check IS
 PORT(D:IN STD_LOGIC_VECTOR(8 DOWNTO 0);          --定义 9 位输入信号 D
    f0,fe:OUT STD_LOGIC);                         --定义奇数个 1 输出信号 f0,偶数个 1 输出信号 fe
END check;
```

```
ARCHITECTURE behv OF check IS
    BEGIN
PROCESS(D)
  VARIABLE tep:STD_LOGIC;
    BEGIN
      tep:='0';
      FOR i IN 8 DOWNTO 0 LOOP
       tep:=tep XOR D(i);
      END LOOP;
       f0<=tep;                                  --D 含奇数个 1 时,输出信号 f0=1
       fe<=NOT tep;                              --D 含偶数个 1 时,输出信号 fe=1
END PROCESS;
END behv;
```

5. 寄存器

寄存器用于数字系统中数据的存储以及干扰、“毛刺”信号的消除等场合。

(1) 设计原理。寄存器是时序逻辑部件，一般由 D 触发器构成。在 VHDL 语言中，触发器等时序逻辑部件时钟信号的常用描述语句如表 5.3.9 所示。

表 5.3.9 VHDL 语言中常用的时钟信号描述语句

时钟类型	描述方式	说 明
边沿时钟	clk’EVENT AND clk='1'	信号属性描述语句，检测 clk 上升沿
	clk’EVENT AND clk='0'	信号属性描述语句，检测 clk 下降沿
	RISING_EDGE(clk)	VHDL 标准函数，检测 clk 的上升沿
	FALLING_ EDGE(clk)	VHDL 标准函数，检测 clk 的下降沿
电平时钟	Clk='1'	检测 clk 的'1'电平时间段
	Clk='0'	检测 clk 的'0'电平时间段

时钟信号描述语句通过 IF 语句或 WAIT 语句引用。注意：时序电路中的 IF 语句属于不完整分支的描述语句，组合电路中的 IF 语句属于完整分支的描述语句，两者的对比如表 5.3.10 所示。

表 5.3.10 IF 语句格式对比

时序电路中的 IF 语句格式	组合电路中的 IF 语句格式
IF 条件语句 THEN 顺序语句; [ELSIF 条件语句 THEN 顺序语句; ELSIF 条件语句 THEN 顺序语句; ……;] END IF;	IF 条件语句 THEN 顺序语句; [ELSIF 条件语句 THEN 顺序语句; ELSIF 条件语句 THEN 顺序语句; ……;] ELSE 顺序语句; END IF;

由表 5.3.10 可知，时序电路中的 IF 语句在倒数第 2 行缺少了“ELSE 顺序语句；”这个分支，故属于不完整分支的描述语句，此时 VHDL 将它综合成时序逻辑部件。

(2) 设计范例

【例 5.16】 欲设计的 8 位多功能双向移位寄存器如图 5.3.66 所示。

程序清单如下：

```
LIBRARY ieee;
USE ieee.std_logic_1164.ALL;
ENTITY shift_8 IS
PORT(CLK:      IN std_logic;
```

```
      S2,S1,S0: IN std_logic;
      QO:   BUFFER std_logic_vector(7 DOWNTO 0);
      ENA:        IN std_logic;
      DSL,DSR:   IN std_logic;
      D7,D6,D5,D4,D3,D2,D1,D0:  IN std_logic);
  END shift_8;
  ARCHITECTURE  behav  OF shift_8  IS
  SIGNAL   Q:   std_logic_vector(7 DOWNTO 0);
  SIGNAL   D:   std_logic_vector(7 DOWNTO 0);
  SIGNAL  SEL:   std_logic_vector(2 DOWNTO 0);            --设 SEL:便于仿真观察用
  BEGIN
        D<=D7&D6&D5&D4&D3&D2&D1&D0;
        SEL<=S2&S1&S0;                                    --&为并置符、S2&S1&S0 为并置运算
  P1:  PROCESS (CLK,SEL,DSL,DSR,D)
    BEGIN
       IF  (CLK'event AND CLK='1') THEN
         IF(SEL="000") THEN Q<= "00000000" ;              -- SEL="000"时,输出 Q_OUT 清零
         ELSIF(SEL="001") THEN Q<= D;                     -- SEL="001"时,输出置位 (锁存数据 D)
         ELSIF(SEL="010") THEN Q<=Q(6 DOWNTO 0)&DSL ;      -- SEL="010"时,输出左移
         ELSIF(SEL="011") THEN Q<= Q(6 DOWNTO 0)&Q(7);     -- SEL="011"时,输出循环左移
         ELSIF(SEL="100") THEN Q<=DSR&Q(7 DOWNTO 1);       -- SEL="100"时,输出右移
         ELSIF(SEL="101") THEN Q<= Q(0)&Q(7 DOWNTO 1);     -- SEL="101"时,输出循环右移
         ELSE Q<="00000000" ;
         END IF;
       END IF;
  END PROCESS P1;
  P2:  PROCESS(ENA,Q)
  BEGIN
     IF (ENA='1')  THEN  QO<="ZZZZZZZZ";    ELSE     QO<=Q;
     END IF;
  END PROCESS P2;
  END behav;
```

(a) QuartusII 中图元

(b) QuartusII 中的仿真波形

图 5.3.66　8 位多功能双向移位寄存器

6. 触发器

触发器是具有记忆功能、能存储数字信息的基本时序逻辑部件，分为基本触发器、时钟触发器；按功能有 RS 触发器、D 触发器、JK 触发器、T 触发器。下面介绍时钟触发器中的 D 触发器和 JK 触发器。

(1) D 触发器

【例 5.17】 设计带异步复 0 和异步置位控制端的 D 触发器，RD 为异步复 0 端，低电平复 0；

SD 为异步置 1 端，低电平置 1；时钟 CLK 上升沿触发；D 为数据输入端；Q、NQ 为输出端。其功能表如表 5.3.11 所示。

按功能表设计其 VHDL 程序清单如下，其图元和仿真波形如图 5.3.67 所示，工作流程如图 5.3.68 所示。

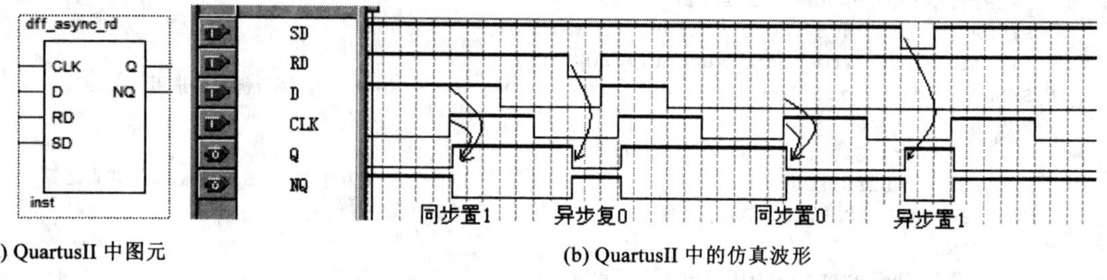

(a) QuartusII 中图元　　　　(b) QuartusII 中的仿真波形

图 5.3.67　异步复 0 的 D 触发器

表 5.3.11　异步复 0 的 D 触发器功能表

输入				输出		说明
RD	SD	CLK	D	Q	NQ	
0	1	×	×	0	1	异步复 0
1	0	×	×	1	0	异步置位
1	1	↑	0	0	1	同步置 0
1	1	↑	1	1	0	同步置 1

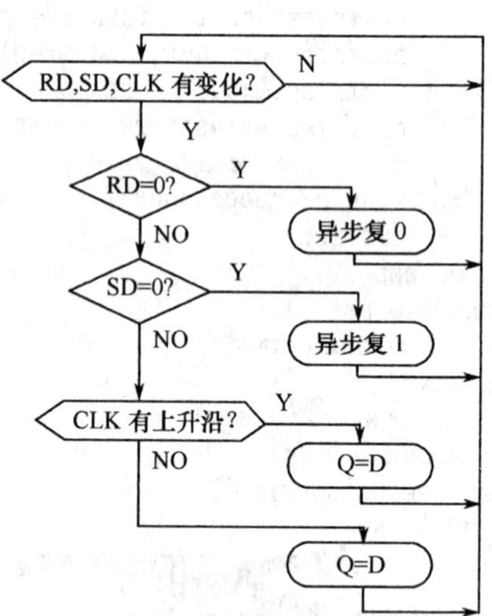

图 5.3.68　异步复 0 的 D 触发器实现的工作流程

程序清单如下：

```
LIBRARY ieee;
USE ieee.STD_LOGIC_1164.ALL;
ENTITY dff_async_rd IS                          --实体名 dff_async_rd （D 触发器_异步复位）
    PORT(
        CLK,D     :IN  STD_LOGIC;               --时钟 CLK、数据输入 D
      RD,SD       :IN  STD_LOGIC;               --异步复 0 端 RD、异步置位端 SD、0 有效
        Q,NQ      :OUT STD_LOGIC);              --互补输出端 Q、NQ
END dff_async_rd;
ARCHITECTURE dff_async_rd_a OF dff_async_rd IS
    SIGNAL tmp : STD_LOGIC;                     --定义内部信号 tmp
 BEGIN

 PROCESS (RD , SD ,CLK)                         --进程，敏感信号为 RD,SD,CLK
  BEGIN
   IF RD='0'      THEN    tmp<='0';             --若 RD='0'，则异步复 0
   ELSIF SD='0'   THEN    tmp<='1';             --否则，若 SD='0'，则异步置 1
   ELSIF  rising_edge(CLK)   THEN               --否则，若 CLK 有上升沿来到，则
        tmp<=D;                                 --将 D 值赋给 tmp
```

```
      END IF;                                        --END IF RD='0'
        Q<=tmp;  NQ<=NOT tmp;                        --tmp 赋值到输出 Q 和 NQ
    END PROCESS;
  END dff_async_rd_a;
```

【例 5.18】 设计带同步复 0 和同步置位控制端的 D 触发器，CLK 上升沿控制下，若 RD 为 0 则同步复 0；SD 为同步置 1 端，低电平同步置 1；时钟 CLK 上升沿触发；D 为数据输入端；Q、NQ 为输出端。其功能表如表 5.3.12 所示。

按功能表设计其 VHDL 程序清单如下，其图元和仿真波形如图 5.3.69 所示，工作流程如图 5.3.70 所示。

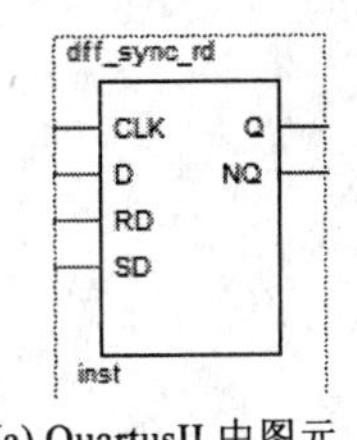

(a) QuartusII 中图元

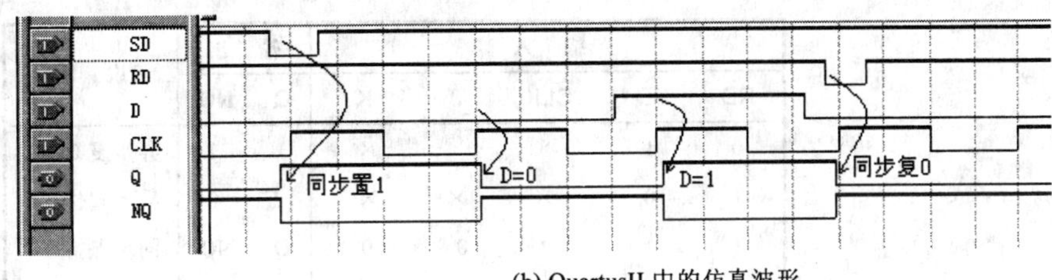

(b) QuartusII 中的仿真波形

图 5.3.69　同步复 0 的 D 触发器

表 5.3.12 同步复 0 的 D 触发器功能表

输入				输出		说明
RD	SD	CLK	D	Q	NQ	
0	1	↑	×	0	1	同步复 0
1	0	↑	×	1	0	同步置位
1	1	↑	0	0	1	同步置 0
1	1	↑	1	1	0	同步置 1

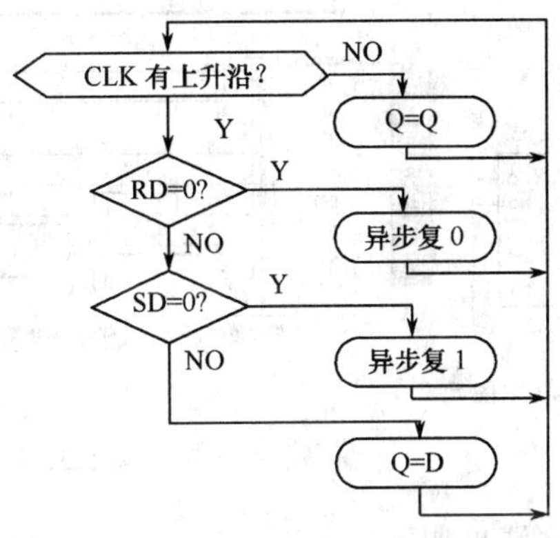

图 5.3.70　同步复 0 的 D 触发器实现的工作流程

程序清单如下：

```
LIBRARY ieee;
USE ieee.STD_LOGIC_1164.ALL;
ENTITY dff_sync_rd IS                            --实体名 dff_sync_rd （D 触发器_同步复位）
     PORT(
          CLK,D     :IN  STD_LOGIC;              --时钟 CLK、数据输入 D
       RD,SD        :IN  STD_LOGIC;              --同步复 0 端 RD、同步置位端 SD、0 有效
          Q,NQ :OUT STD_LOGIC);                  --互补输出端 Q、NQ
END dff_sync_rd;
ARCHITECTURE dff_sync_rd_a OF dff_sync_rd IS
     SIGNAL tmp : STD_LOGIC;                     --定义内部信号 tmp
 BEGIN
 PROCESS (CLK)                                   --进程，敏感信号为 CLK
  BEGIN
   IF rising_edge(CLK)   THEN                    --若 CLK 有上升沿来到，则
      IF    RD='0'   THEN       tmp<='0';        --若 RD='0'，则同步复 0
      ELSIF SD='0'   THEN       tmp<='1';        --否则，若 SD='0'，则同步置 1
      ELSE    tmp<=D;                            --否则，D 值赋给 tmp
        END IF;                                  --END IF RD='0'
```

```
   END IF;                                   --END IF  rising_edge(CLK)
       Q<=tmp;  NQ<=NOT tmp;                 --赋值到输出 Q 和 NQ
 END PROCESS;
END dff_sync_rd_a;
```

(2) JK 触发器

【例 5.19】 用 VHDL 设计 JK 触发器。其中：RD 为异步复位输入端 (低电平有效) 、SD 为异步置位输入端 (低电平有效) 、CLK 为时钟输入端(下降沿触发)、J、K 为数据输入端，Q、NQ 为互补数据输出端。功能表如表 5.3.13。图元和仿真波形如图 5.3.71 所示。

表 5.3.13 异步复 0 的 JK 触发器功能表

输入					输出		说明
RD	SD	CLK	J	K	Q	NQ	
0	1	×	×	×	0	1	异步复 0
1	0	×	×	×	1	0	异步置位
1	1	↑	0	0	Q	NQ	同步保持
1	1	↑	0	1	0	1	同步置 0
1	1	↑	1	0	1	0	同步置 1
1	1	↑	1	1	NQ	Q	同步翻转

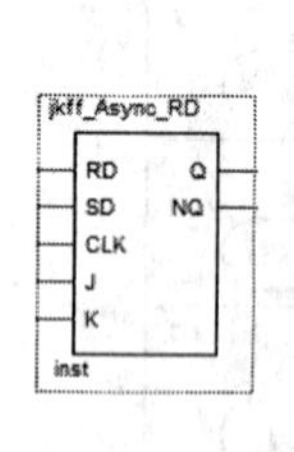

(a) QuartusII 中图元

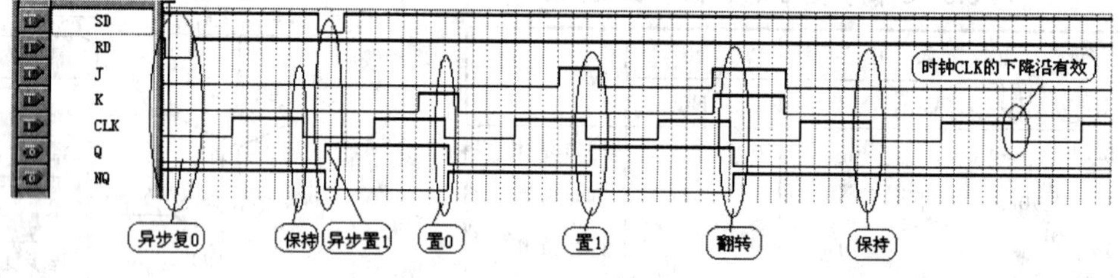

(b) QuartusII 中的仿真波形

图 5.3.71 异步复 0 的 JK 触发器

程序清单如下：

```
LIBRARY IEEE;
USE IEEE.STD_LOGIC_1164.ALL;
ENTITY jkff_Async_RD IS                      --实体名 jkff_Async_RD (JK 触发器_异步复位)
  PORT ( RD,SD : IN std_logic;               --异步复 0 端 RD、异步置位端 SD、0 有效
         CLK : IN std_logic;                 --时钟 CLK,下降沿触发
         J,K : IN std_logic;                 --数据输入 J,K
        Q ,NQ: OUT std_logic );              --互补输出端 Q、NQ
END jkff_Async_RD;
ARCHITECTURE behav OF jkff_Async_RD IS
SIGNAL tmp : std_logic;                                          --定义内部信号 tmp
 BEGIN
  PROCESS (RD,SD,CLK)                                            --进程，敏感信号为 RD,SD,CLK
   BEGIN
    IF (RD = '0') THEN  tmp <= '0';                              --若 RD='0',则异步复 0
     ELSIF (SD='0') THEN  tmp <= '1';                            --否则,若 SD='0',则异步置 1
      ELSIF (CLK'EVENT  AND  CLK = '0') THEN                     --否则若 CLK 有下降沿来到,则
          IF (J = '0'AND K = '1') THEN  tmp <= '0';              --若 J=0、K=1 则同步置 0
        ELSIF (J = '1'AND K = '0') THEN  tmp <= '1';             --否则若 J=1、K=0 则同步置 1
        ELSIF (J = '1'AND K = '1') THEN  tmp <= not tmp;         --否则若 J=1、K=1 则同步翻转
          END IF;
```

```
        END IF;
      END PROCESS;
        Q <= tmp;   NQ <= NOT tmp;                    --tmp 赋值到输出 Q 和 NQ
    END behav;
```

7．计数器

计数器是数字系统中广泛应用的时序电路部件。它的功能有脉冲波形的计数、构成多频时钟源、脉冲信号的分频、信号延时、信号运算、信号取样等。

(1) 设计原理。计数器基本功能是统计输入的有效时钟沿数目，并寄存在由触发器构成的锁存器中。n个触发器可以形成 $2n$ 种不同的状态码，故设计 M 进制计数器需要的触发器个数 n 应满足

$$n \geqslant \log_2 M \tag{5.3.2}$$

计数器的类型有加计数、减计数、加减可逆计数之分，有码制之分、进制之分、奇偶之分。设计计数器，均需要调用 IEEE 库中的 STD_LOGIC_UNSIGNED 或 STD_LOGIC_SIGNED 程序包。这两个程序包重载了可用于 INTEGER(整数)型数据、STD_LOGIC（标准逻辑位）型数据和 STD_LOGIC_VECTOR (标准逻辑位矢量）型数据混合运算的运算符，并定义了不同类型数据之间的转换函数，如表 5.3.14 所示。

表 5.3.14　数据类型转换函数

包集合名	类型转换函数名	函 数 功 能
STD_LOGIC_1164	T0_STDLOGICVECTOR(A)	由 BIT_VECTOR 转换为 STD_LOGIC_VECTOR
	TO_BITVECTOR(A)	由 STD_LOGIC_VECTOR 转换为 BIT_VECTOR
	T0_STDLOGIC(A)	由 BIT 转换为 STD_LOGIC
	TO_BIT(A)	由 STD_LOGIC 转换为 BIT
STD_LOGIC_ARITH	CONV_ STD_LOGIC_VECTOR(A,位长)	由 INTEGER,UNSIGNED,SIGNED 转换为 STD_LOGIC_VECTOR
	CONV_INTEGER(A)	由 UNSIGNED,SIGNED 转换为 INTEGER
STD_LOGIC_UNSIGNED	CONV_INTEGER(A)	由 STD_LOGIC_VECTOR 转换为 INTEGER

(2) 设计范例

【例 5.20】 设计十进制加法计数器，图元和工作波形如图 5.3.72 所示。端口信号规定如下：输入信号有：异步清 0 端 RDN(低电平清零)，同步置数端 LDN（低电平置数），预置数据输入端 D[3..0],时钟信号 CP(上升沿计数),EN 计数使能端（EN=1，允许计数）。输出信号有：计数值输出端 Q[3..0] (4 位 8421BCD 编码），进位输出 CO(高电平表示有进位)。

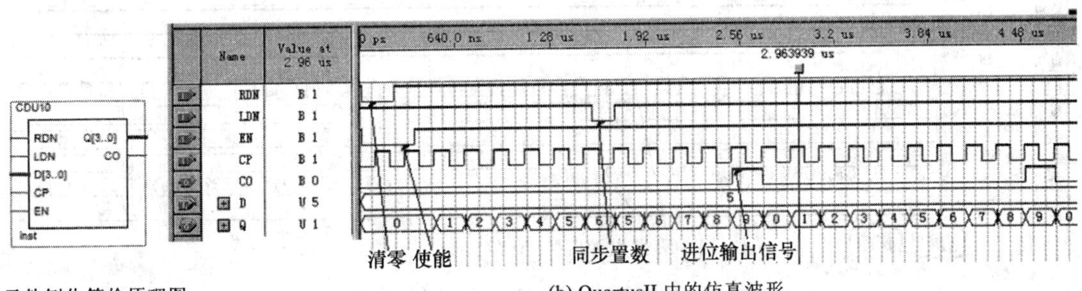

(a) 元件例化等价原理图　　(b) QuartusII 中的仿真波形

图 5.3.72　十进制加法计数器

程序清单如下：

```
 LIBRARY ieee;
USE ieee.std_logic_1164.ALL;
USE ieee.std_logic_unsigned.ALL;
ENTITY CDU10 IS                        --十进制加法计数器的实体名为 CDU10
 PORT(RDN,LDN:IN std_logic;            --端口描述
      D:IN std_logic_VECTOR(3 DOWNTO 0);
      CP,EN:IN std_logic;
      Q:buffer STD_LOGIC_VECTOR(3 DOWNTO 0);
      CO: OUT STD_LOGIC);
END CDU10 ;
ARCHITECTURE behave OF CDU10 IS
 BEGIN
  CO<='1' WHEN (Q="1001") ELSE '0';          --计数值到 9 有进位 CO=1,否则 CO=0
 PROCESS(RDN,EN,CP,LDN)                      --进程,敏感信号为 RDN,EN,CP,LDN
 BEGIN
   IF (RDN='0') THEN Q<="0000";              --若 RDN='0',则异步清零
     ELSIF (CP'EVENT AND CP='1') THEN        --否则若有时钟 CP 的上升沿来到,则
      IF EN='1' THEN                         --若 EN='1',则
        IF LDN='0' THEN Q<=D;                --若 LDN='0',则 Q<=D (同步置数)
         ELSIF (Q=9) THEN  Q<="0000";        --否则若 Q=9,则 Q<="0000"
         ELSE Q<=Q+1;                        --否则 Q<=Q+1
        END IF;                              --END IF_LDN='0'
      END IF;                                --END IF_EN='1'
   END IF;                                   --END IF_(RDN='0')
 END PROCESS;
END behave;
```

【例 5.21】 计数器例化设计，通过例化十进制计数器，可得到多位十进制计数器。采用元件例化法设计 100 进制 (两位 BCD 十进制) 计数器。图 5.3.73 所示为设计文本 cdu100_struct.vhd 的元件例化等价原理图和仿真波形图。

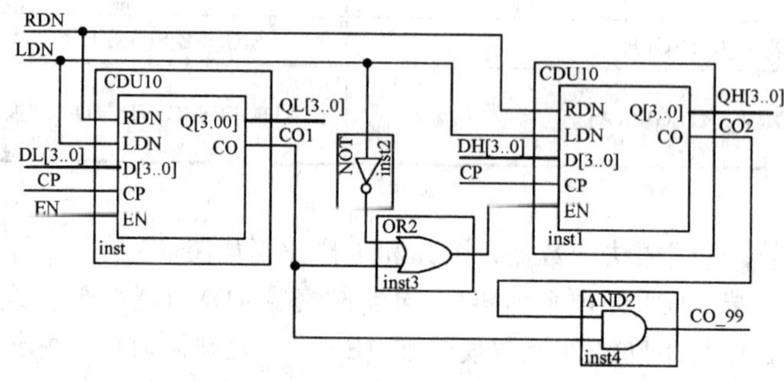

(a) 元件例化等价原理图

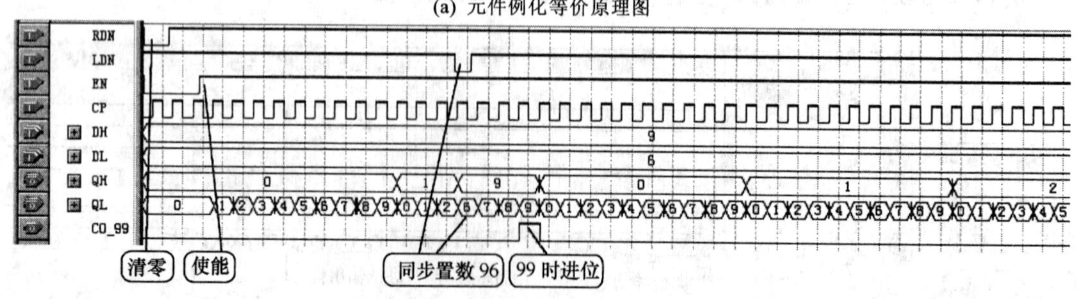

(b) QuartusII 中 cdu100_struct.vhd 的仿真波形

图 5.3.73 100 进制加法计数器

利用元件例化语句，可以重复调用设计库中已有设计，从而将设计分解，支持模块化设计方式。在例化元件之前，必须先在结构体说明部分进行元件说明。使用元件例化语句的描述法又称为结构化描述法。

元件说明的格式如下 (也称为“标准化元件声明”，包括自定义的元件)：

```
component 元件名           --调用标准化元件声明
generic （类属表）;         --被调用元件参数说明 (generic: 参数传递语句)
port （端口表）;            --被调用元件端口描述,端口表中的参数为形式参数
end component;            --元件声明结束
```

元件例化的格式如下 (理解为“元件具体使用时的信号映射描述”)：

```
    元件标号:  元件名 port map( 信号映射 );
其中: (信号映射) 分为位置映射和名称映射。
位置映射就是把实际参数置于形式参数的对应位置。如无相应的实际参数,则可以使用关键字 open。
名称映射的格式如下:    形式参数=>实际参数      --其中=>为关联运算符
```

程序清单如下：

```
LIBRARY ieee;
USE ieee.std_logic_1164.ALL;
LIBRARY work;
ENTITY cdu100_struct IS            --100 进制 (两位 BCD 十进制) 计数器实体 cdu100_struct
PORT(                                                   --100 进制计数器端口描述
RDN, LDN: IN  STD_LOGIC;                                --定义输入控制信号 RDN, LDN
DL,DH     : IN    STD_LOGIC_VECTOR(3 downto 0);         --定义输入预置数数组信号 DL,DH
  CP,EN  : IN STD_LOGIC;                                --定义输入时钟信号 CP,使能信号 EN
QL, QH : BUFFER  STD_LOGIC_VECTOR(3 downto 0);          --定义输出数组 QL,QH
   CO_99  : OUT   STD_LOGIC);                           --定义进位信号 CO_99
END cdu100_struct;
ARCHITECTURE struct OF cdu100_struct IS                 --结构体名 struct,结构化描述的 VHDL 文本
COMPONENT CDU10           --元件声明语句: 定义例 5.20 中的元件实体 CDU10 为被调用元件
    PORT(RDN,LDN:IN std_logic;                          --端口说明内容与例 5.20 中的实体 CDU10 完
                                                          全一致
      D:IN std_logic_VECTOR(3 DOWNTO 0);
      CP,EN:IN std_logic;
      Q:BUFFER STD_LOGIC_VECTOR(3 DOWNTO 0);
      CO: OUT STD_LOGIC
      );
END COMPONENT;                                          --元件声明语句结束
    SIGNAL  CO1,  CO2,  EN2  : STD_LOGIC;               --设置内部必要的信号连线 CO1,CO2,EN2
BEGIN
   EN2<=CO1 OR  NOT  LDN;                               --元件 U2 的使能控制端 EN2 的译码逻辑方
                                                          程式
   CO_99<=CO1  AND  CO2;                                --当计数值为 99 时,进位输出端口 CO_99=1
    U1:CDU10  PORT  MAP(RDN, LDN,DL,CP,EN,QL,CO1 );--例化元件 U1 的各连接端口
--与 CDU10 的端口位置映射
   U2:CDU10  PORT  MAP(RDN, LDN,DH,CP,EN2,QH,CO2);  --例化元件 U2 的各连接端口
--与 CDU10 的端口位置映射
END struct;                                             --结构体描述结束
```

8. 状态机

数字系统可划分为控制器和数据处理器两部分，对于控制器，可选状态机或者 CPU 来实现控制功能。实践证明：在执行速度和执行可靠性方面，使用状态机要优于 CPU。状态机分为两种类型：摩尔型 (Moore) 状态机，其输出是严格的现态函数；米里型 (Mealy) 状态机，其输出是现态和输入的函数。两种类型有限状态机的模型如图 5.3.74 所示。

(1) 设计原理

利用 VHDL 设计状态机，不需要按照传统的设计方法进行繁琐的状态分配、绘制状态表、化简次态方程等，而可以简便地根据状态转移图或 MDS 图直接对状态机进行描述，所有的状态都可以表达为 CASE…WHEN…结构中的一条 CASE 语句，而状态的转移则通过 IF THEN ELSE 语句实现。

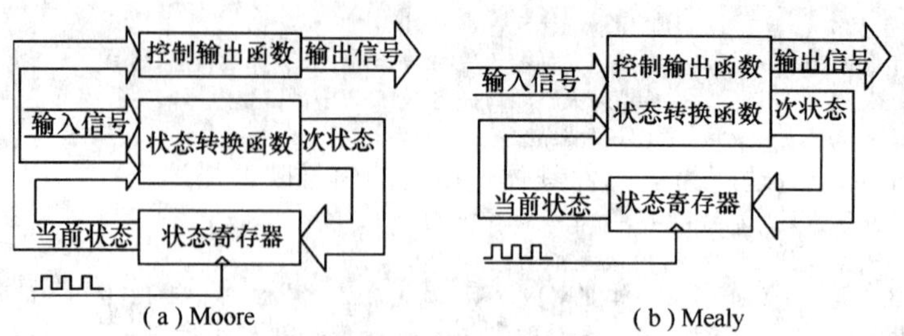

(a) Moore　　(b) Mealy

图 5.3.74　两种状态机模型

状态机的工作分为两个步骤：第一步计算下一状态；第二步将新状态写入寄存器。

(2) Moore (摩尔) 型状态机设计

【例 5.22】 设计一个摩尔型状态机，其框图如图 5.3.75 (a) 所示，设计的功能要求如下：

输入量 x_in，是簧片式按钮开关信号，按动弹性簧片所产生的信号有抖动毛刺，按钮开关被压下时 x_in 为低电平 0，松开时 x_in 为高电平 1。

输入量 clk 是系统同步时钟。

输出量 y[3..0]是受输入 x_in 及时钟 clk 控制的 4 位顺序输出脉冲，它仅是现态的函数。y[3..0]可用于控制处理器 (本例没有画出处理器) 。

输出量 key_en 是受输入量 x_in 控制的被时钟同步的无毛刺开关信号，当按钮被压下使 x_in=0 时，第一个 clk 的上升沿时刻输出 key_en=1，松开按钮则 x_in=1，但仍有 key_en=1；波形如图 5.3.75(c)所示，故称 key_en 为“时钟同步的无毛刺开关信号”。key_en 可以用于控制其他定时计数器的使能端 en，因此，起名为 key_en (本例没有画出受 key_en 控制的“其他定时计数器”) 。

图 5.3.75(b)所示为本例的状态转移图，圆圈中是状态 Si，其旁边方框中是该状态下的输出值 y[3..0]及 key_en，圆圈外箭头所指是状态转移方向，箭头旁是转移所需的输入条件 x_in 的值。定义了 4 个状态 S1、S2、S3、S4，输出 Y[3..0]依次为"0001"、"0010"、"0100"、"1000"，正好是 4

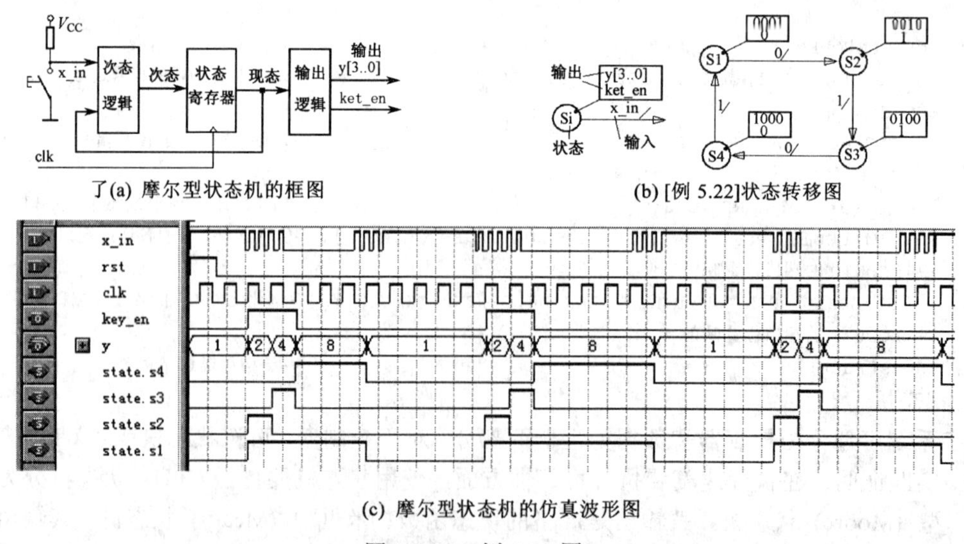

了(a) 摩尔型状态机的框图　　(b) [例 5.22]状态转移图

(c) 摩尔型状态机的仿真波形图

图 5.3.75　例 5.22 图

位顺序脉冲；输出 key_en 依次为'0'、'1'、'1'、'0'。表 5.3.15 所示为本例的功能表。根据状态转移图就可以编写出本例的 VHDL 文本如下，从仿真波形可知，它是一个成功的文本。

表 5.3.15　例 5.22 摩尔型状态机功能表

现态 S^n	输入信号及次态 S^{n+1}		现态下的输出值	
	x_in		y^n	Key_en^n
	0	1		
S1	S2	S1	0001	0
S2	S2	S3	0010	1
S3	S4	S3	0100	1
S4	S4	S1	1000	0

摩尔型 (Moore) 状态机的 VHDL 文本(双进程描述法)：

```
LIBRARY IEEE;
USE IEEE.STD_LOGIC_1164.ALL;
USE IEEE.STD_LOGIC_UNSIGNED.ALL;
ENTITY moore_state IS
 PORT(clk,x_in,rst:IN STD_LOGIC;
   key_en:OUT STD_LOGIC;
    y:OUT STD_LOGIC_VECTOR(3 DOWNTO 0));
 END moore_state;
ARCHITECTURE a OF moore_state IS
     TYPE state_type IS(s1,s2,s3,s4);     --自定义数据类型名字为 state_type：枚举类型
     SIGNAL state : state_type;           --信号 state 是枚举类型
     BEGIN
 P1_state_p:PROCESS(clk,rst)              --进程 1：以 clk,rst 为敏感信号的时序逻辑进程
      BEGIN
          IF  rst='1' THEN  state<=S1;    --Quartus II 下的状态机必须加有复位控制信号 rst
          ELSIF clk'EVENT AND clk='1' THEN
          CASE state IS
            WHEN s1=>IF x_in='0' THEN state<=s2 ;   END IF;
            WHEN s2=>IF x_in='1' THEN state<=s3 ;   END IF;
            WHEN s3=>IF x_in='0' THEN state<=s4 ;   END IF;
            WHEN s4=>IF x_in='1' THEN state<=s1 ;   END IF;
          END CASE;
          END IF;
 END PROCESS;
P2_out_p:PROCESS(state)                   --进程 2：以 state 为敏感信号的译码进程,组合逻辑进程
 BEGIN
      CASE state IS
          WHEN s1 =>    y<="0001";key_en<='0';
          WHEN s2 =>    y<="0010";key_en<='1';
          WHEN s3 =>    y<="0100";key_en<='1';
          WHEN s4 =>    y<="1000";key_en<='0';
     END CASE;
    END PROCESS;
 END a;
```

将上面文本输入完毕，选择菜单 Assignments/Device…命令，选取器件为 cyclone 系列 EP1C6Q240C8，它是 SRAM 型 FPGA 器件，含有较多的时序逻辑资源，经全程编译 (Compiler) 后再仿真，可见到软件 Quartus II 自动为本例状态编码为 4 位码，状态 S1 编码为 state~[4..1].Q="0000"(对应输出 y="0001")，S2 编码为 state~[4..1].Q="0011"(对应输出 y="0010")，S3 编码为 state~[4..1].Q="0101"(对应输出 y="0100")，S4 编码为 state~[4..1].Q="1001"(对应输出 y="1000")，如图 5.3.75 (c) 所示。

此种编码称为“一位热码状态机编码”(One-Hot State Machine Encoding)，从波形可知：state~[4..1]的前 3 位 state~[4..2]是移位型顺序脉冲，最低位 state~[1]给出标志位。

本来 4 个状态，精简的编码只要两个触发器即可 (编码为 00，01，10，11)，为什么在 SRAM 型 FPGA 器件下，软件自动为本例状态编码为 4 位代码 state~[4..1].Q？这是因为对于含有较多的时序逻辑资源的 FPGA 器件，多个触发器编码的“一位热码状态机编码”形式可以大大节省译码的组合逻辑资源，因此，对于 FPGA 器件来说，Altera 软件 Quartus II 对“一位热码状态机编码”方式是默认的。若要用两个触发器的顺序编码来定义 4 个状态，则可采用人工定义状态编码描述风格。

(3) Mealy (米里型) 状态机设计

米里型状态机的输出不仅和现态有关，而且和当时的输入信号值也有关，它适用于需要输入迅速干预输出的场合 (如电梯的控制)。

【例 5.23】 设计一个米里型状态机。为便于对比，本例的功能类同于上例，只是输入 x_in 同时控制输出逻辑，其方框图如图 5.3.76 (a) 所示，状态转移图如图 5.3.76 (b) 所示。

图 5.3.76 (b) 中状态 Si 旁边连线所附的方框中是在该状态下且同时在输入 x_in 的即刻控制下的输出值，表示为：x_in->"y[3..0] ", 'key_en'，显然输出会受到 x_in 的即刻干扰或控制；圆圈外面箭头所指是状态转移方向，箭头旁是转移所需的输入条件 x_in 的值。定义了 4 个状态 S1、S2、S3、S4，本例 Mealy 型状态机的功能表如表 5.3.16 所示。

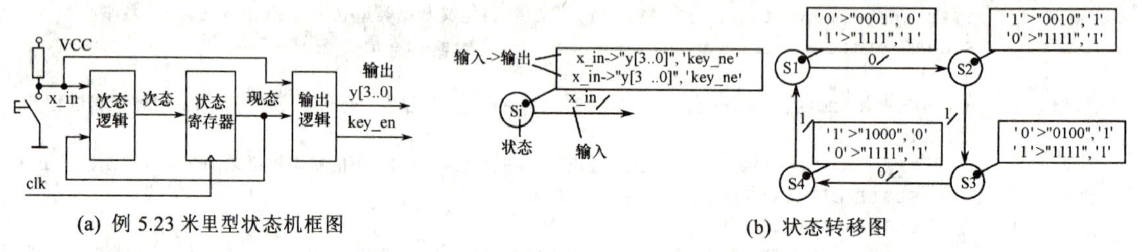

(a) 例 5.23 米里型状态机框图　　(b) 状态转移图

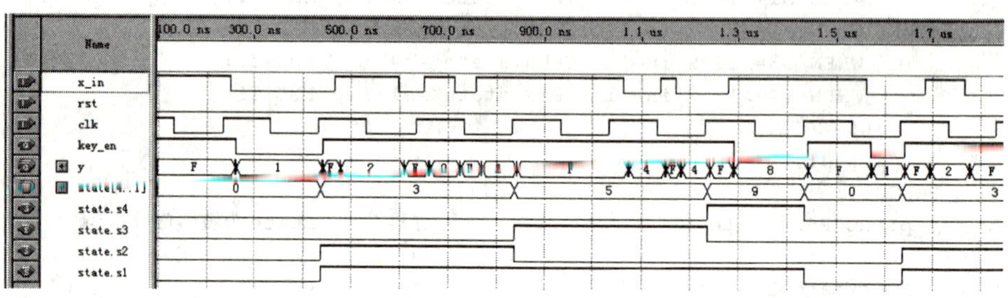

(c) 米里型状态机的仿真波形 (输入 x_in 会对输出即刻影响)

图 5.3.76　例 5.23 图

表 5.3.16　例 5.23 米里型状态机的功能表

现态 V	输入信号及次态 S^{n+1}		由输入及现态决定的输出值			
	x_in		x_in=0		x_in=1	
	0	1	y^n	key_en^n	y^n	key_en^n
S1	S2	S1	0001	0	1111	1
S2	S2	S3	1111	1	0010	1
S3	S4	S3	0100	1	1111	1
S4	S4	S1	1111	1	1000	0

VHDL 文本如下：

```
LIBRARY IEEE;
USE IEEE.STD_LOGIC_1164.ALL;
USE IEEE.STD_LOGIC_UNSIGNED.ALL;
ENTITY mealy_state IS
 PORT(clk,x_in,rst:IN STD_LOGIC;
   key_en:OUT STD_LOGIC;
    y:OUT STD_LOGIC_VECTOR(3 DOWNTO 0));
 END mealy_state;
ARCHITECTURE a OF mealy_state IS
  TYPE state_type IS(s1,s2,s3,s4);     --自定义数据类型名字为 state_type：枚举类型
  SIGNAL state : state_type;           --信号 state 是枚举类型
  BEGIN
 state_p:PROCESS(clk,rst)              --进程 state_p：以 clk,rst 为敏感信号的时序逻辑进程
     BEGIN
          IF  rst='1' THEN  state<=S1;
          ELSIF clk'EVENT AND clk='1' THEN
          CASE state IS
          WHEN s1=>IF x_in='0' THEN state<=s2 ;     END IF;
          WHEN s2=>IF x_in='1' THEN state<=s3 ;     END IF;
          WHEN s3=>IF x_in='0' THEN state<=s4 ;     END IF;
          WHEN s4=>IF x_in='1' THEN state<=s1 ;     END IF;
          END CASE;
          END IF;
 END PROCESS;
out_p:PROCESS(state)   --进程 out_p：以 state 为敏感信号的译码进程,组合逻辑进程
 BEGIN
      CASE state IS
       WHEN s1 =>IF x_in='0'  THEN   y<="0001";key_en<='0';
                              ELSE   y<="1111";key_en<='1';   END IF;
       WHEN s2 =>IF x_in='1'  THEN   y<="0010";key_en<='1';
                              ELSE   y<="1111";key_en<='1';   END IF;
       WHEN s3 =>IF x_in='0'  THEN   y<="0100";key_en<='1';
                              ELSE   y<="1111";key_en<='1';   END IF;
       WHEN s4 =>IF x_in='1'  THEN  y<="1000";key_en<='0';
                              ELSE   y<="1111";key_en<='1';   END IF;
      END CASE;
  END PROCESS;
 END a;
```

由图 5.3.76 (c) Mealy 型状态机的仿真波形，可看到输入 x_in 会对输出即刻产生影响，这是米里型时序电路的特点；而状态的转移需要到时钟的上升沿来到时才发生，应注意图中因、果波形间有传输延迟时间。

(4) 两种状态机的比较

从以上两例可以看到，米里型状态机输出的变化先于 Moore 型状态机输出的变化。米里型状态机的输出是在输入变化后立即发生变化，而 Moore 型状态机的输出是在输入发生变化后，还要等待时钟沿到来后才变化，即时钟沿到来后使状态发生变化，才导致了输出发生变化。Moore 型状态机的输出是严格的现态函数；而米里型 (Mealy) 状态机输出为现态和现输入的函数。

5.4 数字系统开发实例

5.4.1 ASM图与交通灯控制器设计

1. ASM 图简介

算法状态机图表 (Algorithmic State Machine Chart,ASM) 是一种描述数字系统控制算法的流程图。ASM 图中有 3 种基本符号，即状态框、判断框和条件输出框。

(1) 状态框：数字系统控制序列中的状态用“状态框”表示，如图 5.4.1 (a) 所示。框内标出在此状态下实现的寄存器传输操作和输出，状态的名称置于状态框的左上角，分配给状态的二进制代码位于状态框的右上角；该二进制代码也可不标注，而由 VHDL 综合器自动生成状态代码，即在编写 VHDL 设计文本时往往无须标注状态代码。

图 5.4.1 (b) 为状态框的实例，图中状态框的名称是 A,其代码是 001，框内规定的寄存器操作是 R (1) <=R (0) ,输出信号是 Y。图中的箭头表示系统状态的流向，在时钟脉冲触发沿的触发下，系统进入状态 A，在下一个时钟脉冲触发沿的触发下，系统离开状态 A，因此，一个状态框占用一个时钟脉冲周期。

(2) 判断框：判断框表示状态变量对控制器工作的影响，其形状为菱形，如图 5.4.2 所示。它有一个入口和多个出口，框内为判断条件，如果条件为真 (即取值逻辑 1) ，选择注有 1 的出口，如果条件为假 (即取值逻辑 0) ，选择注有 0 的出口。判断框的入口来自某一个状态框，在该状态占用的一个时钟周期内，根据判断框中的条件，以决定下一个时钟脉冲触发沿来到时，该状态从判断框的哪一个出口出去，因此，判断框不占用时间。

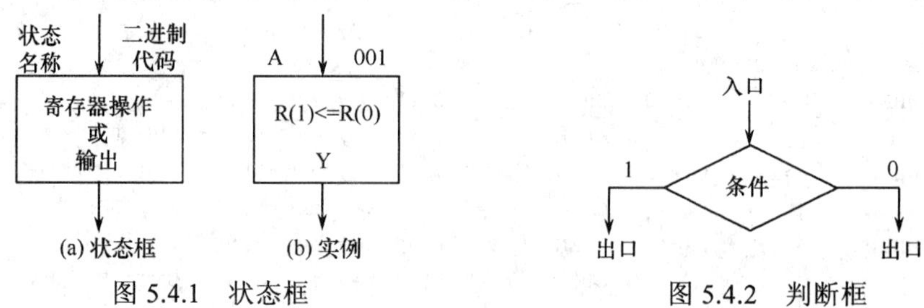

图 5.4.1　状态框　　图 5.4.2　判断框

(3) 条件输出框：条件输出框如图 5.4.3 (a) 所示，其形状为椭圆形。在一般的流程图中，都有状态框和判断框这两种符号，而椭圆形的条件输出框则仅为 ASM 图表所有。条件输出框的入口必定与判断框的输出相连。列在条件框内的寄存器操作或输出是在给定的状态下，满足判断条件才发生的。在图 5.4.3 (b) 的例子中，当系统处于状态 A 时，若条件 S=2 为真，则寄存器 R 被置 1，否则 R 保持不变；不论条件 S=2 为真或为假，系统的下一个状态都是状态 B。

(4) 逻辑框间的时间关系及 ASM 图转换为状态转换图：从表面看，ASM 图与程序流程图很相似，但实际上有很大的差异。程序流程图只表示事件发生的先后顺序，没有时间概念；而 ASM 图则不同，它表示事件的精确时间间隔顺序。在 ASM 图中，每个状态框表示一个状态时钟周期内的系统状态，状态框和与之相连的判断框、条件输出框所规定的操作，都是在一个共同的状态时钟周期实现的，同时系统的控制器从现在状态 (现态) 转移到下一个状态 (次态) 。图 5.4.4 (a) 给出了一个 ASM 图的各种操作，图 5.4.4 (b) 是它的状态转换时序图。设系统中所有触发器都是上升沿触发，在第一个时钟脉冲上升沿到来时，系统转换到状态 A,随后根据条件由判断框输出 1 (真) 或 0 (假) ，以便在下一个时钟脉冲上升沿到达时，系统的状态由 A 转换到 B、C 和 D 中的一个。

可以把 ASM 图细分为若干个 ASM 块，每个 ASM 块必定包含一个状态框，可能还有几个同它相连的判断框和条件输出框。整个 ASM 块有一个入口和几个由判断框及条件输出框构成的出口。在图 5.4.4 (a) 中，把一个由状态框 A 组成的 ASM 块用虚线圈起来，同它相连的是两个判断框和一个条件输出框。仅包含一个状态框，而无判断框和条件输出框的 ASM 块是一个简单块。在 ASM 图中，区分开每个 ASM 块是很容易的，所以在实际的 ASM 图中，没有必要将每个 ASM 块用虚线区别开来。每个 ASM 块表示一个时钟周期内的系统状态。

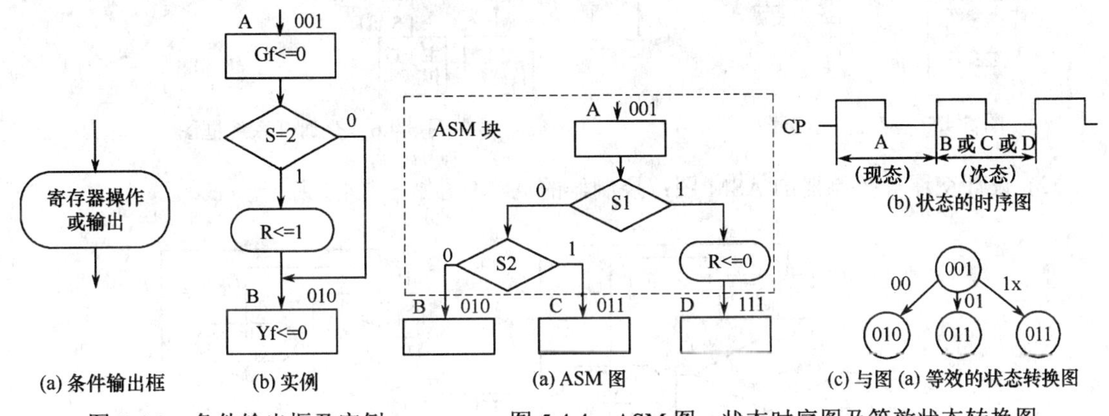

图 5.4.3　条件输出框及实例　　　　图 5.4.4　ASM 图、状态时序图及等效状态转换图

ASM 图类似于状态转换图。一个 ASM 块等效于状态转换图中的一个状态。判断框表示的信息相当于状态转换图定向线旁标记的二进制信息。图 5.4.4 (a) 的 ASM 图可以转换为等效的状态转换图，如图 5.4.4 (c) 所示，这里用圆圈表示状态，状态代码写在圆圈之中，定向线一侧之信息是状态转换条件，但是在状态转换图中，无法表示条件操作和无条件操作。这正是状态转换图与 ASM 图的差别。状态转换图定义了一个控制器，而 ASM 图除了定义一个控制器以外，还指明在被控制的数据处理器中应实现的操作。从这个意义理解，ASM 图定义了整个数字系统，条件和无条件操作规定了数据处理器的硬件及其连接，有了 ASM 图，利用 VHDL 就可设计出整个数字系统了。

2. 交通灯控制器设计

【例 5.24】设计一个交通灯控制器

(1) 设计要求：交通灯控制器用于主干道 1 与支道 0 的交叉路口，如图 5.4.5 所示，两个路口都配有传感器以检测有无车辆通行。应优先保证主干道的畅通，即当支道无车时，总处于“主干道绿灯，支道红灯”状态。当支道、主道都有车时，则轮流切换通行。且只有在支道有车辆要穿行主干道时，才切向“主干道红灯，支道绿灯”，但一旦支道无车辆时，交通灯又立即回到“主干道绿灯，支道红灯”状态。若主干道始终无车、而支道又始终有车时，则保持“主干道红灯，支道绿灯”，但此时同样：一旦支道无车辆时，交通灯又立即回到“主干道绿灯，支道红灯”。此外，主干道和支道每次通行的时间为 30s，而在两个状态交换过程出现的“主黄、支红”和“主红、支黄”状态，持续时间都为 6s。根据控制要求，可把交通灯控制系统分解为处理器 (包含定时器及译码器) 和控制器两大部分，原理框图如图 5.4.6 所示。

R1、Y1、G1 分别表示主干道红、黄、绿灯。r0、y0、g0 分别表示支道红、黄、绿灯。cnt29、cnt5 分别表示 29s、5s 计时到的标志信号。nclr 定时器 cnt 的清零端，低电平清零。en 定时器 cnt 的计数使能端，高电平使能。Sens1、sens0 分别表示主干道及支道传感器，有车时为“1”，无车时为“0”。

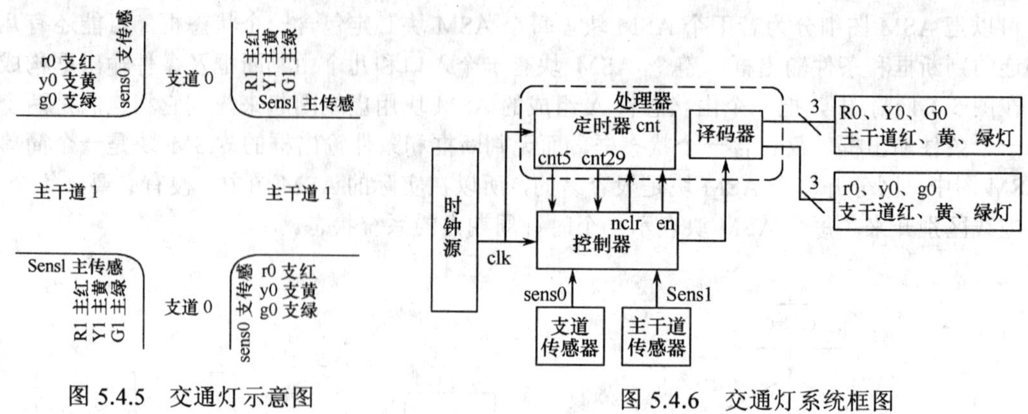

图 5.4.5　交通灯示意图　　　　　　　　图 5.4.6　交通灯系统框图

(2) 设计交通灯控制器的 ASM 图：控制器的 ASM 图如图 5.4.7 所示。

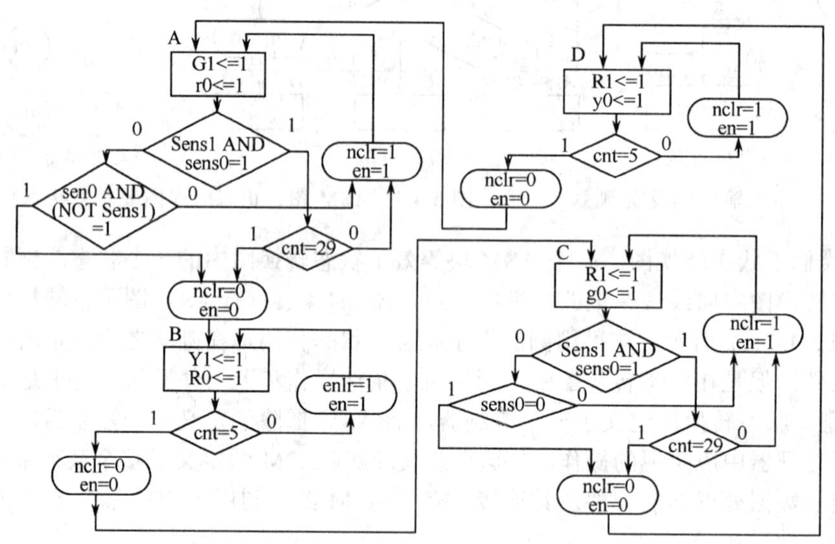

图 5.4.7　交通灯控制系统 ASM 图表

(3) 设计交通灯控制器的 VHDL 文本：根据图 5.4.7 所示 ASM 图，即可编写出交通灯控制器的 VHDL 文本如下。由 VHDL 文本生成的顶层元件符号及信号接口如图 5.4.8 所示。

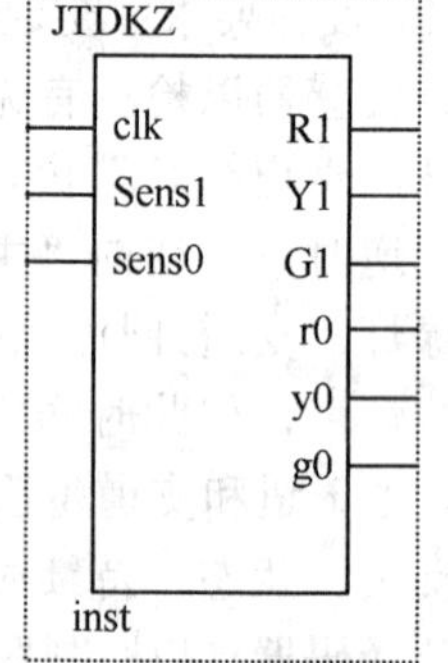

图 5.4.8　顶层元件符号

```
LIBRARY ieee;
USE ieee.std_logic_1164.ALL;
ENTITY  JTDKZ IS
  PORT(clk, Sens1, sens0  : IN  std_logic;
        R1,Y1,G1, r0,y0,g0  : OUT std_logic);
END JTDKZ;
ARCHITECTURE  arc OF JTDKZ IS         --结构体描述开始
 TYPE state_type IS(A,B,C,D);         -- 自 定 义 数 据 类 型 名 字 为
state_type：枚举类型
 SIGNAL state: state_type;            --信号 state 是枚举类型
 BEGIN
 cnt:PROCESS(clk)                                 --cnt 进程
      VARIABLE cnt :INTEGER RANGE 0 to 29; --定义变量 cnt
      VARIABLE nclr, en : bit;                   --定义变量 nclr 低电平清零端、en 高电平计数使能端
  BEGIN
    IF(clk'event and clk='1') THEN              --若 clk 上升沿到
```

```
      IF  nclr='0' THEN cnt:=0;                    --若nclr='0'则cnt:=0（同步清零）
       ELSIF en='0' THEN cnt:=cnt;                 --否则若en='0'则停止计数（保持）
        ELSE cnt:=cnt+1;                           --否则加1计数
      END IF;                                      --END IF nclr='0'
  CASE state IS
    WHEN A => R1<='0';Y1<='0';G1<='1';             --A状态：主干道绿灯G1亮
          r0<='1';y0<='0';g0<='0';                 --r0=1
       IF(sens0 and Sens1)='1' THEN                --若两个道都有车
         IF cnt=29 THEN                            --若又采到"29s标志位"信号
           state<=B; nclr:='0'; en:='0';           --则为B状态、且清零、停止计数
          ELSE                                     --否则
             state<=A; nclr:='1'; en:='1';         --继续A状态计数
          END IF;                                  --END IF cnt=29
             ELSIF (sens0 and ( not Sens1))='1' THEN  --若(sens0 and ( not Sens1))='1'
              state<=B; nclr:='0'; en:='0';        --则为B状态、且清零、停止计数
             ELSE                                  --否则
              state<=A; nclr:='1'; en:='1';        --继续A状态计数
         END IF;                                   --END IF (sens0 and Sens1)='1'
    WHEN B => R1<='0'; Y1<='1'; G1<='0';           --B状态：主干道黄灯Y1亮
           r0<='1'; y0<='0'; g0<='0';              --r0=1
         IF cnt=5 THEN                             --若采到5s标志位信号
          state<=C; nclr:='0'; en:='0';            --则为C状态、且清零、停止计数
         ELSE                                      --否则
          state<=B; nclr:='1'; en:='1';            --继续B状态计数
        END IF;                                    --END IF cnt=5
   WHEN C=>  R1<='1'; Y1<='0'; G1<='0';            --C状态：主干道红灯R1亮
          r0<='0'; y0<='0'; g0<='1';               --g0=1
      IF(sens0 and Sens1)='1' THEN                 --若两个道都有车
        IF cnt=29 THEN                             --若又采到"29秒标志位"信号
          state<=D; nclr:='0'; en:='0';            --则为D状态、且清零、停止计数
         ELSE                                      --否则
          state<=C; nclr:='1'; en:='1';            --继续C状态计数
        END IF;                                    --END IF cnt=29
        ELSIF  sens0='0' THEN                      --若sens0='0'
          state<=D; nclr:='0'; en:='0';            --则为D状态、且清零、停止计数
         ELSE                                      --否则
          state<=C; nclr:='1'; en:='1';            --继续C状态计数
        END IF;                                    --END IF (sens0 and Sens1)='1'
    WHEN D => R1<='1';Y1<='0';G1<='0';             --D状态：主干道红灯R1亮
          r0<='0';y0<='1';g0<='0';                 --y0=1
        IF cnt=5 THEN                              --若又采到"5s标志位"信号
          state<=A; nclr:='0'; en:='0';            --则为A状态、且清零、停止计数
         ELSE                                      --否则
          state<=D; nclr:='1'; en:='1';            --继续D状态计数
      END IF;                                      --END IF  cnt=5
    END case;                                      --END case
   END IF;                                         --END IF (clk'event and clk='1')
  END PROCESS cnt;                                 --进程描述结束
 END arc;                                          --结构体描述结束
```

交通灯控制系统的功能仿真如图 5.4.9 所示，仔细分析波形，可知功能正常。下载后，硬件的功能完全合乎预定的要求。

(4) 改进性思考：对十字路口交通灯控制系统作出改进性的设计，例如：

① 主干道通行时间为 40s，支道通行时间为 20s；黄灯亮的时间为 5s。

② 增加两位数码管作倒计时显示，计数单位为 s。

③ 增加语音提示功能。

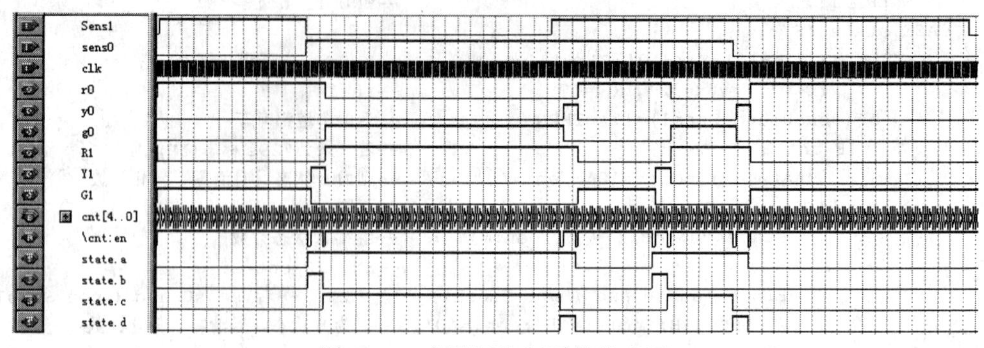

图 5.4.9　交通灯控制系统仿真图

5.4.2　出租车计程计价表

1. 设计任务说明

【例 5.25】 设计一个出租车计程计价表，具有车型设置、起步里程设置、起步价设置、超价加费设置、里程显示、计费显示等功能。出租车启动后，“里程显示”开始显示起步里程，当超出起步里程后，显示实际路程数据 (单位：公里)，计费显示作相应的显示 (单位：人民币元)。

2. 顶层设计

出租车计程计价器组成框图如图 5.4.10 所示。各部分主要功能叙述如下。

(1) 计数器 A 对车轮传感器送来的车轮脉冲信号 clk 进行计数分频。车轮每转一圈送出一个脉冲。车每行驶 100m，计数器 A 输出 1 个“百米脉冲信号 oclk”。不同车型的车轮直径不一样，计数器 A 的分频系数也就不一样。通过“设置 DIP_A”对车型作出选择，以实现不同车轮直径对应的分频系数的设置。

(2) 计数器 B：一方面对输入的百米脉冲 oclk 进行累加，另一方面在开始时输出起步里程数据，而当超出起步里程时自动输出实际公里数据给译码/动态扫描模块；此外，每计满 500 米路程送出 1 个脉冲 clkout 给计数器 C。“设置 DIP_B”实现起步公里数预置。

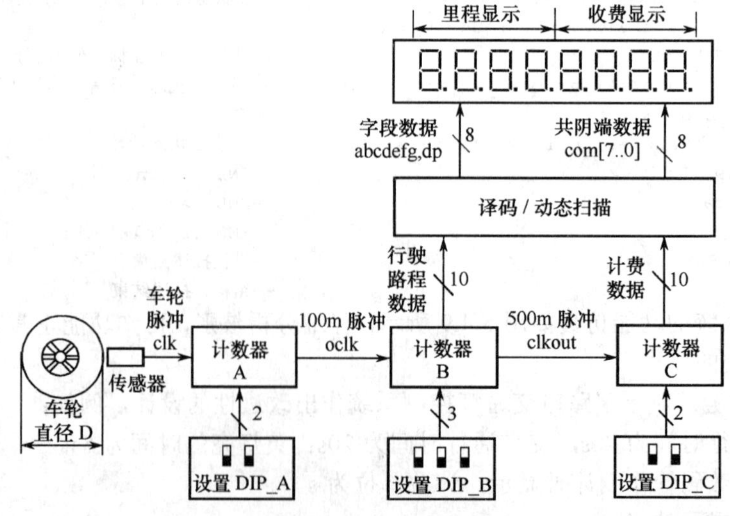

图 5.4.10　出租车计程计价器组成框图

(3) 计数器 C：实现步长可变（即单价可调）的累加计数，每 500m 计费一次（单价：1 元/500m，即 2 元/公里）。“设置 DIP_C”用来完成起步价预置、超价加费等。

(4) 译码/动态扫描模块将路程与费用的数值译码后用动态扫描的方式驱动 8 只数码管。

(5) 数码管显示将公里数和计费金额均用 4 位 LED 数码管显示（3 位整数、1 位小数）。

将图 5.4.10 中所示计数器 A、计数器 B、计数器 C、译码动态扫描作为底层模块分别用 VHDL 设计，顶层再用原理图法（或元件例化法）将底层装配在 1 块 FPGA 或 CPLD 芯片中，配合外围的车轮传感器、7 段数码管显示器，构成出租车计程计价整个应用系统。

3. 底层模块设计

(1) 车型调整模块：车型调整模块就是图 5.4.10 中的计数器 A。车型不同，车轮直径可能不同，经过调查、统计和计算，车轮直径、车轮外沿周长、车轮行驶每 100m 的计数分频系数 mode (=100m/周长）如表 5.4.1 所示。计数器 A 是一个“模值可预置计数器”,或叫“分频系数可预置计数器”，61 进制计数器又叫 61 分频计数器。通过 DIP_A (2 位 DIP 开关）可预置分频系数（模值）为 61、59、57、55 以配合相应的车型车轮直径数据。

表 5.4.1　车轮直径及百米路程分频系数计算汇总表

车轮直径 *D*/mm	520	540	560	580
车轮周长 *L*=3.1415D/mm	1634	1696	1759	1822
分频系数 mode=100m/*L*	61	59	57	55
车型 cartype 设置码 DIP_A	00	01	10	11

计数器 A 的 VHDL 文本取名 cnt_A.vhd，源程序如下：

```
LIBRARY ieee;
USE ieee.std_logic_1164.ALL;
USE ieee.std_logic_unsigned.ALL;
USE ieee.std_logic_arith.ALL;
ENTITY cnt_A IS                                          --实体取名 cnt_A
  PORT(                                                  --端口描述，reset 为清零信号
       reset,clk: IN std_logic;                          --输入信号 clk 为来自车轮传感器的脉冲信号
       start:  IN std_logic;                             -- 输入信号 start 为启动信号（即：使能信号）
     cartype: IN std_logic_vector(1 DOWNTO 0);           --输入信号 cartype 为 DIP_A 的车型设置码
   oclk:OUT std_logic                                    --oclk 为百米脉冲输出信号
   );
END cnt_A;
ARCHITECTURE behave OF cnt_A IS                          --结构体名称 behave
SIGNAL mode: std_logic_vector(5 DOWNTO 0);               -- mode 为分频系数（内部信号）
  SIGNAL temp: std_logic_vector(5 DOWNTO 0);             -- temp 为 6 位,记录计数值用
  BEGIN
       mode<="111100"  WHEN cartype="00"  ELSE           --520mm,/61 分频
             "111010"  WHEN cartype="01"  ELSE           --540mm,/59 分频
             "111000"  WHEN cartype="10"  ELSE           --560mm,/57 分频
              "110110";                                  --580mm,/55 分频
  PROCESS(start,clk, reset)
      BEGIN
      IF reset='0' THEN temp<=(OTHERS=>'0');
      ELSIF rising_edge(clk) THEN                        --若 clk 的上升沿来到,则
        IF start='1' THEN                                --若有 start='1',则
           IF temp=(mode) THEN                           --若 temp=(mode) (计数器模值),则
                temp<=(OTHERS=>'0');                     --temp="000000" (同步复 0)
             ELSE                                        --否则
```

```
                    temp<=temp+'1';                    --加 1 计数
              END IF;
           END IF;
        END IF;
      END PROCESS ;
   oclk<='1' WHEN (temp=mode) ELSE'0';               --当 temp=mode 时 oclk<='1',否则=0
  END behave;
```

分析图 5.4.11 波形图可知：①通过 DIP_A 设置 cartype=00；②使能信号 start=1 时，计数器作加计数；③每 61 个时钟周期，计数值 temp 从 0～60 作一个循环，共 61 个状态，故为 61 分频；④在计数到 60 时，输出 1 个百米信号脉冲 oclk (高电平) 。设计是正确的。

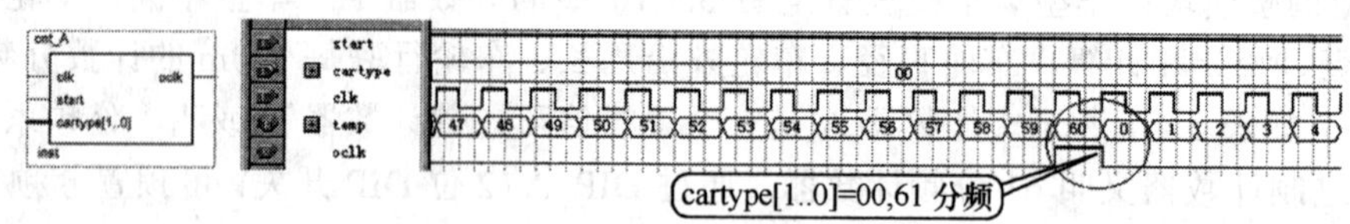

图 5.4.11 车型调整模块符号及仿真结果

(2) 计程模块：计程模块 cnt_B 是一个步长为 1 的模 5 加法计数器，每接收到 5 个百米脉冲，它就输出一个 500m 脉冲；它还通过开关 DIP_B (3 位) 预置起步里程数，在“0 公里→起步里程”的路程内，它将起步里程数输出送译码/动态扫描模块进行显示，当超出起步里程数后，它将实际公里数送译码/动态扫描模块进行显示。“起步里程”和“开关 DIP_B 设置”对应关系如表 5.4.2 所示。

表 5.4.2 起步里程设置

起步里程/公里	1.0	2.0	3.0	4.0	5.0	6.0	7.0	8.0
DIP_B (3 位开关设置)	000	001	010	011	100	101	110	111

计程模块(计数器 B)的 VHDL 文本取名 cnt_B.vhd，源程序如下：

```
LIBRARY ieee;
USE ieee.std_logic_1164.ALL;
USE ieee.std_logic_unsigned.ALL;
USE ieee.std_logic_arith.ALL;
ENTITY cnt_B IS                   --实体名 cnt_B,500m 路程出 1 个 clkout 脉冲的分频模块
 PORT(
       reset, clkin:  IN std_logic;    --100m 脉冲信号作为输入的信号 clkin
     dip: IN std_logic_vector(2 DOWNTO 0);          --用 dip 设置起步里程
   clkout:OUT std_logic;                          --500m 脉冲输出信号 clkout
   length:OUT std_logic_vector(12 DOWNTO 0)); --计数位长 13 位,最大计 8191 (对应 819 公里)
END cnt_B;
ARCHITECTURE behave OF cnt_B IS
 SIGNAL  licheng: std_logic_vector( 6 DOWNTO 0);   --7 位内部信号 licheng:存放起步里程数
 SIGNAL  temp0 : std_logic_vector(12 DOWNTO 0);    --13 位内部信号 temp0 存放百米脉冲累计数
SIGNAL  temp1 : std_logic_vector( 3 DOWNTO 0);    --4 位内部信号 temp1 存放模 5 计数器计数值
 BEGIN
  WITH  dip  SELECT                               --用 dip 挡选起步里程 (licheng)
    licheng<=conv_std_logic_vector(10,7)   WHEN "000",    --000 挡: 10×100m=1km
             conv_std_logic_vector(20,7)   WHEN "001",    --001 挡: 20×100m=2km (注,见下)
             conv_std_logic_vector(30,7)   WHEN "010",    --010 挡: 30×100m=3km
             conv_std_logic_vector(40,7)   WHEN "011",    --011 挡: 40×100m=4km
             conv_std_logic_vector(50,7)   WHEN "100",    --100 挡: 50×100m=5Km
             conv_std_logic_vector(60,7)   WHEN "101",    --101 挡: 60×100m=6km
             conv_std_logic_vector(70,7)   WHEN "110",    --110 挡: 70×100m=7Km
             conv_std_logic_vector(80,7)   WHEN OTHERS;  --111 挡: 80×100m=8km
```

```
P1:PROCESS(clkin, reset)                              --进程 P1,实际计数值加法计数器的描述
  BEGIN
       IF reset='0'  THEN temp0<=(OTHERS =>'0');
      ELSIF rising_edge(clkin) THEN                      --若百米脉冲信号 clkin 有上升沿则
                  temp0<=temp0+'1';                 --实际里程累计值 temp0 加 1 (单位: 100m)
      END IF;
  END PROCESS P1;
P2:PROCESS(temp0,clkin)                        --进程 P2, temp0 大于起步里程时,temp1 计数
  BEGIN
       IF reset='0'  THEN temp1<=(OTHERS=>'0');
    ELSIF rising_edge(clkin) THEN                          --若 clkin 有上升沿,则
      IF (temp0>=licheng) THEN                          --若 temp0>=licheng (起步里程) ,则
        IF (temp1=conv_std_logic_vector(4,4)) THEN --若 temp1 的值为 4,则
                  temp1<=(OTHERS=>'0');          --temp1 复 0,(即 temp1 的模为 5,对应 500m)
             ELSE    temp1<=temp1+'1';           --否则,temp1 的值加 1
        END IF;
      END IF;
    END IF;
  END PROCESS P2;
 clkout<='1' WHEN (temp1=conv_std_logic_vector(4,4)) ELSE'0';  --temp1 的值为 4 时进位输
出 clkout 为 1
 length<="000000" & licheng WHEN (temp0<=licheng) ELSE temp0;   --当 temp0<=licheng
时,length 显示 licheng
END behave;                                        --否则显示实际计数值 temp0
```

注：语句 licheng<=conv_std_logic_vector(20,7) WHEN "001" 表示：当 DIP_B 开关置于“001”时，起步里程 licheng 被赋于同 D20 等值的 B“0010100”，这里用了数据类型自动转换函数，其格式为：

conv_std_logic_vector(十进制值 D, std_logic_vector 位长 L),

它是 STD_LOGIC_ARITH 程序包中定义的数据类型转换函数，表示将括号中所写的第 1 个默认十进制值 D (D 可以是 INTEGER (整型数) 、UNSIGNED (无符号数) 或 SIGNED (有符号数)) 自动转换为等值的位长为 L 的标准逻辑位矢量 std_logic_vector (这里就是转换为位长为 L 的二进制数) 。

注意：licheng<=conv_std_logic_vector(20,7) 等价于 licheng<= “0010100”。运用数据类型转换函数可节省由 D20 到 B0010100 的人工计算步骤，且在某些需要数据类型转换时会带来书写 VHDL 程序的方便。

计程模块仿真结果如图 5.4.12 所示。

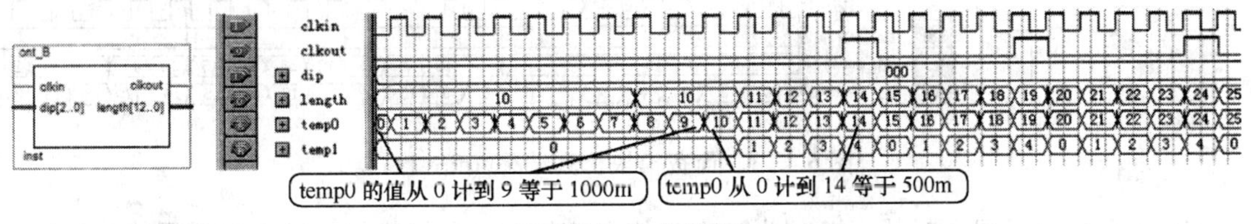

图 5.4.12　计程模块仿真结果 (dip=000)

分析图 5.4.12 波形图可知：①dip 开关设为“000”，起步里程设为 1km；②计满 10 个百米脉冲 clkin 之前，里程 (length) 信号输出为 10 (显示时要加小数点，显示为 1.0 公里起步里程) ；③这之后对 100m 脉冲信号显示实际里程值；④起步里程超出之后，clkout 对 clkin 进行了 5 分频，每 5 个 100m 脉冲输出一个 clkout，即 500m 脉冲；500m 脉冲计数值可以简单地对应按里程单价的累计车费，而单价可定为 1 元/500m，或 2 元/1 公里。

(3) 计费模块：计费模块是一个起步价格可预置的对 500m 脉冲的加法计数器 (见表 5.4.3) ，通过开关 DIP_C 设置起步价格，当超过起步价对应的里程后，按照正常价格加法计费。

表 5.4.3 起步价格设置

起步价格/元	5	6	8	10
DIP_C (2 位开关设置)	00	01	10	11

计费模块(计数器 C)的 VHDL 文本取名 cnt_C.vhd，源程序如下：

```
LIBRARY ieee;
USE ieee.std_logic_1164.ALL;
USE ieee.std_logic_unsigned.ALL;
--USE ieee.numeric_std.ALL;    --此句在 Altera 的 QuartusII 下,无效
USE ieee.std_logic_arith.ALL;
ENTITY cnt_c IS                                              --实体名 cnt_c,
 PORT(
    reset,clkin: IN std_logic;                               --500m 脉冲作为输入的 clkin 信号
      dip: IN std_logic_vector(1 DOWNTO 0);                  --用 dip 设置起步价格
    money: OUT std_logic_vector(9 DOWNTO 0));                --价款 (money) 作为输出信号
END cnt_c;
ARCHITECTURE behave OF cnt_c IS
 SIGNAL  qibu: std_logic_vector(3 DOWNTO 0);                 --4 位内部信号 qibu:存放起步价格数据
 SIGNAL temp0: std_logic_vector(9 DOWNTO 0);                 --10 位内部信号 temp0 存放 500m 脉冲累计数
  BEGIN
  WITH  dip  SELECT                                          --用 DIP 的值选择起步价格 qibu
    qibu<=conv_std_logic_vector(5,4)   WHEN "00",            --00 挡: 5 元起步价
          conv_std_logic_vector(6,4)   WHEN "01",            --01 挡: 6 元起步价
          conv_std_logic_vector(8,4)   WHEN "10",            --10 挡: 8 元起步价
          conv_std_logic_vector(10,4)  WHEN OTHERS;          --11 挡: 10 元起步价
 PROCESS(clkin, reset)                                       --进程,500m 脉冲加法计数器
   BEGIN
       IF reset='0'  THEN temp0<=(OTHERS =>'0');
       ELSIF rising_edge(clkin) THEN                         --若 clkin 有上升沿则
                   temp0<=temp0+'1';                         --计数值 temp0 加 1 (对应里程 500m)
       END IF;
 END PROCESS ;
    money<="000000"& qibu WHEN (temp0<=qibu) ELSE qibu+temp0;    --当 temp0<=qibu 时,money
                                                                    显示 qibu
END behave;
```

计费模块仿真结果如图 5.4.13 所示。dip 设为 11，起步价格设为 10 元。

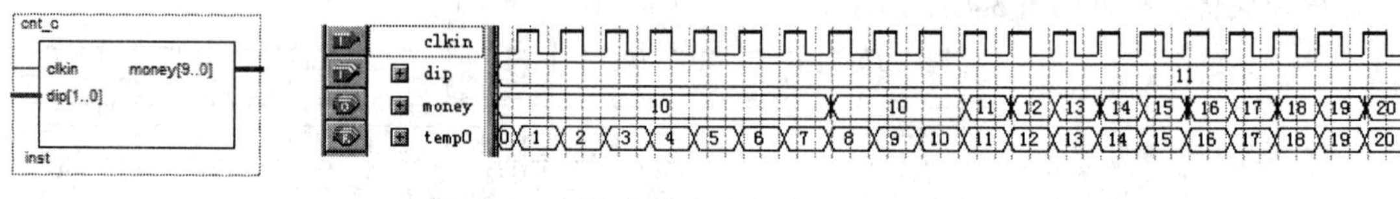

图 5.4.13 计费模块仿真结果 (dip=11)

(4) 显示模块：显示模块可分解为动态扫描子模块和译码子模块，动态扫描子模块分时传送路程或费用的 BCD 码数值及相应数码管位码值及小数点值，译码子模块将选中数位的 BCD 码译为 7 段数码管编码，在对应数码管上扫描显示 (可参考药片自动包装计数控制显示系统的动态扫描显示原理) 。

(5) 硬件系统设计说明：本设计的出租车计程计价表计数脉冲来自车轮转速传感器 (干簧管) ，脉冲经器件内整形后送计数器；动态扫描脉冲由外围电路给出；系统使用出租车电源降压后供电。

该计程计价表具有按预置参数自动计费，最大计费金额为 999.9 元；自动计程，最大计程公里数为 999.9 公里等功能。还可实现起步价、每公里收费、车型及加费里程的参数预置，如：起步价为 5.00 元；3 公里后，1.20 元/公里；计费超过 15.00 元，每公里加收 50%的车费等。由于采用了 CPLD/FPGA

大规模可编程逻辑器件，整机功耗小、抗干扰能力强、系统稳定、工作可靠、升级方便。当器件内部资源足够时，可再增加以下功能：①增加时钟功能，可为夜间行车自动调整收费标准提供参考；②用 CPLD/FPGA 的输出引线控制语音芯片，可向乘客发出问候语、报出应收车费等。

5.5 Nios II 系统设计实例

NiosII 是一个可灵活定制的 CPU，可随时根据外设的变动，通过 SOPC Builder 软件平台作定制裁剪，灵活配置此 IP 软核获得相互适应，得到所需的 SOPC(System On a Programmable Chip)式的 CPU 系统。

基本的 SOPC 的硬件系统大致可以分为 3 个部分：FPGA 部分、存储器部分和外围元件部分。FPGA 内部含：一个 NiosII CPU 核、连接于 NiosII 核的是下载和调试程序的 JTAG_UART 通信模块、一个内部定时器、一个 Avolon 总线控制器和一些 PIO 外围接口模块。为使 Nios 系统正常工作，在 FPGA 外围必须有外扩的存储器部分。外围元件部分有时钟信号源、输入按键、输出显示设备等。

SOPC 系统开发分硬件开发和软件开发两个流程，硬件开发过程主要由用户定制系统硬件，由 QuartusII 平台下的 SOPC Builder 工具完成系统硬件和对应的开发软件的生成。SOPC Builder 平台下的 Nios II IDE 是进行 SOPC 的软件设计、调试和运行的工具。Nios II IDE 是一个图形化的软件集成开发环境；如果喜欢命令行模式下的操作，可以使用 Nios II SDK Shell。

本节范例采用“GW48-SOPC/EDA 实验开发系统”，所配 FPGA 主板型号为 GWAC6L，其 FPGA 器件是 EP1C6Q240C8；该主板上须接插有外扩存储器电路板，上面有一片 Flash 芯片（型号 AMD29LV065D）、两片 SRAM（型号 CY7C1041）。这些芯片是 Altera 公司的 QuartusII 平台 Nios II 开发环境所支持的芯片群，引脚锁定号码涉及 FPGA 器件与上述存储器芯片之间的实际硬件连接向量表，由康芯公司提供(或自行测试出来)。

本节以 8 只发光管点灯程序为范例介绍 Nios II 系统设计的完整过程。硬件设计内容有：在 QuartusII 平台创建新项目工程，启用 SOPC Builder 建立 Nios II 自定制 CPU 软核的硬件系统并生成配置文件、编译 Nios II 软核系统模块；在 QuartusII 平台完成基于 Nios II 软核模块的顶层 bdf 文件的设计、引脚锁定、全程编译；下载设计到 FPGA 芯片中建立一个具有 CPU 功能的硬件环境。软件开发内容有：在 SOPC Builder 中启动 Nios II IDE，创建软件的应用工程，编译链接该工程，在线调试/运行程序，测试 GW48-SOPC/EDA 实验箱上的 8 只 LED 灯轮流闪亮的效果。通过本例，掌握 SOPC 开发流程及 Nios II 软件应用的初步技能。

5.5.1 Nios II 软核处理器设计

1. 在 QuartusII 中创建工程

(1) 项目规划和创建工程。首先定义工程工作库的路径为 d:\nios_q60f，项目名称为：nios_p1，顶层文件名：nios_top。然后打开 Quartus II 6.0，选择菜单 File/New Project Wizard 命令，按照上面的路径等规划，在新工程设置窗口作 3 个栏目的设置如图 5.5.1 所示。

一直单击“Next”按钮，在目标芯片设置对话框中，选择芯片 EP1C6Q240C8，继续单击“Next”按钮，完成工程创建过程。

(2) 建立顶层图形设计模块文件。选择菜单 File/New 命令，弹出“New”窗口，在其中“Device Design Files”页中选择原理图文件“Block Diagram/Schematic File”选项，单击“OK”按钮后，弹出图形文件编辑器空白窗口。选择菜单 File/Save As 命令，将该空白文件存为 d:\nios_q60f\nios_top.bdf，作为整个工程的顶层模块设计文件，如图 5.5.2 所示。

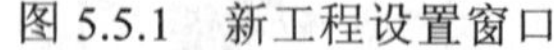

图 5.5.1　新工程设置窗口

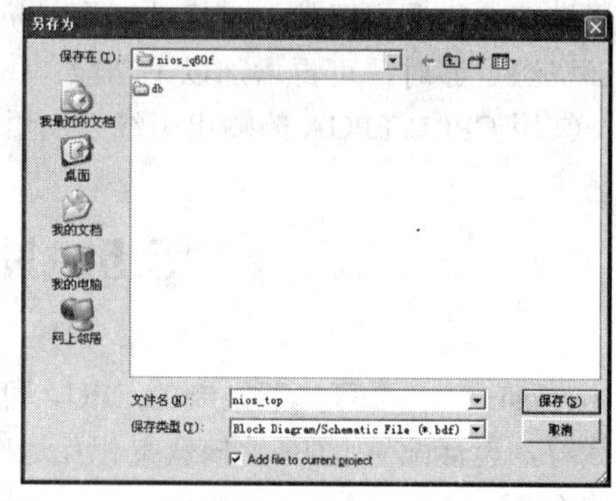

图 5.5.2　保存顶层 设计文件 nios_top.bdf

2. 在 SOPC Builder 中添加配置 Nios II 系统的组件模块

选择 Quartus II 的菜单 Tools/SOPC Builder 命令（见图 5.5.3），启动 SOPC Builder 设计软件，弹出“Create New System”窗口，如图 5.5.4 所示。在窗口中输入系统软核处理器的名字为 niosSystem，选择目标器件的硬件描述语言为 VHDL，单击“OK”按钮后，弹出空白的 SOPC Builder 设计窗口，如图 5.5.5 所示。

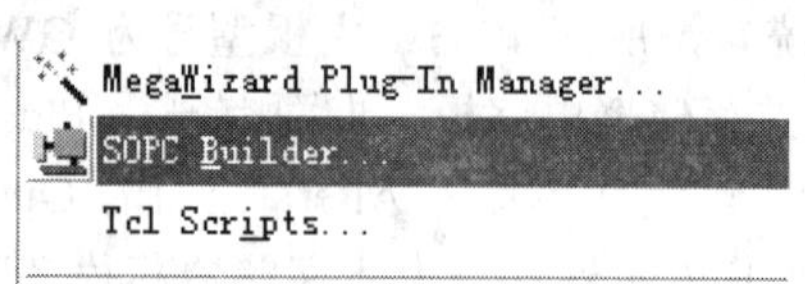

图 5.5.3　启动 SOPC Builder

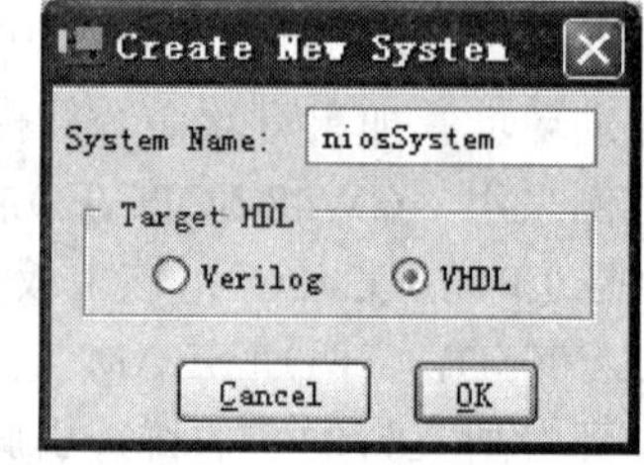

图 5.5.4　建立一个新的 NiosII 系统

图 5.5.5 所示 SOPC Builders 设计窗口分成以下几个部分：左侧是其可用组件树形列表选择栏，右上是目标板器件、时钟工作频率的设置区，右中是已加入的组件窗体（现在是空白的），下方是消息提示区。按照以下步骤定制 Nios II 软核 CPU 系统。

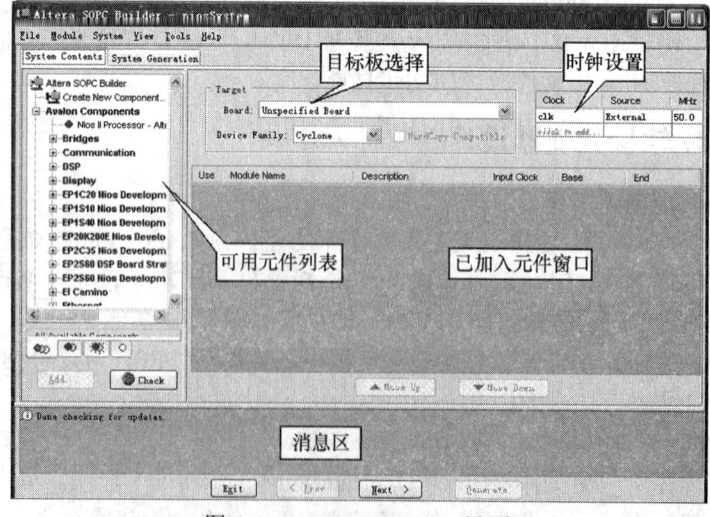

图 5.5.5　SOPC Builder 界面

(1) 添加配置 Nios II CPU 软核（取名：cpu）。

① 在 SOPC Builders 设计窗口的右上区指定目标芯片及设置时钟如图 5.5.6 所示，在 Target 栏下选择 Device Family 为 Cyclone 系列器件；在 Clock 栏中确认时钟频率为 50MHz。

图 5.5.6 指定目标芯片及相关设置

② 添加 Nios IICPU 软核。在 SOPC Builders 左侧组件选择树中找到并单击“Avalon Components”→“Nios II Processor - Altera Corporation”项（见图 5.5.7），则弹出 Nios II cpu_0 设置框，如图 5.5.8 所示，打开其中的 Nios II Core 分页窗口，可见 Nios II CPU 软核有 4 种结构可选，每种的功能、配置可以查阅软件帮助文件。在此选中 Nios II/s 嵌入式处理器选项。

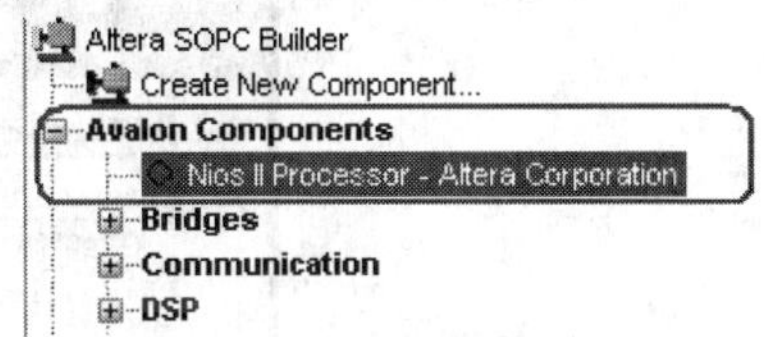

图 5.5.7 建立一个新的 Nios II 系统

单击“Next”按钮，进入 CPU 的“Caches & Tightly Coupled Memories”分页窗口，设定“instruction cache”大小为 4KB。

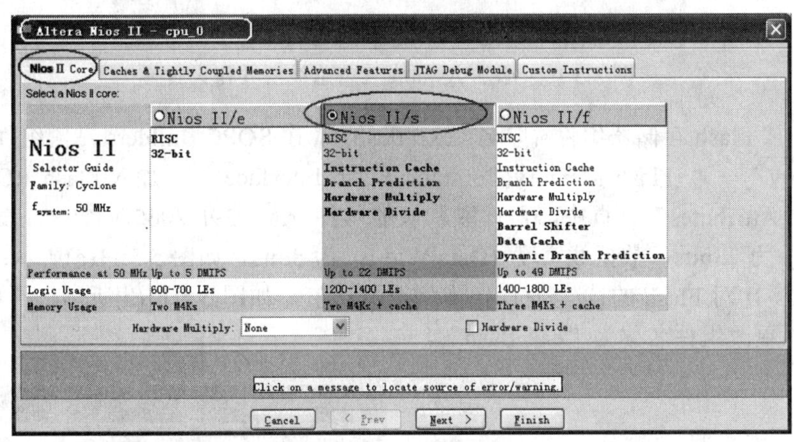

图 5.5.8 Nios II 软核配置向导中 Nios II Core 分页窗口的设置

为方便应用程序的调试，要为 CPU 增加 JTAG 调试端口，为此单击打开“JTAG Debug Module”分页窗口，选中“Level 3”，如图 5.5.9 所示。

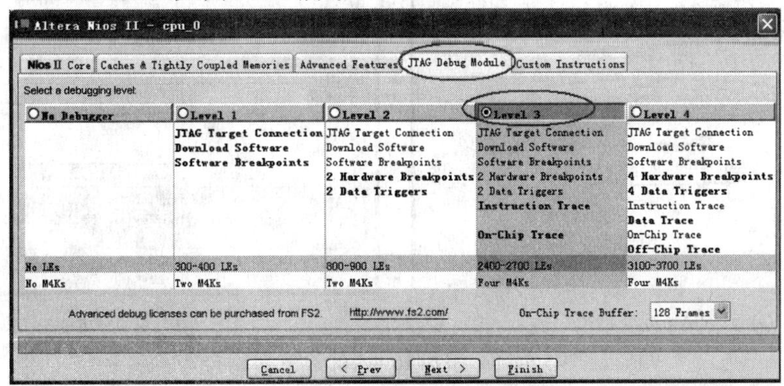

图 5.5.9 配置 JTAG Debug Module 选项卡

在 Custom Instructions 分页中，由于本例无须增加任何定制指令，所以为空。

最后单击“Finish”按钮，看到 SOPC 系统中会增加一个 Nios II 处理器，其名字为 cpu_0，为了简便起见，将它改名为 cpu (本项目中只需要一个 cpu)，光标箭头指向 cpu_0 名字处并右击，出现下拉窗口，选择 Rename 菜单，则可对 cpu_0 名字进行修改，本例改为 cpu，然后按回车键，则处理器命名改动工作完成。

(2) 添加三态总线桥 (取名：ext_mem)。CPU 是通过总线桥从 ROM 中读取程序指令，并从 RAM 中读/写数据的，添加三态总线桥过程如下。在 SOPC Builders 左侧组件选择树中找到并双击“Bridge”→“Avalon Tristate Bridge”，加入 Avalon 三态总线桥到 Nios 软核处理器，SOPC Builder 会自动安排该总线使 CPU 软核和各种存储器互连，在弹出的 Avalon Tristate Bridge 设置窗口选中选项“Registered”如图 5.5.10 所示，再单击“Finish”按钮完成加入，更改组件名称为“ext_mem”。

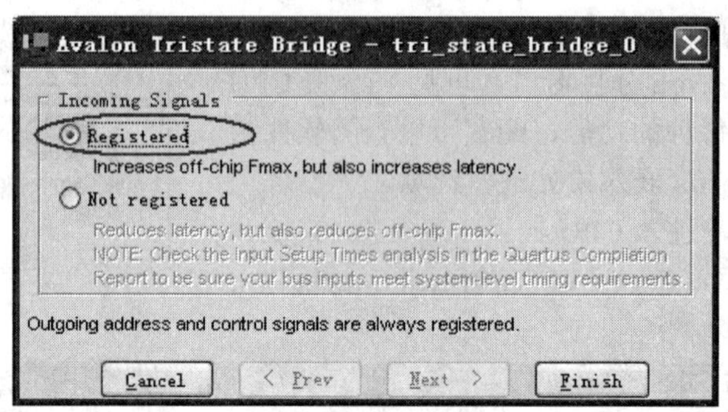

图 5.5.10 添加 Avalon 三态总线桥并作设置

(3) 加入外部 Flash 存储器组件 (取名：ext_flash)。在 SOPC Builders 左侧组件选择树中找到并双击“Memory”→“ Flash Memory(Common Flash Interface)”，加入 Flash ROM 组件，在弹出的设置窗口“Attributes”分页中，器件取默认的器件 AMD29LV065D-120R，设置地址线宽度 (Address Width) 为 23bits，数据线宽度 (Data Width) 为 8bits，如图 5.5.11(a)所示；在“Timing”分页，设置 Nios II 对 Flash 的读/写时序，本例取默认值，如图 5.5.11(b)所示，再单击“Finish”按钮完成加入，更改组件名称为“ext_flash”。

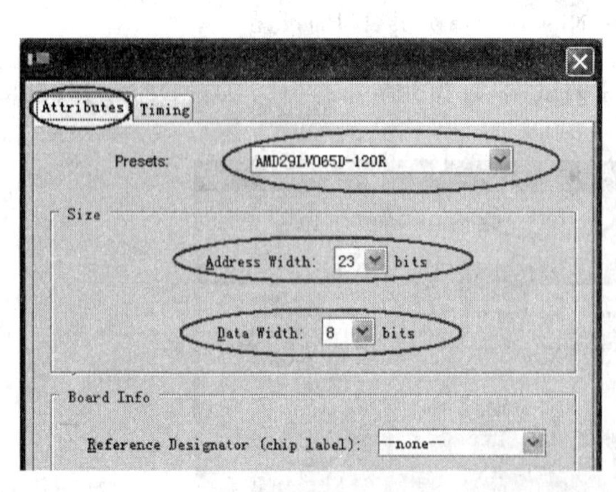

(a) 设置 Attributes 分页

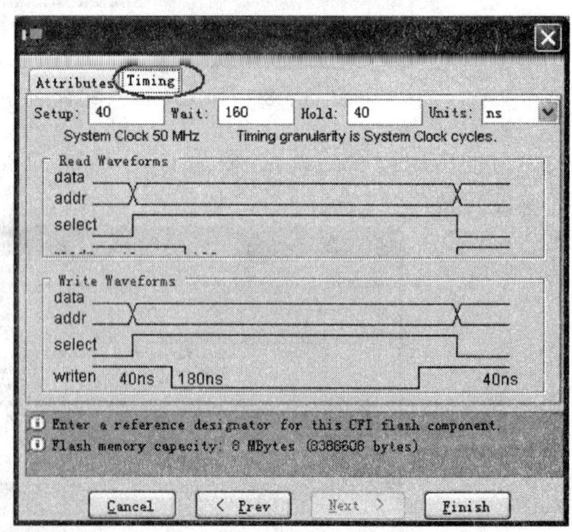

(b) 设置 Timing 分页

图 5.5.11 添加 ROM 的设置对话框

(4) 加入外部 SRAM 存储器组件（取名：ext_sram）。将杭州康芯电子有限公司提供的 SRAM 组件文件夹 gwsopc_avalon_cy7c1041_sram 中的 3 个文件复制粘贴到工程路径 d:\nios_q60f\中，然后重新启动 SOPC Builder，再在 SOPC Builders 左侧组件选择树中找到并双击"Memory"→"CY7C1041 SRAM(GWSOPC)"，弹出"康芯电子""SRAM(two Cy7C1041 chips)"设置窗口如图 5.5.12 所示，确认存储容量 Memory Size 为 1024KB，再单击"Finish"按钮完成此组件的加入，更改此组件名称为"ext_sram"。

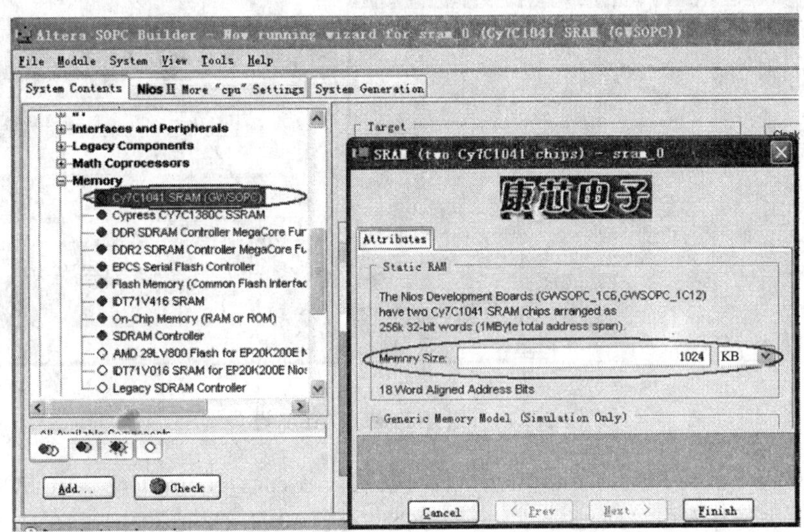

图 5.5.12　添加:CY7C1041SRAM(GWSOPC)的设置对话框

(5) 添加 PIO 端口（取名：led_pio）。在 SOPC Builders 左侧组件选择树中找到并双击"Others"→"PIO(Parallel I/O)"加入 I/O 组件，并在"Width"栏选择 8bits，在"Direction"栏选择"Output ports only"模式，如图 5.5.13 所示，再单击"Finish"按钮完成此组件的加入，更改此组件名称为"led_pio"，此 8 个输出端口用途是驱动 8 只 LED 发光管。

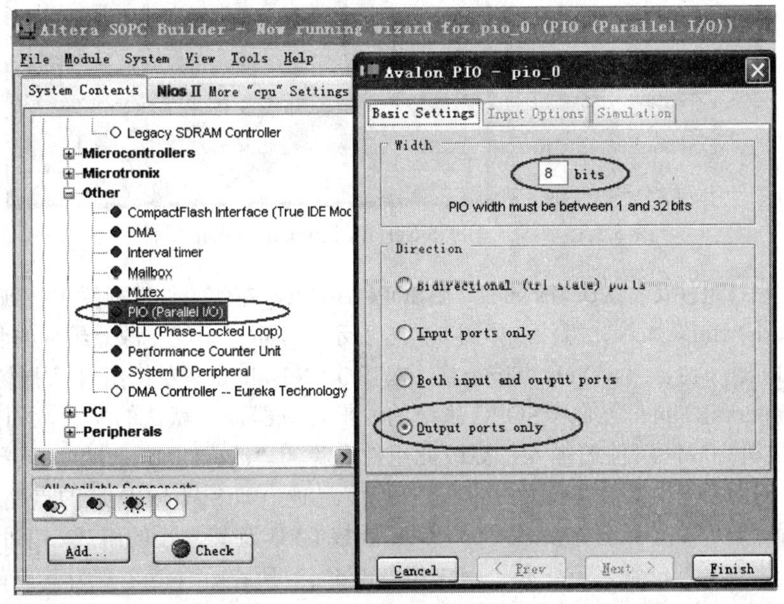

图 5.5.13　PIO 端口配置

(6) 加入 JTAG UART 组件（取名：jtag_uart）。在 SOPC Builders 左侧组件选择树中找到并双击“Communication”→“JTAG UART”，在弹出窗口的 Configuration 分页，接受所有默认的设置如图 5.5.14(a)所示；再在 Simulation 分页选中“Create ModelSim alias to open a window showing output as ASCII text”，如图 5.5.14(b)所示；然后单击“Finish”按钮完成此组件的加入，更改此组件名称为“jtag_uart”。其用途是以后调试 CPU 时的 JTAG 调试接口。

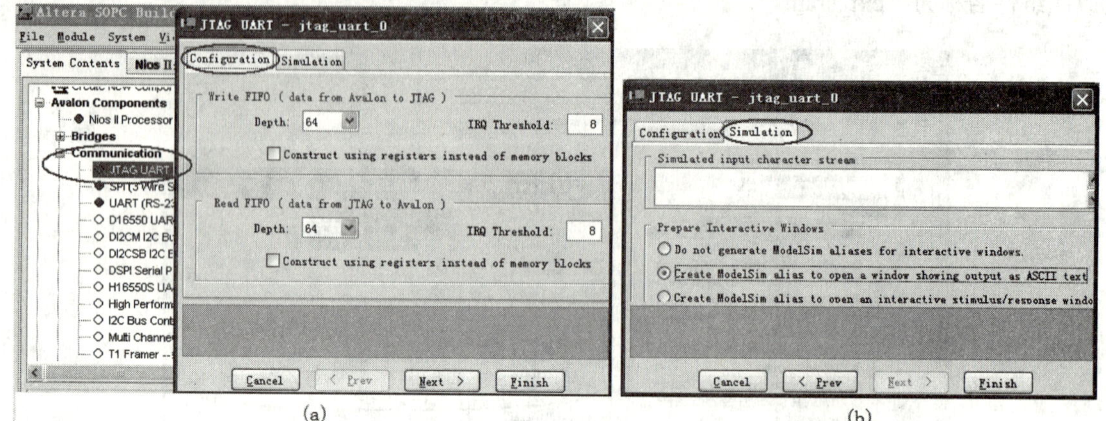

图 5.5.14　组件 JTAG UART 设置

(7) 加入 EPCS Serial Flash Controller 组件（取默认名 epcs_controller）。在 SOPC Builders 左侧组件选择树中找到并双击“Memory”→“EPCS Serial Flash Controller”，单击“Finish”按钮完成此组件的加入，如图 5.5.15 所示，注意：不能更改此组件的名称。EPCS Serial Flash Controller 用于 Nios II 处理器对 EPCS Serial Flash 存储器的读/写操作，可以通过此组件将 SOF 文件及 CPU 运行的软件一并存于 EPCS 器件中，以便简化实验箱硬件系统组成结构。

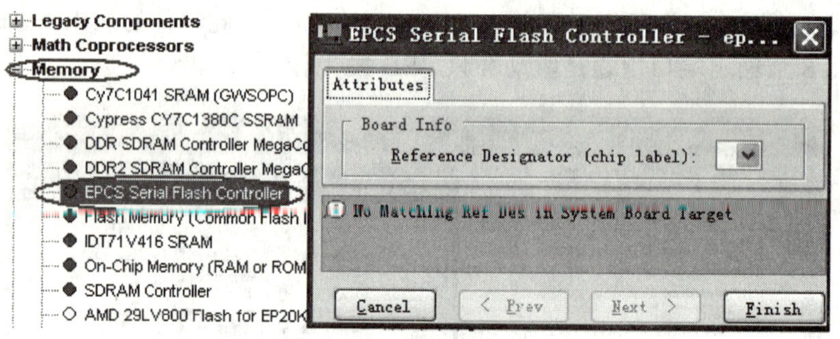

图 5.5.15　添加 EPCS Serial Flash Controller 组件

(8) 添加系统 ID 组件（取默认名 sysid）。在 SOPC Builders 左侧组件选择树中找到并双击“Others”→“System ID Peripheral”加入此组件，如图 5.5.16 所示。注意：不能更改此组件的名称。

(9) 加入定时器（取名：sys_clk_Timer）。在 SOPC Builders 左侧组件选择树中找到并双击“Others”→“Interval Timer”加入 SOPC 系统的内部定时器，取默认的配置，如图 5.5.17 所示，单击“Finish”按钮完成此组件的加入，更改此组件名称为“sys_clk_timer”。该定时器可用于此后在硬件上运行的 C 程序中的某些软件函数进行速度定时，如 8 只 LED 灯的点亮的速率调节。

至此，先后共调入 9 个组件，完成了 Nios II 软核 CPU 及其外设的组成。下面再在组件窗口中，调整各个组件的上下位置，方法是：点中组件 led_pio 所在行（使之变为蓝色），再单击下方

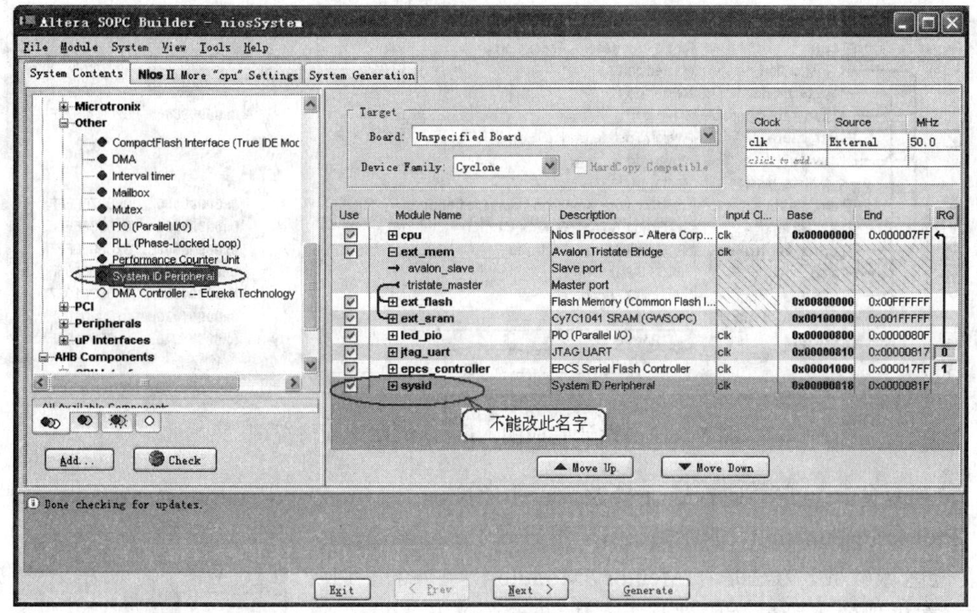

图 5.5.16　添加系统 ID 外设

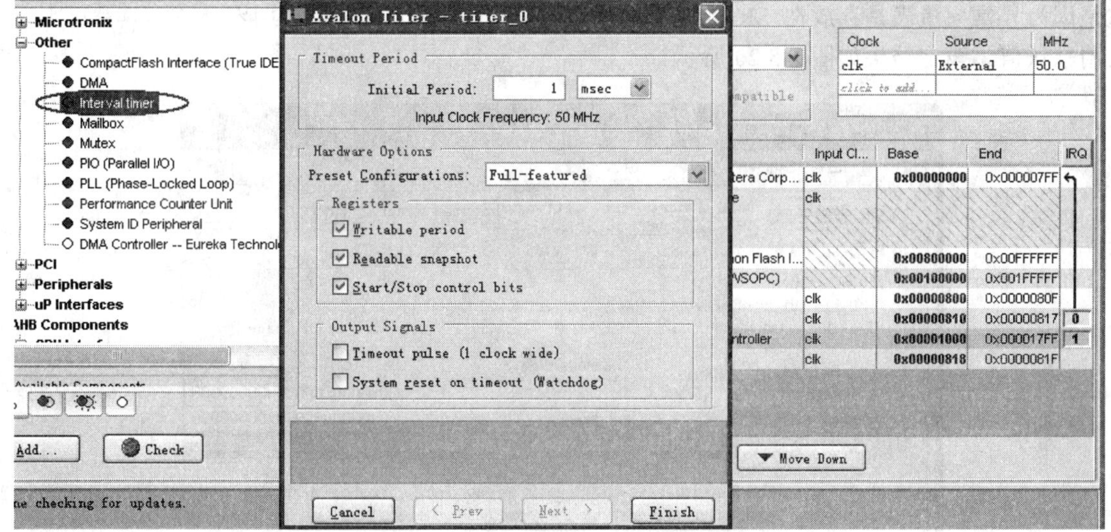

图 5.5.17　定时器组件 Timer 设置窗口

的 Move Up 按钮，可使 led_pio 行上移，如果单击 Move Down 按钮，可使 led_pio 行下移；经过各个组件的位置调整后，9 个组件的上下位置排列如图 5.5.18 所示，注意：前面已经设置为 50MHz 工作频率的时钟信号 clk 是 Nios II 模块的输入时钟，已经设置好了，无须再在此组件窗口中重复加入 clk 组件，如果再次加入，编译会报错的。

3. 编译 Nios II 软核系统模块

(1) 分配基地址及分配中断优先级。选择 Altera SOPC Builder 的菜单“System”→“Auto-Assign Base Addresses”，让系统为本例各个组件设备地址进行自动分配基地址。选择“System”→“Auto-Assign IRQs”，让系统自动分配各个组件的中断请求优先级 (但本例中没有中断请求，可以不做此项分配) 。

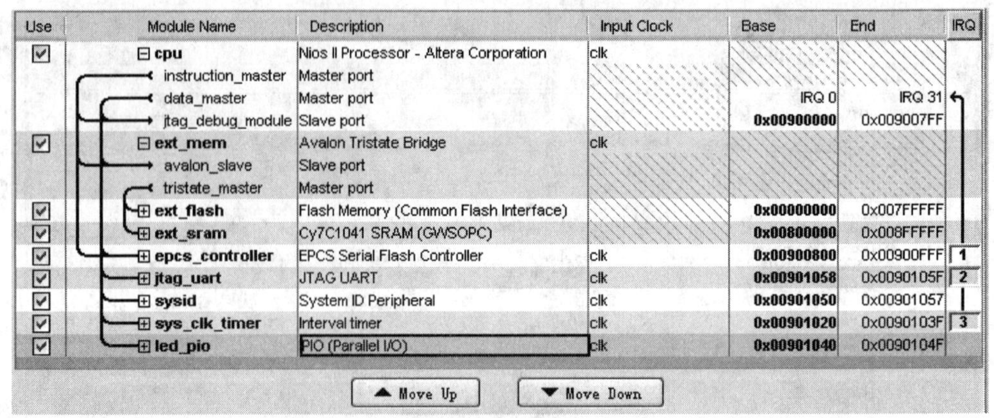

图 5.5.18　设计完成的 Nios II 组件排列情况图

(2) 设置复位、异常、运行地址参数。单击“Nios II More "cpu" settings”选项卡，进行处理器功能 (Processor Function) 的参数设定。①设置 Reset Address 的程序复位区域参数，方法是在 Memory Module 栏下方的空白行中单击，在出现的下拉参数中选择 ext_flash; Offset 及 Address 栏取默认值。②同样方法设置 Exception Address 为 ext_sram，这是因为异常向量表是存放在 SRAM 中的。③Break Location 采用默认值。设定结果如图 5.5.20 所示。

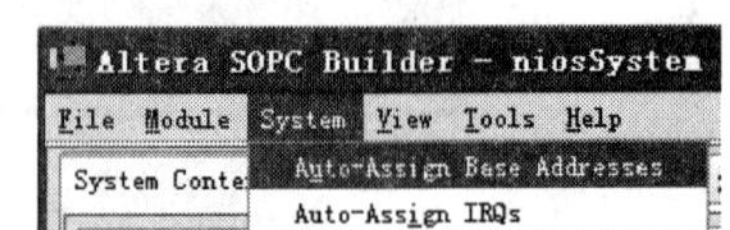

图 5.5.19　自动分配基地址

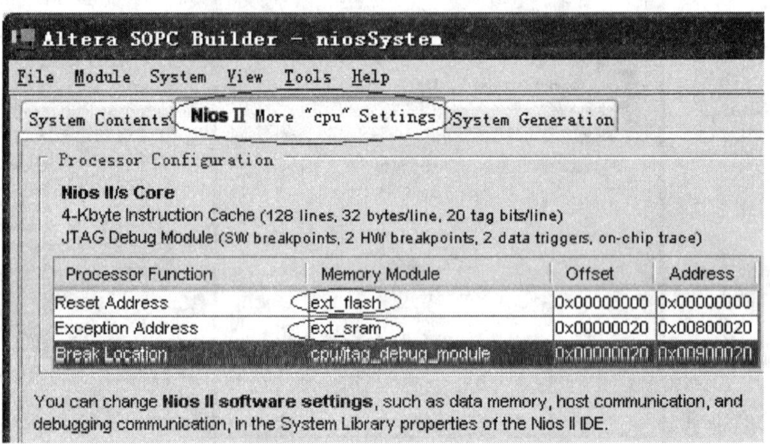

图 5.5.20　设置系统复位地址和异常向量表地址

(3) 编译并生成 Nios II 软核系统模块。打开 System Generation 页面，进行最后的设定并生成系统。①打勾选中 HDL Generate system module logic in VHDL，以便生成 Nios II 软核系统的 VHDL 文件。②打勾选中 Simulation Create Simulator project files，生成仿真项目文件，以便后续进行仿真分析，③然后单击下方的“Generate”按钮，等待系统的生成，看到提示：SUCCESS: SYSTEM GENERATION COMPLETED.说明系统被正确生成了。如果失败，可返回并检查、修改，再单击重新生成按钮“Re-Generate”。系统被正确生成时的消息窗口如图 5.5.21 所示。再单击“Exit”按钮退出此框，此时在工程文件夹中可找到本例生成的 niosSystem.bsf 符号文件及多达 10 个的 vhd 文件，具体文件名如下所示：cpu.vhd、cpu_jtag_debug_module.vhd、cpu_jtag_debug_module_wrapper.vhd、cpu_test_bench.vhd、epcs_controller.vhd、jtag_uart.vhd、led_pio.vhd、niosSystem.vhd、sys_clk_timer.vhd、sysid.vhd。

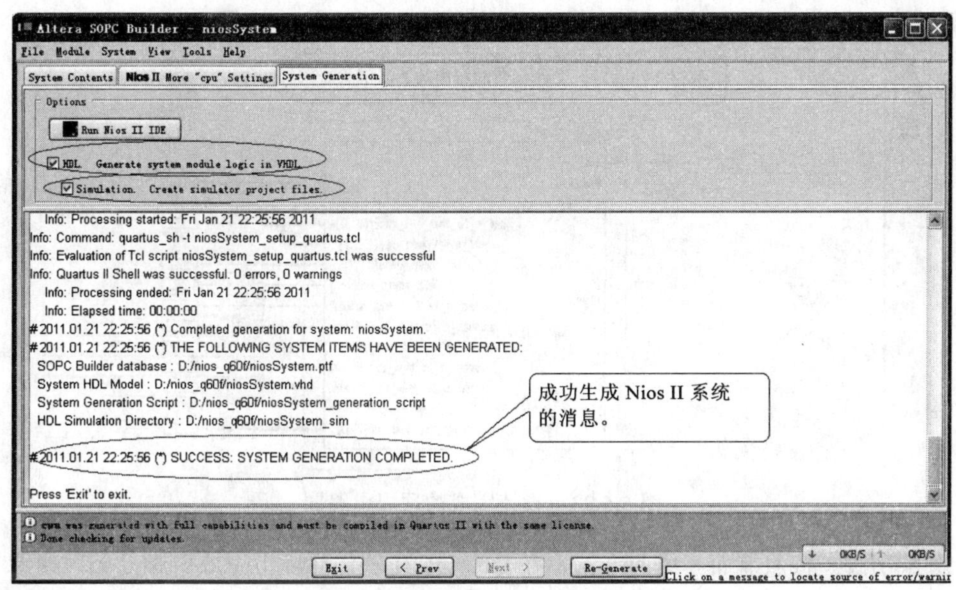

图 5.5.21 成功生成 Nios II 系统

4．在 Quartus II 中使用上述 Nios II 软核系统

回到 Quartus II 的图形文件设计窗口，完成顶层原理图文件 nios_top.qpf 的绘制设计，步骤如下。

(1) 调用 niosSystem 符号模块。在原理图编辑窗口的空白处双击，将弹出“Symbol”窗口，从它的本地工作库“Project”中选择刚刚生成的元件 niosSystem 模块，如图 5.5.22 所示，注意本例设计文件的路径等信息。单击“OK”按钮，调入此模块到编辑窗口中。

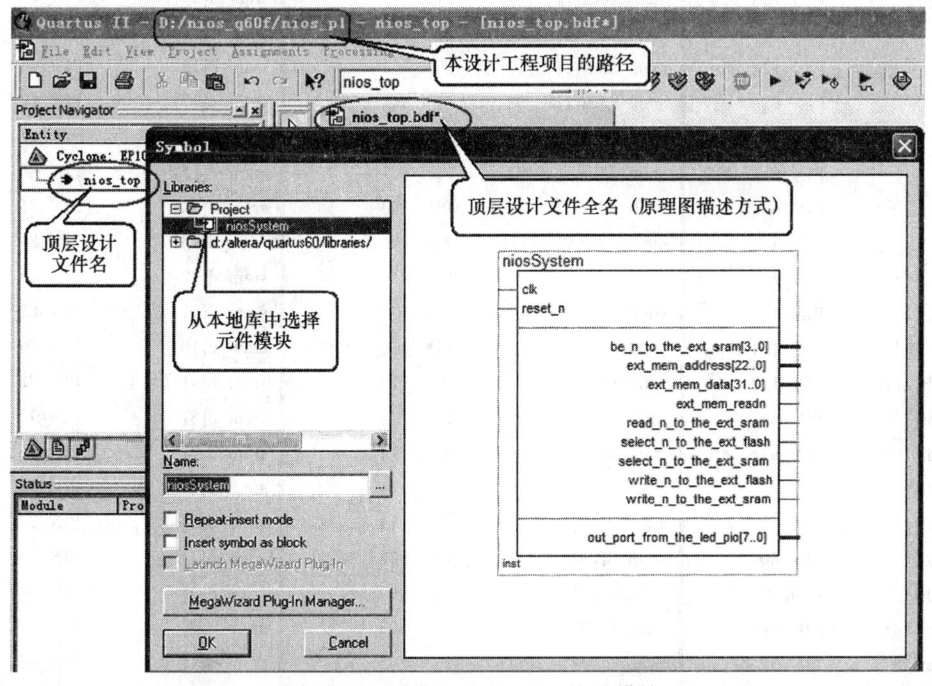

图 5.5.22 选择 niosSystem 符号模块

(2) 添加引脚，完成顶层文件设计。再次对设计文件 nios_top.bdf* 作一次保存，保存之后，文件全名的右侧处的*号会消失，如图 5.5.23 所示。

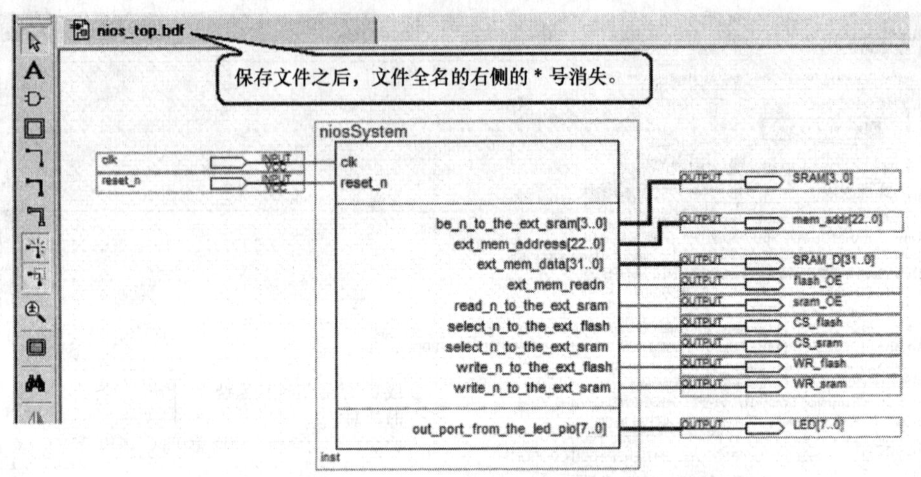

图 5.5.23　设计完成的顶层电路图

(3) 分配引脚。按照前面介绍的方法，在 Quartus II 软件环境下完成引脚分配，如表 5.5.1 所示。之后进行全程编译，再执行菜单命令 Assignments/Assignment Editor,进入引脚分配编辑器可以查看引脚分配的情况，如图 5.5.24 所示。

表 5.5.1　引脚锁定号码表

Node Name	Location	Node Name	Location	Node Name	Location
clk	PIN_28	mem_addr[9]	PIN_49	sram_d[22]	PIN_99
flash_ce	PIN_125	mem_addr[8]	PIN_48	sram_d[21]	PIN_98
flash_oe	PIN_126	mem_addr[7]	PIN_47	sram_d[20]	PIN_95
flash_we	PIN_124	mem_addr[6]	PIN_46	sram_d[19]	PIN_94
led[7]	PIN_12	mem_addr[5]	PIN_45	sram_d[18]	PIN_93
led[6]	PIN_8	mem_addr[4]	PIN_44	sram_d[17]	PIN_88
led[5]	PIN_7	mem_addr[3]	PIN_43	sram_d[16]	PIN_87
led[4]	PIN_6	mem_addr[2]	PIN_42	sram_d[15]	PIN_86
led[3]	PIN_4	mem_addr[1]	PIN_123	sram_d[14]	PIN_85
led[2]	PIN_3	mem_addr[0]	PIN_122	sram_d[13]	PIN_84
led[1]	PIN_2	rst	PIN_240	sram_d[12]	PIN_83
led[0]	PIN_1	sram_b[3]	PIN_121	sram_d[11]	PIN_82
mem_addr[22]	PIN_131	sram_b[2]	PIN_120	sram_d[10]	PIN_79
mem_addr[21]	PIN_127	sram_b[1]	PIN_119	sram_d[9]	PIN_78
mem_addr[20]	PIN_64	sram_b[0]	PIN_118	sram_d[8]	PIN_77
mem_addr[19]	PIN_63	sram_cs	PIN_117	sram_d[7]	PIN_76
mem_addr[18]	PIN_62	sram_d[31]	PIN_114	sram_d[6]	PIN_75
mem_addr[17]	PIN_61	sram_d[30]	PIN_113	sram_d[5]	PIN_74
mem_addr[16]	PIN_60	sram_d[29]	PIN_108	sram_d[4]	PIN_73
mem_addr[15]	PIN_59	sram_d[28]	PIN_107	sram_d[3]	PIN_68
mem_addr[14]	PIN_58	sram_d[27]	PIN_106	sram_d[2]	PIN_67
mem_addr[13]	PIN_57	sram_d[26]	PIN_105	sram_d[1]	PIN_66
mem_addr[12]	PIN_56	sram_d[25]	PIN_104	sram_d[0]	PIN_65
mem_addr[11]	PIN_54	sram_d[24]	PIN_101	sram_oe	PIN_116
mem_addr[10]	PIN_53	sram_d[23]	PIN_100	sram_we	PIN_115

	Node Name	Direction	Location
1	clk	Input	PIN_28
2	flash_ce	Output	PIN_125
3	flash_oe	Output	PIN_126
4	flash_we	Output	PIN_124
5	led[7]	Output	PIN_12
6	led[6]	Output	PIN_8
7	led[5]	Output	PIN_7
8	led[4]	Output	PIN_6
9	led[3]	Output	PIN_4
10	led[2]	Output	PIN_3
11	led[1]	Output	PIN_2
12	led[0]	Output	PIN_1
13	mem_addr[22]	Output	PIN_131
14	mem_addr[21]	Output	PIN_127
15	mem_addr[20]	Output	PIN_64
16	mem_addr[19]	Output	PIN_63
17	mem_addr[18]	Output	PIN_62
18	mem_addr[17]	Output	PIN_61
19	mem_addr[16]	Output	PIN_60
20	mem_addr[15]	Output	PIN_59
21	mem_addr[14]	Output	PIN_58
22	mem_addr[13]	Output	PIN_57
23	mem_addr[12]	Output	PIN_56
24	mem_addr[11]	Output	PIN_54
25	mem_addr[10]	Output	PIN_53
26	mem_addr[9]	Output	PIN_49

图 5.5.24　编译后的引脚锁定情况（局部）

5．编译 Quartus II 工程

选择菜单 Processing/Start Compilation 命令，启动全程编译，顺路完成编译，给出编译结果，FPGA 的资源利用情况如图 5.5.25 所示，3103 个逻辑宏单元、79 个 I/O 引脚、55296 个存储单元。

Flow Status	Successful - Sun Jan 23 10:55:08 2011
Quartus II Version	6.0 Build 178 04/27/2006 SJ Full Version
Revision Name	nios_top
Top-level Entity Name	nios_top
Family	Cyclone
Device	EP1C6Q240C8
Timing Models	Final
Met timing requirements	Yes
Total logic elements	3,103 / 5,980 (52 %)
Total pins	79 / 185 (43 %)
Total virtual pins	0
Total memory bits	55,296 / 92,160 (60 %)
Total PLLs	0 / 2 (0 %)

图 5.5.25　编译结果报告

至此，Nios II 嵌入式系统的硬件设计部分的工作已全部完成，以下将开始为此系统进行软件设计和调试。如果发现软件工作情况不能完全满足设计要求，还可以回过头来修正或彻底更改硬件设计，这正是 SOPC 的优势所在。

6．下载硬件设计到 FPGA

以上工作完成后，可以下载配置文件，以便在 FPGA 中建立 Nios II 硬件环境。打开 QuartusII，再打开本项目工程，选择菜单 Tools/Programmer 命令，弹出下载配置文件窗口，如图 5.5.26 所示。在“Mode”栏确认选择“JTAG”下载模式。单击按钮“Add File”，加入配置文件 nios_top.sof，单击“Start”按钮，下载该文件。该 Nios II 系统是低电平复位，高电平正常工作，所以在下载了 SOF 文件后，要将 GW48 实验系统的键 8 置于高电平（因为 Nios II 系统的复位信号锁定于键 8→Pin240，模式 5）。至此在 FPGA 目标器件中建立了一个具有 CPU 功能的硬件环境。

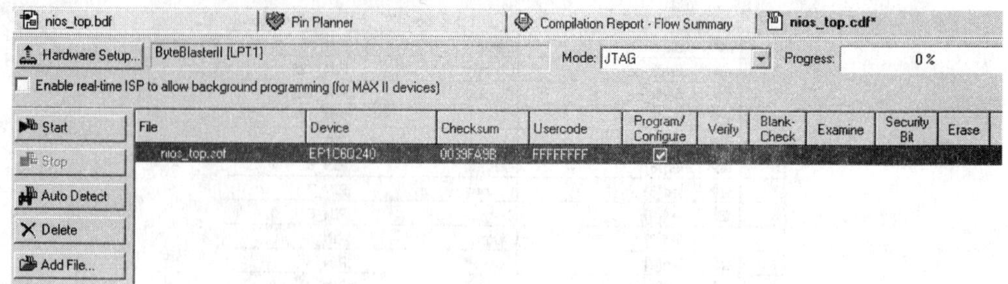

图 5.5.26 下载配置文件到 FPGA 器件

5.5.2 Nios 应用程序开发

再次进入图 5.5.5 所示的 SOPC Builder 窗，进入"System Generation"分页，单击"Run NiosII IDE"按钮，或选择菜单 Tools/Nios II IDE 命令，弹出对话框如图 5.5.27 所示，通过浏览按钮，找到工程设计文件夹路径 D:\nios_q60f。

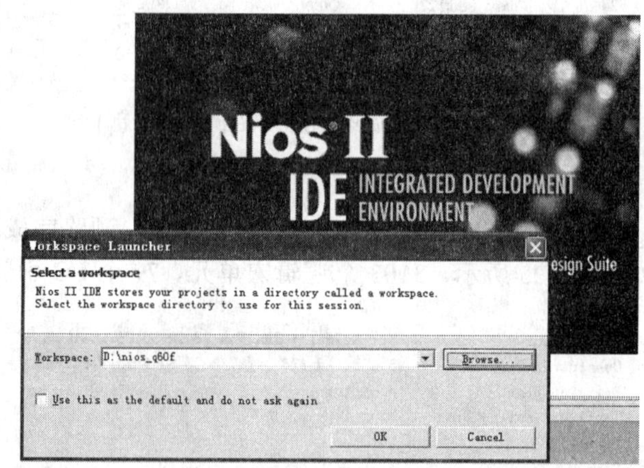

图 5.5.27 进入 Nios II IDE 开发环境前选择选择软件工程库

单击"OK"按钮后将出现图 5.5.28 所示的窗口（以后进入同一工程库将不会出现该窗口）。再单击此窗右上角的 Workbench 图标，即进入 IDE 环境。

图 5.5. 28 选择进入 IDE 软件设计/调试平台

1. 创建应用工程

在 IDE 环境下，新建一个基于 Nios II 的应用软件工程项目。选择菜单 File/New/C/C++ Application 命令，如图 5.5.29 所示。

继而弹出应用程序模板窗口如图 5.5.30 所示。从其左窗口的应用程序模板库中选择现成的实例“Hello_LED”作为新建应用程序的模板，并在“Name”栏将刚调出的 Hello_LED 名称修改为当前软件实例工程名：“led_8bits”；并在下方 Select Target Hardware 栏用浏览按钮找到当前工程设计文件夹路径，并确认硬件文件 ptf 及处理器名，本例为 D:\nios_q60f\niosSystem.ptf，设计软核 CPU 的名称为“cpu”，最后如图 5.5.30 所示。

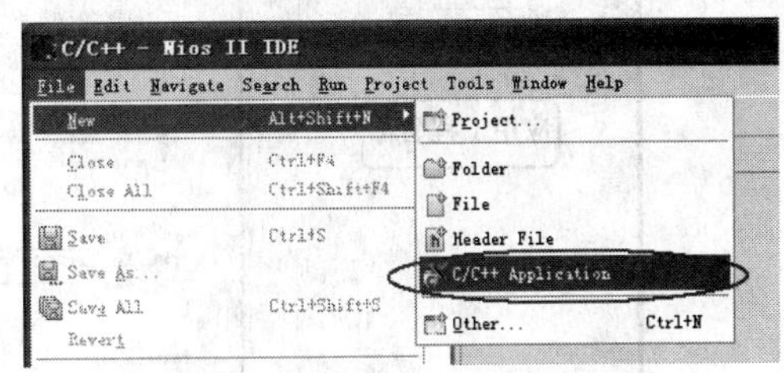

图 5.5.29 创建应用程序的菜单操作

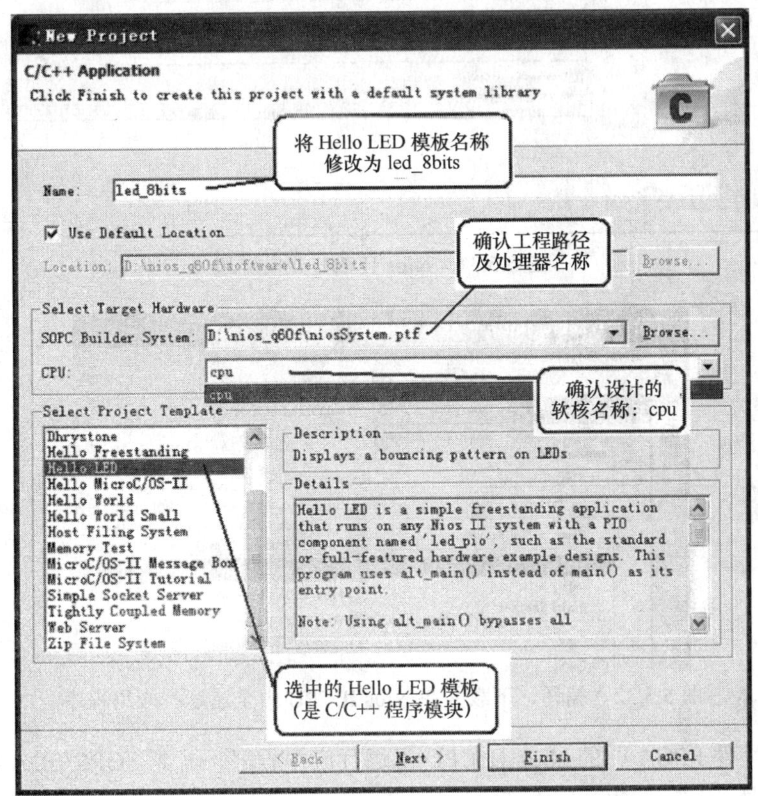

图 5.5.30 选择创建工程模板

单击“Finish”按钮后进入 IDE 环境如图 5.5.31 所示，在左栏中已经出现刚刚创建的工程 led_8bits，中间是打开的程序模板 hello_led.c 的源代码，将代码中的语句“while(i<200000)”修改为“while(i<500000)”后，单击“保存”按钮。

2. 编译链接工程

在左边的“C/C++ Projects”页一栏中，右击需要运行的工程名：led_8bits，将出现图 5.5.32 所示下拉选择框；选择 Run As 后出现另一下拉栏，此栏有 3 个选择项：第一个选项功能是编译并向 FPGA 中的 NiosII CPU 下载和全速运行该工程中 C 程序； 第二个选项功能是编译并在虚拟的 NiosII 中运行程序；第三个选项功能是使用第 3 方工具运行；在此选择第一项功能：Run As→Nios II

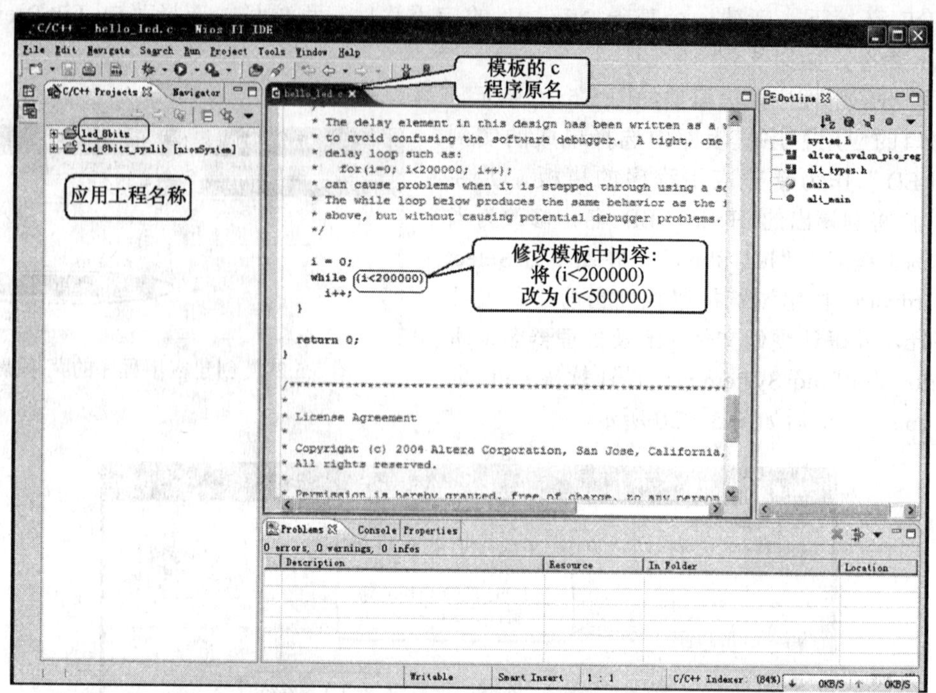

图 5.5.31 Nios II IDE 开发环境

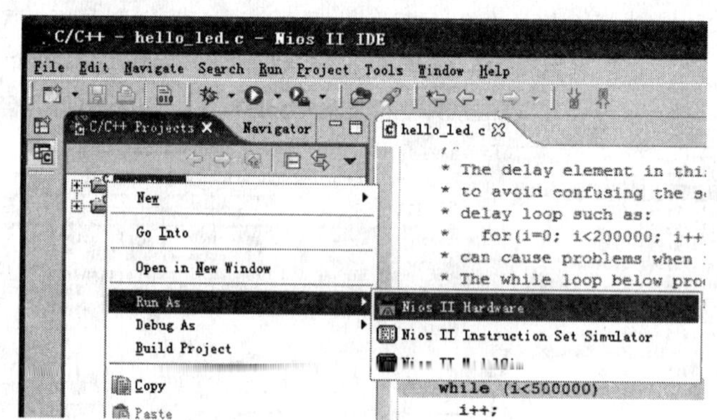

图 5.5.32 编译、下载并在 Nios II CPU 中全速运行应用程序

Hardware，即在硬件 FPGA 中的 Nios II CPU 上运行应用程序，看到 SOPC/EDA 实验箱的 8 只发光二极管轮流闪亮。

3. 调试、运行程序

在左边的“C/C++ Projects”页一栏中，右击工程名“led_8bit”后出现如图 5.5.33 所示下拉菜单，选择“Debug As”项中的 Nios II Hardware 项，进入工程的在线调试。

用户可通过如下操作命令对 hello_led.c 程序文件进行在线实时仿真与调试：F5 键单步运行、F6 键宏单步运行、F7 键连续宏单步运行、F8 键(Resume)全速断点运行、Ctrl+F11 键取消断点全速运行。观察变量窗口：Variables 窗口、Breakpoints 窗口、Expressions 窗口、Registers 窗口、Memory 窗口、Signals 窗口相应变化，还可以观测到 SOPC/EDA 实验箱 8 只 LED 指示灯的变化。

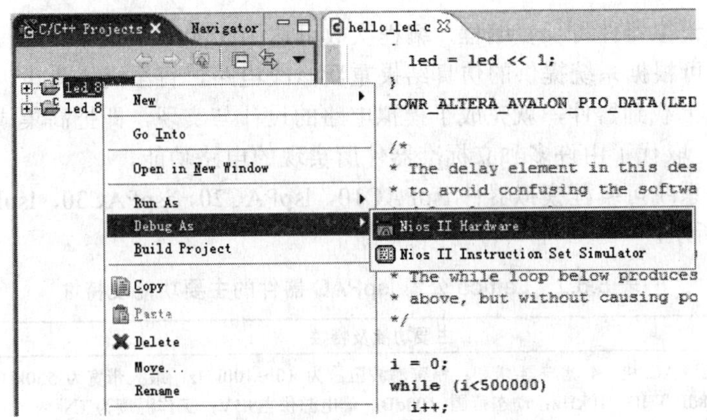

图 5.5.33　在调试模式运行 C 程序

5.6　系统可编程模拟器件

5.6.1　可编程模拟器件概述

可编程模拟器件 (Programmable Analog Device，PAC)可通过编程来配置器件内部连接和元器件参数，器件的输入、输出及内部状态均为时间连续、取值连续的模拟信号。利用可编程模拟器件开发软件，可以对可编程模拟器件方便、快捷地完成部分模拟电路的设计、修改、验证和编程，从而极大地缩短产品的研制周期。

可编程模拟器件已在信号调理 (包括微弱信号放大、有源滤波、增益调节、传感器特性校正等)、模拟计算 (包括信号相加、相减、对数、指数、相乘、相除、求信号的平均值等)、工业控制、通信、仪器仪表、人工神经网络等方面得到了应用。

目前已有 Lattice，FAS，SIDSA 等多家公司推出过可编程模拟器件系列产品，每个系列在内部结构、实现技术和应用范围等各有其特点。可编程模拟器件按配置方式的不同，分为现场可编程模拟阵列 (Field Programmable Analog Array，FPAA)和在系统可编程模拟电路 (In System Programming Programmable Analog Circuit，ispPAC)两大类。按采用的核心技术的不同，可分为连续时间、离散时间、电压模式、电流模式和开关电容等不同类型。按使用时是否需要外接 RC 元件，可分为单片应用型和非单片应用型两类。按器件内部是否包含逻辑功能单元可分为全模拟器件和模数混合器件两类。表 5.6.1 列出了主要的可编程模拟器件系列产品及其特点。

表 5.6.1　主要的可编程模拟器件系列产品及特点

器件系列	生产厂家	闭环带宽	适用范围	技术特点	开发软件	备　注
TRAC	FAS	12MHz	通用信号处理	连续时间	TRAC	内部固定连接
FIPSOC	SIDSA		信号调理	连续时间	CAE	数模混合 SOC
ispPAC	Lattice	600kHz	通用信号处理	连续时间	PAC-Designer	在系统可编程

在系统可编程模拟电路可提供以下 3 种可编程性能。

① 功能可编程，即在系统可编程器件中，可实现信号放大、衰减、滤波的信号调理可编程；信号求和、求差、积分运算的信号处理可编程；把数字信号转换成模拟信号的信号转换可编程。

② 互连可编程，即能把器件中的多个功能块进行互连，对电路进行重构，具有百分之百的电路布通率。

③ 指标特性可编程，即能调整电路的增益、带宽和阈值。

在系统可编程模拟器件可反复编程，编程次数可达 10 000 次。通常，编程软件还提供性能仿真功能，设计人员可根据系统提供的仿真结果重新修改电路，直至满意为止。然后，将编程结果通过 isp 接口电缆下载到器件，就完成了模拟电路的设计与实现，即把高集成度、精确的设计集于一片 ispPAC 中，取代了由许多独立标准器件所实现的电路功能。

Lattice 公司在系统可编程模拟器件 ispPAC10，ispPAC20，ispPAC30，ispPAC80/81 主要功能及特性如表 5.6.2 所示。

表 5.6.2　Lattice 公司 ispPAC 器件的主要功能及特性

器　件	主要功能及特性	封　装
ispPAC10	信号调理。PAC 块，4 滤波器/求和；精密滤波范围为 10～100kHz；最大带宽为 550kHz；线性，−88dB THD@10kHz；动态范围>100dB；单电源供电+5V；工作温度为工业级	28 脚 PDIP 28 脚 SOIC
ispPAC20	控制环和监控。PAC 块，2 滤波器/求和；精密滤波范围为 10～100kHz；最大带宽为 550kHz；线性，−88dB THD@10 kHz；动态范围>100dB；2 比较器差分输入，5mV 失调 (典型)；DAC8 位，INL<0.5LSB；单电源供电+5V；工作温度为工业级	44 脚 PLCC
ispPAC30	多用于模拟前端电路。具有在 E^2CMOS 可编程和在 SRAM 可组态两种功能	24 脚 SOIC 28 脚 PDIP
ispPAC80	超灵活，连续时间，5 阶低通滤波器；PAC 块，5 阶滤波器；滤波范围为 50～750kHz；线性，−90dB THD@10kHz；动态范围>90dB；单电源供电+5V；工作温度为工业级	16 脚 SOIC 16 脚 PDIP
ispPAC81	超灵活，连续时间，5 阶低通滤波器；PAC 块，5 阶滤波器；滤波范围为 10～75kHz；其他同 ispPAC80	16 脚 SOIC 16 脚 PDIP

注：THD 为总谐波失真度；PDIP 为双列直插式；SOIC 为贴片式。

本节介绍美国 Lattice 公司生产的在系统可编程模拟器件。

5.6.2　Lattice 的 ispPAC 系列器件的结构

1．ispPAC10 的结构与性能

ispPAC10 内部结构框图及引脚图如图 5.6.1 (a)、(b)所示，编程界面上所显示的内电路如图 5.6.2 所示。

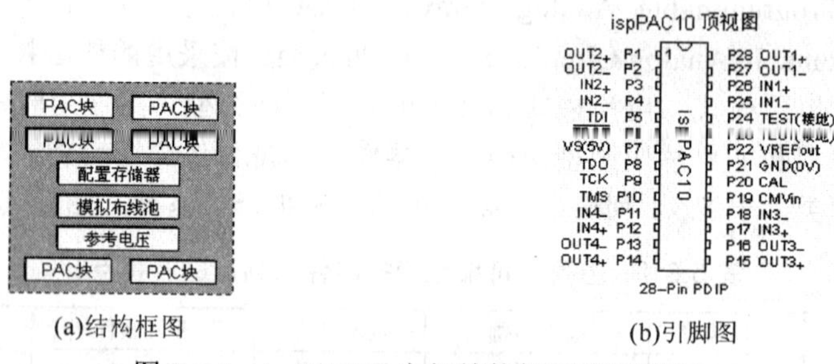

(a)结构框图　　(b)引脚图

图 5.6.1　ispPAC10 内部结构框图及引脚图

ispPAC10 器件的结构由四个完全相同的基本单元电路 (PAC 块 1 到 PAC 块 4)、模拟布线池、配置存储器、参考电压 (2.5V)、自动校正单元和 ISP 接口组成。器件用 5V 单电源供电，输入、输出共模电压分量都为 2.5V。其中 PAC 块为器件的核心，由模拟布线池实现器件内部互连及输入、输出引脚间的连接，从而灵活地构成各种模拟电路形式。

基本单元电路称为 PAC 块，如图 5.6.3 所示。它由两个仪用放大器 IA1，IA2 和一个输出放大器 OA1 组成，配以电阻 R_F，电容 C_F 构成一个真正的差分输入、差分输出基本单元电路，所谓真正的差分输入、差分输出是指每个仪用放大器 IA 有两个差分输入端，每个输出放大器 OA1 的输出也有两个差分输出端，信号围绕着 2.5V 电平进行差分输入、输出。图 5.6.3 所示电路的输入/

输出关系表达式为

$$V_{OUT1}=K_1V_{IN1}+K_2V_{IN2}$$

式中，$V_{IN1}=(V_{IN1+}-V_{IN1-})$，$V_{IN2}=(V_{IN2+}-V_{IN2-})$，$V_{OUT1}=V_{OUT1+}-V_{OUT1-}$。增益 K_1 及 K_2 的可选值为±1，±2，±3，±4，±5，±6，±7，±8，±9 及±10。PAC 块中电路的增益和特性都可以用可编程的方法来改变，对于 4 个 PAC 块，可配置成 1～10 000 倍的各种增益。输出放大器中的电容 C_F 有 128 种数值可供选择。反馈电阻 R_F 可以编程断开或连通。器件中的基本单元可以通过模拟布线池 (Analog Routing Pool，ARP) 实现互连，以便实现各种电路的组合。

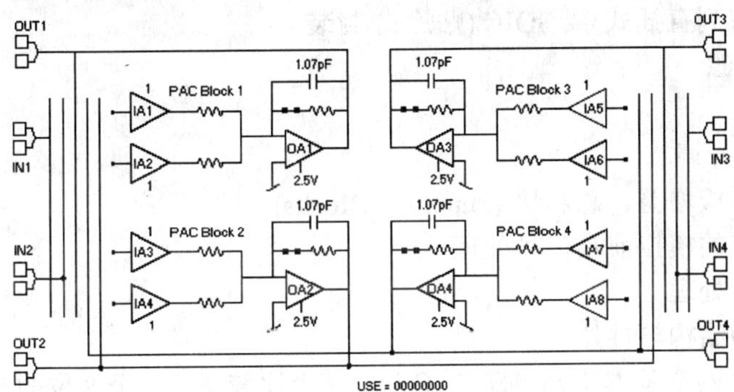

图 5.6.2　编程界面上所显示的 ispPAC10 内部电路

每个 PAC 块既可以独立地构成电路，也可以构成级联电路，以实现复杂的模拟电路功能。图 5.6.4 表示了两种不同的连接方法。图 (a)表示各个 PAC 块作为独立的电路工作，图(b)为 4 个 PAC 块级联构成一个复杂的电路。

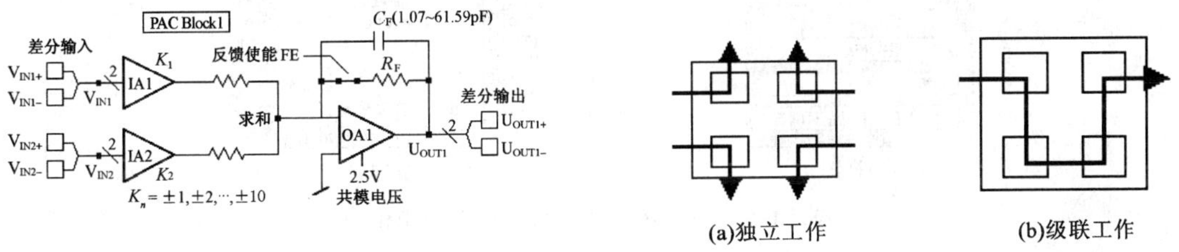

图 5.6.3　单个 PAC 块的简化模式

图 5.6.4　ispPAC10 中不同的连接方法

利用基本单元电路的组合可实现模拟信号的放大、求和、积分、滤波等功能，且无须在器件外部连接电阻和电容元件。

ispPAC10 性能如下：

(1) 在系统可编程模拟电路

- 4 个仪用放大器增益/衰减能分级进行
- 信号求和 (多达 4 输入)
- 精确有源滤波 (10～100kHz)
- 在组态时不需要外部元件
- 非易失 E^2CMOS 单元 (10 000 次以上编程)
- IEEE1149.1 JTAG 串行端口编程

(2) 4 个线性标准单元 PAC 块

- 电路的输入阻抗为 $10^9\,\Omega$
- 可编程增益范围为 0 ～80dB (每个单元可实现 0～20dB)

● 带宽 550kHz (G=1)，330kHz (G=10)
● 低失真，总谐波失真度 THD<−74dB max@10kHz
● 自动校准输入失调电压

(3) 真正的差分 I/O (输入±3V 范围)

● 高共模抑制比 (CMMR=69dB)仪用放大器输入
● 片内共模参考电压为 2.5V
● 4 路 Rail-to-Rail 电压输出 (接近满电源幅度)

(4) 封装及工作电源

● 28 脚 PDIP (双列直插式)或 SOIC (贴片式)封装
● 单 5V 工作电源

(5) 应用范围

● 单 5V 电源信号调节
● 有源滤波，多级增益，总和块 (Summing Blocks)
● 数据采集系统的模拟前端信号处理
● 传感器的信号处理

2．ispPAC20 的结构与性能

ispPAC20 器件由两个基本单元电路 PAC 块、两个比较器、一个 8 位的 D/A 转换器 DAC、配置存储器、参考电压、自动校正单元和 ISP 接口所组成。其内部结构框图如图 5.6.5 (a)所示，引脚图如图 5.6.5 (b)所示。编程界面上所显示的内部电路如图 5.6.6 所示。

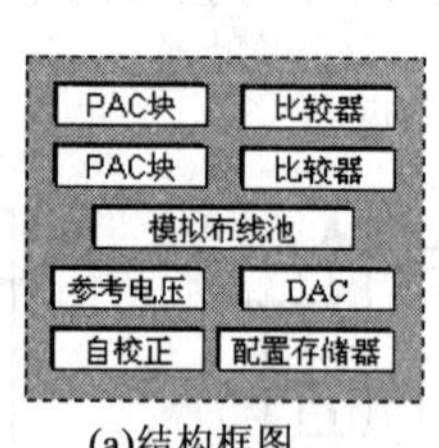

(a)结构框图

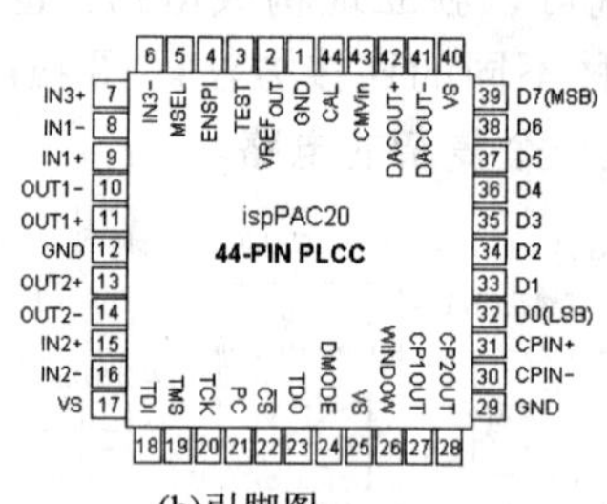

(b)引脚图

图 5.6.5　ispPAC20 内部框图和引脚图

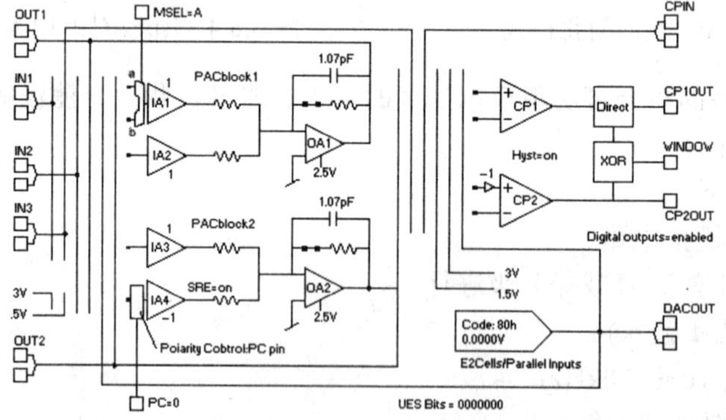

图 5.6.6　编程界面上所显示的 ispPAC20 内部电路

(1) PAC 块：在 ispPAC20 器件中，PAC 块与 ispPAC10 中基本相同，主要差别在于其中一个 PAC 块的输入有输入多路选择器，而另一个输入端则有极性控制电路。

由图 5.6.6 可知，IA1 的输入 a，b 受外引脚 MSEL 控制。当 MSEL = 0 时，IA1 的输入为 a；当 MSEL = 1 时，IA1 的输入为 b。通过输入多路选择器的控制，可使 IA1 使用更加灵活。

在 ispPAC20 器件中，IA1，IA2 和 IA3 仪用放大器的增益可编程设置在–10～+10 之间，而 IA4 限制在–10～–1。如果要使 IA4 实现正增益，则需使 IA4 输入信号反相输入。IA4 输入信号是否反相，一种方法是可由外部输入端 PC 控制。当 PC = 0 时，IA4 输入反相，实际增益为+1～+10；当 PC = 1 时，IA4 输入不反相，实际增益为–10～–1。此外，ispPAC20 器件中 CP1 的输出 $CP1_{OUT}$ 也可控制 IA4 的输入极性。

(2) DAC 块：ispPAC20 内含一个性能独特并能选择的 8 位电压输出型数模转换器单元 DAC PACell。其输入数字量的接口方式可自由选择为：直接 8 位的并行端口方式、串行 JTAG 寻址方式和串行 SPI 寻址方式。在所有串行方式中，数据流每字节总长度为 8 位且被锁存，D0 处于数据流的首位 (LSB)，D7 处于数据流的最末位 (MSB)。数模转换后的输出模拟电压可以直接输出，或由“DACOUT+”及“DACOUT–”差分形式输出，使它可以与器件内部的比较器或仪用放大器相连。其输入数字量无论采用串行还是并行的方式，输入的 8 位编码值与 DAC 后的相应输出电压值的具体对应关系如表 5.6.3 所示。

表 5.6.3 ispPAC20 的 DAC 输入编码值与输出端的电压值对应关系表

	输 入 码		输 出 电 压		
	DEC	HEX	Vout+/V	Vout–/V	Vout/Vdiff
–Full Scale(-FS)	0	00	1.0000	4.0000	–3.0000
	32	20	1.3750	3.6250	–2.2500
	64	40	1.7500	3.2500	–1.5000
	96	60	2.1250	2.8750	–0.7500
MS-1LSB	127	7F	2.4883	2.5117	–0.0234
Mid Scale(MS)	128	80	2.5000	2.5000	0.0000
MS+1LSB	129	81	2.5117	2.4883	0.0234
	160	A0	2.8750	2.1250	0.7500
	192	C0	3.2500	1.7500	1.5000
	224	E0	3.6250	1.3750	2.2500
+Full Scale(+FS)	255	FF	3.9883	1.0117	2.9766
LSB Step Size			×+0.0117	×–0.0117	0.0234
+FS+1LSB			4.0000	1.0000	3.0000

(3) 比较器：在 ispPAC20 中有两个可编程的双差分比较器 CP1 和 CP2。比较器的基本工作原理与常规的比较器相同，当比较器正输入端 (+端)的电压相对于负输入端 (–端)为正时，比较器的差分输出为高电平，否则为低电平。由图 5.6.6 可知，比较器的参考电平可取恒定的 1.5V 或 3.0V，还可直接取内部 8 位 DAC 的 256 个电位等级输出、外部输入端 IN3 或 CPIN，模拟单元 OA2 的输出。比较器的差分输出端可选异或 (XOR)，也可选 RS 触发器 (FF)。

为了适应慢变化信号或清除高、低电平上叠加的噪声，ispPAC20 还可任意选择比较器的迟滞 (Comparator Hysteresis Control)。通过单击图 5.6.6 比较器中部的文字 Hyst，可选择迟滞 Hyst = on 或 Hyst = off。迟滞信号幅度额定为±46.9mV。如果设置 Hyst = on，则两个比较器 CP1 和 CP2 均有效，即当某个时刻比较器发生跳变后，只有两个输入信号差的绝对值变化大于 46.9 mV 时，输出才可能发生变化。

3. ispPAC80 的结构与性能

ispPAC80 为双配置 isp 滤波器，无须外部元件或时钟即可实现五阶、连续时间、低通模拟滤波器，其引脚及结构如图 5.6.7 所示。在 PAC-Designer 模拟可编程逻辑器件设计软件中，其集成滤波器数据库提供了数千个模拟滤波器的宏，滤波频率范围从 50kHz 到 500kHz。可实现的滤波器类型有 Gaussian (高斯)，Bessel (贝塞尔)，Butterworth (巴特沃思)，Legendre (拉格朗日)，Chebyshev (切比雪夫)，Linear Phase Equiripple Delay Error filter (线性相位纹波延迟误差滤波器)、有不同脉动系数的 Elliptic 滤波器。

ispPAC80 内含一个增益 1，2，5 或 10 可选的差分输入仪表放大器 (IA)，在系统可编程五阶低通滤波器和一个差分输出求和放大器 (OA)。A 组 E^2CMOS 和 B 组 E^2CMOS 用于滤波器的双配置，能为两个完全不同的滤波器保存配置信息。

5.6.3 ispPAC 接口

当模拟信号输入至 ispPAC 器件时，要根据输入信号的性质考虑是否需要设置外部接口电路，主要分以下 3 种情况。

(1) 若输入信号共模电压等于或接近电源电压的一半 ($U_S/2$)，则信号可以直接与 ispPAC 的输入引脚相连。

(2) 若输入信号中未含有上述的直流偏置，则需要设置外部电压偏置电路，如图 5.6.8 所示。图中 U_{SE} 为输入，$UREF_{OUT}$ 为直流偏置电压源，U_{IN+} 为 ispPAC 信号正输入端，R_1，R_2 为直流偏置电阻，则直流电压偏置为

$$U_{IN+} = U_{SE} \cdot \frac{R_2}{R_1 + R_2} + UREF_{OUT} \cdot \frac{R_1}{R_1 + R_2}$$

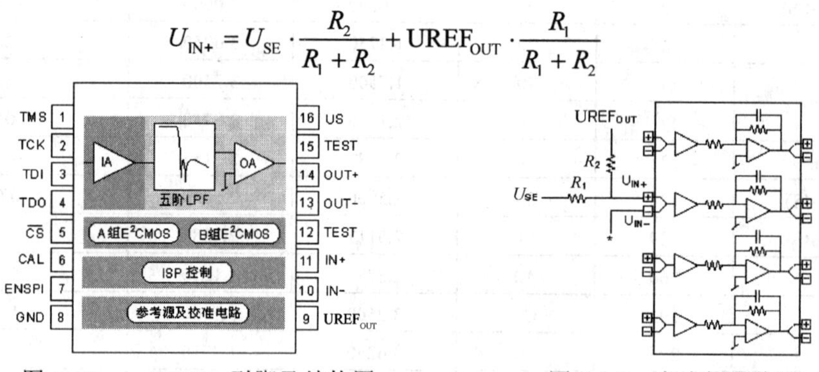

图 5.6.7 ispPAC80 引脚及结构图

图 5.6.8 直流耦合偏置

在图 5.6.8 中，若 U_{SE} 为单端输入信号，则 U_{IN-} 应接 $UREF_{OUT}$ 或其他直流参考电源；若 U_{SE} 为差分输入信号，则 U_{IN-} 接与 U_{IN+} 同样的电路网络。

(3) 若需采用交流耦合方式，则外加电路如图 5.6.9 所示。此电路构成了一个高通滤波器，其截止频率为 $1/(2\pi RC)$，电路给信号加了一个直流偏置。信号通过电容 C_{IN} 耦合到 ispPAC 的输入端，而 $UREF_{OUT}$ 通过电阻 R_{IN} 耦合到 ispPAC 的输入端。电路中的 $UREF_{OUT}$ 可以用两种方式连接，如直接与器件的 $UREF_{OUT}$ 引脚相连时，R_{IN} 电阻最小取值为 200kΩ；若采用图 5.6.10 所示的 $UREF_{OUT}$ 缓冲电路，则 R_{IN} 电阻最小取值为 600Ω。

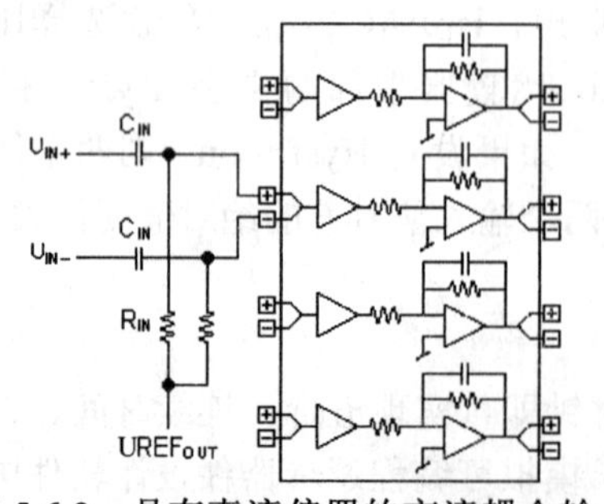

图 5.6.9 具有直流偏置的交流耦合输入

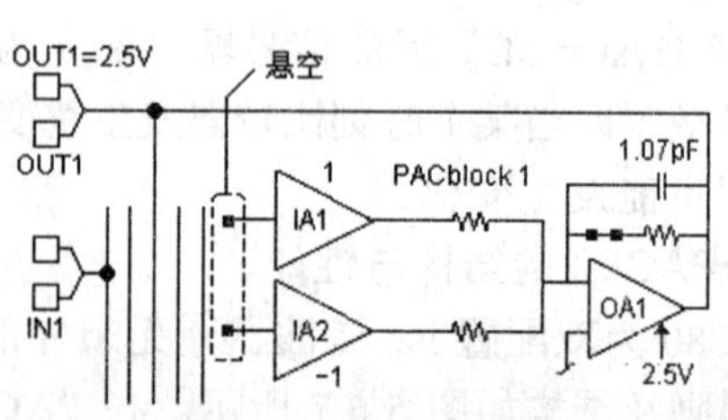

图 5.6.10 PAC 块用做 $UREF_{OUT}$

5.6.4 UREF$_{OUT}$缓冲电路

由于 UREF$_{OUT}$ 为高阻抗输出，当用它作为参考电压输出时，要加一个缓冲驱动电路，用 PAC 块构成的缓冲驱动电路如图 5.6.10 所示。注意，图中 PAC 块的输入不连接，反馈连接端要闭合。此时，输出放大器的输出为 UREF$_{OUT}$ 或 2.5V。PAC 块的任意一个输出端都可作为 VREF$_{OUT}$ 参考电压源，但不能将两个输出端短路。

5.6.5 ispPAC 增益调整方法

ispPAC10 器件由 4 个集成可编程模拟宏单元 (PAC 块)组成，图 5.6.11 所示为 PAC 块的基本结构。每个 PAC 块由一个差分输出的求和放大器 (OA)和两个具有差分输入、增益为±1～±10 以整数步长 1 可调的仪用放大器组成。输出求和放大器的反馈回路由一个电阻和一个电容并联组成。其中，电阻回路有一个可编程的开关控制其开断；电容回路中提供了 120 多种可编程电容值，以便根据需要构成不同参数的有源滤波器电路。

1. 通用增益设置

通常情况下，PAC 块中单个输入仪用放大器的增益可在±1 至±10 的范围内按整数步长进行调整。

【例 5.26】 增益为 8 的 PAC 块配置如图 5.6.12 所示。图中将 IA1 的增益设置为 8，则可得到输出 U_{OUT1} 相对于输入 U_{IN1} 为 8 的增益。图 5.6.12 所示的输入/输出关系式为

$$U_{OUT1+}-U_{OUT1-}=8(U_{IN1+}-U_{IN1-})$$

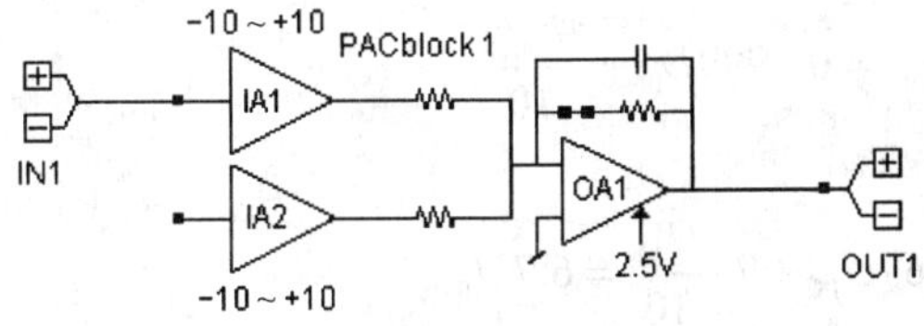

图 5.6.11 PAC 块结构示意图

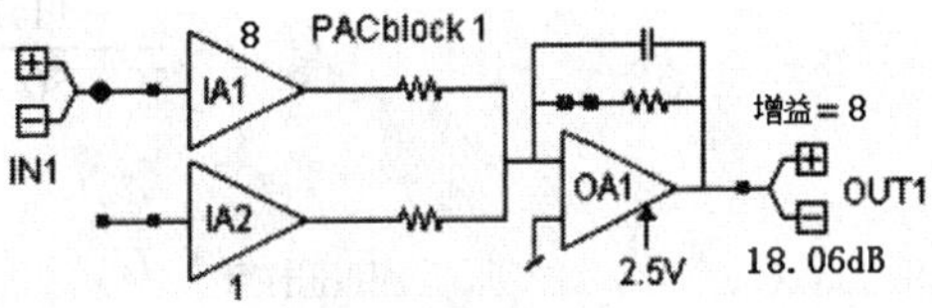

图 5.6.12 增益为 8 的 PAC 块配置图

【例 5.27】 增益为 16 的 PAC 块配置如图 5.6.13 所示。在图中，输入放大器 IA1 增益设置为 7，IA2 增益设置为 9，且两个输入端直接与信号输入端 IN1 连接，构成一个加法电路，则整个电路的增益 U_{OUT1}/U_{IN1} 为 IA1 和 IA2 各自增益的和。

【例 5.28】 一般 PAC 系列中 PAC 块的仪用放大器增益在−10～+10 之间，如果要得到增益大于±20 的放大电路，必须将多个 PAC 块级联。图 5.6.14 所示是增益为 80 的连接方法。

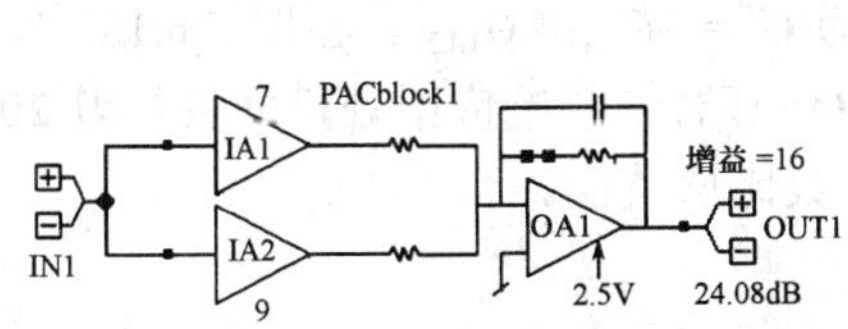

图 5.6.13 增益为 16 的 PAC 块配置图

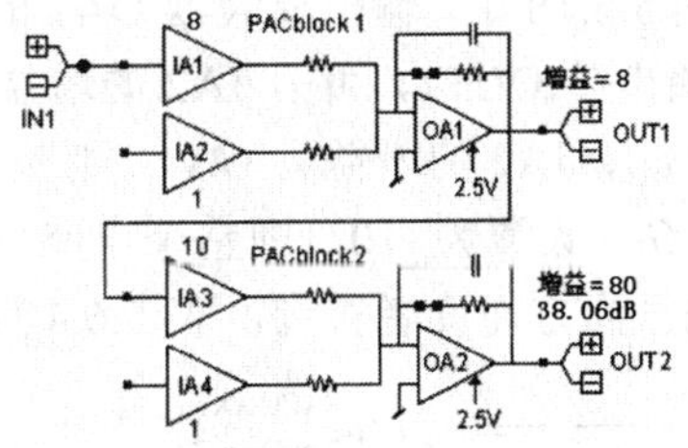

图 5.6.14 增益为 80 的 PAC 块配置图

图 5.6.14 中使用了两个 PAC 块，IA1，IA2 和 OA1 为第一个 PAC 块中的输入、输出放大器，IA3，IA4 和 OA2 为第二个 PAC 块中的输入、输出放大器，第一个 PAC 块的输出端 OUT1 接 IA3 的输入端。因此，第一个 PAC 块增益为 $G_1=U_{OUT1}/U_{IN1}=8$，第二个 PAC 块增益为 $G_2=U_{OUT2}/U_{OUT1}=10$，整个电路增益为 $G=U_{OUT2}/U_{IN1}=G_1\times G_2=8\times10=80$ (仿真时幅频响应中频段分贝数为 $20\log80=38.06$dB)。

如果将第二个 PAC 块中的输入放大器组成加法电路，那么可以用另一种方式构成增益为 80 的放大电路，如图 5.6.15 所示。

2．非整数倍数的整数增益设置

要得到非整数倍数的整数增益，例如，实现增益 $G=43$，则可使用如图 5.6.16 所示的配置方法。

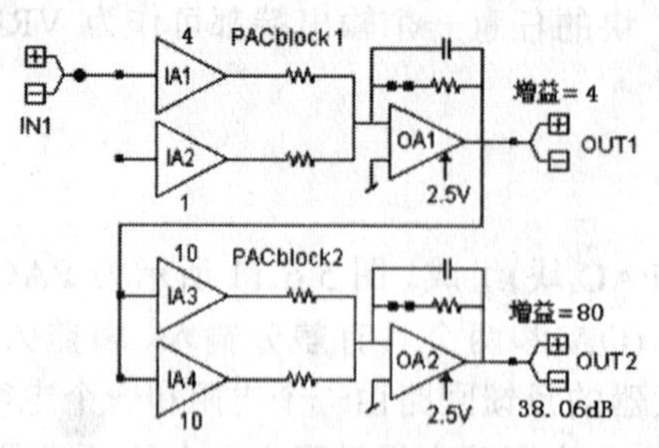

图 5.6.15　增益为 80 的另一种 PAC 块配置图

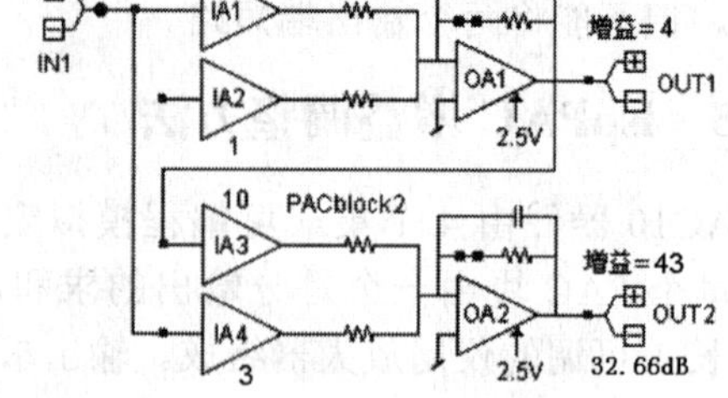

图 5.6.16　增益为 43 的 PAC 块配置图

在图 5.6.16 中，IA3 和 IA4 组成加法电路，因此 $U_{\text{OUT1}}=4\times U_{\text{IN1}}$，$U_{\text{OUT2}}=10U_{\text{OUT1}}+3\,U_{\text{IN1}}$，整个电路增益为 $G=U_{\text{OUT2}}/U_{\text{IN1}}=43$。

3．分数增益设置

配合适当的外接电阻，ispPAC 器件还可以提供任意分数倍增益的放大电路。例如，如果想得到一个 6.7 倍的放大电路，则可按图 5.6.17 所示电路设计。

在图 5.6.18 中，通过外接两个 50kΩ和 11.1kΩ的电阻分压，得到输入电压为

$$U_{\text{IN2}}=\frac{11.1}{50+50+11.1}\cdot U_{\text{IN}}=0.0999U_{\text{IN}}\approx\frac{U_{\text{IN}}}{10}$$

而

$$U_{\text{OUT1}}=6\cdot U_{\text{IN}}+7\cdot U_{\text{IN2}}=6\cdot U_{\text{IN}}+7\cdot\frac{U_{\text{IN}}}{10}=6.7U_{\text{IN}}$$

因此

$$G=\frac{U_{\text{OUT1}}}{U_{\text{IN}}}=6.7$$

4．整数比增益设置

运用整数比技术，ispPAC 器件还可提供一种无须外接电阻而获得某些整数比增益的电路，如增益为 1/10，7/9 等。图 5.6.18 是整数比为 5/10 增益接法。

在图 5.6.18 中，输出放大器 OA1 的电阻反馈回路必须开路，输入仪用放大器 IA2 的输入端接 OA1 的输出端 OUT1，并且 IA2 的增益需设置为负值以保持整个电路输入、输出同相。设 IA1 的增益为 G_{IA1}，IA2 的增益为 G_{IA2}，则整个电路的增益为 $G=-G_{\text{IA1}}/G_{\text{IA2}}$。在图 5.6.18 中，$G_{\text{IA1}}$ 设置为 5，G_{IA2} 设置为−10，则整个电路增益为 $G=5/10$ (仿真时幅频响应中频段分贝数为 $20\lg 0.5=-6.02\text{dB}$)。为方便读者查询，表 5.6.4 列出了所有的整数比增益值。

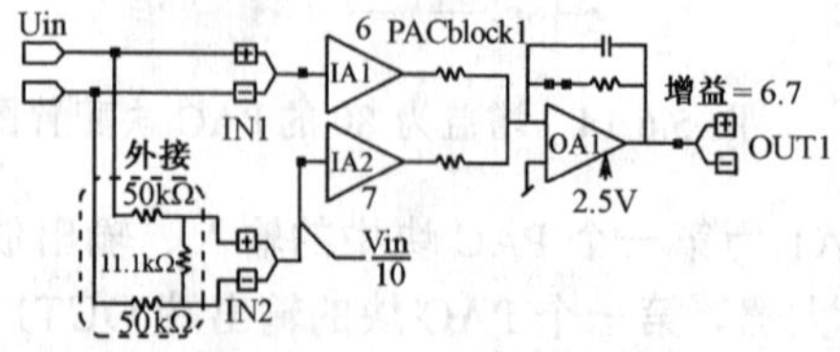

图 5.6.17　增益为 6.7 的 PAC 块配置图

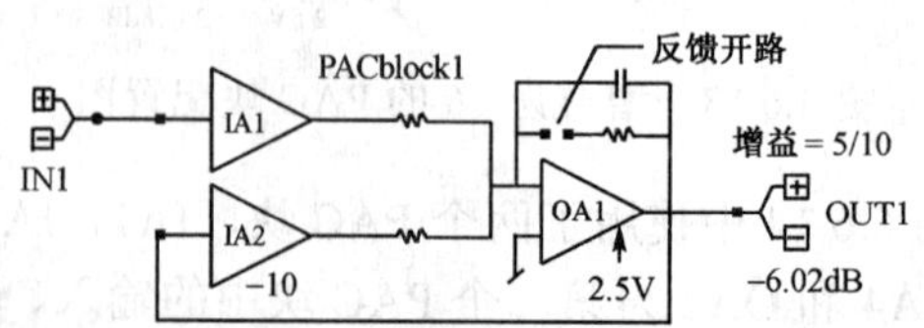

图 5.6.18　整数比 5/10 增益接法

表 5.6.4 IA2 作为反馈单元的整数比增益

	IA1									
IA2	1	2	3	4	5	6	7	8	9	10
−1	1	2	3	4	5	6	7	8	9	10
−2	0.5	1	1.5	2	2.5	3	3.5	4	4.5	5
−3	1/3	2/3	1	4/3	5/3	2	7/3	8/3	3	10/3
−4	0.25	0.5	0.75	1	1.25	1.5	1.75	2	2.25	2.5
−5	0.2	0.4	0.6	0.8	1	1.2	1.4	1.6	1.8	2
−6	1/6	1/3	0.5	2/3	5/6	1	7/6	4/3	1.5	5/3
−7	1/7	2/7	3/7	4/7	5/7	6/7	1	8/7	9/7	10/7
−8	0.125	0.25	0.375	0.5	0.625	0.75	0.875	1	1.125	1.25
−9	1/9	2/9	1/3	4/9	5/9	2/3	7/9	8/9	1	10/9
−10	0.1	0.2	0.3	0.4	0.5	0.6	0.7	0.8	0.9	1

需要说明的是，在采用上述整数比增益电路时，若发现有小的高频毛刺影响输出精度，这时需稍稍增大 C_{F1} 的电容值。

5.6.6 有源滤波器设计

在一个实际电子系统中，采用有源滤波器滤除干扰信号并选出有用频率段的信号。本节介绍如何用在系统可编程模拟器件实现有源滤波器。

1．双二阶滤波器

通常用三个运算放大器 (其中含有两组 RC 网络)可以实现双二阶型低通、带通、带阻、高通、全通滤波电路。双二阶滤波函数的表达式为

$$T(s)=K\frac{ms^2+cs+d}{ns^2+ps+b}$$

式中，$m=1$ 或 0，$n=1$ 或 0。当 $m=c=0$ 为低通，当 $m=d=0$ 为带通，当 $c=0$ 时为带阻，当 $c=d=0$ 为高通，当 $n=1$ 且 $c=-mp$ 和 $d=mb$ 时为全通。

这种电路的灵敏度相当低，电路容易调整。另一个显著特点是只需要附加少量的元件就能实现各种滤波器函数。

2．低通滤波器

低通滤波器的转移函数为

$$T_{lp}(s)=U_o/U_{in}=\frac{-d}{s^2+ps+b}$$

$$(s^2+ps+b)U_o=-dU_{in}$$

$$U_o=-\frac{b}{s(s+p)}U_o-\frac{d}{s(s+p)}U_{in}$$

上式又可写成如下形式

$$U_o=(-1)\left(-\frac{k_1}{s}\right)\left[\left(-\frac{k_2}{s+p}\right)U_o+\left(-\frac{d/k_1}{s+p}\right)U_{in}\right],b=k_1k_2$$

其等效框图如图 5.6.19 所示。

不难看出，图 5.6.19 中的函数可以分别用反相器电路、积分电路、有损积分电路来实现。把各个运算放大器电路代入图 5.6.19 所示的框图，即可得到图 5.6.20 所示由三运放组成的双二阶型低通滤波器电路。

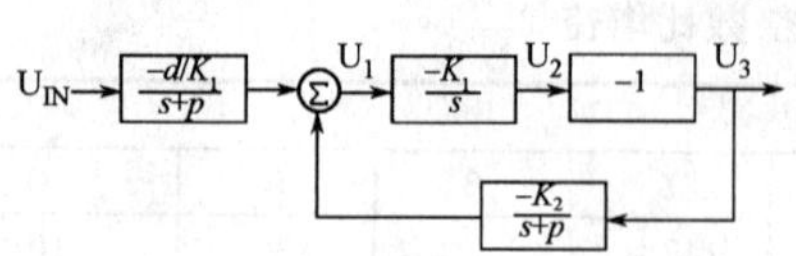

图 5.6.19 低通滤波器等效框图

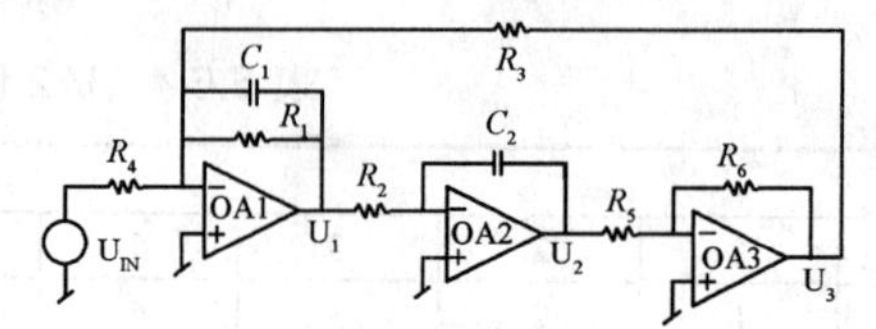

图 5.6.20 三运放组成的双二阶型低通滤波器

利用在系统可编程模拟器件 ispPAC，无须外接电阻、电容，就可实现此电路。三运放双二阶型低通滤波器可用两个 PAC 块实现，用 ispPAC10 构成的双二阶型低通滤波器如图 5.6.21 所示，电路中把可编程增益 k_{11}，k_{12}，k_{22} 设置成+1，k_{21} 设置成−1。

电路中 C_F 是反馈电容值，设 R_e 是输入运放的等效电阻 (其值为 250kΩ)，两个 PAC 块输出分别为 U_{01} 和 U_{02}，则我们可以分别得到带通函数 $T_{BP}(s)$ 和低通函数 $T_{LP}(s)$ 为

$$T_{BP}(s)=\frac{U_{01}}{U_{in1}}=\frac{\dfrac{-k_{11}s}{C_{F1}R_e}}{s^2+\dfrac{s}{C_{F1}\cdot R_e}-\dfrac{k_{12}k_{21}}{(C_{F1}\cdot R_e)(C_{F2}\cdot R_e)}}$$

$$T_{LP}(s)=\frac{U_{02}}{U_{in1}}=\frac{\dfrac{k_{11}k_{12}}{(C_{F1}R_e)(C_{F2}\cdot R_e)}}{s^2+\dfrac{s}{C_{F1}\cdot R_e}-\dfrac{k_{12}k_{21}}{(C_{F1}\cdot R_e)(C_{F2}\cdot R_e)}}$$

根据上式，可以进行滤波器设计。开发软件 PAC Designer 中含有一个宏，专门用于各种滤波器的设计，只要输入设计要求的截止频率 f_0 和等效品质因数 Q 等参数，即可自动产生双二阶滤波器电路，并配置增益和相应的电容值。图 5.6.22 为一个实际设计电路。

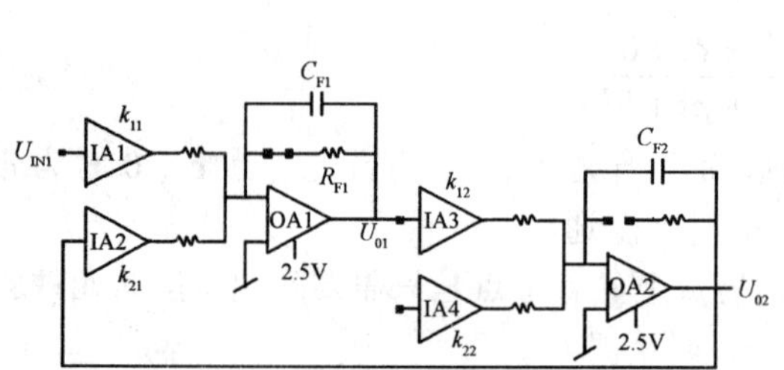

图 5.6.21 用 ispPAC10 构成的双二阶滤波器

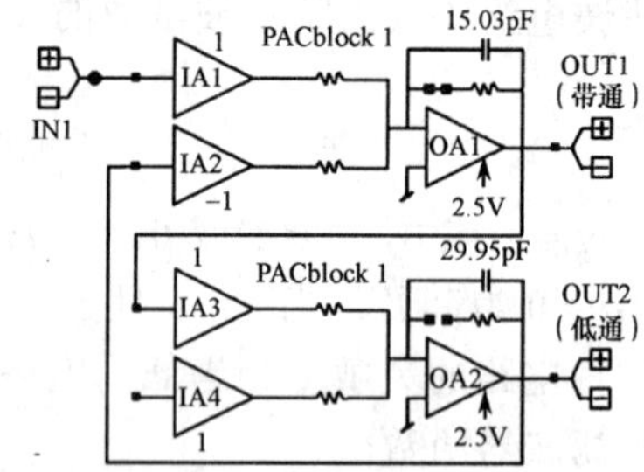

图 5.6.22 用 ispPAC 构成的双二阶滤波器

5.7 PAC-Designer 软件及开发实例

Lattice 公司的开发软件 PAC-Designer 支持 ispPAC 器件的电路设计、设计验证、器件编程等开发全过程，是应用和开发 ispPAC 系列器件的必备工具。

PAC-Designer 软件版本经过多次改进，几个版本特点如下：

● PAC-Designer1.2 Windows Version 5.0，支持 Lattice 公司 ispPAC10，ispPAC20 和 ispPAC80 三种系列器件。软件安装后，要到 Lattice 公司网址申请许可证才能使用。

● PAC-Designer1.3 Windows NT/2000/XP Windows Version 5.0，支持 Lattice 公司 ispPAC10，ispPAC20，ispPAC30，ispPAC80 和 ispPAC81 五种系列器件。学习版可到 Lattice 公司网址免费下载。

● PAC-Designer2.1 Windows NT/2000/XP Windows Version 5.0，支持 Lattice 公司 ispPAC10，ispPAC20，ispPAC30，ispPAC80，ispPAC81 和 ispPAC-POWR1208，ispPAC-POWR 604 七种系列器件。学习版可到 Lattice 公司网址免费下载。

● PAC-Designer4.6 是最新版开发软件，功能更多。学习版可到 Lattice 公司网址免费下载。

PAC-Designer 软件主要具有如下特点：

① 设计采用电路原理图输入方式；

② 可进行电路幅频和相频特性的模拟仿真；

③ 各版本支持 Lattice 公司系列 ispPAC 器件；

④ 内含用于低通滤波器设计的宏；

⑤ 能将设计直接下载编程。

5.7.1 可编程模拟器件的开发流程

借助于 PAC-Designer 软件，进行可编程模拟器件电路设计的一般过程为：

(1) 确定电路结构：即根据设计所要求的电路功能、性能指标等，选择相应的可编程模拟器件系列，然后确定电路设计实现方案，并画相应的模块化电路结构框图。

(2) 模块的分解与综合：即确定各模块所包含的元件、参数和连接关系。对一些常用的功能模块，有时可利用可编程模拟器件开发软件提供的宏函数。

(3) 布局和布线：一般利用可编程模拟器件开发软件，采用电路原理图输入方式进行电路设计，然后由开发软件自动进行布局和布线的处理。

(4) 设计验证：利用可编程模拟器件集成开发环境，仿真分析有关节点的幅频特性、相频特性和电压输出响应等，并与设计要求的电路功能和性能指标进行比较。若不满足设计要求，还应对设计做相应的修改或调整。

(5) 器件编程：在设计验证通过后，利用可编程模拟器件开发软件，生成相应于设计的器件编程数据文件。然后利用该编程数据文件，借助编程器或在系统编程接口，完成对器件的配置。

(6) 电路实测：利用常规实验仪器仪表，对配置后的可编程模拟器件及外围电路进行实际测试。如不满足设计要求，应分析原因，继续修改或调整参数，完善设计。

5.7.2 ispPAC10 器件开发应用示例

利用 ispPAC10 器件可以构成模拟信号放大器、滤波器等。

1. 电压放大

【例 5.29】 采用 ispPAC10 可编程模拟器件设计如图 5.7.1 所示增益为 10 的模拟信号放大器。

步骤 1：启动 PAC-Designer 软件。

在 Windows 操作系统中，单击开始/程序/Lattice Semiconductor/PAC-Designer 选项，进入 PAC-Designer 软件集成开发环境，如图 5.7.2 所示。

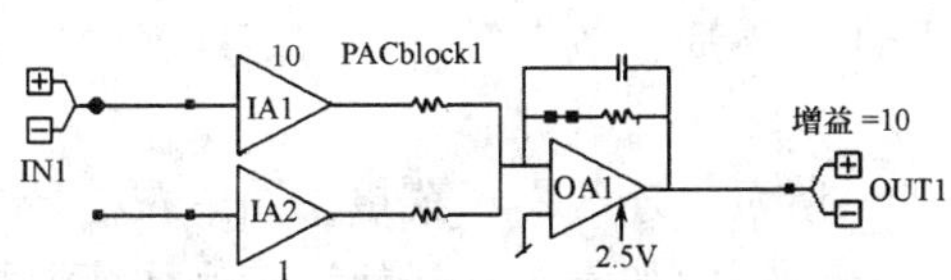

图 5.7.1 增益为 10 的模拟信号放大器

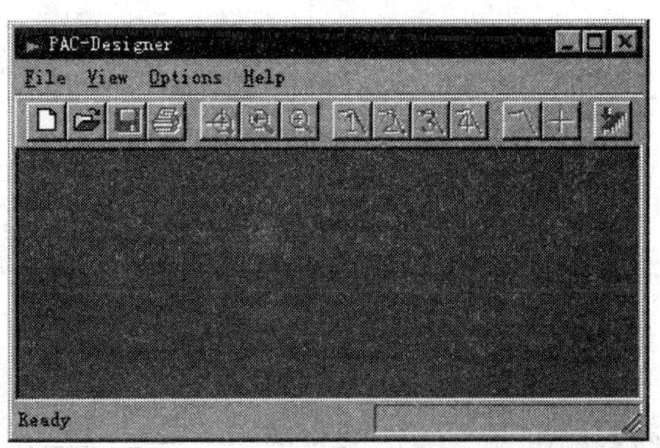

图 5.7.2 PAC－Designer 软件集成开发环境

步骤 2：模拟设计输入。

操作步骤：

(1) 在 PAC-Designer 软件主窗口中，选择 File/New 命令，弹出如图 5.7.3 所示 Create a new document 对话框。

(2) 根据设计要求，选择 ispPAC10 Schematic 选项，单击“OK”按钮，打开如图 5.7.4 所示的 PAC 图形设计窗口。

图 5.7.3　Create a new document 对话框

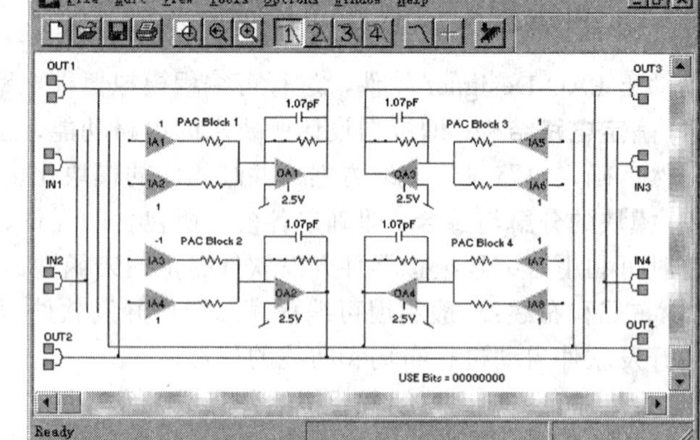

图 5.7.4　PAC 图形设计窗口

在设计窗口中，展示了 ispPAC10 器件内部结构组成。设计者根据设计要求，在该图的基础上，添加必要的连线和设置元件参数，这些操作可用鼠标完成。在设计过程中，根据具体的操作不同，光标可能出现的各种显示状态及其含义如表 5.7.1 所示。

表 5.7.1　PAC-Designer 软件中光标各种状态及其含义

显示类型	光标显示状态	功 能 描 述
①		光标在电路原理图有效操作区域内，正常工作默认显示状态
②		该状态指示光标位于一个可编辑的元件上方。双击可编辑该元件参数
③		该状态指示光标位于一个可编辑的连接点上方。按住鼠标左键并拖动，则可画连接线
④		将连线一端拖至一个有效连接点时鼠标处于该状态。松开光标左键时，将画上一根连线。将连线的此端拖回原来的可编辑点时，再松开鼠标左键，将删除此根连线
⑤		从可编辑的接点出发，将连线拖至一个无效的连接点的上方时光标处于该状态。释放鼠标，将取消本次连线操作
⑥		该状态指示处于图形放大状态。单击菜单 View/Zoom In Select 或 Zoom In Select 快捷键可进入该状态。在该状态，可选择要放大的矩形区域，并对拉出的矩形区进行放大

(3) 添加连线。有两种添加连线的方法，下面以画 IN1 与 IA1 之间的连线为例说明。

方法一：先将光标移至 IA1 的输入端，光标状态如表 5.7.1 中显示类型③所示。按住鼠标左键，将其移至 IN1 引线上，直至鼠标状态变为显示类型④，然后释放左键，一根连线就画好了。重复上述操作，添加所有电路原理图中需要的连线。

方法二：双击要连线的 IA1 输入端，调出如图 5.7.5 所示“连线”子菜单，图中左框显示了 IA1 输入端可连到其他节点的信号名，选择要连到的节点信号名 (如不进行任何连接操作或要删除 IA1 已有的连线，可选择 NONE 选项)，然后单击“OK”按钮即可。

(4) 编辑元件。通过元件编辑，可设置放大器增益、反馈电容值和反馈电阻回路开断等参数。以设置 IA1 的增益为 10 来说明。

先将光标移至元件 IA1 的上方，光标如显示类型②所示。双击，弹出一个 Polarity & Gain Level 对话框。在该对话框中，选择 10，然后单击“OK”按钮。这样 IA1 的增益就被调整为所要求的 10 了。当然，也可以用 Edit/Symbol 子命令来完成相同操作。

至此，增益为 10 的模拟信号放大器设计输入就完成了，电路原理图如图 5.7.6 所示。选择 File/Save 子命令，保存设计输入源文件。

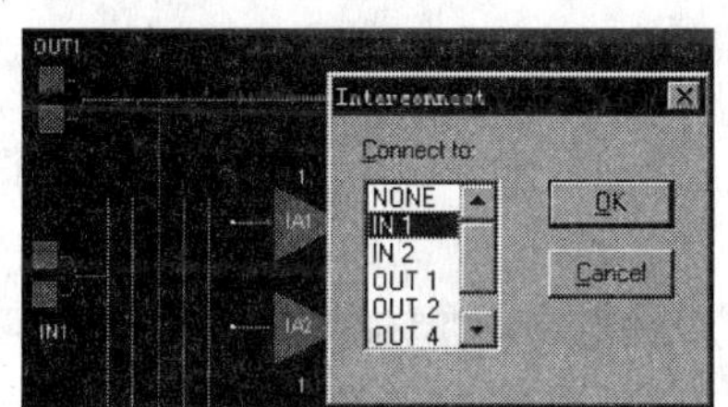

图 5.7.5 “连线”子菜单

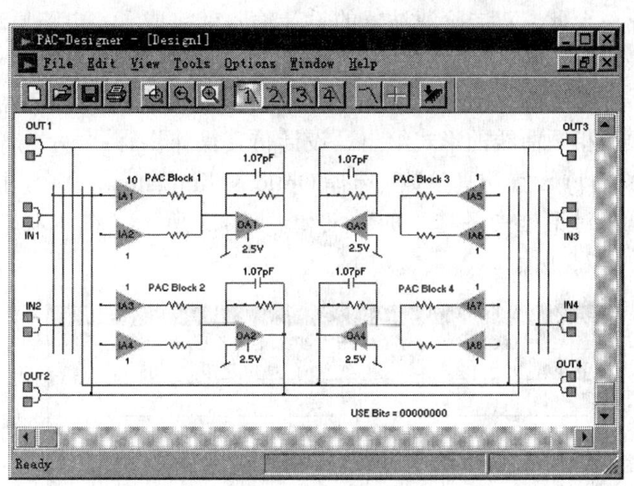

图 5.7.6 增益为 10 的模拟信号放大器

步骤 3：器件编程。本步骤是对所选定的 ispPAC 器件进行编程。ispPAC 器件编程操作需要一台正在运行 PAC-Designer 软件的 PC、一块含有 ispPAC 器件并接入+5V 电源的电路板，以及连接于 PC 的并行接口 (打印机口)和 ispPAC 器件 JTAG 串行接口的编程电缆。ispPAC 器件的编程电缆接口电路是 IEEE1149.1-1990 定义的 JTAG 测试接口。有关 JTAG 操作及下载电缆结构的细节可查看 IEEE 的有关说明或 ispPAC 数据手册中产品细节说明部分。

在确认下载电缆连接正确并加+5V 电源后，可执行 Tools/Download 命令，即完成整个器件的编程工作。

器件已下载且器件未被加密时，还可以执行 Tools/Verify 命令，验证 ispPAC 中已下载编程的内容是否与原理图设计所示一致。若验证后显示 OK，则表示器件编程成功，否则表示下载不成功，还需要检查问题所在，并重新进行器件下载工作。

对已下载且未被加密的器件，执行 Tools/Upload 命令，可将 ispPAC 器件中已编程的内容读出并显示在原理图中。

如果想对可编程模拟器件的下载信息加密，可在器件下载之前，执行 Edit/Security 命令，选择设计下载至 ispPAC 器件后是否允许被读出，起加密保护作用。

2．有源滤波

【例 5.30】 采用 ispPAC10 可编程模拟器件设计如图 5.7.7 所示双二阶滤波器。图中参数设置为：

(1) 仪用放大器增益：$k_{11}=-3$，$k_{21}=1$，$k_{12}=-1$；

(2) 反馈电容：$C_{F1}=25.49\text{pF}$，$C_{F2}=5.92\text{pF}$；

(3) 反馈电阻回路：R_{F1} 连接、R_{F2} 断开。

步骤 1：启动 PAC-Designer 软件。

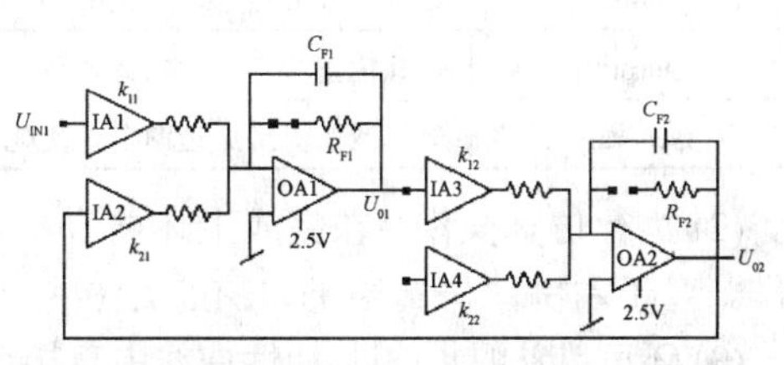

图 5.7.7 双二阶滤波器

步骤 2：设计输入。操作步骤：

(1) 在 PAC-Designer 软件主窗口中，选择 File/New 命令，根据题目设计要求，选择“ispPAC10 Schematic”选项，单击“OK”按钮，打开 PAC 图形设计窗口。

(2) 根据设计要求连线，分别将 IA1 输入端与输入引脚 IN1 相连；IA2 输入端与输出引脚 OUT2 相连；IA3 输入端与输出引脚 OUT1 相连。

(3) 编辑元件参数。设置 IA1 放大器增益为–3；IA2 放大器增益为 1；IA3 放大器增益为–1；OA1 反馈电容为 $C_{F1}=25.49$pF；OA2 反馈电容为 $C_{F2}=5.92$pF；OA2 反馈电阻回路为断开状态。

至此，双二阶滤波器的设计输入就完成了，电路原理图如图 5.7.8 所示。选择 File/Save 命令，保存设计输入源文件。

步骤 3：设计仿真。进行设计仿真可验证电路特性是否与设计的初衷相吻合。仿真结果以幅频和相频曲线的形式给出。设计仿真操作步骤：

(1) 设置仿真参数：选择 Options/Simulator…命令，打开如图 5.7.9 所示 Simulator Options 对话框。对话框中各选项的含义如表 5.7.2 所示。在本双二阶滤波器的示例中，仿真选项设置成如图 5.7.9 所示。

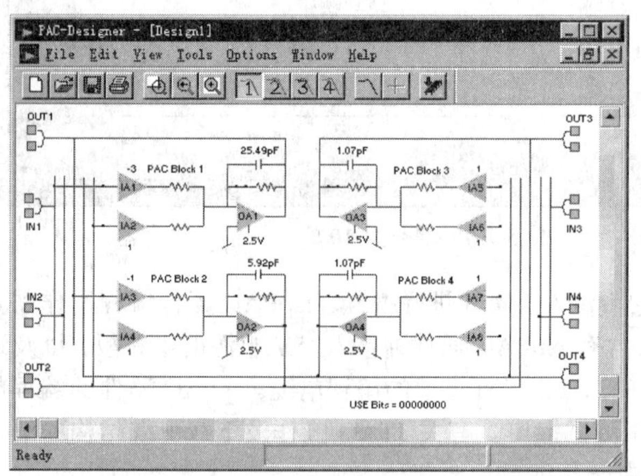

图 5.7.8　双二阶滤波器设计输入

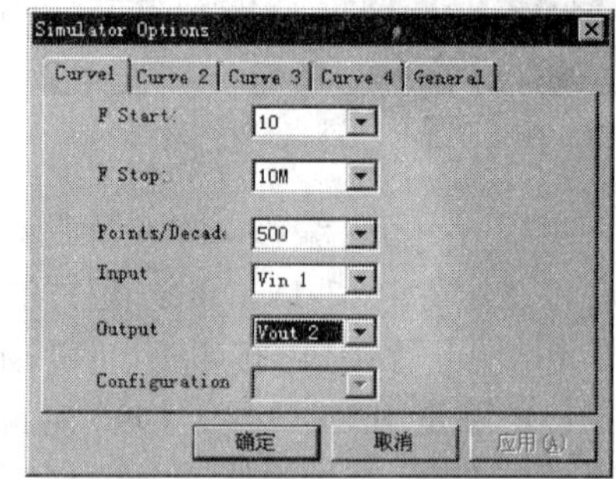

图 5.7.9　Simulator Options 对话框

表 5.7.2　Simulator Options 中各选项的含义

选　　项	含　　义
Curve 1 ～ Curve 4	仿真输出可同时显示 4 条不同的幅频/相频特性曲线 Curve 1 至 Curve 4 选项卡分别设置四条曲线的显示参数 可以一次全部设定好后，启动仿真功能，则同时获得 4 条仿真曲线
F Start (Hz)	设置相应曲线的仿真初始频率
F Stop (Hz)	设置相应曲线的仿真截止频率
Points/Decade	绘制幅频/相频特性曲线每十倍频率间隔所要计算的点数
Input	设置输入节点名，默认值为 U_{IN1}
Output	设置输出节点名，默认值为 U_{OUT1}
General	选择或取消当原理图发生变化时是否立即启动仿真器，更新显示曲线

(2) 执行仿真操作：在完成上述仿真参数设置后，可选择 Tools/Run Simulator 命令，进行仿真操作。对于本例，仿真结果如图 5.7.10 所示。

(3) 还可以从幅频/相频特性曲线中直接读取某一频率点的曲线数据。操作步骤：选择 View/Cross

Hair 命令，然后将光标移至曲线上某一点单击，即可看见在窗口的右下角显示对应此点的频率值、幅值和相位值。

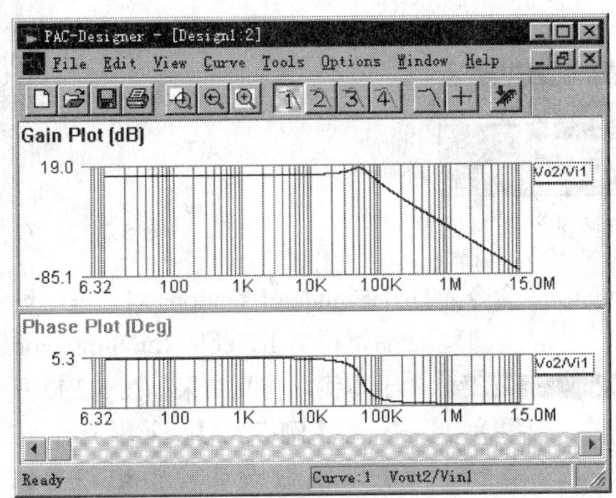

图 5.7.10　双二阶滤波器仿真曲线

步骤 4：器件编程。

【例 5.31】 采用 ispPAC10 器件，利用 Tools 菜单下宏函数模拟电路设计方法，设计双二阶带通滤波器，要求该带通滤波器峰值频率“FO”=50kHz，品质因数 Q=2，滤波器增益 DC Gain = 3。

宏函数 (Macro)是 PAC-Designer 可编程模拟器件开发软件提供模拟电路设计的一种重要的设计工具。利用宏函数，我们只需输入有关设计参数，软件将自动生成相应的原理图。不同 PAC-Designer 版本提供的宏函数内容是不同的，PAC-Designer 1.2 版提供以下 3 个宏函数。

- ispPAC10_Biquad.exe 为双二阶滤波器宏函数，适用于 ispPAC10 器件，可完成低通和带通滤波器的设计。
- ispPAC10_Ladder.exe 为阶梯滤波器函数，适用于 ispPAC10 器件，可完成 Chebyshev (切比雪夫)，Butterworth (巴特沃斯)等低通滤波器的设计。
- ispPAC20_Biquad.exe 为双二阶滤波器宏函数，适用于 ispPAC20 器件，可完成低通和带通滤波器的设计。

利用 Tools 菜单下宏函数进行模拟电路的设计步骤：

(1) 在 Windows 操作系统中，单击开始/程序/Lattice Semiconductor/PAC-Designer 选项，进入 PAC-Designer 软件集成开发环境，如图 5.7.2 所示。

(2) 在 PAC-Designer 软件主窗口中，选择 File/New 命令，在 Create a new document 对话框中，选择 ispPAC10 Schematic 选项，然后单击“OK”按钮，打开如图 5.7.4 所示 PAC 图形设计窗口。

(3) 选择 Tools/Run Micro 子命令，在如图 5.7.11 所示的宏函数选择对话框中，选择 ispPAC10_Biquad.exe 选项，然后单击“OK”按钮。

(4) 在如图 5.7.12 所示双二阶滤波器宏函数对话框中，根据设计要求，修改滤波器的峰值频率“FO”为 50kHz，品质因数 Q 为 2 和滤波器增益 DC Gain 为 3。有时受电路自身结构的限制，已设置的这三个参数无法同时满足，这时我们可在 Optimize 选项中选择对“FO”或 Q 进行优化处理。在 ispPAC10 器件中含 4 个 PAC Block，而实现双二阶滤波器只需两个 PAC Block 即可，因此我们还需在 PAC Blocks 选项中选择具体使用的 PAC Block，默认选项为 PAC Block1 和 PAC Block2，此时 IN1 为滤波器输入端，OUT1 为带通输出端，OUT2 为低通输出端。

参数及选项设置完毕，单击“Generate Schematic”按钮，就可得到如图 5.7.8 所示的双二阶滤波器原理图。

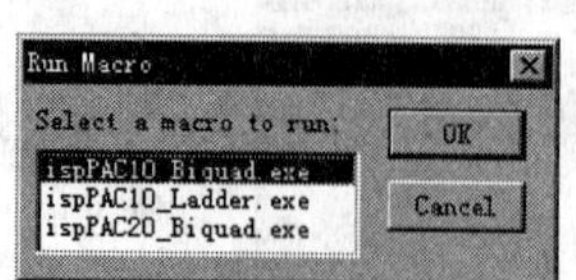

图 5.7.11　宏函数选择对话框

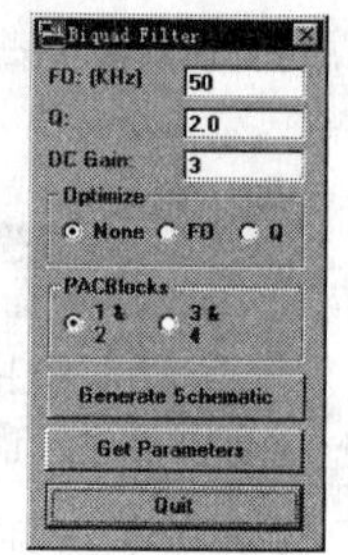

图 5.7.12　双二阶滤波器宏函数对话框

(5) 单击 Options/Simulator…命令，打开 Simulator Options 对话框，设置仿真参数。仿真参数设置后，再单击 Tools/Run Simulator 子命令，进行仿真操作。对于本例，仿真结果如图 5.7.13 所示。

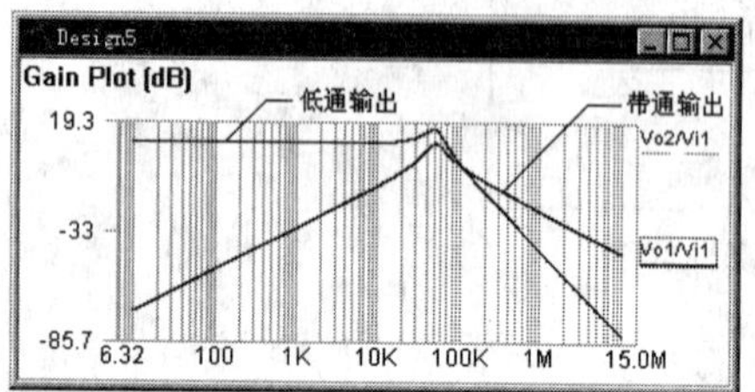

图 5.7.13　双二阶带通滤波器仿真结果

【例 5.32】 采用 ispPAC10 器件，利用 Tools 菜单下宏函数设计模拟电路方法，设计一个截止频率为 51kHz 的 Butterworth (巴特沃思)低通滤波器。

操作步骤：

(1) 在 Windows 操作系统中，单击开始/程序/Lattice Semiconductor/PAC-Designer 选项，进入 PAC-Designer 软件集成开发环境，如图 5.7.2 所示。

(2) 在 PAC-Designer 软件主窗口中，选择 File/New 命令，在 Create a new document 对话框中，选择 ispPAC10 Schematic 选项，单击“OK”按钮，打开如图 5.7.4 所示 PAC 图形设计窗口。

(3) 选择 Tools/Run Micro 子命令，在如图 5.7.14 所示的宏函数选择对话框中，选择 ispPAC10_Ladder.exe 选项，然后单击“OK”按钮。

(4) 在如图 5.7.15 所示的 Ladder Filter Generator 对话框中，根据设计要求，选择纹波类型为 Butterworth_3_Pole，截止频率为 51.00kHz。

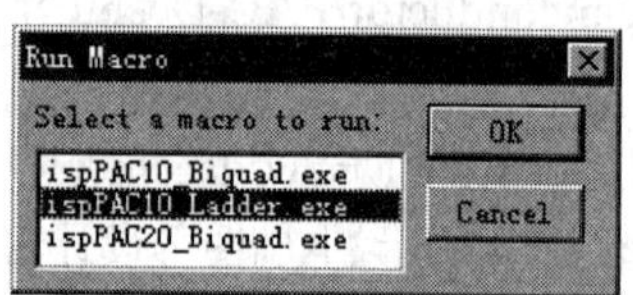

图 5.7.14　宏函数选择对话框

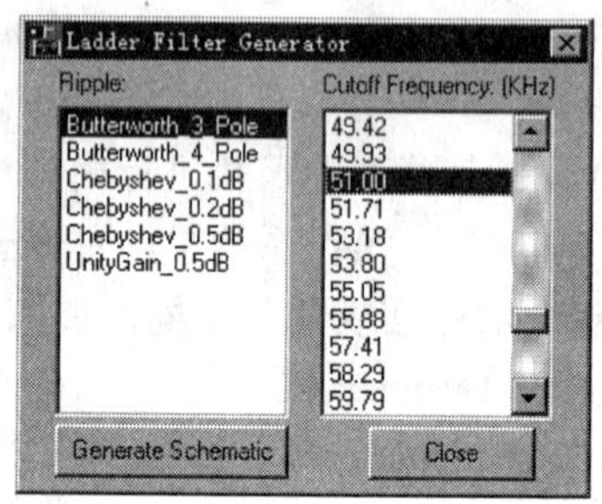

图 5.7.15　Ladder Filter Generator 对话框

(5) 选择 Generate Schematic 按钮，就可得到如图 5.7.16 所示截止频率为 51kHz 的 Butterworth (巴特沃斯)低通滤波器原理图。

(6) 选择 Options/Simulator…命令，打开 Simulator Options 对话框，设置仿真参数。仿真参数设置后，再单击 Tools/Run Simulator 命令，进行仿真操作。对于本例，仿真结果如图 5.7.17 所示。

5.7.3　ispPAC20 器件开发应用示例

利用 ispPAC20 中的两个可编程双差分输入比较器 CP1，CP2 和数模转换器等资源，可以构成比较器、数控振荡器等控制类实用电路。

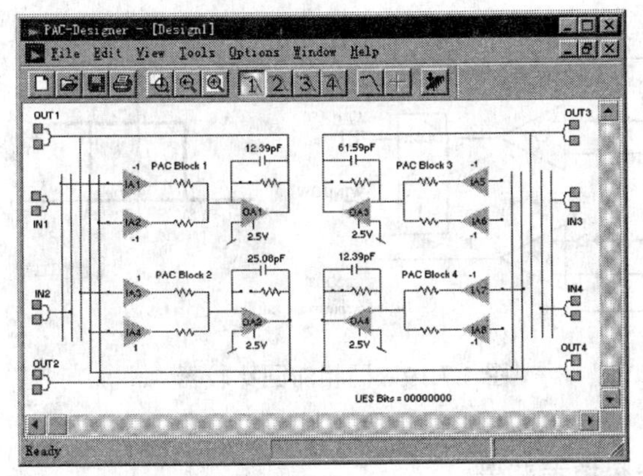

图 5.7.16　截止频率为 51kHz Butterworth 低通滤波器

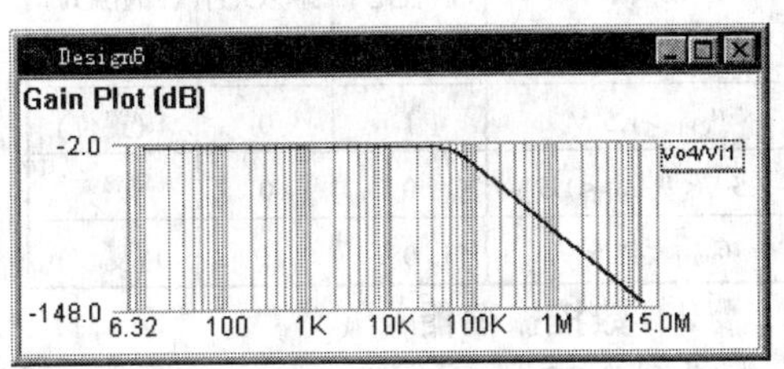

图 5.7.17　Butterworth 低通滤波器仿真结果

1．比较器

【例 5.33】 采用 ispPAC20 器件，设计一个窗口比较器。

操作步骤：

(1) 在 Windows 操作系统中，单击开始/程序/Lattice Semiconductor/PAC-Designer 选项，进入 PAC-Designer 软件集成开发环境，如图 5.7.2 所示。

在 PAC-Designer 软件主窗口中，选择 File/New 命令，弹出如图 5.7.3 所示 Create a new document 对话框，选择 ispPAC20 Schematic 选项，然后单击“OK”按钮，打开 ispPAC20 器件的图形设计窗口 (参见图 5.6.6)。

(2) 利用 ispPAC20 的 WINDOWS 的异或运算功能，可构成窗口比较器电路，如图 5.7.18 (a)所示。图中，差动型比较输入信号由 CPIN 输入，比较器 CP1 和 CP2 均接成反相输入比较器，参考电压取自 PAC 的内部差动型基准电压 1.5V，CP1 和 CP2 的输出经 XOR 门做异或运算，实现窗口比较，并从 WINDOW 单端输出。列出图 5.7.18 (a)电路的功能表如表 5.7.3 所示，可知其为正窗口比较器，其电压传输特性的示意图如图 5.7.18(b)所示，这里，WINDOW 端输出信号为单端 TTL 电平信号。

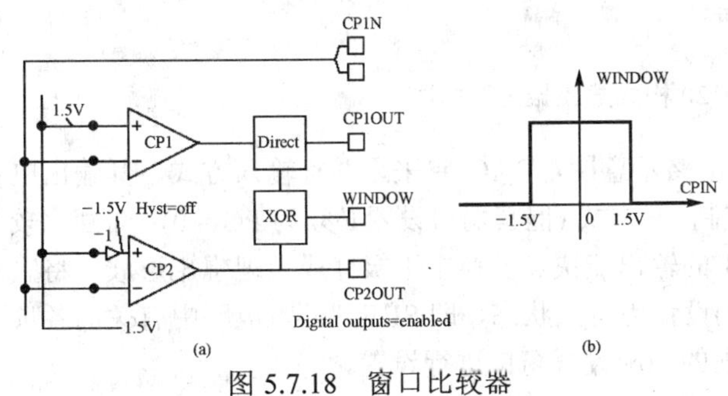

图 5.7.18　窗口比较器

表 5.7.3　用 ispPAC20 器件构成的窗口比较器功能表

差 动 输 入	单 端 输 出		
	CP1OUT	CP2OUT	WINDOW
$u_{CPIN}>1.5$ V	0	0	0
-1.5 V$<u_{CPIN}<1.5$ V	1	0	1
$u_{CPIN}<-1.5$ V	1	1	0

【例 5.34】 采用 ispPAC20 器件，设计一个同相滞回比较器。

利用 ispPAC20 的 WINDOWS 的 RS 触发器功能，可构成滞回比较器电路，如图 5.7.19(a)所示。图中，比较器的差动型输入信号由 CPIN 输入，比较器 CP1 接成同相输入比较器，CP2 接成反相输入比较器，参考电压取自 PAC 的内部差动型基准电压 1.5V，CP1 的输出作为触发器 FF 的直接置 1 信号 SD，CP2 的输出作为触发器 FF 的直接置 0 信号 RD，且 SD，RD 均高电平有效，比较的结果从 WINDOW 单端输出。列出图 5.7.19(a)电路的功能如表 5.7.4 所示，可知其为同相滞回比较器，电压传输特性如图 5.7.19 (b)所示。

表 5.7.4　用 ispPAC20 器件构成的滞回比较器功能表

差动输入	单端输出		
	CP1OUT (SD)	CP2OUT (RD)	WINDOW
$u_{CPIN}>1.5$ V	1	0	1 (置位)
-1.5 V$<u_{CPIN}<1.5$ V	0	0	保持
$u_{CPIN}<-1.5$ V	0	1	0 (复位)

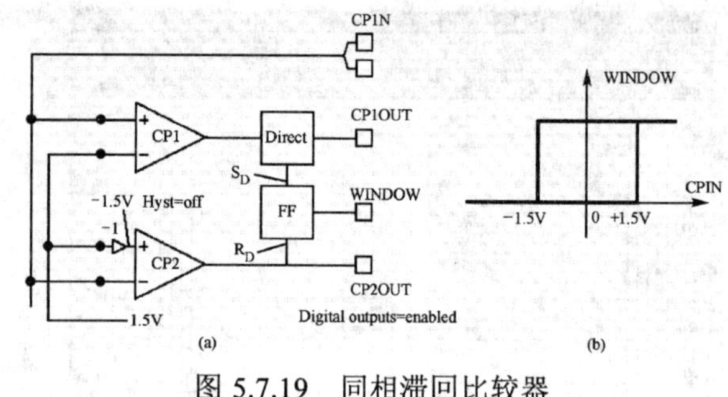

图 5.7.19　同相滞回比较器

2. 数控振荡器

【例 5.35】 采用 ispPAC20 器件，设计一个数控振荡器。

数控振荡器由数模转换器、理想积分器和滞回比较器组成。其基本构思是利用积分器将矩形波转换成三角波，它的原理框图如图 5.7.20 所示，在 ispPAC20 器件内，用数模转换器 DAC 产生控制电压 VCO，用以控制被积分电压的幅值大小、用增益极性可控放大器 PGA 周期地改变 IA4 增益极性为+1 或−1 倍从而改变送入积分器的被积电压极性 (使被积电压波形为矩形波)、用跨导型放大器 OA2 和内部负反馈电容构成理想的同相积分器以把矩形波转换为三角波、用同相滞回比较器在参考电压作用下将三角波转换为矩形波单端输出，且输出端触发器 (FF)的输出信号 WINDOW 在外部回送到 PC 端并作为 IA4 增益极性控制信号，如此周而复始，形成振荡。改变 DAC 的设置数字量 (可改变 VCO 电压值)、改变 IA4 增益值、改变理想积分器的反馈电容值及改变滞回比较器的参考电平值，均可以达到调整输出信号振荡频率的目的。

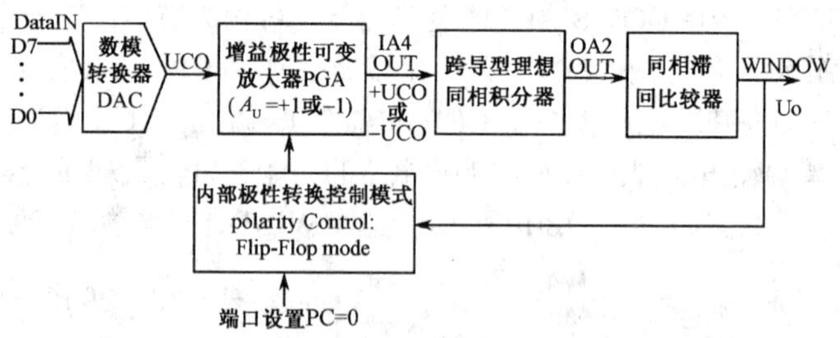

图 5.7.20　用 ispPAC20 构成数控振荡器框图

图 5.7.21 是设计窗口中数控振荡器的原理电路示意图，DAC 宜采用并行输入方式，其输出电压暂定为 1.8281 V; IA4 的极性设置为触发器控制 FF 方式 (但其端口设置必须为 PC = 0); 滞回比较器的参考电压用 1.5V 内部基准电压；为使 IA4 的输出能快速变换电平极性成为理想矩形波，将它的压摆率 (Slew-Rate Enhancement Control，SRE)设置为有效状态，即 SRE = on，电路中有关的各项设置均可通过双击相应的设置文字盒，再在弹出的相应设置窗口进行设置。

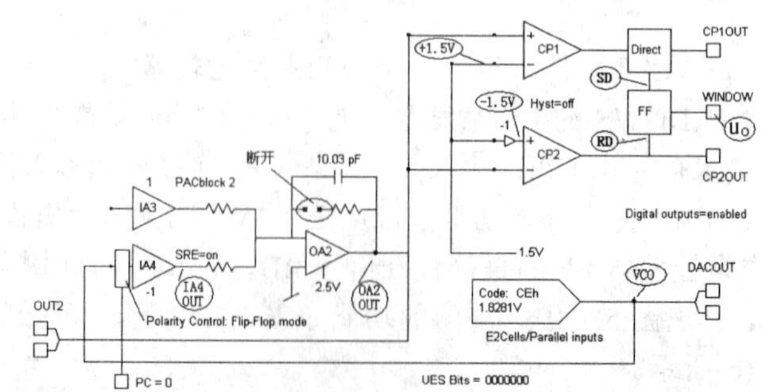

图 5.7.21　用 ispPAC20 器件实现数控振荡器的原理电路图

图 5.7.21 所示数控振荡器电路中各点波形的示意图如图 5.7.22 所示，通过设置的外部反馈使触发器 FF 的输出 (即 WINDOW 信号)连到 PC 端以控制 IA4 的增益极性，当触发器 FF 的输出为 0 时，IA4 的增益为+1 倍；当触发器 FF 的输出为 1 时，IA4 的增益为−1 倍，其他波形的关系请读者自行分析。

3. 电压监控

【例 5.36】 采用 ispPAC20 器件设计一个电压监控器，指标要求是，被测电压 u_{in} = 5V，允许误差范围约为±8%，当被监测电压超过允许误差范围时电路报警。

由题意可知，u_{in} 的允许范围是 4.60～5.40V，超过此范围时报警，故电压监控器的核心电路是窗口比较器，其框图如图 5.7.23 所示。由 ispPAC20 直流特性可知，被监测电压的允许范围已经超出器件的线性范围，必须适当衰减；由于 ispPAC20 的输入为差分形式，可将被测电压 u_{in} 分压至 2.5V (允许范围相应变为 2.30～2.70V)，接到 IA3 的正输入端，IA3 的负输入端接 UREF_{OUT} (2.5V)。则当被监测电压 u_{in} 发生波动时，IA3 接受的正常差分电压信号为−0.20～0.20V，超过此范围时报警。为了提高电压监控器的灵敏度，将 IA3 的增益设定为 10，则 IA3 的正常输出范围为−2.00～+2.00V，超过此范围时报警。窗口比较器的参考电压由 DAC 提供，DAC 采用 E^2CMOS 寄存器预置方式，编码为 D6H，输出电压约为 2.0156V。比较器的 WINDOW 输出端设定为异或模式，并且采用负窗口，即当$-2.0156\text{V} < u_{\text{OUT2}} < 2.0156\text{V}$ 时 WINDOW = 0 (系统不报警)，而当 $u_{\text{OUT2}} > 2.0156\text{V}$ 或 $u_{\text{OUT2}} < -2.0156\text{V}$ 时 WINDOW = 1 (系统报警)。

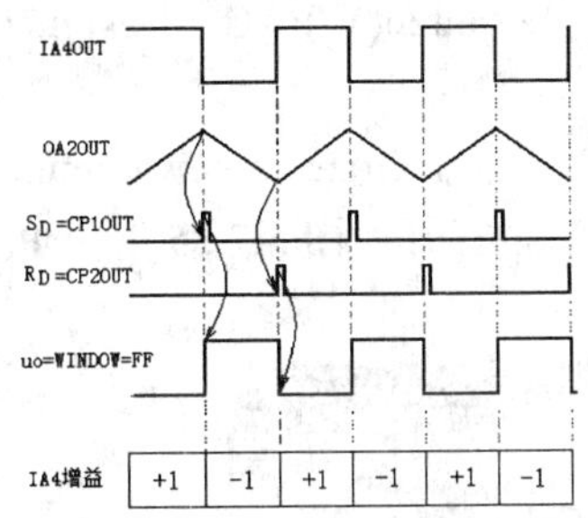

图 5.7.22 数控振荡器电路中各点的电压波形示意图

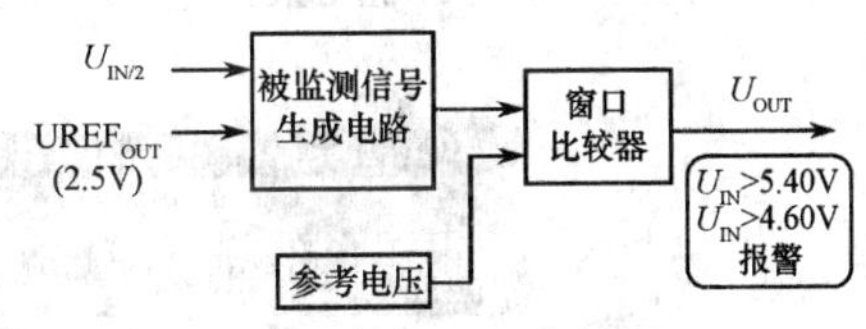

图 5.7.23 电压监控器框图

据此思路设计出的报警器电路如图 5.7.24 所示。

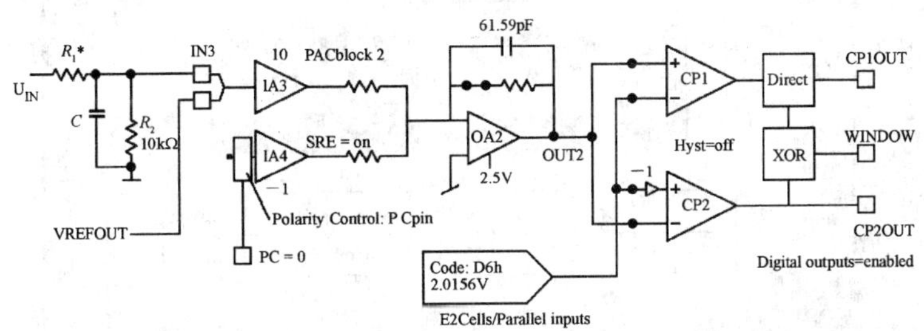

图 5.7.24 用 ispPAC20 器件实现电压监控器的原理电路图

在图 5.7.24 中，PACblock2 和电阻分压网络构成被监测信号生成电路。电阻 $R_1^* = R_2 = 10\text{k}\Omega$，用于生成 $1/2u_{\text{in}}$，电容 C 对于干扰信号起滤波作用，一般取 0.1μF。DAC 输出 2.0156V 作为负窗口比较器的参考电压。电压监测器的报警信号取自 WINDOW 端口。

此电压监控器的设计方案可推广到被监测电压不等于 5V 的情况，如中心值为 12V，15V 等。分压电路中的电阻 R_2 通常取为 10kΩ，电阻 R_1*取值与被测电压的对应关系如表 5.7.5 所示。

表 5.7.5　被监测电压 u_{in} 与电阻 R_1*，R_2 取值的关系

u_{in} 中心值	允许误差	u_{in} 范围	$\frac{R_2}{R_1^* + R_2}U_{IN}$ 范围	与 $UREF_{OUT}$=2.5V 差分后的 IN3 信号值	放大 10 倍后的生成信号值	DAC 设置	R_2 (Ω)	R_1* (Ω)
+5V	±8%	4.60～5.40V	2.30～2.70V	$\frac{R_2}{R_1^* + R_2}U_{IN} -$ $UREF_{OUT}$= −0.20～0.20V	−2.0～2.0V	编码为 D6H 输出电压约为 2.0156V	10k	10k
+12V	±8%	11.04～12.96V	2.30～2.70V					38k
+15V	±8%	13.8～16.2V	2.30～2.70V					50k

5.7.4　ispPAC80 器件开发应用示例

由于 ispPAC80 内核是一个五阶滤波器，因此其软件设计方法与 ispPAC10、ispPAC20 稍有不同。

【例 5.37】 采用 ispPAC80 器件，设计一个截止频率为 147kHz 的 Butterworth (巴特沃斯) 低通滤波器。

操作步骤：

(1) 在 Windows 操作系统中，单击开始/程序/Lattice Semiconductor/PAC－Designer 选项，进入 PAC－Designer 软件集成开发环境，如图 5.7.2 所示。

(2) 在 PAC－Designer 软件主窗口中，单击 File/New 命令，在 Create a new document 对话框中，选择“ispPAC80 Schematic”选项，然后单击“OK”按钮，打开如图 5.7.25 所示 PAC 图形设计窗口。

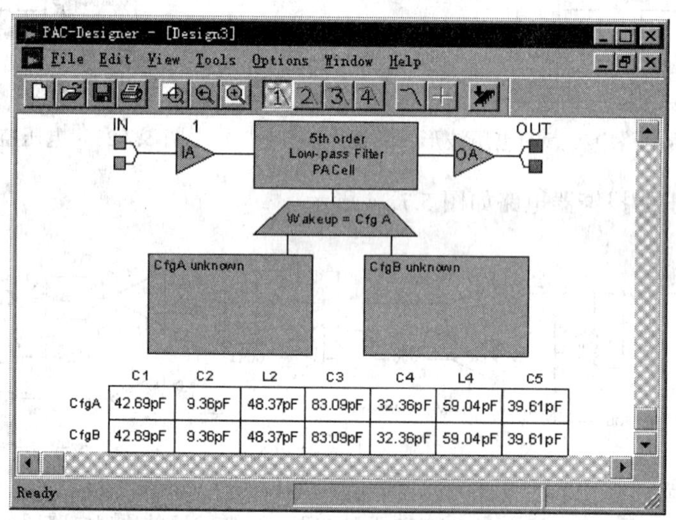

图 5.7.25　ispPAC80 图形设计窗口

如图 5.7.25 所示，ispPAC80 器件可以同时存贮两组不同参数的五阶滤波器配置 (CfgA 和 CfgB)，在进行设计前其默认值是空的 (CfgA unknown、CfgB unknown)。ispPAC Designer 软件针对 ispPAC80 器件，含有 8000 多种不同类型和参数的五阶滤波器库，我们可以直接调用库，从而方便地完成设计。

(3) CfgA (或 CfgB) 的配置。双击图 5.7.25 中 CfgA unknown 所在的矩形框，产生如图 5.7.26 所示五阶滤波器库。该库中含有各种不同类型的滤波器，如贝塞尔滤波器(Bessel)、线性滤波器、高斯滤波器(Gaussian)、巴特沃斯滤波器(Butterworth)、椭圆滤波器等。每种类型的滤波器根据其

参数值的不同，又分为不同具体型号，共计 8000 余种。根据设计要求，选定截止频率为 147kHz 的 Butterworth 滤波器，即 ID 号为 1197 滤波器。

双击该 ID 号，弹出对话框，选择将该滤波器配置到 Configuration A 中，单击“OK”按钮，然后再退出五阶滤波器库窗口，回到设计输入窗口，如图 5.7.27 所示。

(4) 参数调整。在图 5.7.27 中，双击输入仪用运放 IA 图标，可以调整输入增益倍数。双击 Wakeup=CfgA 的梯形图标，可以设置激活配置 CfgA 或 CfgB。

(5) 设计仿真操作同前，在此不再赘述。

(6) 若仿真结果与设计要求有所偏差，则还可以双击图 5.7.27 中的滤波器 C1、C2、 L2、C3、C4、L4 和 C5 的参数值，进行参数微调操作。

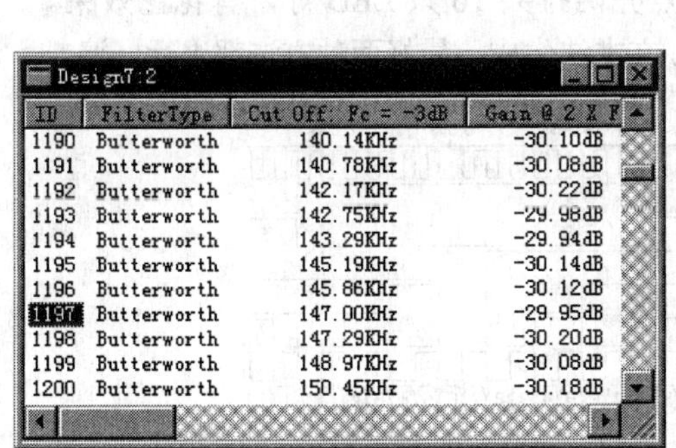

图 5.7.26　五阶滤波器库

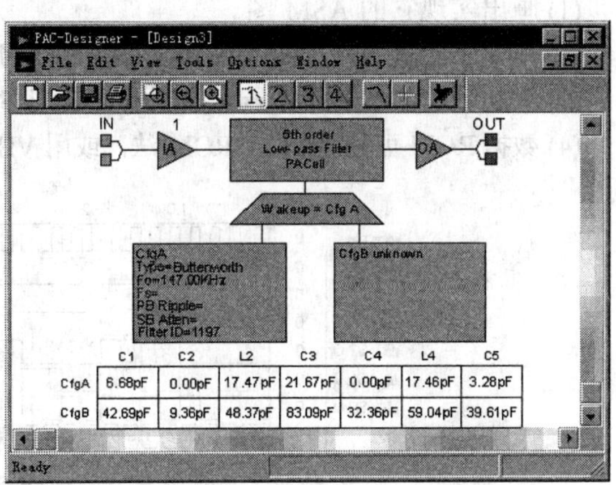

图 5.7.27　CfgA 配置

思考题与习题

5.1　简述 Altera 公司 MAX7000 系列器件结构的特点。

5.2　上网查阅资料简述 Altera 公司 FLEX10K 系列、Cyclone 系列器件结构的特点。

5.3　说明编程与配置这两个概念。

5.4　试结合软件使用过程来叙述 Quartus II 的设计流程。

5.5　Quartus II 提供了哪些库？各有什么功能？

5.6　Quartus II 设计输入有几种方法？怎样选择？

5.7　用 Quartus II 层次法进行设计：①用门电路构成半加器 h_adder；②把半加器包装入库；③顶层用半加器和门电路构成一位全加器；④再用 4 个一位全加器构成 4 位加法器。

5.8　用层次法做设计，要求如下：用按键输入脉冲信号，60 进制加/减可逆计数，两位数码管显示，数码管外接，测试硬件功能。

5.9　设计一把多位电子密码锁，以你的学号为开锁密码。当输入正确密码时，开门输出端为高电平，报警输出端为低电平；当输入错误密码时，情况相反。设计完成后，观察仿真波形，检验设计效果。

5.10　采样 VHDL 语言，用至少 4 种描述方式描述 3 线 8 线译码器。

5.11　实现“011111001”序列发生器。

5.12　设计 59 分 59 秒的倒计时可定时备课时钟系统，要求可设定分钟的时间，且当倒计时到 00 分 00 秒时，发出提醒音。

5.13 请用多种方法设计一个用SEL[1..0]信号控制的五进制计数器，要求在时钟作用下

SEL = 00 时，按 0，1，2，3，4，0，1，2，3，4…顺序计数

SEL = 01 时，按 0，2，4，6，8，0，2，4，6，8…顺序计数

SEL = 10 时，按 1，3，5，7，9，1，3，5，7，9…顺序计数

SEL = 11 时，按 5，4，3，2，1，5，4，3，2，1…顺序计数

5.14 要求设计实现的工作波形如图 5.147 所示，在波形图中：clk 为输入的时钟脉冲信号，S3，S2，S1，S0 是计数输出端，S 是它的内埋节点总线值，在状态 1 做递增计数，绿灯 G 亮；在状态 2 做递减计数，红灯 R 亮，循环体中每个计数输出状态都只占 1 个 clk 周期，包括 0 和 15 在内，状态 1 和状态 2 自动转换。请你：

(1) 画出实现它的 ASM 图。

(2) 用 VHDL 写出它的描述文本，并仿真达到同样的波形效果。

(3) 添加数据 ROM 做成彩灯控制器，有规律地点亮两排共 16 只 LED 灯，有花色效果。

(4) 数据 ROM 可利用 LPM_ROM 法，或用 VHDL 文本法生成，最好两种方法都进行一遍。

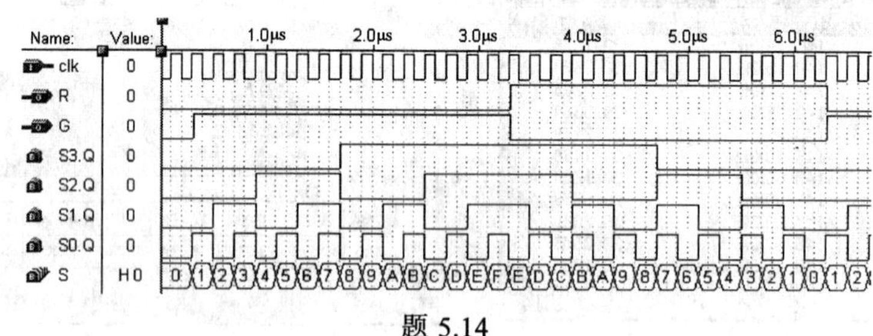

题 5.14

5.15 设计自动换挡，溢出报警的四位数字显示的频率计，被测频率为 TTL 电平：

挡位 1：当被测频率在 0～9999Hz 时，直接显示 f_x 值 (单位 Hz)。

挡位 2：当被测频率在 10k～9999kHz 时，显示 10～9999 (单位 kHz)。

当被测频率 f_x 送入时，挡位 1，挡位 2 能自动换挡。在挡位 1：有 1 只标志 LED 点亮 (表示“Hz”)。挡位 2：有 2 只 LED 灯点亮 (表示“kHz”)。

当 f_x > 9999kHz 时，显示“E. (其余熄灭)”，表示“溢出”。

提高要求：具有测输入信号周期的功能。

5.16 设计一个实用公历万年历，要求如下：

(1) 年、月、日、星期分别可手动调节。

(2) 其中 2000 年到 2199 年的日计数无须调节就能自动准确显示相应年份相应月份的天数。

(3) 有生日声光或汉字提示；可配语音集成电路；或配以自动奏乐电子乐 (2/4，8 小节，共 16 拍)。

(4) 其他的实用创新的构思自拟 (如能测试环境温度，能实时语音通报)。

5.17 设计并制作数字显示密码锁，要求如下：

(1) 密码采用 4 个十进制数字，并用矩阵键盘串行输入。

(2) 当 4 个数字输完且正确，按动开启钮，绿灯亮可开启锁具；若连续输入 3 次不正确，则报警 20s。

(3) 有初始化按钮。

(4) 基本题：密码在 CPLD 芯片内事先设好，无法改变。

(5) 提高题：密码可随时由主人修改设置。

5.18 设计一个电子数字式跑表

(1) 基本功能：

i) 跑表有 6 位 LED 显示器显示，其中两位显示“分”，四位显示“秒”，显示分辨率为 0.01s。

ii) 计时最大值为 99min 59.99s。

iii) 计时误差不得超过 0.01s。

iv) 具有清零，启动计时，暂停计时，以及继续计时等功能。

v) 控制操作按键不得超过两个。

用可编程逻辑器件实现设计；另外自行设计制作一个标准时基源 (要求参见 6.8.1 节)。

(2) 提高要求：

i) 能显示到 23H59min59.99s，有整点、半点提醒功能。

ii) 启动跑表后，同时在 16×16 点阵管上循环扫描显示“快跑！加油！”的字样，每 0.5s 1 帧；暂停时，循环扫描显示“休息！”的字样，每 2s 1 帧。

iii) 具有能调时、设闹的电子闹钟的功能。

iv) 有倒计时功能。

v) 具有记录最近 10 次计时操作结果功能。

5.19 采用 ispPAC10 器件设计增益分别为 49、8.6、8/7 的模拟放大器。

5.20 采用 ispPAC10 可编程模拟器件设计一个带通滤波器，要求滤波器峰值频率“FO”为 100kHz，滤波器增益为 20。

5.21 采用 ispPAC10 器件，设计一个截止频率为 91.28kHz，通带衰减小于 0.1dB 的切比雪夫低通滤波器。

5.22 采用 ispPAC80 器件，设计一个截止频率为 211kHz，通带衰减小于 0.1dB 的切比雪夫低通滤波器。

5.23 采用 ispPAC20 器件，设计一个正窗口比较器，窗口电平为 0.75V。

5.24 采用 ispPAC20 器件，设计一个滞回比较器，两个阈值分别为+0.75V 和−0.75V。

5.25 采用 ispPAC20 器件，设计一个数控振荡器，控制电压为 2.25V。

5.26 采用 ispPAC20 器件，设计一个电压监控器，被控电压为 15V，允许范围为±10%，且超出范围时报警。

5.27 采用 ispPAC10 可编程模拟器件分别设计满足如下关系的模拟加法器和模拟减法器：

$$U_{\mathrm{OUT}} = 5U_{\mathrm{IN1+}} + 7U_{\mathrm{IN1-}}，\quad U_{\mathrm{OUT}} = 10U_{\mathrm{IN1+}} - 5U_{\mathrm{IN1-}}$$

5.28 简述基于 Nios II 的 SOPC 系统设计流程。

5.29 设计基于 Nios II 的 SOPC 系统，使其能够实现基本的数字电子钟计时功能。

第 6 章　单片机应用系统设计

本章将以 Intel 公司生产的 MCS-51 系列单片机为例，介绍单片机的硬件结构、指令系统及外围接口电路。重点在于单片机应用系统中常用接口电路的设计及相应的汇编程序设计。

单片机自身集成有中央处理器、随机存储器、只读存储器、定时/计数器、I/O 接口等主要部件，因此可认为就是一台完整的微型计算机，通过执行指令可完成一些具体的操作。

以 8051 为代表的 MCS-51 系列单片机最早由 Intel 公司推出，其后多家公司购买了 8051 内核，使得以 8051 为内核的 MCU 系列单片机在世界上产量最大，应用也最广泛。Atmel 公司的 AT89 系列单片机，在 8051 单片机基础上内置 Flash 存储器，芯片上 Flash 存储器附在用户的产品中，可随时编程和再编程，使用户产品设计容易，更新换代方便。可用于计算机外部设备、工业实时控制、仪器仪表、通信设备、家用电器、宇航设备等各个领域。

TI 公司 MSP430 系列单片机是一种超低功耗的 16 位单片机，内置 A/D 转换器、串行通信接口、硬件乘法器、LCD 驱动电路，具有极高的抗干扰能力。特别适合应用于智能仪表、防盗系统、智能化家用电器、电池供电便携式设备等产品。

Motorola 是世界上最大的单片机厂商。其中典型的代表有：8 位机 M6805、M68HC05 系列，8 位增强型 M68HC11、M68HC12，16 位机 M68HC16，32 位机 M683XX。Motorola 单片机的特点之一是在同样的速度下所用的时钟频率较 Intel 类单片机要低得多，因而使得高频噪声低、抗干扰能力强，适合于工控领域及恶劣的环境。

MicroChip 单片机的主要产品有 PIC16C 系列和 17C 系列 8 位单片机。CPU 采用 RISC 结构，指令集简单，采用 Harvard 双总线结构，运行速度快，低工作电压，低功耗，较大的输入/输出直接驱动能力，价格低，一次性编程，体积小。适用于用量大、档次低、价格敏感的产品，在办公自动化设备、消费电子产品、通信、智能仪器仪表、汽车电子、金融电子、工业控制不同领域都有广泛的应用。

EPSON 单片机以低电压、低功耗和内置 LCD 驱动器特点闻名于世，用于工业控制、医疗设备、家用电器、仪器仪表、通信设备和手持式消费类产品等领域。目前 EPSON 已推出 4 位单片机 SMC62 系列、SMC63 系列、SMC60 系列和 8 位单片机 SMC88 系列。

东芝单片机面向 VCD、数码相机、图像处理等家电领域。

华邦公司的 W77、W78 系列 8 位单片机的外部引脚和指令集与 8051 兼容，速度和工作频率上限均高于 8051，同时增加了 WatchDog Timer，低操作电压。

目前单片机品种繁多，为了方便读者查阅更详细的技术资料，将主要的单片机厂家网址提供如下：

美国国家半导体公司：	http：//www.national.com
Zilog 公司：	http：//www.zilog.com
Atmel：	http：//www.atmel.com
Motorola：	http：//www.mot.com
MicroChip：	http：//www.microchip.com
Scenix：	http：//www.scenix.com
EPSON：	http：//www.epson.com
LG：	http：//www.lgs.co.kr

三星：　　　　　　　　http：//www.samsungsemi.com/home.html

华邦：　　　　　　　　http：//www.winbond.com.tw

常用单片机应用资料相关网址：

单片机学习联盟：　　　wybmcu.nease.net

单片机坐标：　　　　　www.mcuzb.com

中源单片机：　　　　　www.zymcu.com

北京单片机开发网：　　www.bjmcu.com

周立功单片机：　　　　www.zlgmcu.com

中国电子网：　　　　　www.21ic.com

电子资料：　　　　　　www.cndzz.com

6.1　最小应用系统设计

MCS-51 系列单片机是以 Intel 公司生产的 8051 单片机为核心，各厂家结合自身优势而生产出来的一系列单片机。如 Atmel 公司 (Flash 技术)的 AT89 系列单片机、Philips 公司 (I^2C 技术)的 P8 系列单片机。这些单片机在内部结构、外部引脚定义、硬件功能及指令系统上与 8051 单片机兼容。

6.1.1　MCS-51 系列单片机结构

1．MCS-51 系列单片机功能组成

AT89C52 单片机内部核心功能，主要包含以下几部分：8 位 CPU (8051 核心处理单元)；3 个 16 位定时器；5 个中断源，2 个中断优先级；全双工 UART；4 个 8 位 I/O 接口；内部 256 字节 RAM，外部 RAM 可扩展到 64KB，内部集成 8KB 程序区 (Flash)。

2．MCS-51 系列单片机内部结构

AT89C52 单片机内部结构框图如图 6.1.1 所示。

3．MCS-51 系列单片机引脚说明

AT89C52 单片机定义有 40 个引脚。引脚名称描述有两种方法：逻辑符号(如 RST)和物理顺序号。在设计原理图时一般采用引脚的逻辑符号(参见图 6.1.2)描述。在设计线路板时，一般采用引脚的物理顺序号来描述。引脚位置依封装形式而定，常用的单片机封装形式如图 6.1.2(b)、(c)、(d)所示。

U_{CC}：电源正极。提供正常工作电压，一般为+5V，详见芯片手册。

GND：电源地。

RST：复位。高电平有效。

$\overline{EA}$/VPP：外部寻址使能/编程电压。在访问整个外部程序存储器时$\overline{EA}$必须置为低，如果$\overline{EA}$为高时将执行内部程序。对 Flash 类型单片机，由于片内集成有程序存储器，应用程序代码存于片内，设计电路时，该引脚应接逻辑'1'。

XTAL1：晶体 1，晶振和内部时钟输入。

XTAL2：晶体 2，晶振输出。

ALE：地址锁存使能。在访问外部存储器时输出脉冲锁存 P0 口上的低 8 位地址信息。

P0 (P0.0～P0.7)口：通用 8 位双向 I/O 接口。用于 I/O 接口时需外加上拉电阻，访问外部存储器时作为地址总线的低 8 位和数据总线的复用。

$\overline{PSEN}$：程序存储使能。用于访问外部程序空间。

P1(P1.0～P1.7)口：通用 8 位双向 I/O 接口。

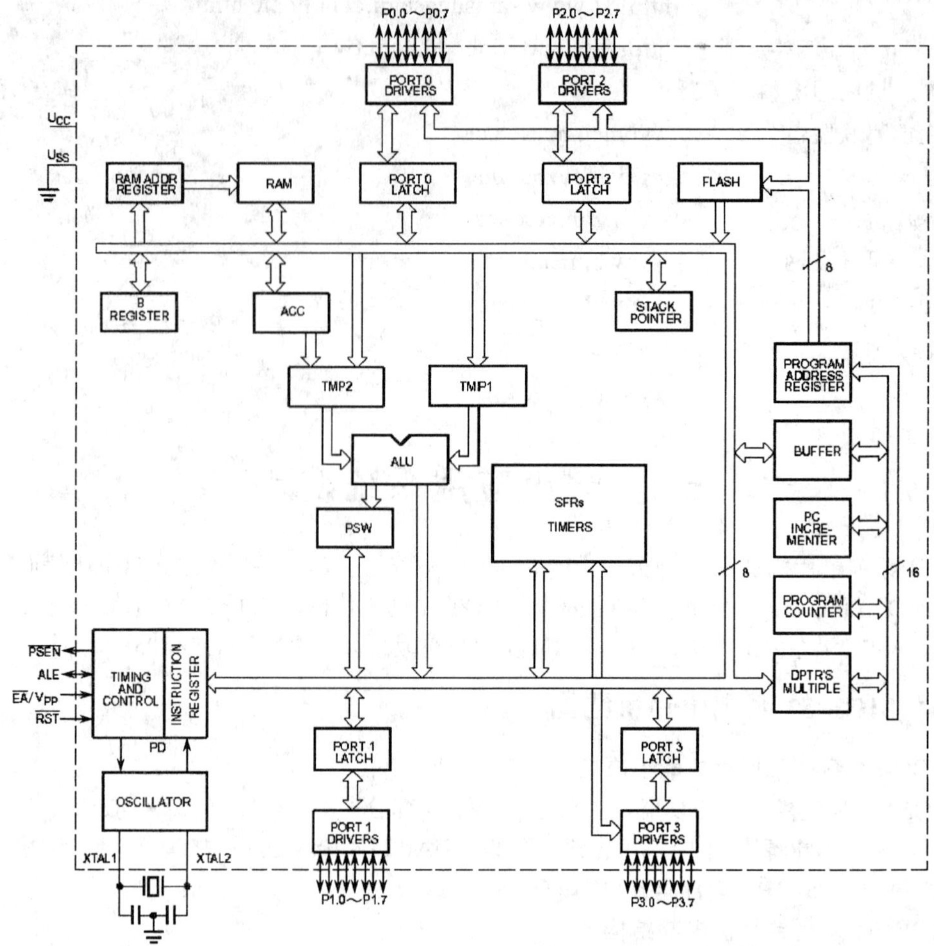

图 6.1.1　AT89C52 内部结构框图

P2(P2.0～P2.7)口：通用 8 位双向 I/O 接口，在访问外部存储器时作为地址总线的高 8 位。

P3(P3.0～P3.7)口：通用 8 位双向 I/O 接口。

第二特殊功能：

RxD(P3.0)，TxD(P3.1)：串行输入/输出。

$\overline{\text{INT0}}$(P3.2)，$\overline{\text{INT1}}$(P3.3)：外部中断 0，1。

T0(P3.4)，T1(P3.5)：定时器 0，1 外部输入。

$\overline{\text{WR}}$(P3.6)，$\overline{\text{RD}}$(P3.7)：外部数据存储器写/读信号。

89S52 单片机在系统编程功能引脚：MOSI(P1.5)，MISO(P1.6)，SCK(P1.7)，RST(RST)，利用这些引脚外接专用适配器可实现程序下载。

89S52 单片机外部引脚和指令集与 89C52 完全兼容。本章随后内容将以 89C52 为例介绍 51 系列单片机的接口电路设计和应用编程。

4．AT89C52 单片机存储结构

MCS-51 系列单片机的程序区和数据区分为两个独立物理空间，提供不同的寻址指令分别进行编程访问。图 6.1.3 描述了单片机的存储结构。

(1) 程序存储器：AT89C52 有 64KB 的程序代码存储器空间。其中低 8KB 个单元 (0000H～1FFFH)为 Flash 型存储器，集成在芯片内部。当编写的应用程序指令代码小于 8KB 时，可将程

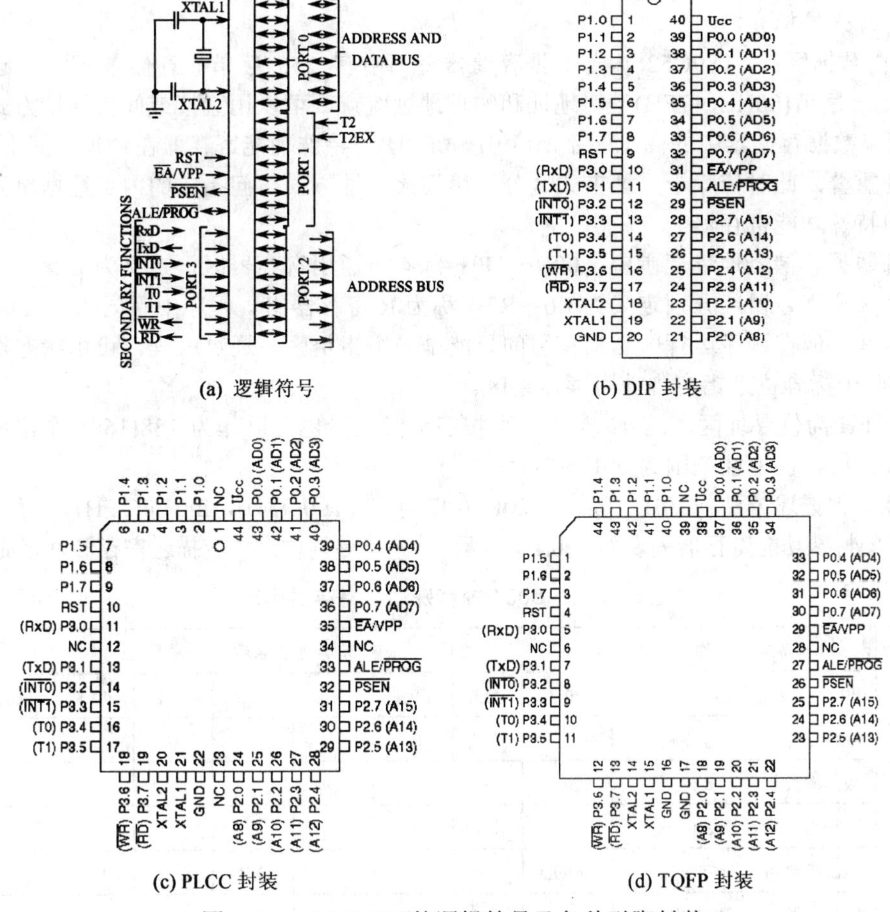

图 6.1.2　AT89C52 的逻辑符号及各种引脚封装

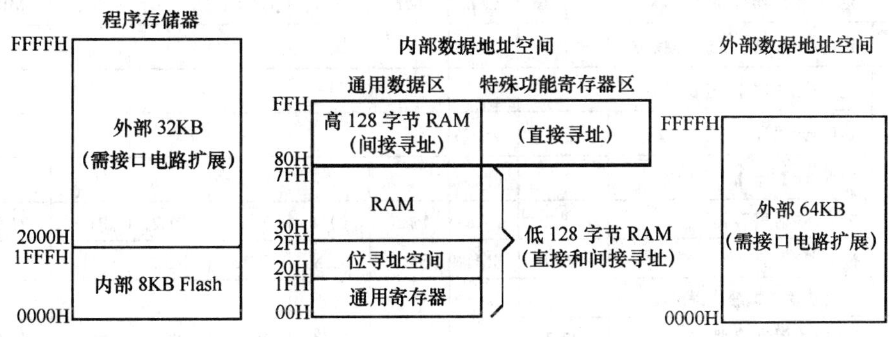

图 6.1.3　单片机存储结构

序代码存于芯片内部的 Flash 区，这样可简化硬件电路的外围设计。指令代码大于 8KB 时，可选择专用存储器芯片来外扩充程序空间，也可选择同类型的其他型号单片机。如 AT89C55 内部集成有 20KB 的 Flash 型程序存储器。要注意由于引脚 $\overline{EA}$ 的特点，在选择具有片内程序存储区的单片机时，该引脚需接逻辑'1'。AT89C52 单片机的 $\overline{EA}$ 引脚可直接接到 U_{CC}。

(2) 数据存储器：数据存储器主要用于存放程序运行过程中的生成数据。AT89C52 所管理的数据区分片内和片外两部分。

① 片外数据区：单片机有 16 条地址线，8 条数据线，理论上可管理 64KB (0000H～0FFFFH)。

当单片机处理的数据量较大，内部数据存储空间不足时，需要使用外部数据区，此时可选择 RAM 型存储器芯片来外扩充。

② 片内数据区：AT89C52 内部数据存储器空间中有 256 字节。存储单元地址范围 00H～0FFH。低 128 字节(00HE～7FH)逻辑地址和物理地址统一，可以用直接或间接寻址方式访问指定的地址单元。数据存储器中的高 128 字节(80H～0FFH)与特殊功能寄存器在物理空间上相互独立，但逻辑地址重叠，此时依赖于寻址方式区分。用间接寻址方式访问指定的内部数据单元，直接寻址方式访问特殊功能寄存器。

在内部数据存储器地址范围中，00H～1FH 为 4 个通用寄存器区，定义为 0 区～3 区，每个区包含 8 个 8 位寄存器，分别定义为 R0～R7，称为 R 寄存器组。程序中不同的函数可使用不同的寄存器组区，但在程序运行中当前使用的只能是一个指定区。通过编程，可由状态寄存器中的 RS0，RS1 两个标志位来指定当前寄存器组区。

20H～2FH 为位寻址区。这 16 个单元可按字节寻址，也可以作为 128(16×8)个位地址用直接位寻址方式访问，位地址范围为 00H～7FH。

位地址两种描述方法：20H.0(00H)，20H.7(07H)，2FH.0(78H)，2FH.7(7FH)

89C52 的特殊功能寄存器列表如表 6.1.1 所示，其中可寻址位栏内容描述寄存器可寻址位的名称。

表 6.1.1 8051 的特殊功能寄存器列表

寄存器	寄存器名称	可寻址位名称								地址
P0	P0 口映射寄存器	P0.7	P0.6	P0.5	P0.4	P0.3	P0.2	P0.1	P0.0	80H
SP	堆栈指针									81H
DPH	数据地址指针高 8 位									82H
DPL	数据地址指针低 8 位									83H
PCON	电源控制寄存器	SMOD				GF1	GF0	PD	IDL	87H
TCON	定时/计数器方式控制寄存器	TF1	TR1	TF0	TR0	IE1	IT1	IE0	IT0	88H
TMOD	定时/计数器控制寄存器	GATE	C/$\overline{T}$	M1	M0	GATE	C/$\overline{T}$	M1	M0	89H
TL0	定时/计数器 0 低 8 位									8AH
TL1	定时/计数器 1 高 8 位									8BH
TH0	定时/计数器 1 低 8 位									8CH
TH1	定时/计数器 1 高 8 位									8DH
P1	P1 口映射寄存器	P1.7	P1.6	P1.5	P1.4	P1.3	P1.2	P1.1	P1.0	90H
SCON	串行通信控制寄存器	SM0	SM1	SM2	REN	TB8	RB8	TI	RI	98H
SBUF	串行通信数据缓冲寄存器									99H
P2	P2 口映射寄存器	P2.7	P2.6	P2.5	P2.4	P2.3	P2.2	P2.1	P2.0	0A0H
IE	中断允许控制寄存器	EA		ET2	ES	ET1	EX1	ET0	EX0	0A8H
P3	P3 口映射寄存器	RD	WR	T1	T0	INT1	INT0	TXD	RXD	0B0H
IP	中断优先级控制寄存器			PT2	PS	PT1	PX1	PT0	PX0	0B8H
PSW	程序状态寄存器	CY	AC	F0	RS1	RS0	OV		P	0D0H
ACC	累加器	ACC.7	ACC.6	ACC.5	ACC.4	ACC.3	ACC.2	ACC.1	ACC.0	0E0H
B	B 寄存器	B.7	B.6	B.5	B.4	B.3	B.2	B.1	B.0	0F0H

从 80H 到 FFH 的直接寻址存储器空间为特殊功能寄存器 (SFR)组区。在指令中可直接写出寄存器，可寻址位的名称。

【例 6.1】 访问寄存器指令举例。

```
MOV  ACC, #01H          ;将立即数 01H 送到寄存器 ACC
MOV  A, SBUF            ;从串行口中输入一个字节数据
MOVC A, @DPTR           ;查表指令
MOVX @DPTR, A           ;数据外传
SETB  CY                ;进位位置'1'
SETB  TR0               ;启动定时计数器 0
CLR  EA                 ;禁止中断
```

主要功能寄存器描述：

① IE(0A8H)：复位后初值 00H，使能位=1 允许中断，使能位=0 禁止中断。

IE.7(EA)：全局使能位。EA=0 禁止所有中断；EA=1 可通过置位或清除使能对应位，使每个中断被使能或禁止。

IE.6：未定义。

IE.5(ET2)：定时器 2 中断使能位。

IE.4(ES)：串行口中断使能位。

IE.3(ET1)：定时器 1 中断使能位。

IE.2(EX1)：外部中断 1 使能位。

IE.1(ET0)：定时器 0 中断使能位。

IE.0(EX0)：外部中断 0 使能位。

② IP(0B8H)：复位后初值 80H。

中断优先级控制位=1 定义为高优先级中断。

中断优先级控制位=0 定义为低优先级中断。

IP.7，IP.6：未定义。

IP.5(PT2)：定时器 2 中断优先级控制位。

IP.4(PS)：串行口中断优先级控制位。

IP.3(PT1)：定时器 1 中断优先级控制位。

IP.2(PX1)：外部中断 1 中断优先级控制位。

IP.1E(PT0)：定时器 0 中断优先级控制位。

IP.0 (PX0)：外部中断 0 中断优先级控制位。

③ TMOD(89H)：复位后初值 00H，低 4 位决定 T0，高 4 位决定 T1 的工作方式。

M1，M0：工作方式选择控制位。

0　0　13 位定时计数器。

0　1　16 位定时计数器。

1　0　自动重装 8 位定时计数器。

1　1　定时器 0 分为两个 8 位定时计数器，定时器 1 停止对外计数。

$C/\overline{T}$：定时器/计数器方式选择位。

$C/\overline{T}$=0 设置为定时方式，对机器周期进行计数。

$C/\overline{T}$=1 设置为计数方式，对外部接至 T0(P3.4)或 T1(P3.5)引脚信号进行计数。

GATE：门控位。

GATE=0，软件使 TR0 (或 TR1)置 1 就能启动定时器 T0 (或 T1)。

GATE=1 时，在 $\overline{INT0}$ 引脚为高电平，由软件使 TR0 置 1，才能启动定时器 T0。

④ TCON(88H)：复位后初值 00H。

TF1：定时器 T1 溢出标志位。当定时器 T1 溢出时，由硬件自动使 TF1 置 1，并向 CPU 申请中断。CPU 响应中断后，自动对 TF1 清零。TF1 也可以用软件清'0'。

TR1：定时器 T1 运行控制位。可由软件置 1 启动定时器 T1，使定时器 T1 开始计数。

TF0：定时器 T0 溢出标志位。其功能与 TF1 相同。

TR0：定时器 T0 运行控制位。其功能与 TR1 相同。

IE1：外部中断 1 请求标志位(0 有效)。

IT1：外部中断 1 触发方式控制位(1 下降沿触发，0 低电平触发)。

IE0：外部中断 0 请求标志位(0 有效)。

IT0：外部中断 0 触发方式控制位(1 下降沿触发，0 低电平触发)。

⑤ SCON (98H)：复位后初值 00H。

SM0	SM1	工作模式	描述	波特率
0	0	0	8 位移位寄存器	$f_{osc}/12$
0	1	1	10 位 UART	可变
1	0	2	11 位 UART	$f_{osc}/64$ 或 $f_{osc}/32$
1	1	3	11 位 UART	可变

SM2：多机通信控制位。

REN：接收允许控制位。由软件置'1'允许接收，清'0'来禁止接收。

TB8：是要发送数据的第 9 位。

RB8：接收到的数据的第 9 位。

TI：发送中断标志位。TI 置位表示一帧信息发送结束，必须用软件清'0'。

RI：接收中断标志位。RI 置位表示一帧数据接收完毕，必须用软件清'0'。

⑥ PSW(0D0H)：复位后初值 00H。

CY(PSW.7)：进位标志位。加法(或减法)运算时，若运算结果最高位有进位或借位，CY 自动置'1'，否则置'0'。在进行布尔操作运算时，CY (简称 C)作为布尔处理器。

AC：辅助进位标志位。当进行加法或减法时，若低 4 位向高 4 位有进位 (或借位)，AC 被置'1'，否则 AC 被置'0'。在十进制调整指令中 AC 还作为十进制调整的判别位。

F0：用户标志位。用户可用软件对 F0 位置'1'或清'0'以决定程序的流向。

OV：溢出标志位。当运算结果溢出时 OV 为'1'，否则为'0'。

PSW.1：未定义。

P (PSW.0)：奇偶标志位。MCS-51 单片机采用的是偶校验，当累加器 ACC 中'1'的个数为奇数时，P 置'1'，否则 P 置'0'。

RS1，RS0：工作寄存器区选择位。用来选择当前工作的寄存器区。用户通过改变 RS1，RS0 的内容来选择当前工作寄存器区。RS1，RS0 的内容与工作寄存器区的对应关系。

⑦ SP(81H)：复位后初值 07H。

堆栈指针在执行栈操作时的顺序：指针加 1，数据入栈；数据出栈，指针减 1。

6.1.2 AT89C52 单片机指令集

目前计算机常用指令集有 CISC 指令集 (Complex Instruction Set Computer，复杂指令集)和 RISC 指令集 (Reduced Instruction Set Computer，精简指令集)。MCS-51 单片机采用 CISC 指令集，

AT89C 系列单片机系统控制器的指令集与标准 MCS51 指令集完全兼容，可以使用标准 8051 的开发工具开发单片机的软件。

MCS-51 指令集的汇编语言指令标准格式：标号：指令助记符操作数 1，操作数 2；注释。

1．数据传送类指令 (7 种指令助记符)

数据传送类指令如表 6.1.2 所示。

表 6.1.2　8051 指令集 (a)——数据传输类

指 令 格 式	数据源地址	数据目的地址
MOV　A，Rn	Rn 寄存器	累加器
MOV　A，direct	直接寻址单元	累加器
MOV　A，@Ri	间接寻址单元	累加器
MOV　A，#data	立即数	累加器
MOV　Rn，A	累加器	Rn 寄存器
MOV　Rn，direct	直接寻址单元	Rn 寄存器
MOV　Rn，#data	立即数	Rn 寄存器
MOV　direct，A	累加器	直接寻址单元
MOV　direct，Rn	Rn 寄存器	直接寻址单元
MOV　direct，direct	直接寻址单元	直接寻址单元
MOV　direct，@Ri	间接寻址单元	直接寻址单元
MOV　direct，#data	立即数	直接寻址单元
MOV　@Ri，A	累加器	间接寻址单元
MOV　@Ri，direct	直接寻址单元	间接寻址单元
MOV　@Ri，#data	立即数	间接寻址单元
MOV　DPTR，#data16	16 位常数	DPTR 寄存器
MOVC　A，@A+DPTR	DPTR 指向的程序区地址单元	累加器
MOVC　A，@A+PC	PC 指向的程序区地址单元	累加器
MOVX　A，@Ri	外部 RAM (8 位地址)地址单元	累加器
MOVX　@Ri，A	累加器	外部 RAM 地址单元
MOVX　A，@DPTR	外部 RAM (16 位地址)地址单元	累加器
MOVX　@DPTR，A	累加器	外部 RAM 地址单元
PUSH　direct	直接寻址地址单元	堆栈
POP　direct	堆栈	直接寻址地址单元
XCH　A，Rn	累加器和寄存器交换内容	
XCH　A，direct	累加器与直接寻址单元交换内容	
XCH　A，@Ri	累加器与间接寻址单元交换内容	
XCHD　A，@Ri	累加器与间接寻址单元交换低 4 位内容	

数据传输类助记符：

MOV (Move)：完成内部数据区和殊功能寄存器 SFR 间的数据传递

MOVC (Move Code)：读取程序区数据表格的数据

MOVX (Move External RAM)：完成与外部 RAM 区的数据交换
PUSH (Push onto Stack)：入栈
POP (Pop from Stack)：出栈
XCH (Exchange)：字节交换
XCHD (Exchange low-order Digit)：低半字节交换

2．算术运算类指令 (8 种助记符)

算术运算类指令如表 6.1.3 所示。

表 6.1.3　8051 指令集 (b)——算术运算类

指令格式	功能
ADD A，Rn	累加器内容“加”Rn 寄存器内容
ADD A，direct	累加器内容“加”直接寻址地址单元内容
ADD A，@Ri	累加器内容“加”间接寻址地址单元内容
ADD A，#data	累加器内容“加”立即数
ADDC A，Rn	累加器内容“加”Rn 寄存器内容“加”进位位
ADDC A，direct	累加器内容“加”直接寻址地址单元内容“加”进位位
ADDC A，@Ri	累加器内容“加”间接寻址地址单元内容“加”进位位
ADDC A，#data	累加器内容“加”立即数“加”进位位
SUBB A，Rn	累加器内容“减”Rn 寄存器内容
SUBB A，direct	累加器内容“减”直接寻址地址单元内容
SUBB A，@Ri	累加器内容“减”间接寻址地址单元内容
SUBB A，#data	累加器内容“减”立即数
INC A	累加器内容+1
INC Rn	Rn 寄存器内容+1
INC direct	直接寻址地址单元内容+1
INC @Ri	间接寻址地址单元内容+1
DEC A	累加器内容–1
DEC Rn	Rn 寄存器内容–1
DEC direct	直接寻址地址单元内容–1
DEC @Ri	间接寻址地址单元内容–1
INC DPTR	DPTR 寄存器内容+1
MUL A,B	累加器与寄存器 B 内容相除
DIV A,B	累加器与寄存器 B 内容相乘
DA A	累加器内容十进制调整

算术运算类指令助记符：
ADD (Addition)：加法

ADDC (Add with Carry)：带进位加法
SUBB (Subtract with Borrow)：带借位减法
INC (Increment)：加 1
DEC (Decrement)：减 1
MUL (Multiplication, Multiply)：乘法
DIV (Division, Divide)：除法
DA (Decimal Adjust)：十进制调整

3．逻辑运算类指令 (10 种助记符)

逻辑运算类指令如表 6.1.4 所示。

表 6.1.4　8051 指令集 (c)—逻辑运算类

指令格式	功　能	指令格式	功　能
ANL　A,Rn	累加器“与”Rn 寄存器	XRL　A，direct	累加器“异或”直接寻址单元内容
ANL　A，direct	累加器“与”直接寻址单元内容	XRL　A，@Ri	累加器“异或”间接寻址单元内容
ANL　A，@Ri	累加器“与”间接寻址单元内容	XRL　A，#data	累加器“异或”立即数
ANL　A，#data	累加器“与”立即数	XRL　direct，A	间接寻址单元内容“异或”累加器
ANL　direct，A	间接寻址单元内容“与”累加器	XRL　direct，#data	到直接寻址单元内容“异或”立即数
ANL　direct，#data	到直接寻址单元内容“与”立即数	CLR　A	累加器内容清零
ORL　A，Rn	累加器“或”Rn 寄存器	CPL　A	累加器内容求反
ORL　A，direct	累加器“或”直接寻址单元内容	RL　A	累加器内容按位左移
ORL　A，@Ri	累加器“或”间接寻址单元内容	RLC　A	累加器内容连同进位位左移
ORL　A，#data	累加器“或”立即数	RR　A	累加器内容按位右移
ORL　direct，A	间接寻址单元内容“或”累加器	RRC　A	累加器内容连同进位位右移
ORL　direct，#data	到直接寻址单元内容“或”立即数	SWAP　A	累加器内容高低 4 为交换
XRL　A，Rn	累加器“异或”Rn 寄存器		

逻辑运算类指令助记符：
ANL (AND Logic)：逻辑与
ORL (OR Logic)：逻辑或
XRL (Exclusive-OR Logic)：逻辑异或
CLR (Clear)：清零
CPL (Complement)：取反
RL (Rotate left)：循环左移
RLC (Rotate Left through the Carry flag)：带进位循环左移
RR (Rotate Right)：循环右移
RRC (Rotate Right through the Carry flag)：带进位循环右移
SWAP (Swap)：低 4 位与高 4 位交换

4．转移控制类指令 (11 种助记符)

转移控制类指令如表 6.1.5 所示。

表 6.1.5　8051 指令集 (d)——转移控制类

指令格式	功　能
ACALL　addr11	绝对调用子程序
LCALL　addr16	长调用子程序
RET	子程序返回
RETI	中断返回
AJMP　addr11	绝对跳转
LJMP　addr16	长跳转
SJMP　rel	短跳转
JMP　@A+DPTR	基址加变址跳转
JZ　rel	累加器为 0 转
JNZ　rel	累加器非 0 转
CJNE　A，direct，rel	累加器内容与立即数内容不相等，则转移
CJNE　A，#data，rel	累加器内容与直接寻址单元内容不相等，则转移
CJNE　Rn，#data，rel	间接寻址单元内容与立即数内容不相等，则转移
CJNE　@Rn，#data，rel	Rn 寄存器内容与立即数内容不相等，则转移
DJNZ　Rn，rel	Rn 寄存器内容减一后不为零，则转移
DJNZ　direct，rel	直接寻址单元内容减一后不为零，则转移

转移控制类指令 (11 种助记符)：

ACALL (Absolute subroutine Call)：子程序绝对调用

LCALL (Long subroutine Call)：子程序长调用

RET (Return from subroutine)：子程序返回

RETI (Return from Interruption)：中断返回

AJMP (Absolute Jump)：绝对转移

LJMP (Long Jump)：长转移

SJMP (Short Jump)：短转移

JZ (Jump if Zero)：结果为 0 则转移

JNZ (Jump if Not Zero)：结果不为 0 则转移

CJNE (Compare Jump if Not Equal)：比较不相等则转移

DJNZ (Decrement Jump if Not Zero)：减 1 后不为 0 则转移

5. 位操作指令 (11 种助记符)

位操作类指令如表 6.1.6 所示。

位操作指令助记符：

CLR (Clear)：位清零

SETB (Set Bit)：位置 1

CPL (Complement)：位取反

ANL (AND Logic)：位逻辑与

ORL (OR Logic)：位逻辑或

MOV (Move)：位传递

JC (Jump if the Carry flag is set)：有进位则转移

JNC (Jump if Not Carry)：无进位则转移

表 6.1.6　8051 指令集 (e)——位操作类

助 记 符	功　能	助 记 符	功　能
CLR　C	进位位清零	ORL　C，/bit	直接寻址位求反后“或”进位位
CLR　bit	直接寻址位清零	MOV　C，bit	直接寻址位状态传送到进位位
SETB　C	进位位置位	MOV　bit，C	进位位状态传送到直接寻址位
SETB　bit	直接寻址位置位	JC　rel	有进位位，则转移
CPL　C	进位位求反	JNC　rel	进位位为零，则转移
CPL　bit	直接寻址位求反	JB　bit，rel	直接寻址位为零，则转移
ANL　C，bit	直接寻址位“与”进位位	JNB　bit，rel	直接寻址位置位，则转移
ANL　C，/bit	直接寻址位的求反后“与”进位位	JBC　bit，rel	直接寻址置位 转移并该位清零
ORL　C，bit	直接寻址位“或”进位位		

JB (Jump if the Bit is set)：位为 1 则转移

JNB (Jump if the Bit is Not set)：位为 0 则转移

JBC (Jump if the Bit is set and Clear the bit)：位为 1 则转移，并清除该位

NOP (No Operation)：空操作。

6．指令集中符号说明

Rn：当前选择的寄存器区的寄存器 R0～R7。

@Ri：通过寄存器 R0～R1 间接寻址的数据 RAM 地址。

rel：相对于下一条指令第一个字节的 8 位有符号 (2 的补码)偏移量。

direct：8 位内部数据存储器地址。可以直接访问数据 RAM 地址 (00H～7FH)或一个特殊功能寄存器 (SFR)地址 (80H～FFH)。

#data：8 位立即数。

#data16：16 位立即数。

bit：数据 RAM 或 SFR 中的可直接寻址位。

addr11：ACALL 或 AJMP 使用的 11 位目的地址。目的地址必须与下一条指令第一个字节处于同一个 2KB 的程序存储器页。

addr16：LCALL 或 LJMP 使用的 16 位目的地址。目的地址可以是程序存空内的任何位置。

6.1.3　AT89C52 单片机最小应用系统

AT89C52 单片机芯片内部集成有 8KB Flash 型程序存储器，用于存放用户的应用程序。不需要外扩程序空间，可方便组成最小系统，如图 6.1.4 所示。组成最小系统的外围电路，是单片机正常工作的前提条件。

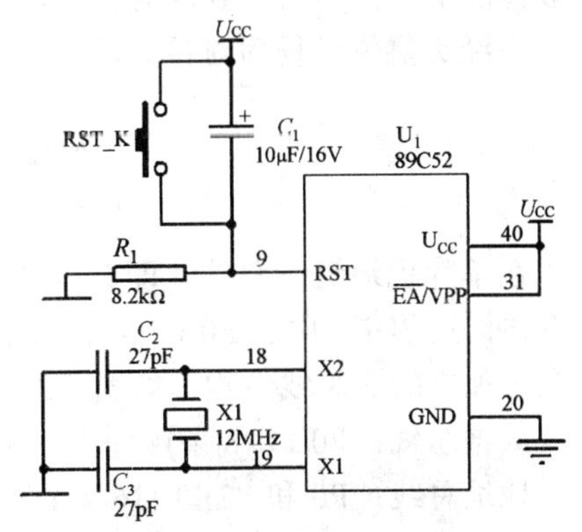

图 6.1.4　单片机最小系统

(1) 片选信号 $\overline{EA}$：$\overline{EA}$ (31)引脚上的信号逻辑，决定单片机上电初始状态时读取的第一条指令的存放位置。置低时总访问外部程序存储器，置高则执行内部程序。对于片内集成有 Flash 型程序存储器的 CPU，该引脚需接到逻辑'1'，这里可直接接到 U_{CC}。

(2) 时钟电路：提供单片机内部电路工作所需的时钟

同步信号。图 6.1.4 中所示电容 C_2，C_3，晶体 X1 通过单片机引脚 (X1，X2)和单片机内部有关电路相连，组成为单片机提供时钟信号的时钟电路。该时钟信号决定单片机的机器周期。

C_2，C_3：磁片电容 (22～30pF)。

晶体：要依据单片机的性能指标来选择，不高于单片机的工作频率上限。一般的选择范围在 2～20MHz 之间。用于串行通信，选择 11.0592MHz，7.3728MHz；要求定时精度，选择 6MHz，12MHz。

单片机允许外接时钟信号。当应用系统内部存在合适的时钟信号时，可通过 XTAL1 (19)脚接入单片机内部，此时 XTAL2 (18)脚可悬空。

(3) 复位电路：在时钟电路正常运行状态下，复位引脚 (9)出现大于 2 个机器周期 (24 个时钟振荡周期)的高电平即可使单片机进入复位状态，当复位电平撤销之后，单片机在初始状态下从第 1 条指令开始顺序执行程序。图 6.1.5 为单片机常用复位电路。

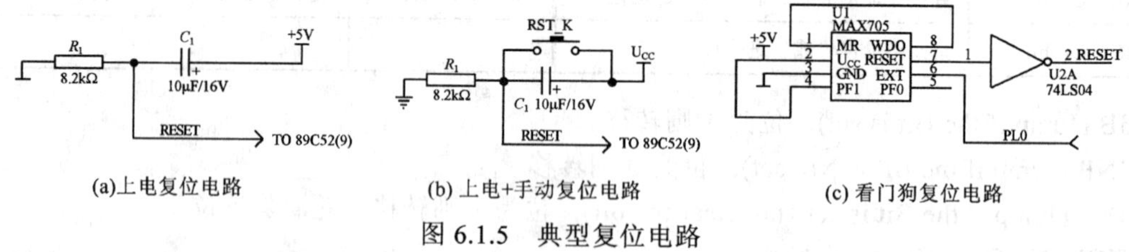

(a)上电复位电路　　(b) 上电+手动复位电路　　(c) 看门狗复位电路

图 6.1.5　典型复位电路

看门狗复位电路是单片机常用的一种抗干扰方法。

电路的基本原理是：MAX705 芯片监测引脚 6 的信号状态。在连续的 1.6s 之内无变化 (由逻辑'1'变为'0'或反之)，将在引脚 6 上输出一个正脉冲信号。利用看门狗芯片这一特点，在编程序时，一般选取若干程序运行过程中在一定的时间间隔内能重复走到的点处安插一条“喂狗”指令 (CPL P1.0)。正常情况下，由于喂狗信号的存在，MAX705 不会输出信号。当单片机出现异常，导致程序跑飞，不能提供喂狗信号时，若 MAX705 输出信号连到单片机的复位引脚，则会引起单片机硬件复位，重新开始正确执行指令，从而起到了抗干扰的作用。

在选择看门狗芯片时要注意：喂狗信号的时间间隔及复位信号输出的有效逻辑电平。组建看门狗复位电路时，在保证正确的逻辑连接前提下，在程序中选择合适位置添加喂狗信号指令是非常关键的。

在设计接口电路时，常会遇到一些可编程的接口芯片如 8255，8279 等，这些芯片需要复位信号来设置初始状态。此时要注意，不同芯片所要求的复位信号 (信号电平、持续时间)各不相同。一般情况下，接口芯片要求的复位时间比单片机要长。

在经历复位过程后对接口芯片初始状化编程时，单片机要预留出足够的等待时间。

6.2　单片机系统扩展

在单片机通过三总线［即数据总线 (DBUS)、地址总线 (ABUS)和控制总线 (CBUS)］对外部器件访问过程中，由于 P0 口本身为地址线 (低 8 位)和数据线复用，因此需要借助锁存器来产生对外完全独立的三总线结构，如图 6.2.1 所示。

数据总线：P0 口 (8 条)

地址总线：P0 和 P2 口 (16 条)

控制总线：P3 口的 WR，RD (2 条)

74LS373 作为地址锁存器，在 ALE 信号作用下，将 P0 口中地址信息锁存。

6.2.1 数据存储器

数据存储器主要完成数据的存储，可分为 RAM 型和 Flash 型。RAM 型多采用并行接口，大容量 (>8KB)的 Flash 型一般采用并行接口，小容量的 Flash 型存储器一般采用 I^2C 串行接口，I^2C 接口需要专用的接口通信程序，将在下一节介绍。

1．静态 RAM 型数据存储器

(1) 62256 (32KB)

- 32KB×8 并行，高速，静态 RAM
- 单 5V 供电
- TTL 接口电平
- 最大存取时间：70ns
- 动态：25mW (典型值)，静态:10μW
- 封装：DIP，TSOP1

DIP 封装的 62256 引脚图如图 6.2.2 所示，引脚描述及工作方式如表 6.2.1 和表 6.2.2 所示。

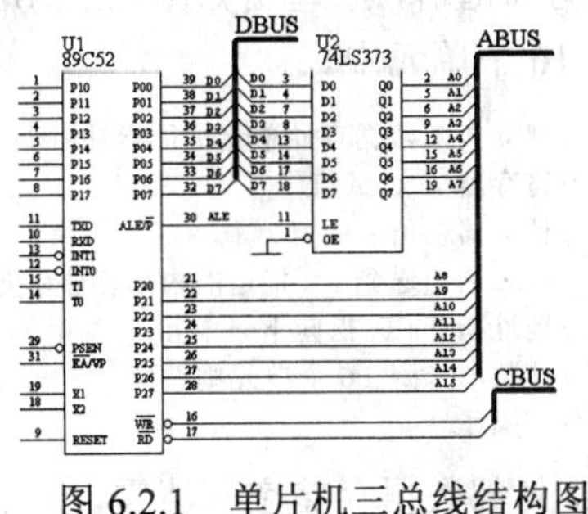

图 6.2.1　单片机三总线结构图

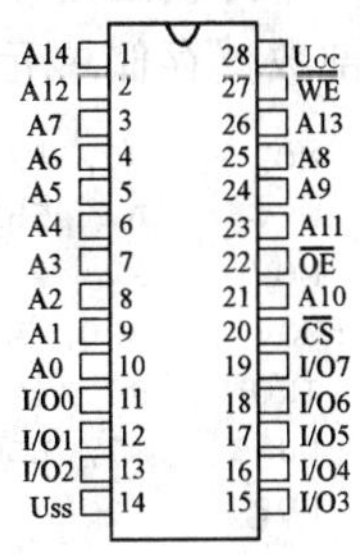

图 6.2.2　62256 引脚图

表 6.2.1　62256 的引脚描述

A0～A14 (Address)	地址线
I/O0～I/O7	数据线
$\overline{CS}$ (Chip Select)	片选
$\overline{WE}$ (Write Enable)	写允许
$\overline{OE}$ (Output Enable)	输出允许
NC (No Connection)	

表 6.2.2　62256 的工作方式

$\overline{CS}$	$\overline{WE}$	$\overline{OE}$	模式	I/O 引脚
H	X	X	静态	高阻
L	H	H	待机	高阻
L	H	L	读	Dout
L	L	H	写	Din
L	L	H	写	Din

图 6.2.3 和图 6.2.4 所示是单片机通过外扩两片 62256，得到 64KB 外部数据存储空间。这里采用的是三总线方法连接，即单片机和存储器相互间的地址总线、数据总线、控制总线对应连接。片选信号将决定存储器上存储单元的逻辑地址范围。

图 6.2.3 中，存储器片选端信号由单片机的地址线经译码产生，P2.7 为'0'时将选中 U3，U3 的内部数据总线将连接到外部总线上。此时 U4 的片选信号为'1'，它的内部数据总线对外呈现高阻，因此可保证此时单片机的数据总线上只有一个芯片在工作。在单片机访问存储器过程中，将自动产生读/写时序。编程时不需考虑存储单元的物理位置，因此非常简单。

	逻辑地址	物理地址	P2.7
U3	0000H～7FFFH	0000H～7FFFH	0
U4	0000H～7FFFH	8000H～FFFFH	1

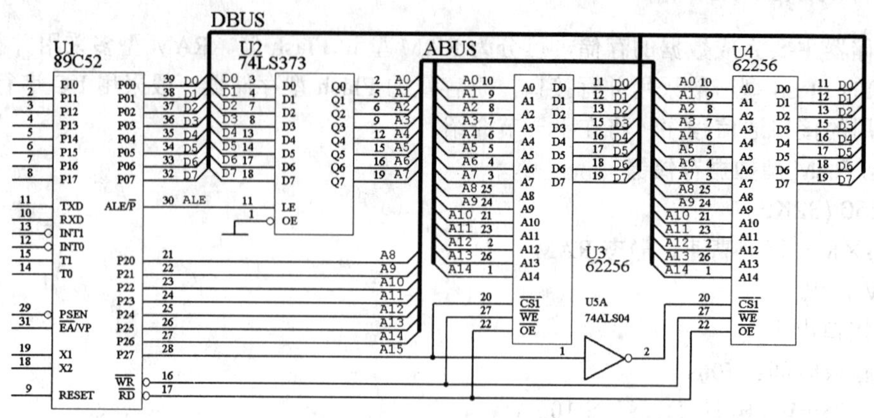

图 6.2.3　地址线控制片选端

【例 6.2】 单片机应用系统中外扩 64KB 的数据存储器，原理图如图 6.2.3 所示，将数据 55H 存入单片机内部数据存储单元地址为 20H～2FH 的 16 个单元中。

```
        MOV     R0, #20H            ;建立内部数据存储单元地址指针
        MOV     A, #55H             ;寄存器 ACC 赋值
        MOV     R7, #10H            ;计数器初值
LOOP1:MOV     @R0, A              ;ACC 内容送到 R0 指定的内部存储单元
        INC     R0                  ;地址指针+1,指向下一单元
        DJNZ    R7, LOOP1           ;计数，未到 16 个单元则循环
        NOP                         ;空操作
```

【例 6.3】 原理图如图 6.2.3 所示，通过编程将外部数据存储空间清零。

```
        MOV     DPTR, #0000H        ;建立数据存储单元地址指针
        CLR     A                   ;寄存器 ACC 清零
        MOV     R7, #00H            ;256B 单元为一页，页内单元计数器
        MOV     R6, #00H            ;64KB 单元为 256 页,页计数器
LOOP1:  MOVX    @DPTR, A            ;A 内容送到 DPTR 指定的外部数据区
        INC     DPTR                ;地址指针+1,指向下一单元
        DJNZ    R7, LOOP1           ;计数,页内未到 256 个单元则循环
        DJNZ    R6, LOOP1           ;计数,未到 256 页则循环
```

【例 6.4】 原理图如图 6.2.3 所示，将单片机内部数据存储区 20H～2FH 的连续 16 个存储单元内容送到外部数据区的 1000H～100FH 单元。

```
        MOV     DPTR, #1000H        ;建立外部数据存储单元地址指针
        MOV     R0, #20H            ;建立内部数据存储单元地址指针
        MOV     R7, #10H            ;计数器,数据块长度
LOOP1:  MOV     A, @R0              ;读出数据,暂存
        MOVX    @DPTR, A            ;送到外部数据区
        INC     DPTR                ;外部数据存储单元地址指针+1
        INC     R0                  ;内部地址指针+1
        DJNZ    R7, LOOP1           ;计数,未到 16 个单元则循环
```

图 6.2.4 中，存储器片选端信号由单片机的 I/O 接口线产生，在单片机访问存储器过程中，需要对口线编程来产生片选信号。由于单片机只有 16 条地址线，寻址范围 64KB，当超过 64KB 时，可借助 I/O 接口线来扩充寻址范围。注意，挂在数据总线上的接口芯片同一时刻只允许有一个在工作，即只允许片选信号有效的芯片工作。

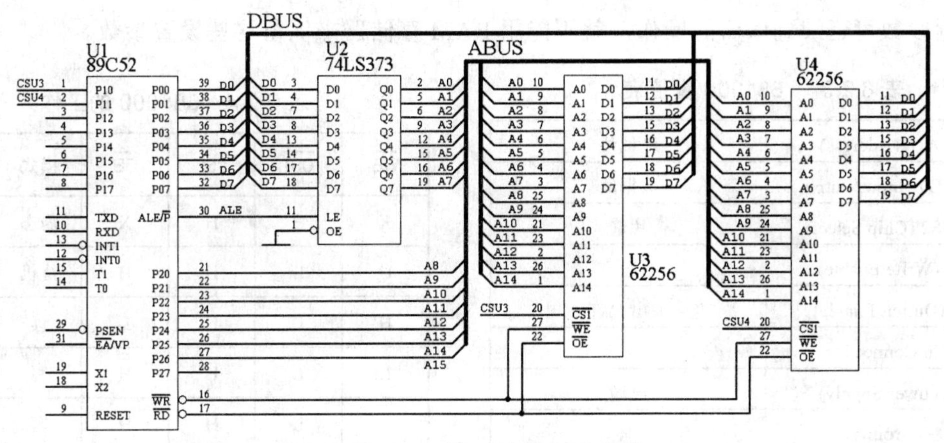

图 6.2.4　I/O 接口线控制片选端

	物理地址	逻辑地址	片选端
U3	0000H～7FFFH	0000H～7FFFH	P1.0
U4	0000H～7FFFH	0000H～7FFFH	P1.1

此时两个芯片的逻辑地址相同，单片机通过 I/O 接口发出片选信号来控制芯片有效读/写操作。

【例 6.5】 原理图如图 6.2.4 所示，将 A 寄存器内容分别送到 U3，U4 的 1234H 单元。

```
MOV    DPTR, #1234H          ;建立外部数据存储单元地址指针
CLR    P1.0                  ;P1.0 清零,选中 U3
SETB   P1.1                  ;P1.1 置位,关闭 U4
MOVX   @DPTR, A              ;送到外部数据区 U3 的指定单元
MOV    DPTR, #1234H          ;建立外部数据存储单元地址指针
CLR    P1.1                  ;P1.1 清零,选中 U4
SETB   P1.0                  ;P1.0 置位,关闭 U3
MOVX   @DPTR, A              ;送到外部数据区 U4 的指定单元
```

对于 RAM 型数据存储器，只有正确地和单片机连接，才能通过编程完成数据的传递。硬件在基于三总线的连接基础上，存储器的片选信号有两种办法产生：

- 单片机地址总线译码：编程简单，需要硬件译码电路，寻址范围最大 64KB。
- 单片机 I/O 接口线提供：编程时要注意多个片选信号不可同时有效，此时单片机外扩的数据存储器容量可远大于 64KB，但需要占用有限的 I/O 接口。

(2) 681000 (128KB)

- 128KB×8 并行，高速，静态 RAM
- 供电：4.5～5.5V
- 三态输出，兼容 TTL 接口电平
- DIP 单 5V 供电，TTL 接口电平
- 最大存取时间：70ns
- 动态：0.5mW
- 封装：DIP，SOP，TSOP1

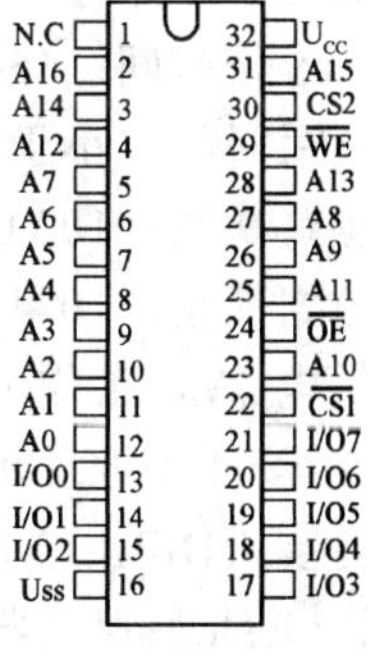

图 6.2.5　681000 引脚图

DIP 封装的 681000 引脚图如图 6.2.5 所示。其真值表和工作方式分别如表 6.2.3 和表 6.2.4 所示。

(3) 其他常用容量数据存储器：其他常用容量数据存储器的引脚图如图 6.2.6 所示。

2. Flash 型数据存储器

SRAM 类型数据存储器断电后，存在其中的数据会丢失。如在仪器仪表的使用中，若希望每

次的设置参数可延续到以后的操作，就不能用 RAM 存储器来保留这些设置参数。

表 6.2.3　681000 真值表

A0～A16 (Address)	地址线
I/O0～I/O7 (Input/Output)	数据线
$\overline{CS1}$,CS2 (Chip Select)	片选
$\overline{WE}$ (Write Enable)	写允许
$\overline{OE}$ (Output Enable)	输出允许
NC (No Connection)	
U_{CC} (Power Supply)	电源
U_{SS} (Ground)	地

表 6.2.4　681000 的工作方式

$\overline{WE}$	$\overline{CS1}$	CS2	$\overline{OE}$	模式	I/O 引脚
X	H	H	X	静态	高阻
H	L	H	H	待机	高阻
H	L	H	L	读	Dout
L	L	H	H	写	Din
L	L	H	H	写	Din

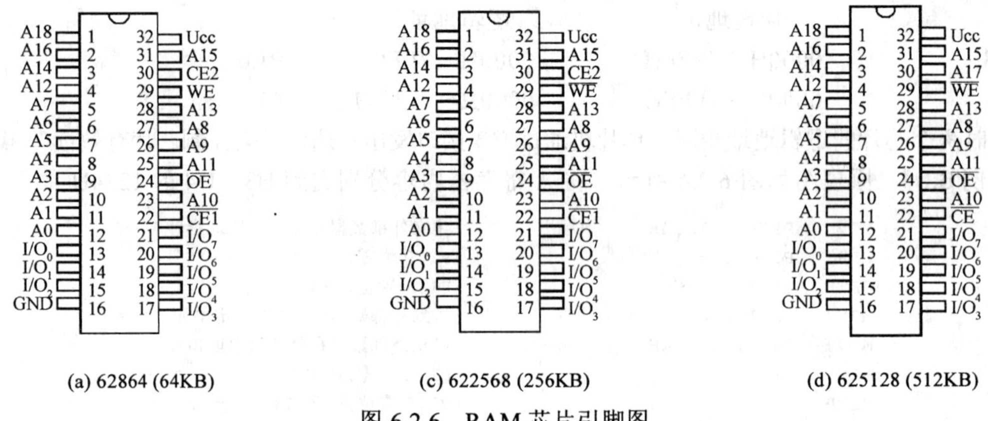

(a) 62864 (64KB)　(c) 622568 (256KB)　(d) 625128 (512KB)

图 6.2.6　RAM 芯片引脚图

EEPROM 型和 Flash 型存储器特点：带电可修改内容，断电后存在其中的数据不会丢失。EEPROM 型常见于小容量，串行接口的芯片。大存储容量一般是 Flash 类型。

AT28C64B：

- 8KB×8，并行，Flash
- 读过程时间：150ns
- 页写时间：小于 10ms
- 擦写次数：100 000
- 数据保留：10 年
- 供电 5V，工作电流 40mA，静态电流 100μA
- 连续 64 个地址单元为一页，页写操作，提供写数据保护
- 封装：DIP，PLCC，TSOP

常用 Flash 型存储器 (DIP)芯片引脚图如图 6.2.7 所示。

Flash 型存储器和单片机的连接过程，与相同容量的 RAM 型没有区分，可按相同方法设计电路，图 6.2.8 所示是单片机扩展 8KB (2864)外部连接原理图。电路中 2864 的片选端使用单片机的地址线。U3 的地址范围为 0000H～1FFFH (8KB)。

2864 读/写操作：

读操作：单片机读取 Flash 芯片内部数据过程，与访问静态 RAM 相同，在编程过程只要保证 Flash 芯片在有效的逻辑地址空间即可。

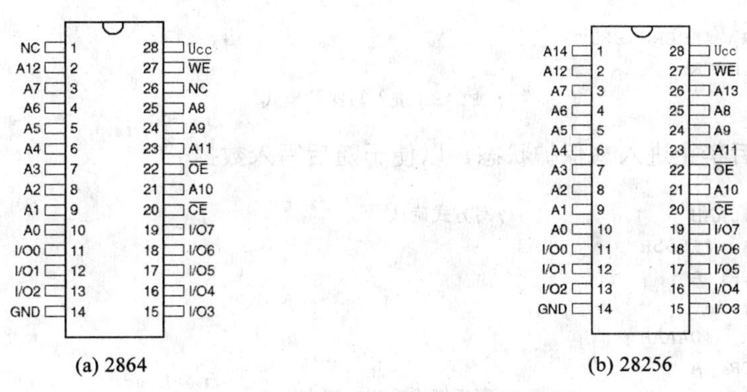

图 6.2.7　Flash 型存储器芯片引脚图

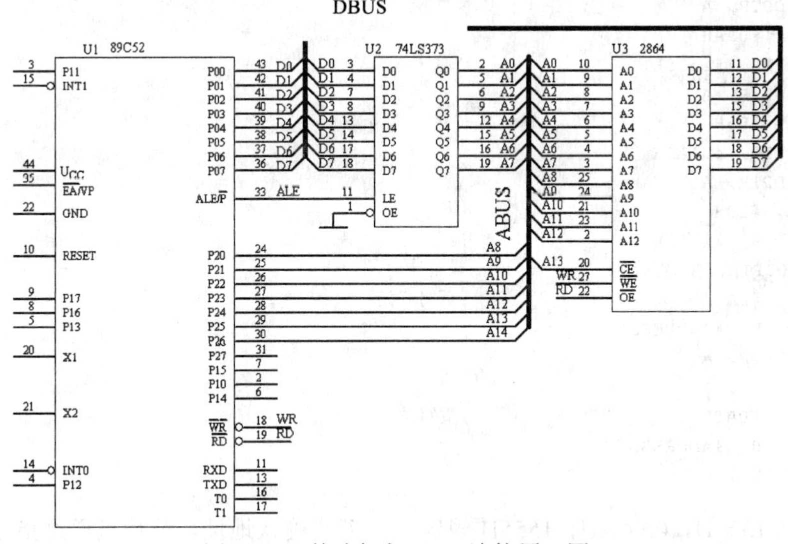

图 6.2.8　单片机与 2864 连接原理图

写操作：由于 Flash 芯片特点，写数据时间远大于读操作时间，同时 Flash 芯片为保护自身存储数据的可靠性采用了若干限制写数据的措施，因此单片机在对芯片进行写操作时，需要特定流程才可完成。不同厂家及不同容量的芯片，流程略有不同，建议参考具体型号的芯片手册完成。以下给出满足 Atmel 公司 AT28C64B 芯片写流程的汇编程序。

页写操作流程：

① 页写结束后 Flash 芯片进入写保护模式

```
MOV  A, #0AAH              ;写模式确认过程
MOV  DPTR, #1555H
MOV  A, #55H
MOVX @DPTR, A
MOV  DPTR, #0AAAH
MOV  A, #0A0H              ;写后模式确认为保护
MOVX @DPTR, A
MOV  DPTR, #1555H
MOVX @DPTR, A
MOV  A, #DATA0             ;在 64 个连续单元中写入数据
MOV  DPTR, #ADDRESS0
MOVX @DPTR, A
 ......
MOV  A, #DATA63            ;写入最后一字节
```

```
MOV  DPTR, #ADDRESS63
MOVX A, @DPTR
NOP                            ; FLASH 进入写保护模式
```

② 页写结束后禁止进入写保护状态，以便于随后写入数据

```
MOV  A, #0AAH                  ;写方式确认
MOV  DPTR, #1555H
MOVX @DPTR, A
MOV  A, #55H
MOV  DPTR, #0AAAH
MOVX @DPTR, A
MOV  A, #0B0H                  ;写后模式确认为禁止保护
MOV  DPTR, #1555H
MOVX @DPTR, A
MOV  A, #0AAH
MOV  DPTR, #1555H
MOVX @DPTR, A
MOV  A, #55H
MOV  DPTR, #0AAAH
MOVX @DPTR, A
MOV  A, #20H
MOV  DPTR, #1555H
MOVX  @DPTR, A
MOV  A, #DATA0                      ;页写开始
MOV  DPTR, #ADDRESS0
MOVX @DPTR, A
……
MOV  A, #DATA63                     ;页写结束开始
MOV  DPTR, #ADDRESS63
MOVX @DPTR, A
```

其中，地址 1555H，0AAAH，1555H 固定为写模式确认地址。单片机通过指令向这些特定的片上地址单元写指令字完成正常写模式识别，0AAH 和 55H 为相应命令字。不同的芯片，在写入的指定地址和命令字内容处会有差异。

DATA0～DATA63：写入 Flash 芯片的 64 字节数据。

ADDRESS0～ADDRESS63：写入 Flash 芯片的片上地址，地址必须是连续的 64 个单元。

6.2.2 I/O 接口扩展

单片机有 4 组 8 位 I/O 接口，分别是 P0，P1，P2，P3，在设计系统时，单片机可通过这 32 条 I/O 接口线与外界交换信息。当系统资源欠缺特别是当系统需要扩展三总线时，P0，P2 口作为地址总线和数据总线，不可以再作为 I/O 接口线使用，P3 口也经常被用于第二功能，如接口芯片的读/写信号、串行通信的收发数据等，此时可用的 I/O 接口线将非常有限。因此需要借助一些芯片来扩展单片机的 I/O 接口线。

1．译码电路

常用的译码器芯片有 74HC138 和 74HC139。

译码器的作用是在控制信号的作用下对输入信号译码。在单片机的应用系统中，主要用来对地址线进行译码，产生片选信号。在设计译码电路时，首先要了解清楚译码器的真值表，设计出正确的逻辑关系。

(1) 双二四译码器 74HC139：74HC139 的引脚图和真值表分别如图 6.2.9(a)、(b)所示。

【例 6.6】 扩展单片机的串行接口。

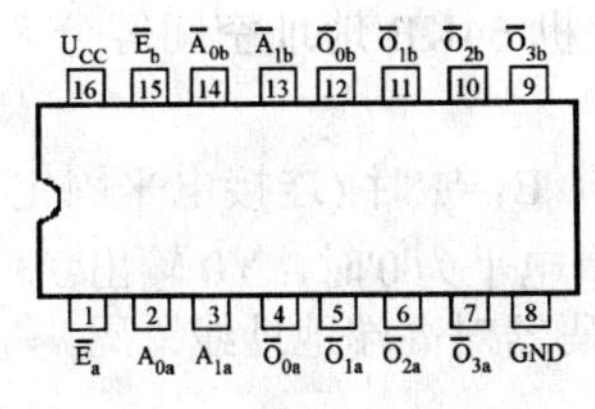

(a) 引脚图

INPUTS			OUTPUTS			
$\overline{E}$	A_0	A_1	$\overline{O_0}$	$\overline{O_1}$	$\overline{O_2}$	$\overline{O_3}$
H	X	X	H	H	H	H
L	L	L	L	H	H	H
L	H	L	H	L	H	H
L	L	H	H	H	L	H
L	H	H	H	H	H	L

(b) 真值表 1/2

图 6.2.9 74HC139 的引脚图和真值表

单片机自身提供一个标准的 UART 接口，利用 74HC139 可实现串行接口的扩展，如图 6.2.10 所示，电路完成扩展 4 路串行接口。74LS125 为三态门，在门控信号作用下有条件导通，此时若直接使用 I/O 接口线作为门控信号，需 4 条 I/O 接口线，通过利用 74HC139，只用两条 I/O 接口线即可实现该功能，本例使用的是 P1.0 和 P1.1。

```
P1.1  P1.0   串口连通路数
0     0      TX0, RX0
0     1      TX1, RX1
1     0      TX2, RX2
1     1      TX3, RX3
```

注意：图中所示电路在同一时刻，单片机串口只能连到其中的一路。

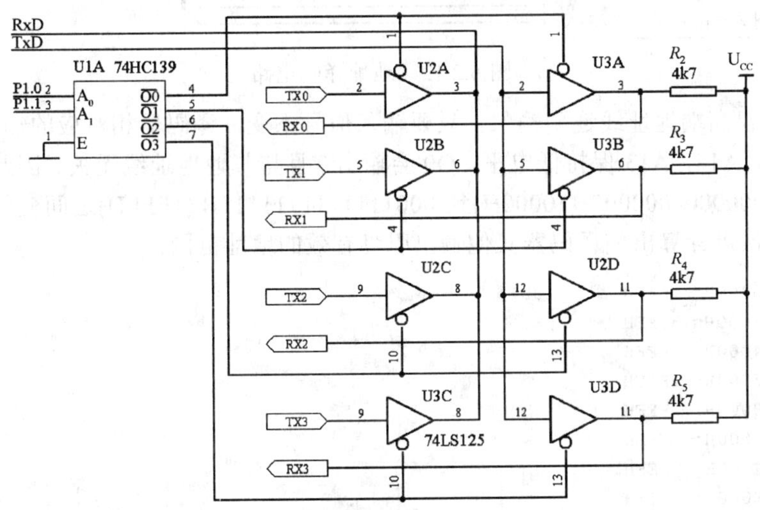

图 6.2.10 利用 74HC139 扩展串行接口

(2) 三八译码器 74HC138：74HC138 的引脚图和真值表分别如图 6.2.11(a)、(b)所示。

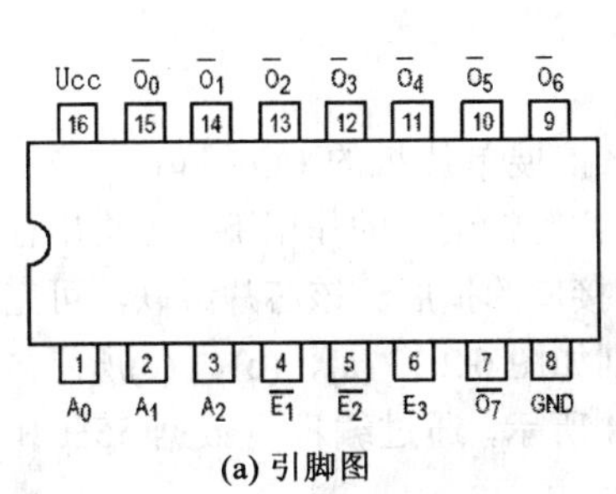

(a) 引脚图

INPUTS						OUTPUTS							
$\overline{E_1}$	$\overline{E_2}$	E_3	A_0	A_1	A_2	$\overline{O_0}$	$\overline{O_1}$	$\overline{O_2}$	$\overline{O_3}$	$\overline{O_4}$	$\overline{O_5}$	$\overline{O_6}$	$\overline{O_7}$
H	X	X	X	X	X	H	H	H	H	H	H	H	H
X	H	X	X	X	X	H	H	H	H	H	H	H	H
X	X	L	X	X	X	H	H	H	H	H	H	H	H
L	L	H	L	L	L	L	H	H	H	H	H	H	H
L	L	H	H	L	L	H	L	H	H	H	H	H	H
L	L	H	L	H	L	H	H	L	H	H	H	H	H
L	L	H	H	H	L	H	H	H	L	H	H	H	H
L	L	H	L	L	H	H	H	H	H	L	H	H	H
L	L	H	H	L	H	H	H	H	H	H	L	H	H
L	L	H	L	H	H	H	H	H	H	H	H	L	H
L	L	H	H	H	H	H	H	H	H	H	H	H	L

(b) 真值表

图 6.2.11 74HC138 的引脚图和真值表

【例 6.7】 原理图如图 6.2.11 所示，使用译码芯片将单片机 64KB 地址空间等分 8 段。计算片选信号对应的地址范围。

由 74HC138 的真值表可知：当芯片的片选信号 $\overline{E_1}=\overline{E_2}='0'$，$E_3$='1'时 (连接电平固定)，处于有效译码状态。因此，图 6.2.12 中，当 A，B，C 三个引脚信号逻辑电平为'0'时，Y0 输出'0'。图中单片机地址线的 A15，A14，A13 连到了 74LS138 的输入端，因此译码器对高端地址线译码。

```
地址线  A15(c)A14(b)A13(a) A12   …  A1  A0  Y0 (CS0)
          0     0     0      *    …   *   * 0
```

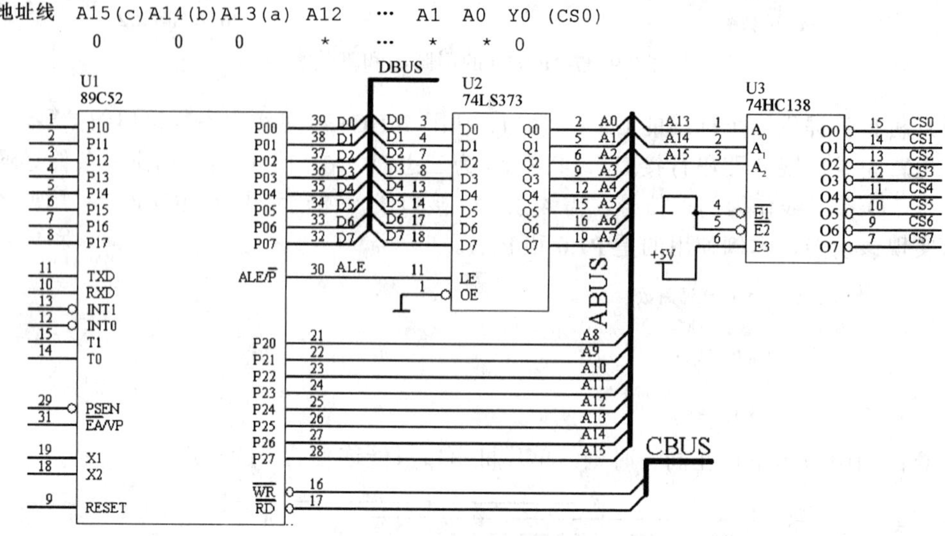

图 6.2.12 地址译码电路

由于译码器仅高端地址线连到输入，只要输入信号不变，译码器相对应的输出端会一直维持低电平。当 A15，A14，A13 保持低电平，O0 会输出'0'且与其他地址线无关。因此当 16 条地址线上的数据在 0000000000000000B (0000H)到 0001111111111111B (1FFFH)之间变化时，O0 引脚都输出逻辑'0'。依次可计算出使译码器其他输出引脚有效的地址范围：

```
CS0    0000H～1FFFH     (8KB)
CS1    2000H～3FFFH
CS2    4000H～5FFFH
CS3    6000H～7FFFH
CS4    8000H～9FFFH
CS5    A000H～BFFFH
CS6    C000H～DFFFH
CS7    E000H～FFFFH
```

在实际系统应用中，由地址线通过译码器产生片选信号时，要考虑以下因素：

① 接口芯片的片上存储器的容量，影响单片机地址空间的划分；

② 系统中接口芯片的总量，影响片选信号的数量；

③ 译码电路较复杂时，可考虑选用可编程器件来完成。

2．锁存器电路

锁存器由于价格便宜，接口简单，设计灵活，常被用来扩展单片机的 I/O 接口。

(1) 串入并出 8 位移位寄存器 74HC595：74HC595 在移位时钟信号的作用下，可将串行输入的 8 位数据转换成并行信号，并锁存输出。因此可完成输出 I/O 接口的扩展。该芯片级联，可完成多字节的串入并出转换。74HC595 的引脚图、真值表和时序图分别如图 6.2.13 (a)、(b)、 (c)所示。

【例 6.8】 使用 74HC595 扩展输出 I/O 接口如图 6.2.14 所示，通过编程将数据 55H 和 0AAH 分别送到 U1 和 U2 的输出口线上。

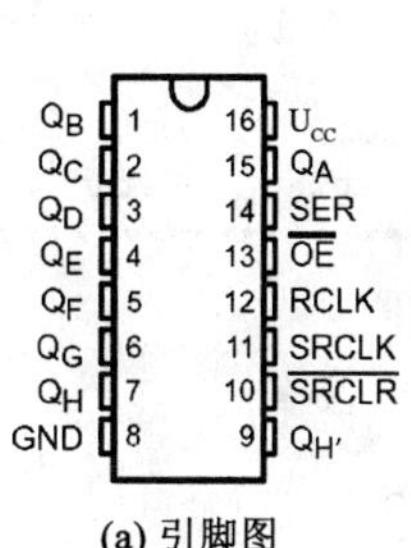

(a) 引脚图

INPUTS					FUNCTION
SER	SRCLK	$\overline{SRCLR}$	RCLK	$\overline{OE}$	
X	X	X	X	H	Outputs Q_A–Q_H are disabled.
X	X	X	X	L	Outputs Q_A–Q_H are enabled.
X	X	L	X	X	Shift register is cleared.
L	↑	H	X	X	First stage of the shift register goes low. Other stages store the data of previous stage, respectively.
H	↑	H	X	X	First stage of the shift register goes high. Other stages store the data of previous stage, respectively.
X	↓	H	X	X	Shift-register state is not changed.
X	X	X	↑	X	Shift-register data is stored in the storage register.
X	X	X	↓	X	Storage-register state is not changed.

(b) 真值表

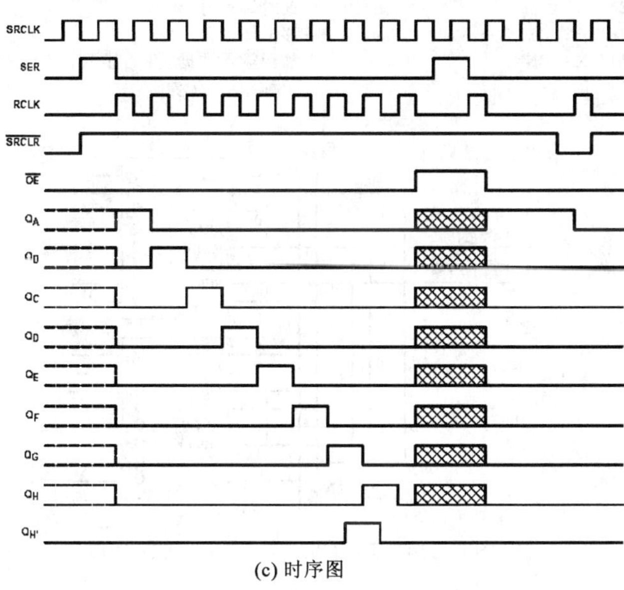

(c) 时序图

图 6.2.13 74HC595 功能描述

过程分析：

① 将单片机内部字节型数据按串行方式依次移位送到 P1.2 口线上，该口线和 74HC595 的串型数据输入端 (14 脚)相连。

② 在数据移位过程中，由 P1.1 提供一位时钟 (11 脚)。

③ 由 P1.0 提供 74HC595 移位允许时钟信号 (12 脚)。

④ 三个引脚上信号出现的先后次序，参见图 6.2.13 (c)的时序图。

⑤ 源程序清单

```
I/O 接口线定义
DIS_EN        BIT     P1.0                    ;允许,定义 74HC595 与单片机连接口线
DIS_CLK       BIT     P1.1                    ;移位时钟
DIS_DATA      BIT     P1.2                    ;串行数据

;串行输出数据程序

MOV  A,#0AAH                   ;外送数据 0AAH,此时首先送到 U1
CALL OUT_BYTE                  ;功能子程序调用,串行移位外送一字节
NOP
MOV  A, #55H                   ;外送数据 55H,此时 55H 送到 U1
CALL OUT_BYTE                  ;U1 中历史数据(0AAH)被接力移到 U2
*****************************************************************************
```

子程序名称：OUT_BYTE

作用：按照数据传输时序将 ACC 寄存器内容串行送到 74HC595 芯片，由图 6.2.13(c)可知，

芯片内部移位顺序为 $Q_A \rightarrow Q_B \rightarrow Q_C \rightarrow \cdots$，因此最先送入的数据位最终将被送到 Q_H。执行该程序后，ACC 内容与 74HC595 芯片输出引脚的对应关系为：

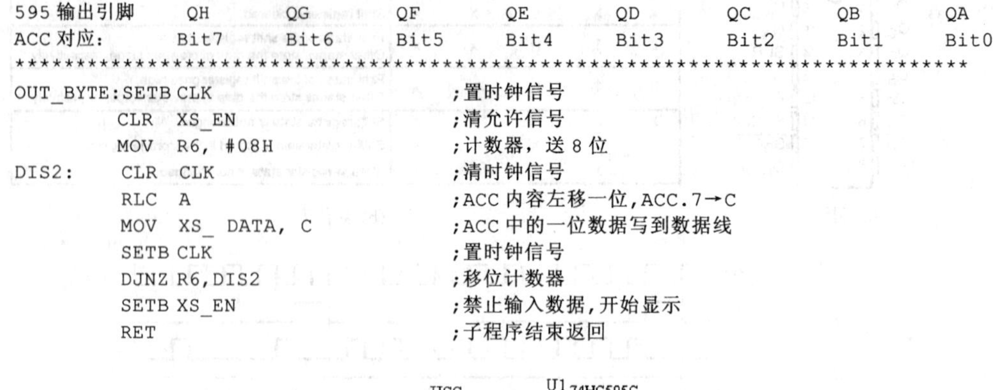

```
595 输出引脚   QH      QG      QF      QE      QD      QC      QB      QA
ACC 对应:      Bit7    Bit6    Bit5    Bit4    Bit3    Bit2    Bit1    Bit0
*****************************************************************************
OUT_BYTE:SETB CLK                      ;置时钟信号
         CLR  XS_EN                    ;清允许信号
         MOV  R6, #08H                 ;计数器，送 8 位
DIS2:    CLR  CLK                      ;清时钟信号
         RLC  A                        ;ACC 内容左移一位,ACC.7→C
         MOV  XS_ DATA, C              ;ACC 中的一位数据写到数据线
         SETB CLK                      ;置时钟信号
         DJNZ R6,DIS2                  ;移位计数器
         SETB XS_EN                    ;禁止输入数据,开始显示
         RET                           ;子程序结束返回
```

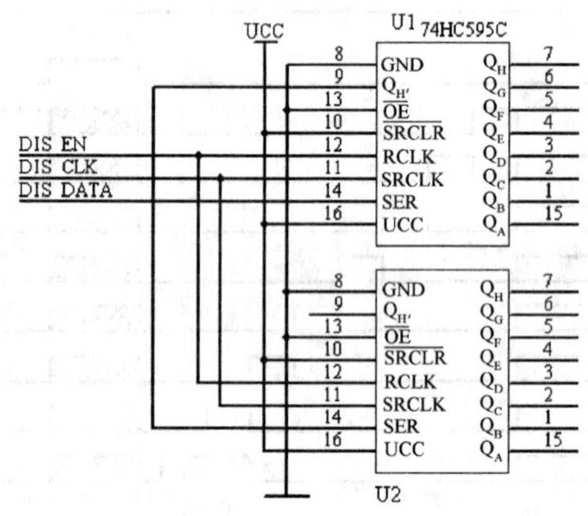

图 6.2.14　74HC595 扩展输出 I/O 接口

(2) 8 位锁存器 74LS377：建立地址映射单元，扩展输出 I/O 接口。使用 74LS377，作为单片机的外部数据存储空间的一个映射单元，单元地址由译码器生成。此后，地址内容都会被锁存器映射到输出端。这种方法不占用单片机已有的 I/O 接口线，但需要的外围器件较多。74LS377 的引脚图和真值表如图 6.2.15 所示。它与单片机的连接如图 6.2.16 所示。

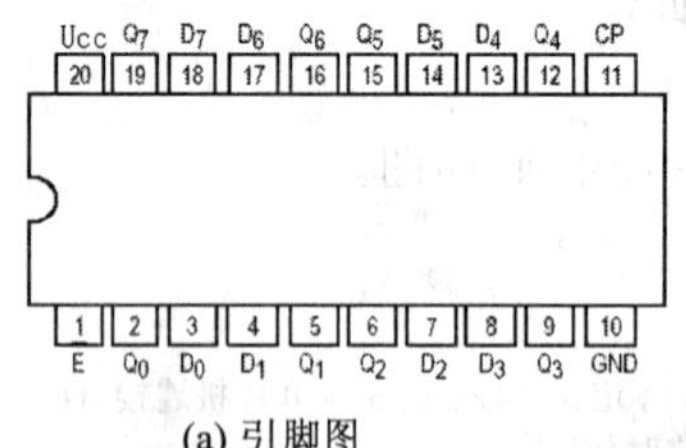

(a) 引脚图

$\overline{E}$	CP	D_n	Q_n	$\overline{Q}_n$
H	↑	X	No Change	No Change
L	↑	H	H	L
L	↑	L	L	H

(b) 真值表

图 6.2.15　74LS377 的引脚图和真值表

【例 6.9】 图 6.2.16 中扩展有一片 74LS377。计算地址，编写程序，将 55H 送入锁存器。

由例 6.7 可知，CS0 为逻辑'0'的地址范围是：0000H～1FFFH。单片机在对这一区间范围进行写操作时，数据都会映射到 U4，并由 U4 锁存到输出端。从中可任选一个地址单元 1234H，作为锁存器的地址。

```
MOV  DPTR, #1234H          ;地址指向 U4
MOV  A, #55H               ;将数据 55H 送到 U4
MOVX  @DPTR, A
```

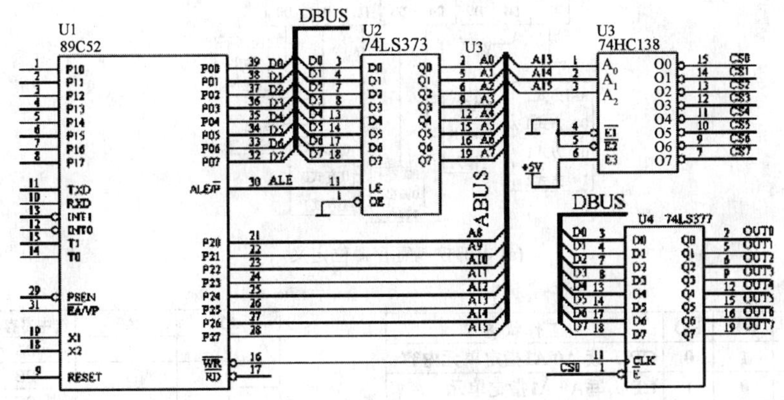

图 6.2.16　74LS377 扩展输出 I/O 接口

当数据总线上需要挂接多个接口芯片时，一方面需要合理设计出地址译码线，还要注意数据总线的驱动能力。不允许在同一时刻数据总线上有两个接口芯片在工作。

3. 通用可编程接口芯片 8255

通用可编程接口芯片 8255 的引脚图如图 6.2.17 所示。单片机使用 8255 可扩充 3 个 8 位口，这些并行接口通过命令字可灵活设定为输入或输出方式，与 CPU 连接采用三总线方式。

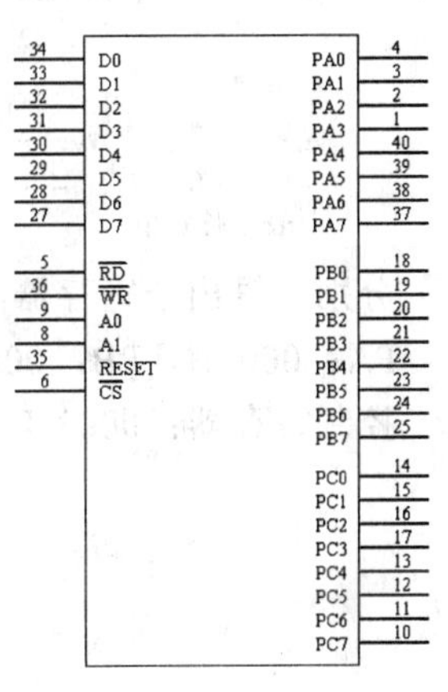

图 6.2.17　8255 引脚图

(1) 引脚描述

地址总线　　A0，A1

数据总线　　D0～D7

控制总线　　$\overline{RD}$，$\overline{WR}$，$\overline{CS}$

RESET 复位引脚，高电平复位，与单片机复位信号相同，可使用同一复位信号。8255 需要的复位时间长于单片机。

外部 I/O 接口　　PA，PB，PC (3 组 8 位)

如：PA 接口 8 条线分别定义为 PA.0，PA.1，…，PA.7。

这三组口线状态分别映射到内部相同名称的寄存器中，单片机通过 8255 内部这 3 个寄存器间接访问端口状态。

(2) 内部寄存器的描述

PA，PB，PC 寄存器：I/O 接口映射单元，供 CPU 访问 I/O 接口。

控制寄存器：其内容决定 8255 的工作状态，位定义如图 6.2.18 (a)所示。

控制字的生成方法：

要求 1：方式 0 (基本的输入输出方式)　PA，PB，PC 定义为输出状态

命令字 1：1 0 0 0 0 0 0 0 B　　80H

要求 2：方式 0　PA 口输入　PB 口输出　PC 口任意

命令字 2：1 0 0 1 0 0 0 0 B　　90H

(3) 工作状态描述

8255 引脚 A0，A1 和 $\overline{RD}$，$\overline{WR}$，$\overline{CS}$ 决定单片机与 8255 之间的数据传输，详细内容如图 6.2.18 (b)、(c)所示。

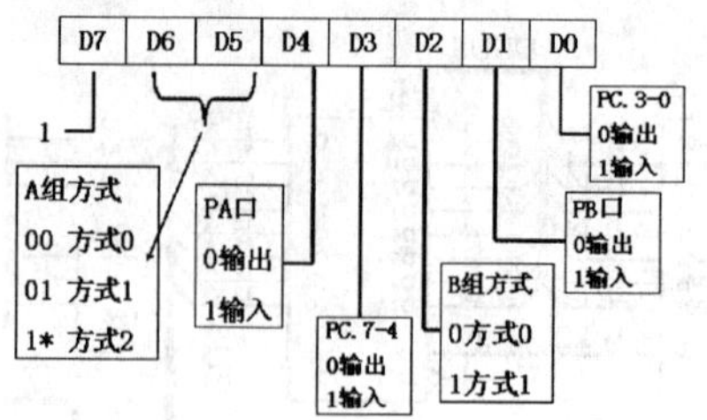

(a) 内部控制寄存器位定义

$\overline{CS}$	$\overline{WR}$	$\overline{RD}$	工作状态
0	1	0	CPU 读 A0 A1指定单元内容
0	0	1	CPU 写A0 A1指定单元
1	*	*	不工作

(b) 工作状态图

A1	A0	选中寄存器
0	0	PA
0	1	PB
1	0	PC
1	1	控制寄存器

(c) 寄存器选择

图 6.2.18　8255 工作状态说明

(4) 硬件电路的连接如图 6.2.19 所示

A15	A14	A13	………	A2	A1	A0	
0	*	*	………	*	0	0	PA 寄存器
0	*	*	………	*	0	1	PB 寄存器
0	*	*	………	*	1	0	PC 寄存器
0	*	*	………	*	1	1	控制寄存器

*表示任意值

分别计算出个寄存器的地址空间：

PA：0000H，PB：0001H，PC：0002H

控制寄存器：0003H

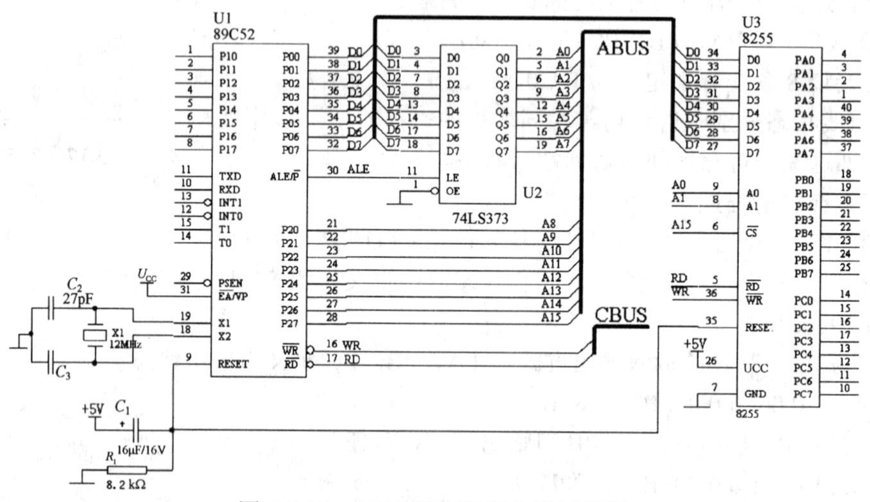

图 6.2.19　8255 硬件连接电路原理图

(5) 8255 编程举例

【例 6.10】在图 6.2.19 的基础上，要求 8255 的 PA0 接一个开关 K1，PB0 接一指示灯 LED1。功能要求：开关 K1 闭合，LED1 亮；开关 K1 打开，LED1 灭，8255 外围连接原理图如图 6.2.20 所示。

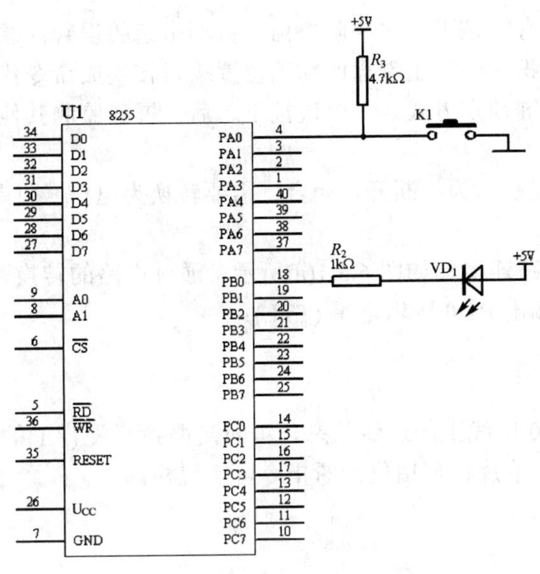

图 6.2.20　8255 外围连接原理图

信号逻辑分析：PA0　1 开，0 合 (键盘状态对应的状态信号逻辑)

PB1　1 灭，0 亮 (灯亮灭对应的控制信号逻辑)

如图 6.2.20 所示的连接电路，经过信号逻辑分析，功能要求可简化为将 PA0 接口线的状态读入并送到 PB0。

生成命令字：PA 口输入，PB 口输出，PC 口任意，可工作在方式 0。

命令字为：10010000B　　90H

端口地址：PA: 0000H　PB: 0001H　　控制寄存器：0003H

```
        MOV  DPTR, #0003H          ;控制寄存器地址
        MOV  A, #90H               ;送命令字，设置 8255 工作状态
        MOVX  @DPTR, A
LOOP1:  MOV  DPTR, #0000H          ;读 8255 片上 PA 口映射寄存器
        MOVX  A, @DPTR
        ANL  A, #01H               ;取开关 K1 状态
        MOV  DPTR, #0001H          ;PB 地址
        MOVX  @DPTR, A             ;将 PA0 状态送到 PB0
        JMP  LOOP1                 ;循环
```

6.3　单片机接口电路设计

在单片机的应用系统中，单片机主要承担管理性角色，用来协调和管理外围电路完成具体的功能。由于任务的多样性，需要单片机能够连接不同类型的接口电路。

6.3.1　键盘接口电路

1．概述

识别键盘的通断状态，是单片机输入数据的常用方法之一。系统运行过程中，通过键盘可灵活地设置一些基本参量或控制程序的走向。目前单片机常用的键盘接口有：标准键盘 (PS2)和非编码键盘 (自定义)。

在自定义键盘系统中应考虑以下问题：

① 检测并判断是否有键按下，主要解决由于抖动引起的误判问题。

② 正确获得按键的识别码。由键盘的物理位置编码转换成命令代码。

③ 可设定按键为单键锁定方式。一个键按下之后，屏蔽监测其他按键，直到该键释放。

2．非编码键盘结构

键盘的两种典型物理状态为：断开、闭合，需要转换为电信号供单片机识别。常用的转换电路有独立式和矩阵式。

(1) 独立式结构：电路连接图如图 6.3.1(a)所示。通过电路的转换，可完成以下对应关系：

开关状态	转换电平输出	P1.0 逻辑电平 (TTL):
断开	5V	1
闭合	0V	0

单片机通过检测 P1.0 口线上的逻辑状态，可间接得到开关 (K1)的状态。

这种键盘结构简单，单片机使用位判断指令可实现检测。

```
JB        P1.0, $                 ;P1.0 为 1 等待
NOP                               ;有键按下
```

图 6.3.1 (b)显示的是在键盘按动过程中，连接到 P1.0 口线上的被放大之后的信号波形，可以看出按键 K1 在按下和弹开过程中，信号出现抖动，需要经过一定的时间才可稳定，这一现象称为键盘的抖动。如果直接采用上述指令，将有可能一次按键过程却判断为多次输入，从而引起误判。因此在键盘的处理过程中必须要有防抖动处理。

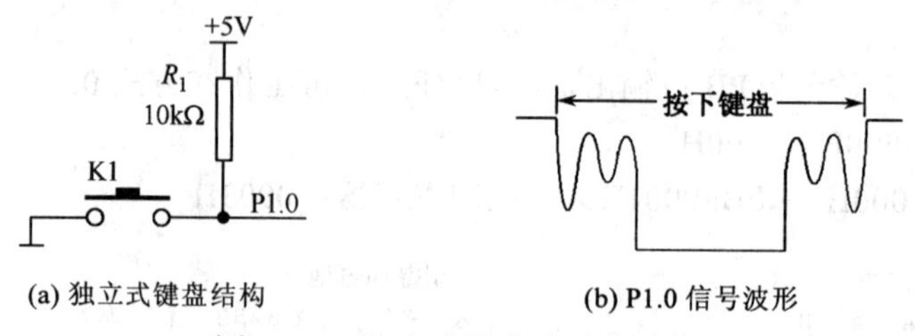

(a) 独立式键盘结构　　(b) P1.0 信号波形

图 6.3.1　独立式键盘及动作波形

【例 6.11】 单片机外接一键盘，电路连接如图 6.3.1(a)所示，编写按键识别指令。

```
LOOP1: JB  P1.0, $                          ;P1.0 为 1 等待
       NOP                                  ;有键按下
       CALL  DEL10ms                        ;调用去抖延时 10ms 子程序
       JB  P1.0, LOOP1                      ;P1.0 恢复为 1 则判为抖动,返回
       NOP                                  ;有键按下,随后处理程序
       …
       JMP  LOOP1
DEL10ms：NOP                                ;延时 10ms 子程序
       …
       RET
```

(2) 矩阵组合编码结构：采用独立式键盘结构，扩展一个按键就需要提供一条 I/O 接口线，在需要按键较多的系统将变为不现实。为了减少所占用的 I/O 接口线，常将按键排列为矩阵形式。如图 6.3.2 所示，扩展有 16 个按键，外接 8 条线，分为两组：A 组 (提供行扫描信号)和 B 组 (提供列扫描信号)。

按键的矩阵结构可明显减少单片机的接口线，但获得按键的识别码过程要比独立键盘结构复杂。针对其中的 K0 键，A0，B0 分别连到按键两端，当 A0 固定为逻辑'0'，B0 接到单片机的 I/O 接口时，它和独立键盘结构的键盘识别过程没有区别。但此时 B0 线上还连有 K1，

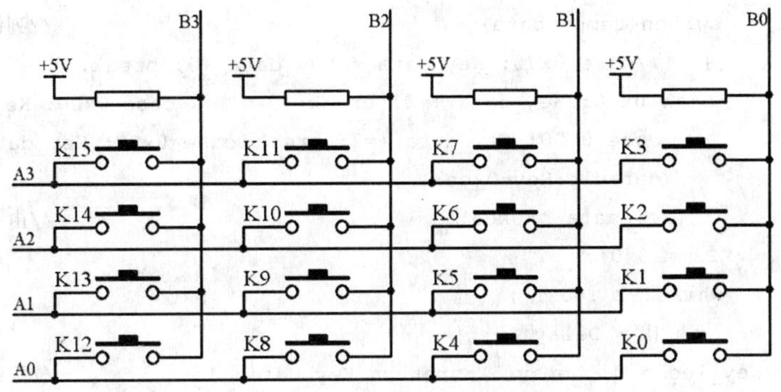

图 6.3.2 矩阵组合式键盘结构

K2，K3 三个按键，此时为了在 B0 线上能够唯一识别出 K0 键状态信息，其他按键均应设为无效，即 A3，A2，A1 三条线应设定为逻辑'1'或悬空状态。同样在判断 K1 键状态时，A1 应置为逻辑'0'，其他三条线应置为逻辑'1'或悬空状态。因此当 A 组作为扫描线发出信号时，组内每条线依次交替为逻辑'0'，其他线为逻辑'1'时，可完成检测 B0 线上 4 个按键的状态。同时在 B 组其他线上，可检测出剩余按键的状态。A，B 组的 8 条线需接到单片机 I/O 接口线上。在按键识别过程中，由单片机发出行扫信号 (A 组)，检测列回扫信号 (B 组)。

【例 6.12】 单片机系统扩展 16 个按键，按键连接电路如图 6.3.2 所示，A 组、B 组接到 P2 接口。要求定义连接口线，编写键盘的译码程序。

```
/*******************************************
** Function name:       input_key
** input parameters:    无
** output parameters:   无
** Returned value:       key_data
** Descriptions:        查询方式检测键盘
P2 口接键盘矩阵
P1.7 外接状态指示灯(0 亮 1 灭)
当检测到有按键按下时,经过防抖检测并等按键释放后返回数值(数值范围为 0～15 分别表示为 16 个按键位置码)。
当未检测到有按键按下或两个以上的键同时按下时,返回 0xee;供调用程序识别。
**************************************************************************/
uchar  input_key()
{   uchar           Key_data = 0xee;                          //键值
    uchar           temp_data = 0;
    sbit            Key_led = P1^7;                           //按键指示灯

      P2 = 0x0f;
         if(P2!=0x0f)                                         //第一次判断是否有键按下
         {  Delay(10);                                        //防抖延时(10ms)
          if(P2!=0x0f)                                        //第二次判断是否有键按下
         {    Key_data =  P1 & 0x0f; Key_led = 0;            //暂存键盘矩阵行数据,按键指示灯亮
             switch(Key_data)                                 //行译码
             {    case 0x0E: Key_data =0; break; case 0x0D: Key_data ey=1; break;
                       case 0x0B: Key_data =2; break; case 0x07: Key_data =3; break;
                       default:   Key_data =0xee;}
             P2 = 0x0f0;Delay(1); temp _data =  P1 & 0x0f0; //暂存键盘矩阵列数据
```

```
switch(temp _data)                                    //列译码后合成键盘位置码
 {   //case 0x70: Key_data = Key_data +0; break;
 case 0x70: Key_data +=0; break;          case 0xB0: Key_data +=4; break;
     case 0xD0: Key_data +=8; break;case 0xE0: Key_data +=12; break;
     default:Key=0xee;} }
 if(Key_data !=0xee)                                  //由键按下等待键释放
 P2 = 0x0f;
while(P2 !=0xf0)
     {    Delay(10);}
Key_led = 0; Delay(5); return Key_data; }             //按键指示灯灭
```

上述程序中，防抖处理和键值译码占用的大部分指令，编写较复杂。可采用专用的键盘处理接口芯片，键盘的去抖处理和键值译码由接口芯片完成，接口芯片给出按键动作信息，由单片机通过连接线从接口芯片中读取键值。此类常用芯片有 8279 和 HD7279A。

3．键盘/显示专用芯片 8279

8279 芯片：提供并行接口，可同时驱动 8 个数码管，最多对 64 键的键盘矩阵译码。可独立完成显示键盘接口的全部功能。具有片选信号，可方便单片机扩充多于 8 位显示或多于 64 键的键盘接口，因此 8279 非常适合同时需要键盘和显示的应用系统。

8279 的引脚图如图 6.3.3 所示，引脚说明如表 6.3.1 所示。

图 6.3.3　8279 的引脚图

表 6.3.1　8279 的引脚说明

引　脚	符　号	功　能
38,39,1,2,5,6,7,8	RL0～RL7	回送线
3	CLK	时钟输入
4	IRQ	中断请求输出线，高电平有效
9	RESET	复位，高电平有效
10	RD	读信号
11	WR	写信号
12,13,14～19	DB0～DB7	双向数据总线，用来传送 8279 与 CPU 之间的数据和命令
20	GND	地线
21	A0	高电平，表示数据总线传输命令或状态，低电平，数据总线上传输数据
22	CS	片选
23	BD	消隐输出
24,25～31	OUTA3-0，OUTB3-0	显示输出 A 口及 B 口
32～35	SL0～SL3	扫描输出
36	SHIFT	外接键
37	CNTL/STB	外接键
40	U_{CC}	电源

【例 6.13】 8279 初始化编程。

```
        SP_BUFFER    EQU  0B0H                  ;定义堆栈区首地址
        ORG  0000H
        AJMP  START
START:MOV  SP_BUFFER
        ;初始化 8279
        MOV  DPTR ,#8001                        ;8279 状态/命令口地址
```

```
        MOV  A,#0DCH                    ;清除 LED 显示
        MOVX  @DPTR,A
        MOV  A,#10H                     ;置 8279 工作模式：左入,八位字符显示
        MOVX  @DPTR,A                   ;两键锁定,编码扫描
        MOV  A,#24H                     ;内部 4 分频,始终速率为 100kHz
        MOVX @DPTR,A
        MOV  A,#80H                     ;设定内部显示 RAM 地址,方式为自动增 1
        MOVX  @DPTR,A
        CALL  DISPLAY                   ;调显示子程序
        ;读键值
        MOV  DPTR ,#8001                ;8279 状态/命令口地址
        MOV  A,#40H                     ;发读键值命令
        MOVX  @DPTR,A
        MOV  DPTR ,#8001                ;8279 状态/命令口地址
        MOVX  A,@DPTR                   ;读键值代码
        JMP  $
        ;将单片机内部数据区 20H～27H 单元内容 (格式为非压缩 BCD 码)送显示子程序
DISPLAY: MOV  R7,#08H                   ;送显示数据个数
        MOV  R0,#20H                    ;存放数据首地址
DISPLAY: MOV  A,@R0
        MOV  DPTR,#LEDSEG
        MOVC  A,@A+DPTR                 ;取显示代码
        MOV  DPTR ,#8000                ;8279 数据口地址
        MOVX  @DPTR,A                   ;将数据送显示
        INC  R0
        DJNZ  R7, DISPLAY
        RET
        ;共阳显示码表
 LEDSEG: DB    3FH,06H,5BH,4FH,66H,6DH,7DH,07H    ;0,1,2,3,4,5,6,7
         DB    7FH,6FH,77H,7CH,39H,5EH,79H,71H    ;8,9,A,B,C,D,E,F
 END
```

4．PS/2 键盘接口

IBM 机器兼容键盘也叫做 AT 键盘或 PS/2 键盘，所有现代的 PC 都支持这个接口设备，也是单片机应用系统中经常遇到的一种键盘形式。PS/2 键盘内部由核心芯片 8042 管理，当有键盘按下后，以串行方式从键盘接口送出相应按键位置扫描码。常见 PC 键盘接口有 5 芯大插头 (AT/XT)和 6 芯小插头 (PS)两种，键盘连接线上为插头，系统板上为插座，键盘插座引脚定义如图 6.3.4 所示。

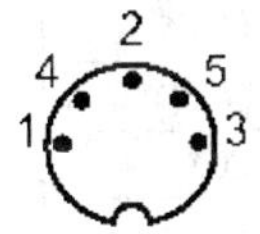

(a) (AT/XT)

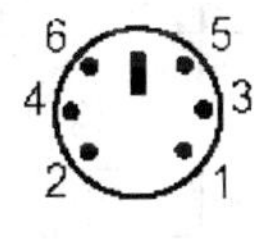

(b) (PS/2)

图 6.3.4　PS/2 接口 (插座) 的引脚

(1) 接口引脚定义：AT/XT：1 时钟，2 数据，3 NC (空)，4 电源地，5 电源+5V。

PS/2：1 数据，2 NC (空)，3 电源地，4 电源+5V，5 时钟，6 NC (空)。

PS/2 键盘接口数据和时钟是集电极开路输出，在设计电路时应加上拉电阻。

(2) 传输协议：标准键盘与主机之间履行双向同步串行协议。总由键盘自带控制器 (8042)提供时钟信号。从键盘发送的数据在时钟信号的下降沿 (时钟从高变到低)被单片机读取。每个字节采用 11 位的串行异步通信格式：起始位 0，8 位数据位 (LSB 在先)，奇校验位 P，停止位 1。PS/2 接口单片机接收数据帧结构如图 6.3.5 所示。

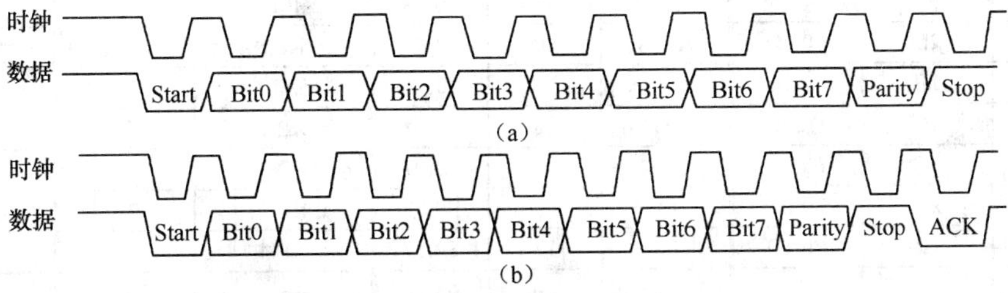

图 6.3.5　PS/2 接口单片机接收数据帧结构

从单片机发出的数据在上升沿(时钟从低变到高)被键盘读取。单片机发送前，应先将时钟线拉低，抑制键盘发送，再将数据线拉低发送起始位，然后释放时钟线，此后键盘接管时钟并产生时钟信号，主机应在时钟同步信号下发送其他数据位。PS/2 接口单片机发送数据时序如图 6.3.6 所示。

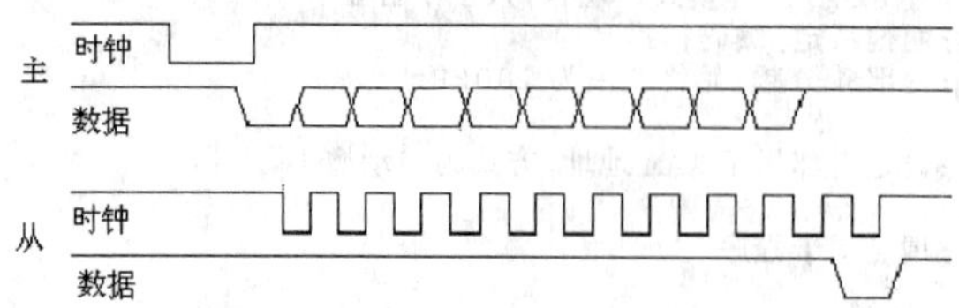

图 6.3.6　PS/2 接口单片机发送数据时序

(3) **键盘扫描码**：PS/2 键盘上当一个键被按下或按住时发送通码，被释放发送断码，每个按键分配了唯一的通码和断码。这样单片机通过查找唯一的扫描码可以测定按下的是哪个按键。所有按键的通/断码组成了扫描码集，目前存在三套标准扫描码集，分别是第一套、第二套和第三套。所有 PS/2 类型键盘默认使用第二套扫描码。

当一个键被按下，这个键的通码就会通过键盘接口送到单片机。通码只表示键盘上按键的物理位置，并不表示印刷在按键上的字符，这就是说在通码和 ASCII 码之间没有等值对应关联，但和物理位置有唯一对应关系。此时需要单片机将扫描码译成一个字符或相关命令。按下键时，发送接通扫描码；松开键时，发送该键的断开扫描码。第二套扫描码集中多数断码用两字节描述，第一个字节是 F0H，第二个字节是这个键的通码。扩展按键的断码通常有三字节，它们前两个字节是 E0H 和 F0H，最后一字节是这个按键通码。若某键一直按下，则以按键重复率连续发送该键的接通扫描码。键盘的通/断码见表 6.3.2。

表 6.3.2　第二套键盘扫描码

KEY	MAKE	BREAK	KEY	MAKE	BREAK	KEY	MAKE	BREAK
A	1C	F0,1C	9	46	F0,46	[	54	F0,54
B	32	F0,32	`	0E	F0,0E	INSERT	67	F0,67
C	21	F0,21	-	4E	F0,4E	HOME	6E	F0,6E
D	23	F0,23	=	55	F0,55	PG UP	6F	F0,6F
E	24	F0,24	\	5C	F0,5C	DELETE	64	F0,64
F	2B	F0,2B	BKSP	66	F0,66	END	65	F0,65
G	34	F0,34	SPACE	29	F0,29	PG DN	6D	F0,6D
H	33	F0,33	TAB	0D	F0,0D	U ARROW	63	F0,63
I	48	F0,48	CAPS	14	F0,14	L ARROW	61	F0,61
J	3B	F0,3B	SHFT	12	F0,12	D ARROW	60	F0,60
K	42	F0,42	L CTRL	11	F0,11	R ARROW	6A	F0,6A
L	4B	F0,4B	L WIN	8B	F0,8B	NUM	76	F0,76
M	3A	F0,3A	L ALT	19	F0,19	KP/	4A	F0,4A
N	31	F0,31	R SHFT	59	F0,59	KP *	7E	F0,7E
O	44	F0,44	CTRL	58	F0,58	KP –	4E	F0,4E
P	40	F0,40	R WIN	8C	F0,8C	KP +	7C	F0,7C
O	15	F0,15	R ALT	39	F0,39	KP EN	79	F0,79
R	2D	F0,2D	APPS	8D	F0,8D	KP .	71	F0,71
SCRN	1B	F0,1B	ENTER	5A	F0,5A	KP 0	70	F0,70
T	2C	F0,2C	ESC	08	F0,08	KP 1	69	F0,69
U	3C	F0,3C	F1	07	F0,07	KP 2	72	F0,72
V	2A	F0,2A	F2	0F	F0,0F	KP 3	7A	F0,7A
W	1D	F0,1D	F3	17	F0,17	KP 4	6B	F0,6B
X	22	F0,22	F4	1F	F0,1F	KP 5	73	F0,73
Y	35	F0,35	F5	27	F0,27	KP 6	74	F0,74

（续表）

KEY	MAKE	BREAK	KEY	MAKE	BREAK	KEY	MAKE	BREAK
Z	1A	F0,1A	F6	2F	F0,2F	KP 7	6C	F0,6C
O	45	F0,45	F7	37	F0,37	KP 8	75	F0,75
1	16	F0,16	F8	3F	F0,3F	KP 9	7D	F0,7D
2	1E	F0,1E	F9	47	F0,47	].	5B	F0,5B
3	26	F0,26	F10	4F	F0,4F	;	4C	F0,4C
4	25	F0,25	F11	56	F0,56	'	52	F0,52
5	2E	F0,2E	F12	5E	F0,5E	,	41	F0,41
6	36	F0,36	PRN SCRN	57	F0,57	.	49	F0,49
7	3D	F0,3D	SCROLL	5F	F0,5F	/	4A	F0,4A
8	3E	F0,3E	PAUSE	62	F0,62			

【例 6.14】 如果在小写状态下按下大写字母 G 键，试写出数据流内容。

解：事件过程如下：按下 Shift 键，按下 G 键，释放 G 键，释放 Shift 键。Shift 键通码 12H，G 键通码 34H，G 键断码 F0H 34H，Shift 键断码 F0H 12H ，键盘接口发送到单片机的数据应该是：12H，34H，0F0H，34H，0F0H，12H。.

(4) **PS/2 键盘常用命令集**：在上电或软件复位命令后，键盘默认状态为：机打延迟为 500ms，机打速率为 10.9cps，第二套扫描码集，置所有按键为机打/通码/断码，并在初始化结束后，送出状态代码：0AAH(成功)，或 0FCH(错误)。

每个发送到键盘的字节都会从键盘获得一个 0FAH 应答的回应，唯一例外的是键盘对 Resend 和 Echo 命令的回应。在发送下一字节给键盘之前主机要等待应答键盘应答，任何命令后清除自己的输出缓冲区。下面列出发给键盘的命令。

0FFH：(Reset)命令键盘进入复位模式，初始化键盘。

0FEH：(Resend)用于只是在接收中出现的错误键盘的响应，就是重发送最后的扫描码或者命令回应给主机。

0F9H：(Set All Keys Make) 所有键都只发送通码、断码和机打重复被禁止。

0F3H：(Set Typematic Rate/Delay) 设定机打延时，主机在这条命令后会发送一字节的参数来定义机打延时。

0EDH：(Set/Reset LEDs) 主机在本命令后跟随一个参数字节用于指示键盘上 Num Lock, Caps Lock 状态指示灯，字节位定义：0 0 0 0 0 Caps Lock Num Lock Scroll (1 亮，0 灭) 。

6.3.2 显示接口

显示是单片机系统用来输出信息的一种常用方式。最常用来作为显示器的是 LED 发光二极管和 LCD。

1. **LED 接口电路**

(1) **LED 发光二极管**：发光二极管连接电路简单、经济、实用。LED 连接如图 6.3.7(a)所示，单片机的 P1.0 控制发光二极管的阴极，发出指令可控制灯的亮灭。

```
LOOP1:SETB  P1.0            ;P1.0 输出'1', LED 灭
      CLR P1.0              ;P1.0 输出'0', LED 亮
      JMP  LOOP1            ;循环
```

LED 发光二极管外形尺寸不同，常用的有ϕ3mm、ϕ5mm、ϕ8mm 和ϕ10mm 等。针对ϕ3mm 的 LED，内部可等效为一个 PN 结，在正偏导通时它的管压降为 1V，正常亮度时的电流为 2mA。在设计图 6.3.7 (a)电路时，U_{CC} 可选 5V，R_1 可计算出为 2kΩ。R_1 一般称为限流电阻，通过改变阻值，在一定范围内可调节 VD_1 亮度。其他尺寸的 LED 为保持亮度，内部采用多个 PN 结的串并联方式，对外反映出较大的正偏导通电压和电流不定，这时在设计发光二极管的供电电压和计算限流电阻时，要依据 LED 所给定的参数来计算。当限流电阻上流过的电流较大时，要注意电阻功率。

【例 6.15】 单片机外接一个 LED 发光二极管，正常工作时使灯能够闪烁。

设计过程：

控制信号逻辑电平：1 灯灭，0 灯亮。

灯能够闪烁：交替的亮灭。控制信号波形为周期性方波，设周期为 400ms。

电路图如图 6.3.7 (b)所示。

程序功能：应包含有延时子程序。

判断延时时间到：可用查询或中断，使用单片机内部定时/计数器完成定时 100ms。

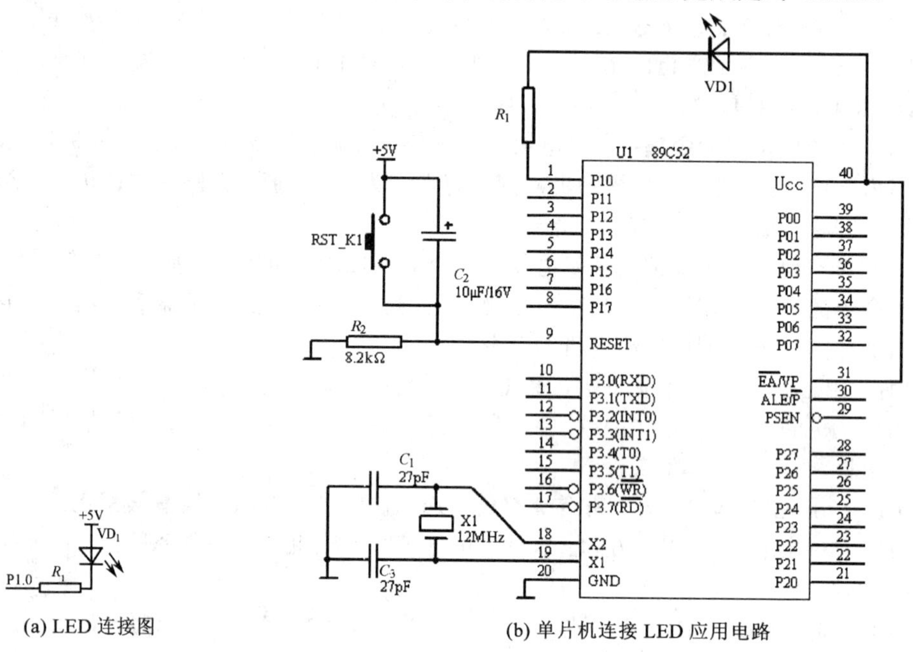

(a) LED 连接图　　　　(b) 单片机连接 LED 应用电路

图 6.3.7　LED 连接图和单片机连接 LED 应用电路

定时器初值计算方法：单片机的定时/计数器为增一计数器。定时计数器开始工作后，对机器周期开始计数。电路中使用 12MHz 晶体，机器周期为 1μs。

计算方法：12MHz/12=1/机器周期。

当时间过 1μs 时，计数器的值增一。定时计数器的值由全'1'变到全'0'时，标志位 (TF)置位表示定时/计数器溢出状态发生，供软件查询或触发中断。

单片机内部为 16 位的定时/计数器，计数最大值为 65536，当使用 12MHz 晶体 (计数器增一间隔 1μs)时，可获得最大定时为 65.536ms，不能满足要求。程序中使用定时/计数器设定一个 50ms 的定时基数，循环 4 次可得 200ms。

定时/计数器初值=65536−50000=15536=3CB0H

当 16 位定时/计数器内容为 3CB0H 后，经历 50000 次计数 (每次 1μs)将达到溢出条件。

① 定时时间到查询方法：

```
    MOV  TMOD, #01H         ;定时/计数器 0,设定为 16 位定时模式
    SETB  TR0               ;启动定时器 0
LOOP0:MOV  R7, #4           ;循环 4 次=200ms
LOOP1:MOV  TH0, #3CH        ;设定时器 0 初值
    MOV  TL0, #0B0H
    JNB  TF0,$              ;判定时器 0 溢出位状态,0 表示时间未到
    DJNZ  R7 , LOOP1        ;50ms 延时到后判循环次数
    CPL  P1.0               ;200ms 延时时间到,I/O 接口线状态求反
    JMP  LOOP0              ;周期信号，循环
```

② 定时时间到中断方法：表 6.3.3 描述单片机程序入口地址。就像复位后，单片机要从一个固定位置的地址单元取第一条指令来开始运行一样，当允许采用中断办法处理的事件发生后，单片机应能够自动找到相应的中断服务子程序。因此单片机为每种中断服务子程序各安排了一个程序入口地址，在编写汇编程序时，入口地址处要安排一条跳转指令，转到所编写的子程序处。

表 6.3.3　单片机程序入口地址一览表

复位后主程序入口	0000H
外部事件 0 中断服务程序入口	0003H
定时/计数器 0 中断服务程序入口	000BH
外部事件 1 中断入口	0013H
定时/计数器 1 中断服务程序入口	001BH
串行通信中断服务程序入口	0023H

这里，主程序入口地址为 0000H，主程序名为 START。用定时/计数器 0 完成定时任务。中断服务程序入口地址为 000BH，中断服务子程序名称为 TIME_SUB。注意：中断服务子程序结束返回时，要用 RETI 指令。

```
        LED  BIT  P1.0          ;定义连接 LED 灯口线
        ORG  0000H              ;主程序入口地址
        JMP  START              ;跳到标号为 START 的指令处
        ORG  000BH              ;定时/计数器 0 中断服务程序入口地址
        JMP  TIME_SUB           ;跳到标号为 TIME_SUB 的子程序处
START:  CLR  EA                 ;禁止所有中断
        MOV  TMOD, #01H         ;定时/计数器 0 设定为 16;定时器
        MOV  TH0, #3CH          ;设定时器 0 初值
        MOV  TL0, #0B0H
        MOV  R7, #4             ;循环次数初值
        SETB  TR0               ;启动定时器 0
        SETB  ET0               ;允许定时/计数器 0 溢出中断
 MAIN:  NOP                     ;主程序代码
        JMP  MAIN
        TIME_SUB:               ;定时/计数器 0 溢出中断服务子程序
        MOV  TH0, #3CH          ;设定时器 0 初值
        MOV  TL0, #0B0H
        DJNZ  R7, TIME_END      ;
        MOV  R7, #04            ;
        CPL  LED                ;延时时间到
TIME_END:RETI                   ;中断服务子程序返回
END                             ;程序代码结束
```

单片机控制 LED 的亮灭,可有限反映系统中程序运行的状态和结果。为了能显示更多的信息，以 LED 为核心，出现了用于显示数字的数码管和用于显示文本、图形和图像等各种信息的 LED 显示屏。LED 显示屏由众多个 LED 按点阵方式组合在一起，如 800×600，1024×768 等，这些 LED 通过一定的控制方式，即可按图像方式进行显示。高级一些的如全彩色 LED 显示屏，由红、绿、蓝三基色 LED 器件组成，可控制 LED 亮灭和灰度。

(2) 数码管接口电路

① 数码管结构：8 段数码管内部由 8 只 LED 构成，如图 6.3.8 所示。利用 8 段数码管可显示数字 0～9 和一些其他特定信息。例如，显示数字'1'，此时采用共阴极的数码管，数码管的公共端固定接地，其他数据线引脚加载逻辑电平分别为：

```
dp  g  f  e  d  c  b  a
0   0  0  0  0  1  1  0   (07H)
```

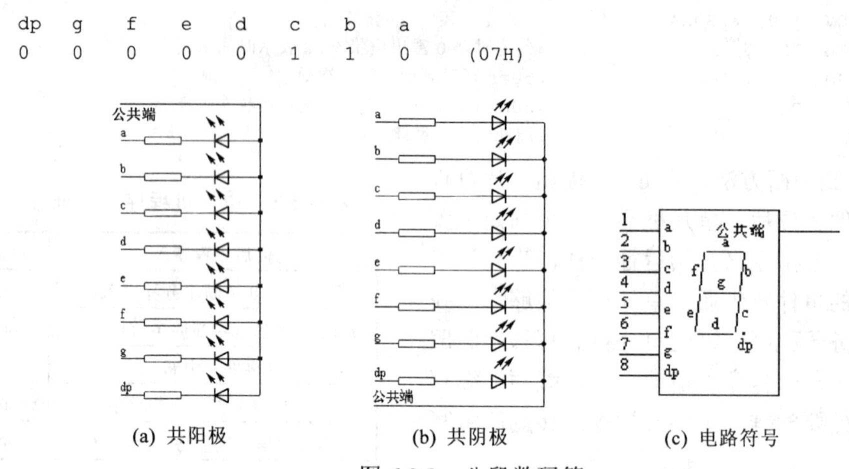

(a) 共阳极　　(b) 共阴极　　(c) 电路符号

图 6.3.8　八段数码管

此时只让 b，c 两个发光二极管亮，在数码管就可显示数字'1'，这里 07H 称为共阴极 8 段数码管显示数字'1'的显示代码。很明显，要在数码管的数据线上送显示代码才可显示相对应的数字，每个显示数字有自己对应的显示代码。显示代码的总和称为显示码表，共阳和共阴两种类型数码管显示码表内容是不同的。

② 设计接口电路注意事项：

● 数码管的选型：共阳，共阴：决定显示代码。

● 外形尺寸：由于数码管工作时需要电流较大，特别是外形尺寸较大的数码管，在设计电路时要考虑信号的功率 (驱动)问题。

● 数码管数据线的连接。

● 软件译码：数码管 8 条数据线连到单片机口线上，由单片机通过软件编程完成显示数字译码后，送出显示代码，可简化电路。

● 7 段译码芯片：单片机送出显示数字的 BCD 码，由外部芯片 (7 段译码器)完成译码工作，得到显示代码，再送到数码管数据线上。

● 显示方式：静态——数码管的公共端不受控，如共阴极数码管公共端固定接地，每个数码管的数据线独立与外部连接。这种方式易于提供大电流，但需要连接线多。动态——数码管的公共端独立受控，数据线公用。如共阴极数码管公共端接到 I/O 接口线，所有数码管数据线同时挂在数据总线上，显示代码在数据总线上传递。数码管利用公共端控制信号分时取出各自显示代码来显示。由于数码上显示的内容在不停刷新，数据线上的数据需要不停变换，这种显示方式称为动态显示。

③ 常用的 7 段译码器：

● 74LS47：TTL BCD——7 段译码/驱动器 (驱动共阳极数码管)。其引脚图、真值表及显示数据格式分别如图 6.3.9 所示。

● CD4511：BCD 码锁存/译码/驱动器。锁存——避免在计数过程中出现跳码现象。译码——将 BCD 码转换成七段显示代码，再经过大电流反相器，驱动共阴极 LED 数码管。其引脚图、真值表及显示数据格式如图 6.3.10 所示。

● MC14513：BCD 码锁存/译码/驱动器。其引脚图、真值表及显示数据格式如图 6.3.11 所示。

● MC14499：串行 BCD 输入/4 位 7 段 LED 译码/驱动器。其引脚图、显示数据格式数据传输格式及数据传输时序分别如图 6.3.12 (a)～(d) 所示。

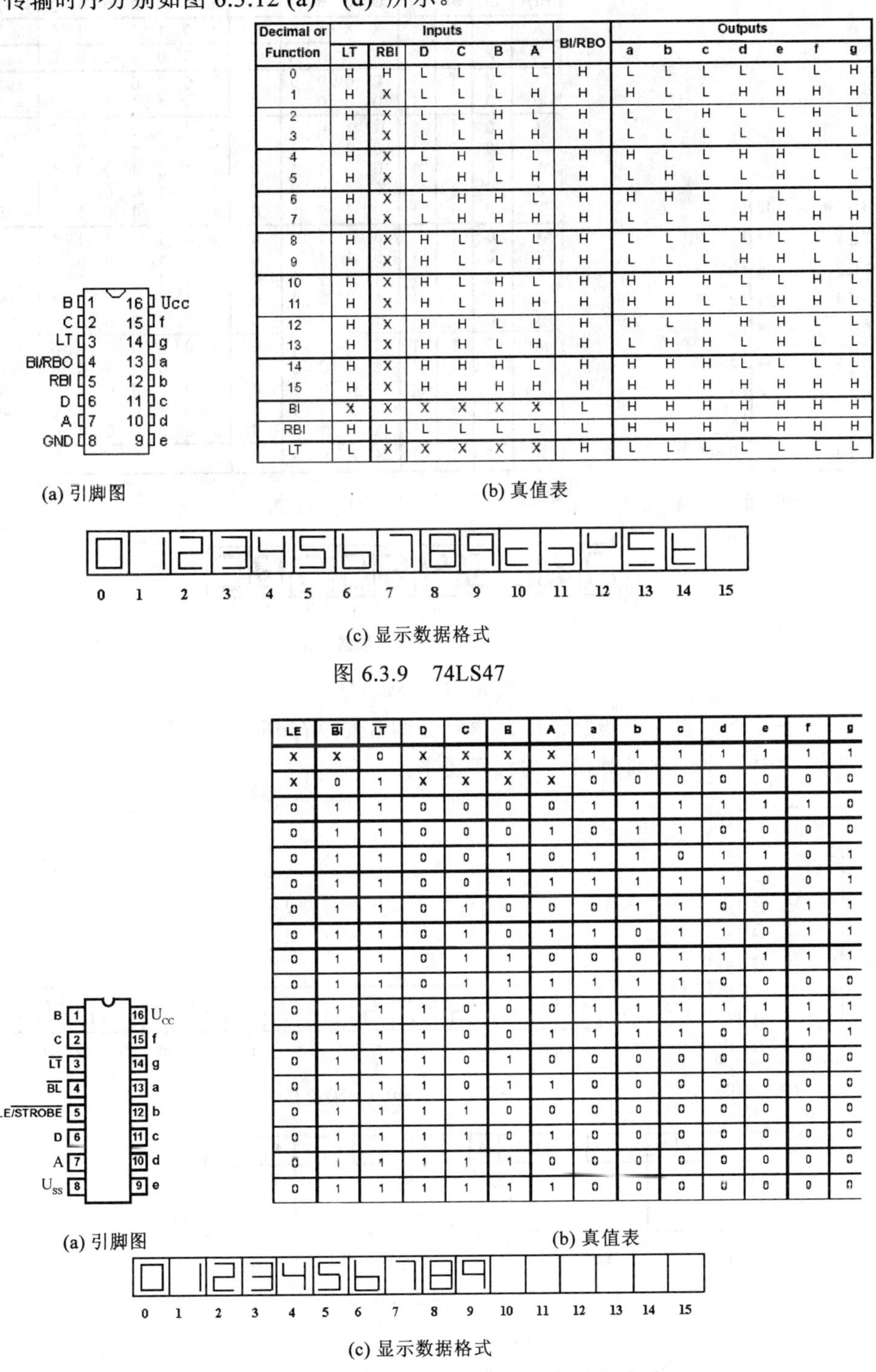

(a) 引脚图

Decimal or Function	Inputs LT	RBI	D	C	B	A	BI/RBO	Outputs a	b	c	d	e	f	g
0	H	H	L	L	L	L	H	L	L	L	L	L	L	H
1	H	X	L	L	L	H	H	H	L	L	H	H	H	H
2	H	X	L	L	H	L	H	L	L	H	L	L	H	L
3	H	X	L	L	H	H	H	L	L	L	L	H	H	L
4	H	X	L	H	L	L	H	H	L	L	H	H	L	L
5	H	X	L	H	L	H	H	L	H	L	L	H	L	L
6	H	X	L	H	H	L	H	H	H	L	L	L	L	L
7	H	X	L	H	H	H	H	L	L	L	H	H	H	H
8	H	X	H	L	L	L	H	L	L	L	L	L	L	L
9	H	X	H	L	L	H	H	L	L	L	H	H	L	L
10	H	X	H	L	H	L	H	H	H	H	L	L	H	L
11	H	X	H	L	H	H	H	H	H	L	L	H	H	L
12	H	X	H	H	L	L	H	H	L	H	H	H	L	L
13	H	X	H	H	L	H	H	L	H	H	L	H	L	L
14	H	X	H	H	H	L	H	H	H	H	L	L	L	L
15	H	X	H	H	H	H	H	H	H	H	H	H	H	H
BI	X	X	X	X	X	X	L	H	H	H	H	H	H	H
RBI	H	L	L	L	L	L	L	H	H	H	H	H	H	H
LT	L	X	X	X	X	X	H	L	L	L	L	L	L	L

(b) 真值表

(c) 显示数据格式

图 6.3.9　74LS47

(a) 引脚图

LE	$\overline{BI}$	$\overline{LT}$	D	C	B	A	a	b	c	d	e	f	g
X	X	0	X	X	X	X	1	1	1	1	1	1	1
X	0	1	X	X	X	X	0	0	0	0	0	0	0
0	1	1	0	0	0	0	1	1	1	1	1	1	0
0	1	1	0	0	0	1	0	1	1	0	0	0	0
0	1	1	0	0	1	0	1	1	0	1	1	0	1
0	1	1	0	0	1	1	1	1	1	1	0	0	1
0	1	1	0	1	0	0	0	1	1	0	0	1	1
0	1	1	0	1	0	1	1	0	1	1	0	1	1
0	1	1	0	1	1	0	0	0	1	1	1	1	1
0	1	1	0	1	1	1	1	1	1	0	0	0	0
0	1	1	1	0	0	0	1	1	1	1	1	1	1
0	1	1	1	0	0	1	1	1	1	0	0	1	1
0	1	1	1	0	1	0	0	0	0	0	0	0	0
0	1	1	1	0	1	1	0	0	0	0	0	0	0
0	1	1	1	1	0	0	0	0	0	0	0	0	0
0	1	1	1	1	0	1	0	0	0	0	0	0	0
0	1	1	1	1	1	0	0	0	0	0	0	0	0
0	1	1	1	1	1	1	0	0	0	0	0	0	0

(b) 真值表

(c) 显示数据格式

图 6.3.10　CD4511

外围电路如图 6.3.12 (e)所示。依据图 6.3.12 (c)、(d)的时序，按照图 6.3.12 (b)的数据格式，单片机可同时将 4 位需要显示的数据串行输入到 MC14499，芯片内部完成七段译码，并提供完整的动态扫描时序。该芯片适合单独显示或只有少量键盘的应用系统。

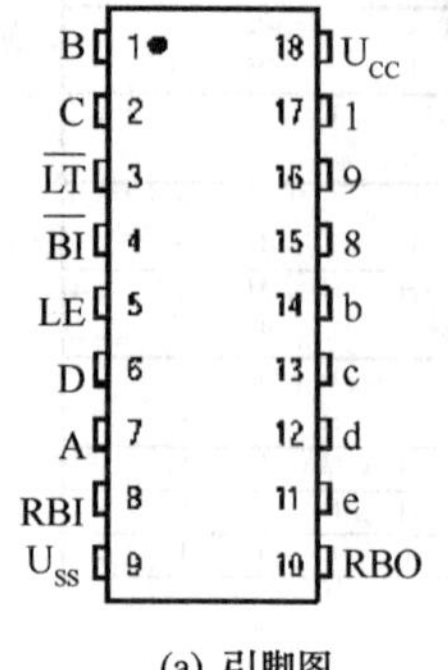

(a) 引脚图

Inputs								Outputs								
RBI	LE	$\overline{BI}$	$\overline{LT}$	D	C	B	A	RBO	a	b	c	d	e	f	g	Display
X	X	X	0	X	X	X	X	+	1	1	1	1	1	1	1	8
X	X	0	1	X	X	X	X	+	0	0	0	0	0	0	0	Blank
1	0	1	1	0	0	0	0	1	0	0	0	0	0	0	0	Blank
0	0	1	1	0	0	0	0	0	1	1	1	1	1	1	0	0
X	0	1	1	0	0	0	1	0	0	1	1	0	0	0	0	1
X	0	1	1	0	0	1	0	0	1	1	0	1	1	0	1	2
X	0	1	1	0	0	1	1	0	1	1	1	1	0	0	1	3
X	0	1	1	0	1	0	0	0	0	1	1	0	0	1	1	4
X	0	1	1	0	1	0	1	0	1	0	1	1	0	1	1	5
X	0	1	1	0	1	1	0	0	1	0	1	1	1	1	1	6
X	0	1	1	0	1	1	1	0	1	1	1	0	0	0	0	7
X	0	1	1	1	0	0	0	0	1	1	1	1	1	1	1	8
X	0	1	1	1	0	0	1	0	1	1	1	1	0	1	1	9
X	0	1	1	1	0	1	0	0	0	0	0	0	0	0	0	Blank
X	0	1	1	1	0	1	1	0	0	0	0	0	0	0	0	Blank
X	0	1	1	1	1	0	0	0	0	0	0	0	0	0	0	Blank
X	0	1	1	1	1	0	1	0	0	0	0	0	0	0	0	Blank
X	0	1	1	1	1	1	0	0	0	0	0	0	0	0	0	Blank
X	0	1	1	1	1	1	1	0	0	0	0	0	0	0	0	Blank
X	1	1	1	X	X	X	X	†				*				*

(b) 真值表

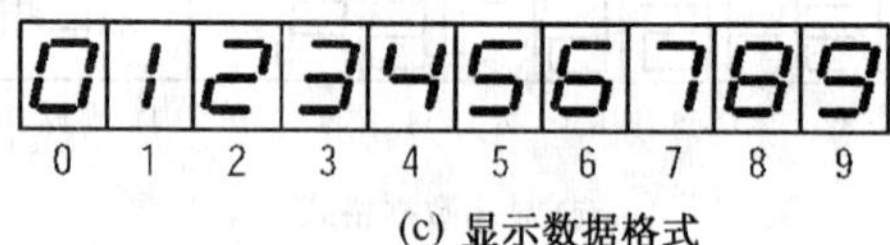

(c) 显示数据格式

图 6.3.11　MC14513

当显示多于 4 位时芯片可级联，级联电路如图 6.3.12 (f)所示。

在编程过程中，要注意时钟信号的频率要求。

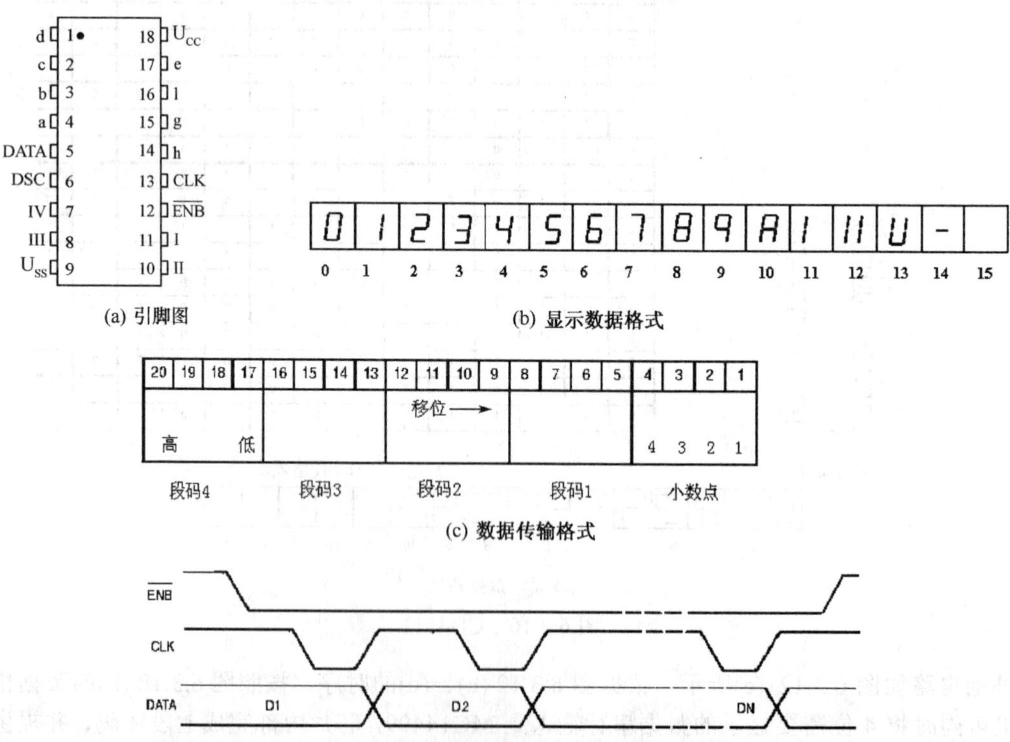

(a) 引脚图

(b) 显示数据格式

(c) 数据传输格式

(d) 数据传输时序

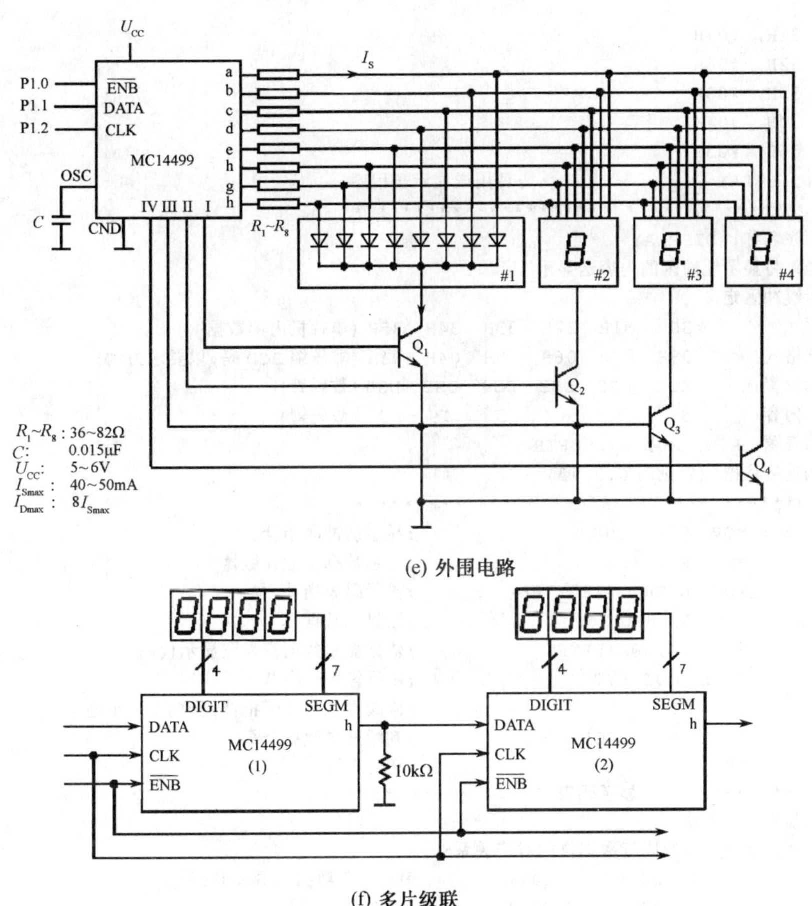

(e) 外围电路

(f) 多片级联

图 6.3.12 MC14499

【例 6.16】 利用 74HC595 扩展 6 位共阴数码管，并编程显示出'876543'。

设计思路：数码管的每段显示所需电流较大，采用静态显示方式。由于单片机 I/O 引脚数量有限，同时驱动能力有限，因此需要外扩接口芯片完成单片机与数码管之间的连接。

① 接口芯片的选择：输出可以直接和数码管数据线连接，可输出 8 位显示代码，输出的信号应能满足数码管的驱动要求。与单片机的连接线尽可能的少，且接口芯片之间应能够级联来满足外带更多的数码管。故接口芯片选择 74HC595。

② 数码管的选择：根据题目要求数码管选择七段共阴型。

设计的原理图如图 6.3.13 所示。利用 74HC595 的串/并转换，多片级联的功能，单片机利用 I/O 接口线，通过外扩 6 片 74HC595，可完成显示 6 位数据的设计要求。

定义单片机的 3 条接口线完成数据传输，与 74HC595 芯片间的数据传输时序如图 6.2.13 (c) 所示。由于 74HC595 芯片将串行输入的一个字节并行输出，这一过程不改变数据本身的内容，因此要求单片机发出的数据应为数码管的显示代码，所以单片机内部要通过软件编程完成将显示数据翻译成显示代码的工作。

以下程序完成在 6 个数码管上显示数据。显示内容和位置对应关系如下：

```
DS1      DS2      DS3      DS4      DS5      DS6
8        7        6        5        4        3
```

由于采取级联方式，6 个显示数据应连续送出：

```
MOV  30H, #08H                 ;将显示数据写入显示缓冲区
```

```
MOV  31H, #07H
MOV  32H, #06H
MOV  33H, #05H
MOV  34H, #04H
MOV  35H, #03H
CALL DISPLAY                  ;调用送显示子程序
;***************************************
;子程序名称: DISPLAY
;功能: 将显示缓冲区的内容送显示
;显示缓冲区定义
;位置          30H  31H  32H  33H  34H  35H (单片机内部数据区)
;数据格式      08H  07H  06H  05H  04H  03H (非压缩 BCD 码,以要求为例)
;显示位置      DS1  DS2  DS3  DS4  DS5  DS6 (数码管)
;显示内容      8    7    6    5    4     3  (数码管)
;占用资源: ACC, R0, R7, DPTR
;外围连接依据 (参见图 6.3.13)
****************************************
DISPLAY: MOV  R0, #20H              ;显示缓冲区指针
         MOV  R7, #06H              ;显示数据个数计数器
         MOV  DPTR, #LED_TAB        ;显示码表指针
LOOP1:   MOV  A, @R0                ;取显示数据
         MOVC  A, @A+DPTR           ;依据显示数据查表取显示代码
         CALL  OUT_BYTE             ;串行输出一字节
         INC  R0                    ;修改显示缓冲区指针,指向下一个地址
         DJNZ  R7, LOOP1            ;判断外送数据个数
         RET                        ;送完返回
;***********       显示码表      *************
;定义显示码表方法
;显示代码字节位和数码管数据位的对应关系
;      D7 D6 D5 D4 D3 D2 D1 D0      串行输入数据 (显示代码)
;      A7 A6 A5 A4 A3 A2 A1 A0      74LS595 引脚
;      a  b  c  d  e  g  f  dot     数码管数据线
;      1  1  1  1  1  0  1  0       显示'0'
;      0  1  1  0  0  0  0  0       显示'1'
;      1  1  1  0  1  1  1  0       显示'A'
;*******************************************
LED_TAB:                            ;显示码表
DB    11111010B                     ;0
DB    01100000B                     ;1
DB    11011100B                     ;2
DB    11110100B                     ;3
DB    01100110B                     ;4
DB    10110110B                     ;5
DB    10111110B                     ;6
DB    11100000B                     ;7
DB    11111110B                     ;8
DB    11110110B                     ;9
DB    11101110B                     ;A
DB    00111110B                     ;B
DB    10011010B                     ;C
DB    01111100B                     ;D
DB    10011110B                     ;E
DB    10001110B                     ;F
DB    00000000B                     ;全黑    (存储位置相对表头偏移量为 10H)
DB    11111111B                     ;全亮    (偏移量 11H)
DB    00000100B                     ;'-'     (偏移量 12H)
DB    00000001B                     ;','     (偏移量 13H)
```

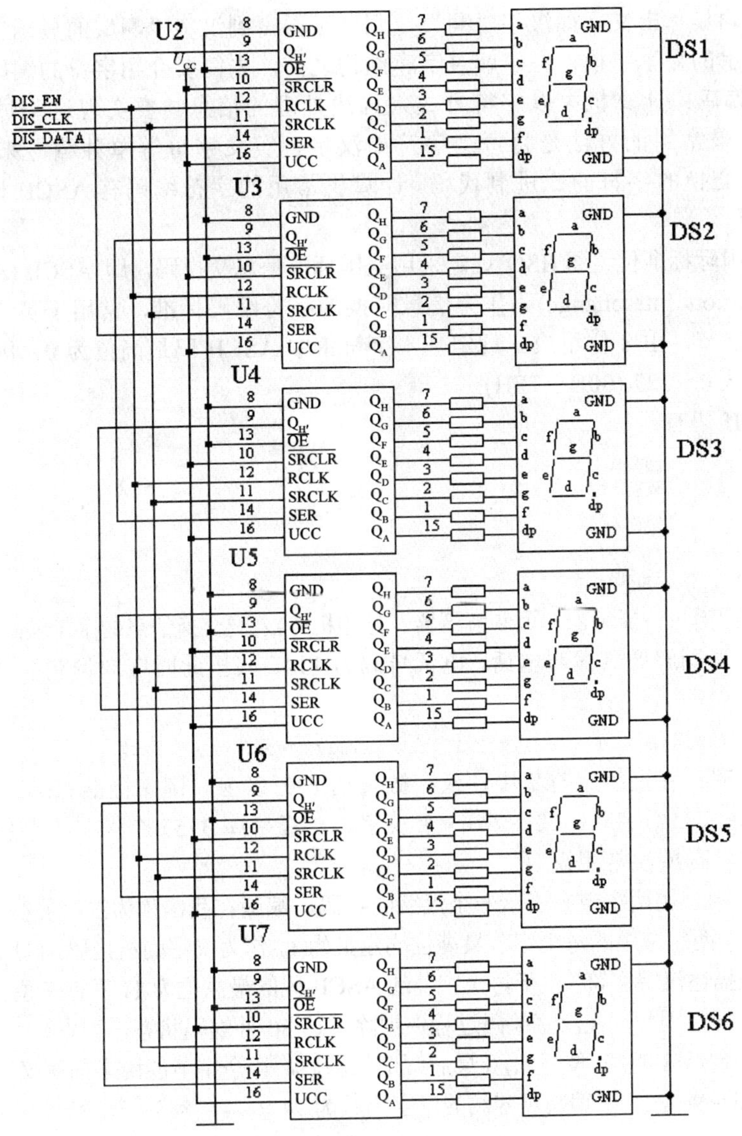

图 6.3.13　74HC595 扩展 LED 原理图

2．液晶显示器 (LCD)

液晶显示器以其功耗低 (远低于 LED)、显示内容灵活 (文字，图形)、超薄轻巧等诸多优点，在仪表和低功耗应用领域得到广泛的应用。液晶显示器按显示方式可分为字符方式和图形方式。

字符型液晶显示器：可显示数字和字母等，其核心是段显示结构。因此在与单片机的接口设计和编程过程中，字符方式的液晶显示器与 LED 基本相同。此时要注意显示位置的对应和显示码表的生成。

图形方式液晶显示器：显示屏由若干个像素点构成。如 128×64 的显示屏，行由 128 个点、列由 64 个点组成，每个像素点都可通过编程设定为亮或灭，针对彩色液晶显示器，每个像素点还可设定灰度级。目前图形方式液晶显示器都做成标准模块，内部有映射寄存器，对外接口采用三总线 (DBUS，ABUS 和 CBUS)方式，因此与单片机连接非常方便。单片机与液晶显示器正确连接后，通过访问液晶显示器内部寄存器，可设定它的工作方式和修改液晶屏上的显示内容。

在 LCD 的显示过程中，为了正确显示数字，需要得到数字的显示代码。液晶屏以图形方式显示时，为了正确显示出文字如汉字“啊”，则必须要得到汉字“啊”的显示字模。汉字库中存放的就是所有汉字的显示字模，在了解汉字库结构之前，先简要介绍字符的编码。

(1) 字符的编码：计算机中以字符方式来描述处理的信息。要实现这一过程最主要的是能将信息区分开，最常用的方法是将每个字符如汉字、英文字母等单独编号来加以区分。字符编码是用于信息交换的字符的二进制代码。计算机常用的字符编码有 ASCII 码和机内码 (区位码)。

ASCII 码：国际标准化组织 (ISO)规定采用美国标准信息交换码，即 ASCII (American Standard Code for Information Interchange)码作为信息交换的字符编码标准，常用于英文字符编码。一个 ASCII 码占用 1 字节，由 8 位组成。规定基本字符集中 ASCII 码最高位为 0，因此基本 ASCII 码有 128 个，编号从 0～127 (00H～7FH)。

常用的 ASCII 码有：

```
0AH          回车
0DH          换行
20H          空格
30H～39H     '0－9'
41H～5AH     'A－Z'
```

计算机与外设 (键盘、显示器、调制解调器、打印机等)之间交换信息的字符编码常采用 ASCII 码。

【例 6.17】 调制解调器拨叫电话，电话号码为 114。写出此时应向调制解调器传递信息的字符编码

```
41H 54H 44H 54H 31H 31H 34H 0AH      (ATDT114+回车)
```

(2) 汉字的编码：在汉字字符集中，汉字数量达 6 万以上。国家标准 (GB2312—1980)把常用汉字分成一级字库和二级字库，共计 6763 个汉字。一级字库 3755 个汉字，存放常用汉字；二级字库 3008 个汉字，存放次常用汉字。

汉字在计算机中，用两字节来表示一个汉字的编码，编码在我国称为汉字的机内码。为了避免与基本 ASCII 码相混，两字节中的每个字节最高位均定义为 1，作为汉字的机内码，可用 128× 128 = 16384 种不同编码状态来描述汉字字符。由于每个字节的 ASCII 码的最高位为 1，其低 7 位仍与控制码 (ASCII 码值为 0～1DH)相同，因此，在汉字编码过程中剔除了这 30 种编码状态，再去掉一个 20H (空格)状态及 00 区 00 位 (以便从 1 区 1 位开始)及最后两个状态后，每个字节能用来描述汉字编码的状态有 94 个 (128 −30 −1−1−2 = 94)，汉字编码可容纳的汉字个数为 94 × 94 = 8836 个。汉字的机内码由两字节组成，规定高字节表示区号，低字节表示位号。

全部国标汉字均排列在一张表中，该表有 94 页，每页顺序排放 94 个不同的汉字字符，在查找字符过程中，汉字机内码的区号表示汉字存放的页号，位号表示汉字在页内的顺序位置号。因此利用汉字的区位码能将汉字在字库中定位。

现在汉字常用的输入方法，最终都要获得汉字的区位码。区位码是用来区分汉字的编码，一个汉字对应一个区位码。同样在显示汉字时，要先知道汉字的区位码。

(3)汉字库结构：图形方式液晶显示器有两种工作方式——字符方式和点阵方式。在显示数字、英文字母时，常用字符方式。此时只需将显示字符的内容 (ASCII 码)和显示位置提供给液晶屏即可。在显示汉字时，必须使用图形方式。

在图形方式下，液晶需要了解显示屏上每个像素点的亮灭信息，在一个局部范围内来显示相应的内容。一般情况下，使用 16×16 点阵来描述一个汉字。具体描述 16×16 点阵内容的信息称为汉字的显示字模。因此要在液晶屏上显示汉字，只知道汉字区位码还不够，还应知道该汉字相对应的显示字模。汉字显示字存放于标准汉字库中。通过汉字区位码可计算出该汉字在标准字库中的偏移量位置，从而可取该汉字的点阵字模数据，以图形方式在液晶屏上显示出来。

以 16 点阵汉字库 (文件名 HZK16F.obj)为例，每个汉字字模占用 32 字节 (Byte)。在字库中有它固定的存放顺序，如图 6.3.14 (a)所示。在图 6.3.14 (b)中，描述了汉字“啊”字模的生成方法和内容。

高低	高低
第1字节	第2字节
第3字节	第4字节
…	…
…	…
…	…
…	…
第31字节	第32字节

(a) 字模排列顺序

00H	04H
2FH	7EH
F9H	04H
A9H	04H
AAH	14H
AAH	7CH
ACH	54H
AAH	54H
AAH	54H
A9H	54H
E9H	74H
ADH	54H
0AH	04H
08H	04H
08H	14H
08H	0CH

(b) 汉字“啊”字模

图 6.3.14　字模排列顺序及字模组成

【例 6.18】 计算汉字“啊”字模在汉字库中的存放首地址。

区位号：区号 16，位号 01

机内码：0B0A1H

汉字机内码与区位号的对应关系：

机内码高 8 位 ＝ 区号 ＋160＝16＋160＝176＝0B0H

机内码低 8 位 ＝ 位号 ＋160＝01＋160＝161＝0A1H

知道汉字机内码或区位号可计算汉字字模在字库中的首地址：

首地址=[(区号−1) ×94 + (位号−1)] ×32

首地址=[(机内码高 8 位−0A1H) ×5EH+ (机内码低 8 位−0A1H)] ×20H

字模起始地址=[(16 − 1)×94 + (1−1)]×32 = 45120 = 0B040H

所以，汉字“啊”字模位置图如图 6.3.15 所示。

```
00B000:  00 00 00 00 00 00 00 00 00 00 00 00 00 00 00 00
00B010:  00 00 00 00 00 00 00 00 00 00 00 00 00 00 00 00
00B020:  00 00 00 00 00 00 00 00 00 00 00 00 00 00 00 00
00B030:  00 00 00 00 00 00 00 00 00 00 00 00 00 00 00 00
00B040:  00 04 2F 7E F9 04 A9 04 AA 14 AA 7C AC 54 AA 54
00B050:  AA 54 A9 54 E9 74 AD 54 0A 04 08 04 08 14 08 0C
00B060:  00 04 7F FE 44 08 48 08 48 28 51 F8 49 28 49 28
00B070:  45 28 45 28 45 28 69 E8 51 28 40 08 40 28 40 10
00B080:  10 40 10 40 10 90 11 08 13 FC FC 04 11 10 11 F8
00B090:  12 40 10 44 17 FE 1C 40 F0 A0 40 90 01 0E 06 04
00B0A0:  10 40 10 40 10 90 11 08 FF FC 10 04 11 10 15 F8
00B0B0:  1A 40 30 44 D7 FE 10 40 10 A0 10 90 51 0E 26 04
00B0C0:  00 90 00 90 08 94 7F FE 48 90 48 90 49 08 49 08
00B0D0:  48 90 48 90 48 60 78 40 48 A0 01 10 02 0E 04 04
00B0E0:  00 40 00 40 08 90 7D 08 4B FC 48 04 49 10 49 F8
00B0F0:  4A 40 48 44 4F FE 78 40 48 A0 00 90 01 0E 06 04
```

图 6.3.15　汉字“啊”字模位置图

3. 12864 液晶模块

12864 液晶模块是目前常用的一款低端的单色液晶显示器，其显示分辨率为 128(列)×64(行)点，内置标准 16×8 点 ASCII 字符和一级二级国标汉字库。该模块显示方式可设为字符或点阵图形方式，供电电源为 3～+5.5V。与单片机连接接口灵活(串行/并口可选)，12864 型号液晶由于内置接口控制器，单片机只需给出相应的命令或数据即可完成显示操作。单片机操作 12864 液晶模块的具体命令集需参见 12864 液晶用户手册。12864 液晶模块外部引脚描述见表 6.3.4。

表 6.3.4 12864 液晶模块外部引脚描述

引脚	引脚名称	电平	引脚功能描述
1	GND	0V	电源地
2	VCC	3.0~5V	电源正
3	V0	—	对比度(亮度)调整，可外接电位器改变该管的电压调整亮度

（续表）

引脚	引脚名称	电平	引脚功能描述
4	RS(CS)	H/L	H：表示 DB7～DB0 为数据；L：表示 DB7～DB0 为指令
5	R/W(SID)	H/L	并行方式：R/W="H",E="H",数据被读到 DB7～DB0 总线 R/W="L",E="H→L", DB7～DB0 总线的数据被写到液晶 串行方式：串行数据入
6	E(SCLK)	H/L	并行方式：使能信号 串行方式：串行数据移位时钟，上升沿液晶读取 SID 管教数据
7～14	D0～D7	H/L	三态数据线
15	PSB	H/L	H：8 位或 4 位并口方式；L：串口方式
16	NC	—	悬空
17	RES	H/L	复位端，低电平有效(可悬空)
18	VOUT	—	LCD 驱动电压输出端
19	A	VDD	背光源正端(+5V)(可悬空)
20	K	VSS	背光源负端(可悬空)

【例 6.19】 单片机与 12864 液晶模块连接电路原理图如图 6.3.16 所示，以并行方式和串行通信方式分别编写初始化液晶模块的源程序。

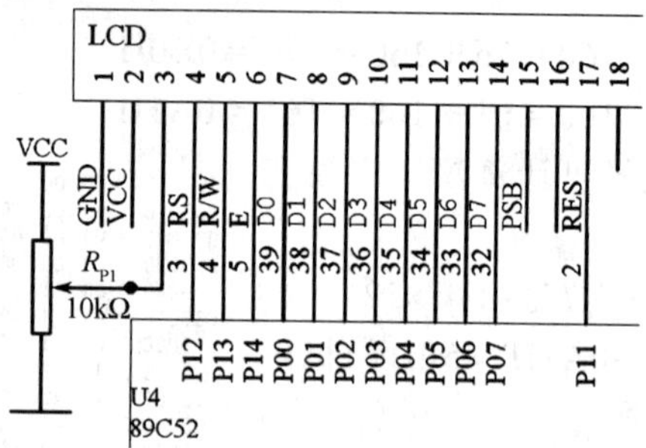

图 6.3.16 12864 与单片机接口连接图

```
//并行方式
sbit    ms12864_rs   =   P1^2;           //口线定义
sbit    ms12864_rw   =   P1^3;
sbit    ms12864_en   =   P1^4;
//#################################################################
//MS12864R 液晶写命令子函数
//#################################################################
void ms12864r_writecmd(uchar ms12864r_cmd)
{   uchar i;
    ms12864_rs    =0;
    ms12864_rw    =1;
    ms12864_io    =0xff;
    ms12864_en    =1;
    while(P0 & 0x80);                    //检测液晶是否忙碌,忙碌则等待,否则继续执行
    ms12864_en    =0;
    ms12864_rw    =0;
    P0   =ms12864r_cmd;
    ms12864_en    =1;
    ms12864_en    =0;}
//#################################################################
```

```
//MS12864R 液晶写数据子函数
//####################################################################
void ms12864r_writedata(unsigned char ms12864r_data)
{    ms12864_rs    =0;
     ms12864_rw    =1;
     P0   =0xff;
     ms12864_en    =1;
     while(P0 & 0x80);                      //检测液晶是否忙碌,忙碌则等待,否则继续执行
     ms12864_en    =0;
     ms12864_rs    =1;
     ms12864_rw    =0;
     P0   =ms12864r_data;
     ms12864_en    =1;
     ms12864_en    =0;}
//####################################################################
//MS12864R 液晶初始化子函数
//####################################################################
void ms12864_init()
{    ms12864_writecmd(0x30);                     //功能设置,8 位数据,基本指令
     ms12864_writecmd(0x0c);                     //显示状态 ON,游标 ON,反白 OFF
     ms12864_writecmd(0x01);                     //清除显示
     ms12864_writecmd(0x06);                     //地址归位
     ms12864_writecmd(0x80);}                    //设置显示缓存首地址 对应于显示屏左上角
     //4 行首地址分别对应为 0x80,0x90,0x88,0x98
     //####################################################################
     //第一行显示文字  '欢迎使用'
     //####################################################################
     ms12864r_writecmd(0x01);               //清屏
     ms12864_writecmd(0x80);                //设置显示缓存首地址
     ms12864_writedata(0xbb);               //'欢'的机内码为 bbb6
     ms12864_writedata(0xb6);
     ms12864_writedata(0xd3);               //'迎'的机内码为 d3ad
     ms12864_writedata(0xad);
     ms12864_writedata(0xca);               //'使'的机内码为 cab9
     ms12864_writedata(0xb9);
     ms12864_writedata(0xd3);               //'用'的机内码为 d3c3
     ms12864_writedata(0xc3);
//串行方式
```

串行方式与并行方式相比可节省单片机与液晶之间的连接口线(并行方式需要 11 条，串行方式仅需要 3 条)，但是单片机操作液晶需要较长的时间。单片机在以串行方式与液晶通信过程中，需要首先发送操作命令字再传递命令或数据。在传递命令或数据过程中，一字节需要分两次传递，具体过程可参见相关函数。

```
sbit     ms12864_rs    =    P1^2;    //RS="1",传递数据; RS="0",送指令
sbit     ms12864_ SID  =    P1^3;    //串行数据线
sbit     ms12864_ SCLK =    P1^4;    //串行数据移位时钟,上升沿有效
//####################################################################
/*函数 Lcd_WriteDat 作用:写 1 字节的数据到 12864 液晶,包括指令和数据*/
//####################################################################
void  WriteByte(unsigned char W_bits)
{      unsigned char i;
ms12864_SCLK = 0;
       for(i=0; i<8; i++)                            //需要循环 8 次(1 字节 8 位)
     {   W_bits =  W_bits <<1;                       //循环数据左移,将最高位移出到 CY
       ms12864_SID = CY;                             //将 cy 移到数据线
     //  nop();                                      //依据情况给出延时
         ms12864_SCLK = 1;                           //给出时钟上升沿,锁存数据位数据
```

```
//    nop();
      ms12864_SCLK = 0;}}
//####################################################################
/*将 8 位数据在时钟作用下串行读入单片机,需要连续读 2 字节先送最高位*/
//####################################################################
unsigned char ReceiveByte(void)
{    unsigned char i,temp1,temp2;
    temp1 = 0;
    temp2 = 0;
    for(i=0;i<8;i++)
    {    temp1=temp1<<1;
         ms12864_SCLK = 0;
         ms12864_SCLK = 1;
         ms12864_SCLK = 0;
         if(ms12864_SID) temp1++;                 //每次数据读到最低位,再左移
    }
    for(i=0;i<8;i++)
    {    temp2=temp2<<1;
         ms12864_SCLK = 0;
         ms12864_SCLK = 1;
         ms12864_SCLK = 0;
         if(ms12864_SID) temp2++;}
    //return ((0xf0&temp1)+(0x0f&temp2));         //合成接收数据
      return (temp1);}
//####################################################################
/*液晶忙检测 */
//####################################################################
void CheckBusy( void )
{    do WriteByte(0xfc);              //11111,RW(1),RS(0),0   发送读状态数据命令
     while(0x80&ReceiveByte());}        //BF(.7)=1 Busy          忙标志死等
//####################################################################
//写字节
//####################################################################
void Lcd_WriteCmd(unsigned char C_byte )
{    ms12864_rs = 1;
     CheckBusy();
     WriteByte(0xf8);                 //11111,RW(0),RS(0),0   发送写命令字命令
     WriteByte(0xf0&C_byte);          //屏蔽低 4 位的数据发送数据格式:xxxx0000
     WriteByte(0xf0&C_byte<<4);       //屏蔽高 4 位的数据发送数据格式:xxxx0000
     ms12864_rs=0;}
//####################################################################
//读字节
//####################################################################
void Lcd_WriteData(unsigned char D_byte )
{    ms12864_rs = 1;
     CheckBusy();
     WriteByte(0xfa);                 //11111,RW(0),RS(1),0   发送写数据命令
     WriteByte(0xf0&D_byte);          //屏蔽低 4 位的数据格式:xxxx0000
     WriteByte(0xf0&D_byte<<4);       //屏蔽低 4 位的数据格式:xxxx0000
     ms12864_rs=0;}
//####################################################################
////初始化液晶工作状态
//####################################################################
void LCD_Init(void)
{    Lcd_WriteDat(0x30);              //功能设置 8 位数据,基本指令
     Lcd_WriteDat(0x06);              //地址归位
     Lcd_WriteDat(0x0C);              //显示状态 ON,游标 OFF,反白 OFF
```

```
Lcd_WriteDat(0x01);                 //清屏
Lcd_WriteDat(0x02;);                //写指令地址归位
Delay(2);                           //延时
Lcd_WriteDat(80);                   //设置 DDRAM 地址
Delay(10);}                         //延时
//##########################################################################
//串行方式例程：
//第一行显示文字  '欢迎使用'
//##########################################################################
Lcd_WriteCmd (0x80);                //设置显示缓存首地址地址
ms12864r_writecmd(0x01);            //清屏
Lcd_WriteData (0xbb);               //'欢'的机内码为 bbb6
Lcd_WriteData (0xb6);
Lcd_WriteData (0xd3);               //'迎'的机内码为 d3ad
Lcd_WriteData (0xad);
Lcd_WriteData (0xca);               //'使'的机内码为 cab9
Lcd_WriteData (0xb9);
Lcd_WriteData (0xd3);               //'用'的机内码为 d3c3
Lcd_WriteData (0xc3);
```

6.3.3 打印接口

微型打印机 (简称微打)处理的票据宽度较窄，体积小，使用方便，目前在单片机系统中得到了广泛的应用，如仪器仪表、超市的收银台等。

微打在打印方式上有针打型、热敏型和热转印型。

微打数据传输接口有无线传输和有线传输两类：无线传输是采用红外或蓝牙技术进行数据通信；有线传输则是以串口或并口连接，以字符编码方式进行数据通信。

微打内部固化有打印字符集 (数字、字母、汉字等)。

1．并行接口标准

并行接口有两种标准：Centronic 和 EPP (Enhanced Parallel Port)。EPP 接口标准数据传输速度可以高达 1.5Mbps，向下兼容 Centronic 标准，目前激光打印机一般采用 EPP 标准。

Centronic 接口是传统的 IBM 机并行口，数据传输速度约 250KB/s，用于所有带并行接口的打印机 (包括微打)。

Centronic 标准 25 芯接口如图 6.3.17 所示。

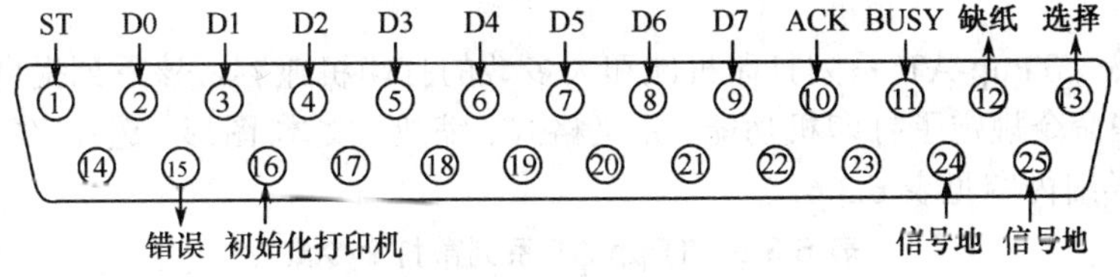

图 6.3.17 Centronic 标准 25 芯接口

不同类型的微打，存在接口自定义的问题，但一般只是引脚位置的再排序，相应的功能线定义不会改变。此时可根据微打说明书提供的接口定义来设计连接。

2．TPμp-AT 系列微打

TPμp-AT 系列打印机是一种面板安装式微型点阵打印机，整机体积小，重量轻，适于安装在机器或设备的面板上。内置国标一、二级汉字库 (GB 2312—1980)，可用低电平信号通过打印机接口初始化打印机。并行接口，采用 26 针扁平电缆接口插座，接口定义见表 6.3.5。数据传输时序满足 Centronic 接口时序标准，如图 6.3.18 所示。

表 6.3.5 TPμp-AT 系列微打接口定义

引脚	功能	符号	说明	信号走向（打印机端）
1	选通脉冲	STB	选通触发上升沿时读入数据	输入控制
3	数据位 0	D0	D0～D7 并行口数据端	输入数据
5	数据位 1	D1		输入数据
7	数据位 2	D2		输入数据
9	数据位 3	D3		输入数据
11	数据位 4	D4		输入数据
13	数据位 5	D5		输入数据
15	数据位 6	D6		输入数据
17	数据位 7	D7		输入数据
19	确认脉冲	ACK	回答脉冲低电平表示打印机准备好接收数据	输出控制
21	忙	BUSY	高电平表示打印机正忙不能接收数据	输出状态
23	缺纸	EP	“高”电平缺纸	输出状态
25	选择	SE	上拉“高”电平在线	输入控制
4	错误	ER	上拉“高”电平无错误	输出状态
6	初始化打印机	RP	“低”电平初始化	输入控制
其他	地	GNP	10，12，14，16，18，20，22，24	

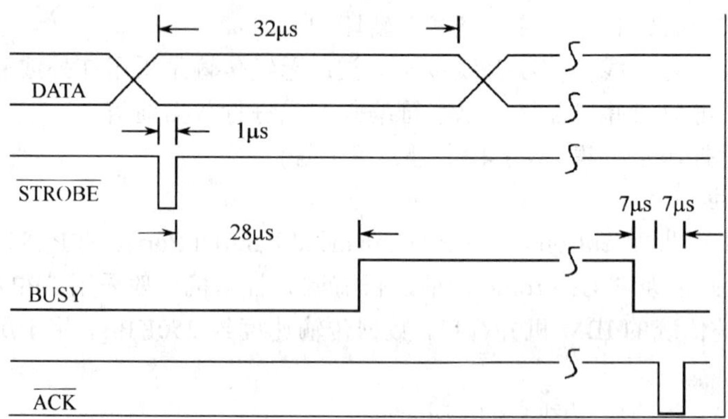

图 6.3.18 Centronic 接口时序图

打印控制命令：TPμp-AT 系列打印机能和大多数的打印机兼容，该系列提供了多达 40 种打印控制命令。这些命令规定了打印机功能：定义格式、缩放、文本/图形、选择字符集等。TPμp-AT 系列微打命令集详细内容见表 6.3.6。

表 6.3.6 TPμp-AT 系列微打命令集

十进制数	十六进制数	符号和格式	功 能
0	00	NUL	结束标志
9	09	HT	执行水平制表
10	0A	LF	换行
11	0B	VT	执行垂直制表
12	0C	FF	换页
13	0D	CR	回车
14	0E	SO	设置字符倍宽打印

（续表）

十进制数	十六进制数	符号和格式	功　能
20	14	DC4	取消字符倍打印
24	18	CAN	删除当前行字符
27 34	1B 22	SEC"n	允许/禁止十六进制数打印
27 37	1B 25	ESC%m1n1…nk nk NUL	替换码 *nk* 为定义码 *mk*
27 38	1B 26	ESC&m n1 n2…n6	自定义字符
27 39	1B 27	ESC'm n1 n2…nk CR	打印 *m* 个曲线点
27 43	1B 2B	ESC+n	允许/禁止上画线打印
27 45	1B 2D	ESC－n	允许/禁止下画线打印
27 49	1B 31	ESC 1n	行间距为 *n* 点行
27 54	1B 36	ESC 6	选择字符集 1
27 55	1B 37	ESC 7	选择字符集 2
27 58	1B 3A	ESC :	恢复原码
27 64	1B 40	ESC @	初始化打印机
27 66	1B 42	ESC B n1…nk NUL	设定垂直造表值
2767	1B 43	ESC C n	设置页长为 *n* 行
27 68	1B 44	ESC D n1…nk NUL	设定水平造表值
27 74	1B 4A	ESC J n	走纸 *n* 点行
27 75	1B 4B	ESC K n1 n2…data…	设置 *n*1×8 点阵图形
27 78	1B 4E	ESC N n	设装订长为 *n* 行
27 79	1B 4F	ESC 0	取消装订长度
27 81	1B 51	ESC Q n	设定右限宽度
27 85	1B 55	ESC U n	横向放大 *n* 倍
27 86	1B 56	ESC V n	纵向放大 *n* 倍
27 87	1B 57	ESC W n	横向纵向放大 *n* 倍
27 99	1B 63	ESC e n	允许/禁止反向打印
27 102	1B 66	ESC f m n	打印空格或换行
27 105	1B 69	ESC i n	允许/禁止反向打印
27 108	1B 6C	ESC 1 n	设定左限宽度
27 14	1C 0E	FS SO	设定汉字倍宽打印
27 20	1C 14	FS DC4	解除汉字倍宽打印
27 33	1C 21	FS ! n	选择字符集
27 38	1C 26	FS&	进入中文打印方式
27 46	1C 2E	FS ·	退出中文打印方式
127	7F	DEL	删除最后一个字符

与单片机的连接：89C52 单片机利用 I/O 接口完成与 TPμp-AT 系列微打的并行接口连接，连接原理图如图 6.3.19 所示。图中，单片机使用 P2 口和微打数据线相连，使用 P1 口与 P3 口的引脚和微打其他控制和状态线相连。

依据信号时序图 6.3.18，在编程时要注意以下几点。

① 检测打印机状态：忙，缺纸，错误。

② 写数据：数据送入 P2 口并产生选通脉冲，打印机在选通脉冲的作用下将数据读入。

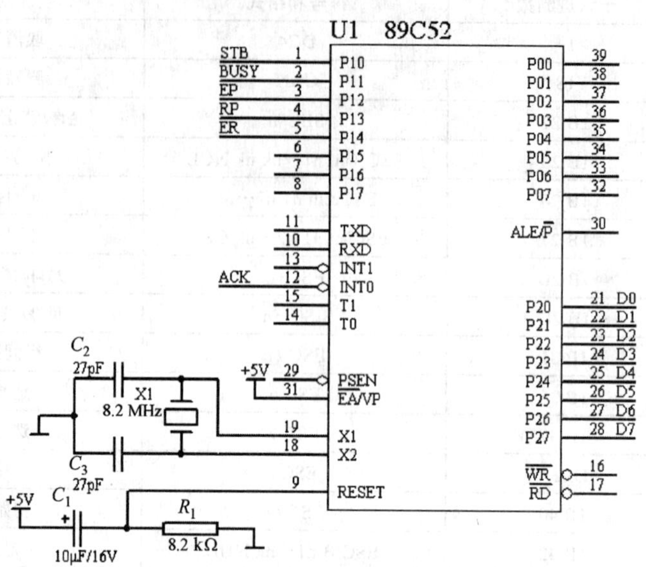

图 6.3.19 TP μp-AT 系列微打连接原理图

③ 检测微打状态，判断能否传送新的数据。打印机处理完数据后将 BUSY 信号变低，同时发出应答信号 ACK。BUSY 线可用于查询，ACK 线可用于中断。

【例 6.20】 单片机与打印机连接如图 6.3.19 所示，编程发出走纸命令。

格式：ASCII：LF 十进制数：10 十六进制数：0AH

命令说明：打印当前行缓冲器里的数据，同时向前走一行纸。如果行缓冲器里是空的，则只执行走行纸命令。

```
        ACK      BIT      P3.2                          ;定义接口连接线
        STB      BIT      P1.0
        BUSY          BIT      P1.1
        EP            BIT      P1.2
        RP            BIT      P1.3
        ER            BIT      P1.4
        MOV  A, #0AH                                    ;准备指令
        CALL  PRINT_ONE                                 ;将 ACC 内容送到打印机子程序
        NOP
        JMP  $
PRINT_ONE:JB  BUSY, $                                   ;打印机忙,原地等待
        MOV  P2, A
        CLR  STB                                        ;发出选通脉冲
        NOP                                             ;脉冲宽度延时
        SERB  STB                                       ;脉冲结束
        JNB   BUSY, $                                   ;等待微打接收数据后状态变忙
        JB    BUSY, $                                   ;等待微打处理数据结束
        RET
```

【例 6.21】 打印下画线。

格式：ASCII：ESC _ n 十进制数：27 45 n 十六进制数：1B 2D n

说明：n = 1，允许下画线打印；n = 0，禁止下画线打印。允许下画线打印之后的所有字符，包括空格都将打印出下画线，除非遇到禁止下画线打印命令。

```
       MOV A, #'T'                 ;取字母'T'的 ASCII 码
       CALL PRINT_ONE              ;打印字母 T
```

```
MOV  A, #'P'
CALL PRINT_ONE
MOV  A, #1BH            ;允许下画线打印指令
CALL PRINT_ONE
MOV  A, #2DH
CALL PRINT_ONE
MOV  A, #01H
CALL PRINT_ONE
MOV  A, #0AH
CALL PRINT_ONE
MOV  A, #'T'            ;打印字母 T
CALL PRINT_ONE
MOV  A, #'P'            ;打印字母 P
CALL PRINT_ONE
MOV  A, #1BH            ;禁止下画线打印指令
CALL PRINT_ONE
MOV  A, #2DH
CALL PRINT_ONE
MOV  A, #00H
CALL PRINT_ONE
MOV  A, #0AH
CALL PRINT_ONE
MOV  A, #'T'            ;打印字母 T
CALL PRINT_ONE
MOV  A, #'P'            ;打印字母 P
CALL PRINT_ONE
NOP
```

打印输出结果：TPTPTP

在编程的过程中，指令格式应该参照说明书。实际中，有的微打提供串行接口。此时微打命令集不变，只需把数据由并行传输改为串行传输。在接口中，将 8 条数据线 D0～D7 改为串行传输的 RXD 和 TXD，其他的联络线不变，在硬件连接上对应改到单片机的串行通信口上即可。

6.3.4 通信接口

1．概述

单片机应用系统中，经常采用并行和串行两种通信方式传递数据，如图 6.3.20 所示。

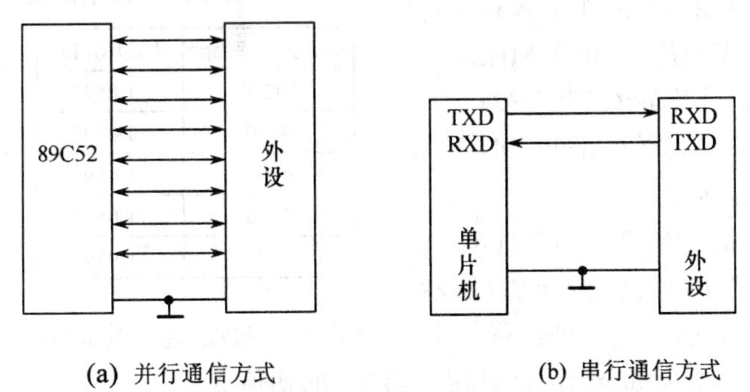

(a) 并行通信方式　　(b) 串行通信方式

图 6.3.20　数据通信方式

当要求速度较快或数据量较大时，一般采用并行方式，如单片机外扩大容量的 RAM 芯片，数据总线采用的就是并行方式。串行方式，由于连接简单，有特定的传输协议支撑，用途非常广泛。

较常用的串行通信接口有：

- 异步串行通信标准接口：TIA/EIA-232，TIA/EIA-232422，TIA/EIA-232485

- 串行传输总线接口：IIC (Inter Intergrated Circuit)
- 同步串行外围接口：SPI (Serial Peripheral Interface)
- 现场总线接口：CAN (Controller Area Network)

每种串行接口，适用领域各不相同，有自己特定的接口电气标准和数据传输的格式，不同标准的接口之间不允许直接连接。

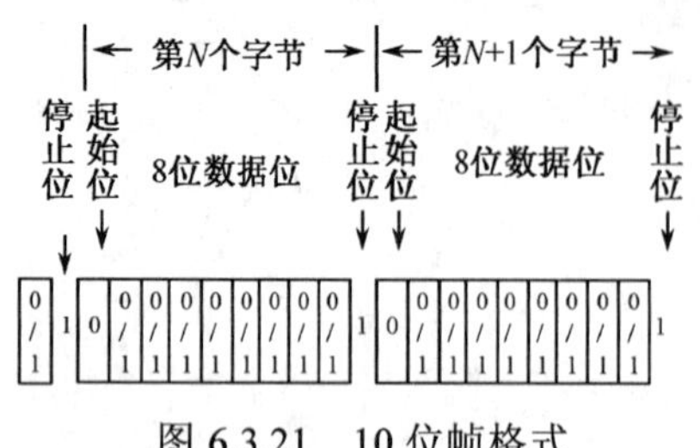

图 6.3.21　10 位帧格式

2. MCS-51 系列单片机串行接口

在 MCS-51 系列单片机内部，有一个通用异步接收/发送器 UART (Universal Asynchronous Receiver Transmitter)。这是一个全双工串行接口。利用这个串行接口，可以实现单片机之间的双机通信、多机通信，以及与 PC 之间的通信。

(1) 串行数据帧结构：单片机支持规定数据串行发送的顺序及数据位组成，常用的帧结构有 9 位、10 位和 11 位。10 位的帧格式如图 6.3.21 所示。首先发送一个起始位 (0)，然后是 8 个数据位，规定低位在前、高位在后，最后是停止位 (1)。用这种格式表示一个字符。11 位帧格式是在 10 位帧格式的基础上在停止位前加奇偶校验位构成。单片机支持 10 位和 11 位。

(2) 波特率：指每秒钟传送的二进制数的位数，单位为比特/秒。在串行通信中，收、发双方波特率必须一致。

常用波特率有：300，600，1200，2400，44800，9600，单位是 bps。

【例 6.22】 8 N 1 4800 的含义

制定双方通信时的数据格式为 10 位帧结构：8 位数据位，无校验，一个停止位，

波特率：4800bps。

(3) 接口特性：TTL 电平 (正逻辑)。

串行数据接收端：RXD (P3.0)

串行数据发送端：TXD (P3.1)

(4) 特殊功能寄存器：串行口缓冲寄存器 (SBUF)：用于传输数据的暂存。串行口控制寄存器 (SCON)：定义串行口的工作方式及实施接收和发送控制。

(5) 波特率设置：单片机内部定时器 T1 作为波特率发生器，定时器 T1 工作于方式 2 (自动重装模式)。晶体频率选用 11.0592MHz。

$$波特率 = (溢出率)\times (2^{SMOD}/32)$$

SMOD = 0/1 (电源控制寄存器 PCON.7，默认值为 0)

$$溢出率 = (f_{OSC}/12)/[\,256-(TH1)]$$

常用波特率定时器 T1 初值如表 6.3.7 所示。

表 6.3.7 常用波特率定时器 T1 初值

常用波特率/bps	f_{osc}/MHz	SMOD	TH1 初值
19200	11.0592	1	0FDH
9600	11.0592	0	0FDH
4800	11.0592	0	0FAH
2400	11.0592	0	0F4h
1200	11.0592	0	0E8h

【例 6.23】 89C52 单片机时钟振荡频率为 11.0592MHz，选用定时器 T1 (工作在方式 2)作为波特率发生器，波特率为 4800 bps，计算定时器 T1 的初值 X。

设波特率控制位 SMOD = 0，则：$波特率 = \{(f_{OSC}/12)/\ [256-(TH1)]\}\times(2^{SMOD}/32)$

$$4800 = \{(11.0592\times10^{6}/12)/[256-(TH1)]\}\,(1/32)$$

所以，定时器初值为

$$(TH1)=(TL1)=256-6=250=0FAH$$

其中，f_{OSC} 为单片机系统时钟频率。单片机的主频时钟频率范围依芯片而定，一般在 20MHz 以下。

在数据通信过程中，为获得精确波特率，常用的晶体频率有 11.0592MHz 和 7.3728MHz。

【例 6.24】 将单片机内部数据区 40H 单元开始连续 16 个单元内容，以 8 N 1 2400 方式从串口发出。

```
        MOV  TMOD, #20H           ;定时/计数器 1：定时模式 2 (8 位自动重装)
        MOV  TH1, #0FAH           ;设定波特率为 2400
        MOV  TL1, #0FAH
        SETB TR1                  ;启动定时器
        MOV  SCON, #50H           ;定义 10 位帧并允许接收
        MOV  R0, #40H             ;内存数据块首地址指针
        MOV  R7, #10H             ;发送数据个数
LOOP1:  MOV  A, @R0               ;取一字节数据
        MOV  SBUF, A              ;向串行口发送一字节数据
        JNB  TI, $                ;发送完一字节数据标志
        CLR  TI                   ;清发送数据结束标志
        INC  R0                   ;修改数据块地址指针
        DJNZ R7, LOOP1            ;判断数据块长度
        NOP
```

【例 6.25】 单片机以 8 N 1 4800 方式从串口接收 16 字节数据，存于内部 50H～5FH 单元。

```
        MOV  TMOD, #20H           ;初始化串口
        MOV  TH1, #0F4H
        MOV  TL1, #0F4H
        SETB TR1
        MOV  SCON, #50H
        MOV  R0, #50H             ;接收数据存放地址指针
        MOV  R7, #10H             ;接收数据个数
LOOP2:JNB  RI, $                  ;接收到一字节数据标志
        CLR  RI                   ;清接收据结束标志
        MOV  @R0, SBUF            ;从端口接读入一字节
        INC  R0                   ;修改内存地址指针
        DJNZ R7, LOOP2            ;判断数据块长度
```

3. 异步串行通信标准接口

串口通信协议规定了数据终端设备 (DTE)和数据通信设备 (DCE)之间的串行二进制数据交换的接口。它规定连接电缆和机械特性、电气特性、信号功能及传送过程。常用物理标准有 RS-232-C，RS-422-A，RS-423A，RS-485。

(1) RS-232-C 接口：RS-232-C 标准 (协议)的全称是 EIA-RS-232-C 标准，简称 232，RS-232。目前 PC 上的 COM1，COM2 接口，就是 RS-232-C 接口，由于通信设备厂商都生产与 RS-232-C 制式兼容的通信设备，它作为一种标准，目前已在微机通信接口中广泛采用。

① 电气特性：接口信号电平采用负逻辑。

逻辑 1 (MARK，信号无效，断开，OFF 状态，负电压)：−15～−3V

逻辑 0 (SPACE，信号有效，接通，ON 状态，正电压)：+3～+15V

速率：小于 20kbps

距离：15m

连接方式：点对点

② 连接器的机械特性：DB-25，DB-9；最大传输距离 15m。

③ RS-232-C 接口信号：

数据装置准备就绪：有效时表明与 PC 连接外设处于可以使用的状态。

数据终端准备就绪：数据终端 (PC)可以使用。

这两个信号有时连到电源上，上电就立即有效。此时表示设备本身可用，通信链路能否开始

正常通信要由下面的控制 (握手)信号决定。

请求发送：DTE 请求向 DCE 发送数据。

允许发送：DCE 准备好接收 DTE 发来的数据，是对请求发送信号 RTS 的响应信号。

载波检测：DCE 已接通通信链路。当两个 MODEM 呼叫连通后，该信号置为逻辑'0'。

振铃指示：当 MODEM 收到交换机送来的振铃呼叫信号时，使该信号有效。在振铃过程中，此信号为脉冲信号。

发送数据：数据流方向 DTE→DCE。

接收数据：数据流方向 DCE→DTE。

DTE 端 232 的接口信号如表 6.3.8 所示。

表 6.3.8　DTE 端 232 的接口信号

信号名称	输入/输出	DB25	DB9	说　明
TXD	输出	2	3	发送数据
RXD	输入	3	2	接收数据
RTS	输出	4	7	请求发送
CTS	输入	5	8	允许发送
DSR	输入	6	6	MODEM 准备好
GND		7	5	地
DCD	输入	8	1	载波检测
DTR	输出	20	4	PC 准备好
RI	输入	22	9	铃流

④ 接口电平转换电路：具有 RS-232 接口的 PC 和外置调制解调器可直接相连。在单片机的应用系统中，经常要在单片机和 PC 间传递数据。单片机本身虽然具有异步串行通信功能(如 8 N 1 480 0)，但不提供 RS-232 接口，因此单片机不能和 PC 直接相连，必须通过外围电路来扩展出 RS-232 接口，此时，一般情况下，仅使用 RXD，TXD 和 GND 三线连接，这时应将发数据线和对方的收数据线相连接。若计算机需要握手信号，可在 DB9 的基础上将第 4 脚的 DTR 与第 6 脚的 DSR、第 7 脚的 RTS 与第 8 脚的 CTS 分别短接。

常用转换芯片有：MC1488,MC1489　　5V-RS232 转换两个芯片需同时使用

MAX232,ICL232,MAX202　　5V-RS232 转换

MAX3316　　2.5V-RS232 转换

RS-232 接口芯片的引脚图如图 6.3.22 所示，单片机扩展 RS-232 接口如图 6.3.23 所示。

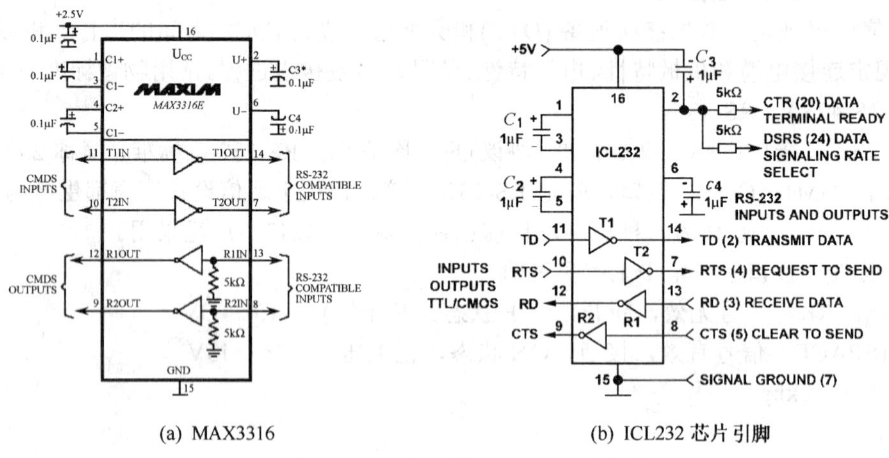

(a) MAX3316　　(b) ICL232 芯片引脚

图 6.3.22　RS-232 接口芯片的引脚图

(2) 485 接口：RS-485 采用差分数据方式传输数据，由于差分信号有助于消除链路中的共模噪声信号干扰，因此 RS-485 接口适于远传，距离大于 1000m。可组建一对多系统，标准规定在一条单总线 (2 线)上支持 32 个驱动器和 32 个接收器。但一般设备不提供 485 接口，多用于组建专网时的内部互连。485 接口系统组成如图 6.3.24 所示。

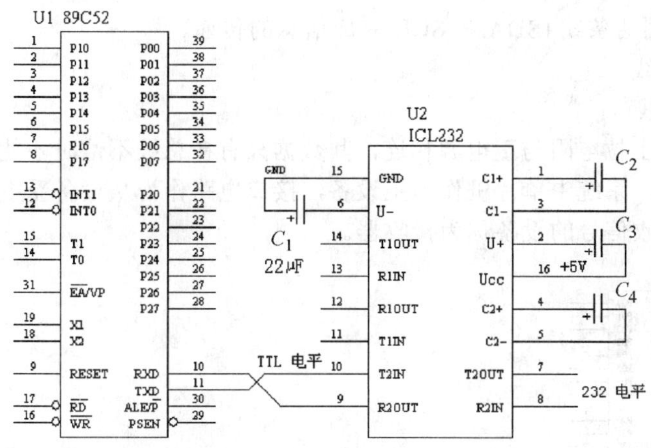

图 6.3.23　单片机扩展 RS-232 接口

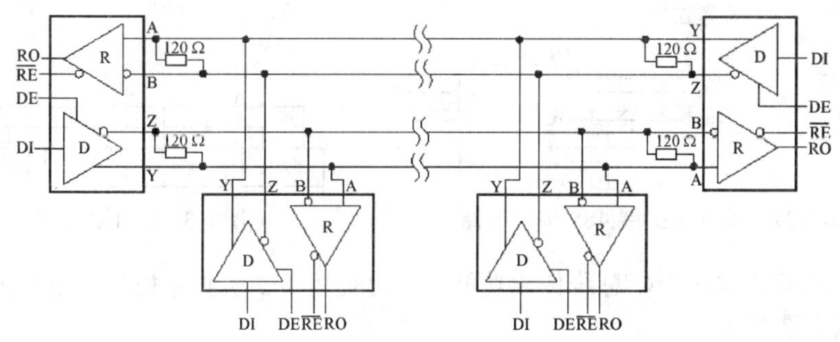

图 6.3.24　485 接口系统组成

常用接口转换芯片有：SN75176，MAX3082。它们的引脚和真值表分别如图 6.3.25 和图 6.3.26 所示。

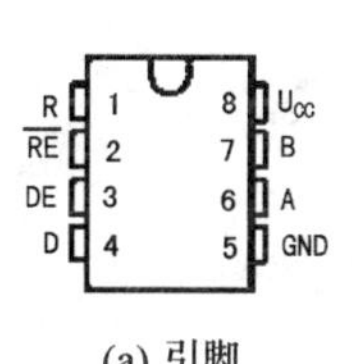

(a) 引脚

INPUT D	ENABLE DE	OUTPUTS A	OUTPUTS B
H	H	H	L
L	H	L	H
X	L	Z	Z

(b) 发送真值表

DIFFERENTIAL INPUTS A-B	ENABLE RE	OUTPUT R
$U_{ID}\geqslant 0.2V$	L	H
$-0.2V<U_{ID}<0.2V$	I	?
$U_{ID}\geqslant -0.2V$	L	L
X	H	Z
Open	L	?

(c) 接收真值表

图 6.3.25　485 接口芯片 SN75176

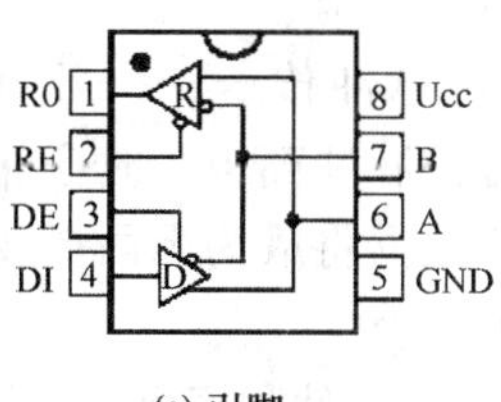

(a) 引脚

INPUTS			OUTPUTS	
RE	DE	DI	B/Z	A/Y
X	1	1	0	1
X	1	0	1	0
0	0	X	High-Z	High-Z
1	0	X	Shutdown	

(b) 发送真值表

INPUTS			OUTPUT
RE	DE	A-B	RO
0	X	≥-0.05V	1
0	X	≤-0.2V	0
0	X	Open/shorted	1
1	1	X	High-Z
1	0	X	Shutdown

(c) 接收真值表

图 6.3.26　485 接口芯片 MAX3082

单片机扩展 485 接口电路如图 6.3.27 所示。系统使用 485 接口采用总线方式互连，内部应该采用广播方式通信。485 接口芯片多为准双工模式，此时单片机需要一条 I/O 接口线来控制 485 接口芯片的收/发状态，平常应设定为接收状态。

4. I^2C 总线

I^2C 总线是一种串行通信标准，包含接口和通信协议两部分。

接口：I²C 总线用两条线 (SDA 和 SCL)完成信息的传递。

SDA：串行数据线

SCL：串行时钟线

两条线分别通过上拉电阻与正电源相连，其数据只有在总线不忙时才能传送。图 6.3.28 描述了 I²C 总线系统组成。系统中单片机作为主设备，接口电路作为从设备受主设备控制。产生信号的设备是传送器，接收信号的设备称为接收器。

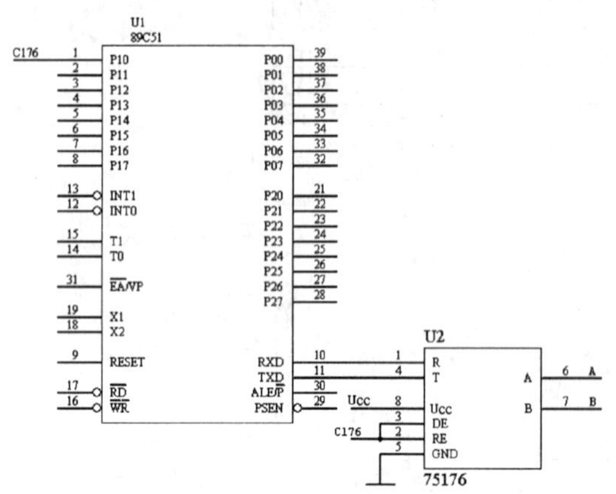

图 6.3.27 单片机扩展 485 接口电路

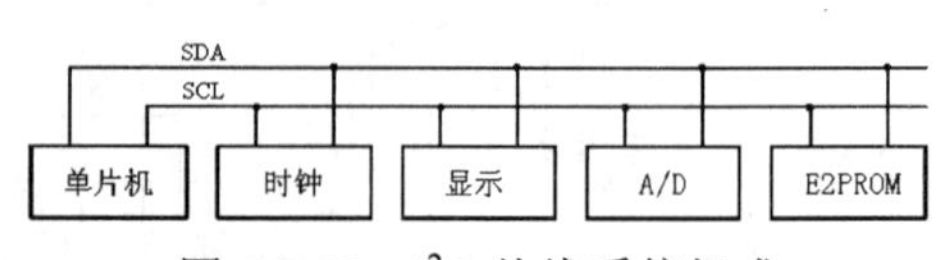

图 6.3.28 I²C 总线系统组成

89C52 单片机不提供 I²C 总线传输功能，但可使用 I/O 引脚来模拟。编程过程中数据传输要满足 I²C 总线标准要求。

(1) I²C 总线标准

① 启动 (START)和停止 (STOP)条件：总线不忙时，数据线和时钟线保持高电平。

数据线在下降沿而时钟线为高电平时为启动条件 (S)，数据线在上升沿而时钟线为高电平时为停止条件 (P)，如图 6.3.29 所示。

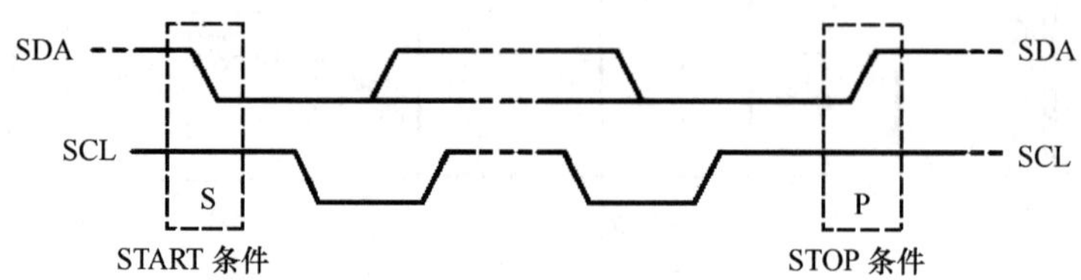

图 6.3.29 总线的启动 (START)和停止 (STOP)条件

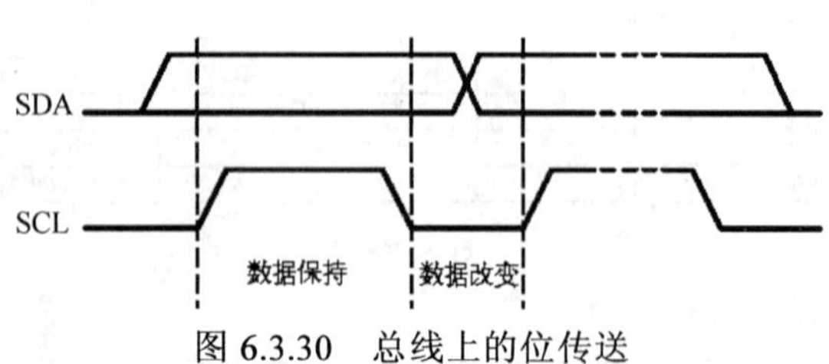

图 6.3.30 总线上的位传送

② 位传送：每个时钟脉冲传送一个数据位，SDA 线上的数据在时钟脉冲高电平时应保持稳定，否则 SDA 线上的数据将成为上面提及的控制信号，如图 6.3.30 所示。

③ 标志位 (ACK)：在启动条件和停止条件之间，主从设备之间传递的数据数量没有限制。

每 8 位字节后加一个标志位，传送器产生高电平的标志位，这时主设备产生一个附加标志位时钟脉冲。从接收器必须在接收到每个字节后产生一个标志位，主接收器也必须在接收从传送器传送的每个字节后产生一个标志位。在标志位时钟脉冲出现时，SDA 线应保持低电平 (应考虑启动和保持时间)。传送器应在从设备接收最后一字节时变为低电平，使接收器产生标志位，这时主设备可产生停止条件，如图 6.3.31 所示。

④ 总线协议：使用 I^2C 总线传递数据，接收设备应先标明地址。在 I^2C 总线启动后，这个地址与第一个传送字节一起被传送。描述地址的字节依芯片不同而有所不同，每个芯片都有自己的地址识别码。

【例 6.26】 PCF8563 (时钟)地址识别码如图 6.3.32 所示，分别计算出芯片的读/写合成命令字。

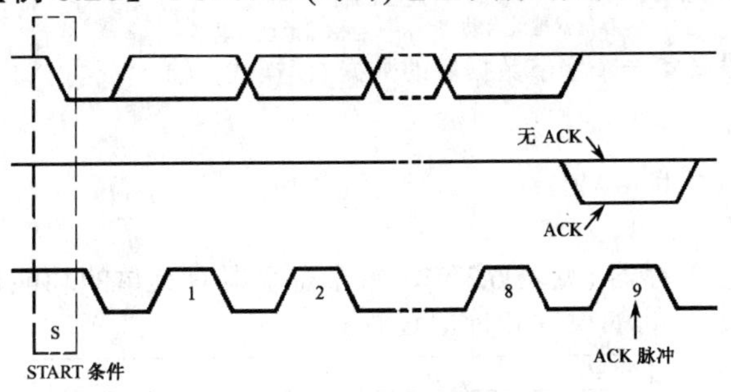

图 6.3.31　总线上标志位

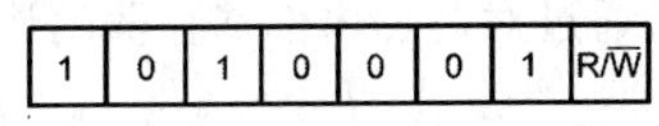

图 6.3.32　PCF8563 地址识别码

字节包含两部分：地址和命令。

A0 反映芯片的外部引脚状态，用于合成芯片地址，保证系统内部每个 I^2C 芯片地址唯一。这里设 A0 引脚接高电平。

芯片读地址：10100010B (0A2H)

芯片写地址：10100011B (0A3H)

⑤ I^2C 总线读/写数据的帧结构如图 6.3.33、图 6.3.34 和图 6.3.35 所示。图中字地址为被访问芯片的片上地址。

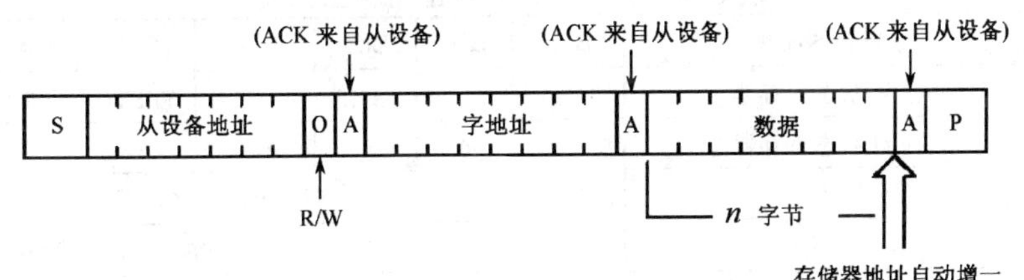

图 6.3.33　主传送器到从接收器 (写模式)

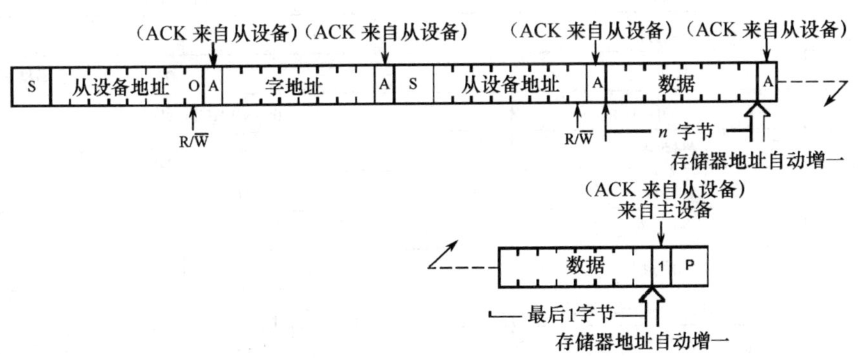

图 6.3.34　设置字地址后主设备读/写数据 (写字地址；读数据)

(2) I^2C 接口芯片编程

① PCF8563：I^2C 总线接口，实时时钟/日历芯片，提供闹铃功能。其引脚图及引脚定义分别如图 6.3.36 (a)、(b)所示。

特性：

- 工作电压范围：1.0～5.5V

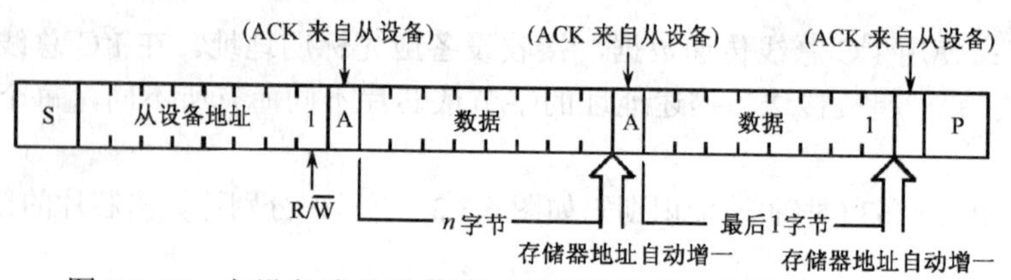

图 6.3.35　主设备读从设备第一个字节数据后的数据 (读模式)

- I^2C 总线最大速度为 400KB/s
- I^2C 总线从地址：读地址 0A3H，写地址 0A2H
- 提供中断引脚：OC 输出

功能描述：PCF8563 内部有 16 个 8 位寄存器 (见表 6.3.9)，每个寄存器有具体的功能定义，单片机通过对芯片内部寄存器的访问，完成时间的设置和读取过程。

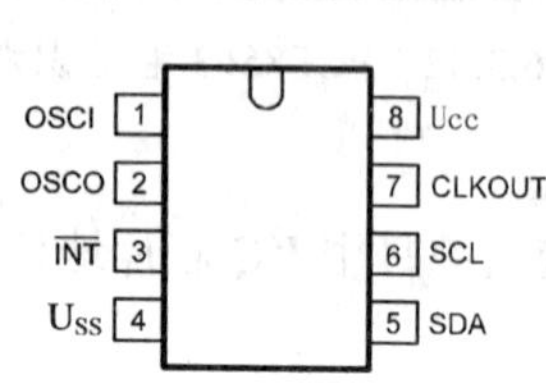

(a) PCF8563 引脚

符号	引脚号	描述
OSCI	1	振荡器输入
OSCO	2	振荡器输出
$\overline{\text{INT}}$	3	中断输出（开漏：低电平有效）
Uss	4	地
SDA	5	串行数据 I/O
SCL	6	串行时钟输入
CLKOUT	7	时钟输出（开漏）
Ucc	8	正电源

(b) PCF8563 引脚说明

图 6.3.36　PCF8563

表 6.3.9　PCF8563 内部寄存器列表

地　　址	寄存器名称	Bit7	Bit6	Bit5	Bit4	Bit3	Bit2	Bit1	Bit0
00H	控制/状态寄存器 1	TEST	0	STOP	0	TESTC	0	0	0
01H	控制/状态寄存器 2	0	0	0	TI/TP	AF	TF	AIE	TIE
02h	秒	VL	00～59BCD 码格式数						
03h	分钟	—	00～59BCD 码格式数						
04h	小时	—	—	00～59BCD 码格式数					
05h	日	—	—	01～31BCD 码格式数					
06h	星期	—		—	—	—	0～6		
07h	月/世纪	C	—	—	01～12 BCD 码格式数				
08h	年	00～99 BCD 码格式数							
09h	分钟报警	AE	00～59BCD 码格式数						
0Ah	小时报警	AE	00～60BCD 码格式数						
0BH	日报警	AE	—	01～31BCD 码格式数					
0CH	星期报警	—		—	—	—	0～6		
0DH	CLKOUT 频率寄存器	FE	—	—	—	—	—	FD1	FD0
0EH	定时器控制寄存器 TE	—	—	—	—	—	—	TD1	TD0
0FH	定时器倒计数数值寄存器	定时器倒计数数值							

寄存器描述：

控制/状态寄存器 1 (00H)

TEST：0 普通模式，1 EXT_CLK 测试模式

STOP：0 芯片时钟运行，1 芯片时钟停止运行

TESTC：0 电源复位功能失效 (普通模式时置逻辑 0)，1 电源复位功能有效

控制/状态寄存器 2 (地址 01H)

TI/TP：0 当 TF 位有效时 INT 输出有效 (取决于 TIE 的状态)，1 INT 脉冲有效

AF：1 闹铃报警发生，供查询的状态位

TF：1 定时器倒计数结束，供查询的状态位

AIE：0 报警中断无效，1 报警中断有效，功能设置位

TIE：0 时器中断无效，1 定时器中断有效，功能设置位

地址 02H～08H 用于时钟计数器 (秒至年计数器)

秒：寄存器位 (02H)

VL：0 时钟/日历数有效，1 时钟/日历数据无效 (状态位，查询)

其他位：BCD 格式的当前秒数值，值为 00～99。如：0101000B 代表当前时间为 28s

分钟寄存器 (03H)

小时寄存器 (04H)

日寄存器 (05H)：有闰月识别功能

星期寄存器 (06H)

月/世纪寄存器 (07H)：

C：0 指定世纪数为 20××，1 指定世纪数为 19××

年寄存器 (08H)

09H～0CH 用于设置报警时间

分钟报警寄存器 (09H)

小时报警寄存器 (0AH)

日报警寄存器 (0BH)

星期报警寄存器 (0CH)

AE：0 报警有效，1 报警无效

CLKOUT 频率寄存器 (0DH)

FE：1 CLKOUT 输出有效

FD0，FD1：组合决定输出频率 00～32.768kHz，01～1024Hz，10～32Hz，11～1Hz

定时器控制器寄存器 (地址 0EH)

定时器倒计数数值寄存器 (地址 0FH)

PCF8563 的典型应用电路如图 6.3.37 所示。

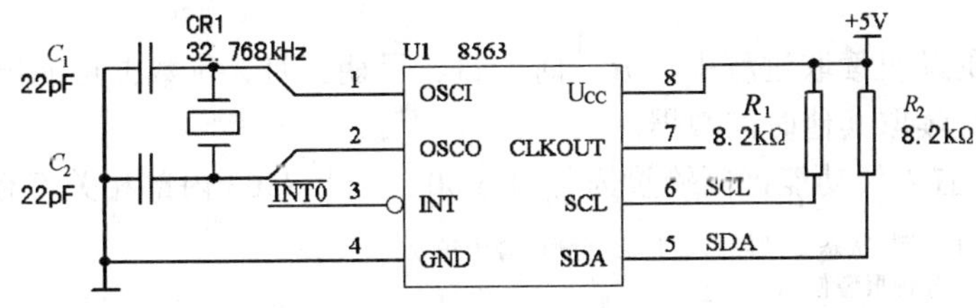

图 6.3.37 PCF8563 的典型应用电路

【例 6.27】 初始化芯片时间为 2005 年 5 月 18 日星期三 12:34:00，关闭闹铃。依据要求，8563 内部寄存器设置初值如下：

```
(00H)：00H    控制/状态 1 正常工作模式
(01H)：00H    控制/状态 2 禁止中断
(02H)：00H    设置秒数 00
(03H)：34H    设置分钟 34
(04H)：12H    设置小时 12
```

```
(05H): 18H    设置日期 18
(06H): 03H    设置星期为星期三
(07H): 05H    设置月为 05 世纪位是 0
(08H): 05H    设置年为 05
(09H): 80H    禁止分报警
(0AH): 80H    禁止小时报警
(0BH): 80H    禁止日期报警
(0CH): 80H    禁止星期报警
(0DH): 00H    设置频率输出为 32 768Hz 可用于校准
(0EH): 00H    关闭定时器
      ; 初始化芯片子程序
WRITE_TIME: MOV     DPTR, #TAB_TIME          ;将初始化 8563 的数据读入内存单元
            MOV     R0, #20H
            MOV     R7, #15
  LOOP1:    CLR     A
            MOVC    A, @A+DPTR               ;将表 TAB_TIME 中的数据取出并送到 ACC
            MOV     @R0, A
            INC     A
            INC     R0
            INC     DPTR
            DJNZ    R7,LOOP1
            MOV     R0,#20H                  ;数据源地址 (单片机)
            MOV     R1,#0A3H                 ;芯片地址识别码 (写 0A2H)
            MOV     R2,#00H                  ;数据目的地址 (8563 上从地址单元 00H 开始)
            MOV     R3,  #0EH                ;写入数据 15 字节
            CALL    WR_X                     ;调用 I2C 连续写字节字程序
            NOP
            RET
            TAB_TIME:                        ;定义初始化 8563 的 15 个数据
            DB   00H,00H,00H,34H,12H,18H,03H, 05H,05H,80H, 80H,80H, 80H,00H,00H
```

【例 6.28】 读芯片当前时间，将时间 (秒、分、时、日、星期、月、年)读出并存于单片机内存 30H～36H。此时要注意时间数据的顺序格式。

```
READ_TIME:
MOV  R0, #30H          ;读出字节存放地址指针 (单片机)
MOV  R1, #0A3H         ;芯片地址识别码 (读 0A3H)
MOV  R2, #02H          ;芯片上秒字节的地址
MOV  R3, #07H          ;读出数据 7 字节
CALL    RD_X           ;调用 I2C 连续读字节字程序
NOP
RET
```

注意：在时间的随机读取过程中，分、时、日、星期、月、年数据可能出现异常，建议首先读秒，判断为零后再读取其他时间数据。

【例 6.29】 设置闹铃功能：闹铃设为每日 6:00。写出 8563 内部相关寄存器初值。

```
(01H): 02H 控制/状态 2 清除警告标志并使能警告中断
(09H): 00H 分钟报警使能
(0AH): 06H 小时报警使能
(0BH): 80H 禁止日报警
(0CH): 80H 禁止星期报警
```

② FM24C04：512B EEPROM，I^{2}C 接口，其引脚图及其引脚说明如图 6.3.38 所示。

如图 6.3.39 所示，FM24C04 地址识别码分别为：

写：低端 (00H～FFH) 0A0H　　　　高端 (100H～1FFH)0A2H

读：低端 (00H～FFH) 0A1H　　　　高端 (100H～1FFH)0A3H

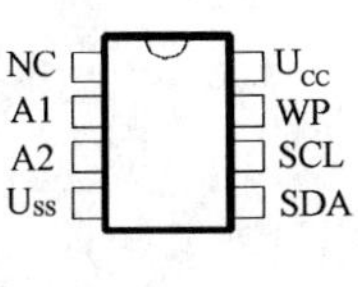

(a) 引脚

Pin Names	Function
A1	Device Select Adress1
A2	Device Select Adress2
SDA	Serial Data/address
SCL	Seral Clock
WP	Write Protect
U_{SS}	Ground
U_{CC}	Supply Voltage 5V

(b) 引脚说明

图 6.3.38 FM24C04 的引脚及其说明

因为 I²C 系统内部要求各芯片有唯一的地址识别码，因此当地址有冲突时，可通过配置外部引脚(A1，A2)来做局部调整。如图 6.3.40 所示连接，会与 8563 芯片地址重叠，为了避免出现这种情况，可将 FM24C04 的 A2 引脚接到高电平，重新设定。此时，FM24C04 地址识别码为：

写：低端 (00H～FFH) 0A8H　　高端 (100H～1FFH)0AAH

读：低端 (00H～FFH) 0A9H　　高端 (100H～1FFH)0ABH

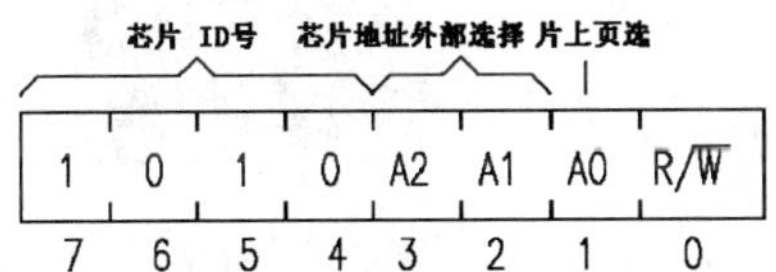

图 6.3.39 FM24C04 地址识别码

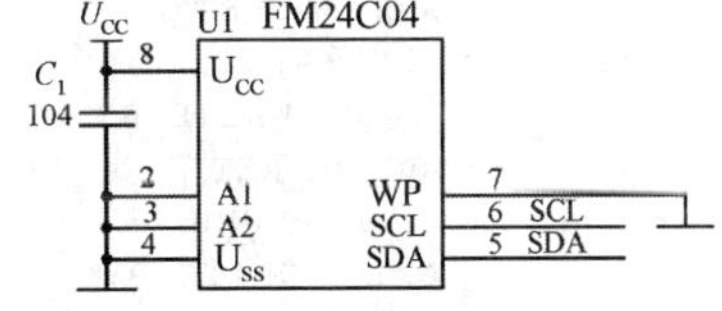

图 6.3.40 FM2404 应用电路

```
;******************     IIC 总线子程序库      ******************
;IIC_START:  I2C 总线起始条件
;IIC_STOP:   I2C 总线结束条件
;WRITE_BYTE: I2C 总线写一字节
;        入口:   ACC
;        占用:   ACC, R7
;READ_BYTE: I2C 总线写一字节
;WR_X:连续写字节
;        入口:
;              R0      数据源地址(单片机)
;              R1      地址识别码+写命令
;              R2      数据目的地址(I2C 芯片)
;              R3      写入数据字节个数
;        占用:
;              ACC, R0,R1,R2,R3
;        调用: WRITE_BYTE
;RD_X: 连续读字节
;    R0  读出字节存放地址指针(单片机)
;    R1  地址识别码+读命令
;    R2  要读出字节的地址(I2C 芯片)
;    R3  读出数据字节个数
;*************************************************************
IIC_START: SETB  SDA
           NOP                         ;注意依据单片机主频来添加延时
           SETB  SCL
           NOP
           CLR  SDA
           NOP
           CLR  SCL
           RET
IIC_STOP:  CLR  SDA
           NOP
           SETB  SCL
           NOP
           RET
```

```
WRITE_BYTE:MOV  R7, #08H
WR_B1:      CLR  SCL
            RLC  A
            MOV  SDA, C
            NOP
            SETB  SCL
            DJNZ  R7, WR_B1
            CLR  SCL
            NOP                                 ;判断 ACK 信号
            SETB  SDA
            NOP
            SETB  SCL
            MOV  C, SDA
            CLR  SCL
            RET
WR_X:       CLR  F0
            CALL  IIC_START
            MOV  A,R1
            CALL  WRITE_BYTE
            JC  WR_RET
            MOV  A,R2
            CALL  WRITE_BYTE
            JC WR_RET
WR_X_1:     MOV  A,@R0
            CALL  WRITE_BYTE
            JC  WR_RET
            INC  R0
            DJNZ  R3,WR_X_1
            CALL  IIC_STOP
            RET                                 ;I2C 写成功返回,标志位 F0 = 0
WR_RET:     SETB  F0                            ;I2C 写失败返回,标志位 F0 = 1
            RET
RD_X:       CALL  IIC_START
            MOV  A, R1
            CLR  ACC.0
            CALL  WRITE_BYTE
            JC  RDA_RET
            MOV  A, R2
            CALL  WRITE_BYTE
            JC  RDA_RET
            CALL  IIC_START
            MOV  A, R1
            CALL  WRITE_BYTE
            JC  RDA_RET
            DJNZ  R3,RDA_S1
            JMP  READ_ONE
RDA_S1:     CALL  READ_BYTE
            MOV  @R0, A
            INC  R0
            CLR  SDA
            SETB  SCL
            NOP
            CLR  SCL
            SETB  SDA
            DJNZ  R3,RDA_S1
READ_ONE:   CALL  READ_BYTE
            MOV  @R0,A
            SETB  SDA
            SETB  SCL
RDA_RET:    CALL  IIC_STOP
            NOP
            NOP
            RET
```

```
READ_BYTE: MOV  R7,#8
           SETB  SDA
           SETB  SCL
RD_B1:     NOP
           SETB  SCL
           NOP
           MOV  C, SDA
           RLC  A
           CLR  SCL
           DJNZ  R7, RD_B1
           RET
```

思考题与习题

6.1　单片机应用系统中外扩 64KB 的数据存储器，原理图如图 6.2.3 所示，利用单片机内部数据区作为数据缓冲区，将外部数据区的 2000H～2100H 单元内容整体移动到外部数据区的 8000H 开始的单元中。

6.2　单片机应用系统中外扩 64KB 的数据存储器，原理图如图 6.2.4 所示，将 U3 的 2000H～2100H 单元内容整体移动到 U4 的 2000H～2100H 单元。

6.3　单片机外扩 128KB 数据存储器，画出原理图。

6.4　设计系统内含 32KB RAM (62256)1 片 8255。要求画出原理图 (用 I/O 控制 CS 端)，分别计算两个接口芯片的端口地址范围。

6.5　设计地址译码电路，要求连接接口芯片 74LS373，芯片的端口地址为 4001。

6.6　使用 7 段译码器 4511 以静态方式扩展 6 片 LED。

6.7　设计外围电路扩展硬字库，编程读“啊”字字模。

6.8　编写程序使灯的亮灭间隔不等。

6.9　使用 8279 扩展 8×8 键盘接口，使用中断方法检测键盘状态。

6.10　利用 485 接口组建单片机主从通信系统，采用广播方式，自定义帧结构。编写主 CPU 的发送程序，从 CPU 的接收程序。

6.11　使用中断方式编写接收和发送数据的程序。

6.12　设计系统：电子表。要求：

(1) 功能：显示年、月、日、时、分、秒；键盘可调整时间，设置报警时间。

(2) 画出原理图，编写程序程序。

6.13　设计系统：语音复读机。要求：

(1) 功能：语音录制 (时间大于 10s)并回放。

(2) 画出原理图，编写程序。

第 7 章　电子绘图软件

7.1　Protel 概述

7.1.1　国内 EDA 软件现状

随着计算机在国内的逐渐普及，EDA 软件在电子行业的应用也越来越广泛。目前国内流行的 EDA (Electronic Design Automation,电子设计自动化) 软件主要有以下几种：

OrCAD：由 OrCAD 公司于 20 世纪 80 年代末推出的 EDA 软件，OrCAD 公司的产品主要包括 capture（原理图软件）和 OrCADlayout（layout 软件）。提供原理图绘制、印制电路板设计、数字电路仿真、可编程逻辑器件设计等功能。

Pspice：专业电路仿真软件。可完成模拟电路分析、数字电路分析和模拟数字混合电路分析。

Protel：Protel 公司在 20 世纪 80 年代末推出的 EDA 软件，在电子行业 CAD 软件中，是电子设计者的首选软件。到目前为止，该软件已发展成为一完整的板级全方位电子设计系统，它包含电原理图绘制、模拟电路与数字电路混合信号仿真、多层印制电路板设计 (包含印制电路板自动布线)、可编程逻辑器件设计、图表生成、电子表格生成。因此，本章重点介绍 Protel 工具软件及其使用。

7.1.2　电路板设计步骤

利用 Protel 进行电路板设计需要经过三个基本的过程：

(1) 电路原理图的设计：电路原理图的设计过程，是利用 Protel 提供的强大绘图工具来绘制一张正确的电路原理图，以便设计人员对电路进行分析，同时为设计电路板图提供基本连接依据。

(2) 网络表：网络表提供所有器件引脚之间的连接信息，它从已完成的电路原理图中直接提取生成。网络表是电路板图设计的重要依据。

(3) 电路板图的设计：利用电路原理图和网络表，设计一个高质量的电路板图。一般情况下，Protel 可以给我们提供一个正确连接 (在线 DRC 检测) 和高布通率 (>98%) 的线路板图。但是还有许多因素影响电路的正常工作，如器件的布局，走线方向，电磁兼容的考虑等，因此设计出一块高质量的线路板和设计人员的经验有非常重要的关系。

7.2　Protel 99 SE 安装

现在市面上所提供的 Protel 版本种类较多，要注意 Protel DXP 版只可在 Windows XP 下运行。以下介绍 Protel 99 SE 简体汉化中文版在 Windows 98/2000 下的安装过程。一般情况下，只要按照该软件所附带的安装说明，严格按顺序操作即可。

为了安装方便，或留有备份，建议将光盘上的程序复制到硬盘上的文件夹中，从硬盘上开始安装。在安装过程中，按照所出现的提示对话框，输入相关信息资料。

1．运行 Setup.exe 开始安装 Protel99 SE

开始安装时如图 7.2.1 所示，需要输入随软件提供的合法授权码（Access Code，s/n，license），Use Floating License 项可忽略。

正确输入后，Next>按钮被激活，单击后进入开始安装系统前的选项阶段。系统安装过程结束将弹出图 7.2.2。随后需要运行 Servicepack6.exe 文件，完成 Protel 附加服务包的安装。

图 7.2.1 授权许可证

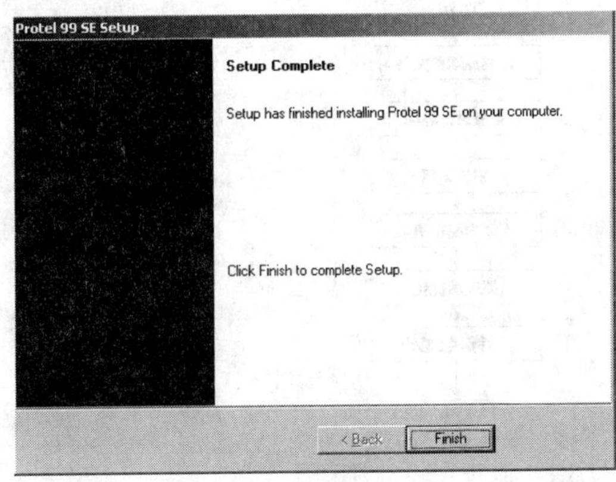

图 7.2.2 系统安装结束

2. 安装 Protel99 se service pack 6

服务包安装路径默认与 Protel 安装路径相同，此时可直接进入下一步，开始安装，服务包安装成功后重新启动计算机，桌面上将出现图标，依情况汉化。

7.3 Protel 电路原理图设计

本节介绍原理图的设计过程。通过学习，读者应能够进行一般原理图的设计。这里的设计不是我们在工程中设计电路的概念，而是通过掌握和利用 Protel 提供的工具和手段，将自己的设计思路绘制在图纸上的过程。

7.3.1 原理图设计流程

利用 Protel 来完成原理图的设计，可归纳为以下几步。

(1) **创建原理图文件**：选择图纸的模板，创建绘制原理图的工作平台。

(2) **设置设计环境**：完成在绘制原理图过程中所需要的基本参数的设定。

(3) **器件调用及器件库的维护管理**：绘制原理图过程，从当前指定库中，调取元器件符号并放置到图中。

(4) **原理图布线**：利用 Protel 提供的各种工具，将图纸中的元器件用具有电气意义的导线、符号连接起来，绘制成一个完整的原理图。

(5) **原理图优化**：将初步绘制好的电路图做进一步的调整和修改，使得原理图美观，并应能生成正确的网络表和各种报表。

(6) **文件保存及打印输出**：生成所需的各式存档文件。

原理图的设计流程图如图 7.3.1 所示。

7.3.2 数据库文件

1．创建数据库文件

(1) **创建数据库文件**：启动 Protel99 SE，出现启动界面，如图 7.3.2 所示。

执行菜单 File/Design 命令，新建数据库文件。创建设计文件的界面如图 7.3.3 所示。

(2) **选择数据库文件存储类型**：界面如图 7.3.4 所示。

MS Access Database 方式：设计过程中的全部文件都存储在单一的数据库文件中。在电路

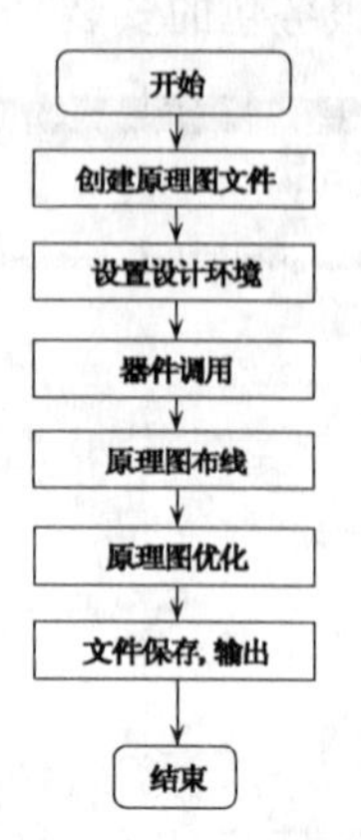

图 7.3.1 原理图设计流程图

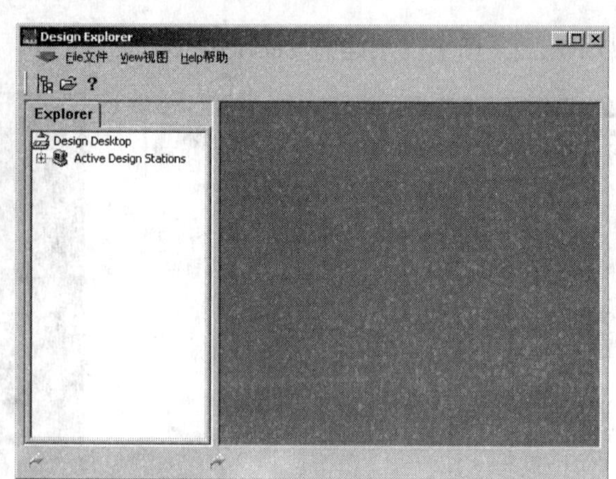

图 7.3.2 启动界面

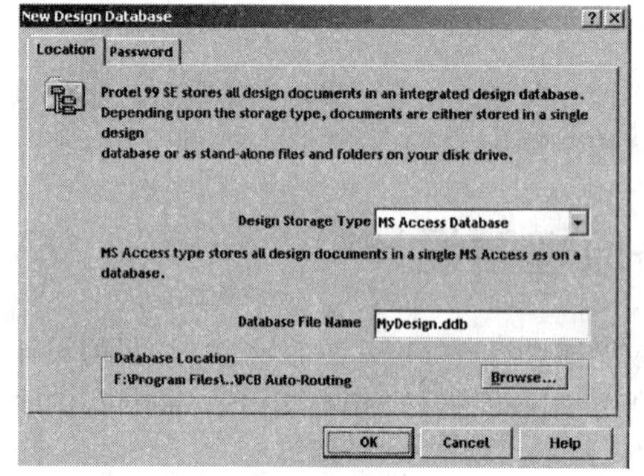

图 7.3.3 创建设计文件

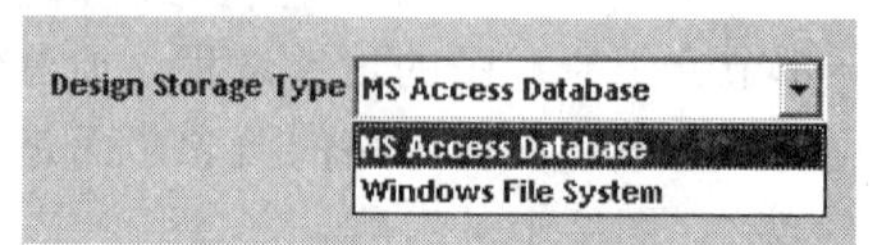

图 7.3.4 设定文件存储类型

板设计过程中所需的各种类型文件有：原理图文件 (*.sch)，PCB 板图文件 (*.pcb)，网络表文件 (*.net)，材料清单文件等。围绕同一任务的不同格式的设计文件这时会统一存放在一个.ddb 文件中，在 Windows 资源管理器中只能看到唯一的.ddb 文件。这种方式便于对工程项目的管理，这是系统默认的文件存储类型方式。在随后的设计例程中，采用这种存储方式。

Windows File System 方式：在对话框底部指定的文件存储位置建立一个设计数据库的文件夹，所有文件被自动保存的文件夹中。可以直接在资源管理器中对数据库中的设计文件进行复制、粘贴等操作。

(3) 设定数据库文件名称及存储路径：在 Database File Name 对话框 (见图 7.3.5) 中可定义数据库文件名称，通过 Browse... 按钮可调整文件存储路径。

(4) 设定数据库文件访问密码：在图 7.3.6 中，如果需要，可设定访问文件密码。

完成上述设置操作后单击 OK 按钮，进到新建立的数据库文件管理界面。

(5) 数据库文件管理界面 (见图 7.3.7)：图中显示 3 个功能图标，可分别通过双击进入。

访问权限：在此刻重新设定访问数据库文件的用户名及访问权限 (只读、允许、修改、复制等)，此项可忽略。

文件回收站：类似于 Windows 所提供的功能。在回收站中可找回在当前数据库中被删除的各种设计文件。

数据库文件夹：在一个数据库文件中支持创建多个文件夹，在文件夹中可创建不同类型的设计文件。右击可修改文件夹名称 (支持中文)。

(6) 工作窗口的打开/切换/关闭：单击文件夹或文件的图标，即可完成打开操作。图 7.3.7 文

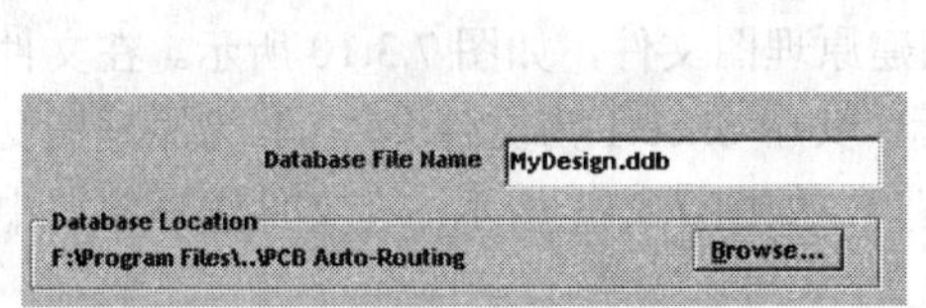

图 7.3.5　设定文件名称存储路径

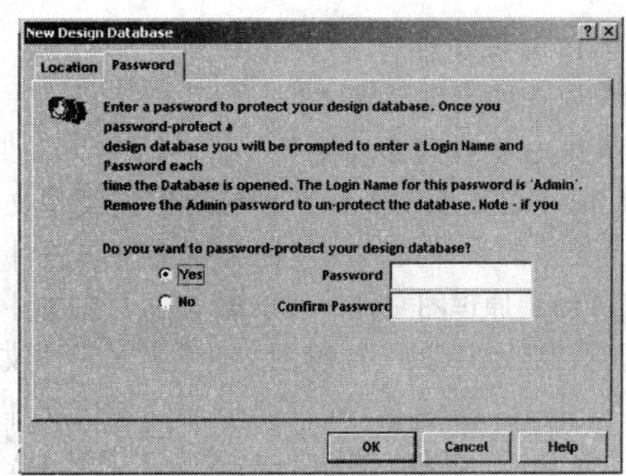

图 7.3.6　访问文件密码

件管理界面中，在主界面中可依次打开多个操作窗口，每个窗口以标签来区分，标签与被打开的图标名称相同。单击窗口标签，可切换当前窗口。

右击窗口标签，可完成针对窗口显示方式的一些基本操作，如级联、平铺、关闭等，具体操作可通过单击鼠标右键后弹出的对话框来选择。

2．数据库文件管理

建立数据库文件后，利用 Protel 提供的 File 菜单命令 (见图 7.3.8)，可针对数据库中的文件完成一系列的操作 (与 Windows 操作基本相同)：新建文件、保存文件、打开设计文件、关闭设计文件、删除设计文件、数据库中文件加载及释放、退出系统。

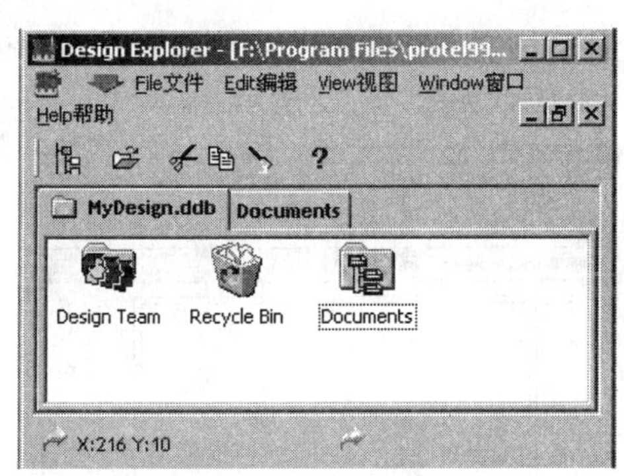

图 7.3.7　文件管理界面

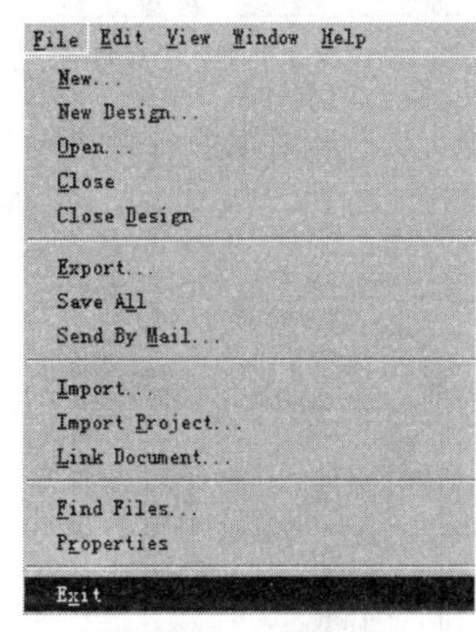

图 7.3.8　File 菜单

数据库中文件加载 (Import) 及释放 (Export)：在对数据库维护的过程中，经常会要将外界一些独立的文件加到自己的数据库中。反之，也常会将数据库中个别文件单独提出。例如，当我们设计好线路板之后，需将设计文件交给厂家来生产。数据库包含多种文件，没有必要也不允许将全部文件提交给厂家，此时可将 PCB 文件从数据库中释放出来即可。

注意：在数据库文件加载和释放过程中，需要指明文件路径；不允许修改已打开窗口的名称。如同在 Windows 下不允许修改一个正在运行文件的文件名一样。

3．新建设计文件

(1) 选择设计文件类型：在图 7.3.7 所示的文件管理界面中，单击文件夹打开文件夹窗口，在文件夹窗口中执行菜单 File/New 命令。

在弹出窗口中 (见图 7.3.9)，选择所需要的文件类型。几种常用文件类型如下：

原理图文件

PCB 图文件

原理图元器件库文件

PCB 器件封装库文件

此时可通过双击图标来创建对应的类型文件。以上 4 种文件在一个文件夹中可创建多个相同或不同类型的设计文件。其他类型文件在软件的使用过程中依据需要可自动生成。

(2) 新建原理图文件：双击按钮，在文件夹中创建原理图文件，如图 7.3.10 所示。在文件夹窗口中显示出已创建的一原理图文件，并显示出文件图标，其中 Sheet1 为文件名，sch 为原理图文件默认后缀。将光标指向文件图标右击，可弹出文件管理窗口，如图 7.3.11 所示。在文件管理窗口中可移动光标选中重命名项，将文件名改为“练习.sch”。

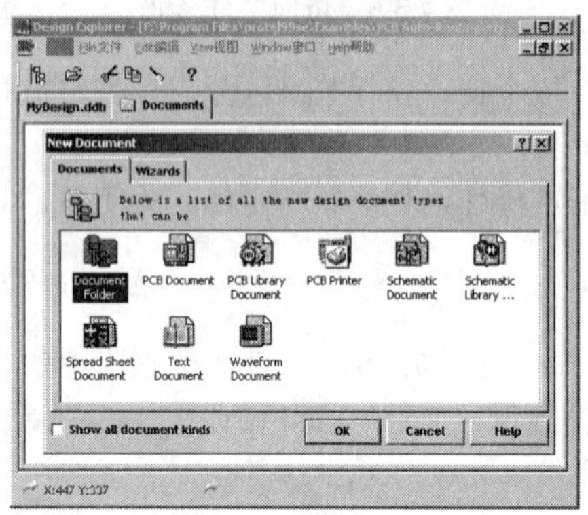

图 7.3.9　创建文件类型

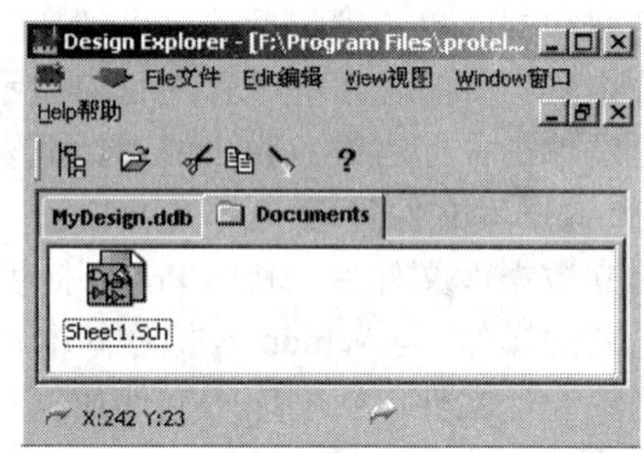

图 7.3.10　文件夹界面

至此，已经在数据库中的文件夹中创建好了一个原理图文件，也可认为已拥有了一张空白图纸。接下来双击“练习.sch”文件图标进入原理图设计状态，如图 7.3.12 所示。

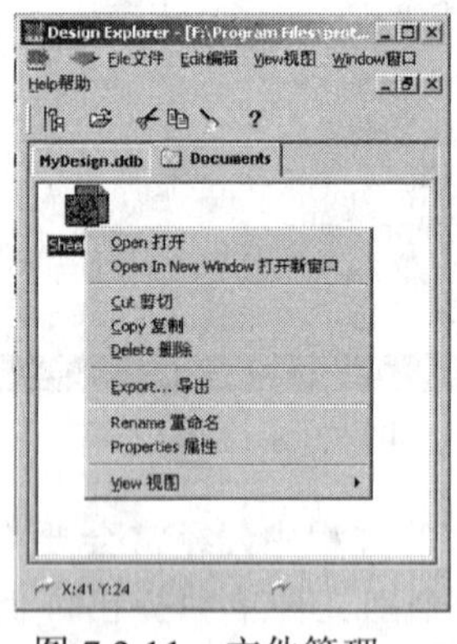

图 7.3.11　文件管理

图 7.3.12　原理图设计界面

4．原理图纸参数

在开始绘制原理图之前，还需要完成图纸的基本设置操作。菜单命令 Design/Options 弹出图纸参数设置对话框，如图 7.3.13 所示。

Standard Style：选择标准图纸型号。建议选择 A4 型号。常用图纸型号有：

公制：A4，A3，A2，A1，A0

英制：A，B，C，D，E

OrCAD 类型

Custom Style：手工定义图纸尺寸。

图 7.3.13　图纸参数设置

如果原理图上需要连接的元器件较多，一张 A4 图纸画不下，可采取两种办法解决：

① 随时调整图纸尺寸，如将图纸由 A4 调整为 A3；

② 将图纸编号，即一个原理图设计文件可由多张图纸组成。

建议采用第二种办法。因为后期一般将图纸打印到 A4 纸上，选用 A4 图纸，就可 1∶1 地输出，如果在画图过程中选择其他型号图纸，只能被整体压缩后打印到 A4 的纸上，不利于查看图纸。

Change System Font：调整图纸上的文字属性，如字体、字号、颜色等。

在此还可完成图纸一些基本设置：网格设置和显示、图纸边框的设置、图纸颜色调整。建议采用默认值，单击 OK 按钮即可。

5．Protel 99/Schematic 设计环境

确认使当前窗口回到图 7.3.12 所示的界面。

(1) 工具栏的打开/关闭：菜单命令 View/Toolbars 可定义操作环境下的工具栏。

(2) 绘图区域的放大/缩小：在设计过程中，经常需要调整图纸显示区域。如在调整图纸上元件布局时需要查看整张图纸，针对器件进行操作时需要放大观看指定的局部位置细节。

快捷键方式(键盘操作)：Page-Up，Page-Dn 完成以光标为中心，对图纸的显示进行放大和缩小。

图标方式：通过 Protel 在主工具栏上提供的 3 个功能图标来实现。

通过功能菜单 View 提供的功能来完成。

(3) View 功能菜单 (见图 7.3.14)：在 View 下拉菜单中，前三组完成对原理图纸显示方式的调整。第四组主要完成针对桌面其他显示项的管理，通过激活和取消指定项，来增减桌面上的显示栏。选中 Design Manager (等同于工具栏中的图标)，桌面上会出现设计管理器。用鼠标选中 Browse Sch 功能窗如图 7.3.15 所示，在窗口内描述的是元器件库和库中的元器件。

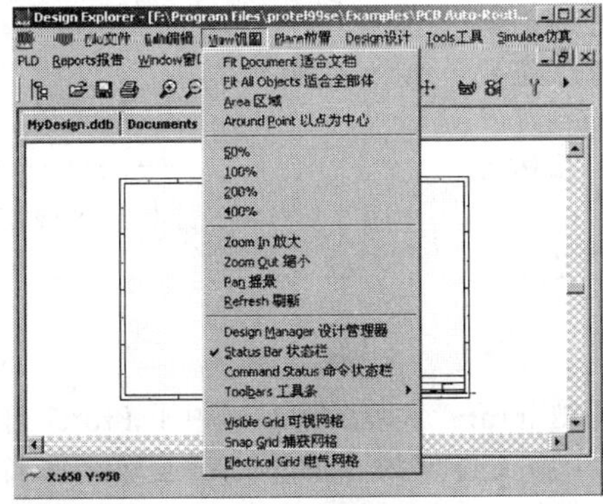

图 7.3.14　View 菜单

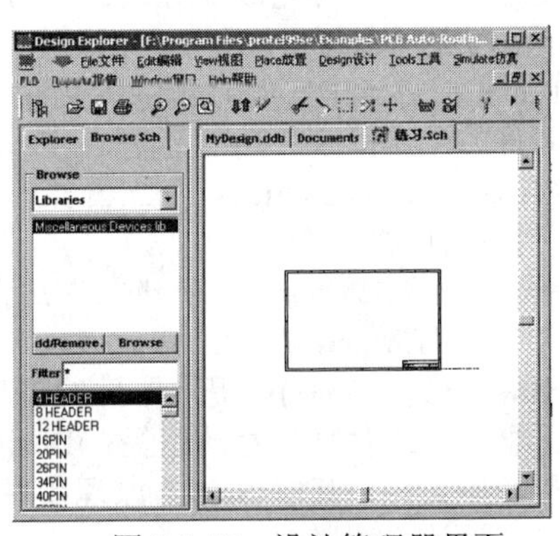

图 7.3.15　设计管理器界面

6．原理图文件保存

菜单命令 File/Save All：完成数据库中所有文件的保存。

菜单命令 File/Exit：退出系统。

7.3.3　原理图设计过程

这一过程中，准确地讲，应该是将电路的设计思路利用已有的图形符号及线条，并借助 Protel 提供的工具，在图纸上把电路描绘出来。可使我们更方便地对所设计电路的原理进行仿真分析和验证，同时也为线路板的设计做好准备。因此，原理图设计过程实际应该称为原理图的绘制过程。利用 Protel 绘制出的电路原理图，是由基本图形符号，连接线段，连接点这三大要素组成的。

基本图形符号：用图形符号来形象描述所需的器件。图 7.3.16 所示是 Protel 描述电阻及二极管的图形符号。这些图形符号以库文件方式来管理。

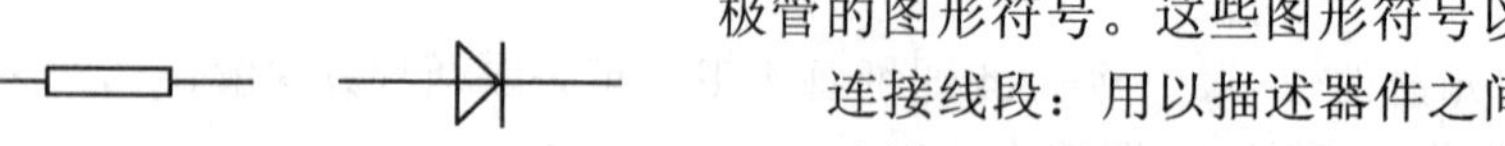

图 7.3.16　器件符号

连接线段：用以描述器件之间的连接。

连接点：描述连接线段之间的交叉情况。

通过这三要素的组合，就可以绘制出所要的能描述不同功能的原理图。针对这三要素，Protel 提供了丰富的命令来操作。

1．原理图元件库的添加和删除

绘制图纸过程中，Protel 利用基本图形符号来表示实际器件，一种器件需要有一个甚至多个图形符号来描述。Protel 为设计人员提供了丰富的图形符号，针对这些图形符号，Protel 采用库文件的方式来管理。若想在图纸上放置器件的图形符号，首先必须要知道存有该图形符号的库文件名。因此在绘制原理图之前，还有一项重要的工作要完成，为系统指定当前元器件库。

注意：在绘制原理图过程中，所放置的器件必须来自当前元器件库，Protel 支持多个库文件作为当前库。在设计管理器界面 (参见图 7.3.15) 的 Browse Sch 功能窗中，可完成原理图元器件库的添加和删除。

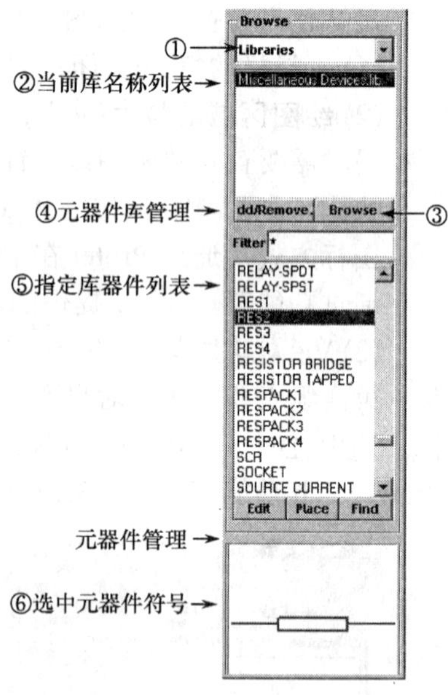

图 7.3.17　元器件库管理窗口

在管理窗口中选择 Browse Sch 窗口，此时显示如图 7.3.17 所示。

① Libraries/Primitives 选项：

选择 Libraries 可显示已经调入的当前器件库文件名称列表。

② Miscellaneous Devices.lib 是一个常用的分立器件的库。单击文件名后，该元件库成为指定库。

③ Browse 按钮浏览指定库中元器件的图形符号。

④ Add/Remove... 按钮元器库的添加和删除。

⑤ 器件列表栏：详细列出指定库中存在的元器件名称。在栏中指定器件后，可完成针对该器件的查看、放置和编辑。

⑥ 在元件库管理窗口底部显示指定库中指定元器件的图形符号。

Protel 携带了丰富的元器件库文件。库文件的命名方法主要是按器件的生产厂家、功能等来命名。常用的元器件库有：

Miscellaneous Devices (分立器件库)：电阻、电容、晶体管和各种接插件等。

Protel DOS Schematic Libraries (DOS 版原理图库)：常用集成电路，含 TTL，CMOS，INTEL 等。

SIM (仿真模型库)：提供器件的仿真模型。

元器件库文件默认存放路径：\Design Explorer 99 SE \Library\。此路径下集中了 Protel 自带的所有类型库文件，其中 Sch 为原理图库。Protel 支持多个库文件作为当前库，当前库文件名称需要存放在设计管理器中。

【例 7.1】 添加和删除 Protel DOS Schematic Libraries 库。

添加库：在图 7.3.17 所示的状态下单击 Add/Remove... 按钮，弹出窗口如图 7.3.18 所示。指定正确的系统原理图 (SCH) 库路径，内含多个库文件名，移动滚动条找到 Protel DOS Schematic Libraries 库文件，单击选中。单击 Add 按钮可看到当前库文件窗口中出现 Protel DOS Schematic Libraries。此时可继续完成当前库的添加工作。单击 OK 按钮则添加成功。

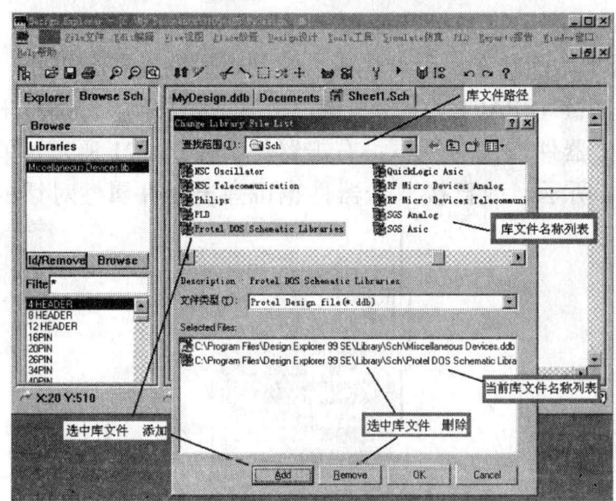

图 7.3.18　库的添加和删除

删除库：在当前库文件中选 Miscellaneous Devices 库或 Protel DOS Schematic Libraries 库，单击 Remove 按钮后可看到选中库文件被删除。

确认当前操作界面如图 7.3.19 所示。可通过鼠标适当调整各显示窗口的相对尺寸大小，或关闭设计管理器窗口。

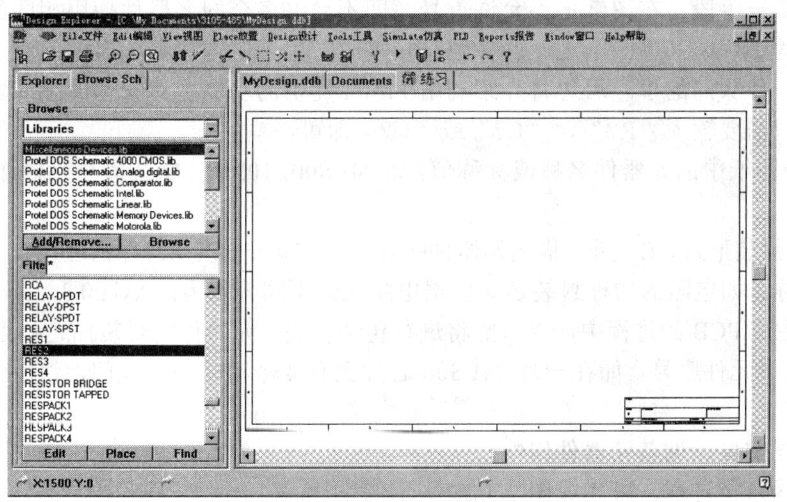

图 7.3.19　原理图主操作界面

设计管理器窗口 (Browse Sch)：通过 Add/Remove... 按钮完成库文件的添加和删除。移动滚动条可浏览当前库文件名，用光标指定当前库。如图 7.3.19 所示当前指定库文件为 Miscellaneous Devices，这是一个比较常用的器件库。库中元器件名称列表展现在下一窗口中，可从中指定一个器件放到原理图上。

原理图纸窗口：显示图纸并在上绘制原理图。

2．元器件的放置和删除操作

在原理图上完成图 7.3.20 所示的内容。

① 指定当前库文件 (Miscellaneous Devices)：若库文件不存在，则需从系统文件库中加载。

② 放置器件：在器件列表窗口中移动滚动条选中器件 RES2 (电阻)并双击，此时在图纸上会看到该器件呈现被激活状态并可随光标移动，选好合适位置单击，可看到该器件已放到图纸上。目前操作还处于放置电阻状态，移动鼠标并单击，可连续放置多个相同器件，单击鼠标右键结束放置。

③ 调整元器件位置：可利用前面介绍的方法 (View) 将图纸调整到一个合适的显示比例。单击器件，看到此时器件又会处于激活状态，移动光标，找到合适位置右击即可。在器件处于激活状态时，使用键盘上的 X，Y，空格键 (SPACE) 三个按键，可完成器件旋转、水平和垂直位置翻转。

④ 调整元器件属性：器件属性对话框：右击器件如图 7.3.21 所示，单击属性一栏将弹出器件属性对话框，如图 7.3.22 所示。或直接双击器件也可弹出器件属性对话框。

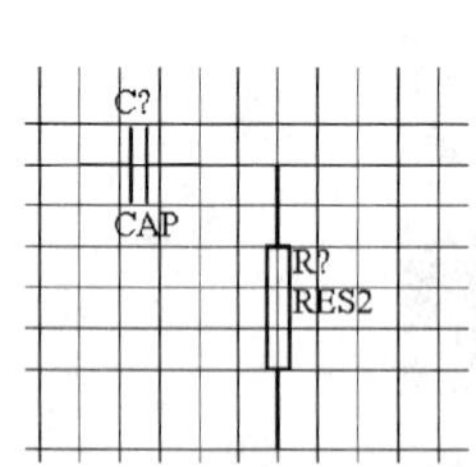

图 7.3.20　放置器件图例

图 7.3.21　系统快捷功能

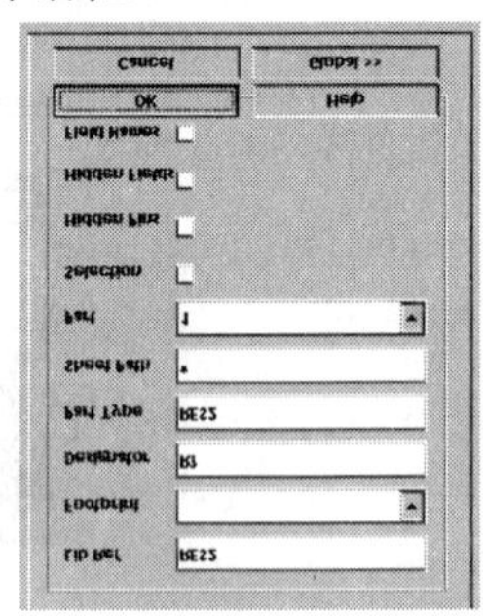

图 7.3.22　器件属性对话框

Lib Ref：元件库中所定义的元件名称，不会显示在图纸上。

Designator：流水序号，是必选项。命名时一般电阻用“R”，电容用“C”，集成电路使用“U”等符号，后边再加数字来区分，如“R1”，“C1”，“U1”等。注意，它是 Protel 用来区分不同器件的唯一手段，在图纸上不允许重号，即不允许多个同名器件使用相同的序号。但在绘制原理图的过程中，尤其当图纸上元器件数量较多时，用手工方法调整器件流水序号来避免出现相同的序号是一件头痛的事。后边将介绍利用 Protel 提供的功能，对原理图上的器件自动添加序号，所以此时只需要输入“R?”，“C?”或“U?”即可。

Part Type：图纸中的元器件名称或标称值，如 74LS00，10k 等。默认值与元件库中名称 Lib Ref 一致。

Footprint：封装形式，必选项。描述元器件的外形，应输入与该元器件物理尺寸对应的存于 PCB 库里的封装名称。如电阻的物理封装名称依据电阻瓦数不同分别为：Axial0.3，Axial0.4，Axial0.6 等。在原理图生成 PCB 的过程中，该参数将进行传递。关于元器件的封装描述参见下文。

Part：定义子元件序号。如在一片 74LS00 芯片上有 4 个相同的与非门，使用对话框可选择当前使用的与非门。

这里可根据需要，调整元器件属性。

重复②，③，④过程，可完成图 7.3.20 所示的设计。

⑤ 元器件的删除：将指定的元器件激活，按 Delete 键即可删除。

围绕器件的操作还可以利用 Protel 提供的下拉菜单功能来完成。

放置器件：Place/Part 放置菜单 (参见图 7.3.23)。

删除器件：Edit/Delete (参见图 7.3.24) 激活该功能后，单击器件确认删除。右击功能取消。

放置菜单：提供在图纸上添加所需各类图形符号操作。

编辑菜单：针对图纸上存在的图形符号，完成指定操作。

3．连接线的操作

连线的主要目的：按照电路设计的要求，在图纸上将元器件对应引脚用线段连接，以此来表示被连接的引脚之间可进行信号传递。

① 线段的放置：执行放置菜单 (见图 7.3.23) 中的 Place/Wire 选项。

单击鼠标右键出现菜单，如图 7.3.25 所示，单击 Place Wire 菜单项就可以进行连线。

图 7.3.23　放置菜单

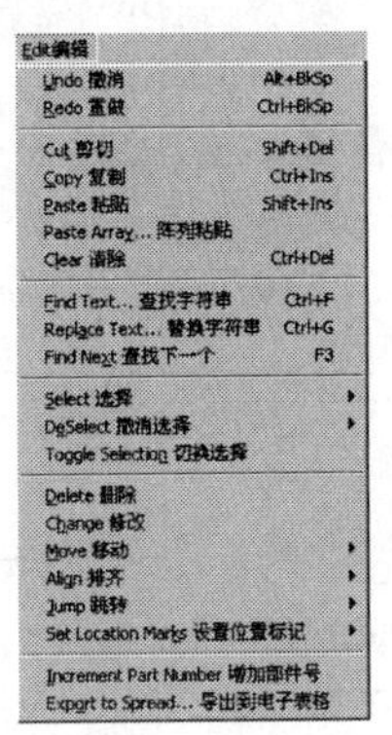

图 7. 3.24　编辑菜单

图 7.3.25　鼠标右键菜单

激活该功能后可见光标由空心箭头变为一个小“十”字，此时可完成在图纸上放置线段的操作。

设置线段起点：选中欲连线器件的引脚或导线端点单击。

画连接线：移动光标，随光标的移动即可拉出一条连接线，在需要改变连线方向的位置可单击，右击可结束放置当前线段。

结束：此时 Protel 当前依然处于放置线段的功能下，可重复上述步骤来完成放置其他线段。右击两次，结束线段放置功能。

② 线段的删除：将光标放置指定的线段上，单击激活该线段，按 Delete 键即可删除。

Edit/Delete 菜单，光标选中器件，单击确认删除，右击取消。

③ 连接线节点的放置和删除：在绘制原理图过程中，Protel 原理图支持两种连线交叉类型，如图 7.3.26 所示。在连线上有节点 (Junction) 的线段表示两线之间有物理连接，尤其在 PCB 上，这两条线是物理连通的。没有节点的两条线段只表示在原理图上由于画图位置所限，而导致线段的视觉重叠，实际上是两条完全独立的线段。因此在绘制原理图的过程中，一定要注意线上节点的出现情况，如果有误时需要手动对节点进行添加和删除操作。

节点的放置：执行放置菜单 (参见图 7.3.23) 中的 Place/Junction 功能，此时光标变成小“十”字形。将光标指针指向欲放置节点的位置单击即可，右击或按 Esc 键可退出放置节点状态。

节点的删除：将光标放置指定的节点上，单击激活该节点，按 Delete 键即可删除。

利用菜单 Edit/Delete (参见图 7.3.24) 激活该功能后，光标选中节点，单击确认删除，右击或按 Esc 键退出放置节点状态。

可参考图 7 3.27 所示来完成电阻、电容间的连接。

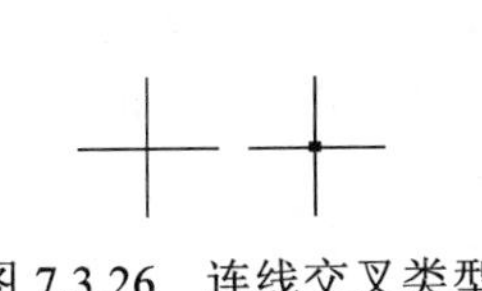

图 7.3.26　连线交叉类型

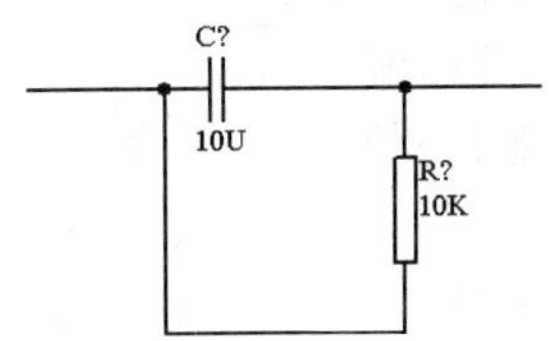

图 7.3.27　连线示意图

4. 设计实例

【例 7.2】 绘制单片机最小系统原理图，如图 7.3.28 所示。

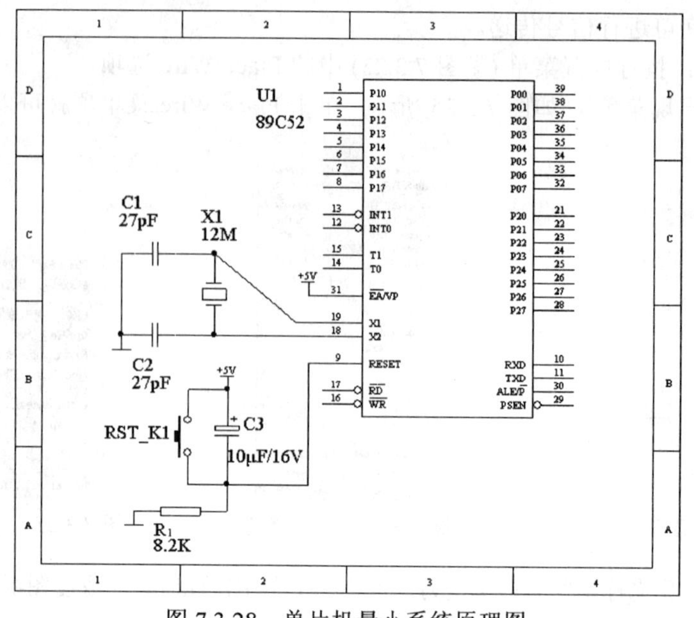

图 7.3.28　单片机最小系统原理图

(1) 新建文件：新建设计库文件 example1.ddb。在文件夹中新建原理图文件，命名为“单片机时钟和复位.Sch”。

(2) 加载库文件：调入库文件 Miscellaneous Devices 和 Protel DOS Schematic Libraries。

(3) 放置元器件：分立器件可在 Miscellaneous Devices 库中找到，在元器件库中所对应的名称分别是：电阻 (RES2)，电容 (CAP)，电解电容 (ELECTRO1)，晶体 (CRYSTAL)，按键开关 (SW-PB)。单片机可在 Protel DOS Schematic intel.lib 中找到。

(4) 调整器件属性

① 定义器件序号：利用属性窗口手动调整。

利用 Protel 提供的功能自动排序。在原理图编辑状态下，执行菜单命令 Tools/Annotate…，出现 Annotate 对话框，如图 7.3.29 所示。

All Parts：重新标注原理图上所有器件的序号。

?Parts：重新标注原理图上所有序号中带“?”的器件。

Reset Designators：将原理图上所有器件序号中的数字部分初始化为“?”。

此时利用 Reset Designators 项和“?Parts”来完成对原理图上所有器件添加序号的工作。对话框中其他选项此时可忽略。

注意：Protel 桌面上此时会生成“单片机时钟和复位.REP”文件，在该文件打开窗口中，可看到原理图上器件序号调整前后的对照信息，如图 7.3.30 所示。单击“单片机时钟和复位.Sch”标题栏可回到原理图编辑窗口。

② 定义元器件封装形式：在封装形式对话框中 (Footprint)，将它们分别定义为：

电阻 (R1)	AXIAL03(轴类元件，引脚间距 0.3in=300mil=7.62mm)
电容 (C1，C2)	RAD0.2(引脚间距 0.2in=200mil=5.08mm)
电解电容 (C3)	RB.2/.4
晶体 (X1)	RAD0.3
按键开关 (RST_K1)	SIP2
单片机 (U1)	DIP40

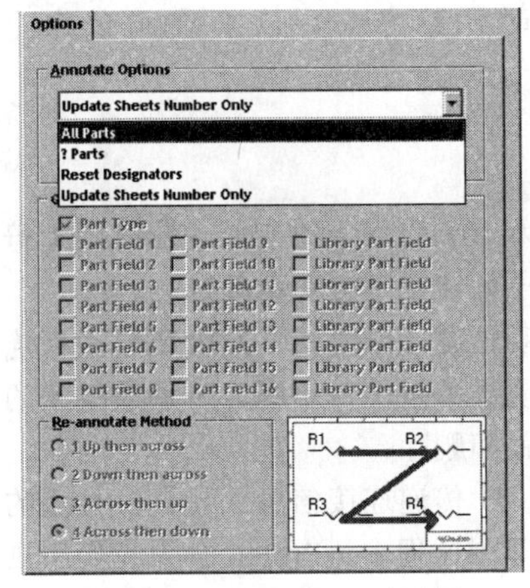

图 7.3.29 Annotate 对话框

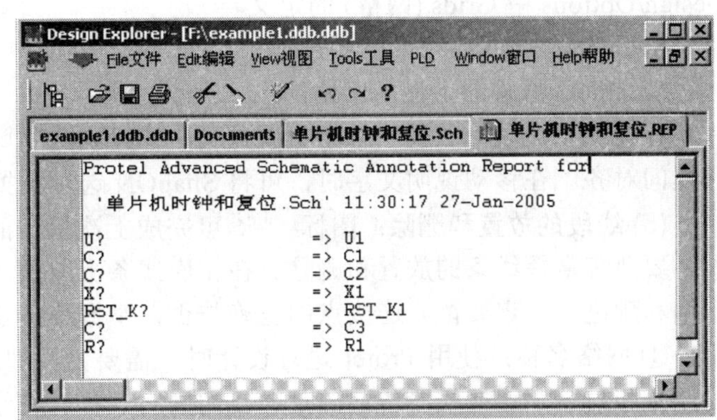

图 7.3.30 序号调整对照信息

绘制原理图过程中，调用器件实际上是将用来描述该器件的图形符号从原理图库中取出并放置到图纸上，不同的器件用不同的图形符号来描述，每个具体的符号会用一个单独的名称，如：电阻 (RES2)，晶体 (CRYSTAL)，单片机 (8031)。这里的 RES2，CRYSTAL，8031 等就是这些相对应器件的图形符号名称。我们通过这些名称在元器件库中可找到所需要的元器件。在原理图中利用图形符号，只要描述出元器件自身的名称、标称值及引脚定义名称即可。此时并不需要知道该器件的物理形状及引脚之间的相对位置关系。功能相同的器件，在原理图库中会有相同的名称。如电阻，不分阻值在原理图库中的名称都为 RES2。

绘制 PCB 板图时，同样需要从器件 PCB 图库中调取元器件。原理图库和 PCB 图库中器件描述的方法完全不一致。在绘制 PCB 时，由于最终要将器件焊接到线路板上，所以需要知道器件的实际物理形状和尺寸，以及引脚之间的相对位置关系。因此，需要一个图形符号来描述这些信息，这一图形符号在此称为器件的封装，如电阻 (AXIAL0.3)、晶体 (RAD0.3)、单片机 (DIP40)。显然，如果器件的外形尺寸一致，则它们应有相同的封装形式，即在 PCB 图库中一个相同器件的封装名称，可以用来描述多个功能不同，但外形一致的器件。

这里为了让 Protel 了解在绘制 PCB 过程中所指定的器件外形尺寸，在绘制原理图时，必须在元器件属性中的封装形式对话框中 (Footprint) 指定元器件的封装名称。此时指定的封装名称，在随后绘制线路板图时，必须存在于 PCB 图库中。如在 R1 的封装形式中，如果输入 AXIAL0.3，首先要确定在 PCB 图库中应该有个封装，该封装名称为 AXIAL0.3。PCB 的相关内容将在后面详细介绍。

③ 定义器件标称值 (Part Type)：将光标移到指定器件双击，将出现器件属性对话框，可逐个调整器件的序号和标称值。在相应文字信息 (R1) 上双击，将出现文字属性对话框。如图 7.3.31 所示。

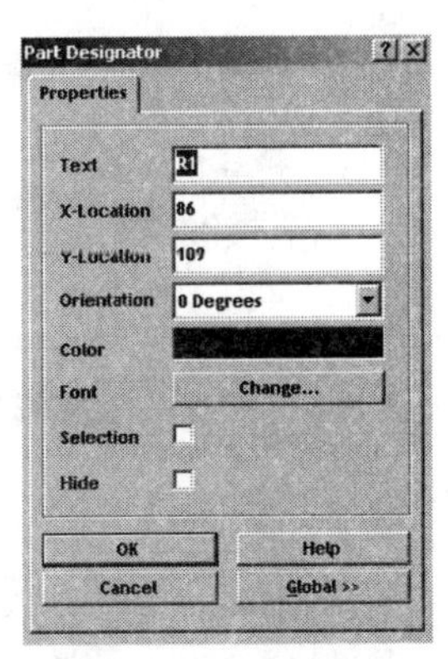

图 7.3.31 文字属性

在图 7.3.31 中，可重新调整文字内容。在 Change... 对话框中可调整文字的颜色、字体和字号等项目。有时器件标称值可不定义，如此例中的按键开关 (序号为 RST_K1)。在图 7.3.31 中可利用 Hide 选项，以便在原理图上显示或关闭该文字信息，单击 OK 按钮返回原理图编辑状态。如果此时文字位置不合适，可在相应文字信息上按住左键并拖动鼠标，将文字移动到合适位置。在拖动过程中可通过键盘上空格键 (Space) 同时调整文字方向，当到达合适位置时，松开左键。

④ 元器件位置的调整：调整方法与调整器件说明文字的位置类似，在元器件上按住左键并拖动鼠标，拖动过程中可通过键盘上的空格键 (Space) 同时调整方向。注意在菜单命令 Design/Options 中 Grids (网格) 的定义。

SnapON：一次移动鼠标步长。

Visable：原理图上显示网格的尺寸大小。

在器件及线段的放置和移动放置过程中，建议两项均设置为 10，以便于绘制原理图时图形符号之间对齐。在移动说明文字时，可将 SnapON 选项关掉，这样可使文字能够精确定位。

(5) 线段的放置和删除：图标可完成上次操作的撤销和恢复。依照图 7.3.28 所示进行连线，要熟练掌握线条的放置和删除。在相应线条上双击，将出现线条属性对话框。可调整线条的粗细和颜色。一定要留心连接点的正确与否，掌握连接点的放置和删除。

① 网络名称：使用 Protel 进行设计时，需要由原理图向 PCB 传递连接信息。元器件传递的是序号和封装，连接线段传递的是自己的网络名称。在绘制原理图过程中，Protel 会为我们所画的每条线段分配一个独立的网络名称，具有相同网络标号的线段，Protel 认为在物理上它们是连通的，即认为是同一条连接线。

② 线段命名：在绘制原理图时，为了描述同一条连接线段可以采用两种方法。

用线段将所有需要连接的各个引脚连接在一起。这样直观，适用于简单原理图绘制，当原理图复杂时，连接线段密集、交叉，不利于后期分析。

人为设定线段的网络标号。定义的网络标号目的在于具有相同网络标号的线段，在原理图上可以不直接相连，但在 PCB 图上需要连接在一起，以使原理图显示简洁。具有不同的网络标号的线段，Protel 认为不是同一条线。

③ 网络名称设定过程：执行菜单命令 Place/Net Label 实现放置功能。此时网络标号会出现在图纸上，可通过移动的方法将该网络标号放置到正确的线段上双击，在属性对话框中的 Net 一栏即可设定或修改网络标号。网络标号的内容区分大小写。

(6) 放置电源与接地元件：执行菜单命令 Place/Power Port 实现放置功能。此时编辑窗口中会有一个随鼠标指针移动的电源符号，按 Tab 键，即出现如图 7.3.32 所示的 Power Port 对话框。在对话框中可以编辑电源符号属性，在 Net 栏中修改电源符号的网络名称。

Net：定义电源连接线的网络标号。可将图纸上的电源连接线的网络标号指定为：

+5V，+12V，−12V，Ucc，U+，U-，GND 等。

Style：修改电源类型。在下拉列表中，电源与接地符号可选类型如图 7.3.33 所示。

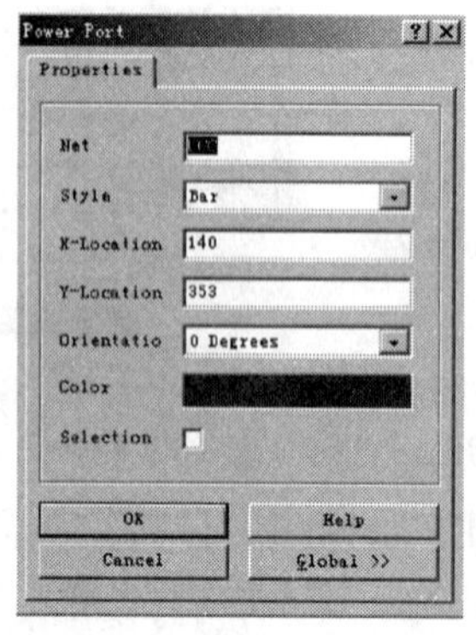

图 7.3.32　电源属性对话框

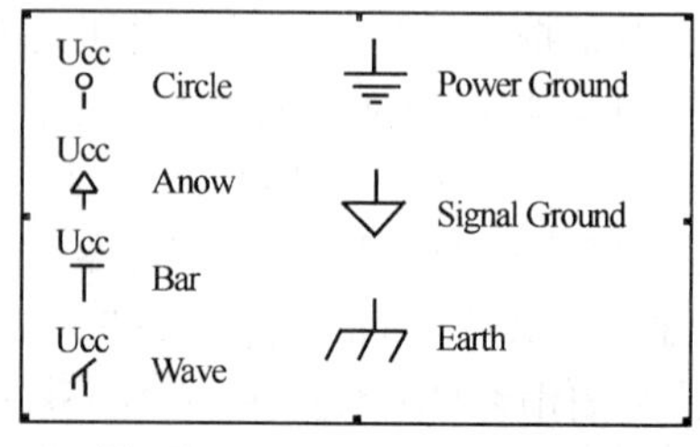

图 7.3.33　电源与接地符号

Orientation：调整电源符号放置的角度。当然还可以激活该器件后，通过键盘来调整 (X，Y，空格键)。

(7) 图纸的设置：标题栏。图纸上应留有一些相关的设计信息。如图纸标题，图纸编号和版本号，设计者的姓名，日期等，相关信息可填写在标题栏。菜单命令 Place/Annotation 可在图纸上放置文字注释信息，移动到标题栏中合适位置。通过文字的属性窗口，可修改显示内容。

(8) 图纸的保存：用菜单命令 File/Save 来完成。

以上描述了在图纸上画出一张原理图纸的过程，需要读者自行多加练习。

5. 生成网络表文件

网络表文件是用来将原理图中器件的相关信息和引脚之间的连接信息进行记录和分析并最终要传递给 PCB，这是一个必须生成的过程文件。在原理图编辑状态下，生成方法如下：菜单命令 Design/Create Netlist，在出现的对话框中，所有选项采用默认值，单击 OK 按钮，数据库中将生成网络表文件，文件名：单片机时钟和复位.NET。网络表文件包含两部分内容如图 7.3.34 所示。

(1) 器件列表信息。包含一个器件的所有信息：序号 (X1)、封装名称 (RAD0.3)、标称值 (12M)。

(2) 引脚连接信息：网络标号名称 (GND)，连接在该网络上的引脚有：C1-1，C2-1，R1-1，U1-20。如 U1-20 描述序号是 U1 的元器件第 20 号引脚连到网络名为 GND 的线段上。记住在绘制 PCB 时要调用该文件以便让板图获得器件的连接信息。

6. 生成材料清单文件

在原理图编辑状态下使用菜单命令 Reports/Bill of Material。在弹出的每个对话框中全部采用系统推荐值，最后在数据库中将生成材料清单文件，文件名为“单片机时钟和复位.XLS”。材料清单文件内容如图 7.3.35 所示。

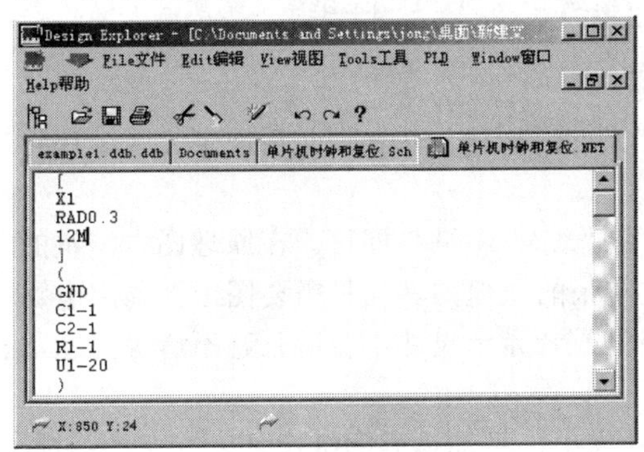

图 7.3.34　网络表文件

	A	B	C	D	E	F	G	H
1	Part Type	Designator	Footprint					
2	8.2K	R1	axial0.3					
3	10U/16V	C3	RB.2/.4					
4	12M	X1	RAD0.3					
5	27P	C1	RAD0.1					
6	27P	C2	RAD0.1					
7	89C52	U1	DIP40					
8								

图 7.3.35　材料清单文件

文件包含原理图上所有器件的基本信息：标称值、序号、封装形式。文件格式与 Windows 下的工作表类似，可将文件内容粘贴到 Excel 下进行后期处理。

7. 原理图文件的打印输出

在文件输出打印之前，需要进行打印设置。原理图编辑状态下使用菜单命令 File/Setup Print，如图 7.3.36 所示。图中可设置图纸的边距、相对比例尺寸。

Scale to fit print paper：适合所选打印图纸尺寸，可将该项选为有效。

Properties.：选择打印图纸尺寸和打印方向。

Print：打印文件。

8. 在 Word 文档中插入 Protel 电路图

编写技术文档时，常常需要插入电路原理图。因此我们可借助 Protel 来绘制电路原理图，然后将图纸粘贴到 Word 文档即可。在 Protel 原理图编辑状态下：

定义块操作：在图纸窗口上，将光标置于图纸左上角，按住鼠标左键，同时拖动光标到右下角，释放左键，此时该区域被选中。

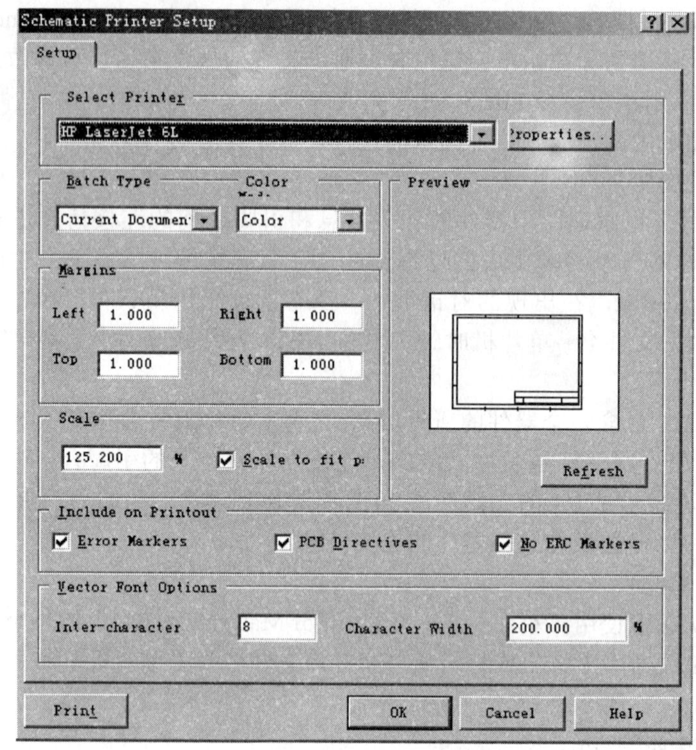

图 7.3.36　打印设置

块复制：执行菜单命令 Edit/Copy，将光标移到被定义的区域块上单击，此后被定义区域块将允许被用来复制。

回到 Word 文档编辑状态，在指定位置执行菜单命令“编辑/粘贴”即可。在原理图中，块的大小可随意设定。但此时被粘贴到 Word 文档里是固定整张的原理图。当只需要图纸上局部电路粘贴到 Word 文档里时，就会出现浪费版面、重点不突出或者显示尺寸不合适且看不清等问题，可用以下方法解决。

(1) 在原理图编辑状态下，依据要粘贴电路图的尺寸大小，手动调整图纸尺寸。

① 在图纸上去掉不需要的电路图部分，将剩余部分通过块操作适当集中，并移动到左下角。

② 执行菜单命令 Design/Options。在 Sheet Options 窗口中激活 Custom Style （用户自定义），在 Custom Width 和 Custom Heigh 对话框中调整图纸的宽高尺寸。

③ 如果在 Word 文档中插入的电路图不需要标题栏和四周边框，将 Show Bord 和 Tile Block 选项设为''。

④ 调整图纸的底色为白色。单击 OK 按钮，关闭 Design/Options 对话框。

⑤ 按照定义块操作方法，可将图纸整体复制到 Word 文档。或将 Protel 原理图先粘贴到绘图软件的工作区，利用绘图软件提供的功能来编辑和剪切后再粘贴到 Word 文档中。

(2) 屏幕复制：在介绍 Protel 应用的文章里，常常要显示 Protel 的工作界面，如窗口、对话框等。进入所需的 Protel 工作界面，按下键盘上的 Print Screen 键，将屏幕画面复制至剪贴板中，在 Windows 的画图编辑器里或在 Photoshop 编辑器中将图片粘贴出来，经过剪切编辑后，再粘贴至 Word 文档。

建议使用调整图纸尺寸方法来实现，这样可以保证两张图纸的一致性，便于技术文件的归档处理。

在 Protel 原理图中插入图片：原理图编辑状态下，执行菜单命令 Place/Drawing Tools/Graphics，打开 Image File 对话框，提供正确的文件路径，类型选中欲打开的图片文件名，单击“打开”按钮，进入插入图片状态，图纸上出现一个随鼠标移动的矩形区域。在图片左上角位置单击并按住鼠标左键，拖动鼠标，矩形区域大小随之改变，拖动鼠标至图片的右下角处单击，Protel 会在图纸上的矩形区域处插入图片。若要改变图片的大小，单击图片，图片的四个角及四个边的中心点处都会出现控制点，用鼠标拖动这些控制点可以调整尺寸。

当需要美化图纸或加上一些图形标志时，常用到该功能。

7.3.4 原理图常用命令

1．电路图绘制工具栏

设计管理器	放大	缩小	全屏	块剪切	
块粘贴	块定义	块撤销	块移动	绘图工具栏	
画线工具栏	仿真条件设置	电路仿真	元器件库管理	撤销	重做

2．常用快捷方式键速查表

在功能菜单中，带下画线的字母表示该功能的快捷键。

① 菜单选择快捷方式键：

A	Edit/Align	(器件排列方式菜单)
B	View/ Toolbars	(工具条菜单)
D	Design	(设计菜单)
E	Edit	(编辑菜单)
F	File	(文件菜单)
H	Help	(帮助菜单)
J	Edit/Jump	(鼠标跳转位置菜单)
L	Edit /Set Location Marks	(设置位置标记菜单)
M	Edit/Move	(移动菜单)
P	Place	(放置菜单)
R	Reports	(报告菜单)
S	Edit/Select	(选择菜单)
T	Tools	(工具菜单)
V	View	(视图菜单)
W	Window	(窗口菜单)
X	Edit /DeSelect	(撤销选择菜单)
Z	Zoom pop-up	(图纸缩放菜单)

② 功能快捷方式键：

Ctrl+Back Space Redo		(撤销)	
Alt+ Back Space Undo		(重做)	
PgUp	Zoom In	(以光标为中心图纸显示放大)	☆
Ctrl+PgDn	Zoom All	(图纸全屏显示)	☆①
PgDn	Zoom Out	(以光标为中心对图纸的显示进行缩小)	
END	Redraw	(刷新图纸窗口)	

注：☆——常用快捷方式

Ctrl+Home	Jump to Origin	(跳到原点)	
Home	Pan	(以鼠标位置为中心显示图纸)	☆
Shift+Left Arrow	Cursor Left (10x snap grid))	(光标以十倍步长移动)	
Left Arrow	Cursor Left (on snap grid)	(一倍步长移动光标)	
Shift+Up Arrow	Cursor Up (10x snap grid)		
Up Arrow	Cursor Up (on snap grid)		
Shift+Right Arrow	Cursor Right (10x snap grid)		
Right Arrow	Cursor Right (on snap grid)		
Shift+Down Arrow	Cursor Down (10x snap grid)		
Down Arrow	Cursor Down (on snap grid)		
Shift+Insert	Paste	(粘贴)	
Ctrl+Insert	Copy	(复制)	
Shift+Delete	Cut	(剪切)	
Ctrl+Delete	Clear	(清除)	
Delete	Delete focused object	(删除被激活的器件)	☆
Ctrl+1	Zoom 100	(显示窗口放大)	
Ctrl+2	Zoom200		
Ctrl+4	Zoom400		
Ctrl+5	Zoom050		
Ctrl+F	Find Text	(查找字符串)	
Ctrl+G	Find And Replace Text	(查找并替代字符串)	
Ctrl+V	Align objects horizontally，through their centers (定义块内所有元器水平重新排列条件：以元器件中心为参考线)		
Ctrl+B	Align objects horizontally，along their bottom edge (底边)		
Ctrl+T	Align objects horizontally，along their top edge (上边)		
Ctrl+Shift+H	Space objects equally horizontally (定义块中心)		
Ctrl+H	Align objects vertically，through their centers (垂直重新排列条件)		
Ctrl+L	Align objects vertically，along their left edge		
Ctrl+R	Align objects vertically，along their right edge		
Ctrl+Shift+V	Space objects equally vertically		
F1	Run Online Help	(在线帮助)	
F3	Find next text	(查找下一个字符串)	☆
Shift+F4	Tile all open documents	(窗口平铺)	
Shift+F5	Cascade all open documents	(窗口级联)	
Shift+Left_Click	Toggle single object selection	(选中单一目标)	
Ctrl+Left_Click，then release CTRL	Drag single object	(拖动目标)	
Left_Click	Focus object	(关注目标)	
Left_Dbl_Click	Change object	(双击左键　调整器件属性)	
Left_Hold_Down	Move object / move selection	(移动目标)	

块定义操作：在图纸上按住鼠标左键 (定义块起点)，拖动鼠标 (定义块)，释放鼠标 (定义块终点)。

针对定义的块可实现：复制，移动，旋转，删除。

块取消快捷键：E/E/A

③ 常用组合功能键：

Spacebar to abort screen re-draws

X，A　to de-select all　(撤销选择)

V，D　to zoom to fit the sheet　(全屏显示：适合图纸)　☆

V，F　to zoom to fit all placed objects　(全屏显示：适合目标)

PgUp　to zoom in (zooms in around the cursor，so position the cursor first) (以光标为中心放大)　☆

PgDn　to zoom out (以光标为中心缩小)

Home　to re-center the screen at the current cursor position (以光标为中心重画)

End　to refresh the screen　(图纸刷新)

Tab while an object is floating on the cursor to edit its attributes prior to placement (元器件属性栏中换行)

Spacebar　whilst placing an object to rotate it by 90 degrees (目标激活状态下的旋转条件：水平旋转)　☆

X　whilst placing an object to flip it along the X axis (水平翻转)　☆

Y　whilst placing an object to flip it along the Y axis (垂直翻转)　☆

Delete　whilst laying a wire/bus/line/polygon to delete the last vertex (放置连接线过程中，线的删除)

Backspace　whilst laying a wire/bus/line/polygon to delete the last vertex

Spacebar　while laying a wire/bus/line to step through the placement modes (放置连接线过程中，调整走向)　☆

ESC　to escape from what you are doing when you change your mind (退出执行当前功能状态)　☆

Ctrl+Tab　to switch between open documents in EDA/Client (切换 Protel 当前窗口)

Alt+Tab　to switch between open applications in Windows (切换 Windows 下的文件窗口)

7.3.5 原理图库设计

如前所述，原理图中的元器件是用图形符号来描述的。该图形符号，只要能描述出所对应元器件的名称，标称值，以及引脚定义名称即可。原理图并不需要知道该器件的物理形状，以及引脚之间的相对位置关系。因此，可依据图纸的美观程度，在绘制原理图的过程中，重新调整图形符号上的引脚位置，并且希望可以有针对性地显示或关闭指定的引脚，此时需要对器件的图形符号进行编辑。另外，虽然 Protel 提供了丰富的器件图形库，却不能保证在设计原理图时所需的所有器件，此时就需要能够自行设计所需器件的图形符号。由于上述原因，需要了解 Protel 的库结构，掌握对器件库中已有器件图形符号的修改，最终能创建自己的器件库。

1．概述

【例 7.3】 绘制单片机扩展 8255 芯片电路原理图，如图 7.3.37 所示。

回顾设计原理图中的一些重要环节：

元器件库：调用和删除。

元器件：放置、删除、移动、属性 (序号、封装形式、标称值) 调整。

线段：放置、删除、移动、属性 (网络标号) 调整。

注释字符的放置。

块操作：定义、复制、移动。

U1，U3：Protel DOS Schematic Intel.lib，U1 取 8031 后重命名为 89C52

U2：Protel DOS Schematic TTL.lib
分立器件：Miscellaneous Devices

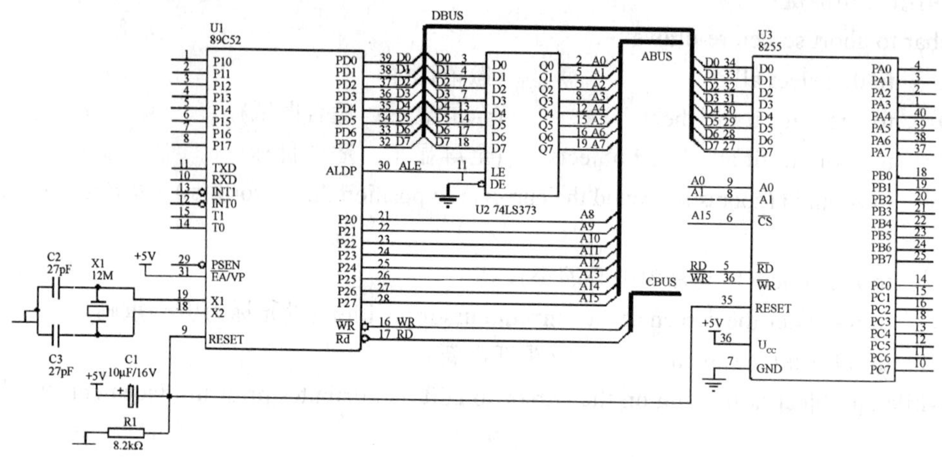

图 7.3.37　单片机扩展 8255 芯片电路原理图

总线 (粗线段)：菜单命令 Place/Bus
总线入口 (45 度线段)：菜单命令 Place/Bus Entry

总线：是为了用来更好地描述原理图上线段的功能，它只起到一个说明的功能，不能表示相互间物理连接。此时只能采用定义网络标号的办法将需要连接的线段定义为相同的网络标号如图 7.3.37 所示，这里我们定义了三总线：D0～D7，A0～A15，WR～RD。

为了更好地说明总线所囊括线段的作用，利用菜单命令 Place/Annotation 给总线加上注释。这里分别注释为：DBUS (数据总线)，ABUS (地址总线)，CBUS (控制总线)。单击 (激活器件)，可完成对注释的移动、旋转和删除。双击，在属性对话框中可完成文字的内容、字号和颜色的调整。

在放置器件 U1 的过程中，会发现从 Protel 提供的原理图库中调取的器件图形符号与图 7.3.37 上所画出的图形符号不一致，如图 7.3.38 所示。其中图 7.3.38 (a) 是 Protel 提供库中器件图形符号，图 7.3.38 (b) 调整后的图形符号。

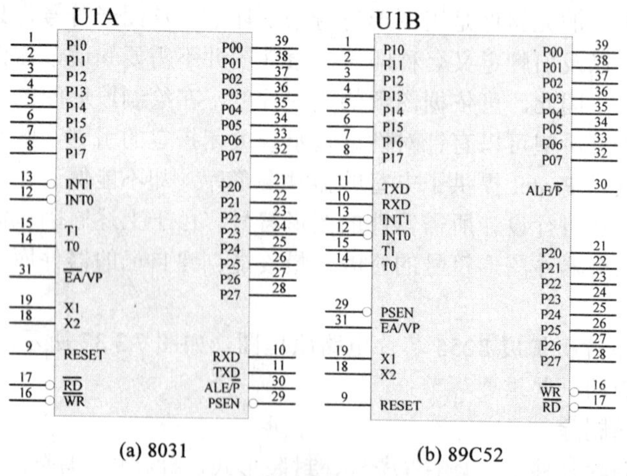

(a) 8031　(b) 89C52

图 7.3.38　8031 引脚对比图

如果使用原理库中 8031 的图形符号代替图纸中的 U1，就会发现，无论如何调整器件之间的相对位置及线条走向，都不会得到一张满意的原理图。从图 7.3.38 中可以看出，两图的不同之处就在于描述器件的图形中引脚的位置。

2．图形符号组成

(1) 矩形框：描述器件的实体，并用来将一个元器件上的引脚聚集在一起。

(2) 引脚：以顺序号描述器件上引脚位置，以符号描述引脚的功能。

(3) 文字描述：描述器件的名称及基本的封装形式。

这几部分作为一个整体，在原理图中来描述一个器件。

注意：元器件图形符号上引脚只要保证定义的功能和顺序号对应即可，而不必关心具体位置。在元器件的封装中会将引脚号和物理位置对应。例如，在图 7.3.38 中，引脚 P_{20} (21) 在 U1A，U1B 两个图形符号中虽然位置不同，但引脚号 (21) 没有改变，这就可以保证在 PCB 板图中，引脚 P_{20} 在相同的物理位置。

因此，在原理图形符号中依据需要可随意调整引脚的位置，以便画出一张满意的图纸。这就需要使用 Protel 提供的原理图库的编辑功能。

3．图形符号编辑

执行菜单命令 View/Design Manager，如图 7.3.39 所示。

指定当前库：Protel DOS Schematic Intel.lib

指定当前器件：8031

单击 Edit 按钮，进入器件的图形符号编辑状态。

在当前库编辑状态下(参见图 7.3.40)，可完成针对库中所有器件图形符号的编辑操作。

① 选中器件：单击器件名称如 8031，库编辑窗口中显示出器件的图形符号。

② 调整矩形框 (Rectangle) 的外形尺寸：在黄色矩形框上单击，可完成对矩形框的移动、外形尺寸的调整；双击，可完成对外形尺寸、颜色的调整。在空白处单击，该功能取消。

③ 引脚操作：包含移动、添加、删除、调整属性。

移动：单击激活引脚，此后按住左键可拖动引脚，通过三个按键 (X，Y，空格键) 可调整引脚方向。完成后该功能需要取消，才可以进行其他操作。

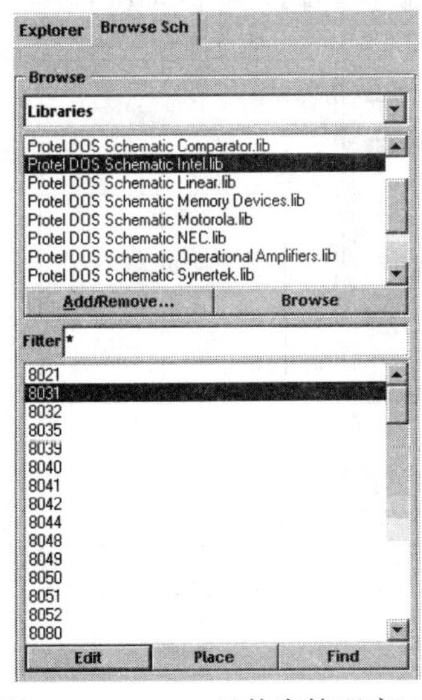

图 7.3.39　8031 元件库管理窗口

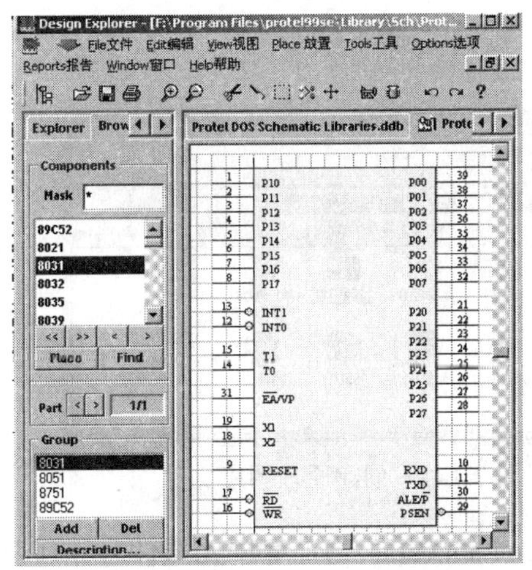

图 7.3.40　原理图库编辑

④ 保存文件：执行存盘命令，保存库文件。回到原理图编辑状态下，需要重新打开存放该器件的库文件，才可见到修改后的元件。在原理图上重新放置器件并布线。为了得到一张满意的图纸，这一过程可能需要重复多次。

将库编辑窗口最小化之后，会见到原理图编辑窗口。

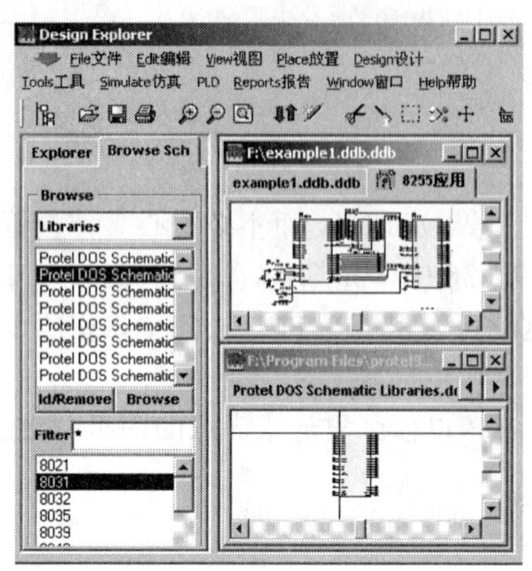

图 7.3.41 原理图与库编辑级联窗口

利用菜单命令 Window/Tile 或 Window/Cascade，可实现编辑窗体内原理图和原理图库编辑窗口的平铺和级联(参见图 7.3.41)。在平铺状态下，需激活一窗口，来完成相应操作。

4．器件库管理

在对引脚进行其他操作如添加、删除、调整属性时一般是针对新建器件的来进行的。Protel 是用库文件对元器件进行管理的，即元器件存在于库文件中，一个库文件中可存放多个器件。绘制原理图时，要放置器件，首先要调入存有器件的库文件，才可找到该器件。因此要创建代表新器件的图形符号，首先需要创建库文件，随后在库文件中建立新器件的图形符号。不建议在系统提供的库文件中添加元器件。

(1) 创建库文件：在数据库中新建“练习”文件夹并打开。可将以前所绘制的原理图文件复制到此文件夹下。首先，要找到已有的原理图文件，左键激活文件利用菜单命令 Edit/Copy，回到“练习”文件夹下，执行菜单命令 Edit/Paste 即可完成。在“练习”文件夹内，执行菜单命令 File/New，在文件类型窗口中选择原理图元器件库文件，并将它重命名为“原理图.LIB”，如图 7.3.42 所示。此时确认在文件夹中已创建了一个库文件。

(2) 创建元器件图形符号：双击原理图.LIB 文件图标，再执行菜单命令 View/Design Manager 打开设计管理器，显示界面如图 7.3.43 所示，即进入原理图库编辑状态。

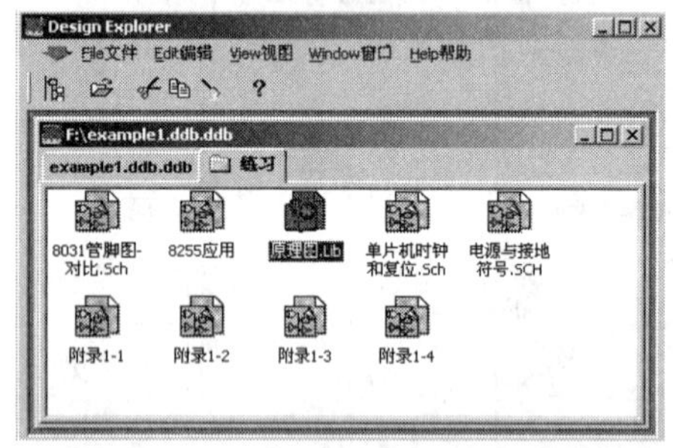

图 7.3.42 创建原理图库文件

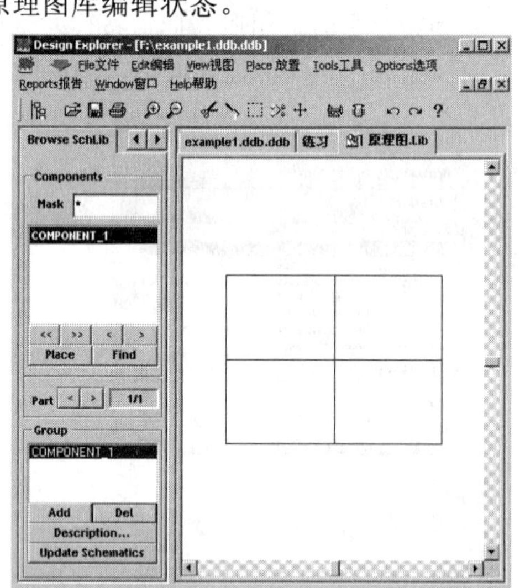

图 7.3.43 编辑原理图库

Components：当前库中元器件名称列表。

Group：可对选中器件操作 (如添加、删除)。

主窗口：完成针对指定器件的图形符号编辑过程。

在图 7.3.43 中：

① 新建器件：执行菜单命令 Tools/New Component 或单击 Add 按钮，在出现的对话框中，将新器件命名为 89C52，可见到新建的器件名称出现在 Components 窗口，如图 7.3.44 所示。

② 删除器件：利用 Group 窗口提供的功能，选中器件 COMPONENT_1，单击 Del 按钮。

5．编辑图形符号

确认库中存在器件 89C52。通过键盘上的按键 PgUp 和 PgDn 调整主窗口到一个合适的显示比例。

① 添加矩形框：执行菜单命令 Place/Rectangle，在编辑窗体中会出现一矩形框。可移动其位置，并调整其外形尺寸。

② 引脚操作：

添加：执行菜单命令“Place/Pins”放置引脚。在该状态下，可连续放置多个引脚，此时可调整引脚的位置、方向。注意：在调整引脚方向时，要将引脚顺序号的位置放在矩形框外。

删除：执行菜单命令 Edit/Delete 激活引脚，或使用 Delete 键。

移动：激活后拖到合适位置。

属性：选中引脚双击，弹出引脚属性对话框，如图 7.3.45 所示。可完成引脚的以下设置：

Name：描述引脚的功能作用

Number：描述引脚在器件上的顺序号

X-Location，Y-Location，Orientation：调整位置和方向

Color：颜色

Dot Symbol：该引脚定义为反向输出

Clk Symbol：该引脚定义为时钟输出

Electrical：电气属性如图 7.3.46 所示

Input：输入

IO：I/O 口

Output：输出

Opencollector：集电极开路

Passive：三态

HIZ：高阻

Openemitte：发射极开路

Power：电源

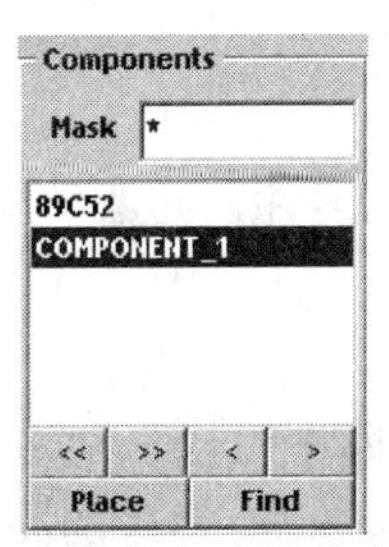

图 7.3.44　当前库中元器件名称列表

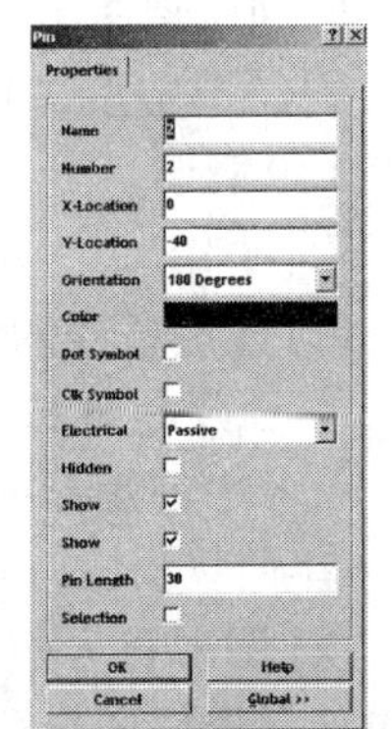

图 7.3.45　引脚属性对话框

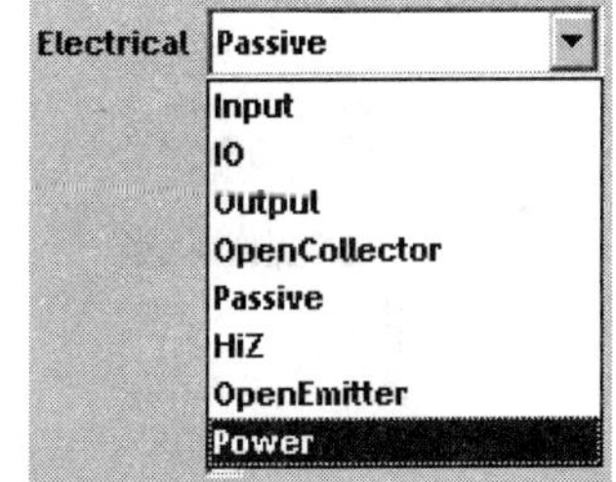

图 7.3.46　引脚电气属性

引脚电气属性，主要用于原理图后期的校验。例如，当设定了引脚的电气属性之后，Protel 在原理图中不允许两个定义为输出的引脚相连。被定义为 Power 属性的引脚，会被默认连到与引脚名称相同的网络上去。一般 Power 属性的引脚可呈隐含状态，即在器件的图形符号中不显示出来。

在图 7.3.45 中针对引脚的其他描述还有：

Hidden：在当前位置显示/隐藏，同一位置不允许放置两个引脚，可把原理图中无连接引脚隐藏，会使原理图画面简洁。

Show：引脚名称显示/隐藏，以及引脚序号显示/隐藏。

Pin Length：引脚显示长度。

可依照图 7.3.47 所示创建 89C52 器件的图形符号。在此可将引脚 20 及引脚 40 设定为隐藏，引脚 31 的命名方法为：E\A\ / VP。

③ 器件保存：执行菜单命令 File/Save。

6．新建库的调用

在原理图上放置新创建的图形符号之前，还需要完成添加“原理图.LIB”库文件的工作。此时新建的原理图存放在已创建的 Example1.DDB 设计文件中，添加“原理图.LIB”库文件时，只要找到设计文件，双击即可完成调用。在图 7.3.48 所示的窗口中，指定 Example1.DDB 路径并选中文件，单击 Add 按钮，Example1.DDB 出现在打开库文件列表中。单击 OK 按钮，即完成添加库的操作。

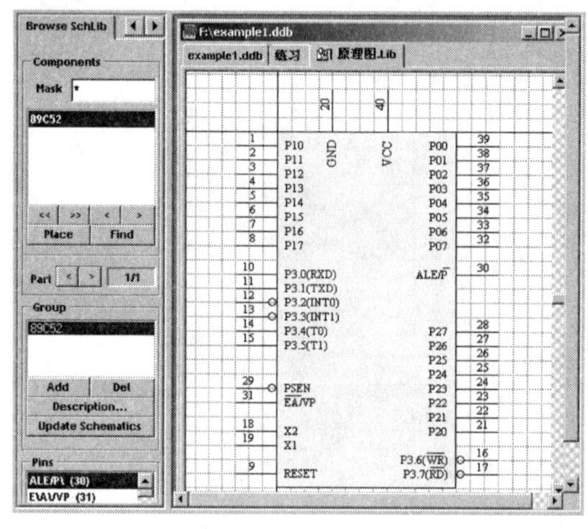

图 7.3.47　89C52 器件的图形符号

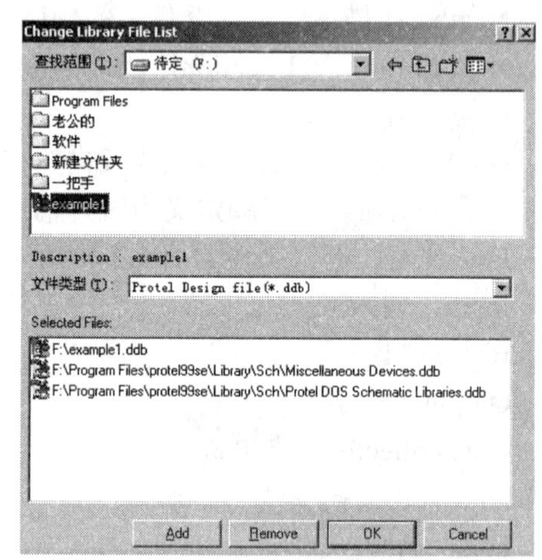

图 7.3.48　添加自建原理图库文件

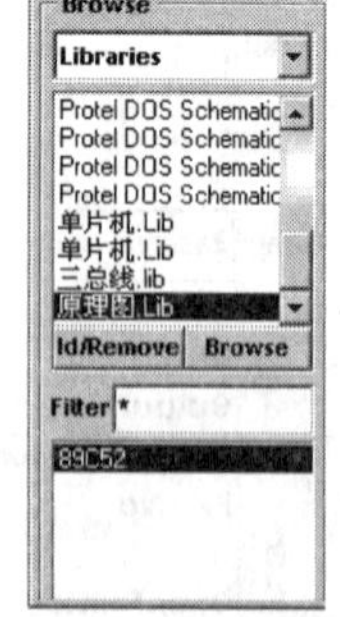

图 7.3.49　自建原理图.LIB 列表

回到原理图编辑状态，可见到“原理图.LIB”出现在库列表栏中。指定后，在器件列表栏中可以见到器件 89C52，如图 7.3.49 所示。

7．小结

(1) 图形符号的创建

① 新建和命名：元件库，库中元器件，元器件图形符号，图形符号中的矩形框和引脚。

② 调整属性：矩形框和引脚。

(2) 图形符号的复制：一个新建库中可以创建多个器件。在设计元器件图形符号时，若该器件与已有器件的图形符号相似，则可采用图形符号复制的办法来节省时间。具体过程如下：

① 在库中建新器件。

② 同时使两个器件的图形符号分别处于库器件编辑状态下。

③ 块定义：在源器件的编辑窗口中定义块。在窗口中按住鼠标左键并拖动，松开后可见被选区域颜色改变，确认要选中的区域都在所定义的块内。在菜单命令 Edit 下可完成复制、剪切、清除、撤销等操

作，单击激活指定块后，可完成块的移动、旋转等操作(取消块定义的快捷键 E\E\A)。

④ 块复制：在目标器件的编辑窗口执行菜单命令 Edit/Paste，选择合适位置后单击。当前 Protel 依然处于块复制状态，执行菜单命令 Edit/Deselect/All 撤销块操作。

建议在绘制原理图过程中，若需要调整器件的图形符号时，首先将器件复制到自己所建的原理图库中，完成对器件的图形符号调整。

在自己的库中创建器件，是绘制出一张满意图纸的必要条件，读者要掌握它。

7.3.6 原理图 Miscellaneous Devices 库器件清单

如图 7.3.50 所示。

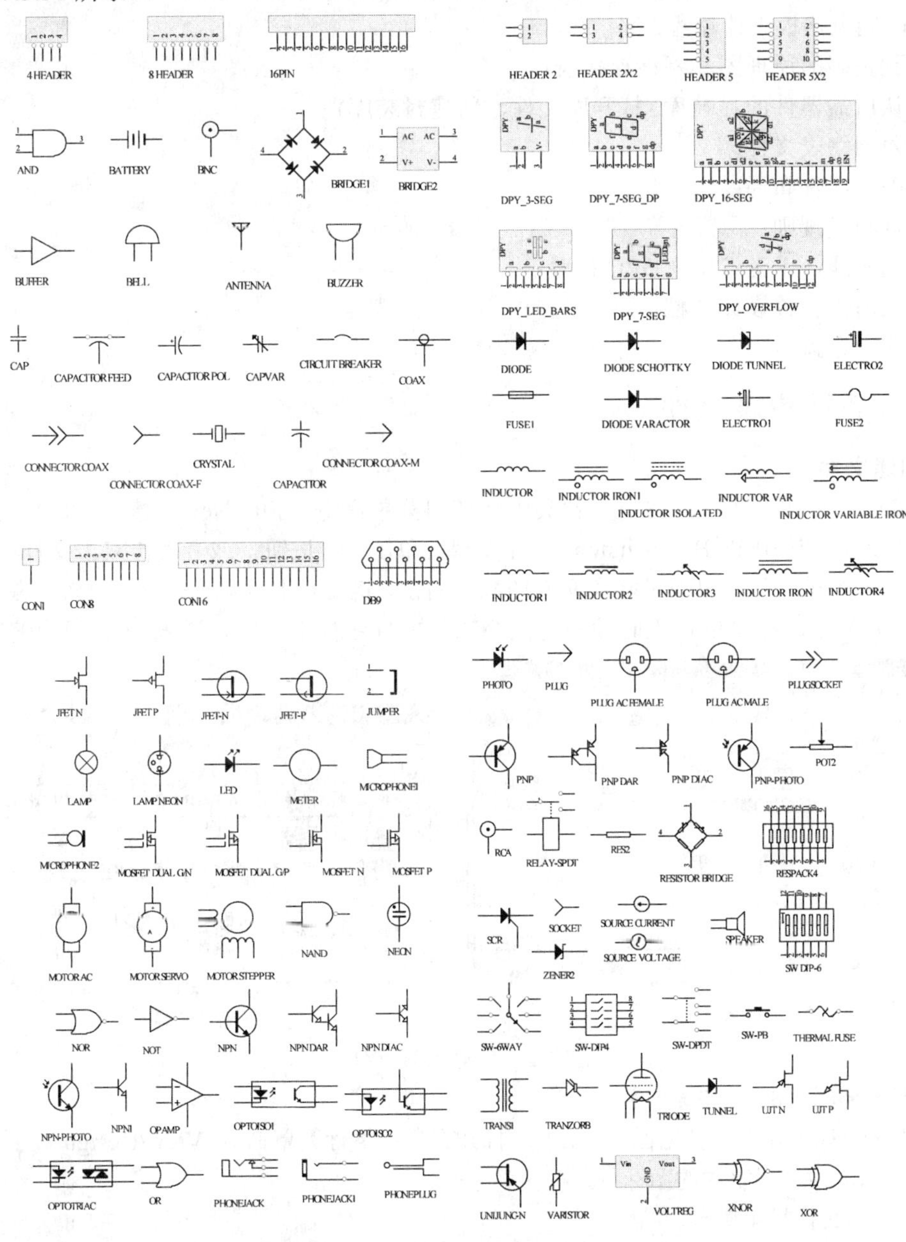

图 7.3.50 原理图 Miscellaneous Devices 库器件符号

7.4 印制电路板（PCB）设计

印制电路板 (Printed Circuit Board，PCB) 的主要功能是提供元器件的固定及元器件相互之间引脚的物理连接。在制作过程中，厂家依据设计人员提供的 PCB 设计文件，将印制电路板上铜箔不需要的部分腐蚀掉，使基板上只留下来细小导线，用来提供 PCB 上元器件引脚之间的物理连接。为了能将元器件固定在 PCB 上面，还需在印制电路板上打孔，用以焊接元器件的引脚来固定元器件。

为满足上述要求，在设计线路板过程中存在两个基本内容：描述连接导线走向和宽度，描述钻孔 (焊盘和过孔) 位置和形状。利用 Protel 提供的功能在设计文件中来实现这一过程，称为印制电路板（PCB）设计。若得到一块完整的线路板还需要将设计好的文件交给专业厂家来生产。

PCB 印制电路板设计流程：

① 得到正确的原理图和网络连接表；

② 确认所需器件的封装库 (打开库文件、新建封装库)；

③ 调入网络表文件；

④ 调整元器件布局；

⑤ 制订布线规则；

⑥ 自动布线，手工调整，DRC 校验；

⑦ 生成所需相关设计文档；

⑧ 打印，存盘。

7.4.1 新建 PCB 文件

1. 创建文件

新建 PCB 文件：在“练习”文件夹中，使用菜单命令“File/New”建立 PCB 板图文件如图 7.4.1 (a) 所示。选中 PCB Document 文件类型，单击 OK 按钮，或者直接双击文件类型图标。文件夹中将创建出一个 PCB 文件。在文件图标上右击，将文件名改为“单片机时钟和复位.PCB”，如图 7.4.1 (b) 所示。在“单片机时钟和复位.PCB”文件图标上双击，进入 PCB 板图编辑状态。

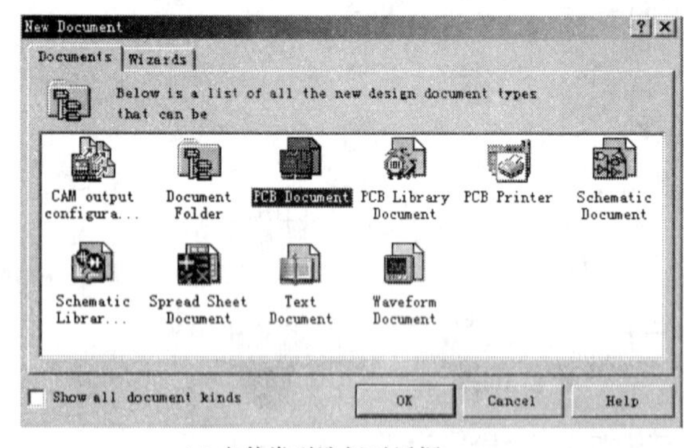

(a) 文件类型选择对话框

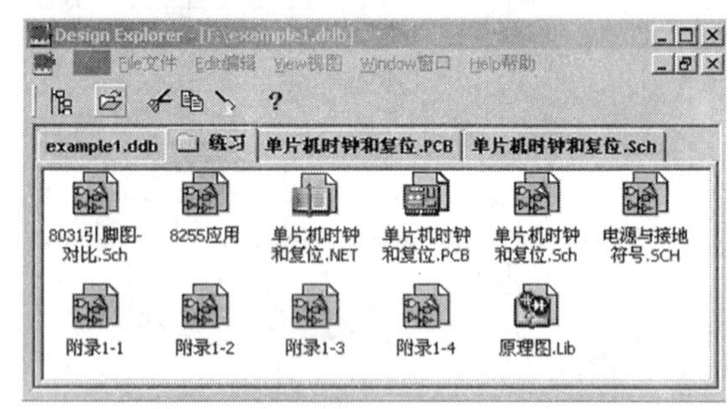

(b) 文件夹窗口

图 7.4.1 新建 PCB 文件

2. PCB 编辑器的基本操作窗口

(1) 设计管理器窗口 (参见图 7.4.2)：打开方式：执行菜单命令 View/Design Manager (参见图 7.4.3)，或单击主工具栏中的图标。

Explorer：文件目录管理。

Browse：选择 Libraries 项，显示当前使用的 PCB 库文件名。此时可完成当前 PCB 库文件的添加和删除。

PCB Footprints.lib 文件存放路径：\Design Explorer 99 se\Library\pcb\ Generic Footprints\ Advpcb.ddb

在元器件封装名称列表窗口中：

Edit：编辑选中器件。

Place：将选中器件放到所设计的 PCB 图纸上。

Current：指定当前操作面，不同的层面以颜色区分。

(2) View 下拉列表 (参见图 7.4.3)

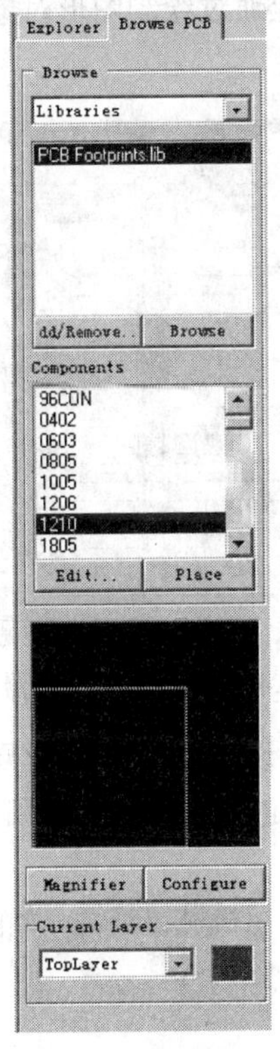

图 7.4.2　PCB 板图设计管理器

图 7.4.3　View 下拉列表

① 编辑窗口的放大和缩小

放大：View/Zoom Out，快捷键 (PgUp)，

缩小：View/Zoom In，快捷键 (PgDn)，

② 编辑窗口中显示整张图纸

菜单命令：View/Fit Document，快捷键 (V/D)，

快捷键方式：在菜单命令中，含下画线的字母为该命令的快捷键

本命令的快捷键为：先后按键盘上的 V，D 键可完成此命令

③ 显示图纸中局部的一个矩形区域：菜单命令 View/Area

④ 显示图纸中全部内容：菜单命令 View/Fit Board

⑤ 恢复上一次显示的画面：菜单命令 View/ Zoom Last

⑥ 以当前的光标为中心显示画面：菜单命令 View/ Pan，快捷键 (Home)

⑦ 画面的刷新：菜单命令 View/ Refresh，快捷键 (End)

⑧ 当前显示坐标公制/英制转换：菜单命令 View/ Toggle Units

在设计 PCB 图纸时，在对器件、线段、焊盘操作时常用英制单位 (mil)，标注图纸尺寸时常用公制单位 (mm)。

PCB 编辑器的操作窗口大部分与原理图编辑器下的操作窗口功能相同，如图 7.4.4 所示为 Design 下拉列表。

7.4.2 PCB 线路板信号层管理

1．信号层面结构

一块完成的线路板，需要表示很多信息。Protel 将这信息分类存放于不同设计层面上。

① 信号层：执行菜单命令 Design/ Layer stack manager 可定义线路板信号层结构。Protel 99 SE 可定义 32 个布线层，包含 16 个信号层、16 个机械层。在信号层上通过绘制图形对象来完成线路板的设计，在弹出的窗体 (参见图 7.4.5) 中可以看到层堆栈的立体效果。

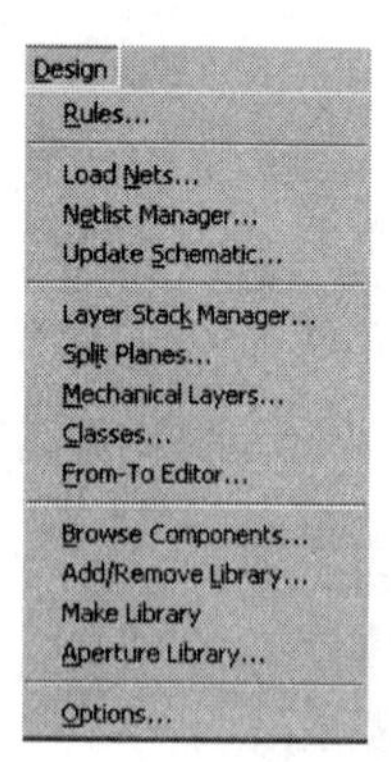

图 7.4.4 Design 下拉列表

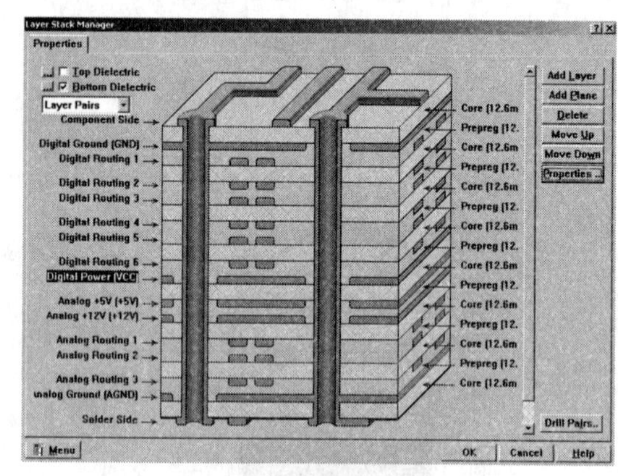

图 7.4.5 层堆栈管理器

单击图 7.4.5 中 Menu 按钮，弹出图 7.4.6 所示的窗口，可设定演示画面效果。

在图 7.4.5 窗口中，利用所提供的功能按钮可进行以下设定：设置线路板所含的信号层数，各信号层名称，修改介质参数，改变各层之间的叠放顺序。

② 机械层：执行菜单命令 Design/Mechanical Layers 可定义线路板机械层结构，如图 7.4.7 所示。

在图 7.4.7 中可完成以下设置：激活并使用一个机械层 (共 16 个) 。

Visible：可视方式

Display In Single Layer Mode：授权可否在单层显示时放到各个层上

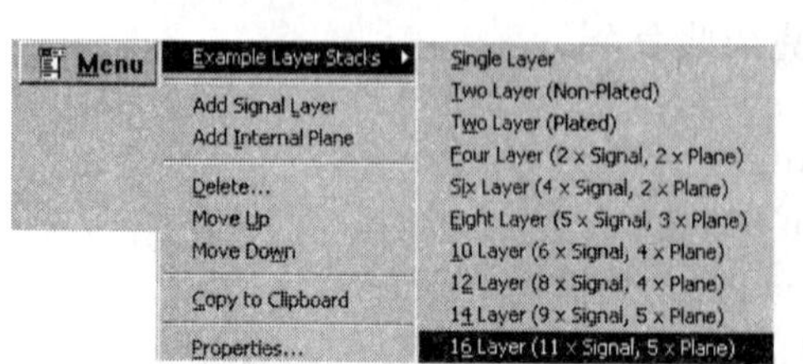

图 7.4.6 设定层堆栈

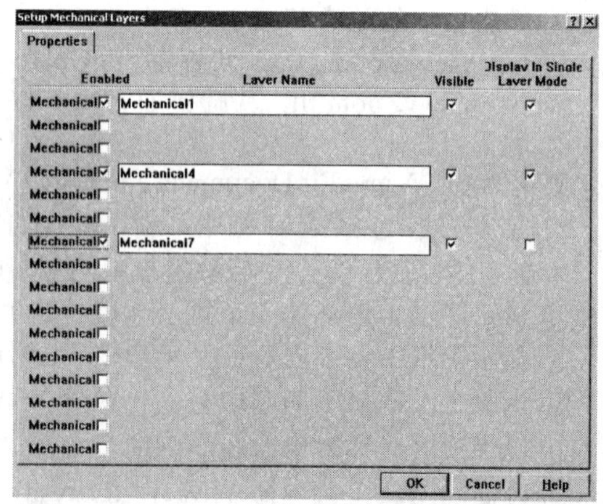

图 7.4.7 机械层管理

注意：一般情况下，经常设计的线路板的是双面板。因此只需要两个布线层，以及相应的辅助层。此时，可采用 Protel 设置的默认值，即在信号层管理窗口中，定义为 Two Layers (双面板)。关闭所有机械层 (Mechanical Layers)。此时可采用默认值。

2．信号层面打开方法

在设计过程中，必须掌握对设计层显示的具体操作方法。

执行菜单命令 Design/Options，如图 7.4.8 所示。图中给出了设计 PCB 板图文件所需要的所有层面。两个信号层外加其他辅助层。为了简化设计窗口显示内容，可设定在设计窗口中需要显示的层面。PCB 板设计层窗口对话框中可以根据需要打开 (√) 或关闭层面 (√)。关闭的层面并非不存在，只是不显示而已。

根据设计需要，选择在 PCB 设计窗口中显示的层面。

将 Visible Grid 调整为 25 mil

在 Options 窗口 (参见图 7.4.9) 中，将 Grids 下各项设置为 25 mil

Measurement Unit：显示制式转换

Imperial (英制单位)

Metric (公制单位)

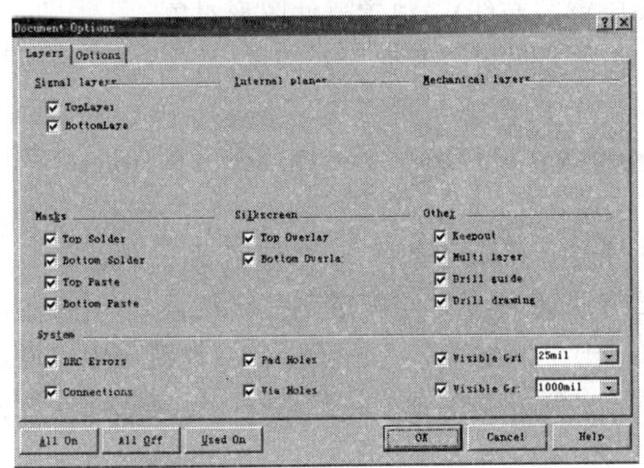

图 7.4.8　PCB 板设计层

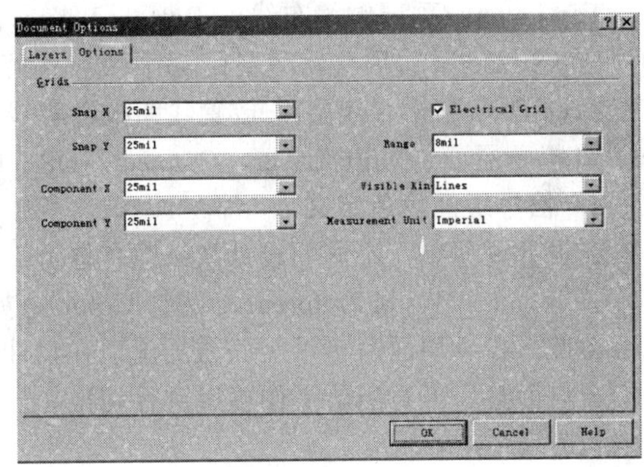

图 7.4.9　Options 标签

3．信号层面定义

(1) Signal Layers (信号层)：Protel 提供了多达 16 个信号层，我们将利用信号层来设计印制电路板走线。以下采用系统默认值 (双面板)。只出现两个信号层：Top (顶层) 和 Bottom (底层)，其他层未打开。

(2) Internal Planes (内部电源/接地层，未打开)：Protel 提供了 Plane1～Plane4 (4 个内部电源/接地层)。内部电源/接地层主要用于 4 层以上印制电路板作为电源和接地专用布线层，双面板不需要使用。

(3) Mechanical Layers (机械层，未打开)：机械层一般用来绘制印制电路板的边框 (边界)。

(4) Drill Layers (钻孔位置层)：共有两层——Drill Drawing 和 Drill Guide，用于绘制钻孔孔径和孔的定位。

(5) Solder Mask (阻焊层)：有两层——Top (顶层) 和 Bottom (底层)。

阻焊层上绘制的是印制电路板上的焊盘和过孔周围的保护区域。这层是绝缘的防护层，可以保护铜线，也可以防止元器件被焊接到不正确的位置。

(6) Paste Mask (锡膏防护层)：共有两层——Top (顶层) 和 Bottom (底层)。锡膏防护层主要用于有表面贴片元器件的印制电路板，这是表面贴片元器件的安装工艺所需要的，无表面贴片元器件时无须使用该层。

(7) Silkscreen (丝印层)：共有两层——Top (顶层) 和 Bottom (底层)。丝印层用于在线路板上绘制文字和图形说明，来描述元器件的外形轮廓、标号、参数，表示各元器件在 PCB 上的位置。

(8) Keep Out (禁止布线层)：自动布线时提供布线区域，一般使用该层来设置线路板的外形轮廓。

(9) Other (其他层)

Multi Layer (多层面)：可用来显示同时存在于多个面上的图形元素，如过孔。

Connect (连接层)：提示应该存在的连线信息。在布局的过程中，该层信息反映连接线条在线路板上的密度，可作为调整布局的一个条件。

DRC Error (错误层)：在布线过程中实时显示与设定规则不符的连线网络信息。

Visible Grid (可视网格层)：图纸上的显示坐标，在绘图时便于器件定位。

Pad Holes (焊盘孔层)

Via Holes (过孔孔层)

注意：在绘制双面印制电路板时，经常需要使用的层面有：

① 操作层面

Top Layers (顶层铜箔布线)，Bottom Layers (底层铜箔布线)：放置器件图形对象。

Top Silkscreen (顶层丝印层)：放置文字注释，若需要也可打开底层丝印层。

Keep Out (禁止布线层)：放置线路板轮廓线。

② 提示层面：Multi Layer，Connect，DRC Error，Visible Grid，Pad Holes，Via Holes。

4．信号层面颜色定义

在设计过程中，不同的设计层以颜色区分。在同一个设计层上所有的信息颜色一致。

菜单命令：Tools/Preferences 选择 Colors，如图 7.4.10 所示，可完成颜色调整。

至此，各个层面窗口以级联方式出现在设计窗口中。如图 7.4.11 所示，在设计窗口中，通过单击窗口标签，可对当前操作窗口进行切换。当指定一个层面作为当前窗口后，可完成设计过程中的相应操作。

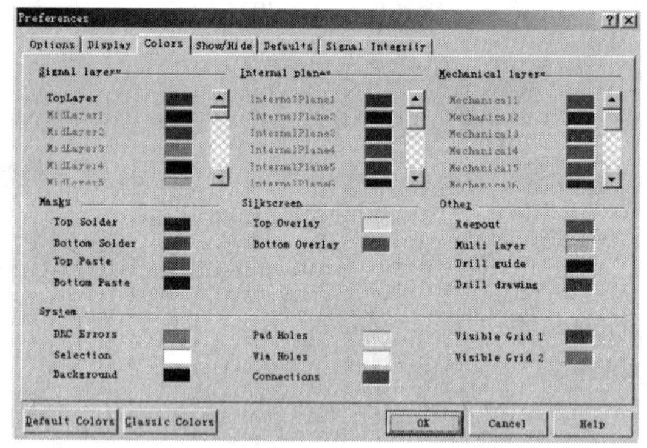

图 7.4.10　层面颜色设定

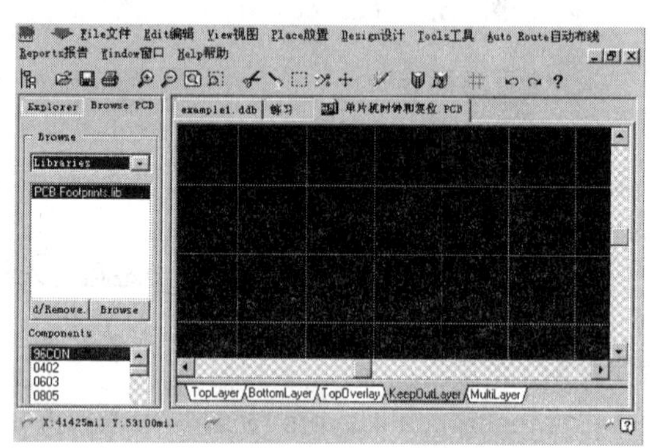

图 7.4.11　设计窗口的级联

7.4.3　PCB 绘图工具

绘图工具是由 Protel 提供的一系列放置命令所组成的，通过在选定层面上放置各种图形对象完成绘制线路版图的过程。这些图形对象有：原理图给定器件的封装、焊盘、过孔和文字说明。Protel 将这些放置命令排放在一起，组成下拉列表和工具栏。

菜单命令 Place 可弹出放置功能下拉列表，如图 7.4.12 所示，含下画线的字母为此命令的快捷键。

菜单命令 View/Toolbars/Placement Tools 可弹出放置工具栏如图 7.4.13 所示，放置工具栏是一个浮动窗口，可以被四处移动，也可以放到系统工具条上。

选中菜单命令或用鼠标左键单击放置工具栏中的图标，系统将进入相应的放置命令状态，这时不能执行与该命令无关的其他命令，直到退出该放置命令。右击或按 Esc 键，则退出放置命令。Protel 提供了多种类型不同的放置对象和辅助命令，利用这些放置命令可以方便地绘制电路板。

图 7.4.12 放置功能下拉列表

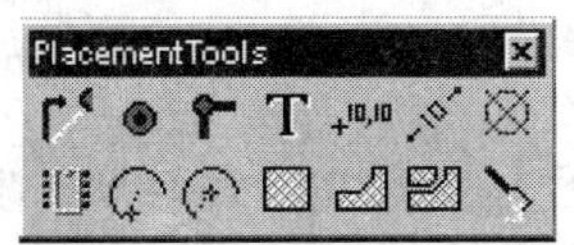

图 7.4.13 放置工具栏

1. 线条的放置与属性编辑

(1) 绘制线条：菜单命令 Place/Track，快捷键 (P/T)，

系统进入线条绘制状态，光标变成“十”字形，并在窗口底部的状态条上显示相应的提示信息。移动“十”字光标到所需的位置，单击确定线条的起点，然后移动光标，这时屏幕上会出现将要画出线条的提示样式，提示线如橡皮筋一样可以伸缩，确认线段终点后，单击就画出了一段线条。只要不退出线条绘制状态，这个绘制过程可连续进行，直到右击退出该命令。

【例 7.4】 绘制线路板外形边框。

在“单片机时钟和复位.PCB”文件编辑窗口中选中 Keep Out 层绘制一闭合曲线，如图 7.4.14 所示。

注意：

① 在 Keep Out 层上，闭合曲线所描绘出的形状 (面积、轮廓) 应和线路板的外形轮廓严格一致。Protel 将在此区域内完成布线工作。

② Toplayer 面 (或 Bottomlayer 面) 放置的线条是印制电路板电气布线的主要组成部分，由于线条只有单层属性，只能绘制在当前层面上，所以绘制前应注意选择所绘制的层面。

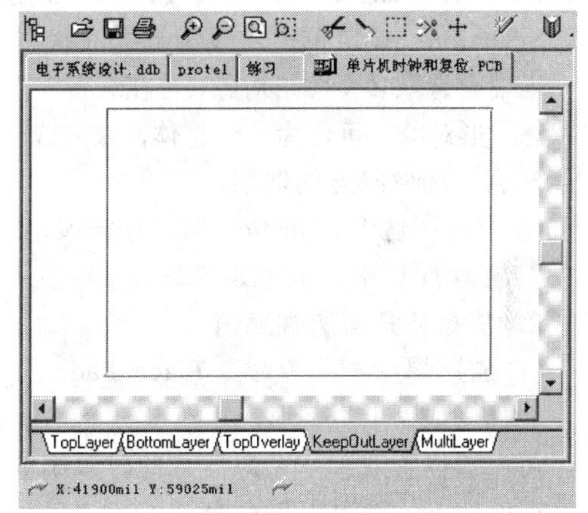

图 7.4.14 绘制线路板边框

(2) 走线的基本技巧

① 走线方式 (长短线) 切换，按空格键。如图 7.4.15 所示。

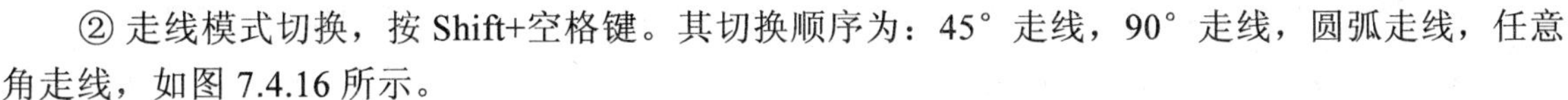

② 走线模式切换，按 Shift+空格键。其切换顺序为：45° 走线，90° 走线，圆弧走线，任意角走线，如图 7.4.16 所示。

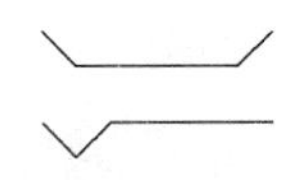

图 7.4.15 走线方式的切换

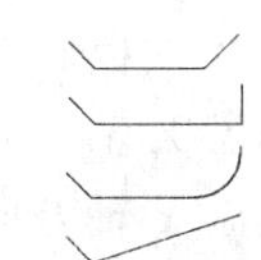

图 7.4.16 走线模式的切换

(3) 线条属性：走线状态下按 Tab 键，如图 7.4.17 所示。

指向已存在的走线双击，开启属性对话框如图 7.4.18 所示。

Width：设定铜箔走线的粗细。

Layer：调整铜箔走线所在的板层。

Net：将 Signal Layers (信号层) 上放置的图形 (铜箔、走线、焊盘、过孔等)，定义连接到指定网络上。一般用于原理图上不存在的引脚连接，而在线路板上需要新添加的走线。注意此时不能新命名网络号 (原理图上无定义)，只能定义到已有连接网络上去。通过下拉对话框，可浏览已存在的网络标号。

Locked：锁定铜箔走线。随后如果移动该铜箔走线，Protel 将要求确认，如图 7.4.19 所示。

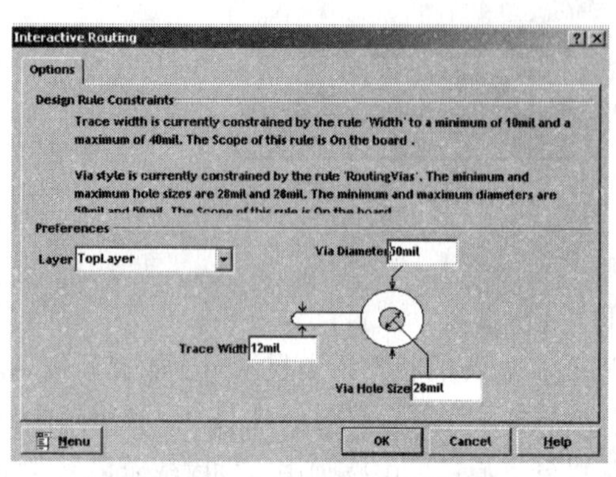

图 7.4.17　走线属性对话框（一）

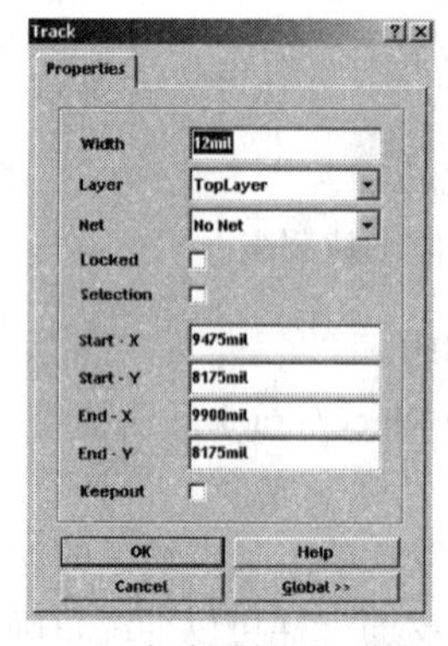

图 7.4.18　走线属性对话框（二）

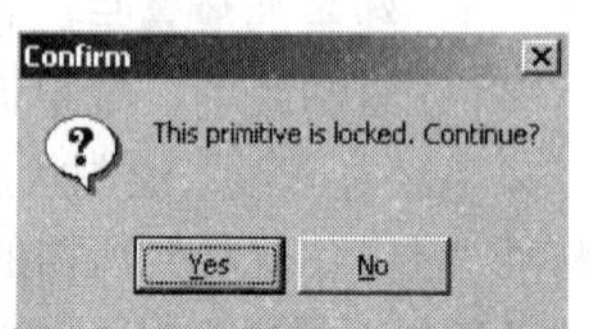

图 7.4.19　操作确认对话框

Start-X，Start-Y，End-X，End-Y：线条定位。

Selection：设定铜箔走线为被选取状态。

若需要选取多个图形对象，可在编辑状态下通过定义块操作用光标来圈定所选图形对象。处于选取状态图形对象，可作为一个整体，来完成一些功能相同的操作。例如，移动、属性调整等。

注意：选取状态的取消。

① 通过属性中 Selection 项，逐一取消。

② 在块操作中，取消定义块。

2．焊盘放置与属性编辑

(1) 放置焊盘：菜单命令 Place/ Pad，快捷键 (P/P 键)。

光标变成“十”字形，并拖曳一个焊盘 (可将设计窗口中画面调整到合适比例) 到所需位置单击，可在该位置放置一个焊盘。此时系统依然处于放置命令状态，可继续放置焊盘，通过单击鼠标右键或按 Esc 键退出该命令。

(2) 编辑焊盘属性：开启焊盘属性对话框。放置焊盘状态下，按 Tab 键。光标指向已存在焊盘双击，如图 7.4.20 所示。

图 7.4.20 属性对话框窗口含三个级联窗口，当前窗口可通过单击标签切换。

Properties 页：

Use Pad Stack：设定使用堆栈式焊盘 (多层板才有的)，指定本项，随后可在 Pad Stack 页中将同一焊盘在线路板的不同板层上设定有不同形状与尺寸。

X-Size：设定焊盘 X 轴方向的尺寸。

Y-Size：设定焊盘 Y 轴方向的尺寸。

Shape：设定焊盘的形状。如圆形 (Round)、矩形 (Rectangle)、八角形 (Octagonal)。

Designator：设定焊盘顺序号。Protel 使用序号来区分线路板上的独立焊盘。如焊盘为器件上的引脚，则该焊盘序号即为引脚顺序号。

Hole Size：设定焊盘的钻孔大小。

Layer：设定焊盘所在的板层。在双面板上，对于表贴形式的焊盘，建议关掉 Hole Size 或设为 0 mil。

Rotation：设定焊盘旋转角度。

X-Location，Y-Location：焊盘定位。

Locked：锁定焊盘。

Selection：设定选取状态。

Pad Stack 页：在 Properties 页中，指定了 Use Pad Stack 选项后，此页有效。依据提示可在指定层上分别设定焊盘的尺寸和形状。

Advanced 页 (参见图 7.4.21)：

Net：指定焊盘所要连接的网络号。

Electrical Type：设定焊盘的电气种类。Source (起点)，Load (中间点)，Terminator (终点)。

Plated：设定焊盘钻孔是否要电镀导通，指定这个选项将会电镀导通 (孔化)。在设计双面线路板，由于两面走线，需要借用焊盘或过孔将走线连通，所以在设计时，此项应设为有效。

放置菜单中其他选项，可依据需要选择放置。

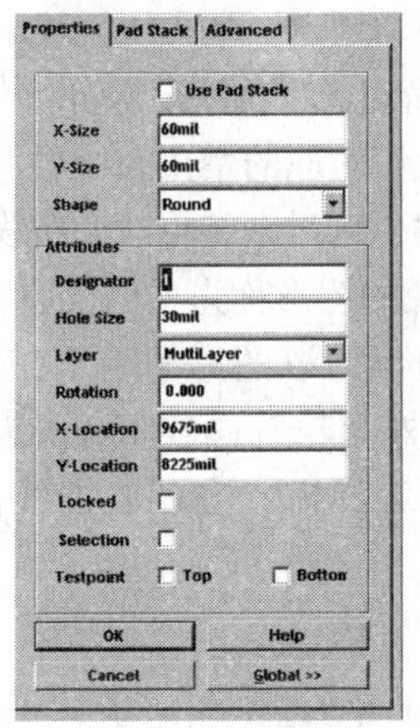

图 7.4.20　焊盘属性对话框

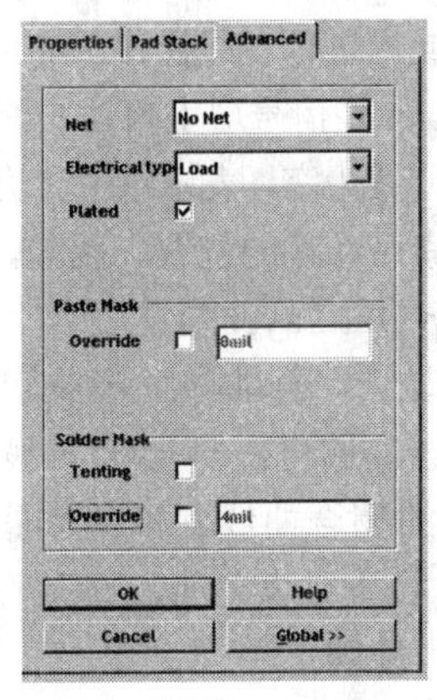

图 7.4.21　焊盘 Advanced 页

7.4.4　PCB 布线规则

由于设计电路的不同，因此布出的线路板的形状及布线时所依据规则各不相同。如线条的走向、粗细、间隔、焊盘的大小，等等，都要依据实际情况具体设定。本节介绍 PCB 布线规则的含义和设定方法。

1．布线层面

Protel 提供的 PCB 编辑器，可以在 16 个 Signal Layer (信号层面) 上实现布线，每个层面都可以单独设置布线属性。但常用的是双面板和单面板。在双面板上布线，常规应让系统仅使用 Top (顶层) 和 Bot (底层) 两个层面布线。对于单面板应在 Bot (底层) 布线。此时其他信号层应该处于禁止自动布线状态，否则系统会自动使用任何可用的信号层。

2．层面布线走向

菜单命令 Design/Rules 在 Routing 选中 Rule Classes 列表框中的 Routing Layers 项，如图 7.4.22 所示。

单击 Properties 按钮弹出 Routing Layers Rule 对话框，打开 TopLayer (顶层) 下拉菜单，如图 7.4.23 所示。对话框中的 Rule Attributes 项，通过滚动条可见，当前只有两个信号层被激活，允许布线。打开右侧下拉菜单可设定线条走向。

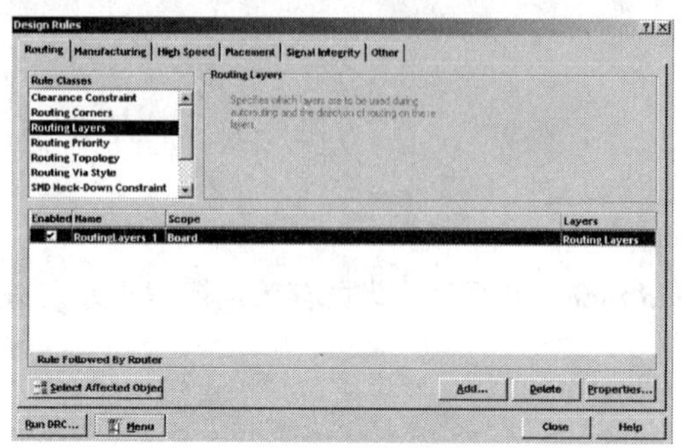

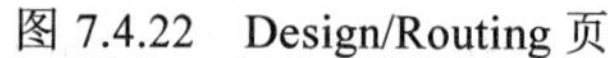
图 7.4.22 Design/Routing 页

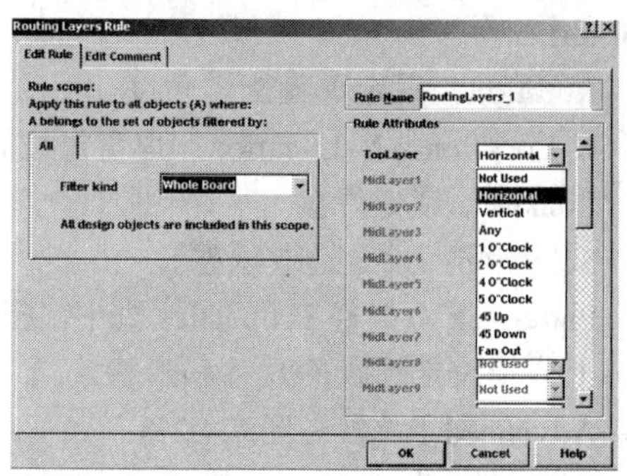

图 7.4.23 Routing Layers Rule

默认：TopLayer，水平布线 (Horizontal)；BotLayer，双面板时设为垂直布线 (Vertical)。单面板时设为任意 (Any)。

3. 布线区域

在 PCB 上自动布线时，由于线路板存在外形尺寸限制，因此必须划定一个布线区域，以便让系统在指定的区域内进行布线操作。布线之前需要使用 Keep Out Layer (禁止布线层) 设定自动布线的区域。因为 Protel 在信号层上自动布线的同时，将不停地检索与布线位置对应的禁止布线层，如果禁止布线层的对应位置为空，表示该位置允许布线，否则该位置将禁止布线。这时系统将改变布线的方向，向其他方向搜索可布线的位置。因此，可以把绘制在 Keep Out Layer 上的图形称为“电气边界”。

在 Keep Out Layer 层上利用绘制线段功能画出一闭合曲线图形，该图形相当于在信号层上指定的布线区域。闭合曲线的形状可任意规定。通常把印制电路板外形轮廓画在 Keep Out Layer (禁止布线层) 上，这样信号层上布线区域将被限定在印制电路板的边界内。在闭合曲线内部，还可嵌套若干小的闭合曲线，以此来指定禁止布线区。

在执行自动布线之前，必须在 Keep Out Layer 设定禁止布线区。

4. 走线规则

Protel 为自动布线规定了很多默认的规则，通常不需要重新设置，但是应该了解这些规则的内容和意义。

Clearance Constraint (安全距离)：两个导体之间的最小距离，默认值 = 10mil。

Routing Corners (布线拐角模式)：默认值 = 45 度。

Routing Priority (布线优先级别)：范围 0～100，数值越大，级别越高。自动布线时，级别高的先走线。

Routing Topology (自动布线方式)：默认值设置为 Shortest (最短布线长度)。

提供在布线时的拓扑结构，如图 7.4.24 所示。

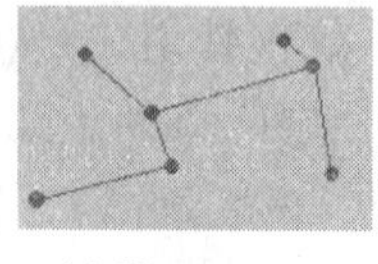
(a) Shortest

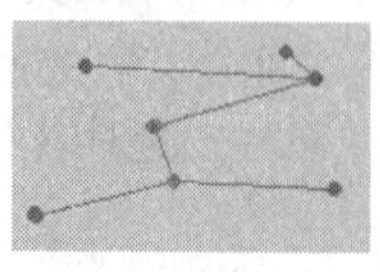
(b) Horizontal

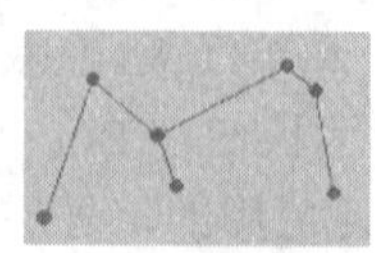
(c) Vertical

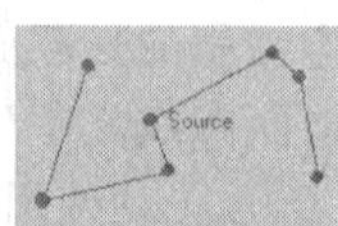

(d) Daisy-Balanced

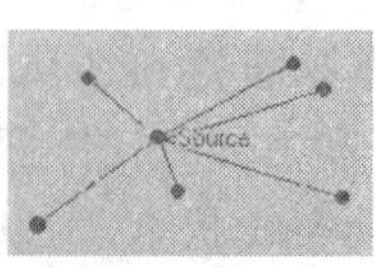

(e) Starburst

图 7.4.24 布线拓扑结构

Routing Via Style (过孔类型)

Style (类型)：默认值为 Through (通孔) 。

孔径：默认值为 Hole Size = 28 mil。

外径：默认值为 Width = 50 mil。

Width Constraint (布线宽度)：默认值为 10 mil。

7.4.5 PCB 布线步骤

在单片机最小应用系统基础上，利用接口线 P1.4 控制一个发光二极管。原理图如图 7.4.25 所示。

1．绘制原理图

在文件夹中，新建原理图文件“单片机系统–发光二极管.SCH”。依据图 7.4.25 所示绘制出原理图。

执行菜单命令 Reports/ Bill of material，得到材料清单如表 7.4.1 所示。依据表 7.4.1 所示调整原理图上器件的基本信息。

调整方法：原理图上，将光标置于器件上方，双击左键，在弹出对话框中调整。

表 7.4.1 封装一栏中内容含义：DIP40 表明元件 U1 (89C52) 的外形为双列直插 40 脚封装，该封装在 PCB 元器件库中对应的器件名称为 DIP40。

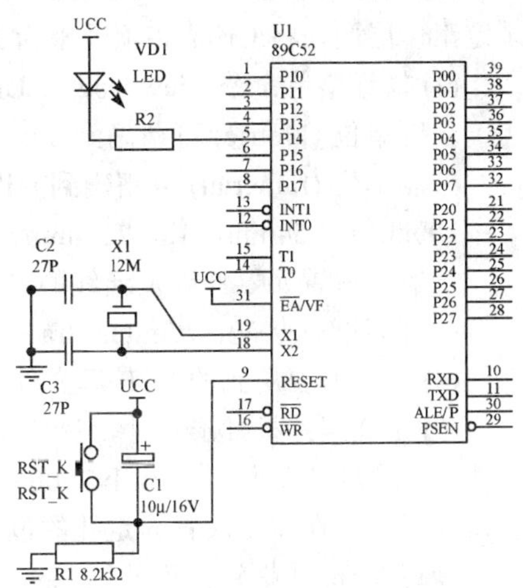

图 7.4.25 单片机系统–发光二极管

2．创建网络表文件

(1) 目的：网络表文件可以将原理图上所描述的连接信息传递到 PCB 的设计文件中，作为 PCB 上连线的依据。执行菜单命令 Design/ Create Netlist 生成网络表文件。此时应看到在文件夹中生成文件“单片机系统–发光二极管.NET”。

表 7.4.1 单片机系统–发光二极管材料清单

Designator (标号)	Part Type (标称值)	Footprint (封装)	Designator (标号)	Part Type (标称值)	Footprint (封装)
R2	1kΩ	AXIAL0.3	R1	8.2kΩ	axial0.3
C1	10μF/16V	RB.2/.4	U1	89C52	DIP40
X1	12MHz	XTAL1	VD1	LED	DIODE0.4
C2	27 pF	RAD0.2	RST_K	RST_K	SIP2
C3	27 μF	RAD0.2			

(2)“单片机系统–发光二极管.NET”文件内容格式：元器件清单和元件连接信息。

例如，在 R2 与 VD1 的连接信息描述中有三项：NETD1_K，VD1-K，R2-1。

NETD1_K：R2 与 D1 之间连接线的网络名称，与 PCB 板上线段名称一致。

VD1-K，R2-1：在网络号为 NETD1_K 的连接线上，存在有两个连接点分别是电阻 (R2) 引脚 (1) 和发光二极管 (VD1) 引脚 (K)。

Protel 采用这种方式在原理图与 PCB 板图之间来传递连接信息。

注意：针对同一器件的相同引脚，有时原理图库和 PCB 封装库中名称不一致。例如，二极管的引脚描述，原理图库中引脚定义的为 1，2，PCB 库所定义的顺序为 A，K。此时需要调整原理图库或 PCB 封装库，必须使器件引脚名称一致。

查看方法：原理图上，将光标置于器件上方双击。在弹出对话框中调整 Hidden Pin 项，查看原理图上引脚号定义。

调整方法：依据器件的封装库中器件的引脚定义名称，编辑原理图库中的元器件。

3．新建一个 PCB 文件

(1) 在文件夹中创建“单片机系统–发光二极管.PCB”。

(2) 执行菜单命令 Design/Options，在 Layers 窗口中打开所需各层面，如图 7.4.26 所示。如图设定工作层面，将 Grids 各项调整为 25 mil。

(3) 执行菜单命令 View/Toggle Units，可完成当前公/英制单位转换。

公制单位 (Metric) 可精确到 0.01mm。

英制单位 (Imperial) 可精确到 mil。

100mil = 2.54mm，1in=25.4mm=1000mil，1mm=39.37mil≈40mil。

一般在放置元器件以及连线的过程中采用英制单位，PCB 外形定义、尺寸标注采用公制单位。

执行菜单命令 View/Status Bra 打开状态栏，可查看尺寸标注。

(4) 打开所要用到的 PCB 库文件，在文件管理器中完成对 PCB 库文件的添加和删除。

(5) 定义线路板外形尺寸，在 Keepout 面，使用放置线段功能并依据坐标来定义出线路板外形尺寸。此时定义一个 2000 mil×3000 mil 矩形区域。执行菜单命令 Place/Dimension，可在图纸上放置尺寸标注。在需要放置固定孔的位置放上适当大小的焊盘。

使用 3mm 的螺钉，可放置 6.5～8mm 的外径和 3.2～3.5mm 内径的焊盘。

4．调入网络表文件

在 PCB 设计窗口中，执行菜单命令 Design/Load Nets。在出现的窗口中，指定网络表文件路径，网络表文件存于 Example1.ddb。这一操作过程中常见的提示信息为：原理图定义的器件封装名称，在 PCB 封装库中不存在；原理图定义的器件引脚名称与封装库中名称不一致。

如图 7.4.27 所示，通过调入网络表文件，所需器件出现在线路板边框的外边。此时一定要确认：所有器件已经准确无误全部调入；所有定义的引脚都已连到对应的网络上。

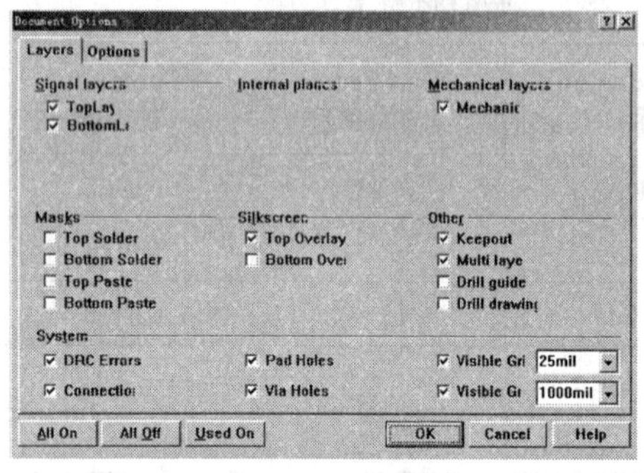

图 7.4.26　层面设定

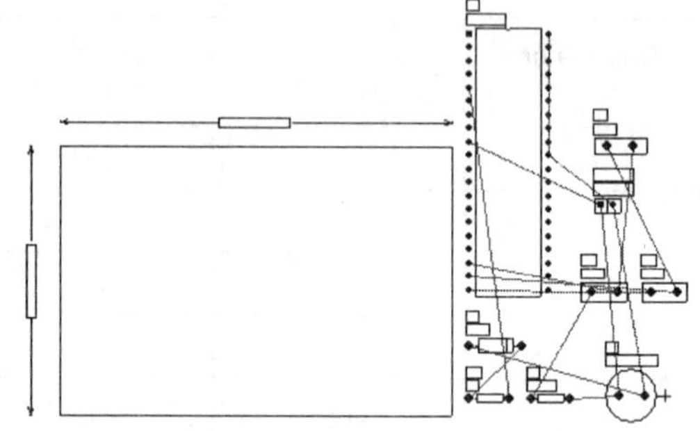

图 7.4.27　调入网络表

如有问题，则重复以下步骤：调整原理图 (注意：元器件封装名称、引脚定义名称)；创建创建网络表文件；调入网络表文件；直到网络表提示信息窗口如图 7.4.28 所示，无错误提示信息。

5．元件布局

图 7.4.27 描述的是在线路板上应该有的连接线，但此时器件之间没有真正连接，且摆放位置也不合适。接下来的工作，需要将元器件移到线路板上，即所画的矩形区域内，并合理地分布在线路板上。这一过程称为线路板的元器件布局。元器件布局过程是画线路板中最耗时的一个环节，并直接影响焊接后线路板的工作性能指标。元件布局可采用自动和手动布局两种方法，建议手动布局。

在元器件布局过程中可从以下几方面来考虑：机械结构及散热问题、电磁干扰、线路板上布线及线路板之间连线的方便性等。

(1) 布置与机械尺寸有关的器件并锁定位置

① 与面板有关的内容：按键，显示输出器件 (发光二极管、数码管)，固定孔等。

② 机箱内线路板之间的连线：接插件位置要插拔方便，并兼顾要装时机箱内走线的美观。

③ 自动焊接 (波峰焊、回流焊) 时由于焊接温度高 (220℃以上)，线路板上的较重元器件应尽量分散放置，以免焊接时线路板变形。

(2) 散热方面的要求：板上有较多发热的器件 (电源电路、功率放大电路) 时应考虑加装散热装置和通风。机箱内通风有正压和负压之分。要考虑防尘过滤。怕热元件如电解电容、晶振、锗管，应与热源保持一定距离。PCB 线路板竖放时一般将发热元件放置在板的最上面。

(3) 电磁干扰 (EMI)：随着电路中信号频率越来越高，对线路板的影响越来越突出。在画原理图时，为集成电路芯片添加用于电源滤波用的旁路电容，旁路电容要尽量靠近芯片的电源脚。

信号工作频率小于 10MHz 时，使用 104 (0.1μF)的电容；信号工作频率大于 10MHz 时，使用 103 (0.01μF) 的电容。

在不可能对多个电路功能块之间保证足够的电磁隔离度情况下，必须考虑用金属屏蔽罩将能量屏蔽在一定的区域内。注意金属屏蔽罩下方与线路板相接触处不能有走线，至少应保持足够的绝缘距离。在做静电测试时，用金属屏蔽罩是有非常效的解决方案。

雷电是一种能量极大的电磁干扰源，在电网或信息系统上产生的雷电流和雷电过电压称为浪涌 (冲击) 电流和浪涌电压。抑制干扰的传输途径，提高信息系统的抗浪涌能力，以达到电磁兼容 (EMC) 的要求。干扰抑制和抗浪涌的技术有多种方法，除等电位连接、接地 (工作接地、防雷接地等)、屏蔽、滤波器、合理布线外，常在电源前端放置氧化锌压敏电阻、固体放电管、硅瞬变电压吸收二极管等器件，来阻止浪涌信号的进入。此时设计线路板时要注意，这些器件之间位置要紧凑。线路板上交流信号两相之间要留有足够的安全距离。

在电源接通瞬间，电源处于不稳的工作状态，此时极易造成 CPU 控制系统的死机。此状态可在电源端加快速脉冲群信号来模拟，因此在 CPU 元件的电源端加装滤波器来防范。

可如图 7.4.29 所示调整线路板上器件的布局。此时不要以显示画面来衡量线路板大小，而应以所标注尺寸为准。

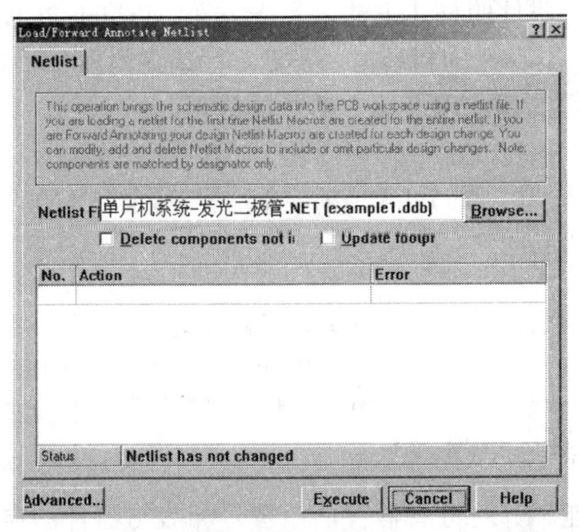

图 7.4.28　网络表提示信息窗口

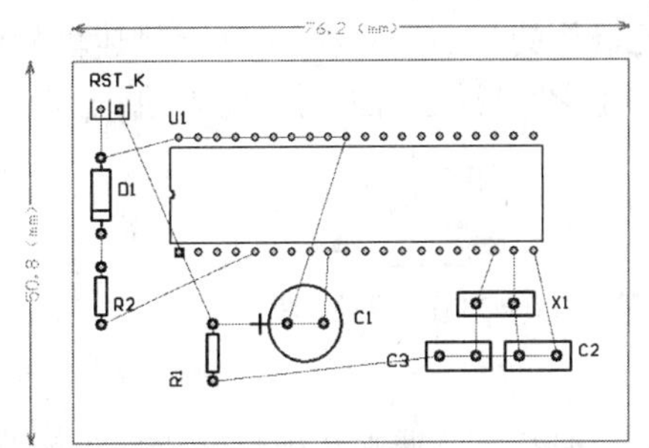

图 7.4.29　调整后的布局

6. 制订布线规则

在此要设定：布线中使用的层面，网络线宽，过孔，间距，布线的拓扑结构。

执行菜单命令 Design/Rules 制订详细的布线规则，在 Routing 窗口下：

(1) Clearance Constraint：规定 PCB 板上不在同一网络内的走线，焊盘、过孔之间必须保持的安全距离。一般线路板上可设为 8 mil，10 mil，12 mil。在此可将所有网络定义为统一参数或单独定义一个网络间距。双击选项可进入设置菜单。

(2) Routing Layers：设置使用的走线层以及每层的主要走线方向。

(3) Routing Via Style：过孔形状，它规定了手工和自动布线时自动产生的过孔内外径。

(4) Width Constraint：走线线宽。

线宽与网络上流过电流大小成正比，针对个别网络需单独设定网络线宽。但要注意，不建议在线路板上网络流过的电流大于 100 mA。推荐信号线 12 mil，电源和地线 20 mil。

(5) Polygon Connect Style：铜箔连接形状的设置。

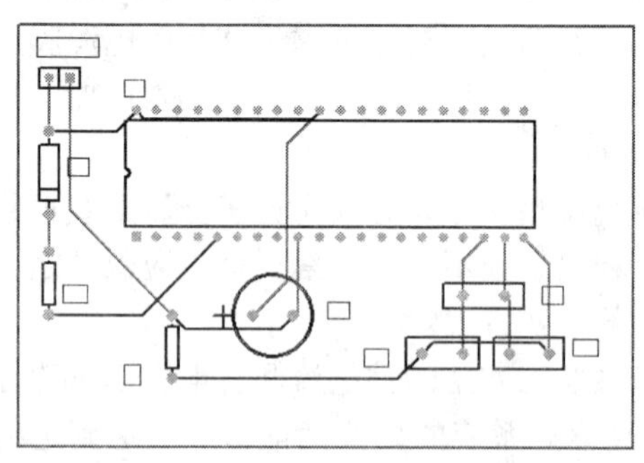

图 7.4.30　自动布线结果

7．自动布线

菜单命令 Auto Route/ALL：Protel 开始按设计规则执行自动布线过程，布线结果如图 7.4.30 所示。

8．DRC 校验

菜单命令 Design/Rules：单击 Run DRC... 按钮，此时 Protel 将依据设计规则对 PCB 板进行校验。若有错误提示信息，则需人工干预布线过程。

9．常用命令

菜单命令 Tools/Teardrops/Add：将焊盘与网络连接点的形状调整为水滴状。

菜单命令 Place/Polygon plane：线路板敷铜功能。

10．整理设计文档

至此，依据原理图，一张完整的 PCB 线路版图文件已经设计完成。选中文件“单片机系统–发光二极管.PCB”，执行菜单命令 File/ Export，将文件从数据库中释放出来，交给厂家生产。

7.4.6 PCB 库管理

在设计 PCB 线路板时，主要是放置器件并依据原理图将不同器件上的引脚通过放置线段连接在一起。因此在设计线路板时，需要了解 Protel 对器件的描述方法。另一方面，Protel PCB 库文件中只提供了常用器件的标准封装库，当遇到库中不存在的封装时，需要自行建立元器件的封装。在这一节中，将讨论 Protel PCB 库的结构，库文件的建立以及库中器件的管理。

1．元器件的封装

元器件的封装用来在 PCB 上描述器件的外形轮廓。图 7.4.31 (a)、(b) 是二极管 1N4001 分别在 PCB 板图和原理图上的描述方法。

(a) PCB 库中器件封装　　(b) 原理图库中器件符号

图 7.4.31　二极管的封装和图形符号

原理图符号：要形象地描述出器件的基本功能。针对分立器件，该符号一般与器件的电器符号相同。

PCB 中器件符号：需要描述器件的物理形状，如器件外形尺寸、占用空间大小、引脚相对位置等，这里称为器件的封装。元器件库中的器件名称实际是用来描述各不同的封装形式。

功能不同的元器件可以有相同的外形 (封装名称)。如 74LS00 (与非门) 和 LM324 (运算放大器) 的封装均为 DIP14。

功能相同的元器件可以有不同的外形。如电阻，依据电阻功率大小，外形尺寸不同。如图 7.4.32 所示。

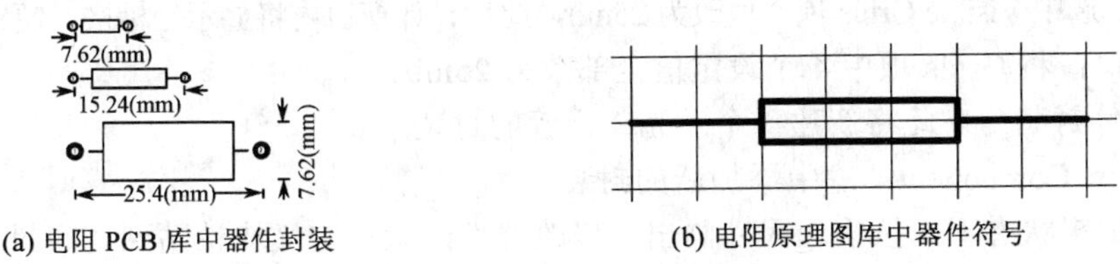

(a) 电阻 PCB 库中器件封装　　(b) 电阻原理图库中器件符号

图 7.4.32　电阻的封装和图形符号

图 7.4.32 (a) 中所描述电阻的三种外形的封装在元器件库中的名称从上到下依次为：AXIAL0.3，AXIAL0.6，AXIAL1.0。因此在设计电路原理图时，不但要熟悉元器件的图形符号，还要知道它的封装。在元器件属性栏中的 Footprint 项定义。属性栏中定义的封装名称在 PCB 库中必须存在。

在图 7.4.31 中，可获得以下信息：

DIODE，VD1(1,2)

DIODE0.4，1N4001(A,K)

注意：此处同一个器件在两个库中描述的引脚定义名称不一致。

在设计 PCB 库中器件时要注意：

① 为了焊接安装，器件封装的轮廓线和引脚间距应为器件的实际物理尺寸，因此在设计器件的封装时，若是非标器件建议最好有一个实物参考；

② 封装上每个引脚必须定义名称。

器件上物理相连的引脚在封装中可定义相同的引脚名。如七段数码管的公共端，由于公共端电流较大，在器件上一般有两个以上的引脚，但用万用表测试时可发现这些引脚之间是相通的，因此这些引脚的名称可以相同。器件上没有物理相连的引脚必须定义不相同的引脚名，器件之间通过引脚的连接依赖于原理图的设计。连接信息的传递通过网络表文件传递。要保证 PCB 板可靠地识别出连接信息，必须保证针对同一个器件，原理图与 PCB 上的定义的流水序号要一致，器件上同一引脚的定义要一致。流水序号可在绘制 PCB 图纸过程中定义或修改，器件封装中的轮廓线、引脚位置、焊盘大小、引脚的定义等需要在 PCB 的库文件操作中来完成。

PCB 库文件的结构与原理图结构相似，把若干种类的封装集中到一个文件来管理，该文件称为 PCB 库文件。PCB 库文件作为一种文件类型寄存于 Protel 数据库文件 (*.DDB) 中。一个 PCB 库文件可存有多个封装，一个 Protel 数据库文件可存在多个 PCB 库文件。封装以器件的名称方式存于 PCB 库文件中，在设计 PCB 线路板之前，需将库文件调入到文件管理器窗口中。此时要确认，库文件中已包含了原理图中所定义的所有器件的封装。如不存在或定义的封装名称不一致，在读取网络表时会提示出相应错误信息。针对库文件中不存在的封装，需要自定义。定义的顺序是：首先创建 PCB 库文件，在 PCB 库文件中完成对元器件封装的添加、删除和修改。建议不要修改或调整已经存在的 PCB 库文件中的封装。如需要，也要将该封装复制到自己创建的 PCB 库文件中来完成。

2. PCB 板图库编辑

(1) 新建 PCB 板图库：在“练习”文件夹中创建 PCB 库文件，文件类型为 PCB Library Document 文件类型图标为，右击图标，将库文件命名为 PCB.LIB，双击图标，可进入到当前库编辑窗口。在窗口下可完成库中器件封装的添加和删除；器件封装的调整：外形轮廓、焊盘设定。

(2) 编辑环境设定

View/Status Bar：打开状态提示栏。

View/Toggle Units：公英制单位尺寸转换。

Tools/Library Options：工具/库选项。

Layer 窗口：选中 Visible Grids 项，值改为 25mil，此后设计窗口内将显示坐标格，便于定位。

Options 窗口：将 Grids 项中 4 个设定值全部改为 25mil。

(3) 创建器件封装：在此将新建一个发光二极管的封装。

① Tools/New Component：库中添加新的封装。

回到 PCB 编辑状态下，按物理尺寸画出和修改器件形状，定义块粘贴到期间封装中。

② Edit/Set Reference：设置参考点(在 PCB 编辑状态下，封装被激活后鼠标的指向位置)。设定在器件被激活后，光标指向器件的位置。有三种设定模式：引脚 1，器件中心，指定位置。

3．常用器件封装

常用器件封装如图 7.4.33 所示。双列直插封装简称 DIIP (Dual In-line Package)；陶瓷无引线芯片载体 LCCC (Leadless Ceramic Chip Carrier)；塑料有引线芯片载体 PLCC (Plastic Leaded Chip Carrier)；小尺寸封装 SOP (Small Outline Package)；塑料四边引出扁平封装 (Plastic Quad Flat Package，PQFP)，球栅阵列封装(Ball Grid Array Package，BGAP)。

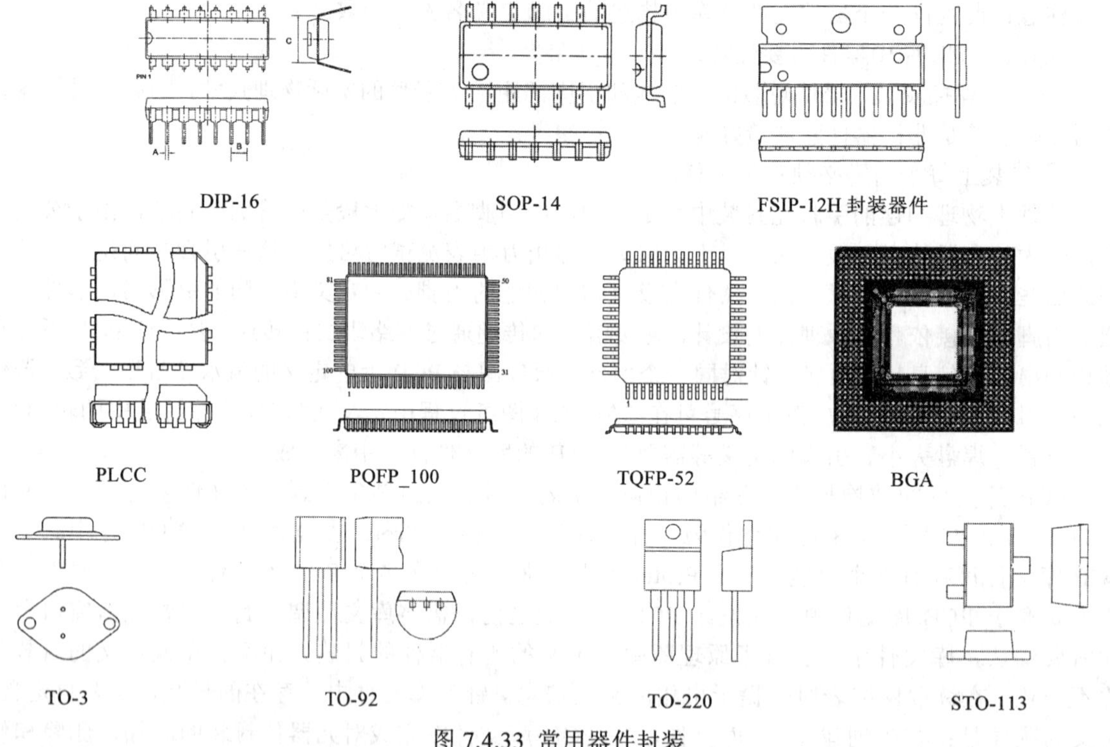

图 7.4.33 常用器件封装

芯片尺寸封装 (Chip Size Package 或 Chip Scale Package，CSP)；多芯片组件 (Multi Chip Model，MCM)；硅圆片级 (wafer level) 封装：系统级芯片 (System On Chip，SOC)；电脑级芯片 (PC On Chip，PCOC)。

4．器件库 PCB Footprints.lib 常用器件封装列表 (见图 7.4.34)

文件存放路径为\Design Explorer 99 se\Library\pcb\ Generic Footprints\ Advpcb.ddb。

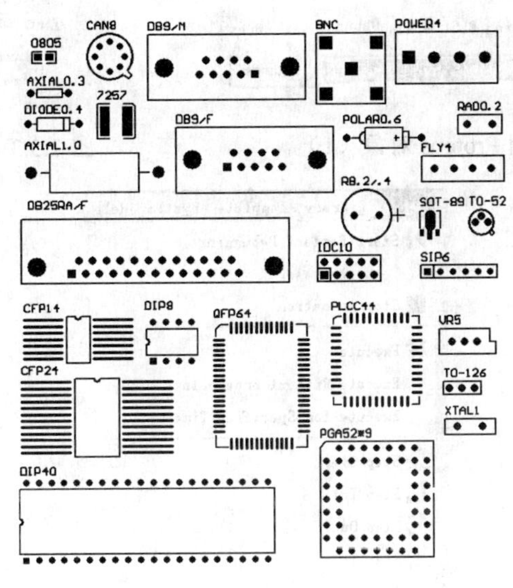

图 7.4.34　器件封装列表

7.5　Keil 与 Proteus 联调

Proteus 是 Labcenter 公司出品的电路分析、实物仿真环境。Keil 是目前世界上最好的 51 单片机的汇编和 C 语言的开发工具。它支持汇编，C 语言以及混合编程，若与 Proteus 整合，可为研发人员提供软件和硬件仿真功能。本节将介绍二者整合过程，以及通过实例介绍仿真环境的使用。

7.5.1　联调环境设置

(1) 安装软件 Keil μVision4 和 Proteus 75。

(2) 将 Proteus 中的文件 VDM51.dll（默认安装路径 C:\Program Files\Labcenter Electronics\Proteus 7 Professional\MODELS）复制到 Keil 安装目录的 C:\Keil\C51\BIN 目录中

(3) 修改 Keil 安装目录下的配置设置文件 TOOLS.INI，用记事本打开该文件后在 c51 字段中加入 TDRV9=BIN\VDM51.DLL ("Proteus VSM Monitor-51 Driver")，并保存。

(4) 设置 Keil 调试环境。在 Keil 中选择 Project/Options for target'target 1'命令，出现如图 7.5.1 所示的对话框，单击“Output”选项卡，选中 Creat HEX File 选项。

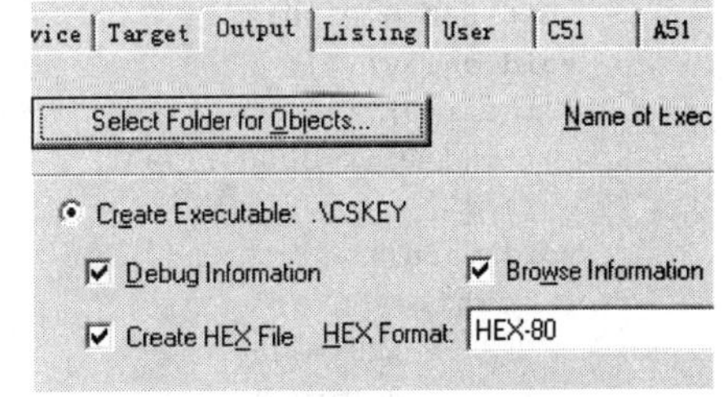

图 7.5.1　编译生成 HEX 文件

单击“Debug”选项卡，选中 Use 选项，在其下拉菜单里选中“Proteus VSM Monitor-51 Driver”选项。如图 7.5.2 所示。

单击“Settings”按钮设置通信接口，弹出如图 7.5.3 所示的对话框。在 Host 栏输入“127.0.0.1”，在 Port 栏输入“8000”。单击“OK”按钮。

（5）设置 Proteus 调试环境。运行 Proteus 的 ISIS，选择 Debug/Use Romote Debug Monitor 命令。如图 7.5.4 所示。

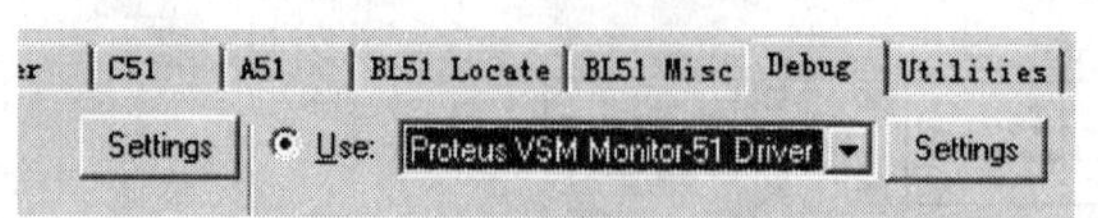

图 7.5.2　设置联调 Proteus 对象（1）

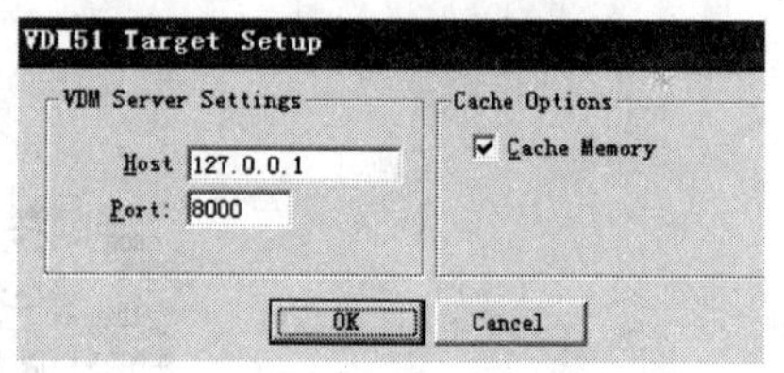

图 7.5.3　设置联调 Proteus 对象（2）

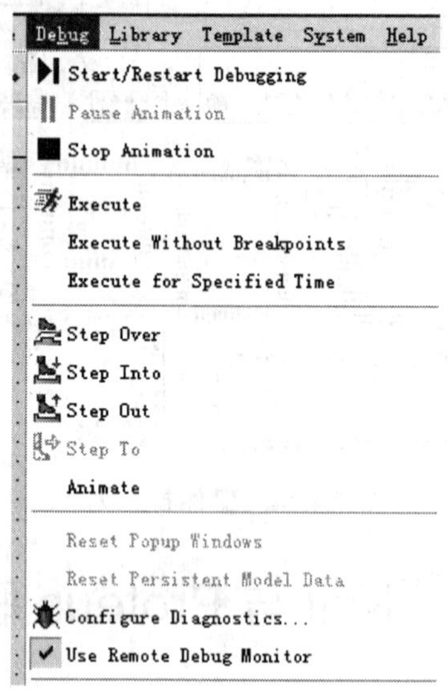

图 7.5.4　设置 Proteus 调试环境

7.5.2　编辑工程文件

1. 创建 Keil 工程文件

```
/********************************************
** Function name:          cskey
** input parameters:       无
** output parameters:      无
** Returned value:         无
** Descriptions:           用于与 Proteus 联机演示
当未检测到有按键按下或两个以上的键同时按下时,返回 0xee;供调用程序识别。
*****************************************************************************/
#include<reg51.h>
sbit LED = P1^0;
void delay( )
{ int i=0;
  for(i=0;i<=30000;i++)
  {} }
void main()
{    while(1)
     {    LED = 1;
          delay( );
          LED = 0;
          delay( ); }}
```

2. 创建 Proteus 工程文件

注意：该文件需与 Keil 工程文件在同一目录中。

7.5.3 联调

编译 Keil 工程文件，无误后，单击 Debug/Start/Stop Debug Session 进入下载调试状态。若联调环境设置无误，即可进入调试过程。

（1）Keil 环境下执行单步运行操作，可在如图 7.5.5 Proteus 窗口中观察到程序运行结果。

（2）在调试过程中，建议将源程序中延时函数的注释删去。

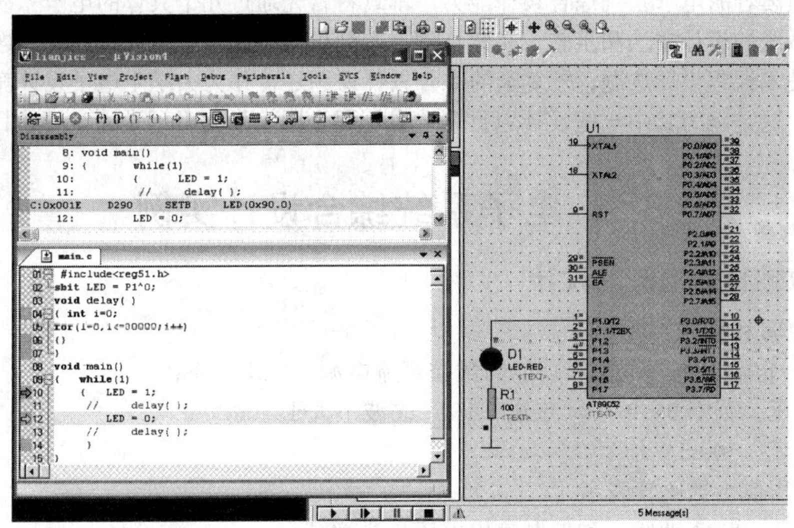

图 7.5.5 联调过程窗口

思考题与习题

7.1　问题：

(1) 设计单面板时，铜箔走线在哪一层？双面板？

(2) 丝印层的作用是什么？

(3) 在绘制印制电路板时，如何打开和关闭绘图层面？

(4) 如何进入编辑铜箔走线的属性？

(5) 在走线时，按空格键与按 Shift +空格键有什么区别？

(6) 如何改变铜箔走线的宽度？

(7) 什么是堆栈式焊盘？

(8) 当我们放置一个焊盘后，如何加入网络？

7.2　如图 6.2.3 绘制原理图。

7.3　如图 7.3.28 绘制原理图。

7.4　设计出给定器件的图形符号和器件封装。

7.5　自动布线过程中，如何设定不同网络的走线宽度和线间距离。

7.6　绘制电子表系统的 PCB。

第 8 章　实用电子系统设计举例及课题

上述各章分别就器件选择、单元电路设计、在系统可编程技术、单片机应用系统设计等进行了介绍。为了提高读者的电子系统综合设计能力，本章将首先通过几个具体的电子系统设计实例，进一步说明电子系统的设计方法和步骤，在此基础上，列出了一些电子系统设计的课题，其中较简单的可作为电子技术课程设计选题，较复杂的综合设计课题还可作为大学生电子设计竞赛准备参赛期间的模拟课题，这是因为其中一些设计题目就选自历届全国大学生电子设计竞赛题目。

8.1　电子系统综合设计实例

8.1.1　数控直流电源的设计

1．设计内容和要求

设计出有一定输出电压范围和功能的数控直流电源，要求如下：

(1) 输出电压：范围 0～9.9V，步进 0.1V，纹波不大于 10mV

(2) 输出电流：500mA

(3) 输出电压值由数码管表示

(4) 由“+”，“−”两键分别控制输出电压步进增减

(5) 自制系统所需的稳压直流电源，输出为±15V，+5V

2．数控直流稳压电源的设计

(1) 总体方案设计

① 方案 1 (如图 8.11 所示)：此方案采用传统的调整管方案，主要特点在于使用一套双计数器完成系统的控制功能，其中二进制计数器的输出经过 D/A 变换后去控制误差放大的基准电压，以控制输出步进。十进制计数器通过译码后驱动数码管显示输出电压值，为了使系统正常工作，必须保证双计数器同步工作。

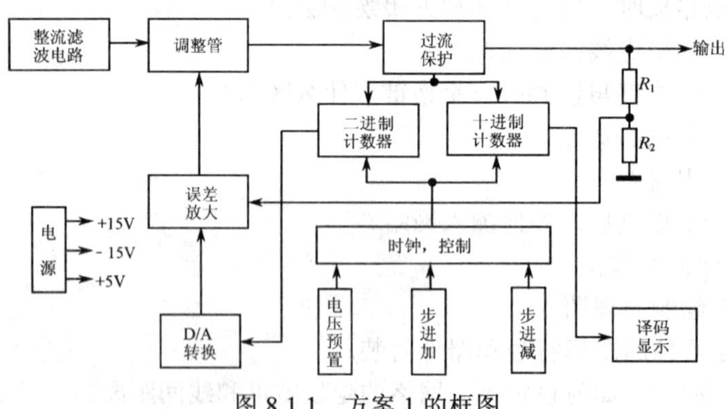

图 8.1.1　方案 1 的框图

② 方案 2（如图 8.1.2 所示）

此方案的控制部分采用 89S52 单片机，输出部分不再采用传统的调整管方式，而是在 D/A 转换之后，经过稳定的功率放大得到输出电压。采用单片机编程，增加了系统的灵活性。

③ 两种方案的比较

● 数控部分：方案 1 中采用中、小规模器件实现系统的数控功能，使用芯片多，内部接口复杂，抗干扰能力和可靠性较差。在方案 2 中，采用 89S52 单片机完成整个数控功能，不但智能化程度高，而且易于系统功能的扩展。

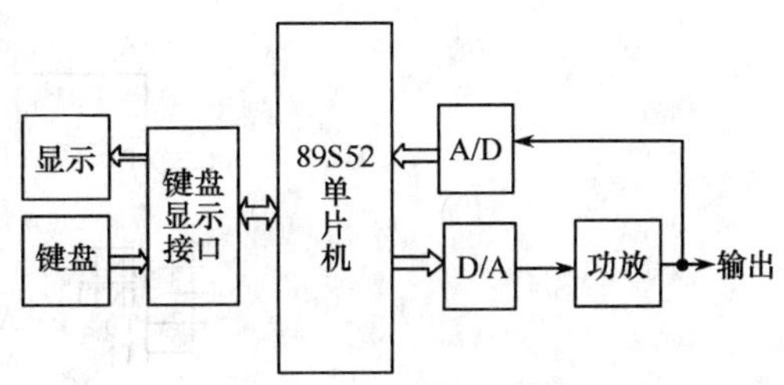

图 8.1.2　方案 2 的框图

● 输出部分：方案 1 中采用线性调压电源，以改变基准电压的方式使输出步进增加/减少，因此必须考虑整流滤波后纹波对输出电压的影响；而方案 2 中，使用运算放大器作为前级功率放大电路，由于运算放大器具有很高的共模抑制比，所以可以大大减小输出端纹波电压。

在方案 1 中，为抑制纹波应在线性调压电源输出端并联大电容，这将降低系统的响应速度。

● 显示部分：方案 1 中的显示输出是对电压的量化值直接进行译码输出，显示值为 D/A 变换的输入量，这样当 D/A 变化和功率驱动电路产生故障或产生误差时，会导致显示与实际输出值不一致。在方案 2 中，采用 A/D 变换对输出电压进行采样并显示输出实际电压值，这样可完成系统自检，一旦系统工作异常，用户可根据该信息予以处理。

在方案 2 中，采用键盘/显示器接口芯片 8279，不仅简化了接口引线，而且可减小软件对键盘/显示器的查询时间，提高 CPU 的利用率。

综上比较，方案 2 在提高系统的智能化和扩展性方面具有更多的优点，因此拟采用方案 2。

(2) 系统原理框图：系统的原理框图如图 8.1.3 所示。

(3) 主要硬件电路设计与计算

① 键盘设置：用户对数控电源的控制，通过 4×4 键盘进行，键盘设计如图 8.1.4 所示。通过键盘可以实现以下控制功能。

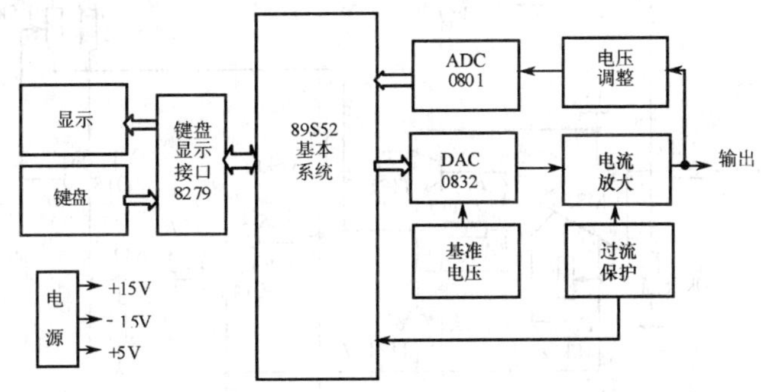

图 8.1.3　系统原理框图

0	4	8	+
1	5	9	—
2	6	置数	单步
3	7	自检	连续

图 8.1.4　键盘配置图

● 选择“自检”后，系统进行自检，并显示系统是否正常。

● 选择“0～9”可输入预置电压值；按“00”系统重新置数。

● 选择“置数”后，可确认预置电压值。

● 选择“单步”后，可通过“+”，“−”以 0.1V 步长增减输出电压。

● 选择“连续”后，按“+”或“−”则电源自动向正向或负向扫描，再按“+”或“－”则扫描停止。

② 数控部分

● 89S52 单片机基本系统：89S52 单片机基本系统电路图如图 8.1.5 所示。它由 89S52 单片机、系统时钟电路、复位电路、地址锁存器 74LS373 等组成。利用 P2 口的 P2.5、P2.6、P2.7 经 74LS138 地址译码后作为 8279、0832、0801 等的选通信号。

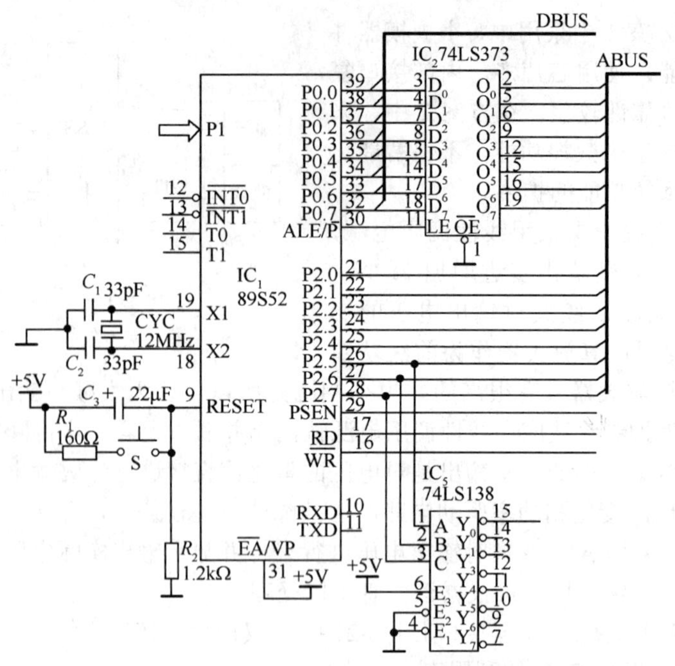

图 8.1.5 单片机基本系统电路

● 89S52 与 DAC0832 的接口电路及功率放大电路：89S52 与 DAC0832 的接口电路及功率放大电路如图 8.1.6 所示。

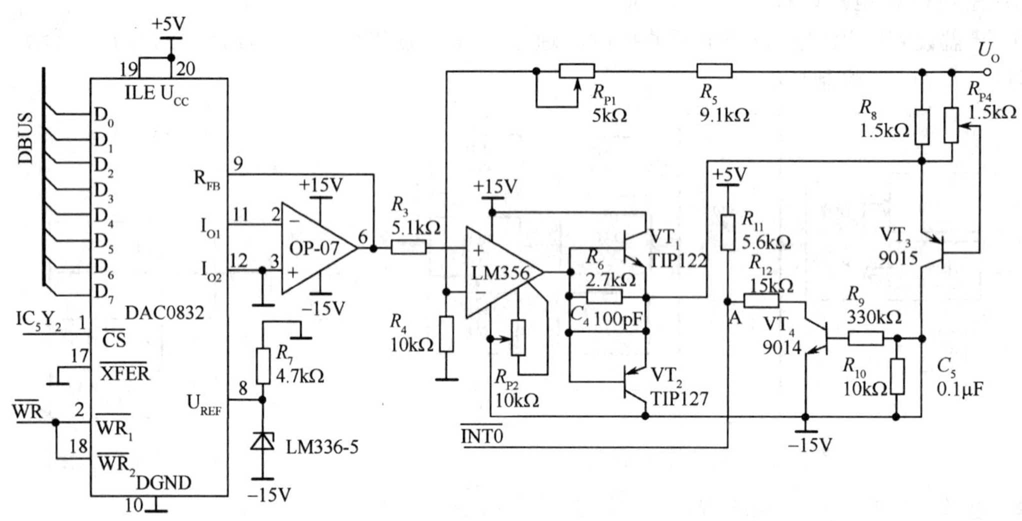

图 8.1.6 DAC0832 与 8031 接口电路及功率放大电路

0832 的基准电压由 LM336 给出，为−5V。输出部分采用差动输出，这样由 CPU 送入的数据经 D/A 转换后输出为 0～5V。

功率放大电路采用运放驱动的闭环推挽输出电路，为了保证电压增益 $A_{uf}=2$，要求 R_4 及反馈电阻有足够高的精度，电路中取 $R_4=10\text{k}\Omega\pm5\%$，$R_5=9.1\text{k}\Omega\pm5\%$，$R_{P1}=5\text{k}\Omega$，考虑最不利情况，$R_5$ 为正偏差，R_4 为负偏差，引入的最大偏差为 10%，所以引入微调电阻 R_{P1}，使电压增益能在 2±10% 内可调。为了保证精度，要求 R_4，R_5 两个电阻的温度系数尽量一致。

推挽管采用达林顿管 TIP122 和 TIP127，其参数如表 8.1.1 所示。它们完全能够满足输出 500mA 的设计要求。

电路中，VT_3，VT_4 构成过流保护电路。正常工作时，VT_3 截止，VT_3 集电极电平为−15V，使 VT_4 截止，A 点输出高电平，不产生中断；当输出电流过大时，VT_3 导通，使 VT_3 集电极电平升高，使 VT_4 导通，A 点变为低电平，触发 89S52 单片机中断，执行中断保护程序。

表 8.1.1　TIP122 和 TIP127 的主要参数

参数 / 型号	I_C/A	U_{CEO}/V	P_C/W
TIP122	5	100	65
TIP127	5	−100	65

③ 键盘/显示器接口电路：为了简化硬件电路和软件编程，键盘/显示器接口电路采用 8279 键盘/显示器控制器，它能实现对键盘的自动扫描、防抖动，并对显示器进行自动刷新。其接口电路如图 8.1.7 所示。

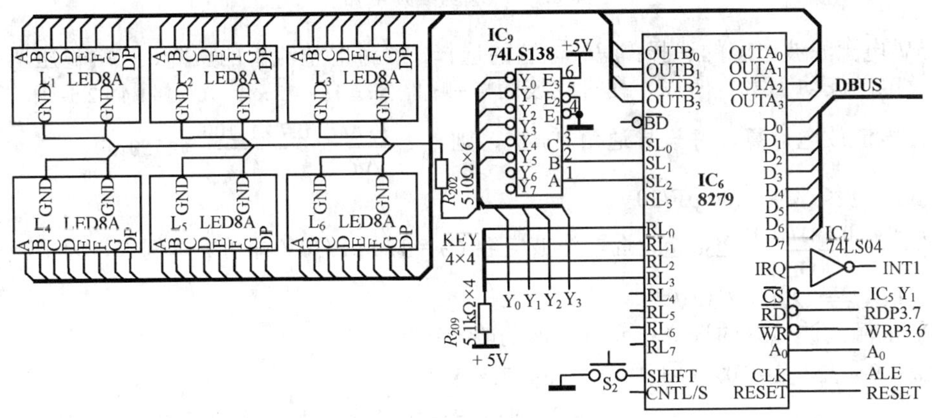

图 8.1.7　键盘/显示器接口电路

④ 单片机与 ADC0801 接口电路及电压调整电路：这部分电路是为了保证系统正常、可靠的工作及显示而加入的，通过它可以实时监督、显示输出电压，并实现自检功能。单片机与 ADC0801 接口电路及电压调整电路如图 8.1.8 所示。图中，运放 TL084 和模拟开关 CD4052 构成电压自动调整电路。当电压超出 ADC0801 的输入范围时，模拟开关会在单片机的作用下自动换挡调整电压增益，将其输出电压调整到合适的 A/D 输入电压范围内。

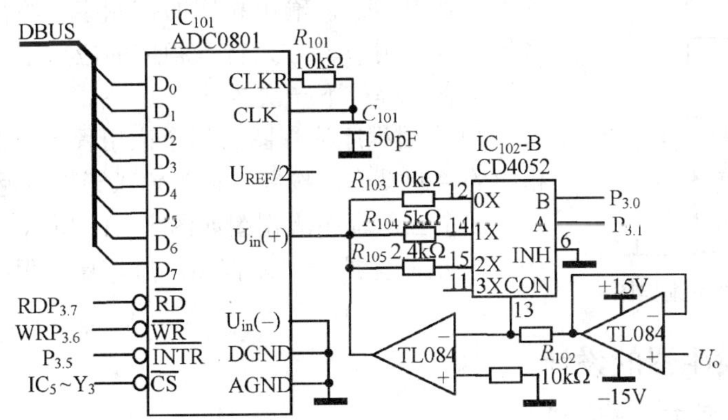

图 8.1.8　单片机与 ADC0801 接口电路及电压调整电路

⑤ 电源设计：系统所需供电电压有三种：+15V，−15V 和 +5V。+5V 主要供数控部分和 D/A，A/D 转换芯片使用，电流最大约为 400mA；+15V 主要供运放和功率放大器使用，最大电流约为 650mA 左右，−15V 用做运放的负电源，该电流较小，小于 100mA。系统电源电路图如图 8.1.9 所示。

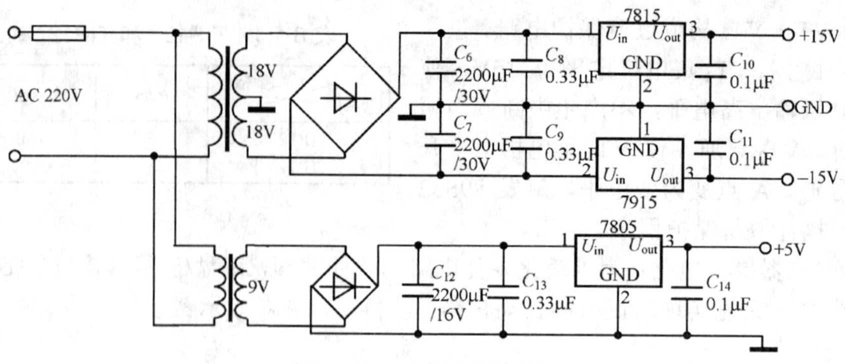

图 8.1.9　系统电源电路

● ±15V 电源滤波电容的选择：滤波电容的选择，要考虑整流管的压降、三端稳压器的最小允许压降以及电网波动 10%。所以，允许纹波的峰–峰值 $\Delta u = 18\times\sqrt{2}\times(1-10\%)-1.4-2.5-15=4\text{V}$。

按近似电流放电计算，并设导通角 $\theta=0°$，则 $C_6=\dfrac{I\cdot\Delta t}{\Delta u}=\dfrac{0.7\times1/100}{4}=1750\mu\text{F}$。

选取滤波电容 C_6 = 2200 μF/30V。

$C_7=\dfrac{I\cdot\Delta t}{\Delta u}=\dfrac{0.1\times1/100}{4}=250\mu\text{F}$，选取滤波电容 C_7 = 470 μF/30V 即可。本例中，为了减少元件品种，实际选取 C_7 = 2200 μF/30V。

● +5V 电源滤波电容的选择：允许纹波的峰–峰值

$$\Delta u = 9\times\sqrt{2}\times(1-10\%)-1.4-2.5-5=2.55\text{V}$$

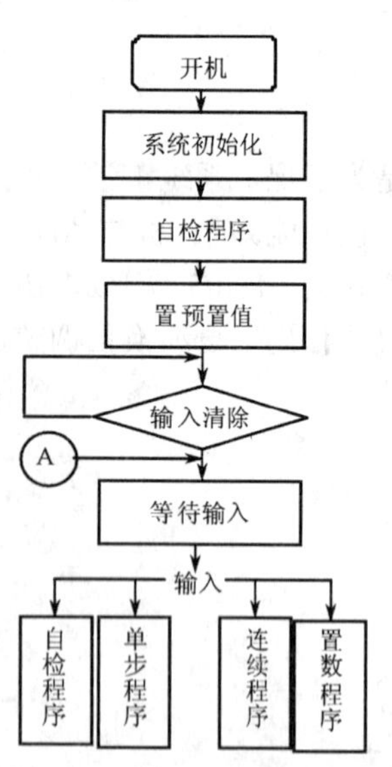

图 8.1.10　系统主程序流程图

按近似电流放电计算，并设导通角 $\theta=0°$，则

$$C_{12}=\frac{I\cdot\Delta t}{\Delta u}=\frac{0.5\times1/100}{2.55}=1961\mu\text{F}$$

选取滤波电容 C_{12}=2200 μF/16V。

(4) 系统软件工作流程图

① 系统主程序流程图：系统主程序流程图如图 8.1.10 所示。

主程序首先进行系统初始化，然后进行自检，自检正常，读入预置电压值，输出相应的控制字，等待键盘输入。根据键盘的输入，用散转方式转入相应的应用子程序，执行后，返回初始状态，等待下一次按键。

② 应用程序流程图：每个应用程序都根据键盘输入，进行相应的控制操作，按错键认为输入无效，返回初始状态。

四个应用程序流程图如图 8.1.11 所示。

③ 过流保护程序流程图：过流保护程序流程图如图 8.1.12 所示。

8.1.2　波形发生器的设计

1．设计内容和要求

设计一个波形发生器，要求如下：

(1) 具有产生正弦波、方波、三角波三种周期性波形的功能。

(2) 可键盘输入编辑生成上述三种波形 (同周期) 的线性组合波形，以及由基波及其 5 次以下谐波线性组合的波形。

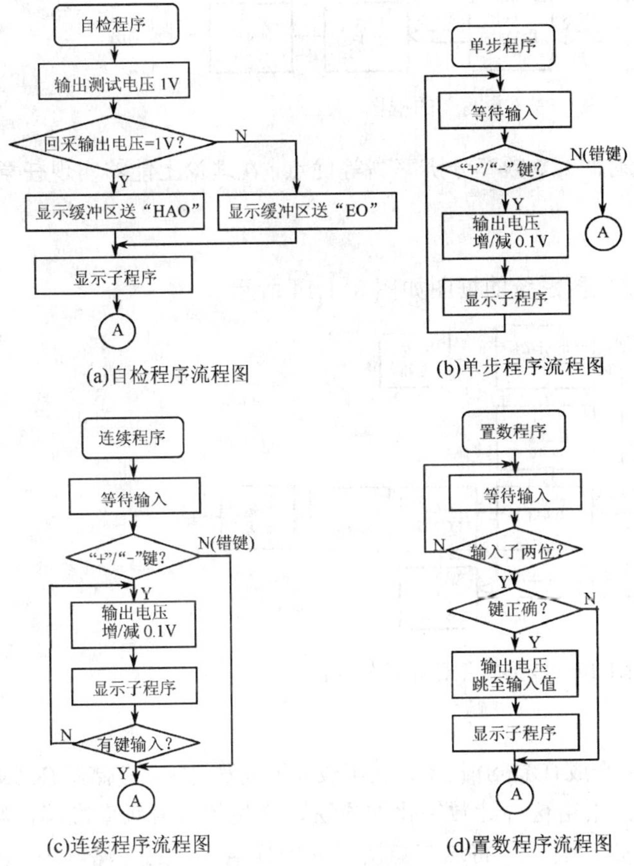

(a)自检程序流程图

(b)单步程序流程图

(c)连续程序流程图

(d)置数程序流程图

图 8.1.11 应用程序流程图

图 8.1.12 过流保护程序流程图

(3) 具有波形存储功能。

(4) 输出波形的频率范围为 100Hz～200kHz (非正弦波按 10 次谐波计算)，重复频率可调，频率步进间隔≤100Hz。

(5) 输出波形范围 0～5V (峰–峰值)，步进 0.1V (峰–峰值) 调整。

(6) 具有显示输出波形类型、重复频率 (周期) 和幅度的功能。

2．波形发生器的设计

(1) 总体方案设计

① 方案 1：采用单片压控函数发生器 MAX038，可同时产生正弦波、方波和三角波。改变 MAX038 的调制电压，可实现数控调节，其振荡范围为 0.001Hz～300kHz，可满足设计要求的频率范围，但因为 MAX038 的参数受外接元件的影响较大，致使产生的频率稳定度较差、精度低、抗干扰能力差，而且灵活性较差，不能实现任意波形输出及波形运算等智能化功能。

② 方案 2：采用锁相式频率合成方案。这种方案可产生正弦波、方波和三角波三种基本波形。其优点是工作频率较稳定，频率分辨率也较高；缺点是环路滤波器要求通带可变，实现起来困难较大，且无法实现任意波形功能。

③ 方案 3：采用直接数字频率合成 (DDFS 或 DDS) 方案，它是用 RAM 存储所需波形的量化数据，按不同频率要求以频率脉冲驱动地址计数器，该计数器的输出接到 RAM 的地址线上，这样存储器的数据线上就会周期性地出现波形量化数据，经 D/A 转换和幅度控制，在滤波后就可生成所需波形。方案 3 的框图如图 8.1.13 所示。

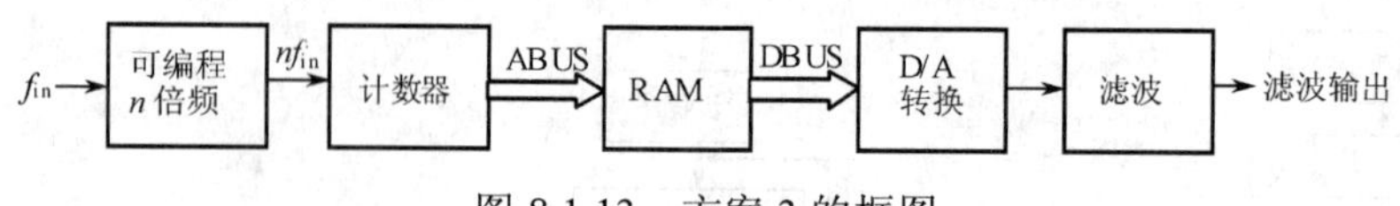

图 8.1.13　方案 3 的框图

DDS 具有相对带宽宽、频率转换时间短、频率分辨率高等优点，在理论上能够实现任意波形，可全面满足任务所提出的设计要求。

综上分析，采用方案 3。

(2) 波形发生器系统框图：波形发生器系统的框图如图 8. 1.14 所示。

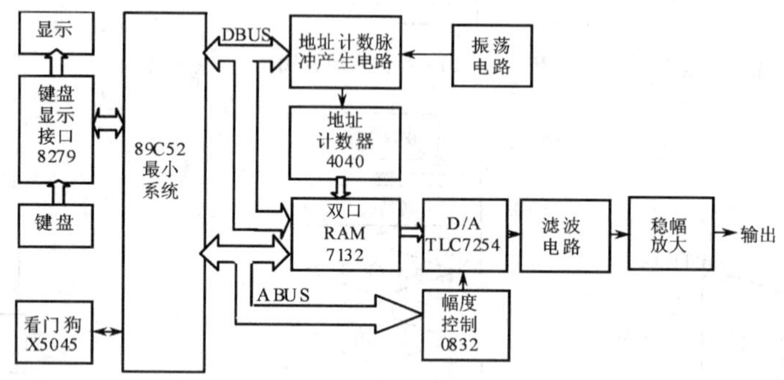

图 8.1.14　波形发生器系统框图

(3) 理论分析与计算

① DDFS 技术分析：直接数字频率合成 (DDFS) 技术，其组成为地址发生器、存储器 (RAM)、数模转换器 (DAC) 及低通滤波器 (LPF)。采用这种纯数字化的方法，产生的信号频率准确，频率分辨率高。本设计对每个波形周期抽取 32 个样点，将这些点所对应的样值存储到存储器中，然后用地址发生器即二进制计数器的低 5 位 Q_0～Q_4 作为地址去寻址 RAM。这样 RAM 对应地址的样值经过高速 D/A 转换器 TLC7524 进行 D/A 转换就可以得到阶梯波形。只要改变计数器的输入脉冲频率，就可以改变 RAM 数据的输出频率，而控制输出波形的频率就可以得到控制。然后用低通滤波器对阶梯波进行滤波就可得到平滑的波形。由于一个周期取 32 个样点，最小步进 4Hz，因此如果计数器的计数脉冲频率为 128Hz，D/A 转换器就会输出 4Hz 的波形。所以，若要得到频率为 N (N 为 4 的倍数) 赫兹的波形，只要输入频率为 $32\times N$ (Hz) 的计数脉冲即可。例如要得到 100kHz，计数脉冲频率应为 3.2MHz。

② 波形线性组合分析：从键盘上可编辑生成 3 种波形 (同周期) 的线性组合波形，其函数形式表示为

$$V_{\Sigma}(\omega t)=AV_{\sin}(\omega t)+BV_{\mathrm{pul}}(\omega t)+CV_{\mathrm{tri}}(\omega t)$$

式中，$V_{\Sigma}(\omega t)$为组合的波形函数，$V_{\sin}(\omega t)$，$V_{\mathrm{pul}}(\omega t)$，$V_{\mathrm{tri}}(\omega t)$分别为标准的正弦波、方波、三角波函数，$A$，$B$，$C$ 分别为 3 种波形在组合波形中所占的比例系数。只要通过键盘输入 3 种波形的比例系数，就可以得到想要的组合波形。

对于由基波及其谐波 (5 次以下) 的线性组合波形，处理方法与前面相同，只是此时的正弦波、方波、三角波是由各自的基波和 5 次以下谐波构成的，这 3 种波形函数均可以由傅里叶级数获取。方波的傅里叶系数为$[1-(-1)^n]/2n$ (n 为谐波次数)，三角波的傅里叶系数为$[(-1)^n-1]/n^2$ (n 为谐波次数)，所以方波、三角波均只有奇次谐波。通过谐波与基波的叠加，就可以得到不含高次谐波的方波和三角波函数，然后通过与上述相同的方法，即可得到任意比例的线性组合波形。

③ 波形存储的实现：本系统使用了 X5045 看门狗监控电路，该芯片有 512 字节的 E^2PROM 存储空间，具有掉电存储功能。因此，可充分利用它的这一功能，存储需要保存的波形参数设置。

在系统重新加电后，读取该波形数据，即可输出掉电前的波形。

④ 用户编辑波形的生成：本系统选用的输入装置是汉王手写板，它是一种电磁感应式手写板，其工作原理是：电磁感应笔放出的电信号，由基板感应到后，将笔的位置传给单片机，然后由单片机控制移动光标或其他相应的动作。手写板发送的每一帧数据为 5 字节，第一字节为命令字，后四字节分别为基板的 X 轴和 Y 轴坐标数据的低位和高位。因此，可通过判断命令字来确定笔是否按下，如果按下就存储相应点的坐标。最后将 X 轴的坐标数据作为时间，Y 轴的坐标数据作为幅度输出，即可得到用户编辑的波形。

(4) 主要硬件电路的设计

① 单片机系统：单片机系统是整个硬件系统的核心，它既是协调整机工作的控制器，又是数据处理器，其构成如图 8.1.15 所示。

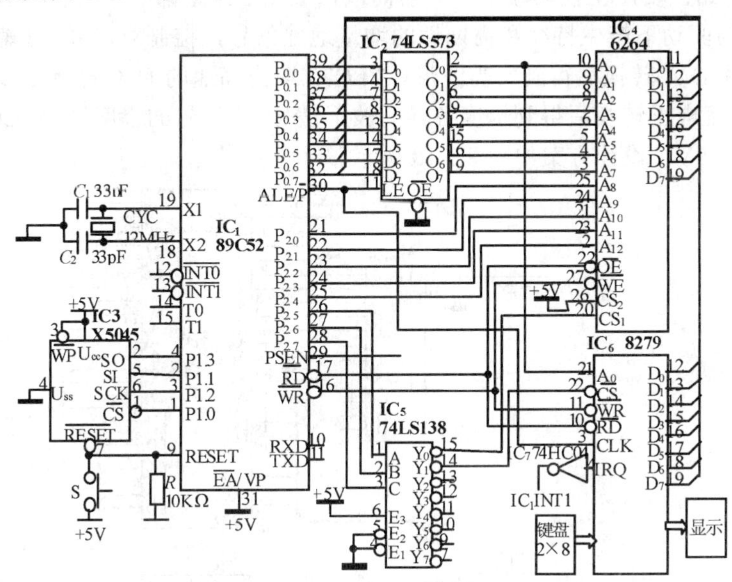

图 8.1.15　单片机基本系统电路

为了简化硬件系统，单片机选用内带 8KB Flash ROM 的 89C52，它和地址锁存器 74LS573 和数据存储器 6264 (内部 RAM 为 8KB) 构成单片机最小系统。

看门狗监控电路采用 Xicor 公司生产的 X5045，它是一种集看门狗、电源电压监控和块锁保护、串行 E^2PROM 存储等功能于一身的可编程电路，它内部有 512 字节的内存，可存储系统设置参数及要保护的数据。前已述及，它有两个作用，一是系统故障死机自动复位，二是存储需要保存的波形参数设置。

键盘显示电路的接口电路由可编程键盘、显示接口芯片 82C79 构成。使用 2×8 键盘，共 16 个按键。其中 11 个按键为直接操作键，5 个按键为功能菜单选择键。直接操作键有：掉电恢复，频率加、减，幅值加、减，波形存、取，波形类型，幅值显示，频率显示，波形切换。功能选择由上、下、左、右、确认键构成。功能选择有相应的显示提示。

② 晶体振荡电路：设计中取 32 个样点组成一个周期的波形，且频率最小步进间隔定为 4Hz，这样需要产生 128Hz 基准频率的方波作为锁相环电路的输入。将 32.768kHz 的晶振通过整形电路整形和分频，即可得到频率为 128Hz 的方波 f_1，电路如图 8.1.16 所示。

③ 地址计数脉冲产生电路：地址计数脉冲产生电路如图 8.1.17 所示。128Hz 的方波信号作为锁相环频率合成器 4046 的基准时钟，并配以可编程计数器 8254 可实现基准时钟频率的 2～62500 倍频，这样可得到地址计数脉冲 f_2，对应的频率范围为 256Hz～8MHz。

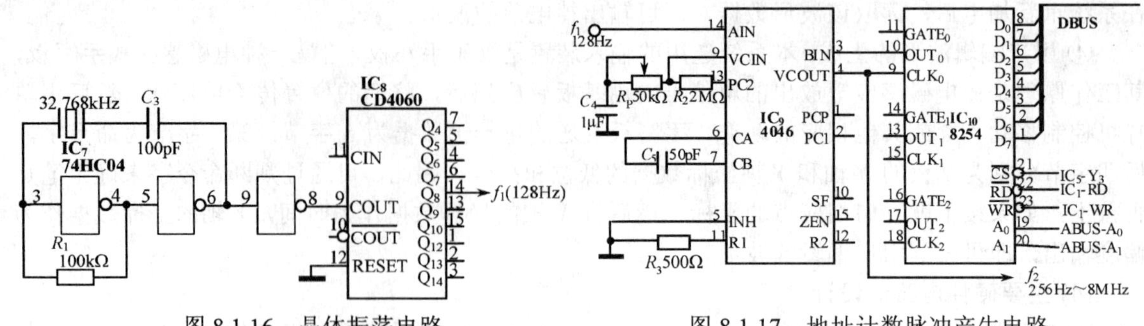

图 8.1.16　晶体振荡电路　　　　图 8.1.17　地址计数脉冲产生电路

④ 波形产生电路：要产生任何波形，只需向双口 RAM 存储一个周期的波形数据，然后地址计数器 4040 在 f_2 的驱动下产生持续和周期性的增量地址信号，控制双口 RAM 输出该波形数据，经过 TLC7524 芯片 D/A 转换后得到所需波形。TLC7524 为高速的 D/A 转换器件，电流型输出，经高速运放进行电流电压转换后得到幅度各异的波形信号，该信号的幅度受 DAC0832 的输出电压控制，幅度范围 0～5V，设计方案如图 8.1.18 所示。

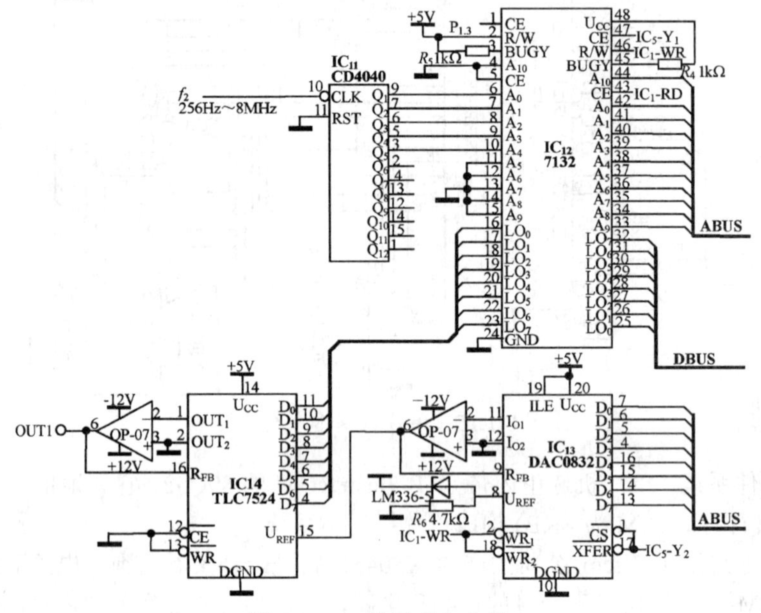

图 8.1.18　波形产生电路

⑤ 功率放大电路：功率放大电路如图 8.1.19 所示。功率放大电路采用运放驱动的闭环推挽输出电路，电压增益为 1，可实现稳幅输出功能。推挽输出级采用塑封硅三极管 9012 和 9013。

(5) 系统软件流程图：系统软件流程图如图 8.1.20 所示。

各功能软件模块流程图留给读者自己完成。

8.1.3　简易逻辑分析仪的设计

1．设计内容和要求

设计一个 8 路数字信号发生器与简易逻辑分析仪，要求如下：

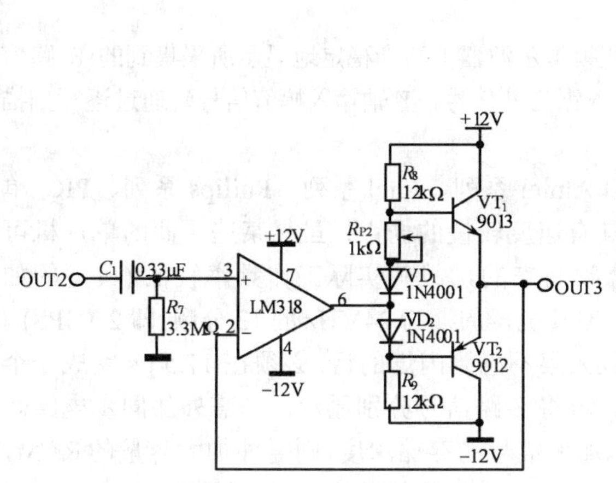

图 8.1.19　功率放大电路

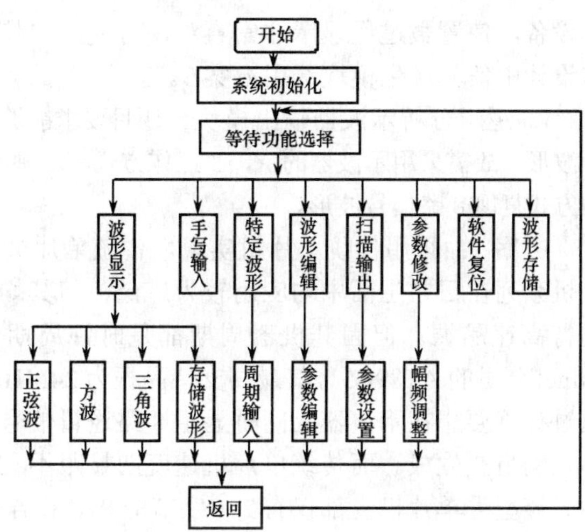

图 8.1.20　系统软件流程图

(1) 设计数字信号发生器要求：该数字信号发生器能产生 8 路可预置的循环移位逻辑信号序列，输出信号为 TTL 电平，序列时钟频率为 100Hz，并能够重复输出。逻辑信号序列示例如图 8.1.21 所示。

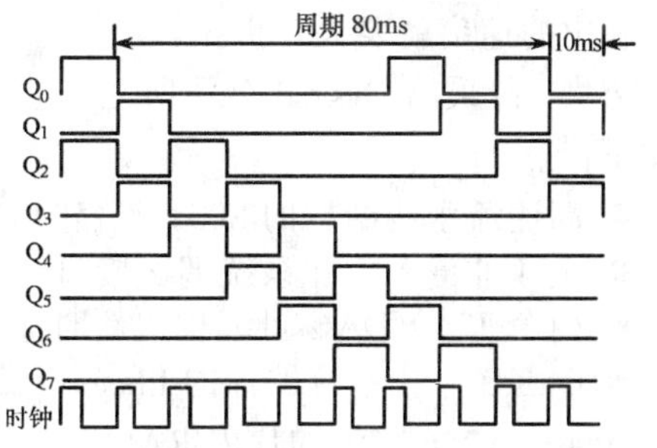

图 8.1.21　重复输出循环移位逻辑序列 00000101

(2) 设计简易逻辑分析仪要求

① 具有采集 8 路逻辑信号的功能，并可设置单级触发字。信号采集的触发条件为各路被测信号电平与触发字所设定的逻辑状态相同。在满足触发条件时，能对被测信号进行一次采集、存储。

② 能利用模拟示波器清晰稳定地显示所采集到的 8 路信号波形，并显示触发点位置。

③ 8 位输入电路的输入阻抗大于 50kΩ，其逻辑信号门限电压可在 0.25～4V 范围内按 16 级变化，以适应各种输入信号的逻辑电平。

④ 每通道的存储深度为 20 位。

⑤ 能在示波器上显示可移动的时间标志线，并采用 LED 或其他方式显示时间标志线所对应时刻的 8 路输入信号逻辑状态。

⑥ 简易逻辑分析仪应具备 3 级逻辑状态分析触发功能，即当连续依次捕捉到设定的三个触发字时，开始对被测信号进行一次采集、存储与显示，并显示触发点位置。三级触发字可任意设定 (例如：在 8 路信号中指定连续依次捕捉到两路信号 11，01，00 作为三级触发状态字)。

⑦ 触发位置可调 (即可选择显示触发前、后所保存的逻辑状态字数)。

2．简易逻辑分析仪的设计

(1) 总体方案设计：根据题目要求，系统主要分为信号产生模块、逻辑分析示波器输出模块、键盘输入与液晶显示模块、看门狗、温度检测报警模块、时钟模块。对各模块的实现分别有以下不同的设计方案：

① 信号产生模块。方案 1：选用可置数移位寄存器，实现 8 路可预置的循环移位逻辑信号序列。该方案实现较为简单，但若要使用户直观地输入任意逻辑信号，其外围电路较多，且功能单一。方案 2：采用可编程逻辑器件 (PLD) 实现。PLD 工作速度较快且稳定，并可以在系统编程，能够很方便地实现控制的随时修改。但价格较贵。方案 3：采用 89C52 单片机来实现。单片机体积小、价格便宜、功能全由软件实现。而软件编程灵活、自由度大。且可加挂显示设备、键盘输

入设备，使置数过程显示非常直观，方便用户使用。还可通过软件编程实现其他附加功能。故在本设计中信号产生模块选用方案3。

② 逻辑分析示波器输出模块。题目要求能够在模拟示波器上清晰稳定地显示所采集到的 8 路信号波形，故需采用示波器的 *X*，*Y* 工作方式，*X* 轴输入锯齿波信号，*Y* 轴输入幅值信号，通过逐行扫描的方式复现 8 路信号波形。

方案 1：采用传统单片机实现。传统单片机如 Atmel 系列、Intel 系列、Philips 系列、PIC 单片机系列在日常生活中均应用较为广泛，但其均具有速度较慢的弱点，虽然某些厂商的单片机可支持高速晶振。但因其机器周期都是时钟周期分频而来的，故其实际工作频率较低 (典型的如 Atmel 公司的 AT89C51，其最高支持晶振为 24MHz，但其机器周期为 24MHz 的 12 分频，即 2 MIPS)。通过计算要想在示波器上同时显示 8 路逻辑信号且人眼不感到闪烁的话，必须在 17.5 μs 完成一个周期锯齿波生成。而传统单片机速度明显跟不上。若将 8 路信号分别显示，则需外加同步电路。同时该型号单片机内部仅有256字节的RAM，若想加大信号的存储深度，则需外加大容量的RAM，实现起来比较复杂。若选用传统单片机加高速并行 D/A，由于传统单片机口线较少，仅一个并行 D/A 就需要占用 8 条以上的接口线，扩展功能比较困难。若选用串行 D/A，虽然接口线占用较少但其输出的速度就要大打折扣。

方案 2：采用 Cygnal 公司所生产的 100 脚 TQFP 封装的新型单片机 C8051F020。该单片机具有如下特点：

- 高速流水线结构的 8051 兼容的 CIP-51 内核可达 25MIPS；
- 全速非侵入式在系统调试接口；
- 两个 12 位 DAC 可编程更新时序；
- 64 KB 可在系统编程的 Flash 存储器；
- 4096+256 字节的片内 RAM；
- 可寻址 64KB 地址空间的外部数据存储器接口。

该单片机支持在系统编程和仿真功能，无须其他任何外设即可实现系统仿真。并可充分利用其内部 4KB 的 RAM 实现对信号的海量存储。还可利用 C8051F020 众多的 I/O 接口和多达 64KB 的 Flash ROM 实现更多功能。

综上比较，选用方案 2 来实现信号的分析与实现。

③ 键盘输入与液晶显示模块。方案 1：用 8279 芯片驱动按键电路以及数码管显示，但占用单片机 I/O 接口较多。此法虽可利用 74LS164 实现串/并转换功能，将数据送到数码管显示。这样可减少对单片机系统接口的占用，但该方案比较陈旧，不能实现图形化显示，不够直观。方案 2：选用 HD7279A 芯片驱动键盘加并行液晶，由于液晶可以实现点阵显示，几乎能够显示任意图形，使得显示更加得生动、直观。具有很好的人机交互界面，更具亲和力。本设计采用方案 2。

④ 看门狗模块及温度检测报警模块。为了防止程序跑飞，提高系统工作的可靠性，特设置看门狗模块。同时使用温度传感器，可实时监测系统工作温度，当系统出现异常状况而过热时，自动告警并切断内部电源实现对系统的可靠保护。

⑤ 时钟模块：选用 DS1302 时钟芯片，实现时钟功能。

简易逻辑分析仪的系统组成框图如图 8.1.22 所示。

(2) 系统的硬件设计与实现

① 数字信号发生器模块电路的设计与实现：数字信号发生器模块的具体电路原理如图 8.1.23 所示。

该模块比较简单，以 AT89C52 为核心，外接液晶显示器与键盘。可以直观地显示出所预置的逻辑信号序列。由于题目要求该系统的信号接收检测部分逻辑信号门限电压可在 0.25～

4V 范围内按 16 级变化，所以本模块内设计了一个逻辑信号门限电压变换电路，由 TLC5618 输出的电压作为逻辑信号的上拉电压。TLC5618 为 12 位 D/A，其电压值可在 0～4.096V 范围内 4096 级变化，故完全可以满足作为信号分析模块的检测电路的要求。

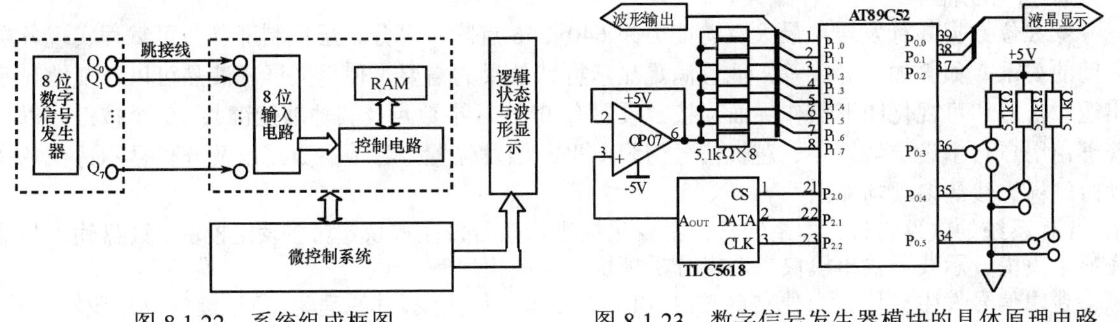

图 8.1.22 系统组成框图　　　　图 8.1.23 数字信号发生器模块的具体原理电路

② 逻辑分析模块、示波器输出模块：逻辑分析模块、示波器输出模块的原理电路如图 8.1.24 所示。

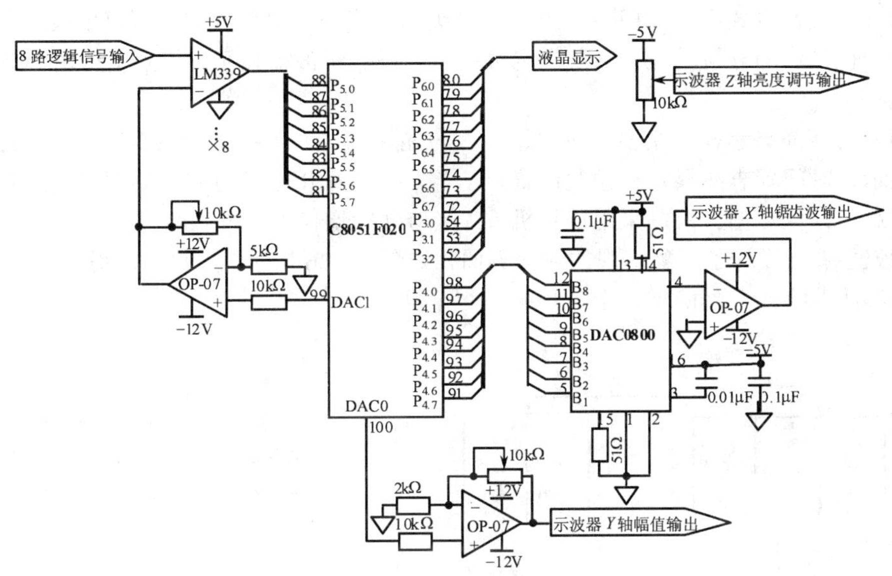

图 8.1.24 逻辑分析模块、示波器输出模块的原理电路

对逻辑信号门限电平的控制，采用 12 位 D/A 作为基准电压，外接 LM339 电压比较器。由于 C8051F020 片内 12 位 D/A 的输出幅值仅为 0～2.4V，故需加同相比例放大电路使其输出幅值为 0～4V，以满足题目的要求。由于其内部 D/A 为 12 位，从而实现了从 0～4.8V 4096 级连续可调。*X* 轴锯齿波由 DAC0800 产生，*Y* 轴输出由 C8051F020 片内 D/A 实现。为了能够实现示波器的满屏显示，本设计中的 *X* 轴和 *Y* 轴输出端均设有幅值调节功能，这样可对逻辑信号观察更为细致。考虑到要同时显示 8 路逻辑信号，示波器的扫描频率较高，会导致示波器上显示波形亮度较弱，而大多数示波器均带有 *Z* 轴输入端以调节示波器显示的亮度，所以本设计设置了 *Z* 轴输出端提供 –5～0V 的电压用以调节示波器的亮度。

③ 键盘输入与液晶显示模块：由于本设计所需的显示内容丰富，所以选用点阵式液晶和键盘专用接口芯片。

按键电路选用 HD7279A 串行键盘芯片，其内部自带按键去抖功能，与单片机串行通信，节约单片机 I/O 口。

液晶显示控制选用 SED1335 液晶专用控制芯片。SED1335 是日本 SEIKO EPSON 公司出品的液晶显示控制器，它在同类产品中是功能最强的，其特点是：

- 有较强功能的 I/O 缓冲器；
- 指令功能丰富；
- 8 位数据并行发送，最大驱动能力为 640×256 点阵。可分 3 层控制屏幕并可编程实现各层之间的关系，如叠加、异或等，能够满足显示特殊效果的需要。使用大屏幕液晶可以详细地显示出逻辑信号和可视化图形操作界面。按键设置有 0～9，小数点及其他功能键共 19 个按键，以便能够由用户自由设定触发字、逻辑信号门限电平、触发位置等各项参数，以及分页显示、任意移动时间标志线等多项功能。

(3) 系统的软件设计：本系统软件主要包括逻辑信号发生模块、功能设定模块、键盘输入与液晶显示模块、示波器输出模块、逻辑分析模块、总控模块等。

逻辑信号发生模块作为独立单元由 AT89C52 单片机实现。其原理为：通过键盘设定逻辑信号，定时器计时每 100ms 产生一次中断，每次中断将序列循环右移一次，同时产生一个同步触发脉冲提供给信号分析模块。置数通过液晶显示，直观明了。

功能设定模块主要完成系统功能和参数设置，包括设定单级触发字、三级触发字、五级触发字、触发位置、触发方式和参考门限电压等，单级触发字、三级触发字、五级触发字、触发方式等控制逻辑分析模块的分析功能。触发位置可用于液晶和示波器显示。门限电压由 D/A 输出后控制比较器。

键盘输入与液晶显示模块主要完成数据输入与显示功能。包括键盘数据输入、8 路输入信号逻辑状态显示、时间标志线显示、触发位置显示等。键盘采用中断方式，如图 8.1.25 所示。单片机响应中断后，读取数据。液晶采用单片机 I/O 接口并行通信。

设置触发字时，设计了形象直观的输入界面，如图 8.1.26 所示，用户可以用方向键移动光标，任意修改各级触发字，直到确定为止。

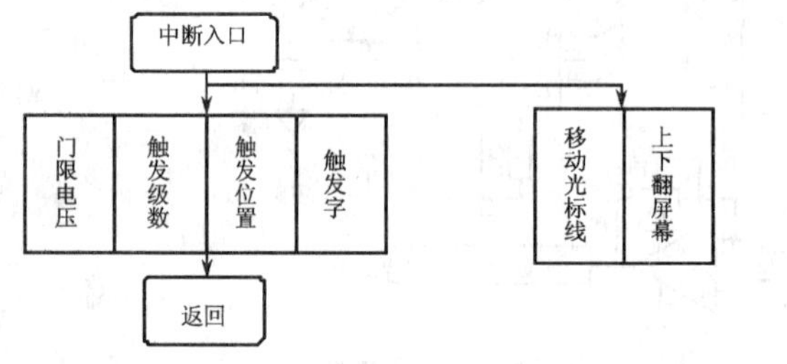

图 8.1.25　键盘中断处理流程图

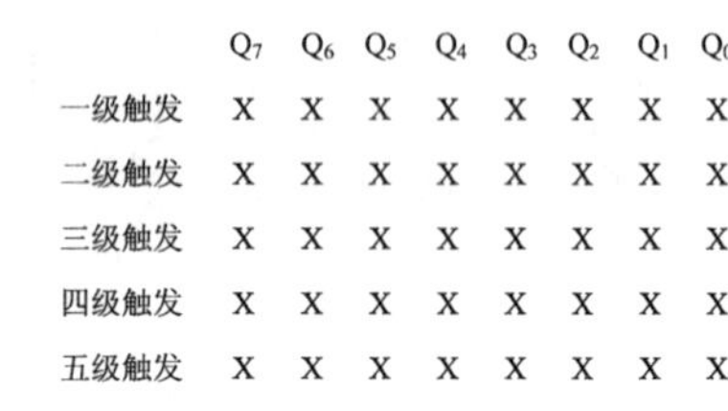

	Q_7	Q_6	Q_5	Q_4	Q_3	Q_2	Q_1	Q_0
一级触发	X	X	X	X	X	X	X	X
二级触发	X	X	X	X	X	X	X	X
三级触发	X	X	X	X	X	X	X	X
四级触发	X	X	X	X	X	X	X	X
五级触发	X	X	X	X	X	X	X	X

图 8.1.26　输入界面

示波器输出模块主要完成示波器信号的产生。包括 8 周期 X 轴锯齿波信号 (用于 8 路信号显示) 、2 周期 X 轴可调电平信号 (用于触发位置指示和可移动的时间标志线)。定时器产生固定周期中断 (控制刷新频率)，在中断程序中控制两块 D/A 同时输出 X 轴与 Y 轴模拟信号。

逻辑分析模块主要完成 8 路输入信号采样与逻辑分析功能，为示波器模块和液晶显示模块提供数据。逻辑分析模块以数字信号发生器的时钟脉冲 Clock 作为中断信号，响应中断后，采集数据，然后进行逻辑分析。逻辑分析包括单级触发、三级触发、五级触发等，若不满足触发条件，存储数据。在满足触发条件后调用液晶显示模块、示波器输出模块，在液晶和示波器同时输出信号。每通道的存储深度为 1KB，大大超过题目的要求。

① 总控模块控制各子模块的工作：本系统软件流程如图 8.1.27 所示。

② 逻辑分析模块：逻辑分析模块软件流程图如图 8.1.28 所示。

③ 示波器输出模块：示波器输出模块流程图如图 8.1.29 所示。

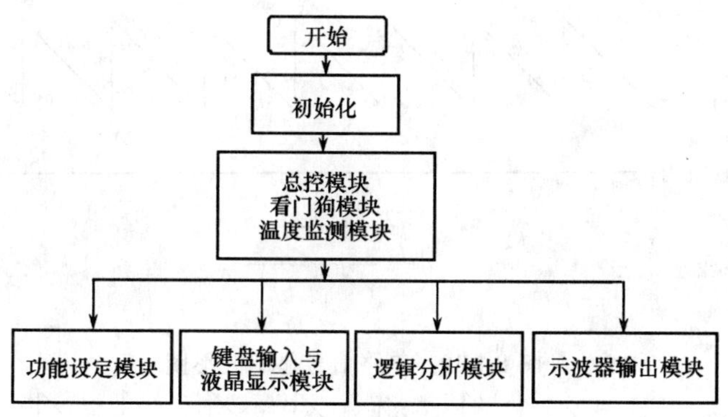

图 8.1.27 系统软件流程图

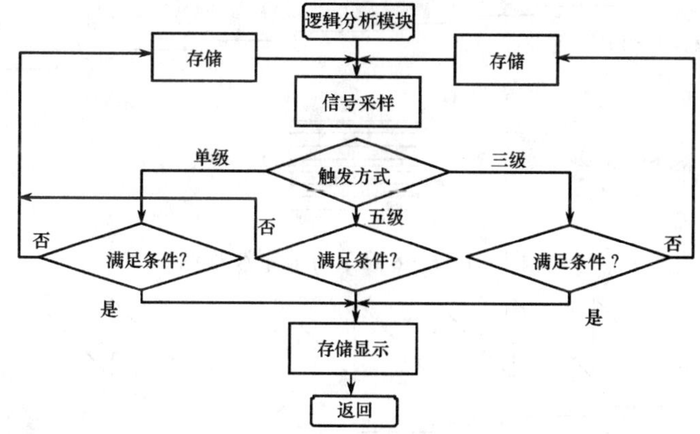

图 8.1.28 逻辑分析模块软件流程图

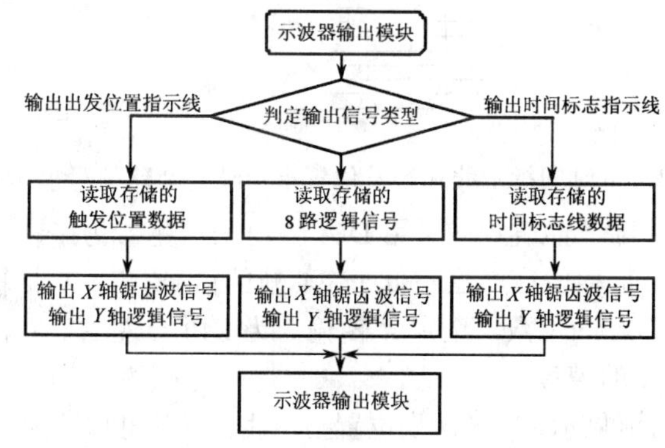

图 8.1.29 示波器输出模块软件流程图

为了在模拟示波器上清晰稳定的显示 8 路信号，采用 *X-Y* 输入方式。

在示波器的 *X* 轴输入固定周期的锯齿波，*Y* 轴上输入固定电平则会产生一波形，如图 8.1.30 所示。

为了在示波器上显示 8 路信号，*Y* 轴应输入 8 个不同电平信号，每个固定电平信号对应一个锯齿波，产生的波形如图 8.1.31 所示。

为了在示波器上显示 8 路信号、1 个触发位置指示、1 个可移动的光标，*X* 轴输入信号应为 8 个锯齿波、2 个固定电平信号。与此对应，*Y* 轴输入应为 8 个电平信号 (指示 8 路输入)、2 个从低到高迅速变化的电平信号，如图 8.1.32 所示。

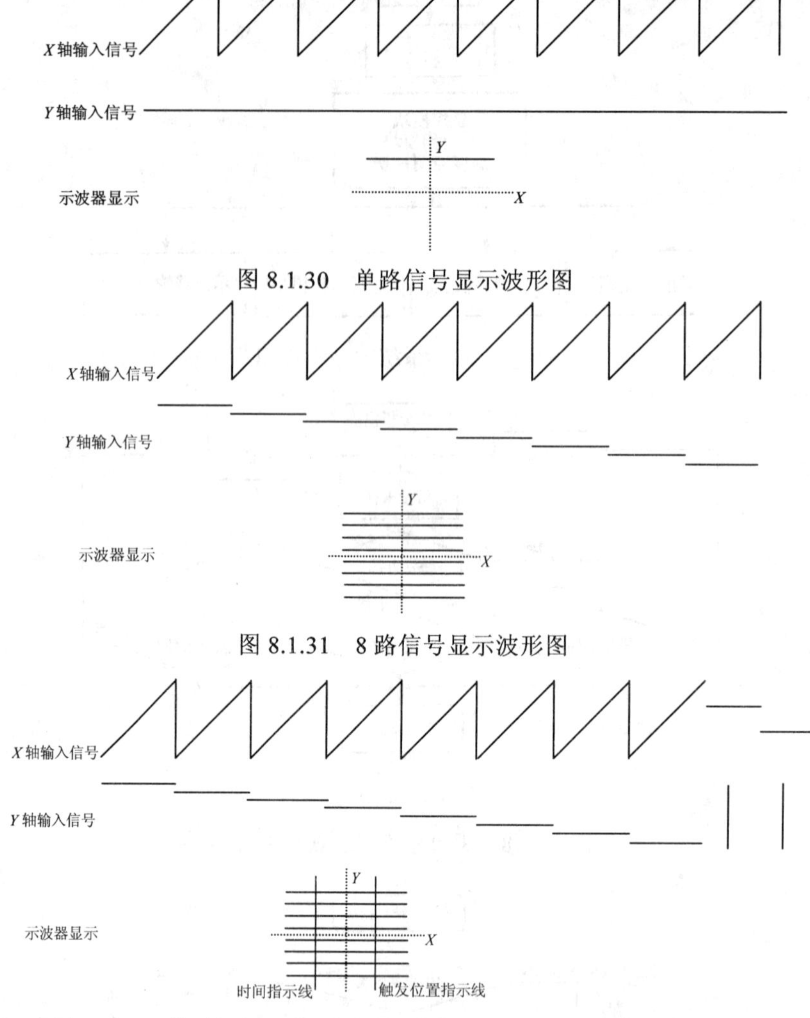

图 8.1.30 单路信号显示波形图

图 8.1.31 8 路信号显示波形图

图 8.1.32 带时间指示线和触发位置指示线的 8 路信号显示波形图

在本系统中，*X* 轴信号与 *Y* 轴信号均采用 D/A 输出来产生。为了在示波器观察的信号清晰可见，根据人眼的视觉效应，每秒中应产生不低于 24 帧的信号，且 *X* 轴输入的信号应有较高分辨率。经过实测并结合高速 D/A 的位数，选定 *X* 轴输入为 240 点左右。实测发现，示波器信号的清晰稳定主要取决于 *X* 轴 D/A 的速度。

以每秒 24 帧输出、8 通道显示、一条触发位置指示线、一条可移动的时间指示线、240 点分辨率为例，每秒 *X* 轴 D/A 应输出的信号数为 $240 \times 10 \times 24 = 57600$，相应的 D/A 的速度为 17.36μs。所以选用 DAC0800 芯片。DAC0800 建立时间为 100ns，8 位数字量，精度和速度能同时满足需要。*Y* 轴输入信号对速度要求较低，满足 17.36μs 的速度即可。为了在显示竖线时清晰可见且连续，*Y* 轴输入信号的精度应较高，用 C8051F020 内部 D/A，其建立时间为 10μs，精度为 12 位，可满足本系统的要求。采用以上硬件实测，在示波器上的信号为每秒 33 帧，清晰稳定。

(4) 其他功能的设计与实现

① 时钟功能：为了能够使系统显示时间，选用 DS1302 时钟芯片，该芯片支持后备电源，且具有涓流充电功能，可在使用系统电源时对电池进行小电流充电。

② 温度监测：当发生电压波动或电源短路等异常情况时，机箱温度将大大增高，通过温度监测系统，实现对系统工作环境的检测，当出现过热异常时会自动告警，提醒用户关机进行检查。

8.1.4 简易数字存储示波器设计

1. 设计内容和要求

设计一个用普通示波器显示被测波形的简易数字存储示波器，要求如下：

(1) 具有单次触发存储显示方式，即每按动一次“单次触发”键，仪器在满足触发条件时，能对被测周期信号或单次非周期信号进行一次采集与存储，然后连续显示。

(2) 要求仪器的输入阻抗大于 100kΩ，垂直分辨率为 32 级/div，水平分辨率为 20 点/div；设示波器显示屏水平刻度为 10div，垂直刻度为 8div。

(3) 要求设置 0.1s/div，0.2ms/div，0.2μs/div 三挡扫描速度，仪器的频率范围为 DC～50kHz，误差≤5%；

(4) 要求设置 0.01V/div，0.1V/div，1V/div 三挡垂直灵敏度，误差≤5%。

(5) 仪器的触发电路采用内触发方式，要求上升沿触发、触发电平可调。

(6) 观测波形无明显失真。

(7) 在连续触发存储显示方式下，能连续对信号采集、存储并实施显示，且具有锁存功能。

(8) 具有双踪示波功能，能同时显示两路被测信号波形。

2. 简易数字存储示波器的设计

(1) 总体方案设计

① 方案 1：采用纯单片机控制方式，即由单片机、A/D 转换器、D/A 转换器及存储器等组成系统。这种方案要求单片机要完成基本的处理分析、信号的采集、存储、显示等控制与变换工作。其优点是系统规模小，有一定灵活性，但由于系统本身要求频带上限为 50kHz，根据采样定理，采样速度的下限为 100kHz，而以单片机的工作速度是难以实现控制的。

② 方案 2：采用单片机与 CPLD 结合的方式。即以单片机作为低速控制核心，完成人机界面、系统控制、信号分析、处理、变换，以 CPLD 完成高速采集控制逻辑和高速数据交换。此方案既充分发挥了单片机软件编程灵活的特点，又解决了数据采集和波形显示的高速控制问题。

基于上述分析本系统采用方案 2，系统原理框图如图 8.1.33 所示。

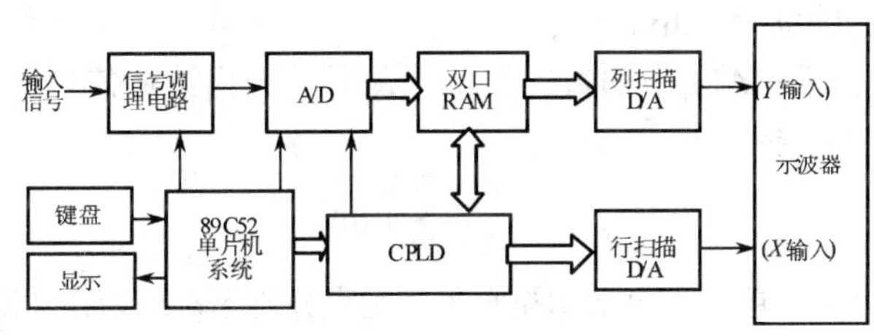

图 8.1.33 数字存储示波器原理框图

(2) 理论分析与计算

① 存储深度 M：根据题目要求，基本存储深度 M 应为 200 点，本设计取存储深度 M 为 2000 点。一般显示时采用抽样显示方式，放大回放显示时采用逐点显示方式。

② 采样速率 f_s 与扫描速度 S：最大采样速率是指单位时间内完成的完整 A/D 转换的最高次数，常以频率 f_s 表示，采样速率越高，说明捕捉信号的能力越强。

在固定存储深度 M 下，采样频率 f_s 与扫描速度 S 成反比，即采样频率 f_s 为

$$f_s = \frac{M}{10S} = \frac{200}{S}$$

本系统设定扫描速度从 20μs/div～0.2s/div，共有 13 挡，覆盖题目要求的 3 挡扫描速度。依据上式，可以计算出对应的采样频率如表 8.1.2 所示。

表 8.1.2　M=2000 时扫描速度 S 与采样频率 f_s 的对应关系

扫描速度 S	20μs	40μs	0.1ms	0.2ms	0.5ms	1ms	2ms	5ms	10ms	20ms	50ms	0.1s	0.2s
采样频率 f_s/kHz	10000	4000	2000	1000	400	200	100	40	20	10	4	2	1

③ ADC 芯片的选取：ADC 的位数取决于垂直分辨率，题目要求垂直分辨率 32 级/div，以 8 格计，垂直方向上应有 $32\times8=256=2^8$ 个量化级，所以 ADC 的位数应不低于 8 位。此外，从表 8.1.2 可知，ADC 的采样率应不低于 10MHz。所以，本设计选用 TI 公司生产的 TLC5510，它是 8 位的高速 A/D 转换芯片，最高采样频率达 20MHz。

④ 幅度程控：用模拟开关 4051/LM356 及精密电位器构成程控放大电路。由于输入信号最大幅度为 8V，而 ADC 输入电压最大幅度为 2V，垂直分辨率的要求范围为 0.01～1V/div，所以，放大倍数的范围为

$$0.25\leqslant K\leqslant 25$$

从而实现 1V/div，0.5V/div，0.2V/div，0.1V/div，50mV/div，20mV/div 和 10mV/div 7 挡垂直分辨率，满足题目要求。

⑤ 波形数据处理

● 峰-峰值测量：用单片机扫描 RAM 中的波形数据，查找数据的最大值和最小值。再根据下式计算波形的峰-峰值，即

$$U_{\text{p-p}}=[(D_{\max}-D_{\min})/(255/8)]\times A$$

式中，$D_{\max}$ 为波形数据最大值；$D_{\min}$ 为波形数据最小值；A 为垂直分辨率，单位为 V/div。

● 频率测量：用单片机扫描 RAM 中的波形数据，找到波形上升过零点位置，并记下此点的地址 ADR1，再扫描下一个波形上升过零点位置的地址 ADR2，则信号的频率可用下式计算

$$f=1/[B\times(\text{ADR2}-\text{ADR1})/20]$$

式中，B 为水平分辨率，单位为 s/div。

⑥ 有效值测量：先扫描 RAM 中的数据值，用测频法算出波形信号一个周期的地址间隔 N，然后用下式计算信号的有效值

$$U=\sqrt{\frac{1}{N}\sum_{n=0}^{N}u^2(n)}$$

⑦ AUTOSCALE 功能：单片机自动切换水平和垂直分辨率，每切换一次都对采样的数据进行一次处理，测出 RAM 内波形的峰-峰值和频率值，直到 RAM 中的波形数据适合显示和外界观察时，便停止换挡，稳定显示。

(3) 主要功能单元电路的设计

① 输入信号调理电路：输入信号调理电路如图 8.1.34 所示。其中，由模拟开关 CD4052 和四二选一数据选择器 74F157 构成的单、双踪切换电路，由模拟开关 CD4051 及运放 LM356 构成程控放大电路。此电路的主要功能是控制两路信号的分时选通或单通道选通，并对输入信号的幅值进行程控放大，使输入信号的幅度达到模数转换器所要求的范围 1～2V。两路波形信号经过 LM356 构成的电压跟随器后，输入模拟开关 CD4052，而 74HC157 输出通道的选择信号线 $P_{1.3}$ 为高电平时双踪显示，此时由 CPLD 产生的地址信号的最低位 ARO 控制 CH1 和 CH2 的高速轮流切换，采样两路信号；$P_{1.3}$ 为低电平时单踪显示，此时再由 $P_{1.5}$ 控制通道 CH1 和 CH2 的选择。后级运放构成的两级电路分别完成 25～0.25 倍精确放大和+2V 电平平移。

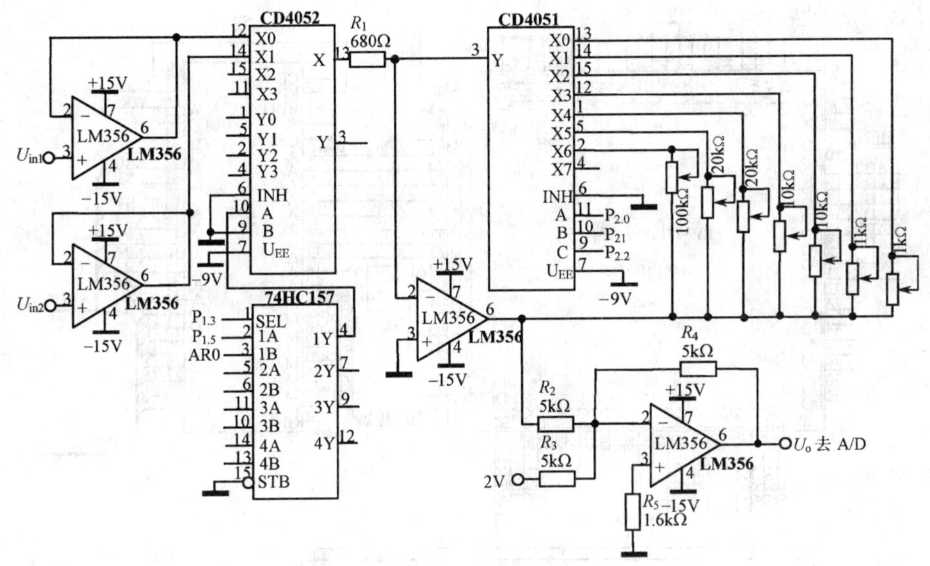

图 8.1.34　输入信号调理电路

② 数据采集电路：本系统采用高速模数转换器 TLC5510，与双口 RAM 的接口如图 8.1.35 所示。将 OE 与 RD 相连，这样便可使数据转换结束时自动呈现在数据线上，同时还用该信号作为双口 RAM 的 WR 信号，这样高速采样量化后的数据就存入 RAM 中。图中，模拟+5V 电源经高频磁珠 FB_1～FB_3 为三部分模拟电路提供工作电流，以获得更好的去耦效果。

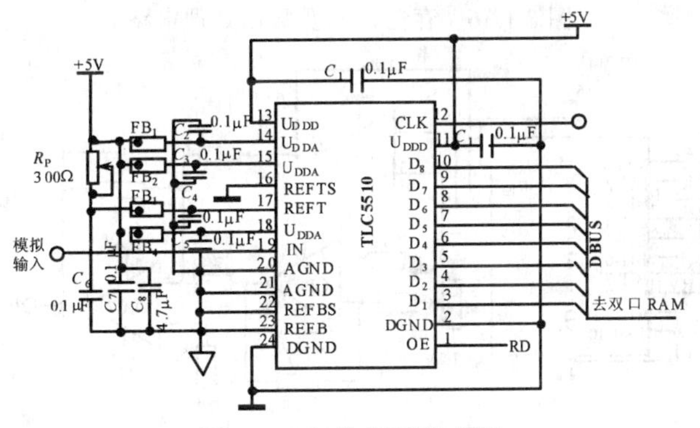

图 8.1.35　数据采集电路

③ 存储控制及数据处理电路：由 EPM7128、双口 RAM ITD7132 及四二选一数据选择器 74HC157 构成的存储控制及数据处理电路，如图 8.1.36 所示。双口 RAM 的右端口既是数据采样输入口，又是单片机进行数据处理时的操作端口，当 $P_{1.2}$，$P_{1.6}$ 置低电平时，为 ADC 数据存入 RAM 状态；当 $P_{1.2}$ 为高电平时，单片机对 RAM 内的数据进行处理或进入数据锁存状态。

④ 行扫描电路：由高速数模转换器 AD7533，构成的行扫描电路如图 8.1.37 所示。CPLD 内地址累加器的输出控制 AD7533 不断地输出锯齿波。后级是一个加法电路，调节滑动变阻器 R_{P1}，可实现对输出锯齿波形的直流电平叠加，从而达到调节显示器上波形左右位置平移的功能。

⑤ 列扫描电路：由 DAC0800 数模转换电路、模拟开关及位置调节电路构成的列扫描电路如图 8.1.38 所示。双口 RAM 左端口 (输出口) 的数据输入 DAC0800，后级两个电平叠加调节电路，调节滑动变阻器 R_{P2}，R_{P3}，可实现对 CH1 和 CH2 两个通道输出波形上下平移。模拟开关 CD4052 实现单、双踪功能。$P_{1.3}$ 和 $P_{1.5}$ 两条控制线控制 CH1，CH2 和双踪显示的切换，双踪显示时，模拟开关以 31.25 kHz 的扫描速率轮流选通两个通道。

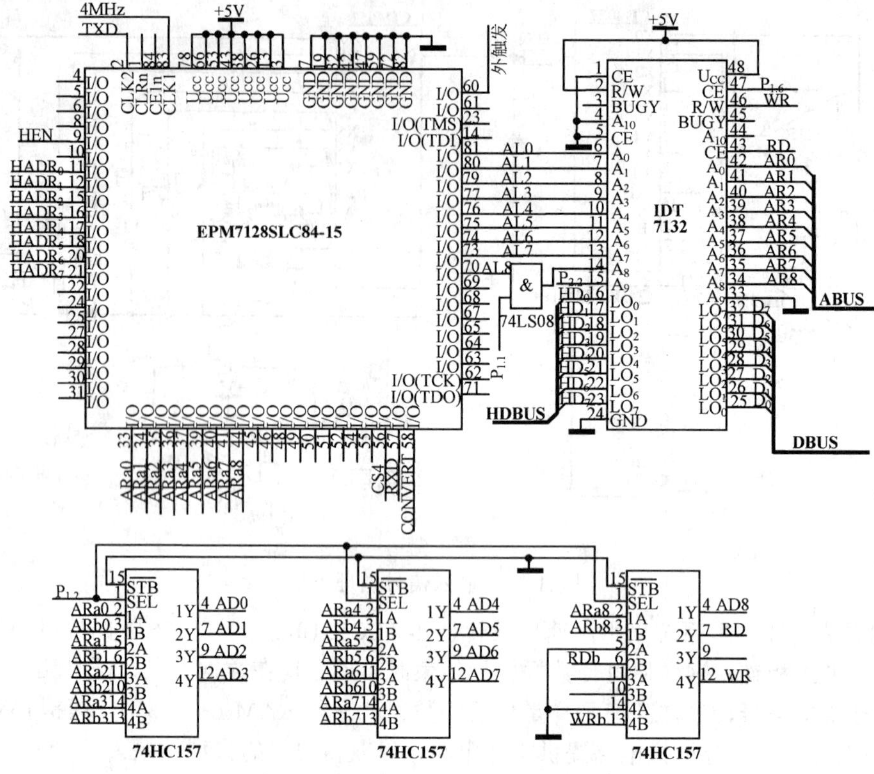

图 8.1.36　存储控制及数据处理电路

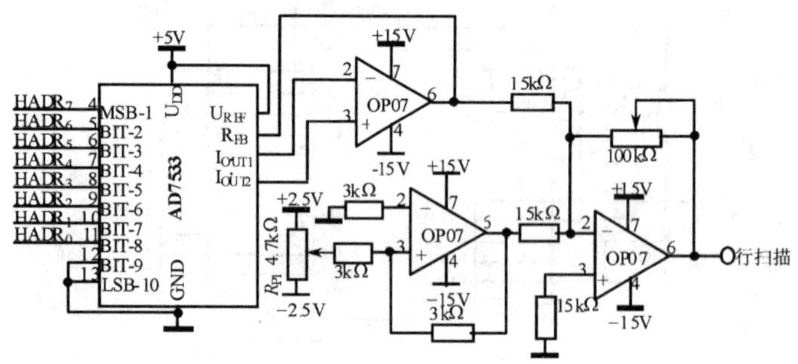

图 8.1.37　行扫描电路

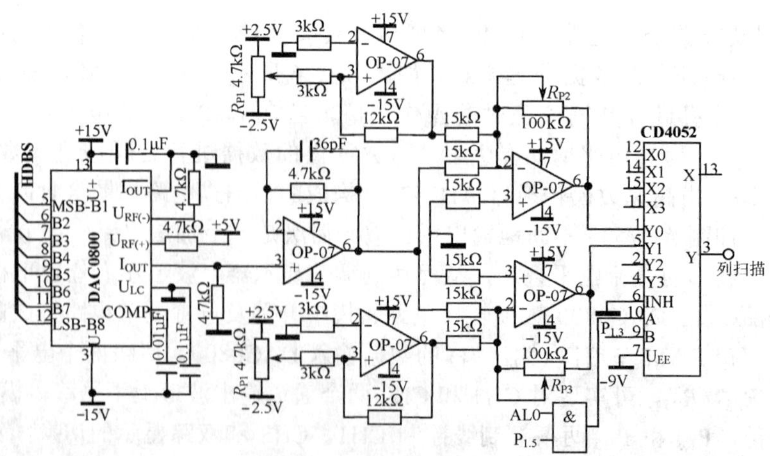

图 8.1.38　列扫描电路

8.2　电子技术课程设计课题

电子技术课程设计是继电子技术理论课和实验课之后重要的实践性课程。它的任务是在学生掌握和具备电子技术基础知识和单元电路设计能力之后，综合所学知识，进一步学习电子系统设计方法和实验方法，为今后从事电子技术领域工程设计打好基础。

为了提高读者的工程设计能力，对于每个课程设计课题，只给出设计任务书和基本工作原理，具体的设计、方案选择、画电路图、参数计算、电路安装和调试等，均由读者自己独立完成。

考虑到学生在进行电子技术课程设计时还没有学习单片机，因此，本节内容并没有涉及单片机内容。更复杂的综合电子系统设及课题，可参阅 8.3 节。

8.2.1　CDMA 设备用 AC/DC 开关稳压电源

1．设计任务

设计一个输入为 220VAC (50Hz/60Hz) 交流市电，输出为 6V/2A，−26V/0.2A，−53V/0.1A 的 AC/DC 开关稳压电源 (输入与各路输出隔离，各路输出共地)，原理示意图如图 8.2.1 所示。

2．设计要求

(1) 基本要求

① 输出电压整定值 6V±0.1V，−26V±1V，−53V±2V。

② 各路输出电流能力分别为 2A，0.2A，0.1A。

③ 各路电压纹波 (20MHz) 分别为 50mV，100mV，100mV。

④ 工作环境温度−10℃～+50℃。

图 8.2.1　CDMA 设备用 AC/DC 开关稳压电源原理示意图

(2) 发挥部分

① 制定一个该电源输出电压整定值精度、输入电压调整率、负载电流调整率、稳压精度的测试标准，并给出该电源的完整的技术指标及测试数据。

② 具备温度保护，输入过压保护，输出过功率保护功能。

③ 若要求该电源的平均无故障时间 MTBF 为 10000 小时，设计一种检验该项指标的实验方案。

3．评分标准

	项　目	满　分
基本要求	设计报告：市场分析，电源结构设计、元件参数设计，电源工作原理分析	50
	实际完成制作及测试，分析	25
发挥部分	完成第①项	5
	完成第②项	10
	完成第③项	10

8.2.2　多路输出的直流稳压电源

1．设计任务

设计并实现 4 路直流稳压电源。给定输入电压为 220V±10%/50Hz，系统框图如图 8.2.2 所示。

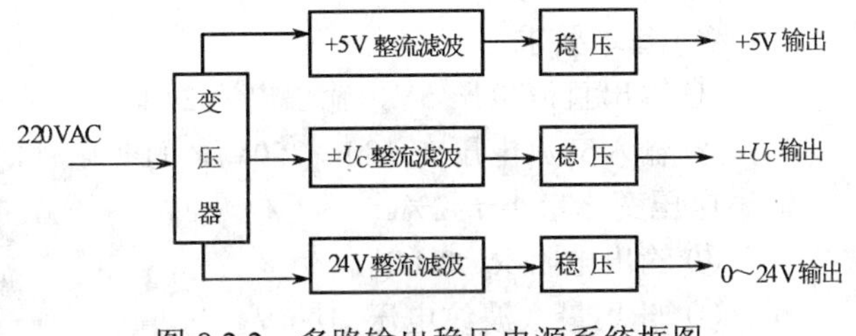

图 8.2.2　多路输出稳压电源系统框图

2．设计要求

(1) 基本要求

① 输出：5V(3A)，±(9～15)V(0.5A)，1.2～24V (0.1A) 共 4 路。

② 纹波电压：$U_{P\text{-}P}$ <20mV (最大负荷时的测量值)。

③ 连续工作时间：>8 小时。

(2) 扩展部分

① 对各路实现过流、短路保护。

② 将 1.2～24V (0.1A) 路扩展到 0～24V(0.1A)。

3．评分标准

	项　目	满　分
基本要求	设计与总结报告：市场分析、方案比较、理论分析与计算、电路图及有关设计文件、调试方法与仪表、测试数据及结果分析、心得体会	45
	实际完成制作及测试分析	30
发挥部分	完成第①项	15
	完成第②项	10

8.2.3　小功率线性直流稳压电源

1．设计任务

设计并制作一个小功率线性稳压电源，该电源交流输入电压为 220V，50Hz，电压波动范围±10%，输出两路直流电压 (其中一路为固定输出，另一路为可调输出)。

2．设计要求

(1) 基本要求

① 双路输出，一路为固定输出 5V，1A；另一路为可调输出 9～15V，1A。

② 稳压系数：S_u<0.5%；输出纹波电压：U_{P-P}<5mV。

③ 电源内阻：R_o<0.15 Ω。

(2) 扩展内容：输出设计过流截止式保护电路。

3．评分标准

	项　目	满　分
基本要求	设计与总结报告：方案比较、理论分析与计算；选择元器件型号及参数，并列出材料清单；电路图、调试方案、心得体会与建议	50
	实际完成制作及测试分析	35
发挥部分	完成第(2)项	15

8.2.4　开关型直流稳压电源

1．设计任务

设计并制作一个开关型直流稳压电源，输入交流电压 220V (50～60Hz) 时，输出满足技术指标要求的直流电压，系统框图如图 8.2.3 所示。

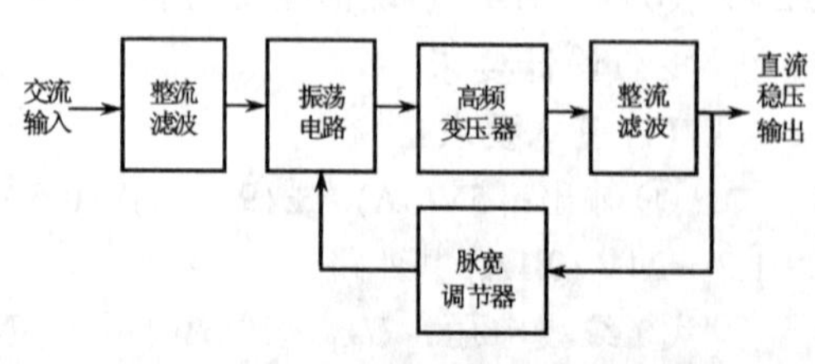

图 8.2.3　开关稳压电源系统框图

2．设计要求

(1) 基本要求

① 输出直流电压 5V，输出电流 3A。

② 输入交流电压在 180～250V 之间变化时，输出电压变化量小于 2%。

③ 输出电阻 R_o<0.1Ω。

④ 输出最大波纹电压<10mV。

(2) 发挥部分

① 具有过流、过压保护功能。

② 输出幅度数字显示功能。

3. 评分标准

	项　目	满　分
基本要求	设计与总结报告：市场分析、方案比较、理论分析与计算、电路图及有关设计文件、测试方法与仪表、测试数据及结果分析、心得体会	45
	实际制作情况	40
发挥部分	完成第①项	10
	完成第②项	10

8.2.5　简易开关式充电器

1. 设计任务

设计一个充电器，可对电池充电，电流的大小可以控制。系统框图如图 8.2.4 所示。

2. 设计要求

(1) 基本要求

① 由 555 应用电路构成自激多谐振荡器。

② 输出电流从 30～200mA 可调。

③ 可对 1.5V 电池充电。

④ 电源使用 220V 交流电。

⑤ 电路可采用模拟电路或数字电路。

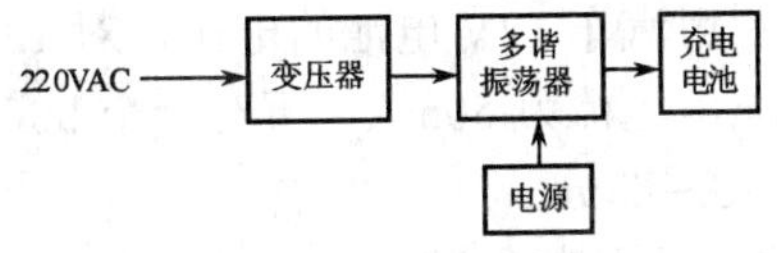

图 8.2.4　简易开关式充电器系统框图

(2) 发挥部分

① 电流充电充满时及时断电，以防过充。

② 大电流充电时的充电速度和充电效率问题。

3. 评分标准

	项　目	满　分
基本要求	设计与总结报告；市场分析、方案比较、理论分析与计算、电路图及有关设计文件、测试方法与仪表、测试数据及结果分析、心得体会	35
	实际制作完成情况	35
发挥部分	完成第①项	20
	完成第②项	10

8.2.6　镍镉电池快速充电器

1. 设计任务

设计一个直流电源，输入为 220V，输出为 1.5～6V 直流，对镍镉(Ni-Cd)电池快速充电。

2. 设计要求

(1) 基本要求

① 可以对 1～4 节镍镉电池充电。

② 自动延时断电，防止过度充电。

(2) 发挥部分

① 电池容量的数字显示。显示最低位为 1mAh。

② 自动泄放剩余电量，防止电池记忆效应。

3. 评分标准

	项 目	满 分
基本要求	设计与总结报告：市场分析、方案比较、理论分析与计算、电路图及有关设计文件、测试方法与仪表、测试数据集结果分析、心得体会	35
	实际制作完成情况	30
发挥部分	完成第①项	15
	完成第②项	20

8.2.7 车用镍镉电池充电器

1. 设计任务

设计制作一个汽车用的镍镉电池充电器。

原理提示：利用 NE555 定时器和两个功率晶体管构成的倍压电路，将汽车电池的 12V 电压变换成 20V 以上，再对 12V 的镍镉电池进行恒流充电。倍压后的电压将电源电流馈送到三端稳流器。NE555 连接成多谐振荡器，开关频率为 1.4kHz。

2. 设计要求

(1) 基本要求

① 利用汽车 12V 电池的电压，对 12V 的镍镉电池进行恒流充电。

② 充电电流为 50mA，可对一个 500mAh 的镍镉电池进行充电。

(2) 发挥部分

在现有设计的基础上，要求对十个 500mAh 的镍镉电池进行充电。

3. 评分标准

	项 目	满 分
基本要求	设计报告：方案比较、原理分析、电路图及设计文件、测试方法、结果分析、体会	50
	实际制作完成情况	40
发挥部分	完成第②项	10

8.2.8 车距报警器

1. 设计任务

设计一个车距报警器，当探测到汽车之间小于一定距离时自动报警，系统框图如图 8.2.5 所示。

2. 设计要求

(1) 基本要求

① 车距探头可采用红外或超声波探头。

② 报警车距可调范围 1～10m。

③ 报警音量可调。

④ 电源电压为 12V。

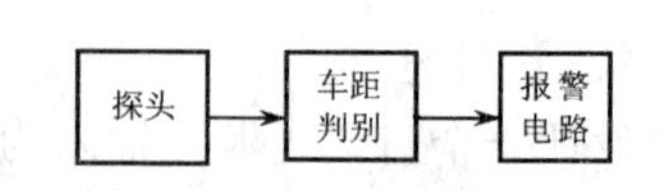

图 8.2.5 车距报警器系统框示意图

(2) 发挥部分

① 报警器不受日光的影响。

② 报警车距的设置可数控。

③ 探测角度大于 90°。

3. 评分标准

	项　目	满　分
基本要求	设计与总结报告：市场分析、方案比较、理论分析与计算、电路图及有关设计文件、测试方法与仪表、测试数据及结果分析、心得体会	35
	实际制作完成情况	30
发挥部分	完成第①项	15
	完成第②项	10
	完成第③项	10

8.2.9 气体烟雾报警器

1. 设计任务

设计一个气体烟雾报警器，可对居室内的气体烟雾 (如煤气、汽油泄漏或发生火灾时) 进行报警，系统框图如图 8.2.6 所示。

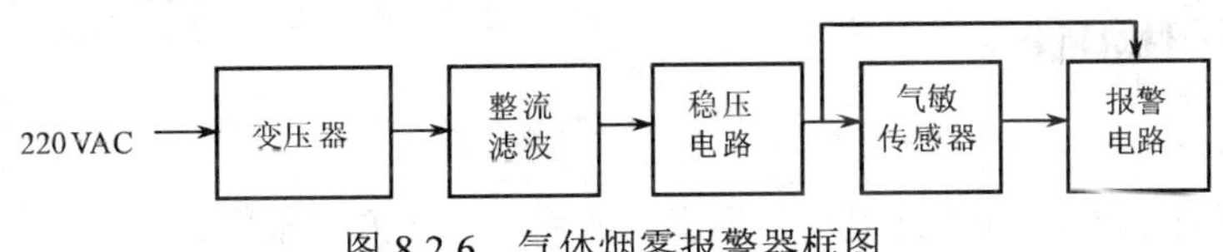

图 8.2.6　气体烟雾报警器框图

2. 设计要求

(1) 基本要求

① 可对居室内的气体、烟雾 (如煤气、汽油等) 进行报警。

② 电源使用 220V 交流电。

③ 电路可采用模拟电路或数字电路。

④ 电路经济合理。

(2) 发挥部分

① 报警声可调。

② 可采用光电传感改成火灾报警器。

3. 评分标准

	项　目	满　分
基本要求	设计与总结报告：市场分析、方案比较、理论分析与计算、电路图及有关设计文件、测试方法与仪表、测试数据及结果分析、心得体会	35
	实际制作完成情况	35
发挥部分	完成第①项	20
	完成第②项	10

8.2.10 汽车无线报警器

1. 设计任务

设计一个汽车无线报警器，当探测到汽车被非法侵入时通过无线方式进行报警，系统框图如图 8.2.7 所示。

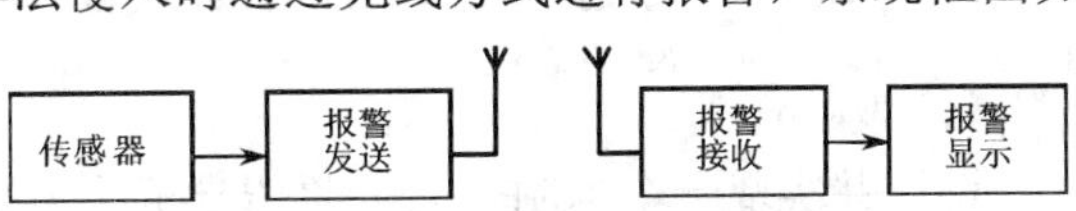

图 8.2.7　汽车无线报警器系统框图

2. 设计任务

(1) 基本要求

① 报警输入采用的传感器类型不限，可以是断路节点的方式。

② 无线发送接收所使用的调制、解调方式不限制。

③ 发送接收距离大于 100m。

④ 报警接收有声光指示，且报警音量可调。

⑤ 发送端电源电压为 12V，接收端电源电压为 3V，为纽扣电池，接收电路功耗低。

(2) 发挥部分

① 可提供多路报警输入，接收端可以识别是哪路报警。

② 报警器具有地址编码，当两个报警器同时使用时互不影响。

3. 评分标准

	项　　目	满　　分
基本要求	设计与总结报告：市场分析、方案比较、理论分析与计算、电路图及有关设计文件、测试方法与仪表、测试数据及结果分析、心得体会	35
	实际制作完成情况	40
发挥部分	完成第①项	15
	完成第②项	10

8.2.11　电子体温计

1. 设计任务

设计一个电子体温表，当体温超过预定值时能够以声光方式报警。

2. 设计要求

(1) 基本要求

① 温度误差小于 0.5℃。

② 测温范围 20℃～50℃。

③ 采用液晶显示温度。

④ 温度报警门限可设，超限后通过声光方式报警。

⑤ 工作电源电压为 3V，采用纽扣电池。

(2) 发挥部分

① 温度误差小于 0.1℃。

② 体积小巧，便于使用于腋部。

③ 报警声音、音量可调且功耗低。

3. 评分标准

	项　　目	满　　分
基本要求	设计与总结报告：市场分析、方案比较、理论分析与计算、电路图及有关设计文件、测试方法与仪表、测试数据及结果分析、心得体会	35
	实际制作完成情况	30
发挥部分	完成第①项	15
	完成第②项	10
	完成第③项	10

8.2.12　开关电源电磁干扰滤波器

1. 设计任务

设计并实现一个抑制开关电源传导干扰电平的滤波器。

2. 设计要求

(1) 基本要求

① 选择一种开关电源并分析其工作原理。

② 分析该种电源可能产生的电磁干扰。

③ 设计抑制 10～100kHz 传导干扰电平的滤波电路。

④ 硬件实现及参数选择。

(2) 发挥部分

对滤波器安装前后的电磁干扰电平进行测试，绘出图表，并进行分析。

3．评分标准

	项　目	满　分
基本要求	分析电磁干扰途径、设计电路、电路参数、理论结果、测试方案	40
	实际制作完成情况	40
发挥部分	完成第(2)项	20

8.2.13 抗混叠低通滤波器

1．设计任务

设计并实现一个采样率 $f_s = 6400\text{Hz}$ 的数字采样系统的抗混叠低通滤波器。

2．设计要求

(1) 基本要求

① 提出技术指标直方图。

② 提出硬件选择方案。

③ 设计抗混叠低通滤波器的传递函数 $H(s)$。

④ 实现一种方案。

(2) 发挥部分

① 实现两种方案，一种方案是分立元件实现，一种方案是集成线性电路产品实现。

② 设计两种近似函数实现的 $H(s)$。

3．评分标准

	项　目	满分
基本要求	设计报告：总体设计、近似函数选择、方案比较、理论结果、实现方案、电路参数、测试方案、结果	30
	制作实现	40
发挥部分	完成第①项	20
	完成第②项	10

8.2.14 阶梯波发生器

1．设计任务

设计一个阶梯波发生器，它是由脉冲发生器、锯齿波发生器和迟滞比较器作为基本单元电路而组成的，它产生的阶梯信号可作为时序控制信号和多级电位的基准信号，系统框图如图 8.2.8 所示。

2．设计要求

(1) 基本要求

① 系统构成经济合理。

② 有 6 个台阶，每台阶的幅度为 0.88V，宽度为 10ms。

(2) 发挥部分：部分电路用 CPLD 实现。

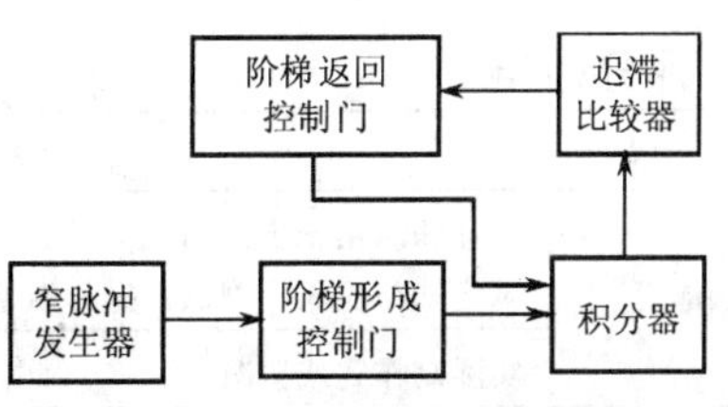

图 8.2.8　阶梯波发生器系统框图

3. 评分标准

	项　目	满　分
基本要求	设计与总结报告：市场分析、方案比较、理论分析与计算、电路图及有关设计文件、测试方法与仪表、测试数据及结果分析、心得体会	50
	实际制作完成情况	40
发挥部分	完成第(2)项	10

8.2.15 自行车时速表

1. 设计任务

设计一个自行车时速表。实现框图如图 8.2.9 所示。

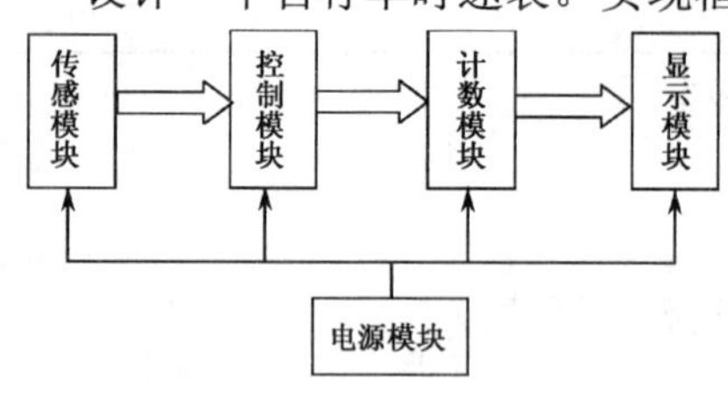

图 8.2.9　自行车时速表系统框图

2. 设计要求

(1) 基本要求

① 根据方案设计原理电路。

② 供电电压 5V，采样时间 1s，保持时间 2s，最大量程 49.5km。

③ 利用 EDA 仿真软件对设计电路进行仿真。

④ 组装调试电路。

(2) 发挥部分：实现设限 (可调) 报警功能。

3. 评分标准

	项　目	满　分
基本要求	设计与总结报告：市场分析、方案比较、理论分析与计算、电路图及有关设计文件、测试方法与仪表、测试数据及结果分析、心得体会	50
	实际制作完成情况	40
发挥部分	完成第(2)项	10

8.2.16 电阻精度筛选仪

1. 设计任务

设计一个电阻精度筛选仪，可将被测电阻与标称电阻进行比较，挑选出符合精度要求的电阻，电阻精度筛选仪系统框图如图 8.2.10 所示。

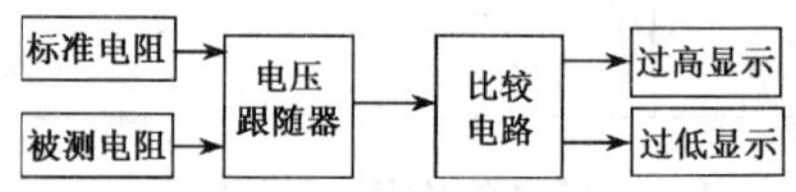

图 8.2.10　电阻精度筛选仪系统框图

2. 设计要求

(1) 基本要求

① 能对阻值 10Ω～1MΩ 的电阻精度进行挑选，精度等级有 5%，10%，20%。

② 过高时，显示采用红色发光二极管；过低时，采用绿色发光二极管。

(2) 发挥部分：满足基本要求前提下，加上声音报警，过高时，发出高音调，过低时，发出低音调。

3. 评分标准

	项　目	满　分
基本要求	设计和总结报告：市场分析、方案比较、理论分析与计算、电路图和有关设计文件、测试方法与仪表、测试数据与结果分析、心得体会	40
	实际制作完成情况	30
发挥部分	完成第(2)项	30

8.2.17 信号波形发生器

1．设计任务

设计一个能产生正弦波、方波、三角波三种波形的信号波形发生器。

2．设计要求

(1) 基本要求

① 外加一个有效值为 50mV 的正弦电压。

② 要求能输出正弦、方波、三角波三种波形，用按键选择。

③ 输出波形中可叠加直流偏移量，0～5V 由电位器调节。

④ 可用电位器调节正弦、方波、三角波的峰-峰值，0～10V 连续可调。

(2) 发挥部分：方波和三角波的占空比可调。

3．评分标准

	项　　目	满　　分
基本要求	设计报告：方案比较、理论结果、实现方案、电路用参数、测试方案、结果	40
	制作实现	40
发挥部分	完成第(2)项	20

8.2.18 OCL 低频功率放大器

1．设计任务

设计并制作一个 OCL 低频功率放大器。OCL 低频功率放大器一般包括驱动级和功率输出级，前级为后级提供一定的电压幅度，功率输出级则向负载提供足够的输出功率，以驱动负载工作。

2．设计要求

(1) 基本要求

① 输入电压幅值：$U_{im} \leqslant 0.1V$；输入电阻 $R_i \geqslant 40k\Omega$。

② 输出功率：$P_o \geqslant 4W$。

③ 负载电阻：$R_L = 8\Omega$。

④ 工作频率：20Hz～20kHz。

(2) 发挥部分：实现输出功率 $P_o \geqslant 8W$ 功率放大器。

3．评分标准

	项　　目	满　　分
基本要求	设计报告：方案比较、理论结果、实现方案、电路用参数、测试方案、结果	50
	制作实现	40
发挥部分	完成第(2)项	10

8.2.19 洗衣机控制电路

1．设计任务

设计一个洗衣机控制电路，系统框图如图 8.2.11 所示。

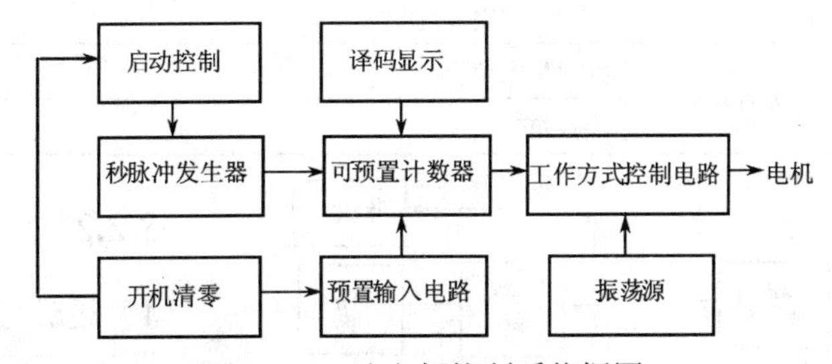

图 8.2.11　洗衣机控制系统框图

2．设计要求

(1) 基本要求

① 洗衣机可以按预定时间定时工作，最大定时工作时间为 99min。

② 预置时间有数字显示。

③ 控制电机工作方式为，在预定时间内，电机转动 20s，停止转动 3s，20s 内正转反转交替进行。

④ 洗衣机开机有自动清零功能。

(2) 发挥部分：洗衣机可自动显示衣物重量(要求数码显示；单位为 kg，精确到小数点后 1 位)。

3．评分标准

	项　目	满　分
基本要求	设计报告：　方案比较、理论分析计算、画出电路原理图、测试方案、结果分析	40
	实际制作完成情况	40
发挥部分	完成发挥部分	20

8.2.20　无线红外耳机

1．设计任务

设计一个无线红外耳机，能够通过红外线将音频信号进行传输，无线红外通信系统框图如图 8.2.12 所示。

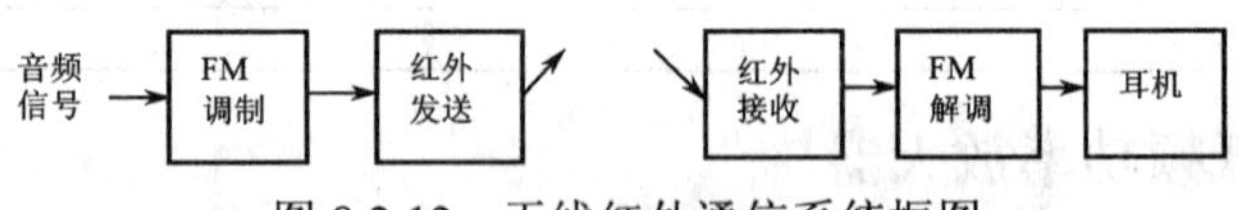

图 8.2.12　无线红外通信系统框图

2．设计要求

(1) 基本要求

① 音频信号的调制方式为 FM。

② 红外信号的辐射范围应大于 90°，发射距离大于 5m。

③ 输入到发送电路的音频信号的大小可调，耳机接收音量可调。

④ 电源电压为 3V。

⑤ 电路可采用集成电路或分立电路。

(2) 发挥部分

① 耳机接收角度为 360°。

② 电路成本低、功耗小。

3．评分标准

	项　目	满　分
基本要求	设计与总结报告；市场分析、方案比较、理论分析与计算、电路图及有关设计文件、测试方法与仪表、测试数据及结果分析、心得体会	35
	实际制作完成情况	45
发挥部分	完成第①项	10
	完成第②项	10

8.2.21　无线遥控电控锁

1．设计任务

设计一个无线遥控电控锁，当遥控密码正确时打开，当遥控密码错误或强行开门时报警。系统框图如图 8.2.13 所示。

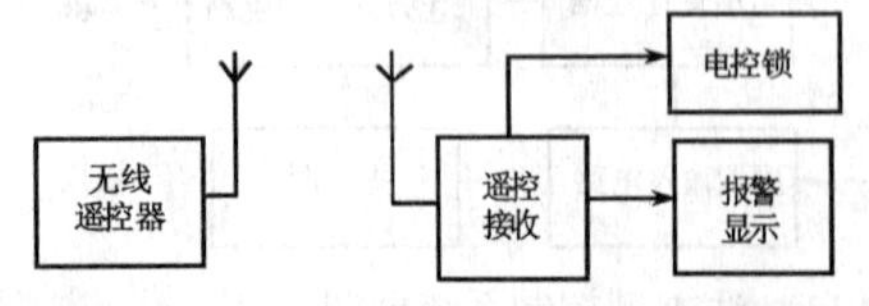

图 8.2.13　无线遥控电控锁系统框图

2．设计要求

(1) 基本要求

① 遥控器上包含 0～9 十个数字键，遥控密码不少于 5 位数字。

② 遥控编码方式、调制解调方式不限制。

③ 遥控是否成功通过不同的声音提示。

④ 遥控密码连续错 3 次后通过声光方式报警。

⑤ 当停电时电控锁处于锁闭位置。

⑥ 遥控器电源电压为 3V，采用纽扣电池。

(2) 发挥部分

① 当门关闭后电控锁自动锁闭。

② 遥控器具有地址编码，当相邻两个遥控器同时使用时互不影响。

3．评分标准

	项　目	满　分
基本要求	设计与总结报告：市场分析、方案比较、理论分析与计算、电路图及有关设计文件、测试方法与仪表、测试数据及结果分析、心得体会	35
	实际制作完成情况	40
发挥部分	完成第①项	15
	完成第②项	10

8.2.22　线路寻迹器

1．设计任务

设计一个用于探测墙体内电线的寻迹器，该寻迹器包括信号注入器和寻迹器两部分，根据需要可以单独使用。

2．设计要求

(1) 基本要求

① 信号注入器是一个 1kHz 的多谐振荡器。

② 寻迹器单独使用时，能够探测墙体内 50Hz 市电线路；寻迹器与信号注入器一起使用时，探测墙体内的其他弱电线路。

③ 寻迹器应具有声音提示功能。

④ 电源使用干电池。

⑤ 电路可采用模拟电路或数字电路。

(2) 发挥部分

① 信号注入器能够指示被检线路上电压的高低。

② 电路成本低、功耗小。

3．评分标准

	项　目	满　分
基本要求	设计与总结报告：市场分析、方案比较、理论分析与计算、电路图及有关设计文件、测试方法与仪表、测试数据及结果分析、心得体会	40
	实际制作完成情况	35
发挥部分	完成第①项	15
	完成第②项	10

8.2.23 8路抢答器

1. 设计任务

设计一个可同时供8名选手参加比赛的8路数字显示抢答器，系统框图如图8.2.14所示。

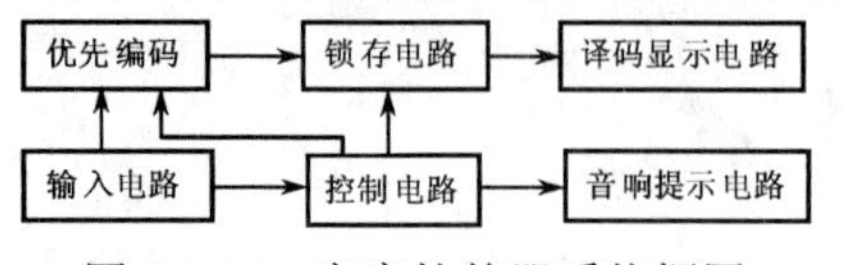

图 8.2.14 竞赛抢答器系统框图

2. 设计要求

(1) 基本要求

① 选手每人一个抢答按钮，按钮的编号与选手的编号相同。

② 抢答器具有优先抢答功能，先按按钮的选手编号能被锁存显示，并有音响提示。

③ 主持人有控制开关，可以手动清零复位。

(2) 发挥部分

① 抢答器具有定时抢答功能，主持人可以设定抢答时间，抢答开始定时器减计数，并有数码显示，同时有嘟嘟的提示音(时间为0.5s)。

② 选手在设定时间内抢答，抢答有效。超出设定时间，本次抢答无效。抢答器报警，并封锁电路，显示器显示“00”。

3. 评分标准

	项 目	满 分
基本要求	设计整体电路、并进行方案比较、理论分析计算、画出电路原理图、在计算机上做仿真实验。设计报告、结果分析，心得体会	40
	实际制作完成情况	40
发挥部分	完成第(2)项	20

8.3 电子系统综合设计课题

本节的电子系统综合设计课题大多数选自历届全国大学生电子设计竞赛题目。这些题目主要体现在它的综合性，读者通过这些课题的设计、制作训练，可有效地提高自身的电子系统综合设计能力和工程素质。

8.3.1 有关电源的课题

题目1：直流稳压电源

1. 任务

设计并制作交流变换为直流的稳定电源。

2. 要求

(1) 基本要求

① 稳压电源。在输入电压220V，50Hz、电压变化范围+15%～−20%条件下：

- 输出电压可调范围为+9V～+12V
- 最大输出电流为1.5A
- 电压调整率≤0.2% (输入电压220V变化范围+15%～−20%下，空载到满载)
- 负载调整率≤1% (最低输入电压下，满载)
- 纹波电压 (峰-峰值) ≤5mV (最低输入电压下，满载)
- 效率≥40% (输出电压9V，输入电压220V下，满载)
- 具有过流及短路保护功能

② 稳流电源。在输入电压固定为+12V的条件下：

● 输出电流：4～20mA 可调

● 负载调整率≤1% (输入电压+12V，负载电阻由 200～300Ω 变化时，输出电流为 20mA 时的相对变化率)

DC-DC 变换器。在输入电压为+9～+12V 条件下：

● 输出电压为+100V，输出电流为 10mA

● 电压调整率≤1% (输入电压变化范围+9～+12V)

● 负载调整率≤1% (输入电压+12V 下，空载到满载)

● 纹波电压 (峰–峰值) ≤100mV (输入电压+9V 下，满载)

(2) 发挥部分

① 扩充功能

● 排除短路故障后，自动恢复为正常状态

● 过热保护

● 防止开、关机时产生的“过冲”

② 提高稳压电源的技术指标

● 提高电压调整率和负载调整率

● 扩大输出电压调节范围和提高最大输出电流值

③ 改善 DC-DC 变换器

● 提高效率 (在 100V，100mA 下)

● 提高输出电压

④ 用数字显示输出电压和输出电流

3．评分标准

	项　目	满　分
基本要求	设计与总结报告：方案设计与论证，理论分析与计算，电路图，测试方法与数据，对测试结果的分析	30
	实际制作完成情况	40
发挥部分	完成第①项	6
	完成第②项	10
	完成第③项	6
	完成第③项	3
	完成第④项	5

题目 2：数控直流电流源

1．任务

设计并制作数控直流电流源。输入交流 200～240V，50Hz；输出直流电压≤10V，其原理示意图如图 8.3.1 所示。

2．要求

(1) 基本要求

① 输出电流范围：200mA～2A。

② 可设置并显示输出电流给定值，要求输出电流与给定值偏差的绝对值≤给定值的 1%+10mA。

③ 有“+”“–”步进调整功能，步进≤10mA。

④ 改变负载电阻，输出电压在 10V 以内变化时，要求输出电流变化的绝对值≤输出电流值的 1%+10mA。

⑤ 纹波电流≤2mA。

⑥ 自制电源。

(2) 发挥部分

① 输出电流范围：20mA～2A，步进 1mA。

② 设计、制作测量并显示输出电流的装置 (可同时或交替显示电流的给定值和实测值)，测量误差的绝对值≤测量值的 0.1%+1mA。

③ 改变负载电阻，输出电压在 10V 以内变化时，要求输出电流变化的绝对值≤输出电流值的 0.1%+1mA。

④ 纹波电流≤0.2mA。

⑤ 其他。

3．说明

① 需留出电流和电压测量端子。

② 输出电流可用高精度电流表测量；如果没有高精度电流表，也可在采样电阻上测量电压换算成电流。

③ 纹波电流的测量可用低频毫伏表测量输出纹波电压，换算成纹波电流。

4．评分标准

	项　目	满　分
基本要求	设计与总结报告：方案比较、设计论证、理论分析与计算、电路图及有关设计文件、测试方法与仪器、测试数据及测试结果分析	30
	实际完成情况	40
发挥部分	完成第①项	4
	完成第②项	10
	完成第③项	10
	完成第③项	3
	其他	3

题目 3：三相正弦波变频电源

1．任务

设计并制作三相正弦波变频电源。输出线电压有效值为 36V，最大负载电流有效值为 3A，负载为三相对称阻性负载 (Y 接法)。变频电源框图如图 8.3.2 所示。

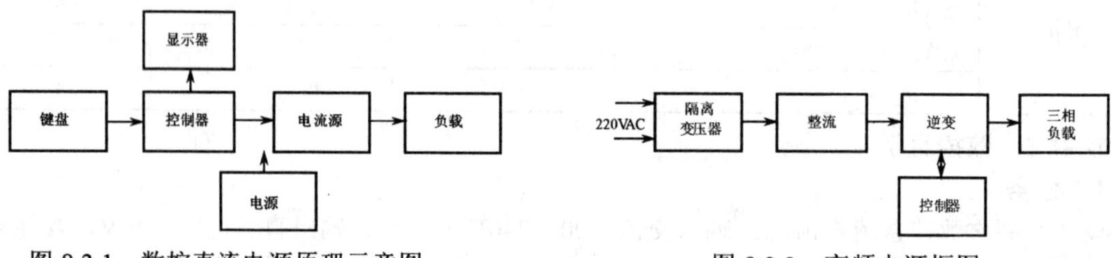

图 8.3.1　数控直流电源原理示意图　　　　图 8.3.2　变频电源框图

2．要求

(1) 基本要求

① 输出频率范围为 20～100Hz 的三相对称交流电，各相电压有效值之差小于 0.5V。

② 输出电压波形应尽量接近正弦波，用示波器观察无明显失真。

③ 当输入电压为 198～242V，负载电流有效值为 0.5～3A 时，输出线电压有效值应保持在 36V，误差的绝对值小于 5%。

④ 具有过流保护 (输出电流有效值达 3.6A 时动作)、负载缺相保护及负载不对称保护 (三相电流中任意两相电流之差大于 0.5A 时动作) 功能，保护时自动切断输入交流电源。

(2) 发挥部分

① 当输入电压为 198～242V，负载电流有效值为 0.5～3A 时，输出线电压有效值应保持在 36V，误差的绝对值小于 1%。

② 制作是具有测量、显示该变频电源输出电压、电流、频率和功率的电路，测量误差的绝对值小于 5%。

③ 变频电源输出频率在 50Hz 以上时，输出相电压的失真度小于 5%。

④ 其他。

3．说明

① 调试过程中，要注意安全。

② 不能使用产生 SPWM (正弦波脉宽调制) 波形的专用芯片。

③ 必要时，可以在隔离变压器前使用自耦变压器调整输入电压，可用三相电阻箱模拟负载。

④ 测量失真度时，应注意输入信号的衰减以及与失真度仪的隔离等问题。

⑤ 输出功率可通过电流、电压的测量值计算。

4．评分标准

	项　　目	满　分
基本要求	设计与总结报告：方案比较、设计论证、理论分析与计算、电路图及有关设计文件、测试方法与仪器、测试数据及测试结果分析	30
	实际完成情况	40
发挥部分	完成第①项	8
	完成第②项	10
	完成第③项	8
	其他	4

题目 4：开关电源模块并联供电系统

1．任务

设计并制作一个由两个额定输出功率均为 16W 的 8V DC/DC 模块构成的并联供电系统（见图 8.3.3）。

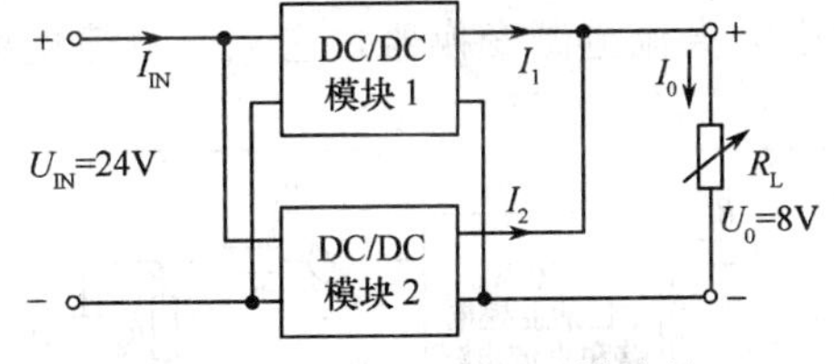

图 8.3.3　两个 DC/DC 模块并联供电系统主电路示意图

2．要求

(1) 基本要求

① 调整负载电阻至额定输出功率工作状态，供电系统的直流输出电压 U_0=8.0±0.4V；

② 额定输出功率工作状态下，供电系统的效率≥60%；

③ 调整负载电阻，保持输出电压 U_0=8.0±0.4V，使两个模块输出电流之和 I_0=1A 且按 I_1:I_2=1:1 模式自动分配电流，每个模块的输出电流的相对误差绝对值≤5%；

④ 调整负载电阻，保持输出电压 U_0=8.0±0.4V，使两个模块输出电流之和 I_0=1.5A 且按 I_1:I_2=1:2 模式自动分配电流，每个模块输出电流的相对误差绝对值≤5%。

(2) 发挥部分

① 调整负载电阻，保持输出电压 U_0=8.0±0.4V，使负载电流 I_0 在 1.5~3.5A 之间变化时，两个模块的输出电流可在（0.5~2.0）范围内按指定的比例自动分配，每个模块的输出电流相对误差的绝对值≤2%；

② 调整负载电阻，保持输出电压 U_0=8.0±0.4V，使两个模块输出电流之和 I_0 =4.0A 且按

I_1:I_2=1:1 模式自动分配电流，每个模块的输出电流的相对误差的绝对值≤2%；

③ 额定输出功率工作状态下，进一步提高供电系统效率。

④ 具有负载短路保护及自动恢复功能，保护阈值电流为 4.5A（调试时允许有±0.2A 的偏差）；

⑤ 其他。

3．说明

(1) 不允许使用线性电源及成品的 DC/DC 模块；

(2) 供电系统含测控电路并由 U_{IN} 供电，其能耗纳入系统效率计算；

(3) 除负载电阻为手动调整以及发挥部分①由手动设定电流比例外，其他功能的测试过程均不允许手动干预；

(4) 供电系统应留出 U_{IN}、U_0、I_{IN}、I_0、I_1、I_2 参数的测试端子，供测试时使用；

(5) 每项测量须在 5 s 内给出稳定读数；

(6) 设计制作时，应充分考虑系统散热问题，保证测试过程中系统能连续安全工作。

4．评分标准

	项　目	满　分
基本要求	设计与总结报告：方案比较、设计论证、理论分析与计算、电路图及有关设计文件、测试方法与仪器、测试数据及测试结果分析	30
	实际完成情况	40
发挥部分	完成第①项	10
	完成第②项	6
	完成第③项	6
	完成第④项	5
	其他	3

题目 5：电能收集充电器

1．任务

设计并制作一个电能收集充电器，充电器及测试原理示意图如图 8.3.4 所示。该充电器的核心为直流电源变换器，它从一直流电源中吸收电能，以尽可能大的电流充入一个可充电池。直流电源的输出功率有限，其电动势 E_s 在一定范围内缓慢变化，当 E_s 为不同值时，直流电源变换器的电路结构，参数可以不同。监测和控制电路由直流电源变换器供电。由于 E_s 的变化极慢，监测和控制电路应该采用间歇工作方式，以降低其能耗。可充电池的电动势 E_c=3.6V，内阻 R_c=0.1Ω。

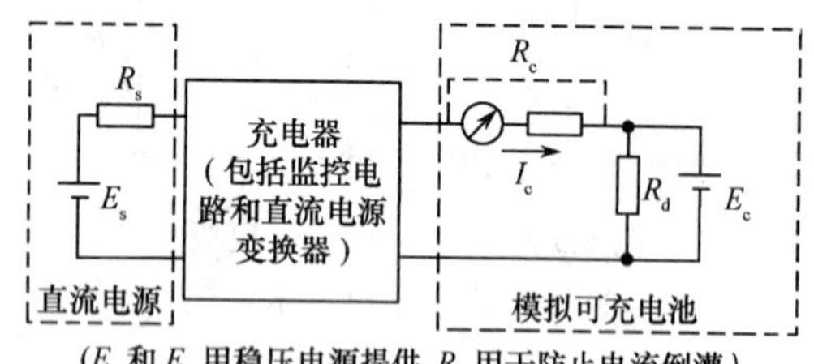

（E_s 和 E_c 用稳压电源提供，R_d 用于防止电流倒灌）

图 8.3.4　测试原理示意图

2．要求

(1) 基本要求

① 在 R_s=100Ω，E_s=10V～20V 时，充电电流 I_c 大于$(E_s-E_c)/(R_s+R_c)$。

② 在 R_s=100Ω 时，能向电池充电的 E_s 尽可能低。

③ E_s 从 0 逐渐升高时，能自动启动充电功能的 E_s 尽可能低。

④ E_s 降低到不能向电池充电，最低至 0 时，尽量降低电池放电电流。

⑤ 监测和控制电路工作间歇设定范围为 0.1s～5s。

(2) 发挥部分

① 在 R_s=1Ω，E_s=1.2V～3.6V 时，以尽可能大的电流向电池充电。

② 能向电池充电的 E_s 尽可能低。当 E_s≥1.1V 时，取 R_s =1Ω；当 E_s<1.1V 时，取 R_s =0.1Ω。

③ 电池完全放电，E_s从 0 逐渐升高时，能自动启动充电功能(充电输出端开路电压>3.6V，短路电流>0)的 E_s尽可能低。当 E_s≥1.1V 时，取 R_s =1Ω；当 E_s<1.1V 时，取 R_s=0.1Ω。

④ 降低成本。

⑤ 其他。

3．说明

(1) 测试最低可充电 E_s的方法：逐渐降低 E_s，直到充电电流 I_c略大于 0。当 E_s高于 3.6V 时，R_s为 100Ω；E_s低于 3.6V 时，更换 R_s为 1Ω；E_s降低到 1.1V 以下时，更换 R_s为 0.1Ω。然后继续降低 E_s，直到满足要求。

(2) 测试自动启动充电功能的方法：从 0 开始逐渐升高 E_s，R_s为 0.1Ω；当 E_s升高到高于 1.1V 时，更换 R_s为 1Ω。然后继续升高 E_s，直到满足要求。

4．评分标准

	项　目	满　分
基本要求	设计与总结报告：方案比较、设计论证、理论分析与计算、电路图及有关设计文件、测试方法与仪器、测试数据及测试结果分析	30
	实际完成情况	40
发挥部分	完成第①项	15
	完成第②项	4
	完成第③项	4
	完成第④项	4
	其他	3

题目 6：光伏并网发电模拟装置

1．任务

设计并制作一个光伏并网发电模拟装置，其结构框图如图 8.3.5 所示。用直流稳压电源 U_S和电阻 R_S模拟光伏电池，U_S=60V，R_S=30～36Ω；u_{REF}为模拟电网电压的正弦参考信号，其峰峰值为 2V，频率 f_{REF}为 45Hz～55Hz；Tr 为工频隔离变压器，变比为 n_2:n_1=2:1、n_3:n_1=1:10，将 u_F作为输出电流的反馈信号；负载电阻 R_L=30～36Ω。

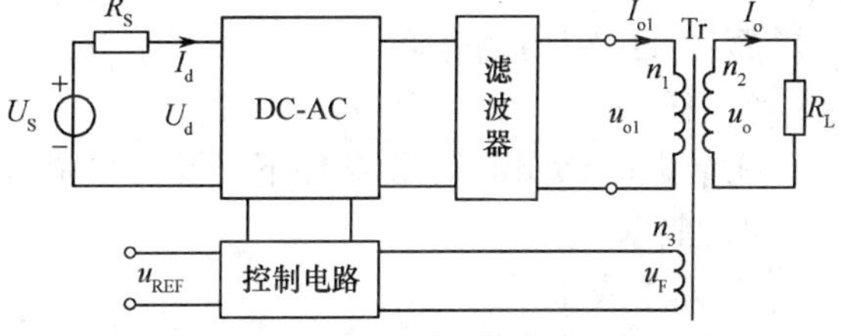

图 8.3.5　并网发电模拟装置框图

2．要求

(1) 基本要求

① 具有最大功率点跟踪(MPPT)功能：R_S和 R_L在给定范围内变化时，使 $U_d=\frac{1}{2}U_s$，相对偏差的绝对值不大于 1%。

② 具有频率跟踪功能：当 f_{REF}在给定范围内变化时，使 u_F的频率 f_F=f_{REF}，相对偏差绝对值不大于 1%。

③ 当 R_S=R_L=30Ω 时，DC-AC 变换器的效率η≥60%。

④ 当 R_S=R_L=30Ω 时，输出电压 u_o的失真度 THD≤5%。

⑤ 具有输入欠压保护功能，动作电压 $U_{d(th)}$=(25±0.5)V。

⑥ 具有输出过流保护功能，动作电流 $I_{o(th)}$=(1.5±0.2)A。

(2) 发挥部分

① 提高 DC-AC 变换器的效率，使η≥80%(R_S=R_L=30Ω 时)。

② 降低输出电压失真度，使 THD≤1%(R_S=R_L=30Ω 时)。

③ 实现相位跟踪功能：当 f_{REF}在给定范围内变化及加非阻性负载时，均能保证 u_F与 u_{REF}同

相，相位偏差的绝对值≤5°。

④ 过流、欠压故障排除后，装置能自动恢复为正常状态。

⑤ 其他。

3．说明

(1) 本题中所有交流量除特别说明外均为有效值；

(2) U_S 采用实验室可调直流稳压电源，不需自制；

(3) 控制电路允许另加辅助电源，但应尽量减少路数和损耗；

(4) DC-AC 变换效率 $\eta=\frac{P_o}{P_d}$，其中 $P_o=U_{o1}I_{o1},P_d=U_dI_d$；

(5) 基本要求①、②和发挥部分③要求从给定或条件发生变化到电路达到稳态的时间不大于 1s；

(6) 装置应能连续安全工作足够长时间，测试期间不能出现过热等故障；

(7) 制作时应合理设置测试点(参考图 8.3.5)，以方便测试。

4．评分标准

	项　目	满　分
基本要求	设计与总结报告：方案比较、设计论证、理论分析与计算、电路图及有关设计文件、测试方法与仪器、测试数据及测试结果分析	30
	实际完成情况	40
发挥部分	完成第①项	8
	完成第②项	5
	完成第③项	10
	完成第④项	5
	其他	2

8.3.2 有关信号源的课题

题目 1：实用信号源

1．任务

在给定±15V 电源电压条件下，设计并制作一个正弦波和脉冲波信号源。

2．要求

(1) 基本要求

① 正弦波信号源

- 信号频率：20Hz～20kHz 步进调整，步长为 5Hz
- 频率稳定度：优于 10^{-4}
- 非线性失真系数≤3%

② 脉冲波信号源

- 信号频率：20Hz～20kHz 步进调整，步长为 5Hz
- 上升时间和下降时间：≤1μs
- 平顶斜降：≤5%
- 脉冲占空比：2%～98%步进可调，步长为 2%

③ 上述两个信号源公共要求

- 频率可预置
- 在负载为 600Ω 时，输出幅度为 3V
- 完成 5 位频率的数字显示

(2) 发挥部分

① 正弦波和脉冲波频率步长改为 1Hz。

② 正弦波和脉冲波幅度可步进调整，调整范围为 100mV～3V，步长为 100mV。

③ 正弦波和脉冲波频率可自动步进，步长为 1Hz。

④ 降低正弦波非线性失真系数。

3．评分标准

	项　　目	满　　分
基本要求	设计与总结报告：方案设计与论证、理论计算与分析、电路图、测试方法与数据、结果分析	30
	实际制作完成情况	40
发挥部分	完成第①项	9
	完成第②项	9
	完成第③项	5
	完成第④项	4
	其他	3

题目 2：波形发生器

1．任务

设计并制作一个波形发生器。该波形发生器能产生正弦波、方波、三角波和由用户编辑的特定形状波形。波形发生器的示意图如图 8.3.6 所示。

2．要求

(1) 基本要求

① 具有产生正弦波、方波、三角波三种周期性波形的功能。

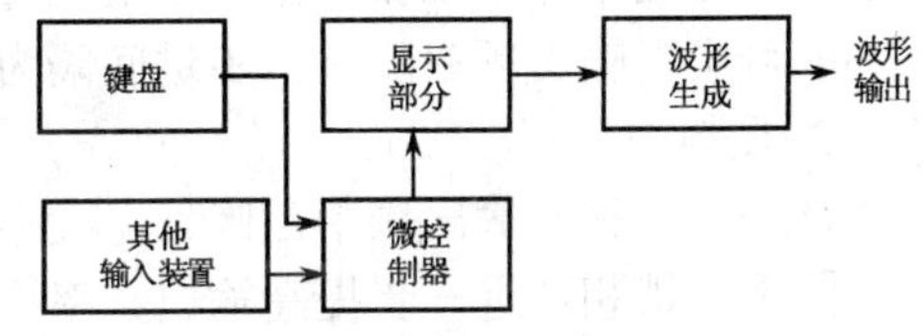

图 8.3.6　波形发生器的示意图

② 用键盘输入编辑生成上述三种波形 (同周期) 的线性组合波形，以及由基波及其谐波 (5 次以下) 线性组合的波形。

③ 具有波形存储功能。

④ 输出波形的频率范围为 100Hz～20kHz (非正弦波频率按 10 次谐波计算)；重复频率可调，频率步进间隔≤100Hz。

⑤ 输出波形幅度范围 0～5V (峰–峰值)，可按步进 0.1V (峰–峰值) 调整。

⑥ 具有显示输出波形的类型、重复频率 (周期) 和幅度的功能。

(2) 发挥部分

① 输出波形频率范围扩展至 100Hz～200kHz。

② 用键盘或其他输入装置产生任意波形。

③ 增加稳幅输出功能，当负载变化时，输出电压幅度变化不大于±3% (负载电阻变化范围：100Ω～∞)。

④ 具有掉电存储功能，可存储掉电前用户编辑的波形和设置。

⑤ 可产生单次或多次 (1000 次以下) 特定波形 (如产生 1 个半周期三角波输出)。

⑥ 其他 (如增加频谱分析，失真度分析，频率扩展>200kHz，扫频输出等功能)。

3．评分标准

	项　　目	得　　分
基本要求	设计与总结报告：方案比较、设计与论证、理论分析与计算、电路图及有关设计文件、测试方法与仪器、测试数据及测试结果分析	30
	实际制作完成情况	40

（续表）

	项　　目	得　　分
发挥部分	完成第①项	6
	完成第②项	6
	完成第③项	6
	完成第④项	3
	完成第⑤项	3
	完成第⑥项	6

题目 3：实用信号源

1．任务

设计并制作一个电压控制 LC 振荡器。

2．要求

(1) 基本要求

① 振荡器输出为正弦波，波形无明显失真。

② 输出频率范围：15～35MHz。

③ 输出频率稳定度：优于 10^{-3}。

④ 输出电压峰–峰值：$U_{p\text{-}p} = 1V \pm 0.1V$。

⑤ 实时测量并显示振荡器输出电压峰–峰值，精度优于 10%。

⑥ 可实现输出频率步进，步进间隔为 1 MHz ± 100 kHz。

(2) 发挥部分

① 进一步扩大输出频率范围。

② 采用锁相环进一步提高输出频率稳定度，输出频率步进间隔为 100kHz。

③ 实时测量并显示振荡器的输出频率。

④ 制作一个功率放大器，放大 LC 振荡器输出的 30MHz 正弦信号，限定使用 $U_{CC} = 12V$ 的单直流电源为功率放大器供电，要求在 50Ω 纯电阻负载上的输出功率≥20mW，尽可能提高功率放大器的效率。

⑤ 功率放大器负载改为 50Ω 电阻与 20pF 电容串联，在此条件下 50Ω 电阻上的输出功率≥20mW，尽可能提高放大器效率。

⑥ 其他。

3．说明

需留出末级功率放大器电源电流 I_{CO} (或 I_{DO}) 的测量端，用于测试功率放大器的效率。

4．评分标准

	项　　目	满　　分
基本要求	设计与总结报告：方案比较、设计与论证、理论分析与计算、电路图及有关设计文件、测试方法与仪器、测试数据及测试结果分析	30
	实际制作完成情况	40
发挥部分	完成第①项	3
	完成第②项	9
	完成第③项	3
	完成第④项	6
	完成第⑤项	6
	其他	3

题目 4：正弦信号发生器

1．任务

设计并制作一个正弦信号发生器。

2．要求

(1) 基本要求

① 正弦波输出频率范围：1kHz～10MHz。

② 具有频率设置功能，频率步进 100Hz。

③ 输出信号频率稳定度：优于 10^{-4}。

④ 输出电压幅度：在 50Ω 负载电阻上的电压峰–峰值 $U_{op\text{-}p}\geqslant 1V$。

⑤ 失真度：用示波器观察时无明显失真。

(2) 发挥部分

① 增加输出电压幅度：在频率范围内 50Ω 负载电阻上正弦信号输出电压的峰–峰值 $U_{op\text{-}p} = 6V\pm1V$。

② 产生模拟幅度调制 (AM) 信号：在 1～10MHz 范围内调制度 m_a 可在 10%～100%之间程控调节，步进量 10%，正弦调制信号频率为 1kHz，调制信号自行产生。

③ 产生模拟频率调制 (FM) 信号：在 100kHz～10MHz 范围内产生 10kHz 最大频偏，且最大频偏可分为 5kHz/10kHz 二级程控调节，正弦调制信号频率为 1kHz，调制信号自行产生。

④ 产生二进制 PSK，ASK 信号：在 100kHz 固定频率载波进行二进制键控，二进制基带序列码速率固定为 10kb/s，二进制基带序列信号自行产生。

3．评分标准

	项　　目	满　　分
基本要求	设计与总结报告：方案比较、设计与论证、理论分析与计算、电路图及有关设计文件、测试方法与仪器、测试数据及测试结果分析	30
	实际制作完成情况	40
发挥部分	完成第①项	9
	完成第②项	6
	完成第③项	9
	完成第④项	6

题目 5：声音导引系统

1．任务

设计并制作一声音导引系统，示意图如图 8.3.7 所示。图中，AB 与 AC 垂直，Ox 是 AB 的中垂线，$O'y$ 是 AC 的中垂线，W 是 Ox 和 $O'y$ 的交点。

声音导引系统有一个可移动声源 S，三个声音接收器 A、B 和 C，声音接收器之间可以有线连接。声音接收器能利用可移动声源和接收器之间的不同距离，产生一个可移动声源离 Ox 线(或 $O'y$ 线)的误差信号，并用无线方式将此误差信号传输至可移动声源，引导其运动。

可移动声源运动的起始点必须在 Ox 线右侧，位置可以任意指定。

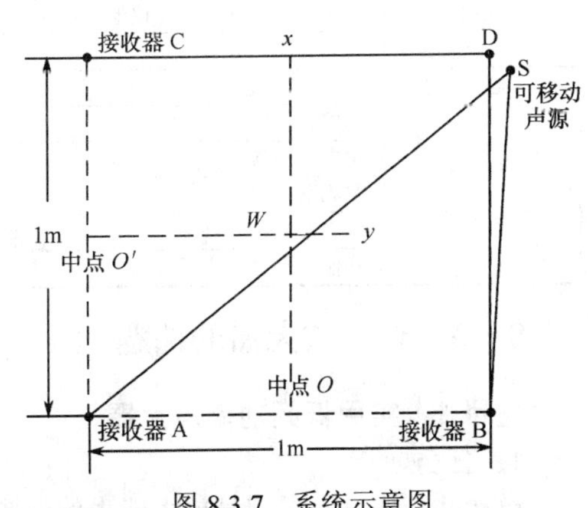

图 8.3.7　系统示意图

2．要求

(1) 基本要求

① 制作可移动的声源。可移动声源产生的信号

为周期性音频脉冲信号，如图 8.3.8 所示，声音信号频率不限，脉冲周期不限。

② 可移动声源发出声音后开始运动，到达 Ox 线并停止，这段运动时间为响应时间，测量响应时间，用下列公式计算出响应的平均速度，要求平均速度大于 5cm/s

平均速度=可移动声源的起始位置到 Ox 线的垂直距离/响应时间

③ 可移动声源停止后的位置与 Ox 线之间的距离为定位误差，定位误差小于 3cm。

④ 可移动声源在运动过程中任意时刻超过 Ox 线左侧的距离小于 5cm。

⑤ 可移动声源到达 Ox 线后，必须有明显的光和声指示。

⑥ 功耗低，性价比高。

(2) 发挥部分

① 将可移动声源转向 180° (可手动调整发声器件方向)，能够重复基本要求。

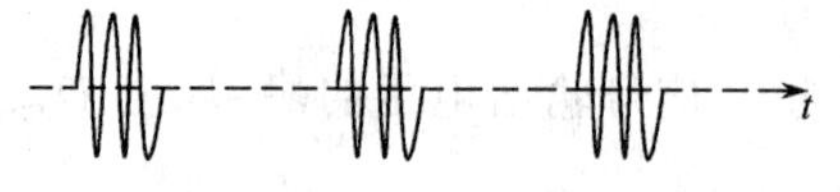

图 8.3.8 信号波形示意图

② 平均速度大于 10cm/s。

③ 定位误差小于 1cm。

④ 可移动声源在运动过程中任意时刻超过 Ox 线左侧距离小于 2cm。

⑤ 在完成基本要求部分移动到 Ox 线上后，可移动声源在原地停止 5～10s，然后利用接收器 A 和 C，使可移动声源运动到 W 点，到达 W 点以后，必须有明显的光和声指示并停止，此时声源距离 W 的直线距离小于 1cm。整个运动过程的平均速度大于 10cm/s。

平均速度=可移动声源在 Ox 线重新启动位置到移动停止点的直线距离/响应时间

⑥ 其他。

3. 说明

（1）本题要求采用电机控制 ASSP 芯片(型号 MMC-1)实现可移动声源的运动。

（2）在可移动声源两侧必须有明显的定位标志线，标志线宽度 0.3cm 且垂直于地面。

（3）误差信号传输采用的无线方式、频率不限。

（4）可移动声源的平台形式不限。

（5）可移动声源开始运行的方向应和 Ox 线保持垂直。

（6）不得依靠其他非声音导航方式。

（7）移动过程中不得人为对系统施加影响。

（8）接收器和声源之间不得使用有线连接。

4. 评分标准

	项 目	满 分
基本要求	设计与总结报告：方案比较、设计与论证、理论分析与计算、电路图及有关设计文件、测试方法与仪器、测试数据及测试结果分析	30
	实际制作完成情况	40
发挥部分	完成第①项	3
	完成第②项	6
	完成第③项	6
	完成第④项	6
	完成第⑤项	6
	其他	3

8.3.3 有关放大器的课题

题目 1：实用低频功率放大器

1. 任务

设计并制作具有弱信号放大能力的低频功率放大器。其原理示意图如图 8.3.9 所示。

2．要求

(1) 基本要求

① 在放大通道的正弦信号输入电压幅度为 5～700mV，等效负载电阻 R_L 为 8Ω 下，放大通道应满足：

● 额定输出功率 P_{OR}≥10W

● 带宽 BW≥50～10000Hz

● 在 P_{OR} 下和 BW 内的非线性失真系数≤3%

● 在 P_{OR} 下的效率≥55%

● 在前置放大级输入端交流短接到地时，R_L=8Ω 上的交流声功率≤10Mw

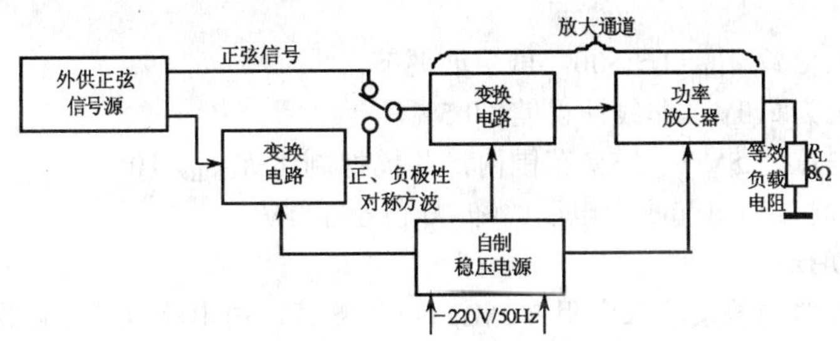

图 8.3.9　低频功率放大器的原理示意图

② 自行设计并制作满足本设计任务要求的稳压电源。

(2) 发挥部分

① 放大器的时间响应

● 由外供正弦信号源经变换电路产生正、负极性的对称方波：频率为 1000Hz，上升时间≤1μs，峰-峰值电压为 200mV

用上述方波激励放大通道时，在 R_L=8Ω 下，放大通道应满足：

● 额定输出功率 P_{OR}≥10W；带宽 BW≥50～10000Hz

● 在 P_{OR} 下输出波形上升时间和下降时间≤12μs

● 在 P_{OR} 下输出波形顶部斜降≤2%

● 在 P_{OR} 下输出波形过冲量≤5%

② 放大通道性能指标的提高和实用功能的扩展 (如提高效率、减小非线性失真等)。

3．评分标准

	项　目	满　分
基本要求	设计与总结报告：方案设计与论证、理论计算与分析、电路图、测试方法与数据、结果分析	30
	实际制作完成情况	40
发挥部分	完成第①项	12
	完成第②项	12
	特色与创新	6

题目 2：测量放大器

1．任务

设计并制作一个测量放大器及所用直流稳压电源。测量放大器框图如图 8.3.10 所示。输入信号 U_I 取自桥式测量电路的输出。当 $R_1=R_2=R_3=R_4$ 时，U_I=0。R_2 改变时，产生 $U_I≠0$ 的电压信号。测量电路与放大器之间有 1m 长的连接线。

2．要求

(1) 基本要求

① 测量放大器

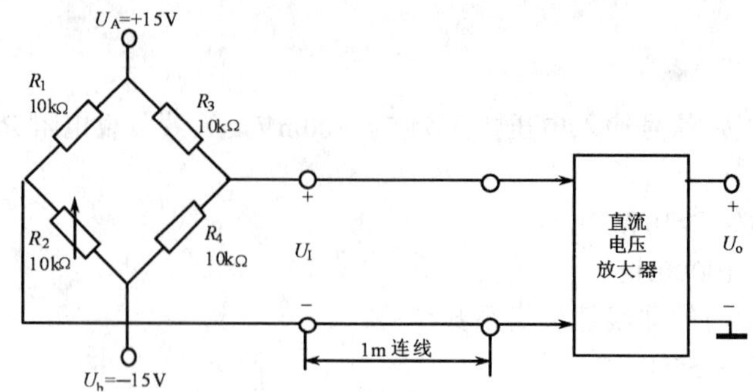

图 8.3.10　测量放大器的框图

- 差模电压放大倍数 A_{UD}=1～500，可手动调节
- 最大输出电压为±10V，非线性误差< 0.5%
- 在输入共模电压+7.5V～−7.5V 范围内，共模抑制比 $K_{CMR}>10^5$
- 在 A_{UD} = 500 时，输出端噪声电压的峰−峰值小于 1V
- 通频带 0～10Hz
- 直流电压放大器的差模输入电阻≥2MΩ (可不测试，由电路设计予以保证)

② 电源：设计并制作上述放大器所用的直流稳压电源。由单相 220V 交流电压供电。交流电压变化范围为+10%～−15%。

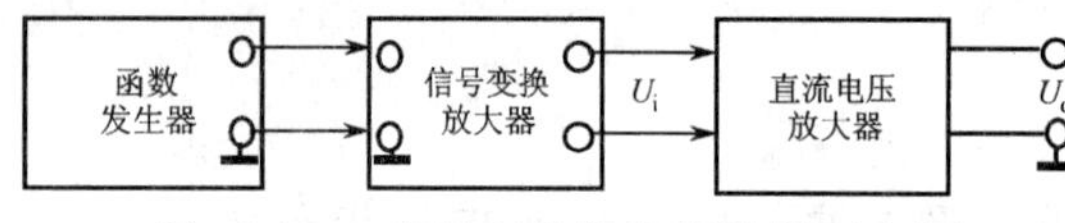

图 8.3.11　信号变换放大器连接示意图

③ 设计并制作一个信号变换放大器，如图 8.3.11 所示。将函数发生器单端输出的正弦电压信号不失真的转换为双端输出信号，用做测量直流电压放大器频率特性的输入信号。

(2) 发挥部分

① 提高差模电压放大倍数至 A_{UD}＝1000，同时减小输出端噪声电压。

② 在满足基本要求 (1) 中对输出端噪声电压和共模抑制比要求的条件下，将通频带展宽为 0～100Hz 以上。

③ 提高电路的共模抑制比。

④ 差模电压放大倍数 A_{UD} 可预置并显示，预置范围 1～1000，步距为 1，同时应满足基本要求①中对共模抑制比和噪声电压的要求。

⑤ 其他 (如改善放大器性能的其他措施等)。

3．说明

直流电压放大器部分只允许采用通用型集成运算放大器和必要的其他元器件组成，不能使用单片集成的测量放大器或其他定型的测量放大器产品。

4．评分标准

	项　目	满 分
基本要求	设计与总结报告：方案设计与论证，理论计算与分析，电路图，测试方法与数据，对测试结果的分析	30
	实际制作完成情况	40
发挥部分	完成第①项	3
	完成第②项	8
	完成第③项	3
	完成第④项	12
	特色与创新	4

题目 3：高效率音频功率放大器

1．任务

设计并制作一个高效率音频功率放大器及其参数的测量、显示装置。功率放大器的电源电压为+5V (电路其他部分的电源电压不限)，负载为 8Ω 电阻。

2．要求

(1) 基本要求

① 功率放大器：3dB 通频带为 300～3400Hz，输出正弦信号无明显失真；最大不失真输出功率≥1W；输入阻抗>10kΩ，电压放大倍数 1～20 连续可调；低频噪声电压 (20kHz 以下) ≤10mV，在电压放大倍数为 10，输入端对地交流短路时测量。

在输出功率 500mW 时测量的功率放大器效率 (输出功率/放大器总功耗)≥50%。

② 设计并制作一个放大倍数为 1 的信号变换电路，将功率放大器双端输出的信号转换为单端输出，经 RC 滤波供外接测试仪表用，如图 8.3.12 所示。图中，高效率功率放大器组成框图如图 8.3.13 所示。

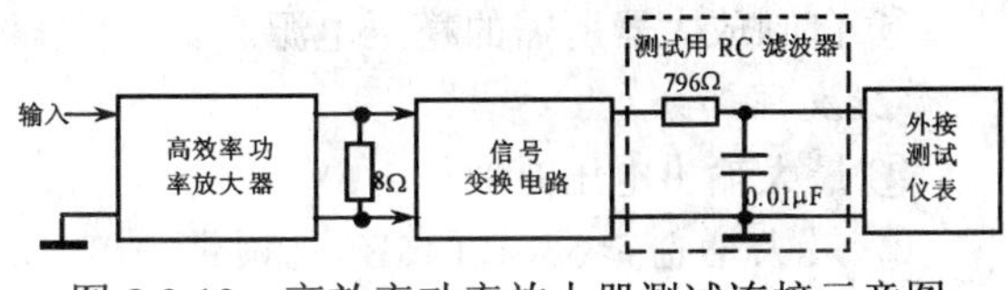

图 8.3.12 高效率功率放大器测试连接示意图

③ 设计并制作一个测量放大器输出功率的装置，要求具有 3 位数字显示，精度优于 5%。

(2) 发挥部分

① 3dB 通频带扩展至 300Hz～20kHz。

② 输出功率保持为 200mW，尽量提高放大器效率。

③ 输出功率保持为 200mW，尽量降低放大器电源电压。

④ 增加输出短路保护功能。

⑤ 其他。

3．说明

(1) 采用开关方式实现低频功率放大 (即 D 类放大) 是提高效率的主要途径之一，D 类放大原理框图如图 8.3.13 所示。本设计中如果采用 D 类放大方式，不允许使用 D 类功率放大集成电路。

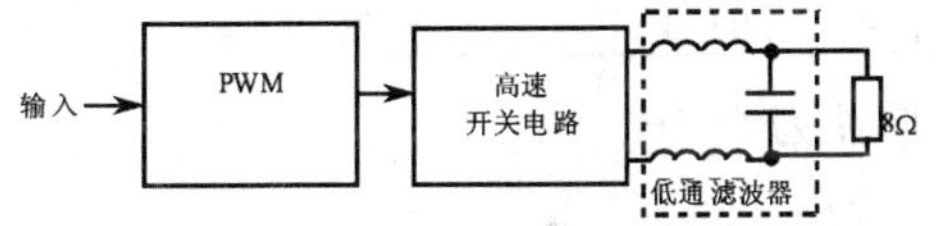

图 8.3.13 D 类功率放大器原理框图

(2) 效率计算中的放大器总功耗是指功率放大器部分的总电流乘以供电电压 (+5V)，不包括“基本要求”中第②项和③项涉及的电路部分功耗。制作时要注意便于效率测试。

(3) 在整个测试过程中，要求输出波形无明显失真。

4．评分标准

	项　目	满　分
基本要求	设计与总结报告：方案比较、设计与论证、理论分析与计算、电路图及有关设计文件、测试方法与仪器、测试数据及测试结果分析	30
	实际制作完成情况	40
发挥部分	完成第①项	3
	完成第②项	10
	完成第③项	6
	完成第④项	6
	完成第⑤项	5

题目 4：宽带放大器

1. 任务

设计并制作一个宽带放大器。

2. 要求

(1) 基本要求

① 输入阻抗≥1kΩ；单端输入，单端输出；放大器负载电阻 600Ω。

② 3dB 通频带 10kHz～6MHz，在 20kHz～5MHz 频带内增益起伏≤1dB。

③ 最大增益≥40dB，增益调节范围 10dB～40dB (增益值 6 级可调，步进间隔 6dB，增益预置值与实测值误差的绝对值≤2dB)，需显示预置增益值。

④ 最大输出电压有效值≥3V，数字显示输出正弦电压有效值。

⑤ 自制放大器所需的稳压电源。

(2) 发挥部分

① 最大输出电压有效值≥6V。

② 最大增益≥58dB (3dB 通频带 10kHz～6MHz，在 20kHz～5MHz 频带内增益起伏≤1dB)，增益调节范围 10dB～58dB (增益值 9 级可调，步进间隔 6dB，增益预置值与实测值误差的绝对值≤2dB)，需显示预置增益值。

③ 增加自动增益控制 (AGC) 功能，AGC 范围≥20dB，在 AGC 稳定范围内输出电压有效值应稳定在 4.5V≤U_o≤5.5V 内 (详见下面的“说明 4”)。

④ 输出噪声电压峰-峰值 U_{oN} ≤0.5V。

⑤ 进一步扩展通频带、提高增益、提高输出电压幅度、扩大 AGC 范围、减小增益调节步进间隔。

⑥ 其他。

3. 说明

(1) 基本要求部分第③项和发挥部分第②项的增益步进级数对照表如下所示：

增益步进级数	1	2	3	4	5	6	7	8	9
预置增益值/dB	10	16	22	28	34	40	46	52	58

(2) 发挥部分第④项的测试条件为：输入交流短路，增益为 58dB。

(3) 宽带放大器幅频特性测试框图如图 8.3.14 所示。

(4) AGC 电路常用在接收机的中频或视频放大器中，其作用是当输入信号较强时，使放大器增益自动降低；当信号较弱时，又使其增益自动增高，从而保证在 AGC 作用范围内输出电压的均匀性，故 AGC 电路实质是一个负反馈电路。

发挥部分第④项中涉及的 AGC 功能的放大器的折线化传输特性示意图如图 8.3.15 所示。本题定义：AGC 范围=$20\log[U_{S2}/U_{S1}]-20\log[U_{oH}/U_{oL}]$ (dB)；要求输出电压有效值稳定在 4.5V≤U_o≤5.5V 范围内，即 U_{oL}≥4.5V，U_{oH}≤5.5V。

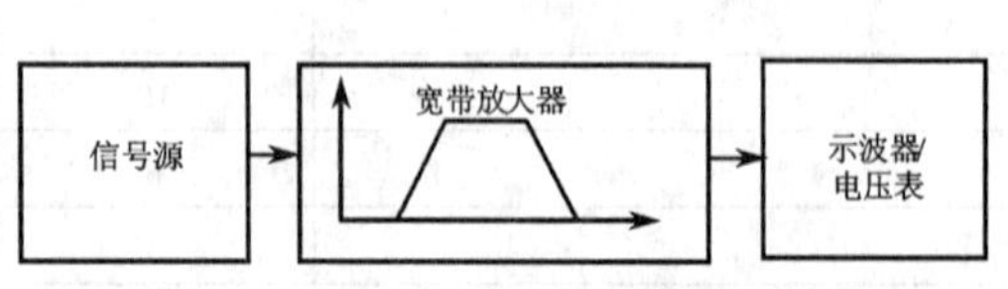

图 8.3.14　宽带放大器幅频测试框图

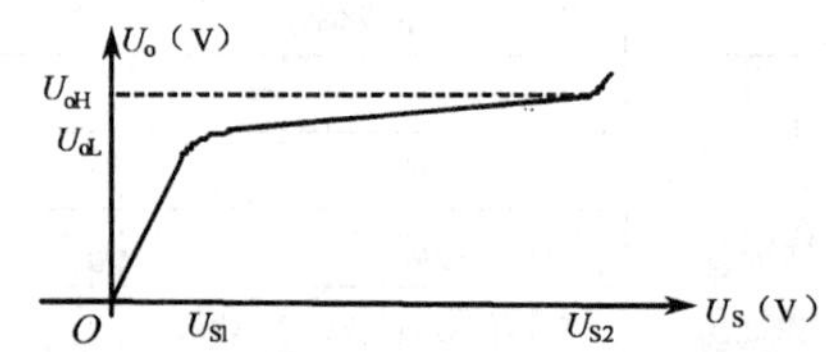

图 8.3.15　AGC 功能放大器折线化传输特性示意图

4．评分标准

	项　目	满　分
基本要求	设计与总结报告：方案比较、设计与论证、理论分析与计算、电路图及有关设计文件、测试方法与仪器、测试数据及测试结果分析	30
	实际完成情况	40
发挥部分	完成第①项	5
	完成第②项	10
	完成第③项	5
	完成第④项	1
	完成第⑤项	6
	其他	3

题目 5：宽带直流放大器

1．任务

设计并制作一个宽带直流放大器及所用的直流稳压电源。

2．要求

(1) 基本要求

① 电压增益 A_U≥40dB，输入电压有效值 V_i≤20mV。A_U 可在 0～40dB 范围内手动连续调节。

② 最大输出电压正弦波有效值 V_o≥2V，输出信号波形无明显失真。

③ 3dB 通频带 0～5MHz;在 0～4MHz 通频带内增益起伏≤1dB。

④ 放大器的输入电阻≥50W，负载电阻(50±2)W。

⑤ 设计并制作满足放大器要求所用的直流稳压电源。

(2) 发挥部分

① 最大电压增益 A_U≥60dB，输入电压有效值 V_i≤10mV。

② 在 A_U=60dB 时，输出端噪声电压的峰-峰值 V_{ONPP}≤0.3V。

③ 3dB 通频带 0～10MHz；在 0～9MHz 通频带内增益起伏≤1dB。

④ 最大输出电压正弦波有效值 V_o≥10V，输出信号波形无明显失真。

⑤ 进一步降低输入电压提高放大器的电压增益。

⑥ 电压增益 A_U 可预置并显示，预置范围为 0～60dB，步距为 5dB(也可以连续调节)；放大器的带宽可预置并显示(至少 5MHz、10MHz 两点)。

⑦ 其他(例如降低放大器的制作成本，提高电源效率，改善放大器性能的其他措施等)。

3．说明

(1)宽带直流放大器幅频特性示意图如图 8.3.16 所示。

(2) 负载电阻应预留测试用检测口和明显标志，如不符合(50±2)W 的电阻值要求，则酌情扣除最大输出电压有效值项的所得分数。

(3) 放大器要留有必要的测试点。建议的测试框图如图 8.3.17 所示，可采用信号发生器与示波器/交、直流电压表组合的静态法或扫频仪进行幅频特性测量。

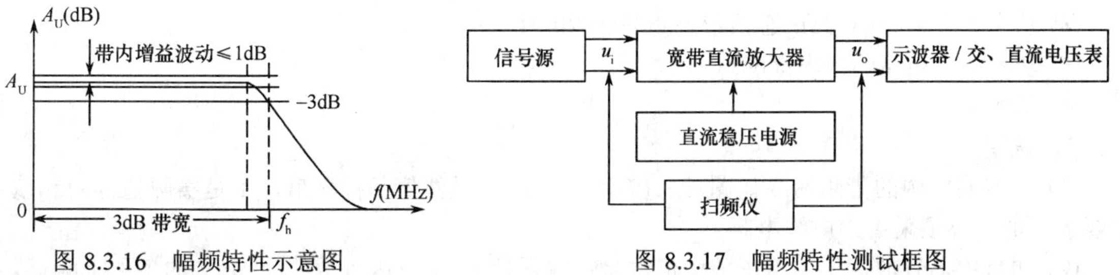

图 8.3.16　幅频特性示意图　　图 8.3.17　幅频特性测试框图

4．评分标准

	项　　目	满　　分
基本要求	设计与总结报告：方案比较、设计与论证、理论分析与计算、电路图及有关设计文件、测试方法与仪器、测试数据及测试结果分析	30
	实际完成情况	40
发挥部分	完成第①项	7
	完成第②项	3
	完成第③项	7
	完成第④项	4
	完成第⑤项	3
	完成第⑥项	3
	其他	3

题目 6：数字幅频均衡功率放大器

1．任务

设计并制作一个数字幅频均衡功率放大器。该放大器包括前置放大、带阻网络、数字幅频均衡和低频功率放大电路，其组成框图如图 8.3.18 所示。

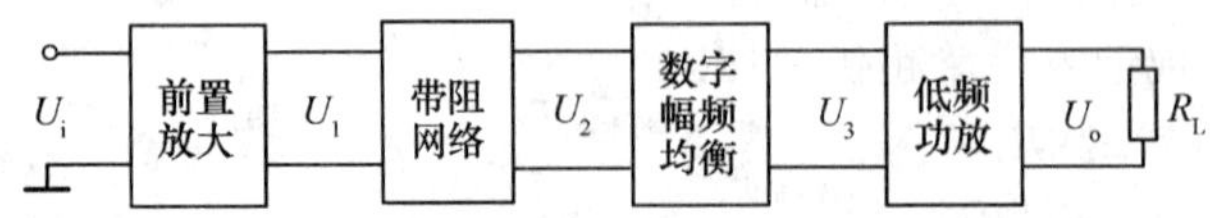

图 8.3.18　数字幅频均衡功率放大器组成框图

2．要求

(1) 基本要求

① 前置放大电路要求

● 小信号电压放大倍数不小于 400 倍(输入正弦信号电压有效值小于 10mV)。

● -1dB 通频带为 20Hz～20kHz。

● 输出电阻为 600W。

② 制作带阻网络对前置放大电路输出信号 U_1 进行滤波，以 10kHz 时输出信号 U_2 电压幅度为基准，要求最大衰减≥10dB。带阻网络具体电路见题目说明(1)。

③ 应用数字信号处理技术，制作数字幅频均衡电路，对带阻网络输出的 20Hz～20kHz 信号进行幅频均衡。要求：

● 输入电阻为 600W；

● 经过数字幅频均衡处理后，以 10kHz 时输出信号 U_3 电压幅度为基准，通频带 20Hz～20kHz 内的电压幅度波动在±1.5dB 以内。

(2) 发挥部分

制作功率放大电路，对数字均衡后的输出信号 U_3 进行功率放大，要求末级功放管采用分立的大功率 MOS 晶体管。

① 当输入正弦信号 U_i 电压有效值为 5mV、功率放大器接 8W 电阻负载(一端接地)时，要求输出功率≥10W，输出电压波形无明显失真。

② 功率放大电路的-3dB 通频带为 20Hz～20kHz。

③ 功率放大电路的效率≥60%。

④ 其他。

3．说明

(1) 基本要求中的带阻网络如图 8.3.19 所示。图中元件值是标称值，不是实际值，对精度不作要求，电容必须采用铝电解电容。

(2) 题目中前置放大电路电压放大倍数是在输入信号 U_i 电压有效值为 5mV 的条件下测试。

(3) 发挥部分中的功率放大电路不得使用 MOS 集成功率模块。

(4) 题目中功率放大电路的效率定义为：功率放大电路输出功率与其直流电源供给功率之比，电路中应预留测试端子，以便测试直流电源供给功率。

(5) 设计报告正文中应包括系统总体框图、核心电路原理图、主要流程图、主要的测试结果。完整的电路原理图、重要的源程序用附件给出。

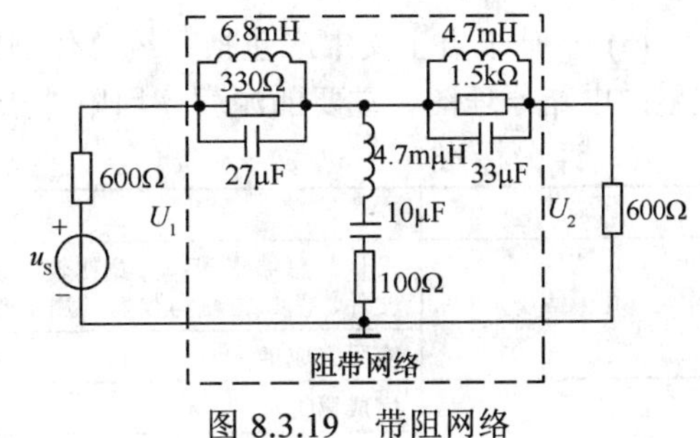

图 8.3.19 带阻网络

4．评分标准

	项　目	满　分
基本要求	设计与总结报告：方案比较、设计与论证、理论分析与计算、电路图及有关设计文件、测试方法与仪器、测试数据及测试结果分析	30
	实际完成情况	40
发挥部分	完成第①项	8
	完成第②项	8
	完成第③项	12
	其他	2

题目 7：低频功率放大器

1．任务

设计并制作一个低频功率放大器，要求末级功放管采用分立的大功率 MOS 晶体管。

2．要求

(1) 基本要求

① 当输入正弦信号电压有效值为 5mV 时，在 8Ω 电阻负载(一端接地)上，输出功率≥5W，输出波形无明显失真。

② 通频带为 20Hz～20kHz。

③ 输入电阻为 600Ω。

④ 输出噪声电压有效值 U_{0N}≤5mV。

⑤ 尽可能提高功率放大器的整机效率。

⑥ 具有测量并显示低频功率放大器输出功率（正弦信号输入时）、直流电源的供给功率和整机效率的功能，测量精度优于 5%。

(2) 发挥部分

① 低频功率放大器通频带扩展为 10Hz～50kHz。

② 在通频带内低频功率放大器失真度小于 1%。

③ 在满足输出功率≥5W、通频带为 20Hz～20kHz 的前提下，尽可能降低输入信号幅度。

④ 设计一个带阻滤波器，阻带频率范围为 40～60Hz。在 50Hz 频率点输出功率衰减≥6dB。

⑤ 其他。

3．说明

(1) 不得使用 MOS 集成功率模块。

(2) 本题目输出噪声电压定义为输入端接地时，在负载电阻上测得的输出电压，测量时使用带宽为 2MHz 的毫伏表。

(3) 本题目功率放大电路的整机效率定义为：功率放大器的输出功率与整机的直流电源供给功率之比。电路中应预留测试端子，以便测试直流电源供给功率。

(4) 发挥部分④制作的带阻滤波器通过开关接入。

(5) 设计报告正文中应包括系统总体框图、核心电路原理图、主要流程图、主要的测试结果。完整的电路原理图、重要的源程序用附件给出。

4．评分标准

	项　目	满　分
基本要求	设计与总结报告：方案比较、设计与论证、理论分析与计算、电路图及有关设计文件、测试方法与仪器、测试数据及测试结果分析	30
	实际完成情况	40
发挥部分	完成第①项	6
	完成第②项	6
	完成第③项	8
	完成第④项	6
	其他	4

题目 8：LC 谐振放大器

1．任务

设计并制作一个LC谐振放大器。

2．要求

设计并制作一个低压、低功耗 LC 谐振放大器；为便于测试，在放大器的输入端插入一个 40dB 固定衰减器。电路框图如图 8.3.20 所示。

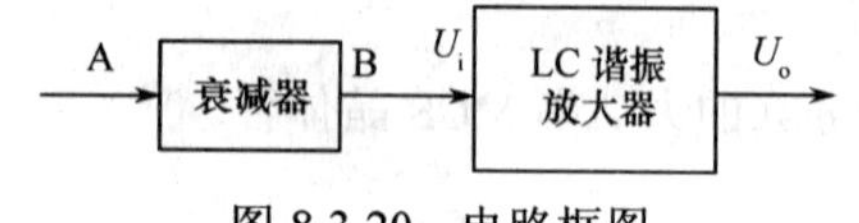

图 8.3.20　电路框图

(1) 基本要求

① 衰减器指标：衰减量 40±2dB，特性阻抗 50Ω，频带与放大器相适应。

② 放大器指标：

- 谐振频率：f_0 =15MHz；允许偏差±100kHz；
- 增益：不小于 60dB；
- −3dB 带宽：$2\Delta f_{0.7}$ =300kHz；带内波动不大于 2dB；
- 输入电阻：R_{in}=50Ω；
- 失真：负载电阻为 200Ω，输出电压 1V 时，波形无明显失真。

③ 放大器使用 3.6V 稳压电源供电。最大不允许超过 360mW，尽可能减小功耗。

(2) 发挥部分

① 在−3dB 带宽不变条件下，提高放大器增益到大于等于 80dB。

② 在最大增益情况下，尽可能减小矩形系数 K0.1。

③ 设计一个自动增益控制（AGC）电路。AGC 控制范围大于 40dB。AGC 控制范围为 $20\lg(U_{omin}/U_{imin})-20\lg(U_{omax}/U_{imax})$（dB）。

④ 其他。

3．说明

(1) 图 8.3.21 是 LC 谐振放大器的典型特性曲线，矩形系数 $K_{0.1}=\dfrac{2\Delta f_{0.1}}{2\Delta f_{0.7}}$。

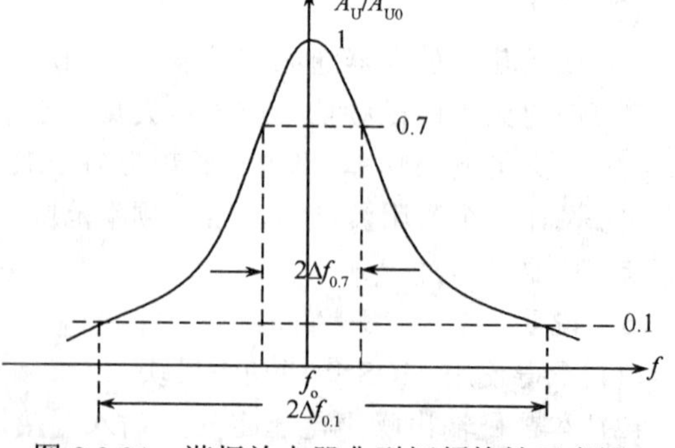

图 8.3.21　谐振放大器典型幅频特性示意图

(2) 放大器幅频特性应在衰减器输入端信号小于 5mV 时测试（这时谐振放大器的输入 U_i<50μV）。所有项目均在放大器输出接 200Ω 负载电阻条件下测量。

(3) 功耗的测试：应在输出电压为 1V 时测量。

(4) 所有电压值均为有效值。

4．评分标准

	项　目	满　分
基本要求	设计与总结报告：方案比较、设计与论证、理论分析与计算、电路图及有关设计文件、测试方法与仪器、测试数据及测试结果分析	30
	实际完成情况	40
发挥部分	完成第①项	6
	完成第②项	6
	完成第③项	8
	完成第④项	6
	其他	4

8.3.4　有关电参量测量和电子仪器的课题

题目 1：简易电阻、电容、电感测试仪

1．任务

设计并制作一台数字显示的电阻、电容和电感参数测试仪，示意框图如图 8.3.22 所示。

2．要求

(1) 基本要求

① 测量范围：电阻 100Ω～1MΩ；电容 100～10000pF；电感 100μH～10mH。

② 测量精度：±5%。

③ 制作 4 位数码管显示器，显示测量数值，并用发光二极管分别指示所测元件的类型和单位。

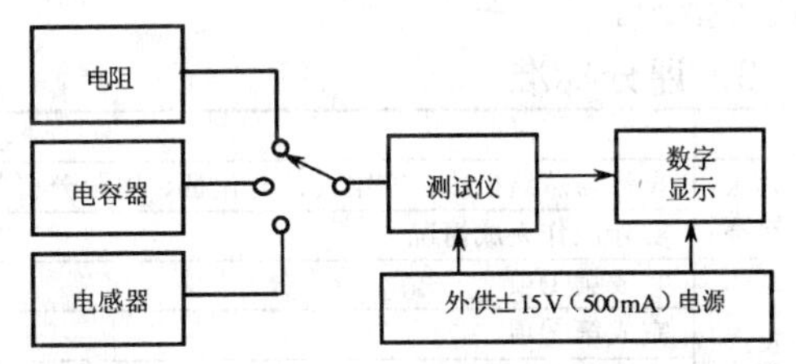

图 8.3.22　电阻、电容、电感参数测试仪示意框图图

(2) 发挥部分

① 扩大测量范围。

② 提高测量精度。

③ 测量量程自动转换。

3．评分标准

	项　目	满　分
基本要求	设计与总结报告：方案设计与论证、理论计算与分析、电路图、测试方法与数据、结果分析	30
	实际制作完成情况	40
发挥部分	完成第①项	6
	完成第②项	6
	完成第③项	8
	特色与创新	10

题目 2：简易数字频率计

1．任务

设计并制作一台数字显示的简易频率计。

2．要求

(1) 基本要求

① 频率测量

- 测量范围。信号：方波、正弦波；幅度：0.5～5V；频率：1Hz～1MHz
- 测量误差≤0.1%

② 周期测量

● 测量范围。信号：方波、正弦波；幅度：0.5～5V；频率：1～1MHz

● 测量误差≤0.1%

③ 脉冲宽度测量

● 测量范围。信号：脉冲波；幅度：0.5～5V；脉冲宽度≥100μs

● 测量误差≤1%

④ 显示器：十进制数字显示，显示刷新时间 1～10s 连续可调，对上述三种测量功能分别用不同颜色的发光二极管指示。

⑤ 具有自校功能，时标信号频率为 1MHz。

⑥ 自行设计并制作满足本设计任务要求的稳压电源。

(2) 发挥部分

① 扩展频率测量范围为 0.1Hz～10MHz (信号幅度 0.5～5V)，测量误差降低为 0.01% (最大闸门时间≤10s)。

② 测量并显示周期脉冲信号 (幅度 0.5～5V，频率 1～1kHz) 的占空比，占空比变化范围为 10%～90%，测量误差≤1%。

③ 在 1Hz～1MHz 范围内及测量误差≤1%的条件下，进行小信号的频率测量，提出并实现抗干扰的措施。

3. 评分标准

	项　目	满　分
基本要求	设计与总结报告：方案设计与论证、理论分析与计算、电路图、测试方法与数据、对测试结果的分析	30
	实际制作完成情况	40
发挥部分	完成第①项	7
	完成第②项	7
	完成第③项	10
	特色与创新	6

题目 3：数字式工频有效值多用表

1. 任务

设计并制作一个能同时对一路工频交流电 (频率波动范围为 50Hz±1Hz，有失真的正弦波) 的电压有效值、电流有效值、有功功率、无功功率、功率因数进行测量的数字式多用表，其框图如图 8.3.23 所示。

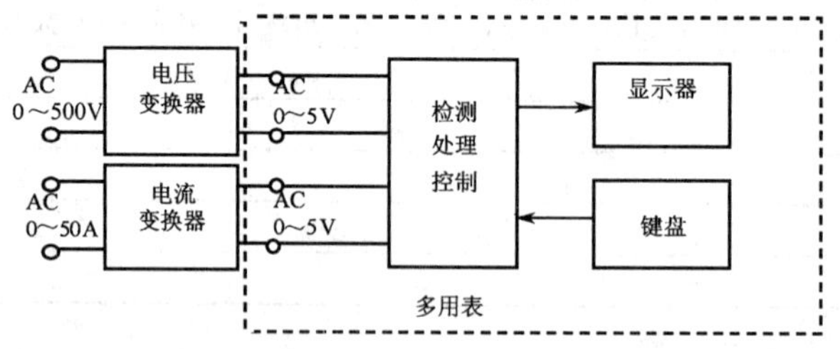

图 8.3.23　工频有效值多用表框图

2. 要求

(1) 基本要求

① 测量功能及量程范围。

● 交流电压：0～500V

● 有功功率：0～25kW

● 无功功率：0～25kVAR

● 功率因数 (有功功率/视在功率)：0～1

为便于本试题的设计与制作，设定待测 0～500V 的交流电压、0～50A 的交流电流均已经相应的变换器转换为 0～5V 的交流电压。

② 准确度。

- 显示为 $3\frac{4}{5}$ 位 (0.000～4.999)，有过量程指示
- 交流电压和交流电流：± (0.8%读数+5 个字)，如当被测电压为 300V 时，读数误差应小于 ± (0.8%×300V+0.5V) = ±2.9V
- 有功功率和无功功率：± (1.5%读数+8 个字)
- 功率因数：±0.01

③ 功能选择：用按键选择交流电压、交流电流、有功功率、无功功率和功率因数的测量与显示。

(2) 发挥部分

① 用按键选择电压基波及总谐波的有效值测量与显示。

② 具有量程自动转换功能，当变换器输出的电压值小于 0.5V 时，能自动提高分辨力达 0.01V。

③ 用按键控制实现交流电压、交流电流、有功功率、无功功率在测试过程中的最大值、最小值测量。

④ 其他 (如扩展功能，提高性能)。

3．说明

(1) 调试时可用函数发生器输出的正弦信号电压作为一路交流电压信号；再经移相输出代表同一路的电流信号。

(2) 检查交流电压、交流电流有效值测量功能时，可采用函数发生器输出的对称方波信号。电压基波、谐波的测试可用函数发生器输出的对称方波作为标准信号，测试结果应与理论值进行比较分析。

4．评分标准

	项　　目	满分
基本要求	设计与总结报告：方案设计与论证、理论分析与计算、电路图、测试方法与数据、对测试结果的分析	30
	实际制作完成情况	40
发挥部分	完成第①项	9
	完成第②项	9
	完成第③项	7
	完成第④项	5

题目 4：频率特性测试仪

1．任务

设计并制作一个频率特性测试系统，包含测试信号源、被测网络、检波及显示三部分，其组成框图如图 8.3.24 所示。

2．要求

(1) 基本要求

① 制作幅频特性测试仪

- 频率范围：100Hz～100kHz
- 频率步进：10Hz
- 频率稳定度：10^{-4}
- 测量精度：5%

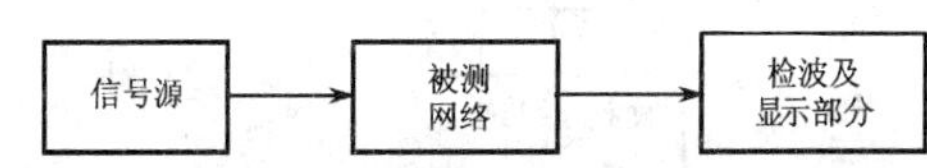

图 8.3.24　频率测试系统框图

- 能在全频范围和特定频率范围内自动步进测量，可手动预置测量范围及步进频率值
- LED 显示，频率显示为 5 位，电压显示为 3 位，并能打印输出

② 制作一被测网络

- 电路形式：阻容双 T 网络
- 中心频率：5kHz
- 带宽：±50Hz
- 计算出网络的幅频和相频特性，并绘制相位曲线
- 用所制作的幅频特性测试仪测试自制的被测网络的幅频特性

(2) 发挥部分

① 制作相频特性测试仪

- 频率范围：500Hz～10kHz
- 相位度数显示：相位值显示为三位，另以一位做符号显示
- 测量精度：3°

② 用示波器显示幅频特性

③ 在示波器上同时显示幅频特性和相频特性

④ 其他

3．说明

发挥部分第②项和第③项均用所制作的频率特性测试仪测试自制的被测网络的幅频特性和相频特性。

4．评分标准

	项　目	满分
基本要求	设计与总结报告：方案设计与论证、理论分析与计算、电路图、测试方法与数据、对测试结果的分析	35
	实际制作完成情况	35
发挥部分	完成第①项	15
	完成第②项	5
	完成第③项	5
	完成第④项	5

题目 5：低频数字式相位测试仪

1．任务

设计并制作一个低频相位测量系统，包括相位测量仪、数字式移相信号发生器和移相网络三部分，示意图如图 8.3.25 所示。

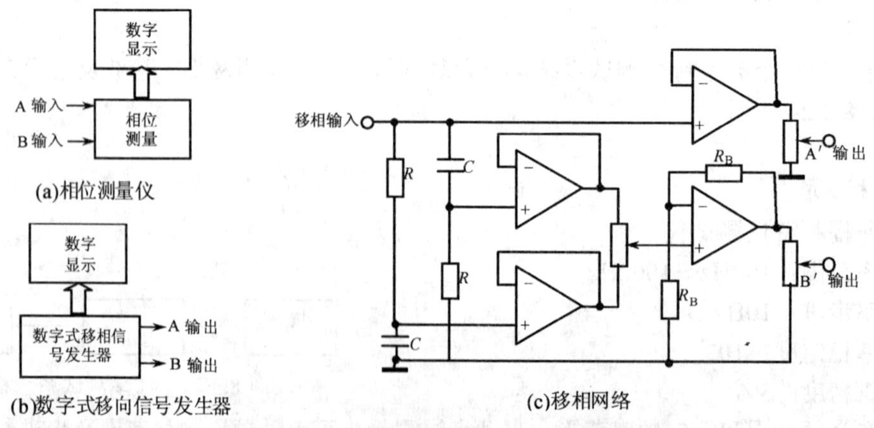

图 8.3.25　低频相位测量系统示意图

2. 要求

(1) 基本要求

① 设计并制作一个相位测量仪 [参见图 8.3.25 (a)]

● 频率范围：20Hz～20kHz

● 相位测量仪的输入阻抗≥100kΩ

● 允许两路输入正弦信号峰–峰值可分别在 1～5V 范围内变化

● 相位测量绝对误差≤2°

● 具有频率测量及数字显示功能

● 相位差数字显示：相位读数为 0～359.9°，分辨率为 0.1°

② 参考图 8.3.25 (c) 制作一个移相网络

● 输入信号频率：100Hz，1kHz，10kHz

● 连续相移范围：–45° ～+45°

● A'，B'输出的正弦信号峰–峰值可分别在 0.3～5V 范围内变化

(2) 发挥部分

① 设计并制作一个数字式移相信号发生器 [见图 8.3.25 (b)]，用以产生相位测量仪所需的输入正弦信号，要求：

● 频率范围：20Hz～20kHz，频率步进为 20Hz，输出频率可预置

● A，B 输出的正弦信号峰–峰值可分别在 0.3～5V 范围内变化

● 相位差范围为 0～359° ，相位差步进为 1° ，相位差值可预置

● 数字显示预置的频率、相位差值

② 在保持相位测量仪测量误差和频率范围不变的条件下，扩展相位测量仪输入正弦电压峰–峰值至 0.3～5V 范围。

③ 用数字移相信号发生器校验相位测量仪，自选几个频点、相位差值和不同幅度进行校验。

④ 其他。

3. 说明

(1) 移相网络的器件和元件参数自行选择，也可以自行设计不同于图 8.3.25 (b) 的移相网络。

(2) 在基本要求第②项中，当输入信号频率不同时，允许切换移相网络中的元件。

(3) 相位测量仪和数字移相信号发生器互相独立，不允许公用控制与显示电路。

4. 评分标准

	项　目	满　分
基本要求	设计与总结报告：方案比较、设计与论证、理论分析与计算、电路图及有关设计文件、测试方法与仪器、测试数据及测试结果分析	30
	实际制作完成情况	40
发挥部分	完成第①项	10
	完成第②项	5
	完成第③项	10
	其他	5

题目 6：集成运放参数测试仪

1. 任务

设计制作一台能测试通用型集成运算放大器参数的测试仪，示意图如图 8.3.26 所示。

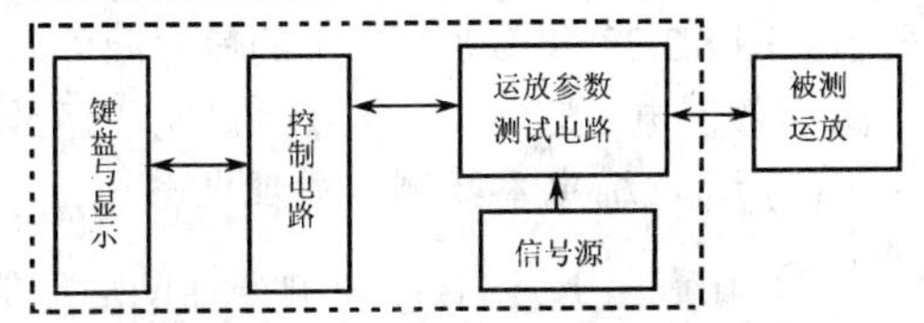

图 8.3.26　运放参数测试仪示意图

2. 要求

(1) 基本要求

① 能测试 U_{I0} (输入失调电压)，I_{I0} (输入失调电流)，A_{UD} (交流差模开环电压增益) 和 K_{CMR} (交流共模抑制比) 四项基本参数，显示器最大显示数为 3999。

② 各项被测参数的测量范围及精度如下 (被测运放的工作电压为±15V)：

U_{I0}：测量范围为 0～40mV (量程为 4～40mV)，误差绝对值小于 3%读数+1 个字

I_{I0}：测量范围为 0～4μA (量程为 0.4～4μA)，误差绝对值小于 3%读数+1 个字

A_{UD}：测量范围为 60～120dB，测试误差绝对值小于 3dB

K_{CMR}：测量范围为 60～120dB，测试误差绝对值小于 3dB

③ 测试仪中的信号源 (自制) 用于 AUD，KCMR 参数的测量，要求信号源能输出频率为 5Hz，输出电压有效值为 4V 的正弦信号，频率与电压误差绝对值均小于 1%。

④ 按照下面的“附录”提供的符合 GB3442-82 的测试原理 (参见图 8.3.27 至图 8.3.29)，再制作一组符合该标准的测试 U_{I0}，I_{I0}，A_{UD} 和 K_{CMR} 参数的测试电路，以此测试电路的测试结果作为测试标准，对制作的运放参数测试仪进行标定。

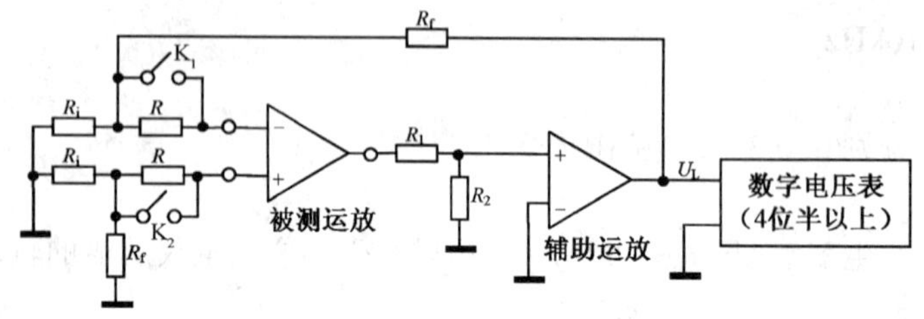

图 8.3.27　U_{I0}，I_{I0} 测试原理图

(2) 发挥部分

① 增加电压模运放 BW_G (单位增益带宽) 参数测量功能，要求测量频率范围为 100kHz～3.5MHz，测量时间≤10s，频率分辨力为 1kHz。

为此设计并制作一个扫频信号源，要求输出频率范围为 40kHz～4MHz，频率误差绝对值小于 1 %；输出电压的有效值为 2V±0.2V。

② 增加自动测量 (含自动量程转换) 功能。该功能启动后，能自动按 U_{I0}，I_{I0}，A_{UD}，K_{CMR} 和 BW_G 的顺序测量、并显示打印上述 5 个参数的测量结果。

③ 其他。

3．说明

(1) 为了制作方便，被测运放的型号选定为 8 引脚双列直插的电压模运放 F741 (LM741，μA741，F007 等) 通用型运算放大器。

(2) 为了测试方便，自制的信号源应预留测量端子。

4．评分标准

	项　目	满　分
基本要求	设计与总结报告：方案比较、设计与论证、理论分析与计算、电路图及有关设计文件、测试方法与仪器、测试数据及测试结果分析	30
	实际制作完成情况	40
发挥部分	完成第①项	15
	完成第②项	10
	其他	5

5．附录

参照 GB3442-82 标准，U_{I0}，I_{I0}，A_{UD} 和 K_{CMR} 参数的测试原理图分别如图 8.3.27 至图 8.3.29 所示。图 8.3.28 和图 8.3.29 中的信号源可采用现成的信号源。为了保证测试精度，外接测试仪表 (信号源和数字电压表) 的精度应比自制的运放参数测试仪的精度高一个数量级。

(1) U_{I0}，I_{I0} 电参数测试原理电路图

① 在 K_1，K_2 闭合时，测得辅助运放的输出电压记为 U_{L0}，则有：$U_{I0}=\dfrac{R_i}{R_i+R_f}U_{L0}$

② 在 K_1，K_2 闭合时，测得辅助运放的输出电压记为 U_{L0}，在 K_1，K_2 断开时，测得辅助运放

的输出电压记为 U_{L1}，则有：$I_{I0}=\dfrac{R_i}{R_i+R_f}\cdot\dfrac{U_{L1}-U_{L0}}{R}$

(2) A_{UD} 电参数的测试原理与测试原理图如图 8.3.28 所示。

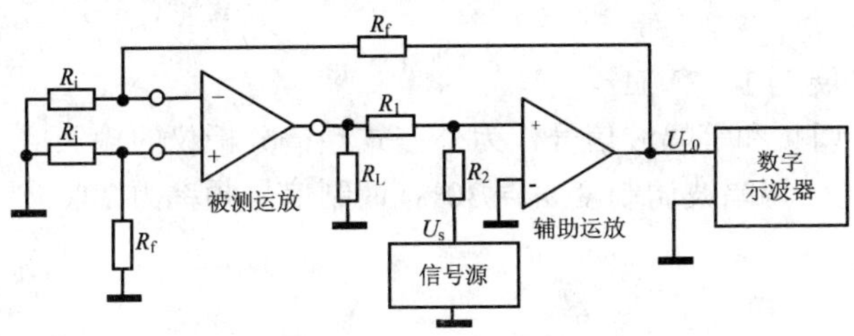

图 8.3.28　A_{UD} 测试原理图

设信号源输出电压为 U_s，测得辅助运放输出电压为 U_{L0}，则有

$$A_{UD}=20\lg\left(\frac{U_s}{U_{L0}}\cdot\frac{R_i+R_f}{R_i}\right)(\mathrm{dB})$$

(3) K_{CMR} 电参数的测试原理与测试原理图如图 8.3.29 所示。

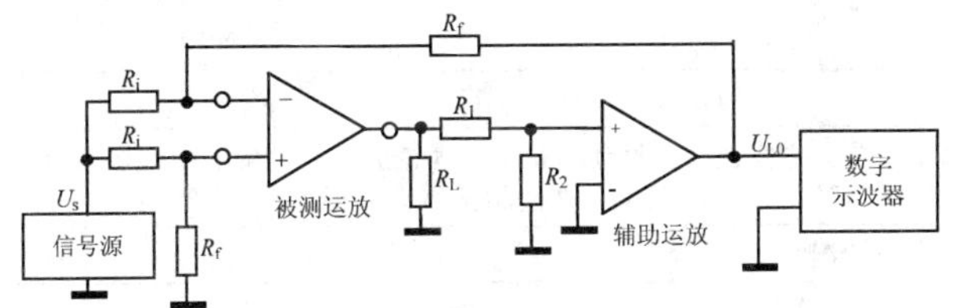

图 8.3.29　K_{CMR} 测试原理图

设信号源输出电压为 U_s，测得辅助运放的输出电压为 U_{L0}，则有

$$K_{CMR}=20\lg\left(\frac{U_s}{U_{L0}}\cdot\frac{R_i+R_f}{R_i}\right)(\mathrm{dB})$$

(4) 说明

① 测试采用了辅助放大器测试方法。要求辅助运放的开环增益大于 60dB，输入失调电压和失调电流小。

② 为保证测试精度，要求对 R，R_i，R_f 的阻值准确测量，R_1，R_2 的阻值尽可能一致；I_{I0} 与 R 的乘积远大于 U_{I0}；I_{I0} 与 $R_i//R_f$ 的乘积应远大于 U_{I0}。测试电路中的电阻值建议取 $R_i=100\Omega$，$R_f=20\sim100\mathrm{k}\Omega$，$R_1=R_2=30\mathrm{k}\Omega$，$R_L=10\mathrm{k}\Omega$，$R=1\mathrm{M}\Omega$。

③ 建议图 8.3.27 和图 8.3.28 中使用的信号源输出为正弦波信号，频率为 5Hz，输出电压有效值为 4V。

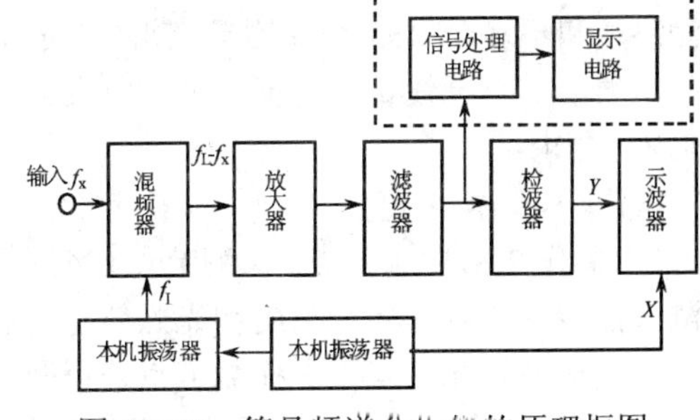

图 8.3.30　简易频谱分析仪的原理框图

题目 7：简易频谱分析仪

1．任务

采用外差原理设计并实现频谱分析仪，其参考原理框图如图 8.3.30 所示。

2．要求

(1) 基本要求

① 频率测量范围为 10～30MHz。

② 频率分辨力为 10kHz，输出信号电压有效值为 20mV±5mV，输入阻抗为 50Ω。

③ 可设置中心频率和扫频宽度。

④ 借助示波器显示被测信号的频谱图，并在示波器上标出间隔为 1MHz 的频标。

(2) 发挥部分

① 频率测量范围扩展至 1～3MHz。

② 具有识别调幅、调频和等幅波信号作为外差式频谱分析仪的输入信号，载波可选择在频率测量范围内的任意频率值，调幅波调制度 $m_a=30\%$，调制信号频率为 20kHz；调频波频偏为 20kHz，调制信号频率为 1kHz。

③ 其他。

3．说明

(1) 原理框图中虚线框内的“信号处理电路”和“显示电路”两模块适用于发挥部分第②项，可以采用模拟或数字方式实现。

(2) 制作与测试过程中，该频谱分析仪对电压值的标定采用对比法，即首先输入幅度为已知的正弦信号 (如电压有效值 20mV，频率为 10MHz 的正弦信号)，以其在原理框图中示波器纵轴显示的高度确定该频谱分析仪的电压标尺。

4．评分标准

	项　　目	满　　分
基本要求	设计与总结报告：方案比较、设计与论证、理论分析与计算、电路图及有关设计文件、测试方法与仪器、测试数据及测试结果分析	30
	实际制作完成情况	40
发挥部分	完成第①项	12
	完成第②项	12
	其他	6

题目 8：无线环境监测模拟装置

1．任务

设计并制作一个无线环境监测模拟装置，实现对周边温度和光照信息的探测。该装置由 1 个监测终端和不多于 255 个探测节点组成(实际制作 2 个)。监测终端和探测节点均含一套无线收发电路，要求具有无线传输数据功能，收发公用一个天线。

2．要求

(1) 基本要求

① 制作 2 个探测节点。探测节点有编号预置功能，编码预置范围为 00000001B～11111111B。探测节点能够探测其环境温度和光照信息。温度测量范围为 0～100℃，绝对误差小于 2℃；光照信息仅要求测量光的有无。探测节点采用两节 1.5V 干电池串联，单电源供电。

② 制作 1 个监测终端，用外接单电源供电。探测节点分布示意图如图 8.3.31 所示。监测终端可以分别与各探测节点直接通信，并能显示当前能够通信的探测节点编号及其探测到的环境温度和光照信息。

③ 无线环境监测模拟装置的探测时延不大于 5s，监测终端天线与探测节点天线的距离 D 不小于 10cm。在 0～10cm 距离内，各探测节点与监测终端应能正常通信。

(2) 发挥部分

① 每个探测节点增加信息的转发功能，节点转发功能示意图如图 8.3.32 所示。即探测节点 B 的探测信息，能自动通过探测节点 A 转发，以增加监测终端与节点 B 之间的探测距离 $D+D_1$。该转发功能应自动识别完成，无须手动设置，且探测节点 A、B 可以互换位置。

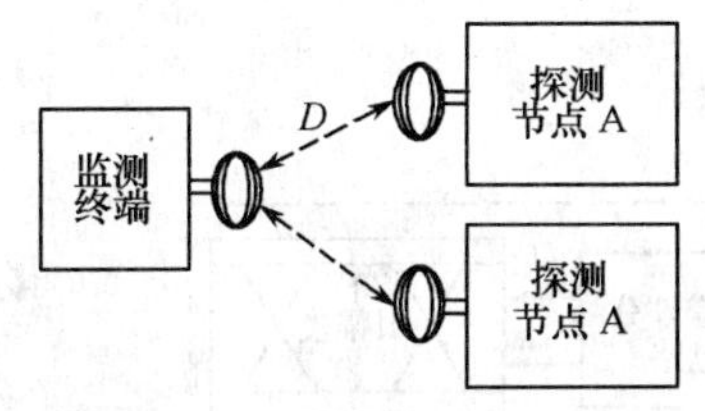

图 8.3.31　探测节电分布示意图

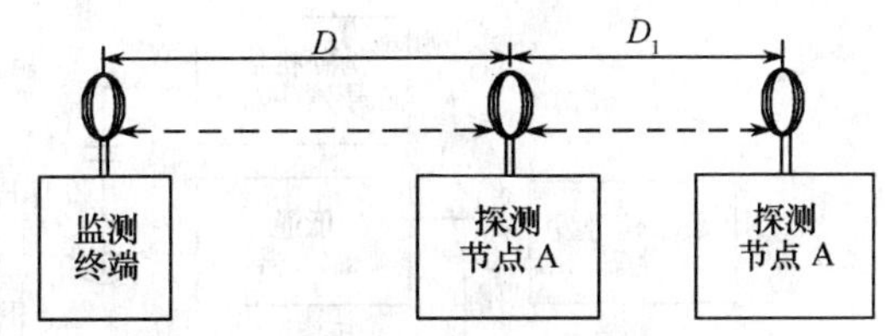

图 8.3.32　节点转发功能示意图

② 在监测终端电源供给功率≤1W，无线环境监测模拟装置探测时延不大于 5s 的条件下，使探测距离 $D+D_1$ 达到 50cm。

③ 尽量降低各探测节点的功耗，以延长干电池的供电时间。各探测节点应预留干电池供电电流的测试端子。

④其他。

3．说明

(1) 监测终端和探测节点所用天线为圆形空芯线圈，用直径不大于 1mm 的漆包线或有绝缘外皮的导线密绕 5 圈制成。线圈直径为(3.4±0.3)cm(可用一号电池作为骨架)。天线线圈间的介质为空气。无线传输载波频率低于 30MHz，调制方式自定。监测终端和探测节点不得使用除规定天线外的其他耦合方式。无线收发电路需自制，不得采用无线收、发成品模块。光照有无的变化，采用遮挡光电传感器的方法实现。

(2) 发挥部分须在基本要求的探测时延和探测距离达到要求的前提下实现。

(3) 测试各探测节点的功耗采用图 8.3.32 所示的节点分布图，保持距离 $D+D_1$=50cm，通过测量探测节点 A 干电池供电电流来估计功耗。电流测试电路如图 8.3.33 所示。图中，电容 C 为滤波电容，电流表采用 3 位半数字万用表直流电流挡，读正常工作时的最大显示值。如果 $D+D_1$ 达不到 50cm，此项目不进行测试。

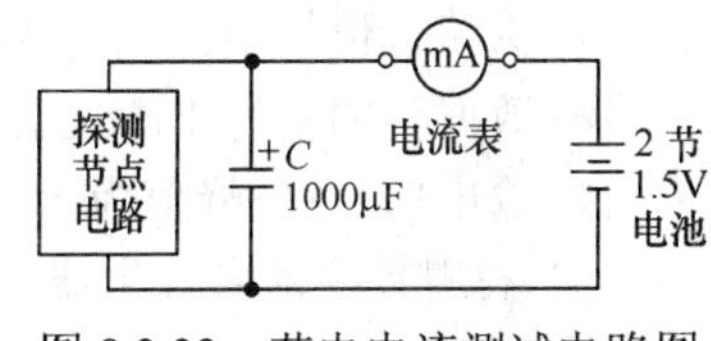

图 8.3.33　节电电流测试电路图

(4) 设计报告正文中应包括系统总体框图、核心电路原理图、主要流程图、主要的测试结果。完整的电路原理图、重要的源程序用附件给出。

4．评分标准

	项　目	满　分
基本要求	设计与总结报告：方案比较、设计与论证、理论分析与计算、电路图及有关设计文件、测试方法与仪器、测试数据及测试结果分析	30
	实际制作完成情况	40
发挥部分	完成第①项	12
	完成第②项	9
	完成第③项	6
	其他	3

题目 9：简易数字信号传输性能分析仪

1．任务

设计一个简易数字信号传输性能分析仪，实现数字信号传输性能测试；同时，设计三个低通滤波器和一个伪随机信号发生器用来模拟传输信道。

简易数字信号传输性能分析仪的框图如图 8.3.34 所示。图中，U_1 和 U_1-clock 是数字信号发生器产生的数字信号和相应的时钟信号；U_2 是经过滤波器滤波后的输出信号；U_3 是伪随机信号发生器产生的伪随机信号；U_{2a} 是 U_2 信号与经过电容 C 的 U_3 信号之和，作为数字信号分析电路的输入信号；U_4 和 $U_{4\text{-syn}}$ 是数字信号分析电路输出的信号和提取的同步信号。

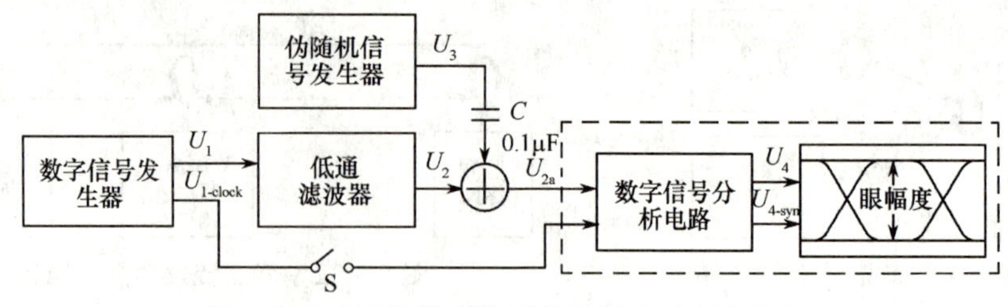

图 8.3.34　简易数字信号传输性能分析仪框图

2．要求

(1) 基本要求

① 设计并制作一个数字信号发生器：

● 数字信号 U_1 为 $f_1(x)=1+x^2+x^3+x^4+x^8$ 的 m 序列，其时钟信号为 $U_{1\text{-clock}}$；

● 数据率为 10～100kbps，按 10kbps 步进可调。数据率误差绝对值不大于 1%；

● 输出信号为 TTL 电平。

② 设计三个低通滤波器，用来模拟传输信道的幅频特性：

● 每个滤波器带外衰减不少于 40dB/十倍频程；

● 三个滤波器的截止频率分别为 100kHz、200kHz、500kHz，截止频率误差绝对值不大于 10%；

● 滤波器的通带增益 A_F 在 0.2～4.0 范围内可调。

③ 设计一个伪随机信号发生器用来模拟信道噪声：

● 伪随机信号 U_3 为 $f_1(x)=1+x\ \ +x^4+x^5+x^{12}$ 的 m 序列；

● 数据传输率为 10Mbps，误差绝对值不大于 1%；

● 输出信号峰-峰值为 100mV，误差绝对值不大于 10%。

④ 利用数字信号发生器产生的时钟信号 $U_{1\text{-clock}}$ 进行同步，显示数字信号 U_{2a} 的信号眼图，并测试眼幅度。

(2) 发挥部分

① 要求数字信号发生器输出的 U_1 采用曼彻斯特编码。

② 要求数字信号分析电路能从 U_{2a} 中提取同步信号 $U_{4\text{-syn}}$ 并输出；同时，利用所提取的同步信号 $U_{4\text{-syn}}$ 进行同步，正确显示数字信号 U_{2a} 的信号眼图。

③ 要求伪随机信号发生器输出信号 U_3 幅度可调，U_3 的峰峰值范围为 100mV～TTL 电平。

④ 改进数字信号分析电路，在尽量低的信噪比下能从 U_{2a} 中提取同步信号 $U_{4\text{-syn}}$，并正确显示 U_{2a} 的信号眼图。

⑤ 其他。

3．说明

(1) 在完成基本要求时，数字信号发生器的时钟信号 $U_{1\text{-clock}}$ 送给数字信号分析电路（图 8.3.34 中开关 S 闭合）；而在完成发挥部分时，$U_{1\text{-clock}}$ 不允许送给数字信号分析电路（开关 S 断开）。

(2) 要求数字信号发生器和数字信号分析电路各自制作一块电路板。

(3) 要求 U_1、$U_{1\text{-clock}}$、U_2、U_{2a}、U_3 和 $U_{4\text{-syn}}$ 信号预留测试端口。

(4) 基本要求①和③中的两个 m 序列，根据所给定的特征多项式 $1f(x)$ 和 $2f(x)$，采用线性移位寄存器发生器来产生。

(5) 基本要求②的低通滤波器要求使用模拟电路实现。

(6) 眼图显示可以使用示波器，也可以使用自制的显示装置。

(7) 发挥部分④要求的“尽量低的信噪比”，即在保证能正确提取同步信号 $U_{4\text{-syn}}$ 前提下，尽

量提高伪随机信号 U_3 的峰峰值，使其达到最大，此时数字信号分析电路的输入信号 U_{2a} 信噪比为允许的最低信噪比。

4．评分标准

	项目	满分
基本要求	设计与总结报告：方案比较、设计与论证、理论分析与计算、电路图及有关设计文件、测试方法与仪器、测试数据及测试结果分析	30
	实际完成情况	40
发挥部分	完成第①项	5
	完成第②项	10
	完成第③项	3
	完成第④项	10
	其他	2

8.3.5 有关数据采集的课题

题目 1：多路数据采集系统

1．任务

设计一个 8 路数据采集系统，系统原理框图如图 8.3.35 所示。

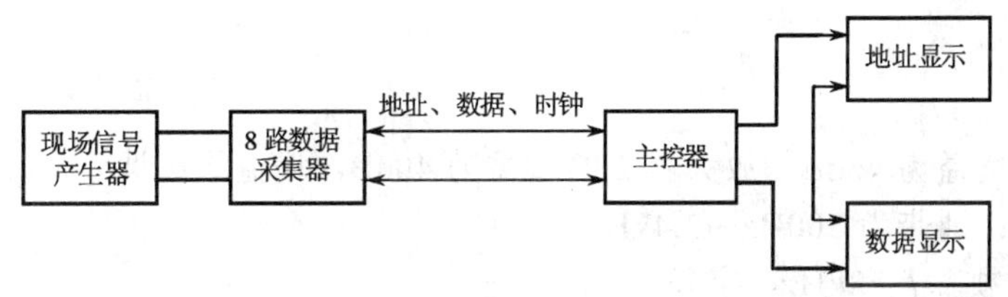

图 8.3.35 8 路数据采集系统的原理框图

主控器能对 50m 以外的各路数据，通过串行传输线 (实验中用 1m 线代替) 进行采集和显示。具体设计任务是：

(1) 现场模拟信号产生器；

(2) 8 路数据采集器；

(3) 主控器。

2．要求

(1) 基本要求

① 现场模拟信号产生器：自制一正弦波信号发生器，利用可变电阻改变振荡频率，使频率在 200Hz～2kHz 范围变化，再经频率电压变换后输出相应 1～5V 直流电压 (200Hz 对应 1V，2kHz 对应 5V)。

② 8 路数据采集器：数据采集器第 1 路输入自制 1～5V 直流电压，第 2～7 路分别输入来自直流源的 5，4，3，2，1，0V 直流电压 (各路输入可由分压器产生，不要求精度)，第 8 路备用。将各路模拟信号分别转换成 8 位二进制数字信号，再经并/串变换电路，用串行码送入传输线路。

③ 主控器：主控器通过串行传输线路对各路数据进行采集和显示。采集方式包括循环采集 (即 1 路、2 路……8 路、1 路……) 和选择采集 (任选一路) 两种方式。显示部分能同时显示地址和相应的数据。

(2) 发挥部分

① 利用电路补偿或其他方法，提高可变电阻值变化与输出直流电压变化的线性关系。

② 尽可能减少传输线数目。

③ 其他功能的改进 (如增加传输距离，改善显示功能等)。

3. 评分标准

	项　目	满　分
基本要求	设计与总结报告：方案比较、设计与论证、理论分析与计算、电路图及有关设计文件、测试方法与仪器、测试数据及测试结果分析	35
	实际制作完成情况	35
发挥部分	完成第①项	12
	完成第②项	12
	完成第③项	6

题目 2：数字化语音存储与回放系统

1. 任务

设计并制作一个数字化语音存储与回放系统，其示意图如图 8.3.36 所示。

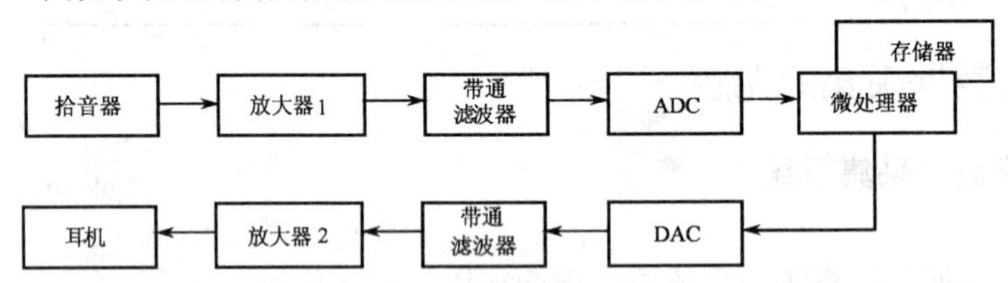

图 8.3.36　数字化语音存储与回放系统示意图

2. 要求

(1) 基本要求

① 放大器 1 的增益为 46dB，放大器 2 的增益为 40dB，增益均可调

② 带通滤波器：通带为 300Hz～3.4kHz

③ ADC：采样频率 f_s=8kHz，字长=8 位

④ 语音存储时间≥10s

⑤ DAC：变换频率 f_c=8kHz，字长=8 位

⑥ 回放语音质量良好

(2) 发挥部分

在保证语音质量的前提下：

① 减少系统噪声电平，增加自动音量控制功能

② 语音存储时间增加至 20s 以上

③ 提高存储器的利用率 (在原有存储容量不变的前提下，提高语音存储时间)

④ 其他 (如 $\dfrac{\pi f / f_s}{\sin(\pi f / f_s)}$ 校正等)

3. 说明

不能使用单片语音专用芯片实现本系统。

4. 评分标准

	项　目	满分
基本要求	设计与总结报告：方案设计与论证、理论分析与计算、电路图、测试方法与数据、对测试结果的分析	35
	实际制作完成情况	35
发挥部分	完成第①项	10
	完成第②项	5
	完成第③项	8
	完成第④项	7

题目 3：数据采集与传输系统

1. 任务

设计制作一个用于 8 路模拟信号采集与单向传输系统，系统方框图如图 8.3.37 所示。

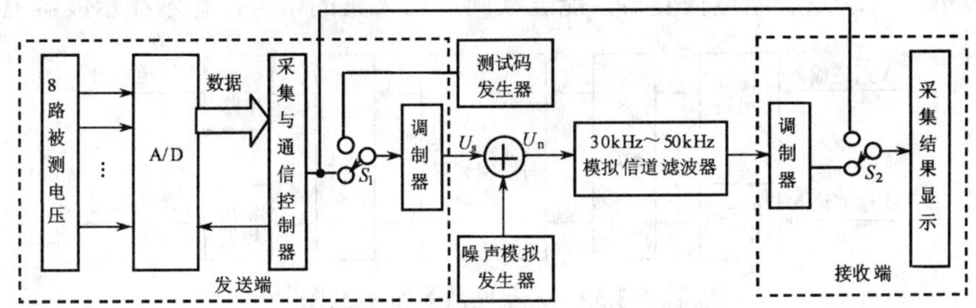

图 8.3.37　8 路模拟信号采集与单向传输系统方框图

2. 要求

(1) 基本要求

① 被测电压为 8 路 0～5V 分别可调的直流电压。系统具有在发送端设定 8 路顺序循环采集与指定某一路采集的功能。

② 采用 8 位 A/D 变换器。

③ 采用 3dB 带宽为 30～50kHz 的带通滤波器 (带外衰减优于 35dB/十倍频程) 作为模拟信道。

④ 调制器输出的信号峰–峰值 $U_{sp\text{-}p}$ 为 0～1V 可变，码元速率 16kb/s；制作一个时钟频率可变的测试码发生器 (如 0101…等)，用于测试传输速率。

⑤ 在接收端具有显示功能，要求显示被测路数和被测电压值。

(2) 发挥部分

① 设计制作一个用伪随机码形成的噪声模拟发生器，伪随机码时钟频率为 96kHz，周期为 127 位码元，生成多项式采用 $f(x)=x^7+x^3+1$。其输出峰–峰值 $U_{np\text{-}p}$ 为 0～1V 连续可调。

② 设计一个加法电路，将调制器输出 $U_{sp\text{-}p}$ 与噪声电压 $U_{np\text{-}p}$ 相加送入模拟信道。在解调器输入端测量信号与噪声峰–峰值之比 ($U_{sp\text{-}p}/U_{np\text{-}p}$)，当其比值分别为 1，3，5 时，进行误码测试。测试方法：在 8 路顺序循环采集模式下，监视某一路的显示，检查接收数据的误码情况，监视时间为 1min。

③ 在 ($U_{sp\text{-}p}/U_{np\text{-}p}$) =3 时，尽量提高传输速率，用上述第②项的测试方法，检查接收数据的误码情况。

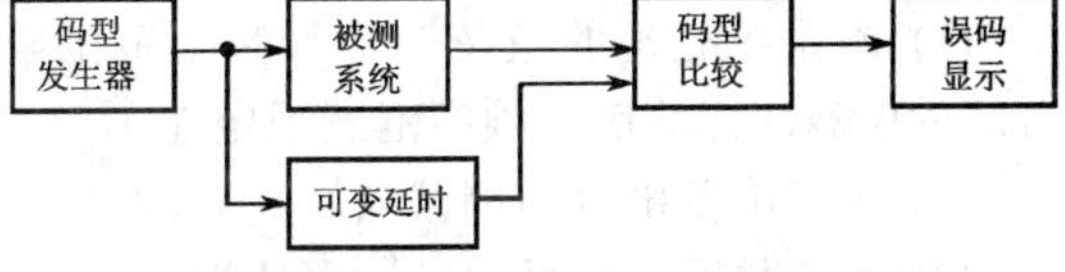

图 8.3.38　简易误码率测试仪框图

④ 其他 (如自制用来定量测量系统误码的简易误码率测试仪，其方框图如图 8.3.38 所示)。

3. 评分标准

	项　　目	满分
基本要求	设计与总结报告：方案设计与论证、理论分析与计算、电路图、测试方法与数据、对测试结果的分析	35
	实际制作完成情况	35
发挥部分	完成第①项	10
	完成第②项	5
	完成第③项	8
	完成第④项	7

题目4：波形采集、存储与回放系统

1．任务

设计并制作一个波形采集、存储与回放系统，示意图如图8.3.39所示。该系统能同时采集两路周期信号波形，要求系统断电恢复后，能连续回放已采集的信号，显示在示波器上。

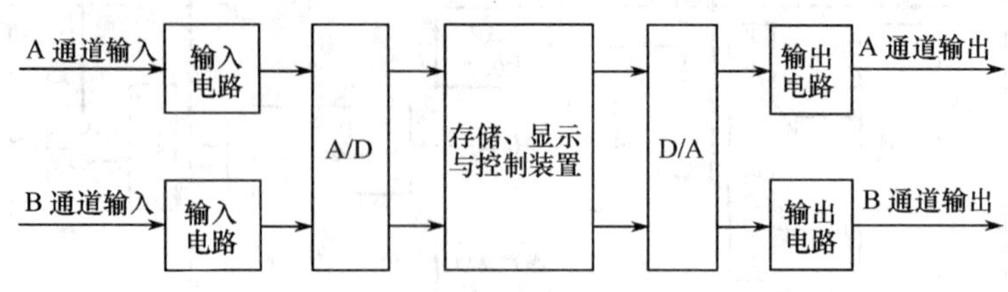

图8.3.39 采集回放系统示意图

2．要求

(1) 基本要求

① 能完成对A通道单极性信号（高电平约4V、低电平接近0V）、频率约1kHz信号的采集、存储与连续回放。要求系统输入阻抗不小于10kΩ，输出阻抗不大于1kΩ。

② 采集、回放时能测量并显示信号的高电平、低电平和信号的周期。原信号与回放信号电平之差的绝对值≤50mV，周期之差的绝对值≤5%。

③ 系统功耗≤50mW，尽量降低系统功耗，系统内不允许使用电池。

(2) 发挥部分

① 增加B通道对双极性、电压峰峰值为100mV、频率为10Hz～10kHz信号的采集。可同时采集、存储与连续回放A、B两路信号，并分别测量和显示A、B两路信号的周期。B通道原信号与回放信号幅度峰峰值之差的绝对值≤10mV，周期之差的绝对值≤5%。

② A、B两路信号的周期不相同时，以两信号最小公倍周期连续回放信号。

③ 可以存储两次采集的信号，回放时用按键或开关选择显示指定的信号波形。

④ 其他。

3．说明

(1) 本系统处理的正弦波信号频率范围限定在10Hz～10kHz，三角波信号频率范围限定在10Hz～2kHz，方波信号频率范围限定在10Hz～1kHz。

(2) 预留电源电流的测试点。

(3) 采集与回放时采用示波器监视。

(4) 采集、回放时显示的周期和幅度应是信号的实际测量值，规定采用十进制数字显示，周期以ms为单位，幅度以mV为单位。

4．评分标准

	项　　目	满分
基本要求	设计与总结报告：方案设计与论证、理论分析与计算、电路图、测试方法与数据、对测试结果的分析	35
	实际制作完成情况	35
发挥部分	完成第①项	12
	完成第②项	12
	完成第③项	3
	完成第④项	3

8.3.6 有关检测和自动控制的课题

题目1：食品热量健康秤

1．任务

以单片机为核心，设计一个可根据食品的质量自动计算其含有的热量、碳水化合物等营养含量的健康秤。

2．要求

(1) 基本要求：以单片机为主处理器，包括压力传感器输出的电信号放大、A/D 转换电路。

① 量程为 5kg，分辨率为 25g。

② 有液晶显示屏，可显示质量等各种信息。

③ 可通过键盘选择液晶上显示的菜单中的食物名称，并根据其质量计算出其热量、碳水化合物和蛋白质的含量 (需要查找有关食品营养的资料)。

④ 食品数量不少于 5 种。

(2) 发挥部分

① 具有累加的功能。

② 当热量、碳水化合物和蛋白质的含量超过一个成人一天的所需量时，在液晶上提醒使用者，并显示出超过的量值。

3．评分标准

	项　目	满分
基本要求	设计与总结报告：方案设计与论证、理论分析与计算、电路图、测试方法与数据、对测试结果的分析	35
	实际制作及完成情况	35
发挥部分	完成第①项	10
	完成第②项	20

题目2：家庭智能控制系统

1．任务

以单片机为核心，设计一个小型的家庭智能控制系统。此控制系统可智能地对家庭的各种环境 (如温度、湿度、防盗情况、煤气安全等) 进行监测，并能够根据主人设计好的原则对家中的电器设备进行自动化控制。

2．要求

(1) 基本要求：以一种单片机做为主处理器，包括外围开关量的输入输出电路。

① 有 8 路开关量输入，输入电压为 24V，有指示灯。

② 有 8 路开关量输出，端口的输出功率为 24V/50mA，有指示灯。

③ 有液晶显示屏，在显示屏上显示时间，并可通过键盘修改时间。

(2) 发挥部分

① 增加 4 路开关量输出，并可通过键盘设置此 4 路中每一路在何时输出有效信号及时间长度。

② 可通过键盘任意修改基本要求中的输入和输出的对应关系，使输入输出具有一定的逻辑关系。

3．评分标准

	项　目	满分
基本要求	设计与总结报告：方案设计与论证、理论分析与计算、电路图、测试方法与数据、对测试结果的分析	35
	实际制作及完成情况	35
发挥部分	完成第①项	20
	完成第②项	10

题目 3：水温控制系统

1．任务

设计并制作一个水温自动控制系统，控制对象为 1 L 净水，容器为搪瓷器皿。水温可以在一定范围内由人工设定，并能在环境温度降低时实现自动控制，以保持设定的温度基本不变。

2．要求

(1) 基本要求

① 温度设定范围为 40℃～90℃，最小区分度为 1℃，标定温度≤1℃。

② 环境温度降低时 (如用电风扇降温) 温度控制的静态误差≤1℃。

③ 用十进制数数码管显示水的实际温度。

(2) 发挥部分

① 采用适当的控制方法，当设定温度突变 (由 40℃提高到 60℃) 时，减小系统的调节时间和超调量。

② 温度控制的静态误差≤0.2℃。

③ 在设定温度发生突变 (由 40℃提高到 60℃) 时，自动打印水温随时间变化的曲线。

④ 特色与创新。

3．评分标准

	项　　目	满分
基本要求	设计与总结报告：方案设计与论证、理论分析与计算、电路图、测试方法与数据、对测试结果的分析	35
	实际制作及完成情况	35
发挥部分	完成第①项	10
	完成第②项	8
	完成第③项	7
	完成第④项	5

题目 4：液体点滴速度控制装置

1．任务

设计并制作一个液体点滴速度监测与控制装置，其示意图如图 8.3.40 所示。

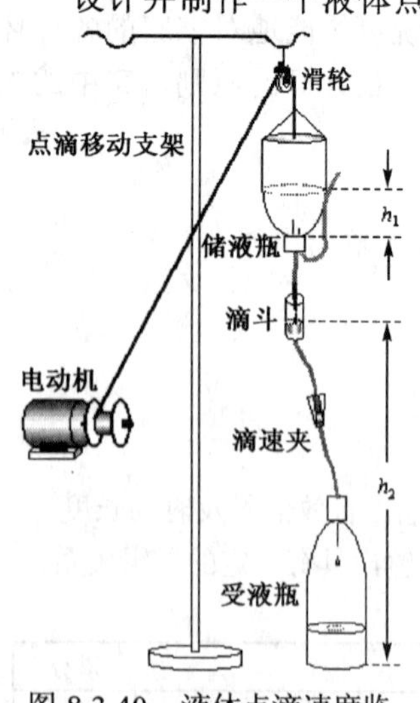

图 8.3.40　液体点滴速度监控装置示意图

2．要求

(1) 基本要求

① 在滴斗处检测点滴速度，并制作一个数显装置，能动态显示点滴速度 (滴/分)。

② 通过改变 h_2 控制点滴速度，如图 8.3.40 所示；也可以通过控制输液软管夹头的松紧等其他方式来控制点滴速度。点滴速度可用键盘设定并显示，设定范围为 20～150 (滴/分)，控制误差范围为设定值±10%±1 滴。

③ 调整时间≤3min (从改变设定值起到点滴速度基本稳定，能人工读出数据为止)。

④ 当 h_1 降到警戒值 (2～3cm) 时，能发出报警信号。

(2) 发挥部分：设计并制作一个由主站控制 16 个从站的有线监控系统。16 个从站中，只有一个从站是按基本要求制作的一套点滴速度监控装置，其他从站为模拟从站 (仅要求制作一个模拟从站)。

① 主站功能

- 具有定点和巡回检测两种方式

● 可显示从站传输过来的从站号和点滴速度
● 在巡回检测时，主站能任意设定要查询的从站数量、从站号和各从站的点滴速度
● 收到从站发来的报警信号后，能声光报警并显示相应的从站号；可用手动方式解除报警状态
② 从站功能
● 能输出从站号、点滴速度和报警信号；从站号和点滴速度可以任意设定
● 接收主站设定的点滴速度信息并显示
● 对异常情况进行报警
③ 主站和从站间的通信方式不限，通信协议自定，但应尽量减少信号传输线的数量
④ 其他

3．说明

(1) 控制电机类型不限，其安装位置及安装方式自定。

(2) 储液瓶用医用 250mL 注射液玻璃瓶 (瓶中为无色透明液体) 。

(3) 受液瓶用 1.25L 的饮料瓶。

(4) 点滴器采用针柄颜色为深蓝色的医用一次性输液器 (滴管滴出 20 点蒸馏水相当于 1mL±0.1mL)。

(5) 滴速夹在测试开始后不允许调节。

4．评分标准

	项　目	满　分
基本要求	设计与总结报告：方案比较、设计与论证、理论分析与计算、电路图及有关设计文件、测试方法与仪器、测试数据及测试结果分析	35
	实际制作完成情况	35
发挥部分	完成第①项	15
	完成第②项	7
	完成第③项	4
	其他	4

题目 5：自动往返电动小汽车

1．任务

设计并制作一个能自动往返于起跑线与终点线间的小汽车。允许用玩具汽车改装，但不能用人工遥控 (包括有线和无线遥控)。

跑道宽度 0.5m，表面贴有白纸，两侧有挡板，挡板与地面垂直，其高度不低于 20cm。在跑道的 B，C，D，E，F，G 各点处画有 2cm 宽的黑线，各段的长度如图 8.3.41 所示。

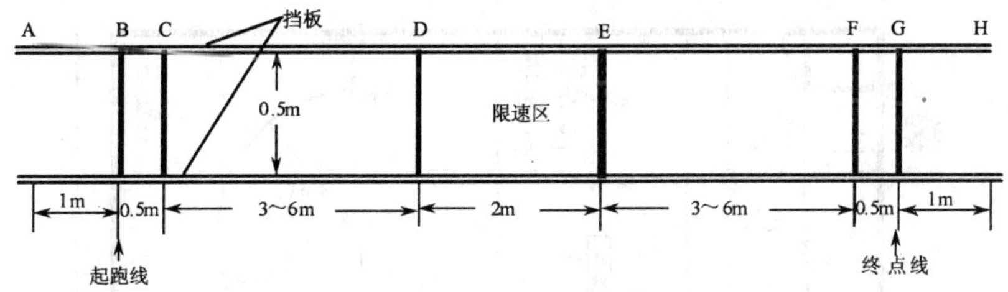

图 8.3.41　跑道顶视图

2．要求

(1) 基本要求

① 车辆从起跑线出发 (出发前，车体不得超出起跑线)，到达终点线后停留 10s，然后自动返回起跑线 (允许倒车返回)。往返一次的时间应力求最短 (从合上汽车电源开关开始计时)。

② 到达终点线和返回起跑线时，停车位置离起跑线和终点线偏差应最小 (以车辆中心点与终点线或起跑线中心线之间距离作为偏差的测量值)。

③ D～E 间为限速区，车辆往返均要求以低速通过，通过时间不得少于 8s，但不允许在限速区内停车。

(2) 发挥部分

① 自动记录、显示一次往返时间 (记录显示装置要求安装在车上) 。

② 自动记录、显示行驶距离 (记录显示装置要求安装在车上) 。

③ 其他特色与创新。

3．说明

(1) 不允许在跑道内外区域另外设置任何标志或检测装置。

(2) 车辆 (含在车体上附加的任何装置) 外围尺寸的限制：长度≤35cm，宽度≤15cm。

(3) 必须在车身顶部明显标出车辆中心点位置，即横向与纵向两条中心线的交点。

4．评分标准

	项　　目	满　　分
基本要求	设计与总结报告：方案比较、设计与论证、理论分析与计算、电路图及有关设计文件、测试方法与仪器、测试数据及测试结果分析	35
	实际制作完成情况	35
发挥部分	完成第①项	10
	完成第②项	15
	完成第③项	5

题目 6：简易智能电动车

1．任务

设计并制作一个简易智能电动车，其行驶路线示意图如图 8.3.42 所示。

2．要求

(1) 基本要求

① 电动车从起跑线出发 (车体不得超过起跑线)，沿引导线到达 B 点。在“直道区”铺设的白纸下沿引导线埋有 1～3 块宽度为 15cm，长度不等的薄铁片。电动车检测到薄铁片时需立即发出声光指示信息，并实时存储、显示在“直道区”检测到的薄铁片数目。

② 电动车到达 B 点以后进入“弯道区”，沿圆弧引导线到达 C 点 (也可脱离圆弧引导线到达 C 点)。C 点下埋有边长为 15cm 的正方形薄铁片，要求电动车到达 C 点检测到薄铁片后在 C 点处停车 5s，停车期间发出断续的声光信息。

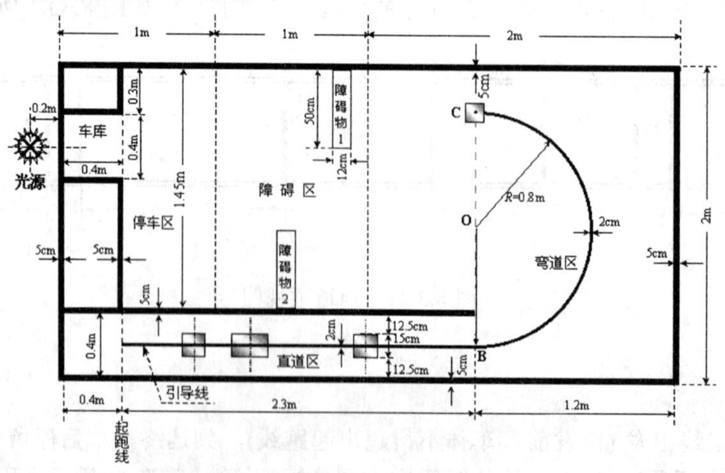

图 8.3.42　智能电动车行使路线顶视图

③ 电动车在光源的引导下，通过障碍区进入停车区并到达车库。电动车必须在两个障碍物之间通过且不得与其接触。

④ 电动车完成上述任务后应立即停车，但全程行驶时间不能大于 90s，行驶时间达到 90s 时必须立即自动停车。

(2) 发挥部分

① 电动车在“直道区”行驶过程中，存储并显示每个薄铁片 (中心线) 至起跑线间的距离。

② 电动车进入停车区域后，能进一步准确驶入车库中，要求电动车的车身完全进入车库。

③ 停车后，能准确显示电动车全程行驶时间。

④ 其他。

3．说明

(1) 跑道上面铺设白纸，薄铁片置于纸下，铁片厚度为 0.5～1.0mm。

(2) 跑道边线宽度 5cm，引导线宽度 2cm，可以涂墨或粘黑色胶带。示意图中的虚线和尺寸标注线不要绘制在白纸上。

(3) 障碍物 1 和障碍物 2 可由包有白纸的砖块组成，其长、宽、高约为 50cm×12cm×6cm，两个障碍物分别放置在障碍区两侧的任意位置。

(4) 电动车允许用玩具车改装，但不能由人工遥控，其外围尺寸 (含车体上附加装置) 的限制为：长度≤35cm，宽度≤15cm。

(5) 光源采用 200W 白炽灯，白炽灯泡底部距地面 20cm，其位置如图 8.79 所示。

(6) 要求在电动车顶部明显标出电动车的中心点位置，即横向与纵向两条中心线的交点。

4．评分标准

	项　　目	满　　分
基本要求	设计与总结报告：方案比较、设计与论证、理论分析与计算、电路图及有关设计文件、测试方法与仪器、测试数据及测试结果分析	35
	实际制作完成情况	35
发挥部分	完成第①项	10
	完成第②项	10
	完成第③项	5
	其他	5

题目 7：智能小车

1．任务

甲车车头紧靠起点标志线，乙车车尾紧靠边界，甲、乙两辆小车同时启动，先后通过起点标志线，在行车道同向而行，实现两车交替超车领跑功能。跑道如图 8.3.43 所示。

2．要求

(1) 基本要求

① 甲车和乙车分别从起点标志线开始，在行车道各正常行驶一圈。

② 甲、乙两车按图 8.3.43 所示位置同时启动，乙车通过超车标志线后在超车区内实现超车功能，并先于甲车到达终点标志线，即第一圈实现乙车超过甲车。

③ 甲、乙两车在完成②时的行驶时间要尽可能地短。

(2) 发挥部分

① 在完成基本要求②后，甲、乙两车继续行驶第二圈，要求甲车通过超车标志线后要实现超车功能，并先于乙车到达终点标志线，即第二圈完成甲车超过乙车，实现了交替领跑。甲、乙两车在第二圈行驶的时间要尽可能的短。

② 甲、乙两车继续行驶第三圈和第四圈，并交替领跑；两车行驶的时间要尽可能的短。

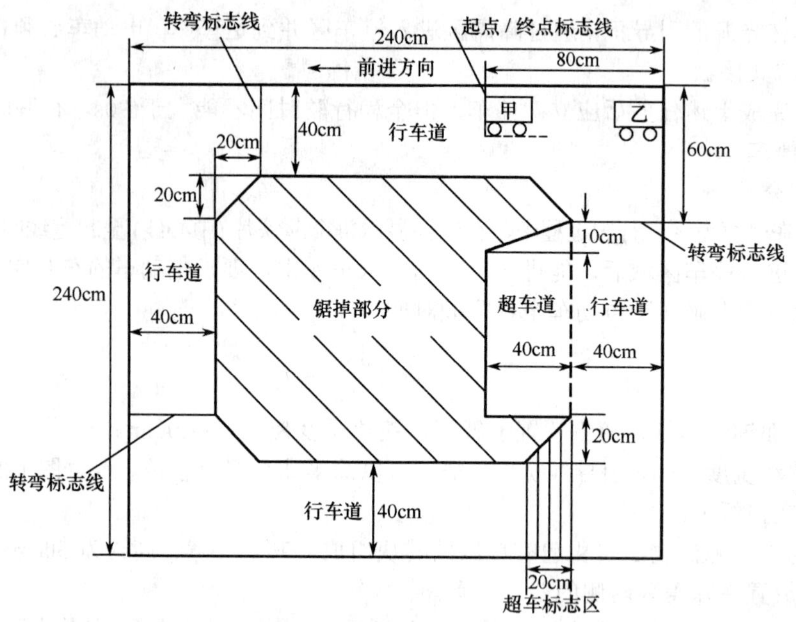

图 8.3.43　车道示意图

③ 在完成上述功能后，重新设定甲车起始位置（在离起点标志线前进方向 40cm 范围内任意设定），实现甲、乙两车四圈交替领跑功能，行驶时间要尽可能的短。

3．说明

(1) 赛车场地由 2 块细木工板（长 244cm，宽 122cm，厚度自选）拼接而成，离地面高度不小于 6cm(可将垫高物放在木工板下面，但不得外露)。板上边界线由约 2cm 宽的黑胶带构成；虚线由 2cm 宽、长度为 10cm、间隔为 10cm 的黑胶带构成；起点/终点标志线、转弯标志线和超车标志区线段由 1cm 宽黑胶带构成。图 8.3.43 中斜线所画部分应锯掉。

(2) 车体（含附加物）的长度、宽度均不超过 40cm，高度不限，采用电池供电，不能外接电源。

(3) 测试中甲、乙两车均应正常行驶，行车道与超车区的宽度只允许一辆车行驶，车辆只能在超车区进行超车（车辆先从行车道到达超车区，实现超车后必须返回行车道）。甲乙两车应有明显标记，便于区分。

(4) 甲乙两车不得发生任何碰撞，不能出边界掉到地面。

(5) 不得使用小车以外的任何设备对车辆进行控制，不能增设其他路标或标记。

(6) 测试过程中不得更换电池。

(7) 评测时不得借用其他队的小车。

4．评分标准

	项　目	满　分
基本要求	设计与总结报告：方案比较、设计与论证、理论分析与计算、电路图及有关设计文件、测试方法与仪器、测试数据及测试结果分析	30
	实际制作完成情况	40
发挥部分	完成第①项	10
	完成第②项	8
	完成第③项	12

题目 8：帆板控制系统

1．任务

设计并制作一个帆板控制系统，通过对风扇转速的控制，调节风力大小，改变帆板转角 θ，如图 8.3.44 所示。

图 8.3.44　帆板控制系统示意图

2．要求

(1) 基本要求

① 用手转动帆板时，能够数字显示帆板的转角 θ。显示范围为 0～60°分辨力为 2°，绝对误差≤5°。

② 当间距 d=10cm 时，通过操作键盘控制风力大小，使帆板转角 θ 能够在 0～60°范围内变化，并要求实时显示 θ。

③ 当间距 d=10cm 时，通过操作键盘控制风力大小，使帆板转角 θ 稳定在 45°±5°范围内。要求控制过程在 10s 内完成，实时显示 θ，并由声光提示，以便进行测试。

(2) 发挥部分

① 当间距 d=10cm 时，通过键盘设定帆板转角，其范围为 0~60°。要求 θ 在 5s 内达到设定值，并实时显示 θ。最大误差的绝对值不超过 5°。

② 间距 d 在 7～15cm 范围内任意选择，通过键盘设定帆板转角，范围为 0～60°。要求 θ 在 5s 内达到设定值，并实时显示 θ。最大误差的绝对值不超过 5°。

③ 其他。

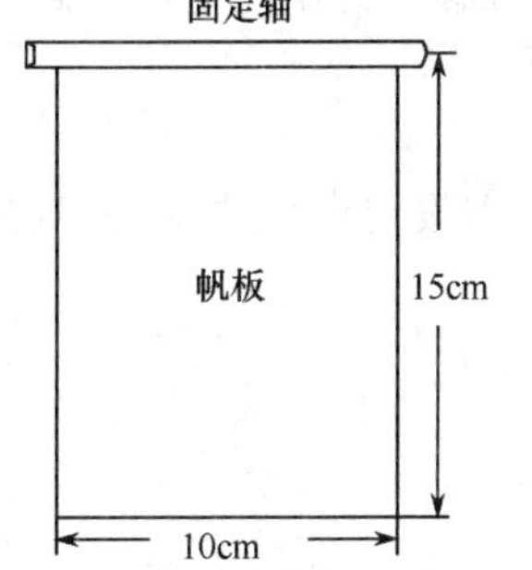

图 8.3.45　帆板制作尺寸图

3．说明

(1) 调速装置自制。

(2) 风扇选用台式计算机散热风扇或其他形式的直流供电轴流风扇，但不能选用带有自动调速功能的风扇。

(3) 帆板的材料和厚度自定，固定轴应足够灵活，不阻碍帆板运动。帆板形式及具体制作尺寸如图 8.3.45 所示。

4．评分标准

	项　　目	满　　分
基本要求	设计与总结报告：方案比较、设计与论证、理论分析与计算、电路图及有关设计文件、测试方法与仪器、测试数据及测试结果分析	30
	实际制作完成情况	40
发挥部分	完成第①项	10
	完成第②项	15
	其他	5

题目 9：LED 点阵书写显示屏

1．任务

设计并制作一个基于 32×32 点阵 LED 模块的书写显示屏，其系统结构如图 8.3.46 所示。在控制器的管理下，LED 点阵模块显示屏工作在人眼不易觉察的扫描微亮和人眼可见的显示点亮模式下。当光笔触及 LED 点阵模块表面时，先由光笔检测触及位置处 LED 点的扫描微亮以获取其行列坐标，再依据功能需求决定该坐标处的 LED 是否点亮至人眼可见的显示状态(如图 8.3.46 中光笔接触处的深色 LED 点已被点亮)，从而在屏上实现“点亮、划亮、反显、整屏擦除、笔画擦除、连写多字、对象拖移”等书写显示功能。

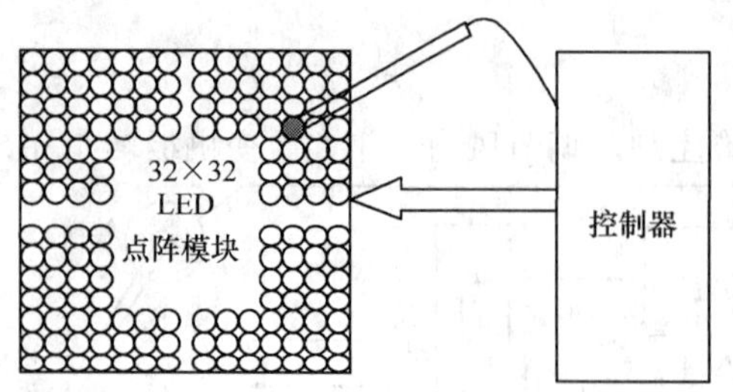

图 8.3.46　点阵书写显示屏系统结构示意图

2．要求

(1) 基本要求

① 在“点亮”功能下，当光笔接触屏上某点 LED 时，能即时点亮该点 LED，并在控制器上同步显示该点 LED 的行列坐标值(左上角定为行列坐标原点)。

② 在“划亮”功能下，当光笔在屏上快速划过时，能同步点亮划过的各点 LED，其速度要求 2s 内能划过并点亮 40 点 LED。

③ 在“反显”功能下，能对屏上显示的信息实现反相显示(即：字体笔画处不亮，无笔画处高亮)。

④ 在“整屏擦除”功能下，能实现对屏上所显示信息的整屏擦除。

(2) 发挥部分

① 在“笔画擦除”功能下，能用光笔擦除屏上所显汉字的笔画。

② 在“连写多字”功能下，能结合自选的擦除方式，在 30s 内在屏上以“划亮”方式逐个写出 4 个汉字(总笔画数不大于 30)且存入机内，写完后再将所存四字在屏上逐个轮流显示。

③ 在“对象拖移”功能下，能用光笔将选定显示内容在屏上进行拖移。先用光笔以“划亮”方式在屏上圈定欲拖移显示对象，再用光笔将该对象拖移到屏上另一位置。

④ 当环境光强改变时，能自动连续调节屏上显示亮度。

⑤ 当光笔连续未接触屏面的时间超过 1～5min 时(此时间可由控制器设定)，能自动关闭屏上显示，并使整个系统进入休眠状态，此时系统工作电流应不大于 5mA。

⑥ 其他。

3．说明

(1) 设计制作时所用 LED 点阵模块的发光颜色不限。

(2) 各种功能的切换方式自定，但应力求操作简便。

(3) 在各种功能的实际操作过程中，必要时可用按键或其他控制方式进行辅助。例如，“连写多字”时，写完一字后用自定义控制方式存入该字并清屏，然后再写下一字。

(4) 系统应采用 5V 单电源供电。

(5) 设计制作时应在电路板上留有系统耗电参数的测试点。

(6) 设计报告正文中应包括系统总体框图、核心电路原理图、主要流程图、主要的测试结果。完整的电路原理图、重要的源程序和完整的测试结果用附件给出。

4．评分标准

	项　　目	满　　分
基本要求	设计与总结报告：方案比较、设计与论证、理论分析与计算、电路图及有关设计文件、测试方法与仪器、测试数据及测试结果分析	30
	实际完成情况	40
发挥部分	完成第①项	6
	完成第②项	6
	完成第③项	10
	完成第④项	3
	完成第⑤项	3
	其他	2

题目 10：模拟路灯控制系统

1．任务

设计并制作一套模拟路灯控制系统。控制系统结构如图 8.3.47 所示，路灯布置如图 8.3.48 所示。

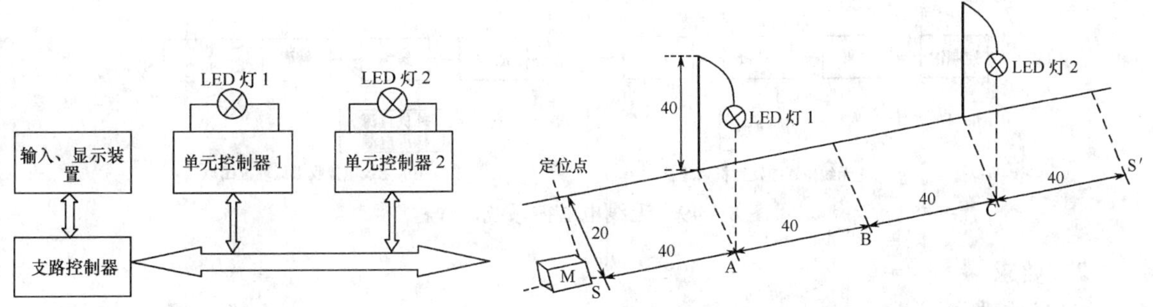

图 8.3.47　路灯控制系统示意图　　　图 8.3.48　路灯布置示意图（单位：cm）

2．要求

(1) 基本要求

① 支路控制器有时钟功能，能设定、显示开关灯时间，并控制整条支路按时开灯和关灯。

② 支路控制器应能根据环境明暗变化，自动开灯和关灯。

③ 支路控制器应能根据交通情况自动调节亮灯状态：当可移动物体 M(在物体前端标出定位点，由定位点确定物体位置)由左至右到达 S 点时(见图 8.3.48)，灯 1 亮；当物体 M 到达 B 点时，灯 1 灭，灯 2 亮；若物体 M 由右至左移动时，则亮灯次序与上相反。

④ 支路控制器能分别独立控制每只路灯的开灯和关灯时间。

⑤ 当路灯出现故障时(灯不亮)，支路控制器应发出声光报警信号，并显示有故障路灯的地址编号。

(2) 发挥部分

① 自制单元控制器中的 LED 灯恒流驱动电源。

② 单元控制器具有调光功能，路灯驱动电源输出功率能在规定时间按设定要求自动减小，该功率应能在 20%～100%范围内设定并调节，调节误差≤2%。

③ 其他(性价比等)。

3．说明

(1) 光源采用 1W 的 LED 灯，LED 的类型不作限定。

(2) 自制的 LED 驱动电源不得使用产品模块。

(3) 自制的 LED 驱动电源输出端需留有电流、电压测量点。

(4) 系统中不得采用接触式传感器。

(5) 基本要求③需测定可移动物体 M 上定位点与过“亮灯状态变换点”(S、B、S′ 等点)垂线间的距离，要求该距离≤2cm。

4．评分标准

	项　　目	满　　分
基本要求	设计与总结报告：方案比较、设计与论证、理论分析与计算、电路图及有关设计文件、测试方法与仪器、测试数据及测试结果分析	30
	实际制作完成情况	40
发挥部分	完成第①项	10
	完成第②项	15
	其他	5

8.3.7　有关无线电的课题

题目 1：简易无线电遥控系统

1．任务

设计并制作无线电遥控发射机和接收机。其系统原理框图如图 8.3.49 所示。

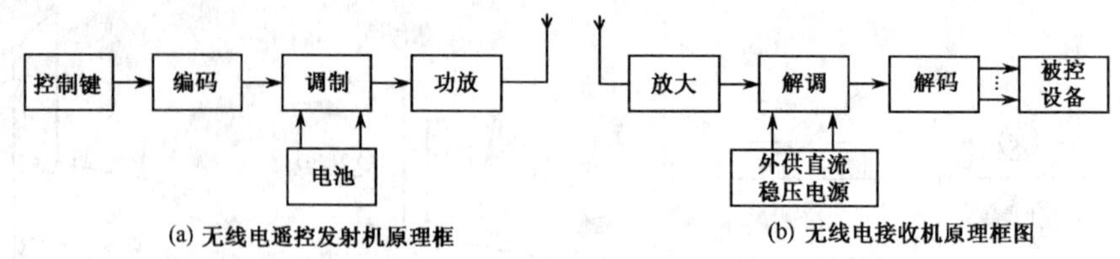

图 8.3.49 无线电遥控系统原理框图

2. 要求

(1) 基本要求

① 工作频率：$f_0 = 6\sim10$MHz 中任选一种频率

② 调制方式：AM，FM 或 FSK…任选一种

③ 输出功率：不大于 20mW (在标准 75Ω 假负载上)

④ 遥控对象：8 个，被控设备用 LED 分别代替，LED 发光表示工作

⑤ 接收机距离发射机不小于 10m

(2) 发挥部分

① 8 路设备中的一路为电灯，用指令遥控电灯亮度，亮度分为 8 级并用数码管显示级数

② 在一定发射功率下 (不大于 20mW)，尽量增大接收距离

③ 增加信道抗干扰措施

④ 尽量降低电源功耗

注意：不能采用现成的收、发信机整机。

3. 评分标准

	项　　目	满　　分
基本要求	设计与总结报告：方案设计与论证、理论计算与分析、电路图、测试方法与数据、结果分析	35
	实际制作完成情况	35
发挥部分	完成第①项	8
	完成第②项	8
	完成第③项	4
	完成第④项	4
	特色与创新	6

题目 2：短波调频接收机

1. 任务

设计并制作一个短波调频接收机，方框图如图 8.3.50 所示。

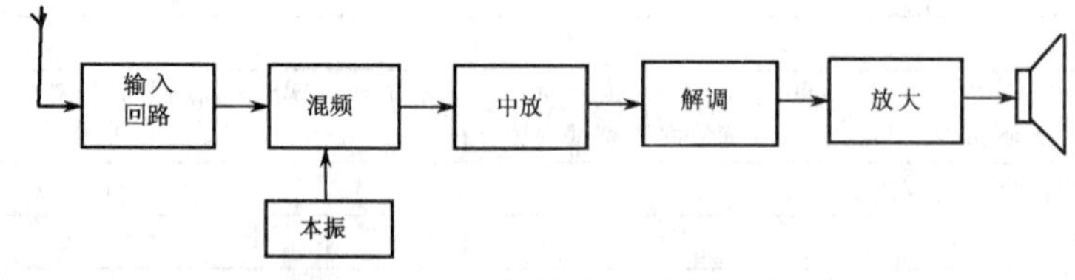

图 8.3.50 短波调频接收机原理框图

2. 要求

(1) 基本要求

① 接收频率 (f_0) 范围：8～10MHz。

② 接收信号为 20～1000Hz 音频调频信号，频偏为 3kHz。

③ 最大不失真输出功率≥100mW (8W)。

④ 接收灵敏度≤5Mv。

⑤ 通频带：$f_0\pm 4$kHz 为−3dB。

⑥ 选择性：$f_0\pm 10$kHz 为−30dB。

⑦ 镜像抑制比≥20dB。

(2) 发挥部分

① 可实现多种自动程控频率搜索模式 (如全频率范围搜索，特定频率范围内搜索等)，全频率范围搜索时间≤2min。

②能显示接收频率范围内的调频电台载频值，显示载波频率的误差≤±5kHz。

③进一步提高灵敏度。

④可存储已搜索到的电台，存台数不少于 20。

⑤其他。

3．评分标准

	项　　目	满分
基本要求	设计与总结报告：方案设计与论证、理论计算与分析、电路图、测试方法与数据、对测试结果的分析	35
	实际制作完成情况	35
发挥部分	完成第①项	10
	完成第②项	4
	完成第③项	6
	完成第④项	5
	特色与创新	5

题目 3：调频收音机

1．任务

用 Sony 公司提供的 FM/AM 收音机集成芯片 CXA1019 和锁相频率合成调谐集成芯片 BU2614，制作一台调频收音机。

2．要求

(1) 基本要求

① 接收 FM 信号频率范围 88～108MHz。

② 调制信号频率范围 100～15000Hz，最大频偏 75kHz。

③ 最大不失真输出功率≥100mW (负载阻抗 8Ω) 。

④ 接收机灵敏度≤1mV。

⑤ 镜像抑制性能优于 20dB。

⑥ 能够正常收听 FM 广播。

(2) 发挥部分

① 可实现多种自动程序频率搜索 (如全频率范围搜索、指定频率范围内搜索等) 。

② 能显示接收频率范围内的调频电台载波频率值，显示载波频率的误差≤5kHz。

③ 进一步提高灵敏度。

④ 可存储已搜索到的电台，存储电台数不少于 5 个。

⑤ 其他 (如 3V 单电源整机供电、节能供电、时钟显示等)。

3．说明

(1) 本题采用一组 Sony 公司的集成芯片和元件，包括：

- FM/AM 收音机集成芯片 CXA1019
- 锁相频率合成调谐集成芯片 BU2614
- RF 输入带通滤波器
- 10.7MHz 陶瓷带通滤波器 CF-2
- 10.7MHz 陶瓷谐振器 CF-3
- 可调电容器
- 变容二极管
- 锁相环所用的 75kHz 晶体

(2) 建议本振线圈与输入回路线圈垂直安装。

4．评分标准

	项　目	满　分
基本要求	设计与总结报告：方案比较、设计与论证、理论分析与计算、电路图及有关设计文件、测试方法与仪器、测试数据及测试结果分析	35
	实际制作完成情况	35
发挥部分	完成第①项	12
	完成第②项	3
	完成第③项	6
	完成第④项	3
	完成第⑤项	6

题目 4：单工无线呼叫系统

1．任务

设计并制作一个单工无线呼叫系统，实现主站至从站间的单工语音及数据传输业务。

2．要求

(1) 基本要求

① 设计并制作一个主站，传送一路语音信号，其发射频率在 30～40MHz 之间自行选择，发射峰值功率不大于 20mW (50Ω 假负载电阻上测定)，射频信号带宽及调制方式自定，主站传送信号的输入采用话筒和线路输入两种方式。

② 设计并制作一个从站，其接收频率与主站相对应，从站必须采用电池组供电，用耳机收听语音信号。

③ 当传送信号为 300～3400Hz 的正弦波时，去掉收、发天线，用一个功率衰耗 20dB 左右的衰减器连接主、从站天线端子，通过示波器观察从站耳机两端的接收波形，波形应无明显失真。

④ 主、从站室内通信距离不小于 5m，题目中的通信距离是指主、从站两设备 (含天线) 间的最近距离。

⑤ 主、从站收发天线采用拉杆天线或导线，长度小于等于 1m。

(2) 发挥部分

① 从站数量扩展至 8 个 (实际制作 1 个从站)，构成一点对多点的单工无线呼叫系统。要求从站号码可以任意改变，主站具有拨号选呼和群呼功能。

② 增加英文短信的数据传输业务，实现主站英文短信的输入发送和从站英文短信的接收显示功能。

③ 当发射峰值功率不大于 20mW 时，尽可能地加大主、从站间的通信距离。

④ 其他。

3．说明

(1) 主站需留出末级功率放大器发射功率的测量端，用于接入 50Ω 假负载电阻，以测试发射功率。

(2) 为测试方便，作品中使用的衰减器 (可以自制)，要与作品一起上交。

4．评分标准

	项　目	满　分
基本要求	设计与总结报告：方案比较、设计与论证、理论分析与计算、电路图及有关设计文件、测试方法与仪器、测试数据及测试结果分析	35
	实际制作完成情况	35
发挥部分	完成第①项	9
	完成第②项	9
	完成第③项	9
	完成第④项	3